AF829844

Nr. 48
S. 17085–17456

1961
29. November

Chemisches Zentralblatt

Vollständiges Repertorium für alle Zweige der reinen und angewandten Chemie

1830 gegründet. 1897—1945 von der Deutschen Chemischen Gesellschaft fortgeführt. Im Auftrage der Deutschen Akademie der Wissenschaften zu Berlin, der Chemischen Gesellschaft in der DDR, der Akademie der Wissenschaften zu Göttingen und der Gesellschaft Deutscher Chemiker (in der BRD)

herausgegeben von Prof. Dr. **Heinrich Bertsch** und Prof. Dr. Dr. h. c. **Wilhelm Klemm**

132. Jahrgang

1961

Chefredakteure: Dr. Willi Barz (komm.) und Dr. Eugen Klever

Akademie-Verlag GmbH., Berlin — Verlag Chemie, GmbH., Weinheim/Bergstr.

Inhalt

Chem. Zbl. 132. Jg. Nr. 48 Seite 17085–17456 Berlin, 29. November 1961

Postverlagsort: Berlin

CHEMISCHES ZENTRALBLATT

VOLLSTÄNDIGES REPERTORIUM FÜR ALLE ZWEIGE DER REINEN UND ANGEWANDTEN CHEMIE

1830 gegründet
1897—1945 von der Deutschen Chemischen Gesellschaft fortgeführt

Im Auftrage der Deutschen Akademie der Wissenschaften zu Berlin,
der Chemischen Gesellschaft in der DDR,
der Akademie der Wissenschaften zu Göttingen
und der Gesellschaft Deutscher Chemiker (in der BRD)
herausgegeben von

Prof. Dr. **Heinrich Bertsch** und Prof. Dr. Dr. h. c. **Wilhelm Klemm**

132. JAHRGANG

1961

SEITE 15989—17456

Chefredakteure: Dr. Willi Barz (komm.) und Dr. Eugen Klever

1961

AKADEMIE-VERLAG GMBH · BERLIN
VERLAG CHEMIE · GMBH · WEINHEIM/BERGSTR.

Heft-Nr.	Seitenzahl	Ausgabedatum
45	15989—16348	8. November 1961
46	16349—16716	15. November 1961
47	16717—17084	22. November 1961
48	17085—17456	29. November 1961

Herausgeber: Prof. Dr. Heinrich Bertsch, Berlin, u. Prof. Dr. Dr. h. c. Wilhelm Klemm, Münster. Chefredakteure und verantwortlich für den Inhalt: Dr. Willi Barz (komm.), Berlin N 4, Schiffbauerdamm 19, Fernsprecher: 425571, und Dr. Eugen Klever, Berlin W 30, Geisbergstraße 39, Fernsprecher: 249541.

©

Verlag: Akademie-Verlag GmbH, Berlin W 8, Leipziger Str. 3—4 (Fernsprecher: 220441, Telex-Nr. 011773, Postscheckkonto Berlin 35021), und Verlag Chemie, GmbH, Weinheim/Bergstr. (Fernsprecher: Weinheim 3635 [Sammelnummer]; Fernschreiber: 0465516 chemieverl wnh: Postscheckkonten: Frankfurt/M. 145314 u. Berlin [West] 7430). Bestellnummer: 1007/132. Das Chemische Zentralblatt erscheint wöchentlich. Preis des Jahrganges einschl. Autoren-, Patent-, Sach- u. Formelregister: DM 960,—; einseitig bedruckte Ausgabe: DM 1050,—. Abgabe der Zeitschrift nur mit sämtlichen Registern. Abbestellungen nur bis spätestens 6 Wochen vor Ablauf des Kalenderjahres.
Alle Rechte, auch die der Übersetzung sowie der photomechanischen Wiedergabe, sind vorbehalten. — All rights reserved (including those of translations into foreign languages). No part of this issue may be reproduced in any form, by photoprint, microfilm or any other means, without written permission from the publishers.

Die Wiedergabe von Gebrauchsnamen, Handelsnamen, Warenbezeichnungen usw. in diesen Heften berechtigt auch ohne besondere Kennzeichnung nicht zu der Annahme, daß solche Namen im Sinne der Warenzeichen- und Markenschutz-Gesetzgebung als frei zu betrachten wären und daher von jedermann benutzt werden dürften.
Satz und Druck: VEB Leipziger Druckhaus, Leipzig, III/18/203. 11/61.
Veröffentlicht unter der Lizenznummer ZLN 5002 des Ministeriums für Kultur, Hauptverwaltung Verlagswesen.
Printed in Germany.

Die Aufgabe von Anzeigen kann sowohl beim Akademie-Verlag, Berlin, als auch beim Verlag Chemie GmbH, Weinheim/Bergstr., erfolgen

Abkürzungsverzeichnis

A	Ampère
A.	Äthylalkohol
Å	Angström
a	Jahr (nur für Dimensionen)
Abb.	Abbildung(en)
abs.	absolut(e)
Ae.	Diäthyläther
akt.	aktiv(e)
allg.	allgemein(e)
App.	Apparat(e), Apparatur(en)
asymm.	asymmetrisch(e)
at	Atmosphäre, technisch
atm	Atmosphäre, physikalisch
Atomgew.	Atomgewicht
ausg.	ausgegeben
AZ.	Acetylzahl
bar	Bar
bes.	besonders, besondere, insbesondere
Best.	Bestimmung(en)
Bibl.	Bibliographie(n)
bin.	binär
Bldg.	Bildung(en)
bzgl.	bezüglich
Bzl.	Benzol
Bzn.	Benzin
bzw.	beziehungsweise
C.	Chem. Zentralblatt (nur bei Zitaten)
c	Curie
ca.	zirka
cal	Calorie (Grammcalorie)
Chlf.	Chloroform
const	constans
cP	Centipoise
cSt	Centistokes
$D._4^{20}$	Dichte (bei 20° gemessen u. bezogen auf Wasser von 4°)
D	Debye
d	Tag (nur für Dimensionen)
DAB.	Deutsches Arzneibuch
dad. gek.	dadurch gekennzeichnet
Darst.	Darstellung(en)
Deriv.	Derivat
Derivv.	Derivate
Dest.	Destillation(en)
dest.	destillieren, destilliert(e)
d.h.	das heißt
DK	Dielektrizitätskonstante
DL	Dosis letalis
DTA	Differentielle Thermoanalyse
$E^{1\%}_{1\,cm}$	Extinktion (1% ige Lsg.; 1 cm Schichtdicke)
Eig.	Eigenschaft
Eigg.	Eigenschaften
Einfl.	Einfluß, Einflüsse
Einw.	Einwirkung(en)
EMK	Elektromotorische Kraft
Entw.	Entwicklung(en)
Ep.	Erstarrungspunkt
Epp.	Erstarrungspunkte
eV	Elektronenvolt
evtl.	eventuell
EZ.	Esterzahl
°F	Grad Fahrenheit
F.	Schmelzpunkt
FF.	Schmelzpunkte
Fl.	Flüssigkeit
Fll.	Flüssigkeiten
fl.	flüssig(e)
g	Gramm
Geh.	Gehalt(e)
gek.	gekennzeichnet(e)
gesätt.	gesättigt(e)
Geschw.	Geschwindigkeit(en)
Gew.	Gewicht(e)
ggf.	gegebenenfalls
Ggw.	Gegenwart
h	Stunde (nur für Dimensionen)
Herst.	Herstellung(en)
Hz	Hertz
I.E.	Internationale Einheit
i.m.	intramuskulär(e)
inakt.	inaktiv(e)
I.P.	Isoelektrischer Punkt
IR	Infrarot (Ultrarot)
i.v.	intravenös(e)
J	Joule
JZ.	Jodzahl
°K	Grad Kelvin
kcal	Kilogrammcalorie
Koeff.	Koeffizient(en)
Koll.	Kolloid(e)
koll.	kolloid(e), koloidal(e)
Kondens.	Kondensation(en)
Konst.	Konstante(n)
konst.	konstant(e)
Konstit.	Konstitution(en)
Konz.	Konzentration
Konzz.	Konzentrationen
konz.	konzentriert(e)
korr.	korrigiert(e)
Kp.	Siedepunkt
Kpp.	Siedepunkte
krist.	kristallisiert(e)
KW-Stoff	Kohlenwasserstoff
KW-Stoffe	Kohlenwasserstoffe
Labor.	Laboratorium, Laboratorien
l.c.	loco citato
Leg.	Legierung
Legg.	Legierungen
lösl.	löslich(e)
log	Logarithmus (allgemein)
Lsg.	Lösung
Lsgg.	Lösungen
Lsgm.	Lösungsmittel (Ein- u. Mehrzahl)
m	Meter
m	molar (Konzentrationsangabe)
Meth.	Methode(n)
Min.	Minute(n) (allgemein)
min	Minute (nur für Dimensionen)
Mitt.	Mitteilung(en)
mkr.	mikroskopisch(e)
ml	Milliliter
mμ	Millimikron
Mol	Grammolekül(e)
Mol.	Molekül
Moll.	Moleküle
mol.	molekular(e)
Molgew.	Molekulargewicht(e)
Mol.-Refr.	Molekularrefraktion(en)
n	normal (Konzentrationsangabe)
n-	normal (Isomerieangabe)
n_D^{20}	Brechungsindex (bei 20° u. D-Linie)
nachst.	nachstehend(e)
Nachw.	Nachweis(e)
Nd.	Niederschlag
Ndd.	Niederschläge
Oe	Oerstedt
opt.-akt.	optisch-aktiv(e)
p	Pond
PAe.	Petroläther
pH	Wasserstoffionenkonzentration (negativer dekad. Logarithmus)
pK	Dissoziationskonstante (negativer Logarithmus)
ppm	parts per million
Präp.	Präparat
Präpp.	Präparate
prim.	primär(e)
Prior.	Priorität(en), Unionspriorität(en)
Prod.	Produkt
Prodd.	Produkte
qual.	qualitativ(e)
quant.	quantitativ(e)

quart.	quartär(e) (Bindigkeit)
quatern.	quaternär(e)
°R	Grad Réaumur
r	Internationale Röntgeneinheit
rac.	racemisch(e)
rad	Einheit der absorbierten Strahlendosis
°Rank.	Grad Rankine
Red.	Reduktion
Redd.	Reduktionen
red.	reduziert(e)
Ref.	Referat
Reff.	Referate
rem	roentgen-equivalent-men
rep	roentgen-equivalent-physical
R_F	Retentionsfaktor (anteilmäßige Steighöhe)
RhZ.	Rhodanzahl
Rk.	Reaktion
Rkk.	Reaktionen
S	Sedimentationskonstante
s	Sekunde (nur für Dimensionen)
s.	siehe
schm.	schmelzend(e)
sd.	siedend(e)
Sek.	Sekunde(n), allgemein
sek.	sekundär(e)
sog.	sogenannt(e)
Spezif. Gew.	Spezifisches Gewicht
Std.	Stunde(n) (allgemein)
std.	stündig(e)
symm.	symmetrisch(e)
Synth.	Synthese(n)
Syst.	System(e)
SZ.	Säurezahl
t	Tonne, metrisch
Temp.	Temperatur(en)
tern.	ternär(e)
tert.	tertiär(e)
u.	und
u.a.	und andere, unter anderem
u.dgl.	und dergleichen
U/min	Umdrehungen pro Minute
ungesätt.	ungesättigt(e)
unlösl.	unlöslich(e)
unsymm.	unsymmetrisch(e)
Unters.	Untersuchung
Unterss.	Untersuchungen
USP.	United States Pharmacopeia
usw.	und so weiter
UV	Ultraviolett
V	Volt
Val	Grammäquivalent
Verb.	Verbindung
Verbb.	Verbindungen
verd.	verdünnt(e)
Verf.	Verfahren (Einzahl)
Verff.	Verfahren (Mehrzahl)
Verh.	Verhalten
Vers.	Versuch
Verss.	Versuche
Verw.	Verwendung(en)
Vf.	Verfasser(in) (Einzahl)
Vff.	Verfasser(innen) (Mehrzahl)
Vgl.	Vergleich(e)
vgl.	vergleiche
Vol.	Volumen, Volumina
Vork.	Vorkommen (Ein- u. Mehrzahl)
vorl.Mitt.	vorläufige Mitteilung(en)
Vorr.	Vorrichtung(en)
vorst.	vorstehend(e)
VZ.	Verseifungszahl
W	Watt
W.	Wasser
Wrkg.	Wirkung(en)
wss.	wässerig(e)
X	X-Einheit
z.B.	zum Beispiel
Zers.	Zersetzung(en)
z.T.	zum Teil
Zus.	Zusammensetzung(en)
♂	männlich (im biolog. Sinne)
♀	weiblich (im biolog. Sinne)
°	Grad Celsius
% ig.	prozentig
‰ ig.	promillig
~	angenähert, etwa gleich mit, rund
$\geqq$	gleich oder größer als
$\leqq$	gleich oder kleiner als
$>$	größer als
$<$	kleiner als
$\triangleq$	entspricht
∞	unendlich
∅	Durchmesser

Griech. Abkürzungen

$[\alpha]_D^{20}$	Opt. Drehung, spezifische (gemessen mit D-Linie bei 20°)
λ	Wellenlänge
λ_{max}	maximale Wellenlänge
λ_{min}	minimale Wellenlänge
μ	Mikrometer (auch Mikron genannt)
μg	Mikrogramm (auch Gamma genannt)
Ω	Ohm

Kurzzeichen der Vorsätze für Einheiten

T	Tera-	10^{12} Einheiten
G	Giga-	10^{9} Einheiten
M	Mega-	10^{6} Einheiten
k	Kilo-	10^{3} Einheiten
h	Hekto-	10^{2} Einheiten
da	Deka-	10^{1} Einheiten
d	Dezi-	10^{-1} Einheiten
c	Zenti-	10^{-2} Einheiten
m	Milli-	10^{-3} Einheiten
μ	Mikro-	10^{-6} Einheiten
n	Nano-	10^{-9} Einheiten
p	Pico-	10^{-12} Einheiten

Patent-Abkürzungen

D. A. S.	Deutsche Auslegeschrift
D. B. P.	Deutsches Bundes-Pat.
D. P. [DDR]	Deutsches [DDR] Patent
D. R. P.	Deutsches Reichs-Pat.
A. P.	Amerikanisches Patent
Aust. P.	Australisches Patent
Belg. P.	Belgisches Patent
Can. P.	Canadisches Patent
Dän. P.	Dänisches Patent
E. P.	Englisches Patent
Finn. P.	Finnisches Patent
F. P.	Französisches Patent
Holl. P.	Holländisches Patent
Ind. P.	Indisches Patent
It. P.	Italienisches Patent
Jap. A. S.	Japan. Auslegeschrift
Jug. P.	Jugoslawisches Patent
Norw. P.	Norwegisches Patent
Oe. P.	Österreichisch. Patent
Poln. P.	Polnisches Patent
Schwed. P.	Schwedisches Patent
Schwz. P.	Schweizer Patent
Tschech. P.	Tschechoslowakisches Patent
UdSSR. P.	Sowjetisches Patent
Ung. P.	Ungarisches Patent

Für die fachliche Rechtschreibung in den Referaten und Registern des Chemischen Zentralblattes ist die 2. Auflage (Verlag Chemie GmbH Weinheim/Bergstr. u. VDI-Verlag GmbH Düsseldorf; 1959) der „Rechtschreibung der technischen und chemischen Fremdwörter" von Jansen-Mackensen bestimmend.

Dr. Willi Barz (komm.) und Dr. Eugen Klever, Chefredakteure

Chemisches Zentralblatt

1961 **Bibliographien** Nr. 48

Neue Bücher

A_8. Präparative anorganische Chemie. Komplexverbindungen Metallorganische Verbindungen.

N. P. Galkin, A. A. Maiorow, U. D. Werjatin u. a., Chemie und Technologie der Fluorverbindungen des Urans. Moskau: Gossatomisdat. 1961. (348 S. m. Abb.) 1 Rbl. 67 Kop. [Russ.]

H. VII. Agrikulturchemie. Schädlingsbekämpfung

Ja. W. Peiwe, Biochemie der Böden. Moskau: Sselchosgis. 1961. (422 S.) 99 Kop. [Russ.]

Ausgewertete Bibliographie-Fachzeitschriften

Belgien	Bibliographie de Belgique — Belgische Bibliographie
ČSSR	Bulletin — Die Neuesten Forschungsergebnisse der Tschechoslowakischen Wissenschaft
	Nové Knihy (Neue Bücher)
	Novinky (Neuheiten)
Dänemark	Danske Bogmarked
Deutschland	Börsenblatt für den Deutschen Buchhandel — Frankfurter Ausgabe
	Börsenblatt für den Deutschen Buchhandel — Leipziger Ausgabe
	Deutsche Bibliographie. Wöchentliches Verzeichnis. Ausgabe II. [Frankfurt/Main]
	Deutsche Nationalbibliographie. Reihe A: Neuerscheinungen des Buchhandels [Leipzig]
England	British Books (Incorporating the Publishers Circular & Booksellers Record)
	British National Bibliography
Frankreich	Bibliographie de la France
Holland	Nieuwsblad voor de Boekhandel
Italien	Bibliografia Nazionale Italiana
Japan	Nōhon Shūhō (Current Publications)
Österreich	Österreichische Bibliographie
Schweiz	Schweizer Buch. Serie A und Serie B
UdSSR	Bücherverzeichnis des Jahres (Книжная летопись)
	Neue Bücher (Новые книги)
USA	Publishers' Weekly

Ein vollständiger oder gekürzter Abdruck der Referate ist
ohne Genehmigung der Redaktion und des Verlages verboten!

Namenregister

NIKOLAI N. SEMJONOW

Einige Probleme der chemischen Kinetik und Reaktionsfähigkeit

(Freie Radikale und Kettenreaktionen)

Übersetzung aus dem Russischen

Vom Autor neubearbeitete und autorisierte Ausgabe

in deutscher Sprache herausgegeben von Günter Wagner

1961 · XIV, 537 Seiten · 104 Abbildungen · 58 Tabellen · gr. 8° · Ganzleinen DM 49 —

Das Werk gibt in eingehender Analyse den gegenwärtigen Stand der Lehre von der chemischen Kinetik und Reaktionsfähigkeit wieder und weist der weiteren Entwicklung dieses Wissenszweiges den Weg. Neben einer Vielzahl eigener Arbeiten berücksichtigt der Nobelpreisträger Prof. Semjonow umfassend das entsprechende Weltschrifttum. Die Literatur ist bis 1958 ausgewertet.

Bestellungen durch eine Buchhandlung erbeten

THEORIA CUM PRAXI

AKADEMIE-VERLAG · BERLIN

Patentregister

Belgische Patente

(Belg.P.)

Englische Patente

(E.P.)

Französische Patente

(F.P.)

Nr.	Seite	Nr.	Seite	Nr.	Seite	Nr.	Seite
Schwz.P. 346300	17338	Schwz.P. 349600*	17307	Schwz.P. 350292*	17306	Schwz.P. 351162*	17426
Schwz.P. 346528*	17332	Schwz.P. 349617*	17307	Schwz.P. 350293*	17307	**Sowjetische Patente (UdSSR.P.)**	
Schwz.P. 347930*	17431	Schwz.P. 349956*	17332	Schwz.P. 350402*	17400	UdSSR.P. 117009	17384
Schwz.P. 348151	17343	Schwz.P. 349957*	17332	Schwz.P. 350467	17405	UdSSR.P. 117367	17389
Schwz.P. 348957*	17393	Schwz.P. 349977*	17364	Schwz.P. 350639*	17346	UdSSR.P. 117460	17385
Schwz.P. 349155	17434	Schwz.P. 349984*	17307	Schwz.P. 350662*	17393	UdSSR.P. 117493	17389
Schwz.P. 349413*	17411	Schwz.P. 349986*	17307	Schwz.P. 350744*	17394	UdSSR.P. 120841	17391
Schwz.P. 349595*	17364	Schwz.P. 350060*	17412	Schwz.P. 350960*	17346		

J. C. POGGENDORFF

Biographisch-literarisches Handwörterbuch der exakten Naturwissenschaften

Band VII a, Teil 4: S—Z, Sechste Lieferung

Unter Mitwirkung
der Akademien der Wissenschaften zu Berlin, Göttingen, Heidelberg, München und Wien

herausgegeben
von der Sächsischen Akademie der Wissenschaften zu Leipzig

Redigiert von Prof. Dr. Rudolph Zaunick
und Prof. Dr. Hans Salié

1961. 112 Seiten — gr. 8⁰ — DM 16,—

Bestellungen durch eine Buchhandlung erbeten

THEORIA CUM PRAXI

AKADEMIE-VERLAG · BERLIN

FRAGE:

Wie viele 4d-Elektronen hat Molybdän?

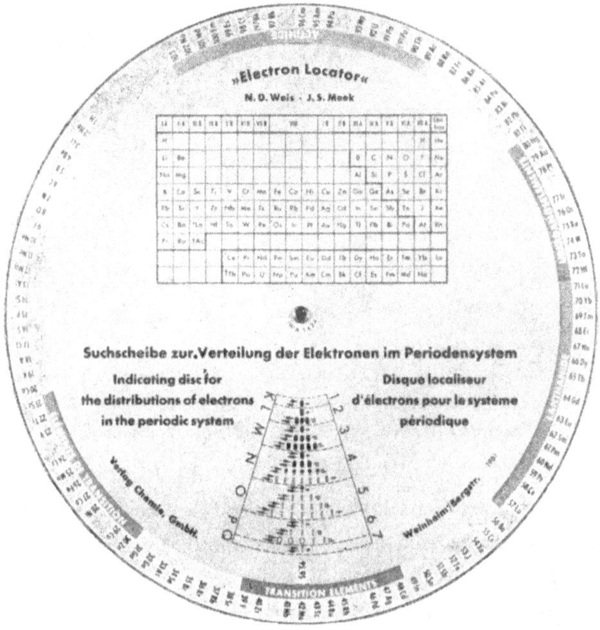

N. D. Weis
J. S. Meek

Electron Locator

ANTWORT: ——↑

1/2 natürl. Größe

Suchscheibe zur Verteilung der Elektronen im Periodensystem

Zwei gegeneinander drehbare, dreifarbige Plastikscheiben, 18 cm Durchmesser. Mit Hülle DM 10,–
Durch Einstellen des gesuchten Elementes auf dem Rand der Suchscheiben kann man sofort folgende Angaben ablesen:

1. die Ordnungszahl
2. das Atomgewicht
3. die Elektronenanordnung im Grundzustand
4. in welches Elektronenniveau das gegenüber dem vorhergehenden Element neu hinzugekommene Elektron eingebaut wird

Die Suchscheibe bedeutet für jeden Chemiker und Physiker Zeitersparnis und Arbeitserleichterung, auch schon für den Studenten.

VERLAG CHEMIE · GMBH · WEINHEIM/BERGSTR.

Internationale Revue der gesamten Hydrobiologie

Begründet von R. Woltereck
Herausgegeben von Hubert Caspers, Hamburg
Fritz Gessner, München · Arno Wetzel, Leipzig

Unter Mitarbeit von
P. Bourrelly, Paris · V. Brehm, Lunz · B. Fott, Prag · D. G. Frey, Bloomington · H. Luther, Helsinki · R. Margalef, Barcelona · C. H. Mortimer, Millport · H. Oka, Tokio · W. Rodhe, Upsala W. Schäperclaus, Berlin · V. Tonolli, Pallanza · L. Zenkevitch, Moskau

Mit dieser Zeitschrift wollen die Herausgeber der immer weitergehenden und unvermeidbaren Spezialisierung die Einheit der hydrobiologischen Forschung wahren.
Sie behandeln — den Absichten des Begründers der Zeitschrift, R. Woltereck, folgend — das Gesamtgebiet der Hydrobiologie, das heißt also, Limnologie und marine Hydrobiologie in gleichem Maße und streben innerhalb dieser beiden Teilgebiete größte Vielseitigkeit an.
Darüber hinaus legen Herausgeber und Verlag großen Wert darauf, die Tradition der „Revue" als eines wahrhaft internationalen Organs fortzuführen.
Die Zeitschrift steht allen Hydrobiologen zur Publikation ihrer Arbeiten offen und erörtert Probleme aus allen Teilen der Welt.

Ab Band 46 erscheint die Zeitschrift vierteljährlich im AKADEMIE-VERLAG · BERLIN mit 160 Seiten je Heft, zahlreichen Abbildungen und im Format 16,7 × 24 cm

Der Bezugspreis beträgt je Heft DM 30,—

Bestellungen durch eine Buchhandlung erbeten

AKADEMIE-VERLAG · BERLIN

Chemisches Zentralblatt

1961 Nr. 48 29. November

A. Allgemeine, physikalische und anorganische Chemie

Beitrag zur Diskussion über anorganisch-chemische Nomenklatur. Stanislav Škramovský. (Chem. Zvesti 11. 236—42. 1957. Praha, Katedra anorg. chemie, Matemat.-fys. fak., Karlovy univ.) (Tschech.)

Diskussionsbeitrag zum ersten Teil der „Terminológia anorganickej a fyzikálnej chémie (Terminologie der anorgan. u. physikal. Chemie.)“, herausgegeben von der Slowak. Akad. der Wiss. in Bratislava. Betrifft hauptsächlich die Übereinstimmung der tschechoslowak. mit der internationalen Nomenklatur anorgan. Verbindungen.
J. Tůmová. 10□

Einige Bemerkungen zur Nomenklatur anorganischer Stoffe. Miroslav Zikmund. (Chem. Zvesti 11. 242—44. 1957. Bratislava, Odd. anorg. chem., Chem. ústavu Slov. akad. vied.) (Tschech.) — Vgl. vorst. Referat.

Diskussionsbeitrag zum 1. Teil der „Terminológia anorganickej a fyzikálnej chémie. Betrifft bes. Bemerkungen zur Einhaltung der durch die I.U.P.A.C. im Juli 1957 in Paris festgelegten Richtlinien. J. Tůmová. 10□

Eine logische Rechtschreibung. Oxygenium — Oxide. J. Jennen. (Meded. vlaamse chem. Veren. **22.** 45—47. März/April 1960. Lid Nomenclatuurcommissie V. C.V.) (Fläm.)

Vf. unterstützt die Schreibweise „Oxide“ für alle Zusammenziehungen des Wortes „Oxygenium“ mit der Nachsilbe „ide“ gemäß den Vereinbarungen der I.U.P.A.C. 1955 in Zürich. Dagegen sollen die übrigen O-Verbb. weiterhin mit „y“ geschrieben werden, z. B. Hydroxylamin. J. Lehmberg. 10□

A_1. Kernphysik und Kernchemie

Der Einfluß kleiner Fackeln auf die Intensität der Neutronenkomponente der Höhenstrahlung. P. Chaloupka, M. Jireš und T. Kowalski. (Czechoslov. J. Physics B **10.** 769—71. 1960. Bratislava, Slovak. Acad. of Sci., Labor. of Phys.; Warsaw, Pol. Acad. of Sci. Geophys. Base.) (Engl.)

Vff. zeigen, daß die kleinen Fackeln in der Periode des Maximums der Sonnenflecken keinen mittels eines Neutronenmonitors auf der Erde nachweisbaren Anstieg der Neutronenkomponente bewirken. Hierbei ist von der Emission von Teilchen, die in den Fackeln beschleunigt werden u. die Neutronenintensität stark erhöhen, abgesehen.
M. Wiedemann. 85□

Rasche Abnahme der Höhenstrahlintensität im interplanetarischen Raum. C. Y. Fan, Peter Meyer und J. A. Simpson. (Physic. Rev. Letters **5.** 269—71. 15/9. 1960. Chicago, Ill., Univ. of Chicago, Enrico Fermi Inst. for Nucl. Stud.) (Engl.)

Auf Pioneer V, der am 11/3. 1960 aufstieg, wurden mit einem Dreifachkoinzidenzteleskop, umgeben von 5 g/cm² Pb, Protonen mit mehr als 75 MeV sowie Elektronen mit mehr als 13 MeV erfaßt. Ferner wurde die Nucleonenkomponente auf der Erde gemessen. Am 31/3. 1961 wurde eine starke Abnahme der Intensität beobachtet. Es fanden sich Hinweise für die Emission von leitendem Plasma von der Sonne in Verbindung mit Sonnenfackeln, wodurch die galakt. Höhenstrahlung herabgesetzt wird. Die Front bewegt sich mit 2000 km/sec. M. Wiedemann. 85□

Experimente über die elfjährigen Variationen der Höhenstrahlungsintensität mittels einer Raumsonde. C. Y. Fan, Peter Meyer und J. A. Simpson. (Physic. Rev. Letters **5.** 272—74. 15/9. 1960.) (Engl.) — Vgl. vorst. Referat.

Vom Satelliten Explorer VI (7/8. 59) u. der Raumsonde Pioneer V (11/3. 60) wurde ein Höhenstrahldetektor in den interplanetarischen Raum gebracht. Es wurden Hinweise erbracht, daß zur Zeit des solaren Minimums das Spektrum dem wirklichen galakt. Spektrum entspricht u. daß beim Maximum der solaren Aktivität eine elektromagnet. Modulation in Verbindung mit der solaren Aktivität den Strom galakt. Teilchen ins Sonnen-Syst. abschwächt. M. Wiedemann. 85□

Doppler-verschobene Cyclotronfrequenz-Strahlung von Protonen in der Exosphäre. W. B. Murcray und J. H. Pope. (Phys. Rev. Letters **4.** 5—6. 1/1. 1960. Alaska, Univ. of Alaska, Geophys. Inst.) (Engl.)

Die Frage, ob das sog. „dawn chorus"-Phänomen auf die Strahlung von Protonen mit Doppler-Verschiebung, die mit der Cyclotronfrequenz $1{,}54 \cdot 10^3$ B (B = Feldstärke in Gauß) um die magnet. Kraftlinien der Erde rotieren, zurückgeführt werden kann, wird diskutiert. Die Doppler-Verschiebung wird berechnet, die Dispersionskurve wird wiedergegeben. M. Wiedemann. 85□

Photoerzeugung von Mesonen aus Wasserstoff und Deuterium. Robert W. Kenney, Edward A. Knapp, Victor Perez-Mendez und Walton A. Perkins. (Physic. Rev. [2] **122.** 1631—33. 1/6. 1961. Berkeley, Calif., Univ. of California, Lawrence Radiat. Labor.) (Engl.)

Die relativen Ausbeuten der durch 340-MeV-Synchrotronbremsstrahlung in fl. H_2 u. D_2 erzeugten positiven Pionen wurden im Labor.-Syst. unter Winkeln von 20, 40 u. 60° u. bei Pionenenergien zwischen 45 u. 145 MeV gemessen. Das Verhältnis der relativen Ausbeuten aus H_2 u. D_2 war als Funktion des Winkels ungefähr konstant, nahm aber mit der Pionenenergie monoton von $0{,}90 \pm 0{,}05$ bei 45 MeV bis $0{,}55 \pm 0{,}07$ bei 145 MeV ab. Ein Vgl. mit der Theorie zeigt eine graduelle Änderung von Nucleon-Spinflip- nahe der Schwelle zu Nicht-Spinflip-Übergängen oberhalb 140 MeV sowie Endzustandswechselwrkg. bei der π-Photoerzeugung aus Deuterium.

Herbert Weber. 90□

Mögliche Anomalie in der Mesonenerzeugung bei p + d-Stößen. Alexander Abashian, Norman E. Booth und Kenneth M. Crowe. (Physic. Rev. Letters **5.** 258—60. 15/9. 1960. Berkeley, Calif., Univ. of California, Lawrence Radiol. Labor.) (Engl.)

Protonen des 184-in.-Cyclotrons fielen auf gasförmiges D_2 bei 320 at u. der Temp. des fl. N_2. Die erzeugten ^{3}He-Kerne wurden magnet. ausgewählt u. mittels Scintillatoren nachgewiesen. Die verschiedenen Reaktionsmöglichkeiten sind zusammengestellt. Unter 11,7° im Labor.-Syst. wurde das Impulsspektrum der ^{3}He im Bereich von 1—1,6 GeV/c für Protonenenergien von 624—743 MeV aufgenommen. Aus dem Spektrum ergibt sich ein Maximum mit einer Masse oder Energie von 310 MeV. Dieses kann durch ein neues neutrales Teilchen oder ein Resonanz-π-π-Syst. gedeutet werden.

M. Wiedemann. 90□

Mesonenstreuung an Nucleonen. 1. Mitt. I. Úlehla. (Czechoslov. J. Physics B **10.** 701—13. 1960 Prague, Czechosl. Acad. Sci., Inst. of Nucl. Res.) (Engl.)

Im Bereich geringer Energien kann die phänomenolog. Theorie des Nucleons unter Verw. der vom Vf. aufgestellten anomalen Gleichungen für Teilchen mit dem Spin 1/2 das Ansteigen der Streuquerschnitte mit der Energie befriedigend wiedergeben, falls die Wechselwrkg.-Konst. u. der Anomalieparameter passend gewählt werden. Zwischen Nucleon u. Pion wird pseudoskalare Kopplung angenommen. Die Streuung wird in der ersten Näherung der Störungstheorie berechnet. M. Wiedemann. 90□

π^+-p-Streuung und Phasenverschiebungsanalyse bei 310 MeV. James H. Foote, Owen Chamberlain, Ernest H. Rogers, Herbert M. Steiner, Clyde Wiegand und Tom Ypsilantis. (Physic. Rev. Letters **4.** 30—99. 1/1. 1960. Berkeley, Calif., Univ. of California, Lawrence Radiat. Labor.) (Engl.)

Mit dem 184-in.-Cyclotron wurden Daten über die elast. π^+-p-Streuung bei 310 MeV erhalten, u. zwar bzgl. der differentiellen u. totalen Wrkg.-Querschnittes sowie der Polarisation der Rückstoßprotonen. Diese Daten werden nach S-, P- u. D-Wellen analysiert, die Physenverschiebungen werden ermittelt. M. Wiedemann. 90□

K^--D-Absorption und eine π-Σ-Resonanz. R. L. Schult und R. H. Capps. (Physic. Rev. [2] **122.** 1659—62. 1/6. 1961. Ithaca, N.Y., Cornell Univ., Labor. of Nucl. Stud.; Evanstone, Ill., Northwestern Univ., Dep. of Phys.) (Engl.)

Die Verzweigungsverhältnisse für die Rkk. $K^- + d \rightarrow \pi + Y + N$ werden mit denen für die Rkk. $K^- + p \rightarrow \pi + Y$ verglichen. Es wird gezeigt, daß einige dieser Deuteron-Verzweigungsverhältnisse von der Hyperon-Nucleon-Endzustands-Wechselwrkg. unabhängig u. mit den Proton-Verzweigungsverhältnissen nicht vereinbar sind. Die wahrscheinlichste Erklärung der Diskrepanz ist die Ggw. einer π-Σ-Resonanz mit Isotopensin Null einige MeV unterhalb der K^- + p-Schwelle, was in Einklang mit Unterss. über die K^--p-Streulänge ist. Herbert Weber. 90□

Wechselwirkungen von K^--Mesonen in Ruhe in Kernemulsionen. 5. Mitt. **Der Multinucleoneneinfangmodus.** M. Nikolić, Y. Eisenberg, W. Koch, M. Schneeberger und H. Winzeler. (Helv. physica Acta **33.** 221—36. 15/6. 1960. Bern, Univ., Physik. Inst.) (Engl.) — 4. vgl. C. **1960.** 2407.

In Kernemulsionen wurden 1100 K^--Absorptionen in Ruhe beobachtet, von denen 400 als $K^- + 2N \rightarrow N + Y$ mit N = Nucleon u. $Y = \Lambda^0$ oder Σ gedeutet werden. Der Anteil des Einfangs durch zwei Nucleonen beträgt danach 37 + 5%, jedoch konnten nur 36 geladene Σ-Hyperonen nachgewiesen werden. Die Anteile der einzelnen Typen des Zweinucleoneneinfangs werden ebenfalls ermittelt. Die Energiespektren der Σ unterscheiden sich wesentlich beim Ein- u. Zweinucleoneneinfang. Vermutlich findet der Multinucleoneneinfang bes. in den schweren Kernen der Emulsion (Ag u. Br) statt. Die Daten sind mit einem Modell der peripheren K^--Absorption, wobei sich ein langlebiges Σ^* bildet, verträglich. M. Wiedemann. 90□

Wechselwirkungen von K^--Mesonen in Ruhe in Kernemulsionen. 6. Mitt. Der Einnucleoneneinfangmodus. W. Koch, Y. Eisenberg, M. Nikolič, M. Schneeberger und H. Winzeler. (Helv. physica Acta **33.** 237—54. 15/6. 1960. Bern, Physik. Inst.) (Engl.) — 5. vgl. vorst. Referat.

Der Anteil der Einfänge nach $K^- + N \rightarrow Y + \pi$ wurde zu 63 ± 5% bestimmt, dieser Einfang findet vorwiegend in den leichten Kernen der Emulsion statt (C, N, O). Beobachtet wurden 373 Pionen. Die einzelnen Rk.-Raten wurden berechnet. Σ- oder π-Ladungsaustauschstreuung kommt sehr selten vor. M. Wiedemann. 90□

Polarisation der Λ^0 aus der Photoerzeugung in Wasserstoff. B. D. McDaniel, P. Joos, D. McLeod, S. Richert und D. Zipoy. (Physic. Rev. Letters **4.** 33—35. 1/1. 1960. Ithaca, N.Y., Cornell Univ.) (Engl.)

Mittels der Bremsstrahlung des Synchrotrons wurde die Rk. $\gamma + p \rightarrow K^+ + \Lambda^0$ an fl. H_2 durchgeführt. Die Polarisation der Λ^0 bzgl. der Erzeugungsebene wurde aus dem Zerfall $\Lambda^0 \rightarrow p + \pi^-$ ermittelt. K-Meson u. Proton wurden in Koinzidenz nachgewiesen. Die K wurden magnet. ausgewählt. Die Polarisation der Λ^0 für einen Erzeugungswinkel von 32° im Schwerpunkts-Syst. ergab sich zu $P < 0{,}05 \pm 0{,}15$. Demnach dürfte bei der Erzeugung der s-Zustand vorherrschen. M. Wiedemann. 90□

Protonenhelizität beim Λ-Zerfall. Robert W. Birge und William B. Fowler. (Physic. Rev. Letters **5.** 254—57. 15/9. 1960. Berkeley, Calif., Univ. of California, Lawrence Radiat. Labor.) (Engl.)

Wenn Hyperonen zusammen mit K^0-Mesonen bei π^-–p-Rkk. erzeugt werden, so besteht eine starke Asymmetrie der Zerfalls-Prodd. bzgl. der Erzeugungsebene. Infolge Nichterhaltung der Parität beim Zerfallsprozeß sind die Zerfallsprotonen aus unpolarisierten Λ im Schwerpunkt-Syst. polarisiert. Im Labor.-Syst. wird beim Zerfall der Λ im Flug eine transversale Polarisation der Protonen beobachtet, die durch Streuung nachgewiesen werden kann. Von 800 Zerfällen unter 20000 Λ eigneten sich 212 für eine nähere Analyse. Im Gegensatz zu theoret. Annahmen ergab sich positive Helizität der Protonen. M. Wiedemann. 90□

Relative Σ^0–Λ^0-Parität aus dem Σ^0-Zerfall. Louis Michel und Houchangue Rouhaninejad. (Physic. Rev. [2] **122.** 242—52. 1/4. 1961. Seine-et-Oise, Labor. de Phys. Théor. et Hautes Energies.) (Engl.)

Theoret. Unters. über die Möglichkeit einer Best. der relativen Σ^0–Λ^0-Parität in Blasenkammer-Experimenten über Erzeugung u. Zerfall polarisierter Σ^0. Herbert Weber. 90□

Über die π-Mesonenzerfälle des Hyperkerns $^3_\Lambda H$. W. A. Ljulka. (Журнал Экспериментальной и Теоретической Физики [J. exp. theoret. Physik] **39.** 78—79. Juli 1960.) (Russ.)

Das Verhältnis der Lebensdauern der Zerfälle des Hyperkerns $^3_\Lambda H$ zu $^3He + \pi^-$ u. zu $d + p + \pi^-$ wird in der Impulsapproximation u. unter Beachtung der Wechselwrkg. im Proton–Deuteron-Syst. berechnet. Für einen Spin $j = 1/2$ des $^3_\Lambda H$ ergibt sich für das Verhältnis $0{,}67 \geqslant w^{1/2} \geqslant 0{,}53$; $1{,}42 \leqslant w^{3/2} \leqslant 5{,}31$, was mit den experimentellen Befunden $w \leq 1$ übereinstimmt. M. Wiedemann. 90□

Verfahren zur Sichtbarmachung und die neuen Teilchen. G. D. Rochester. (School Sci. Rev. **42.** 2—11. Nov. 1960. Durham, Univ., Durham Colleges.) (Engl.)

Überblick über die neuen Teilchen (Mesonen, Hyperonen, Antiteilchen) u. ihren Nachw. mittels Nebelkammern, Kernemulsionen u. Blasenkammern. Herbert Weber. 90□

Begrenzungen der Dispersionsbeziehungen. John G. Taylor. (Ann. Physics **10.** 516—35. Aug. 1960. Cambridge, Univ., Dep. of Appl. Math. and Theoret. Phys.) (Engl.)

Unter Verw. der Störungstheorie untersucht Vf. die Glieder 4. Ordnung für die elast. Streuung von 2 gleichschweren, neutralen skalaren Bosonen u. gelangt zu $\Delta^2_{max} = 2\,m^2$ für die Gültigkeitsgrenzen des allg. Beweises. Weitere Betrachtungen zeigen, daß die Dispersionsbeziehungen für alle Werte der Impulsübertragung Δ durch dieses Diagramm befriedigt werden. Gleichfalls ist dieses Diagramm für die Austauschstreuung von Nucleonen an Nucleonen u. andere Streuungen anwendbar. G. Ewald. 90□

Weitere Bemerkungen zu den Fehlern bei Polarisationsmessungen. Edward J. Burge. (Nuclear Instruments Methods [Amsterdam] **7.** 221—22. Mai 1960. London, King's Coll., Wheatstone Labor.) (Engl.)

Weiterer Ausbau der in C. **1961.** 2164 referierten Arbeit. L. Roth. 90□

Die experimentelle Klärung der Gesetze der β-Radioaktivität. E. J. Konopinski. (Annu. Rev. Nuclear Sci. **9.** 99—158. 1959. Bloomington, Ind., Indiana Univ., Phys. Dep.) (Engl.)

Übersicht über Parität u. Ladungssymmetrie, Fermi-Theorie, die Natur des Neutrinos u. die universelle Fermi-Wechselwirkung. — 104 Literaturhinweise. P. Golinske. 90□

Über die Erzeugung von Bündeln schneller Neutrinos. W. Ss. Baraschenkow und Din-Tschan Ssjan. (Атомная Энергия [Atomenergie] **9.** 489—90. Dez. 1960.) (Russ.)

Intensive Strahlen energiereicher Neutrinos können in großen Protonenbeschleunigern erhalten werden; die bei Nucleon–Nucleon-Stößen entstehenden Pionen zerfallen zu Neutrinos. Energiespektrum u. Winkelverteilung der Neutrinos können für kleine Winkel zur Protonenrichtung berechnet werden. Durch 1 cm^2 eines Detektors im Abstand 30 cm gehen $1{,}1 \cdot 10^{-8}$ Neutrinos (je unelastischer NN-Stoß) im Abstand von 50 oder 100 cm $0{,}6 \cdot 10^{-8}$ bzw. $0{,}27 \cdot 10^{-8}$. M. Wiedemann. 90□

Nichtadiabatische Theorie der Streuung von Elektronen an Wasserstoff. A. Temkin. (Physic. Rev. Letters **4.** 566—68. Juni 1960. Washington, D.C., Nat. Aeronaut. and Space Admin., Goddard Space Flight Center, Theoret. Div.) (Engl.)

Vf. berechnet die Streulängen u. die Phasenverschiebung mittels der nichtadiabat. Hypothese für die oberen Terme des H-Atoms; die daraus ermittelten Streulängen ergeben sich zu $a_s = 7{,}6$ u. $a_t = 2{,}2$. H. Schirrwitz. 90□

Über die Form der Absorptionskurve der β-Strahlung in Aluminium. N. Je. Zwetajewa. (Атомная Энергия [Atomenergie] **9.** 507—08. Dez. 1960.) (Russ.)

Mittels graph. Integration wurde die Absorptionskurve für einfache β-Spektren mit 200 u. 600 keV u. Kernladungszahlen der β-Strahler von 4, 20 u. 80 in Al bis zu 70 g/cm^2 Dicke berechnet. Die Abhängigkeit der Halbwertsdicke von der Energie (bis 0,6 MeV) wurde ermittelt. Die experimentellen Meßpunkte von ^{90}Sr, ^{45}Ca u. ^{60}Co liegen befriedigend auf den Kurven, ^{35}S dagegen nicht. M. Wiedemann. 90□

Positronenvernichtung in LiH. A. T. Stewart und R. H. March. (Physic. Rev. [2] **122.** 75—76. 1/4. 1961. Halifax, Nova Scotia, Dalhousie Univ.) (Engl.)

Ein neuer Effekt wurde bei der Positronenvernichtung in Kristallen beobachtet. Während bei Alkalihalogeniden die Elektron–Positron-Wellenfunktion (γ-Strahlung) wie auch die Hartree–Fock-Wellenfunktion der Außenschalenelektronen des negativen Ions Elektronendichteverteilungen ergeben, die mit den röntgenograph. gemessenen ident. sind, zeigen die Messungen der Winkelbeziehungen von Photonen aus Positronenvernichtung in polykristallinen LiH u. NaH, daß die aus der Elektron–Positron-Wellenfunktion erhaltene Dichteverteilung viel weiter geht als die der Außenschalenelektronen des H^--Ions. W. Sobieski. 90□

Elektromagnetische Struktur des Nucleons. 1. Mitt. Kichiro Hiida, Noboru Nakanishi, Yukihisa Nogami und Masayuki Uehara. (Progr. theoret. Physics [Kyoto] **22.** 247—73. Aug. 1959. Kyoto, Kyoto Univ., Res. Inst. for Fundament. Phys. and Dep. of Phys.; Sakai, Univ. of Osaka Prefecture, Dep. of Phys.) (Engl.) — 3. vgl. C. **1961.** 16352.

Bzgl. des Isovektorteils der Struktur werden die Verteilungsfunktionen von Ladung u. anomalem magnet. Moment unter Verw. von 2 verschiedenen Meth. erhalten. Die Mesonenstrukturkorrektur in der Störung 4. Ordnung wird berechnet. Bzgl. des Isoskalarteils wird der 3-π-Zustandsbeitrag in der Störung niedrigster Ordnung berechnet. Gerhard Schmidt. 90□

Das Potential im ungerade-Triplettzustand des Zweinucleonensystems. T. Hamada, J. Iwadare, S. Otsuki, R. Tamagaki und W. Watari. (Progr. theoret. Physics [Kyoto] **22.** 301—04. Aug. 1959. Sydney Univ.; Kyoto Univ.; Nagoya Univ.; Hokkaido Univ.; Osaka City Univ.) (Engl.)

Vers. einer Phasenverschiebungsanalyse für die p–p- u. n–p-Streuung bei 90 u. 150 MeV unter Verw. des Einpion-Austauschpotentials u. Wiedergabe der p–p-Einfach- u. Doppelstreudaten. Beispiele der so ausgewählten Potentiale (im ungerade-Triplettzustand) werden graph. dargestellt. Gerhard Schmidt. 90□

Form des Einpion-Austauschpotentials. G. Breit, M. H. Hull jun., K. Lassila und H. M. Ruppel. (Physic. Rev. Letters **5.** 274—76. 15/9. 1960. New Haven, Conn., Yale Univ.) (Engl.)

Die p–p- u. n–p-Daten werden zur Prüfung der mathemat. Form des Einpion-Austauschpotentials herangezogen. Die durchgeführten Teste bestätigen die Form des Potentials. M. Wiedemann. 90□

Zeitliche Veränderung der Raum–Energie-Verteilung der Neutronen aus einer Impulsquelle. I. G. Djadkin und E. P. Batalina. (Атомная Энергия [Atomenergie] **10.** 5—12. Jan. 1961.) (Russ.)

Das nichtstationäre Problem der Abhängigkeit der räumlichen u. energet. Verteilung der Neutronen einer Impulsquelle von der Zeit, die z. B. als geophysikal. Meth. zum Nachw. von Petroleum führenden Schichten wichtig ist, wird behandelt. Die zeitliche Verteilung der Neutronen einer gegebenen Energie gehorcht meist der Poisson-Verteilung. Unabhängigkeit sowie Korrelation zwischen Raum-Energie- u. Energie–Zeit-Verteilung werden diskutiert. Als Beispiel werden die räumliche u. zeitliche Verteilung von 1,5-eV-Neutronen in Sand mit verschiedenem Wasser-Geh. bestimmt. M. Wiedemann. 90□

Einfluß des ergodischen Verhaltens auf die Streuung langsamer Neutronen an einem harmonischen Oscillator. Theodore J. Krieger. (Physic. Rev. [2] **121.** 1388—90. 1/3. 1961. Upton, N.Y., Brookhaven Nat. Labor.) (Engl.)

Vf. zeigt, daß zufällige Quantensprünge eines harmon. Oscillators in Kontakt mit einem Wärmebad eine allg. Verbreiterung der Maxima der Streuung langsamer Neutronen zur Folge haben. Eine Ausnahme davon bildet der Fall des Maximums der elast. Streuung, dessen eine Hauptkomponente unverbreitert bleibt. Im allg. nimmt die Verbreiterung mit der Zahl der übertragenen Quanten zu. D. Jörchel. 90□

Über die Konvergenzreihen der Mehrgeschwindigkeitstheorie der Neutronendiffusion. A. W. Stepanow. (Атомная Энергия [Atomenergie] **8.** 550—51. Juni 1960.) (Russ.)

Ein Fehler der Mehrgruppenbeschreibung der Neutronenverlangsamung ist die schlechte Konvergenz der Reihen. Mit einer besser konvergierenden Reihe wird die Neutronenverteilung in einem einatomaren, gasförmigen Moderator ermittelt. M. Wiedemann. 90□

Reaktorphysik, Kinetik und Steuerung. A. Ascari und L. Orsoni. (Energia Nucleare, Suppl. **5.** 707—15. Nov. 1958. Milano, SORIN u. Montecatini.) (Ital.)

Überblick über Berechnungen zur Neutronenphysik, Abschirmung u. Reaktorkinetik sowie über Messungen (z. B. von Querschnitten) in Zusammenhang mit der 2. Genfer Konferenz. — 134 Literaturangaben. Herbert Weber. 90□

Transportfunktion in mit Beryllium moderierten Reaktoren. H. B. Smets. (Atompraxis **6.** 1—3. Jan. 1960. Mol-Donk (Belgique), Centre d'Étude de l'Energie Nucl., C.E.N., Techn. des Réacteurs.) (Engl.)

Ein Vgl. zwischen Niederleistungstransportfunktionen in Reaktoren mit u. ohne verzögerte, in Be erzeugte Photoneutronen zeigt, daß die Wrkg. der Photoneutronen auf die Transportfunktion für Frequenzen $> 10^{-2}\,s^{-1}$ verschwindend gering ist, daß die 11 Photoneutronengruppen durch 3 äquivalente Gruppen angenähert werden können, u. daß der Multiplikationsfaktor durch Messungen der Transportfunktionsphase bestimmt werden kann. Gerhard Schmidt. 90□

Einfluß eines teilweise eingetauchten Absorptionsstabes auf die Dichteverteilung des Neutronenstromes. I. Tschermak und L. Trlifai. (Атомная Энергия [Atomenergie] **9.** 470—76. Dez. 1960.) (Russ.)

Die Wrkg. eines teilweise eingetauchten zylindr. Absorptionsstabes ohne Reflexion im Reaktor wird berechnet. Es wird die Eingruppengleichung $\Delta\varphi + B^2\varphi = 0$ mit B^2 = geometr. Parameter u. $\varphi = \varphi(r, z)$ = Dichte des Neutronenflusses zugrundegelegt. Für die Oberfläche des Stabes gelten spezielle Randbedingungen. Für verschiedene Lagen des Stabes werden B^2 u. die Neutronenverteilung berechnet. M. Wiedemann. 90□

Tensorkraft des pionentheoretischen Potentials und die Dublettaufspaltung bei der n–^{4}He-Streuung. Sinobu Nagata, Tatuya Sasakawa, Tatsuro Sawada und Ryozo Tamagaki. (Progr. theoret. Physics [Kyoto] **22.** 274—98. Aug. 1959. Kyoto, Kyoto Univ., Dep. of Phys.; Fac. of Liberal Arts.) (Engl.)

Um festzustellen, ob die Spin–Bahn-Kraft in der Theorie der Kernschalenstruktur von der Tensorkraft des pionentheoret. Potentials herrührt, wird die Dublettaufspaltung der p-Phasenverschiebungen bei der n–^{4}He-Streuung niedriger Energie analysiert. Die Berechnungen führen zu dem Ergebnis, daß der Hauptteil der experimentellen Dublettaufspaltung durch die starke Tensorkraft des pionentheoret. Potentials wiedergegeben werden kann. Gerhard Schmidt. 90□

Deuteronenerzeugung bei energiereichen Stößen. R. Hagedorn. (Physic. Rev. Letters **5.** 276—77. 15/9. 1960. Geneva, CERN.) (Engl.)

Beim Auftreffen des 25-GeV-Protonenbündels auf verschiedene Targets wurden energiereiche Deuteronen beobachtet. Vf. behandelt einen p–p-Stoß u. berechnet die Deuteronenerzeugung nach der statist. Theorie. Die relativen Wrkg.-Querschnitte im Vgl. zu den unelast. werden ermittelt, ferner das d/p-Verhältnis bei p–p-Stößen.

M. Wiedemann. 90□

Modifizierung der Form des Potentials in einem angeregten Kern und dessen Wirkung auf den Schwellendurchlässigkeitskoeffizienten. J. Németh. (Nuclear Physics [Amsterdam] **16.** 331—38. 1. Mai-H. 1960. Budapest, Central Res. Inst. for Phys., Nucl. Phys. Labor.) (Engl.)

Der Durchlässigkeits-Koeff. der Kernpotentialschwelle wird unter Berücksichtigung der Tatsache berechnet, daß die Dichteverteilung eines angeregten Kerns sich von der eines Kerns im Grundzustand unterscheidet. Als ein Beispiel wird die Potentialschwelle eines angeregten Kerns der Massenzahl 40 auf der Basis des statist. Modells berechnet. Es zeigt sich, daß für eine Anregungsenergie von 15 MeV der Durchlässigkeits-Koeff. für mit 2 MeV emittierten Protonen doppelt so groß ist wie derjenige für einen Kern im Grundzustand.

Gerhard Schmidt. 95□

Polarisation von ^{57}Co in Fe-Metall. J. G. Dash, R. D. Taylor, D. E. Nagle, P. P. Craig und W. M. Visscher. (Physic. Rev. [2] **122.** 1116—24. 15/5. 1961. Los Alamos, N.Mex., Univ. of California, Los Alamos Sci. Labor.) (Engl.)

Vff. untersuchten die Wrkg. tiefer Temp. auf die Resonanzabsorption u. -emission der 14,4-keV-Mössbauer-Strahlung von ^{57}Fe in Fe-Metall u. analysierten die Intensitätsänderungen des Hyperfeinspektrums als Funktion der Zeeman-Niveauaufspaltungen der Grundzustände der absorbierenden ^{57}Fe-Kerne u. der ^{57}Co-Mutterkerne. Die Theorie der Temp.-Abhängigkeit wird als Funktion der Eigg. des ^{57}Co-Zerfalls u. der folgenden γ-Übergänge entwickelt. Die mit einer ^{57}Co-Quelle in Fe-Metall bei 4,5 u. 0,85° K durchgeführten Verss. lieferten einen Wert des magnet. Hyperfeinfeldes an den ^{57}Co-Kernen von 300—375 kGauss. Vgl. mit anderen experimentellen Daten zeigen, daß die Depolarisation der Kerne durch den K-Einfangzerfall von ^{57}Co nicht in Erscheinung trat.

D. Jörchel. 95□

Mössbauer-Effekt an ^{61}Ni. Felix E. Obenshain und Horst H. F. Wegener. (Physic. Rev. [2] **121.** 1344—49. 1/3. 1961. Oak Ridge, Tenn., Oak Ridge Nat. Labor.) (Engl.)

Vff. stellten nach der Rk. ^{64}Ni(p, α) ^{61}Co → ^{61}Ni^{+} (durch β^--Zerfall mit $T_{1/2}$ = 99 Min.) einen Mössbauer–Ni-Kern in einem ^{64}Ni-Wirtsgitter her. Die beobachtete Größe des Effekts bei T = 80° K beträgt für eine 400 mg/cm^3-Absorberfolie (natürliches Ni) ca. 4%. Aus der Dickenabhängigkeit folgt für den Debye-Waller-Faktor bei T = 80° K $f_{Quelle} = f_{abs} = (9 \pm 1)\%$ u. aus der Temp.-Abhängigkeit eine Debye-Temp., die zwischen 413 u. 437° K variiert. Die Geschw.-Abhängigkeit hat eine Halbwertbreite von 0,37 mm/sec. Die beim Experiment beobachtete vergrößerte Halbwertbreite sowie die Gestalt des Spektrums lassen sich durch eine magnet. Hyperfeinaufspaltung deuten. Eine Analyse der Ergebnisse liefert eine Verbindung zwischen den beiden unbekannten Größen μ_e (magnet. Moment des 1. angeregten Zustands) u. H (inneres Feld.)

D. Jörchel. 95□

Resonanzabsorption und -streuung von γ-Strahlung. S. Devons. (Sci. Progr. **48.** 251—57. April 1960. Manchester, Univ., Phys. Labor.) (Engl.)

Überblick über die γ-Resonanzstreuung u. -absorption (Doppler-Verschiebung, Mössbauer-Effekt usw.) sowie darauf beruhende Verf. zur Unters. der Kernstruktur (in Analogie zu den entsprechenden opt. Phänomenen bei Atomen u. Moll.). — 6 Literaturangaben.

Herbert Weber. 95□

Neues Verfahren für die Absoluteichung des Photoneutronenstandards. Michael Lorant. (Chem. Rdsch. [Solothurn] **13.** 511. 1960. London.) (Engl.)

Beschreibung von Unterss. am U.S. National Bureau of Standards zur Best. der Gestalt (Deformationen, Quadrupolmomente) von Atomkernen durch die Messung der Energieabhängigkeit der Photonabsorptionsquerschnitte (Photoneutronenquerschnitte). Kerne mit kleiner Deformation (^{197}Au) zeigen nur eine Verbreiterung der Riesenresonanz, während bei stark deformierten Kernen (^{181}Ta) eine Aufspaltung in zwei Resonanzen (entsprechend den beiden Halbachsen des Kerns) auftritt. (Die neue Absoluteich-Meth. für die prim. Standard-Photoneutronenquelle der USA wird nicht näher beschrieben.) — 5 Literaturangaben.

Herbert Weber. 95□

Theorie der Resonanzreaktionen. Luciano Fonda und Roger G. Newton. (Ann. Physics **10.** 490—515. Aug. 1960. Bloomington, Ind., Indiana Univ., Dep. of. Phys.) (Engl.)

Vff. entwickeln eine allg. Theorie der festen Kopplung für Resonanz-Rkk. u. -Streuungen, wobei sie von einer Gruppe von SCHRÖDINGER-Gleichungen ausgehen. Die Theorie ist dad. gek., daß von 2 Energien eine fixiert wird, während die andere variiert werden kann. Ein energieabhängiger BREIT-WIGNER-Nenner ist nur für die scharfe Resonanz von Bedeutung. G. EWALD. 103□

Berechnungen in der Kernverdampfungstheorie. Richard Chasman. (Physic. Rev. [2] **122.** 902—07. 1/5. 1961. Argonne, Ill., Argonne Nat. Labor.) (Engl.)

Entw. von Meth. zur analyt. Behandlung von Problemen in der Kernverdampfungstheorie unter Benutzung der Niveaudichteformel. HERBERT WEBER. 103□

Energieniveaus von ^{29}Si, ^{30}Si und ^{31}Si aus (d, p)-Reaktionen. C. P. Browne und J. T. Radzyminski. (Nuclear Physics [Amsterdam] **19.** 164—72. 1. Okt.-H. 1960. Notre Dame, Ind., Univ. of Notre Dame.) (Engl.)

Zur Best. der Kernniveaus des ^{29}Si im Anregungsbereich von 3,5—9,1 MeV wurde die Rk. ^{28}Si(d, p)^{29}Si herangezogen. Die Energie der Deuteronen betrug 7,03 MeV. Zur Auflösung der einzelnen Teilchengruppen wurde der MIT-Breitbereichspektrograph verwendet. Die Identifizierung der Niveaus wurde durch Veränderung des Beobachtungswinkels u. Änderung der Isotopen-Zus. im Target erreicht. Bestrahlt wurden SiO_2-Schichten. Insgesamt wurden 65 Niveaus des ^{29}Si im untersuchten Energiebereich gefunden, von denen 54 bisher nicht bekannt waren. 16 Teilchengruppen konnten bei der Rk. ^{29}Si(d, p)^{30}Si (Verw. von angereichertem Si^{29}) u. 7 durch den ^{30}Si(d, p)^{31}Si-Prozeß sichergestellt werden. Die Niveaus des ^{30}Si wurden erstmals aufgefunden u. liegen im Anregungsgebiet von 6,4—10,8 MeV, während die Niveaus des ^{31}Si zwischen 2,3 u. 5,5 MeV liegen; von diesen werden 2 als neu angegeben. Die Q-Werte u. angeregten Niveaus des ^{29}Si, ^{30}Si u. ^{31}Si sind tabelliert. Der Fehler der Q-Werte beträgt $\pm 0,005$ MeV, in einigen Fällen $\pm 0,008$ MeV. Alle Energieangaben wurden auf die Energie der α-Teilchen des Po^{210} bezogen (5,298 MeV). H. SCHROEDER. 103□

Absolute Querschnitte der (γ, n)-Reaktionen für ^{63}Cu, ^{64}Zn und ^{109}Ag. Teruo Nakamura, Kunio Takamatsu, Kiyoji Fukunaga, Minoru Yata und Shinjiro Yasumi. (J. physic. Soc. Japan **14.** 693—98. Juni 1959. Kyoto, Univ., Fac. of Sci., Dep. of Phys.) (Engl.)

Mit γ-Strahlen aus der Rk. ^{7}Li(p, γ)^{8}Be mit 500-keV-Protonen wurden die (γ, n)-Querschnitte für ^{63}Cu zu 42,5 mbarn $\pm$ 15%, für ^{64}Zn zu 23,3 mbarn $\pm$ 18% u. für ^{109}Ag zu 61,5 mbarn $\pm$ 16% bestimmt. Dabei wurden die Rk.-Ausbeuten nach der Aktivierungs-Meth. (4π-β-Proportionalzähler) bestimmt. Die Ergebnisse werden mit denen anderer Autoren verglichen u. diskutiert. HERBERT WEBER. 103□

γ-γ-Richtungskorrelationen in ^{133}Cs. Atam P. Arya. (Physic. Rev. [2] **122.** 549—55. 15/4. 1961. University Park, Pa., Pennsylvania State Univ., Dep. of Phys.) (Engl.)

Vf. bestimmt die Richtungskorrelationen an den 356—82-keV-, 301—82-keV- u. 80—82-keV-γ-γ-Kaskaden in ^{133}Cs, die dem Zerfall des 8-a-^{133}*Ba* folgen, mit einem Koinzidenz-Scintillations-Spektrometer unter Verw. von NaJ-Detektoren. Die beobachteten Korrelationsfunktionen für die 3 Kaskaden werden angeführt. Diese γ-γ-Richtungskorrelationen sind im Einklang mit den Spinzuordnungen von $7/2^+$, $5/2^+$, $3/2^+$ u. $1/2^+$ zu den Niveaus im Grundzustand, bei 82, 162, 383 bzw. 438 keV in ^{133}Cs. Nachst. Zuordnung der Multipolaritäten für verschiedene γ-Strahlen gilt als wahrscheinlich: Der 356-keV-γ ist reiner E 2. Der 82-keV-γ ist eine Mischung von $(96,5 \pm 0,5)$% M1 u. $(3,5 \pm 0,5)$% E2 mit $\delta_{82} = -0,190 \pm 0,014$. Der 301-keV-$\gamma$ kann eine der beiden möglichen Mischungen besitzen: entweder $\delta_{301} = +0,123 \pm 0,004$ mit einer Mischung von $(98,5 \pm 1,0)$% M1 u. $(1,5 \pm 1,0)$% E2 oder $\delta_{301} = -3,98 \pm 1,02$ mit einer Mischung von (6 ± 2)% M1 u. (94 ± 2)% E2. Der Wert von $\delta_{301} = -3,98 \pm 1,02$ ist wahrscheinlicher. Der 80-keV-γ-Strahl hat ebenfalls zwei mögliche Werte von δ_{80}: entweder $\delta_{80} = +0,47 \pm 0,09$ mit einer Mischung von (82 ± 6)% M1 u. (18 ± 6)% E2 oder $\delta_{80} = +7,0$ mit einer Mischung von $(2,0 \pm 1,5)$% M1 u. $(98,0 \pm 1,5)$% E2.
GERHARD SCHMIDT. 103□

Multipolordnung des 869-keV-γ-Strahls in ^{152}Sm. Ove Nathan. (Nuclear Physics [Amsterdam] **19.** 148—53. 1. Okt.-H. 1960. Philadelphia, Pa., Univ. of Pennsylvania, Phys. Dep.) (Engl.)

Die Multipolarität des 869-keV-γ-Quants des ^{152}Sm wurde durch Winkelkorrelationsmessung der Koinzidenz des 869-keV-Quants mit der K-Konversionslinie des 244-keV-Überganges bestimmt. Die multipolare Zus. des 869-keV-Überganges wurde zu 98,8% E2 u. zu 1,2% M1 abgeleitet. Vf. diskutiert den Einfl. der Rotations-Vibrations-Kopplung auf die E2- u. M1-Übergänge aus dem γ-Vibrationszuständen im ^{152}Sm. Der Wert des Kopplungsparameters z wurde zu 0,08 gefunden. H. SCHROEDER. 103☐

Niveaus und Verzweigungsverhältnisse in ^{159}Tb. K. O. Nielsen, O. B. Nielsen und O. Skilbreid. (Nuclear Physics [Amsterdam] **7.** 561—68. Aug. 1958. Copenhagen, Univ., Inst. for Theoret. Phys.) (Engl.)

β-Quellen von ^{159}*Gd* wurden durch Neutronenbestrahlung von $GdCl_3$ u. elektromagnet. Isotopentrennung hergestellt. Das Zerfallsschema ^{159}Gd → ^{159}Tb wurde mit β-Spektrometern untersucht. γ-Spektren in Koinzidenz mit den β-Strahlen u. Konversionslinien wurden mit einem 100-Kanal-Analysator aufgenommen. Die γ-Übergänge von ca. 225, ca. 300 u. 364 keV aus dem 364-keV-Niveau zur Grundzustandsrotationsbande wurden beobachtet; die relativen Intensitäten sind nicht in Einklang mit den theoret. Verzweigungsverhältnissen. Die Abweichung wird u. a. auf eine E1-Natur der γ-Strahlen zurückgeführt. HERBERT WEBER. 103☐

Magnetische Übergänge zwischen den kollektiven angeregten Zuständen der gerade-gerade-Kerne. A. Ss. Dawydow und G. F. Filippow. (Журнал Экспериментальной и Теоретической Физики [J. exp. theoret. Physik] **35.** 703—06. Sept. 1958. Moskau, Univ.) (Russ.)

Ableitung der Berechnungsform der Wahrscheinlichkeit des M1-Überganges zwischen dem $2^+,2^+$-Spinzustand sowie das Verhältnis der Wahrscheinlichkeit dieses Überganges zur Wahrscheinlichkeit des E2-Überganges. Die Intensitätsverhältnisse T (M1)/T (E2), berechnet nach der aufgestellten Theorie betragen für ^{76}*Se* $9{,}8\cdot10^{-2}$; ^{122}*Te* $1{,}9\cdot10^{-2}$; ^{186}*Os* $6{,}5\cdot10^{-3}$ u. ^{188}Os $1{,}04\cdot10^{-2}$ u. liegen also im Bereich zwischen 92—99% der experimentellen Werte von LINDKVIST u. MARKLUND (C. **1958.** 12299). J. TŮMOVÁ. 103☐

Das β-Spektrum des ^{204}Tl. K. Egelkraut und H. Leutz. (Z. Physik **160.** 74—79. 14/9. 1960. Heidelberg, Univ., II. Physik. Inst.) (Dt.)

Durch Bestrahlen von $TlNO_3$ mit therm. Neutronen im Reaktor wurde das ^{204}Tl-Präp. (spezif. Aktivität = 0,5 mC/g) u. aus der Schmelze von ^{204}TlJ + NaJ 20—30 mm große NaJ(^{204}Tl)-Kristalle hergestellt. Mittels Scintillationsspektrometrie wurde die Energieverteilung der beim Zerfall des ^{204}Tl emittierten Strahlung gemessen u. die Grenzenergie des β-Spektrums aus dem KURIE-Plot zu 761 ± 8 keV ermittelt. Ein β-Übergang auf das 375-keV-Niveau des ^{204}Pb konnte nicht gefunden werden. W. SOBIESKI. 103☐

Neutroneneinfangquerschnitte im keV-Bereich. 1. Mitt. **Meßmethoden und Analyse.** L. W. Weston und H. W. Newson. (Ann. Physics **10.** 455—76. Aug. 1960. Durham, N.C., Duke Univ.; Chapel Hill, N.C., Univ. of North Carolina.) (Engl.)

Angewendet wird die β-Aktivierungstechnik. Neutronen werden durch Beschuß eines Li-Targets mit Protonen eines 4-MeV-VAN DE GRAAFF erzeugt. Die Neutronen- u. Protonenenergien u. deren Streuung werden bestimmt. Die Aktivität wird auf das Ende der Bestrahlung extrapoliert. Nach der β-Aktivität der erzeugten Nuclide wurde der relative Wrkg.-Querschnitt in Abhängigkeit von der Energie für ^{198}*Pt*, ^{197}*Au* u. ^{238}*U* bestimmt. Als Sekundärstandard wurde ein MCKIBBEN-Zähler mit einem BF_3-Zählrohr verwendet. Die Energieabhängigkeit wurde für ^{198}Pt im Bereich 2—300 keV aufgenommen. Die Kurve zeigt bei 40 keV einen scharfen Knick. Die Energieabhängigkeit wurde für ^{197}Au u. ^{238}U im Bereich 2—200 keV aufgenommen. Die niedrigen Energien erlauben die Unterscheidung der Wrkg. der p- u. s-Wellen-Neutronen. Es wurden die p-Parameter, u. zwar die Stärkefunktion der γ-Strahlung $(\overline{\Gamma}_\gamma/D_0)_p$ u. der Neutronen $(\overline{\Gamma}_n^{(1)}/D)$ bei einem Bahndrehimpuls $l = 1$ bestimmt. Für ^{197}Au wurde $(\overline{\Gamma}_\gamma/D_0)_p = (\overline{\Gamma}_\gamma/D_0)_s$ gefunden, für ^{238}U $(\overline{\Gamma}_\gamma/D_0)_p = 2{,}6\ (\overline{\Gamma}_\gamma/D_0)_s$. Gleichheit tritt auf, wenn die Massenzahl der Targetkerne gerade ist. $\overline{\Gamma}^{(1)}/D$ beträgt für ^{197}Au u. ^{238}U $0{,}33\cdot10^{-4}$ bzw. $0{,}7\cdot10^{-4}$. G. EWALD. 103☐

Neutroneneinfangquerschnitte im keV-Bereich. 2. Mitt. **Spin-Bahn-Kopplung und das optische Modell.** L. W. Weston, K. K. Seth, E. G. Bilpuch und H. W. Newson. (Ann. Physics **10.** 477—89. Aug. 1960.) (Engl.) — 1. vgl. vorst. Referat.

Mit der l. c. beschriebenen β-Aktivierungstechnik bestimmen Vff. die Neutroneneinfangsquerschnitte im Energiebereich 3—200 keV bei Nucliden mit $75 \leq A \leq 130$. Untersucht wurden ^{103}*Rh*, ^{107}*Ag*, ^{109}Ag, ^{115}*In*, ^{127}*J*, ^{75}*As*, ^{100}*Mo* u. ^{108}*Pd*. Es wurden die Stärkefunktionen der p-Wellen-Neutronen $\overline{\Gamma}_n^{(1)}/D$ bestimmt u. folgende Werte für die obigen Nuclide beobachtet: (in 10^{-4}) 2,5 ± 1,5; 3,1 ± 0,4; 3,3 ± 1,0; $2{,}0^{+2,0}_{-0,8}$; —; ≤ 1,0; 1,0 ± 1,0 bzw. $2{,}5^{+4,5}_{-1,0}$. Es wurde die Abhängkeit dieser Funktionen (Mittel über alle Spinzustände) von der Massenzahl im angegebenen Bereich aufgetragen. Die Kurve hat bei A ≈ 92 u. 110 zwei Maxima. Ein Minimum befindet sich bei A ≈ 100. Das opt. Modell sagt nur ein Maximum voraus. Wird das opt. Potential $V^{\pm}$ durch eine Korrektur für die Spin–Bahn-Kopplung ergänzt, so werden diesen Verss. entsprechende Funktionen erhalten. G. EWALD. 103□

Einige Ausbeuten bei der Spaltung von ^{233}U und ^{239}Pu durch thermische Neutronen. Rosalie M. Bartholomew, J. S. Martin und A. P. Baerg. (Canad. J. Chem. **37.** 660—63. April 1959. Chalk River, Ont., Atom. Energy of Canada Ltd., Res. Chem. Branch, Chem. and Metallurgy Div.) (Engl.)

Relative Ausbeuten von ^{89}*Sr*, ^{91}Sr, ^{139}*Ba*, ^{140}Ba u. ^{141}*La* wurden bei der therm. Spaltung von ^{233}U u. ^{239}Pu gemessen. Dabei wurden Ionenaustauschtrennungen u. 4π-β-Zähl-Meth. benutzt. Folgende relative Werte für die obigen Nuclide wurden erhalten: 1,05; 1,00; 1,00; 1 bzw. 1,10 bei der ^{233}U-Spaltung u. 0,301; 0,431; 1,07, 1 bzw. 1,01 bei der ^{239}Pu-Spaltung. HERBERT WEBER. 103□

Thermisch gesteuerte Gegenstromzentrifugen mit axialem und radialem Temperaturgradienten. W. Bulang, W. Groth und E. Nann. (Z. physik. Chem. [Frankfurt/M.] [N.F.] **25.** 283—85. Aug. 1960. Bonn, Univ., Inst. für Physik. Chem.) (Dt.)

Bei Verss. mit dem Gaszentrifugenmodell ZG 5 (BULANG u. Mitarbeiter, C. **1960.** 15662) wurden im stat. Fall (ohne Durchsatz) für die natürlichen *Ar*-Isotope mit der Theorie (MARTIN u. KUHN, Z. physik. Chem., Abt. A **189.** [1940.] 219) übereinstimmende Werte für die Trennpotentiale u. bei Durchsatzbelastung Werte von 35% der Theorie erzielt. Verss. mit UF_6 zur Anreicherung der *U*-Isotope ergaben bei axialem, vom Radius unabhängigen Temp.-Gradienten des Rotors nur ca. 65% des theoret. Anreicherungsgrades, bei Abhängigkeit des Temp.-Gradienten vom Radius wurde dagegen der mit der Theorie (LOS u. KISTENMACHER) übereinstimmende Wert von $1{,}40_3$ für die Anreicherung gefunden. W. BETCKE. 104□

Die Anwendung radioaktiver Substanzen. Hans Götte. (Atomwirtschaft **4.** 408—13. Okt. 1959. Frankfurt/Main, Farbwerke Hoechst AG.) (Dt.) — Vgl. C. **1960.** 5274.

Einführender Überblick mit Beispielen über Nutzung der Strahlungs-Wrkg., Markierungs-Verf. u. Prinzipien der chem. Analyse (HEVESY-PANETH-Analyse, Verdünnungsanalyse, Radioaktivierungsanalyse). — Über 30 Literaturangaben.
HERBERT WEBER. 106□

Anwendungen von Radioisotopen in der Forschung und in der Industrie. F. Gadda und A. Scaroni. (Energia Nucleare **5.** 756—58. Nov. 1958. Milano, CISE.) (Ital.)

Überblick mit Erwähnung der wichtigsten Berichte der 2. Genfer Konferenz. — 28 Literaturangaben. HERBERT WEBER. 106□

Die Anwendung radioaktiver Isotope in der Hydrologie. 1. Mitt. Ein Verfahren zur Ermittlung von Zu- und Abflüssen von Wasserläufen. Heribert Moser und Ferdinand Neumaier. (Atomkernenergie **2.** 26—28. Jan. 1957. München, Univ., 1. Physik. Inst. u. Inst. für allg. u. angew. Geol. u. Mineral.) (Dt.)

Es wird gezeigt, wie der Durchfluß eines Wasserlaufes in der Zeiteinheit unter Verw. von ^{131}*J* als Impfstoff des W. techn. gemessen werden kann. Wesentlich ist, daß an den Entnahmestellen der Proben das als $Na^{131}J$ zugefügte Impfmittel in gleichmäßiger Konz. über den Querschnitt des Wasserlaufes verteilt ist. Die Durchführung der gesamten hydrolog. Unters.-Meth. wird beschrieben. W. REUSSE. 106□

Physikalisch-chemische Überwachungsprobleme an Atomreaktoren, insbesondere Leitfähigkeitsmessung, pH-Messung und Gasanalysen. Stefan Block. (Atomkernenergie **2.** 18—25. Jan. 1957. Offenbach/M.) (Dt.)

Vf. berichtet über physikal.-chem. Meß-Verff. an wasser- u. gasgekühlten Reaktoren. Bei Kühlung mit H_2O oder D_2O wird bes. die strahlenbedingte Dissoziation (Radiolyse) des W. laufend überwacht. Den Zerfalls-Rkk. bei D_2O-Kühlung, z. B. $2\,D_2O \rightarrow D_2 + D_2O_2$ u. $D_2O \rightarrow D + OD$, stehen die Wiedervereinigungs-Rkk. $D_2 + OD \rightarrow D_2O + D$ u. $D_2O_2 + D \rightarrow D_2O + OD$ sowie $D_2O_2 + D_2 \rightarrow 2\,D_2O$ gegenüber. Das Verhältnis beider Rk.-Formen bestimmt das Ausmaß der Radiolyse. Hinzu kommen als Störer dieser Rkk. Korrosionsprozesse u. der Austritt von O_2 aus der Flüssigkeit. Das pro Zeiteinheit durch Radiolyse entstehende D_2 ist der Leitfähigkeit u. der gesamten Schwerwassermenge proportional. Ein Gerät für kontinuierliche Leitfähigkeitsmessungen wird beschrieben. Ferner wird eine Glaselektrodenkette zur pH-Messung besprochen, weiterhin auf Best. der Wärmeleitfähigkeit beruhende Geräte zur Messung von D_2 bzw. H_2 u. O_2 behandelt. Bei CO_2-gekühlten Reaktoren sind die Gaskomponenten CO, O_2 u. H_2O-Dampf sowie die Reinheit des CO_2 laufend zu kontrollieren. Durch IR-Absorptionsmessungen können 0,02 Vol.-% CO mit einer Meßgenauigkeit von ± 3 bis 4% ermittelt werden. Mittels magnet. Sauerstoffanalysatoren sind noch 0,1 Vol.-% O_2, durch Best. der elektr. Leitfähigkeit einer Fl. bei der Absorption des Gases sind bis zu 0,005 Vol.-% O_2 bestimmbar. W. REUSSE. 110□

Bestrahlungsmöglichkeiten für Reaktorbaustoffe in Hochflußreaktoren. R. Gain. (Atomwirtschaft **4.** 435—39. Okt. 1959. Aachen, Inst. für Reaktorwerkstoffe der GFKF, Arbeitsgruppe Prof. Kersten.) (Dt.)

Überblick über allg. Gesichtspunkte für die Materialbestrahlung u. über die für die deutsche Industrie zu Bestrahlungs-Verss. zur Verfügung stehenden Forschungsreaktoren (Materialprüfreaktoren) im In- u. Ausland. — 13 Literaturangaben. Herbert Weber. 110□

Bestrahlungsverfahren am FRM. M. Pollermann und W. Marth. (Kerntechnik **2.** 265—67. Sept. 1960. München, TH, Labor. für Techn. Phys., Reaktorstation Garching.) (Dt.)

Übersicht über Bestrahlungs-Verf. am Forschungsreaktor München für niedere u. hohe Dosen (Bestrahlungsorte des Reaktors; Angelschnur-, Rohrpost-, Abzug- u. Heiße-Zelle-Verf.; Hüllen für Bestrahlungsproben). Herbert Weber. 110□

Die Behandlung bestrahlter Kernbrennstoffe. Die Handhabung radioaktiver Materialien und die Abfallbeseitigung. E. Cerrai. (Energia Nucleare **5.** 740—48. Nov. 1958. Milano, CISE.) (Ital.)

Überblick auf der Grundlage der Berichte der 2. Genfer Konferenz. — 41 Literaturangaben. Herbert Weber. 110□

Die Abtrennung von Spaltprodukten. A. Raggenbass. (Chimia [Zürich] **14.** 262—68. 15/7. 1960. Saclay, Centre d'Etude Nucl.) (Franz.)

Die wichtigsten bei der Aufarbeitung von Kernbrennstoffen anfallenden Radioelemente werden bzgl. ihrer Eigg. u. Anwendungsmöglichkeiten behandelt. Im einzelnen werden die chem. Meth. zur Abtrennung von ^{137}Cs, ^{90}Sr, ^{106}Ru, ^{144}Ce, ^{147}Pm u. ^{155}Eu u. Anlagen zur Durchführung dieser Verff. beschrieben. W. Reusse. 110□

Der 2,5-MeV-Van de Graaff-Generator des Laboratoriums für Elektrotechnik der Technischen Hochschule in Delft. W. Leijzers Vis und J. H. Makkink. (Ingenieur ['s-Gravenhage] **72.** 57—64. 9/12. 1960.) (Holl.)

Beschreibung von Bau- u. Arbeitsweise eines Hochspannungsgenerators, der als Protonen- u. Deuteronenbeschleuniger verwendet wird. W. Wesly. 112□

Wirksamkeit des Wellenleiters als Beschleunigungssystem eines Elektronensynchrotrons. A. N. Didenko und Je. Ss. Kowalenko. (Атомная Энергия [Atomenergie] **10.** 69—71. Jan. 1961.) (Russ.)

Der gesamte Shunt-Widerstand, der durch Phasen- u. Gruppen-Geschw., Dämpfung u. Widerstand bedingt ist, stellt ein Maß für die Wirksamkeit eines hochfrequenten Wellenleiters dar. Die Ergebnisse für den Shunt-Widerstand R_{sh}, bezogen auf die Einheitslänge des Beschleunigers, liegen bei 0,5—0,1 MΩ/cm u. stimmen mit den techn. erreichbaren überein. Die Abhängigkeit von R_{sh} von der Wellenlänge ist dargestellt. Die technolog. Bedingungen für möglichst hohe Wirksamkeit des Wellenleiters wird durch folgende Parameter gekennzeichnet: Kopplungswiderstand 50 Ω, Bonität 10^4 u. Gruppen-Geschw. 0,1. M. Wiedemann. 112□

Kohärente Strahlung der Elektronen im Synchrotron. Ju. M. Ado und W. W. Jeljan. (Атомная Энергия [Atomenergie] **9.** 455—60. Dez. 1960.) (Russ.)

Am 280-MeV-Synchrotron wurde die kohärente Strahlung der Elektronen experimentell untersucht. Bei nichtstationärer Verteilung der Elektronen im Separator kann hieraus die Frequenz der Phasenschwingungen ermittelt werden. Die Verw. der Kohärenzstrahlung zur Ermittlung der Löschung der Phasenschwingungen ist unter bestimmten Voraussetzungen möglich. M. Wiedemann. 112□

Messung der Polarisation der Synchrotronstrahlung. Peter Joos. (Physic. Rev. Letters **4.** 558—59. 1/6. 1960. Ithaca, N.Y., Cornell Univ.) (Engl.)

Vf. berichtet über Messungen der Polarisation der vom Cornell-Synchrotron ausgesandten, von Elektronen emittierten Strahlung, wobei die Variation der Intensität für beide Polarisationsrichtungen (parallel u. senkrecht zur Synchrotronebene) in Abhängigkeit vom Winkel zur Synchrotronebene gemessen wurde. Damit konnten die Beziehungen von Bethe, die für eine ellipt. Polarisation der Synchrotronstrahlung aufgestellt wurden, bestätigt werden. Auftretende Differenzen zwischen der theoret. Kurve u. den experimentellen Werten sind auf Elektronenschwingungen, Bandbreite der Strahlung u. die endliche Spaltbreite zurückzuführen. H. Schirrwitz. 112□

Über die Trennung von Gasproben im viscosen Durchlaß (viscous leak) eines Massenspektrometers. A. J. H. Boerboom und H. A. Tasman. (Physica [Utrecht] **24.** 683—91. Aug. 1958. Amsterdam, Labor. voor Massaspectrograf.) (Engl.)

Im Gaseinlaß-Syst. eines Massenspektrometers, das aus einem viscosen Durchlaß u. einer anschließenden langen u. engen Capillare besteht, tritt bereits eine Massentrennung auf. Ergebnisse von Berechnungen zeigen, wie die Gesamtmassentrennung u.

die Zeit bis zum Erreichen eines bestimmten Grades des stationären Zustandes von der Größe der Einströmöffnung u. den Capillarabmessungen abhängen. Betrachtet werden dabei 1 : 1-Mischungen von $^{16}O_2$–$^{16}O^{18}O$, H_2–$^{16}O_2$ u. H_2–HD. L. Roth. 112□

Empfängersysteme für Flugzeit-Massenspektrometer. J. F. Betts, E. H. Paufve und W. C. Wiley. (Appl. Spectroscopy **14.** 119—23. 1960. Southfield [Detroit], Mich., Bendix Aviat. Corp., Res. Labor. Div.) (Engl.)

Für Flugzeit-Massenspektrometer mit Impuls (I.)-Ionenquelle ist der Empfängerteil bes. wichtig. Vorteilhaft ist wegen des günstigen Signal–Rausch-Verhältnisses die Registrierung der Ionen-I. mit magnetelektron. vielstufigen Multipliern. Die I. können dann oscillograph. mit zur I.-Ionenquelle synchroner Ablenkung direkt sichtbar gemacht werden, jedoch sind sehr geringe, einigen Ionen entsprechende I. so nur ungenau zu erfassen. Bei synchroner zeitlicher Ablenkung des Multiplierstromes von der letzten Kathode auf eine Anzahl getrennter Anoden (ihre Zahl muß dem Massenzahlbereich entsprechen) können die jeder Massenzahl zugeordneten I. über längere Zeit integriert werden. Am einfachsten wird das mit einer elektrometr. Verstärkeranordnung erreicht, am genauesten arbeitet für geringste Ionen-I. eine I.-Zählanordnung.
R. Gerbatsch. 112□

Experimentelle Bestimmung der Eigenabsorption längs der Achse in ^{60}Co-Präparaten zylindrischer Form. K. K. Aglinzew, G. P. Osstromuchowa und Je. A. Cholnowa. (Атомная Энергия [Atomenergie] **10.** 75—76. Jan. 1961.) (Russ.)

Für ^{60}Co-Präp. wurde der Koeff. der Eigenabsorption f längs der Achse bestimmt, indem die abs. Aktivität des Präp. mit einem Differential-Doppel-γ-Calorimeter gemessen wurde u. mit einer Freiluftkammer die Dosis bei schmalem Strahlenbündel. Der Durchmesser des Präp. lag bei 2 u. 5 mm. f nahm mit steigender Länge (2—15 mm) des Präp. von 0,96 auf 0,826 ab. Nur bei Längen von 2—4 mm stimmen die nach $f = (1-e^{-\mu l})/\mu\, l$ (l = Länge, μ = Schwächungs-Koeff. der Strahlung in Co) berechneten Werte mit den gemessenen überein, bei größeren Längen liegen die berechneten zu tief.
M. Wiedemann. 112□

Realisierung eines neuen Typs einer selbstauslösenden Wilson-Nebelkammer mit variablem Druck. 2. Mitt. Toshiko Yuasa, Guy Corbe und Fernand Reide. (J. Physique Radium, Physique appl. Suppl. zu: J. Physique Radium **21.** 123A—128A. Juli 1960. Orsay, Labor. de Phys. Nucl.; Paris, Fac. des Sci.) (Franz.) — Vgl. C. **1961.** 14175.

Es wird eine Schaltung zur vollautomat. Betätigung einer Wilson-Kammer beschrieben. Durch den Impuls eines bes. Strahlendetektors wird die Druckentspannung ausgelöst u. in vorgegebener zeitlicher Folge das entsprechende Ventil betätigt, das elektrostat. Feld abgeschaltet, der Beleuchtungsblitz geschaltet, der Film transportiert u. das Ventil rückgestellt. Der Enddruck in der Kammer ist ca. 10 mm Hg, die Auslösezeit vom Zeitpunkt des Eintritts des Teilchens 20 ms, die Beschleunigung am Kolben der Pumpe beträgt 10^5 cm/s^2, die Mindestzeit für die Tröpfchen-Bldg. 5 ms. W. Reusse. 112□

Bemerkungen über die Herstellung von Scintillationskammern. J. Duflo. (J. Physique Radium, Physique appl. Suppl. zu: J. Physique Radium **21.** Nr. 3. 65A bis 68A. März 1960. Paris, Coll. de France, Labor. de Phys. Atom. et Mol.) (Franz.) — Vgl. C. **1961.** 6383.

Vf. beschreibt die Konstruktion einer Scintillationskammer, die abgeschreckte CsJ-Drähte u. eine Lallemand-Duchesne-Elektronenkamera verwendet. Die Winkelverteilung des durch die Drähte emittierten Lichtes wird untersucht. Vorschläge für opt. Syst. zur Übertragung des Lichtes vom Scintillator zur Kamera werden angeführt.
Gerhard Schmidt. 112□

Ergänzende Bemerkung über die Scintillationskammern. J. Duflo. (J. Physique Radium, Physique appl., Suppl. zu: J. Physique Radium **21.** Nr. 3. 70A. März 1960.) (Franz.) — Vgl. vorst. Referat.

Vf. weist im Anschluß an l. c. auf die Möglichkeit hin, das vom Scintillator ausgehende Licht zu verstärken, bevor es die Kamera erreicht. Hierzu wird unter Erhaltung des Auflösungsvermögens der Elektronenkamera ein Thomson-Verstärker (Th 9450) verwendet. Gerhard Schmidt. 112□

Flüssigkeitsscintillatoren mit einem Gehalt an Metallionen. R. C. Axtmann und Le Conte Cathey. (Int. J. appl. Radiat. Isotopes **4.** 261. Jan. 1959. Aiken, S.C., E. I. du Pont de Nemours & Co., Savannah River Labor.) (Engl.)

Eine Reihe von Fl.-Scintillatoren, die Tri-n-butylphosphat (I) enthielten, wurde untersucht. I löst Actiniden- u. Lanthanidensalze u. viele Salze leichter Elemente, scintilliert aber nur schwach. In einer Lsg. aus gleichen Teilen (Tl) I u. Toluol u. 3,0 g/Liter 2.5-Diphenyloxazol (II) sind die Impulshöhen von Elektronen um mehr als die

Hälfte gegenüber einer Lsg. ohne **II** gesteigert. In eine Scintillator-Lsg. aus 15 Tl. Toluol, 5 Tl. **I**, 4,5 g/Liter p-Terphenyl u. 0,75 g/Liter 2-[1-Naphthyl]-5-phenyloxazol konnten 3,2 g/Liter U als Sulfat u. 15 g/Liter Th als Nitrat eingeführt werden, ehe die Impulshöhe der α-Teilchen um mehr als 50%, verglichen mit einer salzfreien Lsg., red. wurde.

W. BETCKE. 112□

Eichung und Kalibrierung von Strahlenschutzgeräten. (Strahlenschutz an Reaktoren und in kerntechnischen Betrieben, Strahlenschutzkurs.) M. Oberhofer. (Kerntechnik **2.** 276—81. Sept. 1960. München, TH, Labor. für Techn. Phys., Reaktorstation Garching.) (Dt.)

Überblick über Verff. zur Eichung u. Kalibrierung von Dosis- u. Dosisleistungsmessern. HERBERT WEBER. 112□

Gammaradiometrische Untersuchung von Reaktorabschirmungen. Erik Somer. (Atomwirtschaft **5.** 63—66. Febr. 1960. Kopenhagen, Isotopcentralen.) (Dt.)

Der prinzipielle Unterschied zwischen der angewandten Meth. u. der üblichen γ-Radiographie besteht darin, daß man die photograph. Emulsion durch einen Scintillationszähler ersetzt. Dadurch wird die Empfindlichkeit der Strahlungsanzeige so stark vergrößert, daß man sich mit verhältnismäßig kleinen Strahlenquellen begnügen kann. Der prinzipielle Aufbau der benutzten App. geht aus dem wiedergegebenen Blockdiagramm hervor. Der eine Arm des Meßbügels trägt die Strahlenquelle in ihrer Abschirmung mit Kollimator. Die Strahlung geht durch das Prüfstück hindurch u. gelangt durch den Pb-Kollimator auf den Scintillationszähler. Dieser wird vom stabilisierten Hochspannungsteil versorgt u. gibt seine Impulse an den Verstärker u. Diskriminator ab. Die Ausgangsimpulse gehen zu einem Integrator, von dort zu einem Zeigerinstrument u. einem Schreiber, die die Zählrate angeben bzw. registrieren. Im ganzen sind bis jetzt über 1000 Abschirmungsteile mit einer gesamten Oberfläche von ca. 250 m^2 untersucht worden. Die größte bisher untersuchte Dicke betrug 30 cm Pb u. 40 cm Gußeisen. Für Dicken bis zu ca. 20 cm Pb werden ^{60}Co-Quellen < 1 c verwendet. Für die dicksten Prüfstücke wurden 5 c ^{60}Co gebraucht. Eine typ. Unters.-Zeit für einfachere, ca. 15 cm dicke Pb-Abschirmungen war $1^1/_2$ Std./m^2. GERHARD SCHMIDT. 112□

Betatronprüfung eines thermischen Reaktorschildes. Kurt Fink und Joachim Woitschach. (Atomwirtschaft **5.** 67—71. Febr. 1960. Düsseldorf, Phoenix-Rheinrohr AG.) (Dt.) — Vgl. vorst. Referat.

Eine Prüfung des Abschirmmantels eines Materialprüfreaktors nach einem γ-radiometr. Abtast-Verf. (l. c.) mit Hilfe eines starken ^{60}Co-Präp. u. einem Scintillationszähler als Strahlungsempfänger hatte ergeben, daß dieses Abtast-Verf. nicht empfindlich genug war, um Wandstärkeschwächungen an den Abschnitten der Cu-Rohre zu ermitteln, die tangential von den Strahlen der ^{60}Co-Quelle durchstrahlt worden waren. Deshalb wurde das 31-MeV-Betatron eingesetzt, um die Lücke des Abtast-Verf. bei der Prüfung des Abschirmmantels auszufüllen. Der therm. Abschirmmantel hatte einen Außendurchmesser von 3,57 m u. eine Gesamthöhe von 4,05 m. Sein Gewicht betrug ca. 73 t. Die im Pb eingegossenen Cu-Rohre waren im allg. schlangenförmig u. paarweise parallel zur Achse des zylindr. Mantels in diesem hin- u. hergeführt. Die Betrachtung aller Röntgenaufnahmen ergab, daß kein Pb in das Innere der Rohre eingebrochen, die Wandstärke an einer Stelle bis auf ca. 0,6 mm u. an einigen Stellen nur unwesentlich geschwächt worden war. GERHARD SCHMIDT. 112□

Ein Spaltproduktdetektor für wassergekühlte Reaktoren. C. M. Gordon, J. H. Miller und R. E. Larson. (Rep. NRL Progr. **1960.** Nr. PB 161284. 1—7. Aug. Radioact. Branch, Nucleon Div.; Nucl. Instrument Branch, Radiat. Div.) (Engl.)

Vff. entwickeln eine Endfenster-Photomultiplieranordnung zur Anzeige der Ggw. bestimmter Spalt-Prod.-Isotope in Wasser. Diese Isotope werden durch ihre energiereichen β-Strahlungen identifiziert, die durch den ČERENKOV-Effekt zu nachweisbaren Lichtsignalen im W. konvertiert werden. Eich-Verss. zeigen an, daß die Anordnung für Konzz. bis herab zu 10^{-5} μc/cm^3 einiger Spalt-Prod.-Isotope empfindlich ist; diese Empfindlichkeit liegt sogar bei der Ggw. von ca. 0,1 μc/cm^3 Nichtspalt-Prod.-Isotopen vor. Der Detektor arbeitet ebenfalls befriedigend in einem ^{60}Co-γ-Feld bis zu ca. 300 mr/Stunde. GERHARD SCHMIDT. 112□

Messung des Neutronenflusses mit dem Zählerteleskop. S. J. Bame jun., Eugene Haddad, J. E. Perry jun., R. K. Smith und Blair Swartz. (Rev. sci. Instruments **31.** 911—13. Aug. 1960. Los Alamos, N.Mex., Univ. of California, Los Alamos Scient. Labor.) (Engl.)

Für die Berechnung der Absolutzahl monoenerget. Neutronen (1—30 MeV) in einer von den Vff. früher angegebenen Anordnung (vgl. C. **1959.** 10464), bestehend aus der

Neutronenquelle, einem H-haltigen Streustrahler u. einer Austrittsapertur, sind Werte für den Geometriefaktor tabelliert, die mit einem Computer berechnet wurden.
W. Reusse. 112□

Konstruktion eines Chronotrons zur Flugzeitmessung der schnellen Neutronen. J. Duclos. (J. Physique Radium, Physique appl., Suppl. zu: J. Physique Radium **21.** Nr. 3. 19A—23A. März 1960. Grenoble, Univ., Labor. de Phys. Nucl.) (Franz.)

Vf. beschreibt ein Chronotron, das die Registrier- bzw. Speicherkreise eines 100-Kanal-Amplitudenanalysators verwendet. Durch eine Anordnung von 20 Spezialröhren (6 BN 6) wird eine Zeitdilatation erhalten. Die Breite beim halben Maximum der Kurve prompter Koinzidenzen ist $7\cdot10^{-10}$ s für γ–γ-Koinzidenzen aus ^{60}Co u. $2\cdot10^{-9}$s für n–α-Koinzidenzen aus der (d, t)-Reaktion. Gerhard Schmidt. 112□

β-Dosimetrie bei interstitiellen Anwendungen. J. Dutreix. (J. Radiol. Électrol. Méd. nucléaire **41.** 731—45. Nov. 1960.) (Franz.)

Zusammenfassende Darst. der Möglichkeiten zur Messung von therapeut. verabreichten β-Dosen inkorporierter Strahler durch Direktmessung oder über die Bremsstrahlung. Berechnung der Dosisverteilung bei verschiedenartigen Strahlern (Platte, Punkt, Kugel) als Funktion der Strahlenenergie u. der Absorption im Gewebe.
W. Reusse. 112□

A$_2$. Optisches Verhalten der Materie

Thermonucleare Kohlenstoffreaktionen und die Bildung schwerer Elemente. A. G. W. Cameron. (Astrophysic. J. **130.** 429—51. Sept. 1959. Chalk River, Ontario, Atom. Energy of Canada Ltd.) (Engl.)

Eine Theorie der thermonuclearen Rkk. in Sternen wird diskutiert, die von der unter hohem Energieumsatz ablaufenden Bldg. von ^{12}C aus 3 He-Kernen in sog. roten Riesen ausgeht. Infolge Rkk. mit weiteren α-Teilchen können ^{16}O u. ^{20}Ne entstehen. Nach Erschöpfung des He-Vorrats dient dann die exotherme Bldg. von ^{23}Na u. ^{20}Ne aus 2 ^{12}C unter Protonen- bzw. α-Strahlung als Energiequelle. In einem frühen Stadium der ^{12}C-Verbrennung werden Protonen von ^{12}C unter Bldg. von ^{13}C (über ^{13}N durch γ- u. β^+-Strahlung) eingefangen, u. die α-Teilchen reagieren mit ^{13}C unter Bldg. von ^{16}O u. Neutronenausstoß. Unter der Voraussetzung, daß die Anzahl der Neutronen der der α-Teilchen vergleichbar ist, können sich dann aus diesen schwere Elemente bilden. — Auf eine Hypothese, nach der im Anfangsstadium bei hoher Temp. aus ^{20}Ne unter Protoneneinfang u. β^+-Strahlung ^{21}Ne (über ^{21}Na) entsteht, wird eingegangen. — Die theoret. Ansätze werden ausführlich durchgerechnet. W. Betcke. 113□

Photobeta-Reaktionen im Inneren von Sternen. A. G. W. Cameron. (Astrophysic. J. **130.** 452—64. Sept. 1959.) (Engl.) — Vgl. vorst. Referat.

Unter Gleichgewichtsbedingungen im Sterninnern gibt es eine kleine fraktionelle Besetzung von angeregten Kernzuständen. Einige dieser angeregten Zustände sind unstabil gegenüber der Emission von positiven u. negativen β-Teilchen u. dem Einfang freier Elektronen. Für die Geschw. dieser Umwandlungen werden Ausdrücke angegeben. Die Ergebnisse werden auf den Prozeß der Bldg. schwerer Elemente durch in langsamem Maße stattfindenden Neutroneneinfang angewendet, der vermutlich die thermonuclearen C-Rkk. begleitet. Die in einem Solar-Syst. herrschenden Nuclidhäufigkeiten lassen darauf schließen, daß ein End-Neutronenfluß von $3\cdot10^{17}$ n/cm$^2\cdot$s bei einer Temp. von $7\cdot10^8$ Grad K vorliegt. Die Prodd. der Neutroneneinfang-Rkk. sind nur in geringem Maße hohen Temp. u. einem stark red. Neutronenfluß ausgesetzt, ehe sie in ein Gebiet niedrigerer Temp. geschleudert werden. Damit im Einklang steht bei den Präsupernovae die Bldg. einer Hülle, in der C-Verbrennung stattfindet. — Für die roten Riesen wurde nachgewiesen, daß ^{93}Nb im Sterninnern relativ schnell gebildet werden kann, u. daß für die Tc-Linien in ihrem Spektrum wahrscheinlich ^{97}Tc mit einer Halbwertszeit von $2{,}6\cdot10^6$ Jahren verantwortlich ist. Es wäre dann erforderlich, daß die schweren Elemente nach dem Aufhören des Neutroneneinfangs für 100 Jahre oder mehr hohen Temp. ausgesetzt sind, ehe sie an die Oberfläche gelangen. Der Einfl. von Photo-β-Rkk. (durch Photonen induzierte β-Emission) auf die Neutroneneinfang-Kette wird untersucht. W. Betcke. 113□

Die mit der Nulldifferential-Überlappungsnäherung berechnete Energie angeregter Elektronenzustände. J. N. Murrell und L. Salem. (J. chem. Physics **34.** 1914—15. Juni 1961. Sheffield, Univ. of Sheffield, Dep. of Chem.; Cambridge, Mass., Harvard Univ., Mallinckrodt Chem. Labor.) (Engl.)

Es wird gezeigt, daß sich die Anregungsenergien für Elektronen, die unter Verw. der Nulldifferential-Überlappungsnäherung berechnet wurden, stets in Form einer Diffe-

renz zwischen Zwei-Elektronen-Coulomb-Integralen ausdrücken lassen. Diese Differenzen können dann als empir. Parameter zur Berechnung der Anregungsenergien dienen.
Gerhard Schulze. 114□

Die Wellenfunktionen für die Normalzustände von Ne^{3+} und Ne^{4+}. Charlotte Froese und D. R. Hartree. (Proc. Cambridge philos. Soc. **53.** 663—68. 1957. Cambridge, Cavendish Labor.; Math. Labor.) (Engl.)

Mit Hilfe eines EDSAC wurden die Fockschen Gleichungen für die Normalzustände des Ne^{4+} gelöst. Die den Berechnungen der Atomwellenfunktionen zugrunde gelegten Schätzungen wurden durch Interpolation zwischen den angrenzenden Ordnungszahlen gewonnen. Nach diesem Verf. werden sowohl für Ne^{4+} als auch für Ne^{3+} befriedigende Resultate erhalten. Die Ergebnisse sind in Tabellen zusammengefaßt. Anwendungsgebiet ist die Astrophysik. W. Betcke. 114□

Verstärkung von Bremsstrahlung, erzeugt durch 575-MeV-Elektronen in einem Silicium-Einkristall. A. N. Saxena. (Phys. Rev. Letters **4.** 311—12. 15/3. 1960. Stanford, Calif., Univ., High-Energy Phys. Labor.) (Engl.)

Ein zur (1 1 0)-Fläche justierter Si-Einkristall wurde mit 575-MeV-Elektronen beschossen u. die entstandene Bremsstrahlung, deren weiche Komponente im Einkristall eine Verstärkung erfährt, sowie die abgelenkten Elektronenstrahlen in Ionisationskammern gemessen. Die erhaltenen Werte, wiedergegeben in einem dreidimensionalen Stereogramm, lassen abschätzende quant. Vgl. mit der Theorie zu.
W. Sobieski. 116□

Untersuchung des „Auroral Afterglow" und seiner Präparationsstadien. 1. Mitt. **Präparation der Entladungsrohre und Meßapparatur.** Herbert Heinrich Brömer. (Z. Physik **157.** 601—12. 1960. Braunschweig, TH, Phys. Inst.) (Dt.)

Es wurde ein App. zur Erzeugung des „auroral after-glow" entwickelt. Die Intensitätsabnahmen einiger Nachleuchtemissionen konnten über einige Zehnerpotenzen beobachtet werden. Die Herst. der Entladungsrohre wird beschrieben. „Air-afterglow" *NO*-Nachleuchten, Lewis-Raoleigh-Nachleuchten u. „auroral afterglow" werden beobachtet u. untersucht. Die verschiedenen Nachleuchtformen treten mit abnehmenden O_2-Partialdrucken auf. Aus der verschiedenen Lebensdauer der mit Gemischen von N_2 u. O_2 gefüllten Entladungsrohre wird geschlossen, daß die Aufzehrung des N durch die Entladung in Ggw. von O wesentlich schneller verläuft. Das „auroral afterglow" ist bei höheren Drucken anhaltender. Spektren werden gezeigt. H. Lindberg. 118□

Der Einfluß von molekularem Sauerstoff auf die Emissionsspektren von Flammen aus atomarem Sauerstoff und Acetylen. S. L. N. G. Krishnamachari und H. P. Broida. (J. physic. Chem. **34.** 1709—11. Mai 1961. Washington, D.C., Nat. Bur. of Stand.) (Engl.)

Es wird eine spektroskop. Unters. der Emission von CH($A^2\Delta$ — $X^2\Pi$ u. $B^2\Sigma^-$ — $X^2\Pi$), OH ($A^2\Sigma^+$ — $X^2\Pi_i$), C_2 ($A^3\Pi_\gamma$ — $X^3\Pi_\eta$) u. CN ($B^2\Sigma^+$ — $X^2\Sigma^+$) in Acetylenflammen, die mit Mischungen von atomarem O, mol. N_2 u. mol. O_2 reagieren, beschrieben. Die Spektren werden von 3000—6000 Å bei Drücken von ca. 2 mm Hg aufgenommen. Mol. O_2 steigert die Intensität der OH-Emission bedeutend, während die von CN, CH u. C_2 vermindert wird. Ebenso macht sich ein Einfl. auf die Intensitätsverteilung der Rotationsschwingungen von OH u. der Oscillationsschwingung von C_2 bemerkbar. Zugabe von N_2 verringert sehr stark die Rotations- u. Oscillationsschwingungs-Temp. u. setzt die C_2-Emission relativ zu den anderen herab. G. M. Neumann. 118□

Absorptionsspektren von $M(CO)_6$, $M(CO)_5D$ und $W(CO)_4D_2$. W. Strohmeier und Kl. Gerlach. (Z. physik. Chem. [Frankfurt/M.] [N. F.] **27.** 439—42. März 1961. Würzburg, Univ., Inst. für Phys. Chem.) (Dt.) — Vgl. C. **1961.** 1497.

Zur Unters. von Rk.-Mechanismus u. Quantenausbeute der photochem. Rk. zwischen Metallhexacarbonylen u. einem Elektronendonator D in Bzl. oder Tetrahydrofuran bei UV-Bestrahlung nach $M(CO)_6 + h\nu + D \rightarrow M(CO)_5D + CO$ u. $M(CO)_5D + h\nu + D \rightarrow M(CO)_4D_2 + CO$ (M = Cr, Mo, W; D = Pyridin, Piperidin, Chinolin) nahmen Vff. die Absorptionsspektren folgender Verbb. auf: $Cr(CO)_6$, $Mo(CO)_6$, $W(CO)_6$, $Cr(CO)_5$(Pip), $Mo(CO)_5$(Pip), $W(CO)_5$(Pip), $Cr(CO)_5$(Py), $Cr(CO)_5$(Chin) u. $W(CO)_4(Pip)_2$. Der Ersatz einer CO-Gruppe in $M(CO)_6$ durch D erzeugt in den Verbb. $M(CO)_5D$ eine neue, im sichtbaren Spektralbereich liegende, hohe Absorptionsbande, die nur unwesentlich vom Zentralatom u. der Eigenabsorption des Liganden beeinflußt wird. Nur die Höhe u. die Lage der Maxima u. Minima sind verschoben. Das Maximum der Hexacarbonyle bei ca. 2900 Å ist allerdings nur bei $W(CO)_5$(Pip) deutlich ausgeprägt, während es bei $Mo(CO)_5$(Pip) u. $Cr(CO)_5$(Pip) nur noch als Schulter zu erkennen ist. Wird im $W(CO)_5$(Pip) noch eine zweite CO-Gruppe durch Piperidin ersetzt, so tritt im $W(CO)_4(Pip)_2$ eine Erniedrigung des ersten Absorptionsmaximums ein. Der Typ der Absorptionskurve ändert sich aber nicht mehr. Selbst die Bande bei 2950 Å ist wie bei $W(CO)_5$(Pip) deutlich ausgeprägt. Die Extinktionen der genannten Verbb. bei 4360, 4050 u. 3660 Å sowie die λ_{max}- u. log ε_{max}-Werte sind tabellar. angegeben. GERHARD SCHULZE. 118□

Luminescenz von Chrom(III)-Komplexen. Leslie S. Forster und Keith DeArmond. (J. chem. Physics **34.** 2193—94. Juni 1961. Tucson, Ariz., Univ. of Arizona, Dep. of Chem.) (Engl.)

Vff. beobachten eine breite Emissionsbande im Spektrum von *Tris-[acetylacetonato]-chrom(III)* (I) u. *Tris-[γ-hydroxychinolinato]-chrom(III)* (II) bei —183°. Die Kristallfeldabsorptionsbande im Spektrum des **II** ist nicht so gut aufgelöst wie die des **I** u. die Emission bei $\nu_{max} = 13200$ cm^{-1} ist stärker asymm. mit Schwanz-Bldg. auf der Seite niedrigerer Frequenzen. Die Emission kann mit Strahlung der Wellenlänge 3660, 4358 u. 5460 Å angeregt werden. Die nahezu unabhängige Lage der Bande von der Art des Liganden läßt auf eine Lokalisierung im Cr^{3+} schließen. Das Auftreten einer Schulter im Spektrum des **I** ist wahrscheinlich auf eine Aufspaltung des $^4T_{2g}$-Zustandes in $^4A_1$ u. ^4E zurückzuführen. Die Breite u. Lage der Emissionsbande stellt die Zuordnung der Luminescenz zu $^2E \rightarrow {}^4A_2$ in Frage. Die Zuordnung zu $^4E \rightarrow {}^4A_2$ ist der zu $^4A_1 \rightarrow {}^4A_2$ vorzuziehen. Die Zuordnungen der Emissions- u. Absorptionsbanden werden eingehend diskutiert. GERHARD SCHULZE. 118□

Druckeinfluß auf die Absorptionskanten einiger III–V-, II–VI- und I–VII-Verbindungen. A. L. Edwards und H. G. Drickamer. (Physic. Rev. [2] **122.** 1149—57. 15/5. 1961. Urbana, Ill., Univ. of Illinois, Dep. of Chem. and Chem. Engng.) (Engl.)

Der Effekt von Druck-Einw. bis zu 160 kbar wird mittels der Absorptionskanten bei den III—V-Verbb. *AlSb, GaSb, InP* u. *InAs*, bei den II—VI-Verbb. *CdS, CdSe* u. *CdTe*, u. bei den I—VII-Verbb. *CuCl, CuBr* u. *CuJ* bestimmt. Es wird die Struktur der III—V-Verbb. im Vgl. zu den bekannten IV- u. III—V-Strukturen diskutiert. Für die II—VI- u. I—VII-Verbb. muß der Ionencharakter beachtet werden. Eine Anzahl neuer Phasenübergänge sind bei hohem Druck festgestellt worden, im Falle des CuCl u. CuBr wurde für einige dieser Phasenübergänge die T/p-Abhängigkeit verfolgt. H. NEWESELY. 119□

Die Ultraviolettdurchlässigkeit von Dihydrogenarsenat- und -phosphat-Kristallen. Warren J. Deshotels. (J. opt. Soc. America **50.** 865. Sept. 1960. Cleveland, Ohio, Clevite Corp., Electron. Res. Div.) (Engl.)

Die UV-Durchlässigkeit von KH_2ArO_4- (I) bzw. $NH_4H_2AsO_4$- (II) u. KH_2PO_4- (III) bzw. $NH_4H_2PO_4$-Kristallen parallel zur opt. Achse wird untersucht. Die vier Salze erwiesen sich als im wesentlichen durchlässig für Wellenlängen oberhalb 245 mμ. **I** ist als elektro-opt. Verschluß am besten geeignet. **I, II** u. **III** sind zu ca. 80% durchlässig für die Resonanzlinie (253,7 mμ) einer Hg-Bogenlampe. W. BETCKE. 119□

Raman-Effekt und Konstitution. H. Schulz. (Chem. Rdsch. [Solothurn] **12.** 474—78. 15/9. 1959.) (Dt.)

Es wird eine allg., ausführliche Beschreibung des RAMAN-Effektes u. der Zusammenhänge zwischen RAMAN-Strahlung u. Konstit. der streuenden Molekeln gegeben. — 13 Literaturstellen (1924—1959). G. PANKOW. 120□

Bemerkungen zu einer Arbeit von Venkateswarlu und Sundaram. C. W. F. T. Pistorius. (Z. physik. Chem. Frankf. Ausg. [N. F.] **18.** 133. Okt. 1958. Pretoria.)

Vf. nimmt Bezug auf eine Unters. von VENKATESWARLU u. SUNDARAM (vgl. C. **1961.** 14915) über die Kraft-Konst. der oktaedr. *Hexafluoride* u. stellt fest, daß alle dort angegebenen G-Matrixelemente nicht richtig sind. C. GOTTFRIED. 120

Ultrarotabsorption des amorphen Selens mit Arsenzusätzen. Werner Kamprath. (Naturwissenschaften **48.** 42. 2. Jan.-H. 1961. Halle/S., Martin-Luther-Univ., II. Phys. Inst.) (Dt.)

Vf. untersuchte die Ultrarotabsorption von Se mit As-Geh. von 0,1—5%. Die Proben zeigen sehr intensive Absorptionsbanden mit einem Maximum bei 12,6 μm. Es besteht eine lineare Abhängigkeit sowohl zwischen der integralen Absorption u. der As-Konz. im Bereich von 0,1—5% As als auch zwischen dem Spitzenwert der Absorptions-Konst. u. der As-Konz. sowie zwischen der Halbwertsbreite u. der As-Konz. von 0,1—2%. Vf. deutet die Ergebnisse als eine Se–As-Schwingung, die evtl. auf gebildetes As_2Se_3 zurückzuführen ist. K. HEYMANN. 120□

Infrarotspektren einiger Halogenide der Elemente der IV. Nebengruppe. Alfred Büchler, J. B. Berkowitz-Mattuck und Donald H. Dugre. (J. chem. Physics **34.** 2202—03. Juni 1961. Cambridge, Mass., Arthur D. Little, Inc.) (Engl.)

Für die asymm. Streckfrequenzen ν_3 der gasförmigen Tetrafluoride u. Tetrachloride von Zr, Hf u. Th teilen Vff. folgende Werte mit: ZrF_4 (bei 800°) 668 (cm^{-1}), $ZrCl_4$ (bei 250°) 423, HfF_4 645, $HfCl_4$ (bei 250°) 393. ThF_4 (bei 1200°) 520 u. $ThCl_4$ (bei 675°) 335.

Der Spreizschwingung ν_3 des ZrF_4 wird der Wert 190 ± 20 cm^{-1} zugeordnet. Die gemessenen Werte werden mit den aus der Literatur bereits bekannten verglichen.
GERHARD SCHULZE. 120□

Schwingungsspektrum und Struktur des Ions $[Mo(CN)_8]^{4-}$. H. Stammreich und Oswaldo Sala. (Z. Elektrochem., Ber. Bunsenges. physik. Chem. **65.** 149—50. März 1961. São Paulo, Univ., Dep. de Fis.) (Dt.) — Vgl. C. **1961.** 5332.

Auf Grund von Literaturangaben über das IR-Spektrum u. eigener Messungen des RAMAN-Spektrums stellen Vff. das zu erwartende Spektrum der Grundschwingungen für $[Mo(CN)_8]^{4-}$ unter der Annahme zusammen, daß dem Ion die Struktur der Punktgruppe D_{4d} zukommt, u. folgern aus der Übereinstimmung zwischen Aktivität, Anzahl u. Frequenzhöhe der beobachteten Banden u. den theoret. Erwägungen, daß dem Ion die Konfiguration eines Archimedischen Antiprismas zugeschrieben werden muß. Da die IR-Unterss. an festem $K_4Mo(CN)_8$ vorgenommen wurden, erscheint es kaum möglich, dem Ion im Kristallverband weiterhin eine D_{2d}-Symmetrie zuzuschreiben, wie dies durch Röntgenbeugungsmessungen nahegelegt wurde. Die Annahme einer antiprismat. D_{4d}-Konfiguration des Ions ist mit den für die beste spd-Bindungsfunktion berechneten theoret. Winkeln verträglich u. entspricht einem stabilitätserhöhenden Minimum der elektrostat. Abstoßungsenergie zwischen den Liganden. GERHARD SCHULZE. 120□

Zur Kenntnis von Bis-[acrylnitril]-nickel(0). 4. Mitt. Infrarotspektroskopische Untersuchungen an Nickel(0)-Komplexen des Acrylnitrils und Acroleins. Heinz P. Fritz und Gerhard N. Schrauzer. (Chem. Ber. **94.** 650—59. 21/3. 1961.) (Dt.) — 3. vgl. C. **1961.** 16777.

Es werden die IR-Spektren von Ni-Komplexen der Zus. $Ni(L)_2$ u. $Ni(L)_2 \cdot nP(C_6H_5)_3$ (mit n = 1 u. 2, L = Acrylnitril u. Acrolein) angegeben u. Frequenzzuordnungen vorgenommen. Für die Komplexe $Ni(L)_2$ ist auf Grund der Spektren eine zentrosymm. Anordnung der Liganden wahrscheinlich. A. BLASCHETTE. 120□

Kernquadrupolkopplung und chemische Bindung. W. J. Orville-Thomas. (Quart. Rev. [chem. Soc., London] **11.** 162—88. 1957. Aberystwyth, Univ. Coll. of Wales, Edward Davies Chem. Labor.) (Engl.)

Die Mehrzahl der Kernquadrupolkopplungs-Konst. sind durch Unterss. der Rotationsspektren polarer Moll. im Mikrowellenbereich oder durch reine Quadrupolresonanzstudien an Festkörpern im Hochfrequenzbereich erhalten worden. Eine weitere Meth. stellt die Unters. von Mol.-Strahlen dar. Vf. gibt einen Überblick über die theoret. Grundlagen u. die apparativen Unters.-Methoden. Die Verw. der Kopplungs-Konst. zur Aufklärung der Elektronenstruktur von Moll., bes. von Bindungsproblemen, wird an Hand zahlreicher Beispiele diskutiert. — 57 Zitate. K. FRENKLER. 121□

Über die Lichtemission von mit Kathodenstrahlen bestrahltem Cadmiumsulfid. François Bombré und François Gans. (C. R. hebd. Séances Acad. Sci. **252.** 2209—11. 10/4. 1961. Gif-sur-Yvette, L.I.R.T.A., Labor. d'Infrarouge Techn. et Appl.) (Franz.)

Vff. untersuchten die Luminescenz, die beim Beschuß von *CdS*-Kristallpulver mit beschleunigten Elektronen bei Normal-Temp. auftritt. Die Stromstärke lag zwischen 3 u. 100 μA, die Beschleunigungsspannung zwischen 7 u. 22 kV. Die vom CdS emittierte Strahlung setzt sich aus einer Bande im roten Gebiet bei ca. 7200 Å u. einer Bande im Grünen bei 5100 Å zusammen, wobei das Intensitätsverhältnis der Banden von der Stromdichte, der Beschleunigungsspannung, dem Reinheitsgrad u. dem Zustand des CdS abhing. Mit zunehmender Stromdichte bzw. Spannung erhöhte sich die Intensität der grünen Bande. Ebenso verstärkte sich mit wachsender Reinheit des CdS die Intensität der grünen Komponente. Zusätzlich beobachtete man bei wachsender Stromdichte eine Verschiebung der grünen Bande nach 5400 Å u. das Auftreten einer neuen Bande bei 60—50 Å, zusammen mit einem merklichen Zerfall der Substanz. H. FRIES. 125□

A₃. Elektrizität. Magnetismus. Elektrochemie

Geschwindigkeits-Autokorrelationen geladener Teilchen in einem Magneto-Ionen-Medium mit Anwendungen auf die turbulente Diffusion. R. C. Bourret. (Canad. J. Physics **38.** 1213—23. Sept. 1960. Malibu, Calif., Hughes Aircraft Comp., Res. Labor.) (Engl.)

Berechnet wird ein Syst. von geladenen Teilchen in einem schwach ionisierten Medium, wobei 1. Zusammenstöße mit neutralen Teilchen auftreten, 2. ein konst. äußeres Magnetfeld u. 3. ein Schwankungsfeld einwirkt. Das Schwankungsfeld kann wieder ein äußeres Feld sein oder die Kräfte beim Zusammenstoß darstellen. Mit der Annahme, daß die Bewegungen der geladenen Teilchen durch LANGEVIN-Gleichungen befriedigend dargestellt werden können, werden die zeitlichen Crossing-Korrelationsfunktionen der Geschw.-Komponenten dieser Teilchen berechnet. Mit diesen Funktionen kann die Selbstdiffusion der geladenen Teilchen beschrieben werden. Dabei werden drei Fälle betrachtet: wahllos verteilte äußere Kräfte, Kräfte mit exponentieller Korrelation u. Kräfte, die impulsförmig (sonst aber wahllos) entsprechend den Teilchenzusammenstößen auftreten. H. FAHLENBRACH. 130□

Zustandsgleichung eines Hochtemperatur-Plasmas. Tohru Morita. (Progr. theoret. Physics [Kyoto] **22.** 757—74. Dez. 1959. Tokyo, Tokyo Inst. of Technol., Phys. Dep.) (Engl.)

Gewöhnlich wird angenommen, daß die ursprünglich für starke Elektrolyte auf der Grundlage der klass. statist. Mechanik abgeleitete Zustandsgleichung der DEBYE-HÜCKEL-Theorie auch auf ein Hochtemp.-Plasma im therm. Gleichgewicht übertragbar ist. Wenn man jedoch die klass. statist. Mechanik auf ein voll ionisiertes Plasma anwendet, divergiert die Verteilungsfunktion infolge der Nahkräfte zwischen einem Paar von positiver u. negativer Ladung. Es ist daher nicht sicher, ob nicht der Beitrag dieser unendlichen Anziehung den Beitrag des DEBYE-HÜCKEL-Gliedes überwiegt. Wenn man die Zustandsgleichung des Hochtemp.-Plasmas auf der Grundlage der Quantenmechanik untersucht, läßt sich zeigen, daß die DEBYE-HÜCKEL-Näherung mit Sicherheit auf Plasmen von niedriger Dichte ($10^{15}-10^{17}$) oder von so hohen Temp. angewendet werden kann, bei denen $\lambda_e \leq a_0/Z$ (Z = Ladung eines Kerns; λ_e = DE BROGLIE-Wellenlänge eines Elektrons; a_0 = BOHRscher Radius). Zu diesem Ergebnis gelangt man durch Rückführung des Problems auf dasjenige eines geeigneten klass. Gases unter der Voraussetzung, daß die Beiträge der „watermelon“-Glieder, die als Hauptkorrektur an der DEBYE-HÜCKEL-Näherung angesehen werden, vernachlässigbar gegenüber diejenigen der Ringglieder sind. WOLFGANG WAGNER. 131□

Über die Statistik des Zündverzuges. Hans Sohst. (Z. Physik **154.** 618—32. 1959. Hamburg, Univ., Inst. für Angew. Phys.) (Dt.)

An einer ebenen Plattenfunkenstrecke (Plattenabstand d = 2 cm, Zeitauflösungsvermögen 10^{-8} s) werden unter UV-Bestrahlung (Zahl der Primärelektronen aus der Kathode pro Sek.: $N_0 \approx 10^5-10^8$) die statist. Verteilungen der Zündverzugszeiten in N_2 (pd = 1000 Torr·cm, Überspannung $\eta = 1-5\%$) u. H_2 (pd = 400 Torr·cm, $\eta = 1-3\%$) gemessen. Die Streuverteilung bei schwacher Einstrahlung ($N_0 < 10^6$ El/s) entspricht der nach v. LAUE (Wartestatistik), mit wachsender Fremdeinstrahlung ($N_0 > 10^7$) weicht sie jedoch immer stärker von dieser ab (in Übereinstimmung mit früheren Messungen in Luft). Die beobachtete Abweichung wird durch das Hervortreten der Statistik der Aufbauzeit (Aufbaustatistik) gegenüber der auf Grund der starken Fremdeinstrahlung zurückgedrängten Wartestatistik gedeutet. Da die aus den Generationsabständen (erhalten durch Vgl. mit theoret. Verteilungskurven) errechneten Elektronendrift-Geschw. größenordnungsmäßig mit bekannten Elektronenlaufzeiten in Nebelkammern übereinstimmen, wird geschlossen, daß die Nachlieferung durch kathod. Photoeffekt erfolgt. R. JUNGE. 131□

Eine neue elektrische Entladungsform, die durch Überlagerung zweier verschiedenartiger Entladungen erhalten wurde. G. D. Cristescu. (Ann. Physik [7] **6.** 153—55. 1960. Bukarest, Phys. Inst. der Akad. der Rumän. Volksrepublik.) (Dt.)

Vf. überlagert eine Hochfrequenzfackelentladung (z. B. $4 \cdot 10^7$ Hz) mit einem Gleich- bzw. einem intermittierenden Strom, wobei es zu einer neuen Entladungsform kommt. Die dabei gemessenen Gleichstrom-Spannungscharakteristiken werden angegeben. Diese Entladungsart eignet sich wegen der Möglichkeit der verschiedensten Anregungen als Spektralquelle. H. SCHIRRWITZ. 131□

Eine massenspektrometrische Untersuchung von normalem Sauerstoff und von Sauerstoff, der einer elektrischen Entladung ausgesetzt wurde. J. T. Herron und H. I. Schiff. (Canad. J. Chem. **36.** 1159—70. Aug. 1958. Montreal, Quebec, McGill Univ., Dep. of Chem.) (Engl.)

Vff. untersuchen massenspektrometr. O_2, das durch Mikrowellen- u. durch Wechselstromglimmentladung aktiviert wurde. Die Appearancepotentialkurven für normales O_2 bei den Massen 16 u. 32 lassen das Auftreten von Mehrfachelektronenstoßvorgängen erkennen. Die Änderung der Kurven bei Aktivierung des O_2 können durch Annahme von O-Atomen im ^3P-Grundzustand u. von O_2-Moll. im angeregten $^1\Delta$ g-Zustand erklärt werden. Kein Beweis wurde für die Ggw. von Ozon bis zu Drücken von 2 mm Hg erhalten. Der Rekombinations-Koeff. der O-Atome an Pyrexglas beträgt $1{,}1 \cdot 10^{-4}$. Nur ein O-Atom von 21 wurde ionisiert, ehe Rekombination an der Wand der Ionenquelle im Massenspektrometer eintrat. Die Geschw.-Konst. für die Rk. der O-Atome mit N_2O ist $< 1 \cdot 10^{-8}$ $cm^3 \cdot Mol^{-1} \cdot s^{-1}$ u. um mehrere Größenordnungen kleiner als die der Rk.

$O(^3P) + N_2O \rightarrow 2NO$. Die O-Atome reagieren mit NO_2 viel schneller als mit NO, die Bldg. von NO_3 wurde nicht festgestellt. GERHARD SCHULZE. 131 □

Massenspektrometrische Untersuchung von Cäsiumhalogeniden. P. A. Akischin, L. N. Gorochow und L. N. Ssidorow. (Доклады Академии Наук СССР [Ber. Akad. Wiss. UdSSR] **135.** 113—16. 1/11. 1960. Moskau, Lomonossow-Univ.) (Russ.)

Unter Benutzung eines Massenspektrometers u. einer Ionenquelle mit Doppeleffusionskammer wurde die Zus. der Dämpfe der Cs-Halogenide bestimmt. Das Verhältnis der Intensitäten $Cs_2X^+/(CsX^+ + Cs^+)$ betrug für Fluorid, Chlorid, Bromid u. Jodid 0,083; 0,061; 0,050 u. 0,032. Die Dissoziationswärmen sanken in dieser Reihenfolge von 36,4 auf 31,2 kcal/Mol. Die Dampf-Zus. $p_{Dimer}/p_{Monomer}$ betrug 0,14—0,11 bei 793—813 (°K), 0,07 bei 810—828, 0,05—0,03 bei 826—829 u. 0,03—0,04 bei 787—820. M. WIEDEMANN. 131 □

Temperaturunabhängigkeit der Dielektrizitätskonstanten bei ferroelektrischen heterogenen Systemen. Z. Pająk und A. Piekara. (Bull. Acad. polon. Sci., Cl. III **4.** 83—86. 1956. Polish Acad. of Sci., Poznań Sect., Inst. of Phys.) (Engl.)

Bei ferroelektr. festen Lsgg. von Ba- u. Sr-Metatitanaten ($BaTiO_3$-$SrTiO_3$) haben Vff. einen niedrigen Temp.-Koeff. der DK (ohne Abfall des hohen Absolutwertes der DK) gefunden. Die Proben wurden durch einen doppelten Sinterprozeß aus Ti sowie Ba- u. Sr-Carbonat hergestellt. Die Meß-App. bestand aus einer SCHERING-Brücke (2 kHz, Meßfeldstärke 10 V/cm) u. Ultrathermostat. K. REICHEL. 132 □

Nichtlinearität und Mikrowellenverluste in kubischem Strontiumtitanat. G. Rupprecht, R. O. Bell und B. D. Silverman. (Physic. Rev. [2] **123.** 97—98. 1/7. 1961. Waltham, Mass., Res. Div., Raytheon Comp.) (Engl.)

Die komplexe DK von Einkristallstrontiumtitanat wurde zwischen 90 u. 230° K bei Mikrowellenfrequenzen gemessen. Der Realteil der DK besteht aus einem großen feldunabhängigen Anteil, welcher dem CURIE-WEISSschen Gesetz über den gesamten Meßbereich gehorcht, vermehrt um einen kleineren anisotropen feldabhängigen Anteil. Die Resultate stimmen qual. mit der SLATERschen Theorie der Ferroelektrizität in Perowskitstrukturen überein. Der beobachtete Verlustwinkel besteht aus einem Anteil, der quadrat. mit dem angelegten Wirkfeld eingeht, vermehrt um einen feldunabhängigen Anteil. Der feldunabhängige Verlustwinkel geht durch ein Minimum bei 170°, mit wesentlich steilerem Abfall auf der Seite niederer Temp. als auf der Hochtemp.-Seite. H. NEWESELY. 132 □

Dielektrische Nachwirkungserscheinungen in keramischen Bariumtitanaten. Gottlieb Bullinger. (Z. angew. Physik **12.** 410—23. Sept. 1960. München, TH, Elektrophys. Inst.) (Dt.)

Durch Messungen des Nachwrkg.-Stromes an $BaTiO_3$ im Zeitbereich von 10^{-6} bis 100 s wird gezeigt, daß zwei Nachwrkg.-Erscheinungen den verzögerten Polarisationsablauf bestimmen. Beide Nachwrkg.-Vorgänge folgen dabei den Gesetzen der phänomenolog. Nachwrkg.-Theorie u. sind nur durch stark verschiedene Zeit-Konst. voneinander unterschieden (10^{-6} bis 10^{-3} s bzw. $>$ 1 s). Die Nachwrkg. mit der stark streuenden kleinen Zeit-Konst. ist eindeutig ferroelektr. Natur u. hat ihre Ursache wahrscheinlich in gekoppelten elektromechan. Relaxationsvorgängen. Die Ursache der Langzeitnachwrkg. ist in Grenzschichteffekten zu suchen, die durch die Halbleiter-Eigg. des $BaTiO_3$ zustande kommen. Die Temp.-Abhängigkeit dieser Nachwrkg. konnte durch eine Exponentialfunktion mit nur einer Aktivierungsenergie beschrieben werden. Auch das Spannungs-Verh. konnte formelmäßig ausgedrückt werden. Ferner wurde gezeigt, daß diese Grenzschichten größere Ladungsmengen speichern können, als durch eine ferroelektr. Bindung möglich ist. H. FAHLENBRACH. 132 □

Ein mögliches Modell für den Schaltvorgang in Bariumtitanat-Kristallen. J. C. Burfoot. (Proc. physic. Soc. **73.** 641—49. 1/4. 1959. London, Univ., Queen Mary Coll.) (Engl.)

Die an ferroelektr. Ba-Titanatkristallplättchen durch Umpolen der elektr. Feldstärkerichtung erzielbare Umkehr („switching“) der Polarisierungsrichtung wird mit einem Mikrodomänenmodell erklärt, das die Umschaltvorgänge (Schaltstromverlauf) auf Keim-Bldg.-Prozesse zurückführt. K. REICHEL. 133 □

Besonderheiten der Temperaturabhängigkeit der Photoemission von Multialkalikathoden. G. Frischmuth-Hoffmann, P. Görlich und H. Hora. (Z. Naturforsch. **15a.** 1014—16. Nov. 1960. Jena.) (Dt.)

Der Bericht über Messungen an Multialkalielektroden des Typs $[Cs]Na_xK_{3-x}Sb$ (FRISCHMUTH-HOFFMANN u. Mitarbeiter, C. **1961.** 10447) wird durch die Mitt. einiger Besonderheiten der spektralen Verteilung u. der Quantenausbeuten ergänzt. Der Quotient Q/Q_{293} (Quantenausbeute bei Vers.-: Zimmer-Temp.) als Maß der Empfindlichkeit nimmt bei einer kompakten Cs_3Sb-Kathode für Photonenenergien unter 2,24 eV mit fallender Temp. ab. Bei einer Multialkalischicht zeigt Q/Q_{293} nahe der langwelligen Grenze bei ca. 1,5 eV das gleiche Verh., weist dagegen für 1,6—2,3 eV bei 120° K steile Maxima auf, die bei > 2,3 eV in einen leichten Anstieg u. nachfolgenden geringen Abfall mit sinkender Temp. übergehen. Dieses letztere Verh. steht im Gegensatz zu Meßergebnissen von Miyazawa (C. **1950/54.** 3701 S). — Die Beobachtungen werden im Hinblick auf den Elektronenablösungsmechanismus diskutiert. W. Betcke. 134☐

Infrarotabsorption in Halbleitern. N. Y. Fan. (Rep. Progr. Physics **19.** 107—55. 1956. [Engl.] Успехи Физических Наук [Fortschr. physik. Wiss.] **64.** 315—60. Febr. 1958.) (Russ.)

Zusammenfassende Übersicht. — 108 Literaturangaben. E. Klever. 135☐

Streuung von Elektronen durch Phononen und Verunreinigungen in Halbleitern. H. Reiss und A. I. Anderman. (Physic. Rev. [2] **122.** 1135—40. 15/5. 1961. Canoga Park, Calif., Atom. Internat., Div. of North American Aviat.) (Engl.)

Die Beweglichkeit des Elektrons in Halbleitern vom n-Typ bei gleichzeitiger Streuung durch Phononen u. Verunreinigungen wird der Berechnung dadurch zugänglich gemacht, daß der Effekt der Verunreinigungen als einem zusätzlichen äußeren Feld zugehörig behandelt wird. Obwohl im Prinzip eine Lösung für jeden Wert der Relaxationszeit für Phononstreuung, τ, möglich sein sollte, gelingt es zunächst nur, eine Gesetzmäßigkeit für die Beweglichkeit bei niederen τ festzulegen. H. Newesely. 135☐

Experimenteller Nachweis der Existenz eines neuen Elektronenkomplexes in Silicium. J. R. Haynes. (Phys. Rev. Letters **4.** 361—63. 1/4. 1960. Murray Hill, N.J., Bell Telephone Labor.) (Engl.)

Durch Bestrahlung mit Licht hoher Intensität wurden in reinsten Si-Einkristallen u. solchen mit $8 \cdot 10^{16}$ *As*-Atomen/cm³ als Verunreinigung Gitterfehlstellen u. Überschußelektronen erzeugt. Die Rekombinationsstrahlung in Abhängigkeit von der Photonenenergie zeigt bei As-Zusatz bei 25° K zwei neue, sehr scharfe Linien bei 1,091 u. 1,149 eV, die nach ihrer Form u. Energielage nur als Strahlung aus der Rekombination eines Elektrons mit einer Nullstelle (beide müssen in einem unbeweglichen Viererkomplex aus 1 Fremdion u. 3 Elektronen gebunden sein) interpretiert werden können. W. Sobieski. 135☐

Einfluß von Spaltungsspektrumneutronen auf n-Germanium. Daniel Binder. (Physic. Rev. [2] **122.** 1147—48. 15/5. 1961. Culver City, Calif., Hughes Aircraft Co., Nucl. Measurements Dep.) (Engl.)

Die Elektronenauslösungsrate für mit Spaltungsspektrumneutronen bestrahltes n-Ge beträgt bei Raum-Temp. 8 ± 1 pro Neutron. Dieser Wert wird Resultaten bei Neutronenbestrahlung mit einheitlicher Energie (2—5 MeV) gegenübergestellt. Die Auslösungsrate (removal rate) ist etwa dieselbe (infolge Konstanz der Energie, die bei elast. Stößen abgegeben wird). H. Newesely. 135☐

Die Reduzierung der Stromverstärkung bei Transistoren durch Neutronenbeschuß. J. W. Easley und J. A. Dooley. (J. appl. Physics **31.** 1024—28. Juni 1960. Wright-Patterson Air Force Base, Ohio, Wright Air Dev. Center.) (Engl.)

Das Verh. von *Ge*-Transistoren beim Beschuß mit schnellen Neutronen u. γ-Strahlen wurde untersucht. Die Ergebnisse bestätigen frühere Arbeiten, denen zufolge eine lineare Abhängigkeit des Stromzuwachses von der Dauer der Neutronenbestrahlung besteht, für npn-Ge-Transistoren, sind aber auf pnp-Transistoren nur bedingt anwendbar. Bei diesen muß nämlich noch die Änderung der Rekombinations-Geschw. der Minoritätsträger u. die Änderung der Breite der verd. Schicht an der Kollektorverbindung während der Beschießung berücksichtigt werden. Es werden Gleichungen abgeleitet, die eine gute Annäherung an die beobachteten Stromverstärkungs-Expositionsdauer-Kurven gestatten. Die eingesetzten Konst. werden durch makroskop. bestimmte elektr. Eigg. des Halbleitermaterials bestätigt. W. Betcke. 135☐

Elektron-Elektron-Wechselwirkung bei Heißelektronenproblemen. Jiro Yamashita. (Progr. theoret. Physics [Kyoto] **24.** 357—69. Aug. 1960. Tokyo, Univ. of Tokyo, Inst. for Solid State Phys.) (Engl.)

Vf. untersucht theoret. das Verh. warmer u. heißer Elektronen in n-leitendem *Ge* bei 77° K unter folgenden Annahmen: Die Elektronen sind nicht entartet, die Gestalt der Energiefläche ist sphär. symm., die Elektronen werden an akust. u. opt. Schwingungen sowie an ionisierten Verunreinigungen gestreut u. die Elektron-Elektron-Wechselwrkg. wird durch die Fokker-Planck-Näherung berücksichtigt. Es zeigt sich, daß die Maxwellsche Verteilungsfunktion mit der Elektronen-Temp. für kleine Verunreinigungsdichten keine gute Übereinstimmung mit dem Experiment (vgl. Gunn, Physics Chem. Solids **8.** [1959.] 239) liefert; andrerseits bewirkt die Elektron-Elektron-Wechselwrkg.

eine Reduzierung der Elektronenverteilung auf die MAXWELLsche Form, wenn die Verunreinigungsdichte groß ist. Die krit. Dichte für 77° K liegt bei ca. $10^{15}/cm^3$.

D. JÖRCHEL. 135☐

Hall-Konstante und Elektronenbeweglichkeit von InSb, InAs und $In(As_{0,8}P_{0,2})$ bei hohen Magnetfeldern. Eberhardt Braunersreuther, Friedrich Kuhrt und Hans-Joachim Lippmann. (Z. Naturforsch. **15a.** 795—99. Sept. 1960. Genf, CERN; Nürnberg, Siemens-Schuckertwerke Akt.-Ges., Labor. der Zentral-Werksverwalt.) (Dt.)

HALL-Konst. (R_h) u. Elektronenbeweglichkeit wurden an drei verschiedenen III-V-Halbleitern (polykrist., n-halbleitendes Material) in Magnetfeldern bis zu 180 kGauß gemessen. Die R_h-Werte von *InAs* u. $In(As_{0,8}P_{0,2})$ (100 bzw. 200 $cm^3/A\cdot s$) sind bis zu 175 kGauß von der Feldstärke unabhängig, bei *InSb* fällt R_h zwischen 10 u. 175 kGauß von 350 auf 290 $cm^3/A\cdot s$ mit zunehmender Feldstärke ab. Die Leitfähigkeit σ wurde für InAs, $In(As_{0,8}P_{0,2})$ u. InSb zu 240 bzw. 70 bzw. 200 $\Omega^{-1}\cdot cm^{-1}$ bestimmt. σ fällt mit zunehmender Induktion (B) ab, u. zwar beträgt der Abfall zwischen 0 u. 170 kGauß bei InAs, $In(As_{0,8}P_{0,2})$ u. InSb $\sigma(0)/\sigma(B) = 3{,}8$ bzw. 8 bzw. 145. Er läßt sich durch die Funktion $\sigma(0)/\sigma(B) = 1 + a B^n$ wiedergeben, wobei zwischen 10 u. 100 kGauß für InAs u. $In(As_{0,8}P_{0,2})$ $n = 1{,}5$, für InSb $n = 1{,}85$ beträgt. Für die Elektronenbeweglichkeit μ_n konnte der Ausdruck $\mu_n = (8/3\pi)\cdot R_h\,\sigma$ abgeleitet werden; μ_n fällt mit wachsendem B, u. zwar am stärksten bei InSb. Der HALL-Winkel Θ durchläuft entsprechend dem Ausdruck $\mathrm{tg}\,\Theta = (3\pi/8)\cdot\mu_n B$ ein Maximum, das für InSb bei dem kleinsten B-Wert (15 kGauß) liegt. — Auch serienmäßige HALL-Generatoren mit $In(As_{0,8}P_{0,2})$ als Halbleitermaterial (SIEMENS-Type FC 33) sind nach den vorliegenden Ergebnissen zur Ausmessung höchster Magnetfelder geeignet. W. BETCKE. 135☐

Analyse der Halbleitereigenschaften von Kobaltferrit. G. H. Jonker. (Physics Chem. Solids **9.** 165—75. Febr. 1959. Eindhoven, Netherl., N. V. Philips Gloeilampenfabrieken, Philips Res. Labor.) (Engl.)

Die Halbleiter-Eigg. von Kristallen der Zus. $Co_{0,90}Fe_{2,10}O_4$ bis $Co_{1,30}Fe_{1,70}O_4$ werden untersucht. Widerstands (ϱ)-Messungen in Abhängigkeit von der Zus. zeigen für log ϱ ein scharfes Maximum mit nachfolgend steilem Abfall nahe der Zus. $Co_{1,00}Fe_{2,00}O_4$. In analoger Weise ist die Aktivierungsenergie von der Zus. abhängig, die nach einem steilen Maximum bei nahezu 2,00 Fe (ca. 0,55 eV) einen jähen Abfall auf 0,2 eV zeigt, u. der SEEBECK-Effekt, der bei 2,00 Fe von positiven zu negativen Werten übergeht. Letzterer zeigt nur bei Proben der genauen Zus. $CoFe_2O_4$ eine starke Temp.-Abhängigkeit. Alle Messungen bestätigen qual. den erwarteten Übergang von der p- zur n-Leitfähigkeit — Ein Energieschema wird abgeleitet, mit dem die Halbleiter-Eigg. von $CoFe_2O_4$ beschrieben werden können. Theoret. Analysen der Leitfähigkeit, der Aktivierungsenergie u. des thermoelektr. Effekts schließen sich an. Die vom normalen Verh. der Halbleiter abweichenden Eigg. des $CoFe_2O_4$ werden damit erklärt, daß sich bei diesem die Ladungsträger nicht frei im Kristallgitter bewegen, sondern von Ion zu Ion springen.

W. BETCKE. 135☐

Oscillatorische magnetische Widerstandsänderung beim n-Typ-PbTe. Yasuo Kanai, Riro Nii und Naozo Watanabe. (J. physic. Soc. Japan **15.** 1717. Sept. 1960. Musashinoshi, Tokyo, Electr. Communicat. Labor.) (Engl.)

Wegen der bekannten großen Beweglichkeit der Elektronen u. Löcher bei PbTe u. verwandten intermetall. Verbb. bei sehr tiefen Temp. (z. B. 4° K) waren auch oscillator. galvanomagnet. Effekte (in magnet. Impulsfeldern) zu erwarten. Zur Bestätigung dieser Vermutung wurden an n-Typ-PbTe bei 4,2° K die magnet. Widerstandsänderung u. der HALL-Effekt in starken pulsierenden Feldern über 100 kOe gemessen. Bei der magnet. Widerstandsänderung konnte der oscillator. Charakter als Anteil in der Feldstärkeabhängigkeit klar bestätigt werden. Der HALL-Effekt zeigte dagegen keine Anomalien. H. FAHLENBRACH. 135☐

Bänderstruktur und Mechanismus der Dispersion in Einkristallen von Quecksilbertellurid und -selenid. Michel Rodot und Huguette Rodot. (C. R. hebd. Séances Acad. Sci. **250.** 1447—49. 22/2. 1960. Bellevue, Seine-et-Oise, Labor. de Magnétisme et de Phys. du Solide.) (Franz.)

Durch Zonenschmelzen werden HgTe- u. HgSe-Einkristalle hergestellt. Die FF. liegen bei 655 ± 5° bzw. 765 ± 5°. In beiden Verbb. ist die Dispersion durch akust. Phononen vorherrschend. Das Leitfähigkeitsband von HgTe ist wahrscheinlich isotrop. Die effektive Elektronenmasse ist schwach von der Temp. abhängig. Für 300° K ist $m^* = 0{,}030\ m_0$. Das Leitfähigkeitsband von HgSe wird wahrscheinlich durch ein Ellipsoiden-Syst. dargestellt. D. HOENE. 135☐

Becquerelscher Photovoltaeffekt bei binären Verbindungen. Richard Williams. J. chem. Physics **32.** 1505—14. Mai 1960. Princeton, N.J., RCA Labor.) (Engl.)

Vf. untersucht den elektrochem. BECQUEREL-Effekt, der bei der Bestrahlung von *CdS*-, *CdSe*-, *CuJ*-, *ZnO*-, *ZnS*-, *ZnTe*- u. *GaAs*-Einkristallen, die in Berührung mit einem Elektrolyten stehen, auftritt. Es werden zwei Prozesse beobachtet, deren Analyse zur Klärung des beteiligten Mechanismus führt. Beim ersten Prozeß beruht der beobachtete Effekt auf einer chem. Rk., wobei das Elektrodenmaterial aufgebraucht wird. Wenn dieses aus einem Halbleiter vom n-Typ besteht, kann nur eine negative Photo-EMK auftreten. Halbleiter vom p-Typ zeigen nur eine positive Photo-EMK. Das chem. Verh. der Elektroden läßt sich aus thermodynam. Daten voraussagen. Wenn zugleich der Leitfähigkeitstyp bekannt ist, kann für jede Verb. vorhergesagt werden, ob sie eine Photo-EMK zeigen wird oder ob sie in der Dunkelheit reagiert. Beim zweiten Prozeßtyp (Beispiel: *GaAs*) besteht die Rk. hauptsächlich in einem Austausch von Elektronen mit einem Redox-Paar in der Lösung. Man beobachtet sowohl einen Dunkel- als auch einen Photostrom, die beide entgegengesetztes oder auch das gleiche Vorzeichen haben können. Man kann annehmen, daß Elektronen das n-Typ-Leitfähigkeitsband des *GaAs* verlassen, um entsprechende Ionen in der Lsg. zu bilden. Bei Belichtung werden Elektronen von den Ionen aus der Lsg. an das Valenzband des *GaAs* abgegeben.
K. FRENKLER. 135□

Elektrische Eigenschaften pseudo-binärer Systeme von Ag_2VI-Verbindungen: $Ag_2Te_xSe_{(1-x)}$, $Ag_2Te_xS_{(1-x)}$ und $Ag_2Se_xS_{(1-x)}$. Shin-ya Miyatani. (J. physic. Soc. Japan **15.** 1586—95. Sept. 1960. Niigata, Univ., Fac. of Sci., Dep. of Phys.) (Engl.)

Mit einer galvan. Zelle (Ag/Ag^+/Substanz/Pt) wurden die elektr. Eigg. (Elektronen- u. Ionenleitfähigkeit, HALL-Koeff. usw.) von Ag_2 (Te, Se; Te, S; Se, S)-Legg. untersucht, wobei die relativ große Beweglichkeit der Ag^+-Ionen in Ag_2VI-Verbb. die Unters. erleichtert. In der α-Phase erfolgte die Änderung der elektr. Eigg. kontinuierlich mit wechselndem Mischungsverhältnis x von Te/Se, Te/S u. Se/S, während in der β-Phase bei bestimmten x-Werten plötzliche u. diskontinuierliche Änderungen (bes. beim Phasenübergangspunkt) auftraten. Die β-Verbb. sind von geringerer Symmetrie (monoklin, rhomb.), die α-Verbb. kubisch. Im Syst. Te–Se erscheint bei $x = 0{,}6-0{,}7$ eine intermediäre Phase (zwischen α u. β), bei Se–S wird β in zwei verschiedene Phasen aufgespalten. Zwischen α- u. β-Phase besteht ein merklicher Unterschied in der Ag-Löslichkeit. Die erhaltenen Ergebnisse können unter vereinfachten Annahmen gut mit denen der Theorie verglichen werden.
W. SOBIESKI. 135□

Auftreten und Wirkung des Debye-Waller-Faktors in den Transportkoeffizienten einfacher normaler Metalle. M. Bailyn. (Physic. Rev. [2] **121.** 1336—43. 1/3. 1961. Evanston, Ill., Northwestern Univ.) (Engl.)

Die Streuung von Elektronen in einem Metall durch therm. Schwingungen gibt — analog zur Beugung von Röntgenstrahlen u. Neutronen an Gitterschwingungen im Kristall — zu einem temperaturabhängigen DEBYE-WALLER-Faktor im Matrixelement Anlaß, der abgeleitet u. dessen mögliche Wrkg. auf den elektr. Widerstand für den Fall der Verw. von BLOCHschen Funktionen für die Elektronenwellenfunktion diskutiert wird. Numer. berechnet wird ein Umklappprozeß unter Beteiligung eines bes. Phonons für den Fall von *Cs* bei Raum-Temp.; das neue Matrixelement ist ca. 0,7 mal so groß wie das von BARDEEN [1937] abgeleitete. Danach ist also der Beitrag zum Widerstand nur etwa halb so groß wie der BARDEENsche Wert. Für einige Phononen kann das Matrixelement jedoch größer werden.
D. JÖRCHEL. 136□

Spezifischer elektrischer Widerstand bei niedrigen Temperaturen. Die Druckabhängigkeit des elektrischen Widerstands von Metallen gibt einige Anhaltspunkte über ihre Fermi-Oberflächen. J. S. Dugdale. (Science [Washington] **134.** 77—86. 14/7. 1961. Ottawa, Nat. Res. Council, Div. of Pure Phys.) (Engl.)

Vf. gibt eine Übersicht über die Abhängigkeit des elektr. Widerstands vom Druck bei niedrigen Temp. u. erörtert diese theoretisch. An Hand der Literatur werden der elektrostat. Druck bei niedrigen Temp., die Abhängigkeit des Vol.-Koeff. des spezif. Widerstands vom Temp.-Koeff. für Li, Na, K u. Cu bei idealem Verh., die Form der FERMI-Oberflächen u. ihre Beeinflussung durch ein elektr. Feld, Streuungs- u. Umklappvorgänge sowie die Druck-Koeff. u. die thermoelektr. Kraft in Abhängigkeit von der Änderung des spezif. Widerstands mit der FERMI-Energie diskutiert.
P. FRENZEL. 136□

Änderung der Elektronenstruktur des Aluminiums durch α-Bestrahlung. W. Kapp und F. Stangler. (Z. Physik **154.** 486—94. 1959. Wien, Univ., II. Physikal. Inst.) (Dt.)

Durch Anwendung der in der Elektronentheorie der Metalle für ein Zweibändermodell angegebenen Formeln gelingt es, aus der HALL-Konst. im Magnetfeld H sowie für $H = 0$ u. der elektr. Leitfähigkeit die Anzahlen u. Beweglichkeiten von Elektronen u. Löchern sowie deren partielle Leitfähigkeiten zu berechnen. Damit ist die Grundlage für ein Verständnis der Verkleinerung der elektr. Leitfähigkeit des Al durch Korpuskularbestrahlung gegeben. Wegen der Erholungsvorgänge bei Raum-Temp. wurden Messungen der HALL-Konst. u. Leitfähigkeiten von Al bei α-Bestrahlung mit ^{210}Po bei der Temp. der fl. Luft vorgenommen. Nach 90std. Bestrahlung zeigte sich eine Abnahme der HALL-Konst. um 0,9% u. der elektr. Leitfähigkeit um 5,3%. Diese Leitfähigkeitsabnahme wird zum größten Teil durch eine Abnahme der Elektronenbeweglichkeit, zu einem kleinen Teil durch eine Verringerung der Anzahl der Löcher erklärt. H. FAHLENBRACH. 136□

Der elektrische Widerstand von reinem Au und Ag bei niedrigen Temperaturen. B. Knook und G. J. van den Berg. (Physica [Utrecht] **26.** 505—12. Juli 1960. Leiden, Kamerlingh Onnes Labor.) (Engl.)

Vff. zeigen, daß das Auftreten eines Minimums des elektr. Widerstands bei tiefen Temp. (Messungen zwischen 1 u. 5° K) auf die Anwesenheit von Verunreinigungen zurückzuführen ist. Unterss. an gezogenen Drähten bzw. an gewalzten Folien aus Au u. Ag ergeben, daß in gezogenen Drähten mehr Verunreinigungen enthalten sind. H. SCHIRRWITZ. 136□

Über den Temperatureinfluß auf den spezifischen Widerstand dünner Silberstreifen. Jean Savornin, Albert Donnadieu und France Savornin. (C. R. hebd. Séances Acad. Sci. **252.** 2195—96. 10/4. 1961.) (Franz.)

Vff. untersuchten die Temp.-Abhängigkeit des Widerstands dünner Ag-Filme, die auf Glas oder Quarz im Vakuum aufgedampft wurden u. eine Dicke von 20—430 mμ hatten. Die Messungen wurden 15—20 Std. nach der Herst. der Schichten im Vakuum vorgenommen. Alle Streifen zeigten ohne Ausnahme im Verlauf einer ersten Erwärmung (20—70°) ein Widerstandsmaximum, dem ein Minimum folgte. Anschließend stieg der Widerstand mit der Temp. wieder gleichmäßig an, u. zwar bei geringer Filmdicke bes. schnell. Außerdem zeigten dickere Schichten bei anschließender Temp.-Verringerung eine Widerstandsverminderung mit einem Hystereseeffekt. H. FRIES. 136□

Auf die Bildung von G.P.-Zonen zurückzuführende Widerstandsänderungen (Clusters, reich an Gelöstem). H. Herman und J. B. Cohen. (Nature [London] **191.** 63—64. 1/7. 1961. Evanston, Ill., Northwestern Univ., Technol. Inst., Dep. of Materials Sci.) (Engl.)

Vff. untersuchen eine Al–Zn-Leg. (mit 5,3 Atom-% Zn) mit Hilfe von Widerstandsmessungen bei der Temp. des fl. N_2 u. durch Best. der Röntgenkleinwinkelstreuung. Die 0,005 in. dicken Proben werden in W. von 300° auf 25° abgeschreckt u. bei 0 oder 30° gealtert. Die Widerstands–Zeit-Kurven zeigen Maxima des Widerstands bei 2 Min. (Alterung bei 30°) u. 11 Min. (Alterung bei 0°). Das Maximum bei 0° ist um ca. 4% höher als das bei 30°. Die Röntgenkleinwinkelstreuung bestimmt man nach Alterung, die nach Erreichen des Widerstandsmaximums durch Einbringen der Probe in fl. N_2 abgebrochen wird. Für beide Maxima ergibt sich ein mittlerer Zonenradius von 5 Å, d. h. die Widerstandsmaxima hängen mit der Ausbildung von Zonen definierter Größe zusammen. P. FRENZEL. 136□

Elektrisches Leitvermögen der Lösungen von Salzen in flüssigen Metallen. Kaliumjodid in Kalium. H. R. Bronstein, A. S. Dworkin und M. A. Bredig. (J. chem. Physics **34.** 1843—44. Mai 1961. Oak Ridge, Tenn., Oak Ridge Nat. Labor., Chem. Div.) (Engl.)

Die spezif. Leitfähigkeit von KJ/K-Mischungen wird bei 700° bestimmt. Es zeigt sich, daß der spezif. Widerstand ϱ der metallreichen Lsgg. linear mit der Salz-Konz. ansteigt. Zwischen den Werten $N_{KJ} = 0$ u. 0,20 für den Molenbruch gilt die Beziehung $\varrho = a N_{KJ} + b$ mit a = 920 u. b = 58 μΩ·cm. Der spezif. Widerstand ist also eine lineare Funktion der Konz. elektronenstreuender Zentren, die durch das Salz zugeführt werden. G. M. NEUMANN. 136□

Zur Theorie der magnetischen Widerstandsänderung. 1. Mitt. János Hajdu. (Z. Physik **160.** 47—58. 14/9. 1960. Göttingen, Univ., Inst. für theoret. Phys.) (Dt.)

Die quantenmechan. Betrachtungen über die Änderungen des elektr. Widerstands im Magnetfeld werden durch die Best. der Stoßzeiten τ, die den Wechselwrkg.-Mechanismus zwischen den Elektronen u. den Schallquanten beschreiben sollen, mit Hilfe eines Variations-Verf. ergänzt. Diese Stoßzeiten werden zur Lösung der Integralgleichung u. zur Berechnung von mittleren Übergangswahrscheinlichkeiten in typ. Fällen benötigt. H. FAHLENBRACH. 136□

Eine höhere Näherung bei der Untersuchung des Ferromagnetismus einer Monodomäne. Aretin Corciovei. (Studii Cercetări Fizică **7.** 73—116. Jan./März 1956.) (Rum.)

Für die partielle Zustandssumme Z_s bei einem bestimmten Gesamtspin werden unter Verw. von 2 Niveaus E_s' u. E_s'' u. Auswertung der Spuren der 1., 2. u. 3. Ordnung der Submatrices der HAMILTONschen Matrix neue Gleichungen entwickelt. Mittels Z_s kann die Abhängigkeit der Magnetisierung von Temp. u. Magnetfeld ermittelt werden, was zu Widersprüchen mit der Gleichung von HEISENBERG für den CURIE-Punkt (CP) führt. Eine Gleichung für die spezif. Wärme in der Nähe des CP wird gefunden, sie schließt einen Sprung am CP nicht aus u. führt zu gleichen Ergebnissen wie die nur mit einem Wert $\bar{E}_s$ arbeitende vereinfachte Theorie. R. K. MÜLLER. 137□

Direkte Messung der einachsigen magnetischen Anisotropie aufgedampfter dünner Schichten von Eisen, Nickel, Permalloy und Kobalt. Zdeněk Málek und Walter Schüppel. (Ann. Physik [7] **6.** 252—61. 1960. Prag, Akad. der Wiss., Physikal. Inst.; Jena, Inst. für magnet. Werkstoffe.) (Dt.) — Vgl. C. **1961.** 3233.

Mit Hilfe von Drehmomentmessungen im Magnetfeld werden die Konst. der einachsigen magnet. Anisotropie von dünnen Fe-, Ni-, Co- u. Permalloyschichten, die auf geheizten u. ungeheizten Unterlagen im Magnetfeld senkrecht oder schräg aufgedampft wurden, bestimmt. Außerdem wurde ihre zeitliche Änderung bei Zimmer-Temp. beobachtet. Dabei zeigte sich, daß die Anisotropie in einen zeitabhängigen, von der spontanen Magnetisierung bestimmten, u. in einen zeitunabhängigen, von der Geometrie der Aufdampfbedingungen u. der Spannungsanisotropie bestimmten Anteil ganz allg. zu zerlegen ist. Der zeitabhängige Anteil deutet ferner auf eine Nahordnung hin u. ist keine typ. Eig. dünner Schichten. Die geometr. Anisotropie ist bei Fe-, Ni- u. Permalloyschichten relativ groß, bei Co-Schichten sehr klein. H. FAHLENBRACH. 137□

Ferromagnetismus in verdünnten Lösungen von Kobalt in Palladium. R. M. Bozorth, P. A. Wolff, D. D. Davis, V. B. Compton und J. H. Wernick. (Physic. Rev. [2] **122.** 1157—60. 15/5. 1961. Murray Hill, N.J., Bell Telephone Labor.) (Engl.)

Die Messungen erwiesen die Ggw. eines Ferromagnetismus in 0,1 Atom-% Co enthaltenden Lsgg., wenn die Co-Atome im Pd um ca. 10 Atom-Ø voneinander getrennt sind. Nach 3 unterschiedlichen Meth. wurde der ferromagnet. CURIE-Punkt in dieser Leg. zu 7° K bestimmt. Die für die ganze Reihe der Legg. (0—100% Co) durchgeführte Messung der Zahl der BOHRschen Magnetonen zeigt, daß das ein Co-Atom begleitende Moment mit der Verdünnung von 1,7 BOHRschen Einheiten in reinem Co bis zu einem Grenzwert von 9—10 bei der größten Verdünnung ansteigt. Aus den bei Raum-Temp. gemessenen Gitter-Konst. geht hervor, daß der Ferromagnetismus bei ca. 10 Atom-% Co einsetzt. Größe u. Änderung des Co-Moments werden durch ein einfaches Modell gedeutet. D. JÖRCHEL. 137□

Gleichförmiger und ungleichförmiger Formeffekt bei der Magnetostriktion. R. Gersdorf. (Physica [Utrecht] **26.** 553—74. Aug. 1960. Amsterdam, Univ., Natuurk. Labor.) (Engl.) — Vgl. C. **1961.** 5695.

Zur Berechnung des beobachteten Formeffekts bei der Magnetostriktion werden die beiden Fälle unterschieden, daß die mechan. Spannungen homogen oder inhomogen sind. Für den Fall homogener Spannungen wird eine Berechnung des Formeffekts für Ellipsoide mit Rotationssymmetrie u. einer Magnetisierung längs einer Hauptachse angegeben. Eine solche Berechnung gilt für elast.-isotropes Material u. für einen elast.-anisotropen kub. Kristall. Für den Fall inhomogener Spannungen, der in praxi überwiegt, gelingt eine Berechnung des Formeffekts der Magnetostriktion nur für eine Kugel, u. zwar für eine isotrope Kugel oder für eine Einkristallkugel kub. Symmetrie, wobei die Magnetisierung in der (1 1 0)-Ebene liegt. Für andere Fälle mit prakt. Bedeutung u. gemessener Magnetostriktions-Konst. werden Näherungsrechnungen angegeben. H. FAHLENBRACH. 137□

Messung der Magnetostriktion im Temperaturbereich von —196 bis +400°. R. R. Birss und E. W. Lee. (J. sci. Instruments **37.** 225—30. Juli 1960. London, Imp. Coll. of Sci. and Technol.; Sheffield, Univ., Phys. Dep.) (Engl.)

Es wird ein Gerät beschrieben, daß die Messung der Magnetostriktion (Längenänderung im Magnetfeld) im Temp.-Bereich zwischen —196 u. +400° zu bestimmen gestattet. Dabei werden in bekannter Weise zur Messung Dehnungsmeßstreifen vorgesehen, von denen in dem angegebenen Temp.-Bereich einige erprobt werden. Die Empfindlichkeit des Geräts beträgt bei 1 mm Galvanometerausschlag eine relative Dehnung von $2 \cdot 10^{-7}$. Es wird ferner die Meth. beschrieben, an Einkristallscheiben, deren Oberfläche senkrecht zu einer der kristallograph. Hauptachsen steht, aus den Meßwerten bei der magnet. Sättigung die Einkristallmagnetostriktions-Konst. zu errechnen. H. FAHLENBRACH. 137□

Homogene Magnetfelder für optische Untersuchungen ferromagnetischer Proben. Helmuth Murrmann und Christoph Schwink. (Z. angew. Physik **12.** 155—57. April 1960. München, Univ., II. Physikal. Inst.) (Dt.)

Die Erzeugung homogener Magnetfelder zur Magnetisierung von Proben, die in unmittelbarer Nähe der Beobachtung zugänglich sein sollen (z. B. BITTER-Streifen, FARADAY-Effekt an dünnen Schichten, elektronenopt. Messung der Magnetisierung an kleinen Proben), ist durch das Feld einer Spule, die in der Mitte einen Spalt hat, möglich. Für die Kompensation der durch den Spalt verursachten Feldinhomogenität müssen Zusatzspulen angeordnet werden, deren Berechnungsgrundlagen hier angegeben werden.
K. REICHEL. 137□

Eine Anlage zur Erzeugung kurzzeitig konstanter starker Magnetfelder. Jacques Durand, Otto Klüber und Heinrich Wulff. (Z. angew. Physik **12.** 393—95. Sept. 1960. München, MPI für Phys. u. Astrophys.) (Dt.)

Eine aufgeladene Doppelleitung (Tiefpaßfilter) liefert Stromimpulse konst. Stärke, wenn sie über ihren Wellenwiderstand geschlossen wird. Es wird eine Zusatzschaltung zu einer Doppelleitung (Tiefpaßfilter) angegeben, die es gestattet, zeitlich konst. Stromimpulse auch dann zu erzeugen, wenn der Abschlußwiderstand außer dem Wellenwiderstand der Doppelleitung noch einen beliebig großen induktiven Widerstand enthält. Diese Anordnung ist daher zur Erzeugung zeitlich konst. Magnetfelder geeignet u. ist immer dann von Vorteil, wenn die Impulsdauer nicht wesentlich größer als die Zeit-Konst. L/R der Spule ist.
H. FAHLENBRACH. 137□

Der Twistor. Ein neuartiger magnetischer Speicher. E.-K. Aschmoneit. (Nickel-Berichte **18.** 3—7. Jan./Febr. 1960. Stuttgart.) (Dt.)

Überblick über Grundlagen u. Entw.-Stand des Twistors, der den spiralförmigen magnet. Flußverlauf in tordierten („twisted") ferromagnet. Drähten zu magnet. Speicherzwecken nutzt. — 4 Literaturangaben.
K. REICHEL. 137□

Über den Ferrimagnetismus nichtstöchiometrischer Eisensulfide. R. Perthel. (Ann. Physik [7] **5.** 273—95. 1960. Jena, Dt. Akad. der Wiss. zu Berlin, Inst. für magnet. Werkstoffe.) (Dt.)

Beim Eisensulfid, FeS_{1+n}, treten durch überschüssiges S ($n > 0$) Änderungen in den kristallograph. u. magnet. Eigg. auf, die im Bereich bis zu $n = 0,18$ u. bes. um $n = 0,1$ (Übergang vom Antiferromagnetismus zum Ferrimagnetismus) gemessen u. mit früheren Unterss. krit. verglichen wurden. Die Proben wurden aus entgastem u. in H_2 nachred. Carbonyl-Fe sowie aus umkrist. u. sublimiertem S bei 1000° in einem evakuierten Quarzröhrchen hergestellt. Die Meßergebnisse lassen sich durch Ordnungs–Unordnungs-Vorgänge erklären. Bei Ersatz des Fe durch Co, Ni oder Cu wurde lediglich gefunden, daß Mischsulfide bis $Fe_{0,5}Co_{0,5}S_{1,15}$ ferrimagnet. u. bei höherem Co-Geh. antiferromagnet. sind.
K. REICHEL. 137□

Magnetische Susceptibilität von natürlichem Rutil, Anatas und Brookit. Titus Pankey und Frank Senftle. (Amer. Mineralogist **44.** 1307—09. Nov./Dez. 1959. Washington, D.C., Howard Univ.; U. S. Geol. Surv.) (Engl.)

An synthet. Rutil betrug die Susceptibilität $0,067 \cdot 10^{-6}$, an Anatas $0,040 \cdot 10^{-6}$ elektromagnet. Einheiten pro g. Brookit ließ sich synthet. nicht herstellen. Deshalb werden die Messungen an den 3 natürlichen Modifikationen von TiO_2 wiederholt. Die Meßergebnisse sind stark von Verunreinigungen abhängig. Sie schwanken bei Rutil von 1,07—0,83, bei Anatas von 0,36—0,19, bei Brookit von $1,53—0,26 \cdot 10^{-6}$. Die Brookitprobe von Ulster County, N.Y., mit einem Wert von $0,26 \cdot 10^{-6}$ ist relativ rein u. in dieser Beziehung mit synthet. Rutil zu vergleichen. Der genannte Wert kann daher als obere Grenze für reinen Brookit angesehen werden.
J.-E. HILLER. 137□

Paramagnetische Susceptibilität von polykristallinem Praseodym. Sigurds Arajs, R. V. Colvin und J. M. Peck. (J. chem. Physics **34.** 1959—62. Juni 1961. Monroeville, Pa., U. S. Steel Corp. Res. Center, Edgar C. Bain Labor. for Fundamental Res.) (Engl.)

Vff. bestimmten die paramagnet. Susceptibilität von polykristallinem Pr zwischen 300 u. 1500° K nach der Meth. von FARADAY. Trägt man die reziproke paramagnet. Susceptibilität gegen die abs. Temp. graph. auf, so beobachtet man eine ganz schwache Anomalie beim Übergang von der hexagonalen zur kub.-raumzentrierten Struktur (bei 1071° K) u. eine beträchtlich größere Anomalie beim F. (1208° K). Die Messungen stimmen mit den Berechnungen nach der Theorie von VAN VLECK über den Paramagnetismus, die auf einem Modell mit lokalisierten f-Elektronen beruht, für nichtwechselwirkende Pr^{3+}-Ionen gut überein. Nimmt man eine geeignete Korrektur für den Beitrag der Leitfähigkeitselektronen zum Paramagnetismus vor, so läßt sich die beste Übereinstimmung mit den experimentellen Werten bei Verw. einer Abschirm-Konst. von $\sigma = 34$ erhalten.
GERHARD SCHULZE. 137□

Der magnetische Effekt des gelösten Sauerstoffes in diamagnetischen Flüssigkeiten. C. O. L. Juulman. (Z. Physik **160.** 109—20. 14/9. 1960. München, Univ., I. Physikal. Inst.) (Dt.)

Der Einfl. des bei verschiedenen Drucken gelösten O_2 auf die magnet. Susceptibilitäten von *W.*, *Bzl.* u. *Nitrobenzol* wurde nach der GOUY-Meth. (Genauigkeit $\pm$0,005 bis 0,022%) gemessen u. die durch das gelöste Gas verursachten Verringerungen der diamagnet. Susceptibilitäten gegen die der gasfreien Fll. als „magnet. Effekt des Sauerstoffs" in ‰ des Werts der reinen Fll. angegeben. Die Werte betragen: 0,95$\pm$0,16‰ (bei 146 Torr) u. 6,65$\pm$0,12‰ (bei 698 Torr) für W.; 4,06$\pm$0,22‰ (bei 74 Torr) u. 43,46$\pm$0,20‰ (bei 658 Torr) für Bzl.; 4,74$\pm$0,13‰ (bei 147 Torr) u. 23,48$\pm$0,14‰ (bei 713 Torr) für Nitrobenzol. Zwischen den gemessenen u. den berechneten Werten treten Differenzen auf bei W., hervorgerufen durch eine leicht eintretende Übersättigung (schlechte Reproduzierbarkeit!) u. bei geringen Gas-Konzz. auch bei Bzl., bedingt durch eine Abnahme des Paramagnetismus des O_2 in geringen Konzentrationen. Für diamagnet. Susceptibilitäts-Best. können als Bezugssubstanzen nur luftgesätt. Fll. verwendet werden. W. SOBIESKI. 137□

Paramagnetische Elektronenresonanz in Alkalimetall-Legierungen. N. Ss. Garifjanow und M. A. Starikow. (Журнал Экспериментальной и Теоретической Физики [J. exp. theoret. Physik] **35.** 798—99. Sept. 1958. Kasan, Phys.-Techn. Inst. der Zweigstelle der Akad. der Wiss. der UdSSR.) (Russ.) — Vgl. C. **1958.** 7671.

Die Best. der paramagnet. Resonanzabsorption in Form der Linienbreite ΔH bei Na-Legg. mit verschiedenem Geh. an K, Li, Hg u. Pb gemessen bei 290 MHz u. 90 u. 300°K ergab die Aufteilung der Leg.-Elemente in zwei verschiedenartig wirkende Gruppen: Die erste (K, Li) übt einen geringen Einfl. aus (bei 90°K steigt ΔH von 9 Oe bei 0,4 Atom-% K auf ca. 70 Oe bei 20 Atom-% K, bei 300°K von 16 auf 80 Oe bereits bei 6 Atom-%K), während die Wrkg. der zweiten Gruppe ca. 10^4mal größer ist. — Die Ergebnisse stimmen mit der ELLIOTTschen Theorie u. den Resultaten von GUTOWSKY u. FRANK (C. **1955.** 3065) überein. J. TŮMOVÁ. 137□

Wirkungen des hydrostatischen Drucks auf die paramagnetischen Resonanzspektren einiger Ionen der Eisengruppe in kubischen Kristallen. Walter M. Walsh jun. (Physic. Rev. [2] **122.** 762—71. 1/5. 1961. Cambridge, Mass., Harvard Univ., Gordon McKay Labor.) (Engl.)

Vf. bestimmte experimentell die magnet. Resonanzspektren von in *MgO*-Kristallen u. -Pulver substituierten Cr^{3+}-, Mn^{2+}-, Fe^{3+}- u. Ni^{2+}-Verunreinigungen sowie von Mn^{2+} in kub. *ZnS* als Funktion des hydrostat. Drucks bei Raumtemperatur. Die Ergebnisse werden unter der Annahme gedeutet, daß die lokalen Kompressibilitäten gleich denen der reinen Wirtsgitter sind. Die beobachtete Vol.-Abhängigkeit der Orbital-Beiträge zu den magnet. Momenten der F-Zustands-Ionen Cr^{3+} u. Ni^{2+} sind mit einem Punktladungsmodell verträglich, das jedoch die beobachteten Größen der Orbital-Singulett-Triplett-Aufspaltungen nur sehr ungenau wiedergibt. Die Druckabhängigkeiten der Aufspaltungen des kub. Feldes der S-Zustands-Ionen Mn^{2+} u. Fe^{3+} sind in MgO ident. u. entsprechen näherungsweise einem Viererpotenzgesetz, wenn man ein Ionenpotential voraussetzt. Der Parameter des kub. Feldes für Mn^{2+} in ZnS ändert sich halb so schnell mit dem Volumen. Die Ergebnisse sind mit den Rechnungen von POWELL u. Mitarbeitern (Phys. Rev. Letters **5.** [1960.] 145) verträglich, wenn man annimmt, daß die Vol.-Abhängigkeit der kub. Potentiale in diesen Gittern durch ein Ionenmodell gegeben ist. Die Hyperfeinstruktur der Mn-Spektren erwies sich ebenfalls als sehr empfindlich gegenüber dem Proben-Vol., bes. im Sulfid. Der Effekt läßt sich qual. durch die Theorie der Austauschpolarisation der starken Elektron-Kern-Wechselwrkg. deuten (Ausdehnung der d-Bahnen der magnet. Ionen infolge wachsender Überlappung mit den nächsten Nachbarn). D. JÖRCHEL. 137□

Sättigung der magnetischen Kernresonanzabsorption und die Spin-Gitter-Relaxationszeit in festem Wasserstoff. Tadashi Sugawara. (Sci. Rep. Res. Inst. Tôhoku Univ., Ser. A **8.** 95—111. April 1956. Res. Inst. for Iron, Steel and Other Metals.) (Engl.) — Vgl. C. **1957.** 1103.

Eine neue Art von Anomalie wurde im Sättigungs-Verh. der magnet. Kernresonanzabsorption in festem Wasserstoff mit verschiedenen *ortho-para*-Verhältnissen gefunden. Die Sättigungskurve zeigt in der Zentralspitze eine anomale Abhängigkeit von der Stärke des Hochfrequenzfeldes, u. die Linienbreite nimmt mit wachsendem HF-Feld ab, während das Verh. in der Seitenspitze normal ist. Die Spin–Spin- u. Spin–Gitter-Wechselwrkg. werden eingehend diskutiert u. die Anomalien als eine Art inhomogener Sättigung erklärt. Mit Hilfe einer Sättigungsformel, die aus den Ergebnissen der Unters. abgeleitet wurde, konnten die Relaxationszeiten in der Seiten- u. der Zentralspitze aus dem Verlauf der Sättigungskurven berechnet werden. Die Relaxationszeiten der Zentralspitze streuen über eine Breite von Millisek. bis zu Sek., u. zwar ist ihre Dauer der Konz. an ortho-H_2 u. der Temp. umgekehrt proportional. Dagegen zeigt die Seitenspitze nur eine einzige Relaxationszeit. W. BETCKE. 137 □

Die Silber-Silberoxyd-Elektrode. 1. Mitt. **Anodische Oxydation in alkalischen Lösungen.** Charles P. Wales. (J. electrochem. Soc. **108.** 395—400. Mai 1961. Washington, D.C., U.S. Naval Res. Labor.) (Engl.)

Vf. untersucht den Einfl. der Ladestromstärken u. Elektrolyt-Konz. auf die anod. Oxydation von Ag. Ag-Elektroden werden bei 25° in 35- oder 50%ig. KOH-Lsg. mit konst. Ladeströmen innerhalb von $^1/_2$—40 Std. bei teilweiser sowie vollständiger Aufladung anod. oxydiert. Die Kapazität der Ag-Elektroden sinkt proportional einer negativen Exponentialfunktion des Ladestroms. Ausgenommen bei niedrigen Ladestromstärken ist die Kapazität in 35%ig. KOH-Lsg. größer als in 50%iger. Sie nimmt in 50%ig. KOH-Lsg. mit der Anzahl der Ladecyclen allmählich ab, steigt jedoch in 35%ig. KOH-Lsg., so daß eine kurze Lebensdauer in bezug auf die Anzahl der Ladevorgänge für Ag-Elektroden nicht unbedingt charakterist. ist. Auch bei hohen Ladestromstärken wird die Elektrode mit ca. 100%ig. Ausbeute an den ersten beiden Potentialplateaus geladen. Die Elektrode kann bei höheren Stromdichten eine größere Gesamtladung aufnehmen, wenn man mehrmals abwechselnd auflädt u. entsprechend lange im offenen Stromkreis stehen läßt, um die Umsetzung des AgO zu Ag zu erhöhen. Die Änderungen der Ladefähigkeit werden auf den Einfl. verschiedener Oberflächenbedingungen der Elektrode zurückgeführt. AgO kann unter geeigneten Bedingungen direkt zu Ag red. werden, wobei sek. Ag_2O entsteht. Die Haupt-Rk. des Ladevorgangs beim Ag_2O/AgO-Plateau ist anfänglich die Oxydation von Ag_2O zu AgO; darauf dominiert die Oxydation von Ag zu AgO. Gleichzeitig mit beiden Rkk. verläuft die Umsetzung eines Teils des gebildeten AgO mit Ag zu Ag_2O. P. FRENZEL. 140 □

Einige wichtige Faktoren, die die Zusammensetzung des positiven Plattenmaterials im Blei-Säure-Akkumulator beeinflussen. Vance H. Dodson. (J. electrochem. Soc. **108.** 401—05. Mai 1961. Toledo, Ohio, Electr. Autolite Co.) (Engl.)

Vf. untersucht die Zus. der positiven Platten, die a) aus positiven Pasten verschiedener Dichte, b) in wss. H_2SO_4-Lsgg. von verschiedenem Spezif. Gew., c) mit verschiedenen Stromdichten u. d) bei verschiedenen Temp. hergestellt wurden. Die Pasten stellt man durch Zugabe von W. u. H_2SO_4 zu einer Mischung von 70% PbO u. 30% Pb her u. trocknet sie bei Raum-Temp. oder wenig darüber, wobei der größere Teil des W. verdampft u. das Pb in PbO_2 (bis auf ca. 3—5% freies Pb) übergeführt wird. Der Geh. an α- bzw. β-PbO_2 wird durch Röntgenbeugungsaufnahmen ermittelt (Beugungslinien bei 2,61 Å für α-PbO_2, bei 3,49 u. 2,79 Å für β-PbO_2). Bei Änderung der Vers.-Bedingungen ändert sich sowohl der gesamte PbO_2-Geh. als auch das Verhältnis von α- zu β-PbO_2. Die Säure-Konz. vor der elektrolyt. Umwandlung ist nicht ausreichend, um das gesamte Pb-Oxyd der Paste in $PbSO_4$ umzusetzen. Das Material im Innern der Paste bleibt alkal., bis die während der elektrolyt. Behandlung regenerierte Säure aus der nicht umgesetzten Paste herausdiffundiert. Zwischen der Diffusions-Geschw. u. dem pH-Wert des Elektrolyten in den Poren der Paste besteht ein enger Zusammenhang. In Lsgg. mit einem pH-Wert >2 ist das Elektrodenpotential des α-PbO_2 niedriger als das der β-Modifikation; α-PbO_2 wird daher bevorzugt gebildet. Bei PbO-reichen Pasten mit hoher Dichte u. Entw. in Säure mit niedrigem Spezif. Gew. sollte die Menge des nicht zu $PbSO_4$ umgesetzten PbO ausreichend sein, um während der ersten Hälfte der elektrolyt. Umsetzung einen ziemlich hohen pH-Wert in der Paste aufrecht zu erhalten. Das würde die Bldg. größerer Mengen von α-PbO_2 begünstigen. Bei Pasten geringer Dichte u. höherer Säure-Konz. würde dagegen relativ weniger α-PbO_2 entstehen, da das in der Paste enthaltene PbO nur für eine geringere Entw.-Zeit ausreicht, um einen pH-Wert >2 aufrechtzuerhalten. P. FRENZEL. 140 □

Die Zusammensetzung und Leistung des positiven Plattenmaterials im Blei-Säure-Akkumulator. Vance H. Dodson. (J. electrochem. Soc. **108.** 406—12. Mai 1961.) (Engl.) — Vgl. vorst. Referat.

Vf. untersucht den Einfl. des α-PbO_2-Geh. auf die Leistung der positiven Platten sowie die Änderung der Platten-Zus. in bezug auf den Gesamt-Geh. an PbO_2 u. den Geh. an α- u. β-PbO_2 während a) der anfänglichen 20std. Entladung nach SAE, b) aufeinanderfolgender 20std. Entladungs-Verss. nach SAE, c) der schnellen Entladung mit 156 mA/cm² bei 26,7 u. —18° u. d) des Stehenlassens bei 26,7°. Gemessen werden die Entladungskapazitäten von α- u. β-PbO_2 bei verschiedenen Entladungsstromdichten. Die Kapazität von α-PbO_2 ist beträchtlich geringer als die von β-PbO_2. Die Leistung der positiven Platten ist abhängig vom Verhältnis des Geh. an α-/β-PbO_2 im positiven

Plattenmaterial. Für a) wird die größere Kapazität auf ein niedrigeres Verhältnis α-/β-PbO_2 zurückgeführt. Für b) nimmt Vf. an, daß bei Aufladung PbO in $PbSO_4$ übergeführt wird, das sich dann in β-PbO_2 umwandelt. Der Geh. an α-PbO_2 sinkt in Abhängigkeit vom Anfangs-Geh. nach der ersten Entladung u. bleibt dann wahrscheinlich konstant. Bei schneller Entladung wird der Hauptanteil der Gesamtkapazität vom β-PbO_2 geliefert. Die Entladungskapazität beider Modifikationen sinkt mit der Erhöhung der Dichte des positiven Plattenmaterials wahrscheinlich auf Grund der geringeren Porosität. Für d) steigt die Kapazität mit der Zeit des Stehenlassen wahrscheinlich auf Grund des erhöhten Geh. an β-PbO_2. P. Frenzel. 140□

Untersuchungen an Thermoketten. 5. Mitt. **Elektrolytische Thermoelemente.** R. Haase und P.-F. Sauermann. (Z. physik. Chem. [Frankfurt/M.] [N. F.] **27.** 42—47. Jan. 1961. Aachen, TH, Inst. für phys. Chem.) (Dt.) — 4. vgl. C. **1961.** 6399.

Vff. diskutieren elektrolyt. Thermoelemente, die Ag/AgCl-Elektroden u. wss. Lsgg. von Chloriden enthalten. Ein Zusammenhang zwischen der Thermokraft eines elektrolyt. Thermoelements u. den Thermokräften von Thermoketten wird abgeleitet u. an Hand der experimentellen Unterss. für die Elektrolytpaare HCl–NH_4Cl, HCl–KCl u. HCl–NaCl geprüft. Bes. im Bereich hoher Verdünnungen ergibt sich eine befriedigende Übereinstimmung. Gerhard Schulze. 140□

Untersuchungen an Thermoketten. 6. Mitt. **Auswertung der Messungen.** R. Haase, K. Hoch und H. Schönert. (Z. physik. Chem. [Frankfurt/M.] [N. F.] **27.** 421—38. März 1961.) (Dt.) — 5. vgl. vorst. Referat.

Aus gemessenen Anfangswerten der Thermokraft von Thermoketten u. der Literatur entnommenen Werten ermitteln Vff. die Überführungsentropien der Ionen Cl^-, Br^-, J^-, H^+, NH_4^+, Li^+, Na^+, K^+, Rb^+, Cs^+, Ca^{2+}, Sr^{2+} u. Ba^{2+} in wss. Lsg. bei 25° für den Konz.-Bereich von 0,001—0,02 Mol/kg. Die Konst. der Gleichung für die Konz.-Abhängigkeit der Überführungsentropien werden tabellar. angegeben u. diskutiert. Aus diesen Konst. lassen sich bisher unbekannte Soret-Koeff. für 25 Elektrolyte voraussagen. Zwei Beispiele (NH_4Cl u. LiCl) werden angegeben. Gerhard Schulze. 140□

Unsichtbare und sichtbare Elektrolyse einer hundertstelnormalen Schwefelsäurelösung. R. Guizonnier und J. Fougeyrollas. (J. Physique Radium **19.** 14S—17S. Juni 1958.) (Franz.)

In 0,01n H_2SO_4 wurden gemessen: Die Stromstärke (i) u. das Restpotential (v) als Funktion der Zeit (τ), sowie die Potentialverteilung zwischen den beiden Elektroden. Als Elektroden dienten Pt-Drähte (Ø 0,5 mm) im Abstand von 5 cm. Bei geringen Potentialdifferenzen $v < 0{,}1$ V haben die Kurven $i = f(\tau)$ die Form von Hyperbeln; bei 1,7 V beginnt die sichtbare Elektrolyse. Die Kurven $v = f'(\tau)$ haben bei V-Werten $\leq 1{,}7$ V die Form von Diffusionskurven. Bei 1,7 V wird ein Maximum erreicht, das der Übersättigung der Elektroden mit H_2 bzw. O_2 entspricht. Bei 1,5 V liegt ein Minimum, das einer Wassergaskette entspricht, bei der die Anode nicht mit O_2 gesättigt ist. Die Unters. der Potentialverteilung zeigt deutlich die progressive Ausbildung der der Stromrichtung entgegengerichteten EMK. S. Lanz. 141□

Untersuchung der Polarisation der Kohleelektroden bei der Elektrolyse geschmolzener Salze. M. Rey, C. Danner und M. Bailleul. (Metallurgia ital. **52.** 536—38. Aug. 1960. St. Ouen, Soc. d'Electrochim., d'Electrométallurgie et des Acieries d'Ugine, Labor. de Rech.) (Franz.)

Beschreibung eines Meßverf. mit Hilfe einer Ag/Ag^+-Bezugselektrode, verwendbar für Temp. bis 950°, u. einer Registrier-App. zur Aufzeichnung der Stromstärke–Spannungs-Kurven in rechtwinkligen Koordinaten. A. Sander. 142□

Überspannung an Tellurkathoden in NaOH-Lösungen. S. A. Awad. (J. electrochem. Soc. **108.** 468—72. Mai 1961. Heliopolis, Cairo, Ain-Shams-Univ., Univ. Coll. of Girls, Chem. Dep.) (Engl.)

Vf. untersucht die Überspannung (ÜS) an spektroskop. reinen Te-Stabkathoden in wss. 0,005—5n NaOH-Lsgg. bei 25°. Die direkte Messung erfolgt gegen eine gesätt. Kalomelelektrode. Das H-Elektrodenpotential wird dann gesondert unter gleichen Bedingungen gegen erstere bestimmt, wodurch man bei gleichzeitiger Verw. einer Salzbrücke Übergangspotentiale auf ein Minimum herabsetzt u. Vergiftungserscheinungen an der H-Elektrode vermeidet. Zum Vgl. bestimmt man weiterhin die ÜS in 0,10n Na_2CO_3-Lösungen. Zur Deutung der Vers.-Ergebnisse wird angenommen, daß sich an Stelle einer H_2-Entw. Te unter Bldg. von Te_2^{2-} gemäß $2\,Te + 2\,e \rightarrow Te_2^{2-}$ auflöst, worauf das am wenigsten negative Standardpotential obiger Rk. von $-0{,}84$ V gegenüber denen von $-1{,}57$ u. $-1{,}14$ V für die Bldg. von H_2Te bzw. Te^{2-} hinweist. Außerdem wird die für H_2Te charakterist. tiefrote Färbung nicht beobachtet, wenn unter nichtoxydierenden

Bedingungen gearbeitet wird. Die Geschw. der Auflösung wird durch einen einfachen elektrochem. Mechanismus bestimmt, wobei 2 verschiedene Steigungen der TAFEL-Geraden bei einfachlogarithm. Darst. (außer für 0,005 u. 0,01 n Lsgg.) festzustellen sind. Bei Konzz. unter 0,05 n wird die Entladungs-Rk. geschwindigkeitsbestimmend. Für den Einfl. des pH-Werts auf die ÜS werden Gleichungen theoret. abgeleitet. Die erhaltenen Werte weisen auf eine Entladung von Na^+-Ionen hin. Die bei den TAFEL-Geraden für 1—5 n Lsgg. festgestellte positive Krümmung bei hoher Stromdichte ist nicht auf Widerstands-ÜS, sondern auf Konz.-ÜS zurückzuführen, die gegen einen Grenzstrom tendiert. Die Abnahme der dieser Krümmung entsprechenden Stromdichten bei Temp.-Erniedrigung stützt die obige Annahme. P. FRENZEL. 142 □

Der Widerstand äquivalenter Reihen anodisch gebildeter Oxydfilme auf Aluminium. Walter J. Bernard. (J. electrochem. Soc. **108.** 446—49. Mai 1961. North Adams, Mass., Sprague Electric Co.) (Engl.) — Vgl. C. **1961.** 12373.

Der Äquivalentreihenwiderstand eines Elektrolytkondensators ist die Summe der Widerstände verschiedener Elemente, wobei der Elektrolyt u. der dielektr. Film auf der Anode den Hauptanteil liefern. Der frequenzunabhängige Beitrag des Elektrolyten (R_E) wird durch den spezif. Widerstand der Lsg. u. die Form des Kondensators bestimmt. Der Anteil des dielektr. Films (R_A) ist die Summe des Reihenwiderstands (RW) des Films u. des Widerstands der Doppelschicht. Beide sind frequenzabhängig. R_E kann durch Messung des RW bei ausreichend hohen Frequenzen (f), bei denen der Beitrag anderer Elemente zu vernachlässigen ist, oder durch Extrapolation auf $1/f = 0$ bestimmt werden. Der Widerstand des Anodenfilms wird durch viele Faktoren beeinflußt. Einige Schwierigkeiten bei seiner Messung können durch geeignete Konstruktion der Meßzelle umgangen werden. Trägt man R_A gegen 1/f auf, so erhält man fast eine Gerade, die bei höheren Spannungen die größte Abweichung zeigt. Weiterhin ist R_A bei bestimmter Frequenz im untersuchten Bereich (40 Hz bis 400 kHz) direkt proportional der Schichtdicke des Films. Der beobachtete Abbruch bei der Bldg.-Spannung 0 wird auf den Widerstand der Doppelschicht zurückgeführt. Die Linearität der Kurve zeigt, daß der dielektr. Verlustfaktor $\operatorname{tg}\delta$ der dielektr. Schicht unabhängig von der Schichtdicke ist, da zwischen Kapazität u. Schichtdicke umgekehrte Proportionalität besteht. $\operatorname{tg}\delta$ beträgt bis zu ca. 0,6% bei 100 Hz. Weiterhin wird der Einfl. der Veränderung der Oberflächengröße (durch Ätzen) erörtert. Die häufig festgestellte Erhöhung von $\operatorname{tg}\delta$ mit Vergrößerung des Oberflächeninhalts ist auf das Absinken von R_A zurückzuführen, während R_E unverändert bleibt. Die Messungen der anod. Impedanz erfolgen in 30%ig. Lsgg. von NH_4-Pentaborat in Äthylenglykol ohne Anwendung einer Gleichstromvorspannung.

P. FRENZEL. 143 □

Eine Ultrastrukturuntersuchung der Korrosion von Aluminium in Gegenwart von Quecksilber. A. N. J. Heyn. (J. electrochem. Soc. **108.** 482—83. Mai 1961. Richmond, Va., Virginia Inst. for Sci. Res.) (Engl.)

Vf. untersucht elektronenmkr. das auf Al in Ggw. von Hg u. feuchter Luft entstehende Korrosionsprodukt. Gibt man einen Tropfen Hg auf eine gereinigte Al-Oberfläche, so ist ein weißes, faserförmiges, nach 30 Min. ca. 1 in. langes Prod. am Rande des Tropfens festzustellen. Diese Fasersubstanz zeigt typ. Feinstruktur, die sich aus submkr., einheitlichen, verlängerten Micellarfasern oder -nadeln zusammensetzt, die mit paralleler Orientierung gebündelt sind u. ähnlich wie Metallwhiskers aussehen. Die Nadeln erscheinen häufig abgeflacht; sie haben eine einheitliche Breite von ca. 100 Å bei im allg. ca. 20facher Länge, die aber wesentlich überschritten werden kann. Oft wird schraubenförmiges oder gewundenes Aussehen sowie die Bldg. von Querrissen beobachtet. Vf. nimmt an, daß die längeren Fasern unregelmäßig zerbrechen, wobei die Nadeln entstehen. Beim Zusatz anderer Metalle zu Hg (z. B. Pb oder Tl) ändern sich Form u. Größe der Fasern; Orientierung u. Aussehen werden gleichzeitig unregelmäßiger. Durch Elektronenbeugungsaufnahmen läßt sich keine definierte mikrokrist. Struktur nachweisen. Zur Bldg. der Fasern wird angenommen, daß während des Wachstumsvorgangs anod. u. kathod. Bereiche bestehen, wobei die Oxydation der entstandenen Al–Hg-Leg. in anod. Bereichen erfolgt. Während des Wachstums auftretende Spannungen u. die wahrscheinliche Verschiebung der anod. Bereiche über die Oberfläche würden die gewundenen Wachstumsformen, die Riß-Bldg. u. die Verschiebung der Fasern erklären. Die Annahme der kathod. u. anod. Bereiche erklärt auch die Bldg. diskontinuierlicher, whisker-ähnlicher Wachstumsgebilde an Stelle einer zusammenhängenden Oxydschicht.

P. FRENZEL. 143 □

Elektrolytisches Ätzen von kompaktem Tantal. A. L. Jenny und R. A. Ruscetta. (J. electrochem. Soc. **108.** 442—45. Mai 1961. Irmo, S.C., Gen. Electr. Co., Capacitor Dep.) (Engl.)

Vff. untersuchen elektrolyt. Ätz-Verff., die zur Erhöhung der wirksamen Oberflächengröße von Ta-Folien hinsichtlich ihrer Kapazitäts-Eigg. geeignet sind. Verwendet werden organ. Lsgm.-Gemische auf der Basis von Methanol (I) (mindestens 6,5 Gew.-%), mit höhermol. Alkoholen, mehrwertigen Alkoholen, einfachen u. substituierten Äthern, Aminen, Amiden u. vielen aromat. Verbb. bei gleichzeitigem Zusatz z. B. von Halogeniden, Thiocyanaten, Nitraten, Chloraten u. Trichloressigsäure. Der Einfl. des Wasser-Geh., der anod. Stromdichte (0,86—17,2 A/dm²), der Elektrolyt-Konz. u. der Schichtdicke des anod. erzeugten Films auf die Ätz-Geschw. u. die Erhöhung der Oberflächengröße wird (vereinfacht an einer Lsg. von 30 g NH_4Br in 1 Liter abs. I) untersucht. Der Wasser-Geh. ist krit.; bei hohem Wasser-Geh. setzen Halogen-Entw. u. anod. Polarisation die Ätz-Geschw. herab. Wichtig ist der Einfl. der anod. Stromdichte; der optimale Wert liegt bei 0,86—2,15 A/dm². Die Elektrolyt-Konz. hat nur geringen Einfl. auf das Ätz-Verhältnis. Im nicht angelassenen Zustand ist die Erhöhung der Oberflächengröße um ca. 70% größer als bei angelassenen Proben. Bei Erhöhung der Spannung während der Anodisierung sinkt das Ätz-Verhältnis, da die Ätzgrübchen durch Ta-Oxyd ausgefüllt werden. Hieraus sind Rückschlüsse auf die Porengröße möglich. P. FRENZEL. 143□

Elektrochemische Messungen über die Passivierung eines Stahles mit 18% Cr und 8% Ni. Alfred Rahmel und Wilhelm Schwenk. (Arch. Eisenhüttenwes. **31.** 189—93. März 1960. Mannesmann A.G., Forsch.-Inst.) (Dt.)

Bei potentiostat. Einsatz akt. Proben aus Stahl mit 18% Cr u. 8% Ni in den Passivbereich u. bei potentiostat. Potentialwechsel innerhalb des Passivbereichs konnte ein reziprokes Stromdichte–Zeit-Gesetz beobachtet werden. Dieses Gesetz wurde durch elektrochem. Bldg. von Deckschichten gedeutet. Durch Integration folgt aus dem Gesetz ein linear–logarithm. Bldg.-Gesetz für diese Passivschicht. Die quant. Auswertung der Vers.-Ergebnisse führt zu Passivschichten, die ca. 20—45 Å dick sind. Es wird erörtert, daß bei der Bldg. dieser Schichten nicht die Wanderung der Ionen durch die Passivschicht, sondern Vorgänge, die mit Keim-Bldg. u. seitlichem Kristallwachstum verknüpft sind, die Geschw. bestimmen. H. HOCHSTEIN. 143□

Inhibierung der Auflösung von Eisen und nichtrostendem Stahl durch Eisen(III)-sulfat. A. C. Makrides. (J. electrochem. Soc. **108.** 412—16. Mai 1961. Niagara Falls, N.Y., Union Carbide Metals Co., Metals Res. Labor.) (Engl.) — Vgl. C. **1961.** 6402.

Vf. untersucht potentiostat. die Polarisation von nichtrostendem Stahl 410 (I) u. Fe in $Fe_2(SO_4)_3$-Lösungen. Es wird gezeigt, daß die Red.-Kurve des Inhibitors u. die Oxydationskurve des Metalls ohne Verzerrung des Korrosionspotentials dem sich bei Inhibitorzusatz einstellenden Mischpotential überlagert werden kann. Die Red.-Stromdichte des Inhibitors ist geringer als die krit. Stromdichte; das sich einstellende Mischpotential ist sowohl im akt. als auch im passiven Zustand des Metalls stabil. Führt man über eine Hilfselektrode einen äußeren Strom zu, so daß dieser zusammen mit dem Red.-Strom die krit. Stromdichte übersteigt, so wird das Metall passiviert u. bleibt auch bei Unterbrechung des Stroms passiv. Die TAFEL-Konst. für die Red. des Fe^{3+} an I sind gleich für das Mischpotential im passiven Bereich bis zu den Potentialen, die dicht beim prim. Passivpotential von I liegen. Die für die Passivierung von I in 0,5n H_2SO_4-Lsgg. erforderliche Fe^{3+}-Konz. liegt um mindestens 2 Größenordnungen über der Konz., die zur Aufrechterhaltung des Passivzustands benötigt wird. Obwohl Fe^{3+}-Ionen reines Fe nicht passivieren, kann der Passivzustand einer Fe-Elektrode aufrechterhalten werden, wenn diese zunächst mit einem Hilfsstrom anod. passiviert wird. In diesem Sinne ist Fe^{3+} auch für reines Fe als Inhibitor wie im Falle des I anzusehen. Das unterschiedliche Verh. von Fe^{3+} wird durch die verschiedenen krit. Stromdichten der beiden Metalle erklärt. Die Diagramme aus den überlagerten Kurven sind geeignet, um bei bestimmter Säure-Konz., Temp. u. Fließ-Geschw. die für die Passivierung sowie die für deren Aufrechterhaltung erforderliche unterste Inhibitor-Konz. (IK) u. die Rk. des Syst. auf IK-Änderungen oder auf die Anwendung eines äußeren Stroms zu bestimmen. Hierzu nimmt man nach Vorschlag des Vf. die potentiostat. Polarisationskurve des Metalls in der Lsg. ohne Inhibitor auf u. bestimmt die TAFEL-Konst. der Inhibitor-Red. im passiven Bereich. Die Red.-Kurve extrapoliert man zur diffusionsbegrenzten Stromdichte, die unabhängig von den Fließbedingungen u. der IK ermittelt werden kann.

P. FRENZEL. 143□

Einfluß von Eisenoxyd auf den Prozeß der Oxydation von Stahl in Alkalihydroxydlösungen. E. I. Lewitina. (Журнал Неорганической Химии [J. anorg. Chem.] **2.** 1158—61. Mai 1957.) (Russ.)

Der Einfl. von Fe_2O_3 in Alkalihydroxyd-Lsgg. auf die Bldg. von Filmen aus magnet. Eisenoxyd auf Stahl wurde bei 130—150° in Abhängigkeit von der Fe-Oxyd-Konz.

(0,164—0,579 g Fe/kg Lsg.) u. der Laugen-Konz. untersucht. Fe_2O_3 drängt die Bldg. von magnet. Eisenoxyd zurück. H. Jäger. 143□

Veränderungen des pH-Wertes der Lösung bei der Korrosion von Kohlenstoffstählen in Meereswasser. I. B. Ulanowski. (Журнал Прикладной Химии [J. angew. Chem.] **33.** 2557—62. Nov. 1960. Inst. für physik. Chem. der Akad. der Wiss. der UdSSR.) (Russ.)

Bei der Korrosion von kohlenstoffhaltigen Stählen in Meereswasser führt infolge der Abscheidung von $CaCO_3$ u. $Mg(OH)_2$ der gemeinsame Einfl. der anod. u. kathod. Prozesse zu einer Abnahme des pH-Werts auf ca. 4. Diese Größe wird durch die Dichte des Korrosionsstroms u. durch das Verhältnis des Lsg.-Vol. zur Metalloberfläche bestimmt. Auf den anod. Stellen der Makropaare wird in den stagnierenden Zonen eine Abnahme des pH-Werts auf 3,3—3,4 festgestellt. Diese Abnahme wird mit einer Erhöhung der Anodenstromdichte, der Polarisationszeit u. der Verringerung der Elektrolytmenge verstärkt. H. Hochstein. 143□

Über den Spalteffekt bei Inhibierung der atmosphärischen Korrosion. A. W. Schreider und Ss. A. Ginzberg. (Журнал Прикладной Химии [J. angew. Chem.] **33.** 2541—47. Nov. 1960.) (Russ.)

Die Verw. einer Reihe flüchtiger Inhibitoren der atmosphär. Korrosion wird vom sog. „Spalteffekt", d. h. von einer verstärkten Korrosion in Spalten begleitet, wobei die allg. Wrkg. des Inhibitorschutzes zur Vermeidung der Entw. der Spaltkorrosion in den inneren Spaltoberflächen sich als ungenügend erweisen kann. Zur Vermeidung des Spalteffekts wird der Zusatz von Aminen zu den Inhibitoren empfohlen, wodurch die allg. Schutzwirksamkeit unter dem Einfl. des flüchtigen Inhibitors nicht verringert wird. Die Verss. an Stahl U 12 wurden mit folgenden Verbb. durchgeführt: Ammoniumbenzoat, Triäthanolammoniumphosphat, -tetraborat, -molybdat, Cyclohexylammoniumchromat, -carbonat, Dicyclohexylammoniumnitrit, -chromat, Diphenylguanidin, Diphenylguanidiumbenzoat, p-Toluidin, Phenyloleat, Urotropin–$NaNO_2$ (1 : 1). H. Hochstein. 143□

Inhibitor der Pitting-Korrosion. N. G. Tschen. (Журнал Прикладной Химии [J. angew. Chem.] **33.** 2300—05. Okt. 1960. Dneprodsershinsk, Metallurg. Abend-Inst.) (Russ.)

Bei der Unters. der Entstehungs- u. Entw.-Bedingungen der Pitting-Korrosion wird festgestellt, daß viele anorgan. Passivatoren (Na_2SO_4, Na_2HPO_4, $NaNO_3$, $K_2Cr_2O_7$, $NaNO_2$) die Schutzhäutchen auf der Oberfläche des korrodierenden Metalls bilden, in Ggw. von Cl^--Ionen, welche diese Häutchen zerstören, das Entstehen u. die Vertiefung von Grübchen begünstigen. Der Inhibitor KCh beseitigt in einem aggressiven Medium die Pitting-Korrosion vollständig, u. zwar sowohl bei normaler Temp. als auch beim Kp. der Lsg.; im letzten Falle verstärkt KCh die gleichmäßige Korrosion auf der Metalloberfläche. H. Hochstein. 143□

Untersuchung der Grübchenkorrosion eines Metalls unter Spannung durch die Modell-Methode. L. N. Tarassowa, W. W. Romanow und N. I. Kudinowa. (Журнал Прикладной Химии [J. angew. Chem.] **33.** 2285—90. Okt. 1960.) (Russ.)

Experimentell erhaltene Werte bei der Unters. der Grübchenkorrosion an einer Al-Leg. mit 2,5 (%) Cu, 1,66 Mg, 0,9 Fe, 0,62 Mn, 0,47 Si unter Spannung durch das Modell-Verf. bestätigen die Grundlage der elektrochem. Hypothese des Mechanismus der Korrosionszerstörung von Metallen über die örtliche Entstehung von spezif., auf Riß-Bldg. beanspruchten Korrosionspartnern u. über den Charakter des Einfl. der Spannungs-Konz. auf ihr Betriebsverhalten. H. Hochstein. 143□

A$_4$. Thermodynamik. Thermochemie

Stoff- und Wärmeübertragung während der chemischen Abscheidung von Metallen aus der Dampfphase. J. H. Oxley und J. M. Blocher jun. (J. electrochem. Soc. **108.** 460—64. Mai 1961. Columbus, Ohio, Battelle Mem. Inst.) (Engl.)

Vff. behandeln allg. mathemat. den Stoff- u. Wärmeaustausch in einer Raffinationszelle des de Boer-van Arkelschen Jodid-Verfahrens. Die komplexen Beziehungen zwischen Abscheidungs-Geschw. u. dem treibenden Potential der Diffusion, dem Stoffaustausch-Koeff., der Dichte des abgeschiedenen Metalls, der Geometrie des Syst. u. der Menge des abgeschiedenen Metalls werden unter Annahme eines nichtkonvektiven Syst. im stationären Zustand bei gegenläufiger Diffusion von Metalljodid u. Jod dargestellt. Außerdem behandelt man in allg. Form den Einfl. der Prozeßvariablen u. der Geometrie des Syst. auf die Kapazität u. den Energiebedarf. Hierbei lassen sich auch die Dimensionsänderungen der Nd.-Oberfläche als Folge der Metallabscheidung erfassen, die die Diffusionsweglänge zwischen Nd. u. Beschickungsgut u. den Wärmeverlust infolge Wärmeabstrahlung von der Nd.-Oberfläche beeinflussen. Vff. nehmen an, daß es durch die angegebenen Beziehungen möglich ist, Werte aus Labor.-Verss. auf PILOT-Anlagen oder auf halbtechn. Verff. mit einem Minimum an Unsicherheit zu übertragen.

P. FRENZEL. 150□

Der Einfluß des Wärmetransports auf den Massentransport bei der Rektifikation binärer Gemische. Éli Ruckenstein. (C. R. hebd. Séances Acad. Sci. **252.** 2223–25. 10/4. 1961. Bucarest, Inst. Polytechn.) (Franz.)

Die Berücksichtigung des Einfl. des Wärmetransports durch Leitung auf den Kondens.-Verdampfungsvorgang, der an der Grenzfläche stattfindet, erklärt den Unterschied zwischen den Ergebnissen nach der klass. Theorie der Rektifikation u. den Erfahrungen der Praxis. Mit Hilfe der Zweifilmtheorie werden unter Einbeziehung dieses Einfl. Gleichungen aufgestellt, die die Berechnung einer Rektifikationskolonne erlauben.

H. FRIES. 150□

Untersuchungen über azeotrope Gemische. 1. Mitt. **Allgemeine Betrachtungen.** Toshio Yoshimoto und Yo-Ichiro Mashiko. (Bull. chem. Soc. Japan **29.** 990–96. Dez. 1956. Tokyo, Governm. Chem. Ind. Res. Inst.) (Engl.) — 3. vgl. C. **1960.** 5120.

Es werden allg. thermodynam. Ausdrücke für die Azeotrop-Bldg. in bin. Lsgg. abgeleitet u. die Bedingungen für das Auftreten eines Azeotrops festgelegt. Das quasikrist. Modell wird für solche Lsgg. angenommen, die am azeotropen Punkt exakt regulär sind; ferner wird eine explizite Darst. der Wechselwirkungsenergie der Komponenten eingeführt. Die azeotropen Gemische werden je nach Art der mol. Wechselwrkg. zwischen den Komponenten in vier Klassen eingeteilt: 1. Kräfte zwischen unpolaren Moll. (Dispersionseffekt); 2. Kräfte zwischen permanenten Dipolen (einschließlich Anziehung auf Grund von H-Brücken); 3. Kräfte zwischen einem permanenten u. einem induzierten Dipol; 4. Assoziationskräfte in polaren Lösungsmitteln. Für die einzelnen Gruppen wird die azeotropbildende Kraft (mol. Austauschenergie) berechnet u. diskutiert.

M. SCHENK. 150□

Bestimmung der Schmelzwärme und -entropie von Calciumfluorid durch Kryometrie bei hoher Temperatur (>1400°). François Delbove. (C. R. hebd. Séances Acad. Sci. **252.** 2192–94. 10/4. 1961.) (Franz.)

Durch Verw. von *CaF_2*, dessen F. bei 1410° liegt, konnte Vf. kryoskop. Messungen in Salzschmelzen bei bisher noch nicht erreichten Temp. durchführen. Da jedoch CaF_2 bei diesen Temp. bereits oxydiert wird, wurde unter Ar-Atmosphäre gearbeitet. Die Vers.-Tiegel bestanden aus einer Pt-Leg. mit 10% Rh, die Thermoelemente aus Pt–Rh-Leg. (6 u. 30% Rh). Voraussetzung für die zu lösenden Salze war, daß sie nicht bei Zugabe zur Schmelze verdampften, u. die Lsgg. im Laufe der Zeit nicht ihre Konz. änderten. Es wurden deshalb Alkali- u. Erdalkalimetallsalze gewählt, deren Lsgg. nahezu ideales Verh. zeigen. Die Meßergebnisse werden im Diagramm $1/\nu\ (\Delta t/m) = f(m)$ ausgewertet, wobei ν die Zahl der gelösten Teilchen, Δt die F.-Erniedrigung u. m die Molarität des gelösten Stoffes bedeuten. Durch Extrapolation auf den Wert $\lim(\Delta t/m)_{m\to 0}$ ist die Schmelzwärme zugänglich. AlF_3, KCl u. LiF liefern eine Horizontale. Mit KF u. $BaCl_2$ werden geneigte Geraden erhalten, deren Extrapolation schwierig ist. Die niedrigeren Werte für BaF_2 u. NaF sind zweifellos auf die Bldg. von Mischkristallen mit CaF_2 zurückzuführen. Mit 61 als Grenzwert von $\Delta t/m$ u. F. 1683°K erhält man für die mol. Schmelzwärme von CaF_2 $L_f = 7250 \pm 350$ cal, für die Schmelzantropie $S_f = 4{,}3 \pm 0{,}2$. H. FRIES. 155□

Bildungswärmen von Triphenylarsin und Triphenylwismut. Karl-Heinz Birr. (Z. anorg. allg. Chem. **311.** 92–96. 1961. Braunschweig, TH, Inst. für anorg. Chem.) (Dt.)

Die Verbrennung von *Triphenylarsin* (I) in O_2 unter Druck ergab im Verbrennungsrückstand neben As_2O_3, As_2O_4 u. As_2O_5 immer elementars C. Deshalb wurde die Verbrennungswärme aus den gefundenen Werten u. den Bldg.-Wärmen der Arsenoxyde für die Rk. $(C_6H_5)_3As$ (fest) $+ 23\ O_2 \rightarrow \frac{1}{2}\ As_2O_5$ (fest) $+ 18\ CO_2 + 7\frac{1}{2}\ H_2O$ (fl.) zu $2406{,}6 \pm 2$ kcal/Mol berechnet. Für die normale Bldg.-Wärme von **I** ergaben sich hieraus $-81{,}2$ kcal/Mol. **I** wurde aus $AsCl_3$ u. Phenylmagnesiumbromid dargetellt u. fiel nach 2maliger Dest. im Vakuum u. 5maliger Umkristallisation aus Bzl./Ae. in Form rhomb. Plättchen vom F. 60° an. Bei Verw. von Lithiumphenyl wurden bessere Ausbeuten erzielt. Die Verbrennungswärme von *Triphenylwismut* (**II**) wurde zu $2383{,}3 \pm 1{,}8$ kcal/Mol ermittelt. Hieraus ergaben sich für die normale Bldg.-Enthalpie $-100{,}1$ kcal/Mol. Die Darst. von **II** war der von **I** analog. Mehrmalige Umkristallisation aus A. u. mehrstd. Erwärmen im Vakuum lieferte ein geruchloses Präp. vom F. 78°. Die Sublimationswärmen der Triphenyl-Derivv. der Elemente der 5. Hauptgruppe wurden aus F. u. Kp. abgeschätzt: *Triphenylphosphin* (**III**) 18,1, **I** 18,3, *Triphenylstibin* (**IV**) 18,7, **II** 19,5 kcal/Mol. Hieraus berechnet sich die Dissoziationsenergie $\bar{D}$ (Me—$C_{aromat.}$) für **III** zu 72,4, für **I** zu 57,0, für **IV** zu 61,3 u. für **II** zu 46,8 kcal. WOLFGANG KRÜGER. 156□

Theorie der Detonation. Marjorie W. Evans und C. M. Ablow. (Chem. Reviews **61.** 129—78. April 1961. Menlo Park, Calif., Stanford Res. Inst.) (Engl.)

Übersicht über eindimensionale, stetige Rk.-Wellen mit augenblicklicher u. endlicher Rk., über dreidimensionale, stetige axialsymm. Rk.-Wellen mit endlicher Rk.-Geschw. u. über ein- u. dreidimensionale, vorübergehende Rk.-Wellen. — 132 Literaturangaben. P. GOLINSKE. 157□

Über einige mögliche Komplikationen bei den Phänomenen der Wärmeleitung. Pierre Vernotte. (C. R. hebd. Séances Acad. Sci. **252.** 2190—91. 10/4. 1961.) (Franz.)

Vf. zeigt, wie sich einige Einfl. (Trägheit, Strahlung) auf die Gleichungen der Wärmeleitung auswirken. Bei Berücksichtigung der Trägheit ändert sich die Gleichung der Wärmeleitung zu $\lambda \cdot T_{xx} = c \cdot \varrho \cdot T_t + \tau \cdot c \cdot \varrho \cdot T_{tt}$, wobei τ die Zeit-Konst. darstellt. Hierbei ist die FOURIER-Gleichung durch $-\lambda \cdot T_x = \varphi + \tau \cdot \varphi$ zu ersetzen. Falls der Leiter bestrahlt wird u. die Bestrahlungsenergie durch Absorption des leitenden Materials in therm. Energie umgewandelt wird, ist die Leitfähigkeit an jedem Punkt proportional dem %-Satz absorbierter Energie in der Tiefe x. Man schreibt also für die Leitfähigkeit $\lambda = \lambda_0 [(1 - e^{-kx})/(1 + a \cdot e^{-kx})]$ u. erhält für die Temp. in der Tiefe x $T_x = \varphi_0(1 + a \cdot e^{-kx})/\lambda_0$. H. FRIES.158□

Rotationsrelaxation in Stickstoff, Sauerstoff und Luft. Martin Greenspan. (J. acoust. Soc. America **31.** 155—60. Febr. 1959. Washington, D.C., Nat. Bur. of Stand.) (Engl.)

In Fortsetzung früherer Unterss. (vgl. C. **1959.** 14017) berichtet Vf. über Messungen der Geschw. u. der Dämpfung von Ultraschall bei 11 MHz in N_2, O_2 u. trockner Luft bei verschiedenen Drücken zwischen Atmosphärendruck u. einigen mm Hg. Aus den Messungen ergaben sich die folgenden Rotationsstoßzahlen: 5,26 ± 0,05 für N_2, 4,09 ± 0,08 für O_2 u. 4,82 ± 0,18. Unter der Stoßzahl versteht man die Anzahl von Zusammenstößen, die im Mittel verlangt wird, um das Defizit der inneren Energie durch einen Faktor 1/e zu reduzieren, wenn die Translationsenergie plötzlich erhöht wird. C. GOTTFRIED. 159

Der Einfluß der Orientierung auf die Ultraschallgeschwindigkeit in einigen Gesteinsarten. S. Balakrishna. (Proc. Indian Acad. Sci., Sect. A **49.** 318—21. Juni 1959. Hyderabad, India, Osmania Univ., Geol. Dep.) (Engl.)

Die Ultraschall-Geschw. parallel u. senkrecht zu einer Vgl.-Richtung in Gesteinen wie Gneiß, Schiefer, Kalkstein u. Granit unterscheiden sich beträchtlich voneinander, was auf die je nach der Richtung unterschiedlichen Dichte- u. Druckverhältnisse, auch auf die Struktur u. die geolog. Geschichte des Gesteins zurückzuführen ist. Die Messungen wurden an 4 mm dicken Plättchen nach der Meth. der totalen inneren Reflexion (KRISHNAMURTHI u. BALAKRISHNA, C. **1950/54.** 2277 S) durchgeführt. W. BETCKE. 159□

A₅. Kolloidchemie. Grenzschichtforschung

Einfluß der Verdünnung auf die elektrische Leitfähigkeit und den pH-Wert von Eisenhydroxyd-Solen verschiedener Teilchengröße. Dilawar Singh Jaiswar und Satyeshwar Ghosh. (Proc. nat. Acad. Sci. India, Sect. A **27.** 299—305. 1958. Allahabad, Univ., Chem. Labor.) (Engl.)

Aus frisch gefälltem Eisen(III)-hydroxyd wurden mit 0,045 n HCl in einer Ultrazentrifuge Sole verschiedener Teilchengröße (durch verschiedene Umdrehungszahlen) hergestellt u. ihr elektr. Verh. bei Verdünnung untersucht. Die Konz. an Fe betrug 4,44 g/Liter, die an Cl^- zwischen 0,01976 u. 0,02108 g/Liter. Bei fortschreitender Verdünnung tritt Desorption von H^+-Ionen von der Oberfläche der koll. Partikel ein, wodurch Cl^--Ionen frei werden; die spezif. Leitfähigkeit steigt, gleichzeitig nehmen der pH-Wert u. die Ladung der Partikel ab. Die Leitfähigkeitskurve hat ein breites Maximum u. mit abnehmender Teilchengröße ein scharfes Minimum, da bei Partikeln geringerer Korngröße mehr Oberfläche zur Adsorption von H^+-Ionen zur Verfügung steht u. dadurch die Sole stärker elektrolyt. wirken. W. SOBIESKI. 162□

Die Koagulation peptisierter Sole durch einfache Elektrolyte. A. Packter. (Kolloid-Z. **170.** 48—52. Mai 1960. Canons Park, Middlesex.) (Engl.)

Der Einfl. peptisierender organ. Anionen (Citrat, Glutamat, Äthylendiamintetraacetat) u. Polyelektrolyte (Gelatine) auf die langsame Koagulation von undialysierten Solen unlösl. Metallsalze (Chromate von Pb, Cu u. Ag, sowie von Ag-Oxalat) durch einfache Elektrolyte (K-Salze) wurde quant. untersucht, wobei die Ergebnisse in Übereinstimmung mit den Voraussagen der Theorie von VERWEY-OVERBEEK über die Solstabilität standen. Bei jeder gegebenen Peptisator-Konz. nahmen Koagulationszeit u. Stabilität als Funktion des Logarithmus der Konz. des Koagulators ab. Bei konst. Koagulator-Konz. nahm die auf das unpeptisierte Sol bezogene Stabilität mit der Adsorption des Peptisators zu u. änderte sich mit der Peptisator-Konz. entsprechend einer Adsorptionsisotherme. Das Peptisierungsvermögen wurde durch die relative Stabilitätszunahme je Einheit des Konz.-Verhältnisses zwischen Peptisator u. Sol bei niedrigen Peptisator-Konzz. ausgedrückt. Es ergaben sich Hinweise dafür, daß die Stabilität von durch Polyelektrolyte peptisierten Solen etwas größer ist, als wenn die Peptisation durch die äquivalente Konz. einfacher organ. Anionen erfolgt. E. UHLEIN. 163□

Der Mechanismus der Peptisation von Solen und Suspensionen. 1. Mitt. **Die Peptisation von Solen unlöslicher Metallsalze durch organische Anionen.** A. Packter. (Kolloid-Z. **170.** 52—56. Mai 1960.) (Engl.) — Vgl. vorst. Referat.

Untersucht wurde die Peptisation der Sole unlösl. Salze der Gruppen I, II u. IV [$CuCrO_4$, $Cu(SCN)_2 \cdot 2\,C_5H_5N$, Ag_2CrO_4, Ag_3AsO_4, Ag_3PO_4, $CaCO_3$, $Ca_3(PO_4)_2$, CaC_2O_4, $PbCrO_4$, $PbCO_3$, $Pb_3(PO_4)_2$] durch organ. Anionen (Oxalat, Malonat, Succinat Äthylendiamintetraacetat, Phthalat, Lactat, Tartrat, Citrat, Gluconat, Salicylat, Glycinat, Asparaginat, Glutamat u. Anthranilat). Dabei wurden das Peptisationsvermögen u. der Peptisationsquotient für verschiedene Peptisatoren näher geprüft. Es ergab sich eine deutliche Abhängigkeit der Peptisation von Sol-Konz., pH-Wert u. Art des Anions des dispergierten Metallsalzes, vor allem aber von der Struktur des Peptisators. Aus den Beobachtungen wird auf einen Peptisationsmechanismus geschlossen, bei dem zunächst schwache Chemisorption der organ. Anionen an der Oberfläche der Koll. erfolgt, wobei diese Komplexe mit dem Kation des Koll. bilden. Die Stabilität solcher Komplexe ist allerdings von ster. Effekten abhängig. Maximale Peptisation u. damit Stabilisierung des Sols wird erreicht, wenn eine oder 2 Monoschichten des Peptisators adsorbiert sind, doch muß dieser dazu in solchen Mengen zugesetzt werden, daß sie für die Bldg. von 2 bis >50 ausreichen würden. Man fand, daß das Sol bereits 24 Std. stabil bleibt, wenn ein Viertel bis die Hälfte der für maximale Stabilität erforderlichen Menge adsorbiert ist.
E. UHLEIN. 163□

Untersuchungen über das elektrochemische Verhalten von Membranen. 2. Mitt. **Permselektive Membranen: Die Membranen von Ionenaustauschern.** Paul Cloos und José J. Fripiat. (Bull. Soc. chim. France **1960.** 2105—09. Nov./Dez. Héverlé-Louvain, Belgique, I.N.E.A.C., Labor. des colloides des sols tropic. I.R.S.E.A., Labor. de chim. biol. et colloides du sol; Inst. Agronom.) (Franz.) — 1. vgl. C. **1961.** 6408.

Vff. stellen elektrochem. Unterss. an permselektiven Membranen „Permaplex C-10" (The Permutit Co. Ltd., London) an, die nur für Kationen durchlässig sind. Untersucht wurden die monoion. Syst. $K^+_i \| K^+_e$, $Na^+_i \| Na^+_e$, die biion. Syst. $K^+_i \| Na^+_e$, $Na^+_i \| K^+_e$, $K^+_i \| (K^+ + Na^+)_e$, $K^+_i \| H^+_e$ u. $Na^+_i \| H^+_e$, sowie das triion. Syst. $K^+_i \| (H^+ + Na^+)_e$. Das gemeinsame Anion war Cl^-. In einem Gefäß, daß mit einer Elektrolyt-Lsg. (Kation mit Index e) ständig veränderter Konz., gefüllt ist, befindet sich ein zweites Gefäß, dessen Boden die permselektive Membran bildet u. das mit 10^{-4} m Elektrolyt-Lsg. (Kation mit Index i) gefällt ist. Das ganze Syst. wird bei $13 \pm 0{,}5^0$ gehalten. Nach jeweiliger Änderung der Konz. der Lsg. im äußeren Gefäß wird die Änderung der EMK gemessen. Für die einzelnen Syst. werden dann die Potentiale als Funktion des Logarithmus des Verhältnisses der Aktivitäten u. der Leitfähigkeiten aufgetragen. Die Ergebnisse werden theoret. diskutiert. Sie zeigen, daß die Membranen eine ausgezeichnete Ionenselektivität aufweisen, was sich in der geringen Abweichung der experimentellen von den theoret. Kurven ausdrückt. Die Stabilität der Membranen ist gut. Für alle Syst. zeigte sich eine gute Übereinstimmung zwischen dem experimentell ermittelten Potential u. dem nach SOLLNER (C. **1960.** 34) berechneten, was bewies, daß die Überführungszahlen durch die Membran von den Konzz. in den Lsgg. prakt. unabhängig sind.
H. FRIES. 168□

Sicherung der Thermostatenkontrolle bei elektrophoretischen Versuchen. R. J. Wieme. (Nature [London] **190.** 806—07. 27/5. 1961. Ghent, Univ. of Ghent, Labor. of the Med. Clinic.) (Engl.)

Da die durch die Gelporen bestimmte elektrophoret. Wanderungs-Geschw. stark von der Temp. abhängt, ist eine genaue-Temp.-Kontrolle des elektrophoret. Mediums, nicht nur der Kühl-Fl., notwendig. Eine Regelgröße liefert der große negative Temp.-Koeff. des elektrolyt. Widerstandes des Mediums. Wird das Medium mit PAe. (Kp. $25-50^0$) umgeben, durch den, vom Elektrolytwiderstand gesteuert, Luft geblasen wird, so beträgt die Temp.-Schwankung im Medium $<1^0$. HERBERT MÜLLER. 168□

Mechanismus des osmotischen Druckes. N. Vasilescu Karpen. (Bul. ştiinţ., Secţ. Ştiinţe mat. fizice **8.** 205—14. Jan./März 1956.) (Rum.; Auszug: Franz.)

Der Zahlenwert des experimentell gemessenen osmot. Druckes P ist gleich demjenigen des Gesamtdruckes der gelösten Moll.: P = RT/(v − b), wie VAN'T HOFF intuitiv erkannt hat. Diese Übereinstimmung bedeutet jedoch nicht, daß beide Größen ident. sind. R. K. MÜLLER. 170□

Über die Konzentrationsabhängigkeit des Diffusionskoeffizienten. 1. Mitt. **Die Bestimmung des linearen Konzentrationskoeffizienten k_1 aus der MATANO-Konzentration.** E. Krücke und H. Ley. (Z. physik. Chem. [Frankfurt/M.] [N. F.] **26.** 187−201. Nov. 1960. Marburg/Lahn, Univ., Phys.-Chem. Inst.) (Dt.)

Theoret. Unters. über den linearen Zusammenhang zwischen der zeitlich unveränderlichen Konz. an der ursprünglichen Trennfläche u. dem in der Reihen-Entw. für den konzentrationsabhängigen Diffusions-Koeff. auftretenden linearen Konz.-Koeff. k_1, der unabhängig von der Größe des quadrat. Konz.-Koeff. k_2 gilt, solange kub. u. höhere Glieder der Reihe vernachlässigbar sind. K. HEYMANN. 171□

Über die Konzentrationsabhängigkeit des Diffusionskoeffizienten. 2. Mitt. **Bestimmung des Konzentrationskoeffizienten k_2.** E. Krücke. (Z. physik. Chem. [Frankfurt/M.] [N. F.] **26.** 202−13. Nov. 1960.) (Dt.) — 1. vgl. vorst. Referat.

Vf. schlägt eine neue theoret. Meth. zur Best .des quadrat. Konz.-Koeff. k_2 vor (vgl. l. c.), die bis zum Insspielkommen kub. u. höherer Glieder der Reihen-Entw. Gültigkeit besitzt. K. HEYMANN. 171□

Volumenviscosität von Flüssigkeiten. Nishio Hirai und Henry Eyring. (J. appl. Physics **29.** 810−16. Mai 1958. Salt Lake City, Utah, Univ. of Utah, Dep. of Chem.) (Engl.)

Der Mechanismus der mit dem Viscositätswiderstand von Fll. gegenüber Vol.-Änderungen unter äußerem Druck zusammenhängenden Vol.-Viscosität ist unterschiedlich, je nachdem, ob assoziierte (z. B. W.) oder nichtassoziierte (z. B. CS_2, Bzl.) Fll. vorliegen. Es wird ein neuer Mechanismus für die Vol.-Viscosität vom Standpunkt des Löchermodells der Fll. u. der Theorie der abs. Rk.-Geschw. entwickelt, der die Temp.- u. die Druckabhängigkeit der Schallabsorption für assoziierte u. für stark viscose nichtassoziierte Fll. zu erklären vermag. Für die folgenden assoziierten Fll. wurde die Aktivierungsentropie der Vol.- u. der Scherviscosität berechnet: *Methanol, A., Propanol, n-Butanol, n-Amylalkohol, m-Kresol, Cyclohexanol, Ricinusöl, Leinöl, W., D_2O, Äthylenglykol, Propylenglykol, Diäthylenglykol, Triäthylenglykol, Glycerin.* E. ÜHLEIN. 172□

Fließen einer viscosen Flüssigkeit auf einer rotierenden Scheibe. Alfred G. Emslie, Francis T. Bonner und Leslie G. Peck. (J. appl. Physics **29.** 858−62. Mai 1958. Cambridge, Mass., Arthur D. Little, Inc.) (Engl.)

Es werden Gleichungen für das Fließen einer NEWTONschen Fl. auf einer Scheibe abgeleitet, mit deren Hilfe sich die charakterist. Kurven u. Oberflächenkonturen bei aufeinanderfolgenden Zeiten für jede angenommene Ausgangsverteilung der Fl. konstruieren lassen. Es wird gezeigt, daß beim Zentrifugieren einer gleichmäßigen Fl.-Schicht deren Gleichmäßigkeit auch bei Verringerung der Schichthöhe nicht zerstört wird. Ursprünglich unregelmäßige Fl.-Verteilungen werden beim Zentrifugieren gleichmäßiger; Wege zur Berechnung der zur Ausbldg. gleichmäßiger Schichten gegebener Dicke erforderlichen Zeiten bei vorgegebener Winkel-Geschw. u. Viscosität der Fl. werden angegeben. Die Oberflächenkonturen für eine Reihe von Anfangsverteilungen (GAUSSisch, langsam fallend, GAUSSisch plus gleichmäßig, sinusförmig) wurden konstruiert. Randeffekte auf rotierenden Ebenen mit erhöhter Begrenzung u. das Fließen von Fll. auf rotierenden, nichtebenen Oberflächen werden ebenfalls behandelt. E. ÜHLEIN. 173□

Physikalische Adsorption von Stickstoff an Pyrex bei sehr niedrigen Drücken. J. P. Hobson. (J. chem. Physics **34.** 1850−51. Mai 1961. Ottawa, Canada, Nat. Res. Council, Radio and Electric. Engng. Div.) (Engl.) — Vgl. C. **1961.** 11995.

Die physikal. Adsorption von N_2 an Pyrex wurde im Bereich $63{,}3^0 \leq T \leq 90{,}2^0$K, $5 \cdot 10^{-10} \leq P \leq 10^{-3}$ mm Hg u. $10^{-4} \leq \Theta \leq 6{,}3$ (Θ = Oberflächenbedeckung) gemessen. Die Adsorptionsisotherme läßt sich nach der DUBININ-RADUSHKEVICH-Gleichung (l. c.) darstellen. Da für eine monomol. N-Schicht $\sigma_m = 6{,}2 \cdot 10^{14}$ ist, muß man die Pyrexwand als fast glatt u. ohne Poren annehmen. G. M. NEUMANN. 176□

A_6. Strukturforschung

Strukturforschung mit Hilfe der Neutronenbeugung. Gernot Lutz. (Kerntechnik **2.** 271−75. Sept. 1960. München, Inst. für Kristallographie.) (Dt.)

Überblick mit Beispielen aus der allg. Strukturanalyse (z. B. Best. von Wasserstofflagen) u. Ergebnissen über die Aufklärung von magnet. Strukturen. HERBERT WEBER. 181□

Messung der Intensitäten von elastisch und unelastisch gestreuten Elektronen mit einer Gegenfeldanordnung. M. Horstmann, G. Meyer und H. Raether. (Z. Physik **154.** 633—38. 1959. Hamburg, Univ., Inst. für Angew. Phys.) (Dt.)

Zur Messung der Energie- u. Winkelverteilung von an dünnen Festkörperschichten gestreuten Elektronen (15—50 keV) wird hinter dem Objekt eine schwenkbare Gegenfeldanordnung angebracht. Diese besteht aus einer auf Erdpotential befindlichen Elektrode, einer Bremselektrode, deren Spannung etwa auf Kathodenpotential liegt u. regelbar ist u. einem FARADAY-Käfig, dessen Strom verstärkt u. mit einem Galvanometer gemessen wird [Meßbereich ± 0,1 rad, Winkelauflösungsvermögen $4 \cdot 10^{-4}$ rad, Meßzeit für DEBYE-SCHERRER-Aufnahmen mit scharfen Ringen (0—0,1 rad) ca. 10 Minuten]. Schwankungen der Hochspannung u der Intensität des Primärstrahles sind wegen der relativ langen Meßzeit zu vermeiden. Die Umgebung des Objektes wurde mit fl. Luft gekühlt. — Zwecks Prüfung der Gültigkeit der kinemat. Streuformel für die elast. Streuung an polykrist. Folien wurden Streudiagramme an 200 Å starker polykrist. Al-Folie bei verschiedenen Elektronenenergien u. Kristallitgrößen (Temperung) aufgenommen. Bei 50-keV-Elektronen läßt sich die kinemat. Theorie für Kristallite von ≧ 100 Å nicht mehr anwenden, jedoch lassen sich die Ergebnisse im Rahmen der dynam. Theorie qual. erklären. R. JUNGE. 181□

Die röntgenographische und optische Gefügeanalyse von Erzen, insbesondere mit dem Zählrohr-Texturgoniometer. Kurt v. Gehlen. (Beitr. Mineralog. Petrogr. **7.** 340—88. 1960. Erlangen, Univ., Mineralog. Inst.) (Dt.)

Vf. entwickelt eine neue Methodik der Gefügeanalyse von Erzen mit bes. Berücksichtigung ihrer grundsätzlichen Aussagemöglichkeiten für die Feststellung von Erz- u. Gesteinsgefügen u. bes. ihrer Fehlerquellen. Mkr. Meth. können auf Grund der großen Erweiterung der Meßmöglichkeiten in größerem Maße angewandt werden, sie kommen aber nur für einen begrenzten Kreis von Mineralien in Frage, während die röntgenograph. Gefügeanalyse allg., bes. für sehr feinkörnige Proben u. für die Ermittlung der Regelung opt. nicht erfaßbarer Kristallrichtungen anwendbar ist. Mit einem speziellen Zählrohr-Texturgoniometer können in kurzer Zeit fast unmittelbare Gefügediagramme aufgenommen werden. Die Grundlagen der Messungen mit diesem Gerät, die Unterschiede gegenüber den Meß-Verff. mit normalen Zählrohrgoniometern u. vor allem die Schwierigkeiten bei der Unters. mehrphasiger Proben werden behandelt. Die abgeleitete Methodik kann nicht nur für die Gefügeanalyse von Erzen, sondern auch für Orientierungsmessungen an allen ein- u. mehrphasigen Gemischen verschiedener Kristallarten (Gesteine, keram. Körper u. a.) angewandt werden. W. SOBIESKI. 181□

Eine neue Theorie über die chemische Verbindungsbildung und den Zustand der Materie. Die Anwendung der Theorie. M. R. Jacquier. (Bull. Assoc. franç. Techniciens Pétrole **1960.** 281—308. 31/3. E.S.C.I.L.) (Franz.)

Vf. nimmt an, daß die im Atom durch die Bewegung der Elektronen um den Atomkern erzeugten Kraftfelder untereinander ausgerichtet sind. Die Felder werden als starr u. räumlich ausgedehnt betrachtet. Nach dieser Theorie erscheinen die Atome als verzahnte Kugeln, so daß die chem. Bindung u. die Kohäsion von der Anzahl solcher Verzahnungen u. vom Ineinandergreifen der Verzahnungen der einzelnen Atome unter dem Einfl. der verschiedenen Schwingungs-Syst. (Wärme, Licht, Elektrizität, Ultraschall) abhängen. Mit der Theorie lassen sich auch die Funktionen von Katalysatoren u. Vitaminen, die Formeln u. Eigg. von Textilfasern sowie Probleme der Petrochemie behandeln.
F. ROSENDAHL. 182□

Kraftkonstanten. K. E. Howlett. (Sci. Progr. **48.** 270—84. April 1960. London, Bedford Coll.) (Engl.)

Überblick über die Theorie der Kraft-Konst. von a) zweiatomigen u. b) vielatomigen Molekülen. — Über 40 Literaturangaben. HERBERT WEBER. 182□

Allgemeine Theorie der Van der' Waalsschen Kräfte. I. Je. Dsjaloschinski, Je. M. Lifschitz und L. P. Pitajewski. (Успехи Физических Наук [Fortschr. physik. Wiss.] **73.** 381—422. März 1961.) (Russ.)

Zusammenfassende krit. Übersicht. — 30 Literaturangaben. E. KLEVER. 182□

Untersuchungen über die Verteilung der Elektronendichte in den Molekülen. 4. Mitt. Untersuchung der Moleküle von Stickstoff, Sauerstoff und Fluor. Monique Roux. (J. chim. phyisque Physico-chim. biol. **57.** 53—58. Jan. 1960. Paris, Centre de mécan ondulat. Appl.) (Franz.) — 3. vgl. C. **1959.** 14642.

Die vom Vf. (C. **1958.** 3232.) eingeführte Funktion δ(M), die den Einfl. der chem. Bindung auf die Elektronendichte darstellt, wurde zur Unters. des Grundzustandes der Moll. N_2, O_2 u. F_2 angewandt. C. GOTTFRIED. 182

Dissoziationsprozesse in elektronisch angeregten Molekülen. Linearkettenmodell. John L. Magee und Koichi Funabashi. (J. chem. Physics **34.** 1715—25. Mai 1961. Notre Dame, Ind., Univ. of Notre Dame, Dep. of Chem.) (Engl.)

Es wird der Dissoziationsmechanismus von elektron. angeregten Moll. in kondensierten Syst. betrachtet u. an Hand eines linearen Kettenmodells untersucht. Es wird versucht, die Eigenart des Einfl. elektron. Kopplung auf solche Prozesse zu deuten u. eine Berechnung für den speziellen Fall einer Kette von H_2^+-Ionen durchgeführt.

G. M. NEUMANN. 182□

Ionisationszustände in einem eindimensionalen Molekülkristall. R. E. Merrifield. (J. chem. Physics **34.** 1835—39. Mai 1961. Wilmington, Del., E. I. du Pont de Nemours & Co., Central Res. Dep., Exp. Stat.) (Engl.)

Eine Verallgemeinerung der Excitonentheorie in Molekülkristallen wird an Hand eines idealisierten eindimensionalen Modells, für das die exakten Wellenfunktionen u. Energieniveaus abgeleitet werden können, durchgeführt, um Ionisationszustände mitzuerfassen.

G. M. NEUMANN. 182□

Elektronen in schwacher Wechselwirkung mit einer Kette von Atomen. Priyamvada Sah und R. Eisenschitz. (Proc. physic. Soc. **75.** 700—12. 1/5. 1960. London, Univ., Queen Mary Coll., Dep. of Phys.) (Engl.)

Die Näherung der schwachen Bindung für das Elektronenenergiespektrum wird auf ein eindimensionales Modell einer Fl. angewandt. J.-M. SPAETH. 186□

„Effektive" Ionenladung in Kristallen. W. Cochran. (Nature [London] **191.** 60—61. 1/7. 1961. Cambridge, Cavendish Labor., Crystallograph. Labor.) (Engl.)

Vf. erörtert theoret. die widerspruchsvolle Verw. des Ausdruckes „ionic charge" für Kristalle an Hand verschiedener Arbeiten aus der Literatur u. bespricht die Meth. zur Best. der Ionenladung. Es wird darauf hingewiesen, daß nur die elast. Konst. C_{11} u. C_{12} unabhängig sind von der elektron. Polarisierbarkeit u. den Größen, die die Nahordnungs-Wechselwrkg. zwischen elektron. Dipolmomenten u. atomaren Verschiebungen beschreiben. Vergleicht man Werte der elast. Konst. von Galliumarsenid u. ähnlicher III-V-Verbb. mit denen von Ge, so scheint ersteres durch die Formulierung Ga^0As^0 physikal. besser beschrieben zu sein als durch Ga^+As^-. P. FRENZEL. 190□

Über heterotype Mischkristalle. Helmut Schröcke. (Neues Jb. Mineralog., Mh. **1959.** 234—36. Febr. 1960. Heidelberg.) (Dt.)

Ausgehend von den bin. Syst. $FeWO_4$-NbO_2 u. $MnWO_4$-NbO_2 gibt Vf. die thermodynam. Stabilitätsbeziehungen für heterotype Mischkristalle an. J.-E. HILLER. 190□

Isomorphiebeziehungen in der Wolframitgruppe. Helmut Schröcke. (Heidelberger Beitr. Mineralog. Petrogr. **7.** 166—206. 1960. Heidelberg, Univ., Mineralog.-petrogr. Inst.) (Dt.) — Vgl. vorst. Referat.

Als Verbb. mit Wolframitgitter wurden erstmalig dargestellt: $ScNbO_4$, $FeNbO_4$, $CoNbO_4$, $NiNbO_4$ u. $MnNbO_4$. Sodann wurden auf ihre Mischbarkeit mit $FeWO_4$ u. $MnNbO_4$ untersucht: $MgWO_4$, $ZnWO_4$, $NiWO_4$, $FeNbO_4$, $MnNbO_4$, $ScNbO_4$, TiO_2, SnO_2, NbO_2, $FeNb_2O_6$ u. $MnNb_2O_6$. Bis zu ca. 400° herab sind die Syst. $FeWO_4$–$MnWO_4$, $FeWO_4$-$MgWO_4$, $MnWO_4$-$MgWO_4$, $MnWO_4$-$NiWO_4$, $FeWO_4$-$ZnWO_4$ u. $MnWO_4$-$ZnWO_4$ unbeschränkt mischbar. Im Syst. $FeWO_4$-$NiWO_4$ existiert eine stark asymmetr. Mischungslücke, in den Syst. von Niobaten mit $FeWO_4$ u. $MnWO_4$ sind asymm. u. sich rasch verbreiternde Mischungslücken. Im Syst. $MnWO_4$-$FeNbO_4$ wurde eine Phasenumwandlung 1. Ordnung bei gleichem Gitter der beiden koexistierenden Grenzmischkristalle gefunden. Nennenswerte Mischungsbereiche bei heterotypen Gittern ergaben sich im Syst. $FeWO_4$-TiO_2 auf der TiO_2-Seite u. im Syst. $FeWO_4$-SnO_2 auf der $FeWO_4$-Seite bei 1000°. Die Systeme $FeWO_4$-NbO_2 u. $MnWO_4$-NbO_2 sind bei 1000° wahrscheinlich unbeschränkt über Phasenumwandlungen höherer Ordnung mischbar. Mit sinkender Temp. enthalten die Mischkristalle zunehmend Baufehler. Es gibt eine Temp.-Schwelle, unter der sich keine Mischkristalle mehr bilden, sondern nur die Reinkomponenten wachsen. Sie liegt bei Wolframaten bei 400°, bei anderen Syst. höher. Die Temp.-Abhängigkeit der Zus. von Wolframiten wird erklärt, als geolog. Thermometer ist sie nicht zu verwenden. Trotz der großen Mischungsbereiche von $MgWO_4$, $ZnWO_4$ u. $NiWO_4$ mit $FeWO_4$ u. $MnWO_4$ enthalten die Wolframite nur sehr geringe Mg-, Zn- u. Ni-Gehalte. Es wird dies auf eine scharfe zeitliche Dest.- oder Verdampfungsfolge aus dem Magma zurückgeführt. Der Ti-Geh. kommt im Wolframit der Sättigungs-Konz. des Syst. sehr nahe, während der Sc-Geh. wahrscheinlich viel geringer ist. Die Nb-Geh. der Wolframite kommen bei tiefer Temp. der Sättigungs-Konz. sehr nahe, während diese oberhalb 650° rasch größer u. dann in der Natur nicht mehr erreicht wird. J.-E. HILLER. 190□

Längenwachstum und kristallographische Orientierung von Kupferoxydnadeln. Hans Jürgen Höhling, Gerhard Pfefferkorn und Johanna Vahl. (Freiberger Forschungsh., Reihe B Heft **37.** 132—39. 1959. Münster/Westf., Univ., Abt. für Med. Elektronenmikroskopie.) (Dt.)

Vff. untersuchten zunächst mkr. das Längenwachstum von CuO-Nadeln, die beim Erhitzen auf Temp. von 450—500° aus Kupfernetzen wuchsen. Die Vers.-Ergebnisse sind graph. wiedergegeben. Elektronenmkr. konnte mit Hilfe des von DACHSELT u. PFEFFERKORN (vgl. C. **1960.** 4758) entwickelten Kohlehüllen-Verf. u. durch Mikrotomschnitte die polyedr. Begrenzung der Nadeln beobachtet werden. Aus Röntgendrehkristall- u. Elektronenbeugungsaufnahmen ergab sich, daß die Wachstumsrichtung der CuO-Nadeln die Richtung [1 1 0] ist. C. GOTTFRIED. 190

Optische Untersuchung der Modifikationsänderung des Kupferglanzes. Enno Schubert. (Neues Jb. Mineralog., Mh. **1959.** 215—31. Febr. 1960. Aachen, TH.) (Dt.)

Bei der Modifikationsänderung des *Kupferglanzes* tritt eine deplacive Änderung des S-Teilgitters verbunden mit einer Fehlordnung der Cu-Bausteine ein. Dabei findet eine Vol.-Änderung von etwa 3,5% statt. Diese kann im Polieranschliff auf einem speziell konstruierten Heiztisch mkr. beobachtet werden. Dabei ergibt sich, daß die Modifikationsänderung nicht spontan erfolgt, sondern in einem Temp.-Bereich zwischen 86 u. 100°. Die Beobachtungsergebnisse wurden durch Temp.-Zeitkurven bestätigt. Die wesentlichen Ergebnisse anderer Autoren werden zusammengefaßt. — 17 Literaturangaben. J.-E. HILLER.190□

Phasenübergänge in Ammoniumhalogeniden. Richard Stevenson. (J. chem. Physics **34.** 1757—62. Mai 1961. Montreal, Canada, McGill Univ., Eaton Electronics Res. Labor.) (Engl.) — Vgl. C. **1961.** 12755.

NH_4J, NH_4Br, ND_4Br u. NH_4Cl wurden bei hohen Drücken nach der Hub-Vol.-Meth. bis zur Temp. des fl. N_2 untersucht. Beim NH_4J wurden bei Druckanwendung zwei neue Phasenübergänge u. ein neuer Tripelpunkt, beim ND_4Br u. NH_4Br ein neuer Übergang u. ein Tripelpunkt gefunden. Das unterschiedliche Auftreten von Phasenübergängen bei diesen Substanzen wird auf die relative Bedeutung der elektrostat. Wechselwrkg. zwischen den Ionen u. die Disorientierungseffekte der therm. Schwingungen zurückgeführt. Auf der Grundlage der experimentellen Werte u. der Strukturen wird ein allg. Phasendiagramm angegeben, das das Verh. der Übergänge bei diesen Substanzen in groben Zügen wiedergibt. G. M. NEUMANN. 190□

ESR-Nachweis der Hydrolyse von festem CaF_2. Jerome Sierro. (J. chem. Physics **34.** 2183—84. Juni 1961. Geneva, Univ. of Geneva, Inst. of Theoret. Phys.) (Engl.)

Um den durch Substitution des Ca^{2+} durch ein dreiwertiges Ion im CaF_2 hervorgerufenen Ladungsüberschuß zu kompensieren, versucht Vf. mit Hilfe der Hydrolyse des festen CaF_2, O^{2-}-Ionen in das Gitter einzuführen. Die Hydrolyse wurde bei hohen Temp. (900—1200°) mit Hilfe der Elektronenspinresonanz des Gd^{3+} an synthet. Einkristallen (mit 0,01% Gd dotiert), an natürlichen Kristallen (mit Gd als Verunreinigung) u. an Kristallpulver (durch therm. Diffusion dotiert) untersucht. Die beobachteten Spektren hängen von der Temp. u. der Dauer der Wärmebehandlung ab. Im Verlauf der Rk. verschwinden die Linien kub. u. tetragonaler Symmetrie nach 2—4 Std. völlig; Linien mit trigonaler Symmetrie treten auf, von denen 28 Linien ebenfalls wieder verschwinden; es bleibt ein Spektrum trigonaler Symmetrie. Außerdem tritt eine schmale isotrope Linie auf, die langsam an Intensität zunimmt. Vf. deutet die Spektren wie folgt: Zunächst dissoziieren H_2O-Moll. an der Oberfläche des CaF_2 in H^+ u. OH^-; es bildet sich gasförmiges HF, wobei OH^- die Gitterplätze des F^- einnimmt. Die ursprüngliche kub. Symmetrie (Raumgruppe O_h^5) des Kristallfeldes wird wegen des elektr. Dipols des OH^- zerstört. Um ein Gd^{3+}-Zentrum existieren 8 gleiche mögliche Gitterplätze für OH^- (4 unterscheidbare magnet. Zentren). Die Unters. des trigonalen Spektrums mit den 28 Linien ergab, daß diese von solchen Gd^{3+}-OH^--Zentren herrühren. Im weiteren Verlauf der Wärmebehandlung dissozieren die OH^- in O^{2-} u. H^+; die Ladungskompensation des Gd^{3+} wird durch O^{2-} an Stelle des F^- erreicht. Wegen des fast gleichen Ionenradius von O^{2-} u. F^- vermögen die O^{2-} leicht in das CaF_2-Gitter zu diffundieren u. alle Gd^{3+} zu kompensieren. Dadurch verschwindet das erste trigonale Spektrum. Bei O^{2-}-Überschuß bilden sich Anionenleerstellen, in denen durch die Wärmebehandlung freigesetzte Elektronen eingefangen werden können, wodurch F-Zentren entstehen. Die beobachtete isotrope Linie mit einem g-Wert von $1{,}991 \pm 0{,}001$ steht mit diesem Modell im Einklang. Unter Verw. einer HAMILTONschen der Form $gH \cdot S + V$ ($V =$ Kristallfeld) ergaben sich folgende Nullfeldaufspaltungen für die trigonalen Spektren: OH^--Gd^{3+}-Spektrum $E = 0{,}465 + 0{,}005\ cm^{-1}$ u. O^{2-}-Gd^{3+}-Spektrum

E = 1,97 ± 0,02 cm^{-1}. Die Hydrolyse erfolgt bei Kristallpulvern schneller als bei Einkristallen, woraus folgt, daß die Dissoziation des H_2O in O^{2-} u. $2H^+$ an der Berührungsfläche erfolgt u. daß nur O^{2-} in den Kristall diffundieren. GERHARD SCHULZE. 190□

Die Struktur des Bariumdithionatdihydrats. 4. Mitt. Verfeinerung der Projektion (0 1 0). S. Martínez Carrera und S. García-Blanco Gutiérrez. (An. Real Soc. españ. Física Quím., Ser. A **55.** 233—40. Sept./Okt. 1959. Madrid, Inst. Fís. „Alonso de Santa Cruz", Secc. de Estruct. cristal.) (Span.) — 3. vgl. C. **1954.** 3876.

Mit Mo-Strahlung wurde eine neue Reihe von Röntgenogrammen aufgenommen. Zunächst wurde die Verfeinerung der Koordinaten durch 2 Differenz-Synth. unter Vernachlässigung der beiden O-Atome des W. ausgeführt, sodann alle Koordinaten mit Hilfe einer FOURIER-Projektion (F_0–F_{Ba}) berichtigt. Eine 3. Differenz-Synth. führte zum Wert R = 0,166. W. METZENER. 195□

Untersuchungen von Boratmineralien. 6. Mitt. Untersuchung von Veatchit. Joan R. Clark, Mary E. Mrose, A. Perloff und G. Burley. (Amer. Mineralogist **44.** 1141—49. Nov./Dez. 1959. Washington, D.C., U.S. Geol. Surv.; Nat. Bur. of Stand.) (Engl.) — 5. vgl. C. **1961.** 6775.

Röntgen-Unterss. zeigen, daß *Veatchit* monoklin ist mit der Raumgruppe A 2/a oder weniger wahrscheinlich Aa u. den Gitter-Konst. a = 20,81, b = 11,74, c = 6,63 Å, β = 92° 02', Z = 8. Die Hauptformen sind (1 0 0), (1 1 1), (h 1 1) mit h = 2, 3, 4. Ausgezeichnete Spaltbarkeit existiert nach (1 0 0) u. (0 1 1). Aus älteren Analysen wird als wahre Formel berechnet $SrO \cdot 3B_2O_3 \cdot 2H_2O$; D. (berechnet) 2,86, D. (gemessen) 2,78. J.-E. HILLER. 195□

Untersuchungen von Boratmineralien. 7. Mitt. Röntgenuntersuchungen von Ammonioborit, Larderellit und Kalium- und Ammoniumpentaborattetrahydrat. Joan R. Clark und C. L. Christ. (Amer. Mineralogist **44.** 1150—58. Nov./Dez. 1959.) (Engl.) — 6. vgl. vorst. Ref.; 8. vgl. C. **1961.** 6775.

Synthet. $NH_4B_5O_8 \cdot 4H_2O$ sowie das entsprechende *K-Salz*, $NH_4B_5O_8 \cdot 2^2/_3\ H_2O$ (Ammonioborit) u. $NH_4B_5O_8 \cdot 2^1/_2\ H_2O$ (Larderellit) wurden durch Einkristallaufnahmen röntgenograph. untersucht. Die Ergebnisse der Tetrahydrate stimmten mit früheren Best. überein. Ammonioborit ist monoklin mit der Raumgruppe C 2/c oder weniger wahrscheinlich Cc u. den Gitter-Konst. a = 25,27, b = 9,65, c = 11,56 Å, β = 94° 17,5'. Die angegebene Formel entspricht am besten den Röntgenwerten. Die d-Werte werden für alle genannten Substanzen wiedergegeben. J.-E. HILLER. 195□

Über die Verteilung der Kationen in den Spinellen $MgGa_2O_4$ und $CdGa_2O_4$. Michel Huber. (J. Chim. physique Physico-Chim. biol. **57.** 202—27. März 1960. Paris, Labor. de Chim. Min. B.) (Franz.)

Vf. berichtet über röntgenograph. Unterss. an den Spinellen *Mg* Ga_2O_4 u. $CdGa_2O_4$. Für $MgGa_2O_4$ konnten die von anderen Autoren erhaltenen Ergebnisse bestätigt werden. Die Struktur des stöchiometr. $CdGa_2O_4$ ist annähernd zu $^3/_4$ normal u. zu $^1/_4$ invers. Diese Verteilung unterscheidet sich beträchtlich von der von RÜDORFF u. REUTER (Z. anorg. Chem. **253.** [1947.] 194) gefundenen normalen Verteilung. Der entsprechende Wert des O-Parameters zeigt, daß die Tetraederplätze ein größeres Vol. haben als die Oktaederplätze, was sehr gut der Verteilung u. den Ionenradien von Ga (ca. 0,7 Å) u. Cd (ca. 1,1 Å) entspricht. Weiter wurde röntgenograph. die Verteilung der verschiedenen Kationen auf die Tetraeder- u. Oktaederplätze des Gitters für die Mischspinelle (*Mg, Cd*) Ga_2O_4 untersucht. C. GOTTFRIED. 195

Die Ablösung von Oberflächenfilmen von Kupfer. A. F. Beck und M. J. Pryor. (J. electrochem. Soc. **108.** 417—23. Mai 1961. New Haven, Conn., Olin Mathieson Chem. Co., Metallurg. Labor.) (Engl.)

Vff. beschreiben eine Meth. zur Ablösung von oxyd. u. sulfid. Oberflächenschichten auf Cu. Die Oxydfilme stellt man durch Erhitzen in trockener Luft, die Sulfidschichten durch 30 Sek. langes Eintauchen in eine Ammoniumsulfid-Lsg. bei 25° her. Vor der Ablösung werden die Proben mit Hilfe von Elektronenbeugungsaufnahmen in Reflexion, danach in Durchstrahlung untersucht, um Verunreinigungen oder Phasenänderungen festzustellen. Als geeignet erweist sich eine Lsg. von 3% NH_4-Acetat u. 0,25% Br_2 in getrocknetem Methanol (I). Deckschichten aus Cu_2O, Cu_2O–CuO u. Cu_2S–CuS lassen sich ohne Verunreinigung, Phasenänderung oder Auflösung der Filme abziehen, sofern die Lsg. mit getrockneter Luft gesätt. ist. Der Angriff erfolgt allein an der Grenzfläche zwischen Metall u. Oberflächenschicht. Die Auflösung von Cu_2O wird verhindert, solange noch ein geringer (elektr.) Kontakt mit der Cu-Oberfläche besteht, so daß man die Probe vor der endgültigen Ablösung des Films aus der Behandlungs-Lsg. entfernen muß. Durch leichtes Bewegen in I wird dann der Film ganz abgezogen. Vff. beschreiben eine geeignete Vers.-App., die Arbeiten unter wasserfreien Bedingungen erlaubt, u. erörtern den Mechanismus der Filmablösung. P. FRENZEL. 196□

Die Röntgenographie von Titan. Petr Skulari und Ludmila Chvátalová. (Hutnické Listy **13.** 899—908. Okt. 1958. Panénské Břežany, Výzk. ústav kovů.) (Tschech.)

Durch röntgenograph. Vermessung des α- u. β-Ti-Gitters nach Zusatz verschiedener Elemente wurde ermittelt, daß kleine H-Mengen mit dieser Meth. nicht erfaßt werden können; das Hydrid erscheint erst ab 47,4 Atom-% H. Die Anwesenheit von O übt auf den Gitterparameter a einen nur sehr kleinen Einfl. aus, während c von 4,65 auf 4,82 Å fast linear ansteigt (bei 34 Atom-% O_2); in β-Ti ist die O-Löslichkeit zu gering. Der N-Geh. erhöht c von 4,682 auf 4,6925 Å bei 0,4% N. Al verringert a von 2,951 auf 2,880 u. c von 4,683 auf 4,620 Å bei 25 Atom%. Si deformiert das Gitter stark bereits ab 0,03% u. ruft eine bedeutende Sprödigkeit hervor. Fe ist auch nur wenig löslich u. es erscheinen sofort die Linien von FeTi; ähnlich verhält sich Cr. Mn verkleinert den β-Ti-Gitterparameter linear von 3,27 auf 3,18 Å bei 18 Atom-% Mn; V auf 3,02 bei 100 Atom-% V. — Nach den Ergebnissen sind O, N, H u. C, sowie Si bes. schädlich. Zur Unters. ist die Meth. nach Laue am vorteilhaftesten. J. Tůmová. 197□

Zirkonium-Dysprosium-Gleichgewichtsdiagramm. J. Croeni, C. E. Armantrout und H. Kato. (U.S. Dep. Interior., Bur. Mines Rep. Invest. **1960.** 1—11. Albany, Oreg., Bureau of Mines.) (Engl.)

Das Phasendiagramm von Zr-Dy-Legg. wurde mit Hilfe therm. Analyse, Röntgenbeugung, elektr. Widerstandsmessungen sowie metallograph. Unterss. bestimmt. Die Analyse der Legg. wurde sowohl auf chem., als auch röntgenospektrograph. Wege mit einer Genauigkeit von 2% durchgeführt. Im wesentlichen handelt es sich um ein einfaches eutekt. Syst. mit der eutekt. Isotherme zwischen 30 u. 95% Dy bei 1280°. Die feste Lsg. von Dy in β-Zr liegt bei dieser Temp. in der Größenordnung von 30% u. fällt auf ca. 10% bei 890°; hier verläuft auch die peritektoide Rk., die sich über ein Gebiet von 10 bis mehr als 80% Dy erstreckt. Die größte Löslichkeit von Dy in α-Zr scheint bei 890° 12% zu betragen, bei 400° jedoch nur 7% (Angaben in Gewichts-%).
G. Talsky. 197□

Ein Beitrag zum System: Hafnium-Germanium. H. Nowotny, F. Benesovsky und O. Schob. (Mh. Chem. **91.** 270—75. 1960. Wien, Univ., Anorg.- u. physik.-chem. Inst.; Reutte/Tirol, Metallwerk Plansee A.G.) (Dt.)

Röntgenograph. Unterss. an Hf-Ge-Legg. mit 5—66,6 (Atom)-% Ge, aus den Komponenten dargestellt nach dem Sinter- u. Schmelz-Verf., bestätigen die Existenz der intermetall. Phasen $Hf_5Ge_3(C, O)$ mit D 8_8-Struktur u. $HfGe_2$ vom $ZrSi_2$-Typ. Neu aufgefunden wurde Hf_2Ge mit $CuAl_2$-Struktur, das aus Schmelze u. Hf_5Ge_3 entsteht. Anzeichen bestehen für die Existenz einer Hf-reichen Kristallart u. von HfGe vom FeB-Typ in z. T. etwas O-haltigen Legierungen. Eine Ge-reichere Phase als $HfGe_2$ scheint nicht aufzutreten. Legg. mit 5, 10 u. 20% Ge enthalten neben dem α-Hf-Mischkristall (MK), Gitter-Konst. a = 3,203 (kX), c = $5{,}09_7$, c/a = $1{,}59_1$, in geringer Menge eine nicht identifizierte Hf-reiche Kristallart. Da letztere in Legg. mit 20 Ge nur nach Schmelzen der Proben auftritt, handelt es sich entweder um eine Hoch-Temp.- oder eine Verunreinigungsphase. In heißgepreßten Legg. mit 20% Ge liegt neben α-Hf-MK u. D 8_8-Phase in merklicher Menge Hf_2Ge-Phase vor; a = $6{,}57_4$, c = $5{,}36_1$, c/a = $0{,}815_6$. Heißgepreßte Leg. mit 25% Ge zeigt α-Hf-MK, D8_8-Phase u. Hf_2Ge. Legg. mit 25, 33,3 u. 37,5% Ge enthalten bei ungenügender Gleichgewichtseinstellung neben α-Hf-MK mit kleineren Gitter-Konst. als oben angegeben u. $HfGe_2$ eine D8_8-artige Phase, wogegen heißgepreßte u. Schmelz-Legg. der genannten Zus. die D8_8-Phase als Hauptbestandteil zeigen. Für die D8_8-Phase an 10 Legg. mit unterschiedlichen Ge-Geh. gemessene Werte der Gitter-Konst. liegen zwischen a = $7{,}85_5$, c = $5{,}54_6$, c/a = 0,706 u. a = $7{,}89_5$, c = $5{,}53_4$, c/a = 0,701. Die Streuung ist weniger durch wechselnden Ge-Gehalt als durch die Menge der eingebauten Stabilisatoren (O, C) bedingt. Legg. mit 50% Ge weisen neben D8_8-Phase u. $HfGe_2$ die HfGe-Phase in geringer Menge auf, deren nicht genau zu ermittelnde Gitter-Konst. nahe den Werten für das isotype ZrSi liegen. Eine Ge-reichere Phase als $HfGe_2$ scheint nicht zu existieren. H. Feicht. 197□

Die Untersuchung der Ag-reichen Seite des binären Phasendiagramms Ag/Au und Ag/Cu durch Zonenreinigung. J. Markali und P. Thoresen. (Acta chem. scand. **15.** 31—35. 1961. Blindern, Central Inst. of Ind. Res.; Univ. of Oslo, Dep. of Physics.) (Engl.)

Es werden die Syst. *Ag-Au* u. *Ag-Cu* mit Hilfe des Zonenschmelz-Verf. untersucht u. die Ergebnisse an Hand der Diagramme diskutiert. G. Talsky. 197□

Untersuchung der Stabilisierung des Austenits bei Phasenverfestigung. I. M. Sacher, O. P. Maximowa, A. I. Nikonorowa, I. M. Plemjannikowa und A. M. Jampolski. (Известия Академии Наук СССР, Отделение Технических

Наук, Металлургия и Топливо [Nachr. Akad. Wiss. UdSSR, Abt. techn. Wiss., Metallurg. Brennstoffe] **1960**. Nr. 2. 93—103. März/April.) (Russ.)

Der Einfl. der bei direkter u. rückläufiger Martensit-Bldg. auftretenden Phasenverfestigung, auf die Kinetik der Martensitumwandlung sowie auf die Mikro- u. Submikrostruktur der Anfangs- u. Endphase zweier Legg. vom Typ Fe–Ni–Mn u. Fe–Cr–Ni wird festgestellt. Diese Unters. zeigte, daß der Einfl. der Phasenverfestigung auf die Kinetik der isotherm. martensit. Umwandlung sich in beiden Legg. durch eine Erniedrigung des wahren martensit. Punktes, durch eine Verschiebung des gesamten Umwandlungsintervalls in einen Bereich niedrigerer Temp. sowie durch eine starke Verminderung der isotherm. Umwandlungs-Geschw. äußert. Als Ergebnis einer geeigneten Unters. der Glühprozesse von durch Phasenverfestigung stabilisierten Proben wird festgestellt, daß die Veränderungen von Struktur, Eigg. u. Austenitbeständigkeit von hoher Dauer sind u. nur nach einer Erhitzung auf 1100—1150° völlig beseitigt werden. Die Abnahme der Auswrkg. der Phasenverfestigung tritt mit der Erhöhung der Glühtemp. nicht gleichmäßig, sondern in einigen aufeinanderfolgenden Stufen auf, von denen eine unter der Rekristallisations-Temp., die andere im Rekristallisations-Temp.-Bereich u. schließlich die dritte im Bereich von 800—1150° liegt. — 15 Literaturangaben.

H. Hochstein. 197□

Die Analyse des Zementits in Chromstählen durch Messung seiner magnetischen Eigenschaften. Walter Koch, Werner Jellinghaus und Helga Rohde. (Arch. Eisenhüttenwes. **31.** 183—88. März 1960. Düsseldorf, MPI für Eisenforsch.) (Dt.)

Um einen Überblick über die chem. Zus. des Zementits in Cr-Stählen zu gewinnen, in denen hexagonale Cr-Carbide mit den Zementitteilchen unabtrennbar verbunden sind, wurden die Veränderungen der ferromagnet. Eigg. des Zementits mit steigendem Cr-Geh. untersucht. Dazu wurde das Carbid aus Cr-Stählen mit steigendem Cr-Geh. isoliert u. im Vakuum in kleine Glasbehälter eingeschmolzen. Eine Veränderung des Cr-Geh. von 0—19% bewirkt neben einer Abnahme der magnet. Sättigung ein Absinken der *Curie*-Temp. von 220 auf —120°. Zur Berücksichtigung eines möglichen Einfl. der Form der Carbide wurden körnige, lamellare u. nadelige Carbide untersucht. Die Form der Carbide ist für das magnet. Verh. von untergeordneter Bedeutung. Das magnet. Verh. des Zementits läßt, mit einem Fehler von 2—3% abs. Rückschlüsse auf seine Zus. zu. Es wurde bei einem in der Zwischenstufe umgewandelten Stahl festgestellt, daß beim Übergang des Zementits $(Fe, Cr)_3C$ in das hexagonale $(Cr, Fe)_7C_3$ sich auch der Zementit etwas an Cr anreichert. Die Neubldg. des hexagonalen Carbids erfolgt jedoch, ohne daß sich der Zementit an Cr sättigt. Bei der $\gamma \rightarrow \alpha$-Umwandlung in der Perlitstufe zeigen die als instabile Zwischenphase entstehenden Zementitlamellen einen sehr uneinheitlichen Cr-Gehalt. H. Hochstein. 197□

Beiträge zur Untersuchung der $\gamma \rightarrow \alpha$-Umwandlung ohne Diffusion bei Fe–C-Legierungen. Buţu Rotenştein, Sofia Caloghiru und Teodor Teitel. (Bul. ştiinţ., Secţ. Ştiinţe mat. fizice **8.** 237—46. Jan./März 1956. Inst. de fiz. al Acad. R.P.R., Secţ. fiz. met.) (Rum.)

An einem Stahl mit 0,9% C u. 1,7—1,8% Cr wird die Änderung der Menge der α-Phase beim Erhitzen auf 300—1000° u. anschließender isotherm. Umwandlung bei 120, 90, 60 oder 27° verfolgt. Es zeigt sich, daß die Periode der relativen Stabilität der γ-Phase eine Inkubationsperiode ist, die die Kinetik der anschließenden diffusionslosen $\gamma \rightarrow \alpha$-Umwandlung beeinflußt, bes. die Menge der sich bildenden α-Phase. Die im Ar'-Gebiet (500—450°) stattfindenden Prozesse führen zu einer Zunahme der bei 90—120° diffusionslos gebildeten α-Phase; dagegen wird bei 450—200° keine Inkubationsperiode beobachtet. R. K. Müller. 197□

Volumen- und Strukturänderungen bei wiederholter Graphitisierung des Stahls. O. O. Baranow und M. I. Pritomanowa. (Доповіді Академії Наук Української РСР [Ber. Akad. Wiss. UkrainSSR] **1961.** 490—94. Dnepropetrowsk, Metallurg. Inst.) (Ukrain.; Auszug: Engl.)

In Verss. mit im Elektroofen graphitiertem Stahl mit 1,3 (%) C, 1,24 Si, 0,33 Mn, 0,035 S, 0,032 P, 0,03 Ni u. 0,080 Cr wurde bei 1000° 15 Min. lang eine Graphitierung bis zur unvollständigen Auflösung des Graphits (0,03—0,08% Rest-C) durchgeführt. Nach Erkalten an der Luft zeigten die Proben mit grobem Graphit neben Perlit Zementit, Graphit u. Poren. Durch die Normalisierung nahm das spezif. Vol. um 1,40% zu. In den Proben mit zahlreichen kleinen Graphiteinschlüssen betrug die Zunahme des spezif. Vol. 1,10%. Sek. Zementit war hier nicht vorhanden. Bei der anschließenden Graphitierung bei 680° beobachtete man im Anfangsstadium eine Abnahme des spezif. Volumens. Dies wiederholte sich bei den nachfolgenden Graphitierungen so, daß mit zunehmender Zahl der Graphitierungen die Abnahme stärker wurde u. später eintrat. Hierbei wurde die anschließende Zunahme des spezif. Vol. immer geringer. Die Ergebnisse werden theoret. gedeutet. O. LEBTAG. 197□

Durch Explosionsbelastung in Stahl hervorgerufene Verzwilligung. Sampooran Singh und A. Soundraraj. (J. appl. Physics **29.** 111—12. Jan. 1958. New Delhi, Min. of Def., Def. Sci. Labor.; Ambarnath, Mach. Tool Prototype Fact.) (Engl.)

Die Bldg. von NEUMANN-Bändern oder Stoßzwillingen in Ferritkörnern (Stahl) durch die Stoß-Wrkg. einer Explosion wird beschrieben. Die Verss. wurden mit ausgeglühten, 16 cm langen Stahlhohlzylindern von 9 cm Wanddicke durchgeführt, in die eine Explosivladung eingebracht war. Der Stahl enthielt 0,37% C; 0,76% Mn; 0,25% Si; 0,021% S u. 0,046% P. Nach der Explosion wurde die Mikrostruktur entlang dem Radius eines Zylinderquerschnitts nach Anätzen untersucht. Die Ausrichtung der Ferrit-Körner zu Bändern war nahe der inneren Oberfläche des Zylinders am stärksten u. nahm nach außen bis zu einer Entfernung von 3,5 cm ab. Bis 7 cm waren die Körner nur noch schwach deformiert, bei größerer Entfernung vom Inneren war die Normalstruktur erhalten geblieben. Weitere Verss. mit Stahlzylindern mit einer 1 cm dicken Sn-Auflage werden beschrieben. Die Ferrit-Ausrichtung hängt bes. vom C-Geh. des Stahls ab. — Die Vers.-Ergebnisse werden mit denen anderer Autoren verglichen. W. BETCKE. 197□

Hypothese über den Vorgang der Entwicklung von Piobert-Lüders-Linien. Bernard Jaoul. (C. R. hebd. Séances Acad. Sci. **250.** 1180—82. 15/2. 1960.) (Franz.)

Die Entw. der PIOBERT-LÜDERSschen Linien, die zum Auftreten einer Stufe auf den Zugkurven von Fe u. von weichen Stählen führen, wird im Zusammenhang mit einer geometr. Instabilität betrachtet, die von der Rotation eines jeden Kristallkornes im Verlauf der Verformung durch die Gleitung herrührt. Diese Hypothese führt zu einer Beziehung zwischen der Länge dieser Stufe u. der Streckgrenze des Werkstoffs. H. HOCHSTEIN. 200

Der Einfluß von Kupfer und Graphit auf die Eigenschaften von pulverförmigen Legierungen auf Eisengrundlage. W. K. Ssorokin. (Металловедение и Термическая Обработка Металлов [Metallkunde therm. Metallbearb.] **1960.** Nr. 12. 42—43. Dez. Gorki, Polytechn. Inst.) (Russ.)

Zur Erhöhung der Festigkeit von auf pulverkeram. Wege hergestellten Legg. auf Fe-Basis mit perlit. Struktur um 50% müssen in das Pulvergemisch 1,5% Cu eingeführt werden; hierbei wird die Dehnung nur unwesentlich verringert. Die höchste Festigkeit haben Legg., die aus einem Einsatz mit 1.2—1,5% Graphit hergestellt wurden. Nach der Sinterung erhalten diese Legg. die Struktur des Perlits oder des Perlits mit einer geringen Zementitmenge. H. HOCHSTEIN. 200□

Charakteristische Merkmale des beim Dehnen eines eingeritzten Aluminium-Einkristalls auftretenden Gleitens. Ling-chao Tsien und Show-An Ho. (Sci. sinica **6.** 217—22. April 1957. Acad. Sinica, Inst. of Appl. Physics.) (Engl.) — Vgl. C. **1961.** **4269.** W. BETCKE. 200□

Dehnungsverformung. J. F. Wallace. (Metal Ind. [London] **97.** 395—98. 11/11.; 415—18. 424. 18/11. 1960.) (Engl.)

Überblick. F. VIER. 200□

Erholung der durch Röntgenbestrahlung bewirkten Oberflächenhärtung in NaCl. R. Cuypers und S. Amelinckx. (Acta metallurg. [New York] **8.** 551—53. Aug. 1960. Gent, Labor. voor Kristalkunde.) (Engl.)

Durch Temperung zwischen 150 u. 300° wird die zeitliche Abnahme der Oberflächenhärte von NaCl-Kristallen verfolgt, die vorher durch Röntgenbestrahlung (3 Std. ungefilterte Cu-Strahlung, 40 kV, 20 mA, 5,5 cm Anodenabstand) erhöht worden war. Die Aktivierungsenergie des zugrundeliegenden Vorgangs beträgt 0,19 eV. Der Härteabbau wird durch Aggregation punktförmiger Gitterfehler erklärt. J. TELTOW. 200□

Frank Tyler, Mechanics and properties of matter. London: Edward Arnold. 1961. (VIII + 245 S. m. Abb. u. Diagr.) 14 s.

A₇. Gleichgewichte. Kinetik

Untersuchung über die optimalen Konzentrationen bei der Bestimmung von Gleichgewichtskonstanten. J. Morcillo, E. Gallego und J. Fernández Biarge. (An. Real Soc. españ. Física Quím., Ser. B **54.** 325—38. Mai 1958.) (Span.)

Die Konz.-Bereiche zweier nach dem Schema $A + B \rightleftharpoons AB$ reagierender Substanzen werden theoret. ermittelt, in denen die größte Genauigkeit bei der Berechnung der Gleichgewichts-Konst. zu erwarten ist. Der wahrscheinliche Fehler der Gleichgewichts-

Konst. wurde als Funktion der Konzz. der reagierenden Stoffe für die beiden Grenzfälle ermittelt, daß entweder der abs. oder der relative Fehler bei der Best. der Konz. an AB als konst. angesehen wird. Diese Funktion wird durch verallgemeinerte Kurvenscharen dargestellt. Es werden einige Sonderfälle (konst. Konz. an A, B oder AB, konst. Verhältnis [A]:[B]) diskutiert. W. METZENER. 221□

Die Bedeutung isobestischer Punkte für die spektralphotometrische Untersuchung chemischer Reaktionen. O. Kling und H. L. Schläfer. (Z. Elektrochem., Ber. Bunsenges. physik. Chem. **65.** 142—49. März 1961. Frankfurt/M., Univ., Inst. für Phys. Chem.) (Dt.) — Vgl. C. **1957.** **8445.**

Beziehungen für isosbest. Punkte, die bei der spektrophotometr. Unters. chem. Zeit- u. Gleichgewichts-Rkk. in Lsgg. auftreten, werden auf stationäre chem. Gleichgewichte, d. h. auf schnell ablaufende Rkk., die im Gleichgewicht untersucht werden, angewandt u. auf kompliziertere Gleichgewichts- u. Zeit-Rk.-Folgen ausgedehnt. Bei den Gleichgewichts-Rkk. werden Einstufen-, Mehrstufen- u. Simultangleichgewichte, bei den Zeit-Rkk. die allg. Rk., Konsekutiv- u. Simultan-Rkk. u. bei den gemischten Zeit- u. Gleichgewichts-Rkk. vorgelagerte u. nachfolgende Gleichgewichte u. kompliziertere gekoppelte Zeit-Rk. u. Gleichgewichts-Folgen behandelt. Die Folgerungen, die aus dem Vorhandensein isosbest. Punkte zu ziehen sind, werden diskutiert. GERHARD SCHULZE. 221□

Abweichungen vom thermischen Gleichgewicht zwischen reagierenden Molekülen. B. Widom. (J. chem. Physics **34.** 2050—56. Juni 1961. Ithaca, N.Y., Cornell Univ., Dep. of Chem.) (Engl.)

Vf. betrachtet ein Modell eines chem. reagierenden Syst., bei dem die reagierenden Moll. in einem Inertgas konst. Temp. dispergiert sind u. bei dem die Rk. das Ergebnis bin. Zusammenstöße zwischen den inerten Moll. (X) u. den reagierenden Moll. (A) nach $X + A \rightarrow X +$ Prod. ist. Während der Rk. besitzen die Reaktanten hinsichtlich ihrer inneren Zustände nicht die für das Gleichgewicht charakterist. Verteilung. Wenn k die Geschw.-Konst. der Rk. u. $k_{Gl.}$ die Geschw.-Konst. der Rk. für den Fall ist, daß sich die Reaktanten im Gleichgewicht befinden, so läßt sich zeigen, daß $k = k_{Gl.} - \bar{\tau}(\langle q^2\rangle - \langle q\rangle^2)$ ist. Dabei bedeuten: $\bar{\tau}$ die mittlere Relaxationszeit, q die Rk.-Wahrscheinlichkeit pro Zeiteinheit für einen bes. Zustand des Reaktanten u. $\langle\ \rangle$ ein Mittel über die Zustände des Reaktanten mit einer Gleichgewichtsverteilung. Die Geschw.-Konst. $k_{Gl.}$ selbst ist $\langle q\rangle$. Vf. gibt eine Anzahl Erläuterungen u. folgert, daß in einem realen chem. Syst. $\langle q^2\rangle$ wahrscheinlich von der Größenordnung $\langle q\rangle^{1+\gamma}$ mit $0 < \gamma < 1$ ist. Daraus folgt, daß k die Form $(1 - Bk_{Gl.}^{\gamma})k_{Gl.}$ besitzt. Der Klammerausdruck beschreibt den Einfl. der Abweichungen vom Gleichgewicht auf k u. stellt eine abnehmende Funktion der Temp. dar. Es wird angenommen, daß das möglicherweise die Erklärung für die beobachtete Abnahme des Präexponentialfaktors mit der Temp. für die Geschw.-Konst. der Dissoziation zweiatomiger Moll. ist. GERHARD SCHULZE. 221□

Charge-Transfer-Molekülkomplexe und ihre Rolle bei chemischen Reaktionen. David Booth. (Sci. Progr. **48.** 435—55. Juli 1960. Hull, Univ., Chem. Dep.) (Engl.)

Übersicht. — 66 Literaturangaben. CLAUS FISCHER. 223□

Der Mechanismus einiger Substitutionsreaktionen von oktaedrischen Koordinationskomplexen. M. L. Tobe. (Sci. Progr. **48.** 483—96. Juli 1960. London, Univ. Coll., William Ramsay and Ralph Forster Labor.) (Engl.)

Übersicht über neuere Unterss. zum Mechanismus von einigen Substitutions-Rkk. bei oktaedr. Koordinationskomplexen einschl. solvolyt. Rkk., Substitution durch das Lyat-Ion u. Liganden-Reaktionen. — 33 Literaturangaben. CLAUS FISCHER. 223□

Koordination der Thiocyanatgruppe in anorganischen Verbindungen. A. Turco und C. Pecile. (Nature [London] **191.** 66—67. 1/7. 1961. Paduce, Univ., Ist. di Chim. Gen. e Chim. Fis.) (Engl.)

Vff. untersuchen das Verh. der Fundamentalschwingungen der SCN-Gruppe in anorg. Verbb. u. geben folgende Werte für die ν_3- u. ν_1-Streckfrequenzen an: $Hg(SCN)_2$ ($\nu_3 =$) 2118 (cm^{-1}), $\nu_1 = 716$; $K_2Hg(SCN)_4$ 2115, 716; $K_2Co(NCS)_4 \cdot 4H_2O$ 2074, 822 u. 818; $K_2Pt(SCN)_4$ 2089 u. 2120, 697, 700 (Schulter) u. 690 (Schulter); $K_2Pd(SCN)_4$ 2118 u. 2086, 703, 707 (Schulter) u. 696 (Schulter); *cis*-$Pt(NH_3)_2(SCN)_2$ 2116, 703; *trans*-$Pd(NH_3)_2(SCN)_2$ 2116 u. 2100, 701; $Pt[P(C_2H_5)_3]_2 \cdot (NCS)_2$ 2113, 855; $Pt[P(iso\text{-}C_3H_7)_3]_2 \cdot (NCS)_2$ 2106, 854; $Pd[P(C_2H_5)_3]_2$ $(NCS)_2$ 2089, 846 u. 842 (Schulter); $Pd[P(iso\text{-}C_3H_7)_3]_2 \cdot (NCS)_2$ 2094, 852 (Schulter) u. 844; $Zn(N_2H_4)_2(NCS)_2$ 2060, 790; $Zn(Pyridin)_2(NCS)_2$ 2096 u. 2075, 847; $Mn(N_2H_4)_2(NCS)_2$ 2065, 794; $Ni[SC(NH_2)_2]_2(NCS)_2$ 2080, 810; $Ni[CH_3S(CH_2)SCH_3](NCS)_2$ 2085, 805; $Ni(PR_3)_2(NCS)_2$ mit $R = C_2H_5$, *n*-C_3H_7, *iso*-C_3H_7, *Cyclohexyl* 2095, 860; $K_2Pt(SCN)_6$ 2125 u. 2115, 694; $Cu(Pyridin)_4(NCS)_2$ 2094; 824; $Co(Pyridin)_4(NCS)_2$ 2066, 800; $Ni(NH_3)_4(NCS)_2$ 2102, 778; $Ni(Pyridin)_4(NCS)_2$

2080, 798; *$(NH_4)[Cr(NH_3)_2(NCS)_4]$* 2110 u. 2042, 828. Die symm. γ_1-Bande liegt zwischen 690 u. 720 cm^{-1} für Me ← SCN-Verbb. u. im Bereich von 780—860 cm^{-1} für Me ← NCS-Verbb. (Me = Metall). Auf Grund dieser Beobachtungen werden die Bindungsverhältnisse in den untersuchten Verbb. erörtert. Es zeigt sich, daß in Komplexen, in denen SCN nicht der einzige Ligand ist, die Art der Koordination der SCN-Gruppe von der Art des zweiten Liganden abhängt. Vff. diskutieren den Übergang von der Me–SCN- zur Me–NCS-Bindung u. die Stabilitätsverhältnisse dieser Bindungen auf Grund des Mol.-Baus. Die Beobachtungen lassen den Schluß zu, daß die π-Bindung für die Verschiebung des Gleichgewichts Me–NCS ⇌ Me–SCN weit nach rechts für solche Kationen wie Pd(II) u. Pt(II) von Bedeutung ist. GERHARD SCHULZE. 223□

Komplexe des Tetrahydrothiophenoxyds. Ronald Francis und F. Albert Cotton. (J. chem. Soc. [London] **1961.** 2078—81. Mai Cambridge, Mass., MIT, Dep. of Chem.) (Engl.)

Tetrahydrothiophenoxyd, C_4H_8SO (Tpo) ist als Ligand in seinem Verh. grundsätzlich Dimethylsulfoxyd vergleichbar; Stöchiometrie u. Stereochemie sind analog. Metallsalze sind im allg. in Tpo gut lösl.; die Isolierung wohldefinierter Komplexe ist relativ einfach. Es wurden Tpo-Komplexe des BF_3, $FeCl_3$, $SnCl_4$, $CuCl_2$, $PdCl_2$, $PtCl_2$ u. verschiedener Co- u. Ni-Salze dargestellt u. durch Analyse, magnet. u. IR-spektroskop. Daten charakterisiert. Außer bei den Pd(II)- u. Pt(II)-Komplexen, in denen S an das Metall gebunden zu sein scheint, erfolgt die Koordination über O. Für $CoCl_2 \cdot 3$ Tpo (4,89 B.M.) wird die Struktur $[Co(Tpo)_6][CoCl_4]$ mit Oktaeder-Koordination über O im Kation u. Tetraeder-Koordination im Anion angenommen. $CoX_2 \cdot 6$ Tpo bzw. $CoX_2 \cdot 3$ Tpo sind als $[Co(Tpo)_6]X_2$ bzw. $[Co(Tpo)_6][CoX_4]$ zu formulieren (X = Br, J). Für $Co(SCN)_2 \cdot$ 4 Tpo ist oktaedr. Struktur $[Co(Tpo)_4(SCN)_2]$ oder planare Struktur $[Co(Tpo)_4](SCN)_2$ möglich. $Co(SCN)_2 \cdot 3$ Tpo ist als $[Co(Tpo)_6][Co(NCS)_4]$ aufzufassen. Das hohe magnet. Moment (5,03 B.M.) von $[Co(Tpo)_6]$ $(ClO_4)_2$ spricht für oktaedr. Struktur. Folgende Strukturen sind Dimethylsulfoxyd-Komplexen analog: $[Ni(Tpo)_6$ $(ClO_4)_2$, $[Ni(Tpo)_6]\cdot$ $[NiCl_4]$ (3,69 B.M.), $[Ni(Tpo)_6]$ Br_2, $[Ni(Tpo)_6][NiBr_4]$, $[Ni(Tpo)_6]J_2$ u. $NiJ_2 \cdot 4$ Tpo. Ein $[Ni(Tpo)_6]Cl_2$ ist nicht bekannt. $Ni(SCN)_2 \cdot 4$ Tpo enthält kein tetraedr. koordiniertes Ni(II). In $NiBr_2 \cdot 4$ Tpo scheinen alle oder ein Teil der Ni-Ionen tetraedr. koordiniert zu sein. (3,77 B.M.).

Versuche: *$BF_3 \cdot C_4H_8SO$*; aus BF_3 u. Tpo in Bzl. in exothermer Rk.; beim Abkühlen farblose Kristalle; Sublimieren im Vakuum bei 65°. — *$FeCl_3 \cdot 2C_4H_9SO$*; beim Zutropfen von Tpo zu $FeCl_3$ in Ae. gelber Nd.; Sublimation im Vakuum bei 170°. — *$CuCl_2 \cdot 2C_4H_8SO$*; $CuCl_2$ wird in 5 m Überschuß von erwärmten Tpo gelöst; aus der grünen Lsg. scheiden sich langsam grüne Kristalle ab. Trocknung im Vakuum bei 55°. — *$SnCl_4 \cdot 2C_4H_8SO$*; beim Zutropfen von Tpo zu $SnCl_4$ weißer Nd.; Sublimation im Hochvakuum bei 210°. *$PdCl_2 \cdot 2C_4H_8SO$*; aus der gelben Lsg. von $PdCl_2$ in 5 m Überschuß von erwärmten Tpo, beim Stehenlassen braune Kristalle; Trocknung im Vakuum bei 55°. *$PtCl_2 \cdot 2C_4H_8SO$*; Zutropfen von Tpo zu einer konz. wss. Lsg. von H_2PtCl_4 unter Rühren bei 60° bis die dunkelrotorange Farbe in hellgelb umschlägt; Eindampfen im Vakuum bis sich blaßgelbe Kristalle abscheiden; Umkristallisation aus W., Trocknung im Vakuum. — *$CoCl_2 \cdot 3C_4H_8SO$*; aus der dunkelblauen Lsg. von $CoCl_2$ in 10 m Überschuß von Tpo, nach Entfernung von überschüssigem Tpo im Vakuum dunkelblaue Kristalle. — *$CoBr_2 \cdot 6C_4H_8SO$*; aus der rosafarbenen Lsg. von $CoBr_2$ in Tpo beim Stehen über P_2O_5; rosafarbene Kristalle. — *$CoBr_2 \cdot 3C_4H_8SO$*; aus $CoBr_2 \cdot 6$ Tpo im Vakuum bei 60°; hellblau. — *$CoJ_2 \cdot 6C_4H_8SO$*; die blaßgelbe Lsg. von CoJ_2 in Tpo wird beim Einengen im Vakuum über P_2O_5 rotorange; es scheiden sich rote Kristalle ab; Trocknung bei Raum-Temp. im Vakuum. — *$CoJ_2 \cdot 3C_4H_8SO$*; aus $CoJ_2 \cdot 6$ Tpo im Vakuum bei 60°; dunkelgrün. — *$Co(SCN)_2 \cdot 4C_4H_8SO$*; die rosafarbene Lsg. von $Co(SCN)_2 \cdot 6H_2O$ in 10 m Überschuß von Tpo wird im Vakuum über P_2O_5 dunkelblau, wobei sich rote Kristalle abscheiden; Trocknung bei Raum-Temp. im Vakuum. — *$Co(SCN)_2 \cdot 3C_4H_8SO$*; aus $Co(SCN)_2 \cdot 4$ Tpo im Vakuum bei 60°; dunkelblau. — *$Co(ClO_4)_2 \cdot 6C_4H_8SO$*; aus der rosafarbenen Lsg. von $Co(ClO_4) \cdot 6$ H_2O in Tpo, bei Entfernung von überschüssigem Tpo rosafarbene Kristalle. — *$NiCl_2 \cdot 6C_4H_8SO$*; aus der blaßgrünen Lsg. von $NiCl_2$ im 10fachen Überschuß von Tpo beim Stehen über P_2O_5 im Vakuum; grüne Kristalle; Trocknung über P_2O_5 bei Raum-Temp. im Vakuum. — *$NiCl_2 \cdot 3C_4H_8SO$*; aus $NiCl_2 \cdot 6$ Tpo im Vakuum bei 60°; hellblaugrünes Pulver. — *$NiBr_2 \cdot 6C_4H_8SO$*; aus der hellgrünen Lsg. von $NiBr_2$ im 10fachen Überschuß von Tpo beim Stehen über P_2O_5 im Vakuum; grüne Kristalle. — *$NiBr_2 \cdot 4C_4H_8SO$*; aus $NiBr_2 \cdot 6$ Tpo beim langen Stehen; hellblau. — *$NiBr_2 \cdot 3C_4H_8SO$*; aus $NiBr_2 \cdot 6$ Tpo, bzw. $NiBr_2 \cdot 4$ Tpo bei längerem Erwärmen im Vakuum auf 80°; dunkelgrün. — *$NiJ_2 \cdot 6C_4H_8SO$*; aus der blaßorangefarbenen Lsg. von NiJ_2 in Tpo; hellgrüne Kristalle beim Stehen über P_2O_5 im Vakuum; unbeständig. — *$NiJ_2 \cdot 4C_4H_8SO$*; aus $NiJ_2 \cdot 6$ Tpo beim Stehen an der Luft oder beim Erwärmen im Vakuum auf 60°; rotorange. — *$Ni(SCN)_2 \cdot 4C_4H_8SO$*; aus der hellgrünen Lsg. von $Ni(SCN)_2$-Hydrat in Tpo beim Stehen über P_2O_5 im Vakuum; hellgrüne Kristalle. Keine andere Verb. definierter Zus. beim Erwärmen im Vakuum. — *$Ni(ClO_4)_2 \cdot 6\,C_4H_8SO$*; aus der grünen Lsg. von $Ni(ClO_4)_2 \cdot 6\,H_2O$ in Tpo beim Abdest. von überschüssigem Tpo im Vakuum; hellgrüne Kristalle. F. HUBER. 223□

Komplexsalze mit Aurintricarbonsäure. Radu Cernătescu, Margareta Poni und Marcel Bostan. (Comun. Acad. Republ. Populare romîne 5. 159—65. Jan. 1955. Iaşi, Univ., Labor. de chim. anorg.) (Rum.)

Bei der Darst. der Komplexsalze der *Aurintricarbonsäure* (I, *4.4''-Dihydroxyfuchson-3.3'.3''-tricarbonsäure*) mit *Ni, Co, Zn, Cd* u. *Mn* u. *Pyridin* (II) bzw. *Chinolin* (III) wird im allg. die Base in wss. bzw. wss.-alkohol. Lsg. u. das Metallsalz einer heißen Lsg. des NH_4-Salzes von I (IV) zugesetzt. Die Ndd. sind meist rot u. neigen zur Bldg. von bas. Salzen u. zur Bindung von Hydratwasser, das bei 50—60° teilweise abgegeben wird.

Versuche: Komplexsalze mit Pyridin: Eine Lsg. von 1 g IV in 30—40 ml W. wird mit 1,5 ml II versetzt, filtriert, zu einer Lsg. von 1,5 g krist. $NiCl_2$ gegeben, gekocht, im Vakuum filtriert, der Nd. mit etwas II enthaltendem W. (II–W.) gewaschen u. an der Luft getrocknet; man erhält das rote Komplexsalz der Zus. *$R(NiOH)NiPy_5 \cdot 20\,H_2O$* mit $R = HC{=}C(COO^-){-}COCH{=}CH{-}C{=}C[C_6H_3(COO^-)OH]_2$, das mit Alkali II abgibt u. eine rote Lsg. bildet. Analog wird mit Lsg. von $CoCl_2 \cdot 6H_2O$ das Co-Komplexsalz als dunkelroter Nd. *$RCoOH \cdot Co \cdot Py_2$* erhalten, der sich in Alkali-Lsg. mit dunkelroter Farbe löst; die Lsg. riecht nach II. Das analog dargestellte rote Zn-Salz *$RZnOH \cdot Zn \cdot Py$* gibt mit Alkali II ab. Bei Behandlung von 2 g IV + 3 ml II in 40—50 ml W. mit einer Lsg. von 3,22 g $CdSO_4$, Erhitzen bis zur Rotfärbung des Nd., Filtrieren, Waschen mit II-W. u. Trocknen auf dem Filter erhält man das Cd-Komplexsalz *$R_2[CdPy(H_2O)]_3 \cdot 15\,H_2O$* (V). V gibt beim Erhitzen zuerst stufenweise W. ab, von 170° an auch II. Nach Erhitzen von V mit II, Filtrieren u. Stehen an der Luft, bis nur noch schwacher II-Geruch besteht, erhält man ein dunkelrotes, fast schwarzes Salz *$R(CdOH)CdPy_2 \cdot 9\,H_2O$*. Aus einer Lsg. von 2 g IV u. 3 ml II in 40—50 ml W. wird bei Erhitzen mit einer Lsg. von $MnCl_2 \cdot 4H_2O$ bis zum Kp., Filtrieren, Waschen mit II–W., A. u. Ae. das Salz *$HOMn_5R_3Py_3 \cdot 20\,H_2O$* (VI) erhalten, das beim Erhitzen II abgibt, mit Alkali einen braunen Komplex mit 7 Moll. W. unter Rotfärbung der überstehenden Fl. liefert. Ein Hydrat mit 3 Mol. W. (7 im Komplex) erhält man beim Erhitzen von VI auf 60°, ein rötliches Anhydrid (7 Moll. W. im Komplex) bei 70°. — Komplexsalze mit Chinolin: Aus einer Lsg. von 1 g IV in wenig wss. A. wird nach Rühren mit 2,4 g III, evtl. Filtrieren, Zusatz von 2,49 g $MnCl_2 \cdot 4H_2O$ in wss.-alkohol. Lsg., Rühren, Erhitzen zum Kp., Filtrieren, Waschen mit A. u. Trocknen ein Salz *$HOMn_5R_3(Chin)_2 \cdot 18\,H_2O$* erhalten, ähnlich mit Lsg. von $CoCl_2 \cdot 6H_2O$ das Co–III-Komplexsalz *$R(CoOH)CoChin \cdot 12\,H_2O$* von dunkelroter Farbe.

R. K. MÜLLER. 223□

Über ... Verteilung einer Komplexverbindung zw- chen zwei Lösungsmitteln. N. P. Komar. (Журнал Неорганической Химии [J. anorg. Chem.] 2. 1015—24. Mai 1957. Charkow, Gorki-Univ.) (Russ.)

Vf. beweist, daß bei nur spektrophotometr. Unters. einer zwischen zwei Phasen verteilten Komplex-Verb. wesentliche rechner. Schwierigkeiten entstehen, die durch Kombination spektrophotometr. u. radiometr. Messungen verringert werden können. Die Mischungsbedingungen für die Best. der Zus. einer Komplex-Verb. nach OSTROMYSLENSKI [1911] werden berichtigt, weiter wird eine Möglichkeit der direkten Index-Best. in der Formel einer zu extrahierenden Komplex-Verb. auch für den Fall einer stufenweisen Komplex-Bldg. in der wss. Phase beschrieben. H. JÄGER. 223□

Über die Löslichkeit von Arseniten. W. G. Tschuchlanzew. (Журнал Неорганической Химии [J. anorg. Chem.] 2. 1190—93. Mai 1957. Uraler Polytechn. Kirow-Inst.) (Russ.)

Die Löslichkeiten der *Ag-, Zn-, Cd-, Ni-, Co-* u. *Pb-Arsenite* in Lsgg. von HNO_3, H_2SO_4 u. HCl im pH-Bereich von 2—3 bei 20° werden angegeben. Die Löslichkeits-Prodd. einiger Arsenite wurden mit Hilfe radioakt. Indicatoren bestimmt: Ag_3AsO_3 $1{,}1 \cdot 10^{-17}$; $Co_3(AsO_3)_2$ $2{,}2 \cdot 10^{-20}$; $Zn_3(AsO_3)_2$ $2{,}8 \cdot 10^{-20}$. H. JÄGER. 224

Die Löslichkeit von Plutoniumtrifluorid, Plutoniumtetrafluorid und Plutonium(IV)-oxalat in Lösungen, die Salpetersäure enthalten. C. J. Mandleberg und K. E. Francis (unter Mitarbeit von R. Smith). (J. chem. Soc. [London] 1961. 2464—68. Juni. London, Rank Precision Ind. Ltd.) (Engl.)

Die Löslichkeit (L) von *PuF_3* in HNO_3/HF-Gemischen verschiedener Molarität wird gemessen u. tabellar. aufgezeichnet. Das Löslichkeits-Prod. (C) in HF-freier HNO_3 wird in Abhängigkeit von der HNO_3-Konz. berechnet: $C_{PuF_3} = 1{,}18 \cdot 10^{-17}$ (Molarität HNO_3 = 0,054); $1{,}15 \cdot 10^{-18}$ (0,16); $1{,}08 \cdot 10^{-16}$ (0,30); $1{,}45 \cdot 10^{-16}$ (0,61); $5{,}95 \cdot 10^{-16}$ (1,20);

$4{,}45 \cdot 10^{-16}$ (2,40); Vff. geben $2{,}5 \cdot 10^{-16}$ als Mittelwert an. L von PuF_3 in HNO_3 wird durch F^- stark vermindert; wenn HF > 2 m, so liegt L in wss. HF/HNO_3 zwischen 0,035 u. 0,065 g Pu/Liter. Die Resultate werden diskutiert. L von *PuF_4* wird in Lsgg. von HNO_3 (Konz. bis 3,19m HNO_3) gemessen u. die Werte von L u. C tabellar. wiedergegeben; bester Wert für C = $6{,}0 \cdot 10^{-20}$. Die Meßwerte für L von *Pu(IV)-Oxalat* in HNO_3 (bis 3,52m) u. Oxalsäure (bis 0,6m) stimmen mit Literaturwerten gut überein; das Minimum von L liegt in 1m HNO_3/0,01m Oxalsäure vor; nach 2—3wöchiger Gleichgewichtseinstellung werden anomale L-Werte beobachtet. F. HUBER. 224□

Berechnung von Aktivierungsenergien. 2. Mitt. **Bisherige Ergebnisse.** Walther Kleinpaul. (Z. physik. Chem. [Frankfurt/M.] [N. F.] **27.** 343—56. März 1961. München.) (Dt.) — 1. vgl. C. **1961.** 12747.

Es wird eine krit. Zusammenstellung der bisherigen Ergebnisse auf dem Gebiet der Berechnung von Aktivierungsenergien chem. Elementarprozesse aus mol.-physikal. Daten gegeben. Bes. erwähnt werden die „halbempir. Meth." auf quantenmechan. Grundlage zur Berechnung der Radikal- u. Mol.-Prozesse von EYRING [1941] mit der Verbesserung durch SATO (C. **1956.** 8838 u. **1957.** 5492) u. die „Potentialkurven-Meth." als klass. Behandlung von Austauschprozessen auch in Lsg. durch POLANYI u. OGG. Die Ansatzpunkte für eine konsequente Durchführung der „Potentialkurven-Meth." werden aufgezeigt u. der Lsgm.-Einfl. in Gestalt der beiden Modelle der „Behinderung" u. der „Solvatationsänderung" erläutert. W. NIEMITZ. 225□

Konkurrierende Reaktionsgeschwindigkeiten von Wasserstoffatomen mit HCl und Cl_2. Entropiebetrachtungen über den HCl_2-Übergangszustand. Fritz S. Klein und Max Wolfsberg. (J. chem. Physics **34.** 1494—98. Mai 1961. Rehovoth, Israel, Weizman Inst. of Sci., Isotope Dep.; Upton, Long Island, N.Y., Brookhaven Nat. Labor., Chem. Dep.) (Engl.)

Die relativen Geschw. der Rkk. $H + HCl \xrightarrow{k_3} H_2 + Cl$ u. $H + Cl_2 \xrightarrow{k_6} HCl + Cl$ wurden im Temp.-Bereich von 0—62° bestimmt. Die Geschw. des Auftretens von durch T substituiertem H_2 bei der photochem. Rk. von H_2 mit Cl_2 in Ggw. von mit T markiertem HCl bildet ein Maß für die Rk. $H + HCl \rightarrow H_2 + Cl$. Die Gesamtabnahme an H ist dann ein Maß für den schnellen Rk.-Schritt $H + Cl_2 \rightarrow HCl + Cl$. Das Verhältnis der Geschw. ist gegeben durch $k_3/k_6 = (0{,}143 \pm 0{,}033) \exp - (1540 \pm 130)/RT$ u. wird im Rahmen der Theorie des Übergangszustandes diskutiert. Der temperaturunabhängige Faktor wird auf die Struktur u. die Knickschwingungen des HCl_2-Übergangszustandes mit einer Frequenz von 105 cm^{-1} zurückgeführt. G. M. NEUMANN. 225□

Die Reaktion von Styrylradikalen mit Organoaluminiumverbindungen. Terry Huff und Eli Perry. (J. Amer. chem. Soc. **82.** 4277—81. 20/8. 1960. Texas City, Tex., Monsanto Chem. Co.) (Engl.)

Als Kettenübertragungs-Rk., in der (statt wie üblich ein Einzelatom) eine Atomgruppe übertragen wird, erwies sich die Rk. zwischen *Organoaluminium-Verbb.* u. *Styrol* (I) bei Temp. zwischen 85 u. 110°. Als Kettenübertragungs-Konst. wurden bei 100° ermittelt für: „Isooctan" $< 10^{-3}$; Al-Triisobutyl 28,5; Al-Diisobutylhydrid (**II**) 28; Al-Triisobutylat $< 10^{-4}$, Al-Triäthyl (**III**) 17, Al-Triäthylat $< 10^{-5}$. Ein Radikalmechanismus wird diskutiert; das bei der Rk. von **I** u. **III** als Nebenprod. entstehende n-Butylbenzol beweist, daß die Kettenübertragung nicht über ein freies Al-Radikal verläuft, was zum Auftreten von sek.-Butylbenzol führen müßte. Die CrO_3-Oxydation der mit T-markiertem **II** erhaltenen Prodd. wird zur Feststellung der Übertragungsstellen herangezogen. HEINZ NESTLER. 225□

Über die Geschwindigkeit der Festphasenreaktionen. M. I. Nekritsch und R. W. Polowin. (Доповіді Академії Наук Української РСР [Ber. Akad. Wiss. UkrainSSR] **1961.** 511—13. Charkow, Polytechn. Lenin-Inst.) (Ukrain.; Auszug: Engl.)

Am Beispiel der Red. von *Na_2SO_4* (**I**) durch C wird die Gültigkeit einer Formel für die Berechnung des Anteils der reagierenden Oberfläche eines kugelförmigen Korns an der Rk. nachgeprüft. Hierbei wird von der Annahme einer Diffusion des C ausgegangen. Nach der Formel berechnet sich die **I**-Umsetzung in 3 Min. zu $3{,}6 \cdot 10^{-4}$%. Experimentell wurde von BUDNIKOW u. SSYSOJEW [1938] für den Grad der **I**-Red. bei 950° in 3 Min. im Gemisch aus 0,6 g **I** u. 0,3 g Zuckerkohle ein Wert von 84,1% gefunden, also ein $2 \cdot 10^5$ höherer Wert als der theoretische. O. LEBTAG. 225□

Die thermische Zersetzung von Ammoniumperchlorat bei niedrigen Temperaturen. A. K. Galwey und P. W. M. Jacobs. (Proc. Roy. Soc. [London], Ser. A **254.** 455—69. 8/3. 1960. London, Imp. Coll., Dep. of Chem.) (Engl.) — Vgl. C. **1961.** 6768.

Vff. untersuchen Kinetik u. Mechanismus der therm. Zers. von NH_4ClO_4 in Form von Kristallen, Kristallpulver u. Tabletten bei Temp. < 350°. Die Zers. erfolgt nur bis zu einem Ausmaß von 20—30%, wobei der Rückstand mit dem ursprünglichen Salz chem. u. physikal. ident. ist; nur die Oberflächengröße des Rückstandes entspricht einer

Zus. aus Kristallteilchen mit ca. 3 μ Kantenlänge. Die experimentellen Ergebnisse für die Geschw. der Zers. lassen sich gut durch die kinet. Gleichung $-\ln(1-\alpha) = (kt)^n$ (α = Bruchteil, der zur Zeit t zersetzt ist, k = Konst. u. n = 4 bei Beginn der Rk. u. 3 in der Zerfallsperiode) ausdrücken. Die Gleichung steht im Einklang mit Modellvorstellungen für die Zers. des Salzes, die davon ausgehen, daß die Zers. nur auf die intergranulare Substanz begrenzt ist. Vff. erklären auf Grund dieser Vorstellungen die beobachtete Abhängigkeit der Aktivierungsenergie vom Grad der Kaltbearbeitung, der die Substanz unterworfen wurde. GERHARD SCHULZE. 225☐

Zur Theorie der Eisenoxydation. Bohumil Přenosil und Jan Polášek. (Hutnické Listy **13.** 908—16. Okt. 1958.) (Tschech.)

Für Stahl u. Fe-Oxyde werden die kinet. Gleichungen des Wachstums von oxyd. Schichten als Funktion des O_2-Partialdruckes u. der Diffusion aufgestellt. Das Wachstum einzelner Schichten muß nicht gegenseitig unabhängig sein, sondern wird vom konkreten Diffusionsmechanismus des Wachstums bestimmt; das Wachsen einzelner Schichten oder der ganzen Oxydschicht bei einem isothermen Vorgang — unabhängig von dem konkreten Diffusionsmechanismus — wird durch das parabol. Gesetz beschrieben. Die aufgestellten Gleichungen erlauben aus experimentell ermittelten Schichtdicken bei aus mehr Phasen zusammengesetzten Schichten die Diffusions-Koeff. der diffundierenden Komponente u. die Konz.-Unterschiede der diffundierenden Komponente an den Phasengrenzen zu bestimmen. J. TŮMOVÁ. 225☐

Kinetik der Uran-Wasserdampf-Reaktion. B. E. Hopkinson. (J. electrochem. Soc. **106.** 102—06. Febr. 1959. Harwell, A.E.R.E.) (Engl.)

Die Rk.-Geschw. von unlegiertem U mit überhitztem Wasserdampf von 160—1400° bei 1 atm Druck werden durch thermogravimetr. Messungen (Gewichtszunahme des U) bestimmt. Bis 880° erfolgt die Gewichtszunahme proportional zur Rk.-Zeit, jedoch bildete sich teilweise eine Oxydschutzschicht aus, so daß der lineare Teil erst nach einer kurzen Anfangsperiode erreicht wurde. Bis zu 200° ist die Rk.-Geschw. sehr gering (< 0,1 mg Gewichtszunahme/$cm^2 \cdot$min). Bei ca. 300° u. 750° treten maximale Rk.-Geschw. auf. Oberhalb von 880° gilt für die ersten 60—120 Min. ein parabol. Geschw.-Gesetz, danach erfolgt die Korrosion linear mit der Zeit. Durch Röntgen-Unterss. wurden die Rk.-Prodd. über fast den gesamten Temp.-Bereich als UO_2-Phase identifiziert, nur bei 300° wurde das Gitter des U_3O_8 beobachtet. L. SCHWIEGK. 225☐

Strahlungschemie. V. Maxia. (Energia Nucleare **5.** 749—55. Nov. 1958. Cagliari, Univ., Ist. di Chim. Gen. ed Inorgan.) (Ital.)

Überblick über Berichte zur Strahlungschemie auf der 2. Genfer Konferenz. — 37 Literaturstellen. HERBERT WEBER. 226☐

Radiolyse wässeriger Lösungen von Benzol und Phenol. K. C. Kurien, P. V. Phung und Milton Burton. (Radiation Res. **11.** 283—90. Sept. 1959. Notre Dame, Ind., Univ. of Notre Dame, Dep. of Chem.) (Engl.)

Vff. untersuchen den Einfl. von *Bzl.* u. *Phenol* in verschiedenen Konzz. auf die G-Werte von H, OH, H_2, H_2O_2 bei der Bestrahlung wss. Lösungen. Zur Dosimetrie werden FRICKE-Lsgg. verwendet. Es wird nachgewiesen, daß sowohl Bzl. als auch Phenol ohne unmittelbare Wrkg. auf die Primärausbeute der Radikale H, OH u. auf H_2 u. H_2O_2 sind. Die Lebensdauer der Radikale ist für eine Rk. mit den organ. Stoffen viel zu kurz. Bei Zusatz von Bzl. u. Phenol zu FRICKE-Lsgg. zeigen sich, bes. bei höheren Konzz. der organ. Stoffe, abweichende G-Werte für Fe^{3+}, wobei Bzl. etwa doppelte Verschiebung im Vgl. zu Phenol verursacht. G. PRETZSCHNER. 226☐

Bestrahlungsausbeuten an Radikalen in mit γ-Strahlen bestrahltem Eis bei 4,2° und 77° K. Seymour Siegel, John M. Flournoy und Lillian H. Baum. (J. chem. Physics **34.** 1782—88. Mai 1961. Azusa, Calif., Aerojet-General Corp., Chem. Div.) (Engl.)

Eis u. mit D dotiertes Eis werden bei 4,2° K einer Bestrahlung mit γ-Quanten unterworfen u. die paramagnet. Resonanzspektren aufgenommen. Die Gleichgewichtsausbeute an Radikalen steigt zunächst linear mit der Bestrahlungsdosis an u. nimmt dann bei weiterer Bestrahlung langsam ab. Zunächst kommt es dabei nur zu Rekombinationsprozessen innerhalb derselben Elektronenspur, die damit unabhängig von der stabilisierten Gesamt-Konz. an Radikalen sind. Mit steigender Bestrahlungsdosis wird dann die stabilisierte Konz. größer, u. es kommt auch zu Rekombinationsprozessen zwischen verschiedenen Elektronenspuren. G. M. NEUMANN. 226☐

Beweis für eingefangene N-Atome in mit Röntgenstrahlen bestrahltem NaN_3. G. J. King, F. F. Carlson, B. S. Miller und R. C. McMillan. (J. chem. Physics **34.** 1499—1500. Mai 1961. Fort Belvoir, Va., U. S. Army Engineer Res. and Dev. Labor.) (Engl.)

Elektronenspinresonanzmessungen an mit Röntgenstrahlen bestrahlem NaN_3 bei der Temp. der fl. N_2 zeigen eine Absorption in Form von 3 aufgelösten Linien um einen zentralen g-Wert von 2,0021 mit einem Linienabstand von 6,2 Oe. Verss. mit pulverisierter Substanz u. mit Einkristallen zeigen die Isotropie der Resonanz; V. Zentren werden damit ausgeschlossen. Die Triplettstruktur wird dem ^{14}N-Kern als Resonanz von im NaN_3-Gitter eingefangenem freien N zugeschrieben. G. M. NEUMANN. 226□

Kinetik der durch Cu^{2+} katalysierten Reaktion zwischen H_2O_2 und $K_2S_2O_8$. Har Singh Samant und Satya Prakash Srivastava. (Proc. nat. Acad. Sci. India, Sect. A **27**. 282—91. 1958. Naini Tal, Th. D.S.B. Governm. Coll., Chem. Labor.) (Engl.)

Der allg. Mechanismus der von Cu^{2+} (u. Ag^+) katalysierten chem. Rk. zwischen H_2O_2 u. $K_2S_2O_8$ wurde untersucht. Die Gesamt-Rk. folgt dem Ausdruck $-dc/dt = k[S_2O_8^{2-}][Cu^{2+}]$, ist also erster Ordnung in bezug auf $S_2O_8^{2-}$ u. nullter Ordnung in bezug auf H_2O_2. Es tritt ein negativer exponentieller Salzeffekt auf. Der Temp.-Koeff. beträgt 2,938/10°, die Aktivierungsenergie 20,97 cal/g. Es wird nachst. Rk.-Mechanismus vorgeschlagen: $S_2O_8^{2-} + Cu^{2+} \rightarrow SO_4^{2-} + SO_4^- + Cu^{3+}$ (langsam), $SO_4^- + H_2O \rightarrow HSO_4^- + OH$ (schnell), $OH + Cu^{3+} \rightarrow Cu^{2+} + OH^+$ (schnell), $OH^+ + H_2O_2 \rightarrow O_2 + H_2O + H^+$ (schnell). Während die meisten Oxydations-Rkk. von $S_2O_8^{2-}$ sonst durch Halogenidionen stark gehemmt werden, wirkt ein KCl-Zusatz zur Rk.-Lsg. hier beschleunigend. KCl u. $CuSO_4$ bilden einen Komplex, der seinerseits H_2O_2 abbaut. W. SOBIESKI. 227□

Mechanismus der durch Calciumoxyd katalysierten Austauschreaktion von Sauerstoffatomen zwischen gasförmigem Sauerstoff und Wasserdampf. Sadahiro Sakata und Noriyoshi Morita. (Bull. chem. Soc. Japan **29**. 824—29. Sept. 1956. Nagoya, Univ., Fac. of Engng., Dep. of Chem. Engng.) (Engl.)

Die durch CaO katalysierte Austausch-Rk. zwischen O_2 u. Wasserdampf wurde bei hoher Strömungs-Geschw. der reagierenden Gase (30 $cm^3/s \cdot cm^2$) bei 700 u. 743° in Abhängigkeit vom Mischungsverhältnis der Gase $\alpha = O_2/H_2O$ gemessen u. die Ergebnisse nach der Meth. von HOUGEN u. WATSON (Ind. Engng. Chem. **35**. [1943.] 529) analysiert. Von 20 in Betracht gezogenen möglichen Rk.-Mechanismen sind am wahrscheinlichsten die Adsorption von O_2 unter Dissoziation, wobei die Dissoziation geschwindigkeitsbestimmend ist, oder die Adsorption von O_2 unter Dissoziation, wobei die Rekombination der adsorbierten O-Atome vor der Desorption die Geschw. festlegt. Entsprechend diesen Mechanismen beträgt die Aktivierungsenergie der Adsorption von O_2 unter Dissoziation bzw. der Rekombination der O-Atome zur Desorption ca. 33 kcal/Mol, in guter Übereinstimmung mit der für die Gesamt-Geschw. der Austausch-Rk. gemessenen Aktivierungsenergie von 30,6 kcal/Mol. Die Ergebnisse werden mit den für die Cr_2O_3-katalysierte Austausch-Rk. erhaltenen verglichen (C. **1957**. 11237).

M. SCHENK. 227□

Die Austauschreaktion zwischen Deuterium und Ammoniak an einfach, doppelt und dreifach promotierten Katalysatoren der Ammoniaksynthese. Hiroshi Uchida und Naoyuki Todo. (Bull. chem. Soc. Japan **29**. 762—67. Sept. 1956. Tokyo, Governm. Chem. Ind., Res. Inst.) (Engl.)

An drei Fe-Katalysatoren der NH_3-Synth., promotiert mit 5% Al_2O_3 (**I**), 5% Al_2O_3 + 1% K_2O (**II**) u. 4% Al_2O_3 + 1% CaO + 1% K_2O (**III**), wurde die Geschw. des Austauschs zwischen D_2 u. NH_3 in Abhängigkeit vom D_2- u. NH_3-Anfangsdruck (30 bis 300 Torr) u. der Rk.-Temp. (115, 130 u. 150°) gemessen. Die Austausch-Geschw. kann durch die Gleichung $r = k \cdot p_{D_2}^{1/2}(1 + a \cdot p_{NH_3})$ wiedergegeben werden. Dabei ist a die von der Rk.-Temp. u. Besetzung der Katalysatoroberfläche durch K_2O abhängige Adsorptions-Konst. der LANGMUIR-Isotherme für NH_3 (Abnahme von a mit steigendem K_2O-Anteil an der Katalysatoroberfläche). Die scheinbaren Aktivierungsenergien der Austausch-Rk. wurden bei NH_3-Anfangsdrücken von 60, 120 u. 200 Torr gemessen. Sie betragen unabhängig vom NH_3-Anfangsdruck für **III** 14,1, für **II** 15,2 kcal/Mol, für **I** abhängig vom NH_3-Anfangsdruck 13,8—12,8 kcal/Mol. — Ein Vgl. der D_2-Austausch-Geschw. mit der NH_3-Synth.-Geschw. (bezogen auf eine definierte Fe-Menge an der Katalysatoroberfläche) ergibt keine Zusammenhänge; so bewirkt **I** die höchste Austausch-, aber die niedrigste Synth.-Geschw., **II** die höchste Synth.-Geschw., jedoch eine verhältnismäßig niedrige Austauschgeschwindigkeit. M. SCHENK. 227□

Untersuchungen über katalytische Reaktionen mit Holzkohle. 1. Mitt. **Die katalytische Oxydation und Zersetzung von Salzlösungen.** Balwant Rai Puri, Lekh Raj Sharma und D. D. Singh. (J. Indian chem. Soc. **35**. 765—69. Nov. 1958. Hoshiarpur, Panjab Univ., Dep. of Chem.) (Engl.)

Die katalyt. Oxydation von $NaNO_2$, K_3AsO_3, Na_2SO_3 u. $K_4[Fe(CN)_6]$ durch Luft-O_2 u. die Zers. von $NaHCO_3$ u. $Na_2S_2O_3$ in Ggw. von Zuckerkohle wurden eingehend untersucht. Die Kohle wurde durch Behandeln von Rohrzucker mit H_2SO_4 gewonnen. Nach dem Entgasen bei 750° war der ursprüngliche CO_2-Geh. (13,27 mg/g Kohle) auf Null, der CO-Geh. (13,12) auf 9,76, der H_2O-Geh. (10,34) auf 4,69 u. der H_2-Geh. (14,96) auf 12,87 gesunken; durch Entgasen bei 1200° wurden alle Gase quant. entfernt. Gleichzeitig stieg der pH-Wert (ursprünglich 2,85) auf 7,2 (750°) bzw. 8,78 (1200°). Jeweils 1 g Kohle wurde mit 100 ml einer 0,1n Lsg. eines der genannten Salze geschüttelt u. die überstehende Lsg. von Zeit zu Zeit analysiert. Während die Oxydation von $NaNO_2$ bei Anwendung der nichtentgasten Originalkohle (OK) nach 2 Std. bereits 39,0%, nach 24 Std. 73,26% erreicht hatte (gegenüber 1,80% ohne Kohle), war die katalyt. Wirksamkeit der bei 750 bzw. 1200° entgasten Proben minimal (2,10 bzw. 2,23% nach 24 Std.). Der starke Effekt bei der OK wird einem $O \cdot CO_2$-Komplex in der Oberfläche zugeschrieben, der mit H_2O das Anion $O \cdot CO_3^{2-}$ bildet, während die freigewordenen H^+-Ionen mit $NaNO_2$ unter Bldg. der leicht zersetzlichen HNO_2 reagieren. Durch das Entgasen wird der Komplex unter Abgabe von CO_2 zerstört u. der saure Charakter der Oberfläche verschwindet. — Die Oxydation von Na_2SO_3, K_3AsO_3 u. $K_4[Fe(CN)_6]$ lief entsprechend der geringeren Zersetzlichkeit der freigemachten Säuren wesentlich langsamer ab u. erreichte erst nach 3 Tagen 14,60 bzw. 8,22 bzw. 11,13%. Die Zers. von $Na_2S_2O_3$ verlief ebenfalls sehr langsam (11,25% nach 6 Tagen in Ggw. von OK), während von $NaH \cdot CO_3$ nach 24 Std. 38,64%, nach 6 Tagen 60,52% zersetzt waren. W. BETCKE. 227□

Untersuchungen über katalytische Reaktionen mit Holzkohle. 2. Mitt. **Die katalytische Zersetzung von Wasserstoffperoxyd.** Balwant Rai Puri, Lekh Ray Sharma und D. D. Singh. (J. Indian chem. Soc. **35.** 770—74. Nov. 1958.) (Engl.) — 1. vgl. vorst. Referat.

Die katalyt. Zers. von H_2O_2 verschiedener Konzz. durch unterschiedlich vorbehandelte Zuckerkohle wurde untersucht. 1-g-Proben der Kohle wurden mit 100 ml H_2O_2-Lsg. 24 Std. geschüttelt u. die überstehende klare Fl. mit $KMnO_4$ titriert. Die katalyt. Wirksamkeit der Originalkohle war nur minimal, während die bei 750° entgaste Kohle die zersetzte H_2O_2-Menge je nach der Konz. um das 1,5—2fache, die bei 1200° entgaste um das 3—5fache steigerte, u. zwar mit zunehmender H_2O_2-Konz. (0,1—4,0n) nachlassend. Es ist ersichtlich, daß die katalyt. Aktivität durch die Alkalität der Oberfläche der entgasten Kohle begünstigt wird. Als erster Schritt der Zers. wird die Adsorption von (nach $H_2O_2 \rightleftharpoons H^+ + OOH^-$ entstandenem) H^+ angenommen, dem die Bldg. von W. aus OOH^- u. H^+ unter Freisetzung von O_2 folgt. Ein Vgl. der Mengen des zersetzten H_2O_2 u. des freigesetzten O_2 zeigt, daß bei Verw. der bei 1200° entgasten Probe eine beträchtliche Menge O_2 an der Oberfläche adsorbiert bleibt, die durch Evakuieren bei erhöhter Temp. in Form von CO_2 freigemacht werden kann. Es wird die Bldg. eines O-Komplexes angenommen, der die Oberfläche der entgasten Kohle wieder sauer macht u. so deren Aktivität vermindert. W. BETCKE. 227□

A_8. Präparative anorganische Chemie. Komplexverbindungen. Metallorganische Verbindungen

Salze der Hydrazintetrasulfonsäure. Robert R. Grinstead. (J. inorg. Nuclear Chem. **4.** 287—90. 1957. Pittsburgh, Calif., Dow Chem. Co., Western Div.) (Engl.)

Vf. beschreibt die Darst. des K- u. Na-Salzes der Hydrazintetrasulfonsäure durch elektrolyt. Oxydation der Amindisulfonate in wss. Lösung. Als Anoden-Rk. wird angenommen: $2[N(SO_3)_2]^{3-} \rightarrow 2e^- + [(SO_3)_2N—N(SO_3)_2]^{4-}$. Pt, Pb-Oxyd u. Graphit eignen sich als Anodenmaterial, Cu ist unbrauchbar. Bei einer Stromdichte von ca. 15 mA/cm^2 betrug die Umwandlung des Amindisulfonats bei Verw. von Pt 4, von Graphit 15 u. von Pb-Oxyd 30%. Ggw. von F^- erwies sich bei Verw. einer Pt-Anode als nützlich. Bei der Rk. treten N_2 u. NO_2^- als höhere Oxydations-Prodd. des N auf. Die Löslichkeit des Tetrakaliumsalzes in W. bei 27 ± 1° wurde zu 2,7 g/Liter bestimmt. Die Lsgg. sind neutral, geben mit $BaCl_2$ keinen Nd., entfärben alkal. MnO_4^--Lsg., red. ammoniakal. Ag-Lsg., entfärben jedoch J_2-Lsg. nur langsam. Das Tetrasulfonat wird in sd. 1n Säure innerhalb 15 Min. zu Hydrazin hydrolysiert. Der Einfl. des F^- wird auf die Erhöhung der O-Überspannung an Pt zurückgeführt, wodurch die Bldg. von O_2 als Neben-Rk. unterdrückt wird. Mit Triammoniumamindisulfonat wurde keine Umwandlung beobachtet. Die Temp. soll $<$30—40° sein, der Anfangs-pH-Wert von 10 erwies sich als Optimum. Die Stromausbeute nimmt mit steigender Stromdichte ab, da die gewünschte Elektroden-Rk. diffusionsbestimmt wird u. die O_2-Bldg. zunimmt. Die Umwandlung zum Hydrazintetrasulfonat nimmt mit der Zeit zu, obgleich die Gesamtstromausbeute sinkt. Das Prod. an der Kathode ist wegen der hohen Stromdichte hauptsächlich H_2. Da die N_2-Bldg. während des Vers. ansteigt, nimmt Vf. an, daß N_2 durch Oxydation des Tetrasulfonats u. nicht des Amindisulfonats entsteht. GERHARD SCHULZE. 243□

Nitrosylhydrogenfluorid. F. Seel und W. Birnkraut. (Angew. Chem. **73.** 531—32. 7/8. 1961. Saarbrücken, Univ., Inst. für anorg. Chem.; Stuttgart, TH, Labor. für anorg. Chem.) (Dt.)

In HF solvatisiertes Nitrosylfluorid $NO^+F^-(HF)_n$, sog. Nitrosylhydrogenfluorid, entsteht bei Einw. von N_2O_3, Alkalimetallnitriten, Estern der HNO_2, N_2O_4, $NOHSO_4$, NOCl, NOBr, NO + Cl_2 (2:1) auf fl. HF. Das der konz. H_2SO_4 ähnliche azeotrope Gemisch aus NOF·3,1 HF ($D.^{25}$ 1,6) hat einen Ep. von ca. 1° u. einen Kp. von +94°, reagiert rasch mit B, Si, P (rot), As, Sb, Ti, Mo u. W zu Fluoriden, gibt mit JCl_3 NOF·JF_5, schließt Quarz u. Silicate auf u. setzt sich mit Arylaminen unter N_2-Entw. zu Arylfluoriden um. CH. WEISKE. 246□

Löslichkeit im System Na_2TeO_3–C_2H_5OH–H_2O bei 25°. O. I. Worobjewa und Je. A. Lawut. (Журнал Неорганической Химии [J. anorg. Chem.] **2.** 1154—57. Mai 1957.) (Russ.)

Die Löslichkeit von $Na_2TeO_3 \cdot 5\,H_2O$ in C_2H_5OH–H_2O-Gemischen wurde bei 25° untersucht. In Lsgg. mit 0—96% C_2H_5OH besteht der Bodenkörper aus $Na_2TeO_3 \cdot 5\,H_2O$, bei höheren C_2H_5OH-Konzz. wird das 5-Hydrat entwässert. Bei C_2H_5OH-Konzz. von 3,25—61,07% findet Entmischung der fl. Phasen statt. Bei 25° lösen sich in 100 g W. 44,97 g Na_2TeO_3. H. JÄGER. 255□

Über die Konstitution der Borsäuren und der Alkaliborate in wässerigen Lösungen. 1. Mitt. Eine Anwendung der allgemeinen Untersuchung des protolytischen Gleichgewichts. Henry V. Kehiaian. (Studii Cercetări Chim. [Bucureşti] **5.** 51—77. Jan./März 1957.) (Rum.)

Die Analyse des protolyt. Gleichgewichts in Lsgg. von H_3BO_3 u. ihrer Teilneutralisation führt bei Verw. genauer Gleichungen zu Ergebnissen, die sich am besten damit erklären lassen, daß in den Lsgg. ein Gleichgewicht zwischen H_3BO_3 u. $H_2B_4O_7$ (Dissoziations-Konst. $K_1 = 1{,}8 \cdot 10^{-4}$, $K_2 = 2 \cdot 10^{-8}$) vorliegt u. die anomalen pH-Werte der konz. Lsgg. bedingt. Die auf Grund dieses Gleichgewichts für Lsgg. mit H_3BO_3:NaOH = 10:0,85, 1:1 u. 2:1 errechneten FF. stimmen mit Vers.-Werten recht genau überein. Neben $H_2B_4O_7$ liegt vielleicht noch eine andere Polyborsäure vor. Für die Polymerisations-Konst. wird der Wert $K = 4{,}67 \cdot 10^{-4}$ (pK 3,33) gefunden.

R. K. MÜLLER. 258□

Differential-Thermoanalyse des Systems Si-SiO_2. Leo Brewer und Frank T. Greene. (Physics Chem. Solids **2.** 286—88. 1957. Berkeley, Calif., Univ. of California, Dep. of Chem. and Chem. Engng.) (Engl.) — Vgl. C. **1961.** 17134.

Zur Unters. der Frage, ob sich durch Rk. in einem Si/SiO_2-Gemisch oder beim Abkühlen des gasförmigen SiO eine feste SiO-Phase bilden kann, wurde eine DTA des *Si–SiO_2*-Syst. mit Hilfe einer induktiv geheizten App. durchgeführt. Die Frage wurde dahingehend entschieden, daß das feste SiO bei allen Temp. thermodynam. instabil ist.

W. BETCKE. 261□

Temperatur-Druck-Ebene für Albitzusammensetzung. Francis Birch und Paul LeComte. (Amer. J. Sci. **258.** 209—17. März 1960. Cambridge, Mass., Harvard Univ., Dunbar Labor.) (Engl.)

Die Rk. Albit → Jadeit + Quarz wurde bei Drücken von 15—25 kbar u. bei 600 u. 1000° untersucht. Die Gleichgewichtslinie wird wiedergegeben durch die Gleichung $P = 6000\ (\pm 500) + 20\ (\pm 2)\ T$, wobei P in bar u. T in °C angegeben werden. Dies ist in guter Übereinstimmung mit thermochem. gewonnenen Angaben. *Jadeit* u. *Quarz* liegen auf der Seite der Grenzlinie mit hohem Druck. Die Schmelzkurve von Albit wurde bis zu 15 kbar verfolgt. Sie entspricht der Gleichung $T = 1115 + 0{,}011\ P$. Ihr Anstieg mit dem Druck ist geringer als man nach der Vol.-Differenz zwischen Kristall u. Glas bei gewöhnlicher Temp. erwartet hatte. J.-E. HILLER. 261□

Über einige komplexe Halogenosäuren des Antimons. K. I. Askitopoulos, Andr. G. Galinos und Ioann. M. Tsangaris. (Praktika Akad. Athenon **32.** 388—92. 1957, herausgeg. 1958. Athen, Nat. TH, Chem. Labor.) (Griech.)

Durch Einleiten von trockenem HCl bzw. HBr in eine konz. Lsg. von $SbCl_3$ bzw. $SbBr_3$ in abs. Ae. werden (in Form der Ätherate) *Tetrachloro-* u. *Tetrabromoantimon(III)-säure*, $HSbX_4 \cdot 2\,(C_2H_5)_2O$ (X = Cl, Br), als schwach gelb bzw. dunkelrot gefärbte ölige Fll. erhalten, die an der Luft schwach rauchen u. von W. zu SbOX (Nd.) u. stark saurer Lsg. hydrolysiert werden, in trockenen polaren Lsgm. lösl., in unpolaren unlösl. sind u. die Veresterung von organ. Säuren u. die Polymerisation von Styrol u. Pinen (vgl. nachst. Ref.) bei gewöhnlicher Temp. stark katalysieren. Die Stabilität der freien einbasigen Metallhalogenosäuren wird damit erklärt, daß die H-Atome der Säuren zwischen 2 Ae.-Moll. als H-Brücke wirken. Bei den zweibasigen Säuren kann das zweite H-Atom ein drittes Mol. Ae. binden u. damit das Ätherat stabilisieren. R. K. MÜLLER. 266□

Über die Polymerisation des Pinens durch Antimontrichlorid und Tetrachloroantimon(III)-säure. Andreas G. Galinos und Ioann. M. Tsangaris. (Praktika Akad. Athenon **32.** 393—95. 1957, herausgeg. 1958.) (Griech.) — Vgl. vorst. Referat.

Unter der Einw. von *$SbCl_3$* wird *Pinen* (I) nur zu einem kleinen Teil zu einem festen Prod. polymerisiert, die Hauptmenge des **I** bleibt unverändert. Bei höheren Temp. zersetzt sich $SbCl_3$ unter Bldg. eines blanken Sb-Spiegels an der Gefäßwand. Bei Zusatz von *$H[SbCl_4]\cdot 2\ (C_2H_5)_2O$* beginnt **I** bei 40° exotherm zu reagieren, die Temp. steigt auf 110°, bei weiterem Erwärmen auf 130° wird die Rk. stürm., das Gemisch wird infolge Ausscheidung von Sb, teilweise in koll. Form (TYNDALL-Effekt), schwarz. Die Dest. des Prod. liefert 25% einer farblosen Fl. von Limonengeruch (165—190°), 65% einer gelben, öligen Fl. (300—330°), $D._{20}^{20}$ 0,9269, wahrscheinlich ein Diterpen, u. 10% festes Polymerisat, F. ca. 76°, wahrscheinlich Tetraterpen oder Tetrapinen.

R. K. MÜLLER. 266□

Das Zustandsdiagramm Calciumcarbid–Calciumoxyd. Robert Juza und Hans-Uwe Schuster. (Z. anorg. allg. Chem. **311.** 62—75. 1961. Kiel, Univ., Inst. für anorg. Chem.) (Dt.)

Vff. untersuchten das Syst. *CaC_2–CaO* sowohl mit Reincarbid, das aus mehrfach dest., Mg-freiem reinem Ca u. Aktivkohle p.a. dargestellt wurde, als auch mit techn. u. in kleinen Eisenpfannen abgeschrecktem Homogencarbid. Die Unterss. wurden in einem NERNST-TAMMANN-Ofen durchgeführt, die Temp.-Messung geschah pyrometrisch. Bei 1830 ± 10° tritt ein Eutektikum der Zus. 51 Gew.-% CaC_2/49 Gew.-% CaO auf. Der F. des reinen CaC_2 wurde durch Extrapolation zu 2160° ermittelt. Infolge der Verunreinigungen der techn. Carbide lagen die FF. bei Unterss. mit diesen niedriger. Verb.-Bldg. wurde nicht festgestellt. Die Ergebnisse wurden durch röntgenograph., pyknometr. u. mkr. Schliff-Unterss. ergänzt.

WOLFGANG KRÜGER. 283□

Methoxy-Mercurierung von Acrylsäureestern. Kanai Lal Mallik und Mihir Nath Das. (J. Amer. chem. Soc. **82.** 4269—73. 20/8. 1960. Calcutta, Jadavpur Univ., Dep. of Physic. Chem.) (Engl.)

Die Rk. von *Acrylsäuremethylester* u. *Hg(II)-Acetat* (**I**) in Methanol zu *α-Acetoxyquecksilber-β-methoxypropionsäuremethylester* (**II**) wurde im Temp.-Bereich von 35—50° verfolgt. Durch Titration mit butanol. HCl, wobei **I** 2, **II** dagegen nur 1 Val Säure verbraucht, wurde gefunden, daß die Rk. nach 93%ig. Umsatz zum Stillstand kommt. Da die Titration des rohen, durch Chlf.-Extraktion isolierten **II** auf eine 97%ig. Umsetzung deutet, kann die Frage der evtl. Gleichgewichtseinstellung nicht endgültig beantwortet werden. Die Aktivierungsenergie der Rk. zweiter Ordnung beträgt ca. 9 kcal/Mol. Die Rk. wird durch Essigsäure schwach beschleunigt, durch Na-Acetat, -Propionat u. -Butyrat sowie durch N-Basen, wie Pyridin u. Triäthanolamin, stark verzögert. Die starke Beschleunigung der Rk. in Ggw. von $HClO_4$ oder HNO_3 steht im Zusammenhang mit einer Änderung der Rk.-Ordnung. Die entsprechenden Rkk. mit *Acrylsäureäthyl-* u. *-butylester* zeigen einen analogen Verlauf. Ein ion. Mechanismus wird diskutiert, der als Zwischenprod. ein reaktives Carbeniumkation vorsieht, das mit Methanol **II** bildet.

HEINZ NESTLER. 290□

Über Lanthanacetat. W. N. Maximow, A. W. Nowosselowa und K. N. Ssemenenko. (Журнал Неорганической Химии [J. anorg. Chem.] **2.** 997—1000. Mai 1957.) (Russ.)

$La(CH_3COO)_3\cdot 1{,}5\ H_2O$ (**I**) wurde durch Auflösen von La_2O_3 in sd. verd. Essigsäure, Eindampfen der filtrierten Lsg. auf dem Wasserbad u. Trocknen der kristallinen Substanz bei Zimmer-Temp. im Vakuum erhalten; kleine Prismen u. Nadeln, triklin mit $a = 8{,}48$ (Å), $b = 10{,}10$, $c = 13{,}54$, $\alpha = 82°$, $\beta = 108°$, $\gamma = 104°$; D. 2,1; 4 Moll. in der Elementarzelle. Nach DTA u. thermogravimetr. Unterss. gibt **I** bei 50—100° ½ Mol W. ab [*$La(CH_3COO)_3\cdot H_2O$*]. >110° wird weiteres W. abgespalten. Bei 200° liegt die Verb. *$La(CH_3COO)_3$* (**II**) vor. Bis auf 150° erhitztes **I** nimmt beim Abkühlen wieder W. auf. >250 bis 300° entsteht braunes *$LaO(CH_3COO)$*. **II** wird auch beim mehrstd. Kochen von **I** mit Acetanhydrid u. Trocknen der Kristalle bei Zimmer-Temp. im Vakuum erhalten.

H. JÄGER. 301□

Bibliographie über Hafnium. Eleanor Abshire und Sarah Notestine. (U. S. Dep. Interior, Bur. Mines, Inform. Circ. **1960.** Nr. 7928. 1—30.) (Engl.)

Zusammenstellung von 670 Veröffentlichungen (bis 1957) über Hf, Hf-Verbb. u. -Legg. mit einem Sach- u. Autorenregister.

E. KLEVER. 323□

Eine Untersuchung des Systems Ge–GeO₂ mit einem DTA-Apparat mit induktiver Heizung. Leo Brewer und Petros Zavitsanos. (Physics Chem. Solids **2.** 284—85. 1957. Berkeley, Calif., Univ. of California, Dep. of Chem. and Chem. Engng.; Radiat. Labor.) (Engl.) — Vgl. C. **1961.** 17133.

Eine neue App. für die DTA, die bei induktiver Heizung die Anwendung von Temp. bis zu 3000° gestattet, wird beschrieben. Für das Syst. *Ge–GeO₂* wurde das Phasendiagramm bei einem GeO_2-Geh. der Proben von 25—89% aufgenommen. Im Temp.-Gebiet zwischen 850 u. 1000° wurden Haltepunkte für die eutekt. Temp., den F. von Ge, die Umwandlung von hexagonalem GeO_2 in die tetragonale Modifikation u. die Mischung der beiden Phasen beobachtet. Ein Anhaltspunkt für die Existenz von festem GeO wurde nicht gefunden. W. BETCKE. 326□

Über Aromatenkomplexe von Metallen. 41. Mitt. **Acetylcyclopentadienylchromnitrosyldicarbonyl.** Ernst Otto Fischer und Klaus Plesske. (Chem. Ber. **94.** 93—96. 1961. München, Univ., Inst. für Anorg. Chem.) (Dt.) — 40. vgl. C. **1961.** 5008.

Vff. berichten über Darst., Eigg. u. das IR-Spektrum von Acetylcyclopentadienylchromnitrosyldicarbonyl (I). Durch Einw. von Acetylchlorid u. $AlCl_3$ nach FRIEDEL-CRAFTS auf Cyclopentadienylchromnitrosyldicarbonyl (II) in sd. Methylenchlorid konnte unter HCl-Entw. u. Rotfärbung der Lsg. nach Aufarbeitung I in Form roter Nadeln erhalten werden. An der Luft u. unter Licht-Einw. zersetzt sich das zunächst anfallende rote Öl im Verlaufe von 20 Min. unter Braunfärbung. Hochgereinigtes I löst sich gut in allen organ. Lsgm., ist unter N_2 bis ca. 170° stabil u. zersetzt sich darüber langsam unter Schwarzfärbung. Das IR-Spektrum von II zeigt bei 2028 u. 1961 cm^{-1} zwei starke CO-Valenzschwingungen, bei 1712 cm^{-1} absorbiert die NO^+-Gruppe, Banden des symm. C_5H_5-Liganden liegen bei 1424, 1112 u. 1013/1006 cm^{-1}. Im Spektrum von I erscheinen die beiden CO-Banden bei 2032 u. 1961 cm^{-1}, die C—C-Valenzschwingung bei 1421 cm^{-1}, die NO-Valenzschwingung bei 1812 cm^{-1} u. die neu eingeführte CH_3CO-Gruppe bei 1701, 1375 u. 1280 cm^{-1}. Das bekannte Verschwinden der beiden Banden um 1100 u. 1000 cm^{-1} im Spektrum unsubstituierter C_5H_5-Liganden beim Eintreten einer Substitution wird auch in diesem Fall beobachtet. Eine bei 1119 cm^{-1} auftretende Substituentenbande verhindert allerdings eine eindeutige Kontrolle der Bande bei 1112 cm^{-1}.

Versuche: *Cyclopentadienylchromnitrosyldicarbonyl* (II), $C_5H_5Cr(CO)_2NO$, F. 67 bis 68°, aus 1 g $[(C_5H_5)Cr(CO)_3]_2$ in 50 ml Bzl. in einer Carbonylbirne unter O_2-freiem N_2 durch Einleiten von trockenem NO-Gas bei Zimmer-Temp. (ständiger N_2-Gegenstrom zur Vermeidung von NO_2-Bldg. u. des Eindringens von Luft) bis zur Ausbildung einer reinen Orangefarbe, Abdampfen des Lsgm. im Vakuum u. Sublimieren des Rückstandes in Hochvakuum bei 60—80°; luftbeständige, orangerote Substanz; 80% (Ausbeute). — *Acetylcyclopentadienylchromnitrosyldicarbonyl* (I), $CH_3COC_5H_4Cr(CO)_2NO$, F. 27—28°, aus 1 g II in 50 ml wasserfreiem CH_2Cl_2 unter N_2 durch Zugabe von 1,3 g $AlCl_3$ u. 464 mg Acetylchlorid, 4 std. Rühren bei Rückfluß-Temp., Zusatz von 20 ml N_2-gesätt. W. u. einigen Tropfen konz. HCl bei Eiskühlung zur Hydrolyse, Abtrennen der organ., dunkelgelben von der leichteren, hellbläulichen Wasserphase u. Überführen unter N_2 in ein 400-ml-SCHLENK-Rohr, Abziehen des Lsgm., Dest. des als Rückstand anfallenden dunkelbraunen Öls im Hochvakuum bei 80—110° (tiefrote Fl.) u. Verfestigung durch starke Unterkühlung; nadelig kristalline rote Masse, n_D^{25} 1,634; 75%. — *2.4-Dinitrophenylhydrazon*, $C_{15}H_{11}CrN_5O_7$, Zers. bei 200°, aus den Komponenten in äthanol. Lsg., mehrmaliges Umkristallisieren aus A./Essigester (2 : 1); tiefrote Kristalle.

GERHARD SCHULZE. 335□

Die Darstellung und Kristallstruktur von Molybdän(III)-fluorid. D. E. LaValle, R. M. Steele, M. K. Wilkinson und H. L. Yakel jun. (J. Amer. chem. Soc. **82.** 2433—34. 20/5. 1960. Oak Ridge, Tenn., Oak Ridge Nat. Labor.) (Engl.)

Vff. fanden die Struktur des MoF_3 im Gegensatz zu GUTMANN u. JACK (C. **1952.** 974) u. HEPWORTH u. Mitarbeitern (C. **1958.** 349) rhomboedr. vom Typ des VF_3 u. nicht kub. vom Typ des ReO_3. DEBYE-SCHERRER-Aufnahmen mit CuK_α-Strahlung ergaben eine bimol. rhomboedr. Elementarzelle, $a_0 = 5{,}666 \pm 0{,}001$ Å, $\alpha = 54°\,43' \pm 10'$, $V = 112{,}79 \pm 0{,}10$ Å³, Z = 2; $D_{Rö}$ 4,50 g/cm³; $D_{beob.}$ 4,64 ± 0,07 g/cm³. Die Parameter der entsprechenden hexamol. hexagonalen Elementarzelle sind: $a_0 = 5{,}208 \pm 0{,}001$, $c_0 = 14{,}40_9 \pm 0{,}01_0$ Å; $c_0/a_0 = 2{,}767 \pm 0{,}002$; Raumgruppe $D^6{}3d$—$R\bar{3}c$. 2 Mo in (b): 0, 0, 0; $^1/_2$, $^1/_2$, $^1/_2$; 6 F in (e): ± (x, ^{1} –x, $^1/_4$); ± ($^1/_2$–x, $^1/_4$, x); ± ($^1/_4$, x, $^1/_2$–x); x = — 0,12 ± 0,01.

Versuche: *Molybdän(III)-fluorid*, MoF_3, aus Mo-Pulver durch Verreiben mit überschüssigem MoF_5 in inerter Atmosphäre, 2 std. Erhitzen auf 180° in einem unter Vakuum verschlossenen Ni-Rohr, anschließend 4 std. Erhitzen auf 400°, Öffnen des Rohres in inerter Atmosphäre, Abdestillieren des überschüssigen MoF_5 in einem Quarzrohr im Vakuum; gelblich-braune Substanz. So gewonnenes MoF_3 geht im verschlossenen evakuierten Ni-Rohr bei 800° in schwarzes MoF_3 über, das nach 16 std. Erhitzen auf 900° dunkelrot u. kristallin wird. Schwarzes MoF_3 kann auch durch Rk. von MoF_5 mit überschüssigem SbF_3 im Ar-Strom bei 150—200° hergestellt werden. Im dynam. Vakuum beginnt MoF_3 oberhalb 600° in Mo u. leichter flüchtiger Fluoride zu disproportionieren.

P. SARTORI. 336 □

Auflösung von Wolfram mit Wasserstoffperoxyd. Peter C. Mürau. (Analytic. Chem. **33.** 1125—26. Juli 1961. Irvington-on-Hudson, N.Y., Philips Labor.) (Engl.)

W kann mit 30%ig. H_2O_2 gelöst werden. Günstigste Rk.-Temp. 60°, darüber zunehmender Selbstzerfall des H_2O_2. 0,2 g W-Draht werden in Abhängigkeit vom Durchmesser (5—25 mm) bei Raum-Temp. in 8—31 Std., bei 60° in $1^1/_2$—3 Std. aufgelöst. Entsprechende Werte für Mo: 3—5 Std.; $^1/_4$—$1^1/_4$ Stunden. Die Auflösung von W- bzw. Mo-Pulver geschieht in Min., am besten mit H_2O_2 geringerer Konz., um die Heftigkeit der Rk. zu mäßigen. Vf. vermutet, daß in der Lsg. Perwolframsäure bzw. -säuren vorliegen, die nach Eindampfen der Lsg. u. Trocknen des Rückstandes bei $< 100°$ als gelbe, in W. lösl. Kristalle gewonnen werden können. Höhere Trocknungs-Temp. ($\geq$ 180°) führen zu Wolframsäure oder WO_3. Die Rk. hat Vorteile für die Darst. von Wolfram-Verbb. u. für die Analyse; W u. Mo werden mit H_2O_2 gelöst, W durch Weinsäure komplex gebunden u. Mo nach Vertreiben von H_2O_2 mit Thiocyanat colorimetriert.

F. HUBER. 337 □

Chemie des Technetiums und des Astats. Edward Anders. (Annu. Rev. Nuclear Sci. **9.** 203—20. 1959. Chicago, Ill., Univ. of Chicago, Dep. of Chem. and Enrico Fermi Inst. for Nucl. Stud.) (Engl.)

Übersicht. — 126 Literaturhinweise. P. GOLINSKE. 351 □

Die Reaktion zwischen Eisenpentacarbonyl und Ammoniak unter hohen Kohlenstoffmonoxyddrücken. Hiroshi Uchida und Kenichiro Bando. (Bull. chem. Soc. Japan **29.** 40—43. Jan. 1956. Tokyo, Governm. Chem. Ind. Res. Inst.) (Engl.)

Eisenpentacarbonyl (I) reagiert mit NH_3 u. CO unter hohen Drücken (10—155 kg/cm²) bei Temp. über 150° (optimale Rk.-Temp. 175—185°) unter Bldg. eines gelben Pulvers der mittleren Zus. $Fe_2(CN)_4(CO)(NH_3)_4$ (**II**) u. einer braunen Fl. (**III**). Bei sehr großem Überschuß von **I** gegenüber NH_3 erreicht das Rk.-Prod. die Zus. $Fe_2(CN)_4 \cdot (CO)_2(NH_3)_3$. Beide sind unlösl. in W., verd. Säuren u. den üblichen organ. Lsgm. (Ae., CH_3OH); sie sind lösl. in wss. KOH unter Bldg. feiner gelber prismat. Kristalle der Zus. $K_2[Fe(CN)_4(CO)(NH_3)] \cdot 1{,}5\ H_2O$. Vff. schließen daraus, daß **II** aus dem komplexen Kation $[Fe(NH_3)_3]^{2+}$ u. dem komplexen Anion $[Fe(CN)_4(CO)(NH_3)]^{2-}$ aufgebaut ist. **III** besteht aus Formamid (**IV**), Ammoniumcarbaminat, Harnstoff (**V**) u. einer geringen Menge eines nicht näher bestimmten Eisensalzes; **III** wirkt beschleunigend auf die Bldg. von **IV** aus CO u. NH_3, wobei **V** als wirksame Komponente ermittelt wurde.

M. SCHENK. 354 □

Chemie der Metallcarbonyle. 4. Mitt. **Reaktionen zwischen gewissen Metallcarbonylen und einigen kondensierten polycyclischen organischen Systemen.** R. B. King und F. G. A. Stone. (J. Amer. chem. Soc. **82.** 4557—62. 5/9. 1960. Cambridge, Mass., Harvard Univ., Dep. of Chem.) (Engl.) — 3. vgl. C. **1961.** 15319.

Neungliedrige KW-Stoffe, z. B. *Cyclononatetraen*, können Metalle an 2, 4, 6 oder 8 C-Atome des Ringes binden, daneben besteht die allerdings wenig wahrscheinliche Möglichkeit, daß sich Cyclononatetraenyl-Komplexe bilden, die sich von der C_9H_9-Gruppe ableiten. Die Darst. dieser Komplexe (K.) erfolgt durch Erhitzen von *8.9-Dihydroinden* (**I**), dem Tautomeren des Cyclononatetraens, mit den entsprechenden Metallcarbonylen. $Mo(CO)_6$ reagiert mit **I** bei ca. 170° zu $C_9H_{10}Mo(CO)_3$. Der Beweis für die Existenz der Struktur **A** erfolgt durch Hydrierung. Da nur 3 Doppelbindungen an der Bindung des Mo beteiligt sein können, müßte sich **A** von **B** durch Aufnahme eines Moles H_2 unterscheiden. Im Experiment werden bis zu 99% der berechneten Menge absorbiert. Bei dem weniger stabilen $C_9H_{10}W(CO)_3$ war eine quant. Hydrierung nicht mehr möglich. Der Strukturbeweis wurde durch die Ähnlichkeit des magnet. Kernresonanzspektrums mit dem des Mo-K. erbracht. Cr reagierte unter analogen Bedingungen unter Bldg. einer gelb-schwarzen Lsg., in der auf Grund einiger Banden bei 1958, 1893 u. 1870 cm^{-1} der nicht isolierbare entsprechende K. vermutet wurde. Auch mit $Fe_3(CO)_{12}$ reagierte **I** unter Bldg. von sehr instabilem $C_9H_{10}Fe(CO)_3$; die IR-Banden deuten auf das Vorliegen einer Eisentricarbonylgruppe im Komplex. Aus der Instabilität dieser Verb. wird geschlossen, daß im K. die Dihydroindengruppe an das Fe durch 2 dative Bindungen gebunden wird, die von 2 nicht konjugierten Doppelbindungen ausgehen. — Bei der Rk. von *Inden* mit $Mo(CO)_6$ wurde eine braune, im Vakuum sublimierbare Verb., $[C_9H_7Mo(CO)_3]_2$, erhalten, die im IR-Spektrum keine CO-Brücken-Banden enthielt u. deren Mol.-Hälften deshalb durch eine Mo—Mo-Bindung zusammen-

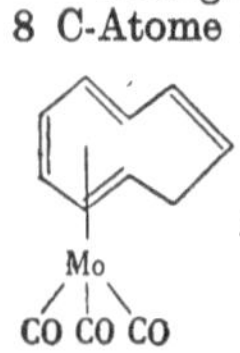

A

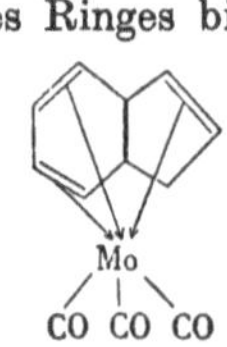

B

gehalten werden müssen. — Mit *Benzpyren* bzw. *Chrysen* u. $Cr(CO)_6$ wurden keine K. erhalten. *Phenanthren* gibt K. von einer den Naphthalin-K. vergleichbaren Stabilität. Dagegen bildet *Anthracen* nur noch sehr instabile u. *Naphthacen* keine K. mehr. Der angular angefügte Ring hat danach nur geringe, der linear angefügte starke Wrkg. auf die K.-Stabilität. *Thionaphthen* gibt mit $Cr(CO)_6$ K., in denen Cr wahrscheinlich an den Bzl.-Kern gebunden ist. Mit $Fe_3(CO)_{12}$ entsteht dagegen ein K. $C_8H_6S \cdot Fe_2(CO)_5$, in dem 6 π-Elektronen mit $Fe(CO)_2$ u. 4 π-Elektronen mit $Fe(CO)_3$ verbunden sind. In dem von *Acenaphthylen* (**V**) u. Cr gebildeten K. ist Cr ebenfalls an einen der Sechsringe gebunden. Obwohl theoret. zwei Doppelbindungen des **V** nicht an der Bindung des Cr beteiligt sind, konnte der K. trotzdem nicht hydriert werden.

Versuche: *8.9-Dihydroinden* (**I**), C_9H_{10}, Kp. 59—62°/25 mm, aus *1-Dicyclopentadienon* durch Pyrolyse, 23% (Ausbeute); das Protonenkernresonanzspektrum zeigt 3 Spitzen bei 1038, 1142 u. 1172 c.p.s; Absorptionsmaxima bei 262 mμ (ε = 3500) u. bei 271 mμ (3200). — *8.9-Dihydroindenmolybdäntricarbonyl* (**II**), $C_{12}H_{10}MoO_3$, F. 128° (Zers.), aus einer Mischung von 1,32 g $Mo(CO)_6$, 0,65 ml **I** u. 30 ml *Soltrol 130* (**VI**) (PHILLIPS; Kp. 170°) durch $1^1/_2$std. Erhitzen unter N_2, Abkühlen auf —78°, nach 2 Std. Absaugen u. Sublimation bei 140°/0,01 mm; dunkelrote Masse; Banden bei 1960, 1890 u. 1861 cm^{-1}; 17,5% (Ausbeute). — Hydrierung von **II**: 25,9 mg **II** in Eisessig am Pt-Kontakt nahmen bei 23° u. 730 mm bis zu 99% der berechneten Menge H_2 auf, bei Verw. von A. als Lsgm. 67%. — *8.9-Dihydroindenwolframtricarbonyl*, $C_{12}H_{10}O_3W$, analog **II**, Sublimation bei 150—165°/0,1 mm; 11%. Banden bei 1950, 1890 u. 1861 cm^{-1}. — *8.9-Dihydroindeneisentricarbonyl*, $C_{12}H_{10}FeO_3$, F. nahe Raum-Temp., aus einer Mischung von 1,8 g $Fe_3(CO)_{12}$, 0,65 ml **I** u. 40 ml thiophenfreiem Bzl. durch 6std. Erhitzen unter N_2, Filtrieren unter N_2, Entfernen des Bzl. bei 30 mm, Schütteln des öligen Rückstands mit 5 ml Isohexan, Filtrieren unter N_2, 6std. Kühlen bei —78°, Abdekantieren des Lsgm. u. Sublimation bei 70°/0,1 mm, nach Abkühlen auf —78° hellgelbe Nadeln, luftempfindlich; Banden bei 2053 u. 1989 cm^{-1}; 19%. — *Phenanthrenchromtricarbonyl*, $C_{17}H_{10}CrO_3$, F. 158—160°, aus 1,1 g $Cr(CO)_6$, 1,8 g Phenanthren (**III**) u. 40 ml **VI** durch $2^1/_4$std. Erhitzen unter N_2, Abkühlen, Filtrieren, Entfernen des überschüssigen **III** durch 4std. Sublimation des Rückstands bei 70—90°/0,1 mm; aus Dichlormethan durch Zugabe von Isohexan hellorangefarbene Kristalle; 27% (Rohprod.); IR-Spektrum (in Chlf.): Banden bei 1980 u. 1900 cm^{-1}; UV-Spektrum: Maxima bei 219 mμ (ε = 37500) u. 317 mμ (ε = 3200). — *Pyrenchromtricarbonyl*, $C_{19}H_{10}CrO_3$, aus 1,2 g $Cr(CO)_6$, 0,5 g Pyren u. 40 ml Äthylcyclohexan durch 24std. Erhitzen unter N_2, Abkühlen auf 0°, Filtrieren, 3maliges Waschen des Rückstands mit 10 ml PAe. (Kp. 30 bis 60°); durch unvollständiges Lösen in 15 ml Dichlormethan, Zugabe von 30 ml PAe. u. Abkühlen auf —78°; rote Kristalle; 12%. Banden bei 1960 u. 1809 cm^{-1}. — *Dimeres Indenylmolybdäntricarbonyl*, $C_{24}H_{14}Mo_2O_6$, F. 195—197° (Zers.), aus 1,3 g $Mo(CO)_6$, 2 ml Inden u. 40 ml **VI** durch 2std. Erhitzen unter N_2, Abkühlen auf Zimmer-Temp., Filtrieren u. Sublimation des Rückstands bei 165—170°/0,1 mm; braune Kristalle; 10%; Banden bei 2045 (relativ schwach), 1965 u. 1910 cm^{-1}. — *Thionaphthenchromtricarbonyl*, $C_{11}H_6CrO_3S$, F. 115° (Zers.), aus 1,15 g $Cr(CO)_6$, 0,67 g *Thionaphthen* (**IV**) u. 30 ml **VI** durch 3std. Erhitzen, Kühlen auf 0°, Kühlen des Filtrats auf —78°, Filtrieren, Entfernen des überschüssigen **IV** aus dem Rückstand durch 2std. Sublimation bei 50—60°/0,1 mm u. Sublimation bei 90—100°/0,1 mm; gelbe Kristalle; 2%. Banden bei 1980 u. 1909 cm^{-1}. — *Thionaphthendieisenpentacarbonyl*, $C_{13}H_6Fe_2O_5S$, F. 100—101°, aus 1,8 g $Fe_3(CO)_{12}$, 0,67 g **IV** u. 40 ml thiophenfreiem Bzl. durch 9std. Erhitzen unter N_2, Kühlen, Filtrieren unter N_2, Einengen bei 30 mm, Zugabe von 20 ml Isohexan, Abkühlen auf —78°, Filtrieren, Entfernen des **IV** durch Sublimation bei 50—60°/0,1 mm u. Fortsetzung der Sublimation bei 80—90°; rotorangefarbene Kristalle; 6%. Maxima (in Cyclohexan) bei 210 mμ (ε = 45300) u. 309 mμ (7900); Banden bei 2087, 2052 u. 2010 $cm/^1$; diamagnet., magnet. Kernresonanzspektrum: eine Spitze bei 981 c.p.s. — *Acenaphthylenchromtricarbonyl*, $C_{15}H_8CrO_3$, F. 175° (Zers.), aus 1,2 g $Cr(CO)_6$, 0,38 g *Acenaphthylen* (**V**) u. 37 ml Äthylcyclohexan durch 15std. Erhitzen unter N_2, Abkühlen, Filtrieren, Eindampfen bei 25°/0,1 mm zur Trockne, Sublimation bei 105°/0,1 mm; nach 15 Min. Entfernen des Öls u. 12std. Sublimation; purpurschwarze Masse; 5,5%. Banden bei 1970 u. 1892 cm^{-1}; Maxima (in Cyclohexan) bei 215 mμ (ε = 38500) u. 349 mμ (ε = 7420); Minimum bei 308 mμ (ε = 3220). — *Acenaphthylendieisenhexacarbonyl*, $C_{18}H_8Fe_2O_6$, F. 158°, aus 18,0 g $Fe_3(CO)_{12}$, 7,6 g **V** u. 250 ml thiophenfreiem Bzl. durch 10std. Erhitzen unter N_2, Abkühlen, Eindampfen des Filtrats zur Trockne u. Entfernen des **V** durch Sublimation bei 60—70°/0,1 mm; aus PAe./Ae. durch Abkühlen auf —78° rotviolette Kristalle; 32% (Rohprod.). Banden bei 2047 u. 1985 cm^{-1}; Maxima bei 227 mμ (ε = 35500) u. 330 mμ (ε = 10500), Minimum bei 308 mμ.

G. SELTMANN. 354□

Chemie der Metallcarbonyle. 5. Mitt. **Die Desulfurierung von Thiophen.** H. D. Kaesz, R. B. King, T. A. Manuel, L. D. Nichols und F. G. A. Stone. (J. Amer. chem. Soc. **82.** 4749—50. 5/9. 1960.) (Engl.) — 4. vgl. vorst. Referat.

Thiophen (I) u. Fe-Carbonyle $[Fe_3(CO)_{12}$ u. $Fe(CO)_5]$ gehen bei erhöhten Temp. in eine neue Rk. ein, wobei das S aus dem I-Ring entfernt wird u. durch das Fe-Atom einer Eisencarbonylgruppe ersetzt wird. Die entstandene Verb. ist ident. mit der von Hübel u. Weiss (Chem. and Ind. **1959.** 703) aus Acetylen u. Fe-Carbonyl dargestellten mit der Struktur **II**.

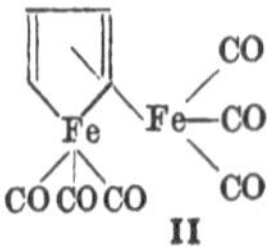

II

Versuche: $C_{10}H_4Fe_2O_6$, (II), F. 52—54°, aus 10 g in der Hülse eines Soxhlet-Extraktions-App. befindlichen $Fe_3(CO)_{12}$ durch 15 std. Extraktion mit I unter reinstem N_2; durch Entfernen des I aus dem Filtrat bei 25°/15 mm orangefarbener Rückstand u. rotes Öl; Lösen des Rückstandes in 10 ml Pentan, Chromatographieren an Al_2O_3 u. Eluieren mit Pentan, feste orangefarbene Masse; 5% (Ausbeute); Banden bei 2079, 2042, 2006, 1998 u. 1962 cm^{-1}; das rote Öl scheint ein Gemisch aus mehreren Komponenten zu sein; eine Komponente, die S u. Fe enthält, ergibt ein IR-Spektrum (CCl_4, CaF_2-Prisma) mit Carbonylbanden bei 2072, 2035, 2000, 1989 u. 1956 cm^{-1}. G. Seltmann. 354□

Synthese und Untersuchung einiger physikalisch-chemischer Eigenschaften von Sulfatopentamminkobalt(III)-hydrogensulfat. Ja. A. Fialkow und W. D. Panassjuk. (Журнал Неорганической Химии [J. anorg. Chem.] **2.** 1007—14. Mai 1957. Kiew, Univ., Inst. für anorg. Chem.) (Russ.) — Vgl. C. **1961.** 62.

Zur Darst. von $[Co(NH_3)_5SO_4]HSO_4 \cdot 2\,H_2O$ (I) wird $[Co(NH_3)_5H_2O]_2(SO_4)_3$ (II) mit dem 5fachen Überschuß an konz. H_2SO_4 (D. 1,84) 4 Std. auf 100° erhitzt, die Lsg. mit dem gleichen Vol. W. verd., filtriert, 12—14 Std. stehen gelassen, filtriert u. mit A. gewaschen; himbeerfarbene Kristalle; 12,5 g lösen sich bei 20° in 100 g W.; pH einer 0,1 n I-Lsg. 2,5. Ein Gemisch von I u. II wird beim Erhitzen von $[Co(NH_3)_5Cl]Cl_2$ mit konz. H_2SO_4 erhalten. λ_∞ von I 470 Ω^{-1} cm^2, das Absorptionsmaximum in 0,01 m Lsgg. liegt bei 515 mμ. Die Kinetik des Isotopenaustauschs der SO_4^{2-}-Ionen in wss. Lsg. mit ^{35}S entspricht zwischen 30 u. 70° der Rk. 1. Ordnung; die Aktivierungsenergie des Austauschs wurde zu 25 kcal/Mol berechnet. Das Ansteigen der Austausch-Geschw. in höher konz. Lsgg. spricht zugunsten eines bimol. Austauschmechanismus, während die Temp.-Abhängigkeit auf einen Austauschmechanismus über intermediäre Aquopentaminkobalt(III)-ionen hinweist. H. Jäger. 355□

Über Verbindung des dreiwertigen Kobalts mit Hydrazin. P. W. Gogorischwili, L. D. Zitzischwili und M. W. Karkaraschwili. (Журнал Неорганической Химии [J. anorg. Chem.] **2.** 1040—45. Mai 1957. Chem. Melikischwili-Inst. der Akad. Wiss. der GrusinSSR, Labor. für anorg. Chem.) (Russ.)

Zur Darst. von *trans*-$[Co(NH_3)_4N_2H_4NO_2]CO_3 \cdot 1{,}5\,H_2O$ (I) löst man 1 g trans-$[Co(NH_3)_4(NO_2)_2]NO_3$ in 20 ml konz. $N_2H_4 \cdot H_2O$ (D. 1,2), filtriert rasch, leitet 3—5 Min. CO_2 ein, rührt 15—20 Min., filtriert ab, wäscht mit A. u. Ae. u. trocknet über H_2SO_4; gelbe rhomb. Nadeln; n_1 1,553, n_2 1,678; 50% (Ausbeute). Aus dem Filtrat scheidet sich nach Einleiten von NH_3 in 1—3 Tagen $(N_2H_3COO)_2Co(N_2H_4)_2$ (II) ab. I wird als Zwischenprod. der Bldg. von II angesehen. I ist schwach paramagnet. (0,081 Bohrsche Magnetonen). Bei Einleiten von SO_2–CO_2 in eine Lsg. von 5 g I in 25 ml konz. $N_2H_4 \cdot H_2O$ (D. 1,2) fällt nach 15—20 Std. gelbes wenig beständiges $[Co(NH_3)_4N_2H_4NO_2]SO_3$ aus. I (1 g) spaltet in 0,1 n HCl (13,99 ml) CO_2 ab. Durch Erhitzen dieser Lsg. ändert sich die Farbe der Lsg. nach Rot u. es fällt *trans*-$[Co(NH_3)_4NO_2Cl]Cl$ aus; 34,8%. In W. zerfällt I, bes. beim Erhitzen, in $[Co(NH_3)_4NO_2OH]HCO_3 \cdot 2{,}5\,H_2O$. H. Jäger. 355□

Eine vergleichende Untersuchung der Methoden zum Nachweis der cis- und trans-Isomeren des oktaedrischen Komplexions $[Co(NCS)_2en_2]^+$. J. J. A. Hartmann und G. P. van der Kelen. (Bull. Soc. chim. belges **68.** 568—79. 1959. Gent, Rijksuniv., Labor. voor Algem. en Anorg. Chem.) (Engl.)

Zur Unterscheidung der cis- u. trans-Isomeren des Komplexes $[Co(NCS)_2en_2]ClO_4$ erwies sich die aufsteigende Papierchromatographie als die geeignetste Meth., während ein Vgl. der Absorptionsbanden im sichtbaren, im UV- u. im IR-Gebiet nur zweifelhafte Unterscheidungsmerkmale ergab. Die beiden Isomeren wurden nach dem Verf. von Werner dargestellt u. zur Erzielung guter Kristallisation mit wss. $NaClO_4$-Lsg. behandelt. Die Papierchromatographie (Papier Whatman 1) wurde unter Verw. einer Mischung von 95 ml Aceton u. 5 ml konz. HCl (D. 1,19) als Lsgm. mit 0,025—0,040 m Lsgg. der Salze bei 26° durchgeführt. Als Entwickler diente 2 n $(NH_4)_2S$-Lösung. Cis-$[Co(NCS)_2en_2]ClO_4$ liefert einen schmalen, gut definierten Streifen mit R_F 0,96, während bei dem trans-Isomeren ein ausgedehnter, diffuser Fleck mit einem geringeren, aber schlecht festzulegenden R_F-Wert erhalten wird. Die von Kuroya [1950] zur Berechnung der ersten sichtbaren u. der zweiten UV-Absorptionsbande von Co-Komplexen vorgeschlagenen Formeln sind auf Lsgg. in nichtwss. Lsgm. nicht ohne weiteres anwendbar.

W. BETCKE. 355□

Untersuchungen über die Synthese von Metallkomplexen. 3. Mitt. **Synthese von Äthylendiamincarbonato-, Amminoxalato- und Äthylendiaminoxalatoreihen von Kobalt(III)-Komplexen.** Motoshichi Mori, Muraji Shibata, Eishin Kyuno und Koji Hoshiyama. (Bull. chem. Soc. Japan **31.** 291—95. April 1958. Kanazawa, Univ., Fac. of Sci., Dep. of Chem.) (Engl.) — 2. vgl. C. **1960.** 761.

Drei Reihen von Co(III)-Komplexen werden aus der grünen Lsg. des K-Tricarbonatocobaltat(III) (**I**) durch fortschreitende Substitution von Carbonat durch andere Gruppen gewonnen. Dabei werden von den Verbb. zwei Stereoisomere, eine blaue u. eine violette Form, erhalten. Die Absorptionsspektren werden gemessen u. die Konfiguration der Verbb. eingehend diskutiert (en = Äthylendiamin).

Versuche: Alle Verbb. wurden aus **I** dargestellt, das durch Rk. von 20 g $KHCO_3$, 10 g $CoCl_2 \cdot 6\,H_2O$ u. 5 ml 30%ig. H_2O_2 erhalten wurde. — *Kaliumdicarbonatoäthylendiamincobaltat(III)*, $K[Co(CO_3)_2en] \cdot H_2O$, a) *blaue Form*, durch 40 Min. langes Rühren von **I** mit 5 g Äthylendiammoniumcarbonat in W. bei 0° u. Ausfällen mit abs. A.; 4 g (Ausbeute); b) *violette Form*, analog bei Raum-Temp.; 6 g. — *Carbonato-bis-[äthylendiamin]-kobalt(III)-chlorid*, $[Co(CO_3)en_2]Cl \cdot H_2O$, durch Erwärmen von **I** u. 10 ml 70%ig. en auf dem Wasserbad; 11 g. — *Tris-[äthylendiamin]-kobalt(III)-chlorid*, $[Co\,en_3]Cl_3 \cdot 3\,H_2O$, durch 40 Min. langes Erwärmen von **I** mit 70%ig. en, KCl u. Aktivkohle auf dem Wasserbad; 12 g. — *Kaliumdioxalatodiammincobaltat(III)*, $K[Co(C_2O_4)_2(NH_3)_2] \cdot H_2O$, a) *blaue Form*, durch Erwärmen von **I** u. Ammoniumoxalat auf 70°; 7 g; b) *violette Form*, analog durch Erwärmen auf dem Wasserbad, bis die Farbe der Lsg. violett ist, Zugabe von A. u. Kühlen über Nacht; 7 g. — *Oxalatotetramminkobalt(III)-chlorid*, $[Co(C_2O_4)(NH_3)_4]Cl$, durch Erwärmen von **I** mit 5 g Ammoniumoxalat in konz. wss. NH_3 auf 80°; 6 g. — *Kaliumtrioxalatocobaltat(III)*, $K_3[Co(C_2O_4)_3] \cdot 3\,H_2O$, durch Erwärmen von **I** u. 16 g Oxalsäure auf 60°; 12 g. — *Kaliumdioxalatoäthylendiamincobaltat(III)*, $K[Co(C_2O_4)_2en] \cdot H_2O$, a) *blaue Form*, durch Rk. von **I** mit 5 g K-Oxalat u. 5 g Äthylendiammoniumoxalat in der Kälte; 3 g; b) violette Form, analog durch 1 std. Erwärmen; 7 g. — *Oxalato-bis-[äthylendiamin]-kobalt(III)-chlorid*, $[Co(C_2O_4)en_2]Cl \cdot H_2O$, durch Eindampfen von **I**, 6 g Oxalsäure, 2 g KCl u. 16 ml 70%ig. en; 10 g.

W. HAMEPL. 355□

Untersuchungen über die Synthese von Metallkomplexen. 4. Mitt. **Die Kobalt(III)-Komplexe der Nitridotriessigsäure.** Motoshichi Mori, Muraji Shibata, Eishin Kyuno und Yoshito Okubo. (Bull. chem. Soc. Japan **31.** 940—44. Nov. 1958.) (Engl.) — 3. vgl. vorst. Referat.

Es werden Co(III)-Komplexe der Nitridotriessigsäure (**I**) dargestellt, deren Absorptionsspektren gemessen u. ihre Struktur diskutiert. Die IR-Spektren werden angegeben (**I** = H_3NTA).

Versuche: *Kaliumhydroxo-[nitridotriacetato]-aquocobaltat(III)*, (*α-Form*, **IIa**), $K \cdot [Co(OH)(NTA)(H_2O)]\ 2\,H_2O$, durch 5 std. Kühlen von 4 g **I**, 25 ml 2,5 m $KHCO_3$-Lsg. u. 5 g $CoCl_3 \cdot 6\,H_2O$ in Ggw. von 1 ml 30%ig. H_2O_2; 1 g (Ausbeute); daneben die *β-Form* (**IIb**), durch Ansäuern des Filtrates mit 6n HCl u. Versetzen mit A.; 2,5 g. — *Kalium-μ-dihydroxo-bis-[nitridotriacetato]-dicobaltat(III)*, $K_2[(NTA)Co(OH)_2Co(NTA)] \cdot 6\,H_2O$, durch Ansäuern des Filtrates von **IIa** mit 1n HCl u. Erwärmen auf dem Wasserbad; 2 g. — *Kaliumcarbonato-[nitridotriacetato]-cobaltat(III)* (**III**), $K_2[Co(CO_3)(NTA)] \cdot H_2O$, durch 10 Min. langes Erwärmen von **I** mit einer wäßrigen Lsg. von Kaliumtricarbonatocobaltat(III); 2,5 g. — *Kaliumoxalato-[nitridotriacetato]-cobaltat(III)*, $K_2[Co(C_2O_4)(NTA)]$ H_2O, a) durch Erwärmen von 3,5 g **IIa** mit 1,3 g Oxalsäure in 2n K-Acetat-Lsg. auf dem Wasserbad; b) analog aus **IIb**; c) analog aus **III**.

W. HAMPEL. 355□

Spektrophotometrische Untersuchungen über die Stabilität von Kupfer-Biguanid-Chelaten. Manoj Mohan Ray und Priyadaranjan Rây. (J. Indian chem. Soc. **36.** 849—59. Dez. 1959. Calcutta, Indian Assoc. for Cult. of Sci.) (Engl.)

In Cu^{2+}-haltigen, salzsauren Lsgg. der Biguanid-Base (BigH) stellen sich in Abhängigkeit vom pH-Wert die Gleichgewichte $Cu^{2+} + BigH_2^+ \rightleftharpoons Cu(BigH)^{2+}$ (**I**) + H^+ u. **I** + $BigH_2^+ \rightleftharpoons Cu(BigH)_2^{2+}$ (**II**) + H^+ ein, deren Lage durch die Änderung der Absorptionsspektren mit dem pH-Wert verfolgt werden kann. Die Konz. der miteinander im Gleichgewicht stehenden farbigen Komplexe kann aus ihren mol. Extinktions-Koeff. berechnet werden. **I** liefert einen Peak bei 650—660 mμ u. pH 4,25—5,00, der bei höherem pH in den für **II** charakterist. Peak bei 520—530 mμ übergeht (maximale Intensität bei pH > 6,75). Aus den Instabilitäts-Konst. $k_1 = [Cu^{2+}][BigH]/[Cu(BigH)^{2+}]$ u. $k_2 = [Cu(BigH)^{2+}][BigH]/[Cu(BigH)_2^{2+}]$ ergibt sich die Instabilitäts-Konst. für das

Gleichgewicht $Cu(BigH)_2{}^{2+} \rightleftharpoons Cu^{2+} + 2\,BigH$ zu $K (= k_1 \cdot k_2) = [Cu^{2+}][BigH]^2/[Cu \cdot (BigH)_2{}^{2+}] = 4{,}92 \cdot 10^{-19}$. Die Bldg. von Cu-Äthylendibiguanid erfolgt dagegen in einem Schritt, wie aus der bei zunehmender Acidität unveränderten Lage des Absorptionsmaximums bei 520 mμ (bei abnehmender Gesamtabsorption) hervorgeht. Die Abhängigkeit der Stabilität der Chelatkomplexe von der Basenstärke der Liganden wird für Cu-Phenylbiguanid, Cu-Methylbiguanid, Cu-Biguanid u. Cu-Äthylendibiguanid diskutiert. Beide Größen nehmen in der genannten Reihenfolge zu. W. BETCKE. 358□

Die Verbindungen des Platins mit Äthanolamin. 1. Mitt. Ch. I. Gildengerschel. (Журнал Неорганической Химии [J. anorg. Chem.] **2.** 1069—76. Mai 1957.) (Russ.)

Durch Rk. von $K_2[PtJ_4]$ mit Äthanolamin (Ät) im Verhältnis 1:2,35 entstehen in Abhängigkeit von der Rk.-Führung *cis-* bzw. *trans-Dijodo-bis-[äthanolamin]-platin(II)* (I). trans-I reagiert mit $AgNO_3$ unter Bldg. von $[Pt(Ät)_2(NO_3)_2]$, das mit KCl zu *trans-*$[Pt(Ät)_2Cl_2]$ (II) umgesetzt wird. II entsteht auch bei der Oxydation von I mit Cl_2 zum $[Pt(Ät)_2Cl_4]$ u. darauffolgender Red. mit $N_2H_6SO_4$ sowie durch Rk. von $K_2[PtCl_4]$ mit Ät über das $[Pt(Ät)_4]Cl_2$, das in HCl in $[Pt(Ät)_2Cl_2]$ übergeht.

Versuche: *trans-Dichloro-bis-[äthanolamin]-platin(II)* (II), a) Zugabe von 1,5 ml Ät zu 1 g $K_2[PtCl_4]$ in 10 ml W. [Änderung der Lsg.-Farbe von Orangegelb–Schwachgelb–(nach 5—6 Std.) Farblos], Eindampfen auf dem Wasserbad, Zusatz von HCl u. Einleiten von CO_2; gelbe Kristalle (Verhältnis Cl:Pt 2,25:1). Gibt mit Thioharnstoff (Thio) *trans-*$[Pt(Ät)_2(Thio)_2]$. — *cis-Dijodo-bis-[äthanolamin]-platin(II)* (cis-I), 10—15 Min. langes Erhitzen von 2 g $K_2[PtCl_4]$ in 20 ml W. u. 7 g KJ in 10 ml W. auf dem sd. Wasserbad, Filtrieren, Zusatz von 0,7 ml Ät bei Zimmer-Temp., Filtrieren nach 1½ Std., Waschen mit wenig Eiswasser u. Ae., Trocknen über H_2SO_4; gelbe Kristalle; 80% (Ausbeute). Gibt mit Thio u. konz. HCl $[Pt(Thio)_4]Cl_2$ u. zersetzt sich beim Erhitzen in W. u. im Trockenschrank (105°). — *trans-Dijodo-bis-[äthanolamin]-platin(II)* (trans-I), Zusatz von 0,7 ml Ät zur heißen Lsg. von $K_2[PtJ_4]$ (Darst. vgl. vorst.), Filtrieren in der Hitze, nach 1½ Std. Filtrieren, Waschen analog vorst.; gelbe Kristalle; 0,8 g. — *Tetrachloro-bis-[äthanolamin]-platin(IV)*, a) 1½ std. Einleiten von Cl_2 in 2 g trans-I u. 10 ml konz. HCl bei 100°; gelbe, feinkristalline Substanz; 1,25 g; b) analog a) mit cis-I; 0,15 bis 0,20 g; daneben $(NH_3OH)_2[PtCl_6]$ (0,6 g). 2 g geben beim Erhitzen mit 0,4 g $N_2H_6SO_4$ in 15 ml W. auf dem sd. Wasserbad nach Abkühlen gelbe Kristalle von II. 0,97 g geben mit 0,55 g $AgNO_3$ in 5—6 ml W. nach Filtrieren mit 1 g KCl in 4—5 ml W. in der Hitze (20—25 Min.) ebenfalls II. — *Tetrakis-[äthanolamin]-platin(II)-jodid*, 10—15 Min. Erhitzen von 1 g trans-I in 10—15 ml A. u. 0,2 ml Ät auf dem Wasserbad, Kristallisieren in PETRI-Schalen, Waschen mit A. u. Ae.; gelbe Kristalle; 0,6 g. — *Dichlorotetrakis-[äthanolamin]-platin(IV)-tetrachloroplatinat(IV)*, Ansäuern eines Gemisches aus 0,3 g I in 3 ml W. u. 0,3 ml Ät nach 12 Std. mit HCl u. Zersetzen mit H_2PtCl_6; orangegelbe Kristalle; 0,2 g. — *Bis-[äthanolamin]-diamminplatin(II)-chlorid*, Eindampfen einer Lsg. von 0,32 g II in 3—5 ml W. u. 1 ml Ät u. Versetzen der abgekühlten Lsg. mit 2 ml konz. HCl u. 20 ml A.; 0,3 g. Gibt mit $K_2[PtCl_4]$ $[Pt(NH_3)_2(At)_2][PtCl_4]$.

H. JÄGER. 368□

Die Verbindungen des Platins mit Äthanolamin. 2. Mitt. Ch. I. Gildengerschel. (Журнал Неорганической Химии [J. anorg. Chem.] **2.** 1077—85. Mai 1957.) (Russ.) — 1. vgl. vorst. Referat.

Vf. beschreibt die Darst. von Pt(IV)-Komplexen der allg. Formel $[Pt(Ät)_x(NH_3)_{4-x}Cl_2]Cl_2$ (Ät = Äthanolamin), in der x = 1—4 sein kann. Sie werden entweder aus $K_2[PtCl_6]$ durch Einw. von Ät oder aus cis- bzw. trans-$[Pt(NH_3)_2Cl_2]$ durch Zusatz von Ät u. Oxydation mit Cl_2 in HCl-Lsg. dargestellt. *trans-*$[Pt(Ät)_2Cl_4]$ wird aus $K_2[PtCl_6]$ u. Ät dargestellt, während das cis-Isomere über das cis-$[Pt(Ät)_2J_2]$ durch Einw. von $AgNO_3$ u. darauffolgende Chlorierung erhalten wird. Beim Erhitzen von *cis-*$[Pt(Ät)_2Cl_4]$ wird HCl abgespalten. Es entsteht eine Verb. der Strukturformel III. III geht nach Ansäuern mit HCl wieder in cis-$[Pt(Ät)_2Cl_4]$ über.

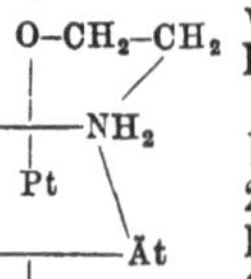

III

Versuche: *trans-Dichlorotetrakis-[äthanolamin]-platin(IV)-chlorid-1-Wasser* (I), durch Zugabe von 4 g $K_2[PtCl_4]$ in 40 ml W. zu 6 ml Ät, 2—3 Tage Stehenlassen, Eindampfen bis zur Sirupkonsistenz, Abkühlen, Zusatz von 12 ml konz. HCl, Filtrieren, 40—50 Min. langes Chlorieren bei Zimmer-Temp., Filtrieren, Waschen mit A. u. Ae.; schwachgelber, kristalliner Nd.; mol. Leitfähigkeit 235 Ω^{-1} cm² (pH 5,24 von 10^{-3} m Lsg., 25°); 70% (Ausbeute). Gibt beim Kochen in W. $[Pt(Ät)_2Cl_2]$, das ebenfalls bei Einw. von HCl auf $[Pt(Ät)_4]Cl_2$ in der Hitze entsteht. Aus einer wss. Lsg. von I fällt auf $K_2[PtCl_4]$-Zusatz orangegelbes $[Pt(Ät)_4Cl_2][PtCl_4]$. — *trans-Dichloroäthanolaminamminplatin(II)* (II), durch Erhitzen von 4,75 g cis-$[Pt(NH_3)_2Cl_2]$ in 50 ml W. mit 5 ml Ät auf dem Wasserbad, Filtrieren, Zugabe von 25 ml HCl, 1½ Std. langes

Durchleiten von CO_2, Abkühlen auf 0°, nach 2 Std. Filtrieren, Waschen mit A. u. Ae.; gelb; 3,25 g. — *trans-Dichloroäthanolamintriamminplatin(IV)-dichlorid*, durch 30 Min. langes Behandeln von 1 g **II** mit 3—5 ml konz. Ammoniak auf dem sd. Wasserbad, wobei 2—3mal 1—2 ml NH_3 zugesetzt werden, Zusatz von 5—10 ml konz. HCl nach Entfärbung der Lsg., 50—60 Min. in der Kälte chlorieren, nach 1 Std. Filtrieren, Waschen mit A. u. Ae., Trocknen bei 100—105°; schwachgelb; 1,2 g. — *cis-Dichloro-bis-[äthanolamin]-diamminplatin(IV)-dichlorid*, durch 30 Min. langes Behandeln von 1 g cis-[$Pt(NH_3)_2Cl$] in 10 ml W. mit 1 ml Ät auf dem sd. Wasserbad, Filtrieren, Zugabe von 5 ml HCl, 50—60 Min. langes Chlorieren, Filtrieren, Eindampfen auf 4 bis 5 ml; 0,35 g; daneben *trans-Isomeres* (fällt sofort aus). — *trans-Dichloro-bis-[äthanolamin]-diamminplatin(IV)-dichlorid*, analog Vorst. aus 1 g trans-[$Pt(NH_3)_2Cl_2$]; 1,3 g. — *Dichlorotris-[äthanolamin]-amminplatin(IV)-dichlorid-1-Wasser*, Erhitzen von 1 g [$PtÄtNH_3 \cdot Cl_2$] in 10 ml W. mit 1 ml Ät auf dem sd. Wasserbad, Filtrieren, zur Trockne eindampfen, Zusatz von 5—7 ml HCl in der Kälte, 1 Std. langes Chlorieren in der Kälte, Einengen auf 4 ml, Abkühlen auf 0°, nach 2 Std. langem Filtrieren; schwachgelb; 0,75 g. — *trans-Tetrachloro-bis-[äthanolamin]-platin(IV)*, durch 15 Min. langes Erhitzen der Lsg. von 3 g $K_2[PtCl_6]$ in 30 ml W. u. 6 ml Ät auf dem sd. Wasserbad, Zusatz von 12 ml HCl, Einengen auf 20—25 ml, Abkühlen, nach 1½ Std. Filtrieren; Löslichkeit 1,41 g/100 g W. (25°); mol. Leitfähigkeit 18,9 Ω^{-1} cm² (pH 4,95 von 10^{-3} m Lsg.). 1,5 g geben bei Red. mit 0,3 g $N_2H_6SO_4$ in 15 ml W. nach 20—25 Min. langem Erhitzen 1,1 g *trans-*[$Pt(Ät)_2Cl_2$]. — *cis-Tetrachloro-bis-[äthanolamin]-platin(IV)*, durch 12std. Behandeln von 5 g cis-[$Pt(Ät)_2J_2$] mit 2,85 g $AgNO_3$ in 25 ml W., Filtrieren, Zusatz von 15 ml konz. HCl, 1½ Std. langes Chlorieren auf dem Wasserbad (Endvol. 20 ml), Abkühlen auf 0°, Filtrieren nach 2 Std.; gelb; 2,3 g. Gibt nach 1std. Erhitzen einer wss. Lsg. (0,5 g in 10 ml) **III**, das nach 1std. Erhitzen mit 6n HCl (5 ml auf 0,2 g **III**) wieder in das Ausgangs-Prod. übergeht. H. JÄGER. 368□

N. P. Galkin, A. A. Maiorow, U. D. Werjatin u. a., Chemie und Technologie der Fluorverbindungen des Urans. Moskau: Gossatomisdat. 1961. (348 S. m. Abb.) 1 Rbl. 67 Kop. [Russ.]

A₉. Mineralogische und geologische Chemie

Nachweis von Zonenbau in orthorhombischen und einachsigen, farblosen Mineralen. Th. G. Sahama. (Amer. Mineralogist **44.** 1303—05. Nov./Dez. 1959. Helsinki, Univ., Inst. of Geol.) (Engl.)

Vf. schildert ein Verf. in gerade auslöschenden, farblosen Mineralen, z. B. Nephelin, Zonenbau sichtbar zu machen. Er benutzt hierzu einen ellipt. polarisierenden Glimmerkompensator mit einem Gangunterschied von 1/4 λ. J.-E. HILLER. 372□

Die äußere Gestalt kristallographischer Verzwilligungen in Gruppendarstellung. Haymo Heritsch. (Tschermaks mineralog. petrogr. Mitt. **7.** 246—59. Febr. 1960. Graz, Univ., Mineralog.-Petrograph. Inst.) (Dt.)

Vf. weist nach, daß Kristallzwillinge als Individuen höherer Ordnung betrachtet werden können, u. daß daher ihrer äußeren Gestalt eine Symmetrie zugeordnet werden kann. In diesem Sinne besitzt etwa der Dauphineer-Zwilling eine Gesamtsymmetrie 622-D_6. Als Beispiele werden behandelt: *Quarz, Albit, Periklin*-Zwilling, Karlsbader Zwilling, Manebacher Zwilling, Bavenoer Zwilling, *Gips, Staurolith, Zinnstein, Kupferkies, Kalkspat, Flußspat, Spinell, Fahlerz, Pyrit, Aragonit*-Drilling, Kupferkiesdrilling u. Kupferkiesfünfling. J.-E. HILLER. 372□

Seltene Elemente in österreichischen Kohlen- und Bitumengesteinen. M. Brandenstein, I. Janda und E. Schroll. (Tschermaks mineralog. petrogr. Mitt. **7.** 260—85. Febr. 1960. Wien, Univ., Mineralog. Inst. u. Labor. der Bundesvers.- u. -forsch.-Anstalt Arsenal.) (Dt.)

119 Kohlengesteine, Torf, Ölschiefer u. andere organogene Sedimente aus Österreich wurden spektrograph. auf *Ag, As, Be, Bi, Cd, Co, Cr, Cu, Ga, Ge, Hg, Mn, Mo, Ni, Pb, Sb, Sn, Ti, Tl, V* u. *Zn* untersucht. Die Ergebnisse werden in einer Tabelle wiedergegeben. J.-E. HILLER. 378□

Über den Einfluß der Borverteilung in den Gesteinen auf die Aufnahme der langsamen Neutronen. O. D. Belomar. (Доповіді Академії Наук Української РСР [Ber. Akad. Wiss. UkrainSSR] **1961.** 523—25. Inst. für Mineralvork. der Akad. der Wiss. der UkrainSSR.) (Ukrain.; Auszug: Engl.)

Im Modell-Vers. wurde in einer Schicht eine gleichmäßige Mischung von Sand u. Borax, in einer zweiten Schicht Borax in Glasröhren, in den Sand gesteckt, auf die Empfindlichkeit gegenüber der Neutron–Neutron-Meth. u. gegenüber der Neutron-γ-Meth. untersucht. Danach sind die Ergebnisse bei ungleichmäßiger B-Verteilung weniger ausgeprägt. Bei der Deutung der Unters. von B-haltigen geolog. Schichten ist die Art der B-Verteilung zu berücksichtigen. O. LEBTAG. 378☐

Rb–Sr-Analysen und Altersbestimmungen einiger Lepidolithe einschließlich einer internationalen Laboratoriumsvergleichsgruppe. Leonard F. Herzog, William H. Pinson jun. und Patrick M. Hurley. (Amer. J. Sci. **258.** 191–208. März 1960. University Park, Pa., Pennsylvania State Univ., Dep. of Geophysics and Geochem.; Cambridge, Mass., MIT, Dep. of Geol. and Geophysics.) (Engl.)

Die Konzz. von Rb, Sr u. ^{87}Sr sowie die Alter von Lepidolithproben aus 8 Pegmatiten wurden nach der Isotopenverdünnungs-Meth. bestimmt. 5 der Proben gehörten zu einer in verschiedenen Instituten untersuchten Vgl.-Gruppe mit Altern zwischen $100 \cdot 10^6$ u. $2600 \cdot 10^6$ Jahren. Es wird über die Ergebnisse von 4 Labor. berichtet. Die Alters-Best. sind im wesentlichen ident. u. es zeigt sich, daß mit einer Genauigkeit von $\pm 4\%$ gemessen werden kann. Die Abweichungen für Rb in den Ergebnissen der einzelnen Labor. betragen 1–2%, für Sr 1–3%. Ferner wird die Isotopenverdünnungs-Meth. mit opt.-spektrograph. u. Neutronenaktivierungs-Meth. verglichen. Die Alters-Best. der Proben waren in guter Übereinstimmung, obgleich die Rb-Konz. bis zu 30% schwankte. Die Fehlerquellen u. ihre Vermeidung werden für die opt.-spektrograph. Meth. erläutert. J.-E. HILLER. 378☐

Vorläufige Mitteilung über die Isotopenzusammensetzung des Kohlenstoffs in einigen schwedischen Gesteinen. Sture Landergren. (Geol. Fören. Stockholm Förh. **79.** 274–75. März/April 1957. Stockholm, Geol. Surv. of Sweden, Geochem. Labor.) (Engl.)

In Graphit u. den mitvorkommenden Carbonaten in den präkambr. kristallinen Schiefern von Mittelschweden, wurde das Isotopenverhältnis C^{12}/C^{13} bestimmt. Bei Graphit liegt das Verhältnis zwischen 90,74 u. 91,32, bei den Carbonaten bei 89,39 bzw. 89,98. Beide Arten von C sind offensichtlich verschiedener Herkunft. Der Graphit scheint organ. Ursprungs zu sein. Bei Graphiten aus präkambr. Gneisen (östliches Mittelschweden) wurde das Verhältnis zu 90,21–91,52 gefunden. F. ENSSLIN. 378☐

Zur Geochemie der Alkalien im tiefen Grundgebirge. K. R. Mehnert. (Beitr. Mineralog. Petrogr. **7.** 318–39. 1960. Berlin, FU, Mineralog. Inst.) (Dt.)

Vf. behandelt die Schwierigkeiten u. Fehlerquellen, die bei der Unters. der geochem. Verteilungsgesetze der Alkalimetalle (als repräsentative Bestandteile für die geochem. Mobilität der Erdrinde) im tiefen Grundgestein entstehen können. Die Hauptschwierigkeit ist, unter statist. Gesichtspunkten in jeder Hinsicht repräsentative Proben zu nehmen. Oft werden, bes. bei stark heterogenen Gesteinen, unerkannt Selektionen vorgenommen, die das Gesamtbild verschieben können. An Hand von Beispielen (Granitisation durch Kalifeldspat-Blastese, Alkaliverteilung in einem Granitpluton, Na-Geh. der Para-Biotit-Plagioklas-Gneise u. a.) wird gezeigt, daß die geochem. konservative Metamorphose fest → fest keine oder nur interne Alkaliverschiebung bewirkt u. daß großräumige Alkalimigrationen erst mit mobilen Phasen auftreten: H_2O-reiche Lsgg. im höheren u. H_2O-haltige anatekt. Schmelzen im tieferen Grundgebirge. Als Ursache für den hohen Alkali-Geh. wird Erstbldg. (alkalireiche Sedimente, saurer Vulkanismus) angenommen. Die gegenwärtige Alkaliverteilung wird als fixiertes Ungleichgewicht sehr verschiedener geochem. Prozesse gedeutet. W. SOBIESKI. 378☐

Über geochemische Anomalien bei Sedimenten in der Erde und in Strömen, die zu Beryll-Pegmatiten in Rhodesien und Uganda gehören. A. H. Debnam und J. S. Webb. (Bull. Instn. Mining Metallurgy Nr. **641.** Trans. **69.** Part 7. 329–43. April 1960. Diskussion: Nr. **645.** Trans. **69.** Part 11. 637. Aug 1960.) (Engl.)

Eine weitgehende u. sehr Beryll-reiche Streuung von Sedimenten wurde über Beryll-Lagerstätten bis zu 600 ft. u. in Strömen bis zu 3500 ft. abwärts beobachtet. Mit Hilfe colorimetr. u. spektrograph. Meth. wurden in den Erdsedimenten Werte bis zu 80–125 ppm Be, in den Flußsedimenten von 4–10 ppm gefunden. Ähnliche Anomalien konnten auch bei Li, Rb, Ba, Sr u. Sn beobachtet werden. G. MEINHARDT. 378☐

Ein geochemisches Buntsandstein-Profil vom Schwarzwald bis zur Rhön. Egon T. Degens, Georg Knetsch und Helmut Reuter. (Neues Jb. Geol. Paläontol. **111.** 181–233. Nov. 1960. Würzburg.) (Dt.)

In Proben von dem Buntsandsteinprofil vom südlichen Schwarzwald bis ins örtliche Vorland der Rhön wurde der säurelösl. Anteil von Fe, Mn, Ca, Mg, Na, K u. P_2O_5 untersucht. Aus den Verhältnissen Ca/Mg, Mn/Fe, P/Fe u. K/Na können eine Reihe von geolog.-sedimentolog. u. petrograph. Fragen beantwortet werden. Diese geochem. Befunde ergänzen sich u. stimmen mit den Feldbeobachtungen überein. F. ENSSLIN. 378☐

Analyse eines vermutlichen Ton-Fulgurits aus Ontario. Maxwell K. Carron und Paul D. Lowman. (Nature [London] **190.** 40. 1/4. 1961. Washington D.C., U. S., Geol. Surv., Goddard Space Flight Center, Nat. Aeronautics and Space Admin.) (Engl.)

Chem. Unters. ergab ein wasserhaltiges, sehr weiches (Ritzhärte 1!) Fe–Al-Silicat oder Oxyd. Röntgenograph. wurde Quarz u. Kaolinit nachgewiesen. Lechatelierit u. Glas wurden nicht gefunden. Es besteht keine Beziehung zu bekannten Fulguriten oder Tektiten. H. MOENKE. 378□

Bergenit, ein neues Mineral der Phosphuranylit-Gruppe. Hans W. Bültemann und Günter H. Moh. (Neues Jb. Mineralog., Mh. **1959.** 232—33. Febr. 1960. Heidelberg, Univ., Mineralog. Inst.) (Dt.)

Als *Bergenit*, $Ba(UO_2)_4(PO_4)_2(OH)_4 \cdot 8H_2O$, wird ein neues Mineral vom Streuberg bei Bergen an der Trieb (Vogtland/Sachsen) beschrieben. Der Bergenit bildet dünntafelige, gelbe, orthorhomb. Kristalle u. ist opt.-negativ. $n_\alpha = 1{,}660$, $n_\beta =$ ca. 1,690, $n_\gamma =$ ca. 1,698, 2 V $> 45^0$, D. $> 4{,}1$. Die Fluorescenz ist schwach orangebraun im kurz- u. langwelligen UV-Licht. J.-E. HILLER. 380□

Blauasbest von Lusaka, Nordrhodesien, und seine Beziehung zur Genese und Klassifikation dieses Asbesttyps. A. R. Drysdall und A. R. Newton. (Amer. Mineralogist **45.** 53—59. Jan./Febr. 1960. Northern Rhodesia Geol. Surv.) (Engl.)

Ein Vork. von *Blauasbest*, das hauptsächlich aus Slip-Fibre-Adern in dolomit. Kalk besteht, wurde untersucht. Analyse: SiO_2 56,10, Al_2O_3 4,51, Fe_2O_3 13,67, FeO 1,77, MnO 0,02, MgO 10,40, CaO 0,48, Na_2O 4,95, K_2O 0,23, H_2O^+ 5,18, H_2O^- 2,74, TiO_2 0,29, CO_2 0,08, P_2O_5 0,07%. Danach handelt es sich um einen *Magnesioriebeckit.* Auf Grund des geolog. Befundes muß metasomat. Bldg. angenommen werden. Ein ähnliches Vork. ist aus Bolivien bekannt u. beide stehen in starkem Gegensatz zu den normalen Vork. in Südafrika u. Australien, wo die Bldg. metamorph u. die Zus. *Riebeckit* ist. Der Name *Krokydolith* wird für faserige Varietäten von Riebeckik u. Magnesioriebeckit gebraucht u. sollte daher nicht als Mineralbezeichnung benutzt werden. J.-E. HILLER. 380□

Doverit, ein mögliches neues Fluoridcarbonat von Dover, Morris County, New Jersey. William Lee Smith, Jerome Stone, Daphne R. Ross und Harry Levine. (Amer. Mineralogist **45.** 92—98. Jan./Febr. 1960. Washington, D.C., U. S. Geol. Surv.) (Engl.)

Aus der Scrub Oaks-Eisengrube bei Dover wird *Doverit* beschrieben, der braunrote Aggregate bildet. Zur Paragenese gehören *Xenotim, Haematit* u. *Quarz.* Pulverdiagramme zeigen, daß der Doverit ein Y-Analog von *Synchisit* ist u. die Formel $YFCO_3 \cdot CaCO_3$ besitzt, in der Y auch durch andere Metalle der Seltenen Erden ersetzt wird. Analog zum Synchisit wurde das Röntgendiagramm pseudokub. indiziert, wobei sich als Gitter-Konst. ergaben: a = 4,07, b = 7,06, c = 9,12 Å. Da der Doverit nicht völlig von Fremdsubstanz gereinigt werden konnte, bleibt die Möglichkeit offen, daß es sich nur um einen Y-haltigen Synchisit handelt. J.-E. HILLER. 380□

Paulingit, ein neuer Zeolith, vergesellschaftet mit Erionit und fadenförmigem Pyrit. W. Barclay Kamb und William C. Oke. (Amer. Mineralogist **45.** 79—91. Jan./Febr. 1960. Pasadena, Calif., California Inst. of Technol.) (Engl.)

Aus Basaltlava nahe Wenatchee am Columbia River, Wash., wird *Paulingit* (nach LINUS PAULING, Pasadena, Calif.) als neuer Zeolith beschrieben. Er ist kub. mit der Raumgruppe I m 3 m–O_h^9 u. der Gitter-Konst. 35,10 Å u. bildet durchsichtige Rhombendodekaeder. Die Hauptkationen sind Ca u. K, daneben Ba u. Na. Das Atomverhältnis Si : Al ist ungefähr 3. In der Paragenese findet sich der seltene Zeolith Erionit u. fadenförmiger Pyrit, der Drähte von 0,05 mm Ø u. 1—4 mm Länge bildet. Der Querschnitt der Drähte ist meist quadrat. u. die Drähte wachsen im rechten Winkel zu den Würfelflächen. J.-E. HILLER. 380□

Reedmergnerit, $NaBSi_3O_8$, das Boranaloge zu Albit, aus der Green River-Formation, Utah. Charles Milton, E. C. T. Chao, Joseph M. Axelrod und Frank S. Grimaldi. (Amer. Mineralogist **45.** 188—99. Jan./Febr. 1960. Washington, D.C., U. S. Geol. Surv.) (Engl.)

Reedmergnerit, $NaBSi_3O_8$, wird in nichtmetamorphen, dolomit. Ölschiefern der Green River-Formation im Duchesne County, Utah, gefunden. Zu seiner Paragenese gehören: *Eitelit, Shortit, Nahcolith, Searlesit, Leukosphenit, Akmit, Analcim* u. *Magnesioriebeckit.* Reedmergnerit ist triklin, farblos, opt.-2achsig-negativ mit $n_\alpha = 1{,}554$, $n_\beta = 1{,}565$, $n_\gamma = 1{,}573$ u. 2 V = 80^0. Er hat die Raumgruppe P $\bar{1}$ u. die Gitter-Konst. a = 7,21, b = 7,44, c = 6,81 Å, $\alpha = 100^0\,37'$, $\beta = 107^0\,04'$, $\gamma = 115^0\,16'$, Z = 2, D. berechnet 2,77, D. gemessen 2,69. Analyse: SiO_2 73,13, B_2O_3 14,27, Na_2O 12,15, Al_2O_3 0,15, MgO 0,09, BaO 0,09, Fe_2O_3 0,08, TiO_2 0,03, K_2O 0,03, H_2O^+ 0,08%. J.-E. HILLER. 380□

Über Strontioginorit, eine neue Ginoritvarietät aus dem Zechsteinsalz. Otto Braitsch. (Heidelberger Beitr. Mineralog. Petrogr. **6.** 366—70. 1959. Göttingen, Univ., Mineralog.-petrograph. Inst.) (Dt.)

Strontioginorit, $(Sr, Ca)_2B_{14}O_{23} \cdot 8H_2O$ mit Sr : Ca ca. 1,3 : 07, tritt in gut ausgebildeten Kristallen im „Älteren Steinsalz“ von Reyershausen bei Göttingen auf. Er hat die Raumgruppe $P\,2_1/a$ u. die Gitter-Konst. a = 12,85, b = 14,48, c = 12,85 Å, β = 101° 35′, Z = 4, D. 2,25. Die Brechungsindices sind n_α = 1,512, n_β = 1,524, n_γ = 1,577; n_β liegt parallel b, n_γ parallel [1 0 1]. J.-E. Hiller. 380□

Weeksit, ein neues Uransilicat von Thomas Range, Juab County, Utah. W. F. Outerbridge, M. H. Staatz, R. Meyrowitz und A. M. Pommer. (Amer. Mineralogist **45.** 39—52. Jan./Febr. 1960. Washington, D.C.; Denver, Colo., U. S. Geol. Surv.) (Engl.)

Als neues Mineral wird *Weeksit*, $K_2(UO_2)_2(Si_2O_5)_3 \cdot 4H_2O$, beschrieben. Es handelt sich um ein radialstrahliges, gelbes, nicht fluorescierendes Mineral, das in Thomas Range in Opalgängchen im Rhyolith auftritt. Es wurde aber auch in 7 anderen USA-Staaten aufgefunden. Weeksit ist rhomb.-pseudotetragonal mit der Raumgruppe P n n b — D_{2h}^6 u. den Gitter-Konst. a = 14,26, b = 35,88, c = 14,20 Å, Z = 16. Optik: n_α = 1,596, n_β = 1,603, n_γ = 1,606, 2 V um 60°; X = b, farblos; Y = c, leichtgelbgrün; Z = a, gelbgrün; D. 4,1 (gemessen). Analyse: K_2O 5,5, Na_2O 0,7, BaO 1,4, CaO 1,1, UO_3 51,5, SiO_2 33,6, H_2O 6,6, Al_2O_3 0,6, CO_2 0,3%. J.-E. Hiller. 380□

Wulfenit und Cerussit von Bethel, Connecticut. Ronald Januzzi. (Amer. Mineralogist **44.** 1314. Nov./Dez. 1959. Danburry, Conn.) (Engl.)

Aus einem komplexen Pegmatit werden *Wulfenit* u. *Cerussit*, begleitet von *Bismutit*, beschrieben. Wulfenit u. Bismutit kommen zusammen außerdem in einem Pegmatit von Branchville, Conn., vor. J.-E. Hiller. 380□

Yavapaiit, ein wasserfreies Kaliumeisen(III)-sulfat von Jerome, Arizona. C. Osborne Hutton. (Amer. Mineralogist **44.** 1105—14. Nov./Dez. 1959. Stanford Univ., California.) (Engl.)

Als neues Mineral wird von Jerome, Ariz., *Yavapaiit*, $KFe(SO_4)_2$, beschrieben. Analyse: SiO_2 + Unlösliches 0,26, Al_2O_3 0,11, Fe_2O_3 27,69, FeO 0,07, CaO Spuren, MgO 0,08, K_2O 15,39, Na_2O 0,62, SO_3 55,58, H_2O^+ Spuren, H_2O^- 0,14%. Spektrograph. wurde außerdem festgestellt: B, Ti, Mn, Mo, Cu, Ag, Ba u. Rb (?). Yavapaiit ist monoklin mit der Raumgruppe C 2, C 2/m oder C m u. den Gitter-Konst. a = 8,12, b = 5,14, c = 7,82 Å, β = 94° 24′, Z = 2, D. (gemessen) 2,88, D. (berechnet) 2,92. Die Kristalle sind hellrosa, spröde, nach [0 1 0] gestreckt u. haben die Formen (0 0 1), (1 0 1), (2 0 1), (1 0 0) u. (1 1 0). Die Spaltbarkeit ist vollkommen nach (1 0 0) u. (0 0 1), die Härte 2½—3. Optik: n_α = 1,593, n_β = 1,684, n_γ = 1,698, 2 V = 30,5°. Zur Paragenese gehören *Schwefel*, *Voltait* u. a. Sulfate. In kochendem W. wird es zersetzt. J.-E. Hiller. 380□

Bemerkungen über die Serpentine des südlichen Banat und ihre mögliche Verwertung. Ovidiu Bolgiu, Aurelia Dumitrescu und Signe Fruchter. (Rev. roum. Métallurgie **5.** Nr. 1. 133—50. 4 Tafeln. 1960. Bucarest, Inst. polytechn., Labor. de mat. prem.; Acad. de la Rép. Pop. Roum., Centre de Rech. Métallurg.) (Franz.) — Vgl. C. **1961.** **14421.**

Nach einem Überblick über Art u. Entstehung der Serpentinlagerstätten im südlichen Banat wird über Verss., den *Ni*- u. *Mg*-Geh. der Serpentine zu extrahieren berichtet. Danach konnte Ni nach Brennen des Serpentins bei der Temp. der Dissoziation von *Antigorit* u. *Chrysotil*, d. h. bei 620—680°, in oxydierender Atmosphäre mit NH_3 extrahiert werden. Enthielten aber die Serpentine *Olivin*, gelang die vollständige Extraktion nicht, da Olivin langsamer dissoziiert als Antigorit u. Chrysotil. Für die Extraktion von MgO kommt Behandlung mit NH_4Cl in Frage. Die Extraktion von Ni u. Mg mit H_2SO_4, SO_2 u. HCl dürfte an dem hohen Säurebedarf scheitern. — 18 Literaturangaben. F. Vieb. 380□

Wolframlagerstätten bei Degana, Jodhpur, Rajasthan. B. C. Roy. (Rec. geol. Surv. India **87.** 452—65. 1958.) (Engl.)

Der Wolframit kommt sowohl prim. in Gängen eines Granits, als auch sek. in Seifenlagerstätte vor. Er wird in kleiner Menge durch Schwereaufbereitung in Konzentraten mit 71—72% WO_3 gewonnen. Das Verhältnis Fe/Mn schwankt zwischen 1,27 u. 4,1 entsprechend dem verschiedenen Verhältnis von Ferberit u. Hübnerit im Wolframit. Verss. zur Flotation mit Ölsäure u. Na-Oleat–Dichromat in alkal. Lsgg. versprechen ein besseres Ausbringen. Bemerkenswert ist ein SnO_2-Geh. von 0,38—2,75% in den Konzentraten, ohne daß in dem Erz Zinnstein nachgewiesen werden kann. F. Ensslin. 380□

Über die primären Erzmineralien der Kupferlagerstätte von Ergani-Maden (Vilayet-Elazig), Türkei. P. De Wijkerslooth. (Geol. Fören. Stockholm Förh. **79.** 257—73. März/April 1957. Ankara.) (Dt.)

Die Lagerstätte von Ergani-Maden ist nach Ansicht des Vf. hydrothermalen, vielleicht sogar hochtemperiert-hydrothermalen Ursprungs, worauf die Mineralien Hochtemp.-Kupferkies, Cubanit u. Valleriit hinweisen. Bei den prim. Erzen lassen sich 4 Gruppen unterscheiden: 1. *Picotit, Magnetit, Pyrit*; 2. *Magnetkies, Linneit, Hochtemp.-Kupferkies, Cubanit, Valleriit* ± *Zinkblende*; 3. *Kupferkies, Pyrit–Markasit* (Gelpyrit), *Zinkblende, Bornit* u. *Bleiglanz*; 4. *Calcit* u. *Ankerit*. Ausführliche Beschreibung der Mineralien, bes. des Picotits u. Linneits. F. ENSSLIN. 380□

Mögliche Verwendung der Tonmineralien zum Aufsuchen von Öl. Charles E. Weaver. (Bull. Amer. Assoc. Petroleum Geologists **44.** 1505—18. Sept. 1960. Ponca City, Okla.) (Engl.)

In einer Übersicht werden die bisherigen Erkenntnisse über das Vork. u. die Bldg. der Tonmineralien in USA beschrieben. Aus der röntgenspektrograph. Spitze bei Illit können genaue Schlüsse über den Grad der Metamorphose der Schichten gezogen werden. Es bestehen auch Zusammenhänge zwischen der Bldg. von KW-Stoffen u. hydratisierten Tonen, wie Montmorillonit, Mischschicht Illit–Montmorillonit u. Chlorit–Montmorillonit. Diese behalten ihr Porenwasser auch in größeren Tiefen. Bei der Bldg. von KW-Stoffen ist dieses W. die Ursache für die Beförderung des Öls in den Schiefertonen. Die Zers. der hydratisierten Tone ist von der Tiefe, nicht von der Zeit abhängig, während der Verlust des Porenwassers eine Zeit-Rk. darstellt. F. ENSSLIN. 380□

Über die Petrographie und Genese der Tonsteine aus dem Rotliegenden des Saar-Nahe-Gebietes. Dieter Heim. (Beitr. Mineralog. Petrogr. **7.** 281—317. 1960. Mainz, Univ., Geolog.-Paläontolog. Inst.) (Dt.)

Aus dem Unter- u. Oberrotliegenden des Saar-Nahe-Gebietes wurden ca. 250 Tonsteine opt., röntgenograph. u. chem. untersucht. Die Oberrotliegend-Tonsteine sind im wesentlichen Quarz–Feldspat-Gesteine von großer Gefüge- u. Komponentenmannigfaltigkeit, z. B. äußerst feinkörnige Gesteine mit Bänderungen (Sedimentationscyclen mit gradierten Bettungen), Fältelungen u. Schlieren (sek. Störungen) wie auch psammit., arkose- oder sandsteinähnliche Gesteine u. Material mit psephit. Komponenten. An Tonmineralien treten *Kaolinit, Illit* u. ein *Chlorit*, unter den Nebengemengeteilen sedimentäre Fragmente, saure Eruptivgesteine u. *Biotit* auf. Der petrograph. Habitus ist durch ein äußerst feinkörniges Quarz–Orthoklas-Gemenge (Entglasungs-Prod.) gekennzeichnet. Die Strukturtypen sind: F-Strukturen mit mittleren Korngrößen von $<20\,\mu$ (Hauptanteil, bestimmt durch die feine Quarz–Orthoklas-Matrix; F_α-Strukturen mit $<10\%$ Glimmer, F_β- mit $>10\%$ Glimmer); M-Strukturen mit mittleren Korngrößen von $20-100\,\mu$; G-Strukturen mit mittleren Korngrößen $>100\,\mu$. An der Bldg. der Oberrotliegend-Tonsteine sind drei vulkan. petrograph.-chem. Einheiten beteiligt: K_2O-reiches (durch den feinkörnigen Orthoklas), extrem Na_2O-armes Material von $2-100\,\mu$ Korngröße (1); wesentlich grobkörnigeres Material desselben Alkalichemismus (2); grobes, wesentlich Na_2O-reicheres u. K_2O-reicheres Material (Na_2O-Anteil durch idiomorphe Albite oder Eruptivgesteinsfragmente von feinpsammit. Korngrößen (3). Alle drei Einheiten werden als pyroklast. Sedimente, die Tonsteine damit sowohl als Tuffe wie auch als Tuffite gedeutet. Die Unterrotliegend-Tonsteine umfassen zwei Typen, deren eine den Md-Strukturen, die andere den Ma- bis höchstens Mb-Strukturen des Oberrotliegenden entspricht. Letztere ist ein sehr feinkörniger, mehr oder weniger eingekieselter, glimmerreicher, feldspathaltiger Sandstein oder Arkose. Als Feldspat tritt Orthoklas u. Plagioklas auf, als Glimmer Muskovit, als Tonmineral nur etwas Kaolinit u. in der Quarz–Kaolinit-Matrix größere Mengen von sek. Calcit als Einschlüsse. Dieses Material ist ein kaolinisiertes (Plagioklas-) Feldspatgestein. W. SOBIESKI. 385□

Untersuchungen am Grauen Salzton der Grube „Königshall-Hindenburg", Reyershausen bei Göttingen. Hans Niemann. (Beitr. Mineralog. Petrogr. **7.** 137—65. 1960. Göttingen, Univ., Sedimentpetrograph. Inst.) (Dt.)

15 stratigraph. aufeinanderfolgende Proben des Grauen Salztons aus dem Kaliwerk Königshall-Hindenburg, Reyershausen bei Göttingen, wurden auf ihren Mineralbestand untersucht. Die Hauptkomponenten des lösl. Anteils sind *Anhydrit, Steinsalz* u. *Dolomit*, des unlösl. Anteils *Illit, Chlorit* u. *Quarz*. Es zeigte sich eine kontinuierliche Zunahme des Illit-Geh. vom Liegenden zum Hangenden u. eine Abnahme des Chloritgehalts. Die Zus. des Chlorits entspricht im Liegenden der des *Sheridanits*, im Hangenden der des *Klinochlors* u. des *Pennins*. Wahrscheinlich hat sich der Chlorit aus der Lsg. gebildet, während der Illit detrit. Material ist. J.-E. HILLER. 385□

Geologische Untersuchungen im Kristallin des Böllsteiner Odenwaldes. Niranjan D. Chatterjee. (Neues Jb. Geol. Paläontol. **111.** 137—80. Nov. 1960 Göttingen.) (Dt.)

Die Gesteine der Schieferhülle wurden durch syntekton. Aufstieg eines granodiorit. Magmas migmatisiert u. unter Amphibolitfaziesbedingungen umkristallisiert. Die in dem Schiefer eingeschlossenen bas. Intrusiva wurden hierbei metamorphosiert. Der entstandene Gneis wurde später weiter geprägt u. unter Epidot–Amphibolitfazies-Bedingungen nochmals unvollkommen umkristallisiert. F. ENSSLIN. 385□

Bändergneisse von Gothenburg und ihre Umwandlungen. Pontus Ljunggren. (Geol. Fören. Stockholm Förh. **79.** 113–32. März/April 1957.) (Engl.)

Bei der Aufnahme eines Profils wurde festgestellt, daß der Bändergneis eine Metamorphose unter Zufuhr von K_2O durchgemacht hat, wobei sich helle Bänder mit K-Feldspat, umgeben von Ringen von Biotit u. Epidot, gebildet haben. Beschreibung des Einflusses der tekton. Bewegungen auf die Ausbildung der hellen Bänder. F. ENSSLIN. 385□

Tonmineralien einiger „Ferretti". Sergio Cecconi. (Ricerca sci. **30.** 509–13. April 1960. Firenze, Univ., Ist. di chim. forestale.) (Ital.)

Es werden röntgenograph. u. DTA-Unterss. an Fraktionen ($<2\,\mu$) einiger sog. „Ferretti"-Böden aus Piemont, der Lombardei u. Venetien durchgeführt. Die Fraktionen der einzelnen Böden wurden durch Sedimentation unter Verw. von 0,01n NaOH als Dispersionsmittel erhalten; die organ. Substanzen wurden durch Oxydation mit H_2O_2 entfernt. Als Hauptmineralien wurden *Illit*, intermediäre Glieder der Reihe *Glimmer–Vermiculit*, *Kaolinit* u. *Chlorit* festgestellt. Es fehlen Montmorillonite u. Vermiculit; akzessor., z. T. in beträchtlichen Mengen, konnte *Hydrargillit* nachgewiesen werden. Die Ggw. von freiem Al_2O als Hydrargillit deutet auf eine starke hydrolyt. Zers. der Primär- u. Sekundärmineralien hin, die nicht in dem herrschenden gemäßigten Klima vor sich gegangen sein kann. Es muß daher angenommen werden, daß man die „Ferretti" in gewissen Fällen als Paläoboden ansprechen kann, die sich in einem feuchtwarmen Klima gebildet haben. C. GOTTFRIED. 385

Alter der Meteoriten von Treysa und Sichote-Alin nach der Methode der kosmischen Strahlung. David E. Fisher. (Nature [London] **190.** 225–27. 15/4. 1961. Ithaca, N.Y., Cornell Univ., Dep. of Engng. Phys.) (Engl.)

Krit. Auseinandersetzung mit den bisher vorliegenden Resultaten der Edelgas-, Tritium-, ^{45}Sc- u. ^{36}Cl-Messungen verschiedener Autoren. Graph. u. tabellar. Erläuterung der Fehlermöglichkeiten u. Unsicherheitsfaktoren. Beste Alterswerte für Sichote-Alin-Proben $0{,}16\cdot10^9$ Jahre, für Treysa $1{,}3\cdot10^9$–$0{,}35\cdot10^9$ Jahre. H. MOENKE. 388□

Untersuchungen über das Vorhandensein von Radium in Sedimenten aus Mineralwässern. 2. Mitt. G. Atanasiu. (Bul. ştiinţ., Secţ. Ştiinţe mat. fizice **9.** 145–58. Jan./März 1957.) (Rum.; Auszug: Franz.) — 1. vgl. C. **1950/54.** 3788 S.

In den aus den Mineralquellen von Anieş, Sîngeorz u. Borsec (Rumän. Volksrepublik) abgeschiedenen Kalktuffen wird Ra in Mengen von 41,4, 15,5 bzw. $9{,}8\cdot10^{-12}$ g/g gefunden. Auch die Abscheidungen der Quellen von Băile-Herculane enthalten Ra. Aus dem Fehlen von U in den Kalktuffen von Sîngeorz wird auf ein Alter von >8270 Jahren geschlossen. Die Tuffe von Tuşnad enthalten $<1\cdot10^{-12}$, die von Geoagiu, Călan, Pralea u. Luncile-Sălătrucului $<0{,}4\cdot10^{-12}$ g Ra/g. R. K. MÜLLER. 393□

Die Radioaktivität einiger Quellen in der Dobrudscha. Gh. Atanasiu. (Comun. Acad. Republ. Populare romîne **5.** 57–61. Jan. 1955.) (Rum.) — Vgl. vorst. Referat.

Unter den untersuchten Süßwasserquellen der Norddobrudscha zeigt diejenige von Valea cu Plopi die höchste Radioaktivität mit 3,41 mμC/Liter, bei 2 anderen Quellen dieser Gegend entspricht der Rn-Geh. einer Radioaktivität von 1,27 u. 0,95 mμC/Liter. Die mineral. Thermalquellen in der Nähe des früheren Kurortes Mangalia zeigen niedrige Rn-Geh.; sie entsprechen im Mittel 0,10 mμC/Liter. Dies wird damit erklärt, daß diese Wässer Kalksteinschichten mit sehr geringem Rn-Geh. durchlaufen haben. Die hohe Temp. der Quellen (ca. 11° über Außentemp.) rührt davon her, daß sie aus einer Tiefe von ca. 360 m kommen. R. K. MÜLLER. 393□

Untersuchung der Radon-, Radium- und Urankonzentrationen der Mineralwässer und Kalktuffe von Sîngeorz-băi (Gebiet Cluj). Á. Szabó und A. Soó. (Bul. ştiinţ., Secţ. Ştiinţe mat. fizice **9.** 159–63. Jan./März 1957.) (Rum.; Auszug: Franz.)

Aus Messungen an 6 Quellen von Sîngeorz-băi von 1953 ergibt sich, daß der Rn-Geh. in den letzten 30 Jahren keine wesentlichen Änderungen erfahren hat. Bei den 6 Quellen schwanken die Rn-Konzz. zwischen 0,23 u. 10,9 mμc/Liter, die Ra-Konzz. zwischen 8,9 u. $20{,}87\cdot10^{-12}$ g/Liter. U wird nur in einem Falle in Spuren gefunden. Die untersuchten Kalktuffe enthalten nach Trocknung bei 100° $12{,}9$–$15{,}3\cdot10^{-12}$ g Ra/Liter, aber keine meßbaren Mengen U. R. K. MÜLLER. 383□

Die Radioaktivität einiger Thermalwasserquellen der Gegenden von Oradea und Hunedoara (Transsylvanien). Árpád Szabó und Atilla Soó. (Bul. ştiinţ., Secţ.

Ştiinţe mat. fizice **8.** 215—21. Jan./März 1956. Acad. R. P. R., Fil. Cluj, Secţ. de fiz., Labor. de radioact.) (Rum.; Auszug: Franz.) — Vgl. vorst. Referat.

Die untersuchten Thermalquellen (bis auf 3 Quellen von Geoagiu) sind schwach radioakt. mit 3—8,8 MACHE-Einheiten Rn u. 3—8,21·10^{-12} g Ra/Liter bzw. 0,45—3,1·10^{-12} g metall. Ra je g des bei 100° getrockneten Schlamms. R. K. MÜLLER. 393□

Messungen mit chemischen Indicatoren in orographischen Wolken. Laurence E. Eber und Ben K. Seely. (J. Meteorol. **13.** 548—53. Dez. 1956. Pineapple Res. Inst.; New Mexico Inst. of Mining and Technol.) (Engl.)

Vff. beschreiben Markierung von orograph. Wolken durch Einsprühen von $CuSO_4$-Lsg. in der Nähe einer großen Felswand auf der Insel Maui im Territorium von Hawaii. Als Reagens wurde an den Beobachtungsstellen mit Rubeanwasserstoffsäure imprägniertes Filterpapier ausgelegt. Die Messungen sollten Daten über Wachstum u. endgültige Größenverteilung der Wassertropfen liefern. W. MENZ. 396□

B. Allgemeine und theoretische organische Chemie

Über das Nichtorthogonalitätsproblem bei der halbempirischen MO-LCAO-Methode. G. Del Re. (Nuovo Cimento [10] **17.** 644—64. 1/9. 1960. Uppsala, Univ., Quantum Chem. Group.) (Engl.)

Eine explizite Beziehung zwischen halbempir. MO-LCAO-Berechnungen für π-Syst. mit u. ohne Einschluß von Überlappung wird abgeleitet u. diskutiert unter der Annahme, daß Überlappungsintegrale, wenn sie berücksichtigt werden, proportional den entsprechenden Bindungsintegralen sind. Vf. zeigt, daß, sofern Atomladungen betroffen sind, die Einführung von Überlappung sich prakt. nicht in den Ergebnissen bemerkbar macht. Im Gegensatz dazu erleiden alle anderen Größen teilweise wesentliche Änderungen. Letzteres wird an Hand einiger numer. Beispiele (substituiertes Bzl., pyridinähnliche Moll.) gezeigt. HERBERT WEBER. B 10□

Die Emissionsspektren einiger mit Hochfrequenz angeregter Kohlenwasserstoffdämpfe. I. Agîrbiceanu und M. Hagiescu-Miriște. (Bul., ştiinţ., Secţ. Ştiinţe mat. fizice **8.** 655—72. Juli/Sept. 1956. Bucureşti, Inst. de Petrol şi Gaze, Labor. de fizică.) (Rum.)

Die UV-Emissionsspektren reiner gesätt. Dämpfe von aromat. KW-Stoffen werden bei —15 bis 0° bei Hochfrequenzanregung aufgenommen. Beim Spektrum von *Bzl.* wird der kontinuierliche Untergrund bei größeren Wellenlängen auf die Annäherung der Schwingungsniveaus an den Grundzustand des tiefsten Punktes der Potentialenergie-Kurve zurückgeführt. Bei den Homologen sind die Spektralbereiche: *Toluol* 2666 bis 3666 (Å), *Xylol*: *o*- 2690—3550, *m*- 2703—3550, *p*- 2721—3550 (Maxima: o- 2900, m- 2840, p- diffus). Freie Radikale, Spaltstücke oder Verunreinigungen treten nicht auf. Die Spektren erscheinen für den Nachw. als geeignet. Die Oscillationsfrequenzen der Moll. nehmen mit steigendem Molgew. ab. Der kontinuierliche Untergrund wird mit 2 Effekten erklärt: Abnahme der Geltung der Auswahlregeln infolge der Asymmetrie der Xylol-Moll. u. Rekombination dissoziierter Moll. in einer kürzeren Zeit als der durchschnittlichen Lebensdauer der angeregten Radikale. R. K. MÜLLER. B 118□

Diaryljodoniumsalze. 15. Mitt. **Ultraviolettabsorptionsspektren von Salzen, die funktionelle Gruppen tragen.** F. Marshall Beringer und Irving Lillien. (J. Amer. chem. Soc. **82.** 5135—40. 5/10. 1960. Brooklyn, N.Y., Polytechnic Inst. of Brooklyn, Dep. of Chem.) (Engl.) — 14. vgl. C. **1961.** 16810; 16. vgl. C. **1961.** 17153.

Vff. vergleichen die UV-Spektren von Alkyl-, Halogen-, Hydroxy-, Alkoxy-, Amino- u. Nitrojodbenzolen mit denen der entsprechenden Diphenyljodoniumsalze (DJS) im Hinblick auf die Fähigkeit des Jods, in den DJS durch Aufweitung der äußeren Elektronenschale in Resonanz mit dem Phenylkern zu treten. Im unsubstituierten Diphenyljodoniumkation ist dieser Effekt vernachlässigbar klein. Tragen die DJS dagegen in p-Stellung zum J einen elektronenabgebenden Substituenten, dann läßt sich nachweisen, daß im angeregten Zustand der Verbb. das J über den Phenylkern in elektron. Wechselwrkg. mit dem Substituenten treten kann. Die UV-Spektren folgender Verbb. sind angegeben: *Jodbenzol, 2-*, *3-* , *4-Nitro-* u. *4-Chlorjodbenzol, 4-Jodtoluol, -anisol, -phenol* (u. vom *-phenolation*), *2-*, *3-* u. *4-Jodanilin, Diphenyljodoniumkation, 2-*, *3-* u. *4-Nitro-*, *3-* u. *4-Methoxy-*, *4-Hydroxy-* (auch vom *Phenolation*), *2-*, *3-* u. *4-Amino-*, *4.4'-Dinitro-*, *4.4'-Dimethyl-*, *4.4'-Dichlor-*, *4.4'-Dimethoxy-*, *4.4'-Dihydroxy-* (u. *Phenolation*), *3-Nitro-4'-amino-*, *4-Nitro-4'-amino-* u. *4.4'-Diaminodiphenyljodoniumsalz* (-jodid oder -nitrat). K. KOCH. B 118□

Azulene. 8. Mitt. **Untersuchung der Absorptionsspektren im Sichtbaren und der Dipolmomente einiger 1- und 1.3-substituierter Azulene.** Arthur G. Anderson jun. und Bernard M. Steckler. (J. Amer. chem. Soc. **81.** 4941—46. 20/9. 1959. Seattle, Wash., Univ. of Washington, Dep. of Chem.) (Engl.) — 7. vgl. C. **1961.** 6445; 9. vgl. C. **1961.** 1545.

Vff. untersuchen die Absorptionsspektren verschiedener 3-R-1-Phenylazo-azulene (R = *H*, *Cl*, *Br*, *J*, NO_2, CH_3) in Cyclohexan. Durch die Phenylazogruppe wird die längstwellige Absorptionsbande des Azulens um ca. 29 mμ bathochrom verschoben. — Zur Unters. des Substituenten-Einfl. auf Grund (G)- bzw. 1. Anregungszustand (A) werden die Dipolmomente in Bzl. von *Azulen* (I; $C_{10}H_8$, F. 100—100,5°; $\mu = 1{,}08 \pm 0{,}02$ D), in Nitrobenzol (4,02), *1.3-Dichlor-* ($C_{10}H_6Cl_2$, F. 90—90,5°, aus n-Hexan tiefgrüne Nadeln, $2{,}45 \pm 0{,}4$), *1.3-Dibrom-* ($C_{10}H_6Br_2$, F. 90,5—91,5°, aus n-Hexan, $2{,}52 \pm 0{,}3$), *1.3-Dijod-* ($2{,}42 \pm 0{,}3$) u. *1-Nitroazulen* ($6{,}06 \pm 0{,}3$) nach der Meth. von HALVERSTAADT u. KUMLER (J. Amer. chem. Soc. **64.** [1942.] 2988) bestimmt. Die Achse des Gruppenmoments liegt bei allen Substituenten S in Richtung vom Kern zum S hin. Damit wird durch alle S G stabilisiert. Die beobachteten batho- bzw. hypsochromen Verschiebungen der längstwelligen Bande werden deshalb allein durch induktiven bzw. mesomeren Effekt von S auf A verursacht. Bei Halogen-, Phenylazo- oder Acetyloximsubstituenten sowie Alkyl- u. Phenylgruppen erhält man langwellige, bei der NO_2-Gruppe kurzwellige Verschiebung.

Versuche: *1.3-Dijodazulen*, $C_{10}H_6J_2$, langsamer Übergang in eine amorphe Masse bei Erhitzen über 100° aus N-Jodsuccinimid u. I in Dichlormethan nach 10 std. Rühren, blaugrüne Nadeln; 90% (Ausbeute). — *1-Nitroazulen* (II), F. 109—110° (CH_2Cl_2/PAe.), aus I u. Tetranitromethan in Pyridin. — *1-Chlor-3-phenylazoazulen*. $C_{16}H_{11}N_2Cl$, F. 115 bis 116°, a) durch 11 std. erhitzen von 1-Phenylazoazulen (PAA) u. N-Chlorsuccinimid in trockenem Bzl.; grüne Nadeln aus Cyclohexan; 49%; b) aus 1-Chlorazulen in A. u. frischem Benzoldiazoniumchlorid u. Natriumacetat; 54%. — *1-Brom-3-phenylazoazulen*, $C_{16}H_{11}N_2Br$, F. 114—115°, aus PAA u. N-Bromsuccinimid in trockenem Bzl., schwarzgrüne Nadeln aus PAe.; 65%. — *1-Jod-3-phenylazoazulen*, $C_{16}H_{11}N_2J$, F. 148,5 bis 149,5°, aus PAA u. N-Jodsuccinimid in Bzl. nach 11 Tagen, türkisfarbene Platten aus Cyclohexan; 75%. — *1-Nitro-3-phenylazoazulen*, $C_{16}H_{11}N_3O_2$, F. 153,5—154,5°, aus PAA u. 1m Salpetersäure in Essigsäureanhydrid nach 35 Std., schwarze Nadeln aus CH_2Cl_2/PAe.; 11%. Daneben 25% **II**. — *1-Methyl-3-phenylazoazulen*, $C_{17}H_{14}N_2$, F. 38—48°, aus 1-Methylazulen in A./Natriumacetat u. frisch bereitetem Benzoldiazoniumchlorid nach 10 Min.; 79%. *Trinitrobenzolat*, $C_{23}H_{17}N_5O_6$, F. 163,5—164,5°, schwarze Nadeln aus Äthanol. F. MADER. B 118

Elektrochromie, eine mögliche Farbänderung, hervorrufbar in Farbstoffen durch ein elektrisches Feld. John R. Platt. (J. chem. Physics **34.** 862—63. März 1961. Chicago, Ill., Univ., Physics Dep.) (Engl.)

Vf. sagt eine Verschiebung von mehreren 100 Å für die Absorptions- u. Emissionsspektren von verschiedenen Farbstoffen unter der Wrkg. eines starken elektr. Feldes voraus u. nennt diesen Effekt Elektrochromie. Bei Merocyaninen sind Absorptionsverschiebungen bei Anwendung von verschiedenen Lsgm. bekannt. Die Anregungsenergie für die erste Absorptionsbande ist dabei gegeben durch $E^2 = E_I^2 + (b_L - b_R)^2$, wobei b_L u. b_R die Basizitäten der Endgruppen (in Energieeinheiten) darstellen, E_I die Energie der isoenerget. Wellenlänge. In den verschiedenen Lsgm. wird eine der Resonanzstrukturen begünstigt, wobei sich der Wert für $b_L - b_R$ ändert. Entsprechend müssen die Energien der Resonanzstrukturen durch ein elektr. Feld veränderlich sein, es gilt dann die Gleichung $E^2 = E_I^2 + (b_L - b_R + V_{LR})^2$, wobei V_{LR} die Potentialdifferenz zwischen den beiden Enden der Kette darstellt. Es wird erwartet, daß die Farbverschiebungen von *3-Phenyl-4-{1-[1-methyl-1.4-dihydropyridyliden-(4)]-hexadien-(2.4)-yliden-(6)}-isoxazolinon-(5)* u. *1-Methyl-4-[4-oxocyclohexadienyliden-(1)]-1.4-dihydropyridin* in unpolaren Lsgm. entsprechend denen beim Übergang zu polaren Lsgm. (vgl. C. **1957.** 1626 u. BROOKER u. Mitarbeiter, C. **1955.** 11539) werden, wenn Feldstärken von 1,5 V pro Moleküllänge, d. h. ca. 10^7 V·cm^{-1}, angewendet werden.

RUDOLF ALBRECHT. B 118□

Untersuchungen über Thiophenderivate. 2. Mitt. **Optische Spaltung von 3-Piperidino-1.1-bis-[thienyl-(2)]-buten-(1).** Ryuichi Kimura und Takahiro Yabuuchi. (Chem. pharmac. Bull. [Tokyo] **7.** 171—74. März 1959. Kyoto, Univ., Sci. Res. Inst. for practical life.) (Engl.) — 1. vgl. Chem. pharmac. Bull. [Tokyo] **6.** [1958.] 159; 3. vgl. C. **1961.** 17657.

Die opt. Spaltung von *dl-3-Piperidino-1.1-bis-[thienyl-(2)]-butenhydrochlorid* (F. 190 bis 190,5°, Prismen) u. *-hydrobromid* (F. 179,5—180°, Prismen) wurde nach der Kristallisations-Meth. durchgeführt. Es wurde eine spezif. Drehung bei dem *d-* u. *l*-Hydrochlorid

(F. 195,5—196°) in Ae. von $[\alpha]_D^{31,5}$ $\pm$117,8° (c = 20) u. bei dem *d*- u. *l*-Hydrobromid (F. 187°) in Chlf. von $[\alpha]_D^{13}$ $\pm$127,4° (c = 20) gefunden. Durch Best. des F. u. Aufnahme der IR-Spektren ließ sich zeigen, daß die rac.-Form der Salze rac. Mischungen u. keine rac. Verbb. waren. W. GRAF. B 119□

Lichtstreuung durch wässerige Saccharoselösungen. W. Prins. (J. physic. Chem. **65.** 369—70. Febr. 1961. Syracuse, N.Y., State Univ., Coll. of Forestry, Cellulose Res. Inst.) (Engl.)

Vf. bemerkt zu den Messungen des Rayleigh-Verhältnisses R_{90} wss. Saccharose (**I**)-Lsgg. durch MARON u. LOU (C. **1955.** 6709), daß bei Integration über alle Winkel zur Berechnung der totalen Trübung besser die Gleichung $\tau = (16\pi/3)R_{90}\cdot(1 + \varrho/2)/(1 + \varrho)$ (ϱ = Depolarisationsverhältnis) an Stelle von $\tau' = (16\pi/3)R_{90}$ zu verwenden ist. Aus den oben angeführten Messungen zeigt sich weiter, daß die Orientierungskorrelation beträchtliche Werte annimmt, was auf starke Anziehungskräfte zwischen den **I**-Moll. zurückgeführt wird. H. WAGNER. B 119□

Die Infrarotspektren einiger Silazane und Disilazane. Ralph Fessenden. (J. org. Chemistry **25.** 2191—93. Dez. 1960. San Jose, Calif., San Jose State Coll., Dep. of Chem.) (Engl.)

Vf. teilt die IR-Spektren (Abb.) von *Triäthyl-* [**I**; Kp. 135—137°, aus Triäthylbromsilan (**II**); 76% (Ausbeute)], *Tripropyl-* [Kp.$_{13}$ 75—76°, durch Bromierung von Tripropylsilan (Kp. 169—170°) u. Rk. mit fl. NH_3; 66%], *Triphenyl-* (F. 59—60°, aus PAe.) u. *N.N-Diäthyltriäthylsilazan* (**III**; Kp. 195—196°, aus **II** u. Diäthylamin; 34%) sowie von *Hexamethyl-* (Kp. 123—124°; 50%, verunreinigt mit Hexamethyldisiloxan, Gasphasentrennung) u. *Hexaäthyldisilazan* [durch Erhitzen von **I** u. einigen Kristallen von $(NH_4)_2SO_4$ über Nacht am Rückfluß; Dest. bei 135—139° bei 30 mm gab ein Gemisch von 30% Hexaäthyldisiloxan u. 70% der Verb.; Trennung durch Gasphasenchromatographie; 25%], aufgenommen als Lsgg. in CCl_4 u. CS_2 bzw. in Substanz, im Bereich zwischen 2 u. 16 μ mit. Die Silazane zeigen mit Ausnahme von **III** ν(NH)- bzw. δ(NH)-Banden bei 2,92 u. 2,99 μ bzw. bei 6,50—6,53 μ; der Si-N-Valenzschwingung kann keine Absorption mit Sicherheit zugeordnet werden. In den Spektren der Disilazane wird der ν(NH) bei 3,05 μ beobachtet, während im Bereich um 6,5 μ nur eine schwache, schwer erkennbare Bande bei 6,45 μ auftritt. Der Si–N–Si-Kette werden Absorptionen bei 8,5 u. 10,7 μ zugeordnet. H. WAGNER. B 120□

Zur Struktur von Organoschwefelverbindungen. 4. Mitt. Infrarotbanden der NSO-Gruppe in Thionylanilinen. Günter Kresze und Arthur Maschke. (Chem. Ber. **94.** 450—56. 24/2. 1961. Berlin-Charlottenburg, TU, Org.-Chem. Inst.) (Dt.) — 3. vgl. C. **1961.** 815.

Vff. stellten folgende Thionylaniline mit den Substituenten: *p-CH_3* (Kp.$_2$ 55°), *m-CH_3* (Kp.$_2$ 58°), *p-OCH_3* (F. 26°, Kp.$_2$ 94°), *m-OCH_3* (Kp.$_2$ 98°), *p-OC_2H_5* (F. 37°, Kp.$_2$ 96°), *p-$N(CH_3)_2$* (F. 72°, Kp.$_2$ 115°), *p-Cl* (F. 36°, Kp.$_2$ 66°), *m-Cl* (F. 22°, Kp.$_{12}$ 107°), *p-Br* (F. 60—61°), *m-Br* (F. 32°, Kp.$_2$ 81°), *p-NO_2* (F. 71°), *m-NO_2* (F. 63°) u. *Thionylanilin* (Kp.$_{12}$ 80°) her u. untersuchten ihre IR-Spektren in CS_2-Lösung. Eine Konz.-Abhängigkeit der Bandenlage im Konz.-Bereich 0,01—0,1 Mol/Liter war nicht festzustellen. Folgende 4 für diese Verbb. typ. Banden wurden beobachtet u. versuchsweise zugeordnet: ν_1 bei 1137—1178 [cm^{-1}] = ν_s(NSO); ν_2 bei 1170 = $\delta(CH)_{aromat.}$; ν_3 bei 1274—1296 u. ν_4 bei 1295—1311 = ν(CN) + ν_{as}(NSO). Eine eindeutige Zuordnung war bei ν_3 u. ν_4 nicht möglich, häufig tritt hier auch nur eine Bande auf. Die Lage der ν_1 zeigt eine deutliche Abhängigkeit von den Substituenten, es besteht eine eindeutige Abhängigkeit zwischen den HAMMETTschen σ-Werten u. der Wellenzahldifferenz $\nu_1 - \nu_1^H$. Zwischen den Intensitäten der ν_1 u. den σ-Werten besteht keine einfache Beziehung, allg. läßt sich jedoch aussagen, daß alle p-ständigen polaren Substituenten den Maximalextinktions-Koeff. für die ν_1 erhöhen, dabei ist die Wrkg. von Donatorgruppen stark ausgeprägt, die von Acceptorgruppen weniger deutlich. Die Unters. zeigt, daß die Substituenten am Benzylkern direkt die NS-Bindung beeinflussen, u. zwar fällt die Bindungsordnung mit steigendem Donatorcharakter der Substituenten, sie wird erhöht durch Acceptorgruppen. Allg. werden die bisherigen Vorstellungen (vgl. l. c. u. früher) über den Aufbau u. die Konjugationsfähigkiet der NSO-Gruppe bestätigt. W. SCHRAMM. B 120

Infrarotspektren von 6.6-Dialkylfulvenen. Jesse H. Day und Robert Jenkins. (J. org. Chemistry **23.** 2039—40. Dez. 1958. Athens, Ohio, Ohio Univ., Dep. of Chem.) (Engl.)

Vff. beschreiben die IR-Absorptionsbereiche der wichtigsten Banden von 6.6-Dialkylfulvenen in CS_2, CCl_4 u. als Reinsubstanz. Bei Fulvenen, die Sauerstoff aus der Luft aufgenommen haben, treten neue Banden bei 3400, 1600 u. ein breites Absorptionsgebiet

zwischen 1050—1000 cm^{-1} auf, während die typ. Fulvenbande bei 1642 cm^{-1} fehlt. Ausgewertet wurden die IR-Spektren von *6.6-Dimethyl-, 6-Äthyl-6-methyl-, 6.6-Diäthyl-, 6-Methyl-6-n-propyl-, 6-Methyl-6-isopropyl-, 6-Methyl-6-n-pentyl-, 6-Äthyl-6-n-propyl-* (I) u. *6-Methyl-6-n-heptylfulven.* Das Spektrum von I ist abgebildet. Die Darst. der Fulvene erfolgte durch bas. Kondens. des entsprechenden Ketons u. Cyclopentadien.
F. MADER. B 120□

Deuterierte Azulene. 1. Mitt. **Herstellung und spektroskopische Eigenschaften von $D_{2(1.3)}$-Azulenen.** A. Bauder und Hs. H. Günthard. (Helv. chim. Acta **41.** 889—94. 16/6. 1958. Zürich, ETH, Org.-chem. Labor.) (Dt.)

Azulen (I) wird bei Zimmer-Temp. mit D_2O-D_3PO_4 deuteriert, wobei ein definiertes D_2-I entsteht. Die Analyse der IR- u. UV-Absorptionsspektren (Abb.) ergibt, daß es sich wahrscheinlich um $D_{2(1.3)}$-I handelt. Zum Vgl. sind die IR-Spektren im Bereich der ν(CH-Banden von *Naphthalin, 1-, 2-, 5-, 6-Methylazulen, 1.3-, 1.4-, 4.6-Dimethylazulen, 4.8-Dimethyl-6-isopropylazulen, 4.8-Dimethylazulen-6-carbonsäureäthylester* u. *S-Guajazulen* abgebildet.
F. MADER. B 120□

Tautomerie im festen Zustand. 1. Mitt. **Thermochromie von heterocyclischen Phenolen.** A. G. Cairns-Smith. (J. chem. Soc. [London] **1961.** 182—87. Jan. Edinburgh, Univ., Dep. of Chem.) (Engl.)

Es wurden Derivv. von 2-Hydroxyacridin u. 2-Hydroxyphenazin hergestellt, bei denen innere tautomere Übergänge (Lactam–Lactim-Tautomerie) von Protonen stattfinden können. Einige dieser Verbb. sind polychrom, u. jede hat wenigstens eine kristalline Modifikation, die thermochrom ist. Es wird angenommen, daß die Thermochromie durch eine temperaturabhängige Umordnung der Protonen der H-Bindung verursacht wird.

Versuche: *1.1'-Methylen-bis-[2-hydroxyacridin]* (I), $C_{27}H_{18}N_2O_2$, F. 350° (Zers.), durch Zugabe von 25 ml 40%ig. wss. CH_2O zu einer sd. Mischung von 3 g 2-Hydroxyacridin (II) u. 2 g wasserfreiem Na-Acetat in A. u. 10 Min. langes Erhitzen am Rückfluß; orangefarbene Nadeln aus Chlf., rote Prismen aus Dioxan; UV-Maxima in verschiedenen Lsgm.; 2,8 g (Ausbeute). *Diacetylderiv.*, $C_{31}H_{22}N_2O_4$, F. 263—265° (Dioxan.) — *1.1'-Methylen-bis-[2-hydroxy-5-phenylacridin]*, $C_{39}H_{26}N_2O_2$, F. 333—335° (Zers.), analog I aus 2-Hydroxy-5-phenylacridin; schwach orangefarbene Nadeln aus Bzl., rote Prismen aus Dioxan. — *1.1'-Methylen-bis-[2-hydroxyphenazin]*, $C_{25}H_{16}N_4O_2$, F. 331—334° (Zers.; Chlorbenzol), analog I aus 2-Hydroxyphenazin; gelbe Nadeln. — *1.1'-Methylen-bis-[2-hydroxy-3.4-dimethylphenazin]*, $C_{29}H_{24}N_4O_2$, F. 350° (Zers.), analog I aus 2-Hydroxy-3.4-dimethylphenazin (Darst. nach JOHN, Angew. Chem. **59.** [1947.] 188, jedoch unter THIELEs [1898] Bedingungen bei der Bldg. von 1.2.4-Triacetoxy-5.6-dimethylbenzol aus o-Xylochinon u. Kondens. von Hydroxyxylochinon mit o-Phenylendiamin unter den Bedingungen von KEHRMANN u. CHERPILLOD [1924]); gelbe Nadeln bei schneller, ziegelrote Prismen bei langsamer Kristallisation aus Toluol. — *1-[4.4-Dimethyl-2.6-dioxocyclohexylmethyl]-2-hydroxyacridin,* $C_{22}H_{21}NO_3$, F. 202—203° (Bzl.), durch Zugabe von 40%ig. wss. CH_2O zu einer auf dem Wasserbad erwärmten Lsg. von II, Dimedon u. Na-Acetat in A., 10 Min. langes Erhitzen am Rückfluß u. Schütten in kaltes W.; große rote Prismen; UV-Maxima in verschiedenen Lsgm.; 50%. — *1-[4.4-Dimethyl-2.6-dioxocyclohexylmethyl]-2-hydroxy-3.4-dimethylphenazin,* $C_{23}H_{24}N_2O_3$, F. 219°, analog vorst. Verb. aus 2-Hydroxy-3.4-dimethylphenazin; braune Kristalle aus Bzl.; gelbe Nadeln aus Toluol. — *1-Formyl-2-hydroxyacridin,* $C_{14}H_9NO_2$, F. 232—233° (W.), durch Zugabe von wss. NaOH zu II in A., Zugabe von Chlf. in 10 Min. bei Temp. knapp unter den Kp. u. Halten dieser Temp. während 1 Std., danach $1^1/_2$ Std. langes Kochen am Rückfluß; gelbe Nadeln; 20%. Oxydation des Aldehyds zur Säure gelang nicht.
H. GUTHKE. B 125□

Ionisationskoeffizienten von Methan. Margareta Giurgea und Gheorghe Petrescu. (Bul. ştiinţ., Secţ. Ştiinte mat. fizice **7.** 153—60. Jan./März 1955.) (Rum.)

Bei einen auf 0° reduzierten Gasdruck p_0 (mm Hg) u. einer Feldstärke E (V/cm) wird für den Ionisations-Koeff. α von *CH_4* die Beziehung $\alpha/p_0 = f(E/p_0)$ zwischen E/p_0 40 u. 3000 ermittelt. Die Ionisation ist in CH_4 geringer als in den cycl. KW-Stoffen (Bzl., Toluol, Cyclohexan), was damit erklärt wird, daß in CH_4 die Zahl der Stöße u. der Wert des Ionisationspotentials größer, die Ausbeute bei den mit der Ionisation verbundenen Dissoziationen kleiner ist u. aus der Kathode mehr Elektronen austreten, weil die kinet. Energie der positiven Ionen größer ist.
R. K. MÜLLER. B 131□

Theorie der Kolonnenionisation von Jaffé. Anwendung auf die Leitfähigkeitsmessungen von mit γ-Strahlen bestrahltem Petroläther. R. Gibaud. (J. Physique Radium **19.** 17 S—20 S. Juni 1958.) (Franz.)

Vf. untersucht die elektr. Leitfähigkeit von *PAe.* (Plattenabstand 2, 5, 8 bzw. 11 mm), der mit 2, 4 bzw. 6 mg Ra bestrahlt wurde. Es wurde gefunden, daß der Verlauf der Leitfähigkeitskurven des bestrahlten PAe. in befriedigender Weise die Theorie von JAFFÉ bestätigt. S. LANZ. B 131 □

Borverbindungen. 4. Mitt. **Massenspektren von niederen Bortrialkylen und ihre Diskussion.** Dieter Henneberg, Hans Damen und Roland Köster. (Liebigs Ann. Chem. **640.** 52—79. Febr. 1961. Mülheim/Ruhr, Max-Planck-Inst. für Kohleforsch.) (Dt.) — 3. vgl. Liebigs Ann. Chem. **629.** [1960.] 89; 2. vgl. C. **1960** 14812.

Die Massenspektren folgender Verbb. wurden aufgenommen: $B(CH_3)_3$, $B(CH_3)_2C_2H_5$, $B(C_2H_5)_2CH_3$, $B(C_2H_5)_3$, $B(n\text{-}C_3H_7)_2CH_3$, $B(C_2H_5)_2(n\text{-}C_3H_7)$ u. $B(C_2H_5)_2(D_{(3)}\text{-}C_3H_7)$, $B(C_2H_5)_2(iso\text{-}C_3H_7)$, $B(n\text{-}C_3H_7)_2C_2H_5$, $BC_2H_5(n\text{-}C_3H_7)$ $(iso\text{-}C_3H_7)$, $B(iso\text{-}C_3H_7)_2C_2H_5$, $B(n\text{-}C_3H_7)_3$ u. $B(D_{(3)}\text{-}C_3H_7)_3$, $B(n\text{-}C_3H_7)_2(iso\text{-}C_3H_7)$, $B(n\text{-}C_3H_7)(iso\text{-}C_3H_7)_2$, $B(iso\text{-}C_3H_7)_3$. Durch Verw. eines Massenspcktrometers hoher Auflösung u. durch Eichung mit Hilfe von KW-Stoffen gelang die eindeutige Zuordnung von borhaltigen u. borfreien Bruchstücken. Durch Einbeziehen metastabiler Ionen, Betrachtungen an Kalottenmodellen u. Unterss. an definiert deuterierten Verbb. können Gesetzmäßigkeiten u. Umlagerungen beim Zerfall der Bortrialkyle im Massenspektrometer aufgeklärt werden. Es lassen sich so Bortrialkyle identifizieren, deren Massenspektrum noch unbekannt ist. Komplizierte Gemische können mit Hilfe der bekannten Massenspektren analysiert werden; eine zum Vgl. durchgeführte gaschromatograph. Analyse zeigte gute Übereinstimmung. Für $B(n\text{-}C_3H_7)_3$ wird ein Zerfallsschema vorgeschlagen. Apparative Einzelheiten zum Handhaben, Reinigen u. Messen der empfindlichen B-Verbb. werden angegeben.

Versuche: *Diäthyl-[$D_{(3)}$-n-propyl]-bor*, durch Einleiten von 8 g $D_{(3)}$-propen-(1) (**I**; aus Allyl–MgCl u. D_2O) bei Zimmer-Temp. in ein Gemisch aus 14 g Tetraäthyldiboran u. 10 g Bortriäthyl, Umsetzen der überschüssigen Borwasserstoff-Verbb. mit C_2H_4, Dest. der Nebenprodd. bei vermindertem Druck u. Ausfrieren. — *Tri-[$D_{(3)}$*-n-propyl]-bor mit einem Anteil von 25% $B(n\text{-}C_3H_7)$ $(D_{(3)}\text{-}n\text{-}C_3H_2)_2$, durch Rk. zwischen 5 g **I** u. 0,3 g B_2H_6 bei Zimmer-Temp., Abdampfen von überschüssigem **I** u. Ae. u. präparative Gaschromatographie; daneben $B(n\text{-}C_3H_7)_2$ $(iso\text{-}C_3H_7)$. E. DEHMLOW. B 131 □

Mikrowellenabsorption und Molekularstruktur in Flüssigkeiten. 33. Mitt. **Änderung des Mesomeriemoments als Mechanismus der dielektrischen Relaxation.** K. Higasi und C. P. Smyth. (J. Amer. chem. Soc. **82.** 4759—62. 20/9. 1960. Princeton, N.J., Princeton Univ., Frick Chem. Labor.) (Engl.) — 32. vgl. J. physic. Chem. **64.** [1960.] 880; 31. vgl. C. **1961.** 13857.

Eine quant. Unters. der Ladungsverschiebung u. als Folge davon der Richtungsänderung des Mesomeriemoments, die bei der innermol. Rotation von *Diphenyläther* (I) auftreten, zeigt, daß die abnorm kleinen dielektr. Relaxationszeiten für **I** u. mehrere Moll. ähnlicher Struktur (*Diphenyl-*, *Triphenylamin*, *Diphenylmethan*) auf diese intramol. Rotation zurückzuführen sind. Das normale dielektr. Verh. von *Benzophenon* wird gedeutet. W. NIEMITZ. B 132 □

Kernspin-Kopplung über größere Entfernung bei einigen Olefin- und Acetylenverbindungen. Ragnar A. Hoffman und Salo Gronowitz. (Acta chem. scand. **13.** 1477—78. 1959. Uppsala, Sweden, Univ. of Uppsala, Inst. of Phys. and Chem.) (Engl.)

Die Spin–Spin-Kopplung von Protonen einer Methylgruppe mit anderen Protonen ist über eine Dreifachbindung beträchtlich größer als über eine Doppelbindung (etwa doppelt so groß). Als Beweis werden einerseits die Kopplungs-Konst. von *Tiglinaldehyd* (1,0 Hz) u. *β-Bromangelicasäuremethylester* (1,5) angegeben, die sich auf die Kopplung zwischen den H-Atomen der nicht äquivalenten Methylgruppen beziehen u. die in derselben Größenordnung liegen wie die Konst. bei ***trans-Crotonaldehyd*** (**I**; 1,6). Andererseits wird für *Propargylalkohol* 2,4 u. *Propargylchlorid* 2,6 (Kopplung $H_{(CH_2)}$—$H_{(C\equiv)}$), für *Butin-(2)-ol-(1)* 2,4 u. *1-Chlorbutin-(2)* 2,5 (Kopplung $H_{(CH_2)}$—$H_{(CH_3)}$) gefunden. Ein bei 25 MHz Resonanzfrequenz gemessenes Spektrum von **I** weist darauf hin, daß die Kopplungs-Konst. $H_{(CH_3)}$·H am selben Doppelbindungs-C-Atom u. $H_{(CH_3)}$—H am anderen Doppelbindungs-C-Atom umgekehrte Vorzeichen besitzen, wobei der negative Wert für letzteren Fall angenommen wird. F. MADER. B 137 □

Über die Kopplung zwischen ^1H- und ^{19}F-Kernen in p-Fluortoluol. 2. Mitt. T. Schaefer und W. G. Schneider. (Canad. J. Chem. **37.** 2078—82. Dez. 1959. Ottawa, Canada, National Res. Council, Div. of Pure Chem.) (Engl.) — 1. vgl. C. **1960.** 15354.

Es werden Spektren der kernmagnet. Resonanz von *p-Fluortoluol* (**I**) sowohl von der reinen Fl. als auch in aceton. u. benzol. Lsg. aufgenommen. Durch Änderung der Lsgm.-Menge war es möglich, die relative chem. Verschiebung zwischen o- u. m-Protonen in **I** kontinuierlich zwischen 0,2 ppm u. O zu ändern. Die HF-Kopplungs-Konst. wurden zu $J_0 = 8,7$ u. $J_m = 5,8$ Hz bestimmt. Ist die innere chem. Verschiebung 0, so zeigt die Ringproton-

resonanz 2 Linien mit einem Abstand von 7,3 Hz, der ½ ($J_0 + J_m$) entspricht. Entsprechende Änderungen werden bei der CH_3-Protonenresonanz beobachtet.
W. HAMPEL. B 137□

Der Einfluß des Richtfeldes auf die Bandenbreite des Diphenylpikrylhydrazyls in Pulverform. You Hing Tchao. (C. R. hebd. Séances Acad. Sci. **251.** 668—70. 1/8. 1960. Fontenay-aux-Roses, Séme, Sorbonne, B.P. n° 9, Labor. d'Electronique et Radioélectricité.) (Franz.)

Die Halbwertsbreite der Elektronenresonanzabsorption von *Diphenylpikrylhydrazyl* in Pulverform steigt progressiv mit der Frequenz. Im Bereich schwacher Felder ist das zusätzliche, die diamagnet. Anisotropie der Bzl.-Ringe hervorrufende Feld schwach. Die Anisotropie von g ist also schwach, woraus sich die geringe Breite der Resonanz erklärt (für ν 28,3 MHz, ΔH 2,17 Oe.). Dagegen wird im Bereich starker Felder der Effekt der diamagnet. Anisotropie der Bzl.-Ringe stärker, die Anisotropie von g steigt u. die Resonanz wird verbreitet (für ν 9400 MHz, ΔH 3,45 Oe; ν 33500 MHz, ΔH 7,1 Oe. Extrapolation für ein Richtfeld 0 gibt für die Strahlungsbreite ΔH_0 2,1 ± 0,1 Oe. ($\Delta H - \Delta H_0$) ist nahezu proportional H. Aus den Messungen ergibt sich für die mittlere Entfernung des Elektrons von dem dem Mol. äquivalenten Dipol, r, zu 0,94 Å. Für ein Feld von 12000 Gauß ist das zusätzliche, die Anisotropie des Benzolringes hervorrufende Feld 2mal größer als ΔH_0, so daß es mit genügender Genauigkeit berechnet werden kann.
H. G. HENKEL. B 137□

Ringäquivalenz und Ladungsverteilung im Triphenylcarboniumion aus NMR-Spektren. Ronald Dehl, Wyman R. Vaughan und R. Stephen Berry. (J. org. Chemistry **24.** 1616—17. Okt. 1959. Ann Arbor, Mich., Univ. of Michigan, Dep. of Chem.) (Engl.)

Vff. untersuchen zur Best. der Ringäquivalenz u. Ladungsverteilung im *Triphenylcarboniumion* die kernmagnet. Resonanzspektren des Ions, einiger deuterierter Derivv. ($D_{2(3.5)}$-, $D_{3(3.4.5)}$-, $D_{3(2.4.6)}$- u. $D_{(4)}$-) u. der *Tri-p-methoxy*-Verbindung. Die bei niedrigen Feldstärken auftretenden Absorptionen werden den para-, die bei hohen bzw. höchsten Feldstärken den meta- bzw. ortho-Protonen zugeordnet. Ein Vgl. der Spektren der $D_{2(3.5)}$- u. der $D_{3(3.4.5)}$-Verb. zeigt, daß die o-Stellungen aller drei Ringe u. damit auch die anderen Ringstellungen gleichwertig sind. Die Verschiebung der aromat. Protonen gegenüber W. (äußerer Standard) ist ca. — 100 Hz. Die chem. Verschiebung bei einer Resonanzfrequenz von 60 MHz beträgt $\delta_o/_p$ 31, $\delta_m/_p$ 21 Hz. Die Spin-Kopplungs-Konst. werden zu $I_{o\text{-}m} \sim 1{,}8$ u. $I_{m\text{-}p} \sim 3{,}0$ Hz bestimmt. o–p-Kopplung tritt nicht auf. Die negative Ladungsdichte sinkt in Richtung o → m → p. Die Ionen werden durch GRIGNARD-Rk. von Brombenzol u. Lösen des Carbinols in SO_2 dargestellt.
F. MADER. B 137□

Kernmagnetisches Resonanzspektrum von cis- und trans-Perfluordekalin. J. Homer und L. F. Thomas. (Proc. chem. Soc. [London] **1961.** 139—40. April. Birmingham, Univ., Chem. Dep.) (Engl.)

Es werden mit einem Kernresonanzspektrometer (30, 107 MHz) die kernmagnet. Resonanzspektren von *cis-* (I) u. *trans-Perfluordekalin* (II) aufgenommen (als Reinsubstanz u. bei 34° in CCl_4-Lsg., extrapoliert auf unendliche Verdünnung, CF_3COOH als äußerer Standard). Die chem. Verschiebungen der 8 Banden von I werden je 2 Konformationsquadrupletts zugeordnet. Durch Vgl. der Verschiebungen u. Kopplungs-Konst. von I mit II u. denen von cis- u. trans-Perfluorcyclohexan ergibt sich die größere Starrheit von II gegenüber I in bezug auf Konformationsumwandlungen. W. HABERDITZL. B 137□

Die Leitfähigkeit von Eisen- und Kupferstearaten in aliphatischen Kohlenwasserstoffen. C. M. French und E. R. Monks. (J. chem. Soc. [London] **1961.** 466—68. Jan. London, Queen Mary Coll.) (Engl.)

Vff. untersuchen die Leitfähigkeit von 10^{-3} bis 10^{-5}m Lsgg. von wasserfreien u. wasserhaltigen (2 Moll. H_2O/Metallatom) Cu- (I) u. Fe-Stearaten (II) in n-Heptan, n-Decan u. n-Dodecan. Die Lsgm., die mehrfach fraktioniert wurden, hatten eine spezif. Leitfähigkeit von $< 4 \cdot 10^{-14}$ (Ω^{-1} cm^{-1}), eine DK zwischen 1,93 u. 2,14 u. Viscositäten zwischen 0,24 u. 1,14 cP. Die Leitfähigkeit der Lsgg. war wesentlich größer, ihre molare Leitfähigkeit (L) betrug 10^{-4} bis 10^{-6}. Die L-Werte aller Lsgg. von II waren größer als die von I bei gleicher Konz., Zugabe von 2 Mol W. pro Mol Salz hatte wenig Einfl. auf den L-Wert von I, führte aber zu einer bis zu 10fachen Erhöhung von L bei I. Änderungen des Lsgm. hatten nur geringe Wrkg., Temp.-Erhöhung (25 → 65°) führte zur Erhöhung von L. Trotz sorgfältiger Vorkehrungen zeigten die Ergebnisse starke Streuungen u. waren bei einigen Syst. schlecht reproduzierbar. Diese Unregelmäßigkeiten werden mit der Bldg. von Micellen durch die gelösten Moll. erklärt. H. GUTHKE. B 138□

Diaryljodoniumsalze. 16. Mitt. Aciditäten von Carboxy-, Hydroxy- und Ammoniodiphenyljodoniumkationen. Elektronische Charakterisierung der Phenyljodoniumgruppe. F. Marshall Beringer und Irving Lillien. (J. Amer. chem. Soc. **82.** 5141—42. 5/10. 1960.) (Engl.) — 15. vgl. C. **1961.** 17147.

Zur Charakterisierung der Phenyljodoniumgruppierung bestimmen die Vff. die scheinbaren Ionisations-Konst. (pK_a-Werte) in Acetonitril–W. (15:1) bei 24° der *2-* (3,5 ± 1), *3-* (5,55) u. *4-Phenyljodoniumbenzoesäure* (4,6) im Vgl. zu denen von *4-Trimethylammonio-* (5,37), *4-Nitro-* (5,83), *2-Jod-* (6,24), *3-Jod-* (6,45), *4-Jod-* (6,64), *3-Chlor-* (6,47), *4-Chlor-* (6,60), *4-Methoxy-* (7,38) u. der unsubstituierten *Benzoesäure* (6,92), des *4-Phenyljodoniumphenols* (8,33; in 3:7 Vol.-Anteilen A./W.) u. des *3-* (1,87) u. *4-Aminodiphenyljodoniumchlorids* (1,66; in 0,01n HCl). Ein Vgl. der aus der HAMMETT-Gleichung erhaltenen σ-Werte der 3- u. 4-Phenyljodoniumgruppe der Säuren u. Phenole mit den entsprechenden σ-Werten der Trimethylammonio- u. Dimethylsulfoniogruppe zeigt, daß man der Phenyljodoniumgruppierung im Grundzustand einen kleinen induktiven Effekt zuschreiben muß. Die im angeregten Zustand gegenüber dem 3-Aminophenyljodoniumkation geschwächte Basizität der 4-Amino-Verb. deutet auf die Fähigkeit des positiv geladenen Jods hin, über den Phenylkern mit dem Substituenten — wahrscheinlich über eine leere 5d-Bahn — in Konjugations-Wechselwrkg. zu treten. K. KOCH. B 139□

Über den Mechanismus der Reduktion von Cystin an der Quecksilberelektrode. Elio Vianello und Elena Fornasari. (Ricerca sci. **29.** 124—32. Jan. 1959. Padova, Centro di Stud. per la polarografia.) (Ital.)

Vff. beschreiben das Verh. von *Cystin* (I) bei der oscillograph. Polarographie mit linearer Spannungsänderung. Die Daten bestätigen die Red. von I an der Hg-Elektrode, die in 2 deutlich unterscheidbaren Prozessen erfolgt, von denen der eine bei negativerem Potential in irreversibler Rk. zum Cystein führt. Der Depolarisator, der die bei geringerem kathod. Potential auftretende Spitze verursacht, entsteht im Verlauf eines kinet. Prozesses in heterogener Phase, d. h. auf der Elektrodenoberfläche zwischen I u. Hg. G. PLATZER. B 142□

Kompressibilitätsdiagramm für die einzelnen Kohlenwasserstoffe der Alkanreihe bei reduziertem Druck $\pi \geqq 5{,}0$ und reduzierter Temperatur $\tau \leqq 0{,}9$. E. G. Gusseinsade, E. M. Ramasanowa und K. W. Pokrowski. (Известия Высших Учебных Заведений, Нефть и Газ [Hochschulnachr., Erdöl, Gas] **3.** Nr. 8. 59—64. 1960. Asibekow-Inst. für Erdöl und Chem. in Aserbaidshan.) (Russ.)

Für die *Alkankohlenwasserstoffe* C_3—C_{10} wurde in den Intervallen $0{,}9 \geqq \tau \geqq 0{,}5$ u. $\pi \geqq 5{,}0$ das Diagramm der Kompressibilität (Kpt) aufgenommen u. mit dem modifizierten BRAUN-Diagramm für CH_4 u. C_2H_6 verglichen. Dadurch wird es möglich, in erster Näherung den Koeff. der Kpt des KW-Stoff-Syst. von Gaskondensaten zu berechnen. Für Syst. mit ca. 95% (in Mol.-Konz.) CH_4 kann ein Korrektur-Koeff. errechnet werden, welcher es ermöglicht, den Koeff. der Kpt eines Syst. mit einer für die Praxis ausreichenden Genauigkeit zu ermitteln. O. LEBTAG. B 148□

Löslichkeit und thermodynamische Funktionen von Äthylen in Diäthylsulfat. A. M. Truchard, H. G. Harris und D. M. Himmelblau. (J. physic. Chem. **65.** 575—76. März 1961. Austin, Tex., Univ. of Texas, Dep. of Chem. Engng.) (Engl.)

Vff. berichten über eine experimentelle Best. der HENRYschen Konst. H für die Lsg. von *Äthylen* (I) in $(C_2H_5)_2SO_4$ zwischen 0 u. 80° im Druckbereich zwischen 50 u. 1300 mm Hg. Die Konst. läßt sich durch die Beziehung $\log H = p/x = 3{,}04666 - 0{,}132845 \cdot 10^3\,(1/T) - 5{,}9302 \cdot 10^{-4}\,(1/T)^2$ (p Druck in at; x Molenbruch des Gelösten; T°K) darstellen. Mit Hilfe der Gleichung wurden die partiellen mol. Lsg.-Wärmen (L) u. -entropien (S) berechnet. Für die Lsg. von I in W. wurde H zu $5{,}28 \cdot 10^3$ bestimmt u. L u. S wurden für I gelöst in W., CCl_4, $CH_3CO \cdot OCH_3$, Bzl. bzw. Aceton aus der Literatur entnommenen Meßdaten berechnet. WOLFGANG WAGNER. B 150□

Einfluß der dritten Komponente auf das Dampf–Flüssigkeits-Gleichgewicht im Benzol–Methanol-System. Ikuho Yamada, Takatoshi Yoshida und Hisao Kimura. (Bull. Nagoya Inst. Technol. **11.** 176—82. Dez. 1959. Nagoya-Kôgyô-Daigaku.) (Jap.; Auszug: Engl.)

Die Dampf–Fl.-Gleichgewichtsdaten des Syst. *Bzl.–Methanol* werden in Ggw. von Naphthalin, Phenol, Octylalkohol oder Kreosotöl als 3. Komponente experimentell bestimmt. E. MAEKAWA. B 150□

Zur Genauigkeit der Daten für die Verbrennungswärme von organischen Bromverbindungen, calorimetrisch ermittelt mit einer beweglichen Präzisionsbombe. Lars Bjellerup. (Acta chem. scand. **15.** 121—40. 1961. Lund, Sweden, Univ., Dep. of Org. Chem.) (Engl.) — Vgl. C. **1961.** 8975.

Es wurde die Genauigkeit der Messungen der Verbrennungswärmen (VW) bei 25° von festen u. fl. organ. Brom-Verbb. mittels obengenannter Meth. untersucht. Die aus diesen VW berechneten Bldg.-Wärmen (BW) von *1.2-Dibrombutan* (**I**), *1.2-Dibromcyclohexan* (**II**), *1-* (**III**) u. *2-Brompropan* (**IV**) u. *2-Brombutan* (**V**) werden mit den entsprechenden BW verglichen, die aus anderen calorimetr. ermittelten Rk.-Wärmen erhalten worden waren. Die Reinigung der Verbb. **I**—**V** wird beschrieben. Die gefundenen Werte für Dichte u. Brechungsindex (D, H_2 u. H_3) werden mit den Daten früherer Unterss. verglichen. **I**: $D.^{20}$ 1,7954; $D.^{25}$ 1,7870; n_D^{20} 1,5149; n_D^{25} 1,5125; **II**: 1,7903; 1,7833; 1,5529; 1,5506; **III** 1,3550; 1,3465; 1,4346; 1,4320; **IV** 1,3142; 1,3055; 1,4255; 1,4226; **V** 1,2607; 1,2533; 1,4370; 1,4345. Die VW ($-\Delta H_c^0$ bei 25° in kcal/Mol) betragen: **I** 614,26 $\pm$ 0,52; **II** 867,54 $\pm$ 0,60; **III** 491,54 $\pm$ 0,34; **IV** 490,42 $\pm$ 0,42 u. **V** 646,52 $\pm$ 0,30 (als Fll. in gasförmigem O_2 unter Bldg. von $CO_{2(g)}$, $H_2O_{(fl.)}$ u. $Br_{2(fl.)}$; Ausgangs- u. Endprodd. im thermodynam. Standardzustand). Vgl.-Werte werden diskutiert; die Genauigkeit der Meth. beträgt $\pm$ 0,01%. Die Standard-Bldg.-Wärmen ΔH_b^0 bei 25° für den Vorgang Graphit + $H_{2(g)}$ + $Br_{2(bl.)}$ $\rightarrow$ $Verb._{(bl.)}$ u. die Verdampfungswärmen ΔH_v bei 25° betragen: **I** $-$35,23 $\pm$ 0,52 [kcal/Mol], 10,80 $\pm$ 0,20 [kcal/Mol]; **II** $-$38,37 $\pm$ 0,60, 12,10 $\pm$ 0,35; **III** $-$29,73 $\pm$ 0,34, 7,75 $\pm$ 0,20; **IV** $-$30,85 $\pm$ 0,42, 7,30 $\pm$ 0,20; **V** $-$37,12 $\pm$ 0,31, 8,45 $\pm$ 0,25. CLAUS FISCHER. B 156□

Verbrennungswärme von Äthylencarbonat. Gayton Silvestro und Charles Lenchitz. (J. physic. Chem. **65**. 694—95. April 1961. Dover, N.J., Picatinny Arsenal, Propellants Res. Sect.) (Engl.)

Die Verbrennungswärme von *Äthylencarbonat* (F. 35,8°; n^{50} 1,4151) wurde zu 3179,0 $\pm$ 1,7 cal/g bei 25° (WASHBURN-Korrektur) bestimmt.

WOLFGANG WAGNER. B 156□

Untersuchung der Wechselwirkung von Alkyljodiddämpfen mit einer Kohleoberfläche mittels kinetischer und Isotopenmethoden. I. Kende, L. Guczi und D. Gál. (Physics Chem. Solids **10**. 321—25. Aug. 1959. Budapest, Hungarian Acad. of Sci., Res. Inst. for Soil Sci. and Agrochem., Isotope Labor.) (Engl.)

Die Geschw. der Desorption (DS) von an Aktivkohle adsorbiertem *Äthyljodid* (**I**), *Propyljodid* (**II**) bzw. *Butyljodid* (**III**) wurde bei verschiedenen Temp. bestimmt. Aus den erhaltenen DS-Kurven wurden die kinet. Gleichung u. die Aktivierungsenergien der DS sowie die entsprechenden Verteilungsfunktionen bestimmt. Die Aktivierungsenergien E [cal/Mol] betrugen 7420 für **I**; 6100 für **II** bzw. 6400 für **III**. Unterss. der Zeitabhängigkeit des Austauschs zwischen adsorbiertem $C_2H_5{}^{131}J$ u. **I** bzw. **II** in der Gasphase zeigten, daß Moll. u. nicht J-Atome ausgetauscht werden. CLAUS FISCHER. B 176□

Beitrag zur Papierchromatographie aromatischer Nitroverbindungen. M. Perpar, M. Tišler und Ž. Vrbaški. (Mikrochim. Acta [Wien] **1959**. 64—67. Ljubljana, Univ., Inst. für organ. Chem.) (Dt.)

Die papierchromatograph. Trennung von Nitro-Verbb. wird beschrieben. Als Lsgm. wurden A./W.-Gemische a) 4:3 u. b) 3:5 verwendet. Es wurde aufsteigend an vorher mit PAe. imprägniertem Papier chromatographiert. Folgende R_F-Werte wurden beobachtet: *m-Dinitrobenzol* (Lsgm. a: 0,55; Lsgm. b: 0,50), *1.3.5-Trinitrobenzol* (0,40; 0,36), *2.4-Dinitrotoluol* (—; 0,40), *2.4.6-Trinitrotoluol* (—; 0,26), *m-* (—; 0,80), *p-Nitrophenol* (—; 0,82), *2.4-Dinitrophenol* (0,75; 0,84), *Pikrinsäure* (0,75; 0,85), *Trinitro-m-kresol* (0,90; —), *o-* (0,77; 0,77), *m-* (0,92; 0,80), *p-Nitranilin* (0,86; 0,85), *2.4-Dinitroanilin* (0,88; 0,80), *p-Nitrobenzoesäure* (0,82; —), *3.5-Dinitrobenzoesäure* (0,70; —), *1-Nitronaphthalin* (0,33; 0,12), *1.5-* (—; 0,00) u. *1.8-Dinitronaphthalin* (—; 0,58). Verss. zur anschließenden Extraktion u. quant. spektrophotometr. Best. einiger Verbb. werden erwähnt. E. MOISAR. B 177□

Resonanz und Konjugation. 2. Mitt. **Faktoren, die Bindungslängen und Bildungswärmen bestimmen.** M. J. S. Dewar und H. N. Schmeising. (Tetrahedron [London] **11**. 96—120. Sept. 1960. Chicago, Ill., Univ. of Chicago, Dep. of Chem.) (Engl.) — 1. vgl. Tetrahedron **5**. [1959.] 166.

Vff. untersuchen die Faktoren, die den Bindungsabstand u. die Bldg.-Wärme in konjugierten Syst. bestimmen. Von experimentellen Daten ausgehend ist eine Berechnung für verschiedene C—C-Bindungslängen (*Bzl.*, *Graphit*, *Äthylen*) beschrieben. Die berechneten Werte stimmen mit experimentellen gut überein. Die Werte für die sp^2-sp^2-C—C-Bindungslängen sind in Übereinstimmung mit den bei Butadien u. Diphenyl gefundenen. Eine Reihe von C—C u. C—H-Bindungsenergien verschiedenen Typs werden berechnet. Die Bldg.-Wärme für verschiedene KW-Stoffe wurden berechnet u. mit experimentellen Ergebnissen verglichen. Dabei ist eine gute Übereinstimmung bei Paraffinen, Olefinen u. Acetylenen festzustellen, Abweichungen bei Cycloparaffinen werden auf Konformations-Einfll. zurückgeführt. Einfll. der „Elektronenkorrelation“

(Tendenz der Elektronen eines Mol., ihre Bewegungen entsprechend dem PAULI-Prinzip u. der COULOMB-Abstoßung abzustimmen) in konjugierten Syst. wurden geklärt u. eine Meth. vorgeschlagen, die es erlaubt, solche Korrelationseffekte bei Mol.-Berechnungen zu berücksichtigen. Die Bedeutung der Resonanztheorie wurde diskutiert. Die Bldg.-Wärmen in der Gasphase bei 0 °K wurden berechnet für: *Methan*, *Äthan*, *n-Propan*, *-Butan*, *-Pentan*, *-Hexan*, *Isobutan*, *-pentan*, *Neopentan*, *Cyclohexan*, *Methylcyclohexan*, *1.4-Dimethylcyclohexan*, *Propen*, *Buten-*, *Penten-(1)*, *Pentadien-(1.4)*, *trans-Buten-(2)*, *Butadien-(1.3)*, *Pentadien-(1.3)*, *Propin*, *Butin-(2)*, *Bzl.*, *Toluol* u. *p-Xylol*.

H. OPPERMANN. B 182□

Betrachtungen über die Biegsamkeit der Stickstoffketten in Aziden und Diazoaziden auf der Grundlage der einfachen Molekülbahntheorie. John D. Roberts. (Chem. Ber. **94**. 273—78. 1961. Pasadena, Calif., California Inst. of Technol., Gates and Crellin Labor.) (Dt.)

Vf. erhält bei Anwendung der MO-LCAO-Meth. auf *Phenyldiazoazid* u. gleichzeitiger Berücksichtigung eines für den Hybridisierungswechsel am Stickstoff charakterist. Energiewerts Q ($2\alpha + 0{,}83\beta < Q < 2\alpha + 2\beta$) konkrete Aussagen über Vorzugskonfigurationen u. Biegsamkeit der Diazoazidkette. Hiernach ähnelt die Stickstoffkette eher einem biegsamen Seil als einem starren Syst., falls die Energieschwellen zwischen den einzelnen Konfigurationen nicht zu hoch sind. Der Ringschluß zum Phenylpentazol kann deshalb durchaus mit dem raschen Zerfall in Arylazid u. Stickstoff konkurrieren. Diese Berechnungen sind auch wesentlich für die Deutung von 1.3-dipolaren Additionen.

F. MADER. B 182□

Untersuchungen über Stilbene. 33. Mitt. **Molekülberechnungen von Diaryläthylenen.** G. Drefahl und G. Rasch. (Z. physik. Chem. **213**. 352—60. 1960. Jena, Univ., Inst. für Organ. Chem. u. Biochem.) (Dt.) — 32. vgl. Chem. Ber. **93**. [1960.] 505; 20. vgl. C. **1959**. 12532.

DieEnergie-Syst. der stilbenanalogen Verbb. *4-Styrylstilben*, *1.2-Bis-[biphenylyl-(4)]-*, *1.2-[Dianthryl-(9)]-äthylen*, *Phenylhexatrien*, *4-Vinylstilben*, *1-Phenyl-2-[biphenylyl-(4)]-*, *1-Phenyl-2-[anthryl-(9)]-*, *1-[Biphenylyl-(4)]-2-[anthryl-(9)]-*; *1-Phenyl-2-[naphthyl-(1)]-*, *1-[Naphthyl-(1)]-2-[anthryl-(9)]-*, *1-[Biphenylyl-(4)]-2-[naphthyl-(1)]-* u. *1-Phenyl-2-[pyrenyl-(3)]-äthylen* werden nach der *LCAO*-Meth. berechnet, die sich ergebenden Spektralübergänge angegeben u. mit den experimentellen Ergebnissen verglichen.

W. BETCKE. B 182□

Para-Lokalisationsenergien meso-zentraler Stellungen in Polyacenen und Anthracen-Benzologen bei der Diels-Alder-Reaktion. Rosario Domingo und J. I. Fernández Alonso. (An. Real Soc. españ. Física Quím., Ser. B **54**. 319—24. Mai 1958. Valencia, Univ., Inst. „A. de G. Rocasolano", Labor. de Quím. Fís.) (Span.)

Nach einer kurzen theoret. Betrachtung der DIELS-ALDER-Rk. wird gezeigt, daß die p-Lokalisationsenergien meso-zentraler Stellungen in Polyacenen u. Anthracen-Benzologen nach der FEMO-Meth. berechnet werden können. Die Ergebnisse entsprechen den nach der LCAO-Meth. erhaltenen Werten. Die berechneten p-Lokalisationsenergien u. relativen Reaktivitäten sind angegeben für *Bzl.* (1-, 4-Stellung), *Naphthalin* (1, 4), *Anthracen* (9, 10), *Naphthacen* (8, 12), *Pentacen* (6, 13), *Hexacen* (6, 15), *1.2;5.6-* (9, 10), *1.2;7.8-* (9, 10), *1.2;3.4-Dibenzanthracen* (9, 10), *Pentaphen* (5, 14), *1.2-Benzanthracen* (9, 10), *4.5-Benzchrysen* (5, 14) u. *1.2-Benznaphthacen* (6, 11).

M. REIHER. B 182□

Die Kristall- und Molekularstrukturen von überfüllten halogenierten Verbindungen. 1. Mitt. **Einleitende Übersicht.** G. Gafner und F. H. Herbstein. (Acta crystallogr. [Copenhagen] **13**. 702—05. 10/9. 1960. Pretoria, Council for Sci. and Ind. Res., Nat. Phys. Res. Labor.) (Engl.)

Vff. bestimmen die Zellendimensionen von α- (**I**) u. *β-1.2.4.5-Tetrachlorbenzol* (**II**), β- (**III**) u. *γ-1.2.4.5-Tetrabrombenzol* (**IV**), *Chloranil* (**V**), *Hexabrombenzol* (**VI**), *1.4.5.8-Tetrachlornaphthalin* (**VII**) u. *Oktachlornaphthalin* (**VIII**). **I** ist die unterhalb —85° stabile Phase, **II** ist die bei Zimmer-Temp. stabile Phase. Für **I** konnten keine genauen Zellendimensionen oder eine Raumgruppe bestimmt werden. **II** ist monoklin mit $a = 9{,}731 \pm 0{,}005$; $b = 10{,}631 \pm 0{,}005$; $c = 3{,}855 \pm 0{,}005$ Å; $\beta = 103^0\ 28' \pm 5'$; Raumgruppe ist $P\,2_1/a$; $Z = 2$. Aus den Aufnahmen ist jedoch ersichtlich, daß **I** u. **II** die gleiche Orientierung haben u. daß beide Strukturen ähnlich sein müssen. Das Kernquadrupolresonanzspektrum von **II** ist ein Dublett, in Übereinstimmung mit dem Röntgenbefund, daß in der Zelle zwei unabhängige Cl-Atome vorhanden sind. Unterhalb 188 °K besteht dieses Spektrum aus 4 Linien. — **III** ist die bei Zimmer-Temp., **IV** die oberhalb 46° stabile Phase. Aufnahmen bei — 130° zeigten keine weitere Phasenumwandlung. **III** bildet nach [0 0 1] gestreckte Nadeln, ist monoklin u. hat die Zellendimensionen $a = 10{,}323 \pm 0{,}001$; $b = 10{,}705 \pm 0{,}001$; $c = 4{,}018 \pm 0{,}004$ Å; $\beta = 102^0\ 22' \pm 6'$, Raumgruppe ist P 2_1/a; Z = 4. **IV** bildet ebenfalls Nadeln mit derselben Nadelrichtung wie **III**, ist auch monoklin u. hat a = 12,08 ± 0,01; b = 9,71 ± 0,01; c = 4,07 ± 0,02 Å; β = 112° 14′ ± 20′; Raumgruppe P 2_1/a; Z = 2. Zwischen den Strukturen von **III** u. **IV** besteht eine enge Verbindung; in beiden Gittern liegen die Moll. in Symmetriezentren u. enthalten demnach pro asymm. Einheit 2 unabhängige Br-Atome, was auch durch Beobachtungen der Kernquadrupolresonanzspektren festgestellt worden war. — **V** ist monoklin u. hat die Zellendimensionen a = 8,72 ± 0,01; b = 5,785 ± 0,005; c = 17,04 ± 0,01; β = 103° 24′; Raumgruppe ist P 2_1/a; Z = 4. — **VI** bildet nach [0 1 0] gestreckte monokline Nadeln u. hat die Zellendimensionen a = 15,39 ± 0,02; b = 4,01 ± 0,01; c = 8,39 ± 0,01 Å; β = 93° ± 1°; Raumgruppe ist P2_1/n; Z = 2. — Nadeln parallel [0 0 1] bildet **VII**. Die Verb. krist. rhomb. u. hat die Zellendimensionen a = 9,45 ± 0,02; b = 15,20 ± 0,01; c = 7,07 ± 0,02 Å; Raumgruppe ist P C c n; Z = 4. — **VIII** schließlich hat nach [0 1 0] gestreckte Nadeln, ist monoklin u. hat die Zellendimensionen a = 19,48 ± 0,03; b = 7,30 ± 0,04; c = 9,76 ± 0,01 Å; β = 111° 33′ ± 5′; Raumgruppe P 2_1/a; Z = 4. C. GOTTFRIED. B 195

Die Kristall- und Molekularstrukturen von überfüllten halogenierten Verbindungen. 2. Mitt. **β-1.2.4.5-Tetrabrombenzol.** G. Gafner und F. H. Herbstein. (Acta crystallogr. [Copenhagen] **13.** 706—16. 10/9. 1960.) (Engl.) — 1. vgl. vorst. Referat.

Die Struktur von *β-1.2.4.5-Tetrabrombenzol* wurde mit Hilfe von PATTERSON-Projektionen u. der Meth. der kleinsten Quadrate bestimmt (Zellendimensionen u. Raumgruppe vgl. l. c.). Die gefundenen Parameter sind $Br_{(1)}$: (x =) 0,0891; (y =) 0,2930; (z =) —0,0272; $Br_{(2)}$: 0,2951; 0,0784; 0,4246; $C_{(1)}$: 0,1229; 0,0343; 0,1680; $C_{(2)}$: 0,0376; 0,1243; —0,0113; $C_{(3)}$: 0,0900; —0,0897; 0,1950. Die Moll. im Gitter sind innerhalb der Fehlergrenzen vollkommen eben. Der mittlere Abstand C—Br beträgt 1,896 ± 0,018 Å, während der gleiche Abstand in polyhalogenierten Methanen 1,937 ± 0,003 Å beträgt. Dieser kürzere Abstand ist in der Hauptsache dem kleineren effektiven Radius des C-Atoms im sp^2-Zustand, im Vgl. zu dem im sp^3-Zustand zuzuschreiben. Der intramol. Br···Br-Abstand von 2,377 ± 0,004 Å ist ca. 0,4 Å kleiner als der VAN DER WAALSsche Abstand in verschiedenen Molekülen. Die Moll. sind in Reihen entlang den [0 0 1]-Richtungen angeordnet, wobei jede Reihe unmittelbar von 4 anderen Reihen umgeben ist. Die Moll. sind so angeordnet, daß die Anzahl naher Kontakte zwischen Br-Atomen benachbarter Moll. ein Minimum ist, wahrscheinlich infolge Abstoßung zwischen C–Br-Dipolen. WEISSENBERG-Aufnahmen an oft auftretenden Kontaktzwillingen u. lamellarer Zwillings-Bldg. ergeben, daß die [0 0 1]-Achsen der beiden Zwillinge parallel sind u. Zwillingsebenen (1 1 0) bzw. ($\bar{1}$ 1 0) sind. C. GOTTFRIED. B 195

Neutronenbeugungsuntersuchung von Kaliumhydrogen-bis-[phenylacetat]. 2. Mitt. G. E. Bacon und N. A. Curry. (Acta crystallogr. [Copenhagen] **13.** 717—21. 10/9. 1960. Harwell, Atomic Energy Res. Establishment.) (Engl.) — 1. vgl. C. **1958.** 10321.

Neutronenbeugungs-Unters. an *Kaliumhydrogen-bis-[phenylacetat]* bei 120 °K ergaben, daß das saure H-Atom als einzelnes Atom u. nicht als Paar von Halb-H-Atomen im Symmetriezentrum liegt. Unter Verw. der l. c. erhaltenen x- u. z-Parameter wurden die gleichen Parameter für die Tieftemperaturaufnahmen mit Hilfe von FOURIER-Projektionen u. der Meth. der kleinsten Quadrate erhalten, wobei speziell die Temp.-Faktoren bei den beiden Temp. (l. c. Messung bei Zimmer-Temp.) berücksichtigt wurden. Die Parameter u. die Temp.-Faktoren für beide Temp. sind tabellar. wiedergegeben. Aus den erhaltenen Werten ergaben sich atomare u. mol. Bewegungen, die ausführlich diskutiert werden. C. GOTTFRIED. B 195

Kristallstruktur der 1-Naphthoesäure. J. Trotter. (Acta crystallogr. [Copenhagen] **13.** 732—36. 10/9. 1960. Ottawa, Nat. Res. Council, Div. of Pure Phys.; Glasgow, Univ., Chem. Dep.) (Engl.)

1-Naphthoesäure ($C_{11}H_8O_2$, F. 161°; D. 1,380) kristallisiert aus wss. A. in monoklinen, nach der b-Achse gestreckten Platten. Dreh-, Schwenk- u. WEISSENBERG-Aufnahmen ergaben die Zellendimensionen a = 31,12 ± 0,10; b = 3,87 ± 0,01; c = 6,92 ± 0,02 Å; β = 92,2 ± 0,2°; Raumgruppe ist C_{2h}^5 — P 2_1/a; Z = 4. Die Struktur wurde mit Hilfe von FOURIER-Projektionen festgelegt. Die gefundenen Parameter sind: $C_{(1)}$ (x =) 0,0800; (y =) —0,176; (z =) —0,3081; $C_{(2)}$: 0,0677; —0,335; —0,4902; $C_{(3)}$: 0,0979; —0,448; —0,6335; $C_{(4)}$: 0,1420; —0,433; —0,5893; $C_{(5)}$: 0,1999; —0,286; —0,3749; $C_{(6)}$: 0,2135; —0,134; —0,2095; $C_{(7)}$: 0,1846; —0,045; —0,0607; $C_{(8)}$: 0,1393; —0,050; —0,0962; $C_{(9)}$: 0,1261; —0,167; —0,2731; $C_{(10)}$: 0,1544; —0,306; —0,4095; $C_{(11)}$: 0,0478; —0,101; 0,1783; $O_{(1)}$: 0,0515; 0,072; —0,0257; $O_{(2)}$: 0,0082; —0,176; —0,2159. Die Struktur besteht aus zentrosymm. Dimeren; die Bindungslängen, Valenzwinkel u. intermol. Abstände sind tabellar. angegeben. Die Abweichungen der C-Atome von der mittleren Naphthalinebene sind nicht bedeutend; von den 2 O-Atomen liegt 1 O-Atom oberhalb u. 1 O-Atom unterhalb der aromat. Ebene in mittleren Abständen von etwa 0,20 Å. Die Carboxylgruppe ist danach um die Bindung C (aromat)-C(Carboxyl) verdreht, wobei der Winkel zwischen der aromat. u. der Carboxylebene 11° beträgt. Die Spannung in einem vollkommen ebenen Modell wird jedoch nur teilweise durch diese Abweichungen von der Coplanarität aufgehoben. Es besteht zusätzlich noch eine deutliche Verschiebung der Bindung C (aromat.)—C(Carboxyl) weg von der peri-Stellung u. außerdem noch eine Red. des Valenzwinkels O—C—O unter den normalen Wert. Diese Abweichungen von einer idealen ebenen Struktur sind ausreichend, um die Abstände zwischen den O-Atomen u. benachbarten C- u. H-Atomen so zu erhöhen, daß sie wenig niedriger sind als die normalen VAN DER WAALSschen Abstände. C. GOTTFRIED. B 195

Verfeinerung der Struktur des Komplexes von Jod mit 1.4-Dithian, $C_4H_8S_2 \cdot 2\,J_2$. George Y. Chao und J. D. McCullough. (Acta crystallogr. [Copenhagen] **13.** 727—32. 10/9. 1960. Los Angeles, Calif., Univ., Dep. of Chem.) (Engl.) — Vorl. Mitt. vgl. C. **1961.** 433.

Vff. berichten über die vollständige Struktur-Best. des Molekülkomplexes $C_4H_8S_2 \cdot 2\,J_2$. Die monokline Zelle (Berichtigung gegenüber l. c.) hat die Abmessungen a = 6,838 ± 0,006; b = 6,393 ± 0,006; c = 16,775 ± 0,010 Å; β = 114° 30′ ± 20′; Raumgruppe ist C_{2h}^5 — P 2_1/c; Z = 2. Die Struktur wurde mit Hilfe von FOURIER-Projektionen u. der Meth. der kleinsten Quadrate festgelegt, wobei anisotrope Temp.-Faktoren für jedes Atom berücksichtigt wurden. Die gefundenen Parameter sind: $J_{(1)}$ (a =) 0,8228; (y =) 0,8163; (z =) 0,1840; $J_{(2)}$: 0,5229; 0,1389; 0,1460; S: 0,2030; 0,4611; 0,1021; $C_{(1)}$: 0,2342; 0,5853; 0,0122; $C_{(2)}$: 0,9723; 0,2911; 0,0449. Obwohl die Raumgruppe für die Moll. nur zentrosymm. Symmetrie verlangt, ist die tatsächliche Mol.-Symmetrie sehr angenähert 2/m. Die errechneten Abstände sind $J_{(1)}—J_{(2)}$ = 2,787 ± 0,002; $J_{(2)}$—S = 2,867 ± 0,006; S—$C_{(1)}$ = 1,795 ± 0,024; S—$C_{(2)}$ = 1,825 ± 0,024 u. $C_{(1)}—C_{(2)}$ = 1,552 ± 0,032 Å. Ein bes. Kennzeichen der Struktur ist die Tatsache, daß die Verb. ein Molekülkomplex ist. Diese Beobachtung steht in scharfem Gegensatz zu früheren Beobachtungen an Verbb. vom Typ R_2SeX_2 u. R_2TeX_2 (X = Cl oder Br), vgl. hierzu CHRISTOFFERSEN u. Mitarbeiter (vgl. C. **1960.** 6785), bei denen nahezu lineare X—SeX- u. X—Te—X-Bindungen, mit den R-Gruppen in äquatorialen Lagen, gefunden wurden. Aus der Beobachtung, daß der intramol. Winkel S···S—J 125° beträgt, folgt, daß die Jod-Moll. an den 1.4-Dithianring in äquatorialen u. nicht in axialen Stellungen gebunden sind. C. GOTTFRIED. B 195

Die Kristallstruktur von α-Pyrazinamid. Yoshito Takaki, Yoshio Sasada und Tokunosuke Watanabe. (Acta crystallogr. [Copenhagen] **13.** 693—702. 10/9. 1960. Osaka, Osaka Univ., Fac. of Sci.) (Engl.)

In Ergänzung einer vorläufigen Mitt. (vgl. C. **1961.** 10502) berichteten Vff. über die ausführliche Struktur-Best. von *α-Pyrazinamid*, $C_5H_5N_3O$. Die monokline Zelle hat a = $23{,}07_2$ ± 0,02 Å; b = $6{,}72_7$ ± 0,01; c = $3{,}72_5$ ± 0,01 Å; β = 101,0 ± 0,4°. Raumgruppe ist C_{2h}^5 — P 2_1/a; Z = 4. Die Struktur wurde mit Hilfe zweidimensionaler Differenz-Synth. bestimmt u. mittels der Meth. der kleinsten Quadrate weiter verfeinert. Die gefundenen Parameter sind (Bezifferung s. nachst. Figur): $N_{(1)}$ (x =) 0,0901; (y =) 0,5076; (z =) 0,5445; $C_{(2)}$: 0,1105; 0,3334; 0,443; $C_{(3)}$: 0,1702; 0,2908; 0,501; $N_{(4)}$: 0,2112; 0,4192; 0,656; $C_{(5)}$: 0,1912; 0,5950; 0,760; $C_{(6)}$: 0,1319; 0,6380; 0,7035; $C_{(7)}$: 0,0657; 0,1853; 0,262; $N_{(8)}$: 0,0099; 0,2336; 0,225; $O_{(9)}$: 0,829; 0,0298; $0{,}136_8$; $H_{(3)}$: 0,181; 0,167; 0,380; $H_{(5)}$: 0,221; 0,685; 0,920; $H_{(6)}$: 0,117; 0,753; 0,783; H_N': 0,001; 0,326; 0,367; H_N'': —0,018; 0,156; 0,113. Die Bindungslängen u. Valenzwinkel sind tabellar. angegeben. Kleine Schwankungen in den C–N-Abständen in dem Pyrazinring sind wahrscheinlich durch einen Konjugationseffekt mit der Amidgruppe verursacht. Die mittleren Abstände C–N u. C–C betragen 1,348 bzw. 1,383 Å. Der Abstand $C_{(2)}$–$C_{(7)}$ mit 1,50 Å ist etwas kleiner als die normale C—C-Einzelbindung u. deutet auf etwas Doppelbindungscharakter hin, der durch Resonanz zwischen der Amidgruppe u. dem Pyrazinring verursacht ist. Die Dimensionen der Amidgruppe entsprechen denen in verwandten Verbindungen. Der Pyrazinring ist prakt. planar. Die Moll. sind durch NH—O—H-Bindungen verknüpft u. bilden so Dimere durch das Symmetriezentrum. Wahrscheinlich bestehen noch etwas längere NH—N—H-Bindungen, die die Dimeren zu endlosen Ketten parallel [0 1 1] verknüpfen. Die intermol. Abstände zwischen diesen Ketten sind etwas größer als die Summe der VAN DER WAALSschen Radien. Die erhaltenen anisotropen therm. Schwin-

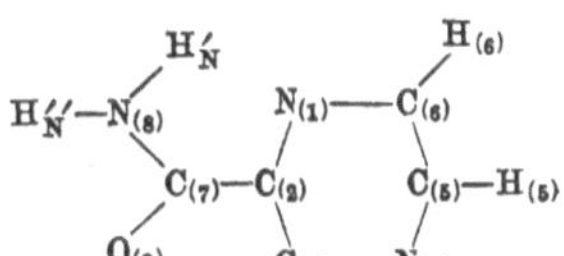

gungsparameter jedes Mol. werden durch Aufteilung in Translations- u. Winkeloscillation des starren Mol. gedeutet. Beobachtet wurde weiterhin, daß die Amidgruppe wahrscheinlich eine Torsionsbewegung macht. C. GOTTFRIED. B 195

7.7.8.8-Tetracyanchinodimethan und seine Elektrizität leitenden Anion-Radikalderivate. D. S. Acker, R. J. Harder, W. R. Hertler, W. Mahler, L. R. Melby, R. E. Benson und W. E. Mochel. (J. Amer. chem. Soc. **82.** 6408—09. 20/12. 1960. Wilmington, Del., E. I. du Pont de Nemours & Co., Central Res. Dep., Exp. Station.) (Engl.)

Vff. synthetisierten *7.7.8.8-Tetracyanchinodimethan* (I), $C_{12}H_4N_4$, F. 293,5—296°, in guter Ausbeute durch Brom–Pyridin-Dehydrierung von 1.4-Bis-[dicyanmethylen]-cyclohexan, das durch Kondens. von Malonsäuredinitril mit Cyclohexandion-(1.4) zugänglich ist. I bildet als starke π-Säure 2 Reihen salzartiger, kristalliner Verbb. (Komplexe), wobei ein vollständiger Übergang eines Elektrons zu I unter Bldg. des Anionradikals $C_{12}H_4N_4^{-}\cdot$ (II) stattfindet. Die erste Gruppe dieser Komplexe $M^+C_{12}H_4N_4^{-}\cdot$ ist allg. gek. durch einen relativ hohen spezif. elektr. Widerstand (R = 10^4—10^{12} ($\Omega\cdot$cm)]. Die 2. Gruppe $M^+(C_{12}\cdot H_4N_4^{-}\cdot)(C_{12}H_4N_4)$ enthält 1 Mol I an II addiert u. ist gek. durch ein außergewöhnlich niedriges R (0,01—100). I unterliegt einer Einelektron-Red. mit einer Vielzahl von Verbb. einschließlich Metalljodiden, Oniumjodiden u. Metallen unter Bldg. stabiler Salze $M^{x+}(C_{12}H_4N_4^{-}\cdot)_x$. In dieser Hinsicht gleicht I Tetracyanäthylen (vgl. WEBSTER u. Mitarbeiter, C. **1961.** 8627). Die Rk. von I mit LiJ in Acetonitril liefert $Li^+(C_{12}H_4N_4^{-}\cdot)$ (III), das sich in W. u. A. zu einer großen Anzahl II-Derivv. umsetzen läßt, die Metall-,Organometall- u. Oniomionen enthalten. So gibt z. B. III mit Triäthylammoniumchlorid in W. $(C_2H_5)_3NH^+(C_{12}H_4N_4^{-})$, $C_{18}H_{20}N_5$, F. 180° (Zers.), blaues Pulver, R (Pulver) = 10^9. Überraschend führt die Addition von I zu einer Lsg. vorst. Verb. in Acetonitril zu $(C_2H_5)_3NH^+(C_{12}H_4N_4^{-}\cdot)(C_{12}H_4N_4)$ (IV), $C_{30}H_{24}N_9$, F. 195°, R (Pulver) = 20, stabile, purpurschwarze Kristalle, sublimieren bei 200°/0,1 Torr, geringe Zers.; IV wurde außerdem nach folgenden Meth. erhalten: 1. $(C_2H_5)_3NH^+J^- + 2\,I \rightarrow$ IV (50%) + ½ J_2, 2. durch Rk. von p-Phenylen-bis-[malonsäuredinitril], $H_2(C_{12}H_4N_4)$, F. 244—245°, mit I u. Triäthylamin in 87%ig. Ausbeute u. 3. durch Rk. von Triäthylamin mit 2 Mol I bei Zimmer-Temp. in Acetonitril (77%). Die Identität der Rk.-Prodd. wurde durch Analyse, spektroskop. Unterss., Polarographie u. Röntgenstrahlenbeugung bewiesen. Die genannten Meth. eignen sich allg. zur Darst. von Ion–Radikal-Komplexen vom Typ IV. Zahlreiche Derivv., abgeleitet von aliphat.-aromat. u. heterocycl. Aminen wurden danach synthetisiert. 5.8-Dihydroxychinolin bildet eine Ausnahme. Es reagiert mit I zu $C_9H_7NO_2H^+(C_{12}H_4N_4^{-}\cdot)$, F. 167—168° (Zers.), R (Pulver) = 14, während Chinolin unter gleichen Bedingungen $C_9H_7NH^+\cdot(C_{12}H_4N_4^{-}\cdot)(C_{12}H_4N_4)$, F. 220° (Zers.), R = 0,01 (Einkristall), bildet. Rkk. von Phosphonium- u. Arsoniumjodiden mit 2 Mol I ergeben in Acetonitril $(C_6H_5)_3PCH_3^+(C_{12}H_4N_4^{-}\cdot)\cdot(C_{12}H_4N_4)$, $C_{43}H_{26}N_8P$, F. 231—233° (Zers.), prismat. Kristalle u. $(C_6H_5)_3AsCH_3^+(C_{12}\cdot H_4N_4^{-}\cdot)(C_{12}H_4N_4)$, $C_{43}H_{26}N_8As$, F. 224—227° (Zers.), große Prismen. In Lsg. sind diese Verbb. dissoziiert in Kation, I u. II, wie durch UV-spektroskop. Unterss. u. Molgew.-Best. bestätigt werden konnte. Für den festen Zustand halten Vff. eine vollständige Elektronendelokalisierung zwischen I u. II für wahrscheinlich. Die Verwandtschaft zwischen einem π-Komplex u. einem Anion–Radikal-Komplex, abgeleitet von I, wurde am Beispiel des Diaminodurols erklärt. Letzteres reagiert mit I in Tetrahydrofuran zu dem schwarzen diamagnet. π-Komplex $C_{10}H_{16}N_2(C_{12}H_4N_4)$, R (Pulver) = 10^9, während das Hydrojodid des Amins mit I den blauschwarzen paramagnet. Anion–Radikal-Komplex $C_{10}H_{16}N_2H^+\cdot(C_{12}H_4N_4^{-}\cdot)(C_{12}H_4N_4)$, R (Pulver) = 8, liefert. Auch andere Chinodimethane mit elektronenanziehenden Substituenten wie *7.7.8.8-Tetrakis-[methoxycarbonyl]-chinodimethan*, F. ca. 147°, u. *7.7.8.8-Tetrakis-[äthylsulfonyl]-chinodimethan*, F. 195,5—198° (Zers.), wurden dargestellt. G. PLÖTNER. B 223□

Die Löslichkeit von Tetramethylammoniumjodid in Gegenwart von Tetramethylammoniumhydroxyd. G. Ss. Ssupin. (Журнал Прикладной Химии [J. angew. Chem.] **33.** 1903—04. Aug. 1960. Forsch.-Inst. der Reifenind.) (Russ.)

Aus Tetramethylammoniumhydroxyd (I)-Lsgg., dargestellt durch Elektrolyse von Tetramethylammoniumjodid (II)-Lsgg., wird das restliche II durch Eindampfen der Lsgg. unter Atmosphärendruck (bis 0,4 n an II) u. weiter unter Vakuum (bis 1,0—1,2 n) ausgefällt u. abfiltriert. Beim Abkühlen der konz. Lsgg. mit Eis-Kochsalz scheidet sich weiteres II ab. Der II-Geh. ist in den so behandelten Lsgg. < 0,02%. Die Löslichkeit von II in I-Lsgg. (bis 1,5n an I) bei 20° u. bei Eis–Kochsalz-Kühlung u. die Löslichkeit von II in W. in Abhängigkeit von der Temp. (0—90°) werden graph. wiedergegeben. C. KOZÁK. B 224□

Löslichkeitsverhältnisse in ternären Systemen der Hydroxybenzole. 2. Mitt. **Das System o-Kresol–Natronlauge–Wasser.** E. Leibnitz, W. Lewna, H. J. Lichtenstein und J. Mothes. (J. prakt. Chem. [4] **10** (**282**). 239—46. Aug. 1960. Leipzig, Inst. für Verfahrenstechn. der organ. Chem.; Berlin, Dtsch. Akad. der Wiss., Forsch.-Gemeinschaft der naturwiss., techn. u. med. Inst.) (Dt.) — 1. vgl. C. **1959**. 9517.

Um den Einfl. der Hydroxybenzolkomponente auf den Verlauf der Löslichkeitsisothermen zu unteruschen, wurde das tern. Syst. *o-Kresol–Natronlauge–W*. untersucht. Angegeben werden die Isothermen bei 0,5, 15, 25, 30, 35 u. 50°, weiter die Zus. der fl. Phasen, der 8 auftretenden Bodenkörper sowie deren Löslichkeit in H_2O. Folgende Verbb. wurden in dem Syst. festgestellt: 1. $CH_3C_6H_4OH$, 2. $CH_3C_6H_4ONa \cdot 3\,CH_3C_6H_4OH$, 3. $CH_3 \cdot C_6H_4ONa \cdot H_2O$, 4. $CH_3C_6H_4ONa \cdot 2\,CH_3C_6H_4OH \cdot 6\,H_2O$, 5. $CH_3C_6H_4ONa \cdot CH_3C_6H_4OH \cdot 6\,H_2O$, 6. $CH_3C_6H_4ONa \cdot 3\,NaOH \cdot 6\,H_2O$, 7. $NaOH \cdot H_2O$, 8. $NaOH \cdot 4\,H_2O$.

S. v. Schieszl. B 224□

Weitere Untersuchungen über die Darstellung von Terephthalsäure aus Phthalsäure oder Benzoesäure. Yoshiro Ogata, Masaru Hojo und Masanobu Morikawa. (J. org. Chemistry **25**. 2082—87. Dez. 1960. Kyoto, Kyoto Univ., Fac. of Engng., Dep. of Ind. Chem.) (Engl.) — Vgl. C. **1960**. 4796.

Durch ^{14}C-Markierung wird der Mechanismus der Bldg. von *K-Terephthalat* aus K-Phthalat oder -Benzoat in Ggw. von Metallsalzen (Cd-, Ba-, K-Carbonat, CdJ_2, $CdCl_2$, $ZnCl_2$) kinet. untersucht. Dabei wird entweder der Kohlenstoff der Carbonylgruppe oder der Carbonate bzw. der beider markiert. Die Rk. des Phthalates wird als intramol. Umlagerung u. die des Benzoates als Disproportionierung angesehen (vgl. l. c.), im Gegensatz zur Auffassung von Sorm u. Ratusky (Chem. u. Ind. **1958**. 294), die einen Decarboxylierungs–Carboxylierungs-Mechanismus vorschlagen. W. Hampel. B 225□

Elektrophiler Angriff auf den aromatischen Ring bei der Chromsäureoxydation von Alkylbenzolen. Stanley G. Brandenberger, L. W. Maas und Isaac Dvoretzky. (J. Amer. chem. Soc. **83**. 2146—50. 5/5. 1961. Deer Park, Tex., Shell Oil Co., Houston Research Labor.) (Engl.)

Bei der Oxydation der Alkylbenzole mit Chromsäure unter den Bedingungen der Kuhn-Roth-Oxydation bei 130° erfolgt neben der Oxydation der Seitenketten in Konkurrenz dazu die Oxydation des Ringes. Beim *tert.-Butylbenzol* (**I**) wird nur der Ring oxydativ angegriffen, u. zwar ist die Rk. in bezug auf den KW-Stoff erster Ordnung, k_1 für **I** $5{,}58 \cdot 10^{-3}$ (min^{-1}) in 30 m H_2SO_4; für *sek.-Butylbenzol* $1{,}19 \cdot 10^{-2}$ in 0,75 m H_2SO_4, hier erfolgt Oxydation der Seitenkette. Der Logarithmus der Geschw.-Konst. der Oxydation von **I** steigt linear im Verhältnis zur Hammettschen Säurefunktion entsprechend der Konz. der H_2SO_4. Bei den Methylbenzolen steigt die Geschw. der Ringoxydation (in 6,0 m H_2SO_4 bei 130°) mit zunehmender Substitution an. Die relativen Geschw. sind: *Toluol* 0,18; *o-Xylol* 1,45; *m-Xylol* 2,50; *p-Xylol* 1,00; *Mesitylen* 6,60; *Durol* 4,85; *Prehnitol* 5,68 u. *Isodurol* 6,92. Die Geschw. ist eine Funktion der σ-Komplexbasizität der KW-Stoffe (Diagramm). Aus diesen Ergebnissen folgern die Vff., daß die Ringoxydation als geschwindigkeitsbestimmenden Schritt einen elektrophilen Angriff auf den aromat. Ring enthält. Gerhard Schulz. B 225□

Abstufung des Reduktionsvermögens von Doppelhydriden des Typs $LiXH_4$. Max Schmidt und Arnold Nordwig. (Chem. Ber. **91**. 506—15. 31/3. 1958. München, Univ., Inst. für Anorg. Chem.) (Dt.)

Vff. untersuchen das relative Red.-Vermögen von *Lithiumalanat* (**I**), *Lithiumboranat* (**II**) u. *Lithiumgallanat* (**III**) gegenüber Cyclopentanon (**IV**), Aceton (**V**), Benzaldehyd (**VI**), Acetaldehyd (**VII**) u. Cyclohexanon in abs. Ae. bzw. Tetrahydrofuran. Es läßt sich zeigen, daß der aus 4 RXCO + $Me^{I}Me^{III}H_4$ entstehende schwerlösl. Komplex Li^+A^- (= komplexes Anion) bei **I** in allen Fällen stöchiometr. dem Verhältnis 1:4 entspricht, während **II** nur im Falle von **VI** bzw. **VII** dieses Verh. erbringt. Wird **III** mit **IV** im Verhältnis 1:4 umgesetzt, so entsteht nur schwache Opalescenz, Fällung tritt erst mit 2,5fachen Überschuß der theoret. Menge **IV** auf. Redd. mit *Lithiumindanat* müssen bei tieferer Temp. durchgeführt werden, da die Verb. bereits bei −5° zerfällt. Eine Fällung tritt auch hier erst bei großem Ketonüberschuß auf. Nach Filtration vom ausgefallenen Li^+A^- u. Best. der nichtumgesetzten Hydride im Filtrat erhält man die Abstufung des Red.-Vermögens mit **I**:**II**:**III** = 100:32—36:15—18. Diese Werte sind nicht mit dem Redoxpotential vergleichbar. Die Werte beziehen sich auf **IV** u. **V**, da die beschriebenen Misch-Redd. sich sinnvoll nur bei solchen Carbonyl-Verbb. anwenden lassen, deren Komplex Li^+A^- im verwendeten Lsgm. unlösl. ist. — Als empfindlichste qual. Nachw.-Rk. geben Vff. für **I** den Indicatortest (Hydrolyse zu LiOH, Nachw. mit Bromthymolblau), für **II** den Chinontest (Red. zu Hydrochinon, Auftreten von Chinhydron) an.

F. Mader. B 225□

Cyanidkohlenstoffisotopenfraktionierung bei der Reaktion des Cyanidions mit Methyljodid. Kohlenstoffisotopeneffekt bei der Hydrolyse von Methyljodid. K. R.

Lynn und Peter E. Yankwich. (J. Amer. chem. Soc. **83.** 53—57. 5/1. 1961. Urbana, Ill., Univ. of Illinois, Noyes Labor. of Chem.) (Engl.)

Der ^{13}C-Isotopeneffekt (^{13}C-IE) bei der Hydrolyse von CH_3J (I) wurde bei verschiedenen Temp. (11—58°) zu 2,67—3,85% bestimmt. Die Temp.-Abhängigkeit ist gering, die erhebliche Streuung der Meßwerte beruht offenbar auf der komplizierten analyt. Methodik. Bei der Umsetzung von I mit *NaCN* kann sowohl in der Methylgruppe als auch im Cyanid ein Kohlenstoff-IE auftreten. Läßt man jedoch einen Rk.-Partner zu 100% mit einem Überschuß des anderen reagieren, so erhält man direkt den IE im überschüssigen Partner. Auf diese Weise wurde der ^{13}C-IE von NaCN bei der Rk. von I mit NaCN bei verschiedenen Temp. (11—58°) bestimmt. Er ist mit 0,89—1,49% sehr klein u. hat eine geringe Temp.-Abhängigkeit. — Die Ergebnisse werden in bezug auf das BIEGELEISEN-WOLFSBERG-SLATERsche Dreipartikel-Modell für derartige Rkk. diskutiert. Die wesentliche Frage, ob in die Berechnungen nach diesem Modell die Masse der beteiligten Atome oder die der Molekülfragmente eingeht, kann jedoch durch die vorliegenden Daten nicht beantwortet werden. H.-G. FLOSS. B 225□

Einfluß der Zusammensetzung des Lösungsmittels auf die Kinetik von Reaktionen zwischen Ionen und Dipolmolekülen. 2. Mitt. E. A. S. Cavell und J. A. Speed. (J. chem. Soc. [London] **1960.** 1453—57. April Southampton, Univ.) (Engl.) — 1. vgl. J. chem. Soc. [London] **1958. 4217.**

Der Einfl. kleiner Wassermengen (0—5 mol.) auf die Geschw. der Austausch-Rk. $^*J^- + n\text{-}C_4H_9J$ (Kp.$_{760}$ 130,2—130,6°) $\rightleftharpoons$ $J^- + n\text{-}C_4H_9{}^*J$ in Aceton wurde unter Verw. von trägerfreiem Na*J als ausschließlicher J^--Quelle bei 19,71° untersucht; unter diesen Bedingungen konnte der Einfl. der Ionenassoziation auf die Kinetik der Rk. vernachlässigt werden. Die Geschw.-Konst. k_2 der Austausch-Rk. zeigte die gleiche, nicht lineare Abhängigkeit von $1/\varepsilon$ wie für die Austausch-Rk. $J^- + n\text{-}C_4H_9Br$ (vgl. l. c.). Die Änderung der Rk.-Geschw. mit der Zus. des Lsgm. wird auf die Änderung der DK des Lsgm.-Gemisches u. eine spezif. Wechselwrkg. zwischen J^--Ionen u. Wasser-Moll. ($J^- + H_2O \rightleftharpoons (J, H_2O)^-$) zurückgeführt. Die Rk. wurde ferner in Ggw. von KJ untersucht, hier nimmt k_2 mit steigender KJ-Konz. ab; der Effekt ist am deutlichsten in reinem Aceton. Es wird angenommen, daß die Änderung der Geschw.-Konst. mit der Elektrolyt-Konz. hauptsächlich auf der unvollständigen Dissoziation des Salzes beruht, dessen Dissoziationsgrad durch Zusatz von W. zum Aceton, teilweise vermutlich infolge Erhöhung der DK im Lsgm.-Gemisch, erhöht wird. — Diskussion der Ergebnisse im Hinblick auf die Bldg. von Ionenpaaren. M. SCHENK. B 225□

Nucleophile Substitutionen in organischen Sulfiten. 7. Mitt. **Die säurekatalysierten Hydrolysen von cyclischen und offenkettigen Sulfiten in wässerigem Dioxan.** J. G. Tillett. (J. chem. Soc. [London] **1960.** 5138—48. Dez. London, Bedford Coll.) (Engl.) — 6. vgl. C. **1960.** 11959.

Vff. untersuchten die Kinetik der Hydrolyse von *Brenzcatechinsulfit* (**I**; $C_6H_4O_3S$, Kp.$_{760}$ 203°, Kp.$_7$ 76°, n_D^{25} 1,5408; Darst. in 66%ig. Ausbeute) u. *Diäthylsulfit* (**II**; Kp.$_{750}$ 156°; n_D^{25} 1,4130) in 60%ig. Dioxan-W. bei 0 u. 25° u. von *Äthylensulfit* (**III**; Kp.$_{27}$ 73°; n_D^{25} 1,4450) bei 44,6° in Ggw. von HCl, H_2SO_4, p-Toluolsulfonsäure (Ts) u. bei Zusatz der Salze LiCl, LiBr, $LiClO_4$, NaCl u. NaBr. Für die Temp.-Abhängigkeit der Rk. wurden folgende Aktivierungsgrößen aus Geschw.-Konst. 1. Ordnung (ermittelt durch titrimetr. Best. des gebildeten SO_2) erhalten: **I** ΔE 12,80 [kcal·Mol^{-1}], ΔS^* —34,10; **II** in Ggw. 1,5 m $HClO_4$ 16,40, —22,0; **II** in W. als Lsgm. in Ggw. von 1,0 m $HClO_4$ 19,95; —9,14. Die Geschw. der neutralen Hydrolyse von I ist ungewöhnlich groß. In Ggw. von HCl wird k weiter stark erhöht, bei Säurekatalyse durch $HClO_4$ u. Ts geht k durch ein Maximum in Abhängigkeit von der Säurekonzentration. Allg. fällt der Säure-Einfl. in der Folge HCl $\gg$ $H_2SO_4 >$ Ts $\sim$ $HClO_4$. Die Rk. zeigt einen großen negativen Salzeffekt in neutraler Lsg., nucleophile Anionen katalysieren jedoch die säurekatalysierte Rk.; die k-Werte der durch Halogenidionen katalysierten Rk. folgen mehr der stöchiometr. Acidität als h_0. Die Hydrolyse zeigt einen umgekehrten Isotopeneffekt, k ist in 60% Dioxan-W. 5,95 mal größer als in 60% Dioxan-D_2O. Es wird angenommen, daß die halogenidkatalysierte Rk. nach einem A 2-Mechanismus abläuft, bei denen die Halogenidionen u. W. als nucleophile Reagentien im Angriff auf protoniertes **I** konkurrieren. Die Hydrolyse von **II** u. **III** verläuft in Dioxan-W. nach einem A 2-Mechanismus mit einem überlagerten Salzeffekt. Die Geschw. der halogenidionenkatalysierten Rk. folgt hier mehr der HAMMETTschen Säurefunktion als der stöchiometr. Säurekonzentration. Die Geschw. der säurekatalysierten Hydrolyse von **II** ist in 60% Dioxan-D_2O 1,33 mal größer als in Dioxan-H_2O. Der Vgl. der Reaktivität der aromat. u. aliphat. Sulfite zeigt, daß **I** in neugraler Lsg. wesentlich schneller (ca. 10^4 mal) hydrolysiert wird als die aliphat. Sulfite, in saurer Lsg. ist der Unterschied viel weniger ausgeprägt, es gilt aber auch hier die Reihenfolge **I** > **II** > **III**.

Für die aliphat. Sulfite wird für die Lsgm. W. u. Dioxan–W. der gleiche Mechanismus angenommen, es ist wahrscheinlich, daß der nucleophile Angriff eher am S- als am C-Atom erfolgt. W. SCHRAMM. B 225

Konduktometrische Untersuchung der Hydrolysengeschwindigkeit von Nitrilen in 100%iger Schwefelsäure. M. Liler und Dj. Kosanović. (J. chem. Soc. [London] **1958.** 1084–1090. März. Belgrade, Yugoslavia, Inst. of Chem.) (Engl.)

Die elektr. Leitfähigkeit der Lsgg. von *Acetonitril* (I) u. *Benzonitril* (II) in 100%ig. H_2SO_4 bei 25° sinkt mit der Zeit auf einen Grenzwert ab. Dies beruht auf einer Abnahme der Konz. des sehr beweglichen HSO_4^--Ions nach folgenden Gleichungen: 1. $RCN + 2\,H_2SO_4 = R\cdot CO\cdot NH_2 + H_2S_2O_7$ bzw. 2. $R\cdot CNH^+ + HSO_4^- + H_2SO_4 = R\cdot CO\cdot NH_3^+ + HS_2O_7^-$ u. nachfolgender Solvolyse des $HS_2O_7^-$-Ions. Die Geschw.-Konst. 2. Ordnung der Rk. 2. sind: für I $k = 8{,}01\cdot 10^{-2}$ [kg·Mol^{-1}·min^{-1}], für II $k = 3{,}54\cdot 10^{-1}$. Die Basendissoziations-Konst. in 100%ig. H_2SO_4 bei 25° ergeben sich zu 0,157 für I u. 0,076 für II. Als Rk.-Mechanismus (bimol.) wird der Angriff eines negativen HSO_4^--Ions am positiv geladenen C-Atom der Nitrilgruppe angenommen. F. MADER. B 225□

Die Lage des Reaktionsgleichgewichts zwischen Alkohol und Säure in Gegenwart von Elektrolyten. M. N. Kirejew. (Известия Высших Учебных Заведений, Химия и Химическая Технология [Hochschulnachr., Chem. chem. Technol.] **3.** 439 bis 442. 1960. Omsk, Med. Inst., Lehrstuhl für Biochem., physik. u. organ. Chem. u. Kolloidchem.) (Russ.)

Vf. führt Unterss. über den Einfl. verschiedener Säuren (HCl, HBr), Kationen (Na^+, K^+, Mg^{2+}, Ca^{2+}, Sr^{2+}, Ba^{2+}) u. Anionen (Cl^-, Br^-, J^-) auf das Gleichgewicht der Veresterung von *A.* mit organ. Säuren (*Ameisen-*, *Essig-* u. *Monochloressigsäure*) durch. Die Gleichgewichts-Konst. $K = A\cdot B/C\cdot D$ (A, B, C u. D sind die Gleichgewichts-Konzz. von A., Säure, Ester u. W.) ist mit der Konst. ohne Elektrolytzusatz K_0 durch die Beziehung $K = K_0 - a\cdot m$ verbunden, worin m die Konz. des zugesetzten Salzes in g-Äquivalenten/Mol H_2O ist. Die Konst. a wird für die untersuchten Syst. in Tabellen angegeben. Es wird gezeigt, daß die relative Verschiebung des Gleichgewichtes $K_0 - K/K_0$ abhängt von Konz., Ladung u. den Radien der Ionen des zugesetzten Elektrolyten.
E. WINKLER. B 225□

Verteilung radioaktiver Atome in aromatischen Verbindungen, die durch Einwirkung von Tritiumgas markiert wurden. Fulvio Cacace, Angelo Guarino, Gabriella Montefinale und Elvira Possagno. (Int. J. appl. Radiat. Isotopes **8.** 82–89. Juli 1960. Centro di Chim. Nucleare del C.N.R.; Roma, Univ., Ist. di Chim. Farm. e Tossicol.) (Engl.) — Vgl. C. **1961.** **8987.**

Vff. bestimmen die Verteilung von T-Atomen in *Chlor-* (I), *Nitrobenzol* (II) u. *Anisol* (III) beim H–T-Austausch (in fl. Phase). Die Aktivität wird nach Überführung der organ. Verb. bzw. ihrer Derivv. [bei I 1.2- u. 1.4-Dichlorbenzol; bei II 3-Brom- (F. 56°, A.) u. 2.5-Dibromnitrobenzol (F. 85°, wss. A.); bei III Pentachloranisol (F. 107,5–108°), p-Methoxyacetophenon ($Kp._{14}$ 138–142°; Semicarbazon, F. 196°), 2.4-Dibromanisol (F. 62–63°, A.) u. CH_3J] in ein Methan–H_2-Gemisch in einer Ionisationskammer gemessen. Als Ergebnisse wurden gefunden: 1. Es findet keine völlig ziellose T-Verteilung statt. 2. In o- u. p-Stellungen sind ca. $^2/_3$ des gesamten T enthalten, unabhängig von der Art der bestrahlten Verb., das Verhältnis der Aktivitäten von p- zu m-Stellung reicht von 1:0,6 beim III, 1:1 bei I bis zu 1:4 bei II. 3. Austausch-Rkk. sowohl in fl. als auch in gasförmiger Phase bei I zeigen keine wesentlichen Unterschiede in der Aktivitätsverteilung.
H. SCHROEDER. B 225

Die Isotopenaustauschreaktion zwischen Cyclohexan und Deuterium an aufgedampften Molybdänfilmen. Teruo Hayakawa und Toshio Sugiura (Bull. chem. Soc. Japan **31.** 180–85. März 1958. Osaka, Prefectural Univ.; Sakai, Coll. of Gen. Educ. and Fac. of Engng., Dep. of Pure and Appl. Chem.) (Engl.)

Der H → D-Austausch wird an auf sorgfältig entgasten Molybdänfilmen adsorbiertem *Cyclohexan* (I) im Temp.-Bereich 56–111° untersucht. Der Geh. an deuteriertem I wird für $C_6H_{11}D$ bis $C_6H_4D_8$ mit dem Massenspektroskop bestimmt u. für verschiedene Temp. gegen die Zeit aufgetragen. Der D-Anfangs-Geh. des adsorbierten Wasserstoffs betrug 36,1 Atom-%. Höher als $C_6H_4D_8$ deuterierte Prodd. traten nur spurenweise auf. Die Diagramme zeigten keine Konz.-Diskontinuität zwischen $C_6H_6D_6$ u. $C_6H_5D_7$. Aus der Druckabhängigkeit der Austausch-Geschw. ergibt sich für die Anfangs-Geschw. Proportionalität zu $p_{C_6H_{12}}^{1,0}\cdot p_{DH}^{-0,6}$ (p_{DH} = Partialdruck des H/D-Gemisches). Als geschwindigkeitsbestimmender Schritt wird die Desorption von Cyclohexylradikalen als wahrscheinlich angesehen. Ein Einfl. des D-Isotopeneffektes auf die Austausch-Rk. konnte nicht nachgewiesen werden. W. HABERDITZL. B 225□

Die Isotopenaustauschreaktion zwischen Cyclohexan und Deuterium an aufgedampften Wolframfilmen. Teruo Hayakawa und Toshio Sugiura. (Bull. chem. Soc. Japan **31.** 186—90. März 1958.) (Engl.) — Vgl. vorst. Referat.

Mit der l. c. beschriebenen Technik wird im Temp.-Bereich 79—111° die Austauschkinetik zwischen an W adsorbiertem *Cyclohexan* u. D_2 untersucht. Gegenüber dem Austausch an Mo-Filmen zeigt sich an W eine noch geringere Tendenz zu mehrfachem Austausch. Dagegen findet sich auch hier keine Konz.-Diskontinuität zwischen $C_6H_6D_6$ u. $C_6H_5D_7$, wie sie von ANDERSON u. KEMBALL (Proc. Roy. Soc. [London], Ser. A **226.** [1954.] 472) an Rhodium- u. Palladiumfilmen festgestellt wurde. Wie beim Mo zeigt sich beim W kein Einfl. des Isotopeneffektes. W. HABERDITZL. B 225□

Der Mechanismus der Isotopenaustauschreaktion zwischen Cyclohexan und Deuterium an aufgedampften Metallfilmen. Teruo Hayakawa und Toshio Sugiura. (Bull. chem. Soc. Japan **31.** 190—93. März 1958.) (Engl.) — Vgl. vorst. Referate.

Die in vorst. Reff. erhaltenen Ergebnisse über die quant. Verteilung der in verschied. Ausmaß deuterierten *Cyclohexane* wird mit Berechnungen verglichen, deren Theorie auf verschied. Annahmen über den Rk.-Mechanismus beruhen (D-Konz. in Gasphase = D-Konz. im Adsorbat zu Beginn des Austausches, gleichmäßige Verteilung der Dissoziations-Prodd. im Adsorbat). Es zeigt sich, daß die Wanderungs-Geschw. der Radikale im Adsorbat wesentlich größer ist als die Sorptions- bzw. Desorptions-Geschw. von Cyclohexan. Die Differenz der Aktivierungsenergien von Radikalwanderung im Adsorbat u. Radikaldesorption beträgt 6,8 (Mo-Filme) bzw. 9,7 (W-Filme) kcal/Mol.
W. HABERDITZL. B 225□

Veresterung von zwei sterisch gehinderten Säuren mit Ultraschallwellen. Robert J. Gerraughty und Paul Jannke. (J. Amer. pharmac. Assoc., sci. Edit. **49.** 350—52. Juni 1960. Storrs, Conn., Univ., School of Pharm.) (Engl.)

Zur Veresterung von *Ursolsäure* (I) wurde eine Mischung aus 50 cm^3 des Alkohols + 1 g I + 2 Tropfen konz. H_2SO_4 + 2 g $CuSO_4$ (wasserfrei) 2 Std. beschallt (39 kHz). Die Ester wurden aus 70% ig. A. umkristallisiert. Es wurden so erhalten: *Ursolsäuremethyl-* (II, F. 170—171°, 80% Ausbeute), *-äthyl-* (F. 198—199°, 67%), *-n-propyl-* (F. 190 bis 191°, 48%) u. *-n-butylester* (F. 180—182°; 41%); diese Ester sind durch normale Veresterung nicht zugänglich. Mit verzweigten Alkoholen konnten keine Ester erhalten werden. Die Rk.-Geschw. v steigt zunächst an, geht nach 75 Min. durch ein Maximum u. fällt dann stark ab. Durch 1 std. Erhitzen dieser Ester mit Essigsäureanhydrid am Rückfluß wurden die entsprechenden *Acetylursolsäuremethyl-* (F. 243—244°), *-äthyl-* (F. 192—193°), *-n-propyl-* (F. 171—172°) u. *-n-butylester* (F. 124—126°) erhalten. Die Ester sind gegen Alkali beständig. In ähnlicher Weise wurden folgende Ester hergestellt: *o-Thymotinsäuremethyl-* ($Kp._{20}$ 143°, 49,5%), *-äthyl-* ($Kp._{20}$ 155°, 54%), *-n-propyl-* ($Kp._{20}$ 165°, 50%) u. *-n-butylester* ($Kp._{20}$ 175°, 43,5%). Auch diese Ester sind auf normalem Wege nicht zugänglich. v ist hier zunächst sehr klein, geht nach 105 Min. durch ein Maximum u. fällt dann ab. Wird I in ähnlicher Weise wie oben mit CH_3SH statt mit Alkoholen behandelt, so wird ebenfalls II (43,9%) erhalten; Vff. schließen daraus, daß die COOH-Gruppe von I als H-Donator wirkt u. nicht die OH-Gruppe der Alkohole. O. FUCHS. B 225□

Reaktionskinetik von nadelförmigen Partikeln mit einem Gas: Das System 1.1-Diphenylharnstoff–Bromwasserstoff. F. E. Massoth und W. E. Hensel jun. (J. physic. Chem. **65.** 636—41. April 1961. San Antonio, Tex., Southwest Res. Inst., Dep. of Chem. and Chem. Engng.) (Engl.)

Es wurde die Kinetik der Rk. zwischen *1.1-Diphenylharnstoff* (I; F. 189°, Nadeln aus Methanol) u. *HBr* im Temp.- u. Druckbereich von —3 bis 50° bzw. 50—300 mm durch Gewichtskontrolle verfolgt. Rk.-Prod. ist I-Hydrobromid (Zers. bei ca. 145°; n 1,641; D. 1,47). Die Rk. folgt parabol. kinet. Gesetzen ähnlich wie bei stäbchenförmigen Partikeln. Die Rk.-Geschw.-Konst. k beträgt $2{,}4 \cdot 10^{-3}\, P^{1,7} e^{-7300/RT}\, s^{-1}$ (P in mm). Der geschwindigkeitsbestimmende Schritt ist die Diffusion von HBr von der Oberfläche zur Rk.-Grenzfläche, wobei ein Konz.-Gradient auftritt; die Oberflächen-Konz. ist druckabhängig. Der Einfl. der Partikelgröße wurde qual. nachgewiesen. Bei Rk.-Ansätzen bei höheren Temp. wurde keine gute parabol. Abhängigkeit erhalten. Bei 80° schienen die Daten am besten einem logarithm. Gesetz zu gehorchen, was entweder auf Gewichtsverluste durch Verdampfung oder eine Änderung des Mechanismus zurückgeführt wird. CLAUS FISCHER. B 225□

Die Stereochemie der freien radikalischen Addition von Bromwasserstoff an 1-Methylcyclohepten. Paul I. Abell und Bruce A. Bohm. (J. org. Chemistry **26.** 252—54. Jan. 1961. Kingston, R.I., Univ. of Rhode Island, Coll. of Arts and Sci., Dep. of Chem.) (Engl.)

Wie niedrige Cycloolefine addiert *1-Methylcyclohepten* (I; Kp. 135,5—136,0, n_D^{24} 1,4562) HBr radikal. vorwiegend (wahrscheinlich zu >95%) in trans-Stellung. Das bei 70° unter UV-Bestrahlung erhaltene *cis-1-Methyl-2-bromcycloheptan* (cis-II; $Kp._{32}$ 106°; n_D^{22} 1,5003, 74—84%) wurde durch ½ std. Einw. von wss. Aceton bei 20° (selektive Hydrolyse) vom tert. Bromid (1-Methyl-1-bromcycloheptan; 17—22%) befreit u. durch Dehydrobromierung zu I (6 std. Kochen mit Pyridin) identifiziert. *3-Methylcyclohepten* (Kp. 130—132°, n_D^{22} 1,4562, aus 3-Bromcyclohepten u. CH_3MgJ), das bei der Dehydrobromierung von trans-II entstehen sollte u. das sich unter vorst. Bedingungen als stabil erwies, konnte nicht gefunden werden. H. Pracejus. B 225□

Benzaurinstudien. 6. Mitt. **Gleichgewichte und Reaktionskinetik des 4″-Chlor-3.3′-dimethylbenzaurins in wässerigen Lösungen.** Hans Gustaf Hansson. (Acta chem. scand. **15.** 69—77. 1961. Lund, Schweden, Univ. Lund, Chem. Inst., Abt. für anorg. u. phys. Chem.) (Dt.) — 5. vgl. Acta chem. scand. **14.** [1960.] 2021; 1. vgl. C. **1961.** 3307.

Die früher begonnenen Gleichgewichts-Unterss. an Benzaurin u. seinen Derivv. (vgl. l. c. u. früher) wurden an *4″-Chlor-3.3′-dimethylbenzaurin* (I) fortgesetzt u. die Gleichgewichte der protolyt. Rkk. zwischen den Anhydrid- u. Carbinolformen u. die Gleichgewichte u. Geschw. der Hydratation bei Anhydrid- u. Carbinolformen von I untersucht. Die Ergebnisse sind unvollständig, vor allem wegen Nichtreproduzierbarkeit der Gleichgewichtswerte der Lichtadsorption in alkal. Lösungen. Dies steht in Übereinstimmung mit der Tatsache, daß die Hydratations-Rkk. von I 5—10mal langsamer verlaufen als die der früher untersuchten Verbb., weil infolge des größeren Zeitbedarfs für die Gleichgewichtseinstellung der störende Einfl. irreversibler Rkk. hier stärker hervortritt. Die Messungen wurden bei 20°, einer Ionenstärke von 0,50 m in 98% W. + 2% Aceton als Lsgm. durchgeführt. — Die Spektren (Abb.) zeigen, daß durch die Einführung der Methylgruppen (im Vgl. zu 4″-Chlorbenzaurin) die Absorptionsmaxima aller Formen von I nach Rot verschoben sind.

Claus Fischer. B 225□

Zersetzung von Dibenzoylperoxyd in Gegenwart von Aminen. W. B. Bond. (J. Polymer Sci. **22.** 181—83. Okt. 1956. Tallahassee, Fla., Florida State Univ., Chem. Dep.) (Engl.)

Der Mechanismus der Zers. von *Dibenzoylperoxyd* (I) durch Dialkylanilin wird diskutiert, u. die Schlußfolgerungen von Imoto u. Takemoto (C. **1959.** 16280) zum von Horner u. Mitarbeitern (C. **1957.** 2961 u. früher) aufgestellten Mechanismus werden korrigiert. Da aber auch der Hornersche Mechanismus den bevorzugten Angriff von Benzoyloxyradikalen auf die o-Stellung von Phenolen u. Aminen nicht erklärt, stellt Vf. einen neuen Mechanismus der I-Zers. durch Amine auf, der den δ-Charakter der —O—O-Bindung des Peroxydes berücksichtigt u. über eine I–Amin-Komplex-Bldg. als geschwindigkeitsbestimmendem Schritt verläuft. Der Zerfall des Komplexes erfolgt dann so, daß bei einem unsymm. substituierten I-Deriv. die stärker elektronenziehende Hälfte des Peroxyds das Anilin (bzw. Phenol) substituiert. S. Schaaf. B 225

Die Hochdruckgrenze von unimolekularen Reaktionen. M. C. Flowers und H. M. Frey. (J. physic. Chem. **65.** 373. Febr. 1961. Southampton, England, Univ., Chem. Dep.) (Engl.)

Im Gegensatz zu den Ansichten von Wilson (vgl. C. **1961.** 4271) wurde ermittelt, daß bei der therm. Isomerisation von *1.1-Dimethylcyclopropan* bei 460,4°, einer unimol. Rk., die Werte der Geschw.-Konst. 1. Ordnung im Druckbereich von 16—1600 mm nicht durch ein Maximum gehen ($k \cdot 10^4 = 2,44$ bei 16 mm, $2,47 \cdot s^{-1}$ bei 1596 mm).

Claus Fischer. B 225□

Die thermische Zersetzung von Hexamethylentetramin. 4. Mitt. **Das Reaktionssystem „Dampf/Kristall".** Dieter Hoene, Gustav Klipping, Ingrid Klipping und Iwan Nikolow Stranski. (Chem. Ber. **93.** 2782—91. 2/12. 1960. Berlin-Dahlem, Max-Planck-Ges., Fritz-Haber-Inst.) (Dt.) — 3. vgl. C. **1960.** 435.

Es wird der therm. Zerfall von *Urotropin* im Rk.-Syst. Dampf/Kristall untersucht. Dabei werden neben der Temp.-Abhängigkeit vor allem die durch die experimentellen Bedingungen gegebenen Einfl. auf die Rk., wie Kristalloberfläche, Gefäßwand u. die Wrkg. von Wasserdampf, berücksichtigt. Die Vers.-Bedingungen für Bodenkörper-Rkk. werden beschrieben. W. Hampel. B 225□

Bildung von Methylhydroperoxyd bei der Photooxydation von Azomethan. M. Shanin und K. O. Kutschke. (J. physic. Chem. **65.** 189—90. Jan. 1961. Ottawa, Ontario, Canada, Nat. Res. Council, Div. of Pure Chem.) (Engl.)

Die Prodd. der Photooxydation von *Azomethan* im Strömungs-Syst. wurden massenspektrometr. untersucht. Bei schneller Überführung der Rk.-Gase in die Ionisationskammer treten intensive Peaks bei m/e = 47 u. 48 (entsprechend CH_3OOH) auf, deren Höhen mit einer Halbwertszeit von ca. 25 Sek. abnehmen. Dieser Effekt beruht auf der katalyt. Zers. des CH_3OOH an den Metallflächen des Einlaß-Syst. gemäß $CH_3OOH \rightarrow HCHO + H_2O$; die Höhe des Peaks mit m/e = 30 (HCHO) nimmt im gleichen Maße zu, wie die des CH_3OOH-Peaks abnimmt. Die Rk. $CH_3OO\cdot + RH \rightarrow CH_3OOH + R\cdot$ (RH = Azomethan oder HCHO) läuft noch bei 158° ab. Vff. konnten die Bldg. von CH_3OOH auch unter den von HANST u. CALVERT (C. **1960.** 3497) eingehaltenen Bedingungen nachweisen. Die Entfernung eines D-Atoms aus CD_4 durch $CH_3OO\cdot$ verläuft auch bei 158° nur langsam. Die Quantenausbeute an CH_3OOH in Ggw. von CH_4 bei 100° beträgt ca. 0,5—1. A. BLASCHETTE. B 226□

Einwirkung von Ultraviolett-Licht auf wässerige Lösungen von Pyridin-N-oxyd. Antonio Foffani und Ugo Mazzucato. (Ricerca sci. **26.** 2164—66. Juli 1956. Padova, Univ., Ist. di Chim. Fis.) (Ital.)

Die UV-Absorptionsspektren wss. Lsgg. von *Pyridin-N-oxyd* bei pH 6 (Essigsäure–NaOH-Puffer) wurden zwischen 230—280 mμ vor u. nach der Bestrahlung mit UV-Licht (Hg-Dampflampe) aufgenommen. Die Ergebnisse sind graph. für Bestrahlungszeiten von 30 Min., 1, 2, 3 u. 4 Std. wiedergegeben; die Absorptionsintensität der Bande bei 255 mμ nimmt mit der wachsenden Bestrahlungsdauer stark ab, das entstehende Spektrum ist jedoch verschieden von dem von *Pyridin*. Für *Nicotinsäure-N-oxyd* wurde keine Veränderung des Spektrums beobachtet. — 13 Literaturhinweise. G. PLATZER. B 226□

Photochemische Reaktionen zwischen Methylenblau und Tri-, Di- und Monomethylamin. 1. Mitt. Hiroshi Obata und Masao Koizumi. (Bull. chem. Soc. Japan **30.** 136—41. März 1957. Osaka, Osaka City Univ., Inst. of Polytechn.) (Engl.)

Bei der Belichtung wss. Lsgg. von *Methylenblau* (*MB*) neben größeren Mengen an Mono-, Di- bzw. Trimethylamin (TA) tritt im Vakuum Entfärbung unter Bldg. von Leukomethylenblau u. dem entsprechenden Aminoxyd ein; ersteres wurde spektroskop., letzteres chem. nachgewiesen, die Rk. wurde bei 30° durchgeführt. Bei dieser Rk. bildet sich ein langlebiges, metastabiles Zwischenprod., das auch im Dunkeln langsam MB zurückbildet. Dieses Zwischenprod. zeigt schwache Absorption bei 800, 850 u. 950 mμ. Zusatz von Trimethylaminoxyd (F. 96°, Methanol, aus dem Amin u. H_2O_2) zur Lsg. von MB u. $(CH_3)_3N$ unterdrückt stark die Entfärbung, u. die Photobleichung findet nur nach langer Belichtung statt. Vff. schlagen für die Photo-Rk. folgenden Mechanismus vor: $MB^+ \xrightarrow{h\nu} MB^{+*}, MB^{+*} + H_2O + TA \underset{II\,(k_2)}{\overset{I\,(k_1)}{\rightleftharpoons}}$ Zwischenprod. $\underset{IV}{\overset{III\,(k_3)}{\rightleftharpoons}}$ MBH + Aminoxyd, wobei Vorgang IV unter den gegebenen experimentellen Bedingungen ([MB] = $2\cdot10^{-5}$ m, [TA] = $2\cdot10^{-4}$ bis $2\cdot10^{-1}$ m, pH 9,2) vernachlässigt werden kann. Für die Rk.-Geschw. wurde daraus die folgende Gleichung abgeleitet: $x = A\,\exp. -(k+s)t + B\,\exp. -(k+s)t$ {$x = [MB]$, $k = 1/2(k_1 + k_2 + k_3)$, $s = 1/2[(k_1 + k_2 + k_3)^2 - 4k_1k_3]^{1/2}$, $A = c/2\cdot(1 + k_1 - k/s)$, $B = c/2\cdot(1 - k_1 - k/s)$, c = Anfangskonz. an MB}, die alle experimentellen Ergebnisse befriedigend wiedergibt. Die Photobleichung von MB mit $(CH_3)_3N$ trat auch in A., Isopropanol, Butanol, Aceton, Methyläthylketon, Essigsäure u. Acetanhydrid auf, unterschied sich aber stark in den verschiedenen Lösungsmitteln. M. SCHENK. B 226□

Photochemische Reaktionen zwischen Methylenblau und Tri-, Di- und Monomethylamin. 2. Mitt. Hiroshi Obata und Masao Koizumi. (Bull. chem. Soc. Japan **30.** 142—47. März 1957.) (Engl.) — 1. vgl. vorst. Referat.

Es wurde der Einfl. einer Reihe von Faktoren [Aminkonz. [TA] ([TA]/[MB] = ca. 5—30), pH (7,7—10), Lichtintensität I_0 (relative Intensitäten 1—15,6), Temp. (10—45°)] auf die Geschw. der Photo-Rk. zwischen *Methylenblau* (MB) u. *Mono-*, *Di-* u. *Trimethylamin* in wss. Lsgg. im Vakuum untersucht u. die Ergebnisse auf der Grundlage des in der 1. Mitt. angegebenen Rk.-Schemas analysiert. Die Ergebnisse können folgendermaßen zusammengefaßt werden: $k_1 = k_{10}\,[OH^-][TA]I_0$, k_2 u. k_3 sind ebenfalls proportional $[OH^-]$, beide steigen monoton mit I_0 u. [TA]. Die Aktivierungsenergie für Vorgang I (vgl. vorst. Ref.) beträgt 3,4 bzw. 4,9 kcal/Mol (bei Filterung mit einem Metallnetz) für $(CH_3)_3N$, 8,6 kcal/Mol für $(CH_3)_2NH$; die Quantenausbeute für Prozeß I mit $(CH_3)_3N$ beträgt 10^{-2}. Die Photobleichung des MB wurde ferner in Ggw. von Cu^{2+} u. Fe^{3+}-Ionen untersucht; bei Zusatz von Fe^{3+} nimmt k_3 stark ab, während k_1 u. k_2 prakt. unverändert bleiben. Das Spektrum des Zwischenprod. tritt in Ggw. von Fe^{3+} deutlicher auf, d. h. Fe^{3+} stabilisiert das Zwischenprodukt. In Ggw. von Cu^{2+} zeigt die Rk. eine Induktionsperiode, während der CuCl ausfällt u. deren Dauer proportional $[Cu^{2+}]$ ist; Vff. vermuten daher, daß das Zwischenprod. durch Cu^{2+} angegriffen wird. M. SCHENK. B 226□

Phototropie. Glenn H. Brown und Wilfrid G. Shaw. (Rev. pure appl. Chem. **11.** 2—32. März 1961. Kent, Ohio, Kent State Univ., Dep. of Chem.; Cleveland, Ohio, Standard Oil Co., Res. Dep.) (Engl.)

Übersicht über die Phototropie fester u. gelöster organ. u. anorgan. Verbb., Eigg. dieser Verbb. u. Erklärung des Phänomens der Phototropie in Festkörpern. — 213 Literaturangaben. P. Golinske. B 226 □

Palladium-Katalysatoren. 10. Mitt. **Substratspezifische und stereospezifische Zentren.** Robert L. Beamer, J. Doyle Smith, John Andrako und Walter H. Hartung. (J. org. Chemistry **25.** 798—801. Mai 1960. Richmond, Va., Med. Coll. of Virginia, Dep. of Chem. and Pharmaceut. Chem.) (Engl.) — 9. vgl. J. org. Chemistry **25.** [1960.] 137.

Die aus Benzylamin (Kp.$_{25}$ 81—82°) u. rac.-m-Hydroxyphenylacetylcarbinol (F. 98—101° aus Äthylacetat u. Hexan) bereitete Schiffsche *Base* wird unter gleichen Bedingungen, über Pd als Katalysator, schneller hydriert als die aus dem D-(—)-Carbinol (F. 126—127°; [α] —341,3° in W.) bereitete Schiffsche Base, die, um ebenso schnell wie das rac. Carbinol hydriert zu werden, pro Mengeneinheit Substrat eine doppelt so große Katalysatormenge benötigt wie das Racemat. Ein äquimol. Gemisch von *Benzylacetat* u. *Fumarsäure* (F. 194—195°, aus A.) wird schneller hydriert als die reinen Komponenten unter gleichen Bedingungen; das gleiche gilt für ein äquimol. Gemisch von *cis-* u. *trans-4-Methylpenten-(2)* (F. 137,1° F). Diese Befunde zeigen, daß die Katalysatoroberfläche in Bereiche verschiedener stereospezif. bzw. substratspezif. Affinität unterteilt ist, die bei der Katalyse von Substratgemischen gemeinsam wirken, so daß, um ein Gemisch zweier katalysator-akt. Substanzen A u. B zu hydrieren, im Idealfall die gleiche Katalysatormenge gebraucht wird wie für die Hydrierung der gleichen Menge A bzw. B allein. — Für die Rkk. sind die H_2-Verbrauch–Zeit-Kurven abgebildet. P. Paetzold. B 227 □

Thermodynamik der Fischer-Tropsch-Synthese. Zdzisław Sokalski und Jan Dubik. (Wiadomości chem. **11.** 69—93. März 1957. Gliwice, Politechn. Śląska, Kat. Chem. fiz.) (Dt.)

Übersicht. — 17 Literaturangaben. F. Urban. B 227 □

C. Präparative organische Chemie. Naturstoffe

Synthese des $^{14}C_{(7)}$-p-Cymols. Jean-Pierre Guermont und Louis Pichat. (Bull. Soc. chim. France **1959.** 580—82. April.) (Franz.)

Aus p-Toluylsäureäthylester u. CH_3MgJ erhält man ein Gemisch des entsprechenden tert.-Alkohols mit p-Isopropenyltoluol (I), doch gelingt die Isolierung von reinem I wegen seiner Neigung zur Polymerisation nicht. Vff. gehen daher von p-Bromcumol (II) aus, das nach Jacobsen [1879] erhalten u. durch Dest. über eine Drehbandkolonne von 10—20% des o-Isomeren befreit wurde. Aus **II** wird über die Grignard-Verb. mit $^{14}CO_2$ *$^{14}C_{(COOH)}$-p-Cuminsäure* dargestellt, die mit $LiAlH_4$–$AlCl_3$ in Ae. red. wird. Da die Rk. nicht vollständig verläuft, wird *$^{14}C_{(7)}$-p-Cymol* durch Gaschromatographie abgetrennt.

Versuche: *$^{14}C_{(COOH)}$-p-Cuminsäure*, F. 118—119°, durch Zutropfen von **II** in Ae. zu Mg unter Ae., 1std. Kochen, Stehenlassen über Nacht, Einleiten von $^{14}CO_2$ (aus $Ba^{14}CO_3$ u. H_2SO_4), 20 Min. Rühren bei —20° u. Ansäuern mit 6n H_2SO_4; 87—90% (Ausbeute). — *$^{14}C_{(7)}$-p-Cymol*, durch 150std. Kochen vorst. Verb. mit $AlCl_3$ u. $LiAlH_4$ in Ae. u. Isolierung durch Gaschromatographie; $n_D^{22,5}$ 1,4899; 71—77%.

K.-D. Albrecht. 480 □

Synthese von Kohlenwasserstoffen. 65. Mitt. **Bis-tert.-alkylmethane aus 2.4-Dimethylpentadien-(1.3).** R. Ja. Lewina, Ju. Ss. Schabarow und W. K. Daukschass. (Журнал Общей Химии [J. allg. Chem.] **28** (**90**). 2049—55. Aug. 1958. Moskau, Univ.) (Russ.) — 64. vgl. Вестник Московского Университета, Серия Математики, Механики, Астономии, Физики, Химии [Nachr. Moskauer Univ., Ser. Math., Mechan., Astronom., Physik, Chem.] **13.** [1958.] 187; 63. vgl. C. **1961. 16814.**

Durch Grignard-Rk. von 2-Chlor-4-alkyl-2.4-dimethylpentanen (I) mit Alkylmagnesiumbromiden (II) in Ggw. von $HgCl_2$ werden *symm.* (bei gleichen Alkylresten in I u. II) bzw. *asymm.* (bei unterschiedlichen Alkylresten) *Bis-tert.-alkylmethane* (**III**) in ca. 9%ig. Ausbeute erhalten: 2-Chlor-4-isopropyl-2.4-dimethylpentan liefert bei Einw. von Isopropyl-MgBr *2.3.3.5.5.6-Hexamethylheptan*, mit n-Propyl-MgBr *2.3.3.5.5-Pentamethyloctan.* Analog werden *2.2.4.4-Tetramethylheptan*, *2.4.4.6.6.8-* u. *3.4.4.6.6.7-Hexamethylnonan*, *2.3.3.5.5-Pentamethyl-6-äthyloctan*, *2.5.5.7.7.10-* u. *4.5.5.7.7.8-Hexamethylundecan* dargestellt. Die **I** werden durch Rk. von 2.4-Dimethylpentadien-(1.3) (**IV**) mit HCl, Umsetzung des gebildeten *2-Chlor-2.4-dimethylpenten-(3)* (**V**) mit Alkylmagnesiumbromiden zu *2-Alkyl-2.4-dimethylpentenen-(3)* u. Rk. derselben mit HCl erhalten. Bei vollständiger Hydrochlorierung von IV zu *2.4-Dichlor-2.4-dimethylpentan* (VI) u. nachfolgender Grignard-Rk. in Ggw. von $HgCl_2$ werden *symm.* III nur in sehr geringen Ausbeuten erhalten. So werden nach dieser Meth. nur 3% *3.3.5.5-Tetramethylheptan* gegenüber 9% nach der oben beschriebenen Meth. gebildet.

Versuche: *2-Chlor-2.4-dimethylpenten-(3)* (V), aus IV (Kp.$_{745}$ 92—93°; D.$_4^{20}$ 0,7375; n_D^{20} 1,4448) u. HCl; 1 Mol V gibt durch 2std. Schütteln mit 300 ml in der Kälte mit gasförmiger HCl gesätt. wss. HCl 104 g *2.4-Dichlor-2.4-dimethylpentan* (VI), $C_7H_{14}Cl_2$, D.$_4^{20}$ 1,0292; n_D^{20} 1,4537; daneben ein *dimeres* IV (Kp.$_{10}$ 90°; n_D^{20} 1,4800) u. dessen *Hydrochlorid* [$C_{14}H_{25}Cl$, F. 95° (A.)]. — *2.4.4-Trimethylpenten-(2)*, Kp.$_{740}$ 102—103°, aus V u. Methyl-MgBr; D.$_4^{20}$ 0,7183; n_D^{20} 1,4131; 65% (Ausbeute); gibt bei 2—3tägigem Schütteln mit mit HCl gesätt. konz. HCl unter Eis-Kochsalz-Kühlung u. Vakuum-Dest. *2-Chlor-2.4.4-trimethylpentan* (VII), Kp.$_{12}$ 40—40,5°; D.$_4^{20}$ 0,8746; n_D^{20} 1,4308; gibt mit Propyl-MgBr in Ggw. von $HgCl_2$ nach 1std. Erhitzen auf 40—60°, Behandeln mit 2n Soda-Lsg., W. u. $CaCO_3$ u. Dest. über Na *2.2.4.4-Tetramethylheptan*, Kp.$_{14}$ 58—58,5°; D.$_4^{20}$ 0,7522; n_D^{20} 1,4232; 20%. — *2.3.3.5-Tetramethylhexen-(4)*, Kp.$_{745}$ 152—153°, aus V u. Isopropyl-MgBr; D.$_4^{20}$ 0,7680; n_D^{20} 1,4382; 50%; hieraus analog VII mit konz. HCl *2-Chlor-2.4.4.5-tetramethylhexan*, Kp.$_9$ 65—66°; D.$_4^{20}$ 0,8951; n_D^{20} 1,4498; letzteres gibt mit Propyl-MgBr in Ggw. von $HgCl_2$ *2.3.3.5.5-Pentamethyloctan* (Kp.$_5$ 68—68,5°; D.$_4^{20}$ 0,7904; n_D^{20} 1,4428; 20%), mit Isopropyl-MgBr in Ggw. von $HgCl_2$ *2.3.3.5.5.6-Hexamethylheptan* ($C_{13}H_{28}$, Kp.$_8$ 75—75,4°; D.$_4^{20}$ 0,7976; n_D^{20} 1,4455; 18%). — *2.4.4.6-Tetramethylhepten-(2)*, Kp.$_{20}$ 61—62°, aus V u. Isobutyl-MgBr; D.$_4^{20}$ 0,7608; n_D^{20} 1,4347; 53%; hieraus analog VII mit konz. HCl *2-Chlor-2.4.4.6-tetramethylheptan*, Kp.$_5$ 67—68,5°; D.$_4^{20}$ 0,8790; n_D^{20} 1,4464; gibt mit Isobutyl-MgBr in Ggw. von $HgCl_2$ *2.4.4.6.6.8-Hexamethylnonan*, $C_{15}H_{32}$, Kp.$_2$ 62—63°; D.$_4^{20}$ 0,7852; n_D^{20} 1,4407; 15%. — *2.4.4.5-Tetramethylhepten-(2)*, Kp.$_{742}$ 173—173,4°, aus V u. sek.-Butyl-MgBr; D.$_4^{20}$ 0,7825; n_D^{20} 1,4439; 48%; hieraus mit konz. HCl *2-Chlor-2.4.4.5-tetramethylheptan*, Kp.$_{10}$ 81—82°; D.$_4^{20}$ 0,8937; n_D^{20} 1,4539; gibt mit sek.-Butyl-MgBr in Ggw. von $HgCl_2$ *3.4.4.6.6.7-Hexamethylnonan*, $C_{15}H_{32}$, Kp.$_{2,5}$ 74,6—75°; D.$_4^{20}$ 0,8102; n_D^{20} 1,4506; 6%. — *2.4.4.7-Tetramethylocten-(2)*, Kp.$_{11}$ 65—66°, aus V u. Isoamyl-MgBr; D.$_4^{20}$ 0,7690; n_D^{20} 1,4379; 55%; hieraus mit konz. HCl *2-Chlor-2.4.4.7-tetramethyloctan*, Kp.$_{1,5}$ 71 bis 72°; D.$_4^{20}$ 0,8789; n_D^{20} 1,4477; gibt mit Isoamyl-MgBr in Ggw. von $HgCl_2$ *2.5.5.-7.7.10-Hexamethylundecan*, $C_{17}H_{36}$, Kp.$_2$ 92—92,5°; D.$_4^{20}$ 0,7926; n_D^{20} 1,4443; 10%. — *2.4.4.5-Tetramethylocten-(2)*, Kp.$_{750}$ 188,2—188,7°, aus V u. Pentyl-(2)-magnesiumbromid; D.$_4^{20}$ 0,7820; n_D^{20} 1,4431; 46%; hieraus mit konz. HCl *2-Chlor-2.4.4.5-tetramethyloctan*, Kp.$_3$ 62—63°; D.$_4^{20}$ 0,8854; n_D^{20} 1,4516; gibt mit Pentyl-(2)-magnesiumbromid in Ggw. von $HgCl_2$ *4.5.5.7.7.8-Hexamethylundecan*, $C_{17}H_{36}$, Kp.$_{1,5}$ 89—90°; D.$_4^{20}$ 0,8098; n_D^{20} 1,4500; 3%. — *2.4.4-Trimethyl-5-äthylhepten-(2)*, Kp.$_{745}$ 192—192,5°; D.$_4^{20}$ 0,7878; n_D^{20} 1,4461; 45%; hieraus mit konz. HCl *2-Chlor-2.4.4-trimethyl-5-äthylheptan*, Kp.$_{2,5}$ 57—58°; D.$_4^{20}$ 0,8908; n_D^{20} 1,4549; gibt mit Isopropyl-MgBr in Ggw. von $HgCl_2$ *2.3.3.-5.5-Pentamethyl-6-äthyloctan*, $C_{15}H_{32}$, Kp.$_{11}$ 112—113°; D.$_4^{20}$ 0,8115; n_D^{20} 1,4520; 5%. — *3.3.5.5-Tetramethylheptan*, Kp.$_{12}$ 71—73°; aus 0,25 Mol VII u. Äthyl-MgBr (115 g Äthylbromid, 24,3 g Mg) in 200 ml Ae. in Ggw. von $HgCl_2$; D.$_4^{20}$ 0,7693; n_D^{20} 1,4327; 5%; daneben *dimeres* IV, Kp.$_{12}$ 92°. W. Kurtzmann. 510

Synthese von Kohlenwasserstoffen. 66. Mitt. Kohlenwasserstoffe der C_{11}- bis C_{16}-Reihe mit zwei benachbarten quartären Kohlenstoffatomen. R. Ja. Lewina, P. A. Kaikariss, A. W. Ssimolin und Je. G. Treschtschowa. (Журнал Общей Химии [J. allg. Chem.] 28 (90). 2309—14. Sept. 1958.) (Russ.) — 65. vgl. vorst. Referat.

Durch Rk. von 2-Chlor-2.4-dimethylpenten-(3) (I) oder 3-Chlor-3.5-dimethylhepten-(4) (II) mit tert.-Butyl-MgCl, tert.-Amyl-MgCl, 2-Methylpentyl-(2)- u. 2-Cyclohexylpropyl-(2)-magnesiumchlorid werden *2.2.3.3.5-Pentamethylhexen-(4)* (III), *3.3.-4.4.6-Pentamethylhepten-(5)*, *2.2.3.5-Tetramethyl-3-äthylhepten-(4)*, *3.3.4.6-Tetramethyl-4-äthylocten-(5)*, *4.4.5.7-Tetramethyl-5-äthylnonen-(6)* bzw. *2.3.3.5-Tetramethyl-2-cyclohexylhexen-(4)* erhalten u. durch Hydrierung in *2.2.3.3.5-Pentamethylhexan*, *3.3.4.4.6-Pentamethylheptan*, *2.2.3.5-Tetramethyl-3-äthylheptan*, *3.3.4.6-Tetramethyl-4-äthyloctan*, *4.4.5.7-Tetramethyl-5-äthylnonan* bzw. *2.3.3.5-Tetramethyl-2-cyclohexylhexan* übergeführt. Die Alkene werden infolge der leichten Dehydrochlorierbarkeit von I u. II zu *2.4-Dimethylpentadien-(1.3)* (IV) bzw. einem Gemisch von *3.5-Dimethylheptadien-(2.4)* u. *3-Methyl-5-äthylhexadien-(3.5)* nur in 2—14%ig. Ausbeute erhalten. Die Struktur der Alkene wurde durch den Nachw. der Doppelbindungen im Raman-Spektrum im Frequenzbereich von 1658—1668 cm^{-1} gesichert.

Versuche: *tert.-Butylchlorid* (V), Kp.$_{736}$ 50°, durch ½std. Schütteln von tert.-Butanol mit konz. HCl (bei 0° mit gasförmigem HCl gesätt.), Waschen mit W.

u. Dest.; $D._4^{20}$ 0,847; n_D^{20} 1,3859; 80—90% (Ausbeute). — *tert.-Amylchlorid*, $Kp._{744}$ 84—85°, analog; $D._4^{20}$ 0,8623; n_D^{20} 1,4047. — *2-Chlor-2-methylpentan*, $Kp._{740}$ 105—106°; $D._4^{20}$ 0,8605; n_D^{20} 1,4125. — *2-Chlor-2-cyclohexylpropan*, $Kp._{12}$ 78°; $D._4^{20}$ 0,9626; n_D^{20} 1,4708. — *2.2.3.3.5-Pentamethylhexen-(4)* (**III**), $C_{11}H_{22}$, $Kp._{745}$ 172°, zu tert.-Butyl-MgCl (2,2 Mol **V**, 2 Grammatom Mg, wenig Methyljodid) in Ae. gibt man bei —40° eine äquimol. Menge von frisch dargestelltem **I** in Ae. (1:1), rührt 2 Std. bei —40°, 2 Std. bei Zimmer-Temp. u. kurz unter Erwärmen, gießt das Rk.-Gemisch auf Eis + 10% Essigsäure oder NH_4Cl u. arbeitet wie üblich auf; nach Abdestillieren der niedrigsd. Fraktionen (bis 100°) kocht man die Rest-Fl. mit Na bis zur negativen Rk. auf Cl^-, u. dest. mehrmals im Vakuum u. über Na; $D._4^{20}$ 0,7855; n_D^{20} 1,4470; 14%. Daneben *dimeres 2.4-Dimethylpentadien-(1.3)* (*dimeres* **IV**), $Kp._{750}$ 218—219°, $Kp._{10}$ 90°; n_D^{20} 1,4800. **III** gibt bei Hydrierung in Ggw. von Ni/Al_2O_3 bei 170—180° *2.2.3.3.5-Pentamethylhexan*, $C_{11}H_{24}$, $Kp._{721}$ 170°; $D._4^{20}$ 0,7673; n_D^{20} 1,4296. — *3.3.4.4.6-Pentamethylhepten-(5)*, $Kp._{750}$ 198,5—199°, analog **III** aus **I** u. tert.-Amyl-MgCl; $D._4^{20}$ 0,8099; n_D^{20} 1,4589; 11% (daneben *dimeres* **IV**); gibt bei der Hydrierung *3.3.4.4.6-Pentamethylheptan*, $C_{12}H_{26}$, $Kp._{730}$ 189°; $D._4^{20}$ 0,7892; n_D^{20} 1,4402. — *2.2.3.5-Tetramethyl-3-äthylhepten-(4)*, $C_{13}H_{26}$, $Kp._6$ 71,5—72,5°, analog **III** aus **II** u. tert.-Butyl-MgCl; $D._4^{20}$ 0,8076; n_D^{20} 1,4552; 13%; Hydrierung liefert *2.2.3.5-Tetramethyl-3-äthylheptan*, $C_{13}H_{28}$, $Kp._{725}$ 214—214,2°; $D._4^{20}$ 0,8013; n_D^{20} 1,4470. — *3.3.4.6-Tetramethyl-4-äthylocten-(5)*, $C_{14}H_{28}$, $Kp._8$ 97,5—98°, analog **III** aus **II** u. tert.-Amyl-MgCl; $D._4^{20}$ 0,8226; n_D^{20} 1,4620; 10,5%; liefert durch Hydrierung *3.3.4.6-Tetramethyl-4-äthyloctan*, $C_{14}H_{30}$, $Kp._9$ 108,5—109°; $D._4^{20}$ 0,8156; n_D^{20} 1,4540. — *4.4.5.7-Tetramethyl-5-äthylnonen-(6)*, $C_{15}H_{30}$, $Kp._{760}$ 238—239°; aus **II** u. 2-Methylpentyl-(2)-magnesiumchlorid; $D._4^{20}$ 0,8345; n_D^{20} 1,4690; 2%; liefert durch Hydrierung *4.4.5.7-Tetramethyl-5-äthylnonan*, $C_{15}H_{32}$, $Kp._{28}$ 122—123°; $D._4^{20}$ 0,8197; n_D^{20} 1,4590. — *2.3.3.5-Tetramethyl-2-cyclohexylhexen-(4)*, $C_{16}H_{30}$, $Kp._4$ 125—127°, aus **I** u. 2-Cyclohexylpropyl-(2)-magnesiumchlorid; $D._4^{20}$ 0,8836; n_D^{20} 1,4916; 10%; daneben *dimeres* **IV**. Hydrierung liefert *2.3.3.5-Tetramethyl-2-cyclohexylhexan*, $C_{16}H_{32}$, $Kp._5$ 135—136°; $D._4^{20}$ 0,8464; n_D^{20} 1,4679. W. KURTZMANN. 510□

Synthese von Kohlenwasserstoffen. 67. Mitt. **C_{12}-Kohlenwasserstoffe mit einem und mit zwei quartären Kohlenstoffatomen.** R. Ja. Lewina, P. A. Kaikariss und P. A. Gembitzki. (Журнал Общей Химии [J. allg. Chem.] **28 (90)**. 2825—28. Okt. 1958.) (Russ.) — 66. vgl. vorst. Referat.

Aus 1-Brom-3-methylbuten-(2) (**I**) u. 2-Methylhexyl-(2)-magnesiumchlorid (**II**) entsteht *2.5.5-Trimethylnonen-(2)* (**III**) in nur 8%ig. u. aus **I** u. 2.2.3-Trimethylbutyl-(3)-magnesiumchlorid (**IV**) *2.2.3.3.6-Pentamethylhepten-(5)* (**V**) in nur 7%ig. Ausbeute. **III** u. **V** werden zu *2.5.5-Trimethylnonan* u. *2.2.3.3.6-Pentamethylheptan* hydriert. Die Rk. von 2-Chlor-2.4-dimethylpenten-(3) mit **IV** führt wahrscheinlich wegen ster. Hinderung nicht zur Kondens. der KW-Stoff-Reste, sondern es werden bei der Dest. der Rk.-Prodd. nur *KW-Stoffe* der Zus. C_7H_{12} u. C_7H_{14} (Kp. 80—120°), *dimeres 2.4-Dimethylpentadien-(1.3)* ($Kp._{760}$ 218—220°, $Kp._{10}$ 90°; n_D^{20} 1,4800) in 12%ig. Ausbeute u. wenig einer Fraktion unbekannter Zus. ($Kp._{760}$ 220—235°, $Kp._{10}$ 90—105°) erhalten.

Versuche: *2-Chlor-2-methylhexan*, $Kp._{14}$ 36—37°, aus 2-Methylhexanol-(2) durch Schütteln mit der 2fachen Menge bei 0° mit HCl gesätt. konz. Salzsäure; $D._4^{20}$ 0,8669; n_D^{20} 1,4212; 90% (Ausbeute). — *3-Chlor-2.2.3-trimethylbutan*, F. 130° (Methanol; in zugeschmolzener Capillare), aus 2.2.3-Trimethylbutanol-(3) analog vorst. Verb.; 90%. — *2.5.5-Trimethylnonen-(2)* (**III**), $C_{12}H_{24}$, $Kp._4$ 64,5—65°, durch Zugabe von **I** in Ae. (1:1) zu **II** in Ae. unter Rühren bei —40°, einige Std. Erwärmen u. Zers. durch Gießen auf Eis mit Essigsäure; $D._4^{20}$ 0,7802; n_D^{20} 1,4421; 8%. — *2.2.3.3.6-Pentamethylhepten-(5)* (**V**), $C_{12}H_{24}$, $Kp._{750}$ 195,5°, aus **I** u. **IV** analog vorst. Verb.; $D._4^{20}$ 0,7950; n_D^{20} 1,4493; 7%. — *2.5.5-Trimethylnonan*, $C_{12}H_{26}$, $Kp._5$ 59°, aus **III** durch Hydrierung in Ggw. von Ni auf Al_2O_3 bei 170—180°; $D._4^{20}$ 0,7550; n_D^{20} 1,4236. — *2.2.3.3.6-Pentamethylheptan*, $C_{12}H_{26}$, $Kp._{745}$ 187,5—188°, aus **V** analog vorst. Verb.; $D._4^{20}$ 0,7772; n_D^{20} 1,4345.

H. DRAWE. 510□

Synthese von Kohlenwasserstoffen. 68. Mitt. **Bis-tert.-alkylmethane C_{13} bis C_{15} aus 3.5-Dimethylheptadien-(2.4).** R. Ja. Lewina, W. K. Daukschass und P. A. Kaikariss. (Журнал Общей Химии [J. allg. Chem.] **29 (91)**. 1056—61. April 1959.) (Russ.) — 67. vgl. vorst. Referat.

Das aus 3-Methylhepten-(3)-on-(5) (**I**) mit Methylmagnesiumbromid u. durch Wasserabspaltung aus dem entstandenen tert. Alkohol erhaltene Gemisch aus *3.5-Dimethylheptadien-(2.4)* (**II**) u. *3-Methyl-5-äthylhexadien-(3.5)* (**III**) wird mit HCl in *3-Chlor-3.5-dimethylhepten-(4)* (**IV**) umgewandelt u. dieses mit Äthyl- (**V**), Propyl- (**VI**) bzw. Isopropylmagnesiumbromid (**VII**) umgesetzt unter Bldg. von *3.5-Dimethyl-5-äthylhepten-(3)* (**VIII**), *3.5-Dimethyl-5-äthylocten-(3)* (**IX**) bzw. *3.5.6-Trimethyl-5-äthylhepten-(3)*

(X) in 40—50%ig. Ausbeute u. unter teilweiser Rück-Bldg. von **II** u. **III**. Bei Verw. von 3-Brom-3.5-dimethylhepten-(4) zur Synth. vorst. Verbb. beträgt die Ausbeute nur 27—40%. Durch Addition von HCl werden **VIII, IX** bzw. **X** in ca. 90%ig. Ausbeute in *5-Chlor-3.5-dimethyl-3-äthylheptan* (**XI**), *3-Chlor-3.5-dimethyl-5-äthyloctan* (**XII**) bzw. *5-Chlor-2.3.5-trimethyl-3-äthylheptan* (**XIII**) übergeführt, die (wegen der leichten Abspaltbarkeit von HCl ohne Reinigung durch Dest.) mit **V, VI** bzw. **VII** in Ggw. von $HgCl_2$ zu den Bis-tert.-alkylmethanen *3.5-Dimethyl-3.5-diäthylheptan, 4.6-Dimethyl-4.6-diäthylnonan* bzw. *2.3.5.6-Tetramethyl-3.5-diäthylheptan* umgesetzt werden. Diese entstehen nur in 6—12%ig. Ausbeute, da unter HCl-Abspaltung **VIII, IX** bzw. **X** zu 60% zurückgebildet werden. Aus **XII** wird außerdem mit **VII** *2.3.5-Trimethyl-3.5-diäthyloctan* erhalten. Die Konst. der Bis-tert.-alkylmethane wird durch ihre RAMAN-Spektren bestätigt. Bei der Darst. von **I** aus Methyläthylketon u. CaC_2 tritt kein 3.4-Dimethylhexen-(3)-on-(5) auf, wie sich aus dem RAMAN-Spektrum des durch Hydrierung von **I** erhaltenen *3-Methylheptans* ergibt, aus dem die Abwesenheit von Beimengungen an 3.4-Dimethylhexan hervorgeht.

Versuche: *3-Methylhepten-(3)-on-(5)* (**I**), $Kp._{750}$ 165—167°, aus Methyläthylketon mit CaC_2 im SOXHLET; $D._4^{20}$ 0,8566; n_D^{20} 1,4472. — *3-Methylheptan*, $Kp._{748}$ 117—117,5°, durch Hydrierung von **I** bei 210° in Ggw. von Ni auf Al_2O_3; $D._4^{20}$ 0,7061; n_D^{20} 1,3984. — *3.5-Dimethylheptadien-(2.4)* (**II**), $Kp._{750}$ 136—142°, aus **I** mit Methylmagnesiumbromid; $D._4^{20}$ 0,7681; n_D^{20} 1,4504; 60% (Ausbeute). Daneben als Verunreinigung *3-Methyl-5-äthylhexadien-(3.5)* (**III**). — *3-Chlor-3.5-dimethylhepten-(4)* (**IV**), aus dem Gemisch von **II** u. **III** durch Einleiten von HCl unter Kühlung mit Eis-Kochsalz u. Vertreiben des überschüssigen HCl mit Luft. Beim Aufbewahren oder bei Dest. HCl-Abspaltung. — *3.5-Dimethyl-5-äthylhepten-(3)* (**VIII**), $Kp._{750}$ 173—173,5°, aus **IV** in Ae. durch tropfenweise Zugabe zu **V** in Ae. unter Rühren u. Kühlung mit Eiswasser, 1 Std. langes Rühren unter Kühlung u. 3 Std. bei Zimmer-Temp., 4std. Kochen am nächsten Tag u. Zers. mit verd. Essigsäure; $D._4^{20}$ 0,7776; n_D^{20} 1,4412. — *3.5-Dimethyl-5-äthylocten-(3)* (**IX**), $Kp._{748}$ 191—192°, aus **IV** u. **VI** analog vorst. Verb.; $D._4^{20}$ 0,7805; n_D^{20} 1,4430. — *3.5.6-Trimethyl-5-äthylhepten-(3)* (**X**), $Kp._{755}$ 194—195°, analog aus **IV** u. **VII**; $D._4^{20}$ 0,7914; n_D^{20} 1,4488. — *5-Chlor-3.5-dimethyl-3-äthylheptan* (**XI**), $Kp._8$ 85—86°, aus **VIII** durch Sättigen mit HCl unter Kühlung mit Eis-Kochsalz u. 3tägiges Schütteln mit HCl-gesätt. Salzsäure; $D._4^{20}$ 0,9129; n_D^{20} 1,4579. — *3-Chlor-3.5-dimethyl-5-äthyloctan* (**XII**), $Kp._3$ 74—75°, aus **IX** u. HCl analog vorst. Verb.; $D._4^{20}$ 0,9048; n_D^{20} 1,4581. — *5-Chlor-2.3.5-trimethyl-3-äthylheptan* (**XIII**), $Kp._4$ 78—79°, analog aus **X** u. HCl; $D._4^{20}$ 0,9160; n_D^{20} 1,4628. — *3.5-Dimethyl-3.5-diäthylheptan*, $Kp._{745}$ 221,5°, $Kp._8$ 92—92,5°, aus **XI** durch tropfenweise Zugabe zu **V** in Ae. bei 12—15° in Ggw. von $HgCl_2$, 2std. Rühren bei Zimmer-Temp., 4—5std. Erwärmen u. Zers. mit verd. HCl; $D._4^{20}$ 0,8045; n_D^{20} 1,4481; 12%. — *4.6-Dimethyl-4.6-diäthylnonan*, $Kp._2$ 90°, aus **XII** u. **VI** analog vorst. Verb.; $D._4^{20}$ 0,8069; n_D^{20} 1,4507; 6%. — *2.3.5-Trimethyl-3.5-diäthyloctan*, $Kp._2$ 84,5°, analog aus **XII** u. **VII**; $D._4^{20}$ 0,8155; n_D^{20} 1,4549; 9%. — *2.3.5.6-Tetramethyl-3.5-diäthylheptan*, $Kp._{749}$ 247—248°, $Kp._2$ 83,5°, analog aus **XIII** u. **VII**; $D._4^{20}$ 0,8269; n_D^{20} 1,4600; 10%.

CH. BÖHME. 510□

Zur Kenntnis halogenierter Acetylene. 1. Mitt. **Dichte und Brechungsindex des Dichloracetylens.** Randolph Riemschneider und Klaus Brendel. (Liebigs Ann. Chem. **640.** 1—5. Febr. 1961. Berlin-Dahlem, FU.) (Dt.) — 2. u. 3. vgl. C. **1961.** 14618.

Die Dichte von *Dichloracetylen* (**I**) wurde durch Vgl. mit wss. H_2SO_4 verschiedener Dichte zu 1,37 ± 0,02 bestimmt. Dieser Wert stimmt gut überein mit dem durch Extrapolation aus den Dichten von Ae./**I**-Lsgg. gefundenen. Für den Brechungsindex wird auf Grund einer analogen Extrapolation der Wert n_D 1,448 vorgeschlagen.

CLAUS FISCHER. 530□

Untersuchung auf dem Gebiet der Alkansulfonsäuren. 21. Mitt. **Synthese und Chlorierung von Alkansulfonitroaniliden.** A. G. Kosszowa. (Журнал Общей Химии [J. allg. Chem.] **29 (91).** 3796—99. Nov. 1959. Woronesh, Univ.) (Russ.) — 20. vgl. C. **1961.** 11297.

Nach einer verbesserten Meth. werden durch Rk. von Äthansulfochlorid (**I**) bzw. Butansulfochlorid (**II**) mit m-Nitro- (**III**) u. p-Nitroanilin (**IV**) *Äthan-* (**V**) u. *Butansulfo-m-nitroanilid* (**VI**) bzw. *Äthan-* (**VII**) u. *Butansulfo-p-nitroanilid* (**VIII**) dargestellt. Die Chlorierung von **VII** u. **VIII** liefert *Äthan-* (**IX**) bzw. *Butansulfo-2-chlor-4-nitroanilid* (**X**), deren Struktur durch Hydrolyse zu *2-Chlor-4-nitroanilin* bewiesen wird. Bei der Chlorierung von **V** u. **VI** wird ein Isomerengemisch erhalten.

Versuche: *Äthansulfo-p-nitroanilid* (**VII**), man erhitzt 10,8 g **I**, 13,8 g **IV** u. 50 ml Pyridin 2 Std. auf dem sd. Wasserbad, dann 11 Std. auf 150—160°; 65,6% (Ausbeute). — *Butansulfo-p-nitroanilid* (**VIII**), aus 12 g **II**, 11,5 g **IV** u. 40 ml Pyridin; 68,5%. —

Äthansulfo-m-nitroanilid (V), $C_8H_{10}N_2O_4S$, F. 139—141° (verd. A.), man erhitzt 22,5 g I, 29 g III u. 40 ml Pyridin 2 Std. auf dem Wasserbad u. 3 Std. auf 100—120°; 68,2%. — *Butansulfo-m-nitroanilid* (VI), $C_{10}H_{14}N_2O_4S$, F. 64—66° (verd. A.), analog aus 19 g II u. 17 g III in Ggw. von 40 ml Pyridin; 70,5%. — *Äthansulfo-2-chlor-4-nitroanilid* (IX), $C_8H_9ClN_2O_4S$, F. 115—116° (A.), man leitet in 2 g VII in 55 ml Dichloräthan + 1,8 g $AlCl_3$ in der Siedehitze 2 Std. lang Cl_2 (3,3 ml/s) ein; fasrige, gelbliche Kristalle; 78,3%. — *Butansulfo-2-chlor-4-nitroanilid* (X), $C_{10}H_{13}ClN_2O_4S$, F. 80—82° (A.), analog vorst. Verb. aus VIII; 68%. — *Äthansulfo-x-chlor-m-nitroanilidgemisch*, $C_8H_9ClN_2O_4S$, F. 63 bis 70° (verd. A.), aus V; 78,2%. — *Butansulfo-x-chlor-m-nitroanilidgemisch*, $C_{10}H_{13}\cdot ClN_2O_4S$, Kp.$_5$ 140—190°, aus VI; rötliches Öl. — *2-Chlor-4-nitroanilin*, F. 103—105° (verd. A.), durch 34—36std. Hydrolyse von IX oder X; dunkelgelbe Kristalle; 58,8%.

Helmut Schäfer. 600□

Untersuchung auf dem Gebiet der Alkansulfonsäuren. 22. Mitt. **Bromierung von N-Arylamiden der Alkansulfonsäuren.** A. G. Kosszowa. (Журнал Общей Химии [J. allg. Chem.] **29** (**91**). 3799—3802. Nov. 1959.) (Russ.) — 21. vgl. vorst. Referat.

Durch Bromierung mit Br_2 oder Dioxandibromid (I) werden Methansulfo-, Äthansulfoanilid, Methansulfo-p- u. -o-toluidid, Äthansulfo-p- u. -o-toluidid, Methansulfo-p- u. -o-anisidid, Äthansulfo-p- u. -o-anisidid sowie Butansulfo-p-anisidid in *Methansulfo-, Äthansulfo-4-bromanilid, Methan-* u. *Äthansulfo-3-brom-4-toluidid, Methan-* u. *Äthansulfo-5-brom-2-toluidid, Methan-* u. *Äthansulfo-2.5-dibrom-4-anisidid, Methan-* u. *Äthansulfo-3.6-dibrom-2-anisidid* sowie *Butansulfo-2.5-dibrom-4-anisidid* übergeführt. Die Ausbeuten bei der Bromierung mit Br_2 liegen höher als bei der Verw. von I. Die Struktur der Verbb. wird durch Hydrolyse zu den Bromanilin-Derivv. bewiesen.

Versuche: Bromierung: a) Man löst das Sulfamid in Dichloräthan u. trägt portionsweise Br_2 in Dichloräthan ein; nach 2std. Rühren u. 12std. Stehen krist. man aus heißem A. um; b) man vermischt die äther. Lsgg. der Sulfamide u. I u. läßt 12 Std. stehen; die Anisidide werden mit I $1/4$ Std. lang auf 70—80° erhitzt: *Methansulfo-4-bromanilid*, $C_7H_8BrNO_2S$, F. 134—135°; nach a) 70% (Ausbeute), nach b) 68,5%. — *Äthansulfo-4-bromanilid*, $C_8H_{10}BrNO_2S$, F. 100—102°; 87,7 bzw. 43,8%. — *Methansulfo-3-brom-4-toluidid*, $C_8H_{10}BrNO_2S$, F. 85—86°; 91,3 bzw. 87,6%. — *Äthansulfo-3-brom-4-toluidid*, $C_9H_{12}BrNO_2S$, F. 51—53°; 88,9 bzw. 84,1%. — *Methansulfo-5-brom-2-toluidid*, $C_8H_{10}BrNO_2S$, F. 139—140°; 86,1 bzw. 44,9%. — *Äthansulfo-5-brom-2-toluidid*, $C_9H_{12}Br\cdot NO_2S$, F. 114—116°; 72,0 bzw. 11,2%. — *Methansulfo-2.5-dibrom-4-anisidid*, $C_8H_9Br_2\cdot NO_3S$, F. 153—155°; 57,5 bzw. 28,7%. — *Äthansulfo-2.5-dibrom-4-anisidid*, $C_9H_{11}Br_2\cdot NO_3S$, F. 146—148°; 91,9 bzw. 57,5%. — *Methansulfo-3.6-dibrom-2-anisidid*, $C_8H_9Br_2\cdot NO_3S$, F. 131—132°; 63,6 bzw. 34,2%. — *Äthansulfo-3.6-dibrom-2-anisidid*, $C_9H_{11}Br_2\cdot NO_3S$, F. 105—107°; 80,9 bzw. 46,2%. — *Butansulfo-2.5-dibrom-p-anisidid*, $C_{11}H_{15}Br_2\cdot NO_3S$, F. 87—89°; 72,7 bzw. 15,1%. — Durch Hydrolyse werden erhalten: aus Sulfo-4-bromaniliden: *p-Bromanilin* (F. 64—65°), aus 3-Brom-4-toluididen *3-Brom-p-toluidin* (*N-Acetyl-Deriv.*, F. 116—117°), aus 5-Brom-2-toluididen *N-Acetyl-5-brom-o-toluidin* (F. 155—157°) aus den Dibrom-p-anisididen *2.5-Dibrom-p-anisidin* (F. 78—80°), aus den Dibrom-o-anisididen *3.6-Dibrom-o-anisidin* (F. 97—99°).

Helmut Schäfer. 600□

Cyclische Ester bifunktioneller anorganischer Säuren. A. Simon und G. Heintz. (Naturwissenschaften **47**. 468. 2. Okt.-H. 1960. Dresden, TH, Inst. für anorgan. u. anorgan.-techn. Chemie.) (Dt.)

Durch Auflösung von H_2SeO_3 oder SeO_2 in Glykol (I), Propandiol-(1.3) (II) oder Butandiol-(1.4) (III) entstehen (wahrscheinlich über die Halbester) *Selenigsäureäthylen-, -trimethylen-* bzw. *-tetramethylenester*, während beim Umsatz längerkettiger Diole mit seleniger Säure explosionsartige Oxydation der Diole eintritt. Die Struktur wird durch die UR- u. Raman-Spektren wahrscheinlich gemacht. Durch Umsetzung von TeO_2 mit I bei Siede-Temp. entsteht *Orthotellurigsäurediäthylenglykolester*,

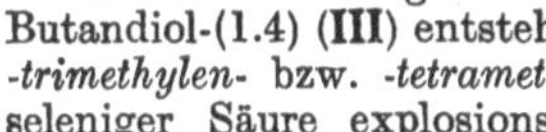, F. 201—202°. II u. III lösen nur geringe Mengen TeO_2.

Gerhard Müller/Bitterfeld. 600□

Untersuchung in der Reihe der 1.5-Diaryl-3-halogenformazane. 1. Mitt. **Synthese von mono- und dihalogensubstituierten 1.5-Diphenyl-3-chlorformazanen.** M. O. Losinski und P. Ss. Pelkiss. (Журнал Общей Химии [J. allg. Chem.] **30** (**92**). 4002—05. Dez. 1960. Inst. für organ. Chem. der Akad. der Wiss. der UkrainSSR.) (Russ.)

Zur Unters. ihrer Eigg. werden durch Rk. von substituierten Phenyldiazoniumchloriden mit Dikaliumchlormalonat (I) in wss. Na-Acetat-Lsg. mono- u. dihalogensubstituierte *1.5-Diaryl-3-chlorformazane* dargestellt, krist. Prodd. mit gelber bis roter Farbe. Die Absorptionsmaxima der dargestellten Formazane sind mit steigendem Atomgewicht der p-Substituenten um 8—15 mμ bathochrom verschoben.

Versuche: 1.5-Diaryl-3-chlorformazane: *-Bis-[o-fluorphenyl]-*, $C_{13}H_9ClF_2N_4$, F. 125—126° (wss. Dioxan), man diazotiert eine Lsg. von o-Fluoranilin in 12%ig. HCl bei 0° mit $NaNO_2$, filtriert unter Rühren in eine gekühlte wss. Lsg. von I u. Na-Acetat, rührt 8 Std. bei 0°, 2 Std. bei Raumtemp., verd. mit W., rührt 1 Std. u. filtriert den Nd. ab; orangerote Kristalle; λ_{max} 246 u. 420 mμ; 48% (Ausbeute). — *-Bis-[m-fluorphenyl]-*, $C_{13}H_9ClF_2N_4$, F. 132—133° (Dioxan/A. 1:2); λ_{max} 252 u. 417 mμ; 72%. — *-Bis-[p-fluorphenyl]-*, $C_{13}H_9ClF_2N_4$, F. 175—176° (wss. Dioxan); λ_{max} 254 u. 417 mμ; 72%. — *-Bis-[o-chlorphenyl]-*, $C_{13}H_9Cl_3N_4$, F. 178—179°; λ_{max} 253 u. 413 mμ; 71%. — *-Bis-[p-chlorphenyl]-*, $C_{13}H_9Cl_3N_4$, F. 194—195° (A./Aceton 1:1); λ_{max} 260 u. 421 mμ; 64%. — *-Bis-[o-bromphenyl]-*, $C_{13}H_9Br_2ClN_4$, F. 195—196° (wss. Aceton); λ_{max} 255 u. 420 mμ; 75%. — *-Bis-[m-bromphenyl]-*, $C_{13}H_9Br_2ClN_4$, F. 198—199° (wss. Aceton); λ_{max} 254 u. 417 mμ; 77%. — *-Bis-[p-bromphenyl]-*, $C_{13}H_9Br_2ClN_4$, F. 200—202° (Aceton/A.); λ_{max} 262 u. 430 mμ; 61%. — *-Bis-[o-jodphenyl]-*, $C_{13}H_9ClJ_2N_4$, F. 200,5—201,5° (wss. Dioxan); λ_{max} 255 u. 425 mμ; 55%. — *-Bis-[m-jodphenyl]-*, $C_{13}H_9ClJ_2N_4$, F. 155—156° (wss. Dioxan); λ_{max} 262 u. 425 mμ; 66%. — *-Bis-[p-jodphenyl]-*, $C_{13}H_9ClJ_2N_4$, F. 194—197° (wss. Dioxan); λ_{max} 262 u. 433 mμ; 76%. — *-Bis-[2.4-dichlorphenyl]-*, $C_{13}H_7Cl_5N_4$, F. 206—206,5° (wss. Dioxan); λ_{max} 263 u. 440 mμ; 78%. — *-Bis-[2.4-dibromphenyl]-*, $C_{13}H_7Br_4ClN_4$, F. 237,5 bis 238° (wss. Dioxan); λ_{max} 252 u. 430 mμ; 71%. — *-Bis-[2.5-dichlorphenyl]-*, $C_{13}H_7Cl_5N_4$, F. 244—245° (wss. Dioxan); λ_{max} 254 u. 423 mμ; 89%. — *-Bis-[2.5-dibromphenyl]-*, C_{13}-$H_7Br_4ClN_4$, F. 261—262° (Dioxan); λ_{max} 260 u. 425 mμ; 66%. — *-Bis-[2.3-dichlorphenyl]-*, $C_{13}H_7Cl_5N_4$, F. 165—167° (Dioxan); λ_{max} 257 u. 425 mμ; 53%. — *-Bis-[3.4-dichlorphenyl]-*, $C_{13}H_7Cl_5N_4$, F. 147—149° (Dioxan); λ_{max} 264 u. 430 mμ; 96%. — *-Bis-[2-chlor-5-trifluormethylphenyl]-*, $C_{15}H_7Cl_3F_6N_4$, F. 179—180° (A./Dioxan); λ_{max} 262 u. 415 mμ; 59%.

ULRICH SCHULZE. 810

Eine enzymatische Spaltung von Serin. Leo Benoiton. (J. chem. Soc. [London] **1961.** 763—64. Febr. Washington, D.C., Univ. of Exeter, Singer Labor.) (Engl.)

Eine befriedigende Spaltung von DL-Serin läßt sich ausgehend vom O-Acetyl-DL-serin durch O → N-Acylwanderung u. Behandlung des nicht isolierten *N-Acetyl-DL-serins* mit Acylase I erreichen. Eine weitere Anwendung der O → N-Acylwanderung ist die Darst. von *N-Glycyl-DL-serin* aus O-Chloracetyl-DL-serinhydrochlorid mit methanol. NH_4OH.

Versuche: *N-Chloracetyl-DL-serin* (I), F. 123° (Essigester), durch 5 Min. lange Rk. von Chloracetylchlorid mit Na-p-Nitrophenolat in Essigester, Einengen, 18std. Rk. des *Chloressigsäure-p-nitrophenylesters* [F. 95° (Bzl.); 70% (Ausbeute)] mit DL-Serin in $NaHCO_3$-Lsg./Essigester, Sättigen mit NaCl u. Extrahieren mit Essigester; 45%. — *O-Chloracetyl-DL-serinhydrochlorid*, $C_5H_9Cl_2NO_4$, F. 147—148° (Eisessig), durch Einleiten von Cl_2 in eine Lsg. von DL-Serin in Chloressigsäure, 8std. Stehen bei 65—70°, Zugeben von Ae. u. Wiederholung der Rk.; 60%; gibt durch Rk. mit n-NaOH, n-NH_4OH oder Triäthylamin in W. (2 Std.), Ansäuern u. Extrahieren mit Essigester I. — *L-Serin*, $C_3H_7NO_3$, durch Einleiten von HCl in eine Suspension von DL-Serin in Eisessig, Lösen der *O-Acetyl-Verb.* (80%) in W., ½std. Stehen mit n-NH_4OH, Einengen, Filtrieren über IR-120 (H^+-Form), Zugeben von NH_4OH bis pH 7,5, 24std. Rk. mit Acylase bei 37°, Zugeben von Essigsäure bis pH 5,2, Einengen u. Zugeben von A.; $[\alpha]_D^{25}$ +14,3° (c = 2; n-HCl); 70%. — *D-Serin*, durch 2std. Kochen der Mutterlauge der L-Verb. mit 2n HCl, Einengen, Lösen in W. u. Zugeben von Pyridin bis pH 5,2 u. A.; $[\alpha]_D^{25}$ —14,4° (c = 2; n-HCl); 60%. — *N-Glycyl-DL-serin*, $C_5H_{10}N_2O_4$, durch 3tägiges Stehen von O-Chloracetyl-DL-serinhydrochlorid mit methanol. NH_4OH bei 23°, Einengen u. Umkristallisieren aus W./A.; 60%.

E. SCHRÖDER. 950□

Darstellung von Aminosäurebenzylestern und -p-nitrobenzylestern. James E. Shields, William H. McGregor und Frederick H. Carpenter. (J. org. Chemistry **26.** 1491—94. Mai 1961. Berkeley, Calif., Univ., Dep. of Biochem.) (Engl.)

Durch mehrstd. Kochen von Aminosäuren mit Benzylalkohol (I) oder p-Nitrobenzylalkohol (II) u. CCl_4 in Ggw. von Benzolsulfonsäure (III) entstehen *Aminosäurebenzylesterbenzolsulfonate* bzw. *-p-nitrobenzylesterbenzolsulfonate.* *N^ε-Tosyl-L-lysin-*, *N^ε-p-Nitrobenzyloxycarbonyl-L-lysin-p-nitrobenzylesterbenzolsulfonat* u. *L-Histidin-p-nitrobenzylesterdibenzolsulfonat* werden beschrieben.

Versuche: *L-Valinbenzylester, Benzolsulfonat*, $C_{18}H_{23}NO_5S$, F. 177—180° (Methanol/Ae.), durch 15std. Kochen von L-Valin mit I, CCl_4 u. III u. Zugeben von Ae.; $[\alpha]_D^{24}$ +14° (c = 3,78; Pyridin); 93% (Ausbeute). *Hydrochlorid*, $C_{12}H_{18}ClNO_2$, F. 138—139° (Essigester), durch Rk. des Benzolsulfonats in Chlf. mit Triäthylamin u. Einleiten von HCl; $[\alpha]_D^{24}$ +9,1° (c = 3; Pyridin); 30%. — *L-Glutaminsäuredibenzylester, Benzolsulfo-*

nat, $C_{25}H_{27}NO_7S$, F. 115—117° (Methanol/Ae.), $[\alpha]_D^{24}$ +18° (c = 3,11; Pyridin); 90%. *Hydrochlorid*, F. 100—102° (Methanol/Ae.); 90%. — *L-Alaninbenzylesterbenzolsulfonat*, $C_{16}H_{19}NO_5S$, F. 111,5—113,5° (A./Ae.); $[\alpha]_D^{24}$ +7,5° (c = 4,5; Pyridin); 91%. — *L-Phenylalaninbenzylester, Benzolsulfonat*, $C_{22}H_{23}NO_5S$, F. 162—164°, $[\alpha]_D^{24}$ +19° (c = 3,29; Pyridin); 100%. *Hydrochlorid*, F. 203—205° (Essigester/PAe.); 85%. — *N^ε-Tosyl-L-lysin-p-nitrobenzylesterbenzolsulfonat*, $C_{26}H_{31}N_3O_9S_2$, F. 170—172° (W.), durch 1tägiges Kochen von N^ε-Tosyl-L-lysin mit **II** u. **III** in CCl_4 u. Kristallisation aus 95%ig. Aceton; $[\alpha]_D^{24}$ +3,2° [c = 4; Dimethylformamid (DMF)]; 69%. — *N^ε-p-Nitrobenzyloxycarbonyl-L-lysin*, $C_{14}H_{19}N_3O_6$, F. 240—241° (W.), durch Kochen von L-Lysinhydrochlorid mit bas. Cu-Carbonat in W., Zugeben von 2n $KHCO_3$ u. Dioxan, Zugeben von p-Nitrocarbobenzoxychlorid in Dioxan u. 4n NaOH bei 0°, Lösen des Nd. in 1n HCl, Einleiten von H_2S u. Neutralisieren mit NH_4OH (pH 6); $[\alpha]_D^{24}$ +14,2° (c = 4; 6n HCl); 66%. *p-Nitrobenzylesterbenzolsulfonat*, $C_{27}H_{30}N_4O_{11}S$, F. 155—157° (W.), $[\alpha]_D^{24}$ +3,7° (c = 3; DMF); 70%. — *L-Phenylalanin-p-nitrobenzylesterbenzolsulfonat*, $C_{22}H_{22}N_2O_7S$, F. 190—191° (95%ig. Aceton/Ae. oder W.), $[\alpha]_D^{24}$ +11,0° (c = 4; DMF); 64%. — *L-Alanin-p-nitrobenzylesterbenzolsulfonat*, $C_{16}H_{18}N_2O_7S$, F. 158—160° (95%ig. Aceton/Ae. oder W.), $[\alpha]_D^{24}$ +7,1° (c = 7,5; Pyridin); 44%. — *p-Nitrobenzyloxycarbonyl-L-alanin-p-nitrobenzylester*, $C_{18}H_{17}N_3O_8$, F. 132,5—135° (Bzl./Pentan), durch 3tägiges Stehen von p-Nitrobenzyloxycarbonyl-L-alanin mit p-Nitrobenzylbromid u. Triäthylamin in Essigester; $[\alpha]_D^{24}$ −1,3° (c = 4; Chlf.); 33%. — *L-Alanin-p-nitrobenzylesterhydrobromid*, $C_{10}H_{13}Br \cdot N_2O_4$, F. 177—178,5° (Methanol/Ae.), durch ³/₄std. Rk. vorst. Verb. mit HBr/Eisessig bei 60° u. Gießen in Ae.; $[\alpha]_D^{25}$ −3,0° (c = 5; DMF); 62%. — *DL-Histidin-p-nitrobenzylesterdibenzolsulfonat*, $C_{25}H_{26}N_4O_{10}S_2$, F. 215—217° (95% ig. A.), durch 2tägiges Kochen von DL-Histidinmonohydrochloridhydrat mit **II** u. **III** in CCl_4, Lösen des Nd. in W., Zugeben von Aceton u. Einengen; 60%. *L-Verb.*, $C_{25}H_{26}N_4O_{10}S_2 \cdot H_2O$, F. 92—95° (90% ig. A./Ae.), $[\alpha]_D^{20}$ −4,95° (c = 3; Pyridin); 90%. E. SCHRÖDER. 950□

Synthese von Argininanaloga. 1. Mitt. **Synthese von DL-2-Amino-3-guanidinopropionsäure.** Seishi Takagi, Hiroaki Tsukatani und Kyozo Hayashi. (Chem. pharmac. Bull. [Tokyo] **7.** 616—18. Juli 1959. Kyoto, Univ., Med. Fac., Pharmaceut. Inst.) (Engl.)

Zur Synth. von *DL-2-Amino-3-guanidinopropionsäure* (**I**) wird DL-2.3-Bis-[benzyloxycarbonylamino]-propionsäure (**IV**) über das *Säurechlorid* in *DL-2-Amino-3-benzyloxycarbonylaminopropionsäureanhydrid* übergeführt, aus dem durch Hydrolyse mit HCl u. anschließende Benzoylierung *DL-2-Benzamido-3-benzyloxycarbonylaminopropionsäure* (**II**) gewonnen wird. Hydrogenolyse von **II** in Ggw. von Pd u. Rk. mit S-Methylisothioharnstoffsulfat (**III**) liefert *DL-2-Benzamido-3-guanidinopropionsäure*, die mit HCl zu **I** hydrolysiert wird.

Versuche: *DL-2.3-Bis-[benzyloxycarbonylamino]-propionsäure* (**IV**), F. 122—123,5° (Chlf.), aus 9,3 g DL-2.3-Diaminopropionsäure (**V**) mit Carbobenzoxychlorid in 2n NaOH; 19,9 g. — *DL-2-Amino-3-benzyloxycarbonylaminopropionsäureanhydrid*, F. 127—128° (Essigester/PAe.), durch 40 Min. langes Erwärmen von 1,01 g **IV** mit $SOCl_2$ in abs. Chlf. auf 45—50° u. Einengen; gelbe Kristalle; 0,62 g. — *DL-2-Amino-3-benzyloxycarbonylaminopropionsäure*, $C_{11}H_{14}N_2O_4$, F. 242—243° (Zers.; 50% ig. A.), a) durch 40std. Stehen von 0,62 g vorst. Verb. mit 5n HCl in Aceton, Einengen, Lösen in n-HCl u. Neutralisieren mit verd. NH_4OH; Blättchen; 0,51 g; b) durch 40 Min. langes Erwärmen von 0,51 g **IV** mit $SOCl_2$ in abs. Chlf. auf 50°, Einengen, 40std. Stehen mit 5n HCl in Aceton u. analog a); 0,55 g; c) durch Rk. des **V**-Cu-Komplexes (aus 10 g **V**) mit Carbobenzoxychlorid in 2n NaOH/Toluol, ¹/₂std. Rühren u. Rk. des Nd. in W. mit H_2S; 3,1 g; d) durch Rk. von **V** in NaOH bei pH 11 mit Carbobenzoxychlorid, Abfiltrieren vom **IV**-Na-Salz, Ansäuern, Extrahieren mit Chlf., Einengen, Lösen in W. u. Neutralisieren mit n-NaOH; 0,50 g. — *DL-2-Benzamido-3-benzyloxycarbonylaminopropionsäure* (**II**), F. 150—151° (verd. Aceton), durch Rk. von 4,76 g vorst. Verb. mit Benzoylchlorid in NaOH, Ansäuern u. Extrahieren mit Bzl.; 5,05 g. — *DL-2-Benzamido-3-aminopropionsäure*, $C_{10}H_{12}N_2O_3$, F. 226 bis 227° (Zers.), durch Hydrogenolyse von 5,95 g **II** in Methanol/Essigsäure in Ggw. von Pd bei 50°; 3,02 g. — *DL-2-Benzamido-3-guanidinopropionsäure*, $C_{11}H_{14}N_4O_3$, F. 240 bis 242° (Zers.; W.), durch ¹/₄std. Erwärmen von 0,83 g vorst. Verb. mit **III** in 2n NaOH auf 70° u. Stehen bei 0°; Nadeln; 0,91 g. — *DL-2-Amino-3-guanidinopropionsäure* (**I**), *Dihydrochlorid*, $C_4H_{12}Cl_2N_4O_2$, F. 180—181° (Zers.; W./Aceton), durch 5std. Erwärmen von 0,5 g vorst. Verb. mit 5n HCl auf 120—130° unter Druck, Einengen u. Extrahieren mit Ae.; 0,2 g. *Flavianat*, $C_{14}H_{16}N_6O_{10}S$, F. 256° (Zers.). *Benzyliden-Verb.*, $C_{11}H_{14}N_4O_2 \cdot 1^1/_2\,H_2O$; F. 171,5—172° (Zers.). E. SCHRÖDER. 950□

Synthese von Argininanaloga. 2. Mitt. **Synthese von L-2-Amino-4-guanidinobuttersäure.** Seishi Takagi, Hiroaki Tsukatani und Kyozo Hayashi. (Chem. pharmac. Bull. [Tokyo] **7.** 619—21. Juli 1959.) (Engl.) — 1. vgl. vorst. Referat.

Zur Synth. von *L-2-Amino-4-guanidinobuttersäure* (I) wird L-2.4-Bis-[benzyloxycarbonylamino]-buttersäure über das *Säurechlorid* in *L-2-Amino-4-benzyloxycarbonylaminobuttersäure* (II) umgewandelt, die auch direkt aus L-2.4-Diaminobuttersäure (III) u. Carbobenzoxychlorid (IV) bei pH 11 oder aus dem III-Cu-Komplex u. IV erhalten werden kann. Benzoylierung von II u. anschließende Hydrogenolyse liefert *L-2-Benzamido-4-aminobuttersäure*, aus der mit S-Methylisothioharnstoffsulfat (V) *L-2-Benzamido-4-guanidinobuttersäure* (VI) erhalten wird. Hydrolyse von VI liefert schließlich I.

Versuche: *L-2.4-Diaminobuttersäure* (III), *Monohydrochlorid*, F. 233,5° (Zers.; wss. A.), durch 5std. Rk. von 120 g L-Glutaminsäure in 100% ig. H_2SO_4 mit einer 9,2% ig. HN_3/Chlf.-Lsg. bei 43—46°, Gießen der H_2SO_4-Schicht in W., Zugeben von $Ba(OH)_2$ (pH 3—4) u. von Pikrinsäure, Lösen des *Pikrats* [F. 182—183° (W.)] in heißem W., Zugeben von konz. HCl, Extrahieren mit Ae., Einengen, Lösen des *Dihydrochlorids* in A. u. Zugeben von Pyridin; 66,5%. — *L-2.4-Bis-[benzyloxycarbonylamino]-buttersäure*, F. 112 bis 114°, durch Rk. von 1,5 g des III-Hydrochlorids in W. u. IV in Ggw. von MgO Extrahieren mit Ae., Ansäuern u. Extrahieren mit Chlf.; 1,6 g. — *L-2-Amino-4-benzyloxycarbonylaminobuttersäure* (II), $C_{12}H_{16}N_2O_4$, F. 235°, a) durch $^1/_2$std. Erwärmen von 1,25 g vorst. Säure mit PCl_5 in Chlf., Einengen, 18std. Stehen mit 5n HCl in Aceton, Einengen, Lösen in W. u. Zugeben von NH_4OH (pH 7); 0,07 g; b) durch $1^1/_2$std. Rk. des III-Cu-Komplexes (aus 10 g III·HCl) in 2n NaOH mit IV, Suspendieren des Nd. in W. u. Einleiten von H_2S; 3 g; c) durch Rk. von 1,08 g III in NaOH bei pH 11 mit IV, Ansäuern (pH 2), Extrahieren mit Chlf. u. Neutralisieren; 0,12 g. — *L-2-Benzamido-4-benzyloxycarbonylaminobuttersäure*, $C_{19}H_{20}N_2O_5$, F. 143—143,5° (wss. Aceton), durch Benzoylierung von 1,0 g II in NaOH; $[\alpha]_D^{25}$ +5,37° (Aceton); 1,33 g. — *L-2-Benzamido-4-aminobuttersäure*, $C_{11}H_{14}N_2O_3 \cdot H_2O$, F. 213° (30% ig. Aceton), durch Hydrogenolyse von 6,8 g vorst. Säure in Methanol/Essigsäure in Ggw. von Pd-Kohle bei 50°; $[\alpha]_D^{15}$ +15,1° (W.); 2,5 g. — *L-2-Benzamido-4-guanidinobuttersäure* (VI), $C_{12}H_{16}N_4O_3 \cdot H_2O$, F. 247 bis 248° (W.), durch $^1/_4$std. Erwärmen vorst. Verb. mit V in 2n NaOH; $[\alpha]_D^{17}$ —32,48° (n-HCl). — *L-2-Amino-4-guanidinobuttersäure* (I), *Dihydrochlorid*, $C_5H_{14}Cl_2N_4O_2$, durch 5std. Erwärmen von VI mit konz. HCl auf 120—130° unter Druck, Einengen u. Umfällen aus W./Aceton; hygroskop.; $[\alpha]_D^{15}$ +36,0° (2n HCl). *Flavianat*, $C_{15}H_{18}N_6O_{10}S$, F. 260° (Zers.). *Benzyliden-Verb.*, $C_{12}H_{16}N_4O_2$, F. 214—215° (Zers.). E. SCHRÖDER. 950□

Die Darstellung und antibakterielle Wirkung von Metallchelaten einiger antituberkulöser Agentien, Aminosäuren und Peptide. Frederick T. Counter jun., Ronald N. Duvall, William O. Foye und Raymond W. Vanderwyk. (J. Amer. pharmac. Assoc., sci. Edit. **49**. 140—43. März 1960. Boston, Mass., Coll. of Pharm., Dep. of Chem. and Biol. Sci.) (Engl.)

18 Metallchelate u. Komplexe einiger α-Aminosäuren, Peptide, von Isonicotinoylhydrazid (I), p-Aminosalicylsäure (II), p-Acetylaminobenzalthiosemicarbazon (III) u. Biotin werden auf ihre antibakterielle Aktivität gegenüber 10 Mikroorganismen (*E. coli, S. marcescens, S. albus, K. pneumoniae, P. vulgaris, B. subtilis, A. faecalis, S. aureus, A. aerogenes, Ps. aeruginosa*) untersucht. Mit Cu-Komplex u. -Chelat von II, Co-Chelat von I u. Methionin sowie den Cu-Chelaten von Glycyl-DL-alanin u. Biotin werden quant. Unterss. durchgeführt. Es wird gezeigt, daß die Komplexe von Methionin u. Biotin aktiver als die Metallionen sind, jedoch scheint die Wrkg. der Chelate der antituberkulösen Agentien z. T. von der Dissoziation der Chelate abzuhängen.

Versuche: *p-Aminobenzaldehydthiosemicarbazon*, F. 196—197°. — *p-Acetylaminobenzaldehydthiosemicarbazon* (III), F. 228—229°. *Cu-Chelat*, $C_{20}H_{22}CuN_8O_2S_2 \cdot 2\,H_2O$, durch Zugeben von $CuSO_4 \cdot 5\,H_2O$ in W. zu III in abs. A.; 80,8% (Ausbeute). — *Methionin-Co-Chelat*, $C_{10}H_{20}CoN_2O_4S_2$, durch Zugeben von $CoCl_2 \cdot 6\,H_2O$ in W. zu DL-Methionin in wss. Alkali (pH 10,4); 96%. — *Methioninsulfoxyd-Cu-Chelat*, $C_{10}H_{20}CuN_2O_6S_2$, durch Rk. von Methioninsulfoxyd mit $Cu(OH)_2$ in W., Einengen u. Zugeben von abs. A.; 99%. — *Cystin-Co-Chelat*, $C_6H_{10}CoN_2O_4S_2 \cdot H_2O$, aus Cystin u. $CoCl_2 \cdot 6\,H_2O$ in verd. NaOH; 98%. *Fe-Chelat*, $C_6H_{10}FeN_2O_4S_2$, aus Cystin u. $FeSO_4 \cdot 7\,H_2O$ in verd. NaOH; 93%. — *Biotin-Cu-Komplex*, $C_{30}H_{44}Cu_2N_6O_9S_3 \cdot 4\,H_2O$, aus d-Biotin u. $CuSO_4 \cdot 5\,H_2O$ in verd. NaOH; 39%. — *Phthaloylglycin-Cu-Deriv.*, $C_{20}H_{12}CuN_2O_8 \cdot 3\,H_2O$, aus Phthaloylglycin u. $CuSO_4 \cdot 5\,H_2O$ in W. bei pH 7,5; 68%. — *Phthaloylglycylglycin-Cu-Chelat*, $C_{24}H_{18}CuN_4O_{10} \cdot 4\,H_2O$, aus Phthaloylglycylglycin u. $CuSO_4 \cdot 5\,H_2O$ in W.; 60%. — *Diphthaloylglycylcystin*, $C_{26}H_{22}N_4O_{10}S_2 \cdot 2\,H_2O$, F. 152—155°, durch 1std. Rk. von Cystin-Na in W. mit Phthaloylglycinchlorid in Bzl. u. Ansäuern; 26%. *Cu-Chelat*, $C_{26}H_{20}CuN_4O_{10}S_2 \cdot 3\,H_2O$; 57%. — *Glycyl-DL-alanin-Cu-Chelat*, $C_{10}H_{18} \cdot CuN_4O_6 \cdot H_2O$, durch 1std. Rühren von Glycyl-DL-alanin mit $Cu(OH)_2$ in W., Einengen u. Zugeben von abs. A.; 95%. E. SCHRÖDER. 950□

Darstellung von β-Asparaginhydroxamsäure. Nathan de Groot und N. Lichtenstein. (Bull. Res. Council Israel, Sect. A **8A.** 116—17. Sept. 1959. Jerusalem, Hebrew Univ., Dep. of Biol. Chem.) (Engl.)

Durch 6—7tägiges Stehen von 4 g L- (bzw. D)-Asparaginsäure-β-methylesterhydrochlorid in abs. Methanol mit Triäthylamin u. Hydroxylaminhydrochlorid u. Kristallisation des Nd. aus W./A. entsteht *L-β-Asparaginhydroxamsäure*, $C_4H_8N_2O_4$, $[\alpha]_D^{25}$ +27,9°. (c = 2; 1n HCl); 1,25 g. *D-Verb.*, $[\alpha]_D^{25}$ —27,7°. E. Schröder. 950□

Neue Veresterungsmethoden in der Peptidchemie. 1. Mitt. **Selektive Veresterung mit Hilfe neuer Katalysatoren.** Emil Taschner und Czeslaw Wasielewski. (Liebigs Ann. Chem. **640.** 136—39. 2/3. 1961. Gdansk, TH, Inst. für Allg. Chem.) (Dt.)

Eine größere Anzahl von Substanzen wurde auf ihre Eignung als Veresterungskatalysatoren für N-acylierte Aminosäuren u. Peptide untersucht. Am Beispiel des Phthalylglycins wird gezeigt, daß mit $AsCl_3$, $PHal_5$, SO_2Cl_2, $SOCl_2$, $SiCl_4$ u. CH_3COCl die höchsten Ausbeuten erreicht werden. Als viel weniger wirksam erwiesen sich organ. Sulfonsäurechloride u. anorgan. Säuren. Bei den untersuchten N-acylierten Peptiden konnte, abgesehen von einer Ausnahme, keine alkoholyt. Spaltung der Peptidbindung beobachtet werden, auch dann nicht, wenn die Menge des Katalysators (SO_2Cl_2) 0,2 mMol auf 1 mMol Peptid betrug (Rk.-Zeit 48 Std./20°); wurde die Rk. aber in 2½ Std. bei 60° durchgeführt, so konnte eine solche beobachtet werden. *Tosyl-L-asparaginmethylester* u. *Carbobenzoxy(Cbo)-glycylasparaginmethylester* konnten synthetisiert werden. *Cbo-L-asparagin-* u. *Tosyl-L-glutaminmethylester* fielen etwas unrein an. Die Veresterung verläuft ohne Racemisierung. Aminosäuren u. Peptide ließen sich weder in Form ihrer Hydrochloride noch ihrer p-Toluolsulfonate verestern, auch dann nicht, wenn die Rk. mit 1—2 mMol SO_2Cl_2 auf 1 mMol Säure u. bei erhöhter Temp. durchgeführt wird.

Versuche: Acylaminosäuremethylester, durch 48std. Rk. von 1 mMol N-acylierter Aminosäure in 2 ml abs. Methanol mit 0,01—0,05 mMol $SOCl_2$ bei 20°, Einengen, Verreiben mit gesätt. $NaHCO_3$-Lsg. u. Extrahieren mit Essigester: *Phthalylglycin-*, F. 116°; 91% (Ausbeute). — *Tosylglycin-*, F. 91—93°; 94%. — *Phthalyl-DL-leucin-*, F. 61°; 91%. — *Tosyl-DL-leucin-*, F. 81°; 90%. — *Phthalyl-DL-valin-*, F. 39—41°; 94%. — *Dibenzoyl-L-tyrosin-*, F. 144°, $[\alpha]_D^{20}$ +93,0° (c = 3; Chlf.); 93%. — *Cbo-L-asparagin-*, F. 143—147°; 86%. — *Tosyl-L-asparagin-*, F. 181°; 90%. — *Tosyl-L-glutamin-*, Öl. — *Tosylpyroglutaminsäure*, F. 122°, $[\alpha]_D^{20}$ —45,0° (c = 2; Chlf.); 48%. — N-Acylpeptidmethylester: *Phthalylglycyl-DL-valin-*, F. 196°; 91%. — *Phthalylglycyl-DL-asparagin-*, F. 223°; 90%. — *Cbo-DL-leucylglycin-*, F. 76°; 90%. E. Schröder. 950□

Neue Veresterungsmethoden in der Peptidchemie. 2. Mitt. **Darstellung der Benzylester von Aminosäuren und Peptiden.** Emil Taschner und Czeslaw Wasielewski. (Liebigs Ann. Chem. **640.** 139—41. 2/3. 1961.) (Dt.) — 1. vgl. vorst. Referat.

Durch 5std. Erwärmen von 1 mMol N-acylierter Aminosäuren u. Peptide in symm.-Tetrachloräthan mit Benzylalkohol in Ggw. von 0,01—0,05 mMol SO_2Cl_2 auf 100° entstehen die *N-Acylaminosäure-* bzw. *N-Acylpeptidbenzylester*. Papierchromatograph. ließ sich zeigen, daß die Peptidbindung in geringem Ausmaß alkoholyt. gespalten wird. Die Veresterung verläuft jedoch ohne Racemisierung. Die am N-Atom ungeschützten Aminosäuren u. Peptide ließen sich auf diesem Wege auch dann nicht verestern, wenn SO_2Cl_2 im Überschuß angewendet wurde. Gute Ergebnisse wurden dagegen erzielt, wenn die p-Toluolsulfonate angewandt wurden. Die Rk. wird analog wie bei den N-acylierten Verbb. durchgeführt, jedoch mit größeren Mengen Benzylalkohol. Auch hier verlief die Rk. ohne Racemisierung.

Versuche: N-Acylaminosäure(peptid)-benzylester, durch 5std. Erwärmen der N-Acylaminosäuren(peptide) in symm.-Tetrachloräthan u. Benzylalkohol in Ggw. von SO_2Cl_2, Einengen u. Lösen in Ae. oder Essigester: *Phthalylglycin-*, F. 107—108°; 98% (Ausbeute). — *Tosylglycin-*, F. 82—84°; 97%. — *Carbobenzoxy*(Cbo)-*glycin-*, F. 71°; 90%. — *Cbo-DL-alanin-*, F. 58°; 90%. — *Cbo-DL-phenylalanin-*, F. 85°; 89%. — *Dibenzoyl-DL-tyrosin-*, F. 168°; 91%. — *Cbo-S-benzyl-L-cystein-*, F. 65°, $[\alpha]_D^{20}$ —41,7° (c = 3; Essigsäure). — *Phthalylglycylglycin-*, F. 165°; 94%. — *Cbo-glycyl-DL-phenylalanin-*, F. 118—120°; 92%. — *Cbo-glycyl-DL-leucin-*, F. 67—69°; 91%. — *Cbo-DL-leucylglycin-*, F. 89°; 90%. — Aminosäure(Peptid)-benzylester-p-toluolsulfonate, durch 5std. Erwärmen der Aminosäuren u. p-Toluolsulfonsäure in symm.-Tetrachloräthan u. Benzylalkohol in Ggw. von SO_2Cl_2 auf 100°, Einengen, Verreiben mit Ae. u. Kristallisation aus Essigester oder A./Ae.: *Glycin-*, F. 129°; 98%. — *DL-Leucin-*, F. 153°; 92%. — *DL-Phenylalanin-*, F. 145—146°; 95%. — *DL-Asparaginsäuredibenzylester-*, F. 129 bis 130°; 89%. — *L-Glutaminsäuredibenzylester-*, F. 138°; $[\alpha]_D^{20}$ +8,56° (c = 2,5; Methanol); 82%. — *Glycyl-DL-phenylalanin-*, F. 139°; 88%. E. Schröder. 950□

Neue Veresterungsmethoden in der Peptidchemie. 3. Mitt. Veresterungen mit Hilfe von Estern. Emil Taschner und Czeslaw Wasielewski. (Liebigs Ann. Chem. **640**. 142—44. 2/3. 1961.) (Dt.) — 2. vgl. vorst. Referat.

N-Acylierte Aminosäuren u. einige ihrer Derivv. wurden mit den Methyl- bzw. Äthylestern der Ameisensäure oder Essigsäure in Ggw. von 96% ig. H_2SO_4 oder p-Toluolsulfonsäuremonohydrat (I) in Mengen von 2 mMol auf 1 mMol Säure selektiv verestert. $HClO_4$ u. HBr gaben ebenfalls gute Ausbeuten, aber die Reinheit der Prodd. war unbefriedigend. Mit Trifluoressigsäure konnte keine Veresterung erzwungen werden. Bei Veresterung von Carbobenzoxy(Cbo)-aminosäuren ist es vorteilhafter, I als Katalysator zu verwenden. Die Rk. verläuft ohne Racemisierung. Verss., Glycin, Leucin, Tryptophan, Lysin oder Glycylleucin als schwefelsaure Salze zu verestern, schlugen fehl, außer beim Phenylalanin, das mit Essigester in guter Ausbeute umgesetzt wurde. Mit Essigsäurecyanmethylester bzw. -phenylester konnte keine Veresterung erzielt werden.

Versuche: N-Acylaminosäure(peptid)-ester, durch 4—5tägiges Stehen von 1 mMol N-acylierter Aminosäure oder Peptid mit Ameisensäure- oder Essigsäureester in Ggw. von 2 mMol 96% ig. H_2SO_4 oder I bei 20°, Einengen u. Lösen in Essigester oder Ae.: *Phthalylglycin, Methylester*, F. 116°; 82% (Ausbeute). *Äthylester*, F. 111°; 81%. — *Tosylglycinmethylester*, F. 91—93°; 90%. — *Tosyl-DL-leucinmethylester*, F. 81°; 87%. — *Dibenzoyl-L-tyrosinmethylester*, F. 142°, $[\alpha]_D^{25}$ +90,0° (c = 2; Chlf.); 96%. — *Tosyl-L-asparaginmethylester*, F. 181°; 93%. — *Cbo-L-asparaginmethylester*, F. 148°; 82%. — *DL-Pyroglutaminsäureäthylester*, F. 54°; 74%. — *Tosyl-L-pyroglutaminsäure, Methylester*, F. 122—123°, $[\alpha]_D^{20}$ —45,0° (c = 1; Chlf.); 91%. *Äthylester*, F. 115°, $[\alpha]_D^{25}$ —42,5° (c = 1; Chlf.); 96%. — *Tosyl-L-glutaminmethylester*, F. 141°, $[\alpha]_D^{20}$ +21,6° (c = 1; Chlf.); 92%. — *Cbo-L-glutaminmethylester*, F. 138—139°; 87%. — *Phthalylglycyl-L-asparaginmethylester*, F. 223—225°; 85%. E. SCHRÖDER. 950□

Untersuchungen der spezifisch chemischen Spaltung von Peptidbindungen. 3. Mitt. Spaltung von Peptiden mit einem Glutaminsäurerest. A. R. Battersby und J. J. Reynolds. (J. chem. Soc. [London] **1961**. 524—30. Febr. Bristol, Univ.) (Engl.) — 2. vgl. C. **1957**. 7629.

Durch Rk. von N-Benzoylglycyl-DL-glutaminsäure (I) mit 1 Mol Chlorkohlensäureäthylester (II) u. Glycinhexylamid (III) entsteht *N-Benzoylglycyl-α-* (**IV**) u. *-γ-DL-glutamylglycinhexylamid* (**V**), die durch Gegenstromverteilung getrennt werden. 125std. Behandlung von **IV** mit $SOCl_2$ bei 0° führt unter Cyclisierung zu 35% *1-Benzoylglycyl-5-oxo-DL-pyrrolidin-2-carbonylglycinhexylamid* (**VI**) u. *DL-α-[N-Benzoylglycylamino]-glutarylglycinhexylamid* (**VII**). Cyclisierng von **IV** in Ggw. von **II** liefert über das **IV**-*Kohlensäuremonoäthylesteranhydrid* ausschließlich **VII**. Cyclisierungs-Verss. von **V** mit **II** blieben erfolglos. Die Hydrolyse von **VI** mit 0,1n NaOH in Dioxan liefert *5-Oxo-DL-pyrrolidin-2-carbonylglycinhexylamid*. **VII** wird durch Alkali zu 21% **IV** u. 79% **V** hydrolysiert. Im Gegensatz zu **IV** wird das aus **I** u. DL-Phenylalaninamid (**VIII**) in Ggw. von **II** synthetisierte *N-Benzoylglycyl-α-DL-glutamyl-DL-phenylalaninamid* (**IX**; Trennung des gleichzeitig gebildeten *N-Benzoylglycyl-γ-DL-glutamyl-DL-phenylalaninamids* durch Gegenstromverteilung) mit $SOCl_2$ ausschließlich zu *1-Benzoylglycyl-5-oxo-DL-pyrrolidin-2-carbonyl-DL-phenylalaninamid* (**X**) cyclisiert. Die Behandlung von **X** mit Alkali liefert *5-Oxo-DL-pyrrolidin-2-carbonyl-DL-phenylalaninamid*. Durch mehrstd. Stehen von N-Benzoyl-γ-DL-glutamylglycinhexylamid (**XI**) mit O.O-Diphenylphosphorylisothiocyanat (**XII**) in Acetonitril in Ggw. von Triäthylamin entsteht *β-[1-Benzoyl-2-thiohydantoinyl-(5)]-propionylglycinhexylamid*, aus dem mit Alkali *β-[2-Thiohydantoinyl-(5)]-propionylglycinhexylamid* erhalten wird. IR-Spektrum vgl. Original.

Versuche: *N-Benzoylglycyl-γ-DL-glutamylglycinhexylamid* (**V**), $C_{22}H_{32}N_4O_6$, F. 200 bis 201° (A.), durch 20 Min. lange Rk. von 7,72 g **I** mit **II** u. Triäthylamin in Chlf./Dimethylformamid (DMF) bei 0°, 3std. Rühren mit **III** in Chlf./DMF u. 124stufige Gegenstromverteilung in Essigester/Butanol-(1)/Phosphatpuffer (4:1:5,6; 0,5m KH_2PO_4/0,5m K_2HPO_4 4:2,8); Prismen; 2,03 g (Ausbeute). — *N-Benzoylglycyl-α-DL-glutamylglycinhexylamid* (**IV**), F. 162—163°; neben **V**; Nadeln aus A.; 3,14 g. — *1-Benzoylglycyl-5-oxo-DL-pyrrolidin-2-carbonylglycinhexylamid* (**VI**), $C_{22}H_{30}N_4O_5$, F. 195—196° (Essigester), durch 125std. Stehen von 1,86 g **IV** mit $SOCl_2$ bei 0°, Einengen, Lösen in Essigester u. Extrahieren mit $NaHCO_3$-Lsg.; Nadeln; 89%. — *DL-α-[N-Benzoylglycylamino]-glutarylglycinhexylamid* (**VII**), $C_{22}H_{30}N_4O_5$, F. 150° (Essigester), a) neben **VI** aus der Essigestermutterlauge; 0,9 g; b) durch 20 Min. lange Rk. von **IV** mit **II** u. Triäthylamin in Chlf./DMF bei 0°, Erwärmen auf Raum-Temp., Einengen u. Lösen in Essigester; 5%. — *5-Oxo-DL-pyrrolidin-2-carbonylglycinhexylamid*, $C_{13}H_{23}N_3O_3$, F. 100° (Essigester), durch 5 Min. lange Rk. von **VI** in Dioxan mit 0,1n NaOH; 54%. — *Phthaloyl-*

DL-phenylalaninamid, $C_{17}H_{14}N_2O_3$, F. 231° (Essigester), aus 25 g Phthaloyl-DL-phenylalanin u. NH_4OH in Ggw. von **II**; 21,4 g. — *DL-Phenylalaninamid* (**VIII**), F. 137—138° (Chlf.), durch 1std. Kochen vorst. Verb. mit $N_2H_4 \cdot H_2O$ in A., Einengen, 5 Min. langes Erwärmen mit verd. HCl auf 50°, Einengen u. Zugeben von K_2CO_3; 58%. — *N-Benzoylglycyl-γ-DL-glutamyl-DL-phenylalaninamid*, $C_{23}H_{26}N_4O_6$, F. 177—178° (A.), aus 8,76 g **I** u. **VIII** in Ggw. von **II** u. Gegenstromverteilung in Essigester/Butanol/Phosphatpuffer (4:1:5,33; 0,5m K_2HPO_4 u. 0,5m $KHPO_4$ 1,33:4); 0,22 g. — *N-Benzoylglycyl-α-DL-glutamyl-DL-phenylalaninamid* (**IX**), F. 224—225,5° (A.), neben vorst. Verb.; 1,94 g. — *1-Benzoylglycyl-5-oxo-DL-pyrrolidin-2-carbonyl-DL-phenylalaninamid* (**X**), $C_{23}H_{24}N_4O_5$, F. 241—242° (Essigester), durch 72std. Rk. von 1,56 g **IX** mit $SOCl_2$, Einengen u. Verteilen zwischen Essigester u. $NaHCO_3$-Lsg.; 63%; daneben eine *Verb. vom F. 190—191°*; 80 mg. — *5-Oxo-DL-pyrrolidin-2-carbonyl-DL-phenylalaninamid*, $C_{14}H_{17}N_3O_3$, F. 238° (A.), durch 10 Min. lange Rk. von **X** mit 0,1n NaOH in Dioxan; 43%. — *β-[1-Benzoyl-2-thiohydantoinyl-(5)]-propionylglycinhexylamid*, $C_{21}H_{28}N_4O_4S$, F. 197° (30%ig. wss. A.), durch 48std. Rk. von **XI** mit **XII** u. Triäthylamin in Acetonitril; 65%. — *β-[2-Thiohydantoinyl-(5)]-propionylglycinhexylamid*, $C_{14}H_{24}N_4O_3S$, F. 177° (A.), durch ½std. Rk. von 176 mg vorst. Verb. mit 0,02n NaOH bei 20° u. Zugeben von HCl (pH 6); 102 mg. E. SCHRÖDER. 950□

Synthese von L-Valyl-L-tyrosyl-L-tyrosyl-L-isoleucyl-L-histidyl-L-prolyl-L-phenylalaninmethylesterdihydrochlorid. Edward Walton, John Otto Rodin, Charles H. Stammer und Frederick W. Holly. (J. org. Chemistry **26**. 1657—58. Mai 1961. Rahway, N.J., Merck & Co., Inc., Merck, Sharp & Dohme Res. Labor.) (Engl.)

Durch Kondens. von Carbobenzoxy(Cbo)-L-valyl-L-tyrosin (**I**) mit L-Tyrosinmethylester (**II**) in Ggw. von N.N'-Dicyclohexylcarbodiimid (**III**) entsteht *Cbo-L-valyl-L-tyrosyl-L-tyrosinmethylester*, aus dem durch alkal. Verseifung u. Chromatographie an Al_2O_3 mit Methanol/Ameisensäure krist. *Cbo-L-valyl-L-tyrosyl-L-tyrosin* (**IV**) erhalten wird. Umsetzung von **IV** mit L-Isoleucyl-L-histidyl-L-prolyl-L-phenylalaninmethylesterdihydrobromid (**V**) liefert *Cbo-L-valyl-L-tyrosyl-L-tyrosyl-L-isoleucyl-L-histidyl-L-prolyl-L-phenylalaninmethylester*, der katalyt. zu *L-Valyl-L-tyrosyl-L-tyrosyl-L-isoleucyl-L-histidyl-L-prolyl-L-phenylalaninmethylesterdihydrochlorid* hydriert wird.

Versuche: *Cbo-L-valyl-L-tyrosyl-L-tyrosinmethylester*, $C_{32}H_{37}N_3O_8$, F. 175—177° (Methanol), durch 2std. Rk. von 12,5 g **I** u. 26,6 g **II** mit **III** in Dimethylformamid (DMF) u. Essigester bei 0° u. 16std. Stehen bei Raum-Temp.; $[\alpha]_D^{25}$ —6,0° (c = 2,02; DMF); 23 g (Ausbeute). — *Cbo-L-valyl-L-tyrosyl-L-tyrosin* (**IV**), $C_{31}H_{35}N_3O_8$, F. 215 bis 217° (Aceton/W.), durch 1½std. Rk. von 9,4 g vorst. Verb. mit 1n NaOH in Methanol/Acetonitril, Ansäuern (pH 1), Lösen des Nd. in Aceton, Filtrieren über Al_2O_3 u. Eluieren mit Methanol/Ameisensäure 9:1; $[\alpha]_D^{25}$ ±1,7° (c = 2,33; DMF); 7,2 g. — *Cbo-L-valyl-L-tyrosyl-L-tyrosyl-L-isoleucyl-L-histidyl-L-prolyl-L-phenylalaninmethylester*, $C_{58}H_{71}N_9O_{12}$, F. 205—210° (Aceton/W.), durch Rk. von **V** mit gesätt. K_2CO_3-Lsg., Extrahieren mit Chlf., Einengen, Rk. mit 2,4 g **IV** u. **III** in DMF/Essigester bei 0°, 16std. Stehen bei Raum-Temp., Einengen, Lösen in Essigester/Butanol 3:1, Einengen, Kristallisation aus Acetonitril, Chromatographie an Al_2O_3 u. Eluieren mit Isopropanol/Methanol u. Methanol; $[\alpha]_D^{25}$ —59° (c = 2; Methanol); 0,95 g. — *L-Valyl-L-tyrosyl-L-tyrosyl-L-isoleucyl-L-histidyl-L-prolyl-L-phenylalaninmethylesterdihydrochlorid*, $C_{50}H_{67}Cl_2N_9O_{10}$, durch katalyt. Hydrierung von 0,4 g vorst. Verb. in Eisessig in Ggw. von Pd-Kohle, Einengen, Lösen in Methanol u. HCl, Einengen u. Umfällen aus Methanol/Aceton; $[\alpha]_D^{25}$ —34,3° (c = 1,05; 0,1n HCl); 630 mg. E. SCHRÖDER. 950□

Synthese von L-Arginyl-L-prolyl-L-prolylglycyl-L-phenylalanyl-L-seryl-L-phenylalanyl-L-arginin. Unterschied zwischen diesem Oktapeptid und Bradykinin. R. A. Boissonnas, St. Guttmann und P.-A. Jaquenoud. (Helv. chim. Acta **43**. 1481—87. 17/10. 1960. Basel, Sandoz, Labor. de chim. pharmaceut.) (Franz.)

Vff. synthetisieren das obengenannte *Oktapeptid* auf drei voneinander unabhängigen Wegen u. weisen seine Einheitlichkeit nach. Es erweist sich als verschieden von dem aus Rinderblut erhaltenen *Bradykinin*, für welches ELLIOTT (Biochem. J. **76**. [1960.] 16P) ursprünglich obige Struktur angenommen, unlängst (Helv. chim. Acta **43**. [1960.] 1130) aber wieder verworfen hat.

Versuche: *N-Carbobenzoxy(Cbo)-L-phenylalanyl-L-seryl-L-phenylalanylnitro-L-arginin-p-nitrobenzylester* (**I**), $C_{42}H_{47}N_9O_{12}$, F. 170° (Äthylacetat oder A.), durch Zufügen von 5n $NaNO_2$ zu einer Lsg. von N-Cbo-L-phenylalanyl-L-serylhydrazid in Eisessig/2n HCl bei —5°, Zufügen von Eiswasser nach 5 Min., Extraktion mit Ae. u. Zufügen einer Lsg. von L-Phenylalanylnitro-L-arginin-p-nitrobenzylester (erhalten durch Behandlung von Hydrobromid mit 20%ig. K_2CO_3 u. Äthylacetat bei —5°) in Dimethylformamid (DMF), Einengen im Vakuum u. 16std. Stehen bei 0° u. 4 Std. bei 20°;

$[\alpha]_D^{20}$ −13,3 ± 0,5° (c = 1,0; DMF), −19,7 ± 0,5° (c = 1,0; Methanol); 81% (Ausbeute). — *L-Phenylalanyl-L-seryl-L-phenylalanylnitro-L-arginin-p-nitrobenzylester* (**II**), $C_{34}H_{41}$·N_9O_{10}·H_2O, F. 110° (Zers.; Isopropanol/Acetonitril/Äthylacetat), durch 70 Min. langes Durchleiten eines trocknen HBr-Stroms durch eine Lsg. von **I** in Trifluoressigsäure bei 0°, Behandlung des erhaltenen *Hydrobromids* (F. 214°) mit einem Gemisch aus 1n Na_2CO_3-Lsg. u. Äthylacetat u. 1tägiges Stehen bei −5°; $[\alpha]_D^{23}$ −21,6 ± 1,0° (c = 1,1; Methanol), −23,0 ± 1,0° (c = 1,0; DMF); 88%. — *L-Phenylalanyl-L-seryl-L-phenylalanyl-L-arginin*, $C_{27}H_{37}N_7O_6$·H_2O, F. 180° (Zers.), durch 20std. Hydrieren von **I** in wss. Methanol an PdO/$BaSO_4$ nach KUHN u. HAAS (C. **1956**. 13961) bei normalem Druck; $[\alpha]_D^{23}$ −19 ± 1° (c = 1,0; Methanol), −21 ± 1° (c = 1,0; DMF); 69%. — *N-Cbo-L-prolylglycyl-L-phenylalanyl-L-seryl-L-phenylalanylnitro-L-arginin-p-nitrobenzylester*, C_{49}·$H_{57}N_{11}O_{14}$·H_2O, F. 192° (Methanol/W.), durch Zufügen einer Lsg. von N-Cbo-L-prolylglycin in Acetonitril zu einer Lsg. von **II** in DMF, Abkühlen auf −10° u. Zufügen von Dicyclohexylcarbodiimid; $[\alpha]_D^{22}$ −28 ± 1° (c = 1,0; Methanol), −22 ± 1° (c = 1,0; DMF); 75%. — *L-Prolylglycyl-L-phenylalanyl-L-seryl-L-phenylalanylnitro-L-arginin-p-nitrobenzylester* (**III**), $C_{41}H_{51}N_{11}O_{12}$·$2H_2O$, F. 140° (Zers.), aus vorst. Verb. analog **II** u. Zers. des *Hydrobromids* an Amberlite IRA-410; $[\alpha]_D^{22}$ −33 ± 1° (c = 1,0; Methanol), −20 ± 1° (c = 1,0; DMF); 95%. — *N-Cbo-nitro-L-arginyl-L-prolin-p-nitrophenylester* (**IV**), $C_{25}H_{29}N_7O_9$, F. 60° (Zers.), durch Vermischen von N-Cbo-nitro-L-arginyl-L-prolin, Tri-p-nitrophenylphosphit u. Pyridin, 20 Min. langes Rühren u. 12std. Stehen bei 20°; $[\alpha]_D^{23}$ −62 ± 1° (c = 1,0; Methanol); 75%. — *N-Cbo-nitro-L-arginyl-L-prolyl-L-prolylglycyl-L-phenylalanyl-L-seryl-L-phenylalanylnitro-L-arginin-p-nitrobenzylester*, $C_{60}H_{75}N_{17}$·O_{18}·$2H_2O$, F. 160—170°, a) durch Lösen von **III** u. **IV** in Dioxan u. DMF, 60std. Stehen bei 20° u. 12 Std. bei 50°; 65%; b) durch Lösen von N-Cbo-nitro-L-arginyl-L-prolin u. **III** in DMF, Zufügen von Acetonitril, Abkühlen auf −5°, Zufügen von Dicyclohexylcarbodiimid u. 16std. Stehen bei 20°; 54%; c) durch Lösen von N-Cbo-nitro-L-arginyl-L-prolyl-L-prolylglycylhydrazidhydrochlorid in DMF/4n HCl, Abkühlen auf −5°, Zufügen von 4n wss. $NaNO_2$ u. DMF, 5 Min. langes Rühren bei −5°, Zufügen von 25% ig. wss. K_2CO_3, 2 Min. langes Rühren, Zufügen von Äthylacetat, Trocknen über Na_2SO_4 u. Zufügen von **II**; 47%; $[\alpha]_D^{23}$ −44 ± 1° (c = 1,0; Methanol), −31 ± 1° (c = 1,0; DMF). — *L-Arginyl-L-prolyl-L-prolylglycyl-L-phenylalanyl-L-seryl-L-phenylalanyl-L-arginintriacetat*, C_{45}·$H_{66}N_{14}O_{10}$·$3CH_3COOH$, durch 30std. Hydrieren vorst. Verb. in Eisessig/2n HCl bei 22° u. Normaldruck in Ggw. von PdO/$BaSO_4$; Pulver; $[\alpha]_D^{22}$ −60 ± 1° (c = 0,8; W.); 69%. Gibt durch Hydrolyse mit 6n HCl (16 Std. bei 110°) *Arginin*, *Prolin*, *Glycin*, *Phenylalanin* u. *Serin* im Verhältnis 2,1 : 2,0 : 0,9 : 2,0 : 0,9. Durch Rk. mit 2.4-Dinitrofluorbenzol (DNP-H) u. Hydrolyse der mit Ae. extrahierten wss. Phase wird nur *DNP-Arginin*, aber kein DNP-Phenylalanin oder -Serin gefunden. Die biolog. Eigg. u. das Verh. gegen verschiedene Fermente sind angegeben. GERHARD MÜLLER/Bitterfeld. 950□

Reaktion von Verbindungen des dreiwertigen Phosphors mit halogenierten Säurehalogeniden. 1. Mitt. **Reaktion von Trialkylphosphiten mit Trichloracetylchlorid.** L. S. Ssoborowski, Ju. G. Gololobow und W. W. Fedotowa. (Журнал Общей Химии [J. allg. Chem.] **30 (92)**. 2586—90. Aug. 1960.) (Russ.)

Trialkylphosphite (**I**) reagieren mit Trichloracetylchlorid (**II**) zu [*Trichlorvinyl*]-*dialkylphosphaten* (**III**). Daneben entstehen durch weitere Rk. der **III** mit **I** [*β.β-Dichlor-α-dialkylphosphonvinyl*]-*dialkylphosphate* (**IV**). Die **III** addieren Cl_2 u. gehen bei saurer Hydrolyse in H_3PO_4 über. Die den **III** isomeren *Trichloracetylphosphonsäureester* (**V**) werden durch Rk. von Dialkylphosphiten (**VI**) mit **II** erhalten. Die **V** reagieren ebenso wie die **III** mit **I** zu **IV**. Es werden IR-Spektren von Beispielen der **III**, **IV** u. **V** angegeben.

Versuche [α.β.β-Trichlorvinyl]-phosphate (**III**), durch allmähliche Zugabe von 0,15 Mol **I** in Ae. zu 1 Mol frisch dest. **II** bei Zimmer-Temp. unter N_2 u. Stehen über Nacht: *Dimethyl-*, $Kp._{0,05}$ 75—76°; n_D^{20} 1,4729; $D._4^{20}$ 1,5145; 14,5% (Ausbeute). — *Diäthyl-*, $Kp._{0,05}$ 82—83°; n_D^{20} 1,4645; $D._4^{20}$ 1,3850; 18,6%. — *Dipropyl-*, $Kp._{0,05}$ 100 bis 101°; n_D^{20} 1,4615; $D._4^{20}$ 1,2623; 35,2%. — *Dibutyl-*, $Kp._{0,05}$ 120—124°; n_D^{20} 1,4605; $D._4^{20}$ 1,2200; 20,6%. — [*β.β-Dichlor-α-dimethylphosphonvinyl*]-*dimethylphosphat*, a) $Kp._{0,05}$ 126°, durch 3std. Erhitzen eines Gemisches aus Trimethylphosphit (**VII**) u. [α.β.β-Trichlorvinyl]-dimethylphosphat auf 100°; n_D^{20} 1,4707; $D._4^{20}$ 1,4900; 64%; b) $Kp._{0,05}$ 127—128°, durch Zugabe von **VII** in Ae. zu Trichloracetylphosphonsäuredimethylester in Ae. u. Stehen über Nacht; n_D^{20} 1,4760; $D._4^{20}$ 1,4885; 76%. — [*β.β-Dichlor-α-diäthylphosphonvinyl*]-*diäthylphosphat*, $Kp._{0,05}$ 130—131°; n_D^{20} 1,4690; $D._4^{20}$ 1,3380; 67,3%. — Pentachloräthylphosphate, durch 1std. Chlorierung von **III** mit einer Lsg. von Cl_2 in CCl_4 unter UV-Bestrahlung (selbständige Erwärmung des Gemisches auf 30—35°): *Dimethyl-*, $Kp._{10^{-3}}$ 106—108°; n_D^{20} 1,4780; $D._4^{20}$ 1,6020. — *Diäthyl-*, $Kp._{1,64\cdot10^{-4}}$ 120—121°; n_D^{20} 1,4770; $D._4^{20}$ 1,5045. — *Dipropyl-*, $Kp._{1,64\cdot10^{-4}}$ 160 bis 164°; n_D^{20} 1,4770; $D._4^{20}$ 1,4199. — Trichloracetylphosphonsäureester (**V**), durch Zugabe von **II** in Bzl. zu **VI** in Bzl. bei 50—60 mm Hg unter N_2: *Dimethylester*, $Kp._{0,05}$ 85—86°; n_D^{20} 1,4740; $D._4^{20}$ 1,5300; 41%. — *Diäthylester*, $Kp._{0,05}$ 95—97°; n_D^{20} 1,4655; $D._4^{20}$ 1,4100; 32,5%. G. KOWOLLIK. 980□

Notiz über die Existenz von Pikrylperoxy-Verbindungen. Heinrich Hock und Heinz Kropf. (Chem. Ber. **94.** 1156—57. **1961.** Clausthal/Harz, Bergakad., Inst. für Brennstoffchem.) (Dt.)

Die von VOSSWINKEL (C. **1898.** II. 160) beschriebene Darst. u. damit Existenz von Na-Perpikrat konnte nicht bestätigt werden. Auch bei Verw. von H_2O_2, Cumylhydroperoxyd oder tert.-Butylhydroperoxyd an Stelle von Na_2O_2 in abs. Ae. in Ggw. von Pyridin bei 0° wurde keine Bldg. von Pikrylperoxy-Verbb. beobachtet. O. HENNING. 1060□

Synthese von 3.4-Diäthoxydiphenyläther-6.4'-dicarbonsäure. Masao Tomita und Takehiko Kugo. (J. pharmac. Soc. Japan [Yakugakuzasshi] **75.** 1350—54. 25/11. 1955. Kyōto, Univ., Med. Fak., Pharmakolog. Inst.) (Jap.; Auszug: Engl.)

3.4-Diäthoxydiphenyläther-6.4'-dicarbonsäure (F. 245—247°) u. ihr *Dimethylester* (F. 106°) werden dargestellt, um sie mit der von PROSKURNINA (Журнал Общей Химии [J. allg. Chem.] **16.** [1946.] 129) bei der Oxydation von Magnolamintetraäthyläther erhaltenen Diäthoxydiphenylätherdicarbonsäure (F. 265—267°) u. deren Dimethylester (F. 112—113°) zu vergleichen. 3.4-Dimethoxydiphenyläther-6.4'-dicarbonsäure wird mit HBr in CH_3COOH unter gleichzeitiger Decarboxylierung an $C_{(6)}$ zu *3.4-Dihydroxydiphenyläther-4'-carbonsäure* entmethyliert.

Versuche: *3.4-Dihydroxydiphenyläther-4'-carbonsäure*, $C_{13}H_{10}O_5$, F. 196—198° (W.), aus 0,5 g 3.4-Dimethoxydiphenyläther-6.4'-dicarbonsäure u. 5 cm³ mit HBr bei 0° gesätt. Eisessig, durch 1std. Erhitzen auf 105° im Bombenrohr; 0,25 g (Ausbeute). — *3.4-Dimethoxydiphenyläther-4'-carbonsäure*, F. 145—146° (CH_3OH), aus 0,4 g vorst. Verb. in CH_3OH u. CH_2N_2 in Äther. — *1-Methyl-3.4-dihydroxybenzol*, durch Oxydation von 2-Hydroxy-5-methylacetophenon (aus p-Kresol) mit H_2O_2. — *1-Methyl-3.4-dihydroxy-6-brombenzol*, F. 92°, durch Bromieren vorst. Verbindung. — *1-Methyl-3.4-diäthoxy-6-brombenzol* (**I**), $C_{11}H_{15}BrO_2$, F. 62—65°, aus 4 g vorst. Verb. in 12 cm³ A., 1,6 g NaOH u. 5 g $(C_2H_5)_2SO_4$ u. Dest. bei 140—150°/6 Torr; 4,2 g. — *3.4-Diäthoxy-6-brombenzoesäure*, $C_{11}H_{13}BrO_4$, F. 160—162° (CH_3OH), aus 0,5 g der vorst. Verb. in 25 cm³ Pyridin/W. u. 1,5 g pulverisiertem $KMnO_4$. — *3.4-Diäthoxybenzoesäure*, F. 165°, durch Äthylieren von Protocatechusäure. — *3.4-Diäthoxybenzoesäuremethylester*, $C_{12}H_{16}O_4$, F. 53—54° (CH_3OH), aus 11 g der vorst. Verb. in 100 cm³ CH_3OH u. 10 cm³ konz. H_2SO_4 durch 4std. Erhitzen; 90%. — *3.4-Diäthoxy-6-brombenzoesäuremethylester* (**II**), $C_{12}H_{15}BrO_4$, F. 55—57° (CH_3OH), aus 11 g vorst. Verb. in 30 cm³ Eisessig u. 9 g Br_2 in 15 cm³ Eisessig; 66%. — *3.4-Diäthoxy-6.4'-dimethyldiphenyläther*, durch 4std. Erhitzen von 1,1 g p-Kresol, 0,6 g KOH, 2,6 g **I**, 0,1 g Naturkupfer C u. 0,1 g Cu-Acetat auf 190—200°, Ausäthern u. Dest. bei 130—157°; 1,2 g. — *3.4-Diäthoxydiphenyläther-6.4'-dicarbonsäure*, $C_{18}H_{18}O_7$, F. 240—242° (CH_3OH), F. 245—247°, aus 0,5 g vorst. Verb. in 35 cm³ Pyridin/W. u. 5 g pulverisiertem $KMnO_4$ durch ½std. Erhitzen. — *3.4-Diäthoxydiphenyläther-6.4'-dicarbonsäuredimethylester*, $C_{20}H_{22}O_7$, F. 104—106° (CH_3OH), aus a) vorst. Verb. in Ae. durch Einw. von CH_2N_2; b) 2,5 g KOH in CH_3OH, 5,5 g 4-Hydroxybenzoesäuremethylester, 0,5 g Naturkupfer C, 0,5 g Cu-Acetat u. 10 g **II** durch 5std. Erhitzen auf 190—200° u. Ausäthern; 3,4 g. F. MOSSNER. 1250

Synthese von 2.3-Diäthoxydiphenyläther-5.4'-dicarbonsäure. Masao Tomita und Takehiko Kugo. (J. pharmac. Soc. Japan [Yakugakuzasshi] **75.** 1354—57. 25/11. 1955. Kyōto, Univ., Medizin. Fak., Pharmakolog. Inst.) (Jap.; Auszug: Engl.)

2.3-Diäthoxydiphenyläther-5.4'-dicarbonsäure u. ihr *Dimethylester* werden dargestellt. Das Ausgangs-Prod. dieser Synth., 3.4-Dimethoxy-6-brombenzoesäure bzw. die entsprechende Diäthoxy-Verb. geben mit HBr in Eisessig *3.4-Dihydroxy-6-brombenzoesäure* u. durch Wanderung des Br von $C_{(6)}$ nach $C_{(5)}$ *3.4-Dihydroxy-5-brombenzoesäure.*

Versuche: *3.4-Dimethoxy-6-brombenzoesäure*, F. 143—144° (CH_3OH), aus 11 g 6-Bromveratrumaldehyd in 50 cm³ Aceton durch Behandeln mit 37 g $KMnO_4$ u. 50 cm³ W.; 64% (Ausbeute). *Methylester*, F. 87—88°. — *3.4-Dihydroxy-5-brombenzoesäure*, $C_7H_5BrO_4$, F. 220—221° (Eisessig), a) aus 1 g der vorst. Verb. u. 4 cm³ HBr/Eisessig durch ½std. Erhitzen auf 100—120° im Bombenrohr u. 40 Min. langes Erhitzen auf 120—125°; 0,5 g; b) aus 0,5 g 3.4-Diäthoxy-6-brombenzoesäure u. 2 cm³ HBr/Eisessig durch ½std. Erhitzen auf 100—120° im Bombenrohr u. 40 Min. langes Erhitzen auf 120—125°; 0,2 g; c) aus 0,5 g 3.4-Dimethoxy-5-brombenzoesäure analog b); 0,3 g; c) aus 0,5 g **I** analog b); 0,3 g. — *3.4-Diäthoxy-5-brombenzoesäure* (**I**), $C_{11}H_{13}BrO_4$, F. 140 bis 142° (CH_3OH), a) aus 1,1 g der vorst. Verb. in 4 cm³ A., 0,6 g 50%ig. wss. NaOH-Lsg. u. 2,5 g $(C_2H_5)_2SO_4$; 0,8 g; b) aus 2,2 g 3.4-Dihydroxy-5-brombenzoesäure (durch

Bromieren von Protocatechusäure) in 8 cm³ A., 1,2 g NaOH u. 5 g $(C_2H_5)_2SO_4$; 1,8 g. — *3.4-Diäthoxy-5-brombenzoesäuremethylester*, $C_{12}H_{15}BrO_4$, F. 44—46° (CH_3OH), a) aus 0,6 g I, 10 cm³ CH_3OH u. 1 cm³ konz. H_2SO_4; 0,4 g; b) aus 1 g I, 10 cm³ CH_3OH u. 1 cm³ konz. H_2SO_4; 1 g. — *2.3-Diäthoxydiphenyläther-5.4'-dicarbonsäure*, $C_{18}H_{18}O_7$, F. 229—230° (CH_3OH), aus 1,1 g 4-Hydroxybenzoesäuremethylester in KOH/CH_3OH, 2 g der vorst. Verb., 0,1 g Naturkupfer C u. 0,1 g Cu-Acetat durch 4std. Erhitzen auf 190—200° u. Ae.-Extraktion. — *2.3-Diäthoxydiphenyläther-5.4'-dicarbonsäuredimethylester*, $C_{20}H_{22}O_7$, F. 72—73°, durch Methylieren vorst. Verb. mit CH_2N_2. F. MOSSNER. 1250

Über Alkinamine. 6. Mitt. Die basische Heterolyse von Alkyl-, Alkenyl- und Alkinylanilinen. Viktor Wolf und Dieter Ramin. (Liebigs Ann. Chem. **633.** 30—35. 13/7. 1960. Hamburg, Univ., Chem. Staatsinst., Inst. für organ. Chem.) (Dt.) — 5. vgl. C. **1961.** 14259.

Vff. untersuchen den spaltenden Einfl. eines Überschusses von Trialkylaminen u. Pyridin auf N-Propargylanilin (I) bei 140° im Bombenrohr, einer Rk.-Dauer von 24 Std. u. anschließender Best. des nicht umgesetzten I u. des *Anilins* als *p-Toluolsulfanilide* durch Tosylierung in Pyridin u. Trennung mit verd. NaOH. Die Spaltung von I mit Trimethylamin beträgt 5,2%, mit Triäthylamin 1,2%, mit Tripropylamin 0,8%, mit Tributylamin 3,8% u. mit Pyridin 0,7%. N-Allylanilin (II) wird nicht gespalten. Ferner werden N-Propylanilin, II u. I sowie deren α-Methyl- u. α.α-Dimethyl-Verbb. mit Piperidin (1 : 1 Mol) 42 Std. bei 140° behandelt. Der Anteil der therm. Spaltung wurde im Parallelvers. ermittelt. Nur die Werte von I sind verwertbar u. zeigen eine Abnahme der Spaltung mit zunehmender α-Substitution (20,0%, 8,5 bzw. 5,0%). Die Abnahme der Protonenaktivität von N-[α.α-Dimethylprogargyl]-anilin gegenüber I (nach ZEREWITINOFF) veranlaßt Vff. zu einer Hypothese des Spaltmechanismus, der durch Protonenverschiebung vom ungesätt. C-Atom zum N-Atom unter dem Piperidin-Einfl. erklärt wird. Spaltprodd., die die C_3-Kette enthalten, wurden nicht gefunden.

H. NIEDRICH. 1310□

Verbindungen mit möglicher Antiamöben-Wirkung. 11. Mitt. Synthese von dem Entamide analogen Verbindungen. A. B. Sen und O. P. Madan. (J. Indian chem. Soc. **37.** 223—26. April 1960. Lucknow, Univ., Chem. Labor.) (Engl.) — 9. vgl. C. **1961.** 2598.

Analog dem amöbiciden Entamide (N-Methyl-4-hydroxydichloracetanilid) werden *2.4-* bzw. *3.4-disubstituierte N-Alkyldichloracetanilide* aus entsprechend substituierten N-Alkylanilinen u. Dichloracetylchlorid nach der Meth. von SURREY (vgl. C. **1954.** 7396) dargestellt.

Versuche: *2-Chlor-4-aminophenol* (I), durch Red. von 2-Chlor-4-nitrophenol mit $Na_2S_2O_4$. — 2-Chlor-4-alkylaminophenole: *N-äthyl-*, $C_8H_{10}ClNO$, F. 63—64°, $Kp._{16}$ 172°, durch 8std. Kochen von je 0,03 Mol I u. C_2H_5J mit 0,015 Mol K_2CO_3 in abs. A. bei 100°, Verdampfen des Filtrats im Vakuum, Aufnehmen in Ae., Verdampfen des Ae. u. Dest. im Vakuum; 51% (Ausbeute). — *-N-isopropyl-*, $C_9H_{12}ClNO$, F. 107°, analog durch 10std. Kochen; 50%. — *-N-n-butyl-*, $C_{10}H_{14}ClNO$, $Kp._6$ 208°, 12std. Kochen; 53%. — 2-Chlor-4-alkylaminoanisole: *-N-n-butyl-*, $C_{11}H_{16}ClNO$, $Kp._5$ 188°, durch 1std. Kochen von 0,02 Mol 2-Chlor-4-nitroanisol (II), 0,06 Mol Butyraldehyd (III) u. 0,4 g Na-Acetat (IV) in abs. A. u. katalyt. Red. mit H_2 an RANEY-Ni; gelb; 75%. — *-N-äthyl-*, $C_9H_{12}ClNO$, $Kp._5$ 165°, durch direkte katalyt. Red. von je 0,0125 Mol II, Acetaldehyd u. 0,2 g IV in abs. A.; dicke, rote Fl.; 77%. — *-N-isopropyl-*, $C_{10}H_{14}ClNO$, $Kp._5$ 132°, analog aus 0,02 Mol II, 0,08 Mol Aceton (V) u. 0,2 g IV; bräunlichgelbe Fl.; 54%. *Pikrat*, $C_{16}H_{17}ClN_4O_8$, F. 172°. — 2-Methyl-4-jod-N-alkylaniline: *-N-isopropyl-*, $C_{10}H_{14}JN$, $Kp._6$ 122°, nach EMERSON u. MOHRMAN (J. Amer. chem. Soc. **62.** [1940.] 69), durch 1std. Erhitzen von 0,002 Mol 5-Jod-2-aminotoluol (VI) u. 0,08 Mol V mit 0,4 g IV in abs. A. u. katalyt. Red.; gelb; 47%. — *-N-n-butyl-*, $C_{11}H_{16}JN$, $Kp._5$ 135 bis 136°, analog aus 0,01 Mol VI u. 0,02 Mol III; hellgelb; 35%. *Pikrat*, $C_{17}H_{19}JN_4O_7$, F. 149°. — 3-Chlor-4-hydroxy-N-alkyldichloracetanilide: *Unsubstituiert*, $C_8H_6Cl_3NO_2$, F. 133°, nach SURREY (l. c.) durch langsames Zugeben von 0,005 Mol Dichloracetylchlorid in 5 ml Dichloräthan (VII) zu einem Gemisch aus 0,005 Mol I, 15 ml VII u. 5 ml n-NaOH bei 0 bis —5° unter Rühren, Weiterrühren bei Raum-Temp. über Nacht u. Verdampfen des Lsgm.; 88%. — Analog: *-N-äthyl-*, $C_{10}H_{10}Cl_3NO_2$, F. 176°; 23%. — *-N-isopropyl-*, $C_{11}H_{12}Cl_3NO_2$, $Kp._5$ 175°; 45%. — *-N-n-butyl-*, $C_{12}H_{14}Cl_3NO_2$, $Kp._5$ 129°; 47%. — 3-Chlor-4-methoxy-N-alkyldichloracetanilide: *Unsubstituiert*, $C_9H_8Cl_3NO_2$, F. 124°; 75%. — *-N-äthyl-*, $C_{11}H_{12}Cl_3NO_2$, $Kp._5$ 105°; 46%. — *-N-isopropyl-*, $C_{12}H_{14}Cl_3NO_2$, F. 113°; 65%. — *-N-n-butyl-*, $C_{13}H_{16}Cl_3NO_2$, $Kp._5$ 133°; 50%. — 2-Methyl-4-jod-N-alkyldichloracetanilide: *Unsubstituiert*, $C_9H_8Cl_2JNO$, F. 190°; 79%. — *-N-isopropyl-*, $C_{12}H_{14}Cl_2JNO$, F. 134°; 78%. — *-N-n-butyl-*, $C_{13}H_{16}Cl_2JNO$, 1 61°; 51%.

R. SCHÖNFELDER. 1320□

Stereochemische Untersuchungen. 13. Mitt. **dl-Phenylserinole: Eine neue Synthese und ihre stereochemischen Ergebnisse.** 5. Mitt. Tanezo Taguchi, Munemitsu Tomoeda und Toshitaka Koga. (Pharmac. Bull. [Tokyo] **5.** 189—95. Juni 1957. Kyushu, Univ., Pharmaceut. Inst., Med. Fac.) (Engl.) — 12. vgl. C. **1959.** 12821; 4. vgl. C. **1960.** 17434.

Durch mehrtägige Rk. von dl-erythro-1-Phenyl-1.2-dibrompropanol-(3) (**I**) mit Acetonitril in HCl-gesätt. Ae. entsteht *dl-erythro-Acetimino-[3-phenyl-2.3-dibrompropyl]-äther* (**II**)*-hydrochlorid*, aus dem durch Kochen mit Na_2CO_3 in Toluol u. anschließendes Kochen mit konz. HCl in Methanol über *dl-threo-2-Methyl-4-phenylbrommethyl-Δ^2-oxazolin dl-threo-1-Phenyl-1-brom-2-amino-3-acetoxypropanhydrochlorid* (**III**) entsteht. Zum Strukturbeweis wird **III** durch katalyt. Red., anschließende Verseifung u. Benzoylierung in *dl-1-Phenyl-2-benzoylamino-3-benzoyloxypropan* umgewandelt. Kochen von **III** in W. u. nachfolgende Benzoylierung des erhaltenen öligen Prod. liefert *dl-threo-1-Phenyl-2-benzoylamino-1.3-dibenzoyloxypropan* (*threo*-**IV**) neben einem Gemisch aus *threo-* u. *erythro*-**IV**. Die Hydrolyse von dl-threo-1-Phenyl-1-chlor-2-aminopropanol-(3)-hydrochlorid (**V**) in W. bzw. $AgNO_3$ u. Benzoylierung liefert ebenfalls *threo*-**IV** bzw. *dl-threo-1-Phenyl-2-benzoylaminopropandiol-(1.3)* (**VI**). Aus dl-threo-1-Phenyl-1-chlor-2-aminopropanhydrochlorid (**VII**) wird durch Kochen in W. u. Benzoylierung *dl-threo-1-Phenyl-2-benzoylaminopropanol-(1)* u. ein Gemisch aus der *threo-* u. *erythro-Form* erhalten. 10std. Kochen von (+)-threo-1-Phenyl-1-chlor-2-dimethylaminopropanhydrochlorid (**VIII**) führt zu (+)*-threo-1-Phenyl-2-dimethylaminopropanol-(1)*. Der stereochem. Rk.-Verlauf wird diskutiert.

Versuche: *dl-erythro-Acetimino-[3-phenyl-2.3-dibrompropyl]-äther* (**II**), *Hydrochlorid*, $C_{11}H_{14}Br_2ClNO$, F. 157—159° (Methanol/Ae.), durch mehrtägiges Stehen von 30 g **I** mit Acetonitril in HCl-gesätt. Ae. bei 0°; Nadeln; 33 g (Ausbeute). *Freier Äther* (**II**), $C_{11}H_{13}Br_2NO$, F. 111° (Aceton), durch Digerieren von 33 g **II**·HCl mit 10%ig. Na_2CO_3-Lsg.; Prismen; 29 g. — *dl-threo-1-Phenyl-1-brom-2-amino-3-acetoxypropanhydrochlorid* (**III**), $C_{11}H_{15}BrClNO_2$, F. 154—155° (Zers.; Methanol/Ae.), durch 1std. Kochen von 3 g **II** mit Na_2CO_3 in Toluol, Einengen u. 10 Min. langes Kochen in Methanol mit konz. HCl; Nadeln; 0,83 g. *Pikrat*, $C_{17}H_{17}BrN_4O_9$, F. 157° (Methanol), gelbe Prismen. — *dl-1-Phenyl-2-benzoylamino-3-benzoyloxypropan*, $C_{23}H_{21}NO_3$, F. 149—152° (70%ig. A.), a) durch 6std. Stehen von 0,2 g dl-1-Phenyl-2-benzoylaminopropanol-(3) mit Benzoylchlorid in Pyridin u. Gießen in W.; Nadeln; 0,27 g; b) durch katalyt. Hydrierung von 1 g **III** in Methanol in Ggw. von Pd-Kohle, Einengen, 1std. Kochen mit 10%ig. HCl, Einengen, mehrstd. Stehen mit Benzoylchlorid in Pyridin, Gießen auf Eis u. Extrahieren mit Essigester; 1,1 g. — *dl-threo-1-Phenyl-2-benzoylamino-1.3-dibenzoyloxypropan* (*threo*-**IV**), $C_{30}H_{25}NO_5$, F. 194—195° (Methanol), a) durch Benzoylierung von 0,31 g **VI**; Nadeln; 0,28 g; b) durch 2std. Kochen von 1 g **III** in W., Einengen, Benzoylierung in Pyridin, Einengen u. Lösen in Essigester; 0,89 g; daneben ein Gemisch aus *threo-* u. *erythro*-**IV**, F. 173—190°; c) durch 2std. Kochen von 110 mg **V** in W. u. Benzoylierung; 170 mg; d) durch 4std. Kochen von 66,5 mg **V** in 10%ig. HCl u. Benzoylierung; 122 mg. — *dl-threo-1-Phenyl-2-benzoylaminopropandiol-(1.3)* (**VI**), $C_{16}H_{17}NO_3$, F. 163—164° (Essigester), a) durch 1std. Kochen von 0,1 g **V** mit $AgNO_3$ in W., Zugeben von HCl u. Benzoylierung; Nadeln; 50 mg; b) durch 1std. Kochen von 890 mg **IV** mit NaOH in Methanol; 430 mg; c) analog b) aus 150 mg des Gemisches aus threo- u. erythro-**IV**; 70 mg. — *dl-threo-1-Phenyl-2-benzoylaminopropanol-(1)*, $C_{16}H_{17}NO_2$, F. 127—128° (50%ig. A.), durch 2std. Kochen von 0,4 g **VII** in W., Einengen u. Benzoylierung in NaOH/Bzl.; 520 mg. — (+)*-threo-1-Phenyl-1-chlor-2-dimethylaminopropanhydrochlorid* (**VIII**), F. 146 bis 147° (A./Ae.), durch 2std. Kochen von 10 g (—)-N-Methylephedrinhydrochlorid mit $SOCl_2$ in Chlf.; Nadeln; $[\alpha]_D^{20}$ +114,1° (c = 4,79; W.); 5,7 g. *Pikrat*, $C_{17}H_{19}ClN_4O_7$, F. 170—171° (Zers.; Methanol); gelbe Nadeln. — (+)*-threo-1-Phenyl-2-dimethylaminopropanol-(1)*, $C_{11}H_{17}NO$, Kp.$_2$ 82—92°, durch 10std. Kochen von 2 g **VIII** in W., Alkalisieren mit K_2CO_3 u. Extrahieren mit Ae.; $[\alpha]_D^{•}$ +48,1° (c = 1,66; Methanol); 958 mg. *Pikrat*, $C_{17}H_{20}N_4O_8$, F. 152—153° (70%ig. A.); gelbe Nadeln. E. SCHRÖDER. 1320□

Derivate der p-Aminosalicylsäure. M. H. Fisher und T. F. Massiah. (Canad. J. Chem. **38.** 172—74. Jan. 1960. Montreal, Quebec, Merck & Co., Res. Dep.) (Engl.)

Durch Rk. von N-Phthalyl-DL-glutaminsäureanhydrid (**I**) mit p-Aminosalicylsäure (**II**) entsteht *N-[N-Phthalyl-γ-DL-glutamyl]-p-aminosalicylsäure*, aus der mit N_2H_4 *N-[γ-DL-Glutamyl]-p-aminosalicylsäure* (**III**) erhalten wird. Aus L-**III** durch Dehydratisierung oder aus L-Pyroglutamylchlorid u. **II** wird *N-[L-Pyroglutamyl]-p-aminosalicylsäure* synthetisiert.

Versuche: *N-[N-Phthalyl-γ-DL-glutamyl]-p-aminosalicylsäure*, $C_{20}H_{16}N_2O_8$, F. 229° (Zers.), durch 24std. Rk. von 110 g **I** mit 65 g **II** in Essigester; aus Essigester Nadeln;

120 g. — *N-[γ-DL-Glutamyl]-p-aminosalicylsäure, Hydrazinsalz*, $C_{12}H_{18}N_4O_6$, F. 172° (Zers.; wss. A.), durch ½ std. Kochen von 41,2 g vorst. Verb. mit 1n $N_2H_4 \cdot H_2O$ u. Einengen; 16 g. *Freie Säure* (DL-III), $C_{12}H_{14}N_2O_6$, F. 225° (Zers.), aus dem Hydrazinsalz u. HCl. — *β-[1-Acetyl-2-thiohydantoyl-(5)]-propionsäure-3-acetoxy-4-carboxyanilid*, $C_{17}H_{17}N_3O_7S$, F. 190° (Zers.), durch ½ std. Erwärmen von 1 g DL-III mit NH_4SCN, Acetanhydrid u. Eisessig u. Einengen; Nadeln aus wss. A.; 0,3 g. — *N-[L-Pyroglutamyl]-p-aminosalicylsäure*, $C_{12}H_{12}N_2O_5$, F. 242—244° (Zers.), a) durch 5std. Erwärmen von 38,7 g L-Pyroglutaminsäure mit $SOCl_2$, Einengen, 18std. Stehen mit II in Tetrahydrofuran, Lösen des Nd. in $NaHCO_3$ u. Ansäuern mit HCl; Nadeln aus W., $[\alpha]_D^{21}$ —7,5° (c = 5,0; W.); 76,7 g; b) durch 4std. Erhitzen von 4,3 g L-III auf 170°; 1,1 g.

E. SCHRÖDER. 1350□

Beitrag zur Untersuchung der Hydroxymethylenketone. Louis-Maurice Roch. (Ann. Chimie [13] **6.** 106—61. 1961.) (Franz.)

Die Darst. von *1-Hydroxymethylen-2-ketoalkanen* (**A**) gelingt durch Umsatz der entsprechenden Methylketone in abs. Ae. mit Ameisensäureäthylester (**II**) u. pulverisiertem Na oder $NaNH_2$, wogegen mit Na-Äthylat u. **II** in abs. A. fast ausschließlich die entsprechenden *3-Hydroxymethylenketone* (**B**) erhalten werden. Das so aus 4-Phenylbutanon-(2) (**X**) erhaltene *1-Hydroxymethylen-4-phenylbutanon-(2)* (**I**) wird durch seine Synth. u. die seiner Derivv. aus Benzalaceton mit **II** u. anschließende Red. bestätigt. Das aus **I** durch Erhitzen mit Säure erhaltene Prod. wird auf Grund der Molgew.-Best. u. der HNO_3-Oxydation zu *Benzaldehyd, Benzoesäure* u. *Benzol-1.3.5-tricarbonsäure* als *1.3.5-Triphenylpropionylbenzol* identifiziert, was die Annahme von RUPE u. MÜLLER [1921], daß es sich um ein *β-Acetylinden* handelt, widerlegt. Die **A** u. **B** bilden *Na-* u. *Cu-Salze*, über welche sie gereinigt werden. Das aus 6-Phenylhexanon-(2) erhaltene *1-Hydroxymethylen-6-phenylhexanon-(2)* (**XIII**) gibt ein *Cu-Deriv.*, das auch durch Kondens. von 6-Phenyl-2-oxohexadien-(3.5) mit **II** u. Na in A. zu der entsprechenden *1-Hydroxymethylen-Verb.* u. deren Red. mit H_2 in Ggw. von RANEY-Ni erhalten wird. Das aus 4-Methylpentanon-(2) in Ae. oder A. dargestellte *1-Hydroxymethylen-4-methylpentanon-(2)* wird auch durch Red. des Hydroxymethylen-Deriv. von Mesityloxyd erhalten. Nach der allg. Darst.-Meth. der **A** wird aus Butanon kein *1-Hydroxymethylenbutanon-(2)* gebildet. Die **A** u. **B** werden in die entsprechenden *Acylate* übergeführt, deren Struktur durch Red. mit H_2 in CH_3COOH in Ggw. von PtO_2 bzw. in A. in Ggw. von RANEY-Ni zu den entsprechenden *gesätt. Ketonen* unter Abspaltung des Acylrestes bestätigt wird. Die aus den Na-Salzen der **A** mit dem entsprechenden Arylaminhydrochlorid erhaltenen *Arylaminomethylenketone* (**C**) cyclisieren sich durch Erhitzen mit Anilin in Ggw. von $ZnCl_2$ bzw. Anilinhydrochlorid (**VIII**) unter Umlagerung der Arylaminogruppe zu den entsprechenden *2-Phenylchinolinen.* Die Cyclisierung gelingt nicht mit konz. H_2SO_4 bzw. $ZnCl_2$. Die Struktur des so aus α-Anilinomethylenacetophenon erhaltenen *2-Phenylchinolins* wird durch die Synth. aus Zimtaldehyd über die SCHIFFsche Base nach DÖBNER u. MILLER bestätigt. Vf. diskutiert den Rk.-Mechanismus der Bldg. der **A, B** u. **C** sowie die Red. der **A-** u. **B**-Acylate. Ferner wird Acetessigester (**XVII**) mit H_2 in Ggw. von RANEY-Ni zu *Buttersäureäthylester* (**III**) neben *β-Hydroxybuttersäureäthylester* red., während die stark enolisierte Form mit PtO_2 zu **III** red. wird. Aus β-Acetoxycrotonester wird mit PtO_2 bzw. RANEY-Ni nur **III** erhalten. β-Äthoxycrotonester (**XVI**) gibt mit PtO_2 **III** u. mit RANEY-Ni *β-Äthoxybuttersäureäthylester.*

Versuche: *α-Hydroxymethylenacetophenon* (**IV**), *Na-Salz*, durch Zugabe von **II** u. Acetophenon in abs. Ae. zu in abs. Ae. suspendiertem Na innerhalb von 2 Std. unter Kühlung u. Rühren u. 12std. Stehen; 95% (Ausbeute). *Acetat*, F. 70° (Ae./PAe.); 76%. — *Propiophenon*, $Kp._{18}$ 106°, $Kp._{15}$ 98—99°, a) durch 5std. Hydrierung von 14 g vorst. Acetats in A. in Ggw. von RANEY-Ni; 4,9 g; b) wie a) in Ae. in Ggw. von PtO_2; 6 g. *Semicarbazon*, F. 180°. — *α-Hydroxymethylenpropiophenon* (**V**), F. 119—120° (Ae./PAe.), durch Zugabe von Propiophenon u. **II** zu Na in CH_3OH, Einengen im Vakuum, Gießen in Eiswasser, Waschen mit Ae. u. Ansäuern der wss. Phase mit CH_3COOH; sublimiert in Blättchenform; 85%. *Acetat*, F. 118°. — *Isobutyrophenon*, durch Red. vorst. Acetats. — *α-Hydroxymethylenbutyrophenon* (**XX**), F. 110°, $Kp._{760}$ 265°, $Kp._1$ 155°, analog **V**; 78%. *Acetat*, $Kp._4$ 147—149°; 70%. — *1-Hydroxymethylen-3-phenylpropanon-(2)* (**VI**), *Na-Salz*, aus Phenylpropanon-(2) mit Ameisensäureamylester (**XI**) analog **IV**; rahmfarbenes Pulver; 74%. *Cu-Deriv.*, F. 159° (Ae./Bzl.); 80%. *Acetat*, $Kp._6$ 170°, $Kp._3$ 155°. — *1-Anilinomethylen-3-phenylpropanon-(2)* (**VII**), F. 86° (A./Bzl.), durch Zusammengießen von **VI**-Na-Salz in Eiswasser mit einer konz. Lsg. von **VIII**; 73%. — *4-Phenylbutanon-(3)*, $Kp._{23}$ 121—122°, $Kp._{18}$ 118°, a) durch Hydrierung von 12 g **VI**-Acetat in CH_3COOH in Ggw. von PtO_2; 5 g; b) durch Hydrolyse nachst. Verbindung. *Semicarbazon*, F. 150°. — *4-Cyan-4-phenylbutanon-(3)*, durch Zugabe von 80 g Benzylcyanid u. Propionsäureäthylester zu Na in A. in der Hitze, 2std. Kochen, Eindampfen, Aufnehmen in Eiswasser, Waschen mit Ae. u. Ansäuern mit CH_3COOH; 48 g. — *1-Hydroxymethylen-1-phenylpropanon-(2)* (**IX**), F. 76° (A.), Kp.$_{35}$ 140°, aus 1-Phenylpropanon-(2) mit **II** in A. mit Na analog **V**; nach dem Sublimieren Nadeln; 85%. *Cu-Salz*, Doppel-F. 86—87° (Ae.)/150—152°; dunkelolivegrünes Pulver, das aus Ae. als hellgrünes Solvat kristallisiert. *Benzoat*, F. 99° (A.); 82%. — *1-Phenyl-1-methylpropanon-(2)*, Kp.$_{19}$ 102°, durch Schütteln vorst. Benzoats mit H_2 in A. in Ggw. von RANEY-Ni, Kochen mit 10%ig. Soda-Lsg. u. Wasserdampf-Dest.; 81,5%. *Semicarbazon*, F. 172°. — *1-Hydroxymethylen-4-phenylbutanon-(2)* (**I**), *Na-Deriv.*, aus **X** mit **II** u. Na-Pulver bzw. Na-Äthylat; 86%. *Cu-Deriv.*, F. 187°; aus Bzl. stahlblaue Nadeln. *Benzoat*, F. 72°; 80%. *Acetat*, F. 32° (PAe.); 76%. — *5-Phenylpentanon-(3)*, Kp.$_{19}$ 130 bis 132°, a) durch Hydrierung vorst. Acetats in abs. A. in Ggw. von RANEY-Ni; 74%; b) durch Hydrierung nachst. Verb. in abs. A. in Ggw. von RANEY-Ni; 90%. *Semicarbazon*, F. 100—135°. — *5-Phenyl-3-oxopenten-(4)*, F. 38° (PAe.), Kp.$_{24}$ 150—155°, durch Zugabe von Benzaldehyd zu Methyläthylketon in wss. NaOH bei 65—70° unter Rühren, 2—3std. Kochen u. 10std. Rühren; 96%. — *4-Phenyl-3-methylbutanon-(2)*, Kp.$_{24}$ 126°, Kp.$_{14}$ 115°, a) aus nachst. Verb. mit H_2 in Ggw. von RANEY-Ni; b) durch Hydrierung von **XII**-Benzoat in A. in Ggw. von RANEY-Ni, Eindampfen u. 1std. Kochen mit 10%ig. alkohol. KOH; c) durch Hydrierung von **XII** in CH_3OOH + wenig konz. HCl in Ggw. von PtO_2 unter Schütteln, Eindampfen, Schütteln mit 10%ig. NaOH u. Ae.-Extraktion. *Semicarbazon*, F. 115—116°. — *4-Phenyl-3-methyl-2-oxobuten-(3)*, F. 38—39° (PAe.), Kp.$_{24}$ 140—142°, durch Einleiten von HCl-Gas in Benzaldehyd/Methyläthylketon bis zur Sättigung u. Schütteln der intermediär gebildeten Cl-Verb. mit 10%ig. NaOH in Bzl.; dicke Nadeln; fast 100%. — *1-Anilinomethylen-4-phenylbutanon-(2)*, F. 147° (instabil), a) aus dem Na-Salz von **I** analog **VII**; b) durch Hydrierung nachst. Verb. in A. in Ggw. von RANEY-Ni; aus A. citronengelbe Nadeln. — *1-Anilinomethylen-4-phenyl-2-oxobuten-(3)*, F. 154° (A./Bzl.), aus 31 g nachst. Verb. analog **VII**; 17,5 g. — *1-Hydroxymethylen-4-phenyl-2-oxobuten-(3)*, *Na-Salz*, durch Zugabe von Benzalaceton u. **XI** zu wasserfreiem Na-Äthylat in abs. Ae. unter Kühlen u. Rühren innerhalb von 1½ Std., 4std. Rühren, Absaugen u. Waschen mit Ae.; 35%. *Cu-Deriv.*, F. 215° (Toluol), dunkelgrüne Kristalle; 3,2 g. — *Red.-Prod.*, *Cu-Deriv.*, F. 175° (Bzl.), mit H_2 aus 34 g Na-Salz vorst. Verb. in Ggw. von RANEY-Ni u. Versetzen mit konz. Cu-Acetat-Lsg. nach dem Filtrieren; 19 g. — *1-p-Toluidinomethylen-4-phenylbutanon-(2)*, F. 100 bis 104°, aus dem **I**-Na-Salz analog **VII**; blasse Nadeln. — *1.3.5-Triphenylpropionylbenzol*, $C_{33}H_{30}O_3$, F. 119—120° (Aceton), durch Erhitzen von **I** in saurem Medium. — *Benzol-1.3.5-tricarbonsäure*, F. 350—355°, durch 2std. Kochen vorst. Verb. mit wss. HNO_3, Eindampfen u. Sublimieren; daneben *Benzoesäure* u. *Benzaldehyd*. *Triäthylester*, F. 129° (A.). — *3-Hydroxymethylen-4-phenylbutanon-(2)* (**XII**), F. 100—101° (Ae.), aus **X** mit **II** u. Na in A. analog **V**; 80%. *Cu-Salz*, F. 158° (Bzl., Ae. oder Bzl./Ae.), blaßgraugrüne Nadeln. *Benzoat*, F. 98—100° (A.); 82%. — *3-Anilinomethylen-4-phenylbutanon-(2)*, F. 98—99°, aus **XII** analog **VII**; blaßgelbe Kristalle; 77%. — *1-Hydroxymethylen-6-phenylhexanon-(2)* (**XIII**), *Na-Salz*, durch Kondens. von nachst. Verb. mit **II** u. Na-Pulver in abs. Ae.; rahmfarbiges Pulver; 80%. *Cu-Salz*, F. 138—139°, a) aus **XIII**; aus Bzl. blaugrauglänzende Nadeln; 75%; b) durch Zugabe von **II** in abs. A. zu Na-Pulver in abs. Ae., 3std. Kochen, langsame Zugabe von 6-Phenyl-2-oxohexadien-(3.5) nach dem Erkalten, Gießen in W. nach mehrstd. Stehen, Waschen mit Ae., Hydrieren der wss. Lsg. in Ggw. von RANEY-Ni u. Zugabe von konz. Cu-Acetat-Lsg.; 47,6%. — *6-Phenylhexanon-(2)*, Kp.$_{20}$ 146°, mit H_2 in A. in Ggw. von RANEY-Ni aus nachst. Verb.; 62%. — *Cinnamylidenaceton*, F. 66—67° (Bzl.), mit 10%ig. NaOH aus Zimtaldehyd u. Aceton; orangegelbe Kristalle; 73%. — *3-Hydroxymethylen-6-phenylhexanon-(2)*, *Cu-Salz*, F. 120° (Ae.), durch Zugabe von 88 g 6-Phenylhexanon-(2) u. **II** zu Na in abs. A. unter Schütteln u. Zugabe von konz. Cu-Acetat-Lsg.; blaßgrünes Salz; 66 g. *Benzoat*, F. 90° (A.). — *6-Phenyl-3-methylhexanon-(2)*, Kp.$_{19}$ 145°, aus vorst. Benzoat mit H_2 in Ggw. von RANEY-Ni; 87%. — *1-Hydroxymethylen-4-methylpentanon-(2)*, *Cu-Salz*, F. 163—164°, a) durch Kondens. von 4-Methylpentanon-(2) in Ae. über das *Na-Salz* (90%); b) durch Kondens. nach a) in A. über das Na-Salz (80%); fast 100%; c) durch langsame Zugabe von **XI** u. Mesityloxyd in Ae. zu Na-Pulver in abs. Ae., Lösen des Na-Salzes in Eiswasser, Schütteln mit H_2 in Ggw. von RANEY-Ni u. Zugabe von gesätt. Cu-Acetat-Lösung. — *1-Hydroxymethylenundecanon-(2)* (**XIV**), *Cu-Salz*, F. 122° (Bzl.), a) durch Zugabe von **XI** u. Undecanon-(2) in abs. Ae. zu Na-Pulver in abs. Ae. innerhalb von 2 Std. unter Kühlung, Waschen mit Ae., Neutralisieren mit CH_3COOH u. Zugabe von gesätt. Cu-Acetat-Lsg.; graublaue Kristalle; 85%; b) durch Zugabe von 90 g Undecanon-(2) u. $HCOOCH_3$ zu Na in CH_3OH, erneute Zugabe von $HCOOCH_3$ nach 16 Std., Gießen in Eiswasser nach 20 Std., Waschen mit Ae. u. Versetzen mit gesätt. Cu-Acetat-Lsg. u. Extraktion im SOXHLET mit PAe.; 30 g; daneben *Cu-Salz* nachst. Verb., F. 92°; 60 g. *Benzoat*, F. 52°

(A.). — *3-Hydroxymethylenundecanon-(2)* (**XV**), F. 44°, $Kp._{2}$ 110—115°, $Kp._{0,8}$ 96—98°, durch Schütteln des Cu-Salzes mit HCl in Ae. u. fraktionierte Destillation. *Benzoat*, F. 55° (A.). — *Dodecanon-(3)*, F. 18—19°, $Kp._{18}$ 129—130°, durch Schütteln von 12 g **XIV**-Benzoat mit H_2 in A. in Ggw. von RANEY-Ni, Eindampfen, Aufnehmen in verd. KOH u. Wasserdampf-Dest.; 6 g. *Semicarbazon*, F. 86°. — *3-Methylundecanon-(2)*, $Kp._{18}$ 119—120°, durch Red. von 7 g **XV**-Benzoat analog vorst. Verb.; 3,1 g. *Semicarbazon*, F. 69—70°. — *α-Methylcaprinsäure*, $C_{11}H_{22}O_2$, $Kp._{13}$ 153—155°, durch 24std. Schütteln von 6 g vorst. Verb. mit verd. NaBrO u. Zers. mit SO_2; 3,5 g. — *Buttersäureäthylester* (**III**), Kp. 118—120°, a) aus β-Acetoxycrotonsäureäthylester ($Kp._{12}$ 103—104°) in Ae. mit H_2 in Ggw. von RANEY-Ni; b) durch Hydrierung von **XVI** in CH_3COOH in Ggw. von PbO_2; 1,5 g; c) aus 20 g **XVII** mit H_2 in Ggw. von PtO_2; 3,3 g; daneben **XVIII**; d) aus 7 g enolisiertem **XVII** mit H_2 in Ggw. von PtO_2; 5 g. — *β-Hydroxybuttersäureäthylester* (**XVIII**), $Kp._{21}$ 85—86°, aus **XVII** mit H_2 im Autoklaven in Ggw. von RANEY-Ni bei 70°. *Acetat*, $Kp._{5}$ 85—90°. — *β-Äthoxybuttersäureäthylester*, Kp. 176—177°, durch mehrfache Zugabe von 1n NaOH zu 16 g **XVI** in A. in Ggw. von Ni unter H_2 u. Ansäuern; 13 g. — *α-Anilinomethylenacetophenon* (**XIX**), F. 140°, mit **VIII** aus **IV**-Na-Salz; gelb; 83%. — Analog nachst. Methylenacetophenone: *α-o-Toluidino-*, F. 163°. — *α-m-Toluidino-*, F. 182°. — *α-p-Toluidino-* (**XXI**), F. 163°. — *α-Methylanilinomethylenacetophenon*, F. 103°, durch Zugabe von CH_3COOH zu wss. alkohol. **IV**-Na-Salz u. Methylanilin. — *N-[3-Phenyl-3-oxopropenyl]-sulfanilsäure*, $C_{15}H_{13}NO_4S$, Zers. >250°, durch 1/4std. Erhitzen auf dem Wasserbad von 19 g **XIX** mit konz. H_2SO_4, Gießen auf Eis u. SOXHLET-Extraktion; 26 g. *Na-Salz*, $C_{15}H_{12}NNaO_4S$, mit ca. 1 Mol Kristallwasser. *K-Salz*, $C_{15}H_{12}KNO_4S$, nach 2std. Trocknen bei 120°. — *Sulfanilsäure*, $C_6H_7NO_3S$, durch 5std. Kochen von 2 g K-Salz vorst. Verb. in 50%ig. HCl; Nadeln; 0,5 g; daneben *Acetophenon*, *Semicarbazon*, F. 201°. — *Benzanilid*, F. 160°, $Kp._{20}$ 180°, durch 3std. Kochen von **IV**-Na-Salz mit Anilin unter Rühren, Eindampfen, Zugabe von Ae., Waschen mit 10%ig. H_2SO_4 u. Eindampfen; daneben *Benzoesäure*. — *2-Phenylchinolin*, $C_{15}H_{11}N$, F. 85° (A.), a) durch Zugabe von $ZnCl_2$ zu 15 g **XIX** u. Anilin bei 180°, 4std. Erhitzen auf 200—210°, Eindampfen im Vakuum, Behandeln mit 40%ig. NaOH, Ae.-Extraktion u. Eindampfen; 7,8 g; b) nach DOEBNER u. MILLER. *Pikrat*, F. 185°. — *2-Phenyl-3-äthylchinolin*, $Kp._{12}$ 190°, $Kp._{12}$ 180—200°, $Kp._{4}$ 170—200°, F. 62° (Ae./PAe.), a) durch Kochen von α-Anilinomethylenbutyrophenon mit **VIII** u. Anilin u. Zugabe von 50%ig. KOH nach dem Erkalten; 38%; b) durch Eindampfen von **XX**, $ZnCl_2$ u. **VIII** in A., 2std. Erhitzen auf 200°, Aufnehmen in KOH u. Ae.-Extraktion; 40%; c) durch 2std. Erhitzen von Zimtaldehyd mit **VIII** u. Anilin, Zugabe von HCl, Aufkochen, Filtrieren u. Alkalisieren. *Pikrat*, $C_{23}H_{18}N_4O_7$, FF. 170—176°, 170 u. 162°. *Jodmethylat*, $C_{18}H_{18}JN$, F. 260° (Zers.). — *2-Phenyl-6-methylchinolin*, *Pikrat*, F. 208°, aus 4 g **XXI** mit p-Toluidin u. $ZnCl_2$ bei 300° analog vorst. Verb. nach a); 3,5 g. *Freie Base*, F. 68°. — *2-Phenyl-3-methylchinolin*, *Pikrat*, F. 200°, analog vorvorst. Verb. nach a) aus **V** oder nachst. Verbindung. *Freie Base*, F. 52°. — *α-Anilinomethylenpropiophenon*, F. 141° (A.), durch Erhitzen von **V**-Benzoat mit Anilin u. anschließendes Kristallisieren aus A., Bzl. bzw. Bzl./PAe. oder Chromatographie an Al_2O_3; daneben *Benzanilid*. H. KNIESZ. 1580□

Über Alkinamine. 7. Mitt. **ω.ω-Bis-[dialkylamino]-styrole.** Viktor Wolf und Wolfgang Block. (Liebigs Ann. Chem. **637**. 119—26. 8/11. 1960. Hamburg, Univ., Chem. Staatsinst., Inst. für organ. Chem.) (Dt.) — 6. vgl. C. **1961**. 17178.

Bei den Rkk. von Phenylbromacetylen (**II**) mit Diäthylamin (**III**) oder mit Piperidin entstehen keine ω-Dialkylaminophenylacetylene, sondern *β.β-Bis-[diäthylamino]-* (**I**) bzw. *β.β-Dipiperidinostyrol*. Durch katalyt. Hydrierung von **I** an Pd-Kohle entstehen neben *N.N-Diäthyl-β-phenyläthylamin* u. **III** *Phenylessigsäurediäthylamid* (**IV**), das sich ebenfalls durch Einw. von 96%ig. A. auf **I** in Ggw. von Pd-Kohle bildet. Die alkal. Hydrolyse von **I** führt zu **IV** neben *Benzoesäure*, *Ameisensäure* (**V**) u. **III**, die saure Hydrolyse zu *Formaldehyd* an Stelle von **V** u. sonst. zu den gleichen Prodd. sowie die Oxydation von **I** mit MnO_2 zu *Tetraäthylharnstoff* in sehr geringer Menge. Der Bldg.-Mechanismus von **I** aus **II** u. **III** wird diskutiert.

Versuche: *1.1-Bis-[diäthylamino]-2-phenyläthylen* (**I**), $C_{16}H_{26}N_2$, $Kp._{0,1}$ 100—101°, a) durch Vermischen von 56 g **II** mit 45 g wasserfreiem **III**, 48std. Kühlen mit fließendem W., 14tägiges Stehen bei Zimmer-Temp., Zugeben von W. u. Ae., Extrahieren der Ae.-Lsg. mit 2n HCl, Alkalisieren u. Ausäthern; 26 g (Ausbeute); aus der wss. Phase durch Ae.-Extraktion 9 g; b) durch Vermischen von 101 g **II** u. 82 g **III**, 3wöchiges Stehen bei Zimmer-Temp. u. Ae.-Extraktion; 61,4 g. *Reineckat*, $C_{20}H_{33}CrN_8S_4 \cdot H_2O$, F. 135°, durch Zutropfen von 1,35 g REINECKE-Salz in W. zu **I** in 1n HCl; aus W. rote Kristalle; 0,5 g. — *Phenylacetylen*, $Kp._{4}$ 30,5°, aus der Tiefkühlfalle bei der Dest. von **I** nach b); 1,5 g. — *Acetophenon-2.4-dinitrophenylhydrazon*, $C_{14}H_{12}N_4O_4$, F. 242° (A.), durch Versetzen von vorst. Verb. mit 2.4-Dinitrophenylhydrazin in A. u. H_2SO_4. — *N.N-Diäthyl-β-phenäthylamin*, $C_{12}H_{19}N$, Kp.$_{10}$ 103—105°, durch Hydrieren von 10 g I in A. in Ggw. von 10%ig. Pd-Kohle, Abdampfen, Versetzen mit 40%ig. H_2SO_4, Alkalisieren, Ausäthern, Ausfällen von 3,2 g *saurem Diäthylammoniumoxalat* [F. 206° (Methanol)] u. Vakuum-Dest.; 1,7 g *Reineckat*, F. 117°. *Pikrat*, F. 89° (A.). — *Phenylessigsäure-diäthylamid* (**IV**), $C_{12}H_{17}NO$, Kp.$_{1,6}$ 122—124°, a) neben vorst. Verb.; b) durch 48std. Rühren von 2 g I in 96%ig. A. mit 0,3 g Pd-Kohle bei Zimmer-Temp.; 1 g; c) durch 30std. Kochen von 6 g I mit 40%ig. KOH, Abdestillieren von W. u. **III**, Ansäuern der wss.-alkal. Phase des Rückstandes u. Ausäthern; 3 g; daneben 0,15 g *Benzoesäure* u. 0,05 g *Ameisensäure* (**V**). — *Phenylessigsäure*, F. 74°, a) durch 18std. Erhitzen von **IV** u. konz. HCl im Rohr auf 130° neben **III**; b) durch 40std. Erhitzen von I in 20%ig. H_2SO_4, Ausäthern des Gemisches u. Ausschütteln der Ae.-Lsg. mit 2n NaOH; **III** in der H_2SO_4-Phase; c) durch 16std. Erhitzen von **VI** in konz. HCl bei 120°. — *Phenylglyoxylsäure-diäthylamid*, $C_{12}H_{15}NO_2$, Kp.$_{0,1}$ 116°, durch Zutropfen von $KMnO_4$ u. Na_2CO_3 in W. zu I in W., Ausäthern u. Eindampfen. *2.4-Dinitrophenylhydrazon*, $C_{18}H_{19}N_5O_5$, F. 182° (A.). — *Benzoesäure* u. **V**, durch Extrahieren vorst. Ae.-Lsg. mit NaOH, Ansäuern u. Ausäthern. — *Phenylglyoxylsäure*, durch 18std. Erhitzen des Amids mit konz. HCl im Rohr neben **III**. *Hg-Salz*, F. 165°. *Ammoniumsalz*, F. 150°. *Phenylhydrazon*, F. 155° (W.). *2.4-Dinitrophenylhydrazon*, F. 190° (A.). — *Phenylessigsäurepiperidid* (**VI**), $C_{13}H_{17}NO$, Kp.$_{0,1}$ 138 bis 140°, a) durch Vermischen von **II** u. Piperidin, mehrtägige Wasserkühlung, Stehen bei Zimmer-Temp., 14tägiges Behandeln mit W. u. Ae., Ansäuern der Ae.-Phase mit 2n HCl, Alkalisieren der sauren Lsg., Ansäthern u. Verdampfen; b) durch Alkalisieren der wss. Phase u. Ausäthern. — *β.β-Dipiperidinostyrol*, $C_{18}H_{26}N_2$, Kp.$_{0,2}$ 155—158°, neben **VI**. *Reineckat*, $C_{22}H_{33}CrN_8S_4 \cdot H_2O$, F. 149° (A.). H. SMALLA. 1710

Über Alkinamine. 8. Mitt. **ω-Diäthylaminophenylacetylen.** Viktor Wolf und Friedrich Kowitz. (Liebigs Ann. Chem. **638**. 33—42. 29/12. 1960.) (Dt.) — 7. vgl. vorst. Referat.

Die Umsetzung von Li-Phenylacetylen (**I**) mit N-Chlordiäthylamin (**II**) in Dioxan führt zu *ω-Diäthylaminophenylacetylen* (**III**) neben *Diäthylamin* (**IV**), *Phenylacetylen* (**V**), *ω-Chlorphenylacetylen* (**VI**), *ω.ω-Bis-[diäthylamino]-styrol* (**VII**), *Phenylessigsäurediäthylamid* (**VIII**) u. *Diphenyldiacetylen* (**IX**). Hierbei wird folgender Rk.-Ablauf angenommen: Aus **I** u. **II** entsteht unter Abspaltung von $LiN(C_2H_5)_2$ **VI** (Rk. 1), das mit **I** neben *LiCl* **IX** bildet (Rk. 2), u. **I** reagiert mit **II** unter Bldg. von **III** u. *LiCl* (Rk. 3). Die Bldg. von *Chloracetophenon* aus **VI** (1) sowie von **VIII** aus **III** (3) wird der Aufarbeitung der Rk.-Prodd. mit W. zugeschrieben. Die Bldg. von **IX** wurde durch Umsetzung von **VI** mit **I** in Dioxan bestätigt. Verss., das mit α-Chloracetophenon verunreinigte **III** rein zu erhalten, mißlangen; dagegen wird es aus **V**-MgBr u. **II** in Ae. in 1,7%ig. Ausbeute analysenrein gewonnen. Seine Konstit. wird durch das IR-Spektrum, durch Hydratisierung in alkal. oder saurer Lsg. zu **VIII**, durch Addition von **IV** zu **VII** u. durch Hydrierung zu *2-Diäthylaminophenyläthan* bewiesen.

Versuche: *Phenylacetylen* (**V**), Kp.$_{10}$ 30—34°, a) durch 1std. Zutropfen von 18 g N-Bromsuccinimid (**XI**) in Dioxan zu 0,1 Mol **I** in Dioxan bei 50° unter Rühren, weiteres 5std. Rühren bei Raum-Temp., 12std. Stehen, Zugeben von Ae., Abtrennen des Nd. u. Fraktionieren des Filtrats; 5 g (Ausbeute); b) durch 4std. Zutropfen von 1 Mol **II** in Dioxan zu 1 Mol **I** (enthält 0,2 Mol überschüssiges **V**) bei 50°, 72std. Stehen bei Raum-Temp., Zugeben von PAe. u. W. u. Fraktionieren der PAe.-Lsg.; 46 g. — *ω-Bromphenylacetylen* (**X**), neben **V** nach a); 7 g. — *ω-Bromacetophenon*, C_8H_7BrO, F. 49—50° (Ae./PAe.), Kp.$_{11}$ 127—130°, durch Schütteln von **X** in Ae. mit konz. H_2SO_4, Zugeben von W. u. Abtrennen der organ. Phase. — *Bernsteinsäure*, F. 187° (2n HCl), neben **V** durch Lösen des hellbraunen Nd. in W., Ansäuern mit HCl u. Vakuumeinengen. — *N-Benzoylsuccinimid*, $C_{11}H_9NO_3$, F. 129°, durch 24std. Kochen des aus **I** u. **XI** entstandenen Nd. mit Benzoylchlorid in Ae., Einengen u. Auskochen des Rückstandes mit PAe; 10%. — *Phthalsäure*, F. 192° (Zers.), aus **I** u. N-Bromphthalimid analog **V** nach a); 36%. — *Diäthylamin* (**IV**), neben **V** nach b) aus der wss. Phase. — *ω-Diäthylaminophenylacetylen* (**III**), $C_{12}H_{15}N$, Kp.$_{0,2}$ 66—68°, a) durch 1½std. Zutropfen von **V** zu C_2H_5MgBr bei 0° unter Rühren, 12std. Rühren bei Raum-Temp., kurzes Kochen, 2std. Zutropfen von **II** in Ae. bei 0° u. 12std. Rühren bei Raum-Temp.; n_D^{27} 1,5620; 1,7%; b) neben **V** nach b); 2,3% (roh). — *Phenylessigsäurediäthylamid*, (**VIII**), $C_{12}H_{17}NO$, Kp.$_8$ 158—160°, a) neben **V** im Gemisch mit **VII**, Lösen in Ae., saure Extraktion u. Dest. der Ae.-Phase; b) aus **III** u. 6n HCl. *Reineckat*, $2C_{12}H_{17}NO \cdot [Cr(NH_3)_2(SCN)_4]H$, F. 127° (Zers.). — *α-Diäthylaminoacetophenon*, aus **IV** u. α-Chloracetophenon. *Reineckat*, $C_{16}H_{24}CrN_7OS_4$, F. 169° (A.). — *ω.ω-Bis-[diäthylamino]-styrol* (**VII**), $C_{16}H_{26}N_2$, Kp.$_{0,1}$ 95—100°, a) analog **V** nach b) aus **I** u. **II** bei 100°; b) durch 1std. Kochen von **III** u. **IV** u. 12std. Stehen; c) neben **V** nach b). *Reineckat*, $C_{20}H_{33}CrN_8S_4$, F. 135° (A.). — *N-[β-Phenäthyldiäthyl]-aminoxalat*, $C_{14}H_{21}NO_4$, F. 105° (A./Ae./PAe.), durch Hydrieren von **III** in Dioxan an PtO_2 u. Versetzen mit Oxalsäure. — *ω-Chlorphenylacetylen* (**VI**), C_8Cl_5Cl, Kp.$_{10}$ 63—64°, neben **V** nach b); 21 g. — *α-Chloracetophenon-2.4-dinitrophenylhydrazon*, $C_{14}H_{11}ClN_4O_4$, F. 207° (A.), aus **VI** in A./H_2SO_4 u. Zugeben von $HgCl_2$. — *Diphenyldiacetylen* (**IX**), $C_{16}H_{10}$, F. 88° (PAe. oder CH_3OH), a) durch 3std. Zugeben Li-Diäthylamid (aus Li, Brombenzol u. **IV**) zu **X** u. $CoCl_2 \cdot H_2O$ in abs. Ae. bei 0°, 12std. Rühren, 48std. Stehen u. Dest.; b) durch 2std. Zutropfen von **VI** in Dioxan zur sd. Lsg. von **I** in Dioxan, Gießen in W., Zugeben von Bzl. u. Einengen der organ. Schicht; c) neben **V** nach b); 2,0%. H. SMALLA. 1710

Substituierte γ-Lactone. 6. Mitt. Synthese einiger p-substituierter α-Benzyliden- und α-Benzyl-γ-butyrolactone als mögliche Antikrebs-Mittel. Hans Zimmer und Ralph E. DeBrunner. (J. org. Chemistry **26**. 1562—65. Mai 1961. Cincinnati, Ohio, Univ., Dep. of Chem.) (Engl.) — 5. vgl. C. **1961**. 15736.

α-[4-Aminobenzyliden]-γ-butyrolacton (**I**) reagierte mit Chloressigsäure unter Verharzung. Durch Cyanmethylierung von **I** wurde *α-[4-Cyanmethylaminobenzyliden]-γ-butyrolacton* (**II**) erhalten, durch dessen Hydrolyse *α-[4-Carbamoylmethylaminobenzyliden]-γ-butyrolacton* (**III**) u. *α-[4-Carboxymethylaminobenzyliden]-γ-butyrolacton* dargestellt werden konnten. Die Cyanmethylierung gelang nur in Eisessig, nicht aber in Dioxan, wss. Dioxan, W. oder wss. Alkohol. Die Cyanmethylierung von α-[4-Aminobenzyl]-γ-butyrolacton lieferte nur Harz, das nach Hydrolyse kein Amid ergab. *α-[4-Carbamoylmethylaminobenzyl]-γ-butyrolacton* konnte jedoch durch Hydrierung von **III** an PtO_2 dargestellt werden; RANEY-Ni erwies sich als wenig günstig; die Hydrolyse des Amids mit wss. H_2SO_4 ergab die freie *Carbonsäure*. **I** ist eine schwache Base, die aber diazotiert werden kann; die SANDMEYER-Rk. der Diazonium-Verb. verläuft normal. Durch Kupplung wurden *2-[4-(p-Dimethylaminophenyl)-azobenzyliden]-4-hydroxybuttersäure-γ-lacton* u. *2-[4-(2-Hydroxy-α-naphthyl)-azobenzyliden]-4-hydroxybuttersäure* erhalten; letztere konnte durch Kochen mit saurem Aceton lactonisiert werden. Bei der Cyanmethylierung von **I** entsteht aus **I** u. CH_2O in Eisessig zuerst *Methylen-N N'-bis-[α-(4-aminobenzyliden)-γ-butyrolacton]*, das isoliert wurde. **II** zeigt im IR-Spektrum keine Nitrilbande.

Versuche: *α-[4-Cyanmethylaminobenzyliden]-γ-butyrolacton* (**II**), $C_{13}H_{12}N_2O_2$, F. 203 bis 205° (A.), durch Zugabe von 37%ig. CH_2O-Lsg. zu **I** in Eisessig, Zutropfen, von wss. KCN-Lsg. innerhalb 30 Min. unter Rühren, 45 Min. langes Rühren, Erhitzen auf 70° bis zur Lsg., 15 Min. langes Rühren bei 70°, portionsweise Zugabe von KCN, 45 Min. langes Rühren bei 75°, teilweise Abdestillation von Essigsäure u. W. im Vakuum, Filtrieren, langsames Verdünnen mit W. unter Rühren u. Filtrieren; 74,1% (Ausbeute). — *α-[4-Carbamoylmethylaminobenzyliden]-γ-butyrolacton* (**III**), $C_{13}H_{14}N_2O_3$, F. 236,5—237,5° (95%ig. A.), durch Zugabe von **II** zu konz. H_2SO_4 bei 0°, 108std. Stehen bei —10°, 20std. Stehen bei Raum-Temp., Gießen auf Eis unter Rühren, Filtrieren, teilweise Neutralisieren mit konz. NH_4OH unter Rühren u. Eiskühlung, Filtrieren, Fällen mit konz. NH_4OH u. Filtrieren; 71,6%. — *α-[4-Carboxymethylaminobenzyliden]-γ-butyrolacton*, $C_{13}H_{13}NO_4$, F. 210° (Zers., gelbe Kristalle aus wss. A.), durch 2std. Kochen von 3,42 g **II** in 50%ig. H_2SO_4, Kühlen, Zutropfen von konz. NH_4OH unter Rühren, Filtrieren, 30 Min. langes Rühren mit W., Filtrieren, Ae.-Extraktion, Behandeln mit Kohle, Ansäuern mit verd. HCl u. Filtrieren; 0,57 g. — *α-[4-Carbamoylmethylaminobenzyl]-γ-butyrolacton*, $C_{13}H_{16}N_2O_3$, F. 152—154° (A.), durch 9std. Schütteln von **III** mit PtO_2 in 95%ig. A. unter 50 lbs./sq.in. H_2-Druck, Filtrieren, Eindampfen im Vakuum, Kühlen u. Filtrieren; 51,9%. — *α-[4-Carboxymethylaminobenzyl]-γ-butyrolacton*, $C_{13}H_{15}NO_4$, F. 130—131° (Isopropanol), durch 3½std. Kochen vorst. Verb. in 10%ig. H_2SO_4, Kühlen auf 0°, Neutralisieren durch Zutropfen von konz. NH_4OH, Filtrieren, Ansäuern mit kalter konz. HCl bis pH 2 u. Filtrieren; 32,5%. — *2-[4-(p-Dimethylaminophenyl)-azobenzyliden]-4-hydroxybuttersäure-γ-lacton*, $C_{19}H_{19}N_3O_2$, F. 251—252° (orangefarbene Kristalle aus 95%ig. A.), durch Zugabe wss. $NaNO_2$-Lsg. zu **I** in konz. HCl bei 0° unter Rühren, Zutropfen zu Dimethylanilin in 6n HCl bei 0° unter Rühren, 1std. Rühren bei —5 bis 0°, Erwärmen auf Raum-Temp. unter Rühren, Neutralisieren mit $NaHCO_3$ u. Filtrieren; 48,1%. — *2-[4-(2-Hydroxy-α-naphthyl)-azobenzyliden]-4-hydroxybuttersäure*, $C_{21}H_{18}N_2O_4$, F. 230 bis 237° (rote Kristalle aus Aceton), durch Zugabe von wss. $NaNO_2$-Lsg. zu **I** in 6n HCl unter Rühren bei 0°, Zutropfen zu β-Naphthol in 6n NaOH bei 0°, 1std. Rühren bei 0°, Ansäuern mit 6n HCl, 1std. Rühren bei 0°, Verdünnen mit W. bei Raum-Temp. u. Filtrieren; 79%. *γ-Lacton*, $C_{21}H_{16}N_2O_3$, F. 248—250° (rote Kristalle aus Aceton), durch Zugabe von 1n H_2SO_4 zu 0,2 g der Säure in sd. Aceton, 30 Min. langes Kochen, 72std. Kühlen auf 0° u. Filtrieren; 0,15 g. — *Methylen-N.N'-bis-[α-(4-aminobenzyliden)-γ-butyrolacton]*, $C_{23}H_{22}N_2O_4$, F. 259—260° (gelbe Kristalle aus Dimethylformamid), durch Zugabe von wss. CH_2O-Lsg. zu 3,02 g I in Eisessig, 1std. Rühren u. Filtrieren; 2,86 g. H. BERTSCH. 1750□

· **Cyclopropylsulfone.** William E. Truce und Lowell B. Lindy. (J. org. Chemistry **26.** 1463—67. Mai 1961. Lafayette, Ind., Purdue Univ., Dep. of Chem.) (Engl.)

Durch Behandlung von γ-Halogenpropylsulfonen mit $NaNH_2$ in Äthylenglykoldimethyläther wurden *Phenyl-* (**I**), *p-Tolyl-* (**VI**), *Benzyl-* (**VII**), *Methyl-* (**VIII**) u. *tert.-Butylcyclopropylsulfon* (**IX**) erhalten; **I** konnte in Ae. nicht dargestellt werden. *γ-Hydroxypropylsulfide* wurden durch Rk. von Trimethylenchlorhydrin mit Na-Mercaptiden dargestellt. Die radikal. Addition der Mercaptane an Allylchlorid lieferte *Methyl-* (**II**) u. *tert.-Butyl-γ-chlorpropylsulfid* (**III**). 1-Brom-3-chlorpropan reagierte mit den entsprechenden Na-Mercaptiden zu *Phenyl-* (**IV**) u. *p-Tolyl-γ-chlorpropylsulfid* (**V**). **II**, **III**, **IV**, **V** u. *Benzyl-γ-chlorpropylsulfid* wurden auch durch Behandlung der Hydroxy-Verbb. mit $SOCl_2$ in Pyridin erhalten. Die *Aryl-* u. *Alkyl-γ-chlorpropylsulfone* entstanden durch Oxydation der Sulfide mit H_2O_2 in Eisessig. **I** u. **VI** konnten mit Li in CH_3NH_2 zu *Li-Cyclopropansulfinat* gespalten werden, das durch Rk. mit Benzylchlorid bzw. CH_3J in **VII** bzw. **VIII** übergeführt wurde. Die Spaltung von **IX** mit Na-Methylat lieferte *Isobutylen* u. *Na Cyclopropensulfinat*; der Nachw. der Spalt-Prodd. erfolgte durch Überführung in Isobutylenbromid bzw. **VII**. Durch Behandlung von **I** mit RANEY-Ni in sd. A. entstand *Cyclopropan*. Durch Rk. von 1-Phenyl-1.4-dibrombutan mit Na_2S u. Oxydation mit H_2O_2 wurde *2-Phenyltetrahydrothiophen-1.1-dioxyd* dargestellt, das mit dem *Dehydrohalogenierungs-Prod.* (**VII**) von *γ-Chlorpropylbenzylsulfon* nicht ident. ist. Die dargestellten Cyclopropylsulfone reagieren weder mit $KMnO_4$ noch mit Br_2. Das Kernresonanzspektrum von **I** stützt die Formulierung. Methylcyclopropylketon reagiert mit Na-Thiophenolat zu *γ-[Phenylmercapto]-propylmethylketon*, das auch durch Rk. von Na-Thiophenolat mit γ-Chlorpropylmethylketon dargestellt wurde. Durch Kochen von **I** mit 48%ig. HBr, 55%ig. HJ, 48%ig. HBr in Eisessig, Na-Thiophenolat in A. oder Na-tert.-Butylat in tert.-Butanol erfolgte keine Öffnung des Cyclopropanringes. **VI** wurde durch Kochen mit 48%ig. HBr in Eisessig von Na-Thiophenolat in Äthylenglykol nicht verändert.

Versuche: Alkyl-γ-hydroxypropylsulfide: *p-Tolyl-*, $Kp._{10}$ 160—161°, durch Zugabe von Trimethylenchlorhydrin zu p-Thiokresol in wss. NaOH, 2std. Kochen, Ae.-Extraktion u. Dest.; n_D^{20} 1,5684; 92% (Ausbeute). — *Methyl-*, $Kp._{30}$104—105°, analog; n_D^{30} 1,4832; 86%. — *tert.-Butyl-*, $Kp._{10}$ 97—98°, analog; n_D^{17} 1,4769; 68%. — *Benzyl-*, $Kp._{1,7}$ 154—155°, analog; n_D^{20} 1,5637; 88%. — *Phenyl-*, $Kp._{3,8}$ 140—141°, analog in CH_3OH; $n_D^{21,2}$ 1,5763; 68%. — γ-Chlorpropylsulfide: *Phenyl-* (**IV**), $Kp._3$ 115—119°, a) durch Zugabe von $SOCl_2$ zur Hydroxy-Verb. in Pyridin unter Eiskühlung, 2std. Erwärmen auf 60°, Gießen in W. u. Chlf.-Extraktion; 91%; b) durch Zugabe von 1-Brom-3-chlorpropan zu Thiophenol in wss. KOH, 4std. Kochen u. Ae.-Extraktion; $n_D^{21,2}$ 1,5732; 80%. — *p-Tolyl-* (**V**), $Kp._{2,3}$ 118°, analog **IV** a) nach a); 69%; b) nach b); n_D^{21} 1,5646; 69%. — *Benzyl-*, $Kp._{19}$ 167—168°, analog **IV** nach a); n_D^{20} 1,5622; 70%. — *Methyl-* (**II**), $Kp._{30}$ 70—73°, a) analog **IV** nach a); 56%; b) durch Belichten von Methylmercaptan u. Allylchlorid in CCl_4 mit UV-Licht u. Extraktion mit wss. Alkali; n_D^{30} 1,4833; 53%. — *tert.-Butyl-* (**III**), $Kp._{30}$ 96—107°, a) analog **IV** nach a); 58%; b) analog **II** nach b); n_D^{20} 1,4748; 31%. — γ-Chlorpropylsulfone: *Phenyl-*, $Kp._2$ 173—174°, durch Zugabe von 30%ig. H_2O_2 zu **IV** in Eisessig unter Eiskühlung, 24std. Erwärmen auf dem Wasserbad, Gießen in W. u. Benzolextraktion; $n_D^{21,2}$ 1,5463; 77%. — *p-Tolyl-*, $C_{10}H_{13}ClO_2S$, F. 72—73° (CH_3OH), analog; 88%. — *Methyl-*, $C_4H_9 \cdot ClO_2S$, $Kp._{2,7}$ 135—136°, durch Oxydation wie oben, Zugabe von MnO_2 u. Dest.; n_D^{20} 1,4822; 91%. — *tert.-Butyl-*, F. 74—75° (CH_3OH), wie oben; 60%. — *Benzyl-*, $C_{10}H_{13} \cdot ClO_2S$, F. 110—111° ($CH_3OH$), wie oben; 74%. — Cyclopropylsulfone: *Phenyl-* (**I**), F. 36—37,5°, durch Zugabe von γ-Chlorpropylphenylsulfon zu $NaNH_2$ in Äthylenglykoldimethyläther unter Rühren, 2std. Rühren bei 60°, Gießen in W., Ae.-Extraktion u. Dest.; $Kp._{0,5}$ 130—135°; 78%. — *p-Tolyl-* (**VI**), F. 65—66°, analog **I**; 65%. — *Methyl-* (**VIII**), F. 56—57°, a) analog **I**; 24%; b) durch Extraktion von Li in eine sd. Lsg. von **I** in Methylamin, Zugabe von CH_3OH, Abdampfen des Methylamins, Zugabe von Ae., Filtrieren, Lösen des Nd. in W., Zugabe von CH_3J, 4std. Kochen u. Ae.-Extraktion; 15%. — *tert.-Butyl-* (**IX**), $Kp._{0,8}$ 89—90°, analog **I**; 78%. — *Benzyl-* (**VII**), $C_{10}H_{12} \cdot O_2S$, F. 82—83°, a) analog **I**; 63%; b) analog **VIII** nach b) u. Rk. des Nd. mit Benzylchlorid; 42%; c) analog b) aus **VI**; 17%; d) durch 28std. Erhitzen von 0,08 Mol **IX** mit 0,2 Mol Na-Methylat auf 135°, Rk. der gasförmigen Rk.-Prodd. mit Br_2 in CCl_4, Dest., Lösen des Rückstandes in W., Ae.-Extraktion, Zugabe von Benzylchlorid zur wss. Phase, 8std. Kochen u. Ae.-Extraktion; 20%; daneben *1.2-Dibrom-2-methylpropan* [$Kp._{50}$ 66°, n_D^{26} 1,5038; 20%]. — *2-Phenyltetrahydrothiophen-1.1-dioxyd*, $C_{10}H_{12}O_2S$, F. 65—65,5° (CH_3OH), durch Rk. von β-Benzoylpropionsäure mit A. u. H_2SO_4 unter azeotroper Abdestillation von W. mit Bzl., Red. des *Äthylesters* [$Kp._1$ 139°; 70%] mit $LiAlH_4$ in

Ae., Überführen des *1-Phenylbutandiols-(1.4)* [F. 69—71° (Ae.); 39%] in *1-Phenyl-1.4-dibrombutan* [Kp.$_{0,6}$ 123—125°, n_D^{25} 1,5804; 32%] mit PBr_3, Kochen mit $Na_2S \cdot 9H_2O$ in A., Extraktion mit PAe., Dest. u. Oxydation des *2-Phenyltetrahydrothiophens* [Kp.$_{0,2}$ 64—70°, n_D^{25} 1,5802; 54%] mit H_2O_2 in Eisessig; 43%. — *γ-[Phenylmercapto]-propylmethylketon*, Kp.$_{0,7}$ 123—125°, a) durch Zugabe von Methylcyclopropylketon zu Na-Thiophenolat in abs. A., 3std. Kochen u. Dest.; n_D^{25} 1,5557; 58%; b) durch Überführen von α-Acetyl-γ-butyrolacton in 5-Chlorpentanon-(2) nach Cannon u. Mitarbeitern (C. **1954**. 762) (18%) u. Rk. mit Na-Thiophenolat; 57%. — *γ-[Phenylsulfonyl]-propylmethylketon*, $C_{11}H_{14}O_3S$, F. 68,5—70° (CH_3OH), durch Oxydation vorst. Verb. mit H_2O_2 in Eisessig; 77%. H. Bertsch. 1890□

Verdoppelnde Reduktion von Methylisopropenylketon. Joseph Wiemann und Monique Jon (unter techn. Mitarbeit von Yvette Gravereau und Nicole Lefèbvre). (Bull. Soc. chim. France **1960**. 937—43. Mai. Paris, Labor. de Chim. organ. structurale.) (Franz.)

Vff. erhielten bei der Red. von Methylisopropenylketon (**IX**) folgende verdoppelte Rk.-Prodd. mit Ausbeuten im Gemisch in Abhängigkeit vom Red.-Potential: *cis*-(**Ia**) u. *trans-Form* (**Ib**) von *1.2.5-Trimethyl-2-acetylcyclopentanol-(1)* (**I**), *3.6-Dimethyloctandion-(2.7)* (**II**), *2.5.6-Trimethyl-2-acetyl-2.3--dihydro-γ-pyran* (**III**) u. die einfachen Red.-Prodd. Methylisopropylketon (**IV**) u. Methylisopropenylcarbinol (**V**). Die angewandten Red.-Potentiale in wss. Medium betrugen für Zn E = —0,76 V, für Mg —2,5 V, für Na-Amalgan —2,7 V. **III** entsteht dabei als Prod. einer Dien-Synth. in wachsenden Mengen mit steigender Temperatur. Trennung der Prodd. erfolgte durch Dest. über eine Kolonne mit 4 theoret. Böden, die 4 Fraktionen ergab, woraus mittels Drehbandkolonne (10 theoret. Böden) die Rein-Prodd. **I**, **II** u. **III** sowie das Gemisch **IV** u. **V** erhalten wurden. Die bekannten Prodd. **III**, **IV** u. **V** wurden auf Grund ihrer physikal. Konst. bestimmt. Die Strukturaufklärung von **II** erfolgte mittels IR-Spektrums, Derivv. sowie Oxydation mit NaOBr, die 2 diastereoisomere *α.α'-Dimethyladipinsäuren* ergab, woraus sich **II** als Gemisch von meso- u. rac-Form erweist. Einw. von alkohol. KOH auf **II** führte unter innerer Ketolisierung u. anschließender Wasserabspaltung zu *1-Methylen-2.5-dimethyl-2-acetylcyclopentan* (**VI**). Das IR-Spektrum von **Ia** zeigte Banden bei 1150 (tert. Alkohol), 3425 (OH-Wasserstoffbrückenbindung), 3640 (Hydroxyl) u. 1715 cm^{-1} (Keton). Kochen von **Ia** mit alkohol. p-Toluolsulfonsäure ergab 30% **VI** u. 60% **II**. **Ib** zeigte IR-Banden bei 1150 (tert. Alkohol), 3580 (Hydroxyl) u. 1700 cm^{-1} (Keton). Einw. von p-Toluolsulfonsäure führte zu gleichen Prodd. wie bei **Ia**. **VI** zeigte IR-Banden bei 1715 (Keton), 1663 u. 882 cm^{-1} (Methylengruppe). Die Oxydation von **VI** mit NaOBr bewies die Anwesenheit einer Acetylgruppe. Die Ozonolyse führte zu *Formaldehyd* u. *2.5-Dimethyl-2-acetylcyclopentanon-(1)* (**VII**), das bei Einw. von NaOH *2.5-Dimethyl-5-acetyl-n-valeriansäure* (**VIII**) ergab u. bei Einw. von NaOBr auf diese zu *α.α'-Dimethyladipinsäure* führte. Der Red.-Mechanismus wird diskutiert.

Versuche: *Methylisopropylketon* (**IV**), Kp. 92—93°, a) aus 84 g **IX** mit Zn/Essigsäure bei —10 bis —5° in Ae. u. 14 std. Rühren; 20 g (Ausbeute) azeotropes Gemisch mit W. als Fraktion vom Kp. 80,5—82°; b) analog a) mit Mg/Essigsäure bei —12 bis —10°; 12,5 g azeotropes Gemisch mit W. als Fraktion vom Kp. 80,5—82°; c) durch 3std. Rk. von 84 g **IX** in Methylal mit Na-Amalgam bei —30 bis —25°; azeotropes Gemisch als Fraktion vom Kp. 80,5—82,5°; n_D^{16} 1,391. — *2-Methylbuten-(1)-ol-(3)* (**V**), Kp. 115 bis 116°, neben **IV** a) nach a) als Fraktion vom Kp. 113—117°; b) nach b) als Fraktion vom Kp. 113—117°; n_D^{16} 1,4296; 7,5 g. — *2.5.6-Trimethyl-2-acetyl-2.3-dihydro-γ-pyran* (**III**), $C_{10}H_{16}O_2$, Kp.$_{16}$ 86°, Kp.$_{18}$ 88°, a) neben **IV** nach a) als Fraktion vom Kp.$_{15}$ 88—89°; 6,5 g; b) nach b) als Fraktion vom Kp.$_{20}$ 92—93°; 8 g; c) nach c) als Fraktion vom Kp.$_{15}$ 86—88°; $D._4^{25}$ 0,971, n_D^{20} 1,4574; 4 g; saure Spaltung → *Verb. vom F. 206°* [*Bis-(2.4-dinitrophenylhydrazon)* (*Bis-DNP*), $C_{22}H_{26}N_8O_9$]. *Semicarbazon*, $C_{11}H_{19}N_3O_2$, F. 184—185° (A.). — *3.6-Dimethyloctandion-(2.7)* (**II**), Kp.$_{17}$ 131°, neben **IV** a) nach a) als Fraktion vom Kp.$_{15}$ 129—130°; 1 g; b) nach b) als Fraktion vom Kp.$_{18}$ 133—134°; 4 g; c) nach c) als Fraktion vom Kp.$_{15}$ 130—131°; $D._4^{21}$ 0,924, $n_D^{18,5}$ 1,4431; 30 g *Disemicarbazon*, $C_{12}H_{24}N_6O_2$, F. 198° (W./A.). *Bis-DNP*, $C_{22}H_{26}N_8O_8$, F. 216° (Toluol). *Dioxim*, $C_{10}H_{20}N_2O_2$, F. 164° (A). — *cis-1,2.5-Trimethyl-2-acetylcyclopentanol-(1)* (**Ia**), Kp.$_{17}$ 107°, neben **IV** a) nach a) als Fraktion vom Kp.$_{15}$ 107—108°; 3 g; b) nach b) als Fraktion vom Kp.$_{19}$ 109—110°; 4 g; c) nach c) als Fraktion vom Kp.$_{15}$ 107—108°; n_D^{20} 1,4631; 11 g. *Semicarbazon*, $C_{11}H_{21}N_3O_2$, F. 168° (W./A.). *Oxim*, $C_{10}H_{19}NO_2$, F. 125° (A.). *α-Naphthylurethan*, $C_{21}H_{25}NO_3$, F. 290° (PAe.). — *trans-1.2.5-Trimethyl-2-acetylcyclopentanol-(1)* (**Ib**), Kp.$_{17}$ 122°, neben **IV** a) nach a) als Fraktion vom Kp.$_{15}$ 122—124°; 1 g; b) nach b) als Fraktion vom Kp.$_{18}$ 124—125°; 2 g; c) nach c) als Fraktion vom Kp.$_{15}$ 122—124°; n_D^{20} 1,4620; 6 g. *Semicarbazon*, F. 172° (W./A.). *Oxim*, F. 133° (A.). *α-Naphthylurethan*, F. 273° (PAe.). —

1-Methylen-2.5-dimethyl-2-acetylcyclopentan (**VI**), $C_{10}H_{16}O$, $Kp._{16}$ 96°, a) durch 5std. Kochen von 5 g **II** u. 2 g KOH in 20 ml 80%ig. A., Neutralisieren, Extrahieren mit Ae. u. Dest.; 1 g (roh); b) durch 4std. Kochen von 5 g **Ia** oder **Ib** u. 5 g p-Toluolsulfonsäure in 30 ml A. u. Aufarbeitung wie bei a); 1 g (roh) *Semicarbazon*, $C_{11}H_{19}N_3O$, F. 177° (W./A.). *DNP*, $C_{16}H_{20}N_4O_4$, F. 185° (Toluol). — *2.5-Dimethyl-2-acetylcyclopentanon-(1)* (**VII**), $C_9H_{14}O_2$, $Kp._{15}$ 93°, durch Ozonolyse von 2,3 g **VI** in Chlf. bei —40° neben *HCHO*; n_D^{20} 1,4230; 1,5 g. *Semicarbazon*, F. 155—156°. — *2.5-Dimethyl-5-acetyl-n-valeriansäure* (**VIII**), $C_9H_{16}O_3$, $Kp._{18}$ 122°, a) durch 1,5 std. Kochen von 308 mg **VII** in 1,76 ml 5%ig. NaOH; nach Ausäthern neben 50 mg **VII** 150 mg; b) durch 6std. Ozonolyse von 2 g **VII** in 20 ml CH_2Cl_2 u. 1,5 ml Pyridin bei —80°; neben HCHO 1,2 g. — *Meso-α.α'-dimethyladipinsäure*, $C_8H_{14}O_4$, F. 146—147°, a) durch 12std. Rk. von 525 mg **VIII** bei 0° mit NaOBr; neben 408 mg **VIII** 10 mg; b) durch 6std. Rühren von 8,5 g **II** mit NaOBr bei —5°, Abgießen des $CHBr_3$, Extrahieren mit Ae., Ansäuern des Rückstands, Extrahieren, danach Umkristallisation aus W., Isopropyläther u. Chlf. 100 mg; daneben 3 mg rac.-Form, F. 73—75°. M. WOLFF. 1980□

Eine neue Synthese von tetracyclischen aromatischen Kohlenwasserstoffen. Max Mousseron, Henri Christol und Robert Sallé. (C. R. hebd. Séances Acad. Sci. **245.** 1366—68. 21/10. 1957.) (Franz.)

Bei der Dialkylierung von tricycl. ungesätt. Ketonen mit 1.4-Dibrombutan (**VI**) wird zuweilen eine Verschiebung der Doppelbindung beobachtet, wodurch die Fixierung eines Spiranringes in α-Stellung zur Carbonylgruppe erreicht werden kann. Beim Dehydratisieren u. Dehydrieren der entsprechenden Alkohole werden durch Umlagerung tetracycl. aromat. KW-Stoffe gebildet.

Versuche: *1.2.3.9.10.11-Hexahydrophenanthrenon-(3)* (**I**), (A.) $Kp._1$ 155—160°, F. 103°, durch Kondens. von Methylvinylketon (**VII**) mit 2-Hydroxymethylentetralon-1, (75%) Ausbeute. *2.4-Dinitrophenylhydrazon*, F. 186° (Bzl.) — *4.4-Tetramethylen-1.2.3.4.-9.10-hexahydrophenanthrenon-(3)* (**II**), F. 130—132° (Bzl.-PAe.), aus **I** durch Dialkylierung mit **VI** in Ggw. von K-tert. Butylat; 80%. *2.4-Dinitrophenylhydrazon*, F. 222 bis 223°. — *3.4-Benzophenanthren* (**III**), F. 68°, aus **II** durch Red. mit $LiAlH_4$, Dehydratisieren des entstehenden Alkohols mit $KHSO_4$ u. Dehydrieren des gebildeten KW-Stoffs (90%) mit Pd/Kohle; 100%. *Pikrat*, F. 125—126°; aus A. rote Nadeln. — *3.4-Benzofluoren*, F. 124—125° (A.), analog **III** aus Indanon-1. *Pikrat*, F. 130° (A.). — *1.2.3.4.9.10-Hexahydrophenanthrenon-(2)* (**IV**), (PAe.), $Kp._1$ 160°, F. 67°, aus Tetralon-(2) durch Michael-Kondens. mit **VII** in sd. abs. A. in Ggw. von C_2H_5OK; 60%. — *1.1-Tetramethylen-1.2.3.4.9.10-hexahydrophenanthrenon-(2)* (**V**), F. 98° (A.), aus **IV** durch Dialkylierung mit **VI**; 80%. *2.4-Dinitrophenylhydrazon*; F. 189° (Bzl./A.). — *Chrysen*, F. 248—250° (Bzl.), durch Weiterverarbeitung von **V** analog **III**. H. GIEHRING. 2600□

Synthesen von N¹-Acyl-4-aminonaphthalinsulfonamiden. 1. Mitt. Kiyoshi Tsutsui, Kiyoshi Kawahara und Akio Fujita. (J. pharmac. Soc. Japan [Yakugakuzasshi] **75.** 1156—58. 25/9. 1955. Ōsaka, Dainippon A.G. für pharm. Präpp.) (Jap.; Auszug: Engl.)

N¹-Acyl-4-aminonaphthalinsulfonamide-(1) werden durch alkal. Hydrolyse aus N-[4-Acetylaminonaphthalinsulfonyl-(1)]-amidinen dargestellt. Letztere werden sowohl durch Kondens. von 4-Acetylaminonaphthalinsulfonylchlorid-(1) (**II**) mit Amidinhydrochloriden (**A**) als auch durch Schmelzen von Na-4-Acetylaminonaphthalinsulfonamid (**III**) mit **A** erhalten.

Versuche: *N-[4-Acetylaminonaphthalinsulfonyl-(1)]-acetamidin* (**VI**), $C_{14}H_{15}N_3O_3S$, F. 213° (Zers.; A.), aus a) 1 g Acetamidinhydrochlorid (**I**) u. 3 g **II** in 60 cm³ Aceton u. 10 g 8,5%ig. NaOH; 1 g (Ausbeute); b) durch ¹/₄std. Schmelzen von 4,6 g **III** u. 1,5 g **I** bei 180—190°; 0,5 g (Ausbeute). — *N-[4-Acetylaminonaphthalinsulfonyl-(1)]-propionamidin* (**VII**), $C_{15}H_{17}N_3O_3S$, F. 226—228° (A.), a) aus 1,1 g Propionamidinhydrochlorid (**IV**) u. 2,8 g **II** in 30 cm³ Aceton; b) durch 10—15 Min. langes Schmelzen von 2,8 g **III** u. 1,08 g **IV** bei 200—210°; 0,5 g. — *N-[4-Acetylaminonaphthalinsulfonyl-(1)]-benzamidin* (**VIII**), $C_{19}H_{17}N_3O_3S$, F. 270°, aus a) 2 g Benzamidinhydrochlorid (**V**) u. 3 g **II** in 100 cm³ Aceton u. 10 g 9%ig. NaOH; b) 6 g **III** u. 4 g **V** durch ¹/₄std. Schmelzen bei 180—200°; 1,5 g. — *N¹-Acetyl-4-aminonaphthalinsulfonamid-(1)*, $C_{12}H_{12}N_2O_3S$, F. 193° (A.), aus 0,7 g **VI** u. 0,91 g 20%ig. NaOH durch 1std. Erhitzen; 0,2 g. — *N¹-Benzoyl-4-aminonaphthalinsulfonamid-(1)*, $C_{17}H_{14}N_2O_3S$, F. 185°, aus 2,1 g **VIII** analog vorst. Verb.; 1 g. — *N¹-Propionyl-4-aminonaphthalinsulfonamid-(1)*, $C_{13}H_{14}N_2O_3S$, F. 182—185°, aus 1 g **VII** analog vorvorst. Verbindung. F. MOSSNER. 2700

Darstellung von α-Naphthylessigsäure und ihres Methylesters. Ju. A. Basskakow, W. N. Wolkow und N. N. Melnikow. (Журнал Прикладной Химии [J. angew. Chem.] **32.** 1409—12. Juni 1959.) (Russ.)

Durch Kondens. von Naphthalin (I) mit Chloressigsäure (II) in Ggw. eines kombinierten Fe–KBr-Katalysators wird *α-Naphthylessigsäure* (III) in bis zu 70%ig. Ausbeute erhalten. Die Veresterung von III mit Methanol in Ggw. von H_2SO_4 liefert quant. III-*Methylester.*

Versuche: *α-Naphthylessigsäure* (III), F. 116—120°, man erhitzt 3072 g I u. 750,2 g II in Ggw. von 4 g gepulvertem Roheisen u. 20 g KBr 20 Std., wobei man die Temp. langsam von 180 auf 220° erhöht; 98% (Ausbeute); daneben ca. 5—8% *1.5-Naphthylendiessigsäure. Methylester,* man tropft zu 186 g III in 96 g Methanol bei < 45° 40 g H_2SO_4 (D. 1,84) zu u. rührt 3—4 Std. bei Zimmer-Temp.; 97—97,5%. — Verss. unter anderen Rk.-Bedingungen sind tabellar. angegeben. KJ oder KF an Stelle von KBr sind wenig wirksam. Die Kombinationen mit Zn oder Al bringen nur geringe Ausbeuten.

HELMUT SCHÄFER. 2700 □

Synthese von Furan-, Pyrrol-, Naphthofuran- und Benzindolderivaten. A. N. Grinew, Schtschi-zsjun Chun und A. P. Terentjew. (Журнал Общей Химии [J. allg. Chem.] **30** (92). 3668—72. Nov. 1960. Moskau, Univ.) (Russ.)

1.2-Dimethyl-(I), 1-Phenyl-2-methyl-3-carbäthoxy-6.7-benzindolchinon-(4.5) (II) bzw. 5-Phenyl-4-carbäthoxynaphtho-[4'.3'.2.3]-furanchinon-(1'.2') (III) werden in alkal Lsg. mit 30%ig. H_2O_2 zu *1.2-Dimethyl-*(IV), *1-Phenyl-2-methyl-3-carbäthoxy-4-carboxy-5-[o-carboxyphenyl]-pyrrol* (V) bzw. *2-Phenyl-3-carbäthoxy-4-carboxy-5-[o-carboxyphenyl]-furan* oxydiert. IV u. V werden durch Einw. von alkohol. NaOH zu den entsprechenden *Pyrrol-3.4-dicarbonsäuren* verseift. In analoger Rk. gibt *5-Methyl-4-carbäthoxy-2'-hydroxy-1'-methoxynaphtho-[4'.3': 2.3]-furan* [aus 5-Methyl-4-carbäthoxy-1'.2'-dihydroxynaphtho-[4'.3':2.3]-furan (VII) mit überschüssigem Dimethylsulfat (VIII)] die entsprechende *Naphtho-[4'.3':2.3]-furan-4-carbonsäure.* Mit dem Ziel, potentielle Stimulatoren für das Pflanzenwachstum zu erhalten, werden 1-Phenyl-2-methyl-5-hydroxy-(IX) u. 4.5-dihydroxy-(X) sowie 1.2-Dimethyl-5-hydroxy-3-carbäthoxy-6.7-benzindol (XI) mit VIII in die entsprechenden *5-Methyläther* (XII—XIV) übergeführt, deren Verseifung die entsprechenden *6.7-Benzindol-3-carbonsäuren* liefert. Die dargestellten Monomethoxy-Verbb. reagieren zum Unterschied von den entsprechenden Hydroxy-Verbb. mit $FeCl_3$ u. Cu-Acetat.

Versuche: 5-[o-Carboxyphenyl]-pyrrole: *1.2-Dimethyl-3-carbäthoxy-4-carboxy-* (IV), $C_{17}H_{17}NO_6$, F. 183—184° (Zers., Methanol), zu einer Suspension von 3 g I in Methanol gibt man bei Raum-Temp. unter Rühren 30%ig. H_2O_2 u. 2 n NaOH, rührt ½ Std., verdünnt mit W., filtriert, säuert das Filtrat mit konz. HCl u. filtriert den Nd. ab; 2,21 g (Ausbeute). — *1.2-Dimethyl-3.4-dicarboxy-* (VI), $C_{15}H_{13}NO_6$, F. 207—209° (Methanol), durch 1std. Kochen einer alkohol. Lsg. von 1,28 g IV mit alkohol. NaOH, Verdünnen mit W., ½std. Kochen, Ansäuern des Filtrats mit konz. HCl u. Abfiltrieren des Nd.; 1,19 g. — *1-Phenyl-2-methyl-3-carbäthoxy-4-carboxy-* (V), $C_{22}H_{19}NO_6$, F. 193 bis 195°, analog IV aus 2,88 g II; 2,53 g. — *1-Phenyl-2-methyl-3.4-dicarboxy-*, $C_{20}H_{15}NO_6$, F. 230—232°, analog VI aus 1,93 g V; 1,75 g. — *2-Phenyl-3-carbäthoxy-4-carboxy-5-[o-carboxyphenyl]-furan,* $C_{21}H_{16}O_7$, F. 210—211°, analog IV aus 1,72 g III; 0,9 g. — *1'-Methoxynaphtho [4'.3':2.3]-furane: 5-Phenyl-4-carbäthoxy-*(XV) $C_{22}H_{18}O_4$, F. 112,5° (A.), durch Zugabe von 2n NaOH u. VIII zu einer Lsg. von 4,48 g 5-Phenyl-4-carbäthoxy-1'-hydroxynaphtho-[4'.3':2.3]-furan in Dioxan, ¾std. Schütteln bei Raum-Temp., Verdünnen mit W., Kühlen u. Abfiltrieren des Nd., 4,7 g. — *5-Methyl-4-carbäthoxy-2'-hydroxy-*, $C_{17}H_{16}O_5$, F. 126—126,5° (A.), analog XV aus 1,3 g VII; 0,6 g. — *5-Methyl-4-carboxy-2'-hydroxy-*, $C_{15}H_{12}O_5$, F. 240—242° (Dioxan), analog VI aus 0,6 g vorst. Verb.; 0,4 g. — 3-Carbäthoxy-5-methoxy-6.7-benzindole: *1.2-Dimethyl-*(XIV), $C_{18}H_{19}NO_3$, F. 228—229° (Essigsäure), analog XV aus 4,25 g XI; 4,4 g. — *1-Phenyl-2-methyl-* (XII), $C_{23}H_{21}NO_3$, F. 120—122° (A.), analog XV aus 5,18 g IX; 5,32 g. — *1.2-Dimethyl-4-hydroxy-*, $C_{18}H_{19}NO_4$, F. 210° (Dioxan), analog XV aus 6,3 g 1.2-Dimethyl-3-carbäthoxy-4.5-dihydroxy-6.7-benzindol; 4,82 g. — *1-Phenyl-2-methyl-4-hydroxy-* (XIII), $C_{23}H_{21}NO_4$, F. 186—187,5° (A.), analog XV aus 3,85 g X; 3.44 g. — 3-Carboxy-5-methoxy-6.7-benzindole: *1-Phenyl-2-methyl-4-hydroxy-*, $C_{21}H_{17}NO_4$, F. 223—224° (Dioxan), analog VI aus 1,74 g XIII; 1 g. — *1.2-Dimethyl-*, $C_{16}H_{15}NO_3$, F. 231—232° (Essigsäure), analog VI aus 4,82 g XIV; 2,93 g. — *1-Phenyl-2-methyl-*, $C_{21}H_{17}NO_3$, F. 201—202° (Dioxan), analog VI aus 2,85 g XII; 1,59 g. ℟ ULRICH SCHULZE. 3051

Beitrag zur Untersuchung des 3.6-Endoxo-Δ^4-tetrahydrophthalsäureanhydrids. Jean Jolivet. (Ann. Chimie [13] **5.** 1165—1217. 1960.) (Franz.) — Vgl. C. **1957.** 8198. u. **1959.** 3801.

Der aus cis-3.6-Endoxo-Δ^4-tetrahydrophthalsäureanhydrid (I) mit $(CH_3)_2SO_4$/konz. KOH erhaltene *3.6-Endoxo-Δ^4-tetrahydrophthalsäuredimethylester* (II) liefert durch

Addition von Cl_2 bzw. Br_2 in Chlf. oder Br_2 in verd. CH_3COOH *3.6-Endoxo-4.5-dichlor-* (**III**) bzw. *3.6-Endoxo-4.5-dibromhexahydrophthalsäuredimethylester* (**IV**), welche auch durch Kochen der aus **I** mit Br_2 bzw. Cl_2 in verd. CH_3COOH gewonnenen *3.6-Endoxo-4.5-dichlor-* (**V**) bzw. *3.6-Endoxo-4.5-dibromhexahydrophthalsäure* (**VI**) mit CH_3OH/H_2SO_4 in Bzl. synthetisiert werden. Aus **III** bzw. **IV** werden mit $LiAlH_4$ in Ae. *3.6-Endoxo-2-[hydroxymethyl]-4.5-dichlor-* bzw. *3.6-Endoxo-2-[hydroxymethyl]-4.5-dibromhexahydrobenzoesäuremethylester* erhalten, wogegen analog in Tetrahydrofuran (THF) nur undefinierbare Prodd. gebildet werden. **II** liefert mit $LiAlH_4$ in Ae. *3.6-Endoxo-2-[hydroxymethyl]-Δ^4-tetrahydrobenzoesäuremethylester* (**VII**), während analog in THF *3.6-Endoxo-1.2-bis-[hydroxymethyl]-cyclohexen-(4)* (**VIII**) entsteht, das mit H_2O_2/HCOOH *3.6-Endoxo-1.2-bis-[hydroxymethyl]-4.5-dioxocyclohexan* liefert, welches mit $LiAlH_4$ in THF zu *3.6-Endoxo-1.2-bis-[hydroxymethyl]-4.5-dihydroxycyclohexan* red. wird. Die so erhaltenen Verbb. werden als *Naphthylurethane* charakterisiert. Der aus **II** durch Red. mit H_2 in Ggw. von Ni in Essigester bzw. mit CH_3OH/H_2SO_4 in sd. Bzl. bzw. $(CH_3)_2SO_4$/konz. KOH aus cis-3-6-Endoxohexahydrophthalsäureanhydrid (Norcantharidin, **IX**) bzw. mit $(CH_3)_2SO_4$/konz. KOH aus *3.6-Endoxohexahydrophthalsäuremonoäthylester*, der seinerseits aus **IX** mit A. erhalten wird, gewonnene *3.6-Endoxohexahydrophthalsäuredimethylester* (**X**) wird mit $LiAlH_4$ in Ae. zu *3.6-Endoxo-2-[hydroxymethyl]-hexahydrobenzoesäuremethylester* (**XIV**), der seinerseits auch aus **VII** mit H_2 in Ggw. von RANEY-Ni in Essigester erhalten wird, reduziert. In THF wird dagegen aus **X** mit $LiAlH_4$ *3.6-Endoxo-1.2-bis-[hydroxymethyl]-cyclohexan* (**XV**) gebildet, das auch mit H_2 in Ggw. von RANEY-Ni in Essigester aus **VIII** entsteht. **VII, VIII, XIV** u. **XV** addieren Cl_2. Die Additions-Prodd. lassen sich jedoch nicht isolieren. Der aus **II** mit H_2O_2/HCOOH erhaltene *3.6-Endoxo-4.5-epoxyhexahydrophthalsäuredimethylester* (**XI**) reagiert mit $LiAlH_4$ in THF zu *3.6-Endoxo-1.2-bis-[hydroxymethyl]-4-hydroxycyclohexan*, welches als *Trinaphthylurethan* charakterisiert wird. **XI** gibt durch Erhitzen mit W. nicht das entsprechende *Diol*, das auch nicht durch Verestern von aus **I** mit H_2O_2/HCOOH gewonnener *3.6-Endoxo-4.5-dihydroxyhexahydrophthalsäure* (**XII**) gebildet wird. **XII** bildet auch kein Lacton. Aus **V** bzw. **VI** werden mit Harnstoff **V**- bzw. **VI**-*Imid* dargestellt, die mit Br_2 in NaOH in **V**- bzw. **VI**-*N-Bromimid* übergehen, die ihrerseits bromierend wirken. Ein *N-Chlorimid* wird nur aus *3.6-Endoxohexahydrophthalimid* (**XVI**) erhalten, das seinerseits aus **IX** mit Harnstoff entsteht. **XVI** liefert mit Alkylhalogeniden in Ggw. von KOH bzw. K_2CO_3 leicht die entsprechenden N-substituierten *Imide*, welche schwer zu verseifen sind u. leichter als die entsprechenden substituierten Phthalimide erhalten werden. Mit Phenol bzw. Resorcin werden aus **IX** *4'.4''-Dihydroxy-3.3-diphenyl-4.7-endoxohexahydrophthalid* (**XVII**) bzw. *2'.2''-Epoxy-4'.4''-dihydroxy-3.3-diphenyl-4.7-endoxohexahydrophthalid* (**XVIII**) gebildet, welche im sauren pH-Bereich farblos sind. Das Maximum der opt. Dichte von **XVII** liegt bei 0,55 μ, welche von 0—20 bei pH 8,4 —10,6 variiert. **XVIII** gibt in alkohol. Lsg. mit Br_2 ein braunes u. in alkal. Lsg. ein rotes Additionsprodukt. Mit A./H_2SO_4 werden aus **V**, **VI** bzw. **IX** die entsprechenden *Diäthylester* erhalten, während **XII** u. *3.6-Endoxo-4-hydroxy-5-chlorhexahydrophthalsäurelacton* (**XIII**) nicht verestert werden. **II** gibt mit wss. Cl_2 *3.6-Endoxo-4-chlor-5-hydroxyhexahydrophthalsäuredimethylester*, wogegen die entsprechende Br-Verb. weder so noch auf anderem Wege aus **II** erhalten wird. Aus **I** wird über die *Säure* mit wss. Cl_2 direkt **XIII** erhalten. Mit Cl_2 in abs. Chlf. entsteht aus **I** *6-Endoxo-4.5-dichlorhexahydrophthalsäureanhydrid*, das auch mit CH_3COCl aus **V** erhalten wird. Die 4,5-ungesätt. 3.6-Endoxo-Verbb. zersetzen sich leicht in der Hitze zu *Furan* u. den entsprechenden Maleinsäure-Derivaten. **XII** läßt sich nicht acylieren u. gibt weder ein Phenyl- noch Naphthylurethan.

Versuche: *cis-3.6-Endoxo-Δ^4-tetrahydrophthalsäureanhydrid* (**I**), F. 120°, durch mehrstd. Schütteln von Maleinsäureanhydrid mit Furan in Ae. bei 35°. — *3.6-Endoxo-Δ^4-tetrahydrophthalsäure*, F. 134°, durch mehrstd. Schütteln von **I** in W. u. Eindampfen.— *3.6-Endoxohexahydrophthalsäureanhydrid* (*Norcantharidin*, **IX**), durch Hydrieren von **I** mit H_2 in Essigester in Ggw. von RANEY-Ni bei Raum-Temp., Filtrieren nach 37 Min. u. Eindampfen; 82% (Ausbeute). — *3.6-Endoxo-4.5-dibromhexahydrophthalsäure* (**VI**), $C_8H_8Br_2O_5 \cdot H_2O$, F. 168°, durch Zugabe von Br_2 in CH_3COOH zu **I** in 50%ig. CH_3COOH, Schütteln, Einengen im Vakuum nach 48 Std., Absaugen u. Waschen mit W., aus W. feine Plättchen; 66,5%. — *3.6-Endoxo-4.5-dichlorhexahydrophthalsäure* (**V**), $C_8H_8Cl_2O_5 \cdot H_2O$, F. 181° (W.), durch Einleiten von Cl_2 in **I** in 50%ig. CH_3COOH u. Absaugen 72%. *Anhydrid*, $C_8H_6Cl_2O_4$, F. 163°, a) durch 3std. Kochen von wasserfreier **V** mit CH_3COCl, Absaugen nach dem Erkalten u. Waschen mit Ae.; 72%; b) durch Suspendieren von **I** in Chlf. u. Einleiten von Cl_2 in der Kälte; 48%. — *3.6-Endoxo-4-hydroxy-5-chlorhexahydrophthalsäurelacton* (**XIII**), $C_8H_7O_5Cl$, F. 218° (CH_3OH, W.), durch Einleiten von Cl_2 in **I** in W. unter Kühlen. Absaugen u. Waschen mit W.; 67%. — *3.6-*

Endoxo-4.5-dihydroxyhexahydrophthalsäure (**XII**), $C_8H_{10}O_7$, F. 230°, durch Zugabe von H_2O_2 u. HCOOH zu **I**, Schütteln u. Absaugen nach 24 Std.; aus CH_3OH feine Nadeln; 60%. — *3.6-Endoxohexahydrophthalsäuremonoäthylester*, $C_{10}H_{14}O_5$, F. 108 (CCl_4), durch 1std. Kochen von **IX** mit A. u. Eindampfen; 70%. — *3.6-Endoxo-Δ^4-tetrahydrophthalsäuredimethylester* (**II**), $C_{10}H_{12}O_5$, F. 119° (CH_3OH), durch Zugabe von $(CH_3)_2SO_4$ zu **I** in konz. KOH (D. 1,34), ca. 10 Min. langes Rühren, 6std. Stehen unter häufigem Schütteln, Absaugen u. Waschen mit wenig W,; 60%. — *3.6-Endoxohexahydrophthalsäuredimethylester* (**X**), $C_{10}H_{14}O_5$, F. 80,5° (A.), a) durch Hydrieren von **II** in Essigester in Ggw. von RANEY-Ni, Abfiltrieren nach 8 Min. u. Eindampfen; 83%; b) durch 7std. Einw. von $(CH_3)_2SO_4$ auf **IX** in konz. KOH (D. 1,34) unter häufigem Schütteln, 1/4 Std. Erhitzen auf dem Wasserbad, Essigesterextraktion, Trocknen u. Eindampfen; 31%; c) durch 12std. Kochen von **IX** mit CH_3OH u. konz. H_2SO_4 in abs. Bzl. u. Waschen mit 10%ig. Na_2SO_3 u. W. nach dem Erkalten; 57%; d) aus vorvorst. Verb. analog b). — *3.6-Endoxo-4.5-dibromhexahydrophthalsäuredimethylester* (**IV**), $C_{10}H_{12}Br_2O_5$, F. 113° (CH_3·OH, A.), a) durch ½std. Zutropfen von Br_2 zu **II** in Chlf. < 7°, Filtrieren, Waschen des Filtrats mit 10%ig. Na_2SO_4 u. W., Trocknen u. Eindampfen; 69%; daneben *Isomeres* (F. 205,5°); b) durch Zugabe von Br_2 in CH_3COOH zu **II** in 50%ig. CH_3COOH u. Absaugen nach 10 Std.; 50%; c) durch 12std. Kochen von **VI** mit CH_3OH u. konz. H_2SO_4 in abs. Bzl., Dekantieren nach dem Erkalten, Waschen der Bzl.-Schicht mit 10%ig. Na_2CO_3 u. W., Trocknen u. Eindampfen; 61%. — *3.6-Endoxo-4.5-dichlorhexahydrophthalsäuredimethylester* (**III**), $C_{10}H_{12}Cl_2O_5$, F. 114° (CCl_4), analog **IV** nach a); 68%. — *3.6-Endoxo-4-hydroxy-5-chlorhexahydrophthalsäuredimethylester*, $C_{10}H_{13}ClO_6$, F. 184°, durch Einleiten von Cl_2 in **II** in W. unter Rühren, Absaugen u. Waschen mit W.; 75%. — *3.6-Endoxo-4.5-epoxyhexahydrophthalsäuredimethylester* (**XI**), $C_{10}H_{12}O_6$, F. 146° (CH_3OH), durch 10tägiges Stehen von **II** mit H_2O_2 u. HCOOH u. Eindampfen; 72%. — *3.6-Endoxohexahydrophthalsäurediäthylester*, $C_{12}H_{18}O_5$, F. 47° (A.), durch 12std. Kochen von **IX** mit A. u. konz. H_2SO_4 in abs. Bzl., Dekantieren nach Erkalten, Waschen der Bzl.-Schicht mit 10% ig. Soda-Lsg. u. W., Trocknen u. Eindampfen; 71%. — *3.6-Endoxo-4.5-dibromhexahydrophthalsäurediäthylester*, $C_{12}H_{16}Br_2O_5$, F. 63,5° (A.), Kp. 234—236°, aus **VI** analog vorst Verb.; 75%. — *3.6-Endoxo-4.5-dichlorhexahydrophthalsäurediäthylester*, $C_{12}H_{16}Cl_2O_5$, F. 57,5°, aus **V** analog vorst. Verb.; 67%. — *3.6-Endoxo-2-[hydroxymethyl]-Δ^4-tetrahydrobenzoesäuremethylester* (**VII**), $C_9H_{12}O_4$, F. 96—98°, durch portionsweise Zugabe von **II** zu $LiAlH_4$ in abs. Ae. unter Rühren, ½std. Erhitzen auf 45°, nach 4 Std. Zugabe von wenig W., Filtrieren, Trocknen der Ae.-Schicht, Eindampfen u. Auskochen des Filterrückstandes mit Aceton, Filtrieren, Trocknen, Eindampfen u. Vereinigen; 45%. — *3.6-Endoxo-2-[hydroxymethyl]-hexahydrobenzoesäuremethylester* (**XIV**), $C_9H_{14}O_4$, F. 69,5° (A.), a) durch Zutropfen von **X** in Ae. zu $LiAlH_4$ in abs. Ae. innerhalb von 2 Std. unter Rühren, Zutropfen von W., Zutropfen von 20%ig. H_2SO_4, Trocknen der Ae.-Schicht u. Eindampfen; 49%; b) durch Hydrieren von **VII** in Essigester in Ggw. von RANEY-Ni, Filtrieren nach 20 Min. u. Eindampfen; 60%. — *3.6-Endoxo-1.2-bis-[hydroxymethyl]-cyclohexen-(4)* (**VIII**), $C_8H_{12}O_3$, durch Zugabe von **II** zu $LiAlH_4$ in Ae. bei 40° innerhalb 1 Std. unter Rühren, 3std. Rühren, Zutropfen von W. u. 20%ig. H_2SO_4. Filtrieren, Zugabe von K_2CO_3 u. Eindampfen nach 2 Tagen; 64%. *Dinaphthylurethan*, $C_{30}H_{26}N_2O_5$, F. 184,5° (A.; hellviolett). — *3.6-Endoxo-1.2-bis-[hydroxymethyl]-cyclohexan* (**XV**), $C_8H_{14}O_3$, F. 104°, $Kp._{20}$ 177°, a) durch Hydrieren von 15,2 g **VIII** in Essigester in Ggw. von RANEY-Ni, Filtrieren nach 11 Std. u. Dest. von 10 g des erhaltenen Prod. nach 6 Wochen; 1,1 g; daneben wahrscheinlich *innermol. Äther* $C_8H_{12}O_2$, $Kp._{17}$ 99—100°, n_D^{19} 1,4710, $D._4^{19}$ 1,1310; b) aus **X** analog **VIII**. *Dinaphthylurethan*, $C_{30}H_{28}N_2O_5$, F. 196°. — *3.6-Endoxo-4.5-dibrom-2-[hydroxymethyl]-hexahydrobenzoesäuremethylester*, $C_9H_{12}Br_2O_4$, F. 106°, aus **IV** analog **VII** nach a); aus CH_3OH gelbliche Kristalle; 43%. — *3.6-Endoxo-4.5-dichlor-2-[hydroxymethyl]-hexahydrobenzoesäuremethylester*, $C_9H_{12}Cl_2O_4$, F. 122°, aus **III** analog vorst. Verb.; aus A. rötliche Kristalle; 39%. — *3.6-Endoxo-1.2-bis-[hydroxymethyl]-4.5-dioxocyclohexan*, $C_8H_{10}O_5$, F. 99—100° (A.), durch Zutropfen von **VIII** zu 84%ig. HCOOH u. H_2O_2 < 33° unter Rühren u. Absaugen nach 2 Tagen; 28%; daneben *innermol. Äther des 1.2-Bis-[hydroxymethyl]-3.6-endoxo-4.5-dihydroxycyclohexans*, *Dinaphthylurethan*, $C_{30}H_{28}N_2O_6$, F. 145°. — *3.6-Endoxo-1.2-bis-[hydroxymethyl]-4.5-dihydroxycyclohexan*, $C_8H_{14}O_5$, aus 4 g vorst. Verb. mit $LiAlH_4$ in THF; 1 g. *Tetranaphthylurethan*, $C_{52}H_{42}N_4O_9$, F. 123° (A.). — *3.6-Endoxo-1.2-bis-[hydroxymethyl]-4-hydroxycyclohexan*, $C_8H_{14}O_4$, aus **XI** mit $LiAlH_4$ in THF; 66%. *Trinaphthylurethan*, $C_{41}H_{35}N_3O_7$, F. 154°. — *3.6-Endoxohexahydrophthalimid* (**XVI**), $C_8H_9NO_3$, F. 185° (CH_3OH), durch 40 Min. langes Erhitzen von **IX** mit Harnstoff bei 135°, Aufnehmen in W. nach dem Erkalten u. Absaugen; 90%. — Analog folgende 3.6-Endoxohexahydrophthalimide: *4.5-Dibrom-*, $C_8H_7Br_2NO_3$, F. 227° (CH_3OH; 81%). — *4.5-Dichlor-*, F. 217° (CH_3OH; 60%). — *3.6-Endoxo-4-brom-5-hydroxyhexahydrophthalsäure*,

$C_8H_9BrO_6$, F. 204° (W.), durch 3std. Rühren von nachst. Verb. mit einer 10%ig. wss. Lsg. von **I**, Absaugen u. Waschen; 46%. — *3.6-Endoxohexahydrophthal-N-bromimid*, $C_8H_8BrNO_3$, F. 195° (W.), durch rasche Zugabe von Br_2 zu **XVI** in wss. NaOH unter Eiskühlung u. Rühren, Absaugen u. Waschen mit Eiswasser; 45%. — Analog folgende 3.6-Endoxohexahydrophthal-N-bromimide: *4.5-Dibrom-*, $C_8H_6Br_3NO_3$, F. 218° (W.); 58%. — *4.5-Dichlor-*, $C_8H_6BrCl_2NO_3$, F. 160° (W.). — *3.6-Endoxohexahydrophthal-N-chlorimid*, $C_8H_8ClNO_3$, F. 122,5°, durch Zugabe einer wss. gesätt. Chlorkalk-Lsg. zu **XVI** in W. unter Kühlung u. Rühren, Absaugen, Chlf.-Extraktion des Filtrats, Trocknen, Eindampfen u. Vereinigen mit dem Filterrückstand; 45%. — 3.6-Endoxohexahydrophthalimide, durch Zugabe des entsprechenden Alkylhalogenids zu einem Gemisch von **XVI** u. K_2CO_3, 3—6std. Erhitzen auf 140 bzw. 220°, Zugabe von W. nach dem Erkalten, Einengen, Abtrennen der Ölschicht, Absaugen u. Waschen mit W. u. 50%ig. A.: *N-Benzyl-*, $C_{15}H_{15}NO_3$, F. 112° (50%ig. A.); 96%. — *N-Hexyl-*, $C_{14}H_{21}NO_3$, F. 29° (50%ig. A.); 11,5 g. — *N-Penten-(4)-yl-*, $C_{13}H_{17}NO_3$, F. 25° (gelbliche Kristalle); 37%. — *N-Allyl-*, $C_{11}H_{13}NO_3$, F. 110° (50%ig. A.); 64%. — *N-Phenyl-*, $C_{14}H_{13}NO_3$, F. 165° (A.), durch 1½std. Rühren von **IX** mit Anilin bei 170°, Zugabe von sd. W. nach dem Erkalten, Absaugen u. Waschen mit Ae.; 78%. — *2'.2''-Epoxy-4'.4''-dihydroxy-3.3-diphenyl-4.7-endoxohexahydrophthalid* (**XVIII**), $C_{20}H_{16}O_6$, F. 280°, durch Zugabe von wasserfreiem $ZnCl_2$ zu 10 g **IX** u. Resorcin bei 80°, 3½std. Erhitzen auf 170°, Zugabe von 100%ig. HCl bei 100°, kurzes Kochen, Dekantieren nach dem Erkalten, Waschen des Rückstands mit W. u. Lösen in 5%ig. Na_2CO_3, Filtrieren, Zugabe von 50%ig. HCl, Absaugen u. Waschen mit W.; rotes Pulver, 15 g. *Dibrom-Deriv.*, $C_{20}H_{14}Br_2O_6$, F. 285°, durch Zutropfen von Br_2 zu **XVIII** in A. unter Rühren, Absaugen, Waschen mit A., Lösen in konz. Soda-Lsg. u. Fällen mit 20%ig. CH_3COOH u. wenig HCl; 92%. — *4'.4''-Dihydroxy-3.3-diphenyl-4.7-endoxohexahydrophthalid* (**XVII**), $C_{20}H_{18}O_5$, F. 260°, durch 9std. Erhitzen von **IX** mit Phenol u. konz. H_2SO_4 auf 115°, Aufnehmen in W. nach dem Erkalten, 4std. Kochen, Filtrieren, Lösen des Rückstands in 10%ig. Na_2CO_3 u. Fällen mit 20%ig. CH_3COOH u. etwas HCl; braunes Prod.; 25%. H. KNIESZ. 3061□

Untersuchungen über die Komponenten von Digenea simplex Ag. 6. Mitt. **Mit der anthelminthischen Komponente Kainsäure verwandte Verbindungen.** 1. Mitt. Michiharu Miyasaki, Hisanori Watanabe, Chōtarō Mizuno, Tadayoshi Takano und Akira Morimoto. (J. pharmac. Soc. Japan [Yakugakuzasshi] **75.** 1314—17. 25/11. 1955. Ōsaka, Fujisawa A.G. für pharmaz. Präpp.) (Jap.; Auszug: Engl.) — 5. vgl. J. pharmac. Soc. Japan [Yakugakuzasshi] **75.** [1955.] 695.

Bei der bei Pyrolyse von Kainsäure (**V**) erhaltenen Verb. vom F. 140° handelt es sich um *4.4'-Diisopropylpyrokoll* (**I**). **I** läßt sich zu *2-Carboxy-4-isopropylpyrrol* (**VI**) verseifen, das auch durch GRIGNARD-Rk. von bei der Natronkalk-Dest. von **III** erhaltenem 3-Isopropylpyrrol (**II**) sowie durch Verseifen u. Decarboxylieren von 2-Carboxy-3-äthoxycarbonyl-4-isopropylpyrrol (**III**) unter verschiedenen Bedingungen erhalten wird. **VI** entsteht auch bei der Alkalischmelze von **V** u. Dihydrokainsäure (**VII**). Ausgehend von **III** werden *2.3-Dicarboxy-4-isopropylpyrrol* (**IV**) u. *3-Carboxy-4-isopropylpyrrol* dargestellt.

Versuche: *4.4'-Diisopropylpyrokoll* (**I**), $C_{16}H_{18}N_2O_2$, F. 140°, durch therm. Zers. von **V**. — *3-Isopropylpyrrol* (**II**), $Kp._{24}$ 60°, a) durch trockne Dest. von 0,5 g 2-Carboxy-3-äthoxycarbonyl-4-isopropylpyrrol (**III**) mit 7,5 g Natronkalk; b) durch Erhitzen von 0,5 g **IV** u. 0,25 g Cu-Pulver in 2,5 g Chinolin. *N-Anilinocarbonyl-Deriv.*, $C_{14}H_{16}N_2O$, F. 121°, durch Rk. mit Phenylisocyanat. — *2-Carboxy-4-isopropylpyrrol* (**VI**), $C_8H_{11}NO_2$, F. 175° (Zers.), a) durch Alkalischmelze von **V** u. **VII**; b) aus 132 mg **I** u. 3 cm³ 0,5n äthanol. KOH; c) aus 1,2 g **II**, C_2H_5MgBr (aus 0,3 g Mg u. 1 cm³ Äthylbromid) in 2,4 cm³ Ae. durch Zugabe von 1,2 cm³ Chlorameisensäureäthylester, Dest. bei 128—132°/1 Torr u. Verseifung; d) aus 0,1 g **III** durch 7std. Erhitzen mit 30—50%ig. KOH auf 130°; e) aus 0,1 g **IV** u. 0,3 cm³ 50%ig. KOH durch 7std. Erhitzen auf 130°. — *2.3-Dicarboxy-4-isopropylpyrrol* (**IV**), $C_9H_{11}NO_4$, F. 200° (Zers.; A./W.), a) aus 0,8 g **III** u. 8 cm³ 10%ig. äthanol. KOH durch 2std. Erhitzen; b) aus 0,6 g **III** u. 5,4 cm³ 10%ig. KOH durch 4std. Erhitzen; c) aus 0,4 g **III** u. 2 cm³ 30%ig. KOH analog b). — *3-Isopropyl-4-äthoxycarbonylpyrrol*, $C_{10}H_{15}NO_2$, F. 62° (A.), aus 1,1 g **III** in 5 cm³ Chinolin u. 0,25 g Cu-Pulver durch 4std. Erhitzen auf 165—200° u. Ausäthern. — *3-Isopropyl-4-carboxypyrrol*, $C_8H_{11}NO_2$, F. 121° (W.), aus 0,6 g der vorst. Verb. durch 2std. Kochen mit 0,2 g KOH u. 5 cm³ A. u. Ausäthern. F. MOSSNER. 3081

Die Bildung von L-α-Allokainsäure-γ-lacton. Mikio Honjō. (J. pharmac. Soc. Japan [Yakugakuzasshi] **77.** 701. Juni 1957. Osaka, Takeda, Pharmaz. Ind. A.G., Labor.) (Jap.)

L-α-Kainsäure-γ-lacton (**I**) [F. 284° (Zers.), $[\alpha]_D^{20}$ —6°] wird durch mehrstd. Erhitzen von L-α-Kainsäure mit HBr, Einengen unter vermindertem Druck, Ag_2CO_3-Zusatz u. Fällen des Ag durch Einleiten von H_2S dargestellt. Das IR-Spektrum zeigt

Banden bei 6,23 μ für (—COO—) u. bei 5,68 μ für die γ-Lactongruppe. Das Ergebnis der Papierelektrophorese beweist eine einbas. Aminosäure. Die pK'-Wert-Best. weist auf ein Lacton mit einer Carboxymethylgruppe in 3-Stellung des Pyrrolidinrings hin. Im Vgl. zu L-α-Kainsäure-δ-lacton löst das Prod. sich schwer in W. u. gibt mit Ninhydrin eine hellgelbe Farbreaktion. Der R_F-Wert beträgt 0,43 [Essigsäure/Butanol/W. (1 : 4 : 5)], während das δ-Lacton R_F 0,36 zeigt. I entsteht auch durch analoge Behandlung von L-α-Allokainsäure, L-α-Isokainsäure, L-α-Kainsäure-δ-lacton u. L-α-Allokainsäure-δ-lacton. *N-Acetyl-L-α-kainsäure-γ-lactonmethylester* ($Kp._{0,5}$ 183—185°, $[\alpha]_D^{19}$ —29°) zeigt im IR-Spektrum eine Bande bei 5,64 μ (γ-Lacton). F. MOSSNER. 3081

Über 4-Bromisoxazol. Piero Pino, Franco Piacenti und Graziella Fatti. (Gazz. chim. ital. **90.** 356—62. Febr./März 1960. Pisa, Univ., Ist. di Chim. gen.) (Ital.)

Isoxazol gibt mit Br_2 bei 100—110° *4-Bromisoxazol* (I), das durch H_2 an RANEY-Ni zunächst zum *Monoimin* (II) des *Brommalondialdehyds*, dann weiter zu *γ-Aminopropanol* hydriert wird. Durch CH_3ONa wird I in *Bromcyanacetaldehyd* übergeführt.

Versuche: *4-Bromisoxazol* (I), C_3H_2BrNO, F. 41,5°, Dampfdruck (bei 30°) 10,5 Torr, aus Isoxazol u. Br_2 bei 100—110° (5 Std.) u. Dampf-Dest.; 42% (Ausbeute); gibt einen in W. schwerlösl. *$CdCl_2$-Komplex*. — *Brommalondialdehyd*, $C_3H_3BrO_2$, F. 140° (nach Sublimation bei 100°/0,8 mm), durch Zutropfen von Br_2 in CCl_4 zu α.α.γ.γ-Tetraäthoxypropan u. $CaCO_3$ in CCl_4 unter Rühren, Eindampfen des Filtrats im Vakuum u. mehrstd. Stehen des öligen Rückstands in dünner Schicht an der Luft. *Monoimin* (II), C_3H_4BrNO, F. 125—126°, aus I u. 0,8 Mol H_2 an RANEY-Ni in A. bei Raumtemp. u. Normaldruck; aus Bzl./CH_3OH Nadeln; $FeCl_3$-Rk. in A. rot. *Dianil*, $C_{15}H_{13}BrN_2$, F. 145° (A.), a) nach DIECKMANN u. PLATZ [1904]; b) durch Erhitzen von II u. 0,1n NaOH in A. bis zur Beendigung der NH_3-Entw., Zugeben von Anilin u. HBr in A. u. Zerlegen des *Dianilhydrobromids* mit 3%ig. NaOH. — *N-[γ-Hydroxypropyl]-p-nitrobenzamid*, $C_{10}H_{12}N_2O_4$, F. 103° (W.), aus dem p-Nitrobenzoat u. 0,6n KOH in sd. Alkohol. *p-Nitrobenzoyl-Deriv.*, $C_{17}H_{15}N_3O_7$, F. 156—157° (A.), a) aus I u. 4 Mol H_2 an RANEY-Ni in A. (20°; 760 Torr) u. Rk. des Rückstands des alkohol. Filtrats mit p-Nitrobenzoylchlorid; b) aus γ-Aminopropanol u. p-Nitrobenzoylchlorid. — *Bromcyanacetaldehydanil*, $C_9H_7BrN_2$, F. 123° (Bzl.), durch Zugeben von 0,5n CH_3ONa zu 0,592 g I u. Anilin in CH_3OH, Ansäuern mit Eisessig nach 4 Min. u. Zugeben von warmem W.; gelb; 0,328 g. F. HELLER. 3132□

Über die gemeinsame Einwirkung von elementarem Schwefel und gasförmigem Ammoniak auf Ketone. 24. Mitt. Thiazolidine und Thiazole aus α-Mercaptoketonen. Friedrich Asinger, Max Thiel und Hermann G. Hauthal. (Liebigs Ann. Chem. **634.** 131—44. 11/8. 1960. Halle-Wittenberg, Univ., Inst. für Organ. Chem.; Leuna-Werke, Pharmazeut. Abt.) (Dt.) — 23. vgl. C. **1961.** 8281.

Durch Red. von Δ^4-Thiazolinen mit 80—98%ig. Ameisensäure werden in 40 bis 78%ig. Ausbeute *Thiazolidine* erhalten, die gegen verd. Säuren stabil sind. Bei der Einw. von $KMnO_4$ in Eisessig auf Thiazolidine wird das Mol. zerstört. Beim Versetzen von 2-Phenyl-3.5-dimethyl-4-äthylthiazolidin (I) mit methanol. J_2-Lsg. werden *Bis-[1-methyl-2-methylaminobutyl]-disulfid-bis-[hydrojodid]* u. *Benzaldehyd* erhalten. Durch Red. mit Na in fl. NH_3 bilden sich aus N-alkylsubstituierten Thiazolidinen *N-disubstituierte Mercaptoamine*, so aus I *2-Mercapto-3-[N-methyl-N-benzylamino]-pentan*. Die Mercaptoamine lassen sich mit $(CH_3)_2SO_4$ methylieren u. mit Keten acetylieren, reagieren jedoch nicht mit 2.4-Dinitrobenzolsulfenylchlorid oder 2.4-Dinitrochlorbenzol. Bei der Einw. von aliphat. Aldehyden u. Hydrazin auf α-Mercaptoketone entstehen *3-Amino-Δ^4-thiazoline*, die bei der Behandlung mit Säure unter *NH_3*-Abspaltung *Thiazole* ergeben. *Thiazole* bilden sich ferner bei der Rk. von α-Mercaptoketonen mit Aldoximen in sd. Benzol. Verss., das Hydrazin durch Phenylhydrazin oder Acylhydrazide zu ersetzen, führten bisher zu uneinheitlichen bas. Ölen. Auch die Umsetzung mit Phenylhydrazonen mißlang.

Versuche: Thiazolidine: *2.3.5-Trimethyl-4-äthyl-* (II), $C_8H_{17}NS$, $Kp._{17}$ 84—85°, a) durch 40 Min. langes Erwärmen von 2.3.5-Trimethyl-4-äthyl-Δ^4-thiazolin auf 50° unter Zugabe von 86%ig. Ameisensäure unter N_2 u. CO_2-Entw. u. 1 std. Rühren bei 70—80°; n_D^{20} 1,4882; 44% (Ausbeute); b) analog a) mit 98%ig. Ameisensäure; 51%. — Analog nach a): *2.5-Dimethyl-3.4-diäthyl-*, $C_9H_{19}NS$, $Kp._{11}$ 83—85°, n_D^{20} 1,4845; 45%. — *2.5-Dimethyl-3-propyl-4-äthyl-* (IV), $C_{10}H_{21}NS$, $Kp._{11}$ 98,5—100°, n_D^{20} 1,4849; 43%. *Pikrat*, $C_{16}H_{24}N_4O_7S$, F. 131°. — *2.3.4-Triäthyl-5-methyl-* (III), $C_{10}H_{21}NS$, $Kp._{13}$ 100 bis 101,5°, n_D^{20} 1,4823; 40%. — *2-Isopropyl-3-butyl-4-äthyl-5-methyl-* (V), $C_{13}H_{27}NS$, $Kp._{0,5}$ 81—82°, n_D^{20} 1,4802; 65%. *Pikrat*, $C_{19}H_{30}N_4O_7S$, F. 136—138°. — *2.2-Pentamethylen-3-propyl-4-äthyl-5-methyl-* (VI), $C_{14}H_{27}NS$, $Kp._{13}$ 103—104°, n_D^{20} 1,5043: 47%. — *2-Äthyl-3-propyl-4.5-tetramethylen-*, $C_{12}H_{23}NS$, $Kp._{0,5}$ 88—89°, n_D^{20} 1,5008; 50%. —

2-Phenyl-3.5-dimethyl-4-äthyl- (I), $C_{13}H_{19}NS$, Kp.$_{0,7}$ 106—109°, n_D^{20} 1,5512; 78%. *Pikrat*, $C_{19}H_{22}N_4O_7S$, F. 147—149° (Methanol); 78%. — *Bis-[1-methyl-2-methylaminobutyl]-disulfid-bis-[hydrojodid]*, $C_{12}H_{30}J_2N_2S_2$, F. 189—190° (Methanol/Ae.), durch Versetzen von 11 g I mit J_2 in Methanol u. W.; 1,9 g; daneben 2,8 g *Benzaldehyd*, Kp. 178—179°. — 2-Mercapto-3-dialkylaminopentane: *N-Äthyl-N-methyl-*, $C_8H_{19}NS$, Kp.$_{12}$ 73 bis 75°, durch Red. von II mit Na in fl. NH_3; n_D^{20} 1,4695; 40%. *Methylthioäther*, $C_9H_{21}NS$, Kp.$_{11}$ 84—85°, mit $(CH_3)_2SO_4$ u. 10%ig. NaOH; 69%. *Disulfid*, $C_{16}H_{36}N_2S_2$, Kp.$_{0,06}$ 137 bis 138°, durch Zugabe von feingepulvertem S unter H_2S-Entw.; 63%. — *N-Äthyl-N-propyl-*, $C_{10}H_{23}NS$, Kp.$_2$ 71—72°, durch Red. von III oder IV mit Na in fl. NH_3; n_D^{20} 1,4703; 75 bzw. 79%. *S-Benzyläther*, $C_{17}H_{29}NS$, Kp.$_{0,3}$ 118—119°, durch Red. von III mit Na in fl. NH_3, Zugabe von Toluol, Verdampfen des NH_3 u. Zugabe von Benzylchlorid; 49%. *S-Acetyl-Verb.*, $C_{12}H_{25}NOS$, Kp.$_{0,7}$ 73—74°, aus dem Mercaptan mit Keten in abs. Toluol; n_D^{20} 1,4770; 72%. — *N-Butyl-N-isobutyl-*, $C_{13}H_{29}NS$, Kp.$_2$ 90—91°, Kp.$_{20}$ 142°, durch Red. von V mit Na in fl. NH_3; n_D^{20} 1,4728; 68%. — *N-Propyl-N-cyclohexyl-*, $C_{14}H_{29}NS$, Kp.$_{0,45}$ 103—104°, durch Red. von VI analog; n_D^{20} 1,4971; 72%. — *N-Methyl-N-benzyl-*, $C_{13}H_{21}NS$, Kp.$_1$ 108—109°, durch Red. von I; n_D^{20} 1,5337; 75%. *Methylthioäther*, $C_{14}H_{23}NS$, Kp.$_{0,3}$ 111—113°, mit $(CH_3)_2SO_4$ u. 10%ig. NaOH; n_D^{20} 1,5321; 67%. — *2.5-Dimethyl-3-amino-4-äthyl-Δ^4-thiazolin* (VII), $C_7H_{14}N_2S$, F. 33 bis 34° (PAe.), Kp.$_{0,5}$ 74—76°, durch Versetzen von 2-Mercaptopentanon-(3) (VIII) mit Acetaldehyd u. wss. Hydrazinhydrat unter Trockeneis/Methanol-Kühlung bei 0°; gelbes Öl; 65%. — *2.4-Diäthyl-3-amino-5-methyl-Δ^4-thiazolin*, $C_8H_{16}N_2S$, Kp.$_{0,5}$ 83—86°, aus Propionaldehyd analog VII; 65%. — *2-Propyl-3-amino-4-äthyl-5-methyl-Δ^4-thiazolin*, $C_9H_{18}N_2S$, Kp.$_{0,5}$ 92—94°, aus Butyraldehyd analog VII; 64%. — Thiazole: *2.5-Dimethyl-4-äthyl-*, aus VII u. 2n H_2SO_4 bei 0—5°; 56%. *Pikrat*, F. 109° (Methanol). — *4-Äthyl-5-methyl-*, C_6H_9NS, Kp.$_1$ 34—36°, Kp.$_3$ 47—48°, a) aus VIII, Paraformaldehyd u. wss. Hydrazinhydrat bei 50°; 19%; b) durch 8std. Kochen von VIII u. Formaldoxim in Bzl. am Wasserabscheider; 75%. *Pikrat*, $C_{12}H_{12}N_4O_7S$, F. 124—125,5° (Isopropanol). — Analog nach b): *2.4-Diäthyl-5-methyl-*, $C_8H_{13}NS$, Kp.$_1$ 52—53°, aus Propionaldoxim; 59%. *Pikrat*, $C_{14}H_{16}N_4O_7S$, F. 85° (Methanol). — *2-Propyl-4-äthyl-5-methyl-*, $C_9H_{15}NS$, Kp.$_1$ 62—63°, aus Butyraldoxim; 41%. *Pikrat*, $C_{15}H_{18}N_4O_7S$, F. 74—75° (Methanol). — *2-Isopropyl-4-äthyl-5-methyl-*, $C_9H_{15}NS$, Kp.$_{0,8}$ 53—54°, aus Isobutyraldoxim; 53%. *Pikrat*, $C_{15}H_{18}N_4O_7S$, F. 94° (Methanol). — *2-Phenyl-4-äthyl-5-methyl-*, Kp.$_2$ 138—140°, aus Benzaldoxim; 39%. *Pikrat*, F. 182—183° (Methanol). W. HAMPEL. 3142□

Über die gemeinsame Einwirkung von elementarem Schwefel und gasförmigem Ammoniak auf Ketone. 25. Mitt. **Die gemeinsame Einwirkung von Schwefel und Ammoniak auf cyclische Ketone.** 2. Mitt. Friedrich Asinger, Max Thiel, Helga Usbeck, Karl-Heinz Gröbe, Horst Grundmann und Siegfried Tränkner. (Liebigs Ann. Chem. **634**. 144—63. 11/8. 1960.) (Dt.) — 24. vgl. vorst. Ref.; 1. vgl. C. **1959**. **4776**.

Die gemeinsame Einw. von S u. NH_3 auf Cyclopentanon führt zur Bldg. undefinierter Produkte. Bei der Umsetzung von Cyclopentanon mit H_2S u. NH_3 wird *2.2;4.4;6.6-Tris-[tetramethylen]-1-aza-3.5-dithiacyclohexan* erhalten. Zur Darst. von *Δ^3-Thiazolinen*, die sich vom Cyclopentanon ableiten, wird *2-Mercaptocyclopentanon* (I), gewonnen aus 2-Chlorcyclopentanon u. NaHS in A. mit H_2S bei —15°, mit Oxoverbb. u. NH_3 umgesetzt. I wird von Jod glatt zu *Bis-[cyclopentanonyl-(2)]-disulfid* (VII) oxydiert, während mit 2n HCl unter Wasserabspaltung *2.3;5.6-Bis-[trimethylen]-2.5-endoxo-1.4-dithian* (II) gebildet wird. Beim Erwärmen auf 70° wird II zu 2 *stereoisomeren Formen* von *2.3;5.6-Bis-[trimethylen]-1.4-dithiin* (VIII; F. 74 bis 75°, F. 127—128°) dehydratisiert. Die beiden Formen lassen sich mit HCl-Ae. ineinander überführen. Durch Einw. von NH_3 auf I entsteht unter H_2S-Abspaltung in 11%ig. Ausbeute *2.2-[2-Mercaptotetramethylen]-4.5-trimethylen-Δ^3-thiazolin*. Die Kondens. von I mit Formaldehyd oder Benzaldehyd in Ggw. von NH_3 gibt hochviscose Prodd., die nicht näher untersucht wurden. Mit anderen Aldehyden oder Ketonen entstehen die entsprechenden *Δ^3-Thiazoline*. Die Behandlung von 2-Mercaptocyclohexanon (III) mit Jod in A. oder mit $K_2S_2O_8$ in verd. HCl ergibt *Bis-[cyclohexanonyl-(2)]-disulfid* (X), während durch Behandlung mit Säuren verschiedenster Konz. entweder *2.3;5.6-Bis-[tetramethylen]-2.5-endoxo-1.4-dithian* oder *2.3;5.6-Bis-[tetramethylen]-1.4-dithiin* durch Dehydratisierung entstehen. Die von BACKER u. Mitarbeitern (vgl. Recueil Trav. chim. Pays-Bas **60**. [1941.] 381) als X beschriebene Verb. vom F. 151—152° ist dimeres III. Durch Einw. von S u. NH_3 auf Cycloheptanon entsteht *2.2-Hexamethylen-4.5-pentamethylen-Δ^3-thiazolin*, das auch durch Umsetzung von *2-Mercaptocycloheptanon* (IV), gebildet aus 2-Chlorcycloheptanon u. NaHS, mit Cycloheptanon in Ggw. von NH_3 erhalten wird. IV ergibt mit verd. HCl *2.3;5.6-Bis-[pentamethylen]-2.5-endoxo-1.4-dithian*, das auch bereits beim Stehen von IV gebildet wird. Bei Behandlung von IV mit NH_3

bildet sich durch Selbstkondens. *2.2-[2-Mercaptohexamethylen]-4.5-pentamethylen-Δ^3-thiazolin.* Durch Oxydation mit Jod in A. oder mit $(NH_4)_2S_2O_8$ in alkal. Medium entsteht aus **IV** *Bis-[cycloheptanonyl-(2)]-disulfid* (**XI**). Die aus **IV** mit Oxoverbb. in Ggw. von NH_3 erhältlichen *Δ^3-Thiazoline* werden durch Dehydrierung mit S in die *Thiazole* übergeführt.

Versuche: *Cyclopentanon*, C_5H_8O, Kp. 130—131°, aus Adipinsäure u. $Ba(OH)_2$ bei 285—295°. — *2-Chlorcyclopentanon*, C_5H_7ClO, $Kp._{13}$ 76,5°, durch Chlorierung vorst. Verb. nach GODCHOT u. TABOURY [1913]; 61% (Ausbeute). — *2-Mercaptocyclopentanon* (**I**), C_5H_8OS, $Kp._{12}$ 84—85°, durch Einleiten von H_2S in methanol. Na-Methylat u. Zugabe vorst. Verb. bei —15° unter weiterer H_2S-Einleitung; $D._4^{20}$ 1,134, n_D^{20} 1,5210; 66%. *Semicarbazon*, $C_6H_{11}N_3OS$, F. 177—178° (A.). *Thiosemicarbazon*, $C_6H_{11}N_3S_2$, F. 200° (Zers.; Dimethylformamid/W.). — *2-Methylmercaptocyclopentanon*, $C_6H_{10}OS$, $Kp._{16}$ 88 bis 89°, aus **I** mit $(CH_3)_2SO_4$ u. 2n NaOH bei 40°; $D._4^{20}$ 1,092, n_D^{20} 1,5110; 57%. *Semicarbazon*, $C_7H_{13}N_3OS$, F. 184—185° (A.). — *Bis-[cyclopentanonyl-(2)]-disulfid* (**VII**), $C_{10}H_{14}O_2S_2$, $Kp._{0,3}$ 165,5°, aus **I** mit J_2/KJ in A.; $D._4^{20}$ 1,238, n_D^{20} 1,5700; 81%. *Disemicarbazon*, $C_{12}H_{20}N_6O_2S_2$, F. > 230° (Zers.). — *2.3;5.6-Bis-[trimethylen]-2.5-endoxo-1.4-dithian* (**II**), $C_{10}H_{14}OS_2$, $Kp._{0.05}$ 111—114°, durch 7std. Stehen von **I** mit 2n HCl; n_D^{20} 1,6086; 61%. — *2.3;5.6-Bis-[trimethylen]-1.4-dithiin* (**VIII**), $C_{10}H_{12}S_2$, *Form vom F. 74 bis 75°*, durch 8std. Erwärmen von **I** mit 2n HCl auf 70°; 57%; *Disulfon*, $C_{10}H_{12}O_4S_2$, F. 224—226°, durch Oxydation mit 30%ig. H_2O_2 in Eisessig bei 70°; 40%. *Form vom F. 127—128°* (Propanol), durch Sättigen einer äther. Lsg. von **I** oder der Form vom F. 74—75° mit HCl-Gas; 64%; *Disulfon*, $C_{10}H_{12}O_4S_2$, F. 269—270°; 60%. — *2.2-[2-Mercaptotetramethylen]-4.5-trimethylen-Δ^3-thiazolin*, $C_{10}H_{15}NS_2$, F. 108—109°, durch 1std. Einleiten von NH_3 in **I**; 11%. *Hydrochlorid*, $C_{10}H_{16}ClNS_2$, Zers. bei ca. 160°. — 4.5-Trimethylen-Δ^3-thiazoline: *2.2-Dimethyl-* (**V**), $C_8H_{13}NS$, $Kp._{0,05}$ 48—50°, durch Einleiten von NH_3 in **I** u. Aceton, bis nach Erwärmung wieder Raum-Temp. herrscht; $D._4^{20}$ 1,042, n_D^{20} 1,5215; 62%. — *2.2-Diäthyl-* (**VI**), $C_{10}H_{17}NS$, $Kp._{0,2}$ 75—76°, a) aus **I** u. Diäthylketon analog **V**; $D._4^{20}$ 1,024, n_D^{20} 1,5195; 63%; b) durch Sättigen von **VII** u. Diäthylketon mit H_2S u. Einleiten von H_2S u. NH_3; 50%. *Pikrat*, $C_{16}H_{20}N_4O_7S$, Zers. bei 119 bis 120° (Methanol). — Analog **V**: *2.2-Tetramethylen-*, $C_{10}H_{15}NS$, $Kp._{0,2}$ 93°, aus **I** u. Cyclopentanon; $D._4^{20}$ 1,105, n_D^{21} 1,5495; 65%. — *2.2-Pentamethylen-*, $C_{11}H_{17}NS$, $Kp._{0,2}$ 89°, aus **I** u. Cyclohexanon; $D._4^{20}$ 1,091, n_D^{21} 1,5479; 67%. — *2-Methyl-*, $C_7H_{11}NS$, $Kp._{0,05}$ 50 bis 56°, aus **I** u. Acetaldehyd; 23%. — *2-Äthyl-*, $C_8H_{13}NS$, $Kp._1$ 70—72°, aus **I** u. Propionaldehyd; $D._4^{20}$ 1,060, n_D^{20} 1,5285; 50%. — *Diäthylketon*, Kp. 101—103°, a) durch 5std. Rühren von **VI** mit 2n HCl bei Raum-Temp.; 32%; daneben 60% **II**; b) durch Hydrolyse von **VI** mit 2n HCl bei 55—60°; daneben 51% **VIII** (*Form vom F. 74—75°*). *Semicarbazon*, F. 138,5—139°. — *2.2;4.4;6.6-Tris-[tetramethylen]-1-aza-3.5-dithiacyclohexan*, $C_{15}H_{25}NS_2$, F. 95—96° (A.), durch Einleiten von H_2S u. NH_3 (2 : 1) in Cyclopentanon; 25%. — *Dimeres 2-Mercaptocyclohexanon* (**III**), $C_{12}H_{20}O_2S_2$, F. 151—152°, $Kp._{12}$ 110°, aus 2-Chlorcyclohexanon bei —25° analog **I**; 77—82%. — *N-Ureido-2.3;5.6-bis-[tetramethylen]-2.5-endimino-1.4-dithian*, $C_{13}H_{21}N_3OS_2$, F. 249° (A.), durch 2std. Kochen von **III**, Semicarbazidhydrochlorid, wasserfreiem Na-Acetat, A. u. W. auf dem Wasserbad; 82%. — *2.3;5.6-Bis-[tetramethylen]-2.5-endoxo-1.4-dithian*, $C_{12}H_{18}OS_2$, $Kp._{10}$ 192—194°, F. 194—196° (Isopropanol), durch 1std. Kochen von **III** mit 10%ig. HCl; 91%. *Disulfon*, $C_{12}H_{18}O_5S_2$, F. 204—208° (Isopropanol), durch Oxydation mit $KMnO_4$; 25%. — *2.3;5.6-Bis-[tetramethylen]-1.4-dithiin*, $C_{12}H_{16}S_2$, F. 97° (Isopropanol), durch 5std. Kochen von **III** mit konz. HCl; 40%. *Disulfon*, $C_{12}H_{16}O_4S_2$, F. 249—258° (verd. Methanol), durch 5std. Kochen mit 30%ig. H_2O_2 in Eisessig; 83%. — *Bis-[cyclohexanonyl-(2)]-disulfid* (**X**), $C_{12}H_{18}O_2S_2$, F. 78,5° (Bzn.), a) durch 1std. Oxydation von **III** mit Jod in A. bei 60°; 17%; b) durch Oxydation von **III** mit $K_2S_2O_8$ in 2n HCl bei 100°; 16%. *Disemicarbazon*, $C_{14}H_{24}N_6O_2S_2$. — *4.5-Tetramethylen-Δ^3-thiazolin* (**IX**), $C_7H_{11}NS$, $Kp._{12}$ 107°, aus **III** u. Paraformaldehyd in Formalin-Lsg. durch Einleiten von NH_3 bei 40—50°; $D._4^{20}$ 1,117, n_D^{20} 1,5521; 56%. *Pikrat*, $C_{13}H_{14}N_4O_7S$, F. 148°, aus Methanol gelbe Nadeln. — 4.5-Tetramethylen-Δ^3-thiazoline: *2-Methyl-*, $C_8H_{13}NS$, $Kp._{12}$ 106°, a) aus **III** u. Acetaldehyd analog **IX**; $D._4^{20}$ 1,066, n_D^{20} 1,5535; 84%; b) aus **X** u. Acetaldehyd durch 1std. Begasen mit H_2S u. NH_3; 67%. — *2-Äthyl-*, $C_9H_{15}NS$, $Kp._{12}$ 117°, a) aus **III** u. Propionaldehyd analog **IX**; $D._4^{20}$ 1,037, n_D^{20} 1,5251; 76%; b) durch 1std. Begasen von **X** u. Propionaldehyd mit H_2S u. NH_3; 69%. — *2-Phenyl-*, $C_{13}H_{15}NS$, $Kp._{12}$ 148°, aus **III** u. Benzaldehyd analog **IX**; $D._4^{20}$ 1,1961, n_D^{20} 1,6015; 41,5%. *Pikrat*, $C_{19}H_{18}N_4O_7S$, F. 150°, aus Methanol gelbe Nadeln. — *2.2-Dimethyl-*, $C_9H_{15}NS$, F. 28°, $Kp._{12}$ 102°, aus **III** u. Aceton analog **IX**; 86%; b) durch 1std. Begasen von **X** u. Aceton mit H_2S u. NH_3; 69%. *Pikrat*, $C_{15}H_{18}N_4O_7S$, F. 146° (Methanol). — *4.5-Tetramethylenthiazol*, C_7H_9NS, $Kp._{11}$ 94°, durch 2std. Erhitzen von **IX** u. Schwefelblume auf 150°; $D._4^{20}$ 1,1545, n_D^{20} 1,5591; 88%. *Pikrat*, $C_{13}H_{12}N_4O_7S$, F. 189° (Methanol). — 4.5-Tetramethylenthiazole, analog vorst. Verb.: *2-Methyl-*, $C_8H_{11}NS$, Kp.$_{11}$ 102°, $D._4^{20}$ 1,101, n_D^{20} 1,5262; 89%. *Pikrat*, $C_{14}H_{14}N_4O_7S$, F. 128° (Methanol). — *2-Äthyl-*, $C_9H_{13}NS$, Kp.$_{16}$ 121°, $D._4^{20}$ 1,073, n_D^{20} 1,5371; 80%. *Pikrat*, $C_{15}H_{16}N_4O_7S$, F. 80° (Methanol). — *2-Phenyl-*, $C_{13}H_{13}NS$, Kp.$_2$ 149°, bei 160—165°; $D._4^{20}$ 1,158, n_D^{20} 1,6354; 63%. *Pikrat*, $C_{19}H_{16}N_4O_7S$, F. 149° (Methanol). — *Cycloheptanon*, Kp.$_{10}$ 59—60°, aus Cyclohexanon u. CH_2N_2; 38—41%. — *2-Chlorcycloheptanon*, Kp.$_{12}$ 90—93°, nach HESSE u. Mitarbeitern (vgl. C. **1958.** 3002); 84%. — *2-Mercaptocycloheptanon* (**IV**), $C_7H_{12}OS$, Kp.$_{0,2}$ 61—62°, aus vorst. Verb. analog I bei —20 bis —25°; $D._4^{22}$ 1,109, n_D^{20} 1,5208; 78—82%. — *N-Ureido-2.3;5.6-bis-[pentamethylen]-2.5-endimino-1.4-dithian*, $C_{15}H_{25}N_3OS_2$, F. 220—223° (Zers.; A.), durch mehrtägiges Stehen von **IV**, Semicarbazidhydrochlorid u. Na-Acetat in Alkohol. — *2.3;5.6-Bis-[pentamethylen]-2.5-endoxo-1.4-dithian*, $C_{14}H_{22}OS_2$, F. 101—102° (Methanol), Kp.$_1$ 170 bis 173°, a) durch 6wöchiges Stehen von **IV**; b) durch 3std. Stehen von **IV** mit 10%ig. HCl; n_D^{18} 1,5703; 62%. *Disulfon*, $C_{14}H_{22}O_5S_2$, F. 195—196° (Eisessig), durch Oxydation mit 30%ig. H_2O_2 in Eisessig bei Wasserkühlung; 30%. — *2-Methylmercaptocycloheptanon*, $C_8H_{14}OS$, Kp.$_{0,5}$ 66—67°, aus **IV** mit $(CH_3)_2SO_4$ in 10%ig. NaOH; $D._4^{22}$ 1,060, n_D^{21} 1,511; 72,7%. *2.4-Dinitrophenylhydrazon*, $C_{14}H_{18}N_4O_4S$, F. 128°. — *Bis-[cycloheptanonyl-(2)]-disulfid* (**XI**), $C_{14}H_{22}O_2S_2$, durch Zugabe von $(NH_4)_2S_2O_8$ zu **IV** u. 25%ig. NaOH bei 10—15°; $D._4^{21}$ 1,159, n_D^{22} 1,5584; 94—96%. *2.4-Dinitrophenylhydrazon*, $C_{20}H_{26}N_4O_5S_2$, F. 151—152° (Methanol/Dioxan). *Dioxim*, $C_{14}H_{24}N_2O_2S_2$, F. 192—193° (A.), aus 2,5 g **XI**; 1 g. — *2.2-[2-Mercaptohexamethylen]-4.5-pentamethylen-Δ³-thiazolin*, $C_{14}H_{23}NS_2$, Kp.$_{0,08}$ 152°, durch Einleiten von NH_3 in äther. **IV**; 62%. *Hydrochlorid*, $C_{14}H_{24}ClNS_2$, F. 156 bis 161°. *Hydrobromid*, $C_{14}H_{24}BrNS_2$, F. 195—198°. — *2.2-Hexamethylen-4.5-pentamethylen-Δ³-thiazolin*, $C_{14}H_{23}NS$, F. 24—26°, Kp.$_{0,08}$ 129—131°, a) durch 3std. Begasen von Cycloheptanon u. Schwefelpulver mit NH_3; $D._4^{20}$ 1,072, n_D^{18} 1,5506; 66%; b) durch Begasen von **XI** u. Cycloheptanon mit NH_3 u. H_2S bei Raum-Temp.; 75%; c) durch Einleiten von NH_3 in eine äther. Lsg. von **IV** u. Cycloheptanon; 52%. *Pikrat*, $C_{20}H_{26}N_4O_7S$, F. 141—142° (Zers.; A.). — *2.2-Diäthyl-4.5-pentamethylen-Δ³-thiazolin*, $C_{12}H_{21}NS$, Kp.$_2$ 110—113°, durch 6std. Einleiten von NH_3 in äther. **IV** u. Diäthylketon; 47%; b) durch Begasen von **XI** u. Diäthylketon mit H_2S u. NH_3; 70%. *Pikrat*, $C_{18}H_{24}N_4O_7S$, F. 112—114° (A.). — *2-Äthyl-4.5-pentamethylen-Δ³-thiazolin*, $C_{10}H_{17}NS$, Kp.$_1$ 95—96°, a) aus äther. **IV** u. Propionaldehyd mit NH_3; 43%; b) aus **XI** u. Propionaldehyd mit H_2S u. NH_3; 72%. *Pikrat*, $C_{16}H_{20}N_4O_7S$, F. 108—109° (A.). — *2-Phenyl-4.5-pentamethylen-Δ³-thiazolin*, $C_{14}H_{17}NS$, Kp.$_{0,05}$ 139—141°, a) aus **XI** u. Benzaldehyd mit NH_3 u. H_2S; 60%; b) aus **IV**, Benzaldehyd u. NH_3; 10—15%. *Pikrat*, $C_{20}H_{20}N_4O_7S$, F. 151—152° (Aceton/Essigester). — *2-Äthyl-4.5-pentamethylenthiazol*, Kp.$_{0,05}$ 66—67°, a) durch 2std. Erhitzen von vorvorst. Verb. u. S auf 180°; 63%; b) durch 10std. Kochen von Propionsäurethioamid u. 2-Chlorcycloheptanon in A.; 43%. *Pikrat*, $C_{16}H_{18}N_4O_7S$, F. 99—100° (A./Essigester). — *2-Phenyl-4.5-pentamethylenthiazol*, $C_{14}H_{15}NS$, Kp.$_{0,05}$ 128—129°, analog vorst. Verb. in 1½std. Erhitzen bei 130—140°; $D._4^{20}$ 1,149, n_D^{18} 1,630, n_D^{22} 1,6294; 55%. *Pikrat*, $C_{20}H_{18}N_4O_7S$, F. 152—153° (A./Essigester). W. HAMPEL. 3142□

Über die gemeinsame Einwirkung von elementarem Schwefel und gasförmigem Ammoniak auf Ketone. 26. Mitt. **Die gemeinsame Einwirkung von Schwefel und Ammoniak auf Äthylisopropylketon.** Friedrich Asinger, Max Thiel und Herbert Sedlak. (Liebigs Ann. Chem. **634.** 164—84. 11/8. 1960.) (Dt.) — 25. vgl. vorst. Referat.

S u. NH_3 reagieren mit Äthylisopropylketon in sd. Bzl. bei kontinuierlicher Entfernung des Rk.-Wassers zu *5-Methyl-2-äthyl-2.4-diisopropyl-Δ³-thiazolin* (**I**) u. *5.5-Dimethyl-2.4-diäthyl-2-isopropyl-Δ³-thiazolin* (**II**). Das Verhältnis, in dem die beiden isomeren Thiazoline nebeneinander im Gemisch (**III**) vorliegen, wird festgestellt, indem durch Hydrolyse mit Essigsäure das *Gemisch der Mercaptoketone* (**IV**) in Freiheit gesetzt u. dieses durch Ringschluß-Rk. mit Propionaldehyd u. NH_3 in das Gemisch der beiden isomeren Δ³-Thiazoline, *5-Methyl-2-äthyl-4-isopropyl-Δ³-thiazolin* (**VI**) u. *5.5-Dimethyl-2.4-diäthyl-Δ³-thiazolin* (**VII**), übergeführt wird. **VI** u. **VII** lassen sich durch fraktionierte Fällung ihrer *Pikrate* trennen, wobei ein Geh. von ca. 8% **II** in **III** festgestellt werden konnte. Verss., die direkte Auftrennung von **III** durch Rektifikation bzw. Auftrennen des Pikratgemisches vorzunehmen, mißlangen. Auch **IV** konnte nicht über die *Methylthioäther* bzw. deren *Semicarbazone*, über die *2.4-Dinitrophenylhydrazone* u. über die durch Umsetzung mit Acetanhydrid erhaltenen *S-Acetyl-Derivv.* bzw. deren *Semicarbazone* oder *2.4-Dinitrophenylhydrazone* aufgetrennt werden. Die durch saure Hydrolyse von **I** u. **II** entstehenden *2-Mercapto-4-methylpentanon-(3)* (**VIII**) u. *4-Mercapto-4-methylpentanon-(3)* (**IX**) werden auch aus dem entsprechenden Chlor- (**X**) bzw. Bromketon (**XI**) durch Umsetzung mit NaHS hergestellt. Die Darst. von **X** gelingt durch Chlorierung von *2-Hydroxy-4-methylpentanon-(3)*, das durch Umsetzen von Milchsäurenitril u. Isopropyl-MgBr nach GAUTIER [1911] dargestellt wird, mit $SOCl_2$ in Pyridin. **X** wird ferner erhalten durch Einw. von HCl auf das aus Diazoäthan u. Isobuttersäurechlorid erhältliche *2-Diazo-4-methylpentanon-(3)* (**V**). Auf die gleiche Weise gelingt die Herst. von *2-Chlorpentanon-(3)* aus Diazoäthan u. Propionsäurechlorid, das mit Thioharnstoff *2-Amino-5-methyl-4-äthylthiazol* liefert. Durch Kondens. von **VIII** bzw. **IX** mit Äthylisopropylketon u. NH_3 werden **I** bzw. **II**, mit Propionaldehyd u. NH_3 **VI** u. **VII** in reiner Form gewonnen.

Versuche: *2-Diazo-4-methylpentanon-(3)* (**V**), $C_6H_{10}N_2O$, durch Zugabe von Isobutyrylchlorid zu äther. Diazoäthan-Lsg. bei —20° u. 12std. Stehen bei —50°; orangegelbes Öl; 109% (Rohausbeute). — *Milchsäurenitril*, C_3H_5NO, durch Einleiten von wasserfreiem HCN in frisch dest. Acetaldehyd; 96%. — *2-Hydroxy-4-methylpentanon-(3)*, $C_6H_{12}O_2$, Kp.$_{9,5}$ 47—48°, durch Zugabe vorst. Verb. zu Isopropyl–MgBr in abs. Ae. bei 15—20° unter Propan-Entw. u. 6std. Kochen; n_D^{20} 1,4230; 51,5%. *2.4-Dinitrophenylosazon*, $C_{18}H_{18}N_8O_8$, F. 170—175° (Zers.; A./Bzl./Essigester), durch 10 Min. langes Erhitzen mit phosphorsaurem 2.4-Dinitrophenylhydrazin auf 80°; ziegelrot; 87%. — *2-Chlor-4-methylpentanon-(3)* (**X**), $C_6H_{11}ClO$, Kp.$_{51}$ 65°, a) durch Versetzen vorst. Verb. in Pyridin u. Bzl. mit $SOCl_2$ bei —2 bis —5° u. 3std. Erwärmen auf 80° unter SO_2-Entw.; 64,5%; b) durch Versetzen von **V** in Ae. mit konz. HCl bei 0—5°; 42%. *2.4-Dinitrophenylhydrazon*, $C_{12}H_{15}ClN_4O_4$, F. 105° (A.); 75%. — *2-Diazopentanon-(3)*, $C_5H_8N_2O$, aus Diazoäthan u. Propionylchlorid analog **V**; 108% (roh). — *2-Chlorpentanon-(3)*, C_5H_9ClO, Kp.$_{13}$ 35—36°, aus vorst. Verb. analog **X** nach b); 43%. — *2-Amino-5-methyl-4-äthylthiazol*, F. 71,5—73°, durch 3std. Kochen vorst. Verb. u. Thioharnstoff in A. über das Hydrochlorid (Platten); aus n-Hexan Nadeln. — *2-Amino-5-methyl-4-isopropylthiazol*, $C_7H_{12}N_2S$, F. 111—112° (n-Hexan), aus **X** u. Thioharnstoff analog vorst. Verb.; 86%. — *2-Mercapto-4-methylpentanon-(3)* (**VIII**), $C_6H_{12}OS$, Kp.$_{12}$ 56°, durch Zugabe von **X** zu einer mit trockenem H_2S gesätt. alkohol. Na-Äthylat-Lsg. bei 0—5°; 84,5%. *Semicarbazon*, $C_7H_{15}N_3OS$, F. 148° (A.). — *4-Methyl-2-methylmercaptopentanon-(3)*, $C_7H_{14}OS$, Kp.$_9$ 59°, aus **X** u. Na-Methylmercaptid in A.; 81%. *Semicarbazon*, $C_8H_{17}N_3OS$, F. 197° (Methanol). *2.4-Dinitrophenylhydrazon*, $C_{13}H_{18}N_4O_4S$, F. 60—98°; 91,5%. — *Äthylisopropylketon-2.4-dinitrophenylhydrazon*, F. 112° (A.), aus vorst. Verb. durch 6std. Kochen mit Raney-Ni in verd. A. u. Versetzen mit 2.4-Dinitrophenylhydrazin–H_3PO_4; 97,5%. — *2-Acetylmercapto-4-methylpentanon-(3)*, $C_8H_{14}O_2S$, Kp.$_{1,5}$ 56°, durch 2std. Kochen von **VIII** mit Acetanhydrid; 90,5%. — *3.6-Dimethyl-2.5-diisopropyl-2.5-endoxo-1.4-dithian*, $C_{12}H_{22}OS_2$, Kp.$_2$ 104—106°, durch 2std. Einleiten von trockenem HCl in **VIII**; 97,5%. — *5-Methyl-2-äthyl-2.4-diisopropyl-Δ³-thiazolin* (**I**), $C_{12}H_{23}NS$, Kp.$_1$ 66—67°, durch 4std. Einleiten von NH_3 in **VIII** u. Äthylisopropylketon bei 25—30°; 64,5%. *Pikrat*, $C_{18}H_{26}N_4O_7S$, F. 113° (orangegelb); 94%. *Styphnat*, $C_{18}H_{26}N_4O_8S$, F. 112,5° (A.); 53%. — *5-Methyl-2-äthyl-4-isopropylthiazol*, $C_9H_{15}NS$, Kp.$_1$ 48—50°, durch therm. Zers. von **I** bei 225—230° in 2 Std. unter N_2; 30%; b) durch Erwärmen von **VI** mit S auf 140—145°; 56,5%. *Pikrat*, F. 103° (Propylalkohol); 78%. — *5-Methyl-2-äthyl-4-isopropyl-Δ³-thiazolin* (**VI**), $C_9H_{17}NS$, Kp.$_{12}$ 82—83°, durch Einw. von NH_3 auf **VIII** u. Propionaldehyd bei 20—30°; 89%. *Pikrat*, $C_{15}H_{20}N_4O_7S$, F. 66°, aus abs. äther. Lsgg. bei —40°; 83,5%. *Styphnat*, $C_{15}H_{20}N_4O_8S$, F. 113° (Methanol). — *4-Brom-4-methylpentanon-(3)* (**XI**), $C_6H_{11}BrO$, Kp.$_{12}$ 49—50°, durch Bromieren von Äthylisopropylketon in abs. Ae. bei 0—5°; 76%. — *4-Mercapto-4-methylpentanon-(3)* (**IX**), $C_6H_{12}OS$, Kp.$_{12}$ 54—55°, aus **XI** analog **VIII**; 96,5%. *Semicarbazon*, $C_7H_{15}N_3OS$, F. 153° (A.). — *4-Methyl-4-methylmercaptopentanon-(3)*, $C_7H_{14}OS$, Kp.$_9$ 57,5°, aus **XI** u. Na-Methylmercaptid in A.; 91,5%. *Semicarbazon*, $C_8H_{17}N_3OS$, F. 128,5° (20%ig. A.); 86%. *2.4-Dinitrophenylhydrazon*, $C_{13}H_{18}N_4O_4S$, F. 138,5° (orangerot aus n-Hexan); 96%. — *4-Acetylmercapto-4-methylpentanon-(3)*, $C_8H_{14}O_2S$, Kp.$_1$ 56°, durch 2std. Kochen von **IX** mit Acetanhydrid; 97%. *Semicarbazon*, $C_9H_{17}N_3O_2S$, F. 156° (20%ig. A., Sternchen); 27%. *2.4-Dinitrophenylhydrazon*, $C_{14}H_{18}N_4O_5S$, F. 125—131° (Zers.; Essigester/n-Hexan); 74%. — *3.3.6.6-Tetramethyl-2.5-diäthyl-2.5-endoxo-1.4-dithian*, $C_{12}H_{22}OS_2$, Kp.$_2$ 92°, aus **IX** durch Einleiten von HCl-Gas; 33%. — *5.5-Dimethyl-2.4-diäthyl-2-isopropyl-Δ³-thiazolin* (**II**), $C_{12}H_{23}NS$, Kp.$_1$ 64—65°, aus **IX**, Äthylisopropylketon u. gasförmigem NH_3 analog **I**; 52%. *Pikrat*, $C_{18}H_{26}N_4O_7S$, F. 107—109° (Zers., Ae.); 93%. *Styphnat*, $C_{18}H_{26}N_4O_8S$, F. 144° (A.); 83%. — *5.5-Dimethyl-2.4-diäthyl-Δ³-thiazolin* (**VII**), $C_9H_{17}NS$, Kp.$_{12}$ 82°, durch Einw. von NH_3 auf **IX** u. frisch dest. Propionaldehyd; 77%. *Pikrat*, $C_{15}H_{20}N_4O_7S$, F. 147—148° (Methanol); 90—98%. *Styphnat*, $C_{15}H_{20}N_4O_8S$, F. 134—137° (Methanol); 90—95%. — *Äthylisopropylketon*, F. —69°, Kp.$_{754}$ 113—114°, aus dem Rohketon über das *Oxim* ($C_6H_{13}NO$, Kp.$_{10}$ 73,5—74,5°, n_D^{20} 1,4482); n_D 1,3980. *Semicarbazon*, $C_7H_{15}N_3O$, F. 95° (50%ig. A.); 89%. *2.4-Dinitrophenylhydrazon*, $C_{12}H_{16}N_4O_4$, F. 112° (A., orangerote Nadeln); 97%. — **I**—**II**-*Gemisch* (**III**), Kp.$_{3,5}$ 87—88°, a) durch Einleiten von NH_3 in ein sd. Gemisch von Äthylisopropylketon u. S in Bzl. am Wasserabscheider in 42 Std.; 65%; b) nach a) in Pyridin an Stelle von Bzl. bei 50—60°; 52,6%. *Pikrat*, F. 109—112°. *Styphnat*, F. 109 bis

111°. — VIII—IX — *Mercaptoketongemisch* (IV), durch Erwärmen von III mit 50%ig. Essigsäure auf 90°. *Methylthioäther*, Kp.$_{10,5}$ 61,5°, durch methylieren mit $(CH_3)_2SO_4$ in 2n NaOH bei 5—20°; 94,5%; *Semicarbazon*, $C_8H_{17}N_3OS$, F. 197°, aus A. balkenförmige Kristalle; 80%; *2.4-Dinitrophenylhydrazon*, $C_{13}H_{18}N_4O_4S$, F. 65—102° (n-Hexan); 98%. *S-Acetyl-Deriv.*, Kp.$_1$ 52—55°, durch 2std. Kochen mit Acetanhydrid; 92,5%. *Semicarbazon*, F. 152° (A.). — *2.5-Endoxo-1.4-dithiangemisch*, Kp.$_{2,5}$ 106°, durch 2std. Einleiten von HCl-Gas in IV; 92,1%. W. HAMPEL. 3142□

Über die gemeinsame Einwirkung von elementarem Schwefel und gasförmigem Ammoniak auf Ketone. 27. Mitt. **Zur Kenntnis des Reaktionsverhaltens von α.α'-Diketodisulfiden.** 2. Mitt. Friedrich Asinger, Max Thiel und Wolfgang Schäfer. (Liebigs Ann. Chem. **637.** 146—66. 8/11. 1960.) (Dt.) — 26. vgl. vorst. Ref.; 1. vgl. C. **1960.** 15039.

An *Bis-[pentanon-(3)-yl-(2)]-disulfid* (I), *Bis-[butanon-(3)-yl-(2)]-disulfid* (II), *Bis-[2-methylbutanon-(3)-yl-(2)]-disulfid* (III) u. *Diphenacyldisulfid* (IV) werden die alkal. Hydrolyse, die Einw. von NaCN in wss. u. wasserfreiem Medium u. die chlorolyt. Spaltung zu *α-Ketosulfenylchloriden* sowie deren Umsetzungs-Prodd. untersucht. Die Hydrolyse von I mit 3,3n NaOH unter N_2 ergibt *2-Mercaptopentanon-(3)* (VII) u. als Zers.-Prod. der intermediären Pentanon-(3)-sulfensäure-(2) *Acetylpropionyl*, das durch o-Phenylendiamin in *2-Methyl-3-äthylchinoxalin* übergeführt wird. Aus II wird analog *2.3-Dimethylchinoxalin* erhalten, während das erwartete 3-Mercaptobutanon-(2) wegen seiner Instabilität in alkal. Medium nicht isoliert werden konnte. Bei der Einw. von 2n NaOH auf III entstehen *3-Mercapto-3-methylbutanon-(2)* (V) u. intermediär eine tert. Sulfensäure, die durch Disproportionierung in V u. *2-Methylbutanon-(3)-sulfinsäure-(2)* zerfällt. Die Hydrolyse von IV ergibt neben H_2S u. wenig *Acetophenon* ein zu einem Harz erstarrendes Öl. Die Hydrolyse von I mit wss. NaCN-Lsg. ergibt die gleichen Rk.-Prodd. wie mit NaOH. Die Einw. von NaCN in A. oder Ae. auf I ergibt unter Aufspaltung der Disulfidbindung VII-*Na-Salz* u. *2-Rhodanpentanon-(3)* (VIII), die unter Abspaltung von *NaSCN* u. Bldg. von *Bis-[pentanon-(3)-yl-(2)]-sulfid* (VI) reagieren. α.α'-Diketomonosulfide gehen im alkal. Milieu eine Aldol-Kondens. ein, wobei aus VI *5-Hydroxy-2.4.6-trimethyl-5-äthyl-3-oxotetrahydrothiapyran* entsteht. Während III gegen NaCN aus ster. Gründen stabil ist, ergibt IV in CH_2Cl_2/Ae. *Diphenacylsulfid*. Bei der Chlorolyse von I, III u. IV in CH_2Cl_2 bei —60 bis —70° werden nicht isolierbare *α-Ketosulfarylchloride* erhalten, die aber mit anderen Reagentien definierte Verbb. ergeben. So erhält man aus den Chlorolyse-Prodd. von I bzw. III mit Triäthylphosphit bei —70° *S-[Pentanon-(3)-yl-(2)]-* bzw. *S-[2-Methylbutanon-(3)-yl-(2)]-O.O-diäthylthiophosphat*. Es wird ferner die Umsetzung der Chlorolyse-Prodd. mit Olefinen zu *β-Chloralkylthioäthern* mit Mercaptanen zu *Disulfiden*, mit H_2S zu *Trisulfiden* u. mit NH_3 bzw. Aminen zu *Sulfenylamiden* beschrieben. Letztere sind nicht isolierbar, liefern jedoch mit Mercaptanen entsprechende *Disulfide*. Die Einw. von Äthyl-MgBr auf das Chlorolyse-Prod. von I ergibt *3-Hydroxy-3-äthyl-2-äthylmercaptopentan*.

Versuche: *Bis-[pentanon-(3)-yl-(2)]-disulfid* (I), $C_{10}H_{18}O_2S_2$, Kp.$_{0,4}$ 116—118°, a) aus VII durch Dehydrieren mit S in Ggw. von NH_3 oder Amin; 90% (Ausbeute); b) durch Eintropfen von $(NH_4)_2S_2O_8$-Lsg. in VII in NaOH bei 5° u. Extraktion mit Ae.; 76%; c) aus I in CH_2Cl_2 mit Cl_2 bei —70° u. Einw. von VII u. Na_2CO_3 bei 0°; 79—86%; d) analog c) in Ggw. von NH_3; 72%; e) durch Chlorolyse von 47 g I in Al_2Cl_2 u. Einw. von NH_3 u. H_2S bei —75° u. Erwärmen auf Raum-Temp.; 17 g; daneben 44,5% *S* (F. 115 bis 119°). *Bis-[semicarbazon]*, F. 186° (Propanol). — *Bis-[butanon-(3)-yl-(2)]-disulfid* (II), durch Dehydrieren von 3-Mercaptobutanon-(2) mit S. — *Bis-[2-methylbutanon-(3)-yl-(2)]-disulfid* (III), Kp.$_{0,1}$ 124—126°, aus V mit wss. $(NH_4)_2S_2O_8$-Lsg.; 87%. *Bis-[semicarbazon]*, F. 211—212°. — *Bunte-Salz* (*Na-Phenacylthiosulfatmonohydrat*), durch Bromieren von Acetophenon in abs. Ae. in Ggw. von $AlCl_3$ u. Umsetzung des gebildeten ω-Bromacetophenons mit $Na_2S_2O_3$ in verd. Methanol durch ½std. Kochen; 69%. — *Diphenacyldisulfid* (IV), $C_{16}H_{14}O_2S_2$, F. 79—80° (Methanol), durch Oxydation vorst. Verb. mit 30%ig. H_2O_2 bei 0—5° in verd. H_2SO_4; 57%. — *2-Methyl-3-äthylchinoxalin*, $C_{11}H_{12}N_2$, F. 53—54°, a) durch 10 Min. langes Kochen von o-Phenylendiamin mit 2-Isonitrosopentanon-(3) in W. u. Eisessig; 45%; b) durch 2std. Zugabe von I zu o-Phenylendiamin in 3,3n NaOH bei 100° unter N_2 u. nach 5 Std. Dampf-Dest. der öligen Schicht; 93%; daneben *2-Mercaptopentanon-(3)* (VII), Kp.$_{11}$ 50—54°; 41%; c) durch Hydrolyse von I mit 5,3n Na_2CO_3-Lsg. analog b) (16 Std. bei 100°); 58%; daneben 74,3% VII; d) durch 3std. Kochen von I u. o-Phenylendiamin in 4,3n NH_4OH; 88%; daneben VII; e) durch 2std. Kochen von I u. o-Phenylendiamin in 2n NaCN; 34%. *Pikrat*, $C_{17}H_{15}N_5O_7$, F. 159,5 bis 160° (Methanol). — *N-Ureido-3.6-dimethyl-2.5-diäthyl-2.5-endimino-1.4-dithian*, F. 219—220°, aus VII mit Semicarbazid. — *2.3-Dimethylchinoxalin*, F. 107—107,5°, a) durch 2std. Kochen von o-Phenylendiamin u. II mit 3,3n NaOH; 85%; b) durch

Hydrolyse von **II** analog a) mit 6,7n Na_2CO_3-Lsg. (3 Std. bei 100°); 96%; c) durch 3std. Zugabe von **II** zu o-Phenylendiamin in sd. 3,5n NH_4OH u. 2std. Kochen; 88%; d) durch 2std. Erhitzen von o-Phenylendiamin u. 3-Mercaptobutanon-(2) mit 3,3n NaOH auf 100° u. 12std. Stehen bei 0°, 3,3%. *Pikrat*, F. 185—186° (CH_3OH). — *3-Mercapto-3-methylbutanon-(2)-semicarbazon*, F. 149—152°, durch 1std. Kochen von 11,7 g **III** mit 2n NaOH, Extraktion mit Ae., Eindampfen bis zur Trockne, mehrmalige Wiederholung des Prozesses u. Zugabe von Semicarbazidhydrochlorid in Ggw. von Na-Acetat zum mit verd. HCl–Ae. isolierten Rk.-Prod.; 7,2 g. — *Acetophenonphenylhydrazon*, F. 97—99° (A.), durch 1std. Kochen von 30 g **IV** mit 2n NaOH, Dampf-Dest., Extraktion des Destillates mit PAe., Eindampfen u. 1std. Kochen des Rückstands mit W., Eisessig u. Phenylhydrazin; 1,5 g. — *5-Hydroxy-2.4.6-trimethyl-5-äthyl-3-oxotetrahydrothiapyran*, $C_{10}H_{18}O_2S$, F. 93—94° (abs. Ae.), a) durch 120std. Rühren von **I** in abs. Ae. mit NaCN; 18—20%; daneben 93,2% *NaSCN*; b) analog in abs. A. durch 4std. Rühren bei 40°; 19,5%; c) durch Zugabe von **VIII** zu Na-Äthylat u. **VII** in A. u. 2std. Rühren; 17%; daneben 84% *NaSCN*. — *2-Rhodanpentanon-(3)* (**VIII**), C_6H_9NOS, Kp.$_{0,1}$ 74—76°, durch Zugabe von 2-Brompentanon-(3) zu KSCN in abs. Ae. u. 1std. Kochen; 87%. *Semicarbazon*, $C_7H_{12}N_4OS$, F. 209 bis 211°; 66%. — *2-Hydroxy-5-methyl-4-äthylthiazol*, C_6H_9NOS, F. 94°, durch Verrühren von **VIII** mit 50%ig. H_2SO_4; 80%. — *Diäthylketon*, durch Verreiben von **VII** mit NaCN u. 6tägiges Rühren; 88%. *2.4-Dinitrophenylhydrazon*, F. 150°. — *Diphenacylsulfid*, $C_{16}H_{14}O_2S$, F. 76—77° (Methanol), a) durch 24std. Rühren von **IV** mit NaCN in abs. Ae. u. CH_2Cl_2; 50%; b) analog a) in abs. A.; 30%. — *S-[Pentanon-(3)-yl-(2)]-O.O-diäthylthiophosphat*, $C_9H_{19}O_4PS$, Kp.$_{0,2}$ 110—112°, durch Chlorolyse von **I** bei —70 bis —80° in CH_2Cl_2, Zugabe von Triäthylphosphit u. Erwärmen auf Raumtemp.; 68%. — *2-[β-Chloräthylmercapto]-pentanon-(3)*, $C_7H_{13}ClOS$, Kp.$_{0,4}$ 66—68°, durch Einw. von Cl_2 u. Äthylen auf **I** in CH_2Cl_2 bei —65°; 69%. — *Methyl-[pentanon-(3)-yl-(2)]-disulfid*, $C_6H_{12}OS_2$, Kp.$_{0,2}$ 46—48°, a) durch Chlorolyse von **I** wie vorst. u. Einw. von Methylmercaptan; 49%; b) analog a) durch Einw. von NH_3 u. Einleiten von Methylmercaptan bei —70°; 30%. — *Phenyl-[pentanon-(3)-yl-(2)]-disulfid*, $C_{11}H_{14}OS_2$, Kp.$_{0,2}$ 114—116°, durch Chlorolyse von **I** in CH_2Cl_2 u. Pyridin u. Zugabe von Thiophenol in CH_2Cl_2; 86%. — *Bis-[pentanon-(3)-yl-(2)]-trisulfid*, $C_{10}H_{18}O_2S_3$, Kp.$_{0,05}$ 125—135°, F. 57° (Methanol), a) durch Chlorolyse von **I** u. Einw. von H_2S; 11—14%; b) neben **I** nach a). — *3-Hydroxy-3-äthyl-2-äthylmercaptopentan*, $C_9H_{20}OS$, Kp.$_{14}$ 100—102°, a) durch Zugabe von Äthyl–MgBr in Ae. zum Chlorolyse-Prod. von **I** bei —75°, bei Zimmer-Temp. Zugabe von W., dann 2n HCl; 48%; b) durch Zugabe von 2-Äthylmercaptopentanon-(3) zu Äthyl–MgBr in abs. Ae. u. Zers. nach 1 Std. mit 15%ig. NH_4Cl; n_D^{20} 1,4775; 72%. — *S-[2-Methylbutanon-(3)-yl-(2)]-O.O-diäthylthiophosphat*, $C_9H_{19}O_4PS$, Kp.$_{0,2}$ 100—102°, durch Chlorolyse von **III** in CH_2Cl_2 bei —70 bis —80° u. Zugabe von Triäthylphosphit; 63%. — *3-[β-Chloräthylmercapto]-3-methylbutanon-(2)*, $C_7H_{13}ClOS$, Kp.$_{0,4}$ 101—102°, durch Rk. von 47 g **III** u. Cl_2 in CH_2Cl_2 bei —70 bis —80° u. 2std. Durchleiten von Äthylen; bei Raumtemp. erfolgt langsame HCl-Abspaltung; 36 g. — *Phenyl-[2-methylbutanon-(3)-yl-(2)]-disulfid*, $C_{11}H_{14}OS_2$, Kp.$_{0,3}$ 103°, durch Einw. von Thiophenol auf das Chlorolyse-Prod. von **III** in CH_2Cl_2 u. Pyridin; 75%. — *Bis-[2-methylbutanon-(3)-yl-(2)]-trisulfid*, $C_{10}H_{18}O_2S_3$, F. 57—58° (Bzn.), durch Einw. von H_2S auf das Chlorolyse-Prod. von **III** in CH_2Cl_2 u. Pyridin; 62%. — *ω-[β-Chloräthylmercapto]-acetophenon*, $C_{10}H_{11}ClOS$, Kp.$_{0,2}$ 130—132°, durch Einw. von Äthylen auf das Chlorolyse-Prod. von **IV** in CH_2Cl_2; 77%. — *Diphenacyltrisulfid*, $C_{16}H_{14}O_2S_3$, durch Einw. von H_2S auf das Chlorolyse-Prod. von **IV** in CH_2Cl_2; 52%. — *[Butanon-(3)-yl-(2)]-[pentanon-(3)-yl-(2)]-disulfid*, $C_9H_{16}O_2S_2$, Kp.$_{0,4}$ 106—107°, aus **I**, CH_2Cl_2 u. Cl_2 durch Einw. von NH_3 u. dann von 3-Mercaptobutanon-(2); 54%. *Bis-[semicarbazon]*, $C_{11}H_{22}N_6O_2S_2$, F. 204—206°; 47%. — *Carbäthoxymethyl-[pentanon-(3)-yl-(2)]-disulfid*, $C_9H_{16}O_3S_2$, Kp.$_{0,2}$ 108—110°, aus **I**, CH_2Cl_2 u. Cl_2 durch Einw. von NH_3 u. dann von Thioglykolsäureäthylester; 71%. — *Bis-[2-methylbutanon-(3)-sulfenyl-(2)]-imid*, $C_{10}H_{19}NO_2S_2$, F. 93° (Bzn.), durch Einleiten von NH_3 in die Hälfte einer 0,2m 2-Methylbutanon-(3)-sulfenyl-(2)-chlorid-Lsg. (aus **III** in CH_2Cl_2 mit Cl_2) bei —75°, Zugabe der fehlenden Hälfte bei —75° u. Versetzen mit Pyridin; 45%. — *Bis-[2-methylbutanon-(3)-sulfenyl-(2)]-N-methylimid*, $C_{11}H_{21}NO_2S_2$, F. 71,5—72° (Bzn.), analog vorst. Verb. mit Methylamin; 55%. — *Bis-[2-methylbutanon-(3)-sulfenyl-(2)]-N-äthylimid*, $C_{12}H_{23}NO_2S_2$, F. 63—64° (Bzn.), analog mit Äthylamin; 31%. — *2-Methylbutanon-(3)-sulfenyl-(2)-morpholid*, $C_9H_{17}NO_2S$, Kp.$_{0,06}$ 86°, durch Chlorolyse von **III** u. Einw. von Morpholin; 75%. — *2-[2-Chlorcyclohexyl-(1)-mercapto]-pentanon-(3)*, $C_{11}H_{19}ClOS$, Kp.$_{0,3}$ 102—103°, durch Behandlung von **I** u. CH_2Cl_2 mit Cl_2 u. dann Cyclohexen; 64%.

W. HAMPEL. 3142□

Über die gemeinsame Einwirkung von elementarem Schwefel und gasförmigem Ammoniak auf Ketone. 28. Mitt. Über die Einwirkung von gasförmigem Ammoniak auf α.α'-Diketodisulfide. 3. Mitt. Max Thiel, Friedrich Asinger, Wolfgang

Schäfer und Hermann G. Hauthal. (Liebigs Ann. Chem. **638.** 174—86. 29/12. 1960.) (Dt.) — 27. bzw. 2. vgl. vorst. Referat.

Die bei der Einw. von NH_3 auf α.α'-Diketodisulfide (**A**) entstehenden *Thiazole* verdanken ihre Bldg. hydrolyt. u. ammonolyt. Rk.-Abläufen. Der Mechanismus der Rkk. wird diskutiert u. experimentell unterbaut. Die Entstehung der *Thiazole* beruht auf der gleichzeitigen Einw. von H_2S u. NH_3 auf 1.2-Diketone u. Aldehyde, die bei der hydrolyt. u. ammonolyt. Spaltung von **A** gebildet werden.

Versuche: *2.4-Diäthyl-5-methylthiazol* (I), $C_8H_{13}NS$, $Kp._{14}$ 58—60°, a) durch 8std. Einw. von NH_3 auf Bis-[pentanon-(3)-yl-(2)]-disulfid (II) in Ggw. von wenig W. bei 22—38°; 22—28% (Ausbeute); b) durch 15std. Einleiten von NH_3 in 2.4-Diäthyl-5-methyl-Δ^3-thiazolin u. II bei 80—90°; 19,5%. *Pikrat*, F. 84—85°. — *2.4.5-Trimethylthiazol*, C_6H_9NS, $Kp._6$ 45—47°, a) durch 12std. Einw. von NH_3 auf Bis-[butanon-(3)-yl-(2)]-disulfid; 33%; b) durch Einw. von NH_3 auf Acetaldehyd in PAe. bei —35°, Zugabe von Diacetyl bei gleichzeitigem Einleiten von H_2S bei —10 bis 0°; 38%; c) durch Einleiten von H_2S in konz. NH_4OH bei Raum-Temp., Abkühlen auf 5°, Zugabe von Diacetyl u. nach 2 Std. von 6n HCl; 18%; d) durch 2std. Erwärmen von 2.4.5-Trimethyl-Δ^3-thiazolin mit S auf 110—130°; 83%. *Pikrat*, $C_{12}H_{12}N_4O_7S$, F. 129—131° (CH_3OH). — *2.4.5-Trimethyl-Δ^3-thiazolin*, $C_6H_{11}NS$, $Kp._{12}$ 57°, durch Einleiten von NH_3 in 2-Mercaptobutanon-(3), Acetaldehyd u. W.; 75%. *Pikrat*, $C_{12}H_{14}N_4O_7S$, Zers. bei 117—118° (CH_3OH). — *2.2.4-Triäthyl-5-methyl-Δ^3-thiazolin*, $Kp._5$ 75—76°, durch Einw. von NH_3 auf 88 g **II** u. Diäthylketon; 70 g. *Pikrat*, F. 92°. — *2-Phenyl-4-äthyl-5-methyl-Δ^3-thiazolin* (**V**), $Kp._{1,6}$ 131—133°, durch Einw. von NH_3 auf 117 g **II** u. Benzaldehyd; 49%. *Pikrat*, F. 109—110°. Daneben 10—15 g **I**. — *2.2.5-Trimethyl-4-äthyl-Δ^3-thiazolin*, $Kp._{12}$ 64—65°, aus NH_3, 47 g **II** u. Aceton; 26 g. *Pikrat*, F. 110—111°. — *2.2-Pentamethylen-4-äthyl-5-methyl-Δ^3-thiazolin*, $Kp._{10}$ 112—115°, aus NH_3, 47 g **II** u. Cyclohexanon; 19 g. *Pikrat*, F. 103—105°. — *2-Isopropyl-4-äthyl-5-methyl-Δ^3-thiazolin*, $Kp._{12}$ 83—96°, aus NH_3, 47 g **II** u. Isobutyraldehyd; 10 g. *Pikrat*, F. 107—108°. — *2-Phenyl-4-äthyl-5-methylthiazol*, $Kp._{0,5}$ 108—110°, a) durch 19std. Einleiten von NH_3 in **II** u. **V** bei 90°, 15 Min. langes Kochen mit 6n HCl u. Dampf-Dest.; 64%; b) durch Einleiten von Cl_2 in **II** u. abs. A. bei —70 bis —80°, dann Einleiten von NH_3 u. Zugabe von **V** bei —70°, Versetzen mit W. bei Raum-Temp. u. 2std. Kochen mit 6n HCl; 35%; c) analog b) ohne HCl-Behandlung; 50%; d) neben **V**; 39%. *Pikrat*, F. 181—182°. — *4-Äthyl-5-methylthiazol*, $Kp._{0,3}$ 36—38°, durch 8std. Einleiten von NH_3 in **II** u. 4-Äthyl-5-methyl-Δ^3-thiazolin (**IV**) bei 30, dann 100°; 59%; b) aus **II** in CH_2Cl_2 mit Cl_2 bei —70°, dann NH_3 u. **IV** wie vorst. nach c); 29%. *Pikrat*, F. 127—129°. — *2.4-Dimethyl-2-n-propyl-5-äthyl-Δ^3-thiazolin*, $C_{10}H_{19}NS$, $Kp._1$ 58—59°, durch 12std. Einleiten von NH_3 in Methyl-n-propylketon u. S, Zugabe von W., Extraktion mit Ae. u. der äther. Lsg. mit 6n HCl; 59,5%. — *3-Mercaptopentanon-(2)* (**III**), $Kp._{19}$ 61—62°, durch 7std. Erwärmen von 270 g vorst. Verb. mit W. u. 12n HCl auf 60°; 66,6%. Daneben 80—85 g *Methyl-n-propylketon* (Kp. 101—103°) u. 38 g *2.5-Dimethyl-3.6-diäthyl-2.5-endoxo-1.4-dithian* ($Kp._5$ 99—101°). — *N-Ureido-2.5-endimino-2.5-dimethyl-3.6-diäthyl-1.4-dithian*, $C_{11}H_{21}N_3OS_2$, F. 202—203° (CH_3OH), durch Stehen von **III**, Semicarbazidhydrochlorid, Na-Acetat u. verd. A. über Nacht; 61%. — *2.5-Diäthyl-4-methyl-Δ^3-thiazolin*, durch Einleiten von NH_3 in ein Gemisch von Propionaldehyd u. **III**; 95% (roh). — *2.5-Diäthyl-4-methylthiazol*, $C_8H_{13}NS$, $Kp._{15}$ 85°, a) durch 1½ std. Erhitzen vorst. Verb. mit S auf 125—150° unter H_2S-Entw.; 66—68%; b) durch Einleiten von NH_3 in Propionaldehyd u. PAe. bei —35°, bei —2° Zugabe von Acetylpropionyl, nach 4 Std. 2std. Einleiten von H_2S u. Versetzen mit 6n HCl unter Kühlung; 9%; c) analog b) in CH_3OH; 30%. *Pikrat*, $C_{14}H_{16}N_4O_7S$, F. 90—93°. W. HAMPEL. 3142□

Über die gemeinsame Einwirkung von elementarem Schwefel und gasförmigem Ammoniak auf Ketone. 29. Mitt. **Synthese und Verhalten von 2-Aryl-Δ^3-thiazolinen und 2-Arylthiazolen.** Friedrich Asinger, Max Thiel und Karl Gewald. (Liebigs Ann. Chem. **639.** 133—46. 30/1. 1961.) (Dt.) — 28. vgl. vorst. Referat.

Es werden Synth. von *Δ^3-Thiazolinen* aus Mercaptoaceton (I), aromat. Aldehyden u. NH_3 beschrieben, wobei als Nebenprod. *5-aralkylsubstituierte Thiazole* gefunden werden, deren Bildungsweise erklärt wird. *Δ^3-Thiazoline* sind in höheren Ausbeuten auch durch Einw. von NH_3 u. H_2S auf Gemische von Diacetonyldisulfid (II) mit aromat. Aldehyden zugänglich. Die Dehydrierung dieser Δ^3-Thiazoline mit S. führt zu *Thiazolen*, die mit Ausnahme von 2-[p-Nitrophenyl]-4-methylthiazol mit SeO_2 unter Bldg. von *Bis-[thiazolyl-(5)]-seleniden* reagieren. Mit Br_2 werden je nach Rk.-Bedingungen *5-Brom-* oder *4-Brommethyl-5-bromthiazole* erhalten. Der Ort der Se- bzw. Br_2-Substitution wird eindeutig festgelegt.

Versuche: Δ^3-Thiazoline: *4-Methyl-2-phenyl-* (**III**), $C_{10}H_{11}NS$, F. 34° (PAe.), $Kp._{10}$ 148—150°, a) durch 3std. Einleiten von NH_3 in **I**, Benzaldehyd u. CH_3OH;

45% (Ausbeute); b) durch Einleiten von NH_3 u. H_2S in ein Gemisch von CH_3OH/konz. NH_3, Eintropfen von **II** u. Benzaldehyd u. Einleiten von H_2S u. 3std. Rühren; 70%; c) durch Schmelzen von $Na_2S \cdot 9H_2O$ mit S, Aufnehmen in CH_3OH, Versetzen bei 0—5°. mit Chloraceton, Absaugen von NaCl, Vermischen mit Benzaldehyd u. Zugabe zu methanol. NH_4HS unter Einleiten von H_2S. *Pikrat*, $C_{16}H_{14}N_4O_7S$, F. 104° (A.). — *4-Methyl-2-[o-tolyl]-* (**V**), $C_{11}H_{13}NS$, Kp.$_6$ 148°, analog nach **III** a) aus o-Toluylaldehyd; 59% *Pikrat*, F. 133—135° (A.). — *4-Methyl-2-[m-tolyl]-* (**VI**), $C_{11}H_{13}NS$, Kp.$_7$ 148°, analog **V**; 50%. *Pikrat*, F. 106—109° (A.). — *4-Methyl-2-[p-tolyl]-* (**VII**), $C_{11}H_{13}NS$, Kp.$_9$ 163 bis 164°, a) analog **III** nach a) aus p-Toluylaldehyd; 54%. *Pikrat*, $C_{17}H_{16}N_4O_7S$, F. 108 bis 110° (Methanol); b) aus **II** u. p-Toluylaldehyd analog **III** nach b); 65%. — *4-Methyl-2-[naphthyl-(1)]-* (**VIII**), $C_{14}H_{13}NS$, F. 121—122° (A./Bzn.), analog **III** nach a); 34%; daneben *4-Methyl-2-[naphthyl-(1)]-5-[naphthyl-(1)-methyl]-thiazol*, Kp.$_{0,6}$ 300—330°, F. 142° (Toluol); 5%. — *4-Methyl-2-[p-dimethylaminophenyl]-* (**IX**), $C_{12}H_{16}N_2S$, F. 115 bis 117° (Propanol), Kp.$_{0,5}$ 175—178°, analog **III** nach a); 57%. Daneben *4-Methyl-2-[p-dimethylaminophenyl]-5-[p-dimethylaminobenzyl]-thiazol*, $C_{21}H_{25}N_3S$, Kp.$_{0,2}$ 299 bis 301°, F. 131—133° (Bzl.); 5,9%. — *4-Methyl-2-[o-carboxyphenyl]-*, $C_{11}H_{11}NO_2S$, F. 154 bis 155° (Methanol), analog **III** nach a) aus Phthalaldehydsäure; 50%. — *4-Methyl-2-[m-carboxyphenyl]-*, $C_{11}H_{11}NO_2S$, F. 168—171° (verd. Dioxan), analog **III** nach a) aus Isophthalaldehydsäure; 32%. — *4-Methyl-2-[p-carboxyphenyl]-* (**X**), $C_{11}H_{11}NO_2S$, F. 166—167° (Methanol), analog **III** nach a) aus Terephthalaldehydsäure; 48%. — *4-Methyl-2-[p-carbomethoxyphenyl]-*, $C_{12}H_{13}NO_2S$, F. 81—82° (Ligroin), Kp.$_1$ 185—188°, analog **III** nach a) aus Terephthalaldehydsäuremethylester; 16%. — *1.4-Bis-[4-methyl-Δ^3-thiazolinyl-(2)]-benzol*, $C_{14}H_{16}N_2S_2$, F. 148—149,5° (Propanol), durch Einleiten von NH_3 u. Terephthaldialdehyd, **I** u. Bzl.; 28%. — *1.4-Bis-[4-methylthiazolyl-(2)]-benzol*, F. 163—166° (Bzn.), durch 8std. Kochen vorst. Verb. mit S in Xylol; 37%. *Pikrat*, F. 209—212° (A.). — Thiazole: *2-Phenyl-4-methyl-* (**IV**), Kp.$_{12}$ 140—141°, a) durch Erhitzen von **III** mit S auf 150°; 60%; b) neben **III** nach b); 33%. *Pikrat*, F. 129 bis 130°. — *4-Methyl-2-[p-nitrophenyl]-*, F. 104—105° (verd. A.), durch Nitrieren von 2 g **IV** mit rauchender HNO_3/konz. H_2SO_4; 1 g. — *4-Methyl-2-[o-tolyl]-*, $C_{11}H_{11}NS$, Kp.$_{23}$ 162°, durch 5std. Erhitzen von **V** mit S auf 160°; 63%. *Pikrat*, $C_{17}H_{14}N_4O_7S$, F. 153 bis 154° (Propanol). — *4-Methyl-2-[m-tolyl]-*, $C_{11}H_{11}NS$, Kp.$_{18}$ 165°, analog **V** aus **VI** bei 160°; 58%. *Pikrat*, $C_{17}H_{14}N_4O_7S$, F. 144—145° (Propanol). — *4-Methyl-2-[p-tolyl]-* (**XII**), F. 34—36°, Kp.$_{16}$ 156—158°, aus **VII** analog **V**; 65%. *Pikrat*, F. 133° (Propanol). — *4-Methyl-2-[naphthyl-(1)]-*, Kp.$_{15}$ 190—192°, aus **VIII** mit S; 63%. *Pikrat*, $C_{20}H_{14}N_4O_7S$, F. 163—165° (Propanol). — *4-Methyl-2-[p-dimethylaminophenyl]-*, $C_{12}H_{14}N_2S$, F. 110 bis 112°, Kp.$_4$ 205°, aus **IX** analog **V** bei 140°; 50%. *Pikrat*, $C_{18}H_{17}N_5O_7S$, F. 182—184° (Propanol). — *4-Methyl-2-[p-carbomethoxyphenyl]-*, $C_{12}H_{11}NO_2S$, F. 72—74° (Ligroin, gelblich), durch 10std. Kochen von **X** mit S in Xylol; 48%. *Pikrat*, $C_{18}H_{14}N_4O_9S$, F. 173 bis 175° (A.). — *4-Methyl-2-phenyl-5-benzyl-* (**XI**), $C_{17}H_{15}NS$, F. 56—57°, Kp.$_4$ 225—230°, a) durch 5std. Erwärmen von **III** mit Hydrobenzamid in Ggw. von Ammoniumbenzoat auf 105° u. 3 Std. auf 150°; 31%; daneben wenig *Lophin*; b) durch 6std. Erwärmen von **III**, Benzaldehyd u. abs. Na-Acetat auf 160°; 15%; c) durch 6std. Kochen von 3-Brom-4-phenylbutanon-(2), Thiobenzamid u. A. u. Versetzen mit verd. NaOH; 38%; d) neben **III**; nach a) 6,5%. *Pikrat*, F. 130—131° (A.). — *4-Methyl-2-phenyl-5-[p-methylbenzyl]-*, $C_{18}H_{17}NS$, F. 43—45°, aus **III** u. Hydro-p-tolylamid analog **XI** nach a); 11%. — *4-Methyl-2-[p-tolyl]-5-benzyl-*, $C_{18}H_{17}NS$, F. 73—75°, aus **VII** u. Hydrobenzamid analog **XI** nach a); 29%. — *4-Methyl-2-[p-tolyl]-5-[p-methylbenzyl]-*, $C_{19}H_{19}NS$, F. 85—86°, Kp.$_{10}$ 257 bis 267°, a) aus **VII** u. Hydro-p-tolylamid analog **XI** nach a); 29%; b) durch 8std. Kochen von **VII**, p-Toluylaldehyd u. Pyridin; 8%; c) neben **VII** nach a); 86%. — *5-Brom-4-methyl-2-phenyl-*, $C_{10}H_8BrNS$, F. 60° (A.), durch Versetzen von **IV** in Chlf. mit Br_2; 81%. — *5-Brom-4-brommethyl-2-phenyl-*, $C_{10}H_7Br_2NS$, F. 88—91° (A.), durch Bromieren von **IV** in Chlf. zum *Perbromid* u. Kochen in Chlorbenzol; 39%. — *5-Brom-4-methyl-2-[p-tolyl]-*, $C_{11}H_{10}BrNS$, F. 73° (A.), a) durch Bromieren von **XII** in Chlf. zum *Perbromid* [$C_{11}H_{11}Br_4NS$, F. 162—165°, aus abs. A. gelbe Nadeln; 86,5%] u. Rühren mit verd. NaOH; 80%; b) durch Bromieren von 0,9 g Bis-[4-methyl-2-p-tolylthiazolyl-(5)]-selenid in Chlf. über das *Perbromid*; 0,9 g. — *5-Brom-4-brommethyl-2-[p-tolyl]-*, $C_{11}H_9Br_2NS$, F. 144—145° (Ligroin), a) durch 5std. Kochen vorst. Perbromids mit Chlorbenzol u. Kühlen auf —10°; 46%; b) aus 24 g p-Toluylthioamid, Aceton u. 1.3-Dibromaceton durch 6std. Kochen, weiteres 6std. Kochen mit Aceton u. konz. HBr, Verreiben mit verd. Na_2CO_3, Bromieren der erhaltenen von 2,6 g Blättchen [F. 95—98,5° (A.); 10 g] in Chlf. über das *Perbromid*; 2,1 g. — *2-Phenyl-4-[β-phenyläthyl]-*, $C_{17}H_{15}NS$, F. 29 bis 30° (PAe.), Kp.$_{0,5}$ 186—187°, durch 6std. Kochen von 1-Chlor-4-phenylbutanon-(2) mit Thiobenzamid in A., Zugabe von verd. NaOH, Extraktion mit Ae.; 49%. *Pikrat*, F. 118—119° (A.). — Selenide: *Bis-[4-methyl-2-phenylthiazolyl-(5)]-*, $C_{20}H_{16}N_2S_2Se$,

F. 177° (Propanol), durch 15—20std. Kochen von **IV** mit SeO_2 in Dioxan; 52%. — Analog: *Bis-[4-methyl-2-(o-tolyl)-thiazolyl-(5)]-*, $C_{22}H_{20}N_2S_2Se$, F. 102—103,5° (Propanol); 46%. — *Bis-[4-methyl-2-(m-tolyl)-thiazolyl-(5)]-*, $C_{22}H_{20}N_2S_2Se$, F. 139—140° (Propanol); 41%. — *Bis-[4-methyl-2-(p-tolyl)-thiazolyl-(5)]-*, $C_{22}H_{20}N_2S_2Se$, F. 215—216°; 51,5%. — *Bis-{4-methyl-2-[naphthyl-(1)]-thiazolyl-(5)}-*, $C_{28}H_{20}N_2S_2Se$, F. 206°; 48%. — *Bis-{4-methyl-2-[pyridyl-(2)]-thiazolyl-(5)}-*, $C_{18}H_{14}N_4S_2Se$, F. 143—144°; 51%. — *Bis-[2-phenyl-4-(β-phenyläthyl)-thiazolyl-(5)]-*, $C_{34}H_{28}N_2S_2Se$, F. 163—166°; 35%.

W. HAMPEL. 3142□

Über die gemeinsame Einwirkung von elementarem Schwefel und gasförmigem Ammoniak auf Ketone. 30. Mitt. **Die Herstellung von Δ^3-Thiazolinen durch gemeinsame Einwirkung von Ammoniak und Oxoverbindungen auf α-Mercaptoketone.** 2. Mitt. Friedrich Asinger, Max Thiel, Wolfgang Dathe, Otto Hampel, Erhard Mittag, Edgar Plaschil und Christian Schröder. (Liebigs Ann. Chem. **639**. 146—56. 30/1. 1961.) (Dt.) — 29. vgl. vorst. Ref.; 1. vgl. C. **1959**. **10238**.

Weitere *Δ^3-Thiazoline* werden durch Einw. von α-Mercaptoketonen in Ggw. von NH_3 auf aliphat. Dialdehyde, heterocycl. Aldehyde u. Benzaldehyd-Derivv. dargestellt u. durch Dehydrierung mit S in die betreffenden *Thiazole* übergeführt.

Versuche: *4-Äthyl-Δ^3-thiazolin* (**I**), C_5H_9NS, $Kp._{11}$ 60—64°, durch Einw. von NH_3 auf Paraformaldehyd u. 1-Mercaptobutanon-(2) in W.; $D._4^{20}$ 1,063; n_D^{20} 1,5206; 56% (Ausbeute). *Pikrat*, $C_{11}H_{12}N_4O_7S$, F. 122—123° (Propanol). — *4-Isopropyl-Δ^3-thiazolin* (**II**) $C_6H_{11}NS$, $Kp._{16}$ 78—80°, analog **I** aus 1-Mercapto-3-methylbutanon-(2); $D._4^{20}$ 1,025; n_D^{20} 1,5112; 70%. *Pikrat*, $C_{12}H_{14}N_4O_7S$, F. 114—118°, aus Propanol gelbe Nadeln. — *2-Phenyl-4-methyl-Δ^3-thiazolin* (**III**), $C_{10}H_{11}NS$, F. 33—34° (Ae./PAe.), $Kp._{16}$ 160—165°, durch Einw. von NH_3 auf Mercaptoaceton (**IV**) u. Benzaldehyd in W. bei —10°; 66%. *Pikrat*, $C_{16}H_{14}N_4O_7S$, F. 104° (A.). — *1.2-Bis-[4-methyl-Δ^3-thiazolinyl-(2)]-äthan* (**V**), $C_{10}H_{16}N_2S_2$, F. 104—105° (Bzn.), durch Einw. von NH_3 auf **IV** u. Succindialdehyd-diacetat in W. unter Eiskühlung; 33%. *Dipikrat*, $C_{22}H_{22}N_8O_{14}S_2$, F. 148° (Bzl.). — *1.2-Bis-[4-äthyl-5-methyl-Δ^3-thiazolinyl-(2)]-äthan* (**VI**), $C_{14}H_{24}N_2S_2$, $Kp._{0,2}$ 154—155°, analog **V** aus 2-Mercaptopentanon-(3) (**VII**); $D._4^{20}$ 1,0766; n_D^{20} 1,5400; gelbes Öl; 63%. *Dipikrat*, $C_{26}H_{30}N_8O_{14}S_2$, F. 142—143° (Bzl.). — *1.3-Bis-[4.5-dimethyl-Δ^3-thiazolinyl-(2)]-propan* (**VIII**), $C_{13}H_{22}N_2S_2$, $Kp._{0,1}$ 153—155°, analog **V** aus Glutardialdehyd u. 2-Mercaptobutanon-(3); $D._4^{20}$ 1,0925; n_D^{20} 1,5453; 34%. — *1.3-Bis-[4-äthyl-5-methyl-Δ^3-thiazolinyl-(2)]-propan* (**IX**), $C_{15}H_{26}N_2S_2$, $Kp._{1,4}$ 174—176°, analog **V** aus Glutardialdehyd u. **VII**; gelbes Öl; $D._4^{20}$ 1,0642; n_D^{20} 1,5363; 53%. *Dipikrat*, $C_{27}H_{32}N_8O_{14}S_2$, F. 194—196° (Bzl./Methanol). — *1.4-Bis-[4-äthyl-5-methyl-Δ^3-thiazolinyl-(2)]-butan* (**X**), $C_{16}H_{28}N_2S_2$, $Kp._{1,5}$ 189—192°, durch Einw. von NH_3 auf Adipindialdehyd u. **VII** in Bzl.; gelbes Öl; $D._4^{20}$ 1,0506; n_D^{20} 1,5320; 66%. — Δ^3-Thiazoline: *2-[Thienyl-(2)]-4-äthyl-5-methyl-* (**XI**), $C_{10}H_{13}NS_2$, $Kp._{13}$ 160—165°, $Kp._{0,2}$ 95—97°, aus **VII** u. α-Thiophenaldehyd mit NH_3; n_D^{20} 1,5841; 66%. *Pikrat*, $C_{16}H_{16}N_4O_7S_2$, F. 88—90° (A.). — *2-[Thienyl-(2)]-4-methyl-* (**XII**), $C_8H_9NS_2$, $Kp._{0,6}$ 140—142°, aus **IV** analog **XI** in CH_3OH; 41%. — *2-Äthyl-4-[thienyl-(2)]-*, $C_9H_{11}NS_2$, $Kp._{0,3}$ 103—105°, durch Einw. von NH_3 u. H_2S auf Propionaldehyd u. Bis-[thenoyl-(2)-methyl]-disulfid in CH_3OH; 43%. *Pikrat*, $C_{15}H_{14}N_4O_7S_2$, F. 126—127° (CH_3OH). — *2-[Benzimidazolyl-(2)]-4-äthyl-5-methyl-* (**XIV**), $C_{13}H_{15}N_3S$, F. 186° (Dioxan), durch Einw. von NH_3 auf 2-Dichlormethylbenzimidazol u. **VII** in Dioxan; 31%. — *2-[Benzimidazolyl-(2)]-4-methyl-* (**XV**), $C_{11}H_{11}N_3S$, F. 223 bis 224° (Dioxan), analog **XIV** aus **IV**; 30%. *Pikrat*, $C_{17}H_{14}N_6O_7S$, F. 173—174° (A.). — *2-[Antipyryl-(4)]-4-äthyl-5-methyl-*, $C_{17}H_{21}N_3OS$, F. 129—131° (Essigester), aus Antipyrinaldehyd-(4) u. **VII** in Chlf. mit NH_3; 45%. — *2-[o-Acetamidophenyl]-4-methyl-*, $C_{12}H_{14}N_2OS$, F. 137—138° (A.), aus NH_3, o-Acetamidobenzaldehyd u. **IV** in CH_3OH; 53%. — *2-[m-Acetamidophenyl]-4-methyl-* (**XVI**), analog aus m-Acetamidobenzaldehyd; 74%. *Pikrat*, $C_{18}H_{17}N_5O_8S$, F. 149—151°. — *2-[p-Acetamidophenyl]-4-methyl-* (**XIII**), $C_{12}H_{14}N_2OS$, F. 161—163° (CH_3OH), aus p-Acetamidobenzaldehyd analog; 55%. *Pikrat*, $C_{18}H_{17}N_5O_8S$, F. 169—171°. — *2-[o-Hydroxyphenyl]-4-methyl-*, $C_{10}H_{11}NOS$, F. 164 bis 166° (Ligroin), aus NH_3, Salicylaldehyd u. **IV** in CH_3OH; 56%. — *2-[p-Hydroxyphenyl]-4-methyl-*, $C_{10}H_{11}NOS$, F. 147—149° (Xylol), analog aus p-Hydroxybenzaldehyd; 63%. — Thiazole: *4-Äthyl-*, a) durch 20 Min. langes Erwärmen von **I** u. S auf 135° u. 15 Min. lang auf 145—150°, Kochen mit 2n H_2SO_4, Versetzen mit NaOH u. Dampf-Dest.; 20%; b) durch 1std. Kochen von P_2S_5, Formamid, Dioxan u. 1-Brombutanon-(2), Versetzen mit konz. HCl, Dampfdest. von Dioxan, Versetzen mit NaOH u. Dampfdestillation. *Pikrat*, $C_{11}H_{10}N_4O_7S$, F. 153°. — *4-Isopropyl-*, $Kp._{16}$ 60—67°, a) wie vorst. nach a) aus **II**; 48%; b) wie vorst. nach b) aus 1-Chlor-3-methylbutanon-(2). *Pikrat*, $C_{12}H_{12}N_4O_7S$, F. 138—140°. — *2-Phenyl-4-methyl-*, $Kp._{16}$ 145—147°, F. 29°, aus **III** mit S bei 135°; 80%. *Pikrat*, F. 129—130°. — *2-[Thienyl-(2)]-4-äthyl-5-methyl-*, $C_{10}H_{11}NS_2$, $Kp._{1,5}$ 132—134°, a) durch 1½std. Erhitzen von **XI** mit S auf 135—140°; 76%;

b) durch Erwärmen von **XI** mit $FeCl_3$ in A. auf 70°, Zugabe von Na_2CO_3 u. Dampf-Dest.; 50%. *Pikrat*, $C_{16}H_{14}N_4O_7S_2$, F. 150—151° (Bzl.). — *2-[Thienyl-(2)]-4-methyl-*, $Kp._1$ 136 bis 138°, durch 4std. Erwärmen von **XII** mit S auf 140°; gelbes Öl; 45%. *Pikrat*, $C_{14}H_{10}N_4O_7S_2$, F. 148—150° (A.). — *2-[Benzimidazolyl-(2)]-4-äthyl-5-methyl-*, $C_{13}H_{13}N_3S$, F. 207,5—208°, aus **XIV** mit S in Dimethylformamid durch 1½ std. Erwärmen auf 130 bis 140°; aus A. Nadeln; 80%. *Pikrat*, $C_{19}H_{16}N_6O_7S$, F. 242—243° (A.). — *2-[Benzimidazolyl-(2)]-4-methyl-*, $C_{11}H_9N_3S$, F. 217° (Bzl.), aus **XV** wie vorst.; 60%. *Pikrat*, $C_{17}H_{12}N_6O_7S$, F. 230—232°. — *2-[m-Acetaminophenyl]-4-methyl-*, F. 128—130°, durch 10std. Kochen von **XVI** mit S in Xylol; 14%. — *2-[p-Acetaminophenyl]-4-methyl-*, $C_{12}H_{12}N_2OS$, F. 172—174° (Propanol), wie vorst. aus **XIII**; 52%. — *1.2-Bis-[4-methylthiazolyl-(2)]-äthan*, a) durch 1std. Erwärmen von **V** mit $FeCl_3$ in A. auf 60—70°, Zugabe von Na_2CO_3-Lsg. u. Dampf-Dest. über das *Dipikrat* [$C_{22}H_{18}N_8O_{14}S_2$, F. 196—197° (CH_3OH); 19%]; b) durch 1std. Erwärmen von Bernsteinsäuredithioamid, Chloraceton u. A. auf 60%. — *1.2-Bis-[4-äthyl-5-methylthiazolyl-(2)]-äthan*, $C_{14}H_{20}N_2S_2$, F. 51—52° (PAe.), $Kp._{0,6}$ 151 bis 153°, durch 1std. Erwärmen von **VI** mit S auf 135°, dann 15 Min. lang auf 145°; 54%. *Dipikrat*, $C_{26}H_{26}N_8O_{14}S_2$, F. 171—172° (Bzl.). — *1.3-Bis-[4.5-dimethylthiazolyl-(2)]-propan*, $C_{13}H_{18}N_2S_2$, F. 12—13°, $Kp._{0,5}$ 151—152°, wie vorst. aus **VIII**; rotbraune Fl.; $D._4^{20}$ 1,1645; n_D^{20} 1,5588; 59%. *Dipikrat*, $C_{25}H_{24}N_8O_{14}S_2$, F. 176—177° (Bzl.). — *1.3-Bis-[4-äthyl-5-methylthiazolyl-(2)]-propan*, $C_{15}H_{22}N_2S_2$, $Kp._{0,5}$ 151—161°, aus **IX** analog; $D._4^{20}$ 1,0897; n_D^{20} 1,5473; 49%. — *1.4-Bis-[4-äthyl-5-methylthiazolyl-(2)]-butan*, $C_{16}H_{24}N_2S_2$, $Kp._{0,1}$ 162—163°, aus **X** analog; rötliches Öl; $D._4^{20}$ 1,0764; n_D^{20} 1,5434; 51%. *Dipikrat*, $C_{28}H_{30}N_8O_{14}S_2$, F. 152—153° (Bzl.). — *2-Acetylthiophen*, $Kp._{13}$ 95°, aus Thiophen u. Acetanhydrid in Ggw. von J_2; 70%. — *2-Chloracetylthiophen*, $Kp._{18}$ 142—145°, durch photochem. Chlorierung vorst. Verb.; 66%. — *Thenoyl-(2)-methylthiosulfonsaures Na* (*Bunte-Salz*), F. 135—140°, durch 2std. Erwärmen vorst. Verb. mit $Na_2S_2O_3$ in W. auf 60°; gelbe Kristalle; 85%. — *Bis-[thenoyl-(2)-methyl]-disulfid*, $C_{12}H_{10}O_2S_4$, F. 105° (A.), durch Versetzen vorst. Verb. mit verd. H_2SO_4 u. 30%ig. H_2O_2 bei 0—5° u. 4tägiges Stehen bei 0°; 80%. W. Hampel. 3142□

4.6-Dinitrobenzofuroxan, Nitrobenzodifuroxan und Benzotrifuroxan: Eine neue Reihe von komplexbildenden Reagentien für aromatische Kohlenwasserstoffe. A. S. Bailey und J. R. Case. (Tetrahedron [London] **3**. 113—31. Juli 1958. Oxford, Univ., Dyson Perrins Labor.) (Engl.) — Vgl. C. **1958**. 8604.

Durch Nitrieren von Benzofuroxan wurden *4-Nitrobenzofuroxan* u. *4.6-Dinitrobenzofuroxan* (**I**) erhalten; das von Drost [1899] durch Nitrieren von 5-Nitrobenzofuroxan (**II**) erhaltene angebliche 5.6-Dinitrobenzofuroxan (**III**) wurde als **I** enthaltendes Gemisch erkannt. Zur Synth. von **III** wurde m-Nitrophenylazid zu *2.4.5-Trinitrophenylazid* nitriert u. dieses in sd. Eisessig cyclisiert; die o-Stellung der Nitrogruppen wurde durch Rk. mit Anilin zu *5-Anilino-6-nitrobenzofuroxan* bewiesen. **II** wird durch Cyclisieren von 2.4-Dinitrophenylazid in sd. Eisessig dargestellt, die Nitrierung zu **I** erfolgt glatt mit HNO_3 (D. 1,51) bei Raumtemperatur. 2.4.5-Trinitrochlorbenzol (**IV**) gibt mit 1 Mol $NaNO_3$ *1-Azido-2.4-dinitro-5-chlorbenzol*, das zu *5-Chlor-6-nitrobenzofuroxan* cyclisiert wird, während aus **IV** u. 2 Mol NaN_3 *1.5-Diazido-2.4-dinitrobenzol* (**VII**) erhalten wird, das mit HNO_3 zu *Styphnylazid* (**V**; *1.3-Diazido-2.4.6-trinitrobenzol*) nitriert wird. Cyclisierung von **V** liefert *Nitrobenzodifuroxan* (**VI**). Analog liefert 1.5-Dichlor-2.4-dinitrobenzol mit 2 Mol NaN_3 **VII**, das zu *5-Azido-6-nitrobenzofuroxan* u. zu **VI** cyclisiert wird. Zur Synth. von *Benzotrifuroxan* (**VIII**) wird 1.3.5-Trichlorbenzol zu *1.3.5-Trichlor-2.4-dinitrobenzol* nitriert, dieses mit NaN_3 zu *1.3.5-Triazido-2.4-dinitrobenzol* umgesetzt, das bei der Nitrierung *1.3.5-Triazido-2.4.6-trinitrobenzol* liefert, u. die Cyclisierung in sd. Propionsäure durchgeführt. Die Fähigkeit von **I**, **VI** u. **VIII** zur Bldg. von Komplexen mit aromat. KW-Stoffen wird untersucht u. die Ergebnisse tabellar. angegeben; die Gleichgewichts-Konst. für die Komplex-Bldg. von Naphthalin mit 2.4.7-Trinitrofluorenon liegt bei 0,69, mit **III** bei 1,2, mit 1.3.5-Trinitrobenzol bei 1,3, mit **I** bei 2,6, mit **VI** bei 3,7 u. mit **VIII** bei 4,1. — UV- u. IR-Spektren vgl. Original.

Versuche: *2-Phenylnaphthalin*, F. 102—103° (CH_3OH/A.), durch Zutropfen von 10 g Phenylacetaldehyd in Eisessig zu sd. 48%ig. HBr, Kochen für 25 Min. u. Chromatographie in Bzl./Bzn. an Al_2O_3; 4,4 g (Ausbeute). — *4-Nitrobenzofuroxan*, F. 142°, aus CH_3OH orangefarbene Nadeln. — *2.4-Dinitrophenylazid*, F. 66—67°, durch Zugeben von NaN_3 in CH_3OH/Aceton/W. (2:1:2) zu 2.4-Dinitrochlorbenzol in Aceton/CH_3OH (1:1) unter Schütteln, 1std. Stehen u. Gießen in W.; 96%. — *5-Nitrobenzofuroxan* (**II**), F. 71°, aus 25 g vorst. Verb. in Eisessig auf dem Wasserbad (½ Std.) u. Stehen bei Raum-Temp. über Nacht; 23 g. — *4.6-Dinitrobenzofuroxan* (**I**), $C_6H_2N_4O_6$, F. 172°, a) durch Nitrieren von Benzofuroxan nach Green u. Rowe [1913]; b) durch Lösen von 5 g **II** in eiskalter rauchender HNO_3 (D. 1,51), 15std. Stehen bei Raum-Temp., Gießen auf Eiswasser u. Kristallisation von 1 g des Nd. (F. 130—150°; 2,5 g) aus konz. HNO_3; 0,6 g; c) durch Zugeben von rauchender HNO_3 zu 5,0 g **II** in konz. H_2SO_4 bei 0—10°, ½ std. Stehen bei Raum-Temp., Erwärmen auf 40° (15 Min.), Gießen auf Eis u. Kristallisation des Nd. (F. 128—145°; 2,0 g) aus A.; 20 mg; Farb-Rk. mit 2n NaOH tiefrot. *Naphthalinkomplex*, $C_6H_2N_4O_6 \cdot C_{10}H_8$, F. 172° (Zers.), aus **I** u. Naphthalin in A./Eisessig (4:1) bei Raum-Temp.; dunkelrote Nadeln. *1-n-Pentylnaphthalinkomplex*, $C_{21}H_{20} \cdot N_4O_6$, F. 67,5—68,5°, rote Nadeln. *1-n-Hexylnaphthalinkomplex*, $C_{22}H_{22}N_4O_6$, F. 146 bis 150°, scharlachrote Nadeln. *2-Phenylnaphthalinkomplex*, $C_{22}H_{14}N_4O_6$, F. 130°, rote Platten. — *3.4-Dinitrophenylazid*, $C_6H_3N_5O_4$, F. 100—101°, durch Stehen von 0,50 g m-Nitrophenylazid (F. 52—53°) u. rauchender HNO_3 bei Raum-Temp. über Nacht, Gießen in W., Erhitzen des Nd. (0,6 g) mit Eisessig auf 100° u. Zugeben von wenig W.; blaßgelbe Nadeln. — *2.4.5-Trinitrophenylazid*, $C_6H_2N_6O_6$, F. 73—74° (Zers.), durch Zugeben von 3,0 g m-Nitrophenylazid in rauchender HNO_3 zu HNO_3/H_2SO_4 $<20°$, Stehen über Nacht u. Gießen auf Eis; aus CH_3OH gelbe Prismen; 3,2 g. — *5.6-Dinitrobenzofuroxan* (**III**), $C_6H_2N_4O_6$, F. 177°, aus 3,2 g vorst. Verb. in Eisessig auf dem Wasserbad (2 Std.); aus konz. HNO_3 gelbe Prismen; 1,4 g; gibt mit 2n NaOH keine Färbung. *Naphthalinkomplex*, $C_{16}H_{10}N_4O_6$, F. 115—150°, orangefarbene Nadeln. — *5-Anilino-6-nitrobenzofuroxan*, $C_{12}H_8N_4O_4$, F. 168°, aus **III** u. 1 Mol Anilin in heißem A.; dunkelrote Nadelbüschel. — *5-[4-Bromanilino]-6-nitrobenzofuroxan*, $C_{12}H_7BrN_4O_4$, F. 151°, wie vorst. Verb.; dunkelrote Nadeln. — *1.5-Dichlor-2.4-dinitrobenzol*, F. 101° (A.), aus 16,0 g m-Dichlorbenzol u. rauchender HNO_3 auf dem Wasserbad (1 Std.) u. Gießen auf Eis; 18 g. — *1.5-Diazido-2.4-dinitrobenzol* (**VII**), $C_6H_2N_8O_4$, F. 96—97° (Zers.), a) aus vorst. Verb.; b) aus **IV** u. 2 Mol NaN_3; 89%; aus A. gelbe Platten. — *5-Azido-6-nitrobenzofuroxan*, $C_6H_2N_6O_4$, F. 90°, aus **VII** wie **III** (½ Std.); aus Chlf. Platten. — *2.4.5-Trinitrochlorbenzol* (**IV**), $C_6H_2ClN_3O_6$, F. 113—115,5°, durch Nitrieren von m-Nitrochlorbenzol nach Laubenheimer [1876] u. Kristallisation des Rohprod. aus Trichloräthylen; 50%. — *1-Azido-5-chlor-2.4-dinitrobenzol*, $C_6H_2ClN_5O_4$, F. 80° (Zers.), aus **IV** in Aceton/CH_3OH u. 1 Mol NaN_3 in W./CH_3OH bei Raum-Temp. (1 Std.); aus Chlf. gelbe Prismen; 90%. — *5-Chlor-6-nitrobenzofuroxan*, $C_6H_2ClN_3O_4$, F. 88—89°, aus vorst. Verb. in Eisessig bei 100° (½ Std.); aus Bzl./A. gelbe Nadeln. — *Styphnylazid* (**V**), $C_6HN_9O_6$, F. 91 bis 92° (Zers.), a) aus 24 g Styphnylchlorid u. NaN_3 in W./CH_3OH/Aceton bei Raum-Temp. (1 Std.); 21,2 g; b) durch Stehen von 0,2 g **VII** nach b) u. rauchender HNO_3 über Nacht u. Gießen in W.; 0,18 g; aus CH_3OH blaßgelbe Platten. — *Nitrobenzodifuroxan* (**VI**), $C_6HN_5O_6$, F. 158°, aus 2,5 g **V** wie **III**; aus Chlf./CH_3OH (1:2) blaßgelbe Nadeln. *Naphthalinkomplex*, $C_{16}H_9N_5O_6$, F. 183° (Zers.), orangefarbene Nadeln. *1-Phenylnaphthalinkomplex*, $C_{22}H_{13}N_5O_6$, F. 97,5—98°, dunkelrote Nadeln. *2-Phenylnaphthalinkomplex*, $C_{22}H_{13}N_5O_6$, F. 120—121°, rote Platten. *Tetralinkomplex*, 3 $C_6HN_5O_6 \cdot C_{10}H_{12}$, F. 145 bis 148°, blaßgelbe Nadeln. — *1.3.5-Trichlor-2.4-dinitrobenzol*, F. 129—130°, durch Nitrieren von 1.3.5-Trichlorbenzol nach Hüffer [1921]. — *1.3.5-Triazido-2.4-dinitrobenzol*, F. 106—108°, durch Zugeben von NaN_3 in W./CH_3OH zu 10 g vorst. Verb. in sd. Aceton/CH_3OH, Kochen für 55 Min. u. Stehen des Filtrats bei 0° über Nacht; 6—7 g. — *1.3.5-Triazido-2.4.6-trinitrobenzol*, $C_6N_{12}O_7$, F. 130—131°, durch Zutropfen von konz. H_2SO_4 zu vorst. Verb. in rauchender HNO_3, 4std. Stehen bei Raum-Temp., Stehen bei 0° über Nacht u. Verdünnen mit W.; aus Eisessig blaßgelbe Platten; 4—5 g. — *Benzotrifuroxan* (**VIII**), $C_6N_6O_6$, F. 194—195° (Zers.), aus 3,0 g vorst. Verb. in Propionsäure bei 135° (5 Min.), dann bei 145° (5 Min.), Abkühlen auf 60°, Zugeben von W. u. Stehen bei 0° über Nacht; aus A./Eisessig Prismen; 2,3 g; sublimiert unzersetzt bei 170°/15 mm. *Benzolkomplex*, $C_6N_6O_6 \cdot C_6H_6$, Nadeln, verliert $>100°$ im Vakuum Benzol. *1.2.3-Trimethylbenzolkomplex*, $C_{15}H_{12}N_6O_6$, F. 170—172°, cremefarbene Nadeln. *1.3.5-Trimethylbenzolkomplex*, $C_{15}H_{12}N_6O_6$, F. 162—165°, Platten. *1.2.3.4-Tetramethylbenzolkomplex*, $C_{16}H_{14}N_6O_6$, F. 190—193°, zitronengelbe Nadeln. *Hexamethylbenzolkomplex*, $C_{18}H_{18}N_6O_6$, F. 207° (Zers.), blaßgelbe Nadeln. *Styrolkomplex*, $C_{14}H_8N_6O_6$, F. 148—150° (Zers.), cremefarbene Spieße. *Diphenylkomplex*, $C_{18}H_{10}N_6O_6$, F. 164—166°, blaßgelbe Nadeln. *Diphenylmethankomplex*, $C_{19}H_{12}N_6O_6$, F. 73—83°, wachsartige Prismen. *Tetralinkomplex*, $C_{16}H_{12}N_6O_6$, F. 151—152°, cremefarbene Platten. *6-Methyltetralinkomplex*, $C_{17}H_{14}N_6O_6$, F. 128—135°, Nadeln. *5-Äthyltetralinkomplex*, $C_{18}H_{16}N_6O_6$, F. 144—147°, blaßgelbe Nadeln. *5.7-Dimethyltetralinkomplex*, $C_{18}H_{16}N_6O_6$, F. 132—136°, cremefarbene Platten. *1.7-Dimethyl-3.4-dihydronaphthalinkomplex*, $C_{18}H_{14}N_6O_6$, F. 128 bis 130° (Zers.), citronengelbe Nadeln. *Naphthalinkomplex*, $C_{16}H_8N_6O_6$, F. 250—252° (Zers.), aus Eisessig grünlichgelbe Nadeln. *1.7-Dimethylnaphthalinkomplex*, $C_{18}H_{12}N_6O_6$, F. 215° (Zers.), gelbe Prismen. *1-n-Pentylnaphthalinkomplex*, $C_{21}H_{18}N_6O_6$, F. 126°, blaßgelbe Nadeln. *1-n-Hexylnaphthalinkomplex*, $C_{22}H_{20}N_6O_6$, F. 118°, blaßgelbe Nadeln. *2-n-Octylnaphthalinkomplex*, $C_{24}H_{24}N_6O_6$, F. 115—118°, blaßgelbe Nadeln. *1-sek.-Butylnaphthalinkomplex*, $C_{20}H_{16}N_6O_6$, F. 107—117°, gelbe Platten. *1-Phenylnaphthalinkomplex*,

2 $C_{16}H_{12}$·3 $C_6N_6O_6$, F. 162°, blaßgrüne Kristalle. *2-Phenylnaphthalinkomplex*, $C_{22}H_{12}$·N_6O_6, F. 158°, hellgelbe Nadeln. *Indenkomplex*, $C_{15}H_8N_6O_6$, F. 168—170°, blaßgelbe Stäbe. *Indolkomplex*, $C_{14}H_7N_7O_6$, F. 180°, blaßgelbe Nadeln. *Dimethylfulvenkomplex*, $C_{14}H_{10}N_6O_6$, Zers. bei 140°, hellgelbe Platten. *o-Xylolkomplex*, $C_{14}H_{10}N_6O_6$, F. 152—155°, Platten. *m-Xylolkomplex*, F. 165—175°, cremefarbene Stäbe. *p-Xylolkomplex*, F. 160 bis 170°, Platten. *2.3-Di-n-hexylnaphthalinkomplex*, $C_{28}H_{32}N_6O_6$, F. 93—103°, blaßgelbe Nadeln. *1.2.3.4.5.6.7.8-Oktahydroanthracenkomplex*, 3 $C_{14}H_{18}$·2 $C_6N_6O_6$, F. 110—120°, blaßgelbe Platten. — *1.3.5-Trinitrobenzol*, F. 120°. *Dimethylfulvenkomplex*, 5 C_8H_{10}·9 $C_6H_3N_3O_6$, F. 72—73°, aus den Komponenten in A.; gelbe Stäbe; zerfällt nach einigen Std. wieder in die Ausgangsstoffe. F. HELLER. 3163□

Die Umwandlung von o-Alkoxyzimtsäuren in Cumarine. Frank D. Popp und William Blount. (J. org. Chemistry **26.** 2108—10. Juni 1961. Coral Gables, Fla., Univ. of Miami, Dep. of Chem.) (Engl.)

Die Einw. von $SOCl_2$ auf o-Methoxy-α-methylzimtsäure (**I**) u. nachfolgendes Erhitzen des bei 2 Torr dest. *Chlorids* (**II**) auf 170° führte zu *3-Methylcumarin* (**III**), das auch direkt durch Dest. des rohen **II** bei 60 Torr dargestellt wurde. Analog wurde eine Reihe substituierter o-Alkoxyzimtsäuren zu den entsprechenden *Cumarinen* umgesetzt. o-Methoxy-α-cyanzimtsäurechlorid konnte nicht cyclisiert werden. *6-Chlor-*, *6-Methyl-* u. *6-Methoxycumarin* sowie **III** u. *3-Äthylcumarin* wurden in höherer Ausbeute isoliert als *Cumarin* selbst, während *6-Nitrocumarin* nach vorst. Meth. nicht erhalten werden konnte.

Versuche: *3-Methylcumarin* (**III**), $C_{10}H_8O_2$, F. 88—89° (Bzl. oder Ae.), a) aus **I** durch ½std. Kochen mit $SOCl_2$ u. nachfolgende Dest. des Prod. bei 170—172°/60 mm; 80% (Ausbeute); b) aus dem *Chlorid* (**II**, Kp.$_2$ 126°) durch Erhitzen auf 170° in 20 Min.; 95%; c) aus o-Äthoxy-α-methylzimtsäure; 28%. — Durch ³/₄std. Erhitzen der entsprechenden Zimtsäuren mit $SOCl_2$ auf 90° u. anschließend 15—20 Min. lang auf 225 bis 250° wurden dargestellt: *Cumarin*, F. 69,5—70°, a) aus o-Methoxyzimtsäure; 4%; b) aus o-Äthoxyzimtsäure; 4%. — Cumarine: *8-Methoxy-*, F. 88—89°, a) aus 2.3-Dimethoxyzimtsäure; 3%; b) aus 2.3-Dimethoxyzimtsäurechlorid; 6%. — *7-Methoxy-*, F. 114—115°, aus 2.4-Dimethoxyzimtsäure; 3%. — *6-Methoxy-*, F. 102—103,5°, aus 2.5-Dimethoxyzimtsäure; 12%. — *3-Äthyl-*, F. 72—73°, a) aus o-Methoxy-α-äthylzimtsäure; 48%; b) aus o-Äthoxy-α-äthylzimtsäure; 30%. — *6-Chlor-*, F. 161—162°, aus 2-Methoxy-5-chlorzimtsäure; 8%. — *6-Methylcumarin*, F. 74—76°, aus 2-Methoxy-5-methylzimtsäure; 9%. — *2.3-Dimethoxyzimtsäurechlorid*, $C_{11}H_{11}ClO_3$, Kp.$_1$ 156°, F. 81—82°, aus der Säure durch ³/₄std. Kochen mit überschüssigem $SOCl_2$; 90%. — *o-Methoxy-α-cyanzimtsäurechlorid*, $C_{11}H_8ClNO_2$, F. 128°, aus der freien Säure analog vorst. Verb.; 23%. J. SICKFELD. 3211□

Suche nach neuen Antimalariamitteln. 5. Mitt. **Synthese einiger 8-Aminoalkylamino- und 8-Dialkylaminoalkylaminochromone.** A. B. Sen und P. R. Singh. (J. Indian chem. Soc. **37.** 217—22. April 1960. Lucknow, Univ., Chem. Dep.) (Engl.) — 4. vgl. C. **1961.** 9408.

Als mögliche Antimalariamittel werden *7-Hydroxy-*, *7-Alkoxy-* u. *7-Alkyl-8-amino-* bzw. *-dialkylaminoalkylaminochromone* aus den entsprechend substituierten 8-Aminochromonen u. Amino- bzw. Dialkylaminoalkylbromidhydrobromiden dargestellt. Die erforderlichen 7-Alkoxy- bzw. 7-Alkyl-8-aminochromone werden durch Kondens. von 4-Alkoxy- bzw. 4-Alkyl-2-hydroxyacetophenonen mit Äthylformiat (**I**; vgl. SPÄTH u. LEDERER [1930] u. JOSHI u. Mitarbeiter, C. **1960.** 13016), Nitrierung bei 0° u. Red. mit Fe/$FeSO_4$/W. nach HODGSON u. MARSDEN (J. chem. Soc. [London] **1944.** 398), *7-Hydroxychromone* durch Entmethylieren der 7-Methoxy-Verbb. mit $AlCl_3$ dargestellt.

Versuche: Chromone: *7-Äthoxy-* (**II**), F. 103° (PAe.), nach JOSHI u. Mitarbeitern (l. c.) durch Suspendieren von 0,3 Mol Na-Pulver in Ae., Zugeben einer gekühlten Lsg. von 0,1 Mol 2-Hydroxy-4-äthoxyacetophenon (Darst. aus Resacetophenon u. C_2H_5J/KOH analog CRABTREE u. ROBINSON [1918]) in 25 ml **I** in kleinen Portionen unter Schütteln, 4std. Stehen bei 0° sowie über Nacht bei Raum-Temp., Zugeben von 40 ml **I**/Ae.-Gemisch (1:10), 1std. Kochen bei 100°, Zugeben von W., Ansäuern der wss. Phase mit 50%ig. H_2SO_4, 1std. Kochen bei 100° u. Neutralisieren mit $NaHCO_3$; 49% (Ausbeute). *Oxim*, $C_{11}H_{11}NO_3$, F. 131—132°. — *7-Methyl-*, F. 66° (PAe.); 43%. *Oxim*, $C_{10}H_9NO_2$, F. 112°. — *7-Äthyl-*, F. 53—54° (PAe.); 46%. *Oxim*, $C_{11}H_{11}NO_2$, F. 98—99°. — *7-Methoxy-*, *Oxim*, $C_{10}H_9NO_3$, F. 154°. — *7-Hydroxy-*, durch langsames Zugeben einer Lsg. von 0,023 Mol 7-Methoxychromon in CS_2 zu einer Lsg. von 0,048 Mol $AlCl_3$ in CS_2 unter Rühren, 3std. Kochen des vakuumtrockenen Prod. in Bzl., Gießen des halbfesten Prod. in W., Lösen in heißem Bzl. u. Fällen mit Petroläther. *Oxim*, $C_9H_7NO_3$, F. 283°. — 8-Nitrochromone: *7-Äthoxy-* (**III**), F. 219° (Essigester oder A.), durch Lösen von 0,02 Mol **II** in H_2SO_4, langsames Zugeben eines Gemisches aus 1,4 ml HNO_3 (D. 1,42) u. 4,2 ml H_2SO_4 (D. 1,8) unter Rühren, 4std. Stehen bei 0° u. Gießen auf Eis; 93%. *Oxim*, $C_{11}H_{10}N_2O_5$, F. 271–272°. — *7-Methyl-*, F. 181° (Essigester oder A.); 96%. *Oxim*, $C_{10}H_8N_2O_4$, F. 204°. — *7-Äthyl-*, F. 163° (Essigester oder A.); 88%. *Oxim*, $C_{11}H_{10}N_2O_4$, F. 211–213°. — *7-Methoxy-*, *Oxim*, $C_{10}H_8N_2O_5$, F. 267°. — *7-Hydroxy-*, *Oxim*, $C_9H_6N_2O_5$, F. 291°. — 8-Aminochromone: *7-Äthoxy-* (**IV**), F. 161–162°, durch 1std. Kochen eines Gemisches aus 0,02 Mol **III**, 10 g Fe-Pulver u. 1 g $FeSO_4$ in 100 ml W., Zugeben von 1 ml NH_4OH (D. 0,88), Einleiten von CO_2 in das Filtrat, Einengen u. Kühlen; 38%. *Oxim*, $C_{11}H_{12}N_2O_3$, F. 180–182°. *N-Acetyl-Deriv.*, $C_{13}H_{13}NO_4$, F. 245°. — *7-Hydroxy-*, F. 199°; 41%. *Oxim*, $C_9H_8N_2O_3$, F. 229–230°. *N-Acetyl-Deriv.*, $C_{11}H_9NO_4$, F. 257–258°. — *7-Methoxy-*, F. 167°; 53%. *Oxim*, $C_{10}H_{10}N_2O_3$, F. 189–191°. *N-Acetyl-Deriv.*, $C_{12}H_{11}NO_4$, F. 233°. — *7-Methyl-*, F. 130–131°; 47%. *Oxim*, $C_{10}H_{10}N_2O_2$, F. 165–166°. *N-Acetyl-Deriv.*, $C_{12}H_{11}NO_3$, F. 178–179°. — *7-Äthyl-*, F. 117–119°; 40%. *Oxim*, $C_{11}H_{12}N_2O_2$, F. 152–154°. *N-Acetyl-Deriv.*, $C_{13}H_{13}NO_3$, F. 159–160°. — *4-Dipropylaminobutanol-(1)*, $C_{10}H_{23}NO$, Kp.$_{12}$ 66–69°, aus 0,1 Mol Tetramethylenchlorhydrin (Darst. nach Kirner u. Richter [1929]) u. 0,13 Mol Dipropylamin analog Burnett u. Mitarbeitern [1937]; 61%. — *4-Dipropylaminobutylbromidhydrobromid* (**V**), $C_{10}H_{23}Br_2N$, F. 93°, durch Dest. vorst. Verb. mit 48%ig. HBr nach Cortese [1936]; 53%. — *4-Diäthylaminobutylbromidhydrobromid* (**VI**), $C_8H_{19}Br_2N$, F. 117°, analog mit Diäthylamin; 67%. — 8-[δ-Dipropylaminobutylamino]-chromondihydrochloride (krist. aus 75%ig. A.): *7-Äthoxy-* (**VII**), F. 122–123°, durch 5std. Kochen von je 0,05 Mol **IV** u. **V** mit 0,11 Mol K_2CO_3 in Bzl., Verdampfen des Lsgm., Extraktion mit Ae. u. Einleiten von HCl-Gas; 53%. *Oxim*, $C_{21}H_{33}N_3O_3$, F. 81–82°. *Dipikrat*, $C_{33}H_{38}N_8O_{17}$, F. 136–137°. — *7-Hydroxy-*, F. 227°; 59%. *Oxim*, $C_{19}H_{29}N_3O_3$, F. 101–103°. *Dipikrat*, $C_{31}H_{34}N_8O_{17}$, F. 144°. — *7-Methoxy-*, F. 202–204°; 60%. *Oxim*, $C_{20}H_{31}N_3O_3$, F. 76°. *Dipikrat*, $C_{32}H_{36}N_8O_{17}$, F. 127 bis 128°. — *7-Methyl-*, F. 118–119°; 46%. *Oxim*, $C_{20}H_{31}N_3O_2$, F. 63°. *Dipikrat*, $C_{32}H_{36}N_8O_{16}$, F. 128°. — *7-Äthyl-*, F. 109–111°; 48%. *Oxim*, $C_{21}H_{33}N_3O_2$, F. 46°. *Dipikrat*, $C_{33}H_{38}N_8O_{16}$, F. 131°. — 8-[δ-Diäthylaminobutylamino]-chromondihydrochloride: *7-Äthoxy-*, F. 177°, analog **VII** mit **VI**; 60%. *Oxim*, $C_{19}H_{29}N_3O_3$, F. 109°. *Dipikrat*, $C_{31}H_{34}N_8O_{17}$, F. 122–123°. — *7-Hydroxy-*, F. 224–225°; 49%. *Oxim*, $C_{17}H_{25}N_3O_3$, F. 119 bis 120°. *Dipikrat*, $C_{29}H_{30}N_8O_{17}$, F. 156–157°. — *7-Methoxy-*, F. 209–210°; 58%. *Oxim*, $C_{18}H_{27}N_3O_3$, F. 100–101°. *Dipikrat*, $C_{30}H_{32}N_8O_{17}$, F. 137°. — *7-Methyl-*, F. 146°; 45%. *Oxim*, $C_{18}H_{27}N_3O_2$, F. 89–90°. *Dipikrat*, $C_{30}H_{32}N_8O_{16}$, F. 126°. — *7-Äthyl-*, F. 131–132°; 52%. *Oxim*, $C_{19}H_{29}N_3O_2$, F. 78°. *Dipikrat*, $C_{31}H_{34}N_8O_{16}$, F. 128–129°. — 8-[β-Dipropylaminoäthylamino]-chromondihydrochloride: *7-Äthoxy-*, F. 267°, mit β-Dipropylaminoäthylbromidhydrobromid; 53%. *Oxim*, $C_{19}H_{29}N_3O_3$, F. 141–142°. *Dipikrat*, $C_{31}H_{34}N_8O_{17}$, F. 161–162°. — *7-Hydroxy-*, F. 249–250°; 57%. *Oxim*, $C_{17}H_{25}N_3O_3$, F. 147–148°. *Dipikrat*, $C_{29}H_{30}N_8O_{17}$, F. 157°. — *7-Methoxy-*, F. 263°; 64%. *Oxim*, $C_{18}H_{27}N_3O_3$, F. 131–132°. *Dipikrat*, $C_{30}H_{32}N_8O_{17}$, F. 138–139°. — *7-Methyl-*, F. 209°; 49%. *Oxim*, $C_{18}H_{27}N_3O_2$, F. 117°. *Dipikrat*, $C_{30}H_{32}N_8O_{16}$, F. 153°. — *7-Äthyl-*, F. 199–200°; 51%. *Oxim*, $C_{19}H_{29}N_3O_2$, F. 103–104°. *Dipikrat*, $C_{31}H_{34}N_8O_{16}$, F. 129 bis 130°. — 8-[β-Diäthylaminoäthylamino]-chromondihydrochloride: *7-Äthoxy-*, F. 243°, mit β-Diäthylaminoäthylbromidhydrobromid; 65%. *Oxim*, $C_{17}H_{25}N_3O_3$, F. 147 bis 148°. *Dipikrat*, $C_{29}H_{30}N_8O_{17}$, F. 141–142°. — *7-Hydroxy-*, F. 251–252°; 52%. *Oxim*, $C_{15}H_{21}N_3O_3$, F. 156–157°. *Dipikrat*, $C_{27}H_{26}N_8O_{17}$, F. 177°. — *7-Methoxy-*, F. 273 bis 274°; 61%. *Oxim*, $C_{16}H_{23}N_3O_3$, F. 154°. *Dipikrat*, $C_{28}H_{28}N_8O_{17}$, F. 165–166°. — *7-Methyl-*, F. 221–222°; 64%. *Oxim*, $C_{16}H_{23}N_3O_2$, F. 122–123°. *Dipikrat*, $C_{28}H_{28}N_8O_{16}$, F. 128°. — *7-Äthyl-*, F. 167–168°; 70%. *Oxim*, $C_{17}H_{25}N_3O_2$, F. 109–111°. *Dipikrat*, $C_{29}H_{30}N_8O_{16}$, F. 137°. — 8-[β-Aminoäthylamino]-chromondihydrochloride: *7-Äthoxy-*, F. 276–277°, mit β-Aminoäthylbromidhydrobromid; 70%. *Oxim*, $C_{13}H_{17}N_3O_3$, F. 153°. *Dipikrat*, $C_{25}H_{22}N_8O_{17}$, F. 181°. — *7-Hydroxy-*, F. 280°; 61%. *Oxim*, $C_{11}H_{13}N_3O_3$, F. 168–169°. *Dipikrat*, $C_{23}H_{18}N_8O_{17}$, F. 202°. — *7-Methoxy-*, F. 297–298°; 76%. *Oxim*, $C_{12}H_{15}N_3O_3$, F. 157–158°. *Dipikrat*, $C_{24}H_{20}N_8O_{17}$, F. 178–179°. — *7-Methyl-*, F. 201°; 69%. *Oxim*, $C_{12}H_{15}N_3O_2$, F. 141°. *Dipikrat*, $C_{24}H_{20}N_8O_{16}$, F. 160–161°. — *7-Äthyl-*, F. 189–190°; 57%. *Oxim*, $C_{13}H_{17}N_3O_2$, F. 132–133°. *Dipikrat*, $C_{25}H_{22}N_8O_{16}$, F. 152 bis 153°.

R. Schönfelder. 3211 □

Heterocyclische Verbindungen. Synthese von p-Methoxyphenoxyessigsäureestern der α-Form von 1-Allyl- und 1-Crotyl-2.5-dimethylpiperidolen-(4). A. Sch. Scharifkanow, Ss. A. Jussupow, Je. I. Tschan-ju und B. Ss. Baipeissowa. (Журнал Общей Химии [J. allg. Chem.] **30** (**92**). 1195–97. April 1960. Kasach. staatliche Univ.) (Russ.)

Um die Wrkg. des Acylrestes in komplizierten Estern von *α-1-Alkenyl-2.5-dimethylpiperidolen-(4)* auf die pharmakolog. Eigg. dieser Verbb. zu untersuchen, werden durch

Rk. von α-2.5-Dimethylpiperidol-(4) (I) mit Allylchlorid (II) bzw. Crotylbromid (III) *α-1-Allyl-* (IV) bzw. *α-1-Crotyl-2.5-dimethylpiperidol-(4)* (V) dargestellt, die mit p-Methoxyphenoxyacetylchlorid (VI) in die *Hydrochloride* der entsprechenden *p-Methoxyphenoxyacetyl-Derivv.* übergeführt werden.

Versuche: α-2.5-Dimethylpiperidole-(4): *1-Allyl-* (IV), Kp.$_2$ 98°, F. 29—30°, durch Versetzen von I in n-Butanol mit II in n-Butanol in Ggw. von Na_2CO_3, 8std. Erhitzen auf 80°, Stehen über Nacht, Eindampfen des Filtrates, Lösen des Rückstandes in Ae. u. Waschen mit W.; n_D^{20} 1,4843; 83,2% (Ausbeute). *Hydrochlorid*, F. 215—216°. *p-Methoxyphenoxyacetyl-Deriv.*, *Hydrochlorid*, $C_{19}H_{28}ClNO_4$, F. 159—160° (Aceton), durch 10std. Erhitzen von 3,4 g IV mit VI auf 110—115° in Bzl., Stehen über Nacht u. Abfiltrieren des Nd.; 2,6 g. — *1-Crotyl-* (V), F. 91—92° (Bzn.), durch Versetzen von I in Aceton u. K_2CO_3 mit III bei 50—55°, 4std. Rühren, Stehen über Nacht u. Eindampfen des Filtrates; 84,7%. *Hydrochlorid*, F. 196—197° (A./Ae.). *p-Methoxyphenoxyacetyl-Deriv.*, *Hydrochlorid*, $C_{20}H_{30}ClNO_4$, F. 162—163° (Aceton), analog vorst. Verb. aus 2,75 g V u. VI; 1,6 g. ULRICH SCHULZE. 3231

Untersuchungen über Fusarsäure und analoge Verbindungen. 4. Mitt. **Synthese von 4-Alkylpicolinsäuren.** Tatsumi Nakashima. (J. pharmac. Soc. Japan [Yakugakuzasshi] **77.** 698—700. 25/6. 1957. Osaka, Staatl. Hygiene-Vers.-Anst.) (Jap.; Auszug: Engl.) — 3. vgl. J. pharmac. Soc. Japan [Yakugakuzasshi] **76.** [1956.] 215.

4-Butyl- (VI) u. *4-Pentylpicolinsäure* werden aus 2-Methyl-4-cyanpyridin (IX) dargestellt, *4-Äthyl-* (XII) u. *4-sek.-Butylpicolinsäure* werden dargestellt, indem die entsprechende Alkylgruppe an $C_{(4)}$ in 4-Cyanpyridin (X) durch GRIGNARD-Rk. u. nachfolgende WOLFF-KISHNER-Red. (im letzteren Falle mit HJ) eingeführt wird. Eine NH_2-Gruppe an $C_{(2)}$ wird durch TSCHITSCHIBABIN-Rk. eingeführt, diese mit der Diazotierungs-Rk. durch Br ersetzt u. dieses durch Erhitzen mit $Cu_2(CN)_2$ in Diphenyl in eine CN-Gruppe übergeführt, die zur COOH-Gruppe verseift wird.

Versuche: *2-Methyl-4-butyrylpyridin* (I), Kp.$_5$ 120—123°, aus 8 g IX u. Propyl-MgJ; 6 g (Ausbeute). *Pikrat*, $C_{16}H_{16}N_4O_8$, F. 128—129°. — *2-Methyl-4-butylpyridin* (II), Kp.$_5$ 94—96°, aus 6 g I durch WOLFF-KISHNER-Red.; 3,6 g. *Pikrat*, $C_{16}H_{18}N_4O_7$, F. 79 bis 80°. — *2-Styryl-4-butylpyridin* (III), Kp.$_5$ 220—224°, aus 3,5 g II u. Benzaldehyd (XI); 2,5 g. *Pikrat*, $C_{23}H_{22}N_4O_7$, F. 220—222°. — *4-Butylpicolinsäure* (VI), $C_{10}H_{13}NO_2$, F. 101 bis 103°, aus III in Aceton durch Behandlung mit $KMnO_4$. — *2-Methyl-4-valerylpyridin* (IV), Kp.$_4$ 110—112°, aus 5 g IX u. Butyl-MgJ; 4,2 g. *Pikrat*, $C_{17}H_{18}N_4O_8$, F. 127—128°. — *2-Methyl-4-pentylpyridin* (V), Kp.$_4$ 84—85°, aus 4,2 g IV durch WOLFF-KISHNER-Red.; 2,5 g. *Pikrolonat*, $C_{21}H_{25}N_5O_5$, F. 153°. — *2-Styryl-4-pentylpyridin*, Kp.$_3$ 185—190°, aus 2,5 g V u. XI; 1 g. *Pikrat*, $C_{24}H_{24}N_4O_7$, F. 178°. — *4-Pentylpicolinsäure*, $C_{11}H_{15}NO_2$, F. 102—103°, aus vorst. Verb. analog VI. — *2-Amino-4-äthylpyridin* (VII), F. 78°, Kp.$_4$ 100—103°, aus 20 g 4-Äthylpyridin (aus X durch Rk. mit CH_3MgJ u. WOLFF-KISHNER-Red. des entstehenden *4-Acetylpyridins*) in 150 cm³ Dekalin u. 20 g $NaNH_2$; 14 g. *Pikrat*, $C_{13}H_{13}N_5O_7$, F. 230—231°. — *2-Brom-4-äthylpyridin*, C_7H_8BrN, Kp.$_{11-12}$ 98 bis 101°, aus 14 g VII durch Diazotieren; 17,1 g. — *4-Äthylpicolinsäure* (XII), $C_8H_9NO_2$, F. 112—114°, aus 3 g der vorst. Verb., 9 g Diphenyl u. 1,7 g $Cu_2(CN)_2$ durch 2std. Erhitzen auf 175—185°, Acetonextraktion, 3std. Erhitzen des Filtrates mit 50 cm³ HCl, Ausäthern u. Zugabe von Cu-Acetat. — *2-[Pyridyl-(4)]-butanol-(2)*, $C_9H_{13}NO$, F. 113 bis 114°, Kp.$_5$ 130—133°, aus CH_3MgJ u. 48 g 4-Propionylpyridin (aus X u. C_2H_5MgBr); 43 g. — *4-sek.-Butylpyridin* (VIII), Kp.$_{15}$ 93—97°, aus 43 g der vorst. Verb. u. HJ; 24 g. *Pikrat*, $C_{15}H_{16}N_4O_7$, F. 160—162°. — *2-Amino-4-sek.-butylpyridin*, F. 51—53°, Kp.$_5$ 120 bis 122°, aus 24 g VIII analog VII. *Pikrat*, $C_{15}H_{17}N_5O_7$, F. 218—219°. — *2-Brom-4-sek.-butylpyridin*, $C_9H_{12}BrN$, Kp.$_5$ 104—107°, durch Diazotieren der vorst. Verb.; 5 g. — *4-sek.-Butylpicolinsäure*, $C_{10}H_{13}NO_2$, F. 112—113°, aus vorst. Verb. analog XII.
F. MOSSNER. 3231

Neuartige Cyanine. 2. Mitt. **Neuartige Trimethincyanine und eine Synthese von 3-Aminopyridinen.** Karlfried Dickoré und Fritz Kröhnke. (Chem. Ber. **93.** 2479—85. 3/11. 1960. Gießen, Univ., Chem. Inst.) (Dt.) — 1. vgl. C. **1961.** 13527.

1-[N-Methylanilino]-propen-(1)-al-(3) (I) reagiert in Acetanhydrid (AA) mit p-Bromacetophenonylpyridiniumbromid (II) zu *1-[N-Methylanilino]-4-pyridinio-5-[p-bromphenyl]-pentadien-(1.3)-on-(5)-bromid* (III), mit Acetonylpyridiniumbromid (IV) zu *1-[N-Methylanilino]-4-pyridiniohexadien-(1.3)-on-(5)-bromid* (V). Alkali überführt III bzw. V in *4-Pyridinio-5-[p-bromphenyl]-pentadien-(2.4)-al-(1)-hydroxylat-(5)* (VI) bzw. *4-Pyridinio-5-methylpentadien-(2.4)-al-(1)-hydroxylat-(5)* (VII), die auch in der mesomeren Grenzform mit der negativen Ladung am anderen O formuliert werden können. VI bzw. VII setzen sich mit 1 weiteren Mol II bzw. IV zu *2.6-Dipyridinio-1.7-bis-[p-bromphenyl]-heptatrien-(1.3.5)-on-(7)-hydroxylat-(1)-bromid* u. *2.6-Dipyridinio-1-[p-bromphenyl]-7-methyl-*

heptatrien-(1.3.5)-on-(7)-hydroxylat-(1)-bromid bzw. *2.6-Dipyridinio-1.7-dimethylheptatrien-(1.3.5)-on-(7)-hydroxylat-(1)-bromid* um. **III** bzw. **V** geben bei ½std. Erhitzen mit CH_3COOH/CH_3COONH_4 auf 150° u. Behandeln mit $HClO_4$, **VI** u. **VII** schon in 10 Min. nach dem gleichen Verf. *N-[2-(p-Bromphenyl)-pyridyl-(3)]-pyridiniumperchlorat* (**VIII**) bzw. *N-[2-Methylpyridyl-(3)]-pyridiniumperchlorat* (**IX**). **VIII** u. **IX** lassen sich durch heißes Piperidin (**X**) zu *5-Piperidinopentadien-(2.4)-ylidenpiperidiniumperchlorat* u. *2-[p-Bromphenyl]-3-aminopyridin* bzw. *2-Methyl-3-aminopyridin* aufspalten. **III** gibt bei Einw. von verd. NH_4OH bei Raum-Temp. *2.10-Dipyridinio-1.11-bis-[p-bromphenyl]-6-azaenneapentaen-(1.3.5.7.9)-on-(11)-hydroxylat-(1)-bromid* neben **VI**.

Versuche: 1-Methylanilino-4-pyridiniopentadien-(1.3)-on-(5)-bromide: *5-[p-Bromphenyl]-* (**III**), $C_{23}H_{20}Br_2N_2O$, F. 237—238° (Zers.), durch Rühren von molaren Mengen **II** u. **I** in AA bei 90°; aus A./Ae. gelbe Rhomben; 85% (Ausbeute). — 5-Methyl- (**V**), $C_{18}H_{19}BrN_2O$, F. 248—250°, analog **III** aus **IV** u. **I**; aus A. orangegelbe Stäbchen; 87%. — 4-Pyridiniopentadien-(2.4)-al-(1)-hydroxylate-(5): *5-[p-Bromphenyl]-* (**VI**), *Hydrat*, $C_{16}H_{12}BrNO_2 \cdot H_2O$, F. 132—136° (Zers.; sintert ab 120°), durch Zugabe von 2n NaOH zu **III** in W. bei 50° u. Durchrühren mit PAe.; aus W. gelbe Säulen; 93%. — *5-Methyl-* (**VII**), $C_{11}H_{11}NO_2$, F. 175—176° (Zers.), durch Schütteln von **V** mit 2n NaOH bis zur Lsg., Übersättigen der ausgeätherten wss. Lsg. mit NaCl, Chlf.-Extraktion u. Eindampfen des Chlf.-Auszuges; aus Chlf./PAe. (2 : 1) orangegelbe Stäbchen; fast 100%. — 2.6-Dipyridinioheptatrien-(1.3.5)-on-(7)-hydroxylat-(1)-bromide: *1.7-Bis-[p-bromphenyl]-*, $C_{29}H_{21}Br_3N_2O_2$, F. 232—235° (Zers.), aus **II** u. **VI** nach dem in der 1. Mitt. (l. c.) beschriebenen Verf.; aus abs. A. rote Nadeln; 85%. — *1-[p-Bromphenyl]-7-methyl-*, $C_{24}H_{20}Br_2N_2O_2$, F. 209—210° (Zers.), a) aus **II** u. **VII** analog vorst. Verb.; aus abs. A./abs. Ae. (2 : 1) rote Nadeln; >90%; b) aus **IV** u. **VI** analog vorst. Verb.; >90%. — *1.7-Dimethyl-*, $C_{19}H_{19}BrN_2O_2$, F. 206° (Zers.), aus **IV** u. **VII** analog vorvorst. Verb.; aus abs. A. rote Blättchen; 97%. — *2.10-Dipyridinio-1.11-bis-[p-bromphenyl]-6-azaenneapentaen-(1.3.5.7.9)-on-(11)-hydroxylat-(1)-bromid*, $C_{32}H_{24}Br_3 \cdot N_3O_2$, F. 197° (Zers.), durch 10 Min. langes Mischen von **III** mit 2n NH_4OH u. Zentrifugieren; aus CH_2Cl_2 blauviolette Nadeln; 39%; nimmt an der Luft reversibel 4 Mol W. auf. Daneben 42% **VI** durch Einengen der wss.-ammoniakal. Lösungen. — Pyridiniumperchlorate: *N-[2-Methylpyridyl-(3)]-* (**IX**), *Hydroperchlorat*, $C_{11}H_{11}ClN_2O_4 \cdot HClO_4$, F. 241—242° (Zers.), durch ½std. Erhitzen von **V** u. CH_3COONH_4 in CH_3COOH auf 150° (Bad-Temp.), Abkühlen, Zugabe von 70%ig. $HClO_4$, Einengen bei 130°, Abkühlen, Absaugen des ausgefallenen NH_4ClO_4 u. Zugabe von Ae. zum Filtrat; aus W. Rhomben; 65%. — *N-[2-(p-Bromphenyl)-pyridyl-(3)]-* (**VIII**), $C_{16}H_{12}BrClN_2O_4$, F. 225—227°, a) durch ½std. Erhitzen von **III** u. CH_3COONH_4 in Eisessig (EE) auf 150°, Gießen in verd. HCl u. Zugabe von n-$NaClO_4$-Lsg. zur filtrierten Lsg.; aus W. Nadeln; 83%; b) aus **VI** analog a) durch 10 Min. langes Erhitzen auf 150°; 83%. — *N-[2-Phenylpyridyl-(3)]-* (**XI**), $C_{16}H_{13}ClN_2O_4$, F. 169—172°, durch Einrühren von Phenacylpyridiniumbromid u. **I** in AA bei 100°, Abkühlen, Zugabe von viel Ae., Umfällen des erhaltenen *1-[N-Methylanilino]-4-pyridinio-5-phenylpentadien-(1.3)-on-(5)-bromids* aus A./Ae., ½std. Erhitzen mit CH_3COONH_4 in EE auf 150°, Abkühlen, Zugabe von 70%ig. $HClO_4$, Konz. bei 130°, Absaugen des ausgefallenen NH_4ClO_4, Versetzen der filtrierten Lsg. mit viel Ae., Aufnehmen des Rk.-Prod. in W. u. Einengen; aus W. Spieße; 51%. — 3-Aminopyridine: *2-Methyl-*, F. 114—115°, durch Übergießen von 0,01 Mol **IX**-Hydroperchlorat mit 0,03 Mol **X**, ¼std. Erhitzen auf 100°, Zugabe von A., ¼std. Erhitzen auf 100° u. Eindampfen des Ae.-Auszuges; aus Bzl. Prismen; 85% [*Pikrat*, F. 234° (A.)]. Daneben 76% *5-Piperidinopentadien-(2.4)-ylidenpiperidiniumperchlorat*, F. 79—80°, aus dem in Ae. unlösl. Rückstand; aus A./abs. Ae. orangegelbe Stäbchen; zeigt unter der Quarzlampe intensiv gelbe Luminescenz. — *2-[p-Bromphenyl]-*, $C_{11}H_9BrN_2$, F. 99—101°, analog vorst. Verb. aus 0,02 Mol **X** u. 0,01 Mol **VIII**; aus Bzl. gelbstichige Würfel; 76%. — *2-Phenyl-*, $C_{11}H_{10}N_2$, F. 65—67°, analog vorvorst. Verb. aus **XI**; aus PAe. Prismen; 74%. — *2-Phenyl-3-hydroxypyridin*, F. 201°, durch langsames Einrühren einer $NaNO_2$-Lsg. in eine Lsg. vorst. Verb. in 2n HCl, ½std. Erwärmen auf 100° (Bad-Temp.) u. Neutralisieren mit 2n NaOH; aus A. Blättchen. *Pikrat*, F. 196°. G. REISNER. 3231 □

Katalytische Kondensation von komprimiertem Acetylen mit aromatischen Aminen in flüssiger Phase. N. Ss. Koslow und Ss. Ja. Tschumakow. (Журнал Прикладной Химии [J. angew. Chem.] **32.** 1149—53. Mai 1959.) (Russ.)

Die Rk. von Anilin (**I**) u. p-Toluidin (**II**) mit Acetylen (**III**) unter Druck in Ggw. von $HgCl_2$, Cu_2Cl_2 oder Cu-Acetylenid liefert *Chinaldin* (**IV**) bzw. *2.6-Dimethylchinolin*(**V**), daneben *Indol*. Bei Anwesenheit von Aceton (**VI**) oder Benzaldehyd (**VII**) im Rk.-Gemisch werden außerdem die entsprechenden *Methyl-* bzw. *Phenyl-Derivv.* des *Chinolins* erhalten.

Versuche: *Chinaldin* (**IV**), Kp. 245—248°, a) man leitet in 50 g **I** u. 5 g $HgCl_2$ bei 25—30° 2½ Std. lang **III** (10—12 at) ein; $D._4^{20}$ 1,056; n_D^{20} 1,611; 14 g (Ausbeute); *Pikrat*, F. 191°; *Chinophthalon*, F. 232—233°; b) aus 50 g **I** u. 14 g **III** erhält man in Ggw. von 5 g Cu_2Cl_2 14 g **IV** u. ca. 1,5 g *Indol* (Kp. 250—254°, F. 51—52°; *Pikrat*, F. 184—185°; *Acetyl-Deriv.*, F. 182°); c) aus 50 g **I** u. 13 g **III** erhält man in Ggw. von 3 g Cu-Acetylenid 18 g **IV** u. 2 g *Indol*. — *2.6-Dimethylchinolin* (**V**), F. 58—60°, man löst 25 g **II** in 50 ml A. u. läßt in Ggw. von 5 g Cu-Acetylenid in 2 Std. 7 g **III** absorbieren; 8 g; *Pikrat*, F. 186°. — *2.4-Dimethylchinolin*, Kp. 262—264°, man sättigt 50 g **I** u. 50 ml **VI** in Ggw. von 10 g $HgCl_2$ 3 Std. mit **III** (10—12 at); $D._4^{20}$ 1,050; n_D^{20} 1,5990; 6 g; *Pikrat*, F. 191—192°. Daneben 5 g **IV**. — *2.4.6-Trimethylchinolin*, F. 39—40°, aus 50 g **II** u. 50 ml **VI** mit **III** in Ggw. von 10 g Cu_2Cl_2; 10 g; *Pikrat*, F. 201°. Daneben 6 g **V**. — *2-Phenylchinolin*, F. 82—83° (A.), aus 25 g **I**, 50 ml A. u. 15 g **VII** in Ggw. von 5 g Cu_2Cl_2 mit **III**; 11 g; *Pikrat*, F. 191—192°. — *6-Methyl-2-phenylchinolin*, F. 68°, aus 24 g **II**, 50 ml A. u. 15 g **VII** in Ggw. von 7 g Cu_2Cl_2 mit **III**; 7 g; *Pikrat*, F. 207°.

HELMUT SCHÄFER. 3231 □

Azofarbstoffe durch oxydative Kupplung. 14. Mitt. **Synthese von 1-Methylpyridon-(4)-hydrazonen mit ankondensierten Benzkernen und deren Umsetzung zu Diazamerocyaninen.** Siegfried Hünig und Heinz Herrmann. (Liebigs Ann. Chem. **636.** 21—31. 18/10. 1960. Marburg/Lahn, Chem. Inst.) (Dt.) — 13. vgl. C. **1961.** 15369.

1-Methylchinolon-(4)-benzoylhydrazon wird durch Rk. von 1-Methyl-4-chlorchinolinium-p-toluolsulfonat mit der doppelten molaren Menge Benzhydrazid (**I**) dargestellt u. durch 20%ig. HCl zu *1-Methylchinolon-(4)-hydrazondihydrochlorid* (**II**) verseift. Da 10-Methylacridon-(9)-benzoylhydrazon mit verd. HCl *N-Methylacridon* als Hauptprod. gibt, wird 10-Methyl-9-chloracridiniumdichlorophosphat (**III**) mit Formylhydrazin (**IV**) zu *10-Methylacridon-(9)-formylhydrazon* umgesetzt, das durch Kochen mit 15%ig. $HClO_4$ zu *10-Methylacridon-(9)-hydrazonperchlorat* (**V**) verseift wird. 1-Methylpyridon-(4)-hydrazondihydrochlorid (**VI**), **II** bzw. **V** werden mit p-Benzochinon (**VII**), Naphthochinon-(1.4) (**VIII**) u. 10.10-Dibromanthron-(9) (**IX**) glatt zu den entsprechenden *Diazamerocyaninen* kondensiert; Anthrachinon kondensiert selbst unter drast. Bedingungen nur spurenweise zum Farbstoff. Die gleichen Farbstoffe werden auch aus **VI**, **II** bzw. **V** durch oxydative Kupplung mit Phenol (**X**), Naphthol-(1) (**XI**) u. Anthranol-(9) (**XII**) in schwach alkal. Medium erhalten.

Versuche (FF. korr.): *1-Methylchinolon-(4)*, *Benzoylhydrazon*, F. 167—170°, durch 10 Min. langes Erhitzen von 0,1 Mol 4-Chlorchinolin u. 0,1 Mol p-Toluolsulfonsäuremethylester auf 100° (Bad-Temp.), Lösen in A., Zugabe von 0,2 Mol **I** in A., 1std. Kochen, Abkühlen u. Übergießen des entstehenden *Hydrochlorids* [F. 270—280°; 71% (Ausbeute)] mit verd. NH_4OH; gelbe Nadeln; 60%. *Hydrazondihydrochlorid* (**II**), $C_{10}H_{13}\cdot Cl_2N_3$, F. 257—260° (Zers.), durch 2std. Kochen des Benzoylhydrazons in 20%ig. HCl, Absaugen der ausfallenden *Benzoesäure* u. Eindampfen des Filtrats im Vakuum zur Trockne; blaßgelbe Kristalle; 87%. *p-Nitrobenzalhydrazon*, $C_{17}H_{14}N_4O_2$, F. 274°, aus **II** u. p-Nitrobenzaldehyd (**XIII**) in verd. A. in Ggw. von $(C_2H_5)_3N$; aus Butanol (Bu) bronzefarbenes Kristallpulver. — *10-Methylacridon-(9)*, *Formylhydrazon*, $C_{15}H_{13}N_3O$, F. 203°, durch ¼std. Zutropfen von 0,2 Mol **IV** in W. zu 0,1 Mol **III** in W. unter Rühren u. Kühlen mit Eis/NaCl, Alkalisieren mit ca. 8n NH_4OH u. ½std. Rühren; aus Bzl. gelbe Blättchen; 67—68%. *Benzoylhydrazon*, $C_{21}H_{17}N_3O$, F. 86—94°, analog dem Formylhydrazon aus **I**. *Hydrazonperchlorat* (**V**), $C_{14}H_{14}ClN_3O_4$, wird bei 195° schwarz, durch langsames Erhitzen des Formylhydrazons in 15%ig. $HClO_4$ zum Sieden u. 1 Min. langes Erhitzen auf 100°; aus A. braune Blättchen; 80%; reizt zum Niesen. *p-Nitrobenzalhydrazon*, $C_{21}H_{16}N_4O_2$, F. 182°, aus **V** u. **XIII** in warmem A. u. Behandeln mit $(C_2H_5)_3N$; aus Essigester rotbraune Nädelchen. — *1-Methyl-1.4-dihydropyridin-⟨4-azino-4⟩-1-oxo-1.4-dihydrobenzol*, F. 213—214°, a) durch Vermischen von 3mMol **VII** in W. mit 3mMol **VI** u. 0,84 g $NaClO_4\cdot H_2O$ in W., mehrstd. Stehen, Lösen des erhaltenen *Perchlorats* [F. 182 bis 183° (Zers.); dunkelbraune Nadeln; 91%] in heißem W. u. Versetzen mit 2n NaOH; aus W. durch Fällen mit 2n NaOH schwarze Nadeln, die sich bei längerem Stehen in Blättchen umwandeln; 83%; verliert bei 100° im Hochvakuum ca. 2,2 Moll. W.; b) durch ½std. Zugabe von 2 mMol $K_3Fe(CN)_6$ in W. zu einer Lsg. von 0,5 mMol **VI** u. 5 mMol **X** in W. u. 2n NH_4OH bei 0° unter Rühren; 40%. *β-Naphthalinsulfonat*, $C_{22}H_{19}N_3O_4S$, F. 218,5—220°, analog der Darst. des Perchlorats unter Ersatz von $NaClO_4$ durch Na-β-Naphthalinsulfonat; aus A. braune Blättchen; 95%. — *1-Methyl-1.4-dihydropyridin-⟨4-azino-4⟩-1-oxo-1.4-dihydronaphthalin*, $C_{16}H_{13}N_3O$, F. 224—225°, a) durch Vermischen von 2,5 mMol **VI** u. 5 mMol $NaClO_4\cdot H_2O$ in W. mit 2,5 mMol **VIII** in A., mehrstd. Stehen, Lösen des entstehenden *Perchlorats* [F. 270—280° (zugeschmolzenes Rohr; ab ca. 250° Schwärzung); tiefgelbe Nadeln; 88—90%] in heißem W. u. Vermischen mit 2n NaOH; aus W. durch Fällen mit 2n NaOH grüne Stäbchen; 83%; verliert im Hochvakuum bei 100° irreversibel 1 Mol. W.; b) durch langsame Oxydation von 0,5 mMol **VI** u. 0,5 mMol **XI** in A. u. 3 mMol $NaHCO_3$ in W. mit 2,2 mMol $K_3Fe\cdot(CN)_6$ in W., Behandeln mit $HClO_4$, Lösen des entstehenden *Perchlorats* in heißem W. u. Versetzen mit 2n NaOH; 11%. — *1-Methyl-1.4-dihydropyridin-⟨4-azino-10⟩-anthron-(9)*, $C_{20}H_{15}N_3O$, F. 172—174°, a) durch Zugabe von 0,011 Mol $(C_2H_5)_3N$ zu 2,5 mMol **VI** u. 2,5 mMol **IX** in Glykolmonomethyläther (GÄ), ½std. Schütteln, mehrstd. Stehen, Versetzen mit $HClO_4$, Zugabe von 2%ig. wss. $NaClO_4$-Lsg., Suspendieren des entstehenden *Perchlorats* (F. 264—266°; gelbe Nadeln; 76%) in GÄ u. Behandeln mit 2n NaOH u. W.; aus 33%ig. CH_3OH bronzeglänzende Nadeln; 82%; b) durch 3std. Rühren von 0,5 mMol **VI**, 0,5 mMol **XII**, 1 mMol $(C_2H_5)_3N$ u. ca. 4 mMol PbO_2 in CH_3OH, Zugabe von $HClO_4$ u. 1 mMol wss. $NaClO_4\cdot H_2O$-Lsg., ¼std. Stehen u. Behandeln des erhaltenen *Perchlorats* wie unter a); 17—18%. — *1-Methyl-1.4-dihydrochinolin-⟨4-azino-4⟩-1-oxo-1.4-dihydrobenzol*, $C_{16}H_{13}N_3O$, F. 220—221°, a) durch Versetzen von 4 mMol **VII** in W. mit 44 mMol **II** in W., Kühlen auf 0°, Abfiltrieren des ausfallenden *Hydrochlorids* (rote Nadeln), Behandeln des Filtrats mit 30%ig. $HClO_4$, Abfiltrieren des ausfallenden *Perchlorats*, Aufschwemmen der Ndd. in warmem W., Versetzen mit 2n NaOH unter Rühren u. ½std. weiteres Rühren; aus W. dunkelblauviolette Nadeln; 88%; b) durch oxydative Kupplung von **II** mit **X**; Spuren. — *1-Methyl-1.4-dihydrochinolin-⟨4-azino-4⟩-1-oxo-1.4-dihydronaphthalin*, $C_{20}H_{15}N_3O$, F. 268°, a) durch Zutropfen von 4,2 mMol $K_3Fe(CN)_6$ in W. zu 1 mMol **II** in W., 1 mMol **XI** in A. u. ca. 6 mMol $NaHCO_3$ in W. bei 0° unter Rühren u. Zugabe von 2n NaOH; aus Amylalkohol violette Blättchen; 86%; b) durch 1tägiges Stehen des Gemisches von 1 mMol **II** in W., 1 mMol **VIII** in A. u. 10 mMol NaCl in W., Suspendieren des ausfallenden *Hydrochlorids* (hellbraune Nadeln) in W. u. Alkalisieren mit 2n NH_4OH; 71%. — *1-Methyl-1.4-dihydrochinolin-⟨4-azino-10⟩-anthron-(9)*, $C_{24}H_{17}N_3O$, F. 214—216°, a) durch Suspendieren von je 1 mMol **II** u. **IX** in GÄ, Zugabe von 4 mMol $(C_2H_5)_3N$, mehrstd. Schütteln, Ansäuern mit verd. $HClO_4$, Zugabe von $NaClO_4$, Verdünnen mit W., Lösen des ausfallenden *Perchlorats* (F. 254—255°; braune Nadeln; 60—65%) in GÄ u. Versetzen mit 2n NaOH; aus Ligroin schwarze Nadeln; 46%; b) durch ca. 6std. Rühren von 1 mMol **II**, 1 mMol **XII** u. ca. 2 mMol Tego-Mennige in Dimethylformamid (DFA), Absaugen der Pb-Oxyde, Ansäuern mit verd. $HClO_4$, Zugabe von W., 1std. Stehen u. Behandeln des *Perchlorats* (12—13%) wie unter a). — *10-Methyl-9.10-dihydroacridin-⟨9-azino-4⟩-1-oxo-1.4-dihydrobenzol*, $C_{20}H_{15}N_3O$, F. 204°, durch Zutropfen von 4 mMol 4-Hydroxyphenylhydrazinhydrochlorid u. 0,012 Mol $(C_2H_5)_3N$ in DFA/W. (1:1) zu 2 mMol **III** im gleichen Lsgm., Zutropfen von 4 mMol $K_3Fe(CN)_6$ in DFA/W. unter Rühren u. Zugabe von 2n NH_4OH; aus Bu schwarze Nadeln; 75%. — *10-Methyl-9.10-dihydroacridin-⟨9-azino-4⟩-1-oxo-1.4-dihydronaphthalin*, $C_{24}H_{17}N_3O$, F. 230°, durch Lösen von 0,01 Mol **V** u. ca. 0,002 Mol CH_3COOK in Eisessig (Eg), Abfiltrieren des ausfallenden *$KClO_4$*, Versetzen des warmen Filtrats mit 0,01 Mol **VIII** in Eg u. 1—2tägiges Stehen; aus Bu oder A. schwarze Nadeln; 28%. — *10-Methyl-9.10-dihydroacridin-⟨9-azino-10⟩-anthron-(9)*, $C_{28}H_{19}N_3O$, F. 324°, durch Vermischen von 2 mMol **V** u. ca. 6 mMol $(C_2H_5)_3N$ in Chlf. mit 2 mMol **IX** in Chlf. im Kältebad u. ¼std. Stehen bei Raum-Temp.; aus Xylol violettschwarzes Prod.; 47%.

G. REISNER. 3231 □

Untersuchungen über die Synthese von Piperazinen. 4. Mitt. Synthese von Piperazinen aus β-Aminoäthanol und β-Alkylaminoäthanolen. Takeo Ishiguro, Eiichi Kitamura, Masaki Matsumura und Hiroshi Ogawa. (J. pharmac. Soc. Japan [Yakugakuzasshi] 75. 1318—21. 25/11. 1955. Kyōto, Univ., Med. Fak., Pharmakol. Inst.) (Jap.; Auszug: Engl.) — 3. vgl. J. pharmac. Soc. Japan [Yakugakuzasshi] 75. [1955.] 674.

Ca. 1½—3½std. Erhitzen von β-Aminoäthanol (**I**)-hydrochlorid oder -hydrobromid auf ca. 240—250° gibt 44—51% *Piperazin* (**IV**) neben 2—5% *β.β'-Diaminodiäthyläther* (**V**). Unter den gleichen Bedingungen gibt β-Methylaminoäthanolhydrochlorid (**III**) 26% *N-Methylpiperazin*, 5% *N.N'-Dimethylpiperazin* (**II**) u. 12% *N.N'-Dimethyläthylendiamin*. Die gleiche Rk. gibt, ausgehend von β-Dimethylaminoäthanol (**VII**), nur **II** in 26%ig. Ausbeute. Aus **I** u. Mono-, Di- oder Trialkylaminhydrochlorid entstehen entsprechend den Rk.-Bedingungen *N-Alkyl-* oder *N-Dialkyläthylendiamin* u. *N-Alkylpiperazin*, aus **I** u. aromat. Aminen wird nur *N-Aryläthylendiamin* gebildet.

Versuche: *Piperazin* (**IV**), Kp. 140—150°, a) durch 1—2std. Erhitzen von **I** mit HCl oder HBr auf 240—250°, Zusatz von 50%ig. NaOH u. Dest.; 45—50% (Ausbeute) [*Pikrat*, F. 158—158,5° (A.). *Dibenzoat*, F. 194—195°. *Dinitroso-Deriv.*, F. 157—158°] neben *β.β'-Diaminodiäthyläther* (**V**), Kp. 180—185°; 2—5% [*Dipikrat*, $C_{16}H_{18}N_8O_{15}$, F. 227—228° (Zers.; Eisessig)]; b) durch 3std. Erhitzen von **I** mit NH_3; 30%. — *β-Dimethylaminoäthanol* (**VII**), Kp. 127—136°, aus **I**, Formalin u. HCOOH; 60—70%. — *N-*

Methylpiperazin, Kp. 134—136°, a) durch 3std. Erhitzen von **III** auf 245—255°; 26% [*Bis-2.4-dinitrophenolat*, F. 209—210° (A./W. oder Aceton). *p-Toluolsulfonat*, F. 152—153° (W.). *Benzolsulfonat*, F. 128,5—129,5° (W.)] neben 5% **II** u. 12% *N.N'-Dimethyläthylendiamin* [Kp. 119—120°. *Bis-p-toluolsulfonat*, $C_{18}H_{24}N_2O_4S_2$, F. 155—156° (50%ig. A.). *Dibenzolsulfonat*, F. 128—129° (50%ig. A.)]; b) durch 3std. Erhitzen von **I** mit CH_3NH_2; 12% neben 14% *N-Methyläthylendiamin* [Kp. 115—117°. *Dipikrat*, $C_{15}H_{16}N_8O_{14}$, F. 223° (Zers.; W.)], **IV** u. **V**; c) durch 3std. Erhitzen von **I** mit $(CH_3)_2NH$ auf 245—255°; 11% neben 21% *N.N-Dimethyläthylendiamin* (**VI**) [Kp. 105 bis 108°. *Dipikrat*, $C_{16}H_{18}N_8O_{14}$, F. 215° (Zers.; W.)], **IV** u. **V**; d) durch 3std. Erhitzen von **I** u. $(CH_3)_3N$ auf 245—255°; 28% (neben 17% **VI**). — *N-Äthylpiperazin*, Kp. 155 bis 158°, durch 4std. Rk. von **I** u. $C_2H_5NH_2$ bei 240—250°; 8% [*p-Toluolsulfonat*, F. 73—74° (W.)] neben 12% *N-Äthyläthylendiamin* [Kp. 125—129°. *Dipikrat*, F. 194 bis 195° (Zers.; W.)] u. **IV**. — *N.N'-Dimethylpiperazin* (**II**), Kp. 131—133°, durch 3std. Erhitzen von **VII** auf 245—255°; 26% [*Bis-2.4-dinitrophenolat*, F. 216,5—217° (W.)]. — *N-Phenyläthylendiamin*, $Kp._{20}$ 149—153°, durch 1std. Erhitzen von **I** u. Anilin auf 245—255°; 32% [*Dihydrobromid*, F. 201—202° (A.). *Dipikrat*, $C_{20}H_{18}N_8O_{14}$, F. 183 bis 184° (50%ig. A.)]. — *N-[o-Tolyl]-äthylendiamin*, $Kp._{20}$ 164—168°, durch 2½std. Erhitzen von **I** u. o-Anisidin auf 235—245°; 19% [*Dipikrat*, F. 151—152° (50%ig. A.)]. F. Mossner. 3272

Synthese und Stereochemie heterocyclischer Phosphorverbindungen. 1. Mitt. **Darstellung von (+)- und (—)-10-p-Dimethylaminophenyl-9.10-dihydro-9-aza-10-phosphaphenanthren.** I. G. M. Campbell und J. K. Way. (J. chem. Soc. [London] **1960**. 5034—41. Dez. Southampton, Univ.) (Engl.) — Vgl. auch C. **1960**. 7505.

Aus 3.4-Dimercaptotoluol u. p-Dimethylaminophenylphosphonigsäuredichlorid wurde *2-[p-Dimethylaminophenyl]-5-methyl-1.3-dithia-2-phosphaindan* dargestellt, das wegen unzulänglicher Salz-Bldg. weder mit Weinsäure, Dibenzoylweinsäure noch Camphersulfonsäure gespalten werden konnte. Durch Behandlung von PCl_3 mit 2-Amino- u. 2-Amino-4-methylbiphenyl u. nachfolgende Einw. von $AlCl_3$ wurde über die entsprechenden *cycl. Chlorphosphine* durch anschließende Rk. mit Aryl-Li bzw. Grignard-Reagentien eine Reihe von *10-Aryl-9.10-dihydro-9-aza-10-phosphaphenanthrenen* (**B**) erhalten. Die **B** wurden mit H_2O_2 zu den entsprechenden *10-Aryl-9.10-dihydro-9-aza-10-phosphaphenanthren-10-oxyden* (**A**) in A. bei Raum-Temp. oxydiert. Die Konstit. der **A** ergab sich aus der Hydrolyse des 10-Phenyl-9.10-dihydro-9-aza-10-phosphaphenanthren-10-oxyds (**I**) mit 5n HCl zum *Hydrochlorid* der *[2'-Aminobiphenylyl-(2)]-phenylphosphinsäure*, das bei seinem F. unter Abspaltung von HCl u. W. **I** zurückliefert. Es wurde *(±)-10-[p-Dimethylaminophenyl]-9.10-dihydro-9-aza-10-phosphaphenanthren-10-oxyd* [(±)-**II**] in (+)- u. (—)-**II** über deren Camphersulfonate gespalten. Die Red. der **II**-Antipoden mit $LiAlH_4$ in Di-n-butyläther u. Bzl. lieferte bei 80° die entsprechenden opt.-akt. **B** (**III**). Sie besitzen beträchtliche Stabilität, sind jedoch gegenüber der Luftoxydation sehr empfindlich u. daher für Racemisierungs-Unterss. nicht geeignet. Die Konfigurationen der **B** werden diskutiert u. die Hauptabsorptionsbanden der IR-Spektren der dargestellten **A** u. **B** angegeben.

Versuche: *2-[p-Dimethylaminophenyl]-5-methyl-1.3-dithia-2-phosphaindan*, $C_{15}H_{16}\cdot NPS_2$, F. 125—126° (Ae.), aus 3.4-Dimercaptotoluol u. p-Dimethylaminophenylphosphonigsäuredichlorid in Ae. in Ggw. von Pyridin; 41% (Ausbeute). *Monomethojodid*, $C_{16}H_{19}JNPS_2$, F. 125,5—127° (Zers.; A.), aus 0,5 g des Phosphins in Bzl. u. überschüssigem Methyljodid in 3 Std. bei 50° u. über Nacht bei Raum-Temp.; 0,2 g. — *Phenylphosphonsäure*, F. 158—159°, beim Vers. der Rk. von 3.4-Dimercaptotoluol mit Phenylphosphonigsäuredichlorid. — *p-Bromphenylphosphonsäure*, F. 143°, analog aus p-Bromphenylphosphonigsäuredichlorid analog vorst. Verbindung. — 10-Aryl-9.10-dihydro-9-aza-10-phosphaphenanthrene (**B**): *10-Phenyl-*, $C_{18}H_{14}NP$, F. 181° (Bzl.), durch 8std. Kochen von 8,5 g 2-Aminobiphenyl u. PCl_3 u. nachfolgendes 6std. Erhitzen des entstandenen Prod. mit $AlCl_3$ auf 160—165°, dann ½std. Kochen nach Zugabe von Bzl. u. $POCl_3$ u. 1std. Kochen der benzol. Lsg. des isolierten rohen *10-Chlor-9.10-dihydro-9-aza-10-phosphaphenanthrens* (F. 110—115°) mit Phenyl-Li in Ae. unter N_2; 1,5 g. *Methyl-Deriv.*, *Methojodid*, $C_{20}H_{19}JNP$, F. 215,5—216,5° (Zers.; A.). — Analog: *7-Methyl-10-phenyl-*, $C_{19}H_{16}NP$, F. 125—128° (A.); 25%. — *10-[p-Tolyl]-*, $C_{19}H_{16}NP$, F. 135—138° (A.); 5%. — *10-[p-Bromphenyl]-*, $C_{18}H_{13}BrNP$, F. 145—147° (A.), analog unter Verw. von p-Bromphenyl-MgBr; 9%. — *(±)-10-[p-Dimethylaminophenyl]-* [(±)-**III**], $C_{20}H_{19}N_2P$, F. 148—153° (A.), F. 158—160° (im Rohr unter N_2); 23%. (—)-**III**, $C_{20}H_{19}N_2P$, F. 153—157°, aus 0,28 g (+)-**II** durch Zugabe zu $LiAlH_4$ in Bzl.-Di-n-butyläther innerhalb 45 Min. u. anschließendes 6—7std. Kochen; $[\alpha]_D^{21}$ —138,6 ± 2,2° (c = 0,225; A.), $[\alpha]_D^{20}$ —221,7° (Chlf.); 0,15 g; liefert durch 10 Min. langes Schütteln mit H_2O_2 (+)-III ($[\alpha]_D^{20}$ +129,5°). (+)-III, F. 154—156° (Bzl.-Di-n-butyläther), analog aus 0,2 g (—)-II durch 4std. Kochen; $[\alpha]_D^{21}$ +141,6±2,3° (c = 0,219; A.); 81 mg. — Durch Einw. von H_2O_2 auf vorst. **B** in A. oder A.-Äthylacetat bei Raum-Temp. wurden nachst. 10-Aryl-9.10-dihydro-9-aza-10-phosphaphenanthren-10-oxyde (**A**) zu ca. 100% erhalten: *10-Phenyl-* (I), $C_{18}H_{14}NOP$, F. 289—290° (A.). — *7-Methyl-10-phenyl-*, $C_{19}H_{16}NOP$, F. 246—248° (A.). — *10-[p-Tolyl]-*, $C_{19}H_{16}NOP$, F. 232 bis 235° (A.). — *10-[p-Bromphenyl]-*, $C_{18}H_{13}BrNOP$, F. 223—226° (Bzl.). — (±)-*10-[p-Dimethylaminophenyl]-* [(±)-II], $C_{20}H_{19}N_2OP$, F. 258—260° (A.-Äthylacetat). (+)-II, F. 135—136°, aus 3,3 g der (±)-Form u. (—)-Camphersulfonsäure in A.-Äthylacetat u. nachfolgendes Umkristallisieren der nach 3 Std. isolierten 1. Fraktion aus A., dann Zers. von 0,58 g des erhaltenen (—)-*Camphersulfonats* [$C_{20}H_{19}N_2OP\cdot C_{10}H_{16}O_4S$, $[\alpha]_D$ +67,7°; 0,37 g] in A. mit 0,5n NH_4OH; zersetzt sich bei 144—148°, $[\alpha]_D^{21}$ +152,8±1,2°; 0,34 g. (—)-II, $C_{20}H_{19}N_2OP\cdot H_2O$, F. 135—136°, Zers. bei 145—148°, aus 3,3 g der (±)-II u. (+)-Camphersulfonsäure u. nachfolgende Extraktion der nach 24 Std. isolierten 1. Fraktion (3,67 g) mit sd. Äthylacetat, dann Zers. von 0,45 des darin unlösl. (+)-*Camphersulfonats* [F. 203—205° (A.-Äthylacetat), $[\alpha]_D$ —67,9°; 0,45 g] analog (+)-II; $[\alpha]_D^{22}$ —152,6±1,2°; 0,28 g; (—)-*Camphersulfonat*, F. 188—190°, aus (—)-II u. (—)-Camphersulfonsäure in A.; $[\alpha]_D$ —104,3±1,7°. — *[2'-Aminobiphenylyl-(2)]-phenylphosphinsäure-hydrochlorid*, $C_{18}H_{17}ClNO_2P$, F. 244° (Zers.; 4n HCl), aus I durch 10std. Erhitzen mit 5n HCl; liefert durch Schmelzen I zurück. D. KIRSTEIN. 3292□

Kondensierte Polymethylenderivate von Heterocyclen aus Lactamen. 2. Mitt. Über das Umlagerungsvermögen von 2-Phenyl-4-[homopiperidyliden-(2')]-oxazolon-(5) in 2-Phenyl-1.5-pentamethylenimidazol-4-carbonsäure und ihren Methylester. R. G. Gluschkow und O. Ju. Magidsson. (Журнал Общей Химии [J. allg. Chem.] 30 (92). 1855—60. Juni 1960. Chem.-pharmazeut. Allunions Forsch.-Inst.) (Russ.) — 1. vgl. C. **1961**. 8659.

Bei der Kondens. von O-Methylcaprolactim (I) mit Hippursäure (II) in Ggw. von Acetanhydrid bzw. mit 2-Phenyloxazolon-(5) (III) entsteht, wie durch die im IR-Spektrum auftretende NH-Bande nachgewiesen wird, nicht 2-Phenyl-4-[$\Delta^{1'}$-homopiperideinyl-(2')]-oxazolon-(5), sondern *2-Phenyl-4-[homopiperidyliden-(2')]-oxazolon-(5)* (IV), dessen *Hydrochlorid* durch Kochen in Methanol in *α-Benzoylamino-α-[homopiperidyliden-(2')]-essigsäuremethylesterhydrochlorid* (V) aufgespalten wird. Durch Einw. von 15%ig. methanol. HCl auf V erhält man den *Methylester* (VI) der *2-Phenyl-1.5-pentamethylenimidazol-4-carbonsäure* (VII) u. daraus mit 10%ig. KOH VII, die beim Erhitzen auf 220—225° zu *2-Phenyl-1.5-pentamethylenimidazol* (VIII) decarboxyliert wird. Unter den Prodd. der sauren bzw. alkal. Hydrolyse von IV findet sich neben V bzw. VII jeweils VI. Es gelang Vff. nicht, das durch Rk. von I mit Nitromethan (IX) dargestellte *[Homopiperidyliden-(2)]-nitromethan* zur Aminomethyl-Verb. zu reduzieren, anschließend zu benzoylieren u. zu VIII zu cyclisieren.

Versuche: *2-Phenyl-4-[homopiperidyliden-(2')]-oxazolon-(5)* (IV), $C_{15}H_{16}N_2O_2$, F. 129,5—131,5°, a) durch 1std. Erhitzen von I u. III auf 110—115° u. Eindampfen; aus Bzl./Ae. (1:4) längliche Blättchen; 88% (Ausbeute); b) durch 1std. Erhitzen von 60 g I u. II in Acetanhydrid auf 65—70°, Kühlen u. Filtrieren; 34 g. *Hydrochlorid*, $C_{15}H_{17}ClN_2O_2$, F. 191—193° (Bzl./Chlf.), durch 3std. Einleiten von HCl in eine methanol. IV-Lsg. bei —10° u. Abfiltrieren des Nd.; 97,86%. — *α-Benzoylamino-α-[homopiperidyliden-(2')]-essigsäuremethylesterhydrochlorid* (V), $C_{16}H_{21}ClN_2O_3$, F. 158—160°, a) durch ½std. Kochen vorst. Hydrochlorids mit wss. Methanol u. Eindampfen; aus Methanol Prismen; 83,7%; b) durch 2std. Kochen von IV mit 10%ig. methanol. HCl, Eindampfen der gelben Lsg., Waschen mit Ae. u. Abfiltrieren des Nd.; 24,7%. — *2-Phenyl-1.5-pentamethylenimidazol-4-carbonsäure* (VII), $C_{15}H_{16}N_2O_2$, F. 164—165°, a) durch 5std. Kochen von IV mit 10%ig. methanol. KOH, Kühlen, Eindampfen des Filtrats, Lösen des Rückstands in W., Ansäuern u. Extrahieren mit Chlf.; aus Methanol/Ae. Prismen; 67,5%; b) durch 1std. Erhitzen von VI mit 10%ig. KOH auf 60°, Ansäuern des Filtrats mit 10%ig. HCl u. Extrahieren mit Chlf.; 98,4%; c) neben VI nach c) durch Ansäuern des Filtrats mit 10%ig. HCl; 29,8%. *Hydrochlorid, Sesquihydrat*, $C_{15}H_{16}N_2O_2\cdot HCl\cdot 1,5\,H_2O$, F. 238—240°, a) durch 7std. Kochen von VI mit 15%ig. HCl; 77%; b) nach a) aus VII; 80%. *Methylester* (VI), $C_{16}H_{18}N_2O_2$, F. 164,5—165,5°, a) durch 5std. Kochen von V mit 15%ig. methanol. HCl, Eindampfen, Lösen des Rückstands in W., Alkalisieren mit gesätt. Na_2CO_3-Lsg. u. Abfiltrieren des Nd.; aus Bzl./Ae. Blättchen; 67,1%; b) durch 4std. Kochen von VII mit 18%ig. methanol. HCl, Abdestillieren des Lsgm., Lösen des Rückstands in W. u. Neutralisieren mit Na_2CO_3-Lsg.; 67,5%; c) durch ½std. Kochen von IV mit 10%ig. methanol. KOH, Abdestillieren des Lsgm., Lösen des Rückstands in W. u. Abfiltrieren des Nd.; 42,4%; d) neben V nach b), Eindampfen des Filtrats,

Lösen des Rückstands in W. u. Alkalisieren mit 5%ig. Na_2CO_3-Lsg.; 28,5%. — *2-Phenyl-1.5-pentamethylenimidazol* (VIII), $C_{14}H_{16}N_2$, F. 132,5—134,5° (Ae.), durch 3std. Erhitzen von VII auf 220—225°, Kühlen, Lösen in Chlf., Waschen mit 5%ig. Na_2CO_3-Lsg. u. Eindampfen; 88,2%. — *[Homopiperidyliden-(2)]-nitromethan*, F. 89—91° (W.), durch 26std. Kochen von I mit IX, Abfiltrieren des Nd., 22std. Kochen des Filtrats u. Abfiltrieren des Nd.; 72,9%. ULRICH SCHULZE. 3370

Zur Kenntnis der makrocyclischen Ringsysteme. 7. Mitt. Herstellung und Eigenschaften makrocyclischer Tetramine. Hermann Stetter und Karl-Heinz Mayer. (Chem. Ber. **94.** 1410—16. 1/6. 1961. München, Univ., Inst. für Organ. Chem.) (Dt.) — 6. vgl. C. **1960.** 14375.

Zur Herst. hochgliedriger *cycl. Tetramine* werden die Na-Salze von z. B. N.N'-Ditosyläthylendiamin (I) oder N.N'-Ditosyltrimethylendiamin (II) mit Bromessigsäuremethylester (III) in *N.N'-Ditosyläthylendiamin-* bzw. *N.N'-Ditosyltrimethylendiamin-N.N'-diessigsäuredimethylester* umgewandelt. Die Säurechloride der aus diesen Estern erhaltenen Dicarbonsäuren wurden mit verschiedenen Diaminen cyclisiert. Durch Red. der cycl. tosylierten Diamine mit $LiAlH_4$ in sd. Tetrahydrofuran entstanden unter Abspaltung der Tosylgruppen die cycl. Tetramine. *1.5.8.12-Tetraazacyclotetradecan* (VII) zeigt im Gegensatz zu allen homologen cycl. Tetraminen, bei denen es sich um hygroskop. ölige oder niedrig schm. Verbb. handelt, keine typ. Amineigenschaften. Die ungewöhnliche Stabilität der bei 185° schmelzenden Verb. wird durch eine ster. bes. günstige Anordnung von intramol. Wasserstoffbrücken erklärt. Das IR-Spektr. von VII wird diskutiert.

Versuche (FF. korr.): *N.N'-Ditosyläthylendiamin-N.N'-diessigsäuredimethylester*, $C_{22}H_{28}N_2O_8S_2$, F. 124,3—126,8° (Methanol), durch 2std. Kochen von I mit Na in abs. Methanol, Einengen, ½std. Rühren mit III, Einengen u. Lösen in Chlf.; 70% (Ausbeute). *Freie Säure*, $C_{20}H_{24}N_2O_8S_2$, F. 228,9—229,8° (Ameisensäure), durch 12std. Kochen des Esters mit Eisessig/konz. HCl, 4:1; 90%. — *N.N'-Ditosyltrimethylendiamin* (II), F. 149—151° (Methanol), durch Rk. von Trimethylendiamin in NaOH mit Tosylchlorid in Ae.; 80%. — *N.N'-Ditosyltrimethylendiamin-N.N'-diessigsäuredimethylester*, $C_{23}H_{30}N_2O_8S_2$, F. 110—112°, aus II u. III; 84%. *Freie Säure*, $C_{21}H_{26}N_2O_8S_2$, F. 164 bis 166° (1.2-Dichloräthan), durch 2std. Kochen des Esters mit 1n NaOH u. Ansäuern mit HCl; 82%. — *N.N'-Ditosyläthylendiamin-N.N'-diessigsäuredichlorid* (IV), $C_{20}H_{22}\cdot Cl_2N_2O_6S_2$, F. 223—224° (abs. Bzl.), durch 5std. Kochen der Säure mit $SOCl_2$; 88,5%. — *N.N'-Ditosyltrimethylendiamin-N.N'-diessigsäuredichlorid* (V), durch ¼std. Erwärmen der Säure mit $SOCl_2$ auf 60°, 2std. Erwärmen auf 75° u. Einengen; 100%. — *1.4-Ditosyl-6.11-dioxo-1.4.7.10-tetraazacyclododecan* (VI), $C_{22}H_{28}N_4O_6S_2$, F. 314—315° (Eisessig), durch 10std. Rk. von IV mit Äthylendiamin in abs. Tetrahydrofuran; 68%. — *1.4-Ditosyl-6.12-dioxo-1.4.7.11-tetraazacyclotridecan*, $C_{23}H_{30}N_4O_6S_2$, F. 285° (n-Butanol); 70%. — *1.5-Ditosyl-7.12-dioxo-1.5.8.11-tetraazacyclotridecan*, $C_{23}H_{30}N_4O_6S_2$, F. 311° (Eisessig), aus V u. Äthylendiamin in abs. Bzl.; 73%. — *1.5-Ditosyl-7.13-dioxo-1.5.8.12-tetraazacyclotetradecan*, $C_{24}H_{32}N_4O_6S_2$, F. 266—267° (Chlorbenzol), aus V u. Trimethylendiamin; 75%. — *1.5-Ditosyl-7.16-dioxo-1.5.8.15-tetraazacycloheptadecan*, $C_{27}H_{38}N_4O_6S_2$, F. 187—188° (Toluol), aus V u. Hexamethylendiamin; 70%. *Toluol-Addukt*, $C_{34}H_{46}\cdot N_4O_6S_2$, Umwandlungspunkt 100—120°. — *1.5-Ditosyl-7.22-dioxo-1.5.8.21-tetraazacyclotrikosan*, $C_{33}H_{50}N_4O_6S_2$, F. 146° (Xylol), aus V u. Dodekamethylendiamin; 60%. — *1.4.7.10-Tetraazacyclododecan*, $Kp._{10^{-4}}$ 110°, F. 35°, durch 48std. Red. von VI mit $LiAlH_4$ in abs. Tetrahydrofuran; 40%. *Tetratosyl-Verb.*, $C_{36}H_{44}N_4O_8S_4$, F. 292° (Ameisensäure), durch 2½std. Rk. der Base in NaOH mit Tosylchlorid in Äther. — *1.4.7.11-Tetraazacyclotridecan*, $Kp._{10^{-3}}$ 115°, F. 41°; 50%. *Tetratosyl-Verb.*, $C_{37}H_{46}N_4O_8S_4$, F. 219,5°. — *1.5.8.12-Tetraazacyclotetradecan* (VII), $C_{10}H_{24}N_4$, F. 185° (Dioxan); 50%. *Tetratosyl-Verb.*, $C_{38}H_{48}N_4O_8S_4$, F. 289°. — *1.5.8.15-Tetraazacycloheptadecan*, $Kp._{10^{-4}}$ 170°; 75%. *Tetratosyl-Verb.*, $C_{41}H_{54}N_4C_8S_4$, F. 232°. — *1.5.8.21-Tetraazacyclotrikosan*, $Kp._{0,05}$ 220°; 65%. *Tetratosyl-Verb.*, $C_{47}H_{66}N_4O_8S_4$, F. 157°. E. SCHRÖDER. 3390□

Chemische Konfiguration von Osazonen. 5. Mitt. Über die Struktur von D-Glucosonmethylphenylhydrazon. Setsuzō Tejima. (J. pharmac. Soc. Japan [Yakugakuzasshi] **77.** 673—75. 25/6. 1957. Hokkaidō, Univ., Med. Fak., Pharmakol. Abt.) (Jap.; Auszug: Engl.) — 4. vgl. J. pharmac. Soc. Japan [Yakugakuzasshi] **72.** [1952]. 1580.

Bei dem in der 4. Mitt. (l. c.) dargestellten Glucosonmethylphenylhydrazon-(2) handelt es sich in Wirklichkeit um *D-Glucosonmethylphenylhydrazon-(1)*.

Versuche: *D-Glucosonmethylphenylhydrazon* (I), F. 170° (W.), aus 1 g D-Glucosemethylphenylosazon u. 5 cm^3 Formalin durch 1std. Erhitzen; 0,5 g (Ausbeute). — *L-Arabinosemethylphenylhydrazon*, F. 164° (A.), aus 4,5 g I, 4,5 g 80%ig. $N_2H_4\cdot H_2O$ u. 4,2 cm^3 Eisessig durch ½std. Erhitzen, Ae.-Extraktion u. Zusatz von 1,5 g L-Arabinose in 9 cm^3

W. u. 10 cm^3 A. neben *D-Glucoson.* — *D-Glucosazon,* F. 212° (Zers.), neben vorst. Verb. durch Zusatz von 7 g Benzaldehyd zur wss. Schicht, Ausäthern u. Zusatz von 0,5 g Phenylhydrazinhydrochlorid u. 0,75 g CH_3COONa in 5 cm^3-Wasser. — *D-Arabonsäure, NH_4-Salz,* F. 170° [A./W. (2:1)], aus 3 g I in 28% ig. NH_4OH u. 24 cm^3 W. durch Rk. mit 10 cm^3 34% ig. H_2O_2, Ausäthern u. A.-Zugabe. *Phenylhydrazid,* F. 212°. — *Mesoxaldialdehyd-1.2-bis-phenylhydrazon-3-methylphenylhydrazon,* $C_{22}H_{22}N_6$, F. 170° (A.), a) aus 0,5 g Mesoxaldialdehyd-1.2-bis-phenylhydrazon, 5 cm^3 A. u. 0,5 g 1-Methyl-1-phenylhydrazin; b) aus 0,5 g Mesoxaldialdehyd-1-methylphenylhydrazon-2-phenylhydrazon, 2 cm^3 A. u. 0,3 g Phenylhydrazin. F. MOSSNER. 3400

Über die Gleichgewichtskonstanten der reversiblen Hydrolyse der N-Glucoside von Aminosäuren und Peptiden. W. Kaliss und Je. Kawersnewa. (Известия Академии Наук Латвийской ССР [Nachr. Akad. Wiss. LettSSR] **1960.** Nr. 1. 107—10. Inst. für org. Synth. der Akad. der Wiss. der LettSSR.) (Russ.)

Es wird das Hydrolysengleichgewicht der *N-Glucoside* von *Serin, Glycin, Diglycin* u. *Alanylglycylglycin* zwischen pH 5,4—10,0 gemessen u. die Gleichgewichts-Konst. bestimmt. Bei gleichen pH-Werten nimmt die Beständigkeit der Glucoside in der vorst. Reihenfolge zu, was mit früheren Schlußfolgerungen über die Beständigkeit dieser Verbb. übereinstimmt. Mit zunehmendem pH-Wert steigt die Beständigkeit der Glucoside an, um ab pH 10 einen konst. Wert anzunehmen. Für Serin-N-glucosid werden die Kinetik der Hydrolyse untersucht u. die Geschw.-Konst. der Hydrolyse zu $1{,}35 \cdot 10^{-6}\,s^{-1}$ bestimmt. HELMUT SCHÄFER. 3450□

Synthese von wasserlöslichen Vitamin-E-Derivaten. Toshio Nakagawa und Yoshio Mori. (J. pharmac. Soc. Japan [Yakugakuzasshi] **75.** 1322—25. 25/11. 1955. Amagasaki, Präf. Hyōgo, Shionogi & Co., Labor.) (Jap.; Auszug: Engl.)

Ein wasserlösl. Vitamin-E-Deriv. wird durch Rk. von Phosphorsäure-dl-α-tocopherylesterdichlorid (I) mit Polyäthylenglykol (II) erhalten. Das Rk.-Prod. wird durch Al_2O_3-Chromatographie gereinigt. Aus dem P-Geh., der UV- u. IR-Absorption, dem durchschnittlichen Molgew. u. dem Ergebnis der Hydrolyse wird gefolgert, daß es sich bei dem Rk.-Prod. um einen gemischten Ester von H_3PO_4 mit dl-α-Tocopherol (III) u. II handelt.

Versuche: *Phosphorsäure-dl-α-tocopherylesterdichlorid* (I), $C_{29}H_{49}Cl_2O_3P$, $Kp._{0,06}$ 204°, aus 22,5 g $POCl_3$ in 100 cm^3 Pyridin u. 30 g III in 50 cm^3 Pyridin; 22 g (Ausbeute). — *Di-Na-α-tocopherylphosphat,* $C_{29}H_{49}Na_2O_5P$, aus I durch Ae.-Extraktion. F. MOSSNER. 3800

Die Struktur des Griseoluteins A. Shōshirō Nakamura, E. Lin Wang, Masao Murase, Kenji Maeda und Hamao Umezawa. (J. Antibiotics [Tokyo], Ser. A **12.** 55—58. März 1959. Tokyo, Univ. of Tokyo, Inst. of Appl. Microbiol.; Tokyo, Nat. Inst. of Health.) (Engl.)

Durch Gegenstromverteilung der Griseoluteine in Äthylacetat/Phosphatpuffer (pH 5,8) wurde reines *Griseolutein A* (I) in der organ. Phase abgetrennt, während *Griseolutein B* in der wss. Phase verblieb. Die Formel von I als $C_{17}H_{14}N_2O_6$ wurde durch die analyt. Daten von I, des aus I mit CH_2N_2 erhaltenen *Methylesters* (II) u. des daraus mit Acetanhydrid/Pyridin dargestellten *Monoacetyl-Deriv.* (III) festgestellt. Die Konstit. von I als *1-Methoxy-4-hydroxyacetoxymethylphenazin-9-carbonsäure* wurde durch die Bldg. von *Griseoluteinsäure* (IV)-*Methylester* u. *1-Methoxy-4.9-bis-[hydroxymethyl]-phenazin* bei der Red. von III mit $LiAlH_4$ sowie die Verseifung von I zu *Glykolsäure* u. IV bewiesen. — UV- u. IR-Spektr. von I vgl. Original.

Versuche: *Griseolutein A* (I), $C_{17}H_{14}N_2O_6$, F. 194—197° (Zers.), durch Lösen von 1 g rohem Griseolutein in 300 ml $NaHCO_3$-Lsg. (pH 7,2), Filtrieren, Ausschütteln des Filtrats mit Äthylacetat, Einengen des Extraktes im Vakuum u. Gegenstromverteilung des rohen I in Äthylacetat/Phosphatpuffer (pH 5,8); aus CH_3OH orangegelbe Nadeln; 50,28 mg (Ausbeute). *Methylester* (II), $C_{18}H_{16}N_2O_6$, F. 149°, aus 50 mg I u. CH_2N_2 in Ae. bei Raum-Temp. über Nacht; aus Bzl. gelbe Kristalle; 52 mg. *Acetyl-Deriv. des Methylesters* (III), $C_{20}H_{18}N_2O_7$, F. 163—165° (Bzl./Hexan, 1:1), aus II u. Acetanhydrid/Pyridin bei Raum-Temp. über Nacht. — *Griseoluteinsäure* (IV), neben *Glykolsäure* [R_F 0,10 (A./NH_4OH, 99:1)] aus I u. 1n $Ba(OH)_2$ bei 100° (1 Std.). *Methylester,* F. 189°, a) aus IV u. CH_2N_2 in Ae.; b) neben nachst. Verb. durch Red. von 10 mg III mit $LiAlH_4$ in Ae. bei Raum-Temp. (1 Std.) u. Chromatographie in Äthylacetat an Al_2O_3; aus Äthylacetat orangegelbe Nadeln; 2 mg. *1-Methoxy-4.9-bis-[hydroxymethyl]-phenazin,* $C_{15}H_{14}N_2O_3$, F. 251—253° (Zers.), a) aus 24 mg des IV-Methylesters u. $LiAlH_4$ in Ae. bei Raum-Temp. (½ Std.); 5 mg; b) neben dem IV-Methylester nach b); aus Äthylacetat gelbe Nadeln; 3 mg. F. HELLER. 3900□

Pflanzenhormone. 1. Mitt. Isolierung von Gibberellin A_1 und Gibberellin A_5 aus Phaseolus multiflorus. J. MacMillan, J. C. Seaton und P. J. Suter. (Tetrahedron

[London] **11.** 60—66. Sept. 1960. Welwyn, Herts., Imp. Chem. Ind. Ltd., Akers Res. Labor.) (Engl.)

Vff. isolierten aus dem Extrakt von P. multiflorus durch Chromatographie an Celiteaktivkohle u. Kieselsäure *Gibberellin A_1* (**I**; vgl. C. **1959.** 10966) neben einer unbekannten *Carbonsäure vom F. 207—209°* sowie *Gibberellin A_5* (**II**, vgl. Proc. chem. Soc. [London] **1959.** 325), dessen Konstit. durch das IR-Spektrum sowie nachst. Rkk. ermittelt wurde. Die Hydrierung des Methylesters (**III**) von **II** führte zum *Tetrahydro-Deriv.* (**V**), das ein Gemisch von $C_{(8)}$-Epimeren darstellte. Die Behandlung von **II** mit verd. HCl lieferte vermutlich unter WAGNER-MEERWEIN-Umlagerung die *Ketosäure* (**IV**), deren IR-Spektrum ebenso wie das ihres Methylesters (**VII**) eine cis-disubstituierte Doppelbindung anzeigt. Mit Kollidin wurde aus dem Monomesylat $C_{21}H_{30}O_8S$ (aus hydriertem **III**) ein *$C_{(8)}$-Epimerengemisch* des *ungesätt. Esters* (**VI**) erhalten, dessen Hydrierung wieder

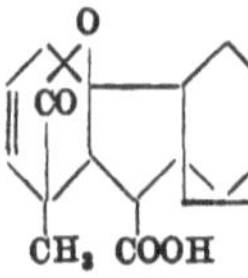

II

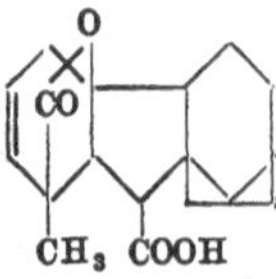

IV

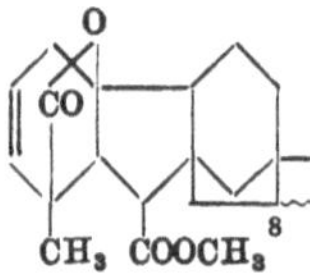

VI

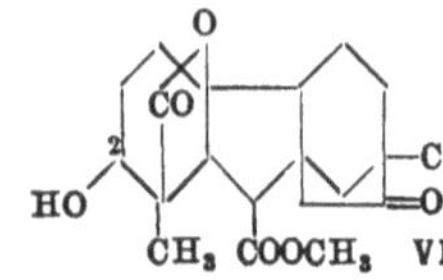

VIII

V lieferte, so daß **II** *Δ^2-Anhydrogibberellin A_1* darstellt. Die Dehydratisierung des Methylesters (**VIII**) des Umlagerungs-Prod. von **I** über das p-Toluolsulfonat oder mit $POCl_3$ führte zu **VII**; daneben entstand aus **VIII** das entsprechende *2-Chlorderivat*. **II** wurde durch Dehydratisierung des p-Toluolsulfonates (**IX**) des **I**-Methylesters u. anschließende alkal. Hydrolyse erhalten, womit seine Konstit. bestätigt wurde. **II** ist nach seinem IR-Spektrum mit dem „Bohnenfaktor II" (vgl. WEST u. PHINNEY, C. **1960.** 9942) identisch.

Versuche: *Gibberellin A_1* (**I**), $C_{19}H_{24}O_6$, F. 256—260° (Zers.; Äthylacetat–PAe., Tafeln oder Prismen), F. 285—287° (Aceton–PAe.), aus 87,3 kg unreifen tiefgefrorenen Samen von Phaseolus multiflorus durch 24std. Extraktion mit 70%ig. A. bei Raum-Temp., Einengen bei 40—50°, Ansäuern mit 2nHCl, Äthylacetat-Extraktion, nach weiterer Aufarbeitung Chromatographie von 3,5 g des neben *Fumarsäure* [8,0 g (Ausbeute)] erhaltenen rohen sauren Extraktes (12,0 g) an Celite/Aktivkohle u. Celite/Kieselsäure; $[\alpha]_D^{21}$ +35° (c = 1,02; A.); 33 mg. *Methylester*, F. 232—234°; *p-Toluolsulfonat* (**IX**), $C_{27}H_{32}O_8S$, aus 500 mg des Methylesters u. p-Toluolsulfochlorid in Pyridin in 50 Std.; 322 mg; daneben das *Bis-[p-toluolsulfonat]*, $C_{34}H_{38}O_{10}S_2$; 120 mg. — *Azelainsäure*, F. 100 bis 103°, neben **I**; 5 mg. Daneben *Prod. vom F. 207—208°* (Ae., Prismen); 2 mg. — *Gibberellin A_5* (**II**), $C_{19}H_{22}O_5$, F. 260—261° (Aceton–PAe., Prismen), a) neben **I** aus 4 g des sauren Extraktes; 27 mg; b) aus **III** in Methanol durch 2std. Erhitzen mit wss. KOH auf 100°; $[\alpha]_D^{27}$ —77° (c = 0,5; Methanol). *Methylester* (**III**), $C_{20}H_{24}O_5$, F. 191—193° (Aceton PAe., Prismen), a) aus **II** in Methanol u. Diazomethan in Ae.; b) aus 300 mg **IX** durch 5std. Kochen in Kollidin; 98 mg. — *Tetrahydrogibberellin-A_5-methylester* (**V**), $C_{20}H_{28}O_5$, F. 205—207°, F. 212—215° (Ae.-PAe., Säulen), a) durch Hydrierung von 4,2 mg **III** in Eisessig an PtO_2 bei 25°; $[\alpha]_D^{25}$ +30° (c = 0,35; Methanol); 4,0 mg; b) aus **VI** analog a); $[\alpha]_D^{21}$ +27° (c = 0,37; Methanol). — *Monomesylat $C_{21}H_{30}O_8S$*, F. 194—197° (Aceton–PAe., Prismen), aus 200 mg hydriertem **III** u. Mesylchlorid in Pyridin in 65 Std. bei Raum-Temp.; 60 mg. — *Ketosäure* **IV**, F. 263—265° (Aceton, PAe., Prismen), a) aus 9,5 mg **II** durch 2½ std. Erhitzen mit alkohol.-wss. HCl auf 100°; 2 mg; b) durch 2std. Kochen von **VII** mit wss. HCl; $[\alpha]_D^{19}$ —61° (c = 0,6; Methanol). *Methylester* (**VII**), $C_{20}H_{24}O_5$, F. 160—164° (Aceton–PAe., Prismen), a) aus **IV** u. Diazomethan; b) aus 100 mg des p-Toluolsulfonates von **VIII** durch 6std. Kochen in Kollidin; $[\alpha]_D^{19}$ —55° (c = 0,8; Methanol); 60 mg; c) aus 180 mg **VIII** durch 2std. Kochen mit $POCl_3$ in Pyridin; 90 mg. *Dihydro-Deriv.*, $C_{20}H_{26}O_5$, F. 190—191° (Aceton–PAe., Prismen), aus **VII** durch Hydrierung in Eisessig an Pd-Kohle. — *Dihydrogibberellin-A_5-methylester* (**VI**), $C_{20}H_{26}O_5$, F. 180—185° (Aceton–PAe., Prismen), aus 20 mg des Monomesylates $C_{21}H_{30}O_8S$ durch 6std. Kochen mit Kollidin; 10 mg. — *Ketoester* **VIII**, *p-Toluolsulfonat*, $C_{27}H_{32}O_8S$, F. 208—210° (Aceton–PAe., Nadeln), aus 350 mg **VIII** durch 80std. Stehen mit Tosylchlorid in Pyridin; 245 mg. *2-Chlor-Deriv.*, *$C_{20}H_{25}ClO_5$*, F. 225° (Aceton–PAe., feine Nadeln), neben **VII** nach c); 30 mg. H. KLUGE. 3950□

Synthese von Peptidyl-Nucleotiden einschließlich L-Arginyl-L-alanyl-L-arginyl-L-alanyluridin-5'-phosphat. G. Harris und I. C. MacWilliam. (J. chem. Soc. [London] **1961.** 2053—57. Mai Nutfield, Surrey, Brewing Ind. Res. Foundat.) (Engl.)

Durch Kondens. von Adenosin-5'-phosphat (I) mit L-Leucylglycin (II) in Pyridin in Ggw. von N.N'-Dicyclohexylcarbodiimid (III) entsteht das Nucleotid–Peptid-Anhydrid *Adenin-5'-L-leucylglycylphosphat*. Analog werden aus Uridin-5'-phosphat (**IV**) u. L-Arginyl-L-alanin oder L-Arginyl-L-alanyl-L-arginyl-L-alanin (V) *Uridin-5'-L-arginyl-L-alanyl-* bzw. *-L-arginyl-L-alanyl-L-arginyl-L-alanylphosphat* (VI) synthetisiert. VI ist mit einem aus Brauereihefe isolierten Prod. (vgl. Proc. Roy. Soc. [London] Ser. B **151.** [1960.] 537) identisch. V wird aus Carbobenzoxy-(Cbo)-nitro-L-arginyl-L-alanin (VII) u. Nitro-L-arginyl-L-alaninbenzylester in Ggw. von III u. anschließende katalyt. Hydrierung dargestellt.

Versuche: *Adenin-5'-L-leucylglycylphosphat*, durch 3std. Rk. von I u. II in wss. Pyridin in Ggw. von III u. 1nHCl bei 0°, Extrahieren des Nd. mit 0,1 mol. Acetatpuffer (pH 5), Einengen, Elektrophorese (pH 4) u. Gefriertrocknung. *DL-Verb.*, durch 1std. Rk. von I u. N-Benzylmercaptocarbonyl-DL-leucylglycin in wss. Pyridin mit III bei −10°, Zugeben von Ae., Extrahieren mit 0,01nHCl, 20 Min. lange Rk. mit Perbenzoesäure bei 0°, Extrahieren mit Chlf. u. Gefriertrocknung. — *Uridin-5'-DL-leucylglycylphosphat*, analog vorst. DL-Verbindung. — *N-Benzylmercaptocarbonylglycin*, $C_{10}H_{11}NO_3S$, F. 135 bis 136°, durch 1std. Rk. von Glycin in $NaHCO_3$ mit Benzylmercaptoformylchlorid (VIII) in Dioxan bei 0°; Blättchen. — *N-Benzylmercaptocarbonyl-DL-leucylglycin*, $C_{16}H_{22}N_2O_4S$, F. 177°, aus VIII u. 5 g DL-Leucylglycin; aus A. Nadeln; 5,25 g. — *N-Benzylmercaptocarbonyl-L-leucylglycin*, F. 109—111°, aus wss. A. Nadeln. — *N-Benzylmercaptocarbonyl-DL-leucylglycylglycin*, $C_{18}H_{25}N_3O_5S$, F. 148—150°, aus wss. A. Nadeln. — *Nitro-L-arginin*, F. 253—254° (W.), $[\alpha]_D^{25}$ + 23° (2nHCl); 60%. — *Cbo-nitro-L-arginin*, F 127 bis 128° (wss. A.), $[\alpha]_D^{27}$ −4° (Methanol); 52%. — *L-Alaninbenzylesterhydrochlorid* F. 137—138°, Nadeln aus Methanol/Ae.; 78%. — *Cbo-nitro-L-arginyl-L-alaninbenzylester*, $C_{24}H_{30}N_6O_7$, F. 163°, durch 5std. Rk. von vorvorst. mit vorst. Verb. u. III in Tetrahydropyran bei 0°; Blättchen aus wss. A., $[\alpha]_D$ −11° (Methanol); 81%. — *Cbo-nitro-L-arginyl-L-alanin* (VII), F. 206—207° (wss. A.), durch 1std. Rk. vorst. Verb. mit 0,5n NaOH, Zugeben von HCl u. Extrahieren mit Essigester; $[\alpha]_D^{20}$ −4° (Pyridin); 88%. — *L-Arginyl-L-alaninacetat*, $C_{11}H_{23}N_5O_5$, F. 170—171° (wss. A.), durch katalyt. Hydrierung des VII-Benzylesters in Methanol/Essigsäure in Ggw. von Pd-Kohle; $[\alpha]_D^{20}$ + 7,8° (W.). — *Uridin-5'-L-arginyl-L-alanylphosphat*, durch Rk. vorst. Verb. mit IV u. III in wss. Pyridin/1nHCl, Elektrophorese (pH 4) u. Gefriertrocknung. — *Nitro-L-arginyl-L-alaninbenzylesterhydrochlorid*, $C_{16}H_{25}ClN_6O_5$, F. 171—173°, durch ½std. Rk. der Cbo-Verb. in CCl_4 mit HCl u. Gießen in Ae.; aus Methanol/Ae. Nadeln, $[\alpha]_D$ −10° (Methanol); 61%. — *Cbo-nitro-L-arginyl-L-alanylnitro-L-arginyl-L-alaninbenzylester*, $C_{33}H_{46}N_{12}O_{11}$, F. 212 bis 213°, aus VII u. vorst. Verb. mit III in Tetrahydropyran; Blättchen aus wss. A., $[\alpha]_D^{19}$ −5,6; (Methanol); 79%. — *L-Arginyl-L-alanyl-L-arginyl-L-alanin* (V)*-Diacetat*, $C_{18}H_{36}\cdot N_{10}O_5\cdot 2\,CH_3COOH$, durch katalyt. Hydrierung vorst. Verb.; $[\alpha]_D$ + 7,8° (W.), amorphes Pulver; 81%. — *Uridin-5'-L-arginyl-L-alanyl-L-arginyl-L-alanylphosphat* (VI), aus IV u. V in Ggw. von III in wss. Pyridin/1nHCl u. Elektrophorese; $[\alpha]_D$ + 11,2° (W.).

E. SCHRÖDER. 3950□

Über eine Hypothese der Alkalikondensation des Lignins. M. Sarubin und D. Tischtschenko. (Журнал Прикладной Химии [J. angew. Chem.] **34.** 194—99. Jan. 1961.) (Russ.)

Im Gegensatz zu Angaben von READ u. PURVES (C. **1956.** 1280) über das Auftreten von *Benzolpentacarbonsäure* (I) bei der alkal. Oxydation von *Lignin* (II) finden Vff., daß bei der Permanganatoxydation von höhermol. Anteilen der Prodd. einer Alkalibearbeitung von II nach SCHOLLER bei höherer Temp. ca. 4% eines Gemisches aus *Benzoltricarbonsäuren* u. *Benzoltetracarbonsäuren*, deren Zus. z. T. mit Hilfe ihrer Methylester bestimmt wurde, erhalten wird; I ließ sich nicht nachweisen. Die Hypothese von READ u. PURVES über einen Ligninkomplex von 5 Benzolringen wird abgelehnt, denn ein solcher müßte nach Vff. bei der alkal. Oxydation zu Naphthalin- oder Phenanthrencarbonsäuren führen.

M. ULMANN. 3950□

D. Makromolekulare Chemie

Über den Rotationsübergang in kristallinen Polymeren. Akira Miyake. (Chem. High Polymers [Tokyo] **15.** 153—59. 1958. Shizuoka, Univ. Bunrigakubu.) (Jap.; Auszug: Engl.) — Vgl. C. **1959.** 5500.

Zur theoret. Erörterung des Rotationsübergangs im kristallinen Bereich von linearen Polymeren (z. B. *Polytetrafluoräthylen*) entwickelt Vf. eine Näherungstheorie unter Modifizierung der Theorie von HOFFMAN (C. **1953.** 3215) für diesen Übergang bei n-Paraffinen. Dabei wird angenommen, daß die für den Übergang der Kettensegmente aus dem stat. in den rotierenden Zustand nötige Energie x^α proportional ist (worin x der Anteil der gesamten Segmente ist, der im stat. Zustand verbleibt). Ein Vgl. der neuen Theorie mit der Näherungstheorie von BETHE-TAKAGI wird gezogen, die die Wechselwrkg. zwischen den benachbarten längs der Mol.-Kette u. den senkrecht zur Kette nebeneinander liegenden Kettensegmenten berücksichtigt, u. die physikal. Bedeutung von α erklärt. Dessen prakt. mögliche Bedingungen werden untersucht. L. Schuler. 4000□

Untersuchung über Korrekturen der kinetischen Energie beim Capillarviscosimeter. Takaharu Nagano und Makoto Oguma. (Chem. High Polymers [Tokyo] **14.** 397—401. 1957. Tokyo, Rigo A. G.) (Jap.; Auszug: Engl.)

Zur Best. der kinemat. Viscosität $\eta/\varrho = C\,t - B/t$ werden die Viscosimeter-Konst. C u. die Korrektur B für die kinet. Energie u. für die Ausflußzeiten t bei 5—80° (in 5° Abständen) für W. im Ubbelohde-Viscosimeter bestimmt. Dabei zeigt sich eine Abhängigkeit der beiden Größen B u. C von t, so daß für große Genauigkeit möglichst viele Eichpunkte bei verschiedenen Temp. bestimmt werden sollen. L. Schuler. 4000□

Die Isotropie des Gaußschen Molekularnetzwerks und die elastische Spannung-Doppelbrechungs-Beziehungen für gummiartiges vernetztes Material im gespannten Zustand. A. S. Lodge. (Kolloid-Z. **171.** 46—51. Juli 1960. Manchester, England, Brit. Rayon Res. Assoc., Heald Green Labor.) (Engl.)

Unter Verw. des Modells u. einiger Ergebnisse der Theorie von James u. Guth für Gummielastizität wurden die Beziehungen zwischen Spannung, Doppelbrechung u. Verformung (gemessen gegen den unbelasteten Zustand) erneut abgeleitet. Es wurde kein Gebrauch gemacht von den in früheren Ableitungen enthaltenen Annahmen über die Fixierung der Bindungen in der mittleren Position u. über die Isotropie der Verteilung der Vektoren, die diese Positionen verbinden. Es wird gezeigt, daß in der Gaussschen Näherung eines gummiartigen Materials Isotropie in dem Sinne erforderlich ist, daß die Beziehungen zwischen Spannung, Verformung u. Brechungsindex keine anisotropen Tensoren der Konst. enthalten. Diese Ableitung ist anwendbar auf Netzwerke, deren Bindungen eingeführt werden, während das Material in verschiedenen Spannungszuständen vorliegt, u. liefert eine gute Grundlage für die Annahme, daß die Beziehungen zwischen Strömungsdoppelbrechung u. Spannung, die früher auf Grund der Netzwerktheorie für konz. Polymeren-Lsgg. abgeleitet wurden, nicht mehr auf Lsgg. konst. Viscosität beschränkt sind. W. Betcke. 4000□

Der Effekt der Kräuselung von monomolekularen Schichten von Hochpolymeren. Taro Tachibana und Michio Okuda. (Kolloid-Z. **171.** 15—20. Juli 1960. Tokyo, Japan, Ochanomizu Univ., Bunkyo-ku, Chem. Labor.) (Engl.)

Die Kräuselung von Hochpolymerenfilmen auf einer Wasseroberfläche (mit Hilfe der Vibration einer Stimmgabel) hat ein Absinken des Oberflächendrucks, des Oberflächenpotentials u. der Oberflächenelastizität unmittelbar nach dem Aufhören der Kräuselung zur Folge; die ursprünglichen Werte stellen sich dann nach u. nach wieder ein. Die Verss. wurden mit *Nylon 6*, *Celluloseacetat* u. *Polymethylmethacrylat* durchgeführt. Stearinsäure gab keinen Effekt. — Die Erscheinung wird als zweidimensionale Gel–Sol–Gel-Umwandlung gedeutet, die durch die Einw. der Oberflächenwellen u. die folgende Ruhe hervorgerufen wird. W. Betcke. 4000□

Ein frei schwebendes Lösungsviscosimeter, das einen Dampfbadthermostat zum Gebrauch bei höheren Temperaturen enthält. A. A. Harness. (J. Polymer Sci. **19.** 591—92. März 1956. Welwyn Garden City, Herts., Engl., Imp. Chem. Ind. Ltd., Plastics Div., Res. Dep.) (Engl.)

Eine App. zur Best. der Viscosität von 60—180° mit einem modifizierten Ubbelohde-Viscosimeter u. einem Dampfbad wird beschrieben. Das Dampfbad arbeitet bei 780 mm (Luftdruckanschluß) mit einem Kühler u. Ausgleichsballon u. einer magnet. gesteuerten Quecksilbersäule als Druckregler. Damit wird die Temp. mit einer Genauigkeit von $\pm 0,05$ eingehalten. Prüfergebnisse von *Polyäthylen* (I) in Toluol bei 101° werden aufgeführt (z. B. 0,00325 g/cm³; Fließzeit 335,6, 335,7 u. 335,7 Sek.; η_{sp}/c 127,4°). O. Kramm. 4010□

Die Wirkung von Ruß bei der Stabilisierung von Polymermaterialien. M. Szwarc. (J. Polymer Sci. **19.** 589—90. März 1956. Syracuse, N.Y., State Univ., Coll. of Forestry, Chem. Dep.) (Engl.)

Es ist bekannt, daß durch *Ruß* (I) der Abbau von Polymeren (*Polyäthylen*; **II**) verbessert wird, gleichzeitig können bei Bestrahlung von **II**, das **I** enthält, dessen mechan. Eigg. wesentlich verbessert werden. Dieser Effekt wird durch freie Radikale der aromat. Ringstruktur von **I** bewirkt. Zur Beurteilung der diesbzgl. **I**-Aktivität schlägt Vf. die Best. der Methylaffinität von aromat. Ring-Syst. vor (vgl. Levy u. Szwarc, C. **1955.** 1708 u. 8117). Sie soll den Best. der paramagnet. Resonanzspektren überlegen sein, da sie nur die tatsächlichen aktionsfähigen freien Radikalgruppen erfaßt. O. Kramm. 4010□

Eine Bemerkung über den Mechanismus der dielektrischen Absorption von Polyvinylchlorid. Yoichi Ishida. (Kolloid-Z. **171.** 71—72. Juli 1960. Fukuoka, Japan, Kyushu Univ., Fac. of Engng., Dep. of Appl. Chem.) (Engl.)

Polyvinylchlorid zeigt zwei Arten dielektr. Absorption, die α- (bei hoher Temp.) u. die β-Absorption (bei niedriger Temp.). Während erstere einer Drehung der (intramol.) Dipole um das Bindungsgerüst zuzuschreiben ist, könnte letztere durch die Polarität der Endgruppen erklärt werden. In diesem Fall müßte die Größe der β-Absorption vom Polymerisationsgrad abhängen. Messungen mit Proben der Polymerisationsgrade 200, 1000 u. 1400 bei 45,5° ergaben jedoch, daß dies nicht der Fall ist. Die β-Absorption mag einer geringen Verschiebung der Dipole in der Nähe der „eingefrorenen“ Ordnung, die bei Temp.-Erniedrigung ein Nachlassen der α-Absorption bedingt, zuzuschreiben sein.
W. BETCKE. 4010□

Permeabilität von verschiedenen Polymeren gegenüber 90%igem Wasserstoffperoxyd. Harry J. Dietrick und Wilkison W. Meeks. (J. appl. Polymer Sci. **2.** 231—35. Sept./Okt. 1959. Brecksville, Ohio, B. F. Goodrich Comp. Res. Center.)

Vff. untersuchten zunächst das Verh. von verschiedenen Polymeren gegenüber 90%ig. H_2O_2 bei 74°. Untersucht wurden *Kel-F 3700* (I; nicht ausgehärtet), *Kel-F 800, Silastic S 9711, Kel-F 5500, Geon 118* (44% Weichmacher), *Polyäthylen* (mit hoher Dichte), *Kel-F 820, Blank,* Geon 118 (35% Weichmacher) u. *Teflon 100-X* (II). Es wurde gefunden, daß die Verminderung der H_2O_2-Konz. nach 96 Std. in der obigen Reihenfolge immer geringer wird (67% bei I u. 1,1% bei II). Hierauf wurde die Permeabilität für 90%ig. H_2O_2 bei 25° an *Polyinylchlorid, Polyester* (*Mylar Type A*), *Polyäthylen* (mit niedriger Dichte) u. *Polyvinylidenchlorid* u. bei 74° an *Geon 118* (mit 44 u. 35% Weichmacher), *Silastic S 9711, Polyäthylen* (mit niedriger Dichte), *Saran 517, Kel-F 820, Kel-F 800, Teflon, Polyäthylen* (mit hoher Dichte) u. II gemessen. Das durch den Film durchdiffundierende H_2O_2 wurde spektrometr. quant. bestimmt. Die experimentell gefundenen Kurven für die durchgetretene Menge als Funktion der Zeit stehen mit den theoret. vorausgesagten Mengen in Übereinstimmung. Es wurde bei mehreren Polymeren eine Beziehung zwischen der Durchlässigkeit für Wasserdampf u. H_2O_2 bei Raum-Temp. gefunden. Die gefundene Temp.-Abhängigkeit der H_2O_2-Permeabilität entspricht einer ARRHENIUS-Beziehung. Die Aktivierungsenergien für die Permeation von H_2O_2 durch weichgemachtes Polyvinylchlorid u. Polyvinylidenchlorid liegen bei 16 bzw. 18 kcal/Mol.
C. GOTTFRIED. 4010

Untersuchungen über kationische Polymerisation. Verhalten von Styrol in Säure. Ryōzō Inoue und Seiichi Mima. (Chem. High Polymers [Tokyo] **14.** 402—11. 1957. Osaka, Ind. Forsch. Inst.) (Jap.; Auszug: Engl.)

Vff. nehmen bei der säurekatalysierten Polymerisation von *Styrol* (I) an, daß I nach folgender Formulierung die Stufe eines Carboniumions durchläuft, welches mit I weiterreagiert: $H_2SO_4 \rightleftharpoons H_3SO_4^+ + HSO_4^-$; $H_3SO_4^+ + C_6H_5CH{:}CH_2 \rightleftharpoons C_6H_5C^+H-CH_3 + H_2SO_4$; $C_6H_5C^+HCH_3 + I \rightarrow CH_3CH(C_6H_5)\cdot CH_2(C^+H\cdot C_6H_5)$. Aus dem Vgl. der Elektronenspektren von I u. verwandten Verbb. in H_2SO_4 ist ersichtlich, daß Carboniumionen Absorptionsspektren (AS) ergeben, die ganz verschieden sind von jenen organ. Basen, was auf eine Verschiedenheit des elektron. Zustands deutet. Carboniumionen des I-Monomeren geben ein vom Dimeren [1.3-Diphenylbuten-(1)] verschiedenes AS wegen des Hyperkonjugationseffektes des CH_3-Radikals im Monomeren. Aus dem freien Elektronenmodell wird das Energieniveau des I-Carboniumions berechnet u. mit den experimentellen Werten verglichen.
L. SCHULER. 4010□

Ionische Polymerisation von Styrol in Methylendichlorid durch ionisierende Strahlung. Seizo Okamura und Shigeru Futami. (Int. J. appl. Radiat. Isotopes **8.** 46—51. Mai 1960. Kyoto City, Kyoto Univ., Fac. of Engng., Dep. of Textile Chem.) (Engl.)

Die Polymerisation von *Styrol* (I) in Methylendichlorid (II; homogene Phase) wurde mittels γ-Strahlung von ^{60}Co bei —78° durchgeführt. Die dabei gemessene Polymerisations-Geschw. ist ca. 200mal höher als die berechnete Radikalpolymerisations-Geschw. bei gleicher Temp.; es wurde kein Sauerstoffeffekt gefunden. Beigabe von organ. Verbb. zum Polymerisations-Syst. erwies den ion. Charakter des Polymerisationsmechanismus. Bis 1,5 Mol/Liter wächst die Polymerisations-Geschw. proportional der I-Konz. u. zeigt lineare Abhängigkeit von der Dosis. Die Analyse der durch γ-Strahlung hervorgerufenen Copolymerisation einer 1:1-Mischung von I u. II u. einer 3:1-Mischung von I u. *p-Methoxystyrol* weist auf eine Kationenpolymerisation bei tiefen Temp. hin. Der vorgeschlagene Polymerisationsmechanismus gibt eine halbquant. Erklärung der experimentellen Ergebnisse.
HERBERT WEBER. 4010□

Polymerisationsreaktionen von Styrol mit Ziegler's Katalysatorsystem. Noboru Yamazaki. (Chem. High Polymers [Tokyo] **15.** 49—54. 1958. Tokyo, TH.) (Jap.; Auszug: Engl.)

Mit ZIEGLERS Katalysator $TiCl_4$–$Al(C_2H_5)_3$ in n-Hexan (I) wird *Styrol* (II) unter verschiedenen Bedingungen (offen u. im geschlossenen Rohr, 1—34 Std. bei 35—80°) polymerisiert. Die Ausbeuten (maximal 31%) an *Polystyrol* (III; 90% *isotakt.* u. 10% *atakt.* III) steigen mit der Konz. des Katalysators u. fallen mit zunehmender Lsgm.-Menge/g II (z. B. von 26,2 auf 9,7% bei Anwendung von 11,25 bzw. 22,5 cm³ I). Mit Bzl. läßt sich bei Raum-Temp. das atakt. vom isotakt. III trennen; zur Kristallisation von III eignet sich heißes Bzl.-CH_3OH (60,4% Bzl.). Dichte, F. u. Viscosität der verschiedenen Polymeren sind tabellar. zusammengestellt. L. SCHULER. 4010□

Infrarot-Absorptionsspektren von Modellverbindungen von Polyvinylalkohol. Über intramolekulare Wasserstoffbindungen. Masakazu Matsumoto und Kiyokazu Imai. (Chem. High Polymers [Tokyo] **15.** 160—64. 1958. Kurashiki, Reyon Forsch.-Labor.) (Jap.; Auszug: Engl.)

Als Modell für *Polyvinylalkohol* (I) wird im 3 μ-Bereich das Spektrum von *Heptantriol-(2.4.6)* (II; aus Diacetylaceton) u. von *Pentandiol-(2.4)* (aus Acetylaceton) in Chlf.- bzw. CCl_4-Lsg. bestimmt. Dabei enthält bes. II intramol. H-Bindungen, so daß von 3 OH-Gruppen im Mol. nur nahezu eine frei ist. Beim Zusatz von (überschüssigem) Phenol (III) bzw. Hexamethylentetramin (IV) als Protonendonator bzw. -acceptor bleibt die der intramol. H-Bindung entsprechende Bande unverändert bestehen. Demnach wird angenommen, daß auch I in wss. Lsg. die H-Bindungen beibehält, da W. schwächer wirksam ist als III bzw. IV. L. SCHULER. 4010□

Darstellung von mit Glyoxylsäure partiell acetalisierten Polyvinylalkoholen und ihr Viscositätsverhalten als Polyelektrolyte. Akio Nakajima, Susumu Ishida und Ichiro Sakurada. (Chem. High Polymers [Tokyo] **14.** 259—64. 1957. Kyoto, Univ.) (Jap.; Auszug: Engl.)

In Analogie zum Formalisierungs-Verf. von FUJIMOTO (Chem. High Polymers [Tokyo] **7.** [1950.] 14) wird aus *Polyvinylalkohol* u. *Glyoxylsäure* (Darst. durch Elektrolyse von Oxalsäure) durch partielle Acetalisierung ein hochmol. Polyelektrolyt von definierter Kettenlänge u. elektr. Ladungsdichte hergestellt. Aus der Best. der Viscosität η_{sp} der wss. Lsgg. des *K-Salzes* des *Acetals* folgt, daß in einer Kette vom Polymerisationsgrad 1000 mehr als 2,5 ionisierbare Gruppen vorhanden sind u. die Viscosität der Lsg. das reguläre Verh. eines Polyelektrolyten zeigt. Selbst bei geringer Ladungsdichte ist der Einfl. der elektr. Ladung der Kette auf die Gestalt des Mol. erheblich. L. SCHULER. 4010□

Potentiometrische Titration von Polyelektrolyten. Ichiro Sakurada, Masao Hosono und Norio Ise. (Chem. High Polymers [Tokyo] **15.** 175—80. 1958. Kyoto, Univ.) (Jap.; Auszug: Engl.)

Fraktionierter *Polyvinylalkohol* wird mit *Glyoxylsäure* in Ggw. von H_2SO_4 als Katalysator nach dem Verf. von NAKAJIMA (vgl. vorst. Ref.) partiell acetalisiert u. für dieses *Acetal* (I) durch potentiometr. Titration die elektrolyt. Dissoziations-Konst. zu 3,33 (I-Polymerisationsgrad PG 2150) bzw. 2,40 (PG 370) bestimmt. Die Ergebnisse stimmen besser mit den Werten von PALS u. HERMANS (C. **1956.** 2769) als mit den nach der Gleichung von KATCHALSKY (C. **1954.** 10256) berechneten überein. Unter der Annahme kugelförmiger Ionen wird aus der Änderung der elektrostat. freien Energie der Radius von I berechnet. Dieser nimmt mit zunehmender Konz. der Polyelektrolyt-Lsg. stark ab. Die Diskrepanz zwischen den Ergebnissen der potentiometr. Titration u. denen der Elektrophorese wird mit dem Unterschied des Potentials sämtlicher COO^--Ionen (an der Oberfläche u. im Innern der Makromoll.) u. des Oberflächenpotentials der kugelförmigen Ionen erklärt. L. SCHULER. 4010□

Carboxylgruppen in Polyvinylalkohol. Tamotsu Eguchi und Masakazu Matsumoto. (Chem. High Polymers [Tokyo] **15.** 83—88. 1958. Kurashiki Reyon K. K.) (Jap.; Auszug: Engl.)

Polyvinylalkohol (I), der durch Polymerisation von Vinylacetat in Ggw. von α.α'-Azodiisobutyronitril als Initiator bei 60° unter N_2, Verseifung des erhaltenen *Polyvinylacetats* (II) u. fraktionierte Fällung hergestellt wurde, wird durch Messung der elektr. Leitfähigkeit auf die Anzahl der COOH-Gruppen je Monomereinheit untersucht. Die Zahl wird aus den Mol-% COOH u. dem Polymerisationsgrad von I (bestimmt nach dem Viscositäts-Verf.) abgeleitet. Bei ungenügender Fraktionierung von I überschreitet der scheinbare Wert des COOH-Geh. bei weitem den theoret. Wert 1 (erreicht z. B. 2—3). Nur bei scharfer Fraktionierung wird der aus der Rk.-Kinetik zu erwartende Wert 1 erhalten. II, das im Ester bzw. CH_3OH polymerisiert wurde, liefert unfraktionierte Proben von I mit einem COOH-Geh. von 1 bzw. <1. Bei der Polymerisation von II in Bernsteinsäureester erreicht der COOH-Geh. von I den erwarteten Wert 2, wenn in Malonester polymerisiert, den Wert 1. L. SCHULER. 4010□

Die Zusammensetzung eines β-Aminoaldehydacetals von Polyvinylalkohol. Tamotsu Eguchi und Masakazu Matsumoto. (Chem. High Polymers [Tokyo] **15.** 186—90. 1958. Kurashiki, Reyon K. K.) (Jap.; Auszug: Engl.)

Gut gewaschener *Polyvinylalkohol* (I; Polymerisationsgrad 1700) wird in wss. Lsg. mit *β-Cyclohexylaminobutyraldehyddimethylacetal* in Ggw. von H_2SO_4 bzw. HCl als Katalysator acetalisiert, das *Polyacetal* (II) 1 Woche zur Entfernung der Säure dialysiert u. das Prod. als Film auf N-, S- bzw. Cl-Geh. untersucht. Im Gegensatz zu den Ergebnissen von α-aminoacetalisiertem I lassen sich keine Halbacetalbindungen nachweisen. Beträgt bei der Dialyse von II die II-Konz. $>3\%$, so läßt sich die an der Aminogruppe im Molverhältnis 1:2 gebundene H_2SO_4 nicht entfernen. Beispiele der möglichen Strukturen sind angegeben. L. SCHULER. 4010□

Untersuchungen über die Viscosität verdünnter Lösungen von Polyvinylacetat. 1. Mitt. **Huggins' k'-Werte von PVAc-Lösung in Benzol und Aceton und deren Bedeutung.** Kiyokazu Imai, Umpei Maeda und Masakazu Matsumoto. (Chem. High Polymers [Tokyo] **14.** 419—24. 1957. Kurashiki Reyon K. K.) (Jap.; Auszug: Engl.)

Vinylacetat wird in 10- u. 20%ig. CH_3OH-Lsg. u. in Substanz in Ggw. von Azodiisobutyronitril bei 60 bzw. 30—35° zu 7,7—69% polymerisiert, die *Polyvinylacetate* (PVAC) werden direkt u. nach wiederholter Acetylierung (99,7 Mol-% Acetyl-Geh.) in Bzl. bzw. Aceton gelöst (10 Std./Liter) u. die [η]-Werte bei verschiedenen Konzz. bestimmt. Dabei ist der HUGGINSsche k'-Wert unabhängig vom Verf. u. von der Verzweigung 0,35—0,40. Die durch Emulsionspolymerisation erhaltenen *PVAC*, die ziemlich verzweigt sind, weisen jedoch in Bzl. wie Aceton viel höhere k'-Werte (0,33—1,42) auf. L. SCHULER. 4010□

Untersuchungen über die Viscosität verdünnter Lösungen von Polyvinylacetat. 2. Mitt. **Der Konzentrationskoeffizient der Viscositätszahl von Polyvinylacetatlösungen in Methanol und Toluol.** Masakazu Matsumoto und Kiyokazu Imai. (Chem. High Polymers [Tokyo] **14.** 425—29. 1957.) (Jap.; Auszug: Engl.) — 1. vgl. vorst. Referat.

Polyvinylacetate werden wie l. c. hergestellt u. ihre Viscosität in verd. CH_3OH- u. Bzl.-Lsg. bestimmt. Aus der Grenzviscosität [η] u. dem Konz.-Koeff. der Viscositätszahl η_{sp}/c ergibt sich $a_2 \sim [\eta]^n$, wobei n in CH_3OH nahezu 2, in Toluol 2,17 ist. Im allg. ist n in guten Lsgm.-Syst. 2, in schlechten >2. L. SCHULER. 4010□

Polymerisation von Acrylonitril in Lösung. 1. Mitt. **Durch Sauerstoff verursachte Induktionsperioden.** Kazuo Nakatsuka, Sanae Wada und Masao Koizumi. (Chem. High Polymers [Tokyo] **14.** 609—13. 1957. Osaka, Univ., Chem. Technol.) (Jap.; Auszug: Engl.)

Zur Unters. des Polymerisationsmechanismus von *Acrylonitril* (I) in Toluol in Ggw. von Dibenzoylperoxyd (II) wurde die durch O_2 verursachte Induktionsperiode T der Rk. gemessen. T ist umgekehrt proportional der I- u. II-Konz. u. direkt proportional der O_2-Konzentration. Hieraus ergibt sich eine Start-Geschw. $R_i = k_i$ [II][I]; die Aktivierungsenergie beträgt ca. 20 kcal/Mol. E. HERR. 4010□

Polymerisation von Acrylonitril in Lösung. 2. Mitt. **Kinetik der Polymerisation.** Kazuo Nakatsuka. (Chem. High Polymers [Tokyo] **14.** 613—19. 1957.) (Jap.; Auszug: Engl.) — 1. vgl. vorst. Referat.

Die Unters. der Kinetik der Polymerisation von *Acrylonitril* (I) in Toluol in Ggw. von Dibenzoylperoxyd (II) brachte folgende Ergebnisse: 1. Im Anfangsstadium der Rk. wird eine beschleunigte Periode von ungefähr 10 Min. beobachtet. 2. Die Rk.-Geschw. ist bei 30—40° der I- u. II-Konz., bei 68° dagegen dem Quadrat der I-Konz. u. der II-Konz. proportional. 3. Der Polymerisationsgrad ist der Monomer-Konz. proportional, dagegen unabhängig von der II-Konz. u. erreicht bei 40° einen maximalen Wert. E. HERR. 4010□

Polymerisation von Acrylonitril in Lösung. 3. Mitt. **Kinetik der Acrylonitrilpolymerisation.** Kazuo Nakatsuka. (Chem. High Polymers [Tokyo] **15.** 43—48. 1958. (Jap.; Auszug: Engl.) — 2. vgl. vorst. Referat.

Aus den Polymerisations-Verss. von *Acrylonitril* (I) in Lsgg. von 50% Toluol (1/4—7/20 Vol.) u. Dimethylformamid (II; 1/4—3/20 Vol.) bei 30—50° in Ggw. von Dibenzoylperoxyd (III) ergibt sich folgendes: 1. Während der Rk. wird ein geringer Bruchteil der CN-Gruppen im Polymeren eliminiert. 2. Die Lebensdauer des Radikals beträgt ca. 10 Min. bei 18,8°. 3. Beim Zusatz von II ist die Rk.-Geschw. (RG = k $[III][I]^2$) bei 30° die gleiche wie ohne II bei 68°. Alle bisherigen Ergebnisse werden vom Vf. durch folgenden Mechanismus erklärt: Bei niedriger Temp. wird die RG durch Einschluß des polymeren Radikalendes stark beeinflußt. Die Wachstums-Rk. trägt vor dem Einschluß zur Gesamt-RG bei u. diese beeinflußt nach dem Einschluß den Polymerisationsgrad. Bei hohen Temp. oder in Ggw. von II ist der Einfl. des Einschlusses unbedeutend, so daß keine 2 Stadien unterschieden zu werden brauchen u. folgendes Rk.-Schema gilt: Start-Rk.: $I + III \rightarrow R\cdot$ (Radikal); Wachstums-Rk.: $R\cdot + I \rightarrow R'\cdot$; Kettenübertragung: $R\cdot$ + Lsgm. $\rightarrow R'\cdot + X$ (inakt. Prod.); Kettenabbruch: $R\cdot \rightarrow X$. L. SCHULER. 4010□

Die Bewegung der Cyclohexylgruppe in glasigen Polymeren. (Eine dynamisch-mechanische und dielektrische Untersuchung.) Ir. J. Heijboer. (Kolloid-Z. **171.** 7—15. Juli 1960. Delft, Netherlands, Central Labor. T.N.O.) (Engl.)

Es wurden Vibrationsmessungen an polymeren Methacrylsäure-Derivv. mit Cyclohexylseitengruppen nach einer früher beschriebenen Meth. (Heijboer, Dekking u. Staverman, Proceedings II. Internat. Congress on Rheology, London 1954, S. 123) durchgeführt. Für Dämpfungsmessungen zur Best. der für die Cyclohexylgruppe charakterist. mechan. Dispersion (Heijboer, C. **1958.** 11836.) wurden Torsionsschwingungen im Bereich 0,3—3 Hz u. Biegeschwingungen im Bereich 200 Hz—3 kHz angewendet. Die Gleichartigkeit der Dispersion in Fll. u. Polymeren läßt einen gleichartigen mol. Mechanismus, nämlich das Durchschwingen der axial substituierten Sesselform des Cyclohexanrings in die äquatorial substituierte, als für diese Dispersion verantwortlich vermuten. — Der Einfl. der mol. Umgebung auf die Lage der Maxima der Dämpfung/Temp.-Kurven wurde untersucht. Für verschiedene Mischungsverhältnisse von *Polycyclohexylmethacrylat* (**I**) u. *Polymethylmethacrylat* (**II**) wurde bei 2 Hz das Dämpfungsmaximum unveränderlich bei -15^0 gefunden, während die Höhe der Spitzen vom Mischungsverhältnis abhängt. Die Dämpfungskurve von *Polyphenylmethacrylat* (**III**) zeigt kein Maximum, entsprechend dem mol. Mechanismus, der auf den starren u. ebenen Phenylring nicht anwendbar ist. Die Dämpfungskurven von 60:40-Mischungen von **I** mit *Poly-n-butylmethacrylat, Polyacrylsäure* u. **III** decken sich fast. — Ein Zusatz des Weichmachers Dibutylphthalat zu einer **I**/**II**-Mischung erhöht die **I**-Spitze, während er die **II**-Spitze erniedrigt, ohne daß die Lage der Spitzen verändert wird. Im allg. nimmt die Höhe des Dämpfungsmaximums bei **I**-Mischungen mit dem **I**-Geh. zu. — Der Einfl. der Substitution am Cyclohexanring wird untersucht. Methylsubstitution verringert die Höhe der Spitze, ohne ihre Lage zu verändern. Dagegen verschiebt sich bei Chlorsubstitution die Lage des Maximums (aufgenommen bei 300 Hz) von ca. -40^0 auf ca. -25^0, wobei auch die Höhe der Spitze vermindert wird. — Wird 1.1-Dichlorcyclohexan als Weichmacher in **II** verwendet, so findet keine Dispersion statt, wohl aber bei Verw. von Monochlor- u. Monobromcyclohexan. Die Erklärung liegt darin, daß bei der 1. Verb. nur e i n e Sesselform möglich ist. — Die Dielektrische Dämpfung als Funktion der Temp. wird für **I**, *Poly-[4-chlorcyclohexylmethacrylat]* (**IV**) u. *Poly-[2-chlorcyclohexylmethacrylat]* (**V**) bei 300 Hz aufgenommen. Gegenüber den mechan. Dämpfungskurven ergeben sich Unterschiede in Lage u. Höhe der Maxima. Die dielektr. Spitzen liegen alle bei der gleichen Temp., die der Temp. der mechan. Spitze von **I** entspricht (ca. -40^0). Das Maximum von **V** ist viel höher als das von **IV**, wie es wegen des Unterschieds hinsichtlich der sterischen Änderung der Lage des C–Cl-Dipols bei der Sessel–Sessel-Umlagerung zu erwarten ist. — Der mechan. Dämpfungsbereich der polaren chlorsubstituierten Derivv. liegt bei etwas höherer Temp. als der dielektr. Dispersionsbereich, welcher mit dem der mechan. Dispersion des unpolaren Cyclohexanringes zusammenfällt. Die Aktivierungsenergie ist für alle Dispersionen dieselbe. — Eine der des Cyclohexanrings analoge Dispersion zeigt der Dioxanring, doch wird diese stärker von der mol. Umgebung beeinflußt. W. Betcke. 4010□

Synthese und Untersuchung der Reaktionsprodukte von 2.2-Bis-[4-hydroxyphenyl]-propan mit Diphenylcarbonat. I. P. Lossew, O. W. Smirnowa und Je. W. Smurowa. (Высокомолекулярные Соединения [Hochmolekulare Verbind.] **2.** 1665—70. Nov. 1960. Moskau, Chem.-technol. Mendelejew-Inst.) (Russ.; Auszug: Engl.)

Vff. untersuchten die Umesterungs-Rk. von *2.2-Bis-[4-hydroxyphenyl]-propan* (**I**) mit Diphenylcarbonat (**II**) unter Bldg. von *Polycarbonaten* in Abhängigkeit von Rk.-Dauer, Temp., Druck, Komponenten-Zus. u. Katalysatorzusätzen. Ein Überschuß an **I** oder **II** führt zu einer Erhöhung des Molgew.; so ergibt ein Überschuß von 0,5 Mol **I** bzw. **II** Molgew. von 6300 bzw. 4160 gegenüber 4000 bei äquimol. Mengen der Komponenten; F. 215—218^0 bzw. 165—180^0. Bei Anwendung eines Überschusses an **II** betrug die Ausbeute nur 38,8% gegenüber 84% bei **I**-Überschuß; dies wird auf die leichte Flüchtigkeit von **I** zurückgeführt. Bei der Unters. des Einfl. der Rk.-Dauer auf den Polykondensationsprozeß wurde gefunden, daß das Molgew. u. die Ausbeute mit zunehmender Rk.-Zeit ansteigen. Aus der Kinetik geht hervor, daß der Prozeß in 2 Stufen verläuft. Bei Anwendung eines leichten Vakuums (50—60 mm) im 1. Stadium (200 bis 210^0, 2—3 Std.) u. eines höheren Vakuums (1—2 mm) im 2. (220—280^0, 5—6 Std.) erhält man Polykondensations-Prodd. mit Molgew. um 20000—30000. Es wurde ferner der Einfl. von H_2SO_4, Tetrabutoxytitan (**III**), K, Na, $ZnCl_2$, ZnO (**IV**) u. ZnO + PbO auf ihre Wirksamkeit auf den Kondens.-Prozeß geprüft. Von den untersuchten Katalysatoren, die in einer Menge von 0,5% zugegeben wurden, zeigten **III** u. **IV** die besten Resultate. H. Wergin. 4010□

Über die Copolykondensation von Phenoxyessigsäure und p-Chlorphenol mit Formaldehyd. A. A. Wanscheidt, N. N. Kusnetzowa und S. I. Kulikowa. (Журнал Прикладной Химии [J. angew. Chem.] **32.** 1142—49. Mai 1959.) (Russ.)

Durch Copolykondens. von *Formaldehyd* (**I**) mit *Phenoxyessigsäure* (**II**) u. *p-Chlorphenol* (**III**) in Ggw. von 97—98%ig. H_2SO_4 werden je nach dem Verhältnis der Ausgangs-Verbb. u. den Rk.-Bedingungen *Polykondensate* erhalten, deren Löslichkeit in wss. Alkalien verschieden ist, u. die in der Polymerenkette alle Ausgangskomponenten enthalten. Die lösl. Polykondensate, die bei Verw. von 0,8 Mol **I** je Mol aromat. Ring erhalten werden, sind tiefschmelzende Harze vom Typ des Phenol-Formaldehyd-Novolaks mit einem Mol.-Gew. von 600—700. Sie enthalten die Ausgangs-Verbb. in Abhängigkeit von der Zus. des Ausgangsgemisches. Beim Erhitzen mit **I** in Ggw. von H_2SO_4 wird die Viscosität der lösl. Harze erhöht, u. diese gehen schließlich in unlösl., nichtschmelzende Polymere über. Dabei tritt eine Gelatinierung der Lsgg. ein, da sich die Makromoll. durch die Kondens. mit **I** räumlich vernetzen. Die unlösl. Polykondensate zeichnen sich durch mechan. Festigkeit, Quellungsvermögen u. Absorptionsvermögen für Kationen u. Antibiotica (aus wss. Lsgg.) aus. — *Darst. der Polykondensate*: **II** u. **III** werden langsam auf 80° erhitzt, um eine homogene Lsg. zu erhalten, dann tropfenweise mit **I** in Ggw. von H_2SO_4 versetzt u. durch Wasserdampf-Dest. u. Extraktion mit W. von Monomeren gereinigt. Helmut Schäfer. 4010□

Steuernde Wirkung von Mercaptanen auf die Polymerisation von ungesättigten Polyestern. Tsutomu Akita und Shin Oishi. (Chem. High Polymers [Tokyo] **14.** 435—41. 1957. Tokyo, Riken Syntheseharz K. K.) (Jap.; Auszug: Engl.)

Ungesätt. Polyester aus *Propylenglykol* u. *Phthalsäureanhyrid* bzw. *Fumarsäure* werden unter Zusatz katalyt. Mengen von Methylamylketonperoxyd, tert.-Butylhydroperoxyd, tert.- Butylperbenzoat, Dibenzoylperoxyd, Di-tert.-Butylperoxyd bzw. Azo-bis-isobutyronitril (**I**) unter Zusatz wachsender Mengen *n-Butyl-*(**II**), *Lauryl-*(**III**), *tert.-Butyl-*(**IV**) bzw. *Phenylmercaptan* (**V**) polymerisiert u. die Gelierungszeit (GZ) bestimmt. Geringe Zusätze an Mercaptan fördern die katalyt. Wrkg. während der Polymerisation, ein Überschuß aber hemmt sie; z. B. wird die kürzeste GZ mit **I** als Katalysator bei Zusätzen von $< 0{,}0005$ (Mol) **II** bzw. **III**, 0,005 **IV** bzw. $> 0{,}05$ **V** beobachtet. Vff. erklären dies wie auch die Kurven der Rockwell-Härten bei der Härtung der Harze unter der Annahme zweier konkurrierender Radikal-Rkk.: 1. Redox-Syst.-Rk. zwischen Peroxyd u. Mercaptan, 2. Kettenübertragung zwischen einem wachsenden Radikal u. einem Mercaptanmolekül. L. Schuler. 4010□

Hochtemperatur-Spannungsprüfung und ihre Anwendung auf amorphes Polyäthylenterephthalat. E. L. Foster und H. Heap. (Brit. J. appl. Physics **8.** 400—02 Okt. 1957. Harrogate, Yorks., Imp. Chem. Ind. Ltd.) (Engl.)

Vff. entwickelten eine App., mit der die Zug-Dehnungskurven von amorphem *Polyäthylenterephthalat* (**I**; *Terylene*) im kautschukähnlichen Zustand untersucht werden können, wobei das Material höchstens 1 Sek. vor Anwendung der Spannung erhitzt wird. Dadurch wird die spontane Kristallisation prakt. unterbunden, so daß die Kristallisation infolge der Verstreckung ermittelt werden kann. Die Effekte der Temp. bzw. Verstreckungs-Geschw. auf die Form der Zug-Dehnungs-Kurve wurden untersucht; die Befunde zeigen, daß die Kristallisation durch die Spannung bestimmt wird. Die Anwendung der Befunde auf Spinn- u. Verstreckprozesse wird erörtert. Sie zeigen den wesentlichen Unterschied zwischen beiden Prozessen. Beim Spinnvorgang findet die Dehnung vor allem am auf hoher Temp. befindlichen Faserende statt, so daß wegen der sehr geringen Viscosität des Materials bei dieser Temp. nur wenig Spannung erzeugt wird u. der Faden nur geringe Orientierung u. keine Verfestigung aufweist. Beim Streckvorgang des Fadens in einer heißen Zone liegt die Maximal-Temp. des Fadens nur knapp oberhalb der Glasumwandlungs-Temp., so daß die Streckgeschw. zu einer ausreichenden Spannung führt, um Verfestigung zu verursachen; dabei ergibt sich ein gut orientierter kristalliner Faden. R. Schäff. 4010□

Herstellung von trans-Chinitpolyestern. Masao Takahashi. (Chem. High Polymers [Tokyo] **15.** 71—74. 1958. Otsu, Tokyo Reyon K. K.) (Jap.; Auszug: Engl.)

trans-Chinit (**I**), das durch katalyt. Hydrierung von Hydrochinon u. Abtrennung von *cis*-**I** über die *Diacetate* nach Batzer [1953] erhalten wurde, wird in äquimol. Gemisch mit *Adipinsäure-* bzw. *Sebacinsäuredichlorid* (**II**) im N_2-Strom in verd. Nitrobenzol-Lsg. in 2—3 Std. auf 140—150° (bzw. 130° bei **II**) erhitzt u. 3—6 Std. bei dieser Temp. gehalten, wobei durch Best. von η_{sp}/c (0,5 g/100 cm³ Phenol–$Cl_2CH \cdot CHCl_2$) die Polymerisation verfolgt wird (Endwert 0,85 bzw. 1,38). Die erhaltenen *Polyadipinsäure-* bzw. *Polysebacinsäurechinitester* zeigen gute faserbildende Eigenschaften. L. Schuler. 4010□

Synthese von Polyätheramiden aus Formaldehyd und Ätherdinitrilen. Noboru Yamazaki und Shū Kambara. (Chem. High Polymers [Tokyo] **14.** 430—34. 1957. Tokyo, TH.) (Jap.; Auszug: Engl.)

Bis-[β-cyanäthyl]-äther u. die durch Cyanäthylierung von Äthylen- (**II**), Trimethylen- (**III**) bzw. Tetramethylenglykol (**IV**) mit Acrylonitril (**I**) gewonnenen *1.2-Bis-[β-cyanäthoxy]-äthan, 1.3-Bis-[β-cyanäthoxy]-propan* bzw. *1.4-Bis-[β-cyanäthoxy]-butan* werden mit Paraformaldehyd in Ggw. von 15 Mol 95%ig. H_2SO_4 bei 30° zu folgenden Polyäthersäureamiden (**A**) polymerisiert: *Poly-N.N'-methylen-4-oxapimelinsäurediamid, Poly-N.N'-methylen-4.7-dioxasebacinsäurediamid, Poly-N.N'-methylen-4.8-dioxaundecandisäure-(1.11)-diamid* bzw. *Poly-N.N'-methylen-4.9-dioxadodecandisäure-(1.12)-diamid.* Die **A** haben FF. (Zers.) von > 200°, die [η]-Werte in HCOOH-Lsg. betragen 0,08—0,48. Als Lsgm. eignen sich ähnliche wie die für Nylon 66.

Versuche. *Bis-[β-cyanäthyl]-äther,* Kp.$_1$ 119—120°, nach SCHMIDE [1952] unter Benutzung des stark bas. Ionenaustauschers Dow X-1; $D._4^{25}$ 1,0479, n_D^{25} 1,4380. — *1.2-Bis-[β-cyanäthoxy]-äthan,* Kp.$_2$ 155,5—156°, aus 1 Mol trockenem **II** u. 0,1 g Na/0,5 Mol **II** bei 33—38°, Zutropfen von 1 Mol **I** bei 30—35° innerhalb 30 Min., ½std. Rühren, Neutralisieren mit Eisessig u. fraktionierte Dest.; $D._4^{20}$ 1,04991, n_D^{20} 1,4451. — Analog: *1.3-Bis-[2-cyanäthoxy]-propan,* Kp.$_{1,8}$ 151—152°; $D._4^{20}$ 1,1582, n_D^{20} 1,4469. — *1.4-Bis-[2-cyanäthoxy]-butan,* F. 39,5°, Kp.$_1$ 156—158°. L. SCHULER. 4010□

Elektrolytkoagulation von Buna S 3-Latex. H. Wenning. (Kolloid-Z. **154.** 154 bis 167. Okt. 1957. Marl, Chem. Werke Hüls A. G.) (Dt.)

Vf. berichtet über die an *Buna S 3-Latex* (**I**) durchgeführten Unterss. der Elektrolytkoagulation u. bezieht die Koagulationserscheinungen, wie sie in den Regeln von SCHULZE-HARDY, HOFMEISTER u. BURTON beschrieben sind, u. die Abhängigkeit der Koagulation (Flockungsmolarität) von der H-Ionen-Konz., der Temp. u. der DK auf den OSTWALDschen Aktivitäts-Koeff. AK als Maßzahl der Koagulation. Koagulation von **I** tritt bei gleichem Zustand der elektrolythaltigen Dispersionsmittel, der in der Theorie der Elektrolyte durch AK gekennzeichnet wird, ein. Wenn die gegenseitigen Anziehungskräfte zwischen den Ionen des Dispergiermittels über die Anziehungskräfte zwischen Kautschukteilchen u. Ionen des Dispergiermittels überwiegen, wird das Gleichgewicht dadurch hergestellt, daß die Kautschukteilchen zusammengedrängt u. aus dem Dispergiermittel ausgestoßen — koaguliert — werden. Die Verdünnung von **I** wirkt stabilisierend gegenüber allen untersuchten Elektrolyten, wie NaCl, KCl, NH_4Cl, LiCl, HCl, $NaNO_3$, NaBr, $NaClO_3$, KNO_3, NH_4NO_3; $CaCl_2$, $Ca(NO_3)_2$, $MgCl_2$, $Mg(NO_3)_2$, $SrCl_2$, $Sr(NO_3)_2$, $BaCl_2$, $Ba(NO_3)_2$; $ZnCl_2$, $MnCl_2$, $AlCl_3$, $CrCl_3$, $Cr(NO_3)_3$, K_2SO_4, Na_2SO_4, $(NH_4)_2SO_4$, $FeSO_4$, $ZnSO_4$, $MgSO_4$, $MnSO_4$, $Al_2(SO_4)_3$, $KAl(SO_4)_2$, $NH_4Al(SO_4)_2$, $KCr(SO_4)_2$ u. $Fe(NH_4)_2(SO_4)_2$. Alkalisalze koagulieren **I** bei pH-Werten < 7—8, Erdalkalisalze bei allen pH-Werten (auch Al-Salze, deren Verbrauch aber im alkal. Bereich infolge Hydrolyse stark ansteigt). Der Einfl. der Temp. u. DK auf die **I**-Koagulation gehorcht der Gleichung nach MILNER—DEBYE—HÜCKEL. Die techn. durchgeführte **I**-Koagulation entspricht den Laborergebnissen. Von $MgCl_2$ u. $CaCl_2$ werden bei **I**-Konzz. von ca. 15—20% 20—25 kg pro 1000 kg Kautschuk zur Fällung verbraucht. Bei **I**-Konzz. > ca. 20% ist der $CaCl_2$-Verbrauch geringer, bei < 20% größer als der von $MgCl_2$. Der $AlCl_3$-Verbrauch (konstante NaCl-Menge) bleibt im Bereich oberhalb 10% **I**-Konz. nahezu konstant bei 3 kg/1000 kg Kautschuk. Bei Konzz. < 10% steigt in allen Fällen der Elektrolytverbrauch mit der Verdünnung steil an. R. SCHÄFF. 4030□

Sorption von Kupfer durch Cellulose. R. I. C. Michie. (Nature [London] **190.** 803—04. 27/5. 1961. Manchester, Coll. of Sci. and Technol., Dep. of Text. Chem.) (Engl.)

Die Sorption von Cu^{2+} aus 0,1 m $CuSO_4$-Lsg. wird an entfetteter, mit heißer 1%ig. NaOH behandelter ägypt. *Baumwolle, JO_4^-–ClO_2^--Oxycellulose, NO_2-Oxycellulose, Tenasco Super 70, Viscose-Reyon* bzw. *Fortisan H* untersucht; außerdem wird von den Proben mit Hilfe der acidimetr. Standard-Meth. der COOH-Geh. bestimmt. Es zeigt sich, daß die sorbierte Cu^{2+}-Menge dem COOH-Geh. proportional ist. Die Sorption aus $CuSO_4$-Lsg. wird durch eine LANGMUIR-Isotherme beschrieben. Mit 0,1 m Lsgg. wird die vollständige Absättigung der aktiven Plätze erreicht. Aus pH-Messungen an 0,005—0,1 m $CuSO_4$-Lsgg. folgt, daß die H^+-Aktivität der Cu^{2+}-Konz. angenähert proportional ist. Diese Beobachtungen lassen sich mit den Dissoziations-Konst. der COOH-Gruppen u. der verwendeten Cu-Salze beschreiben. Demnach liefert die Cu^{2+}-Sorption keine Angaben über die physikal. Struktur der Cellulose. HERBERT MÜLLER. 4050□

Sorption von Kupfer durch Cellulose. R. D. Preston. (Nature [London] **190.** 804. 27/5. 1961. Leeds, Univ., Dep. of Bot.) (Engl.) — Vgl. vorst. Referat.

Die Hauptmenge des an „reiner" *Cellulose* sorbierten Cu^{2+} wird von der Pentosan-Komponente, die sehr fest an die Cellulosefibrillen gebunden ist, nicht jedoch von der α-Cellulose-Komponente aufgenommen. Die Sorptions-Eigg. hängen demnach sehr stark von der Vorbehandlung der Proben ab. Da die Best. des COOH-Geh. selbst von der Kationenadsorption abhängt, ist aus der linearen Abhängigkeit der Cu^{2+}-Sorption vom COOH-Geh. nicht abzuleiten, daß die Cu^{2+}-Sorption nur an COOH-Gruppen erfolgt. Herbert Müller. 4050□

Röntgenuntersuchungen neuer Cellulosekomplexe mit Diaminen, die drei, fünf, sechs, sieben und acht Kohlenstoffatome enthalten. Joseph J. Creely, Leon Segal und Leopold Loeb. (J. Polymer Sci. **36.** 205—14. April 1959. New Orleans, La., Southern Regional Res. Labor.) (Engl.)

Cellulose (I)-*Komplexe* mit *Tri-*, *Penta-*, *Hexa-*, *Hepta-* u. *Oktamethylendiamin* wurden dargestellt. Bei der Unters. der Röntgenbeugungsdiagramme wurde eine lineare Abhängigkeit der Größe des 101-Netzebenenabstandes von der Anzahl der C-Atome im Diamin-Mol. gefunden. Analytische u. Röntgendaten sprechen für ein Verhältnis von Anhydroglucose: Diamin wie 2:1. Von den Komplexen wurden die Dimensionen der Einheitszelle berechnet: native I: a = 8,35, b = 10,3, c = 7,95 Å; I-*Hydrazin*: a = 9,68, c = 9,96; I-*Äthylendiamin*: a = 12,2, b = 10,3, c = 12,3; I-*Trimethylendiamin*: b = 10,2; I-*Pentamethylendiamin*: a = 16,6, b = 10,1, c = 15,3; I-*Hexamethylendiamin*: a = 17,2, b = 10,3, c = 15,9; I-*Heptamethylendiamin*: a = 18,4, c = 17,4; I-*Oktamethylendiamin*: a = 19,1, c = 17,9. Für die beiden letzten Komplexe konnten keine befriedigenden Röntgen-Faserdiagramme erhalten werden.

R. Schöllhorn. 4050□

Untersuchungen über die Dialyse mit Cellulose-Schlauchmaterial. Arthur W. Devor und Charles Andre. (J. chem. Educat. **35.** 354—55. Juli 1958. Columbus, Ohio State Univ. Coll. of Med.) (Engl.)

Unter Verw. der 32/32-in. (I) u. 20/32-in. (II)-Type von Visking Cellulose-Schläuchen (I mit größerer Porenweite) wurden Dialysier-Verss. mit 0,1%ig. *Dextrin* (III)-Lsgg. gemacht. Die Schläuche wurden 3 Tage lang in dest. W. eingeweicht, in Längen von 100 ml Fassungsvermögen geschnitten, mit der III-Lsg. gefüllt u. im Eisschrank der Dialyse durch dest. Wasser, das von Zeit zu Zeit erneuert wurde, ausgesetzt. Nach 5 Tagen war der Geh. an nicht dialysierten III-Bestandteilen bei I 79,6%, bei II dagegen nur noch 59,3%. Nach 19 Tagen war die Dialyse praktisch beendet, nach 49 Tagen enthielt I noch 54,5%, II noch 20,8% Undialysiertes. Dieses der Erwartung entgegengesetzte Ergebnis kann damit erklärt werden, daß für den Grad der Dialysierbarkeit bei einer bestimmten Membran letztlich nicht der durchschnittliche Porenradius verantwortlich ist, sondern Poren besonderer Größe, durch die auch bei kleinerer durchschnittlicher Porenweite einer Membran Teilchen hindurchdiffundieren können, die die Membran größerer durchschnittlicher Porenweite zurückhält. W. Betcke. 4050□

Molekulargewichte der Arabanfraktionen der Zuckerrübe. Yoshio Tomimatsu, K. J. Palmer, A. E. Goodban und W. H. Ward. (J. Polymer Sci. **36.** 129—39. April 1959. Albany, Calif., U.S. Dep. of Agricult., Agricult. Res. Service, Western Utiliz. Res. and Dev. Div.) (Engl.)

Gewichtsmittel-Molgew. zwischen 18400 u. 37000 wurden durch Fraktionierung von *Arabanacetaten* der Zuckerrübe an Aktivkohle u. durch Lichtstreuungsmessungen in 2 m wss. NaCl-Lsg. erhalten, die beträchtlich höher als die bisher gemessenen Werte liegen. Messungen einer 1%ig. wss. Dimethylformamid (DMF)-Lsg. lieferten niedrigere Werte, die wahrscheinlich auf eine Wechselwrkg. zwischen Araban u. DMF zurückzuführen sind. Die Best. der Zahlenmittel-Molgew. nach der Endgruppen-Meth. mit chloriger Säure ergab Werte zwischen 8700 u. 24200. Zwischen Molgew. u. Fraktionsnummer ließ sich keine einfache Beziehung aufstellen. Eine Fluorescenz der Arabane wurde bei 436 mμ beobachtet. R. Schöllhorn. 4050□

Durch den Fließzustand hervorgerufene Strukturänderungen. M. Joly. (Rheol. Acta (Ergänzungsh. z. Kolloid-Z.) **1.** 180—85. Aug. 1958. Paris, Inst. Pasteur, Service de Biophys.) (Franz.)

Als Folge der mol. Umordnung, die er erzeugt, kann der Fließzustand eines Syst. ein maßgebender Faktor seiner Struktur sein. Es wird der Fall einer reinen Fl. mit starken intermol. Wechselwrkgg. sowie der kolloiden Suspensionen u. makromol. Lsgg. theoret. untersucht. Für typ. Fälle, bei denen das Fließen Phasenänderungen u. Änderungen des Aggregatzustands hervorruft, werden Rechnungen durchgeführt. An Beispielen, wie *Serumalbumin*, *Myosin* u. *Actomyosin*, wird gezeigt, daß rheolog. u. rheoopt. Unterss. derartiger Syst. eine experimentelle Best. der zwischenmol. Wechselwrkgg. erlauben. W. Walter. 4070□

Änderungen der optischen Drehung von Proteinen nach Spaltung der Disulfidbindungen. Hannelore Würz und Felix Haurowitz. (J. Amer. chem. Soc. **83.** 280—83. 2/2. 1961. Bloomington, Ind., Indiana Univ., Dep. of Chem.) (Engl.)

Die Disulfidbindungen von *Cystin. oxydiertem Glutathion, Chymotrypsin, Rinderserumalbumin, Rinder-γ-globulin, Lysozym, Insulin* u. *Ribonuclease* wurden durch Red. mit Thioglykol (I) bei pH 7—8 u. Zimmer-Temp. oder durch Rk. mit Sulfit oder mit Na-Sulfit u. Na–Tetrathionat in verschiedenen Puffer-Lsgg. gespalten. Der Einfl. dieser Rkk. auf die opt. Drehung wurde untersucht. Es zeigte sich, daß in den meisten Fällen eine ähnliche Zunahme der Rechtsdrehung (bzw. Abnahme der Linksdrehung) wie bei der oxydativen Disulfidspaltung auftritt, wenn gleichzeitige Änderungen der sek. Proteinstruktur durch Stabilisierung des nativen Zustands verhindert wurden oder wenn das Protein vor der S–S-Spaltung völlig denaturiert wurde. Vff. schließen, daß die Cystinylreste einen wesentlichen Beitrag zu der Linksdrehung der cystinreichen Proteine leisten u. daß die Spaltung von Disulfidbrücken durch Red. oder Sulfitolyse für den Hauptteil der Linksdrehungsabnahme verantwortlich ist. Die Annahme anderer Autoren, daß die Drehungsänderung bei der Sulfidspaltung im wesentlichen auf den Übergang von statist. geknäuelten Peptidketten in geordnete Ketten von schraubenförmiger Struktur zurückgeht, scheint demnach nicht zuzutreffen. In den meisten Fällen ist die Zunahme der äquivalenten Drehung von derselben Größenordnung wie die von Cystin u. Glutathion: $+56$ bis $+81^0$ bei der I-Red., $+36$ bis $+57^0$ bei der Sulfitolyse u. $+24$ bis $+37^0$ bei oxydativer Sulfitolyse (Sulfit u. Tetrathionat). E. DEHMLOW. 4070□

Der Effekt der Lichtstreuung bei Differenzspektren im Ultraviolett. S. J. Leach und H. A. Scheraga. (J. Amer. chem. Soc. **82.** 4790—92. 20/9. 1960. Melbourne, Australia, C. S. I. R. O., Div. of Protein chem.; Ithaca, N. Y., Cornell Univ., Dep. of Chem.) (Engl.)

Bei Unterss. über die pH-Abhängigkeit von *Insulin* (I) mittels Differenzspektren wurde im pH-Bereich 3,5—4 u. 7—8 ein unwahrscheinliches Anwachsen der opt. Dichte festgestellt. Dies wird auf einen möglichen Anteil der Lichtstreuung, bedingt durch eine Mol.-Aggregation von I, zurückgeführt. Als Unters.-Material diente kristallines Zn–I; mit einem BECKMAN-Spektralphotometer Modell DK 2 wurden die Differenzspektren von I-Lsgg. bei pH 3,82 gegen I-Lsgg. bei pH 1,5 von 240—600 mμ aufgenommen. Die Konz. der I-Lsgg. war 0,5%ig., d = 0,5 cm. Der Anteil der Lichtstreuung wurde im Spektralgebiet von 350—600 mμ ermittelt, da hier die I-Lsgg. keine Eigenabsorption besitzen, u. durch Extrapolation auf den Bereich bis 240 mμ ausgedehnt. Unter Berücksichtigung des Streulichtanteils kann das anomale opt. Verh. von I geklärt werden. Die Differenzspektren zeigen dann eine pH-Abhängigkeit von I, die gleichbedeutend ist mit dem Vorhandensein einer Tyrosylcarboxylat-Ion-Wasserstoffbindung, in welcher die Carboxylat–Acceptor-Gruppe einen beobachteten pK-Wert von 3,5—3,6 hat. W. GRAF. 4070□

Die Bindung der „strukturellen“ Zink-Ionen im kristallinen Insulin. K. Marcker. (Acta chem. scand. **14.** 2071—74. 1960. Copenhagen, Univ., Fysisk-Kem. Inst.) (Engl.) — Vgl. C. **1961.** 1581.

Methylinsulin, d. h. Insulin (I), bei dem sämtliche 6 freien Carboxylgruppen mit Methanol verestert sind, verhält sich bei der osmometr. Molgew.-Best. bei pH 6,7 in Barbiturat–Acetat-Puffer der Ionenstärke $\mu = 0{,}06$ wie natives I (vgl. l. c.): Während nämlich das Zn-freie Präp. mit steigender Konz. eine Teilchenvergrößerung erfährt, entsteht nach Zusatz von $ZnCl_2$ zur Lsg. eine monodisperse Verb. vom Molgew. $36 \cdot 10^3$. Es ließ sich jedoch zeigen, daß das Zn-Bindungsvermögen von I von den N-Aminoendgruppen abhängig ist, da *Isoinsulin*, ein I-Deriv., bei dem die N-Endgruppen von Phenylalanin (II) u. Glycin (III) durch Phenylisocyanat substituiert sind, im gleichen Puffer bei pH 7,4 ($\mu = 0{,}06$) u. pH 8,6 ($\mu = 0{,}2$) sich stets wie Zn-freies I verhält, unabhängig vom $ZnCl_2$-Geh. der Lösung. Durch Heranziehen der Beobachtungen anderer Autoren wird vermutet, daß im kristallinen Zn-I die „strukturellen“ Metallionen an die N-Endgruppe von II gekoppelt sind u. nicht an die von III. E. ÜHLEIN. 4070□

E. Biologische Chemie. Physiologie. Medizin

E_1. Allgemeine Biologie und Biochemie

Anwendung der sulfonierten Kohle „Escarbo“ sowie synthetischer Harzaustauscher zur Entsalzung von biologischen Flüssigkeiten. E. Gąsior, M. Pietrusiewicz, H. Kowalska und J. Opieńska-Blauth. (Acta biochim. polon. **5.** 333—42. 1958. Lublin, Akad. Med., Zakł. Chem. fizjol.) (Pol.)

Das Entsalzen von Harn u. Blutserum läßt sich, wie vergleichende Unterss. zeigen, an allen Kationenaustauschern durchführen. Zum Auswaschen der im Austauscher festgehaltenen Aminosäuren muß aber ein für den Austauscher spezif. Lsgm. (NH_4OH, Pyridin, aliphat. Amine) verwendet werden. Bei Austauschern mit stark sauren funktionellen Gruppen spielt der pH-Wert des Mediums beim Entsalzen keine Rolle, bei schwachsauren Austauschern (mit COOH-, PO_3H- AsO_3H- u. SH-Gruppen) muß er berücksichtigt werden. Arginin wird von den untersuchten Austauschern (Dowex-50, SDW 3, Amberlite IR 100, RF, KI 4, Escarbo) nicht zurückgehalten. Taurin wird nur bei Anwendung eines schwach bas. Austauschers wiedergewonnen. Der Aminosäureverlust beim Entsalzen mit Ionenaustauschern beträgt maximal 15%. Die anschließende chromatograph. Trennung wird durch das Entsalzen der Aminosäure-Lsg. erleichtert u. verschärft. F. Urban. 4100□

Eine verbesserte Laufmittel-Kombination für die Aminosäure-Chromatographie. C. H. Bowden. (Clin. chim. Acta [Amsterdam] **4.** 539—44. Juli 1959. London, Great Britain, Westminster Med. School, Dep. of Chem. Pathol.) (Engl.)

Für eine große Anzahl von *Aminosäuren* wird eine zweidimensionale papierchromatograph. Trennung mitgeteilt. Als Laufmittel werden verwandt: 1. Phenol (200 g)/Wasser (50 ml), 2. Äthylmethylketon/Butanol/Dicyclohexylamin/Wasser = 100 ml/100 ml/20 ml/50 ml. H.-J. Struck. 4100□

Erweichung von Chitin zu histologischen Zwecken. D. B. Carlisle. (Nature [London] **187.** 1132—33. 24/9. 1960. Plymouth, Citadel Hill, Labor.) (Engl.)

Da Erweichung von Chitinhäuten durch Angriff an der eingelagerten Proteinkomponente, z. B. mit Diaphenol, auch zu untersuchende Proteinstrukturen schädigt, wird Erweichung (außer von gering chitinhaltigen sklerosierten Arthropodenschalen) mit einer aus Pilzen (z. B. auch Lycoperdon) durch NaCl-Axtraktion gewinnbaren *Chitinase*-Lsg. empfohlen. U. Tausendfreund. 4150□

Elektrometrisches Verfahren zur Untersuchung der Gewebeatmung. Je. G. Seserow und I. I. Chripunowa. (Биохимия [Biochemie] **26.** 86—92. Jan./Febr. 1961.) (Russ.; Auszug: Engl.)

Vff. beschreiben die Ausführung einer elektrometr. Unters. der Gewebeatmung. Als Hauptvorteil des Verf. gegenüber dem manometr. Verf. von Warburg wird genannt: hohe Empfindlichkeit, die es gestattet, eine O_2-Aufnahme von 5—10 γ/Liter/Std. zu registrieren; für die Unters. genügen 5 mg Nierengewebe. O. Lebtag. 4150□

Ribonucleinsäuren und die Synthese der cellulären Proteine. J. Brachet. (Nature [London] **186.** 194—99. 16/4. 1960. Brussel, Univ., Fac. of Sci., Labor. of Animal Morphol. (Engl.)

Der Vf. behandelt den Zusammenhang zwischen *Ribonucleinsäure* (*RNS*) und der *Protein*-Synth. u. damit auch die Beziehungen zwischen Zellkern u. Cytoplasma sowie zwischen *Desoxyribonucleinsäure* (*DNS*) u. RNS. Neben Verss. mit Zellhomogenaten, Reticulocyten, Seeigeleiern u. Einzellern werden die Unterss. an kernlosen u. kernhaltigen Zellfragmenten von *Amoeba proteus* u. *Acetabularia* besonders berücksichtigt. Im Zellkern wird die Hauptmenge der RNS gebildet. Bei pflanzlichen Zellen ist es jedoch möglich, daß auch im Cytoplasma in Abwesenheit des Kerns wenig RNS synthetisiert wird. Die genet. Merkmale empfängt die RNS im Kern durch die DNS. Es ist aber noch die Frage offen, ob die DNS die RNS synthetisiert. Die Protein-Synth. ist sowohl an die nucleare als auch an die cytoplasmat. RNS gebunden. Es ist nicht wahrscheinlich, daß die DNS die Proteine des Kerns bildet. L. Laschet. 4150□

Untersuchungen über Desoxynucleosidverbindungen. 2. Mitt. **Desoxycytidindiphosphat-Cholin in Seeigeleiern.** Yukio Sugino. (Biochim. biophysica Acta [Amsterdam] **40.** 425—34. 3/6. 1960. Osaka, Takeda Pharmaceut. Indust. Ltd., Res. Labor. (Engl.) — 1. vgl. Biochim. biophysica Acta [Amsterdam] **40.** [1960.] 417.

In den säurelösl. Extrakten von Seeigeleiern u. Seeigelembryonen von *Hemicentrotus pulcherrimus* sind sog. „maskierte" *Desoxyribonucleoside* (**I**) enthalten, die erst nach Behandlung mit Schlangengift als **I** mit den üblichen Meth. erkannt werden können. Es gelang, aus den Extrakten ein neues *Desoxyribonucleotid*-Deriv., das *Desoxycytidindiphosphatcholin* (**II**) zu isolieren. Daneben konnten große Mengen von *Cytidindiphosphatcholin* (**III**) festgestellt werden. Die neutralisierten $HClO_4$-Extrakte, pH 8,5, der Seeigeleier wurden an Dowex-1 (Formiatform, 200—400 mesh) chromatographiert. Elution mit 0,1; 0,4; 0,8 u. 2,0 m NH_4-Formiat-Lsg., pH 4,3. Die Fraktion mit dem ersten Gipfel bei Elution mit 0,1 m NH_4-Formiat enthält **II** u. wurde noch 2mal chromatographiert (Gradientenelution mit HCOOH bis 0,02n u. mit 0,0005 m Na-Borat/NH_4-Formiat bis 0,5 m NH_4-Formiat). Die endgültige Fraktion wurde im Syst. 0,02n Essigsäure in 60%ig. A. papierchromatographiert. Hydrolyse von **II** u. **III** mit 0,1n HCl

15 Min. bei 100° gibt *Desoxycytidin-5'-phosphat* (**IV**) bzw. *Cytidin-5'-phosphat* (**V**), *Cholin* wurde mikrobiolog. mit einer *Neurospora*-Mutante bestimmt. Die UV-Absorptionsspektren von **II** u. **III** stimmen mit denen von **IV** bzw. **V** überein. Die Phosphat-Best. u. andere analyt. Daten sowie der Vgl. mit synthet. hergestelltem **II** zeigen, daß eine Pyrophosphat-Verb. vorliegt. Spaltung mit 5'-Nucleotidase gibt *Desoxycytosin*, Spaltung mit Nucleotidpyrophosphatase (1n HCl, 100°, 15 Min.) **IV** u. *Phosphorylcholin* u. Spaltung mit Phosphomonoesterase *Desoxycytidindiphosphat* u. *Cholin*. Das synthet. **II** wurde nach der gleichen Meth., wie für **III** von KENNEDY (C. **1961**. 9743) angegeben, aus **IV** u. Phosphorylcholin hergestellt. L. LASCHET. 4150□

Cytochemische Untersuchung der Veränderungen des isoelektrischen Punktes und der Dynamik der Desoxyribonucleinsäure während der Entwicklung einer bösartigen Geschwulst. M. P. Wolowik, O. M. Beskrowny und O. A. Ssukatschowa. (Доповіді Академії Наук Української РСР [Ber. Akad. Wiss. UkrainSSR] **1960**. 363—66. Charkow, Univ.) (Ukrain.; Auszug: Engl.)

In Verss. mit geschlechtsreifen Kaninchen mit experimentellem BROWN-PEARCE-Carcinom wurde festgestellt, daß mit fortschreitender Entw. der Geschwulst der isoelektr. Punkt sehr stark nach geringeren pH-Werten verschoben u. der Geh. an *Desoxyribonucleinsäure* in den Zellkernen der Leber erhöht wird. O. LEBTAG. 4160□

Der Einbau von markierten Aminosäuren in die Eiweißfraktionen der Zellkerne von Leber und ascitischem Ehrlich-Krebs. O. P. Ssamarina. (Биохимия [Biochemie] **26**. 61—69. Jan./Febr. 1961. Moskau, Ssewertzow-Inst. für Morphol. der Tiere der Akad. der Wiss. der UdSSR.) (Russ.; Auszug: Engl.)

Aus der Best. des Eiweiß-Geh. in verschiedenen Fraktionen der Zellkerne der Rattenleber (a) u. des ascit. EHRLICH-Krebses von Mäusen (b) ergibt sich folgendes: *Globulinfraktion* (I) 25,9 (in % von der Trockensubstanz) bei a bzw. 17,8 bei b; *Desoxynucleoproteid* (II) 64,3 bzw. 65,2; *saures Eiweiß* (**III**) 4,6 bzw. 9,1; *Resteiweiß* (**IV**) 5,4 bzw. 7,6. Aus der Unters. des Einbaues von *^{14}C-Glycin* (**V**), *^{14}C-Tyrosin* (**VI**) u. *^{14}C-Lysin* (**VII**) geht hervor, daß bei a die Injektion nach 5—15 Min. zu der größten Radioaktivität bei **III** führt. Nach 30—60 Min. nimmt die Radioaktivität von **I** stärker zu als bei **III**. Zu allen Zeitpunkten ist die Radioaktivität der Histone (**VIII**) 3—6mal geringer als die des Nichthistoneiweißes (**IX**). In den b-Kernen erfolgt ein starker Einbau von **V** u. **VI** in **I** u. **III**, wobei mit fortschreitender Expositionsdauer die Radioaktivität bei **III** stärker zunimmt als bei **I**. Die Radioaktivität von **VIII** ist um 30—35% geringer als die von **IX**. Der Einbau von **VII** in die b-Proteine ist fast 10mal geringer als der Einbau von **V** u. **VI**. Am intensivsten ist der **VII**-Einbau beim **IX**; bei **VIII** ist der **VII**-Einbau um 5—8% geringer. Die Radioaktivität des **III** ist fast um 50% geringer als die des **IX**. Der intensive Einbau der Aminosäuren in die b-**VIII** (Zellen mit hoher mitot. Aktivität) hängt möglicherweise mit der Biosynth. der **II**-Komplexe während der Reduplikation bei der Mitose zusammen. O. LEBTAG. 4160□

Atypisches Carcinoidsyndrom mit vermehrter Ausscheidung von 5-Hydroxyindolylessigsäure bei Pankreascarcinom. Hans Dengler. (Klin. Wschr. **37**. 1245—48. 1/12. 1959. Heidelberg, Univ., Med. Klinik.) (Dt.)

Eine Patientin mit dem klin. Bild eines atyp. Carcinoidsyndroms zeigt eine außerordentlich vermehrte Ausscheidung von *5-Hydroxyindolylessigsäure* im Urin. Die patholog. u. anatom. Unters. ergab aber ein Pankreascarcinom. Auf die biochem. Ähnlichkeit mit den Carcinoiden wird hingewiesen. H. STRUCK. 4160□

Mastzellen und 5-Hydroxytryptamin in präcanceröser Mäusehaut. R. E. Coupland und J. F. Riley. (Nature [London] **187**. 1128—29. 24/9. 1960. Dundee, Queens Coll., Dep. of Anatomy; Royal Infirmary, Dep. of Radiotherap.) (Engl.)

In der Granula der unter einer durch 9.10-Dimethyl-1.2-benzanthracen bewirkten hyperplast. Mäuseepidermis auffindbaren Mastzellen konnte vermehrt *5-Hydroxytryptamin* (I) nachgewiesen werden. Die Zahl der positiven Mastzellen nimmt während der Induktionsperiode zu, bes. starke Rk. ist in den an der Basis von Papillomen sitzenden Mastzellen zu finden. Der hohe **I**-Spiegel in präcanceröser Mäusehaut beruht demnach nicht nur auf einer Steigerung der Mastzellenanzahl. U. TAUSENDFREUND. 4160□

Der Pyrimidinstoffwechsel beim Menschen. 2. Mitt. **Untersuchungen an leukämischen Zellen.** Lloyd H. Smith jun., Faith A. Baker und Margaret Sullivan. (Blood **15**. 360—69. März 1960. Boston, Mass., Harvard Med. School; Massachusetts Gen. Hosp.) (Engl.) — 1. vgl. C. **1961**. 4746.

Vff. haben Leukocyten u. Erythrocyten isoliert u. unter Verw. von ^{14}C-Isotopen die 3 Enzyme, die an der Pyrimidin-Synth. beteiligt sind: *Asparaginsäuretransferase* (**I**), *Dihydroorotase* u. *Dihydroorotsäuredehydrogenase*, in Fällen von myeloischer Leukämie u. beim DI GUGLIELMO-Syndrom (a) u. bei Proliferationserscheinungen am myelopoet.

App. u. hyperplast. Leukämie, lymphat. Leukämie (**b**) sowie Pneumonie (**c**) bestimmt. Wie die graph. Wiedergabe der Resultate zeigt, zeigen die Leukocyten bei Tumoren eine erhöhte Aktivität der Enzyme, u. zwar um so mehr, je jünger die Zellelemente sind. Bei b u. c ist der Anstieg nicht so ausgeprägt. **I**, das in normalen Erythrocyten nicht vorkommt, war bei a in dieser vorhanden. *5-Carboxymethylhydantoinase* kommt in allen Zellen nicht vor. HEINRICH HERMANN. 4160□

Chromatographische Trennung der 17-Ketosteroide bei einigen endokrinen Dysfunktionen, präcancerösen Zuständen und Krebs. S. Zinca und V. Zinca. (Comun. Acad. Republ. Populare romîne **6.** 1143—50. Sept. 1956.) (Rum.)

Bei der chromatograph. Analyse der *17-Ketosteroide* (**I**) des Urins in einer Al_2O_3-Mikrokolonne gelingen die Trennung u. gesonderte Best. der einzelnen Fraktionen. Während die Best. der gesamten **I** bei den meisten präcancerösen Zuständen u. bei Krebs keine signifikanten Unterschiede gegenüber der Norm zeigt, ist eine unterschiedliche Verteilung der Fraktionen deutlich erkennbar. Man kann daher durch Fraktionierung von **I** u. Vgl. des Verhältnisses der Fraktionen mit der Norm endokrine Dysfunktionen, präcanceröse Zustände u. Krebs auch in solchen Fällen nachweisen, in denen keine Abweichungen der Gesamtmenge von **I** vorliegen. In Tabellen werden die (auch graph. dargestellten) gefundenen Geh. an 8 Fraktionen der **I** der Norm gegenübergestellt. R. K. MÜLLER. 4160□

Neuere Ergebnisse in der Erforschung der chemischen Carcinogenese und der experimentellen Chemotherapie der Tumoren. N. P. Buu-Hoï. (Strahlentherapie **113.** 418—31. Nov. 1960. Paris, Univ., Radiuminst.) (Dt.)

Zusammenfassende Darstellung. — 46 Literaturangaben. W. REUSSE. 4160□

Der Wert von in vitro-Methoden zur Ermittlung cytostatisch wirksamer Substanzen. J. Meyer-Rohn, M. Jänner und H. Krumme. (Arzneimittel-Forsch. **10.** 563—66. Aug. 1960. Hamburg-Eppendorf, Univ., Hautklinik.) (Dt.)

Mit Hilfe eines modifizierten „Screening"-Tests von MIYAMURA (Antibiotics and Chemotherapy **6.** [1956.] 280) prüfen Vff. in vitro die cytostat. Wirksamkeit von 75 verschiedenen Verbindungen. YOSHIDA-Ascitessarkomzellen tragende Agarplatten werden an einer Stelle mit Lsgg. der zu prüfenden Verb. versetzt u. inkubiert. Anschließend wird die Platte mit Methylenblau-Lsg. behandelt u. wieder inkubiert, wobei die Teile, die abgetötete Zellen enthalten, durch das Fehlen der Dehydrogenase blau gefärbt werden. Die Größe des Hemmhofes ist ein Maß für die cytostat. Wirksamkeit der Verbindung. Hemmhöfe von 10—20 mm Ø entsprechen einer in vivo-Hemmung von 90—100%, wie in Verss. mit *Sinalost*, *Tris-[β-chloräthyl]-sulfoniumchlorid*, *Sarkolysin*, *E 39* u. *1-Äthylenimino-2-hydroxybuten* gezeigt werden konnte. Folgende Verbb. wurden getestet: *Penicillin G-Na*: 10 (mg/ml): D_3 (Durchmesser des Hemmhofes nach 3 Std. langer Bebrütung) 12 mm, D_6 (Durchmesser nach 6 Std. langer Bebrütung) —; *Erythromycin*: 5: <10 mm, —; *Oleandomycin*; 50: 20 mm, 21 mm; *Trichomycin*: 100: 25 mm, 24 mm; 10: 14 mm, 14 mm; 1: 11 mm, 11 mm: 0,1; <10 mm, <10 mm: *Actinomycin C*: 0,2: 20 mm, 19 mm; 0,05: 16 mm, 17 mm; *Griseofulvin*: 10: 35 mm, 22 mm; 1: 13 mm, 11 mm; *Tris-[β-chloräthyl]-chloramin*: 1: 22 mm, 22 mm; *Methyl-bis-[β-chloräthyl]-amin-N-oxydhydrochlorid*: 1: 15 mm, 15 mm; 10: 21 mm, 21 mm; *[Bis-(β-chloräthyl)-amido]-N'.O-propylen-(1.2)-amidophosphorsäure*: 1: —, —; 5: —, —; *Tris-[β-chloräthyl]-sulfoniumchlorid*: 1: 17 mm, 16 mm; 5: 24 mm, 22 mm; *Vinyl-bis-[β-chloräthyl]-sulfoniumchlorid*: 0,5: 28 mm, 21 mm; *Vinyl-bis-[β-chloräthyl]-sulfoniummethansulfonat*: 0,5: 23 mm, 20 mm; *Bis-[β-hydroxyäthyl]-β-bromäthylsulfoniumbromid*: 1: 9 mm, —; 5: 23 mm, 23 mm; *Buten-(2)-ylen-1.4-bis-[bis-(β-hydroxyäthyl)-sulfoniumbromid]*: 1: 6 mm, —; 5: 21 mm, 20 mm; *p-Xylylen-bis-[bis-(β-hydroxyäthyl)-sulfoniumbromid]*: 1: 8 mm, 4 mm; 5: 8 mm, 4 mm; *Bis-[β-hydroxyäthyl]-benzylsulfoniumchlorid*: 1: 6 mm, —; 5: 7 mm, —; *2-Chloräthyl-2-bromäthyläthylsulfoniumperchlorat*: 1: 17 mm, 16 mm; 5: 27 mm, 26 mm; *S*[1]*-[β-Chloräthyl]-S*[4]*-[β-bromäthyl]-buten-(2)-ylen-1.4-bis-[äthylsulfoniumperchlorat]*: 1: 12 mm, 10 mm; 5: 14 mm, 12 mm; *2.4.6-Triäthylenimino-1.3.5-triazin*: 1: 13 mm, 13 mm; *Thiophosphorsäuretriäthylenimid*: 1: 13 mm, 13 mm; *Trimethylolmelamin (2.4.6-tris-[hydroxymethylamino]-1.3.5-triazin)*: 30): —, 30 mm; *2.5-Bis-[n-propoxy]-3.6-bis-[äthylenimino]-benzochinon-(1.4)*: 1: 18 mm, 17 mm; 0,001: 7 mm, —; *1-Äthylenimino-2-hydroxybuten*: 100: 22 mm, 22 mm; 1: 12 mm, 9 mm; *3.5-Dioxo-12.-diphenyl-4-n-butylpyrazolidin*: 20: —, —; folgende 4-Carboxypyrazolon-(5)-derivate: *1.2-Diphenyl-3-äthyl-*: 10: 13 mm, 13 mm; *1.2-Diphenyl-3-propyl-*: 10: 16 mm, 16 mm; *1.2.3-Triphenyl-*: 10: 15 mm, 15 mm; *1.2-Di-p-tolyl-3-methyl-*: 10: 22 mm, 21 mm; *1.2-Di-p-tolyl-3-phenyl-*: 10: 22 mm, 22 mm; *1.2-Diphenyl-3-α-furyl-*: 10: 11 mm, 11 mm; ferner *p-Aminobenzolsulfonamidoäthylthiodiazol*: 20: 25 mm, 20 mm; 5: —, 15 mm; A.: 100%: 8 mm, —; *Polyäthylenglykol*: unverd.: 13 mm, 10 mm; *Nicotin-*

amid: 10: 19 mm, —; *Azidoessigsäurebenzalhydrazid*: 10: 14 mm, 14 mm; *Azidoessigsäure-p-dimethylaminobenzalhydrazid*: 10: 16 mm, 16 mm; *Phosphorsäuredibutylester-N.N-diisobutylamid*: 5: 9 mm, —; *Phosphorsäuredibutylester-N.N-dibutylamid*: 5: 9 mm, —; *Phosphorsäurediisobutylester-N.N-dipropylamid*: 5: 11 mm, —; *Di-O-äthyl-tetrahydro-1.4-oxazin-4-phosphat*: 5: 7 mm, —; *Thiophosphorsäurediäthylesterbutylamid*: 5: 9mm, 6 mm; *Phosphorsäuredipropylesterphenylhydrazid*: 5: 16 mm, 13 mm; 1: 14 mm, 13 mm; *Phosphorsäurediphenylesterphenylhydrazid*: 1: 10 mm, 8 mm; *Bis-[phosphorsäurediisopropylester]-äthylendiamid*: 1: —, —; 5: 8 mm, 6 mm; *Bis-[phosphorsäuredipropylester]-p-phenylendiamid*: 1: 12 mm, 7 mm; *Bis-[phosphorsäuredibutylester]-p-phenylendiamid*: 1: 11 mm, 3 mm; *Bis-[phosphorsäure]-diisobutylester-p-phenylendiamid*: 1: 13 mm, 7 mm; *2-Pyrazincarbonsäurethiosemicarbazid*: 1: 8 mm, —; *Pyrimidyl-(2)-amin*: 1: 20 mm, 19 mm; *1.2-Diphenyl-3-n-heptyl-4-carboxypyrazolon-(5)*: 1: 16 mm, 15 mm; *Undecansäure*: 1: 10 mm, 6 mm; *Undecylensäure*: 1: 9 mm, —; *5-[Piperidyl-(3)-methylen]-benz-1.3-dioxol*: 1: 28 mm, 26 mm; *5-[N-Methylpiperidyl-(3)-methylen]-benz-1.3-dioxol*: 1: 8 mm, 7 mm; *Desacetylmethylcolchicin*: 1: 11 mm, 10 mm; *Acetylpodophyllotoxin-ω-pyridiniumchlorid*: 0,4: 10 mm, 6 mm; *{1-Hydroxy-2-[bis-(β.γ-dioxopropyl)-amino]-benzol-⟨4-arseno-5⟩-[benzoxazolyl-(2)-mercapto]}-propionsäure*: 1: 31 mm, 31 mm; $HgCl_2$: 0,5: 12 mm, 12 mm; *p-Bis-[2-chloräthyl]-aminophenylalanin*: 10: 13 mm, 14 mm. Keine Hemmhöfe ergaben: *Methanol* (100% ig), *Alt-Insulin* (40 I.E./ml), *Cortison* (25 mg/ml), *Folsäure* (1,5 mg/ml), *Vitamin-A-Palmitat* (300000 I.E./ml), *Vitamin* B_{12} (15 µg/ml), *6.7-Dimethyl-9-[1'-d-ribityl]-isoalloxazin-5-phosphatnatrium* (5 mg/ml) sowie Homogenisate aus Rattenleber u. Rattenmilz. R. REISS. 4160□

E₂. Enzymologie. Gärung

Cytochrome von Pseudomonas-P. Ihre Bildung und Lokalisierung in Zellbestandteilen. Koiti Titani, Shigeki Minakami und Hiromi Mitsui. (J. Biochemistry [Tokyo] **47.** 290—302. März 1960. Tokyo, Univ. of Tokyo, Fac. of Sci., Dep. of Biophysics and Biochem.; Fac. of Med., Dep. of physiol. Chem. and Nutr.; Inst. of Appl. Microbiol., Div. of Enzymol.) (Engl.)

Die Cytochrome von *Pseudomonas-P* (Ps.P) wurden spektrophotometr. mittels der Opalglas-Meth. von SHIBATA untersucht. Ps.P besitzt die Cytochrome 553 u. 560 (benannt nach ihrem Absorptionsmaximum in der Zellsuspension). Ihr Geh. schwankt beachtlich je nach Wachstumsphase u. -medium; sie waren nach Differentialzentrifugieren der gewaschenen u. zerrissenen Zellen reichlich vorhanden in der „Kleinteilchenfraktion" (40000 U/min, 145000 U/min·*g*). In der Inkorporation von radioakt. Fe in Häm war am aktivsten die „Großteilchenfraktion" (15000 U/min, 20000·*g*). H. AMAN. 4210□

Rüben-Peroxydase. 1. Mitt. Reinigung und physikochemische Eigenschaften mehrerer Komponenten der Rüben-Peroxydase. Toichiro Hosoya. (J. Biochemistry [Tokyo] **47.** 369—81. März 1960. Tokyo, Univ. of Tokyo, Coll. of Gen. Educ., Chem. Inst.) (Engl.)

Mittels Papierelektrophorese wurde gefunden, daß mindestens 3 Arten von Peroxydasen im rohen Extrakt der Rübenwurzeln (*Brassica Rapa*) vorhanden sind, A_1, A_2 u. D. D wurde in krist. Form (Nadeln) erhalten. Alle Peroxydasen besitzen die gleiche prosthet. Gruppe wie die Meerrettichperoxydase, u. ihre Molgew. oder Sedimentations-Koeff. waren fast gleich; bei der Elektrophorese aber verhielten sie sich verschieden. Die P.Z. (Purpurogallinzahl) von D war vergleichbar mit der von Meerrettichperoxydase II oder von Japanrettichperoxydase a, während die P.Z. von A_1 u. A_2 beträchtlich niedriger waren. H. AMAN. 4210□

Änderungen der Katalaseaktivität während eines bakteriellen Wachstumscyclus. B. J. McCarthy und Sir Cyril Hinshelwood. (Proc. Roy. Soc. [London], Ser. B **150.** 13—23. 27/1. 1959. Oxford, Univ., Physical Chem. Labor.) (Engl.) — Vgl. C. **1960.** 12027.

Die Änderungen in der relativen Geschw. der Synth. von *Katalase* (I) durch *Bacterium lactis aerogenes* wurden durch Unters. von Proben der Zellen während des unter verschiedenen Bedingungen erfolgenden Wachstums gemessen. Bei normalem Wachstum in Glucose/$(NH_4)_2SO_4$-Medium ist die Bldg. von I während des ersten Teiles der logarithm. Phase gering; mit fallendem pH-Wert nimmt der I-Geh. pro Zelle rasch zu. Jedoch ist dies nicht ein Ergebnis der Acidität selbst, sondern kann auf Modifizierung des Zellstoffwechsels zurückgeführt werden, indem unter sauren Bedingungen wegen der Bldg. von größeren Mengen H_2O_2 mehr I benötigt wird. — Wachstum unter anaeroben Bedingungen führt zur Verringerung der I-Aktivität, wobei aber die beschriebene Änderung der relativen Geschw. in gleicher Weise beibehalten bleibt. — Bei Wachstum

in Succinatmedium sind die Änderungen der Geschw. der I-Bldg. ähnlich wie in Glucosemedium; jedoch wird I-Synth. schon in den ersten Wachstumsstufen beobachtet.
A. HESSE. 4210□

Physikalische Faktoren, die die Geschwindigkeitskonstante der Katalase beeinflussen. G. K. Strother und E. Ackerman. (Biochim. biophysica Acta [Amsterdam] **47.** 317—26. 18/2. 1961. University Park, Pa., Pennsylvania State Univ. Park, Physics Dep.) (Engl.)

Die von CHANCE beschriebene Geschw.-Konst. für die Rk. zwischen *Katalase* u. H_2O_2 konnte als eine Funktion der Temp. im Bereich von +45 bis —20° u. als eine Funktion der Viscosität des Mediums im Bereich von 0,87—80 cP bei Raum-Temp. festgelegt werden. Um die Rk.-Geschw. zu ermitteln, wurde ein Mischapp. mit beschleunigter Strömung u. BECKMANN-Küvetten angewandt. Man fand, daß bei Raum-Temp. die Bldg. des Enzymsubstratkomplexes mit einer negativen Entropie von 24,6 Mol^{-1} $Grad^{-1}$ verbunden u. diffusionsabhängig für 6 cP überschreitende Viscositäten ist. Die Bldg.-Geschw. des freien Enzyms u. der Prodd. des Enzymsubstratkomplexes ergaben einen geradlinigen Kurvenverlauf mit einer Aktivierungsenergie von $5{,}1 \pm 0{,}6$ kcal/Mol. L. MACHER. 4210□

Die Dehydrierung von Paraffinkohlenwasserstoffen durch Suspensionen ruhender Zellen und durch Extrakte von Pseudomonas aeruginosa. Jacques C. Senez und Edgard Azoulay. (Biochim. biophysica Acta [Amsterdam] **47.** 307—16. 18/2. 1961. Marseille, C.R.S.I.M., Centre Nat. de la Rech. Sci.) (Franz.)

Auf Paraffin-KW-Stoffen (C 7—10) kultivierte, nichtsprossende Zellsuspensionen von *Pseudomonas aeruginosa* (I) reduzieren unter anaeroben Bedingungen u. in Ggw. dieser Verbb. *Pyocyanin*, das als Pigment durch I gebildet wird. Die Eigg. der aus I extrahierten *n-Heptandehydrogenase* wurden studiert, die *Diphosphopyridinnucleotid* (II) u. Pyocyanin als H-Acceptor benutzt. Das Triphosphopyridinnucleotid ist ein 8fach schwächerer Acceptor als II. Die zellfreien Extrakte von I enthalten eine *Oxydase* des red. Diphosphopyridinnucleotids, die spezif. durch Mercaptoäthanol gehemmt wird u. die Dehydrogenaseaktivitäten für n-Heptanol-(1) u. Heptylaldehyd besitzt. Die Extrakte von I verbrauchen in Ggw. von n-Heptan O_2 u. ihre Atmungsaktivität ist stark gesteigert durch die Addition von entweder II oder von Pyocyanin. L. MACHER. 4210□

Die Aktivität einer Oxydase für aromatische Alkohole im Wachstumsmedium von Polystictus versicolor. V. C. Farmer, Moira E. K. Henderson und J. D. Russell. (Biochem. J. **74.** 257—62. Febr. 1960. Aberdeen, Großbrit., Macaulay Inst. for Soil Res., Craigiebuckler.) (Engl.)

Das Wachstumsmedium des Basidiomyceten *Polystictus versicolor* enthielt stets ein *Enzym*-Syst., das Wasserstoff von aromat. Alkoholen auf mol. Sauerstoff übertrug, unter Bldg. von aromat. Aldehyden u. H_2O_2. Es enthielt keine Phenoloxydaseaktivität. Die Enzymaktivität wurde durch spektrophotometr. Best. der Aldehyd-Bldg. u. manometr. an der O_2-Aufnahme untersucht. Durch $(NH_4)_2SO_4$-Fällung konnte ein Konzentrat des Enzyms gewonnen werden. Von den untersuchten Substanzen (*Benzylalkohol* u. *Derivv.*: *p-Methoxy-*, *m-Methoxy-*, *3.4-Dimethoxy-*, *4-Hydroxy-3-methoxy-*, *o-Hydroxy-*, *p-Hydroxy-*, *4-Hydroxy-3-methoxycinnamylalkohol*, *β-Naphthylcarbinol*, *1-[3.4-Dimethoxyphenyl]-äthanol*, *1-[4-Hydroxy-3-methoxyphenyl]-äthanol*, *1-[4-Methoxyphenyl]-äthanol*) wurden alle prim. aromat. Alkohole einschließlich β-Naphthylcarbinol, Benzylalkohol u. 7 andere ringsubstituierte Benzylalkohole oxydiert, nicht jedoch 3 sek. 1-Phenyläthanole, Glucose, A., Butanol u. L-Aminosäuren. Eine Teilnahme von Pyridinnucleotiden an der enzymat. Rk. war nicht nachweisbar. Die Enzymaktivität war durch p-Chloromercuribenzoat, Cyanid oder Azid nur in geringem Ausmaß hemmbar.
H. G. TRÜPER. 4210□

Untersuchung des Leukocytenstoffwechsels während der Phagocytose von Staphylokokken- und Colibakterien-Varianten. 3. Mitt. **Dehydrogenasen.** Lydia Mesrobeanu, Ecaterina Papazian und Natalia Mitrică. (Arch. roum. Pathol. exp. Microbiol. **16.** 387—94. Sept. 1957. Bucarest, Inst. „Dr. I. Cantacuzino", Serv. de Physiol. microbienne.) (Franz.) — 2. vgl. Arch. roum. Pathol. exp. Microbiol. **16.** [1957.] 247.

Die Aktivität der *Leukocytendehydrogenasen* nimmt während der Phagocytose Antibiotica-resistenter u. -empfindlicher Staphylokokken- u. Colibakterienvarianten zu. Die aktivierende Wrkg. des Penicillin (I)-empfindlichen Stammes *aureus* (Oxford) ist schwächer als die der saprophyt. u. I-empfindlichen *albus*- u. *citreus*-Varianten. Die I-resistenten Varianten S_{24} *aureus* u. SA_{11} *citreus* stimulieren diese Enzyme gleichfalls stärker als *S. aureus* (Oxford), von dem sie sich ableiten. Gleiche Verhältnisse liegen bei den Colibakterienvarianten vor. Resistente Varianten aktivieren Leukocytendehydrase stärker als empfindliche. K. MAIER. 4210□

Die intracelluläre Lokalisation der Monoaminoxydase mittels N′-thiazolylsubstituierten Tetrazoliumsalzen in Gegenwart von Metallionen. Frank Wohlrab. (Naturwissenschaften **47.** 325—26. 2. Juli-H. 1960. Leipzig, Univ., Pathol. Inst.) (Dt.)

Die Verteilung von *Monoaminoxydase* (I) in nativen Gewebeschnitten von Niere u. Leber des Meerschweinchens wurde durch Inkubation (30—60 Min., 37°) mit *C.N-Diphenyl-N′-[4.5-dimethylthiazolyl-(2)]-tetrazoliumbromid* (II), Tryptaminhydrochlorid u. $CoCl_2$ in Phosphat-, Tris- oder Na-Veronalpuffer u. Fixierung in Glyceringelatine + 0,5 m $CoCl_2$ bestimmt. Die dargestellten *Co*-Formazangranula zeigen sehr wahrscheinlich den I-Sitz in den Mitochondrien an. I wurde durch Präinkubation der Schnitte in 0,01 m Marsilidphosphat, einem spezif. I-Inhibitor, gehemmt. K. MAIER. 4210□

Mechanismus der Hemmung von D-Aminosäureoxydase. 4.Mitt. Hemmende Wirkung von Chlorpromazin. Kunio Yagi, Takayuki Ozawa und Toshiharu Nagatsu. (Biochim. biophysica Acta [Amsterdam] **43.** 310—17. 23/9. 1960. Nagoya, Nagoya Univ., School of Med., Dep. of Biochem.) (Engl.) — 3. vgl. Biochim. biophysica Acta [Amsterdam] **39.** [1960.] 304.

Die l. c. beschriebene Bldg. eines Komplexes aus *Chlorpromazin* (**I**) u. *Flavinadenindinucleotid* (**II**) wurde in wss. Lsg. spektrophotometr. u. fluorimetr. untersucht. Der **I–II**-Komplex zeigt pK $1{,}0 \cdot 10^{-3}$ m bei pH 7,0 u. 20°. Dasselbe pK wird für die **I**-Komplexe von *Riboflavin, Flavinmonophosphat* u. *Riboflavin-5′-monosulfat* (**III**) gefunden. — **I** konkurriert mit **II** um das nach NEGELEIN u. BRÖMEL [1939] hergestellte, **II**-freie Apoenzym der *D-Aminosäureoxydase* (**IV**); pK des **I–IV**-Komplexes beträgt $2{,}3 \cdot 10^{-5}$ m bei pH 8,3. — Der Bindungsbezirk der **IV** für **I** wurde mit **III** u. *Adenosin-5′-monosulfat* (**V**) als Indicatoren ermittelt. Es ergibt sich, daß **I** mit **V** um **IV** konkurriert, d. h., daß **I** an derselben Stelle wie die Adenosinmonophosphatteile des **II** gebunden wird. A. HESSE. 4210□

Die spektrophotometrische Bestimmung von Rinderpankreas-Ribonuclease unter Anwendung von Cytidin-2′.3′-phosphat. E. M. Crook, A. P. Mathias und B. R. Rabin. (Biochem. J. **74.** 234—38. Febr. 1960. London, England, Univ. Coll., Dep. of Biochem.) (Eng.)

Es wurde eine spektrophotometr. Meth. entwickelt, die auf der Hydrolyse von *Cytidin-2′.3′-phosphat* zu *Cytidin-3′-phosphat* durch die zu bestimmende Rinder-*Ribonuclease* u. der daraus resultierenden Änderung des Ultraviolett-Absorptionsspektrums beruht. Die opt. u. kinet. Details wurden genauer untersucht u. folgende Vers.-Bedingungen als die brauchbarsten mitgeteilt: pH annähernd 7,0; ziemlich hohe Ionenstärke, um Effekte durch Veränderungen des Substrats während der Rk. gering zu halten; eine Wellenlänge von 284 mμ oder im Bereich 284—290 mμ; Anfangs-Konz. des Substrats 0,1—0,3 mg/ml; Spaltbreite so klein wie möglich, aber konst., genauere Werte sind von den jeweiligen Vers.-Bedingungen u. Meßgeräten abhängig. H.-G. TRÜPER. 4210□

Über den Einfluß von Desoxyribonuclease I auf die Entwicklungsgeschwindigkeit von Amphibieneiern. R. K. Zahn und G. G. Kiefer. (Exp. Cell Res. **19.** 460—66. April 1960. Frankfurt/M., Univ., Inst. für vegetative Physiol.) (Dt.)

Ein Vgl. der Entw.-Geschw. mit neutraler *Desoxyribonuclease I* (**I**) versetzter, natürlich befruchteter *Rana temporaria*-Eier ergab signifikante Erhöhung bzw. Verlangsamung durch 1—10 bzw. 50—100 γ I/ml. Mg^{2+} u. Ca^{2+} verstärken den entwicklungsbeschleunigenden Effekt von I. Extracellulär zugesetzter I-Inhibitor (Na-Äthylendiamintetraacetat) hebt die I-Wrkg. nicht auf. Die I-Wrkg. beruht vermutlich nicht allein auf einfachem Abbau cytoplasmat. Desoxyribonucleinsäure. K. MAIER. 4210□

Zur Rolle des K⁺ bei der oxydativen Phosphorylierung. E. Latzko. (Biochim. biophysica Acta [Amsterdam] **47.** 350—57. 18/2. 1961. Hannover-Kirchrode, Landw. Forschungsanstalt Büntehof; Weihenstephan, Agrikulturchem. Inst. der TH München.) (Dt.)

Obwohl K^+ für eine maximale oxydative Phosphorylierung (I) der Hefe nötig ist, kann es die oxydativen Rkk. der Endoxydation nicht beeinflussen. Die I wurde im Zusammenhang mit der aeroben Dehydrierung von n-Butanol u. durch Dephosphorylierung nach Cyanidzusatz gemessen. Die O_2-Aufnahme bei der Oxydation von n-Butanol durch K^+ wurde nicht beeinflußt, die Glucoseoxydation aber signifikant erhöht. Die P/O-Werte waren in Ggw. von K^+ durchschnittlich um 160% höher als bei Na^+. Maximale I wurde im Bereich von 0,04—0,5 m K^+ beobachtet. L. MACHER. 4210□

Rolle des Adenosintriphosphates beim Vibrieren der Infusorienwimpern. L. N. Sserawin. (Биохимия [Biochemie] **26.** 160—64. Jan./Febr. 1961. Leningrad, Shdanow-Univ., Forschungsinst. für Biol.) (Russ.; Auszug: Engl.)

Für die Unters. des biochem. Mechanismus der Wimpernhaarbewegungen wurden nach der Saponin-Meth. von HOFFMANN-BERLING (vgl. C. **1956.** 1042) Infusorienmodelle (*Spirostonum ambiguum* Ehrb. u. *Euplotes patella* Ehrb.) hergestellt. Es zeigte sich, daß als Energiequelle dieser Bewegungen das *Adenosintriphosphat* (I) anzusehen ist. Adenosindi- u. Adenosintriphosphat sowie anorgan. Pyrophosphat können I nicht ersetzen. Für die Wimpernhaarbewegungen der untersuchten Modelle sind die gleichen Bedingungen erforderlich wie für die Kontraktion der Muskelfibrillen.

O. LEBTAG. 4210□

Überwinterung, Temperatur und Geschwindigkeit der oxydativen Phosphorylierung durch Herzmitochondrien. Frank E. South jun. (unter techn. Mitarbeit von: Clifford V. Johnson). (Amer. J. Physiol. **198.** 463—66. Febr. 1960. Chicago, Ill., Univ. of Illinois, Coll. of Med., Dep. of Physiol.) (Engl.)

Die Unters. des Temp.-Einfl. auf die oxydative Phosphorylierung (Substrat: Pyruvat) durch Herzmitochondrien von überwinternden Hamstern, Kontrollhamstern u. -ratten ergab zwischen 5 u. 24° scheinbare Aktivierungsenergien von 20,4, 20,8 u. 28,3 kcal für den O_2-Verbrauch u. 20,6, 21,4 u. 29,5 kcal für die Phosphorylierung. Der Unterschied zwischen Ratten u. beiden Hamstergruppen war statist. signifikant. Während der Überwinterung oder der Vorbereitung auf diese bestand wahrscheinlich eine Zunahme der beteiligten oxydativen Enzyme. Änderung der Inkubations-Temp. hatte keinen signifikanten Einfl. auf die oxydative Phosphorylierung.

K. MAIER. 4210□

Der Einfluß von Oxarsan-As(III)auf Adenosintriphosphatase und die Superpräcipitation von Actomyosin sowie die Bedeutung von Adenosintriphosphatase bei der Synaeresis von Actomyosin. Hajime Mugikura, Eisaku Miyazaki und Torao Nagai. (Enzymologia [Den Haag] **17.** 321—32. 15/7. 1956. Hokkaido, Sapporo Med. Coll., Dep. of Physiol.) (Engl.)

Die Überprüfung der Befunde von KUSCHINSKY, LANGE u. TURBA (Biochem. Z. **325.** [1954.] 321) ergab folgendes: *Oxarsan* [*m-Amino-p-hydroxyphenyl-As*(*III*)*-oxyd*] hemmt die *Adenosintriphosphatase* (I) von *Actomyosin* (II)-Gel u. -Sol. Zwischen der Hemmung der Superpräcipitation u. der I-Wrkg. von II-Gel besteht ziemlich Parallelität. — Es ist niemals bewiesen worden, daß die Dephosphorylierung von *Adenosintriphosphat* (*ATP*), welche die „Kontraktion" begleitet, von der I-Aktivität unabhängig sei. — Der „explosionsartige" Zerfall von ATP durch II-Gel ist hauptsächlich der erhöhten Aktivität der I in II zuzuschreiben. Diese Aktivität (nicht aber die Aktivität von Myosin-I) kann für die Zerfalls-Geschw. von ATP bei Muskelkontraktion verantwortlich sein.

A. HESSE. 4210□

Verfahren zur Amylasebestimmung in Fermentpräparaten tierischer Herkunft. K. Zipf und A. Schmid. (Arch. Pharmaz. Ber. dtsch. pharmaz. Ges. **293/65.** 890—95. Okt. 1960. München, Univ., Tierärztl. Fak., Inst. für Pharmakol., Toxikol. u. Pharmazie.) (Dt.)

Es wird ein auf der Jod–Stärke-Meth. basierendes Verf. zur *Amylase*-Best. in pharmazeut. Ferment-Präpp. beschrieben. Nach kurzer Ferment-Einw. wird Stärke-Lsg. mit Jod-Lsg. versetzt, die entstehende Farbe photometriert u. aus einer Eichkurve auf den Amylase-Geh. geschlossen. Wegen der Abhängigkeit der Farbintensität von der Rk.-Temp. muß bei 37° gearbeitet werden.

E. LÜCK. 4210□

Untersuchungen von Takamaltase. 3. Mitt. Hemmung der Takamaltase I durch Kohlenhydrate. Ikunoshin Kato, Taijiro Matsushima und Shiro Akabori. (J. Biochemistry [Tokyo] **48.** 199—204. Aug. 1960. Osaka, Univ., Fac. of Sci., Labor. of Biochem.) (Engl.) — 2. vgl. C. **1961.** 12508.

Von *Takamaltase I* (I) sind für Maltose als Substrat Km (MICHAELIS-Konst.) u. V_{max} (μMoll./Std./$E_{280\,m\mu}$, maximale Geschw.) $3{,}5\cdot10^{-3}$ bzw. 1300 u. für α-Phenyl-D-glucosid $9{,}3\cdot10^{-4}$ bzw. 15. Saccharose, Raffinose, D-Xylose, Trehalose u. D-Glucose sind kompetitive Inhibitoren, während Cellobiose, Lactose, D-Mannose, D-Galaktose, Rhamnose, Mannit, Sorbit u. Inosit die enzymat. Wrkg. von I nicht hemmen.

H. AMAN. 4210□

Über die Kinetik der Wirkung von Polygalakturonase. József Major und Ferenc Örsi. (Élelmezési Ipar [Lebensmittelind.] **14.** 367—70. Nov. 1960.) (Ung.)

Aus Oberflächenkulturen von *Aspergillus niger* durch Extraktion gewonnene *Pektinase*-haltige Lsg. erwies sich bei ihrer enzymat. Wrkg. auf Pektin als eine Rk. erster Ordnung. Auf Grund der Red.-Fähigkeit wurde eine Meth. zur Best. der Polygalakturonaseaktivität ausgearbeitet. Die zwischen der relativen Viscosität der Pektin-Lsg. u. der Konz. der unabgebauten Bindungen bestehenden Beziehungen werden erörtert; ihre Konst. wurde experimentell ermittelt.

L. MACHER. 4210□

Über einige enzymatische Charakteristika von β-Glucuronidasen bei der Spaltung von Hemiacetalglucuroniden. Klaus-Dieter Voigt und Erwin Klempien. (Acta endocrinol. [Copenhagen], Suppl. Nr. **51.** 1043—44. 1960. Hamburg-Eppendorf, II. Med. Univ.-Klinik.) (Dt.) H. HERPER. 4210□

Untersuchungen zum Stoffwechsel der Lungenschnecken. 1. Mitt. **Glykolyse bei den Embryonen von Lymnaea stagnalis L.** H. J. Horstmann. (Hoppe-Seyler's Z. physiol. Chem. **319.** 110—19. 1960. Erlangen, Univ., Physiolog.-chem. Inst.) (Dt.)

Bei den Embryonen von *Lymnea stagnalis* beginnt die Bldg. der *Milchsäure* (**I**) zusammen mit der Herztätigkeit etwa am 5. Tag. Es wird aus der zeitlichen Übereinstimmung gefolgert, daß die Embryonen Galaktogen anaerob zu **I** abbauen können. In 7 Tage alten Embryonen sind *Hexokinase*, *Phosphoglucomutase*, *Phosphoglucoseisomerase*, *Aldolase*, *Enolase* u. **I**-*Dehydrogenase* nachgewiesen worden. Es wird ein Glucoseabbau nach dem Schema von EMBDEN-MEYERHOF gefolgert. B. v. KERÉKJÁRTÓ. 4210□

Untersuchungen zum Stoffwechsel der Lungenschnecken. 2. Mitt. **Die Enzyme des Pentosephosphat-Cyclus bei den Embryonen von Lymnaea stagnalis.** H. J. Horstmann. (Hoppe-Seyler's Z. physiol. Chem. **319.** 120—25. 1960. Erlangen, Univ., Physiolog.-chem. Inst.) (Dt.) — 1. vgl. vorst. Referat.

In 7 Tage alten Embryonen von Schlammschnecken wurden *Glucose-6-phosphatdehydrogenase*, *6-Phosphogluconatdehydrogenase*, *Pentosephosphatisomerase*, *Transketolase* u. *Transaldolase* gefunden. Die Beteiligung des Pentosephosphatcyclus im embryonalen Stoffwechsel der Schnecken wird diskutiert. B. v. KERÉKJÁRTÓ. 4210□

Mevalonsäurekinase in Kaninchenleber. Kehl Markley und Elizabeth Smallman. (Biochim. biophysica Acta [Amsterdam] **47.** 327—35. 18/2. 1961. Bethesda, Md., Public Health Serv.; U. S. Dep. of Health, Educat. and Welfare; Nat. Inst. of Health, Nat. Inst. of Arthritis and Metabol. Diseases.) (Engl.)

Mevalonsäurekinase, die die Bldg. von *5-Phosphomevalonsäure* u. *Adenosindiphosphat* aus den biolog.-akt. Isomeren Mevalonsäure u. ATP katalysiert, wurde aus Kaninchenleber durch Ammoniumsulfatfraktionierung, Protaminsulfatfällung u. DEAE–Cellulose-Chromatographie gereinigt erhalten; sie ist frei von Myokinase u. Adenosintriphosphatase. Zu ihrer Aktivierung sind Cystein, Phosphate, Mg^{2+} oder Mn^{2+} nötig; wenn das Enzym durch p-Chlormercuribenzoat gehemmt wurde, konnte es durch überschüssiges Cystein völlig reaktiviert werden. Man fand, daß die Kinasen der Kaninchenleber u. der Hefe ähnlich sind. L. MACHER. 4210□

Die Enzyme des Glyoxylatcyclus in den keimenden Uredosporen von Melampspora lini (pers.) lév. D. Stuart Frear und M. A. Johnson. (Biochim. biophysica Acta [Amsterdam] **47.** 419—21. 18/2. 1961. Fargo, N.Dak., North Dakota State Univ., Dep. of Agricult.) (Engl.)

Die spezif. Aktivitäten der in den Sommersporen des Rostpilzes *Melampsora lini* vorkommenden Enzyme wurden überprüft; in μMol/mg Protein/min ausgedrückt, wurde für *Aconitase* 0,049, für *Malatsynthetase* 0,054 u. für *Isocitritase* 0,031 festgestellt. L. MACHER. 4210□

Cocarboxylasegehalt von Geweben der mit Pyrithiamin oder Oxythiamin behandelten Maus. L. de Caro, G. Rindi und G. Ferrari. (Int. Z. Vitaminforsch. **29.** 40—45. 1958. Pavia, Univ., Inst. of Human Physiol.) (Engl.)

Gleichzeitiges Verabreichen von *Neopyrithiamin* (**I**) u. *Thiamin* an Mäuse setzt den Geh. an *Cocarboxylase* (**II**; manometr. bestimmt) in Muskel, Leber u. Gehirn herab. Wird **I** allein verabreicht, so sinkt der **II**-Geh. im Gehirn stark ab, u. es treten neurolog. Störungen auf. **II** der untersuchten Gewebe wird durch Verabreichen von *Oxythiamin* nicht beeinflußt. A. HESSE. 4210□

Manometrische Bestimmung von Cocarboxylase in reiner Lösung, in Blut und in tierischen Geweben. V. Boffi, E. Bucci und A. Lucarelli. (Int. Z. Vitaminforsch. **29.** 1—9. 1958. Rom, Univ., Inst. of Biochem.; Centro di Enzimologia del C.N.R.) (Engl.)

Die manometr. Meth. zur Best. von *Cocarboxylase* (**I**; *Diphosphothiamin*) der *Hefe* erfolgt nach BOFFI, LUCARELLI u. BUCCI (C. **1959.** 7176) in WARBURG-Gefäßen; im Hauptgefäß sind: 0,1 ml 0,1 m $MnCl_2$ + 0,32 ml 0,5 m Phosphatpuffer pH 6,3 + 0,75 ml 50%ig. $(NH_4)_2SO_4$ + 1 Einheit Apocarboxylase in 0,3 ml + 0,3 μg **I** in 0,1 ml; im Seitenarm befinden sich 10 mg Pyruvat (**II**) in 0,2 ml W.; das Gesamtvol. wird mit W. auf 3,2 ml ergänzt; Inkubation bei 30°; nach Einkippen des **II** erfolgt Messung der in 20 Min. gebildeten Menge CO_2. Dann wird das Gefäß vom Manometer entfernt, u. es werden 0,8 ml kalter 100%ig. Trichloressigsäure (**IV**) rasch zugesetzt. In einem zweiten WARBURG-Gefäß wird zur Blindprobe **II** erst kurz vor Zusatz der

IV eingekippt. Die Best. des gebildeten CH_3CHO (III) erfolgt durch Mikrodiffusion. — Es wird jetzt gezeigt, daß die Rk. durch $(NH_4)_2SO_4$ verstärkt wird, daß alles gebildete Gas CO_2 ist u. daß das gebildete CO_2 stöchiometr. dem gebildeten **III** entspricht. — Die optimale $(NH_4)_2SO_4$-Konz. ist bei 30 u. 38° etwas verschieden. Die I-Aktivität, die von der Einw.-Zeit linear abhängt, ist bei 38° größer als bei 30°. — Die Meth. wird auf Best. von **I** in Blut, Kammerwasser, Glaskörper, Herz, Leber, Niere u. Gehirn von Tieren angewendet. Bei den Geweben ist eine Verdünnung erforderlich, um den hemmenden Einfl. von Proteinen u. a. Substanzen auszuschalten. A. HESSE. 4210□

Eine vereinfachte Mikromethode zur Bestimmung der Carboanhydrase und ihrer Hemmstoffe. Thomas H. Maren. (J. Pharmacol. exp. Therapeut. **130.** 26—29. Sept. 1960. Gainesville, Fla., Univ. of Florida, Coll. of Med., Dep. of Pharmacol.; Salisbury Cove, Maine, Mount Des., Island Biol. Labor.) (Engl.)

Bei 5° werden in ein vom Boden her mit CO_2 (100 ml/Min.) durchströmtes Glasgefäß (Durchmesser 12 mm, Höhe 25 mm) 0,4 ml Phenolrotreagens (12,5 mg Phenolrot gelöst in 1 Liter 0,0026m $NaHCO_3$), das zu untersuchende Substrat (in dest. W. homogenisiertes Gewebe bzw. heparinisiertes, mit dest. W. verd. Blut) gegeben, das Vol. mit W. auf 0,7 ml aufgefüllt u. 0,1 ml Puffer-Lsg. (30,0 ml einer 1m Na_2CO_3 + 20,6 ml einer 1m $NaHCO_3$-Lsg., mit W. auf 100 ml aufgefüllt) zugegeben u. die Zeit vom Umschlag des Indicators von Rot nach Gelb gemessen. Die Sekundenzahl ergibt ein Maß für die Aktivität des Fermentes. Durchschnittliche Abweichung bei mehrfachen Best. 5—10%. Zusatz von verd. Hemmstoffen verlängert die Reaktionszeit. R. TIMMLER. 4210□

Einige Experimente über die Sekretion von Pepsin beim grünen (Rana esculenta) und beim braunen Frosch (Rana temporaria L.). J. J. M. L. Crombach, I. C. P. De Jong und H. P. Wolvekamp. (Acta physiol. pharmacol. neerl. **7.** 78—92. März 1958. Leyden, Inst. de Zool. Exper.) (Franz.)

Vff. haben den Magen von *Rana temporaria* u. *Rana esculenta* mechan. durch Einfüllen von Sand oder Einblasen von Luft gereizt, den Sand ausgespült u. die Fermentaktivität (F.) des Magensaftes (M.) bestimmt. Anderen Tieren wurde Histamin oder Extrakt aus Schweinemagen injiziert u. ebenfalls F. u. M. bestimmt. Bei anderen Tieren wurden die Nervi communicantes der Spinalnerven 5—8 u. der Truncus sympathicus zwischen den Ganglien 4 u. 6 u. 5 u. 9 durchschnitten, den Tieren ein Schwamm in den Magen gebracht u. nach verschiedenen Zeitabständen F. u. M. gemessen oder aber dies nach Durchschneidung des Nervus vagus u. elektr. Reizung derselben durchgeführt oder aber die sympath. Ganglien 5, 6, 7 oder 8 gemeinsam mit der Vagusdurchschneidung entfernt. Wie die graph. u. tabellar. Wiedergabe der Resultate zeigt, bewirkt Dehnung der Magenwände eine Sekretion von Pepsin. Letztes wird nach Injektion von Histamin nicht sezerniert. Extrakte aus Schweinemagen beeinflussen die Magensekretion des Frosches nicht. Die Nervendurchschneidungen zeigen, daß die Sekretion von M. beim Frosch durch einen lokalen Reflex ausgelöst wird. An der Sekretion sind höhere nervöse Zentren u. solche im Rückenmark nicht beteiligt. HEINRICH HERMANN. 4210□

Das „Lysozym" der Staphylokokken. Maurice Welsch. (C.R. Séances Soc. Biol. Filiales **153.** 2080—83. 1959, herausgeg. 22/4. 1960. Liège, Univ., Labor. de Microbiol. gén. et méd.) (Franz.)

Es wurden 30 Staphylokokkenstämme hinsichtlich ihrer lyt. Wrkg. auf Suspensionen von *Micrococcus lysodeikticus*, *B. megaterium*, *S. pyogenes aureus* u. *E. coli*, sowie isolierte Zellwände von M. lysodeikticus u. B. megaterium untersucht. Die Suspensionen (37°) enthielten ca. 1 mg Trockensubstrat/ml der folgenden Lsg.: K_2HPO_4, 7 g; KH_2PO_4, 2 g; $MgSO_4 \cdot 7\,H_2O$, 0,1 g; $(NH_4)_2SO_4$, 1 g; dest. W., 1 Liter. Die Verss. zeigten, daß die Produktion bakteriolyt., vermutlich dem Lysozym ähnlicher Enzyme eine sehr häufige, vielleicht allg. Eig. der Staphylokokken ist. H. AMAN. 4210□

Untersuchungen über die Reinigung und kinetischen Eigenschaften von Arginase aus Rind-, Schaf- und Pferdeleber. S. J. Bach und J. D. Killip. (Biochim. biophysica Acta [Amsterdam] **47.** 336—43. 18/2. 1961. Bristol, Univ. of Bristol, Dep. of Physiol.) (Engl.)

Es werden die Meth. der Reinigung u. Kristallisation der aus der Leber obiger Tiere gewonnenen *Arginase* beschrieben. Der optimale pH-Wert für die Aktivität der aus den 3 Leberarten gewonnenen Enzyme lag bei 9, das Minimum der MICHAELIS-Konst. bei $7 \cdot 10^{-3}$ molar. Kinet. Verss. bewiesen, daß alle 3 Arginasen ident. oder zumindest nahe verwandt sind. L. MACHER. 4210□

Synthese von Arginin in Pflanzenhomogenaten. M. W. Fotyma, K. Kleczkowski und I. Reifer. (Bull. Acad. polon. Sci., Sér. Sci. biol. **9.** 61—64. 1961. Poln. Akad. der Wiss., Inst. für Biochemie u. Biophysik.) (Engl.)

Es wird gezeigt, daß Homogenate von Weizen- u. Erbsenkeimlingen u. von Spinat in Anwesenheit von *Adenosintriphosphat* aus den Vorstufen *Citrullin* u. *Asparagin Arginin* synthetisieren können. U. MOTHES. 4210□

Der Einfluß von ionisierender Strahlung und Substratschutz auf Tyrosinase. Henry T. Yost jun., Dwight W. Fitterer jun. und Howard Goldin. (Radiation Res. **9.** 411—21. Okt. 1958. Amherst, Mass., Amherst Coll., Dep. of Biol.) (Engl.) — Vgl. C. **1958.** 5103. 13004.

Beim Bestrahlen von *Tyrosinase* (I) (Handels-Prod. sowie gereinigte I) mit Röntgenstrahlen (300 r/min; 18,2 cm Entfernung; I-Lsg. mit Eis gekühlt) oder mit γ-Strahlen (440 Curie von ^{60}Co bei wechselnder Entfernung) wird eine Schutzwrkg. durch die Substrate *Kresol* u. *Brenzcatechin* (II) beobachtet. Anscheinend bestehen bei I zwei für die beiden Substrate verschiedene Aktivitätsbezirke. Dabei hat der *Kresolase*-Bezirk größere Affinität zu seinem Substrat als der *Brenzcatechinase* (III)-Bezirk. Offenbar übt das Endprod. der III-Rk. eine Schutzwrkg. aus, wobei dieses Prod. eine höhere Affinität als II für I hat. A. HESSE. 4210□

Das enzymatische Freisetzen von anorganischem Sulfat aus L-Serin-O-sulfat. K. S. Dodgson, A. G. Lloyd und N. Tudball. (Biochem. J. **78.** 30 P—31 P. März 1961. Cardiff, Univ. Coll., Dep. of Biochem.) (Engl.)

Im Verlauf von vergeblichen Verss. zur Herst. der Sulfatester von OH-Gruppen-enthaltenden Aminosäuren mittels Präpp. aus Rattenleber wurde gefunden, daß Rattenleber ein *Enzym*-Syst. (I) enthält, welches anorgan. Sulfat aus *L-Serin-O-sulfat* (II) freisetzt. Die Hauptmenge von I findet sich in dem bei hohen Zentrifugier-Geschw. aus Leberhomogenat erhaltenen Überstehenden. Die Messung der I-Wrkg. erfolgt an ^{35}S-II. Maximale I-Wrkg. erfolgt bei pH 7,0, wenn die II-Konz. 0,01 m ist. Die I-Wrkg. wird durch Acetat- oder Phosphatpuffer etwas herabgesetzt, nicht aber wesentlich durch Dialyse beeinflußt. — O-Sulfate von L-Threonin oder L-Hydroxyprolin scheinen durch I nicht angegriffen zu werden. — Intraperitoneal injiziertes ^{35}S-II wird von der Ratte merklich desulfatiert. — Es ist nicht klar, ob es sich bei I um eine neue Sulfatase oder um einen ganz andersartigen Enzymtyp handelt. A. HESSE. 4210□

Einfluß von Natriumchlorid auf Adenosindesaminase, Serindesaminase und Tryptophanase von Vibrio cholerae. K. L Arora, S. N. Iyer und C. R. Krishna Murti. (Enzymologia [Den Haag] **17.** 333—37. 15/7. 1956. Lucknow, India, Central Drug Res. Inst.) (Engl.)

Im Gegensatz zu früheren Beobachtungen an Asparaginsäuredesaminase wird die Bldg. von *Adenosindesaminase* (I), *Serindesaminase* (II) u. *Tryptophanase* (III) von *Vibrio cholerae* durch steigende Mengen von NaCl im Nährmedium gesteigert. Diese Steigerung erfolgt sogar bei einer Konz. von 3,40% NaCl, welche Menge normalerweise das Wachstum des Organismus selbst hemmt. — Bei enzymat. Unters. von suspendierten ruhenden Zellen haben NaCl-Konzz. von 0,85 u. 1,70% eine teilweise stabilisierende Wrkg. auf I u. II, nicht aber auf III. A. HESSE. 4210□

Stoffwechsel von L-Lysin durch Bakterien-Enzyme. 4. Mitt. **δ-Aminovaleriansäure-Glutaminsäure-Transaminase.** Akira Ichihara, Elizabeth A. Ichihara und Masami Suda. (J. Biochemistry [Tokyo] **48.** 412—20. Sept. 1960. Osaka, Univ., Med. School and Inst. for Protein Res., Dep. of Physiol. Chem.) (Engl.) — 3. vgl. C. **1961.** 16515.

δ-Aminovaleriansäure-Glutaminsäure-Transaminase (I) wurde aus *Pseudomonas* isoliert u. gereinigt. I katalysiert die Rk.: *δ-Aminovaleriansäure* (II) + *α-Ketoglutarsäure* (III) $\rightleftharpoons$ *Glutarsäuresemialdehyd* + *L-Glutaminsäure*. *p-Chlormercuribenzoat* ($1 \cdot 10^{-4}$ m) hemmt die Rk. merklich. *Pyridoxalphosphat* ist ein Cofaktor für I. Die Substratspezifität von I war beschränkt auf II u. III. pH-Optimum von I 9. MICHAELIS-Konst. für II u. III, $1 \cdot 10^{-2}$ m bzw. $8 \cdot 10^{-3}$ m. Die R_F-Werte der Rk.-Prodd. in verschiedenen Lsgm. wurden bestimmt. Ebenso wurde untersucht der Einfl. der Protein-Konz., der Inkubationszeit, der II- u. III-Konz. auf die I-Aktivität. H. AMAN. 4210□

Betain-Homocystein-Methyltransferasen. 1. Mitt. **Verteilung in der Natur.** L.-E. Ericson. (Acta chem. scand. **14.** 2102—12. 1960. Stockholm, Roy. Inst. of Technol., Div. of Food Chem.) (Engl.)

Betain-Homocystein-Methyltransferase (I), welche aus *Betain* (II) + *L-Homocystein* unter Übertragung einer CH_3-Gruppe *Methionin* bildet, wurde in der Leber sämtlicher untersuchten Vertebraten [Mensch, Affe, Igel, Hund, Pferd, Schwein, Kalb, Schaf, Meerschweinchen, Ratte, Kaninchen, Küken, Taube, Truthahn, Frosch, *Coronella austriaca*, Hecht, Barsch, Kabeljau, Aalraupe (*Lota lota*), Neunauge] gefunden. Alle anderen Organe dieser Tiere, mit Ausnahme der ebenfalls I-enthaltenden Meerschweinchenniere, sind frei von I. — Von untersuchten Nichtvertebraten weist nur die Teichmuschel (*Anodonta cygnea*) I auf. — I fand sich nicht in Pflanzen u. Mikroorganismen, was aber möglicherweise daran liegen kann, daß die verwendete Unters.-Meth. bei diesen Materialien ungeeignet ist. — I konnte teilweise gereinigt werden. — II kann durch *Dimethyl-β-propiothetin*, nicht aber durch Cholin (III) als CH_3-Donator ersetzt werden. — Die I-Wrkg. wird durch Dimethylglycin deutlich, nicht aber durch III gehemmt. — Die scheinbaren pH-Optima liegen zwischen 7,0 (Hecht) u. 8,5 (Teichmuschel). Gereinigte I aus Menschenleber (**I a**) ist bei pH 7,5 u. 60° stabiler als gereinigte I aus Hechtleber (**I b**). Daher konnte **I b** nur durch pH-Einstellung u. Fällen mit A. gereinigt werden, wogegen **I a** in gleicher Weise wie I aus Schweineleber (vgl. nachst. Ref.) gereinigt wurde. A. HESSE. 4210□

Betain-Homocystein-Methyltransferasen. 2. Mitt. **Isolierung und Eigenschaften der Transferasen der Schweineleber.** L.-E. Ericson. (Acta chem. scand. **14.** 2113—26. 1960.) (Engl.) — 1. vgl. vorst. Referat.

Betain-Homocystein-Methyltransferase (I) aus Schweineleber konnte durch Adsorption an $Ca_3(PO_4)_2$, Elution mit 0,15 m Phosphat, Einstellen auf pH 7,8, 80 Sek. Erhitzen auf 80°, Zentrifugieren, Dialyse, Fällen mit Aceton, Entfernen von Verunreinigungen mittels TEAE-Cellulose erhalten werden. Das erhaltene I-Präp. erwies sich bei Sedimentation, Chromatographie u. Elektrophorese als im wesentlichen homogen (Molgew. 270000). I scheint kein Metallenzym zu sein; etwaige zu Vitamin B_{12}, Vitamin B_6, Folsäure oder Folinsäure in Beziehung stehende Cofaktoren wurden in gereinigter I nicht gefunden. — I besitzt ein einziges Lichtabsorptionsmaximum bei 276 mμ. Das scheinbare pH-Optimum liegt bei pH 7,5. Dabei entstanden 1 Mol Dimethylglycin + 1 Mol Methionin aus 1 Mol Betain + 1 Mol Homocystein; Reversibilität der Rk. wurde nicht gefunden. A. HESSE. 4210□

Betain-Homocystein-Methyltransferasen. 3. Mitt. **Die Methyldonatorspezifität der aus Schweineleber isolierten Transferase.** L.-E. Ericson. (Acta chem. scand. **14.** 2127—34. 1960.) (Engl.) — 2. vgl. vorst. Referat.

Bei Wrkg. der *Betain-Homocystein-Methyltransferase* (I) aus Schweineleber kann *Betain* (II) als CH_3-Donator durch *Betainmethylester*, *Betainäthylester*, *Dimethylacetothetin*, *Dimethyl-β-propiothetin*, *Methylmethioninsulfoniumchlorid* u. *Trimethylsulfoniumchlorid* ersetzt werden. — Eine Übertragung der C_2H_5-Gruppe wurde nicht beobachtet. — Zahlreiche als CH_3-Donatoren getestete NH_4-Verbb. störten die Rk. der I mit II; II selbst setzte die CH_3-Übertragung bei einigen der Sulfonium-Verbb. herab. A. HESSE. 4210□

Spektrophotometrische Untersuchungen von Oximase. K. Yamafuji, Y. Osajima, H. Omura und T. Yoshida. (Enzymologia [Den Haag] **21.** 37—42. 1/9. 1959. Fukuoka, Japan, Kyushu Univ., Agric. Chem. Inst.) (Engl.)

Nach YAMAFUJI, AOKI und OMURA (C. **1961.** 16512) sind *Diphosphopyridinnucleotid* (DPN) u. *Flavinadeninnucleotid* (FAD) die Coenzyme der *Oximase* (I). Zur Best. dieser enzymat. Red. von Oximen wird jetzt die spektrophotometr. Best. von DPN angewendet.

A

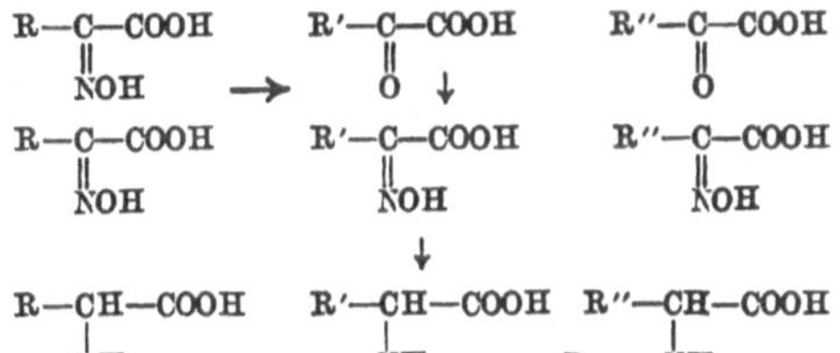

B

Dabei ergab sich unter Bestätigung der Wrkg. von DPN u. FAD als Coenzymen folgendes Rk.-Schema: **A.** Triphosphopyridinnucleotid u. Flavinmononucleotid wirken bei dieser Rk. nicht als Coenzyme. — Für die *enzymat. Übertragung von Oximinogruppen* (KAMAFUJI, OMURA, Proc. Internat. Symp. Enz. Chem. **173.** [1957.]), die *Transoximase–Oximase-Rk.* kann Schema **B** gültig sein. Wenn ein Oxim spontan aus Hydroxylamin u. einer Carbonyl-Verb. gebildet wird, wird das Oximinoradikal zunächst durch *Transoximase* übertragen. Die Ketoxime werden durch I zur Bldg. von Aminosäuren hydriert. A. HESSE. 4210□

Carbamylierung der Acetylcholinesterase. Irwin B. Wilson, Mary Anne Hatch und Sara Ginsburg. (J. biol. Chemistry **235.** 2312—15. Aug. 1960. New York, N.Y., Columbia Univ., Dep. of Neurol. and Biochem., Coll. of Physicians and Surg.) (Engl.)

Carbamylate hemmen *Acetylcholinesterase* irreversibel durch die Carbamylierung des Fermentes. Das durch *Dimethylcarbamylcholin* (I) u. *Dimethylcarbamylfluorid* (II) gehemmte Enzym wird durch W. mit gleicher Geschw. hydrolysiert u. durch Hydroxylamin gehemmt, so daß das gleiche Dimethylcarbamylenzym gebildet worden sein muß.

Dabei wird die Gruppe carbamyliert, die sonst mit dem Substrat Acetylcholin reagiert. Die Bldg. des Dimethylcarbamylenzyms wird durch den reversibel wirkenden Inhibitor *Phenyltrimethylammoniumion* gehemmt. Bedingt durch die geringe Größe des Fluoratoms carbamyliert **II** selbst in Ggw. dieses Inhibitors. Die geringe Hemmung durch **II** deutet an, daß die Zers. mit Wasser durch Bindung des Inhibitors an das Carbamylenzym behindert werden kann. Tatsächlich wird die Geschw. der Rück-Rk. durch Phenyltriammoniumjodid um $^1/_3$ vermindert, desgleichen die Reaktivierung durch Hydroxylamin. Carbamylcholin reagiert viel rascher mit Acetylcholinesterase als **I**, desgleichen reagiert das resultierende Carbamylenzym auch mit W. u. Hydroxylamin rascher. *Diäthylcarbamylfluorid* ist ein 100mal schwächerer irreversibler Inhibitor als **II**, desgleichen das *Äthylhomologe* von **I**. Ansteigende Größe der Acylgruppe vermindert die Hydrolyserate der Cholinester durch die Acetylcholinesterase. Acetylcholinesterase reagiert 4mal rascher mit W. als mit Hydroxylamin, die Carbamylenzyme reagieren mit beiden Reagentien gleich, während Phosphorylenzym 100mal rascher mit Hydroxylamin als mit W. reagiert. Durch Pyridin-2-aldoximmethojodid, einen Reaktivator der Dialkylphosphorylacetylcholinesterase, ist keine Erhöhung der Geschw. der Hydrolyse des Dimethylcarbamylenzyms zu erreichen. Im Gegensatz zu dem extrem wirksamen Acetylcholinesteraseinhibitor *Diäthylphosphorylthiocholin* ist das *Dimethylcarbamylthiocholin* 100mal schwächer als **I**. M. GÖRLICH. 4210□

Der Mechanismus der Schradanaktivierung durch Lebermikrosomen. R. D. O'Brien. (Canad. J. Biochem. Physiol. **35.** 45—54. Jan. 1957. London, Ontario, Canada, Dep. of Agriculture.) (Engl.)

Vf. hat von den Lebern weißer Mäuse ein 10%ig. Homogenat hergestellt u. aus ihm die Mikrosomen gewonnen u. diese mit menschlichem Serum, *Oktamethylpyrophosphoramid* (*Schradan*; **I**), *Diphosphopyridinnucleotid* (**II**), *MgCl*$_2$ oder *Nicotinamid* inkubiert u. Acetylcholin zugegeben, die Hemmung der Cholinesterase gemessen u. aus dieser Hemmung die Menge des aktivierten **I** berechnet, das nach ALDRIDGE präpariert wurde. Wie die graph. u. tabellar. Wiedergabe der Resultate zeigt, wird von **II** H_2O_2 freigesetzt, das ein noch unbekannter, in den Mikrosomen enthaltener Faktor mit Hilfe einer Katalase aktiviert. Dieser Faktor oxydiert **I**. HEINRICH HERMANN. 4210□

Bildung des cyclischen Acetalphospholipids während alkalischer und enzymatischer Hydrolyse von Cholinplasmalogen. Regina Pietruszko und G. M. Gray. (Biochim. biophysica Acta [Amsterdam] **44.** 197—99. 21/10. 1960. London, Lister Inst. of Preventive Med.) (Engl.)

Cholinplasmalogen (**I**; ein aldehydogenes Phospholipid, das neben Phosphatidylcholin in der „Lecithin"-Fraktion von Ochsenherzmuskel enthalten ist) gibt bei Hydrolyse mit Gift aus *Agkistrodon piscivorus* (*Phospholipase A*) oder Alkali den gesamten *Aldehyd* ab, wie die Messungen mit 3 verschiedenen Best.-Meth. zeigen. Dabei werden ein *Lyoplasmalogen* mit einer $\alpha.\beta$-ungesätt. Struktur u. eine cycl. Form gebildet, von denen die erste labiler als **I**, die zweite stabiler als **I** gegen Säure ist. A. HESSE. 4210□

Untersuchungen über Bildung und Ausscheidung von Serum-Lipoproteiden durch Rattenleber-Schnitte. Charles M. Radding und Daniel Steinberg. (J. clin. Invest. **39.** 1560—69. Okt. 1960. Bethesda, Md., Nat. Heart Inst., Labor. of Cellular Physiol. and Metabolism, Section on Metabolism.) (Engl.)

Vff. fanden in einem in vitro-Syst., daß Rattenleberschnitte ^{14}*C-Aminosäuren* in den Proteinteil u. ^{14}*C-Acetat* in die Lipoidfraktion der Lipoproteide einbauen. Beschleunigte oder verlangsamte Cholesterin-Biosynth. beeinflußte den Einbau von ^{14}C-Aminosäuren in die Proteinfraktion nicht. Die von den Leberschnitten in das Medium abgegebenen Lipoproteide wurden nach ihrer Dichte fraktioniert. Die Fraktion hoher Dichte (1,063 bis 1,21) war mit der entsprechenden Fraktion der normalerweise im Serum zirkulierenden Lipoproteide identisch. H.-G. FLOSS. 4210□

Der hemmende Einfluß menschlicher Blutkomponenten auf eine Lipase mikrobiologischen Ursprungs. Gerald B. Phillips. (Proc. Soc. exp. Biol. Med. **106.** 192 bis 194. Jan. 1961. New York City, N.Y., Columbia Univ., Dep. of Biochem. Med., Presbyterian Hosp.) (Engl.)

Die Aktivität einer mikrobiolog. *Lipase* wird bei Verw. von Olivenöl als Substrat durch menschliches Plasma, rote Blutzellen, Plasmaproteinfraktionen u. Hämoglobinaufarbeitungen gehemmt. Bei Verw. von *Triacetin* als Substrat oder einer Pankreaslipase konnte keine Hemmung durch menschliches Serumalbumin beobachtet werden.
H.-J. STRUCK. 4210□

Reinigung und Eigenschaften von 20α-Hydroxysteroiddehydrogenase aus Ratten-Ovarien. Walter G. Wiest. (Acta endocrinol. [Copenhagen], Suppl. Nr. **51.** 965. 1960. Salt Lake City, Utah, Univ. of Utah, College of Med., Dep. of Biol. Chem.) (Engl.)
H. HERPER. 4210□

Ferment-Aktivitäts-Bestimmungen in der menschlichen Leber. 6. Mitt. **Ergebnisse der Untersuchungen weiterer 7 Enzyme des energieliefernden Stoffwechsels in der normalen und pathologisch veränderten menschlichen Leber. Untersuchungen über den Eiweiß- und Blutgehalt in Leber-Punktaten.** E. Schmidt, F. W. Schmidt und E. Wildhirt. (Klin. Wschr. **37.** 1221—29. 1/12. 1959. Kassel, Stadtkrankenhaus, Med. Abt.) (Dt.) — 4. vgl. C. **1959.** 3516.

Bei Gesunden u. Leberkranken werden im Leberpunktat folgende Fermente bestimmt: *Hexokinase, Sorbit-, 6-Phosphogluconsäure-, Äpfelsäure-* u. *Isocitronensäuredehydrogenase, Fructose-1-phosphataldolase* u. *Glutamat-Pyruvat-Transaminase.* Die Unterschiede der normalen Werte zu den einzelnen Lebererkrankungen werden aufgezeigt u. Einzelheiten zur Methodik mitgeteilt. — 40 Literaturangaben.
H.-J. STRUCK. 4210□

Ferment-Aktivitätsbestimmungen in der menschlichen Leber. 7. Mitt. **Zum Enzym-Muster der Leber bei posthepatitischer Hyperbilirubinämie.** E. Schmidt, F. W. Schmidt und E. Wildhirt. (Klin. Wschr. **37.** 1229—30. 1/12. 1959. Kassel, Stadtkrankenhaus, Med. Abt.) (Dt.) — 6. vgl. vorst. Referat.

In den Leberpunktaten von Gesunden u. Patienten mit posthepatit. Hyperbilirubinämie werden die Fermente (l. c.) bestimmt. Es zeigt sich bei den patholog. Punktaten eine allg. Aktivitätssteigerung, welche auf eine gesteigerte physiolog. Leistungsbreite der Leberzellen zurückgeführt wird. H.-J. STRUCK. 4210□

Enzym-Substrat-Beziehungen bei Dictyostelium discoideum während der biochemischen Differenzierung. Barbara E. Wright. (Proc. nat. Acad. Sci. USA **46.** 798—803. 15/6. 1960. USA Labor. of Cellular Physiol., Nat. Heart Inst., Nat. Inst. of Health.) (Engl.)

Bisherige Unterss. der Veränderungen in der Enzymaktivität von *Isocitronensäuredehydrogenase, Glucose-6-phosphatdehydrogenase, Glutaminsäuredehydrogenase, Glutaminsäure-Brenztraubensäure-Transaminase* in vitro während der Entw. des Schleimpilzes (*Dictyostelium discoideum*; D. d.) werden durch invivo-Unterss. revidiert. Obwohl bei der Differenzierung im Verlauf der Entw. Änderungen in der Intensität der verschiedenen Stoffwechselwege auftreten, die möglicherweise wechselnde Aktivitäten der untersuchten Enzyme bewirken, ändern sich deren Konzz. nicht. Vf. schlägt vor, daß sequenzweiser Substratverbrauch für bestimmte Stoffwechselveränderungen verantwortlich ist, die bei der Differenzierung in D. d. auftreten. H. G. TRÜPER. 4210□

Oxydation der Anthranilsäure katalysiert durch zellfreie Extrakte von Pseudomonas. Taneaki Higashi und Yukiya Sakamoto. (J. Biochemistry [Tokyo] **48.** 147—49. Juli 1960. Osaka, Univ., Med. School, Biochem. Dep.) (Engl.)

Aus *Pseudomonas aeruginosa* wird ein zellfreier Extrakt hergestellt, welcher die fermentative Oxydation der *Anthranilsäure* (I) bewirkt. Es zeigt sich, daß zwischen I u. daraus gebildetem *Pyrocatechin* kein stabiles Zwischen-Prod. entsteht u. daß nur ein Enzym, welches red. Pyridinnucleotid benötigt, mit „*Oxygenase*"-Eigg. wirksam ist.
H.-J. STRUCK. 4210□

Die enzymatische Hydrolyse der Seitenkette von Penicillinen. H. T. Huang A. R. English, T. A. Seto, G. M. Shull und B. A. Sobin. (J. Amer. chem. Soc. **82.** 3790—91. 20/7. 1960. Groton, Conn., Chas. Pfizer & Co., Inc., Res. Labor; Maywood, N.J.) (Engl.)

Eine Reihe von Vertretern der Schizomyceten, wie Arten von *Escherichia, Bordetella, Alcaligenes, Micrococcus, Pseudomonas* u. *Norcardia*, bildet hohe Konzz. von *Penicillin* (I)-„*Acylase*" (II)-Aktivität, die die I-Seitenkette unter Bldg. von *6-Aminopenicillansäure* (III) abhydrolysiert. Bei Inkubation von *Na-Benzylpenicillin* (IV) mit gefriergetrockneten *Nocardia*-Zellen (F.D. 46973) in Phosphatpuffer (pH 7,5, 28°) wurde **III** mit 80% Ausbeute erhalten (Behandlung mit *Penicillinase* u. Best. der gebildeten *d-4-Carboxy-5.5-dimethyl-α-amino-2-thiazolidinessigsäure*). **III**, F. 207—208° (Zers.), $[\alpha]_D^{25}$ +277° (c = 1,0; 0,1n HCl), wurde durch Absorption an IR-120 (H^+) u. Elution mit NH_4OH, pH 7,0, isoliert. Acylierung von **III** mit den entsprechenden Säurechloriden in wss. Aceton, pH 7,0—7,5, gab gute Ausbeuten an krist. *K-Salz* von **IV** u. *Phenoxymethylpenicillin.* Letztes u. *Allylmercaptomethylpenicillin* wurden durch mikrobielle **II** hydrolysiert. K. MAIER. 4210□

Die Rolle der Aldonolactonase bei der Umwandlung von L-Gulonat in L-Ascorbat. Clark Bublitz und Albert L. Lehninger. (Biochim. biophysica Acta [Amsterdam] **47.** 288—97. 18/2. 1961. Baltimore, Md., Johns Hopkins School of Med., Dep. of Physiol. Chem.) (Engl.)

Vff. berichten über Reinigung u. Eigg. von Rattenleber-*Aldonolactonase* (I) u. deren Rolle bei der enzymat. Bldg. von *L-Ascorbat* (II). In 34% ig. Ausbeute wurde I aus Rattenleber 110fach gereinigt durch isoelektr. Fällung, Hitzebehandlung in Ggw. von Mn^{2+}, Acetonfraktionierung u. anschließende Chromatographie an Carboxymethylcellulose-Säulen. Die Best. der I-Aktivität erfolgte manometr. nach WINKELMANN u. LEHNINGER (J. biol. Chemistry **233.** [1958.] 794) mit D-Galaktono-γ-lacton als Substrat. Die spezif. Aktivität von I im Homogenat betrug 19,1 E./mg, nach Chromatographie 2 120 E./mg. Bei Lagerung bei 0° ist I für Monate völlig stabil, in Lsg. ist I stabil bei pH 7,4—8,0. Während der Reinigung des Enzyms blieben I-Aktivität u. die Aktivität, die die Umwandlung von *L-Gulonat* (**III**) in **II** durch L-Gulonolactonoxydase aus Rattenlebermikrosomen anregt, in einem konst. Verhältnis. Vff. fanden, daß **I** nicht nur die Hydrolyse von *L-Gulono-γ-lacton* (**IV**) sondern auch die umgekehrt gerichtete Rk., die Lactonisierung von **III** katalysiert. Vff. konnten zeigen, daß der Lactonisierungsschritt wesentlich für die Synth. von **II** aus **III** durch Leberenzyme ist. **III** ⇌ **IV** + H_2O; **IV** + $^1/_2$ O_2 →**II** + H_2O. **I** ist aber nicht nur spezif. für **IV** sondern für folgende Substrate: *D-Galaktono-γ-lacton* (relativer Grad 100); L-**IV** (6,4); *D-Glucurono-γ-lacton* (0,9); *D-Gulono-γ-lacton* (64); *α-D-Glucoheptono-γ-lacton* (2,8); *D-Arabono-γ-lacton* (15,9); *D-Ribono-γ-lacton* (5,5); *L-Galactono-γ-lacton* (25); *D-Mannono-γ-lacton* (10,8); *Äthylacetat* (0,2); *D-Mannurono-γ-lacton* (4,0); *D-Glucono-γ-lacton* (62). G. BRATFISCH. 4210☐

TPN-L-Gulonatdehydrogenase. J. Lyndall York, Arthur P. Grollman und Clark Bublitz. (Biochim. biophysica Acta [Amsterdam] **47.** 298—306. 18/2. 1961. Baltimore, Md., Johns Hopkins School of Med.) (Engl.) — Vgl. vorst. Referat.

Eine spezif. *TPN*(*Triphosphopyridinnucleotid*)-*Dehydrogenase*, die L-Gulonat zu D-Glucuronat reversibel oxydiert, wurde aus Schweinenieren gewonnen. Das gereinigte Enzym ist frei von Aldonolactonase u. DPN-L-Gulonatdehydrogenase. Obwohl auch L-Galaktonat ein Substrat für dieses Enzym bildet, wird der Name *TPN-L-Gulonatdehydrogenase* speziell für dieses Enzym vorgeschlagen. Das gereinigte Enzym hat keine Wirksamkeit auf γ-Lactone. Uridindiphospho-D-glucuronat wird durch dieses Enzym nicht reduziert. Die Rolle dieser Dehydrogenase bei der Umsetzung von D-Glucuronat zu L-Ascorbat u. L-Xylulose sowie auch die Stoffwechselquelle von freiem D-Glucuronat für die Biosynth. der Ascorbinsäure werden diskutiert. L. MACHER. 4210☐

Diphosphothiamindisulfid in Bäckerhefe. Heikki Suomalainen, Sakari Rihtniemi und Erkki Oura. (Acta chem. scand. **13.** 2131. 1959. Helsinki, Res. Labor. of State Alcohol Monopoly.) (Engl.)

Vff. züchteten Bäckerhefe unter streng aeroben Bedingungen u. extrahierten sie mit Perchlorsäure. Mittels Ionenaustauscherchromatographie mit Dowex 1-X u. anschließender Gradientenelution mit Ameisensäure oder Ammoniumformiat konnten in dem Extrakt *Thiamin*, *Thiamindisulfid*, *Thiomonophosphat*, *Cocarboxylase* u. *Diphosphothiamindisulfid* (I) nachgewiesen werden. I gibt nach Cystein-Red. u. anschließender Oxydation die Thiochrom-Reaktion. E. HEISE. 4270☐

Einfluß der Ribonucleotide und Ribonucleinsäuren auf die Hefeatmung. A. A. Chadshiolow. (Биохимия [Biochemie] **26.** 132—41. Jan./Febr. 1961. Sofia, Med. Inst., Lehrstuhl für Biochemie.) (Russ.; Auszug: Engl.)

In Verss. mit Saccharomyces cerevisiae wird gezeigt, daß die Oxydation von Glucose (**I**) u. Acetat (**II**) durch die Hefe von Nucleosiden, Nuclosid-2'(3')-monophosphat (Gemisch von 2'- u. 3'-Isomer), Nucleosid-5'-monophosphat u. Nucleosid-5'-triphosphat nicht beeinflußt wird. Die Nucleosid-5'-diphosphate aktivieren die Oxydation von **I**, **II** u. Pyruvat (**III**). Cytidin-5'-diphosphat u. Uridin-5'-diphosphat sind hierbei weniger wirksam als Adenosin-5'-diphosphat. Diese 3 Verbb. dienen hierbei als Phosphatacceptoren bei der oxydativen Phosphorylierung u. aktivieren die Atmung. Di- u. Tripyridinnucleotid katalysieren die Oxydation von **I** u. **III**, sind jedoch ohne Einfl. auf die Oxydation von **II**. Dieser Unterschied beruht offenbar darauf, daß die beiden Verbb. die Acetaldehyddehydrogenase aktivieren. Die Ribonucleinsäure (**IV**) u. ihre alkal. Hydrolysate aktivieren die Oxydation von **I**, nicht jedoch die von **II** u. **III**. Die Wrkg. von **IV** beruht nicht auf **IV** selbst oder den Ribonucleotiden, sondern wahrscheinlich auf der Ggw. eines Faktors unbekannter Natur, der sich an der apotom. Oxydation von **I** beteiligt. Vf. bezeichnet ihn zunächst als „Faktor der Glucoseoxydation". O. LEBTAG. 4270☐

E₃. Mikrobiologie. Bakteriologie. Immunologie

Über ein das Bakterienwachstum förderndes Prinzip. 3. Mitt. **Der Nachweis von β-d-Glucose in der Bakteriologie.** H. Eyer, G. Linzenmeier und H. W. v. Schrader-Beielstein. (Zbl. Bakteriol., Parasitenkunde, Infektionskrankh., Hyg., I. Abt., Orig. **169.** 205—08. Aug. 1957. Bonn, Univ., Hygiene Inst.) (Dt.) — 2. vgl. Zbl. Bakteriol., Parasitenkunde, Infektionskrankh., Hyg., I. Abt., Orig. **169.** [1957.] 108.

Neue spezif. Nachw.-Meth. für *β-d-Glucose* (I) in bakteriolog. Grundmedien bedient sich des Indicatorprinzips auf ferment-chem. Grundlage u. ist allen gängigen I-Best.-Meth. an Genauigkeit u. Einfachheit der Durchführung überlegen. Ein mit den Enzymen Glucoseoxydase u. Peroxydase imprägnierter Papierstreifen wird mit einem H_2-Donator versehen, der bei Ggw. von H_2O_2 unter Farbstoff-Bldg. anspricht. Da vorst. Enzyme aber nur bei Ggw. von I, Luftzutritt u. vorangegangener Anfeuchtung des Indicatorpapiers H_2O_2 bilden, tritt nur bei I-Ggw. Färbung auf, deren Intensität allerdings innerhalb gewisser I-Konz.-Bereiche dem I-Geh. proportional ist u. eine quant. Best. zuläßt. Der handelsübliche Indicator „Glukotest" ist zur Durchführung vorst. I-Best.-Meth. gut geeignet. H. HRUSCHKA. 4300

Zwei ungewöhnliche, Ultraviolett absorbierende Substanzen, die in Bakterienextrakten mit Aminosäuren verbunden sind. Jon Jonsen, S. Laland und I. Smith-Kielland. (Acta chem. scand. **13**. 2131—32. 1959. Blindern, Oslo, Univ. of Oslo, Dep. of Biochem.) (Engl.)

Durch saure oder wss. Extraktion von Bakterien bei 100° u. anschließender Fraktionierung an einer Dowex-Säule unter Verw. der Gradienten-Elution mit Ameisensäure–Ammoniumformiat konnten 2 neue im UV absorbierende Substanzen als Aminosäure-Komplexe isoliert werden. Beide Substanzen zeigen in 5 verschiedenen Lsgm. auf dem Papierchromatogramm gleiche R_F-Werte u. geben nach Hydrolyse mit 6n HCl positive Ninhydrinreaktion. Sie enthalten kein Phosphat u. eine von ihnen gibt nach Red. mit Na-Amalgam positive Ribosereaktion. Charakterist. Absorptionsmaxima sind für beide Substanzen angegeben. E. HEISE. 4315□

Die Struktur der Ribitteichosäure aus den Zellwänden von Bacillus subtilis. J. J. Armstrong, J. Baddiley und J. G. Buchanan. (Biochem. J. **76**. 610—21. Sept. 1960. Durham, Newcastle-upon-Tyne, Univ., King's Coll., Dep. of Chem.) (Engl.)

Die trockene Zellwandsubstanz von *B. subtilis* besteht zu 60% aus *Ribitteichosäure* (I), die neben *Phosphat* u. *Ribit Glucose* u. *Alanin* (II) enthält. I kann von den Mucopeptiden durch kalte Trichloressigsäure gelöst werden. II ist in der D-Konfiguration durch labile Esterbindung mit dem Polymer verknüpft. Die Alkalihydrolyse von I führt zu Phosphatestern des *Glucosylribits* (III), woraus nach enzymat. Abspaltung des Phosphats III kristallin gewonnen wurde. Die Struktur 4-O-[β-D-Glucopyranosyl]-D-ribit für III wurde durch Oxydation mit JO_4^-, die opt. Aktivität der Oxydations-Prodd. u. durch die Wrkg. der β-Glucosidase sichergestellt. In I sind die III-Reste durch Phosphodiesterbindungen zwischen $C_{(1)}$ u. $C_{(5)}$ des Ribits verbunden. Die Gesamtstruktur von I umfaßt jeweils 9 Alanylglucosylribit-5-phosphat-Reste, wie es auf Grund biogenet. Überlegungen u. Titrationsergebnisse gefordert wird. B. v. KERÉKJÁRTÓ. 4315□

Papierchromatographie und Papierelektrorheophorese von Tuberkuloproteinen. T. P. Dekker. (Nature [London] **188**. 1191—92. 31/12. 1960. Rotterdam, Centr. Diergeneeskund. Inst.) (Engl.)

Papierchromatographie u. -elektrorheophorese von *Rinder-Tuberkuloproteinen* wurden untersucht. Zwar wurden in einigen Fällen relativ gut reproduzierbare Ergebnisse erhalten, jedoch sind die erzielten Effekte noch nicht gut genug, um prakt. Bedeutung zu erlangen. E. DEHMLOW. 4315□

Isolierung von Pseudovitamin B_{12} aus Propionibacterium-shermanii-Kulturen. J. Pawełkiewicz und W. Walerych. (Acta biochim. polon. **5**. 327—31. 1958. Poznań, WSR, Kat. Biochem.) (Pol.)

Aus Kulturen von *Propionibacterium shermanii* wurden neben größeren Mengen *Vitamin* B_{12p} (Faktor B) geringe Mengen *Pseudovitamin* B_{12} (I; *Adenylcyanocobalamin*) kristall. isoliert. Die Isolierung aus dem Nährlsg.-Konzentrat erfolgte durch Papierelektrophorese u. chromatograph. an Al_2O_3 mit Methanol. Die Ausbeute betrug 1 mg I/30 Liter Nährlösung. I zeigt gegenüber *Euglena gracilis* nur 70% der Aktivität von Vitamin B_{12}. Gegen *Ochromonas malhamensis* ist I inaktiv. F. URBAN. 4315□

Die Wirkung oberflächenaktiver Stoffe auf die Biosynthese von Riboflavin durch Ashbya Gossypii. C. G. Smith, Geneva A. Smith und Zoe Papadoupoulou. (Biochim. biophysica Acta [Amsterdam] **47**. 344—49. 18/2. 1961. South Hadley, Mass., Mount Jolyoke Coll.) (Engl.)

Der Zusatz verschiedener nicht-ion. oberflächenakt. Stoffe zu einem bestimmten Wachstumsmedium von *Ashbya gossypii* förderte die Synth. von *Riboflavin*. Fettsäuren u. andere oberflächenakt. Stoffe stimulierten für sich getestet die Flavinogenese nicht. Eine Mischung hydro- u. lipophiler oberflächenakt. Stoffe ergab in bestimmten Verhältnis höchste Erträge an Riboflavin. Die durch Senkung der Oberflächenspannung des Wachstumsmediums bewirkte Steigerung der Riboflavin-Synth. wird diskutiert. L. MACHER. 4320□

Stoffwechsel von Aminen. 3. Mitt. Abbau und Synthese von γ-Aminobuttersäure durch Pseudomonas aeruginosa. U. Bachrach. (Biochem. J. **77.** 417—21. Dez. 1960. Jerusalem, Hebrew Univ., Hadassah Med. School, Dep. of Clin. Microbiol.) (Engl.) — 2. vgl. C. **1961.** 15802.

γ-Aminobuttersäure (**I**) wird durch gewaschene Zellen von *Pseudomonas aeruginosa* (A) langsam oxydiert. Die Oxydation durch gefriergetrocknete Zellen erfolgt mit gleicher Geschwindigkeit. Zellfreie Präparationen setzen **I** unter Transaminierung in Ggw. verschiedener Ketosäuren, wie *α-Oxoglutarsäure* (**II**), *Brenztraubensäure* (**III**), *Oxalessigsäure* (**IV**) u. *α-Oxovaleriansäure* (**V**) um. Der bei Transaminierung von **I** mit **II** entstehende *Succinsemialdehyd* (**VI**) wurde papierchromatograph. nachgewiesen. Methylenblau wird durch zellfreie Präparationen in Ggw. von **I** u. **II** anaerob reduziert. TPN u. DPN werden ebenfalls langsam reduziert. Die Red.-Geschw. ist höher bei **VI** als Substrat. Das bei dieser Rk. zu erwartende Succinat konnte papierchromatograph. nicht nachgewiesen werden. Die mögliche Rückverwandlung des Succinats in **VI** durch Red. durch TPN oder DPN u. Bldg. von **I** durch Transaminierung wird durch Umwandlung von ^{14}C-Succinat in ^{14}C-γ-Aminobuttersäure nachgewiesen. Daneben wird durch reduktive Aminierung des Succinats auch 4-Aminobutanol-(1) gebildet. *Jodacetat* (**VII**), Hydroxylamin u. Semicarbazid hemmen die Oxydation von **I** durch gefriergetrocknete Zellen. Die Oxydation durch gewaschene Zellen wird durch **VII** weniger gehemmt. Die Transaminierung von **I** mit **II** wird durch **VII** nicht beeinflußt. M. FROHNE. 4320□

Verwendung von radioaktivem Stickstoff zur Untersuchung der N_2-Fixierung in Bakterienzellen und ihren Extrakten. D. J. D. Nicholas, D. J. Silvester und J. F. Fowler. (Nature [London] **189.** 634—36. 25/2. 1961. Cambridge, Mass., Harvard Univ., Dep. of Chem.) (Engl.)

Vff. verwendeten radioakt. $^{13}N_2$ (hergestellt durch Beschuß von Aktivkohle mit 15-MeV-Deuteronen in Argon als Trägergas) an Stelle des stabilen $^{15}N_2$ zur Unters. der N_2-Fixierung in Zellen u. Zellextrakten von *Azotobacter vinelandii*. Die Unters.-Zeit wird dadurch erheblich verkürzt. Über die Arbeitstechnik sowie einige erste Ergebnisse (Einfl. von Gas-Zus., Expositionszeit u. Art der Herst. der Zellextrakte auf die ^{13}N-Aufnahme) wird berichtet. H.-G. FLOSS. 4320□

Untersuchungen an Actinomycin-I-bildenden Streptomyceten und deren Actinomycinen. W. Frommer. (Arch. Mikrobiol. **31.** 319—25. 28/11. 1958. Göttingen, Univ., Org.-Chem. Inst.) (Dt.)

Nur durch Stammauslese, nicht aber durch Variation der Kulturbedingungen konnte ein an sich bereits degenerierter Stamm Imme 797 zur Bldg. nennenswerter Mengen von *Actinomycin* (**I**) vom Typ I angeregt werden. **I** vom Typ X oder C wurde nicht gebildet. C.-O. LAUBSCHAT. 4340□

Antifungielle Wirkung des Antibioticums des Actinomycesstammes 1321. B. D. Dshamalijewa. (Известия Академии Наук Казахской ССР, Серия Медицины и Физиологии [Nachr. Akad. Wiss. KasachSSR, Ser. Med. Physiol.] **1960.** Nr. 2. 51—54.) (Russ.; Auszug: Kasach.)

Actinomyces (Stamm 1321) besitzt in Maisextrakt u. synthet. Nährlsg. fungistat. Wrkg. gegen Dermatophyten von Trich. violaceum (Verdünnung 1 : 2), Trich. crateriforme (1 : 2), Micr. ferrigineum (1 : 128), Epid. KAUFMAN-WOLF (1 : 2), Epid. rubrum (1 : 2), in synthet. Nährlsg. gegen Ach. Schönleini (1 : 2). Das Konzentrat von Stamm 1321 besitzt fungistat. Wrkg. gegen die genannten Dermatophyten u. Trich. gypseum u. Micr. lanosum (bis zur Verdünnung 1 : 160). Gegen Dermatophyten von Trich. violaceum, Trich. gypseum u. Ach. Schönleini besitzt das Konzentrat in vitro fungicide Wrkg. bis zu 96 Std.; die Kultur-Fl. besitzt keine fungicide Wirkung. J. v. KLOCH-KORNITZ. 4340□

Ein neues, gegen gewisse Bakterien und Fungi wirksames Antibioticum. Marcel Bolore. (C. R. hebd. Séances Acad. Agric. France **46.** 373—74. April 1960.) (Franz.)

Coccobacillus Yannicus bildet ein bzgl. der Isolierung u. chem. Natur nicht näher charakterisiertes *Antibioticum* mit ausgeprägter Wrkg. gegen Fusarien, z. B. F. sambucinum u. F. coeruleum. C.-O. LAUBSCHAT. 4340□

Bestimmung einiger Salze von Chloramphenicolsuccinat unter Verwendung eines Enzymkomplexes und Antibiotica-resistenter Keime. R. Negri, Littoria von Lorch, G. de Felip, Silvana Alberti und R. Monacelli. (Rend. Ist. super. Sanità **24.** 41—50. 1961. Roma, Ist. Sup. di Sanità, Labor. di Microbiol. e Labor. di Chim.) (Ital.)

Vff. entwickelten eine mikrobiolog. Best.-Meth. für *1-Phenyl-2.3-dimethyl-4-dimethylaminopyrazolon-(5)-chloramphenicolsuccinat*, $C_{28}H_{33}Cl_2N_5O_9$, *4'-[β-Hydroxyäthyl]-diäthylendiaminomethyltetracyclinchloramphenicolsuccinat*, $C_{44}H_{54}Cl_2N_6O_{17}$, F. 130°, u. *Kanamycinchloramphenicolsuccinat*, $C_{48}H_{68}Cl_4N_8O_{27}$, F. 125°, unter Verw. von Pankreatin u. gegen

Antibiotica resistenten Testorganismen. Die Salz-Moll. können vollständig in ihre mikrobiolog. akt. Teile aufgespalten u. direkt durch Vgl. mit dem entsprechenden Standard bestimmt werden. K. ZINGRAF. 4340□

Bestimmung der Aminogruppenzahl in Canamycin, Mycerin und Colimycin. A. B. Ssilajew, G. Ss. Katrucha und W. M. Stepanow. (Биохимия [Biochemie] **26.** 10—12. Jan./Febr. 1961. Moskau, Lomonossow-Univ., Chem. Fakultät, Lehrstuhl für organ. Chem., Labor. für Chem. des Eiweißes u. der Antibiotica.) (Russ.; Auszug: Engl.)

In einer Arbeit von STEPANOW u. Mitarbeitern (vgl. C. **1961.** 11765) wurde die Best. der Zahl der freien Aminogruppen u. des Molgew. von Polymyxin M u. B u. Gramicidin C durch partielle Dinitrophenylierung u. anschließende elektrophoret. Trennung der Rk.-Prodd. beschrieben. Es wird nun gezeigt, daß dieses Verf. auch für die Best. der Zahl der freien Aminogruppen in *Canamycin, Mycerin* u. *Colimycin* geeignet ist. Danach enthält Canamycin 4, Mycerin u. Colimycin 6 Aminogruppen. Das Molgew. von Mycerin beträgt ca. 900. O. LEBTAG. 4340□

Methode zur Lösung von Triacetyloleandomycin zum Zwecke der Prüfung der Empfindlichkeit von Mikroorganismen. J. W. Czekalowski. (Nature [London] **189.** 752—53. 4/3. 1961. Leeds, Univ. of Leeds, School of Med., Dep. of Bacteriol.) (Engl.)

Als Lsg.-Medium für *Triacetyloleandomycin* (*Evramycin, Cyclamycin*) zur Durchführung von in-vitro-Testen eignet sich (in Anlehnung an die rasche Resorption des Antibioticums aus dem Magendarmtrakt) n/10 *HCl.* Da diese jedoch selbst hemmend auf das Bakterienwachstum wirkt, wird Verw. von n/200 HCl als Lsgm. vorgeschlagen. Zur Beschleunigung der Resorption, bes. bei Achlorhydrie u. Hypochlorhydrie ist an eine Zubereitungsform mit verd. HCl zu denken. U. TAUSENDFREUND. 4340□

Verteilung von ^{51}Cr-markiertem Endotoxin in Cortison-behandelten Mäusen. John C. Ribble, Margaret Zalesky und A. I. Braude. (Bull. Johns Hopkins Hosp. **105.** 272—83. Nov. 1959. Dallas, Tex., Univ. of Texas, Southwestern Med. School, Dep. of Int. Med.) (Engl.)

Die durch *Cortison* (I) ausgeübte Schutz-Wrkg. gegenüber letalen Dosen von Endotoxinen ist im Gegensatz zur Schutz-Wrkg. durch Toleranz von der Konz. des Endotoxins in Blut u. Geweben unabhängig. I-Dosen, die bei normalen Mäusen den Exitus infolge *Escherichia coli-Endotoxin* (^{51}Cr-markiert) verhüten, hatten keinen Einfl. auf die Geschw. der Endotoxin-Eliminierung oder deren Organverteilung. Die Resistenz von Mäusen mit Toleranz gegenüber den Endotoxinen oder deren Fähigkeit zur Klärung des Endotoxins aus dem Blut in Lungen u. anderen Organen wird durch I nicht gesteigert. U. TAUSENDFREUND. 4370□

Biologisch aktive Fraktionen aus Haemophilus pertussis. H. Billaudelle, L. Edebo, E. Hammarsten, C.-G. Hedén, B. Malmgren und H. Palmstierna. (Acta chem. scand. **13.** 2132. 1959. Stockholm, Karolinska Inst., Dep. of Bacteriol.) (Engl.)

Aus Zellen von *Haemophilus pertussis* wurden sehr neurotox. u. dermatonekrot. Extrakte gewonnen u. durch Kolonnenelektrophorese gereinigt. Das *Neurotoxin* (I) wurde bis zu einer mittleren DL von 10 μg/10 g Maus angereichert. Der Extraktionsrückstand gibt nach Entfernung der Salze stabile Suspensionen u. kann bei 100000·g sedimentiert werden. Er enthält 2 Lipidfraktionen, Protein u. Polysaccharide. Er ist nicht tox. u. schützt Mäuse gegen 1000 MDL I. Nach elektronenmkr. Unterss. besteht er aus Bakterienzellwänden. E. HEISE. 4370□

Experimentelle Untersuchungen über die aktive Tetanusimmunität. I. Mitt. **Bestimmung der immunisierenden Wirksamkeit des Tetanustoxoids.** G. Istrati, V. Stefanesco, Maria Istrati, N. Muntiu und T. Ardeleanu. (Arch. roum. Pathol. exp. Microbiol. **16.** 349—63. Sept. 1957. Bucarest, Inst. „Dr. I. Cantacuzino", Serv. de la Dysenterie.) (Franz.)

Adsorbierte oder ausgefällte *Tetanustoxoide* (I) lassen sich bei Verw. einer ausreichenden Zahl von Mäusen (30—50) genau titrieren. I-Ausfällung oder -Adsorption mittels geeigneter Reagentien [Kalialaun, $Al(OH)_3$] steigert die antigene Wirksamkeit der I-Präpp. erheblich (z. B. von 6 → 1085 Meerschweinchen-E./ml). K. MAIER. 4370□

Zur Histochemie der Cytomegalie. W. Sandritter, D. Müller und O. Mantz. (Frankfurter Z. Pathol. **70.** 589—97. 1960. Frankfurt/M., Univ., Senckenberg Pathol. Inst.) (Dt.)

Vff. führten quant. u. qual. histochem. Unterss. bei Cytomegalie durch u. fanden, daß die Einschlußkörper gegenüber normalen Zellkernen ca. 3—4mal mehr *Desoxyribonucleinsäure* u. wahrscheinlich virusspezif. „*Nichthistonproteine*" enthalten. Den auffällig hohen Geh. an proteingebundenen SS- u. SH-Gruppen in Kerneinschlüssen u. im

Cytoplasma gegenüber normalen Zellen führen Vff. auf die erhöhte Eiweißkörper-Synth. zurück. R. ILLHARDT. 4374□

Die Biochemie der Pansenprotozoen. 4. Mitt. Der Abbau von Pektinen. A. R. Abou Akkada und B. H. Howard. (Biochem. J. **78.** 512—17. März 1961. Aberdeen, Rowett Res. Inst., Bucksburn.) (Engl.) — 3. vgl. C. **1961.** 12888.

Extrakte der Pansenprotozoen *Entodinium caudatum, Dasytricha ruminantium* u. eines Gemisches von *Isotricha*-Arten wurden auf ihre hydrolyt. Aktivität gegenüber Pektinsubstanzen untersucht. Die Entodinium-Extrakte enthielten keine *Pektinesterase*- oder *Polygalakturonase*-Aktivität; die Dasytricha-Extrakte enthielten beide Enzyme in geringer Konz.; in den Isotricha-Extrakten war die Aktivität beider Enzyme am höchsten. Eine Meth. zur Messung der Pektinesterase-Aktivität, die die Best. von Methanol nach CONWAY-Diffusion enthält, ermöglichte die Feststellung, daß die Maximalaktivität des Isotricha-Enzyms bei pH 8,6—8,8 liegt. Die Dasytricha- u. Isotricha-Extrakte zersetzten Pektin u. Polygalakturonsäure prinzipiell zu Oligouroniden. Galakturonsäure wurde nur sehr wenig produziert. Die Polygalakturonase-Aktivität der Isotricha-Extrakte war optimal bei pH 8,7—9,0. Suspensionen lebender Isotrichen hydrolysierten Pektinsubstanzen leicht, u. zwar unter Produktion von Galakturonsäure u. Methanol. Isotricha scheint keine oder nur geringe Fähigkeit zur Vergärung von Pektinsubstanzen oder ihrer Hydrolyse-Prodd. zu besitzen. H.-G. TRÜPER. 4380□

E₄. Pflanzenchemie. Pflanzenphysiologie. Pflanzenpathologie

Über die Veränderungen des Kohlenhydratumsatzes in Apfelsämlingen im Zusammenhang mit den Temperaturverhältnissen der Überwinterung. W. D. Tychwinska. (Український Ботанічний Журнал [Ukrain. bot. J.] **17.** Nr. 6. 39—49. 1960. Inst. für Botanik der Akad. der Wiss. der UkrainSSR, Abt. für Pflanzenphysiol.) (Ukrain.)

Untersucht wurde die jahreszeitliche Dynamik der *Kohlenhydrate* (I) u. die Aktivität von *Katalase* (II), *Peroxydase* (III) u. *Amylase* (IV) von Apfelsämlingen, die während der Vegetationsperiode unter gleichen natürlichen Bedingungen gewachsen waren, im Winter jedoch verschiedenen Temp. ausgesetzt wurden. Es zeigte sich, daß bei jenen Sämlingen (A), die im Winter einer Temp. von $+15^0$ ausgesetzt wurden, der Geh. an lösl. I geringer ist als bei den Sämlingen, die unter natürlichen Bedingungen überwinterten (B). Bei A ist die Aktivität von II, III u. IV geringer als bei B. Die bei $+3^0$ bis -5^0 überwinterten Sämlinge (C) stehen nach allen Kennzahlen, mit Ausnahme der IV-Aktivität, der B-Reihe sehr nahe. Bei A u. C fehlen die Monosaccharide. Vff. erörtern noch die Veränderungen von I, II, III u. IV bei Änderungen der Temp.-Verhältnisse in den aufeinanderfolgenden Wintern. O. LEBTAG. 4404□

Aktivierung funktioneller Prozesse (metabolisch und enzymatisch) der Gerste durch Ultraschall. Georges Obolensky. (Mater. vegetabiles [Den Haag] **2.** 298 bis 335. 20/12. 1957. Paris, Univ., Labor. de Physiol. Végétale.) (Franz.)

Untersucht wurde im einzelnen die Beschleunigung der Keimung von Gerstenkörnern in W. durch Ultraschall (Kontrolle durch Messung der Wasseraufnahme; Messung der Keimungsbeschleunigung unter Verw. der Indices von DURAND; Messung der Beschleunigung des Wachstums u. des Stoffwechsels der aus den Körnern entsprossenen Keimpflanzen durch Best. ihres Wasser-Geh. u. unter Verw. von ^{32}P), die Wärmetönung dieses Prozesses mittels des Mikrocalorimeters von CALVET bis zu 30 Std. lang, sowie die Änderung der Aktivität von *α-Amylase* u. *Cellulase* (I) in den beschallten Körnern. Keimung u. Stoffwechsel der Gerste erfuhren unter den experimentellen Bedingungen eine deutliche Beschleunigung durch Ultraschall; die calorimetr. Unters. bestätigte das Auftreten biochem. Prozesse infolge der Beschallung, auch war eine deutliche Aktivierung der Enzym-Syst. festzustellen. Auf Grund der Tatsache, daß Ultraschall die Aktivität des die Zellwände hydrolysierenden Enzyms I erhöht, wird folgender Zusammenhang zwischen den mechan. u. chem. Prozessen vermutet, die durch Ultraschall in Gerstenkörnern ausgelöst werden: Permeabilität der Membranen $\rightleftharpoons$ Abbau der Zellwände $\rightleftharpoons$ Depolymerisation der Stärke $\rightarrow$ schnellere Entw. des Keims. E. ÜHLEIN. 4404□

Fluorverbindungen in der Natur. Verteilung von Kohlenstoff-Fluor-Verbindungen in einigen Dichapetalum-Arten. Rudolph Peters und R. J. Hall. (Nature [London] **187.** 573—75. 13/8. 1960. Babraham, Agricult. Res. Council Inst. of Animal Physiol.; Cambridge, Univ., Dep. of Biochem.) (Engl.)

In *Dichapetalum toxicarium*-Samen wurden 2 neue *F*-Verbb. nachgewiesen, bei denen es sich auf Grund ihres chromatograph. Verh. um *ω-Fluorölsäure* (I) u. eine *gesätt. Fluorfettsäure* mit wahrscheinlich 17 C-Atomen handelt; *Fluoressigsäure* ist nur in Spuren vorhanden. Blätter von D. toxicarium enthielten keine *F*-Verbindungen. In Blättern von *Dichapetalum cymosum* wurde chromatograph. eine langkettige Säure gefunden, deren R_F-Wert mit dem von I übereinstimmt u. die den Citratstoffwechsel stark hemmt. Daneben wurde eine I-ähnliche Säure nachgewiesen, die jedoch keine tox. Wrkg. besitzt. Samen von D. cymosum enthielten kein *F*. Der Geh. der Dichapetalum-Arten an Fluor-Verbb. scheint abhängig zu sein von Erntezeit u. Lagerung. Folgende afrikan. Dichapetalum-Arten erwiesen sich als nicht tox. u. enthielten keine Fluorfettsäuren: *D. flabellatiflorum, D. thonneri, D. ruhlandii, D. mossambicense, D. stuhlmanii.* H. GOEBEL. 4420□

Untersuchungen zur Algenchemie. Börje Wickberg. (Svensk kem. Tidskr. **71.** 87—106. 1959. Stockholm, Kungl. Tekniska Högskolan, Organ.-Kem. Inst.) (Engl.)

Übersicht über Isolierung der Inhaltsstoffe von Algen: chromatograph. Adsorption an Kohlenstoffsäulen, chromatograph. Trennung, Unterss. der Flechte *Umbilicaria pustulata*, Unterss. an Algen, Synth. von *1-Glycerin-D-galaktopyranosiden*, Struktur von *2-D-Glycerinsäure-α-D-mannopyranosid* u. *Laminit*. Eigene Arbeiten des Vf. untersuchen Inhaltsstoffe der Rotalgen: *Rhodophyceae* Unterklasse Florideae. *Polysiphonia lanosa* (*fastigiata*) enthält: *D-Mannit, Scylloinosit, Laminit* (**I**), *Mytilit* (**II**), *Floridosid* (**III**), *1-D-Glycerin-β-galaktobiosid* (**IV**), u. *D-Cysteinolsäure*; *Gigartina leptorhynchos* enthält: *Glycerin, Myoinosit,* **I, II, III,** *Taurin* u. *N-[D-2.3-Dihydroxy-n-propyl]-taurin. Corallina officinalis* enthält: *α.α-Trehalose,* **III, IV** u. *Taurin.* — 73 Literaturangaben. R. LENSCHAU. 4420□

Die Fructosane des Weizenkornes. B. O. Achunbajewa und N. A. Isschakowa. (Биохимия [Biochemie] **26.** 57—60. Jan./Febr. 1961. Frunse, Botan. Inst. der Akad. der Wiss. der KirgisSSR.) (Russ.; Auszug: Engl.)

Chromatograph. wurden im Korn von 2 Weizensorten neben *Glucose* (**I**), *Fructose* (**II**) u. *Saccharose* (**III**) *Oligosaccharide* (**IV**) höheren Polymerisationsgrads nachgewiesen. Mit fortschreitender Reifung erfolgt neben einer Anreicherung von Stärke eine Abnahme von **I, II, III,** vor allem von **IV**. In den Prodd. der unvollständigen Hydrolyse finden sich **II** u. **III**, in denen der Vollhydrolyse **I** u. **II**. Das Verhältnis **I/II** beträgt bei **III** in 2 Vers.-Reihen 1 : 0,9 (1 : 1,13), bei **IV** 1 : 1,8 (1 : 2,04) bis 1 : 5,22 (1 : 5,43). Demnach entstehen alle **IV** durch Anlagerung von je 1 Mol. **II** an **III**. O. LEBTAG. 4420□

Über den Nachweis von Zimtsäuren aus acylierten Anthocyanen der Levkoje Matthiola incana R. Br. M. Plempel und W. Seyffert. (Naturwissenschaften **48.** 163. 2. März-H. 1961. Köln, Univ., Botan. Inst.) (Dt.)

Die Unterschiede im Pigmentmuster zahlreicher Blütenfarbvariationen von *Matthiola* beruhen in erster Linie auf Änderungen in der Zus. der *Anthocyane*. Es wurde durch Papierchromatographie, UV-Fluorescenz, Farbrk. mit $FeCl_3$ u. Schmelzpunkt-Best. der Derivv. eindeutig bewiesen, daß folgende Verbb. mit *Matthiola-Anthocyanen* verestert sind: *p-Cumarsäure, Kaffeesäure, Ferulasäure* u. *Sinapinsäure.* U. MOTHES. 4420□

Pflanzliche Polyphenole. 1. Mitt. Die Anthocyanin-Bildung in kultivierten Kartoffeln. J. D. Harborne. (Biochem. J. **74.** 262—69. Febr. 1960. Hertford, Herts., Großbrit., John Innes Horticult. Inst., Bayfordbury.) (Engl.)

In Knollen u. Blüten der Kulturkartoffel wurden 6 verschiedene Anthocyanidine (*Pelargonidin, Cyanidin, Peonidin, Delphinidin, Petunidin* u. *Malvidin*) gefunden, die entweder als *p-Cumarsäure-acylierte 5-Glucosid-3-rhamnoglucoside* oder als *3-Rhamnoglucoside* vorlagen. In den Blüten wurden zudem die Flavonole *Myricetin, Quercetin* u. *Kamperol* gefunden. Das unterschiedliche Vork. dieser Pigmente in Blüten u. Knollen wurde an 6 verschiedenen Farbstoff-Genotypen untersucht u. die Effekte der die Anthocyanin-Bldg. kontrollierenden Gene biochem. interpretiert. Die Prozesse der Methylierung, Acylierung u. Glykosidation erscheinen aufeinanderfolgend im letzten Stadium der Anthocyanin-Biosynthese. H.-G. TRÜPER. 4420□

Über das Vorkommen und Verhalten freier Aminosäuren und Amide in der Kartoffel. Helmut Kaspers. (Biol. Zbl. **78.** 461—98. Mai/Juni 1959. Bonn, Univ., Inst. für Pflanzenkrankheiten.) (Dt.)

Die papierchromatograph. Unters. des Geh. von Kartoffelsprossen, -blättern u. -knollen an *freien Aminosäuren* (**I**) u. *Amiden* (**II**) ergab weitgehende qual. Übereinstimmung der Blatt- u. Knollenfraktion. Knollen enthielten keine α-Aminobuttersäure, Sprosse außer den Blattsubstanzen noch eine ninhydrinpositive Verbindung. Blatt u. Knollen weisen unterschiedlichen I- u. II-Geh. auf. Die Grundstruktur der Blatt- u. Knollenfraktion änderte sich unter wechselnden Umweltbedingungen nicht, der Geh. an freien **I** u. **II** nur wenig. Starke Veränderungen im Aufbau der **I–II**-Fraktion traten bei extremer N-Ernährung (Wasserkultur mit Tomaten) ein. Die **I–II**-Fraktionen genet.

verschieden u. unterschiedlich rasch reifender Sorten waren qual. u. quant. gleich. Die quant. Blatt-Zus. wurde durch *Phytophthora*-Befall stark beeinflußt. Rest-N-Best. bestätigten im allg. die papierchromatograph. Befunde. K. MAIER. 4420□

Der Einfluß verschiedener Typen von Kartoffelmißbildungen auf den Gehalt an Aminosäuren in den Knollen. B. I. Berstein, Ju. A. Leontjewa und A. Ss. Okanenko. (Доклады Академии Наук СССР [Ber. Akad. Wiss. UdSSR] **134.** 976—79. 1/10. 1960. Ukrain. Forsch.-Inst. für Pflanzenphysiol.) (Russ.) — Vgl. C. **1960.** 12897.

Die Unters. von mit 3 verschiedenen Virusarten infizierten Kartoffelpflanzen ergab, daß sich im Saft der Knollen folgende Veränderungen der freien *Aminosäuren* u. *Amide* nachweisen lassen: neu tritt α-Aminobuttersäure auf, außerdem beobachtet man ein geändertes Verhältnis im Geh. von Asparagin, Glutamin, Asparaginsäure, Glutaminsäure, Cystin u. a. Produkten. Dagegen liegen keine Verschiedenheiten in der Aminosäure-Zus. der Proteine vor. M. ULMANN. 4420□

Stärkegel-Elektrophorese von Weizenproteinen. G. A. H. Elton und J. A. D. Ewart. (Nature [London] **187.** 600—01. 13/8. 1960. Chorleywood, Herts., British Baking Ind. Res. Assoc.) (Engl.)

Es wird über die Anwendung der Stärkegel-Elektrophorese bei Weizen-*Proteinen* berichtet. Es wird eine Aufspaltung in 8 Banden beobachtet u. mit 4 verschiedenen Weizensorten ein ähnliches Bild erhalten. H. STRUCK. 4420□

Der Aminosäurecharakter von Niacinogen. M. L. Das und B. C. Guha. (Sci. and Cult. [Calcutta] **23.** 498—99. März 1958. Calcutta, Univ. Coll. of Technol., Dep. of Appl. Chem.) (Engl.) — Vgl. C. **1958.** 14331.

Vff. untersuchten *Niacinogen* aus Reis- u. aus Weizenkleie. Es enthält neben *Nicotinsäure* einen Peptidteil. Die Hydrolyse ergab die Ggw. folgender Aminosäuren: *Asparaginsäure, Glutaminsäure, Serin, Glycin, Threonin, Alanin, Tyrosin, Leucin, Isoleucin, Phenylalanin, Prolin, Arginin, Histidin, Lysin, Cystin, Methionin* u. *Valin*. Ihre relativen Anteile in den beiden Niacinogenen lassen die nahe Verwandtschaft dieser Verbb. erkennen. Ihre Identität ist damit jedoch nicht gesichert. Der N-Geh. beider Niacinogene konnte innerhalb der Fehlergrenzen aus den N-Gehh. der Aminosäuren u. des Niacins berechnet werden. B.-G. BRODDA. 4420□

Der Ascorbinsäuregehalt von Tomaten und Paprikaschoten in Abhängigkeit von Reifungszustand und Lagerungsdauer. G. Enăchescu. (Comun. Acad. Republ. Populare romîne **6.** 1117—22. Sept. 1956.) (Rum.)

Zu Beginn der Reifungsperiode enthalten Tomaten weniger *Ascorbinsäure* (I) u. W. als bei der Vollreife, während der Reifung weniger, mehr oder ebensoviel. Bei reifen Paprikaschoten ist der I-Geh. wesentlich größer als im grünen Zustand. Bei 17—20tägiger Lagerung bei 15° verlieren Tomaten wenig an Gewicht u. an I. Paprikaschoten verlieren bei 20—25tägigem Lagern erheblich mehr Gewicht u. W. als Tomaten; die Zunahme der Trockensubstanz führt zu einer relativen Zunahme an I, deren Oxydation langsam verläuft. R. K. MÜLLER. 4425□

Die Carotinoide japanischer Persimonen. A. Laurence Curl. (Food Res. **25.** 670—74. Sept./Okt. 1960. Albany, Calif., Western Region. Res. Labor.) (Engl.)

Die *Carotinoide* aus japan. Persimonen (*Diospyros kaki*) wurden durch Gegenstrom-Verteilung in *Kohlenwasserstoffe, Mono-* u. *Dihydroxyverbb., Mono-* u. *Diepoxyddiole* u. *Polyole* aufgetrennt. Insgesamt wurden 26 Individuen charakterisiert. — Die Früchte eignen sich als gute Quelle für *Kryptoxanthin, Zeaxanthin* u. *Antheraxanthin*.
A. GABERT. 4425□

Die Verteilung von kurz vorher resorbiertem Zink in unterirdischen Klee (Trifolium subterraneum L.), bestimmt durch Zugabe von radioaktivem Zink zur Kulturlösung. D. S. Riceman und G. B. Jones. (Austral. J. agric. Res. **11.** 887—93. Nov. 1960. Adelaide, Univ. of Adelaide, C.S.I.R.O., Div. of Biochem. and Gen. Nutrit.) (Engl.)

Das *markierte Zn* zeigte sich in starken Konzz. in den Wurzeln, Hauptachsen u. jungen Blättern. In älteren Blättern befand sich radioakt. Zn in nachweisbaren Mengen in den Adern. Blattspreite u. Blattränder besaßen geringe Zn-Mengen. In ausgewachsenen Blättern findet kaum ein Austausch von Zn statt. Wurde radioakt. Zn an Zn-Mangel-Pflanzen verabreicht, so fand es sich in allen lebenden Organen wieder. Wachstum fand in den Organen erst nach Eintritt des Zn statt. Der radioakt. Zn-Geh. blieb in den älteren Blättern der Mangelpflanzen auf gleicher Höhe, in den jüngeren Blättern ging er zurück, was auf einen Zn-Austausch in jüngeren Geweben hinweist. Das Wachstum der Wurzeln der Mangelpflanzen wurde nach der erfolgten Zn-Aufnahme fortgesetzt.
W. HILLER. 4450□

Ionenresorption durch Bohnenwurzeln und Umwandlungen organischer Säuren infolge CO_2-Bindung. W. A. Jackson und N. T. Coleman. (Soil Sci. **87.** 311—19. Juni 1959. North Carolina State Coll., Agric. Exp. Stat.) (Engl.)

Wurzeln von 12—15 Tage alten Bohnen wurden zu Kurzzeit-Sorptions-Verss. (bis 24 Std.) in Lsgg. verschiedener *K-Salze* ($KHCO_3$, K_2HPO_4, KH_2PO_4, KCl, $KCl + CaCl_2$, $KHCO_3 + CaCl_2$) benutzt. Nach der Sorptionsperiode wurden die Wurzeln auf *K, Cl, Ca* u. *organ. Säuren* analysiert. In weiteren Verss. wurde der Einfl. von Dinitrophenol (DNP), NH_4Cl, KNO_3, KF u. NaCN auf die Mineralstoffsorption untersucht. Die K-Aufnahme wurde bei höheren pH-Werten der Nährlsg. oder in Ggw. von HCO_3^- erhöht im Vgl. zu Lsgg. mit pH-Werten $<7{,}0$. NH_4^+ hemmte die K-Aufnahme aus $KHCO_3$ stärker als aus KCl. Die verstärkte K-Sorption aus $KHCO_3$ war mit einer Äpfelsäureakkumulation assoziiert. Es wird angenommen, daß diese Äpfelsäure-Bldg. aus einer CO_2-Fixierung auf dem Wege über Phospoenolpyruvat-Carboxylase → Äpfelsäuredehydrogenase resultiert. Zusatz von DPN, KF oder NaCN als metabol. Inhibitoren hemmten sowohl die K-Aufnahme als auch die Malatanreicherung. Die enge Verb. zwischen Kationaufnahme u. Anreicherung von organ. Säuren in Wurzeln wird auch dadurch bestätigt, daß beide Prozesse durch NH_4^+ gehemmt werden. Vff. entscheiden jedoch nicht, ob die erhöhte CO_2-Bindung u. Bldg. von organ. Säuren die Folge einer erhöhten K-Adsorption ist oder umgekehrt. WILFRIED WERNER. 4450□

Aufnahme von Metallchelaten durch Pflanzen. P. C. De Kock und R. L. Mitchell. (Soil Sci. **84.** 55—62. Juli 1957. Aberdeen, Schottland, Macaulay Inst. for Soil Res.) (Engl.)

Verss. mit Senf u. Tomaten ergaben, daß zweiwertige Kationen (*Co, Ni, Zn, Cu*) die aus Lsg. in ion. Form leicht von den Pflanzen aufgenommen werden, in Chelatform weniger leicht adsorbiert werden. Dreiwertige Kationen (*Cr, Al, Ga, In*), die aus Ionen-Lsg. nur spurenweise aufgenommen werden, werden in Chelatform leicht adsorbiert. Ungeladene oder einfach negativ geladene Chelat-Moll. dürften von der Pflanzenwurzel adsorbiert, Komplexe mit zwei Ladungen jedoch nicht aufgenommen werden. B. SCHEIFELE. 4450

Untersuchungen über die Wirkungen von anorganischen Stickstoff- und Kohlenstoffquellen auf die Zusammensetzung einiger Leguminosensamen an freien Aminosäuren während der Keimung. D. L. Nandi. (Sci. and Cult. [Calcutta] **24.** 35—36. Juli 1958. Calcutta, Univ., Coll. of Technol., Dep. of Appl. Chem.) (Engl.)

Samen von *Phaseolus mungo* (*P*), *Lens esculenta* (*L*), *Vigna catiang* (*V*) u. *Cicer arietinum* (*C*) wurden bis zu 120 Std. in dest. W. bzw. 0,5% ig. NH_4NO_3, 0,5% ig. *Glucose* oder 0,1% ig. *Na-Pyruvat* keimen gelassen u. auf ihren Geh. an freien Aminosäuren untersucht. — Im Vgl. zu den bei Keimung in dest. W. erhaltenen Werten verursachte der Zusatz von NH_4NO_3 bei allen Samenarten einen starken Anstieg im Geh. an *Asparagin* (**I**), bei P einen Anstieg an *Glycin* (**II**), *Arginin* (**III**), *Histidin* (**IV**) u. *Valin* (**V**), bei L an **II, III, V,** *Lysin* (**VI**), *Threonin, Phenylalanin* u. *Leucin* sowie bei V u. C an **III, IV** u. **VI.** *Prolin* (**VII**) stieg bei P, L u. V an. Neben dem Geh. an lösl. N wurde auch der Protein-Geh. erhöht. — Die Wrkg. von Glucose u. Pyruvat zeigte sich bei allen Samen in einer Erhöhung des Geh. an lösl. N u. an **I.** Der Protein-Geh. blieb dagegen unbeeinflußt. Pyruvatzusatz bewirkte schon zu Beginn der Keimung einen Anstieg an *Glutaminsäure* u. *α-Alanin,* Glucosezufuhr dagegen erst im späteren Keimverlauf. Bei P war in beiden Medien der Geh. an **II, III, IV, V** u. **VII** erhöht (bes. zu Keimungsbeginn), in den späteren Stadien der Keimung auch der Geh. an *Asparaginsäure.* Bei L waren **VII, II** u. **III,** bei C **III** u. **IV** erhöht. WILFRIED WERNER. 4455□

Untersuchungen über Schwefelabscheidung und Sulfataustausch an Weizenwurzeln. H. Marschner und G. Michael. (Z. Pflanzenernähr., Düng., Bodenkunde **91 (136).** 29—43. 1/10. 1960. Gatersleben, Dtsch. Akad. der Wiss., Inst. für Kulturpflanzenforschung.) (Dt.)

Es wird die Schwefelabgabe der in einer mit ^{35}S markierten Nährlsg. angezogenen Weizenpflanzen unter verschiedenen Vers.-Bedingungen beschrieben. Vff. konnten feststellen, daß die wahrscheinlich in den Vakuolen als Schwefelreserve gespeicherten $^{35}SO_4^{2-}$-Ionen unter normalen Bedingungen nur sehr gering am Stoffwechsel beteiligt sind. H. PÖTTER. 4460□

Über die Veränderung der Zusammensetzung der freien Aminosäuren in den Wurzeln und im Saft von Buchweizen nach den Entwicklungsphasen. E. Ss. Awundshjan. (Известия Академии Наук Армянской ССР, Биологические и Сельскохозяйственные Науки [Nachr. Akad. Wiss. ArmenSSR, biol. landwirtsch. Wiss.] **13.** 3—16. Febr. 1960. Botan. Inst. der Akad. der Wiss. der ArmenSSR.) (Russ.; Auszug: Armen.)

In verschiedenen Entw.-Phasen der Buchweizenpflanze enthält ihr Saft Aminosäuren, die als Prod. des Metabolismus der Wurzeln erscheinen. Die Zahl der Aminosäuren ist in der Blütenphase maximal (14), beim Gelbwerden der Blätter minimal (2). Die Zus. der Aminosäuren im Buchweizensaft u. in den Wurzeln verändert sich stark im Zusammenhang mit der Entw.-Phase der Pflanzen u. der Dauer der Saftabsonderung durch die Wurzeln. Eine Ausnahme bilden die Asparagin- u. Glutaminsäure u. α-Alanin, die sowohl in den Wurzeln als auch im Pflanzensaft immer vorhanden sind.

M. GORDIENKO. 4460□

Die oxydativen Umwandlungen der Lipide in den Blättern von bestrahlten Pflanzen. Je. W. Budnitzkaja und I. G. Borissowa. (Биохимия [Biochemie] **26.** 142 bis 147. Jan./Febr. 1961. Moskau, Bach-Inst. für Biochem. der Akad. der Wiss. der UdSSR.) (Russ.; Auszug: Engl.)

An 10—14 Tage alten Pflanzen von Erbse, Bohne u. Gerste wurde der Einfl. einer ionisierenden Bestrahlung auf die freien *Lipide* (I) untersucht u. festgestellt, daß bei Bestrahlung mit geringen Dosen (1000 r) die I-Peroxyde in den Blättern stark zunehmen (auf das 2—6fache). Bei der Bestrahlung beobachtet man schon nach einigen Std. ein fast völliges Verschwinden der ungesätt. Säuren (Linol-, Olein- u. a. Säuren) aus der Fraktion der freien I. Wird die Lipoxydase der Keimlinge durch 7—10 Min. lange Dampfbehandlung inaktiviert, so bewirkt die Bestrahlung der Pflanzen keine Erhöhung der Peroxyde.

O. LEBTAG. 4460□

Die spektrale Abhängigkeit der Streuung bei kugelförmigen Algen und die Folgerungen auf die Art der Anordnung der lichtacceptierenden Pigmente. Elliot Charney und Frederick S. Brackett. (Arch. Biochem. Biophysics **92.** 1—12. Jan. 1961. Bethesda, Md., Nat. Inst. of Arthritis and Metabol. Dis., Nat. Inst. of Health, Public Health Serv., U.S. Dep. of Health, Educat. and Welfare.) (Engl.)

Die Streuung von Chlorellasuspensionen bei 732 mμ, d. h. außerhalb der Bande der Chlorophyllabsorption, nimmt mit der Konz. linear zu. Die Streuung bei 668 mμ wird mit zunehmender Chlorophyll-Konz. relativ geringer. Die Streuung bei beiden Wellenlängen nimmt mit zunehmenden Brechungsindex des Suspensionsmediums ab. Sie ist bei einem Index von 1,335 4mal größer als bei einem von 1,392. Die Streuung nimmt auch mit der Größe der Chlorellazellen zu. Auf Grund der Ergebnisse entwickeln Vff. eine semiempir. Theorie, die in erster Linie die Verschiebung der 660 mμ-Bande des in organ. Lsgm. extrahierten Chlorophylls nach 680 mμ in vivo (Algensuspensionen) erklären soll. Vff. machen hauptsächlich die Veränderung der Umgebung des Chlorophyll-Mol. für die Verschiebung verantwortlich.

W. HILLER. 4460□

Beweise für eine spezifische Teilnahme des Chlorophyll b bei der Photosynthese vom Wirkungsspektrum her. Jack Myers und C. S. French. (J. gen. Physiol. **43.** 723 bis 736. März 1960. Stanford, Calif., Carnegie Inst. of Washington, Dep. of Plant Biol.) (Engl.)

Die Zeitkurve der O_2-Entw. bei Chlorella ist wellenlängenabhängig. Der Anstieg der O_2-Entw. ist bei 650 mμ steiler als bei 700 mμ. Werden Strahlen von 650 u. 700 mμ, die vorher energet. auf gleiche photosynthet. Wrkg. abgestimmt wurden, alternierend in 1 Min. Abstand auf eine Chlorellasuspension gegeben, so erfolgt bei 650 mμ starker plötzlicher Anstieg u. darauf zunächst starker, dann langsamer Rückgang der O_2-Entwicklung. Bei 700 mμ erfolgt mäßig starker plötzlicher Rückgang u. darauf mäßig starker Anstieg. Alternierender Wechsel von 690 zu 700 mμ zeigte in beiden Wellenlängen kontinuierlichen Anstieg. In Verss. konnte auch der EMERSON-Effekt als eine Steigerung der Photo-Synth. bei langen Wellenlängen, wenn kurze Wellenlängen mit gegeben werden, nachgewiesen werden. Wurden Strahlen von 653 u. 700 mμ gegeben, so war die Photo-Synth. um 25% höher als die Summe der beiden Einzelergebnisse. Die Messung der O_2-Entw. erfolgte mit Hilfe einer Platinelektrode, die mit einer dünnen Chlorellasuspension präpariert war. Aus der Gleichheit der Wrkg.-Spektren beider Phänomene schließen Vff. auf eine photochem. Teilnahme des Chlorophyll b bei der Photosynthese.

W. HILLER. 4460□

Die Bedeutung des Lichtes für die Biosynthese der Nucleinsäuren in den grünen Pflanzen von Weizen, Mais und Erbse. G. I. Ssemenenko. (Український Біохімічний Журнал [Ukrain. biochem. J.] **33.** 340—47. 1961. Charkow, Univ., Lehrstuhl für Physiol. der Pflanzen.) (Ukrain.; Auszug: Engl.)

Um zu klären, ob das Licht direkt oder über die Photo-Synth. auf die Biosynth. von *Ribonucleinsäure* (I) u. *Desoxyribonucleinsäure* (II) einwirkt, wurde die Biosynth. von I u. II in jungen Pflanzen von Erbse, Weizen u. Mais in Ggw. von Licht ohne CO_2, Licht + CO_2 u. in Abwesenheit von Licht untersucht. Es zeigte sich, daß der positive Einfl. des Lichtes auf die Biosynth. von I u. II über die Photo-Synth. wirksam wird.

Werden der Nähr-Lsg. $KH_2{}^{32}PO_4$ u. ^{14}C-Glykokoll (III) zugesetzt, so zeigt sich, daß der ^{32}P-Einbau in I u. II beim Vorhandensein einer Photo-Synth. (Belichtung + CO_2) am intensivsten ist. Auch der Einbau von III in die Purine von I u. II ist bei der Photo-Synth. am stärksten. Der Einbau von $^{14}CO_2$ in die Purine wird durch die Ggw. von III verstärkt. Bei Ausschaltung der Photo-Synth. wird der Einbau von ^{32}P in II u. von III in die Purine stark herabgesetzt. O. LEBTAG. 4460□

Über die Wirkung von β-Strahlen auf die Photosynthese-Phosphorylierung und die Hill-Reaktion isolierter Chloroplasten. W. Füchtbauer und W. Simonis. (Z. Naturforsch. **16 b.** 39—43. Jan. 1961. Würzburg, Univ., Bot. Inst.) (Dt.)

Es wurden unzerstörte Chloroplasten-Suspensionen aus Spinatblättern mit ^{90}*Sr* bestrahlt u. die Photo-Synth.-Phosphorylierung (PP) sowie die HILL-Rk. (HR) nach verschiedenen Zeiten nach der Bestrahlung gemessen. In gleicher Weise wird mit unbestrahlten Kontrollsuspensionen verfahren. Die Rkk. zeigten eine Dosisabhängigkeit in der Gestalt von Mehrtrefferkurven mit Halbwertdosen von 130000 rad (PP) u. 530000 rad (HR). Die Strahlenresistenz einer Chloroplastenpräparation in bezug auf die PP ist temperaturunabhängig. Der Chlorophyll-Geh. blieb auch nach einer Strahlen-Einw. von 10^6 r unverändert. Die Strahlen sollen entweder auf die an die Lamellenstruktur gebundenen Fermente oder aber auf die Lamellen selbst, wenn diese aus Fermentprotein bestehen, einwirken. R. SAUERBREY. 4460

Der Einfluß ionisierender Strahlen auf Chloroplast und Hill-Reaktion. E. Perner, S. von Falck und G. Jacobi. (Z. Naturforsch. **16 b.** 74—75. Jan. 1961. Hannover, Tierärztl. Hochschule, Bot. Inst.) (Dt.)

Zur Prüfung des Verh. plasmat. Strukturen u. deren Funktionen unter Einw. ionisierender Strahlen wurden Partikelfraktionen isolierter Chloroplasten von *Spinacae oleracae* unter Beurteilung der HILL-Rk. bestrahlt. Aufbewahrung der Fraktion 5 Std. unter konst. Bedingungen brachte keine meßbare Änderung der HILL-Rk., auch eine Bestrahlung mit 80000 rad über 5 Std. nicht. Gleichfalls wurde die HILL-Rk. auch nach 5 Std. nicht beeinflußt, nachdem der Vers. einer Veränderung der lamellären Komponente der Chloroplasten mit Digitonin (0,5%, 20 Min.) unternommen worden war. Dagegen kommt es nach Bestrahlung mit 80000 rad des so vorbehandelten Materials zu einer meßbaren u. reproduzierbaren Hemmung der O_2-Abgabe. R. SAUERBREY. 4460□

Auswirkungen der paraffinischen und naphthenischen Petroleumbestandteile von vergleichbarem Molekulargewicht oder Viscosität auf die Photosynthese von Blättern der Eurekacitrone. L. A. Riehl und R. T. Wedding. (J. econ. Entomol. **52.** 883 bis 884. Okt. 1959. Riverside, Calif., Univ. of California, Citrus Exp. Stat.) (Engl.)

Es wurde kein Unterschied in der Photo-Synth. auf Grund des Paraffin-Geh. bei einem Molgew. von 306—308 oder einer Viscosität von 70 beobachtet. Bei starken Ölbelägen war die anfängliche Behinderung der Photo-Synth. etwa gleich, die Normalisierung ging bei vergleichbarem Molgew. u. Viscosität bei mit naphthen. Öl behandelten Pflanzen schneller vor sich als bei paraffin. Öl. Der Unterschied in der Normalisierung in Abhängigkeit vom Paraffin-Geh. ist größer bei Ölen mit vergleichbarer Viscosität als bei vergleichbaren Molgewichten. FRITZ MÜLLER/Ludwigshafen. 4460□

Ernährungsstudien an Reispflanzen (Oryza sativa L.) 3. Mitt. **Partielle Wirksamkeit des von der Reispflanze in verschiedenen Wachstumsstadien aufgenommenen Stickstoffs in Beziehung zum Reisertrag (O. sativa var. indica.)** A. Tanaka, S. Patnaik und C. T. Abichandani. (Proc. Indian Acad. Sci., Sect. B **49.** 207—16. April 1959. Cuttack, Centr. Rice Res. Inst.) (Engl.) — 1. vgl. C. **1959.** 4195; 2. vgl. Proc. Indian Acad. Sci., Sect. B **48.** [1958.] 14.

Reispflanzen mit einer mittleren Vegetationsdauer zeigten, wenn sie unter N-Mangel (10 mg/Liter W.) gewachsen waren, 2 Hauptperioden partieller Wirksamkeit des *N* in Form einer Steigerung des Kornertrags, vor dem Treiben der Blätter u. während der Blüte. Der nach der 1. Periode aufgenommene N wirkt sich in einer Erhöhung der Blatt- u. Rispenzahl aus. Während der Rispen-Bldg. haben erhöhte N-Gaben eine Zunahme der Anzahl gefüllter Körner/Rispe, nach dem Blühen einen Anstieg des 1000-Körner-Gewichts zur Folge. Wächst die Pflanze jedoch bei höheren N-Konzz. (60 mg/Liter), so wird der bis zum Knospenansatz aufgenommene N im Pflanzenkörper gespeichert u. später auch bei Unterbrechung der N-Zufuhr verwertet. Nach dem Knospenansatz vermindern hohe N-Gaben die Anzahl der gefüllten Körner/Rispe sowie das 1000-Körner-Gewicht. Darüber hinaus wird die Pflanze anfälliger gegenüber der Infektion mit *Piricularia oryzae.* HANS THIELE. 4470□

Ernährungsstudien an Reispflanzen (Oryza sativa L.). 4. Mitt. **Wachstum und Stickstoffaufnahme von Reisvarietäten (O. sativa var. indica) verschiedener Vege-**

tationsdauer. A. Tanaka, S. Patnaik und C. T. Abichandani. (Proc. Indian Acad. Sci., Sect. B **49.** 217—26. April 1959. Cuttack, Centr. Rice Res. Inst.) (Engl.) — 3. vgl. vorst. Referat.

Reisvarietäten verschiedener Vegetationsdauer: Ptb 10, MTU 15 (110—130), T 141 (150) u. BAM 9 (165 Tage) wurden unter Feldbedingungen gezogen u. das Wachstum sowie die *N*-Aufnahme beobachtet. Die maximale Blattknospenzahl wird unabhängig von der Vegetationsdauer 30—40 Tage nach dem Umpflanzen erreicht (12 bis 13 Blattemergenzen am Haupttrieb). In diesem Stadium enthalten alle Varietäten 1,7—2% Stickstoff. Bei Ptb 10 u. MTU 15 erfolgt die Entw. der Knospenprimordien unmittelbar nach diesem Zeitpunkt bei T 141 u. BAM 9 30 bzw. 45 Tage später. Der Stickstoff-Geh. der Pflanze ist in diesem Stadium von der Varietät abhängig, wobei die Pflanzen kurzer Vegetationsdauer die höchsten Werte aufweisen. Während der Wachstumsphase nehmen alle Varietäten die größten N-Mengen zum Zeitpunkt der maximalen Zahl der Blattknospenanlagen u. während der Knospen-Entw. auf. Bei Varietäten kurzer Vegetationsdauer folgen beide Maxima unmittelbar aufeinander, während sie bei Varietäten mittlerer u. langer Vegetationsdauer deutlich getrennt sind u. mit den in vorst. Ref. diskutierten 2 Perioden partieller Wirksamkeit des N (Körnerertrag) zusammenfallen. Danach scheint für diese Varietäten diese kontinuierliche Düngung zweckmäßig zu sein.

HANS THIELE. 4470□

Über die Wirkung gestaffelter K-Gaben als KCl und K_2SO_4 auf Ertrag und Gehalt an Wasser, N-Verbindungen, K, Cl und S-Fraktionen von Spinatpflanzen im Gefäßversuch. K. Schmalfuß und I. Reinicke. (Z. Pflanzenernähr., Düng., Bodenkunde **91** (136). 21—29. 1/10. 1960. Halle, Univ. Halle, Inst. Pflanzenernährung u. Bodenkunde.) (Dt.)

Durch Gefäß-Verss. wird die Bedeutung des *Cl* (-Ion) als Pflanzennährstoff für die Vers.-Pflanze Spinat experimentell nachgewiesen. Erst relativ hohe Chloridgaben (ca. 2,4 g K_2O in Form von KCl auf ein MITSCHERLICH-Gefäß) riefen eine beträchtliche Ertragssteigerung hervor, so daß es nicht als Mikronährstoff bezeichnet werden kann. Der *Wasser*-Geh. der mit KCl gedüngten Vers.-Pflanzen war größer als der mit K_2SO_4 gedüngten, was auf die Hydrophilie des Cl-Ions zurückgeführt wird. Der Anteil des *Eiweiß*-Stickstoffs am Gesamtstickstoff steigt parallel der Chloridgabe an. *Schwefel-Verbb.* werden von der Pflanze sehr langsam aufgenommen u. umgesetzt. Es wird die Möglichkeit der Aufnahme flüchtiger Schwefel-Verbb. aus der Luft angenommen.

H. PÖTTER. 4470□

Beziehungen zwischen dem Magnesium-, Phosphor- und Rohfettgehalt in den Samen der Perlhirse (Pennisetum typhoideum-Rich.). H. C. Shah und B. V. Mehta. (Soil Sci. **87.** 320—24. Juni 1959. Anand, Bombay State, India, Inst. of Agric.) (Engl.)

96 Körnerproben von Perlhirse aus Düngungs-Verss. auf einem sandigen Lehmboden wurden auf ihren Geh. an Rohfett, *P*, *Ca*, *Mg* u. *K* untersucht. Die Geh. an Ca u. Mg waren umgekehrt korreliert. Der Mg-Geh. war höher als der K-Gehalt. Von den Elementen, die theoret. mit der Rohfett-Bldg. in Zusammenhang stehen können, zeigte nur der Mg-Geh. eine signifikant positive Beziehung zum Rohfettgehalt. Bei N-Düngung in Form von NH_4Cl wurden höhere Mg- u. Rohfett-Geh. gefunden als bei anderen N-Düngern. Es bestand keine Korrelation zwischen dem P- u. K-Geh. der Samen sowie ihrem Rohfettgehalt.

WILFRIED WERNER. 4470□

Die Ansammlung von ^{90}Sr im Ernteertrag landwirtschaftlicher Pflanzen in Abhängigkeit von dessen Konzentration im Boden. I. W. Guljakin, Je. W. Judinzewa und E. M. Lewina. (Известия Тимирязевской Сельскохозяйственной Академии [Nachr. Landwirtsch. Timirjasew-Akad.] **1960.** Nr. 6. 7—22.) (Russ.; Auszug: Engl.)

Topfkulturen von Weizen, Erbse, Hafer, Wicke, Klee, Timothee, Kartoffel, rote Rübe, Flachs u. Radieschen wurden auf Quarzsand, sandigem u. lehmigem Boden mit $5 \cdot 10^{-6}$ bis 10^{-2} mc ^{90}Sr je 1 kg Boden geimpft; in den Pflanzen wurde in verschiedenen Entw.-Stadien die aufgenommene ^{90}Sr-Menge bestimmt. Sie erwies sich allg. der im Quarzsand u. in den Böden enthaltenen ^{90}Sr-Menge proportional, hängt demnach von der Konz. des ^{90}Sr in der Umgebung direkt ab. Das Verhältnis $^{90}Sr/Ca$ in den Ernteпflanzen schwankt hingegen erheblich weniger als die abs. Menge des ^{90}Sr. In den Früchten u. Knollen sammelte sich weniger ^{90}Sr an; da diese jedoch auch weniger Ca enthielten, war das Verhältnis $^{90}Sr/Ca$ in den Früchten höher. Aus Quarz u. Sandböden speicherten die Pflanzen mehr ^{90}Sr an als aus Lehmböden.

A. v. WILPERT. 4470□

Zink und seine Auswirkungen auf Wachstum und Zusammensetzung von Hevea. E. W. Bolle-Jones. (J. Rubber Res. Inst. Malaya **15.** 159—67. 1957. Kuala Lumpur, Rubber Res. Inst. of Malaya, Soils Div.) (Engl.)

Bei Heveasetzlingen in Sandkultur wurde experimentell *Zn*-Mangel erzeugt. Die Symptome u. die Auswirkungen desselben auf Wachstum u. Mineralstoff-Zus. der Setzlinge werden beschrieben. M. WINIKER. 4470□

Kobalt und seine Auswirkungen auf Wachstum und Zusammensetzung von Hevea. E. W. Bolle-Jones und V. R. Mallikarjuneswara. (J. Rubber Res. Inst. Malaya **15.** 128—40. 1957. Kuala Lumpur, Rubber Res. Inst. of Malaya, Soils Div.) (Engl.) — Vgl. auch vorst. Referat.

Bei Setzlingen von *Hevea* in Sandkultur wirkten sich kleine *Co*-Gaben (0,005 ppm) auf das Wachstum fördernd aus. Ein wesentlicher Einfl. auf die Mineralstoff-Zus. bei Setzlingen wurde nicht festgestellt. M. WINIKER. 4470□

Molybdän und seine Auswirkungen auf Wachstum und Zusammensetzung von Hevea. E. W. Bolle-Jones. (J. Rubber Res. Inst. Malaya **15.** 141—58. 1957. Kuala Lumpur, Rubber Res. Inst. of Malaya, Soils Div.) (Engl.) — Vgl. auch. vorst. Referat.

In Sandkultur wurden bei *Hevea*-Setzlingen die Symptome von *Mo*-Mangel u. die Auswirkungen derselben auf Wachstum u. Mineralstoff-Zus. untersucht.
M. WINIKER. 4470□

Die Wirkung einer Bodenoberflächenabdichtung auf das Wachstum von unterirdischem Klee (Trifolium subterraneum L.) in Topfkultur. R. J. Millington. (Austral. J. agric. Res. **11.** 894—901. Nov. 1960. Univ. of Adelaide, Waite Agric. Res. Inst.) (Engl.)

Statist. gesicherte Ertragsdifferenzen treten nicht auf, wenn die Oberfläche des Sandsubstrates der Kulturgefäße bis 75% mit Bienenwachs bedeckt war. Die Ertragsdepressionen waren bei geringerer Saatdichte relativ größer. Die Wurzelmassen zeigten keine gesicherten Differenzen bei unterschiedlicher Wachsabdeckung der Oberflächen. Der O_2-Geh. im Sandsubstrat der Kulturgefäße nimmt mit zunehmender Wachsabdeckung der Oberfläche u. mit zunehmender Bestandsdichte nur geringfügig ab.
W. HILLER. 4480□

Einfluß des Gibberellins und Heteroauxins auf den Stoffwechsel der Pflanze. K. M. Sytnyk. (Український Ботанічний Журнал [Ukrain. bot. J.] **17.** Nr. 6. 15—22. 1960. Inst. für Botanik der Akad. der Wiss. der UkrainSSR, Abt. für Pflanzenphysiol.) (Ukrain.)

Tomatenpflanzen im Zweiblattstadium wurden 25 Tage lang während des Wachstums in HELLRIEGEL-Nähr-Lsg. mit 1 Tropfen 0,02%ig. Lsg. von *Gibberellin* (**I**), mit 1 ml 0,0001%ig. Lsg. von *Heteroauxin* (**II**; je 1 kg Sand) oder mit **I** + **II** behandelt u. auf Wachstum, Geh. an lösl. Kohlenhydraten (**III**), Gesamt-N u. Aminosäuren (**IV**) untersucht. Am besten war das Wachstum mit **I** + **II**. Der Geh. an lösl. **III** nahm nach **I** u. **II** im Blatt zu, im Stengel u. in der Wurzel ab. Der Geh. an Gesamt-N zeigte eine Tendenz zur Erhöhung, bes. nach **II**. Der **IV**-Geh. nahm in allen Organen ab, bes. in den Blättern, wo Leucin, Phenylalanin u. α-Alanin nicht gefunden wurden. Bei Anwendung von **I** enthielt das Blatt im Vgl. zur Kontrolle weniger Lysin, Tryptophan sowie Asparagin- u. Glutaminsäure. Wurden die Wurzeln von Maispflanzen 24 Std. in 0,004%ig. **I**-Lsg. oder 0,0001%ig. **II**-Lsg. gebracht, so wurde in der ersten Vegetationszeit nach **I** eine Stimulierung, nach **II** eine Hemmung des Wachstums beobachtet. Durch **I** + **II** wurde das Wachstum stimuliert, jedoch weniger stark als durch **I** allein. Der Geh. an Monosacchariden im Blatt nahm nach **I** u. **II** zu, der Geh. an Disacchariden dagegen ab.
O. LEBTAG. 4485□

Der Stimulator K und seine Wirkung auf Pflanzen. A. I. Sakordonetz. (Український Ботанічний Журнал [Ukrain. bot. J.] **17.** Nr. 6. 23—27. 1960. Inst. für Botanik der Akad. der Wiss. der UkrainSSR, Abt. für Pflanzenphysiol.) (Ukrain.)

In Verss. mit Klee, Wicke, Hanf, Luzerne u. Echinacea purpurea L. wurde die Wrkg. des aus Fusarium moniliforme Sheld. isolierten *Wuchsstoffes K* (**I**) mit der Wrkg. von *Gibberellin* A_3 (**II**; Gibberellsäure) verglichen. Es zeigte sich, daß die Behandlung von E. purpurea mit 0,02%ig. **I**-Lsg. die Bldg. von Stengeln u. generativen Organen im 1. Jahr verursacht. Der Ertrag an oberird. Masse wird durch **I** bei Wicke um 22%, bei Luzerne um 37%, bei Klee um 88% erhöht. Bei Hanf bewirkt **I** eine Erhöhung des Faserertrages um mehr als 50%. In seiner stimulierenden Wrkg. kommt **I** dem **II** annähernd gleich. O. LEBTAG. 4485□

Wechselwirkungen zwischen verschiedenen synthetischen Auxinen bei Keimungsversuchen. Eike Libbert. (Biol. Zbl. **78.** 502—18. Mai/Juni 1959. Berlin, Humboldt-Univ., Veterinärmed. Fak., Abt. Botanik.) (Dt.)

Die Wrkg. von 7 Auxinen, *Indolyl-(3)-essigsäure* (**I**), *Indolyl-(3)-n-buttersäure* (**II**), *2.4-Dichlorphenoxyessigsäure* (**III**), *K-Naphthyl-(1)-acetat* (**IV**), *Phenylessigsäure* (**V**),

Phenyl-n-buttersäure (**VI**) u. *Naphthoxy-(2)-essigsäure* (**VII**), sowie von *Indol* (**VIII**) u. *Tryptophan* (**IX**) auf die Samenkeimung von *Lepidium sativum* wurde getrennt u. in Zweier-Kombinationen unter Heranziehung statist. Meth. untersucht. Die Verbb. ließen sich in 5 Gruppen einteilen, wobei zu einer Gruppe gehörende eine gemeinsame Primär-Wrkg. haben können; solche verschiedenen Gruppen verschiedener Primär-Wrkg. haben: **I,II, III; IV, VII; V, VI; VIII; IX.** In niedriger Konz. hemmt **I** signifikant stärker als die anderen geprüften Verbindungen. **IX** wirkt prim. anders als **I**, d. h. es hemmt als solches, nicht erst nach Überführung in **I**, die Keimung. K. MAIER. 4485□

Weiterer Beweis für die Existenz eines wachstumsfördernden und Blüten-hemmenden Hormons in der Erdbeere. C. G. Guttridge. (Ann. Botany [N.S.] **23.** 612 bis 621. Okt. 1959. Mylnefield, Invergowrie, Scottish Horticult. Res. Inst.) (Engl.)

Erdbeeren wachsen im Langtag vor allem vegetativ unter reichlicher Stolonen-Bldg., während Kurztag das vegetative Wachstum hemmt u. die Entw. von Infloreszenzen begünstigt. Wird bei Mutter–Tochter-Syst. [eine Mutterpflanze (M) mit einer Ausläuferpflanze (T)] die M mit Langtag, die T mit Kurztag behandelt, so reagiert T trotz Kurztag mit Stolonen-Bldg. u. verstärktem vegetativen Wachstum. Es wird angenommen, daß ein im Langtag gebildeter Stoff durch den Stolon von M nach T wandert u. dort Langtags-Rkk. induziert. Der Stoff konnte nicht isoliert werden. U. MOTHES. 4485□

Untersuchungen über wachstumsregulierende Substanzen der Pflanze. 15. Mitt. **Die Anwendung des Wurzelwachstumshemmungstestes zur Untersuchung der Beziehungen zwischen chemischer Struktur und wachstumsregulierender Aktivität.** Helen Vitou und R. L. Wain. (Ann. appl. Biol. **47.** 752—65. Dez. 1959.) (Engl.)

Vff. benutzten 2 Meth. der Messung der Wurzelwachstumshemmung (Kressenwurzeltest sowie Maiswurzelsegmenttest) zur Prüfung der wachstumsregulierenden Wrkg. einer Anzahl von Phenoxyalkancarbonsäuren. Untersucht wurden: *2-Chlorphenoxyessigsäure* (F. 147—148°), *α-[2-Chlorphenoxy]-propionsäure* (F. 113,5—115,4°), *-buttersäure* (F. 81,5—82,5°), *-isobuttersäure* (F. 72—74°), *4-Chlorphenoxyessigsäure* (F. 157 bis 158°), *α-[4-Chlorphenoxy]-propionsäure* (F. 114,5—115°), *-buttersäure* (F. 77—78°), *-isobuttersäure* (F. 120—121°), *2.3.4-Trichlorphenoxyessigsäure* (F. 171—172°), *α-[2.3.4-Trichlorphenoxy]-propionsäure* (F. 167—168°), *-buttersäure* (F. 131°), *-isobutter*säure (F. 129—130,5°), *(+)-α-[2.4.5-Trichlorphenoxy]-propionsäure* (F. 143—144,5°), $[\alpha]_D^{22}$ +48,9°, *(—)-α-[2.4.5-Trichlorphenoxy]-propionsäure* (F. 143—144,5°), $[\alpha]_D^{20,5}$ —49,7°, *β-[2-Chlorphenoxy]-propionsäure* (F. 113—114°), *γ-[2-Chlorphenoxy]-buttersäure* (F. 83,5—84,5°), *δ-[2-Chlorphenoxy]-valeriansäure* (F. 70—71°), *ε-[2-Chlorphenoxy]-capronsäure* (F. 70—71,5°), *ζ-[2-Chlorphenoxy]-önanthsäure* (F. 57—58°, *3-Chlorphenoxyessigsäure* (F. 110—112°), *β-[3-Chlorphenoxy]-propionsäure* (F. 83—85°), *γ-[3-Chlorphenoxy]-buttersäure* (F. 50—54°), *δ-[3-Chlorphenoxy]-valeriansäure* (F. 41,5—43°), *ε-[3-Chlorphenoxy]-capronsäure* (F. 61—63°), *ζ-[3-Chlorphenoxy]-önanthsäure* (F. 39—42°), *4-Chlorphenoxyessigsäure* (F. 156—157°), *β-[4-Chlorphenoxy]-propionsäure* (F. 135—137°), *γ-[4-Chlorphenoxy]-buttersäure* (F. 118—120°), *δ-[4-Chlorphenoxy]-valeriansäure* (F. 71°), *ε-[4-Chlorphenoxy]-capronsäure* (F. 77—78°), *ζ-[4-Chlorphenoxy]-önanthsäure* (F. 74 bis 75°), *ω-[2.3-Dichlorphenoxy]-essigsäure* (F. 174—175,5°), *-propionsäure* (F. 141,5 bis 142,5°), *-buttersäure* (F. 119—120,5°), *-valeriansäure* (F. 94—94,5°), *-capronsäure* (F. 96—97°), *-önanthsäure* (F. 79,5—80,5°), *ω-[2.4.-Dichlorphenoxy]-essigsäure* (F. 140 bis 141°), *-propionsäure* (F. 91°), *-buttersäure* (F. 116—117°), *-valeriansäure* (F. 70 bis 71°), *-capronsäure* (F. 90—91°), *-önanthsäure* (F. 66°), *ω-[2.5-Dichlorphenoxy]-essigsäure* (F. 147,5—149°), *ω-[2.5-Dichlorphenoxy]-propionsäure* (F. 144—145°), *ω-[2.5-Dichlorphenoxy]-buttersäure* (F. 87—88°), *ω-[2.5-Dichlorphenoxy]-valeriansäure* (F. 100 bis 100,5°), *ω-[2.5-Dichlorphenoxy]-capronsäure* (F. 93,5—94,5°), *ω-[2.5-Dichlorphenoxy]-önanthsäure* (F. 79—80°), *ω-[3.4-Dichlorphenoxy]-essigsäure* (F. 141—142°), *ω-[3.4-Dichlorphenoxy]-propionsäure* (F. 110—112,5°), *ω-[3.4-Dichlorphenoxy]-buttersäure* (F. 110,5—112°), *ω-[3.4-Dichlorphenoxy]-valeriansäure* (F. 79—80,5°), *ω-[3.4-Dichlorphenoxy]-capronsäure* (F. 130—132°), *ω-[3.4-Dichlorphenoxy]-önanthsäure* (F. 73—74°, *ω-[2.3.4-Trichlorphenoxy]-essigsäure* (F. 141—142°, ?), *ω-[2.3.4-Trichlorphenoxy]-propionsäure* (F. 147—149°), *ω-[2.3.4-Trichlorphenoxy]-buttersäure* (F. 145—146°), *ω-[2.3.4-Trichlorphenoxy]-valeriansäure* (F. 113,5—114,5°), *ω-[2.3.4-Trichlorphenoxy]-capronsäure* (F. 111—112°), *ω-[2.3.4-Trichlorphenoxy]-önanthsäure* (F. 93—94°), *2-Methyl-4-Chlorphenoxyessigsäure* (F. 119—120°), *β-[2-Methyl-4-chlorphenoxy]-propionsäure* (F.104 bis 105°), *γ-[2-Methyl-4-chlorphenoxy]-buttersäure* (F. 100—101°), *δ-[2-Methyl-4-chlorphenoxy]-valeriansäure* (F. 60,5—62°), *ε-[2-Methyl-4-chlorphenoxy]-capronsäure* (F. 92 bis 93°), *ζ-[2-Methyl-4-chlorphenoxy]-önanthsäure* (F. 65,7—69°), *2-Methyl-5-chlorphenoxyessigsäure* (F. 127—128°), *β-[2-Methyl-5-chlorphenoxy]-propionsäure* (F. 97—98°), *γ-[2-Methyl-5-chlorphenoxy]-buttersäure* (F. 54—55°), *δ-[2-Methyl-5-chlorphenoxy]-valerian-*

säure (F. 80—81°), *ε-[2-Methyl-5-chlorphenoxy]-capronsäure* (F. 80—81°), *ζ-[2-Methyl-5-chlorphenoxy]-önanthsäure* (F. 77,5—79°), *3-Methyl-4-chlorphenoxyessigsäure* (F. 178 bis 179°), *β-[3-Methyl-4-chlorphenoxy]-propionsäure* (F. 141,5—142°), *γ-[3-Methyl-4-chlorphenoxy]-buttersäure* (F. 93—94°), *δ-[3-Methyl-4-chlorphenoxy]-valeriansäure* (F. 88 bis 89°), *ε-[3-Methyl-4-chlorphenoxy]-capronsäure* (F. 99—100°), *e-[3-Methyl-4-chlorphenoxy]-önanthsäure* (F. 63—64°), *4-Methyl-3-chlorphenoxyessigsäure* (F. 120—121°), *β-[4-Methyl-3-chlorphenoxy]-propionsäure* (F. 141—141,5°), *γ-[4-Methyl-3-chlorphenoxy]-buttersäure* (F. 81—82°), *δ-[4-Methyl-3-chlorphenoxy]-valeriansäure* (F. 80,5—82°), *ε-[4-Methyl-3-chlorphenoxy]-capronsäure* (F. 104—105°), *ζ-[4-Methyl-3-chlorphenoxy]-önanthsäure* (F. 63,5—64,5°), *5-Methyl-2-chlorphenoxyessigsäure* (F. 131—132°), *β-[5-Methyl-2-chlorphenoxy]-propionsäure-* (F. 124—125°), *γ-[5-Methyl-2-chlorphenoxy]-buttersäure* (F. 66,5—67°), *δ-[5-Methyl-2-chlorphenoxy]-valeriansäure* (F. 80—81°), *ε-[5-Methyl-2-chlorphenoxy]-capronsäure* (F. 62,5—64°), *ζ-5-Methyl-2-chlorphenoxy]-önanthsäure* (F. 56 bis 58°), *2.4-Dichlor-5-methylphenoxyessigsäure* (F. 141—141,5°), *β-[2.4-Dichlor-5-methylphenoxy]-propionsäure* (F. 126—127°), *γ-[2.4-Dichlor-5-methylphenoxy]-buttersäure* (F. 124 bis 125°), *δ-[2.4-Dichlor-5-methylphenoxy]-valeriansäure* (F. 100—101°), *ε-[2.4-Dichlor-5-methylphenoxy]-capronsäure* (F. 72—74°), *ζ-[2.4-Dichlor-5-methylphenoxy]-önanthsäure* (F. 97—98°), *2.5-Dichlor-4-methylphenoxyessigsäure* (F. 152—153°), *β-[2.5-Dichlor-4-methylphenoxy]-propionsäure* (F. 147—147,5°), *γ-[2.5-Dichlor-4-methylphenoxy]-buttersäure* (F. 101—102°), *δ-[2.5-Dichlor-4-methylphenoxy]-valeriansäure* (F. 107—108°), *ε-[2.5-Dichlor-4-methylphenoxy]-capronsäure* (F. 107,5—108,5°), *ζ-[2.5-Dichlor-4-methylphenoxy]-önanthsäure* (F. 86—87°), *4.5-Dichlor-2-methylphenoxyessigsäure* (F. 164,5—165,5°), *β-[4.5-Dichlor-2-methylphenoxy]-propionsäure* (F. 129—130°), *γ-[4.5-Dichlor-2-methylphenoxy]-buttersäure* (F. 122—123,5°), *δ-[4.5-Dichlor-2-methylphenoxy]-valeriansäure* (F. 86 bis 87°), *ε-[4.5-Dichlor-2-methylphenoxy]-capronsäure* (F. 92—93,5°), *ζ-[4.5-Dichlor-2-methylphenoxy]-önanthsäure* (F. 108,5—109,5°). Die ausführlich diskutierten Ergebnisse stehen in guter Übereinstimmung mit den durch andere Meth. (Weizenzylinder-, Erbsenkrümmungs- u. Erbsensegmenttest) erhaltenen. E. SCHWERDTFEGER. 4485□

Vergleich der herbiciden Wirksamkeit von Carbamaten und ihren N-substituierten Derivaten. David Stefanye und H. R. DeRose. (J. agric. Food Chem. **7.** 425—27. Juni 1959. Frederick, Md., Fort Detrick, Biol. Warfare Labor.) (Engl.)

Vgl.-Verss. an Haferpflanzen zwischen *Isopropylcarbamaten* u. ihren *N*-substituierten Derivv. zeigten, daß zur Erzielung einer starken pflanzenschädigenden Wrkg. ein *H*-Atom am *N* nicht nötig ist, obwohl die *Carbamate* stärker wirksam waren als die entsprechenden *Imidodicarboxylate*. Der Ersatz des *H* durch andere Gruppen ändert, aber unterbindet nicht die Wirkung. Eine stärkere Wrkg. wird erreicht, wenn der Phenylring ein Halogen in der m-Stellung enthält. FRITZ MÜLLER/Ludwigshafen. 4485□

Pflanzenkrankheiten und Toxikologie. J. F. Reith. (Pharmac. Weekbl. **96.** 125—41. 18/2. 1961. Utrecht, Rijksuniv., Afd. voor Chem. Levensmiddelenleer en Toxicologie, Farmaceut. Labor.) (Holl.)

Übersicht. — 39 Literaturangaben. W. WESLY. 4490□

Fungitoxizität von Metallionen. E. Somers. (Nature [London] **187.** 427—28. 30/7. 1960. Bristol, Univ. of Bristol, Long Ashton Res. Stat.) (Engl.)

Es konnte bestätigt werden, daß ein allg., unspezif. fungitox. Effekt für die meisten Metallionen besteht (es wurden untersucht die *Nitrate* von *K, Na, Ba, Sr, Li, Ca, Mg, Mn, Zn, Be, Tl, Y, Pb, Cr, Ni, Co, Pd, Cu, Ag, Hg,* auch $HgCl_2$ sowie *Os-Tetroxyd*; Vers.-Organismus *Botrytis fabae* Sardina), der (im Gegensatz zu MILLER, C. **1961.** 16526 u. in Übereinstimmung mit C. **1960.** 14411) von der Fähigkeit zur Kovalenzbindung mit den an der Zelloberfläche vorhandenen ionogenen Gruppen (z. B. Imidazol, Carboxyl, Phosphat, Sulfhydryl) abhängt; es ist dabei weniger an eine einmol. Adsorptionsschicht als vielmehr an eine Adsorption bis in die Tiefe der Oberflächenmatrix zu denken, durch welche vermutlich Permeabilitätsänderungen zustande kommen. Die von MILLER beobachtete gesteigerte Aufnahme der Sporen nach Ionenbehandlung kann als sek. Rk. zwischen Metallion u. gelösten Zellkomponenten gedeutet werden.

U. TAUSENDFREUND. 4490□

E₅. Tierchemie. Tierphysiologie. Tierpathologie

Untersuchungen zur chemischen Struktur von α-Kristallin. Roland Hähnel. (Graefes Arch. Ophthalmol. verein. Arch. Augenheilkunde **163.** 283—302. 1961. Frankfurt/M., Univ.-Augenklinik.) (Dt.)

Vf. hat aus Rinderaugen *α-Kristallin* (**I**) isoliert u. in **I** papierchromatograph. u. vermittels der Säulenchromatographie nach STEIN u. MOORE quant. *Asparaginsäure,*

Threonin, Serin, Glutaminsäure, Prolin, Glycin, Alanin, Valin, Methionin, Isoleucin, Leucin, Tyrosin, Phenylalanin, Histidin, Lysin u. *Arginin* u. im oxydierten I *Cysteinsäure, Methioninsulfoxyd, Asparaginsäure, Threonin, Serin, Glutaminsäure, Prolin, Glycin, Alanin, Valin, Isoleucin, Leucin, Tyrosin* u. *Phenylalanin* nachgewiesen. Bei enzymat. Partialhydrolyse von I mit Pepsin, Trypsin oder Chymotrypsin wurden Rk.-Gemische gewonnen, die sich papierelektrophoret. in einzelne Fraktionen unterschiedlicher Beweglichkeit trennen ließen. Die Best. der elektrophoret. Beweglichkeit des I nach WAEL ergab einen Mittelwert von $3{,}8 \cdot 10^{-5}$ $cm^2 \cdot V^{-1} \cdot s^{-1}$ (Veronalpuffer pH 8,6). HEINRICH HERMANN. 4520□

Vergleichende biochemische Charakteristik einiger Süßwasserinvertebraten und -fische. A. W. Ananitschew. (Биохимия [Biochemie] **26.** 18–30. Jan./Febr. 1961. Borok, Inst. für Biol. Gewässer der Akad. der Wiss. der UdSSR.) (Russ.; Auszug: Engl.)

Untersucht wurde der Geh. an Lipiden, Kohlenhydraten, Vitaminen u. verschiedenen Eiweißstoffen, die Aminosäure-Zus. der Proteine u. der Geh. an Fettsäuren (Myristin-, Stearin-, Hexedecen-, Linol-, Olein- u. Caprinsäure) bei den nachst. Invertebraten u. Fischen: *Dystiscus marginalis, Tendipes plumosis, Procladius, Notonecta glauca, Phryganeae grandis, Enallagma cyatherum, Hydrachnae comosa, Eylais sp. Limnodrillus newaensis, Herpoldella nigricollis, Dreisena polymorpha, Hecht, Brasse* u. *Quappe.* Die komplizierteste Zus. der Lipoide weisen die Wirbellosen auf. Die Fische enthalten mehr Lipide als die Wirbellosen. Die Kohlenhydrate der Fische unterscheiden sich von denen der Wirbellosen durch einen erhöhten Geh. an Heparin u. Heparinstoffen u. durch das Fehlen von Chitin. Die Organe der Fische, ausgenommen das Gehirn, enthalten, im Unterschied zu den Organen der Wirbellosen, wenig Glykogen. Die Wirbellosen enthalten im Vgl. zu den Fischen viel Aminosäuren, bedingt durch die Ggw. von Chitin. Die Korrelation zwischen dem Geh. an Histonen u. an Nuclein-P bei den Wirbellosen spricht dafür, daß hier die Nucleoproteide in der Hauptsache durch die Nucleohistone vertreten sind. Bei den Fischen bilden die Verbb. der Nucleinsäuren mit anderen Eiweißstoffen (möglicherweise Albuminen) die Grundlage der Nucleoproteide. Das Verhältnis Desoxyribonucleinsäure/Ribonucleinsäure bleibt bei allen untersuchten Wirbellosen fast konstant. O. LEBTAG. 4520□

Biochemische Untersuchungen über die Frischwasser Medusa Graspedacusta sowerbyi lankeste. 2 Mitt. **Verteilung von Thiamin, Riboflavin und der freien Aminosäuren.** Yoshio Okuda. (J. Biochemistry [Tokyo] **48.** 144–46. Juli 1960. Kobe, Univ., Biol. Inst.) (Engl.)

Frischwassermedusa (*Craspedacusta sowerbyi*) u. Meeresmedusa (*A. aurita*) werden auf *Thiamin, Riboflavin*-Geh. u. *Aminosäuren*-Zus. untersucht. Beide enthalten *Cystin, Asparaginsäure, Glutaminsäure, Taurin, Glycin, Threonin, Alanin, β-Alanin* u. *Phenylalanin.* C. sowerbyi ist reicher an organ. Substanz als A. aurita, u. auch der Geh. an *Thiamin* u. *Riboflavin* liegt wesentlich höher. H. STRUCK. 4520□

Verzögerte Hypersensibilitätsentwicklung beim menschlichen Frühgeborenen. Jonathan W. Uhr, Joseph Dancis und Charlotte Grantz Neumann. (Nature [London] **187.** 1130–31. 24/9. 1960. New York, N.Y., New York Univ., School of Med.; Bellevue Hosp.) (Engl.)

Menschliche Frühgeburten unterscheiden sich von rechtzeitig geborenen Kindern nicht in ihrer Fähigkeit sensibilisiert zu werden u. Antikörper zu bilden; bei beiden kann es zur sofortigen u. zur verzögert (nach einigen Wochen) auftretenden Rk. kommen. Zur Sensibilisierung diente 10%ig. *2.4-Dinitrofluorbenzol* in Aceton, percutan. Eine intrauterine Immun-Rk. auf entsprechenden Antigenreiz dürfte bei älteren menschlichen Foeten deshalb als möglich angesehen werden. U. TAUSENDFREUND. 4551□

Innersekretorische Beeinflussung der unspezifischen körperlichen Abwehr. Johannes Wilde und Georg Schabinski. (Acta endocrinol. [Copenhagen], Suppl. Nr. **51.** 1325. 1960. Jena, Chirurg. Univ.-Klinik u. Hygiene-Inst. der Friedrich-Schiller-Univ.) (Dt.) H. HERPER. 4551□

Über den Mechanismus der Vasodilatation während der allergischen Reaktion. A. D. Ado und D. A. Pencovsky. (C. R. Séances Soc. Biol. Filiales **153.** 1144–47. 24/11. 1959. Moscou, II. Inst. de Méd., Labor. de Physiol. Pathol.) (Franz.)

Injektion des Antigens (I) in die Carotisarterie des gegen Pferdeserum sensibilisierten Hundes, nicht aber des nichtsensibilisierten Tieres, bewirkt Hyperämie der Gefäße der entsprechenden Zungenseite. Parasympath. Entnervung der Gefäße unterdrückt diese Gefäß-Rk. auf I. Die Acetylcholin (II)-Empfindlichkeit ist beim sensibilisierten Tier größer als beim normalen. Die Empfindlichkeitssteigerung der Zungengefäße gegenüber II nach motor. Entnervung der Zunge ist bei sensibilisierten Hunden größer. Eserinbehandlung der Zungengefäße verstärkt deren Rk. auf I. K. MAIER. 4551□

Physikalisch-chemische Untersuchungen des Reagins gegen Pferdeschuppen. D. R. Stanworth. (Acta allergol. [Copenhagen], Suppl. Nr. **7.** 48—55. 1960. Birmingham, Med. School, Hosp. Centre.) (Engl.)

Das Serum einer allerg. Patientin wurde chromatograph. mit DEAE-Cellulose u. in der Ultrazentrifuge fraktioniert. *Reagine* wurde in der γ_1-Globulinfraktion bzw. in der S 7-Fraktion nachgewiesen. E. FISCHOEDER. 4551 □

Das Problem der allergenen und desensibilisierenden Eigenschaften des Mineralöls und der Ölprodukte. T. G. Pashayev. (Acta allergol. [Copenhagen], Suppl. Nr. **7.** 420—29. 1960. Baku, Med. Inst., Chair of Patho-Physiol.) (Engl.)

Das in der Sowjetunion gewonnene *Naphthalanöl* ist resinfrei. Sowohl das Öl wie auch seine 200—220° bis 260—280°-Fraktionen zeigen eine ausgesprochen desensibilisierende Wirksamkeit bei Patienten mit allerg. Erkrankungen aller Art.
E. FISCHOEDER. 4551 □

Methode zur Bestimmung von Diffusionskoeffizienten durch Fällungsreaktionen in einem Gel. Alfred Polson. (Biochim. biophysica Acta [Amsterdam] **29.** 426—28. Aug. 1958. Cape Town, Univ., Dep. of Pathology, C.S.I.R. and U.C.T. Virus Res. Unit.) (Engl.)

Beschreibung einer Meth. zur Best. von Diffusions-Koeff. (DW) an kleinen Proteinmengen, vorausgesetzt, daß diese Substanzen Antigencharakter haben. Diese beruht auf dem Ineinanderdiffundieren der Testsubstanz u. eines serolog. wirksamen Antikörpers in einem 0,5%ig. Agar-Agar-Gel, wobei eine sichtbare u. mit Hilfe eines Mikrokomparators ausmeßbare Trübungszone entsteht. Bei optimalen Proportionen der beiden Komponenten ist die Lage der Bande zu deren Menisken unabhängig von der Zeit, jedoch abhängig vom Verhältnis der DW von Antigen u. Antikörper allein. Test-Best. an *Ovalbumin, Tetanusantitoxin* u. 2 *Hämocyaninen* wurden durchgeführt. Die Genauigkeit der Meth. ist verhältnismäßig gering; sie läßt sich vorteilhaft zur Best. von DW der Komponenten in Antigengemischen anwenden. E. ÜHLEIN. 4551 □

Spaltprodukte und die Milchkuh. 3. Mitt. Übergang von ^{131}J in die Milch nach Einzeldosen und nach täglicher Verabreichung. R. J. Garner, B. F. Sansom und H. G. Jones. (J. agric. Sci. **55.** 283—86. Okt. 1960. Compton, Berkshire, A.R.C. Field Stat.) (Engl.) — 1. vgl. C. **1961.** 17282.

Nach einmaliger oraler Verabreichung von trägerfreiem $Na^{131}J$ oder ^{131}J an Milchkühe konnten innerhalb von 6 Tagen im Durchschnitt 5,5% (1,3—19,4%) der angewandten Dosis aus der Milch zurückgewonnen werden. Die Schwankungen sind weitgehend auf die Unterschiede in der Milchleistung zurückzuführen. Nach täglicher Verabreichung von $Na^{131}J$ wurde nach 3 Tagen ein maximaler Ausscheidungswert in der Milch festgestellt, gefolgt von einem Absinken u. einem späteren Wiederanstieg auf stetige, aber niedrigere Werte als erwartet. Es wurde ein Konz.-Mechanismus im Euter nachgewiesen. K. ZINGRAF. 4555 □

Die Rolle der Hormone bei der Realisierung von Regenerations-Prozessen. Anatole Voitkevich. (Acta endocrinol. [Copenhagen], Suppl. Nr. **51.** 977. 1960. Voronjez, USSR, Med. Inst.) (Engl.) H. HERPER. 4558 □

Methodische Untersuchungen zur Trennung von synthetischen Steroidestern mittels der Papierelektrophorese. O. J. Schmid, A. Oriol-Bosch und K. D. Voigt. (Clin. chim. Acta [Amsterdam] **4.** 599—605. Juli 1959. Hamburg-Eppendorf, Univ., II. Med. Klinik, Physiol.-Chem. Inst.) (Dt.)

Es werden die Bedingungen für die papierelektrophoret. Trennung von 8 synthet. *Steroidkonjugaten* näher untersucht. pH 3,5 erwies sich in bezug auf Löslichkeit u. Trenneffekt am günstigsten. Die angelegte Spannung ist ohne Einfluß.
H. STRUCK. 4558 □

Antifertilitätssubstanzen. H. Jackson. (Pharmacol. Rev. **11.** Nr. 2. Part 1. 135—72. Juni 1959. Manchester, England, Christie Hosp.; Univ. of Manchester, Dep. of Pharmacol.) (Engl.)

Übersicht über die Beeinflussung der Spermatogenese, Ovogenese u. Gestation mit chem. Mitteln. — 204 Literaturangaben. K. ZINGRAF. 4559 □

Einfluß von Sexualhormonen auf das Gesamt-Kupfer des Serums. N. C. Johnson, T. Kheim und W. B. Kountz. (Proc. Soc. exp. Biol. Med. **102.** 98—99. Okt. 1959. St. Louis, Mo., Washington Univ., Div. of Gerontol.) (Engl.)

Anwendung von *Testosteronpropionat* oder *Östradiolbenzoat* bei älteren Normalpersonen erhöhte den Cu-Geh. des Serums signifikant. Die Wrkg. war nach 8 Wochen abgeklungen. K. ZINGRAF. 4559 □

Der Einfluß der Geschlechtshormone auf Blut-Cholesterin und einige endokrine Drüsen von Cholesterin-gefütterten jungen Hähnen. Harry Y. C. Wong und Frank B. Johnson. (Acta endocrinol. [Copenhagen], Suppl. Nr. **51.** 887. 1960. Washington, Howard Univ., School of Med. and Armed Forces Inst. of Pathol.) (Engl.)
H. HERPER. 4559 □

Die Wirkung von Noräthandrolon auf die Ausscheidung von 17-Ketosteroiden, gesamten 17-Hdroxycorticosteroiden und Uropepsin im Harn und auf die Aktivität der Magensekretion. O. Castrén, L. Kalliomäki, A. Pekkarinen, K. Soiva und S. Viikari. (Acta endocrinol. [Copenhagen] **35.** 426—34. Nov. 1960. Turku, Finland, Univ., Dep. of Pharmacol.) (Engl.)

Orale Gaben von täglich 75 mg *Noräthandrolon* (*17α-Äthyl-17β-hydroxy-19-nor-Δ^4-androsten-3-on*) während 8 Tagen ändert bei 10 Patienten mit Duodenal- oder Magenulcus die Ausscheidung an Gesamt-*17-Hydroxycorticosteroiden* u. *Uropepsin* u. die Magensekretion nicht. Dagegen sind die *17-Ketosteroid*-Werte im Harn signifikant erhöht.
K. BOHLE. 4559 □

Hormon-Einfluß auf Längen- und Knochen-Wachstum bei Kindern. 1. Mitt. **Anabolische Steroide — Nandrolonephenylpropionat und Norethandrolonepropionat.** M. James Whitelaw und Sidney Thomas. (Acta endocrinol. [Copenhagen], Suppl. Nr. **51.** 879. 1960. San Jose, Calif., O'Connor Hosp., Dep. of Surg. and Radiol.; Palo Alto, Calif., Palo Alto Clinic.) (Engl.) H. HERPER. 4559 □

Hormon-Einfluß auf Längen- und Knochen-Wachstum bei Kindern. 2. Mitt. **Östrogene, Progestogene und Testosteron.** M. James Whitelaw und Thomas N. Foster. (Acta endocrinol. [Copenhagen], Suppl. Nr. **51.** 1339. 1960. San Jose, Calif., O'Connor Hosp.) (Engl.) — 1. vgl. vorst. Referat. H. HERPER. 4559 □

Pharmakologische Eigenschaften von Nandrolonedecanoat. J. de Visser und G. A. Overbeek. (Acta endocrinol. [Copenhagen] **35.** 405—12. Nov. 1960. Oss, Netherlands, N. V. Organon.) (Engl.)

Nandrolonedecanoat (**I**; *17β-Hydroxy-19-nor-Δ^4-androsten-3-ondecanoat*) zeigt im Tier-Vers. lang dauernde u. starke anabol. Wirksamkeit bei geringer androgener, gonadenhemmender u. antiöstrogener Wirkung. Erst bei Erhöhung der Dosis oder lange fortgesetzter Applikation treten diese Eigg. deutlich hervor. Chron. Verabreichung von **I** an Ratten u. Hunde zeigt keine tox. Wirkungen. K. BOHLE. 4559 □

Die Wirkung von Triäthylenthiophosphoramid, Östrogen und Gonadotropin auf das Ovar hypophysektomierter, unreifer Ratten. R. W. Payne und Thomas L. Whitsett. (Proc. Soc. exp. Biol. Med. **106.** 189—91. Jan. 1961. Oklahoma City, Univ. of Oklahoma, School of Med., Dep. of Pharmacol. Med.) (Engl.)

Unreife, hypophysektomierte Ratten erhalten intraperitoneal *Triäthylenthiophosphoramid* (I) appliziert. In den Ovarien kann eine vollständige Zerstörung der Granulosazellen beobachtet werden. **I** zeigt gegenüber *Gonadotropin* antagonist. Eigg., *Diäthylstilböstrol* kann die Wrkg. des **I** z. T. verhindern. **I** vermindert außerdem das Ovargewicht. H.-J. STRUCK. 4559 □

Östrogen-Stimulation der ATP-Produktion und der Synthesen von Proteinen, Fettsäuren und Nucleinsäuren. C. A. Villee, P. B. Joel, J. M. Loring und J. M. Spencer. (Acta endocrinol. [Copenhagen], Suppl. Nr. **51.** 987. 1960. Boston, Mass., Harvard Med. School, Dep. of Biol. Chem.) (Engl.) H. HERPER. 4559 □

Die Sekretionsgeschwindigkeit von Progesteron und Aldosteron in der normalen und abnormalen, vorgerückten Schwangerschaft. Raymond L. Van de Wiele, Erlio Gurpide, William G. Kelly, John H. Laragh und Seymour Lieberman. (Acta endocrinol. [Copenhagen], Suppl. Nr. **51.** 159. 1960. New York, N.Y., Columbia Univ., Coll. of Phys. and Surg., Dep. of Obstetr. and Gynecol., Biochem. and Med.) (Engl.)
H. HERPER. 4559 □

Maskulinisierung von weiblichen Foetus nach Anwendung von synthetischem Progestogen während der Schwangerschaft. Lawson Wilkins. (Acta endocrinol. [Copenhagen], Suppl. Nr. **51.** 671. 1960. Baltimore, Md., Univ., School of Med.) (Engl.)
H. HERPER. 4559 □

Die Fähigkeit einiger progestativer Steroide, die männlichen akzessorischen Geschlechtsdrüsen bei der Ratte zu stimulieren. Stanley C. Lyster, G. H. Lund, W. E. Dulin und R. O. Stafford. (Proc. Soc. exp. Biol. Med. **100.** 540—43. März 1959. Kalamazoo, Mich., Upjohn Co., Dep. of Endocrinol.) (Engl.)

Die Wrkg. folgender Präpp. auf die Samenblasen u. Prostatae infantiler kastrierter Rattenböcke wurde untersucht: *17α-Methyltestosteron*, *6α-Methyl-17α-acetoxyprogesteron* (**I**), *17α-Äthinyltestosteron* (**II**), *17α-Äthinyl-19-nortestosteron* (**III**), *17α-Äthinyl-$\Delta^{5,10}$-östren-*

17β-ol-3-on (**VIII**), *17α-Äthinylöstradiol-3-methyläther* (**IV**), *17α-Acetoxyprogesteron* (**V**), *Progesteron*, *17α-[2-methallyl]-19-nortestosteron* (**VI**) u. *Testosteronpropionat* (**VII**). **VII** u. Methyltestosteron dienten als Androgenstandard. Bei oraler Verabfolgung riefen alle Präpp. eine leichte Stimulierung der Prostata hervor, die allerdings bei **I** u. **V** extrem gering war. Signifikante Stimulierung der Samenblasen riefen **II**, **III** u. **IV** hervor. Bei subkutaner Gabe stimulierte nur **VI** die Samenblasen nicht. Alle Präpp. stimulierten bei subkutaner Gabe die Prostata, jedoch **VI** u. *Enovid* (Mischung von **VIII** + **IV**) nur minimal. U. LASCHET. 4559□

Wirkungen von Androgenen auf den intermediären Stoffwechsel im Muskel. C. A. Villee, J. M. Loring und J. M. Spencer. (Acta endocrinol. [Copenhagen], Suppl. Nr. **51.** 969. 1960. Boston, Mass., Harvard Med. School, Dep. of Biol. Chem.) (Engl.) H. HERPER. 4559□

Über den Kohlenhydratanteil von Hypophysengonadotropinen des Schafes und des Menschen. Ute Gröschel und Choh Hao Li. (Biochim. biophysica Acta [Amsterdam] **37.** 375—76. 15/1. 1960. Berkeley, Calif., Univ. of California, Hormone Res. Labor.) (Engl.)

Mit colorimetr. u. chromatograph. Meth. wurden in *Gonadotropinen* aus Schafs- u. Menschenhypophysen *Galaktose, Fucose, Hexosamin* u. *Sialsäure* nachgewiesen. K. ZINGRAF. 4560□

Quantitative und qualitative Änderung der Wirkung des menschlichen Chorion-Gonadotropins durch nichtspezifische Substanzen bei Hormon-Untersuchungen. Klaus Walter und Stefan Wysocki. (Acta endocrinol. [Copenhagen], Suppl. Nr. **51.** 1087—88. 1960. Heidelberg, Med. Univ.-Klinik.) (Engl.) H. HERPER. 4560□

Das Motilitätsbild unter Gonadotropinen und Steroiden. Helmut Wagner. (Acta endocrinol. [Copenhagen], Suppl. Nr. **51.** 555. 1960. Gießen, Univ.-Frauenklinik.) (Dt.) H. HERPER. 4560□

Untersuchung der oxytocischen Aktivität von Extrakten aus verschiedenen Teilen des Gehirns der Landschildkröte (Testudo mauritanica). G. Grignon und M. Lamarche. (C. R. Séances Soc. Biol. Filiales **153.** 2030—32. 1959, herausgeg. 22/4. 1960. Nancy, Fac. de Méd., Labor. d'Histol. et Labor. de Pharmacol.) (Franz.)

Die pharmakodynam. Unters. von Extrakten aus verschiedenen Regionen des Gehirnes der Landschildkröte (*Testudo mauritanica*) zeigt die Anwesenheit von *Oxytocin* in Zonen, wo die morpholog. Prüfung die Angrenzung an neurosekretor. hypothalam.-extrahypophysäre Bahnen ergab. H. AMAN. 4560□

Die biologische Testierung von Relaxin unter Benutzung eines Vergleichsstandards: eine einfache und zuverlässige Methode unter Verwendung der direkten Messung der Ausbildung des Ligamentums der Symphyse bei Mäusen. B. G. Steinetz, V. L. Beach, R. L. Kroc, N. R. Stasilli, R. E. Nussbaum, P. J. Nemith und R. K. Dun. (Endocrinology **67.** 102—15. Juli 1960.) (Engl.)

Ausgehend von früheren Unterss. von KROC u. Mitarbeitern (Ann. N. Y. Acad. Sci. **75.** [1959.] 942) entwickelten die Vff. ein biolog. Test-Verf. für *Relaxin* (**I**) an 18—22 g schweren östrogenvorbehandelten ♀ Mäusen (5 μg *Östradiolcyclopentylpropionat* in 0,1 ml Erdnußöl 7 Tage vor der **I**-Injektion). Die zu testierenden **I**-Präpp. werden einmal in 0,2 ml einer 1%ig. *Benzopurin 4 B*-Lsg. (*L-390*) subkutan injiziert u. gegen 3 Dosen des WARNER-CHILCOTT-Vgl.-Standards W 1164-A, Charge 8 (auch B-37-348/8alα) mit einer biolog. Aktivität von 150 Meerschweincheneinheiten/mg untersucht. Als Maß dient die Länge des Ligamentums der Symphyse 18—24 Std. nach **I**-Injektion. Die Länge des Bandes wird bei durchscheinendem Licht mit einer binokularen Lupe direkt gemessen. Reproduzierbarkeit u. Vertrauensgrenze (0,2—0,4) der Meth. sind gut. Das Testierungsergebnis ist vom angewandten Vehikel abhängig: Physiolog. NaCl-Lsg. ist ungeeignet; die besten Vehikel sind Bienenwachs, L-390 u. Erdnußöl. Einzelne Faktoren, die das Ergebnis des Test-Verf. beeinflussen können, werden diskutiert. U. LASCHET. 4560□

Das Problem der klinischen Resistenz gegen Vasopressin: Untersuchungen in vitro. Richard M. Hays und Alexander Leaf. (Ann. intern. Med. **54.** 700—08. April 1961. Boston, Mass., Harvard Med. School, Dep. of Med. u. Massachusetts General Hosp.) (Engl.)

Unters. der Wrkg. von *Vasopressin* (**I**) an der isolierten Harnblase der Kröte in RINGER-Lösung. Herabsetzung der Osmolalität auf der Seite der Serosa im Medium verringert die durch **I** ausgelöste Wasserbewegung (WB). K-Entzug aus dem Medium hemmt den akt. Na-Transport, dagegen wird WB kaum beeinflußt. K. ZINGRAF. 4560□

Sekretion von antidiuretischem Hormon bei der Katze mit zentral-denerviertem Hypothalamus. James W. Woods und Philip Bard. (Acta endocrinol. [Copenhagen], Suppl. Nr. **51.** 113. 1960. Baltimore, Md., Johns Hopkins Med. School, Dep. of Physiol.) (Engl.) H. HERPER. 4560□

Wirkung der Hypophysektomie auf Atmung und enzymatische Aktivitäten in der Leber. Rolle des Hormon-Einflusses bei der Aufrechterhaltung der metabolischen und enzymatischen Homöostasien. George Weber. (Acta endocrinol. [Copenhagen], Suppl. Nr. **51.** 937. 1960. Indianapolis, Ind., Indiana Univ., Med. School, Dep. of Biochem. and Microbiol.) (Engl.) H. HERPER. 4560□

Hypophysenhypertrophie nach Verletzung des vorderen Hypothalamus. Béla Flerkó und Vera Bárdos. (Acta endocrinol. [Copenhagen] **35.** 375—80. Nov. 1960. Pécs, Ungarn, Univ., Med. School, Dep. of Anat.) (Engl.)

Bei Ratten rufen elektr. gesetzte Läsionen des ventralen vorderen Hypothalamus starke Gewichtszunahme der Hypophyse hervor, während Läsionen dorsal zu den paraventrikulären Nuclei ohne Wrkg. sind. Die vergrößerten Hypophysen zeigen das gleiche cytolog. Bild wie nach 2monatiger *Östradiol* (**I**)-Behandlung. Während aber die Ovarien nach **I**-Gaben atroph. sind u. nur kleine atret. Follikel enthalten, was auf gehemmte Sekretion von *follikelstimulierendem Hormon* (**II**) u. *luteinisierendem Hormon* (**III**) hinweist, zeigen die Ovarien der Tiere mit Ventralläsionen normal sich entwickelnde Follikel, Vaginalöstrus u. Fehlen von Uterusatrophie, was die dauernde Sekretion von *Östrogenen* (**IV**) durch die Ovarien dieser Tiere beweist. Die Hypophysen dieser Ratten produzieren also **II**, während **III** nur in minimaler Menge sezerniert wird. Es scheint, daß **IV** auf 2 Wegen auf die Hypophyse wirken, direkt durch Gewichtszunahme u. cytolog. Veränderungen, indirekt über den vorderen Hypothalamus durch Hemmung der **II**-Sekretion. K. BOHLE. 4560□

Wirkungen von Wachstumshormon in vitro auf den Kohlenhydratstoffwechsel von Ratten-Fettgewebe. Albert I. Winegrad, Walter N. Shaw und F. D. W. Lukens. (Acta endocrinol. [Copenhagen], Suppl. Nr. **51.** 939. 1960. Philadelphia, Pa., Hosp. of the Univ. of Pennsylvania, George S. Cox Med. Res. Inst.) (Engl.)
H. HERPER. 4560□

Untersuchungen über die Aktivität des Sulfatierungsfaktors (SF) im menschlichen Serum. Wirkung von menschlichem Wachstumshormon auf den SF-Spiegel bei hypophysärem Zwergwuchs. Sven Almquist. (Acta endocrinol. [Copenhagen] **35.** 381 bis 396. Nov. 1960. Stockholm, Karolinska Sjukhuset, Dep. of Endocrin. and Metabol.) (Engl.)

Der Geh. des menschlichen Serums an *Sulfatierungsfaktor* (**I**; SF), der dem *Wachstumshormon* (**II**) gleich oder verwandt ist, wird mittels der ^{35}S-Aufnahme von Knorpeln infantiler ♂ Ratten bestimmt. **I** findet sich in allen untersuchten Seren gesunder Menschen, doch ist sein Geh. bei Kindern unter 6 Monaten gering. Bei hypophysärem Zwergwuchs werden in 2 Fällen geringe, in 1 Fall keine **I**-Aktivität gefunden. Nach Behandlung mit menschlichem **II** steigt der **I**-Geh. des Serums an, wobei eine lineare Beziehung zwischen der **I**-Konz. u. dem log der gegebenen **II**-Dosis besteht. Nach 4 mg **II** werden in allen Fällen normale **I**-Werte gefunden. Die Halbwertszeit von **II** beträgt 1—2 Tage. Die **I**-Best. kann vielleicht zur genauen Erkennung von Wachstumsstörungen dienen.
K. BOHLE. 4560□

Über das Vorkommen mehrerer Formen von thyreotropem Hormon beim Rind. P. G. Condliffe, R. W. Bates, M. M. Garrison und T. B. Howard. (Biochim. biophysica Acta [Amsterdam] **37.** 150—51. 1/1. 1960. Bethesda, Md., U.S. Dep. of Health, Educat. and Welfare, Nat. Inst. of Health, Nat. Inst. of Arthritis and Metabolic Dis.) (Engl.)

In der Hypophyse von Rindern kommen mindestens 3 verschiedene *Proteine mit thyreotroper Wirksamkeit* vor. Die Trennung erfolgte mittels Ionenaustauschchromatographie u. Elektrophorese in Stärkegelen. K. ZINGRAF. 4560

Wirkungen von Wachstumshormonen und Thyroxin auf den Kreatinstoffwechsel bei Ratten. J. van der Vies. (Acta endocrinol. [Copenhagen], Suppl. Nr. **51.** 229 bis 230. 1960. Oss, Netherlands, Dep. of Pharmacol. Res.) (Engl.) H. HERPER. 4560□

Die Wirkungen von Nucleinsäuren auf den ACTH-Gehalt der Hypophyse. Melvin Hess, James J. Corrigan jun. und John A. Hodak. (Endocrinology **68.** 548—52. März 1961. Pittsburgh, Pa., Univ., School of Med., Dep. of Anatomy.) (Engl.)

Ribonucleinsäure (**I**) aus Ratten- u. Rinderhypophysenvorderlappen, nicht aber aus Rattenleber oder Rinderpankreas, steigerte nach Verabreichung bei intakten Ratten den ACTH-Geh. in der Hypophyse der Empfängertiere auf das Doppelte (**I** zeigte vor der Anwendung keine ACTH-Aktivität). K. ZINGRAF. 4560□

Die Bedeutung der hinteren Hypophyse bei der Corticotropinfreisetzung nach schädlichen Stimulantien. D. de Wied. (Acta endocrinol. [Copenhagen], Suppl. Nr. **51.** 119—20. 1960. Groningen, Netherlands, Univ. of Groningen, Dep. of Pharmacol.) (Engl.) H. HERPER. 4560□

ACTH-Bestimmung mittels fluorometrischer Messung des Plasma-Corticosterons der Ratte nach Hypophysenblockade mit Dexamethason. E. Vaubel, D. Berg, K. Retiene, H. Ditschuneit und E. F. Pfeiffer. (Acta endocrinol. [Copenhagen], Suppl. Nr. **51.** 1125. 1960. Frankfurt/M., Univ., I. Med. Klin.) (Dt.) H. HERPER. 4560□

In vitro-Synthesen von ¹⁴C-ACTH durch isolierte Rattenhypophyse; Wirkung der Adrenalektomie. Ira G. Wool und R. Scharff. (Acta endocrinol. [Copenhagen], Suppl. Nr. **51.** 205. 1960. Chicago, Ill., Univ. of Chicago, Dep. of Physiol.) (Engl.) H. HERPER. 4560□

Wirkung von Cortison, ACTH und Natriumsalicylat auf die Funktion der Nebennierenrinde bei Kaninchen. N. A. Yudaev und S. A. Afinogenova. (Acta endocrinol. [Copenhagen], Suppl. Nr. **51.** 425. 1960. Moscow, USSR Acad. of Med. Sci., Inst. of Biol. and Med. Chem.) (Engl.) H. HERPER. 4560□

Die Wirkung von Corticotropin auf die Corticosteroide des Meerschweinchenplasmas. Herman Cohen und William Kleinberg. (Proc. Soc. exp. Biol. Med. **100.** 375—78. Febr. 1959. Princeton, N.J., Princeton Labor.) (Engl.)

Vff. benutzen Konz. der Corticosteroide im Plasma als Rk.-Kriterium auf exogene Zufuhr von *Adrenocorticotropin* (I). I, subkutan in einer Gelatine-Lsg. zugeführt, zeigt eine 2—3fache größere Aktivität als wassergelöstes I. P. TEICHGRÄBER. 4561□

SU-4885 (Metopiron)-Test zur Bestimmung der Hypophysen-Nebennieren-Reserve. G. W. Liddle, D. Island und A. Walser. (Schweiz. med. Wschr. **90.** 1351—54. 19/11. 1960. Nashville, Tenn., Vanderbilt Univ., School of Med.; Basel, Bürgerspital.) (Dt.)

2-Methyl-1.2-bis-[pyridyl-(3)]-propanon-(1) (I, *SU-4885, Metopiron*) hemmt sowohl in vivo als auch in vitro die 11β-Hydroxylierung der Nebennierenrinde selektiv. Beim Menschen bewirkt I eine akute Senkung der Cortisol-, Corticosteron- u. Aldosteronausschüttung. Normalerweise tritt ein kompensator. Anstieg der ACTH-Sekretion auf, gefolgt von einer Erhöhung der 11-Desoxysteroide, welche aus Substanz S u. 11-Desoxycorticosteron gebildet werden. Dieser Effekt hängt also von einem gut funktionierenden ACTH-Sekretionsmechanismus ab, u. er wird als Test zur Prüfung der hypophysären Reserve angewandt. Eine beschränkte hypophysäre Reserve wurde nach Hypophysenbestrahlung, bei chromophobem Adenom, Eosinophilenadenom, Kachexie, posttraumat. Diabetes insipidus u. degenerativen zentralnervösen Störungen gefunden. Ohne Befund war der Test bei CUSHINGscher Krankheit, prim. Aldosteronismus, virilisierender kongenitaler Nebennierenhyperplasie u. prim. Hypothyroidismus. G. KIMMERLE. 4561

Stoffwechsel des Cortisons bei der Ratte nach Thyreo-Parathyreoidektomie. M. P. Brogi und Q. Maggiore. (Atti Soc. Toscana Sci. natur., Ser. B **64.** 34—40. 1957. Pisa, Ist. di Patol. Generale.) (Ital.)

Verabreichtes *Cortison* (I) verweilte länger im Kreislauf von Ratten nach Adrenalektomie (AE) + Thyreo-Parathyreoidektomie als von Tieren nach Adrenalektomie allein. Dabei bestand in der Ausscheidung von I im Harn kein wesentlicher Unterschied zwischen beiden Gruppen. Die Ausscheidung von freiem I im Harn war bei schilddrüsenlosen Tieren größer. K. ZINGRAF. 4561□

Die Erhöhung der Corticosteron-Plasma-Konzentration bei Ratten nach schädlichem Stimulus als Ergebnis einer wiedereinsetzenden Rückkopplungs-Kontrolle des Plasma-Corticosteroidspiegels. F. Eugene Yates, Susan Leeman, David W. Glenister und Mary F. Dallman. (Acta endocrinol. [Copenhagen], Suppl. Nr. **51.** 419—20. 1960. Boston, Mass., Harvard Med. School; Waltham, Mass., Brandeis Univ.) (Engl.) H. HERPER. 4561□

Wirkung von Cortison, Hydrocortison und einigen ihrer synthetischen Analogen auf die Biogenese von Knorpel in vitro. M. W. Whitehouse und J. W. Lash. (Acta endocrinol. [Copenhagen], Suppl. Nr. **51.** 957. 1960. Oxford, Univ., Dep. of Biochem.; Philadelphia, Pa., Univ. of Pennsylvania, Dep. of Anatomy.) (Engl.) H. HERPER. 4561□

Verlangsamung des Abbaus von exogenem Hydrocortison im Verlauf des kindlichen Myxödems. Korrektion durch die Behandlung. J. Bertrand. (Ann. d'Endocrinol. **21.** 86—95. Jan./März 1960. Lyon, Clin. Méd. Infantile, Labor. de Rech. Endocrin.; Inst. Pasteur.) (Franz.)

Der Abbau von freiem *Hydrocortison* oder von *Hydrocortisonsuccinat, Na-Salz,* hatte bei normalen Kindern eine Halbwertszeit (HWZ) von 78—110 Min., bei Kindern mit Schilddrüsenunterfunktion eine HWZ von 130—402 Minuten. Korrektion dieser Störung innerhalb von 18 Std. bis 2 Monaten war möglich durch Behandlung mit Schilddrüsenextrakten oder rac. Trijodthyronin. K. ZINGRAF. 4561□

Ausscheidung von verschiedenen Corticosteroiden und deren verminderter Stoffwechsel während der Schwangerschaft. Eleanor H. Venning und Inge Dyrenfurth. (Acta endocrinol. [Copenhagen], Suppl. Nr. **51.** 665. **1960.** Montreal, Canada, McGill Univ., Royal Victoria Hosp.) (Engl.) H. Herper. 4561 □

Isolierung von Harn-Steroid-Glucuronosiden. Frances Foggitt und A. E. Kellie. (Biochem. J. **76.** 62P—63P. Sept. 1960. London, Middlesex Hosp. Med. School, Courtauld Inst. of Biochem.) (Engl.)

Die Isolierung u. Identifizierung von *17-Ketosteroidglucuronosiden* u. *Corticosteroidglucuronosiden* aus dem Menschenharn wird beschrieben. Nach *Corticotropin*-Gabe erhaltener Harn wurde auf pH 2 eingestellt u. nach Edwards u. Mitarbeitern (Mem. Soc. Endocr. **2.** [1953.] 53) extrahiert. Die nach Säulenchromatographie an Al-Säulen erhaltene Glucuronosidfraktion wurde an Celite 535 in Anlehnung an die Meth. von Bush (Biochem. J. **67.** [1957.] 23P) der Verteilungschromatographie unterworfen. Folgende Komponenten wurden getrennt. Die Glucuronoside: *Androsteron-*, *Ätiocholanolon-*, *11-Ketoätiocholanolon-*, *11β-Hydroxyandrosteron-* u. *11β-Hydroxyätiocholanolon-*. In stärker polaren Verteilungs-Syst. konnten folgende *Corticosteroidglucuronoside* getrennt werden: *3α.5β-Tetrahydro-Substanz S* (**I**), *3α.5α-Tetrahydro-Substanz B*, *3α.5β-Tetrahydro-Substanz E* (**II**) u. *3α.5β-Tetrahydro-Substanz F* (**III**). **I**, **II** u. **III** wurden kristallin in Form der Triacetatmethylester durch Behandlung mit Diazomethan u. Acetylierung mit Essigsäureanhydrid u. Pyridin gewonnen u. an Clite gereinigt. U. Laschet. 4561 □

Radioaktivität in roten Blutzellen nach $^{14}C_{(4)}$-Cortisol-Gabe. A. Vermeulen. (Acta endocrinol. [Copenhagen], Suppl. Nr. **51.** 723. 1960. Ghent, State Univ., Med. Clin.) (Engl.) H. Herper. 4561 □

Die Wirkung von Trijodthyronin und Cortisol auf die Penetration von D-Xylose in die Zellen. David Norman und William A. Hiestand. (Proc. Soc. exp. Biol. Med. **101.** 671—73. Aug./Sept. 1959. Lafayette, Ind., Purdue Univ., Dep. of Biol. Sci.) (Engl.)

Vff. haben am Zwerchfell der Ratte die Penetration von *D-Xylose* (**I**) in den Muskel in Ggw. von *L-Trijodthyronin* (**II**), *Adrenalin* (**III**), *Cortisol* (**IV**) oder *Insulin* (**V**) bei nicht nüchternen oder bei Nüchterntieren sowohl in vivo als auch in vitro geprüft. Wie die tabellar. Wiedergabe der Resultate zeigt, haben **II**, **III** u. **IV** keinen Einfl. auf die Penetration von **I** in vitro, in vivo vergrößern sie die Speicherung von **I**, in Abwesenheit von **V** mehr als in Ggw. von **V**. Hunger über 56 Std. vergrößert die **I**-Anreicherung im Muskel in Abwesenheit von **V** nicht, wohl aber in dessen Anwesenheit. Heinrich Hermann. 4561 □

Therapeutische Erfahrungen mit 6-Methylprednisolon (Urbason), einem weiterentwickelten Corticosteroid. Klaus Dziuba. (Med. Welt **1960.** 2728—31. 17/12. Bielefeld, Städt. Krankenanstalten.) (Dt.)

6-Methylprednisolon (*Urbason*, Hoechst) wurde bei 92 Patienten angewandt. Es unterscheidet sich in seiner klin. Wrkg. nicht wesentlich vom *Prednison* (**I**) u. *Prednisolon*, man kann es aber niedriger dosieren. Die Nebenwrkg. sind geringer als beim **I**. K. Böhm. 4561 □

Vergleichende Untersuchungen zum Abbau von Cortison, 6-Methylprednisolon und Dexamethason. W. Korus und H. L. Krüskemper. (Klin. Wschr. **38.** 938—40. 15/9. 1960. Bonn, Univ., Med. Poliklin.) (Dt.)

Papierchromatograph. wurden in der Rattenleber die Mengen von verabreichtem *6-Methylprednisolon* (**I**) u. *9α-Fluor-16α-methylprednisolon* (**II**, *Dexamethason*) mittels Trimethyltetrazoliumchlorid quant. bestimmt. Dabei zeigte sich, daß **I** rascher, **II** langsamer als *Cortison* abgebaut wird. — 17 Literaturangaben. G. Kimmerle. 4561

Die Wirkung des Dexamethasons auf die Zuckerresorption aus dem Darm. L. Biró, Hedwig Graber, Eva Iván und K. Weisz. (Klin. Wschr. **38.** 948—49. 15/9. 1960. Budapest, Krankenhaus in der Péterfy-Sándor-Straße.) (Dt.)

Bei normalen, adrenalektomierten u. mit *Prednison* (**I**) bzw. *Dexamethason* (**II**) behandelten Ratten wurde die Zuckerresorption aus dem Darm geprüft. 0,2 mg **II** normalisieren die Zuckerresorption auch dann nicht, wenn DOCA gleichzeitig gegeben wird. Durch die Verabreichung von 1,0 mg **II** wird aber die Zuckerresorption in vollem Umfange restituiert. Die Wrkg. von **II** auf die Zuckerresorption übersteigt die von **I** nicht. — 13 Literaturangaben. G. Kimmerle. 4561

Wirkung der chronischen Formolbehandlung auf die Aldosteronproduktion der Nebenniere in vitro. Pál Weisz, József Márton, Tamás Gosztonyi, István Purjesz und László Ritter. (Acta endocrinol. [Copenhagen], Suppl. Nr. **51.** 149. 1960. Budapest, Zentralforschungsinst. für Chem. der Ung. Akad. der Wiss.; Staatl. Forschungsinst. für Rheumatismus u. Balneologie.) (Dt.) H. Herper. 4561 □

Wirkungen von Epinephrin und Ca auf die Kontraktionskraft und den ^{45}Ca-Austausch in Kaninchenvorhöfen. Arthur H. Briggs und William C. Holland. (Amer. J. Physiol. **199.** 609–12. Okt. 1960. Jackson, Miss., Univ. of Mississippi, Med. Center, Dep. of Pharmacol.) (Engl.)

Beim Vgl. der Wrkg. von *Ca* u. *Epinephrin* (I) auf die Kontraktionskraftänderungen u. den ^{45}Ca-Austausch in isolierten Kaninchenvorhöfen zeigte sich, daß I (bzgl. der Wrkg. des Ca auf die Kontraktions-Rk.) die Wrkg. von Ca in kompetitiver Weise steigert bzw. daß die benötigte Ca-Konz. zur Hervorrufung einer gegebenen Kontraktions-Rk. durch I-Ggw. 2–3fach vermindert werden kann. Bzgl. der Wrkg. des Ca auf die positiv-inotrope Wrkg. von I scheinen I u. Ca nichtkompetitive Antagonisten zu sein. I vermindert den Eintritt von ^{45}Ca; diese Wrkg. wird durch Steigerung der extracellulären Ca-Konz. gesteigert; der ^{45}Ca-Austritt wird durch I nicht beeinflußt; Steigerung des pH wirkt wie I. Es wird angenommen, daß I die Kontraktionskraft des Herzens durch mindestens 2 Mechanismen steigert: Durch gesteigerte Bindung von Ca in der Membran (kompetitiv) u. durch einen nichtkompetitiven Antagonismus (möglicherweise unter Einbeziehung von Mg^{2+} in die Rk.). U. TAUSENDFREUND. 4561 □

Nachweis von Noradrenalin im Glomus caroticum. E. Muscholl, K.-H. Rahn und M. Watzka. (Naturwissenschaften **47.** 325. 2. Juli-H. 1960. Mainz, Univ., Pharmakol. Inst.; Anatom. Inst.) (Dt.)

Frisch präpariertes Glomus caroticum (Kalb) wurde mit HCl-saurem A. extrahiert. *Adrenalin* (I) u. *Noradrenalin* (II) wurden durch Chromatographie des gereinigten Extraktes getrennt u. I am isolierten Rattenuterus, II am Rattenblutdruck bestimmt. In aufgearbeiteten Carotisdrüsen betrug die II-Konz. 1–5,1 μg/g, die von I $<$0,002 μg/g. Histochem. war II nach ERÄNKÖ (Endocrinology **57.** [1955.] 363) oder mittels der KJO_3-Meth. ebenfalls nachweisbar. Im Glomus caroticum des Kalbes sind demnach I-Konzz. nachweisbar, wie sie in paravertebralen sympath. Ganglien oder in postganglionären sympath. Fasern angetroffen werden. K. MAIER. 4561 □

Beziehungen zwischen der Entwicklung der Zone X, dem Gehalt der Nebennieren an Brenzcatechinaminen und dem Volumen von Nebennierenmark und -rinde bei der Maus. P. Delost und P. Chirvan-Nia. (C. R. Séances Soc. Biol. Filiales **153.** 1113–16. 24/11. 1959. Paris, Univ., Fac. des Sci., Serv. d'Endocrin. exp. C.N.R.S.) (Franz.)

Bei Mäusen wurde keine Beziehung zwischen dem Vol. der Zone X u. dem der Nebennierenrinde festgestellt (keine Abnahme der Zona fasciculata bei Entw. der Zone X). Der Geh. der Nebenniere an *Adrenalin* u. *Noradrenalin* ist der Entw. der Zone X umgekehrt proportional. K. ZINGRAF. 4561 □

Jodmangel bei neugeborenen Ratten. Joseph D. Feldman. (Amer. J. Physiol. **199.** 1081–83. Dez. 1960. Pittsburgh, Pa., Univ. of Pittsburgh, School of Med., Pathol. Dep.) (Engl.)

Die Jungen von *J*-Mangelratten haben ein kretinoides Aussehen u. weisen vergrößerte u. hyperakt. Schilddrüsen (wie erwachsene J-Mangeltiere) auf. Wenn auch ein diaplacentarer Übergang von Thyreotropin nicht ausgeschlossen werden kann, handelt es sich bei dem Zustand der Jungen doch wahrscheinlich um die Folge des fötalen J-Mangels. U. TAUSENDFREUND. 4562 □

Organische Jodkomponenten in Humanserum. James Wynn. (Arch. Biochem. Biophysics **87.** 120–24. März 1960. Durham, N.C., Veterans Admin. Hosp., Dep. of Med.; Duke Med. Center.) (Engl.)

Im Serum euthyreoider u. hyperthyreoider Patienten wurden durch Chromatographie an Anionaustauschharzsäulen 2 J-haltige Fraktionen abgetrennt, von denen die Hauptfraktion (95% des organ. Serum-J) aus *Thyroxin* bestand. Mono-, Dijodtyrosin u. Trijodthyronin waren nicht nachweisbar. K. MAIER. 4562 □

Der Einfluß von Jodid und jodhaltigen Verbindungen auf das proteingebundene Jod und den ^{131}J-Tracertest mit besonderer Berücksichtigung verschiedener biologischer Zustände der Schilddrüse. Arne Thorén. (Acta endocrinol. [Copenhagen] **35.** 351–58. Nov. 1960. Stockholm, St. Görans Sjukhus; Thyroid Clinic.) (Engl.)

Der Serumspiegel an proteingebundenem *J* u. der Tracertest mit ^{131}*J* werden durch Vorbehandlung mit J-haltigen Verbb. zur Choleocystographie oder Pyelographie (*β-Amino-2.4.6-trijodphenyläthylpropionsäure, 2.4.6-Trijod-3-acetaminobenzoesäure*), durch *jodiertes Mohnöl* (I; *Lipiodol*), *Jodchlorhydroxychinolin* (II; *Entero-Vioform*), *Jodcasein* (III; *Etibol*) oder ein koll. J-Präp. (IV; *Tikajod*) beeinflußt. Diese Beeinflussung hält bei den cholecystograph. Kontrastmitteln 3–4 Monate, bei i.v. pyelograph. Kontrastmitteln 2–3 Wochen, bei I 3–4 Jahre, bei II u. III 6–9 Monate, bei Jodiden u.

IV bis zu 6 Monaten an. Bei Thyreotoxikosen u. vielleicht bei juvenilem Kropf ist die Normalisierung ganz erheblich beschleunigt. Der Serumspiegel an proteingebundenem *J* wird schneller normalisiert als der Tracertest. K. BOHLE. 4562□

Die Wirkungsweise von Jodid und jodierten Verbindungen auf das Verhalten des proteingebundenen Jods und den ^{131}J-Tracertest. Hypothese der verschiedenen Phasen der Schilddrüsenfunktion. Arne Thorén. (Acta endocrinol. [Copenhagen] **35.** 359 bis 374. Nov. 1960. Stockholm, St. Görans Sjukhus; Thyroid Clinic.) (Engl.) — Vgl. vorst. Referat.

Diskussion möglicher Wirkungsweisen schilddrüsenhemmender Stoffe in Blut, Hypophyse, Hypothalamus oder Schilddrüse u. Darlegung einer Hypothese, nach der die Schilddrüse eine spezif. Substanz enthält, deren akt. Stellen, evtl. *Thyroxin*-Gruppen, mit *Jodid*, *J* oder J-Verbb. leicht dissoziierbare Verbb. bilden, die normale Zwischenprodd. bei der Synth. des Schilddrüsenhormons bilden. Diese Stellen können durch Schilddrüsenhemmstoffe, wie *Thiocyanat* oder *Perchlorat*, blockiert, durch *Thyreotropin* aktiviert werden. — 97 Literaturangaben. K. BOHLE. 4562□

Änderungen der Reaktion auf Thyroxin auf Grund des Gasstoffwechsels bei Tieren mit toxischer Hepatitis. St.-M. Milcu, L. Vaisler, E. Costiner und I. Negoescu. (Comun. Acad. Republ. Populare romîne **6.** 1137—41. Sept. 1956.) (Rum.)

Weiße Ratten (♀) werden durch subkutane Injektion von täglich 0,2 ml CCl_4 während 21 Tagen in den Zustand experimenteller tox. Hepatitis versetzt, einem Teil der Tiere werden vom 14. Tage ab 10, 25, 50 oder 100 µg *Thyroxin* (**I**) zugeführt, ein anderer Teil erhält **I** ohne tox. Hepatitis. In den Fällen von Hepatitis u. **I**-Zufuhr wird eine Zunahme des Gasstoffwechsels um 8,05—35,5%, umgekehrt proportional der zugeführten **I**-Menge, bei **I**-Zufuhr ohne Hepatitis eine Zunahme des Gasstoffwechsels um 2,57—17,6% im gleichen Sinne festgestellt. R. K. MÜLLER. 4562□

Wirkung von Schilddrüsenhormonen und Dinitrophenol auf den Phosphatstoffwechsel von Human- und Hühnererythrocyten in vitro. Roland Schauer und Günther Hillmann. (Hoppe-Seyler's Z. physiol. Chem. **324.** 118—21. 30/5. 1961. Tübingen, Univ., Med. Klinik u. Poliklinik.) (Dt.)

Es wurde der ^{32}P-Stoffwechsel gewaschener Human- u. Hühnererythrocyten (E) in RINGER-Glucose–Phosphat-Lsg. mit jeweils 10^{-6} Mol *L-Trijodthyronin* (**I**), *D-Thyroxin* (**II**), *L-Thyroxin*, *Tetrajodthyreoessigsäure*, *Thyroxamin* oder *Dinitrophenol*/Liter während 1 std. Inkubation gemessen. Eindeutige Effekte zeigten lediglich **I** u. **II**. Während **I** bei Human-E sowohl die Radioaktivität der Zellen, die relative spezif. Aktivität des ATP ($\beta + \gamma$) u. des Orthophosphats gegenüber Kontroll-Verss. erhöht, sind bei Hühner-E. sämtliche Werte erniedrigt. Zusatz von **II** bewirkt bei E beider Species einen verminderten ^{32}P-Umsatz. Sauerstoffaufnahme, Milchsäure-, Brenztraubensäure-Bldg., der Glucoseverbrauch sowie Na-, K-, Ca- u. Mg-Geh. der E wurden durch die Schilddrüsenhormone nicht beeinflußt. Die Wrkg. von **I** u. **II** kommt vermutlich durch Änderung der Phosphatpermeation oder von Transphosphorylierungsprozessen beim Phosphattransport zustande. L. LACHHEIN. 4562□

Reversibilität eines vererbten Stoffwechselblocks (angeborene Stoffwechselstörung). Herman Zondek, Hannah E. Leszynsky und Joseph A. Stein. (Nature [London] **187.** 515—16. 6/8. 1960. Jerusalem, Bikur Cholim Hosp.; Rothschild Hadassah Univ. Hosp., Radium Inst., Radioisotope Labor.) (Engl.)

Bei 3 Geschwistern mit Kretinismus, der durch vererbte Unfähigkeit zur Synth. von *Schilddrüsenhormon* (**I**; keine Speicherung anorgan. Jodids u. keine Umwandlung desselben in organ. Jod) bedingt ist, bewirkte eine mehrtägige massive Stoßtherapie mit **I**-Präpp. 6—8 Monate anhaltende klin. Remission, wobei die Schilddrüsenfunktion nach 2—4 Monaten ein prakt. normales Verh. zeigte. K. MAIER. 4562□

Stoffwechsel des Monojodtyrosins. Minoru Nakano und T. S. Danowski. (Endocrinology **65.** 889—901. Dez. 1959. Pittsburgh, Pa., Univ. of Pittsburgh, School of Med., Sect. of Endocrinol. and Metabolism.) (Engl.) — Vgl. C. **1961.** 6919.

Vff. untersuchten mit Hilfe der ^{131}J-markierten Verbb. den Stoffwechsel des *Monojodtyrosins* (**I**), der *3-Jod-4-hydroxyphenylbrenztraubensäure* (**II**) u. der *3-Jod-4-hydroxyphenylessigsäure* (**III**) in der Leber u. Niere der Ratte. Der schnelle Übergang von **I** in **II**, **III**, anorgan. Jodid u. verschiedene unbekannte Verbb. wurde durch Arsenit, sowie durch Zerkleinern oder Erhitzen des Zellgewebes gehemmt. **II** wird schneller, **III** langsamer als **I** in andere Verbb. umgewandelt, jedoch geht **II** langsamer als **I** in **III** u. anorgan. Jodid über. Die Umwandlung von **I** in **III** erfolgt nicht nur über **II**. Der Übergang von **I** in jodfreie Verbb. scheint von der Desaminierung von **I** unabhängig zu sein.

Versuche: *3-Jod-4-acetoxy-α-acetaminozimtsäure*, $C_{13}H_{12}JNO_5$, F. 198—199°, durch $^3/_4$std. Erhitzen von 6,2 g 3-Jod-4-hydroxybenzaldehyd, 3 g Acetylglycin, 6 g Essigsäureanhydrid u. 1,5 g wasserfreiem Na-Acetat (74% Ausbeute) u. Hydrolyse durch 20 Min.

Kochen mit Eisessig/H_2O (4:5). 56,5% (Ausbeute). *3-Jod-4-hydroxyphenylbrenztraubensäure*, $C_9H_7JO_4$, F. 168—171° (Zers.), durch Kochen vorst. Verbb. mit 1,5m HCl; 40%. — *3-Jod-4-hydroxyphenylessigsäure*, $C_8H_7JO_3 \cdot H_2O$, F. 183—184°, durch Jodierung von 450 mg 4-Hydroxyphenylessigsäure in 90 ml CH_3OH/konz. NH_4OH (2:1) mit 6 ml n-Jod-Lsg. bei 0—4°; 48%. — ^{131}J-I durch Jodierung von L-Tyrosin mit ^{131}J. ^{131}J-II aus ^{131}J-I durch enzymat. Desaminierung mit L-Aminosäureoxydase aus Schlangengift. ^{131}J-III aus ^{131}J-I durch Inkubation mit Rattenleberschnitten. H.-G. FLOSS. 4562□

Fettmangel und calorigene Wirkung von L-Thyroxin. Frederick D. DeMartinis und Karl E. Paschkis. (Amer. J. Physiol. **199.** 879—82. Nov. 1960. Philadelphia, Pa., Jefferson Med. Coll., Dep. of Physiol, Div. of Endocr. and Cancer Res.) (Engl.)

Bei Ratten stieg bei Fettmangel der Grundumsatz (GU) an. Auch der endogene u. „Substrat"-O_2-Verbrauch von Leber u. Zwerchfell lag höher als bei den Kontrollen. Nach Gabe von *Thyroxin* (I) war die GU-Rk. bei Fettmangeltieren stärker als bei normalen Tieren. Das Verh. des O_2-Verbrauchs zeigte, daß sowohl Fettmangel als auch Verabreichung von I die Bernsteinsäureverwertung steigern (in Leber u. Zwerchfell additiver Effekt). K. ZINGRAF. 4562□

Stoffwechselaktivität von 3.5-Dibromthyronin, 3.5-Dijodthyronin und 3.3'-Dijod-5-bromthyronin. Chalmers L. Gemmill. (Amer. J. Physiol. **199.** 91—93. Juli 1960. Charlottesville, Va., Univ. of Virginia, School of Med., Dep. of Pharmacol.) (Engl.)

Dibromthyronin (I) steigert in hohen Dosen den Stoffwechsel thyreoidektomierter Ratten u. fördert das Wachstum wie *Dijodthyronin*. Das Verhältnis von Schilddrüsengewicht zu Körpergewicht wird durch I am Antikropftest jedoch nicht vermindert (vermutlich nur periphere Wrkg.). *3.3'-Dijod-5-bromthyronin* fördert ebenfalls das Wachstum thyreoidektomierter Ratten. U. TAUSENDFREUND. 4562□

Quantitative Wirkungen von β-Aminopropionitril auf das Knochenwachstum. G. H. Bell und D. N. Sharma. (J. Physiology **154.** 46P. Nov. 1960. Dundee, Univ. of St. Andrews at Queen's Coll., Dep. of Physiol.) (Engl.)

Nach 4wöchiger oraler Verabreichung von 108 mg *β-Aminopropionitrilfumarat* (I) an junge Ratten bricht der Femur bei einer Belastung von 344 kg/cm² (normal 2320 kg/cm²). Dabei ist die Qualität des Knochenmaterials nicht verändert. Die Brechtendenz des Knochens scheint also von der Spongiosität abzuhängen. G. KIMMERLE. 4562□

Untersuchungen über die Hemmung der Aminonitril-Schädigungen bei Ratten durch Thyroxin-Analoge. Ignacio v. Ponseti. (Endocrinology **64.** 795—806. Mai 1959. Iowa City, Iowa, State Univ., Dep. of Orthoped. Surg.) (Engl.)

Die durch einen Zusatz von 0,18% *β-Aminopropionitrilfumarat* zum Futter bei Ratten erzeugten Schädigungen werden im Gegensatz zu den durch *Aminoacetonitril* (I) erzeugten durch *Trijodthyronin* (II) oder *Thyroxin* (III) kaum gehemmt. Aminonitrile führen während der Wachstumsphase bei Vertebraten zu mesodermalen Veränderungen einschließlich Skelettdeformierungen. In der Hemmung der durch I bedingten Veränderungen erwiesen sich folgende Verbb. weniger erfolgreich als II bzw. III: *3.5.3'.5'-Tetrajodthyropropionsäure*, *3.5.3'-Trijodthyropropionsäure*, *3.5.3'-Trijodthyroessigsäure*, *3.5.3'.5'-Tetrajodthyroessigsäure*, *L-3.3'.5'-Trijodthyronin*, *3.3'.5'-Trijodthyroessigsäure*, *D.L-3.3'-Dijodthyronin* u. *3.3'-Dijodthyropropionsäure*. 1 u. 2 mg *Corticosteron*/Tag sowie 1 u. 2 mg *Cortison*/Tag hatten nur eine geringfügige Hemmung der I-Wrkg., 20 μg *Östron*/Tag keinerlei Beeinflussung zur Folge. U. LASCHET. 4562□

Differenzierung zwischen Schilddrüsen- und Nebenschilddrüsenursachen der Hypercalcämie. Walter Bortz, Eugene Eisenberg, C. Y. Bowers und Manard Pont. (Ann. intern. Med. **54.** 610—19. April 1961. San Francisco, Calif., Univ. of California, School of Med., Dep. of Med.; New Orleans, La., Charity Hosp.; San Francisco, Calif., Fort Miley Veterans Admin. Hosp.) (Engl.)

Bei 27 Patienten mit Thyreotoxikose, von denen 9 eine Hypercalcämie (HCA) zeigten, wurde die Rückresorption von Phosphat (RRP) durch die Tubuli untersucht. Bei 2 der Patienten mit HCA war die RRP äußerst gering (51 bzw. 50%); bei ihnen wurden Adenome der Nebenschilddrüse diagnostiziert. Bei einem Patienten betrug die RRP 76%; nach Ausheilung der Thyreotoxikose erfolgte bei ihm Normalisierung von RRP u. Ca im Serum. Bei den übrigen Patienten war RRP normal. Bei einem Patienten mit HCA u. Urämie normalisierte *Prednison* Ca u. Kreatinin im Serum. K. ZINGRAF. 4563□

Untersuchungen der Grundprobleme des Diabetes mellitus. Hideo Yoshida. (Acta endocrinol. [Copenhagen], Suppl. Nr. **51.** 1305 1960. Kyoto, Japan, Prefectural Univ. of Med., Med. Dep.) (Engl.) H. HERPER. 4564□

Vergleich der Auswirkung von „Einhalten der Mahlzeiten" und von „Knabbern" auf den Schweregrad des Alloxandiabetes. Clarence Cohn und Dorothy Joseph.

(Proc. Soc. exp. Biol. Med. **105.** 575—77. Dez. 1960. Chicago, Ill., Michael Reese Hosp.; Med. Center, Med. Res. Inst., Dep. of Biochem.) (Engl.)

Bei alloxandiabet. Ratten, die zunächst freien Zugang zum Futter hatten, nahm die Ausscheidung von *Glucose* im Harn im Durchschnitt um 215% u. von *Nichtprotein-N* um 23% zu, wenn die üblicherweise von ihnen verzehrte Futtermenge unter Zwang in 2 Mahlzeiten täglich verfüttert wurde. K. ZINGRAF. 4564□

Ein erhöhter Seruminsulingehalt, verbunden mit einer Leucin-induzierten Hypoglykämie. Angelo M. Di George, Victor H. Auerbach und C. Charlton Mabry. (Nature [London] **188.** 1036—37. 17/12. 1960. Philadelphia, Pa., Temple Univ., School of Med.; St. Christopher's Hosp. for Children, Dep. of Pediatrics, Physiol. Chem.) (Engl.)

L-Leucin (I) i.v. Kindern unter 2 Jahren injiziert (75 mg/kg), bewirkte einen starken Anstieg einer Insulin-ähnlichen Aktivität im Blut, die sich mit steigendem Alter (bis 33 Monate) bei I-Zufuhr weiter erhöhte, während bei einem Kontrollpatienten die I-Injektion ohne Wrkg. blieb. Das unterschiedliche Verh. gegenüber I kann zur Zeit noch nicht erklärt werden. Scheinbar ist die Mehrzahl der Kinder I-empfindlich. Die Blutzucker-senkende Aktivität von I ist vielleicht über eine Synth. oder Freisetzung von Insulin wirksam, wobei der genaue Mechanismus noch unbekannt ist.

J. BOELTER. 4564□

Pankreasdiabetes und Hypophysektomie bei der Schlange Xenodon merremii. B. A. Houssay und J. C. Penhos. (Acta endocrinol. [Copenhagen] **35.** 313—23. Nov. 1960. Buenos Aires, Inst. of Biol. and Exp. Med.) (Engl.)

Bei der Schlange *Xenodon merremii* führt totale Pankreatektomie nach kurzem Absinken des Blutzuckers zu starker Hyperglykämie. Entfernung von 83—88% des Pankreas ändert den Blutzuckerspiegel nicht. Hypophysektomie ruft Hypoglykämie u. Adynamie hervor, nach Entfernung von Pankreas u. Hypophyse tritt nur geringer Blutzuckeranstieg ein. Nach Injektion von *Glucose* sinkt der Blutzuckerspiegel bei normalen Tieren in 24 Std., bei pankreatektomierten Tieren noch langsamer auf den Ausgangswert ab. *Insulin* ruft, bes. bei pankreatektomierten Tieren, starke Hypoglykämie hervor, *Carbutamid* u. *Tolbutamid* wirken bei normalen, nicht aber bei pankreatektomierten Tieren hypoglykämisch. Mit *Alloxan* läßt sich kein Diabetes hervorrufen. *Glukagon* führt zu starker u. lang dauernder, *Cortisol* zu vorübergehender Hyperglykämie. *Somatotropin* wirkt nur bei total pankreatektomierten Tieren hyperglykäm., *Corticotropin* u. *Prolactin* sind ohne Wirkung. K. BOHLE. 4564□

Die physiologische Bedeutung der Sekretion endogenen Insulins in den Pfortaderkreislauf. 1. Mitt. **Vergleich der Wirkungen des über die Pfortader oder über eine periphere Vene zugeführten, glukagonfreien Insulins auf die Größe der Hypoglykämie und der peripheren Glucoseverwertung.** Leonard L. Madison und Roger H. Unger. (J. clin. Invest. **37.** 631—39. Mai 1958. Dallas, Tex., Univ. of Texas, Southwestern Med. School, Dep. of Med.; Veterans Admin. Hosp., Dep. of Med.) (Engl.)

Hunden wurde bei einem Vers. zwecks Nachahmung endogen sezernierten *Insulins* (I) glukagonfreies I über die Pfortader zugeführt, bei einem anderen in eine Vorderbeinvene injiziert. Im ersten Falle rief I den gleichen Grad arterieller Hypoglykämie wie bei peripherer Zufuhr hervor, ferner eine erheblich verminderte Erhöhung der peripheren *Glucose* (II)-Verwertung, wie sich aus Änderungen der arteriovenösen II-Differenz ergab. Anscheinend bestehen von der Art der I-Zufuhr abhängige Unterschiede im Stoffwechselverhalten. In die Pfortader sezernierter I kann ein physiolog. Gleichgewicht zwischen der Größe der Leber-Wrkg. derjenigen des peripheren Effekts herstellen, peripher gegebenes offensichtlich nicht. K. MAIER. 4564□

Über die chromatographische Isolierung von Insulin aus Laboratoriumstieren. Leticia Mendiola und R. David Cole. (J. biol. Chemistry **235.** 3484—88. Dez. 1960. Berkeley, Calif., Univ. of California, Dep. of Biochem.) (Engl.)

Die chromatograph. Reinigung roher Pankreasextrakte aus Schweine-, Rinder- u. Kaninchengewebe gelang durch Ionenaustauschchromatographie an Amberlite IRC-50 mit pH-6,0-Puffern (0,13m Phosphat, 5—7m an Harnstoff). Dagegen mißlang die chromatograph. Isolierung von Hühner- u. Ratten-*Insulin* nach diesem Verfahren. Die verschiedenen Insuline unterschieden sich chromatograph. in den Elutions-Voll. u. im verschiedenen Elutions-Verh. bei Änderung der Harnstoffkonzentration.

E. DEHMLOW. 4564□

Die Wirkung von Insulin auf Mucopolysaccharid-Komponenten von Fettgewebe. J. Earle White. (Acta endocrinol. [Copenhagen], Suppl. Nr. **51.** 1297. 1960. Durham, N.C., Duke Univ., Med. Center, Veterans Admin. Hosp., Dep. of Med.) (Engl.)

H. HERPER. 4564□

Akuter reversibler Insulin-Mangel bei Versuchstieren. Peter H. Wright. (Acta endocrinol. [Copenhagen], Suppl. Nr. **51.** 1255. 1960. London, Guy's Hosp. Med. School.) (Engl.) H. Herper. 4564□

Untersuchungen auf Insulin-Antagonismus in Beziehung zu Plasma-Albumin. J. Vallance-Owen und M. Deloris Lilley. (Acta endocrinol. [Copenhagen], Suppl. Nr. **51.** 1243. 1960. Durham, N.C., Univ., King's Coll., Dep. of Med.) (Engl.) H. Herper. 4564□

Ein Vergleich der Reaktion auf intravenös zugeführtes Natrium-Tolbutamid bei schwach- und nichtdiabetischen Personen. Roger H. Unger und Leonard L. Madison. (J. clin. Invest. **37.** 627—30. Mai 1958. Dallas, Tex., Univ. of Texas, Southwestern Med. School, Dep. of Internal Med.; Veterans Hosp.) (Engl.)

Bei 100 nichtdiabet. u. 79 leicht diabet. Personen wurde die Rk. auf i.v. gegebenes *Na-Tolbutamid* (**I**) bestimmt (20-Min.-Abstand, 2 Std.). Während der Blut-*Glucose* (**II**)-Spiegel der Nichtdiabetiker rasch absank (Tiefstand 20—40 Min. nach Injektion), fiel derjenige von Diabetikern, einschließlich solcher mit normalem oder nahezu normalem Nüchtern-**II**-Wert, allmählich ab. K. Maier. 4564□

Änderungen des Acetylcholingehaltes von Bienenfuttersäften in der Madenentwicklung. D. Henschler und W. von Rhein. (Naturwissenschaften **47.** 326—27. 2. Juli-H. 1960. Würzburg, Univ., Inst. für Pharmakol. u. Toxikol.; Geisenheim/Rh.) (Dt.)

Der *Acetylcholin* (**I**)-Geh. von Bienenfuttersäften geht allg. mit zunehmendem Madenalter zurück, bei Königin- u. Arbeiterinmaden auf ca. $^2/_3$ der Werte von Jungmaden. Bei Drohnen bleibt der **I**-Geh. am höchsten u. beträgt auch im Mischfutter noch 4mal soviel wie im Arbeiterinmischfutter. Einige Mischfutter enthalten ein Wrkg.-Prinzip, das die **I**-Kontraktur im Rectus- u. Darm-Präp. abschwächt. K. Maier. 4569□

Versuche zur Hemmung der in vitro-Anaphylaxie durch Verminderung des Histamingehaltes durch Histaminfreisetzer 48/80. A. Rédei und S. Karády. (Naturwissenschaften **47.** 520. 2. Nov.-H. 1960. Szeged, Med. Univ. of Szeged, Inst. of Pathophysiol.) (Engl.)

Da trotz *Histamin* (**I**)-Freisetzung mit Hilfe der *Verb. 48/80* am sensibilisierten Meerschweinchenileum in vitro anaphylakt. Wrkg. hervorrufbar sind, wird angenommen, daß die Verminderung des **I**-Geh. des Gewebes [in Abwesenheit des als *Resistin* bekannten (vgl. Karády u. Mitarbeiter, Arch. int. Pharmacodynam. Thérap. **83.** [1950.] 259) offenbar für das Refraktärsein gegenüber Anaphylaxie von Vers.-Tieren nach einem Schockgeschehen verantwortlichen Faktors] allein nicht die anaphylakt. Rk. hemmt. U. Tausendfreund. 4569□

Zunahme des Gehaltes an Serotonin im Gehirn von Ratten und Katzen nach Behandlung mit Neuroketon, einem Gehirnextrakt. F. Chiesa. (Enzymologia [Den Haag] **21.** 61—66. 1/9. 1959. Mailand, Univ., Inst. of Gen. and Spec. Physiol. of Domestic Animals and Biol. Chem.) (Engl.)

Nach i.v. oder subkutaner Injektion von *Neuroketon* (**I**; Marmori, Martini u. Zanaria, C. **1953.** 3104) steigt die Konz. an *Serotonin* (**II**) im Gehirn von Ratten, wobei gleichzeitig der **II**-Geh. des Serums abnimmt; **II**-Zunahme bzw. -Abnahme sind proportional der verwendeten **I**-Menge. — Bei Katzen nimmt der **II**-Geh. lediglich im Hypothalamus zu u. nimmt im Serum ebenso wie bei Ratten ab. A. Hesse. 4569□

Der Nachweis von Sekretin. Viktor Mutt und Ulf Söderberg. (Ark. Kemi **15.** 63—68. 1960. Stockholm, Karolinska Inst.) (Engl.)

Nüchternen, narkotisierten Katzen wurde ein Rohr in den Magen gelegt u. eins in den Dünndarm (D) u. der Gallengang so kanalisiert, daß die Galle in den D fließen konnte. Der Ductus pancreaticus wurde mit der Haut vernäht. Die Tiere erhielten in den D Gaben von *Placidyl.* Nach weiteren 12 Std. wurde die Harnblase entleert. Außerdem erhielten die Tiere Penicillin u. Heparin. *Sekretin* wurde den Tieren alle 30 Min. injiziert u. im Pankreassaft die Menge der Hammarsten-Katzen-Einheiten des Sekretins bestimmt. Heinrich Hermann. 4569□

„Darmstoff" und Darmzottenbewegung. G. Ludány, T. Gáti und A. Döklen. (Z. Vitamin-, Hormon- u. Fermentforsch. [Wien] **11.** 93—97. 2/11. 1960. Budapest, Univ., Patho-physiol. Inst.) (Dt.) — Vgl. C. **1961.** 12920.

An narkotisierten Hunden kann in vivo gezeigt werden, daß der Vogtsche *Darmstoff* (1000 E./kg i.v.) die Automatie der Darmzotten stimuliert. Diese Steigerung hält einige Min. an u. bleibt nach i.v. Gabe von *Hexamethonium* (2,5 mg/kg) ganz aus. Es wird auf die ähnliche Wrkg. von *Villikinin* u. den *Darmstoff* hingewiesen, aber erklärt, daß es sich auf Grund der verschiedenen chem. Eigg. um verschiedene Substanzen handeln müsse. H. Struck. 4569□

Zell-, Plasma- und Blutungsvolumen beim Hund nach rascher Hämorrhagie und Reinfusion. R. A. Huggins, S. Deavers und E. L. Smith. (Amer. J. Physiol. **199.** 619—22. Okt. 1960. Houston, Tex., Baylor Univ., Coll. of Med., Dep. of Physiol.; Univ. of Texas Dental Branch.) (Engl.)

Es wurden Vgl. mit schnell entbluteten u. reinfundierten Hunden unter verschiedenen Bedingungen angestellt; nach mehrfacher rascher Entblutung u. Reinfusion befinden sich die Hunde in besserer Verfassung als nach langsamer Entblutung. Es läßt sich immer nur ein Teil des Blutes entfernen (bei normalem oder vergrößertem Blut-Vol. ca. 50% bei der ersten Hämorrhagie), der mit häufigerer Blutung geringer wird. Vorherige Überinfusion läßt Plasma ins Gewebe abwandern, dieses Plasma ist anschließend jedoch nicht leicht verfügbar. Hypo- u. Hyperthermie führt zu keinen signifikanten Veränderungen, die Zahl der überlebenden Tiere sinkt jedoch dabei ab. U. TAUSENDFREUND. 4572□

Agar-Papierelektrophorese von Hämoglobin A und F. F. Rappaport und M. Rabinovitz. (Clin. chim. Acta [Amsterdam] **4.** 535—38. Juli 1959. Tel-Aviv, Israel, Hadassah Municipal Hosp., Hematol. Labor.) (Engl.)

Mit Hilfe einer Agar-Papierelektrophorese-Meth. ist es möglich, *Hämoglobin A* u. *F* voneinander zu trennen u. zu bestimmen. Die Trennung erfolgt bei pH 5,7—5,9 u. einer angelegten Spannung von 85—100 V. H. STRUCK. 4572□

Die Konstitution der β-Kette der Hauptkomponente des normalen adulten Humanhämoglobins. Gerhard Braunitzer, Norbert Hilschmann, Kurt Hilse, Brigitte Liebold und Renate Müller. (Hoppe-Seyler's Z. physiol. Chem. **322.** 96 bis 100. 3/12. 1960. München, MPI für Biochem.) (Dt.)

Durch differenzierte Unters. der 14 Peptide, die nach trypt. Spaltung aus der β-Kette des menschlichen Hämoglobins erhalten wurden, gelingt es, die Lage von ca. $^3/_4$ der Aminosäurereste innerhalb der Kette festzustellen. Als Partialformel wird vorgeschlagen: Val·his·leu·thr·pro·glu·glu·lys·ser·ala·val·thr·ala·leu·try·gly·lys·val·asp·val·asp·glu·val·gly·gly·glu·ala·leu·gly·arg·leu·leu·(thr, glu, pro, val_2, tyr, try)·arg·phe·phe·glu·ser·phe·gly·asp·leu·ser·thr·pro·asp·ala·(val, met)·gly·asp·pro·lys·val·lys·ala·his·gly·lys·lys·val·leu·gly·ala·phe·ser·asp·gly·leu·ala·his·leu·asp·asp·leu·lys·gly·thr·phe·(lys, his_2, asp_3, thr, ser, glu_2, pro_2, ala_2, cys, val_2, leu_4)·phe·arg·leu·(asp, gly, val, leu_2)·(his_2, gly, ala, cys, val_2, leu, phe)·lys·glu·phe·thr·pro·pro·val·glu·ala·ala·tyr·glu·lys·val·val·val·ala·ala·gly·ala·asp·leu·ala·his·lys·tyr·hys. E. SCHWERDTFEGER. 4572□

Hämbildung durch Hämolysate von Entenerythrocyten. Robert C. Krueger, Irving Melnick und J. Raymond Klein. (Arch. Biochem. Biophysics **64.** 302—10. Okt. 1956. Cincinnati, Ohio, Univ., Coll. of Med., Dep. of Biol. Chem.; Upton, N.Y., Brookhaven Nat. Labor., Biol. Dep.) (Engl.)

In *Fe-* u. *Protoporphyrin*-haltigen Lsgg. findet in Ggw. von Entenerythrocytenhämolysaten *Häm*-Synth. statt. Hämolysate aus Hunde- u. Kanincheneryhrocyten sind wenig aktiv. Die Häm-Bldg. wird aktiviert durch Ggw. von *Glutathion* oder Ausschluß von Luft, gehemmt durch *Ascorbinsäure* oder *Sulfit*. Der akt. Stoff ist ein Protein (Denaturierbarkeit, pH-Optimum). Eine Aktivitäts-Best. dieses Enzyms ist noch mit Unsicherheiten belastet. W. HABERDITZL. 4572□

Umsätze von Erythrocyten und Plasmaproteinen bei Säugetieren. A. C. Allison. (Nature [London] **188.** 37—40. 1/10. 1960. London, Nat. Inst. for Med. Res.) (Engl.)

Es wird an Hand der Zusammenstellungen einer Reihe von Ergebnissen zu zeigen versucht, daß der Umsatz von *Erythrocyten* u. *Plasmaproteinen* von ähnlichen Mechanismen abhängig ist. Die Lebenszeit einzelner Erythrocyten steht in etwa linearer Beziehung zum log des Körpergewichts der betreffenden Tierart. Andererseits verhält sich die Lebenszeit der Erythrocyten umgekehrt proportional zum log der Stoffwechselgeschwindigkeit. Insgesamt scheint die Häufigkeit der O_2-Beladung u. Entladung bei Mensch, Hund u. Ratte gleich zu sein. Interessant erscheint, daß die Umsatz-Geschw. der Plasmaproteine eine gleiche Abhängigkeit von Körpergewicht u. Stoffwechsel-Geschw. der Säugetiere zeigt wie die Erythrocyten. U. TAUSENDFREUND. 4573□

Der Stoffwechsel von 6-Aminonicotinamid und 6-Aminonicotinsäure in kernhaltigen und kernlosen Erythrocyten. L. S. Dietrich und Ira M. Friedland. (Arch. Biochem. Biophysics **88.** 313—17. Juni 1960. Coral Gables, Fla., Univ. of Miami, Dep. of Biochem.) (Engl.)

Werden Hühnererythrocyten mit *Nicotinamid* oder *Nicotinsäure* inkubiert, so steigt die *Diphosphopyridinnucleotid* (*DPN*)-Konz. in ihnen in gleichem Maße an. Acetontrockenpulver von menschlichen Erythrocyten wandelt *6-Aminonicotinamid* (**I**) in *6-Aminonicotinamidnucleotid* (**II**) um u. analog *6-Aminonicotinsäure*. *6-Amino-DPN* kann nach der Inkubation von menschlichen u. Hühnererythrocyten mit I in geringem Umfang nachgewiesen werden. H. STRUCK. 4573□

Die Substanz aus Erythrocyten der Blutgruppe A. J. Koscielak und K. Zakrzewski. (Nature [London] **187.** 516—17. 6/8. 1960. Warsaw, Inst. of Haematol., Dep. of Biochem.) (Engl.)

Aus gewaschenen menschlichen Erythrocyten der Blutgruppe A wurde durch Extraktion mit 96% ig. A. (24 Std., Raum-Temp.) u. Zentrifugieren bei — 7° ein Rohpräp. der „*Substanz A*" (I) erhalten, das 2—5% von Standard-I besaß, frei von *O*-, *H*-, *Rh*-, *M*-, *N*-, *P*-Faktoren war u. die Influenzavirushämagglutination nicht hemmte. Extraktion von Roh-I mit Aceton, Ae. u. PAe. sowie Umlösen aus sd. CH_3OH lieferte ein 10% ig. I-Präp., das durch Chromatographie an Cellulosesäule in 2 Fraktionen *I* u. *II* zerlegt wurde. *II* konnte durch Extraktion mit heißem 95% ig. Aceton, Fällen aus heißer methanol. Lsg., Pyridinextraktion u. Adsorption an Al_2O_3 weiter angereichert werden. Die besten Präpp. enthielten 16,6% *Hexosamin* (II), 60% red. Zucker, 2,7% N u. 1,37% Sphingosin-N u. bestand aus 2 II-haltigen Komponenten. Die Substanzen aus *A*- u. *O*-Erythrocyten enthielten weder *O*- noch *H*-Antigen. Die Blutgruppenaktivität der I-Präpp. wurde durch Behandeln mit heißer 0,05n Na_2CO_3-Lsg. (15 Min.) nicht zerstört. Mit EHRLICH-Reagens entstand anschließend keine *N-Acetylhexosamin* (III)-Farbreaktion. Diese Befunde sind den bei Blutgruppensubstanzen aus Körper-Fll. beobachteten genau entgegengesetzt. Bei Behandlung von Erythrocyten-I mit heißer HCl, pH 2,3, 8 Std., entspricht die Kinetik der beim Verschwinden der Aktivität u. Auftreten der III-Färbung im Falle *mucoider Substanz A* (A_m). I u. A_m (aus Körper-Fll.) sind offensichtlich chem. verschieden. K. MAIER. 4573□

Abtrennung von Retikulocyten durch Mehrschicht-Zentrifugieren. Eiichi Kimura, Tatsuo Suzuki und Yoshihiro Kinoshita. (Nature [London] **188.** 1201—02. 31/12. 1960. Osaka, Osaka City Univ., Med. School, Dep. of Physiol.) (Engl.)

Beschreibung eines Verf., mit dem Reticulocyten durch Zentrifugieren von Blut mit 2 Schichten von Lsgg. verschiedener Dichte (1,068—1,078 u. 1,050) in 95—100% ig. Reinheit von Erythrocyten u. sonstigen Blutbestandteilen abgetrennt werden können. F. KRUSEN. 4573□

Vergleichende Untersuchungen über die direktkomplexometrische Serumcalciumbestimmung ohne vorhergehende Oxalatfällung. Hansjörg Gibitz. (Wiener Z. inn. Med. Grenzgebiete **41.** 216—21. Juni 1960. Salzburg, Landeskrankenanst., Medizin.-chem. Zentrallabor.) (Dt.)

In vergleichenden Verss. wurde gefunden, daß bei Verw. von *Murexid* als Indicator durch patholog. erhöhte Phosphat-Konzz. im Serum eine Depression der Ca-Werte verursacht wird. Eine solche Störung trat bei Verw. des Indicators *Calcein* nicht auf. Bei beiden Indicatoren wird durch erhöhte Serum-Mg-Werte keine Störung verursacht. Die Titration kann mit visueller Endpunkts-Best. ohne bes. apparativen Aufwand durchgeführt werden. J. SCHWAIBOLD. 4574□

Verteilung und Charakteristik der Monosaccharide im Blut vom Menschen und von einigen Tieren. I. D. Golowatzki und W. I. Tretewitsch. (Доповіді Академії Наук Української РСР [Ber. Akad. Wiss. UkrainSSR] **1961.** 387—91. Lwow, Zooveter-Inst.) (Russ.; Auszug: Engl.)

In Unterss. über den Geh. an *Pentose* (I), *Glucose* (II) u. *Fructose* (III) im Blut, Blutplasma u. in den Erythrocyten von Mensch, Rind, Pferd, Hund, Schwein, Schaf u. Huhn wird festgestellt, daß der Geh. an II am höchsten, der Geh. an III am geringsten ist. Die verschiedenen Tierarten unterscheiden sich stark voneinander. Den höchsten Geh. an II beobachtet man beim Huhn, den geringsten beim Rind. Der I-Geh. ist am höchsten beim Schwein, am geringsten beim Pferd. Der III-Geh. weist keine größeren Unterschiede auf. I liegt vorwiegend in den Erythrocyten, II im Blutplasma, III sowohl im Plasma als auch in den Erythrocyten vor. O. LEBTAG. 4574□

Die an Preotein gebundenen reduzierenden Verbindungen des Plasmas. Ein Beitrag zu ihrer Untersuchung. Robert Boncour. (Presse méd. **69.** 1213—14. 3/6. 1961. Paris.) (Franz.)

Vf. hydrolysiert die *Kohlenhydratkomplexe der Serumproteine* verschieden lange (10, 20, 30, 45 u. 60 Min.) im sauren Milieu bei 120° u. bestimmt die freigesetzten reduzierenden Verbb. nach HAGEDORN-JENSSEN. Aus den erhaltenen Werten werden Diagramme (Reduktogramme) aufgestellt, die, verglichen mit Einzelwerten, eine stärkere statist. Sicherung aufweisen u. ein dynam. Bild der Verhältnisse vermitteln. Erhöhte Reduktogramme deuten auf tiefgreifende patholog. Störungen hin, die u. a. einer Ausdehnung von Infektionen Vorschub leisten können. Die Reduktogramme gestatten die Kontrolle therapeut. Maßnahmen u. sind ggf. in der Lage, frühzeitig Krankheitsgeschehen aufzudecken. P. SCHWERDTFEGER. 4574□

Über die Möglichkeit einer Umwandlung von Albumin und γ-Globulin des Blutserums in α- und β-Globulin. G. W. Troitzki, W. I. Okulow und D. A. Ssorkina. (Биохимия [Biochemie] **26.** 44—56. Jan./Febr. 1961. Simferopol, Med. Inst., Lehrstuhl für biolog. Chem.) (Russ.; Auszug: Engl.)

Blutserum (**I**), *Albumin* (**II**) u. *γ-Globulin* (**III**) vom Stier wurden bei Zimmer-Temp. mit Formaldehyd, KNCS, Cyclohexylamin, Urethan, Na-Salicylat, Harnstoff, NH_3 oder p-Aminosalicylsäure behandelt u. danach elektrophoret. untersucht. Es wurde festgestellt, daß die isolierten **II** u. **III** sich ähnlich verändern wie die entsprechenden Fraktionen von **I**; der Grad der Veränderung ist jedoch verschieden. Das isolierte **III** ist gegenüber Harnstoff beständiger als die entsprechende **I**-Fraktion. Während das isolierte **II** unter der Einw. der Reagentien eine Herabsetzung der elektrophoret. Beweglichkeit erfährt, tritt beim isolierten **III** eine Erhöhung der Beweglichkeit ein. Das isolierte **II** ist gegenüber Harnstoff, KNCS, Formaldehyd u. PAS beständiger als die entsprechende **I**-Fraktion. Aus den Ergebnissen der Salzfraktionierung geht hervor, daß bei der Einw. der Reagentien entweder die Euglobuline oder die Pseudoglobuline zunehmen. In Perfusions-Verss. am isolierten Herzen u. an der Niere beobachtet man eine Zunahme von α-Globulin (**IV**) u. eine Abnahme von **II**; es erfolgt also eine elektrophoret. Homogenisierung. An der kranken Niere wird dieser Prozeß nicht beobachtet. Eine Veränderung des **III**-Geh. ist bei der Perfusion des Herzens statist. nicht erwiesen. Bei der Perfusion durch ein Syst. ohne Einschluß des Herzens nimmt die Konz. von **II** zu, die von **III** u. **IV** ab. Die Ergebnisse erklären Vff. damit, daß bei der Herztätigkeit in die Perfusions-Fl. Stoffe ausgeschieden werden, welche eine Denaturierung oder eine elektrophoret. Homogenisierung hervorrufen (wenn man einen verschiedenen Mechanismus der beiden Prozesse annimmt). O. Lebtag. 4574□

Elektrophoretische Beweglichkeit-Ionenstärke-Untersuchungen von Proteinen. 4. Mitt. **Die Wirkung von Lipoiden auf das elektrophoretische Bild des menschlichen Serumalbumins bei sauren pH-Werten.** Abraham Saifer, Angeline H. Elder und Francis Vecsler. (J. biol. Chemistry. **235.** 1346—53. Mai 1960. New York, Brooklyn, Jewish Chronic Disease Hosp., Isaac Albert Res. Inst., Dep. of Physic. Chem.) (Engl.) — 3. vgl. C. **1957.** 3024.

Menschliches *Serumalbumin* (**I**; Fraktion V nach Cohn) zeigt a) in Barbitalpuffer, pH 8,6, Ionenstärke (μ) 0,10 bei der Elektrophorese nach Tiselius eine Grenzfront, jedoch b) in Acetatpuffer, pH 4,0, $\mu = 0{,}10$, 2 Grenzfronten u. c) in Acetat–NaCl-Puffer, pH 4,2, $\mu = 0{,}04$ u. 3 Grenzfronten. Nach Extraktion der Lipoide durch Ae. oder Isooctan–Essigsäure werden in Puffern nach a) oder b) nur 1 u. nach c) 2 Grenzfronten erhalten. Bei Zusatz von Dodecanol, Capryl- oder Ölsäure zu Ae.-behandeltem **I** erscheint bei Puffer nach b) die 2. Grenzfront von neuem. Das elektrophoret. Bild von **I** in Puffer nach c) zeigt nach Ansicht der Vff. sowohl die Isomerisierungs-Rk. als auch die Rk. mit undissoziierter Puffersäure, während nach b) nur die Isomerisierungs-Rk. zu beobachten ist. Gebundene Fettsäuren u. höhere Alkohole wirken im wesentlichen nur auf die Isomerisierungsreaktion. E. Schwerdtfeger. 4574□

Proteine in normalen und nephrotischen Seren, welche die gleiche elektrophoretische Beweglichkeit wie Albumin zeigen. M. D. Poulik, W. W. Zuelzer und R. Meyer. (J. Lab. clin. Med. **57.** 206—12. Febr. 1961. Detroit, Mich., Wayne State Univ., Dep. of Pediatr.) (Engl.)

Normale menschliche Seren u. solche von Kindern mit Nephrose werden papierelektrophoret. u. mit der Stärkegelelektrophorese untersucht. Mit Hilfe der letzteren lassen sich 2 Proteingruppen von *Albumin* (**I**) abtrennen, welche papierelektrophoret. mit **I** gemeinsam laufen. Ein albuminähnliches Protein läßt sich unverändert auch im nephrot. Harn nachweisen. H. Struck. 4574□

Die Viscosität von Makroglobulin- und Euglobulin-Lösungen. A. E. Steel. (Clin. chim. Acta [Amsterdam] **4.** 503—06. Juli 1959. Leeds, Great Britain, Killingsbeck Hosp., Biochem. Dep.) (Engl.)

Die Viscosität von verschiedenen *Euglobulinen* aus Humanserum wird in Abhängigkeit von pH u. Konz. untersucht. Weiter zeigt sich, daß *Mercaptoäthanol* eine Erniedrigung der Viscosität verursacht. H. Struck. 4574□

Untersuchungen über den Einfluß des Hyaluronsäure-Hyaluronidase-Systems auf den Gehalt des Blutserums an polarographisch aktiven Substanzen. Helga Drost. (Hoppe-Seyler's Z. physiol. Chem. **323.** 164—72. 1961. Berlin, Dt. Akad. der Wiss., Inst. für Med. u. Biol.) (Dt.)

Vf. zeigte, daß bei dem enzymat. Abbau von *Hyaluronsäure* (**I**) durch *Hyaluronidase* (**II**; unter den Vers.-Bedingungen der polarograph. Filtrat-Rk.) keine polarograph. wirksamen Substanzen gebildet werden. Die Ergebnisse der in vitro-Verss. zeigten eindeutig, daß als Ursache für die von Vf. beobachteten katalyt. Wasserstoffwellen von I/II-Gemischen oder für die nach II-Zusatz beobachteten Wellenerhöhungen bei Seren keinesfalls ein enzymat. Substratabbau in Betracht zu ziehen war, sondern nur eine hohe polarograph. Wrkg. von II selbst. Da die polarograph. Wrkg. allg. für Eiweiß u. seine Abbau-Prodd. charakterist. ist, kann die polarograph. Rk. nicht zur II-Auswertung in Blutserum u. a. proteid-, protein- oder peptidhaltigen Lsgg. benutzt werden. S. BRATFISCH. 4574□

Bemerkungen über die durch Neodymsulfoisonicotinat bewirkten thromboelastographischen Veränderungen. B. Bizzi und L. Rossi. (Gazz. int. Med. Chirurg. **65(66).** 865—75. 15/5. 1961. Sassari, Univ., Ist. di Clin. Med. Gen. e Terap. Med.) (Ital.)

Intravenöse Verabreichung von 125 mg *Neodymsulfoisonicotinat* verändert das Thromboelastogramm nicht u. verlängert die Gerinnungszeit (GZ) des Bluts in Siliconglasern gering, in gewöhnlichen Gläsern überhaupt nicht. 250 mg bewirken eine mäßige Veränderung des Thromboelastogramms u. eine deutliche Zunahme der GZ. Die Wrkg. von 375 mg ist noch intensiver. K. ZINGRAF. 4574□

Lungengefäßveränderungen nach intravenöser Injektion von Thromboplastin bei Kaninchen. Scott R. Inkley, Louis Gillespie jun. und Simon Koletsky. (J. Lab. clin. Med. **57.** 114—25. Jan. 1961. Cleveland, Ohio, Univ. Hosp., Dep. of Med. and Pathol., Western Univ. School of Med.) (Engl.)

Zur Unters. der Gefäßveränderungen im Lungenvenennetz durch experimentelle intravasculäre Gerinnung wurden 20 ♀ Kaninchen 6 Monate einmal wöchentlich insgesamt durch je 27 i.v. Injektionen mit *Thromboplastin* aus frischem Kaninchenhirn behandelt. 20 Kontrolltiere erhielten nach QUICK (15 Min. bei 60°) hitzeinaktiviertes Thromboplastin. Der doppelte Blindvers. ergab signifikante intraluminale Gefäßveränderungen durch Thrombus-Bldg., Reendothelisierung des Thrombus u. Intimahyperplasie u. bestätigte, daß die intravasculäre Gerinnung eine Entw.-Phase gewisser Arterioskleroseteypen sein kann. H. CARLS. 4574□

Prothrombinbestimmung mit einer Zweistufenmethode unter optimalem Molverhältnis für Calcium. O. Herman Dreskin. (J. Lab. clin. Med. **57.** 147—51. Jan. 1961.) (Engl.)

Die Zweistufen-Meth. zur *Prothrombin* (I)-Best. wurde auf folgende Weise vereinfacht. In der 1. Phase wurde Oxalat- oder Citratplasma (0,06 cm³) mit Kaninchenhirnthromboplastin (0,20 cm³) in 0,025m $CaCl_2$ (7,24 cm³), pH 7,3—7,5, behandelt. In der 2. Phase diente durch $BaSO_4$-Adsorption von I befreites Plasma als Fibrinogenlösung. Die Best. wurde bei der physiolog. Temp. von 37 statt 28° durchgeführt. Bei dieser Temp. wird 1,0 cm³ menschliches Plasma durch 1,6 NIH (National Instituts of Health)-Einheiten Thrombin in 15 Sek. zur Gerinnung gebracht. Bei 100 normalen Personen wurden mit dieser Meth. durchschnittlich 356 NIH-Einheiten/cm³ Plasma gefunden. H. CARLS. 4574□

Über eine von der Hypoprothrombinämie unabhängige Wirkung von Derivaten des 4-Hydroxycumarins. M. Derechin. (Arch. int. Pharmacodynam. Thérap. **111.** 362—65. 1/8. 1957. Chile, Univ. of Chile, Chem. Labor.) (Engl.)

Bei 14 von 17 Patienten mit Psorias wurden durch Behandlung mit *Tromexan*, *Sintrom* oder *Dicumarol* zufriedenstellende Abheilungen erreicht. Der Heileffekt erwies sich als unabhängig von der Prothrombinaktivität, abhängig nur von der verabreichten Dosis u. der Häufigkeit der täglichen Applikation. R. TIMMLER. 4574□

Über die Wirkung des Russel-Viperngiftes auf die Blutgerinnung. E. Imhof und H. Schröer. (Naturwissenschaften **47.** 518—19. 2. Nov.-H. 1960. Würzburg, Univ., Physiolog. Inst.) (Dt.)

Die fördernde Wrkg. des RUSSEL-*Viperntoxins* auf die Blutgerinnung beruht vermutlich auf einer lipoidspaltenden Fermentaktivität, durch die thromboplast. Substanzen vorübergehend hochakt. werden können; daneben darf noch eine proteolyt., auf den Prothrombinsymplex gerichtete Ferment-Wrkg. angenommen werden. U. TAUSENDFREUND. 4574□

Cumarin in normalem und pathologischem menschlichen Urin. C. F. van Sumere, H. Teuchy und L. Massart. (Clin. chim. Acta [Amsterdam] **4.** 590—93. Juli 1959. Ghent, Belgium, Univ., Biochem. Labor.) (Engl.)

An normalen Personen u. solchen mit Leukämie, Krebs, Muskelatrophie u. Niereninsuffizienz werden die *Cumarin*-Derivv. [*Umbelliferone* (I), *Herniarin*, *Scopolefin*, *Äsculetin* (II), *Daphnetin*, *3-*, *4-*, *5-* u. *8-Hydroxycumarin*, *3-*, *4-*, *5-*, *6-* u. *8-Hydroxycumaringlucuronid*] im Harn chromatograph. bestimmt. Im normalen Urin finden sich Spuren von I u. II. Werden Patienten mit *Prednison* behandelt, so steigt die Konz. von I u. II erheblich an. Ein Zusammenhang zwischen den Corticosteroiden u. Cumarin-Derivv. wird diskutiert. H. STRUCK. 4577□

Ontogenese der K- u. Na-Strömungen im Hühnerembryoherzen. Richard L. Klein. (Amer. J. Physiol. **199.** 613—18. Okt. 1960. Jackson, Miss., Univ. of Mississippi, Med. Center, Dep. of Pharmacol.) (Engl.)

Der *K*-Geh. des Ventrikels u. des Vorhofs des Hühnerembryoherzens steigt bis zum 13. Tag an (85 bzw. 75 mm), bleibt bis zum Schlüpfen auf etwa gleicher Höhe, um dann abzufallen. Der *Na*-Geh. ist bereits am 2. Tage sehr hoch (650 bzw. 550 mm) u. fällt stark ab bis zum 7. Tag, danach leichterer Rückgang. Der K-Ein- u. -Austritt an isolierten Ventrikeln ist am 7. Tag relativ hoch, fällt am 13. Tag ab u. steigt nach dem Schlüpfen wieder an. Die Austauschbarkeit des intracellulären K war bei 70% konst., die Austauschbarkeit des intracellulären Na stieg vom 7. Tag mit 7% auf 73% nach dem Schlüpfen. Es wird das Vorhandensein eines akt. Transportmechanismus angenommen. — Sich daraus ergebende enzymat. u. elektrophysiolog. Probleme werden besprochen. U. TAUSENDFREUND. 4583 □

Versuche einer Anwendung von Gibberellinen in der Tierzucht. D. Giannotti. (Agric. ital. **60** ([N. S.] **15**). 321—37. Okt. 1960. Pisa, Univ., Ist. di Zootecnica Spec.) (Ital.)

Bei Kaninchen konnte Vf. nach Anwendung von *Gibberellsäure* in Lanolin eine, allerdings nicht signifikante, Zunahme des Längenwachstums der Haare u. des Körpergewichts feststellen. K. ZINGRAF. 4584 □

Gewöhnung an intermittierende Anoxie. 2. Mitt. **Ernährung und Stickstoffbilanz.** M.-V. Strumza und M. Narran. (C. R. Séances Soc. Biol. Filiales **153.** 1538—42. 1959, herausgeg. 12/2. 1960. Paris, Fac. de Méd., Labor. de Biol. aéronaut.) (Franz.) — 1. vgl. C. R. Séances Soc. Biol. Filiales **153.** [1959.] 1141.

Ratten werden an 5 Tagen der Woche je 8 Std. in engen Glasglocken einer Atmosphäre von 10% O_2 ausgesetzt. Während der Hypoxie nehmen die Tiere kaum W. u. Nahrung zu sich u. die Gewichtsabnahme wird durch vermehrte Nahrungsaufnahme an den Tagen unter Normalbedingungen nicht kompensiert. Die N-Bilanz ist an den Tagen des O_2-Mangels negativ oder schwach positiv, an den anderen Tagen höher als bei den Kontrollen. Bei monatelanger Fortsetzung der Verss. tritt langsame Gewöhnung ein, u. die Störungen werden geringer. K. BOHLE. 4585 □

Die Bestimmung des verfügbaren Lysins in tierischen Futtermittel-Proteinen. K. J. Carpenter. (Biochem. J. **77.** 604—10. Dez. 1960. Cambridge, Univ., School of Agric.) (Engl.)

Es wird eine verbesserte Meth. zur Best. des verfügbaren Lysins (Lysinreste mit freier ε-Aminogruppe) mitgeteilt, die auf einer Umsetzung der Proteine mit 1-Fluor-2.4-dinitrobenzol, saurer Hydrolyse, Ae.-Extraktion u. colorimetr. Messung des *ε-Dinitrophenyllysins* (I) in der wss. Phase nach Umsetzung mit Methoxycarbonylchlorid u. Reextraktion mit Ae. beruht. Die Meth. wurde an 24 tier. Proteinen erprobt, die Ergebnisse werden angeführt. Zugesetztes I wird zu 92% wiedergefunden. Erhitzte Proben, die eine verminderte Wertigkeit aufweisen, zeigen auch niedrigere Geh. an verfügbarem Lysin. E. SCHWERDTFEGER. 4585 □

Untersuchungen über den Nährwert entfetteten Fischmehls. A. B. Morrison und J. A. Campbell. (Canad. J. Biochem. Physiol. **38.** 467—73. Mai 1960. Ottawa, Dep. of Nat. Health and Welfare, Food and Drug Labor.) (Engl.)

Junge Ratten zeigten nach Verfütterung einer sonst eiweißfreien Diät mit 7 oder 10% Zusatz von *entfettetem Fischmehl* (I) eine stärkere Gewichtszunahme u. ein besseres „Proteinwirksamkeitsverhältnis" (PWV, g Gewichtszunahme/g Protein) als bei Zusatz von 7 bzw. 10% *Casein* (II). Bei 15% I oder II waren beide Diäten gleichwertig. Die auf das Körpergewicht bezogenen Gewichte von Leber u. Nebennieren zeigten in den einzelnen Vers.-Gruppen keine Unterschiede. Auch die Leberlipide blieben ohne diätabhängige Veränderungen. Die korr. Nierengewichte der eiweißreich ernährten Tiere lagen jedoch signifikant höher als die der beiden anderen Tiergruppen. Auch bei Verfütterung einer sonst eiweißfreien Diät, die durch voll ausgemahlenes Weizenmehl u. steigende Zugaben von I insgesamt 10% Protein enthielt, stieg mit steigendem I-Anteil am Protein das Tiergewicht, das PWV zeigte ebenfalls einen Anstieg. Die Werte der Leberlipide lagen in diesem Vers. deutlich höher als in dem vorangehenden. Durch I-Zusatz zu Broten, die mit oder ohne Zusatz von Milcheiweiß hergestellt waren, ließen sich höhere Gewichtszunahmen u. bessere PWV erreichen. Vff. konnten zeigen, daß das durch I-Zusatz zu den Brot- bzw. Mehldiäten erreichte bessere PWV eine direkte Funktion des Lysin-Geh. des I war. Sie betonen die Bedeutung des I als Quelle hochwertigen Eiweißes, bes. bei Lysindefizit des Nahrungsproteins. R. TIMMLER. 4585 □

Einige Kennzahlen des Fettumsatzes bei Kühen bei Fütterung mit Harnstoff und Natriumsulfat. W. I. Skorochid. (Украïнський Біохімічний Журнал [Ukrain.

biochem. J.] **33.** 379—84. 1961. Lwow, Forschungsinst. für Ackerbau u. Tierzucht der Westgebiete der UkrainSSR.) (Ukrain.; Auszug: Engl.)

In 6 Monate langen Fütterungs-Verss. wurden 30% des Protein-N des Futters durch *Harnstoff* (I) ersetzt, wobei in einer Vers.-Reihe dem mit I versetzten Futter außerdem 30 g *Na_2SO_4* (II) zugesetzt wurden. In einer weiteren Gruppe erfolgte ein II-Zusatz zum I-freien Futter. In Blut, Harn u. Milch wurde der Geh. an *Acetessigsäure* (III) u. *β-Hydroxybuttersäure* (IV), im Blut außerdem der Geh. an *Lipiden* u. *Essigsäure* (V) bestimmt. Es zeigte sich, daß Zusatz von II, bes. in Ggw. von I, den Geh. an III u. IV im Harn u. in der Milch herabsetzt. Bei Zusatz von I allein zum Futter wird der Blut-Geh. an Lipiden, III, IV u. V prakt. nicht verändert. O. LEBTAG. 4585□

Bestimmung des Nährwerts bei Ersatz des Fettes in Kuhvollmilch durch Cocosnußöl. Frank E. Rice. (J. agric. Food Chem. **8.** 488—91. Nov./Dez. 1960. Chicago, Ill.) (Engl.)

Das Fett der Kuhmilch ist vom Standpunkt der neuzeitlichen Ernährungslehre dem Cocosnußöl überlegen. Dieses enthält wenig ungesätt. Fettsäuren, aber viel gesätt. Fettsäuren, bes. Laurinsäure. Milchfett enthält im Gegensatz zu Magermilch u. Cocosnußöl wichtige Nährstoffe. Das Kuhmilchfett kommt dem Muttermilchfett in der Zus. recht nahe. An Menschen u. Tieren ausgeführte Ernährungs-Verss. zeigen, daß Milchfett in der Wachstumszeit u. bei planloser Diät einen höheren Nährwert aufweist. Das Fett der Vollmilch verdient den Vorzug vor Cocosnußöl. — 41 Literaturangaben.

W. WESLY. 4585□

Diät und Cholesterinämie. 4. Mitt. **Wirkungen von Kohlenhydraten und Nicotinsäure.** Narindar Nath, A. E. Harper und C. A. Elvehjem. (Proc. Soc. exp. Biol. Med. **102.** 571—74. Dez. 1959. Madison, Wis., Univ. of Wisconsin, Dep. of Biochem.) (Engl.) — 3. vgl. C. **1960.** 9286.

Ersatz der in einer ausgewählten Rattendiät enthaltenen *Saccharose* (I) durch Weizenmehl führte zu einer Abnahme der *Cholesterin* (II)-Konz. im Serum, während durch *Lactose* (III) diese Konz. noch weiter erhöht wurde. Auch die durch Weizengluten bewirkte II-Abnahme wird durch III-Zusatz teilweise paralysiert. Ersatz der I durch *Glucose* oder *Dextrin* zeigt keine Beeinflussung, *Glucosemonohydrat* senkt jedoch die II-Konzentration. *Sorbit* (10%), *Nicotinsäure* (0,5%) bzw. *Inosithexanicotinat* (0,57%) führen ebenfalls zur Hypercholesterinämie. Auch durch höhere Dosen von Nicotinsäure (bis 2,5%) wurden die Leberlipide u. die Leberpyridinnucleotide nicht beeinflußt, während die oxydierten Pyridinnucleotide des Bluts einen deutlichen Anstieg gegenüber Kontrollwerten erkennen ließen. R. TIMMLER. 4585□

Die Wirkung von Oleandomycin auf das Wachstum der Seidenraupe, Bombyx mori Linn. Harish C. Saxena und B. K. Srivastava. (Sci. and Cult. [Calcutta] **25.** 538—39. März 1960. Waipur, Rajasthan, Coll. of Agric.) (Engl.)

Zufuhr von *Penicillin* bzw. *Oleandomycin* (I) (10 mg%) mit dem Futter bewirkte während des 5. Instarstadiums signifikant höhere Larvengewichte. Die Antibiotica, bes. I, verkürzten die Dauer der einzelnen Häutungsperioden, signifikant jedoch nur die vierte. K. MAIER. 4585□

Untersuchungen über einige Oxydations- und Reduktionsprodukte von Thiamin. 3. Mitt. **Thiamindisulfid bei der Thiochrom-Bestimmung.** Guido E. Bonvicino und Douglas J. Hennessy. (Int. Z. Vitaminforsch. **30.** 83—89. 1959. New York, N.Y., Fordham Univ., Dep. of Chem.) (Engl.) — 2. vgl. C. **1961.** 13564.

Reines *Thiamindisulfid* kann zu *Thiamin* red. u. mit Hilfe der Thiochrom-Meth. bestimmt werden. Die Red. muß zum Zeitpunkt der Inkubation erfolgen. Als Red.-Mittel wurde Thioglykolsäure (53 mg%) u. Fe^{2+} (20 mg%) bei pH 5 benutzt.

K. ZINGRAF. 4587□

Untersuchungen über einige Oxydations- und Reduktionsprodukte von Thiamin. 4. Mitt. **Die Bestimmung reversibel oxydierter Formen von Thiamin in tierischen Geweben durch ein erweitertes Thiochrom-Verfahren.** Guido E. Bonvicino und Douglas J. Hennessy. (Int. Z. Vitaminforsch. **30.** 89—96. 1959.) (Engl.) — 3. vgl. vorst. Referat.

Das in der 3. Mitt. beschriebene erweiterte Thiochrom-Verf. wurde auf verschiedene tier. Gewebe (Rattenleber, Herz, Muskel, Lunge, Leber u. Darm vom Hund) angewandt. Die meisten der Gewebe zeigen signifikante Vergrößerung des *Thiamin*-Gehalts. Fleisch, gekochter, geräucherter u. frischer Schinken zeigten nach Mazeration u. anschließender Dialyse keinen Thiamingehalt. Das Thiamin in diesen Geweben scheint in dialysierter Form vorzuliegen u. nicht an Protein gebunden zu sein. K. ZINGRAF. 4587□

Untersuchungen über einige Oxydations- und Reduktionsprodukte von Thiamin. 5. Mitt. **Protein-Thiamin-Gemische in Form von Disulfiden und ihre physiologische**

Wirksamkeit. Guido E. Bonvicino und Douglas J. Hennessy. (Int. Z. Vitaminforsch. **30.** 97—111. 1959.) (Engl.) — 4. vgl. vorst. Referat.

Bei der Rk. von denaturiertem Milcheiweiß oder Eiereiweiß mit *Thiamindisulfid* entsteht *Thiamin* (I) u. ein nicht dialysierbarer Protein-I-Komplex, der mit dem erweiterten, nicht aber mit dem einfachen Thiochrom-Verf. bestimmt werden kann. Bei der Gefriertrocknung dieses Komplexes erhält man ein Pulver mit 1,5 mg I/g Protein. Dieses ist bei Verfütterung an Vitamin B_1-Mangelratten biolog. ebenso akt. wie I. Der Komplex besitzt 90% der Aktivität von I. K. ZINGRAF. 4587 □

Wirkung von Thiamindisulfid auf die Leber-Cocarboxylase bei Thiamin-Mangelratten. F. Petrelli und N. Siliprandi. (Int. Z. Vitaminforsch. **30.** 111—13. 1959. Padua, Univ., Inst. of Biol. Chem.) (Engl.)

Durch Gabe von *Thiamindisulfid* (8 mg/100 g Körpergewicht) konnte die Cocarboxylase-Konz. in der Leber von Thiaminmangelratten rasch zur Norm zurückgeführt werden. K. ZINGRAF. 4587 □

Quantitative Papierchromatographie von Thiamin im Plasma und Harn des Hundes. Gerhard Malnic, Alberto Carvalho da Silva und Rebecca Carlotta de Angelis. (Int. Z. Vitaminforsch. **30.** 136—47. 1959. São Paulo, Univ., Fac. of Med., Dep. of Physiol.) (Engl.)

Mittels Papierchromatographie (n-Butanol, Essigsäure, W. 4:1:5; Entwickler: Alkal. $K_3[Fe(CN)_6]$) wurden im Harn in Abhängigkeit vom pH der Lsg. 2 reversible *Thiamin*-Formen mit verschiedenem R_F festgestellt. Es wird angenommen, daß beide Thiamin selbst darstellen u. lediglich unwesentliche Unterschiede in der Mol.-Konfiguration anzeigen. Bei niedrigem pH tritt im Harn nur ein Fleck auf; dasselbe gilt vom Plasma, wenn sein ursprünglicher pH-Wert erhalten bleibt. Empfindlichkeit: 0.3 μg/ml im Plasma, 2,5 μg/ml im Harn. K. ZINGRAF. 4587 □

Harnausscheidung von Thiamin, Riboflavin, Nicotinsäure und Pantothensäure bei Patienten mit rheumatoider Arthritis. J. L. Kalliomäki, V. A. I. Laine und T. K. Markkanen. (Acta med. scand. **166.** 275—79. 30/3. 1960. Turku, Univ. of Turku, Dep. for Med. Microbiol.; Heinola, Finland, Rheumatism Found. Hosp.) (Engl.)

Die mittlere 24-Std.-Ausscheidung bei 30 Patienten mit rheumatoider Arthritis betrug: 217 γ *Thiamin* (I), 560 γ *Riboflavin*, 1843 γ *Nicotinsäure* u. 5147 γ *Pantothensäure*. Die I-Ausscheidung lag bei einer Blutsenkung von $\geqq$40 mm/Std. um 183 $\pm$ 75 γ niedriger als bei $<$40 mm. Eine Beziehung zwischen Krankheitsdauer u. Vitaminausscheidung konnte nicht gefunden werden. PH. FRESENIUS. 4587 □

Die Verteilung einiger B-Vitamine im menschlichen Gehirn. M. Zdyb-Gumińska und H. Drożdż. (Acta biochim. polon. **5.** 311—25. 1958. Kraków, Akad. Med., Zakł. Chem. fizjol.) (Pol.)

Mit Hilfe mikrobiolog. Meth. wurden in verschiedenen Teilen des menschlichen Hirns *Thiamin* (I), *Riboflavin* (II), *Niacin* (III) u. *Pantothensäure* (IV) bestimmt. In der grauen Rinde wurden auf 1 g Trockenmasse im Mittel gefunden: 11,4 (μg) **I**, 11,8 **II**, 140,9 **III** u. 82 **IV**; in den Markzellen 14,7 **I**, 10,9 **II**, 118,5 **III** u. 95,6 **IV**; in der weißen Hirnsubstanz 5 **I**, 2,1 **II**, 84,5 **III** u. 75,5 **IV**. Die Konzz. sind in der rechten u. linken Hirnhälfte prakt. gleich groß. Innerhalb des Großhirns enthält die Fissura calcarina etwas mehr **II** (13,6) u. **III** (152). F. URBAN. 4587 □

Orale und dentale Schädigungen bei Rhesusaffen mit Vitamin B_2-Mangel. C. C. Berdjis, L. D. Greenberg, J. F. Rinehart und G. Fitzgerald. (Brit. J. exp. Pathol. **41.** 198—205. April 1960. San Francisco, Calif., Univ. of California, School of Med., Dep. of Pathol; Coll. of Dentistry, Sect. of Oral Roentgenol.) (Engl.)

Rhesusaffen auf einer Diät mit fehlendem oder suboptimalem *Pyridoxin* (I)-Geh. (16 Monate u. länger) weisen eine erhebliche Zunahme der Carieshäufigkeit auf. I-Mangel war ohne oder von geringer Wrkg., wenn die Mangeldiät 1 Jahr oder weniger gegeben wurde. Die schädliche Wrkg. des I-Mangels erstreckt sich anscheinend auf die Entw. der bleibenden Zähne. Neben Caries werden Verformungen u. Entkalkung beobachtet. Bei I-Mangelaffen traten als Folgen atroph. Glossitis sowie akute u. chron. Gingivitis auf. Die mögliche Beziehung von I-Mangel zur menschlichen Caries wird diskutiert.
K. MAIER. 4587 □

Tryptophanbelastung und Vitamin-B_6-Mangel. 2. Mitt. **Statistische Untersuchungen.** A. Knapp. (Dtsch. Gesundheitswes. **16.** 993—94. 1/6. 1961. Potsdam-Rehbrücke, Inst. für Ernährung.) (Dt.) — Vgl. C. **1961.** 2694.

Eine Best. von *Xanthurensäure* im Harn hat für die Diagnose eines Mangels an *Vitamin B_6* (I) nur dann einen Wert, wenn vorher eine *Tryptophan* (II)-Belastung gemacht wurde. Bei einem Mangel an I u. einer dadurch bedingten teilweisen Blockierung des II-Abbaus wird sogar vermehrt *Nicotinsäure* gebildet. Die Bldg. von *Serotonin* aus dem zugeführten II war unter den vorgelegenen Vers.-Bedingungen unabhängig von dem Funktionieren der über Kynurenin gehenden Rk.-Kette. M. ULMANN. 4587□

Tryptophanbelastung und Vitamin-B_6-Mangel. 3. Mitt. **Hereditäre Faktoren für den Ausfall des Tryptophanbelastungstests.** A. Knapp. (Dtsch. Gesundheitswes. **16.** 1041–45. 8/6. 1961.) (Dt.) — 2. vgl. vorst. Referat.

Es werden die Erscheinungen einer Stoffwechselmißbildung auf hereditärer Grundlage, die einen Mangel an *Vitamin B_6* nachahmt, beschrieben. Im Übermaß zugeführtes *Tryptophan* kann nicht vollständig abgebaut werden, wodurch es zu einer Vermehrung des *Kynurenins* u. der *Xanthurensäure* im Harn kommt. Die Bldg. von Nicotinsäure ist nicht unterbrochen. M. ULMANN. 4587□

Stöchiometrische Beziehung zwischen Leberreceptor, Intrinsic factor und Vitamin B_{12}. Victor Herbert, Zaida Castro und Louis R. Wasserman. (Proc. Soc. exp. Biol. Med. **104.** 160–64. Mai 1960. New York, N.Y., Mount Sinai Hosp., Dep. of Hematol.) (Engl.)

10 g Leber von Ratte, Rind oder Kaninchen werden in 40 ml 0,9%ig. wss. NaCl-Lsg. (a) bei Zimmer-Temp. 1 Min. homogenisiert, bei 3000 U/min zentrifugiert u. das Überstehende verworfen. Der Rückstand wird 2mal mit je 40 ml a-Lsg. gewaschen u. in 100 ml KREBS-RINGER-Tris-Puffer, der 10 mmol $CaCl_2$ enthält, oder in 100 ml a-Lsg., die 10 mmol $CaCl_2$ enthält, suspendiert. 10 ml Inkubations-Lsg. werden mit 1 ml a-Lsg. versetzt, der die zu untersuchenden Zusätze (25 μg *Intrinsic factor* (I)-Konzentrat vom Schwein; 0,01 μg *^{60}Co-Vitamin B_{12}* (II), spezif. Radioaktivität 1 μc/μg) enthält, u. unter schwachem Schütteln ½ Std. lang in Luft bei Raum-Temp. inkubiert. Ebenso wurden auch Aceton-gewaschene, lyophylisierte Leberhomogenisate verwendet. Danach sind die Leberhomogenisate von Ratte, Kuh, Stier oder Kaninchen Receptoren für II. Rattenleberhomogenisate verlieren einen Großteil ihrer Receptoren allmählich in KREBS-RINGER-Tris-Puffer. Wird vorher I gegeben, so werden die Receptoren geschützt, u. es treten kaum Verluste auf. Der Receptor-I–II-Komplex bedarf zur Erhaltung seiner Unversehrtheit Ca^{2+}. 1 g frische Leber wird durch 50 μg I gesättigt. Der Receptor-I-Komplex wird durch Erhitzen 10 Min. lang bei 100° zerstört, obwohl I allein bei gleicher Behandlung 25% seiner Aktivität behält. Variiert man die I- u. II-Mengen innerhalb der Grenzen, die durch den Receptor auf der Leber gegeben sind, so erreicht man einen Punkt, in dem die I- u. II-Mengen in stöchiometr. Beziehung zueinander stehen. L. TRÄGER. 4587□

Über den Mechanismus der cholesterin-antagonistischen Wirkung der Stoffe mit Vitamin-P-Charakter (chemisches und elektrophoretisches Verhalten des Cholesterins in Gegenwart von Proteinen „in vitro" unter dem Einfluß von Methyläsculetin). G. DiMaggio. (Int. Z. Vitaminforsch. **30.** 129–36. 1959. Hamburg, Univ., Physiol.-Chem. Inst.) (Dt.) — Vgl. C. **1960.** 16165.

Unter dem Einfl. von *Methyläsculetin* wird das Gesamt-*Cholesterin* (I) u. das proteingebundene I, das sonst in Ggw. der Serumeiweißkörper in koll. Lsg. bleibt, verringert oder es verschwindet ganz. In Ggw. der *β-Globuline* (II) ändern sich die elektrophoret. Verteilungszonen von I, u. die Relation I:II ist in der elektrophoret. Lokalisierungszone von II ebenso vermindert wie die Menge der elektrophoret. erfaßbaren II.
K. ZINGRAF. 4587□

Der hemmende Einfluß von Lycorin auf die Biosynthese der Ascorbinsäure. Tetuo Minesita, Kenji Yamaguchi und Kenjiro Yamamoto. (Proc. Japan Acad. **35.** 405–06. Juli 1959. Amagasaki, Japan, Shionogi Res. Labor.) (Engl.)

Lycorin (I), ein Alkaloid aus *Lycoris radiata*, vermag die Biosynth. der *Ascorbinsäure* (II) bei der Ratte zu hemmen. Die Verabreichung von *D-Glucuronolacton* als Vorläufer der II ergibt im Urin der Tiere einen hohen II-Spiegel. Wird I appliziert, so ist der II-Geh. im Harn augenscheinlich vermindert, nicht dagegen der Geh. der übrigen Ketopentosen im Harn. H. STRUCK. 4587□

Aufnahme von Radiosulfat und Radiophosphat durch verschiedene Gewebe normaler und Vitamin-C-Mangel-Meerschweinchen. Ulf Friberg. (Ark. Kemi **12.** Nr. 42. 481–500. 5/5. 1958. Stockholm, Karolinska Inst., Dep. of Histol.; Chem. Dep. II; Royal Veterinary Coll., Dep. of Clin. Biochem.) (Engl.)

48 Std. nach Anwendung von *^{35}S-Sulfat* lagen die Radioaktivitätswerte (Raw) in den Geweben von Meerschweinchen nach Verabreichung von *Vitamin-C*-(I)-Mangelfutter nach 10 Tagen um 50% höher u. nach 23 Tagen um 55% niedriger als bei den Kontrollen. In der Synth. von *Chondroitinsulfat* trat erst nach 23 Tagen I-Mangelfutter eine Verringerung ein. 48 Std. nach Anwendung von ^{32}P-Phosphat nach 24 Tagen I-Mangelfutter waren die Raw in den weichen, vom Skorbut befallenen Geweben um

15% höher, in den Knochen u. Zähnen jedoch um 25—50% niedriger als bei den Normaltieren. K. ZINGRAF. 4587 □

Eine vereinfachte Methode zur Verabreichung von Vitamin A an Hühnchen, die eine gereinigte Kost erhalten. J. G. Bieri. (Poultry Sci. **36.** 918—19. Juli 1957. Bethesda, Md., U.S. Dep. of Health, Educat. and Welfare, Public Health Serv., Nat. Inst. of Arthritis and Metabolic Diseases, Labor. of Nutrit. and Endocrinol.)

Der wöchentliche Zusatz einer *Vitamin-A*-Dispersion (7,5 mg Vitamin-A-Acetat für 6 Hühnchen) zum Trinkwasser von Hühnchen, die eine hoch gereinigte Kost erhalten, stellt eine genügende Vitaminaufnahme dar, wie durch die Leberspeicherung des Vitamins gezeigt werden kann. G. KIMMERLE. 4587

Untersuchungen über die Wirkungsweise eines Überschusses an Vitamin A. 1. Mitt. **Die Wirkung eines Überschusses an Vitamin A auf Stoffwechsel und Zusammensetzung von in Organkultur gezüchtetem embryonalen Kükengliederknorpel.** J. T. Dingle, J. A. Lucy und Honor B. Fell. (Biochem. J. **79.** 497—500. 1961. Cambridge, Strangeways Res. Labor.) (Engl.)

Gliederrudimente 7 Tage alter Hühnerembryonen wurden mit u. ohne Zusatz von *Vitamin-A-Alkohol* (**I**) 6 Tage in einem Gemisch von Hahn-Blutplasma u. Embryoextrakt inkubiert. Das Gewicbt u. der *Aminozucker*-Geh. wurde durch **I** um ca. 50%, der Geh. an *Desoxyribonucleinsäure* um 20% u. der *Ribonucleinsäure*-Geh. um 60% erniedrigt. Die O_2-Aufnahme war vermindert, die Bldg. von *Milchsäure* erhöht. Die Lysis, gemessen am säurelösl. N-Geh., war in Ggw. von **I** verstärkt.

H. LOHSCHELDER. 4587 □

Untersuchungen über die Wirkungsweise eines Überschusses an Vitamin A. 2. Mitt. **Eine mögliche Rolle der intracellulären Proteasen beim Abbau von Knorpelmatrix.** J. A. Lucy, J. T. Dingle und Honor B. Fell. (Biochem. J. **79.** 500—08. 1961.) (Engl.) — 1. vgl. vorst. Referat.

Knochenrudimente 8—9 Tage alter Hühnerembryonen wurden zur Zerstörung der Zellen 1 Std. bei 4° in dest. W. belassen, dann bei pH 1—8 für 2 Std. bei 37° inkubiert u. mit der entsprechenden Puffer-Lsg. extrahiert. In den Extrakten u. im Rückstand wurde der Geh. an α-Amino-N bestimmt. Zwischen pH 3 u. 5 war die metachromat. Färbung der Knorpelmatrix weitgehend vermindert, die Hälfte des Geh. an *Hexosamin* verloren u. Proteinkomponenten in Lsg. gegangen. Ober- u. unterhalb pH 3—5 wurde kaum ein Effekt beobachtet. Bei der Wasservorbehandlung geht eine *Protease* in Lsg., deren optimale Aktivität bei pH 3 liegt. Die Aktivität verschwindet nach Erhitzung auf 100°. Die Wrkg. des proteolyt. Enzyms auf die Knorpelmatrix ist mit der von überschüssigem *Vitamin A* vergleichbar. H. LOHSCHELDER. 4587 □

Untersuchungen über die Wirkungsweise eines Überschusses an Vitamin A. 3. Mitt. **Freisetzung einer gebundenen Protease durch die Wirkung von Vitamin A.** J. T. Dingle. (Biochem. J. **79.** 509—12. 1961.) (Engl.) — 2. vgl. vorst. Referat.

Aus Homogenaten von Rattenleber wurde durch Zentrifugieren bei 10000·g eine Mitochondriensuspension gewonnen. Nach Inkubation mit *Vitamin-A-Alkohol* (**I**) u. Zentrifugieren bei 15000·g fand sich im klaren Überstand eine erhöhte *Protease* (**II**)-Aktivität, die mit Hämoglobin als Substrat bestimmt wurde. Wachsende **I**-Mengen beschleunigen den Aktivitätsanstieg. Die **I**-Wrkg. tritt erst oberhalb 30° auf. Bei pH <5 ist die **II**-Freisetzung mit u. ohne **I** gleichermaßen verstärkt, während die **I**-Wrkg. bei pH >5 zur Geltung kommt. Die freigesetzte **II** hat ihr Wrkg.-Optimum im sauren Gebiet (pH 2—3). Das durch hypsoosmot. Behandlung freigesetzte Enzym wird durch **I** in seiner Wrkg. nicht beeinflußt. Die Wrkg. von **I** auf intaktes Gewebe wird mit der **I**-Freisetzung in Beziehung gebracht. H. LOHSCHELDER. 4587 □

Einwirkungen von oxydiertem Sojaöl auf die Vitamin A-Versorgung der Ratte. Minocher C. Reporter und Robert S. Harris. (J. Amer. Oil Chemists' Soc. **38.** 47 bis 51. Jan. 1961. Cambridge, Mass., Dep. of Nutrit., Food Sci., and Techn., Mass. Inst. of Techn.) (Engl.)

Die Toxizität oxydierten Sojaöls (Öl a: 70 Std. bei 70° oxydiert, Öl b: 180 Std. bei 70°) wird durch Verfütterung an junge Albinoratten geprüft. Gruppenweise verschiedene Ernährung ergab folgende Resultate: [Vitamin A (**I**)], Gruppe A **I**-freie Nahrung u. 18% unbehandeltes Öl; i.m. Injektion von 0—7000 E. **I**; kein **I**-Syndrom. Gruppe B **I**-frei u. 18% Öl a; 0—7000 E.; Diarrhöe, die bei **I**-Injektion nachläßt; Durchschnittsgewicht nimmt weniger zu als bei A; Gruppe C **I**-frei u. 18% Öl b; kein Tier überlebt Vers.-Dauer (65 Tage), Tod kann durch **I**-Injektion nicht verhindert werden. Sektionsbefund bei B u. C: Aufblähung u. Hämorrhagie der Eingeweide, Nierenerweiterung. Gewebsanalysen zeigen, daß bei Fütterung von oxydiertem Öl im retroperitonealen Fett, im

Nieren- u. Leberfett mehr Peroxy-Verbb. (der I-Injektion umgekehrt proportional) vorhanden sind. Fette menschlicher Nahrung sind weniger oxydiert u. sollen nicht tox. sein. N. TRZEBOWSKI. 4587 □

Die Umwandlung von Astaxanthin in Vitamin A bei Albinoratten: Neubildung in vivo und in vitro. René Grangaud, Renée Massonet, Thérèse Conquy und Jacqueline Ridolfo. (C. R. hebd. Séances Acad. Sci. **252.** 1854—56. 20/3. 1961. Alger, Fac. de Méd. et Pharmacie, Labor. de Chim. biol.) (Franz.)

Astaxanthindiacetat (I) wurde aus *Aristeomorpha foliacea* Risso u. *Aristeus antennatus* Risso (intermediäre Rk. mit Acetanhydrid) isoliert. Unter *Vitamin A* (II)-Mangel leidende WISTAR-Ratten erhielten täglich 3 μg II bzw. 15 μg I. Nach 20 Tagen wurde II in der Retina bestimmt. Bei den mit II behandelten Tieren fand sich 1 μg, bei den I-behandelten 2,1 μg, bei den Kontrollen nur Spuren. Wenn die Augen in Ggw. von Blutserum u. α-Tocopherol mit u. ohne I-Zusatz 12 Std. inkubiert wurden, fand sich ohne I: 0,75 μg II, mit I: 1,65 μg II. I wird demnach im Augengewebe zu II umgesetzt. H. LOHSCHELDER. 4587 □

Oxydation des Vitamin A-Aldehydes zu Vitamin A-Säure unter Teilnahme der Aldehydoxydase. A. A. Dmitrowski. (Биохимия [Biochemie] **26.** 126—31. Jan./Febr. 1961. Moskau, Bach-Inst. für Biochem. der Akad. der Wiss. der UdSSR.) (Russ.; Auszug: Engl.)

Vf. zeigt, daß in Ggw. von *Aldehydoxydase* (I; erhalten aus Schweineleber) bei der Oxydation von *Vitamin A-Aldehyd* (II) neben dem Aldehydhydrat die *Vitamin A-Säure* (III) entsteht. Das pH-Optimum dieser Rk. liegt bei 7,2; die MICHAELIS-Konst. der Hydratation u. der Oxydation des II betragen $3,7 \cdot 10^{-4}$ bzw. $1,65 \cdot 10^{-3}$ molar. Die Geschw. der II-Oxydation ist gleich 42% der Oxydations-Geschw. von Acetaldehyd. Die I-Gewinnung aus der Schweineleber wird durch Zugabe von 0,2% Na-Ascorbat zum Homogenat verbessert; die MICHAELIS-Konst. beträgt bei der nach MAHLER u. Mitarbeitern (C. **1957.** 13375) gewonnenen I $1,1 \cdot 10^{-3}$ Mol, bei der I nach dem modifizierten Verf. $1,65 \cdot 10^{-3}$ Mol. Die II-Oxydation zu III durch I wird durch 10^{-4} mol. Lsg. von p-Chlormercuribenzoat völlig unterdrückt. O. LEBTAG. 4587 □

Beziehung des Vitamin A und des Carotins zu den Rinderserumproteinen. E. S. Erwin, T. R. Varnell und H. M. Page. (Proc. Soc. exp. Biol. Med. **100.** 373—75. Febr. 1959. Tuscon, Univ. of Arizona, Dep. of Animal Sci.)

Durch in vitro- u. in vivo-Verss. stellen Vff. fest, daß *Vitamin A* (I) u. *Carotin* (II) prinzipiell mit der Albuminfraktion des Blutserums assoziiert sind. Als Vers.-Tiere diente ein Zwillingspaar Holsteinkälber, davon eines als Vgl.-Tier. Bei völlig I-freier Nahrung waren die Serumalbumine deutlich red., i.v. injiziertes II wurde nur zur Hälfte vom Plasma gebunden. Bei i.v. I-Injektion normalisierte sich der Albuminspiegel nach 10 Tagen. P. TEICHGRÄBER. 4587 □

Beobachtungen über die Wirkungen von Carotin auf Wachstum und Pigmentierung von Heuschrecken. R. H. Dadd. (Bull. entomol. Res. **52.** 63—81. April 1961. London, Imperial Coll. of Sci. and Technol. Dep. of Zool. and Appl. Entomol.) (Engl.)

Beschreibung einer Meth. mit Angabe der Zus. des Nährbodens zur Züchtung von Heuschreckeneiern mit *Carotin* (I)-Defizit. Eine so gezüchtete Brut von *Locusta migratoria* (L.) war empfindlich auf I im Futter, während normale Bruten dagegen indifferent blieben. Abwesenheit von I bedingte geringeren Wuchs, verminderte Aktivität u. keine oder stark red. (grün/blaue) Färbung im Vgl. zu normal entwickelten, stark pigmentierten Insekten. Diese blaue Farbe ohne I gezüchteter Locasta wird auf *Mesobiliverdin* (II), einem Prochromogen von *Insectoverdin* (III) zurückgeführt. III kann wegen seines Geh. an Carotinoiden, die im Futter fehlten, nicht gebildet worden sein. I-Entzug bewirkte bei *Schistocerca gregaria* (*Forsk.*) türkisblaues Blut. Elektrophoret. war nachzuweisen, daß das blaue Pigment mit II ident. ist. — 39 Literaturangaben. H. DOSSMANN. 4587 □

Vitamin D und Calciumresorption bei parathyreoidektomierten Ratten. Fredrik C. Gran. (Acta physiol. scand. **49.** 211—15. 15/7. 1960. Blindern, Univ. of Oslo, Johan Throne Holst's Inst. for Nutrit. Res.) (Engl.)

Durch Parathyreoidektomie wurde bei den Vers.-Tieren die *Ca*-Resorption nicht beeinflußt, ebenso auch nicht das Verh. der Ca-Resorption gegenüber der Zufuhr von *Vitamin D.* J. SCHWAIBOLD. 4587 □

Methode der Vitamin D-Bestimmung in tierischen Geweben. W. N. Bukin und I. N. Garkina. (Биохимия [Biochemie] **26.** 40—43. Jan./Febr. 1960. Moskau, Bach-Inst. für Biochem. der Akad. der Wiss. der UdSSR.) (Russ.)

Vff. beschreiben ausführlich die von ARESCHKINA u. Mitarbeitern (vgl. C. **1957.** 11932) bereits früher angewandte quant. Best. des Geh. an *Vitamin D* (I) in tier. Geweben, die in der alkal. Hydrolyse des Gewebes, der Entfernung der Sterine mit Hilfe von Digitonin, der Entfernung von Vitamin A u. anderen Polyenen in der Al_2O_3-Säule u. in der endgültigen Reinigung des I von Verunreinigungen mit Hilfe der Papierchromatographie besteht. Die Best. des extrahierten I erfolgt mit $SbCl_3$. Nach dieser Meth. können 3—4 γ I bestimmt werden. Die Brauchbarkeit der Meth. wurde an der unverseifbaren Fraktion des Pferdeblutes, am Kaninchenblut, am Blutserum des Huhns sowie bei Fütterungs-Verss. mit Kaninchen, Kälbern u. Ferkeln bei verschiedenem I-Geh. des Futters nachgeprüft. O. LEBTAG. 4587 □

Cytochemie der Leberzelle und Vitamin E. E. Pisi, G. Cavalli und E. Bottiglioni. (Vitaminologia [Torino] **14.** 185—208. 15/11. 1956. Bologna, Univ., Ist. di Clin. Med. Gen. e Terapia Med.) (Ital.; Auszug: Engl.)

Vff. stellten fest, daß *Vitamin E* (I; *Tocopherolacetat*) bei ♂ Ratten in pharmakolog. u. „normalen" Dosen nicht den mittleren Geh. des Leberzellkerns an *Desoxyribonucleinsäure* (*DNS*) verändert. Hingegen macht sich bei einer Überdosierung eine Zunahme des nuclearen DNS-Geh. bemerkbar, u. zwar ausschließlich in den peritobulären B-Zellen. Bei allen angewendeten I-Konzz. wird ein Anstieg des *Ribonulceinsäure* (*RNS*)-Geh. des Kerns u., weniger ausgeprägt, des Cytoplasmas festgestellt. Außerdem verursacht I einen Anstieg des *Protein*-Geh. des Kerns u. des *Glykogen*-Geh. der Leberzellen. o-Kresylacetat verändert nicht die DNS-, RNS-, Protein- u. Glykogengehalte. — Das Verh. der RNS u. der Proteine nach I-Gaben wird als Ausdruck einer Aktivierung des Zellproteinstoffwechsels gedeutet. H. KOCKERT. 4587 □

Über die Schädigung des Nervensystems bei experimentell erzeugtem Vitamin E-Mangel der Ratte. Hokin Ko. (Vitamins [Kyoto] **22.** 207—14. 1961. Kyoto, Kyoto Prefectural Univ. of Med., Dep. of Pathol.) (Jap.; Auszug: Engl.)

Bei Vitamin E-Mangelratten zeigten sich degenerative Veränderungen in verschiedenen Kernen des Hirns u. des Rückenmarks, bes. im Pyramidaltrakt. Ähnliche Veränderungen wurden in den peripheren Neuronen des Magens, Darms, Uterus usw. beobachtet. Degeneration der Nervenfasern u. Endplatten gingen Veränderungen des Skelettmuskels voraus. K. ZINGRAF. 4587 □

Wirkung von Vitamin E auf den Myoglobingehalt des Meerschweinchen-Skelettmuskels. B. A. Schottelius, D. D. Schottelius und A. D. Bender. (Proc. Soc. exp. Biol. Med. **102.** 581—83. Dez. 1959. Iowa City, State Univ. of Iowa, Dep. of Physiol.) (Engl.)

15tägige oder längere Verabreichung von *Vitamin-E* (**I**)-Mangelfutter bewirkte eine beträchtliche Abnahme des *Myoglobin*-Geh. im Masseter u. Gastrocnemius von Meerschweinchen, während der Wasser-Geh., das Muskel-Gew. oder Körper-Gew. nicht wesentlich beeinflußt wurden. Zusatz von I zum Futter bewirkte Normalisierung. K. ZINGRAF. 4587 □

Lebensdauer der Erythrocyten bei Affen mit Vitamin-E-Mangel. Horace N. Marvin, James S. Dinning und Paul L. Day. (Proc. Soc. exp. Biol. Med. **105.** 473—75. Dez. 1960. Little Rock, Ark., Univ., Dep. of Anatomy, Biochem.) (Engl.)

An Affen wird gezeigt, daß eine *Vitamin E* (**I**)-Mangeldiät die Lebenszeit der *Erythrocyten* herabsetzt (von 100 auf 49 Tage). Zusätzlich wird eine Anämie beobachtet. Nach Zufuhr von I kann diese Ausfallserscheinung wieder rückgängig gemacht werden. H. STRUCK. 4587 □

Die durch Hämatinverbindungen katalysierte Peroxydbildung ungesättigter Fette und ihre Verhinderung durch Vitamin E. A. L. Tappel, W. Duane Brown, H. Zalkin und V. P. Maier. (J. Amer. Oil Chemists' Soc. **38.** 5—9. Jan. 1961. Davis, Calif., Univ. of Calif., Dep. of Food Sci. and Techn.) (Engl.)

Unterss. zeigen, daß die Fettperoxyd-Bldg. als eine grundlegende patholog. Rk. in vivo durch Hämatin-Verbb. katalysiert wird u. sich durch selektive Inhibierung von der Autoxydation unterscheidet. Als Inhibitor wirkt bes. *α-Tocopherol* (nicht jedoch Gemische von α-, β- u. γ-Tocopherol) in Verbindung mit anderen Gewebskomponenten (z. B. Ascorbat). N. TRZEBOWSKI. 4587 □

Biopotenz von Nichttocopherol-Körpern bei Vitamin-E-Mangelkrankheiten. H. H. Draper. (Proc. Soc. exp. Biol. Med. **102.** 737—39. Dez. 1959. Urbana, Ill., Univ., Div. of Animal Nutrit.)

Die Muskeldystrophie bei Kaninchen kann weder durch *Ubichinon* noch *sein Hydrochinon* oder *Solanachromen* günstig beeinflußt werden. Bei Vitamin E-Mangeldystrophie tritt bei Kaninchen nach 5tägiger oraler Applikation von *N.N'-Diphenyl-p-phenylendiamin* eine Normalisierung des Plasma-Cholesterin-Spiegels ein; die aufgetretene Muskeldystrophie wird erst allmählich gebessert. H. STRUCK. 4587 □

Einfluß der Konzentration von Glucose-Lösungen auf die Resorptionsgeschwindigkeit im Darm bei dem im Meerwasser oder Süßwasser lebenden Meeraal (Anguilla vulgaris). D. Cordier und A. Maurice. (C. R. Séances Soc. Biol. Filiales **153.**

118—21. 30/4. 1959. Lyon, Univ., Fac. des Sci., Labor. de Physiol. générale u. Tamaris, Var, Univ. de Lyon, Stat. maritime.) (Franz.)

Bei dem in Meerwasser lebenden Meeraal *Anguilla vulgaris* (*A.v.*) erfolgt die Resorption etwa isoton. Lsgg. von *Glucose* (I) rascher als bei Schlei u. Frosch u. weniger rasch als bei der Ratte. Innerhalb bestimmter Grenzen ist bei der Ratte u. bei A.v. die resorbierte I-Menge unabhängig von der Konz. der Lsg., ab 16 g% bei der Ratte u. 18g% bei A.v. dagegen konzentrationsabhängig. Bei Schlei u. Frosch besteht immer Konz.-Abhängigkeit. Durch Übergang in Süßwasser wird die Resorption von I bei A.v. nicht wesentlich beeinflußt (nur Steigerung der Empfindlichkeit des Darmes für hyperton. Lsg.). K. ZINGRAF. 4594□

Der Schwefelstoffwechsel von Insekten. 4. Mitt. Die Umwandlung von anorganischem Sulfat in organische Schwefelverbindungen bei Schaben. Die Rolle von intrazellulären Symbionten. S. Mark Henry und Richard J. Block. (Contr. Boyce Thompson Inst. **20.** 317—29. Jan./März 1960.) (Engl.) — 3. vgl. Contr. Boyce Thompson Inst. **19.** [1958.] 379; 2. vgl. C. **1960.** 6225—26.

Durch Fütterung oder Injektion von $Na_2{}^{35}SO_4$ bei *Blattella germanica* u. *Periplaneta americana* wurde der Zwischenstoffwechsel von *anorgan. S* untersucht, wobei die Rolle von Symbionten durch Best. der ^{35}S-markierten Verbb. geprüft wurde, die sich in normalen bzw. asept. gezogenen Insekten gebildet hatten. Sowohl bei normalen als auch bei asept. aufgezogenen Insekten mit Symbionten wurde ^{35}S in *Glutathion, Cystein, Methionin* u. *Methioninsulfoxyd* gefunden u. nur in geringen Mengen in *Taurin, Sulfit* u. einigen nicht identifizierten Verbb., in Inskten ohne Symbionten dagegen nur in Sulfit u. 2 nicht identifizierten Verbindungen. J. SCHWAIBOLD. 4596□

Wirkung der Hypotension auf die K-Ausscheidung beim Hund. R. C. Herrin und Connie M. Corlett. (Proc. Soc. exp. Biol. Med. **104.** 744—48. Aug./Sept. 1960. Madison, Univ. of Wisconsin, Med. School, Dep. of Physiol.) (Engl.)

Bei pentobarbitalnarkotisierten Hunden bewirkte eine partielle Abklemmung der Aorta abdominalis immer eine Verringerung der *K-* u. *Kreatinin* (I)-Clearance sowie des Quotienten aus beiden, jedoch ermöglichte erst ein Blutdruckabfall auf weniger als 75 mm Hg diese Veränderungen. Der Extraktionsquotient von p-Aminohippursäure wurde durch Hypotension nicht beeinflußt, während die Plasmadurchströmung der Niere u. der zur Ausscheidung gelangende Anteil des in die Niere einfließenden K wesentlich verringert wurde. Wenn die Hypotension nicht ausreichte, um die I-Clearance zu vrringern, so verminderte sie die *Na*-Ausscheidung stark, nicht aber die K-Clearance. Eine Steigerung der Na-Ausscheidung verringerte die Wrkg. der Hypotension auf die K-Clearance, u. der Quotient aus K- u. I-Clearance konnte auf >1 ansteigen. K. ZINGRAF. 4596□

Affinität der Knorpelmatrix für Calcium. William C. Thomas jun. und Wilbur C. Pickett, unter techn. Mitarbeit von: Anne M. Lewis. (Amer. J. Physiol. **199.** 103 bis 106. Juli 1960. Gainesville, Fla., Univ. of Florida, Coll. of Med., Dep. of Med.) (Engl.)

Mineralisierende Knorpelmatrix (hier von rachit. Ratten) hat in vitro keine die von chelierenden Stoffen übersteigende Affinität zu *Ca*. Der Knorpel, der Ca in schnell verfügbarer (wahrscheinlich ionisierter Form) benötigt, kann deshalb als Hilfsmittel zur Best. der Dissoziations-Konst. von Ca-Chelaten verwendet werden. U. TAUSENDFREUND. 4596□

Strontium-Calcium-Verhältnis bei der reifen Ratte. Roy C. Thompson und Ray F. Palmer. (Amer. J. Physiol. **199.** 94—102. Juli 1960. Richland, Wash., Gen. Electric Comp., Hanford Labor., Biol. Op.) (Engl.)

Der ^{90}*Sr*-Spiegel im Blut der ♀ reifen Ratte, der bei niedriger *Ca*-Zufuhr mit der Kost (0,03%) noch Abweichungen vom ^{45}*Ca*-Spiegel aufweist, nähert sich bei stärkerer Ca-Zufuhr (bis 20%) mehr dem Verh. von ^{45}*Ca*. Es kann jeweils ein starker Austausch zwischen dem Sr u. Ca von Knochen u. Blut beobachtet werden; bei niedriger Ca-Zufuhr wird alles aus dem Knochen stammende Ca jedoch wiederverwendet, u. eine tatsächliche Entfernung von Knochen-Ca durch echten Austausch kommt erst bei hohen Ca-Zufuhren zustande. Im Gegensatz dazu geht ein echter Austausch von Sr ständig vor sich u. ist selbst bei niedriger Ca-Zufuhr so hoch wie der von Ca bei hoher Ca-Zufuhr. U. TAUSENDFREUND. 4596□

Die Wirkungen der Schwangerschaft auf den Glucosestoffwechsel beim Menschen. George W. Welsh III und Ethan A. H. Sims. (Acta endocrinol. [Copenhagen], Suppl. Nr. **51.** 1271. 1960. Burlington, Vt., Univ. of Vermont, Coll. of Med.) H. HERPER. 4596□

Die renalen und prärenalen Störungen des Aminosäuren-Stoffwechsels bei phenylalaninarmer Ernährung. F. Linneweh und M. Ehrlich. (Klin. Wschr. **38.** 904—10. 15/9. 1960. Marburg/Lahn, Univ., Kinderklinik.) (Dt.)

Bei einem Kleinkind mit Phenylketonurie bestand im Blutplasma ein erhöhter *Phenylalanin* (I)-Spiegel u. eine niedrigere Konz. aller anderen Aminosäuren. Die endogenen Clearances sind normal. Unter I-armer Kost ergeben sich fast normale Aminosäurenwerte. Durch starken I-Entzug kommt es zu Wiederanstieg von I im Plasma u. Urin u. zu erneuter Erniedrigung der anderen Aminosäuren im Plasma. Die Veränderungen des Aminosäurestoffwechsels unter stark I-reduzierter Ernährung sind durch Zufuhr von 30—60 mg I/kg Körpergewicht/Tag reversibel. — 23 Literaturangaben.

G. KIMMERLE. 4596

Induzierte Veränderungen im Stoffwechsel von $^{14}C_{(2)}$-DL-Norleucin bei der intakten Kuh. J. J. Kaneko, A. L. Black und Max Kleiber. (Amer. J. Physiol. **199.** 1093—96. Dez. 1960. Davis, Calif., Univ. of Calif., School of Vet. Med., Dep. of Animal Husbandry.) (Engl.)

Prüfung des Stoffwechsels von *$^{14}C_{(2)}$-DL-Norleucin* (I) bei normalen Kühen vor u. nach lang dauernder Injektion von unmarkiertem I; I wird rasch abgebaut, es sind Desaminierung, Decarboxylierung u. β-Oxydation beteiligt. Durch langdauernde I-Injektionen werden oxydative u. synthet. Mechanismen stimuliert. Es kommt durch die Injektionen zur Akkumulierung eines Pools von unmarkiertem I in den Geweben.

U. TAUSENDFREUND. 4596 □

Quantitative Bestimmung der ^{14}C-Tyrosin-Aufnahme durch melaninhaltige und nicht melaninhaltige Gewebe der Maus. Walter J. Fimian jun. und Geraldine A. Dowd. (Proc. Soc. exp. Biol. Med. **102.** 95—97. Okt. 1959. Boston, Mass., Boston Coll., Dep. of Biol.) (Engl.)

Bei Mäusen mit S 91-Melanom, denen 5 μc *dl-$^{14}C_{(2)}$-Tyrosin* (I) verabreicht wurden, erfolgte die stärkste Aufnahme von I im Melanomgewebe, es folgten Nieren, Nebennieren, Leber, Hirn, Schilddrüse, Haut u. Haare. Die Meth. (Gewebsverbrennung u. Ausfällung von CO_2 als $BaCO_3$) stellt einen äußerst empfindlichen u. gut reproduzierbaren Nachw. für die Aufnahme von I durch Gewebe dar. K. ZINGRAF. 4596 □

Wirkung von Triton auf die Geschwindigkeit der Beseitigung von $^{14}C_{(1)}$-Palmitat aus dem Serum. Sanford O. Byers, Paxton Cady und Meyer Friedman. (Amer. J. Physiol. **199.** 833—35. Nov. 1960. San Francisco, Calif., Mount Zion Hosp. and Med. Center, Harold Brunn Inst.) (Engl.)

Triton beschleunigte bei hepatektomierten u. visceralektomierten Ratten die Beseitigung von injiziertem *$^{14}C_{(1)}$-Palmitat* aus dem Serum. K. ZINGRAF. 4596 □

Allantoinausscheidung mit dem Harn durch Menschen verschiedenen Alters. P. W. Ssimakow. (Украïнський Біохiмiчний Журнал [Ukrain. biochem. J.] **33.** 385—91. 1961. Moskau, Ernährungsinst. der Akad. der med. Wiss. der UdSSR.) (Russ.; Auszug: Engl.)

Die mittlere Ausscheidung von *Allantoin* (I) mit dem Harn beträgt bei Säuglingen 0,20 (mg/kg·h), bei Kindern im Vorschulpflichtalter 0,53, bei Schülern der unteren bzw. oberen Klassen 0,51 bzw. 0,69, bei Geistesarbeitern im Alter von 18—33 Jahren 0,75, bei Geistesarbeitern im Alter von 56—60 Jahren 0,35. Bei Schwerarbeitern beträgt die I-Ausscheidung während der Arbeitszeit 0,98, in den Abendstunden (in der Freizeit) 1,73, in der Nacht dagegen 1,03. End-Prod. des Purinumsatzes im menschlichen Organismus ist demnach nicht nur Harnsäure, sondern auch I. O. LEBTAG. 4596 □

Herkunft der Furan-2.5-dicarbonsäure im menschlichen Körper. B. Flaschenträger und Samiha M. Abdel Wahhab. (Hoppe Seyler's Z. physiol. Chem. **319.** 1—6. 1960. Alexandria, Univ., Fac. of Med., Biochem. Dep., Fac. of Sci., Chem. Dep.) (Dt.)

Gesunde Vers.-Personen schieden nach Gaben von 15 g *Ca-Glucuronat* (I) oder 20 g Inosit das 3—4fache der normalen Menge von *Furan-2.5-dicarbonsäure* (II) im Harn aus. Bei I- oder *Galaktose* (III)-Belastung erhöhte sich die Bernsteinsäureausscheidung auf das 50fache. Während bei III- oder Mentholgaben die II-Ausscheidung normal war, bewirkte Borneol oder Na-Salicylat das Verschwinden von II im Harn. Im Falle eines alkaptonur. Patienten konnte II im Harn nicht nachgewiesen werden. Vff. schließen, daß Glucuronsäure die Muttersubstanz von II im Organismus ist. B. v. KERÉKJÁRTÓ. 4596 □

7-Ketocholesterin, ein neues Harnsteroid. Kurt Schubert, Gunar Rose und Giovanni Bacigalupo. (Naturwissenschaften **47.** 497. 1. Nov.-H. 1960. Jena, Inst. für Mikrobiol. u. exp. Therap. der Dtsch. Akad. der Wiss. u. Berlin-Buch, Inst. für Med. u. Biol.) (Dt.)

Aus 700 ml Harn einer Patientin mit Mastopathie konnten 600 μg *7-Ketocholesterin* (I) isoliert werden. 700 ml Harn wurden schonend hydrolysiert, enzymat. mit β-Glucuronidase behandelt, die keton. Steroide abgetrennt, die Ketone an Al_2O_3 der Gradientenelutionschromatographie unterworfen, die vereinigten Fraktionen mit dem UV-Absorptionsmaximum bei 238 mμ vom begleitenden *Ätiocholanon* im Syst. BUSH A, Papier SCHLEICHER & SCHÜLL 2040 mb gereinigt. Das nahe der Lsgm.-Front durch Kontaktphotographie ermittelte I wurde nach Methanolextraktion u. Trocknen nochmals an

Al_2O_3 chromatographiert. I wurde aus Ae. nach Zusatz von Pentan in farblosen Nadeln kristallin erhalten. F. 169°, R_F im Syst. Methanol/Propanol/W. (82:15:3) 0,75; λ_{max} 238 mμ. Mit Benzoylchlorid in Pyridin entstand *7-Ketocholesterinbenzoat*, F. 159°. Die Möglichkeit, daß es sich um eine Artefakt-Bldg. handelt, wird als unwahrscheinlich angesehen. U. LASCHET. 4596□

Ätiocholan-3.11.17-trion, ein Hauptbestandteil der 17-Ketosteroide im Rattenharn. Kurt Schubert und Kurt Wehrberger. (Naturwissenschaften **47**. 397—98. 1. Sept.-H. Jena, Inst. für Mikrobiol. u. exp. Therap. der Dtsch. Akad. der Wiss.) (Dt.)

Aus 6,1 Liter Harn von ♀ WISTAR-Ratten wurden 820 μg *Ätiocholan-3.11.17-trion* (I) als ein Hauptbestandteil der 17-Ketosteroide des Rattenharns isoliert. Der mit 1nKOH u. W. gewaschene Ae.-Extrakt des auf pH 7 eingestellten Harns wurde über Na_2SO_4 getrocknet u. der GIRARD-Trennung unterworfen. Nachfolgende fraktionierte Hydrolyse des Restharns mit β-Glucuronidase u. anschließende Spaltung der Sulfate bei pH 1 u. der unbekannten Konjugate in 4nH_2SO_4 bei Raum-Temp. erbrachte weitere 17-Ketosteroidfraktionen. I war jedoch nur im pH 7-Extrakt, der 35 % der gesamten 17-Ketosteroide enthielt, zu finden. 8 mg des keton. Anteils des pH 7-Extraktes wurden durch Gradientenelutionschromatographie an Al_2O_3 mit Bzl./A in 76 Fraktionen aufgetrennt. I erschien zwischen der 13.—25. Fraktion, wurde im Syst. BUSH B 1 auf SCHLEICHER & SCHÜLL Nr. 2317, durch nochmalige Chromatographie an Al_2O_3 u. Hochvakuumsublimation (150°; 0,01 mm Hg) gereinigt: R_F im Syst. BUSH A 0,24, BUSH B 1 0,82. U. LASCHET. 4596□

Trennung von Kontraktion und Kaliumaustritt in glatter Muskulatur. Leon Hurwitz, Betty Tinsley und Frank Battle. (Amer. J. Physiol. **199**. 107—11. Juli 1960. Nashville, Tenn., Vanderbilt Univ., School of Med., Dep. of Pathol.) (Engl.)

Pilocarpin (I) kann den *K*-Transport im isolierten Meerschweinchenileum unabhängig von seiner Wrkg. auf den Tonus der glatten Muskelfasern modifizieren. So wurde im Ca- (oder Mg-) freien Medium eine Dissoziation zwischen der kontraktilen Rk. auf I u. dem normalerweise gleichzeitig auftretenden K-Verlust der Muskelfasern gesehen; nach 1 Std. im Ca-freien Medium (im Mg-freien Medium schneller) wird die Rk.-Fähigkeit auf I unbedeutend, der K-Verlust steigt jedoch stark an u. kann durch I noch vermehrt werden. U. TAUSENDFREUND. 4597□

Die Diffusion verschiedener Substanzen durch die Muskelmembran von Ratten. H. McLennan. (Biochim. biophysica Acta [Amsterdam] **27**. 624—29. März 1958. Halifax, Dalhousie, Univ., Dep. of Physiol.) (Engl.) — Vgl. C. **1958**. 5695 u. C. **1959**. 2200. 11646. 12622.

Bestimmt wurden die Diffusions-Koeff. (DK) für Na^+, K^+ u. Cl^- sowie für *Saccharose* (I) im extracellulären Bereich einer dünnen Muskelmembran von Albinoratten, wobei die Werte bei Vorliegen physiolog. Konzz. der Ionen ziemlich denjenigen bei Diffusion in freier Lsg. entsprachen. Auch der DK für I war dem Wert in freier Lsg. ähnlich. Wurde die Zus. der extracellulären Muskel-Fl. derart verändert, daß sie hohe Konzz. von K^+ u. PO_4^{3-} enthielt, so war die Diffusion der K^+ aus dem extracellulären Raum nun viel langsamer als normal; jedoch trat der Effekt nicht auf, wenn die hohe Konz. an K^+ mit solcher eines anderen Anions, z. B. Cl^-, gekoppelt war. Diese langsame Diffusion von K^+ in Ggw. von PO_4^{3-} wird auf Bindung der letzteren Ionen an die Proteine des Muskels zurückgeführt. Diese Vermutung wird durch die Tatsache gestärkt, daß bei Anlegen eines elektr. Feldes die Beweglichkeit von K^+ durch die Membran dann red. ist, wenn K_3PO_4 angewandt wird. E. ÜHLEIN. 4597□

Stoffwechsel der Phosphorester im frischen Muskelsaft. C. Gosselin-Rey. (Arch. int. Physiol. Biochim. **68**. 803—28. Dez. 1960. Liège, Univ., Fac. des Sciences, Labor. de Biol. générale.) (Franz.)

Kaninchenmuskeln wurden durch intraperitoneale Injektion mit *Myanesin* in den Zustand der Relaxation gebracht, eingefroren u. rasch unter Druck (88 kg/cm²) gesetzt (Temp. 2°). 0,5 ml oder 1 ml frischer Muskelsaft wurden mit 1 oder 2 ml Trichloressigsäure (5%) versetzt, zentrifugiert, nach Zusatz von 2 oder 4 mg Na-Äthylendiamintetraacetat mit NH_3 auf pH 7 eingestellt u. die P-Ester papierchromatographiert. Lsgm.: n-Propanol, NH_3 (D. = 0,91), W. = 60:30:10 oder n-Propanol, 2 Mol Acetat = 70:30, pH = 4. Entwickler: Mo-Reagens nach HANES u. ISHERWOOD. Ferner wurden bestimmt: *Kreatinphosphat* (I), *Milchsäure* sowie die Aktivitäten von *Adenosintriphosphat* (*ATP*)-*Kreatinphosphokinase*, *Myokinase*, *Phosphoglyceratkinase* u. *Adenosintriphosphatase*. Die Modifikationen in der Zus. der P-Ester im frischen Muskelsaft ähneln denen, die von BAILEY u. MARSH (vgl. Biochem. biophysica Acta [Amsterdam] **9**. [1952.] 133) im totalen Muskelhomogenat ermittelt wurden. Jede durch die Druck-Einw. platzende Muskelzelle kann als ein kleines Homogenat betrachtet werden, in dem die *Adenosintriphosphatase* Adenosindiphosphat aus ATP in Freiheit setzt, das einer raschen Rephosphorylierung mittels I unterliegt. Der ATP-Umsatz ist jedoch im frischen Muskelsaft weniger rasch als im Gesamthomogenat. Die Synth. des labilen PO_4^{3-} beträgt im Muskelsaft 2—2,5%, im Homogenat ca. 15% des Total-P/Minute. Die durch das LOHMANNsche Enzym aktivierte PO_4^{3-}-Übertragung beträgt im Muskelsaft 1,2%, im Homogenat 9% des Gesamt-P/Minute. Die progressive Erhöhung des *Hexosediphosphates* (HDP) im Muskelsaft entspricht der Anhäufung von HDP im totalen Homogenat. Zu Beginn des Vers. ist der Geh. des Muskelsaftes an P-Verbb. des Adenosins gegenüber dem des Homogenates niedriger u. steigt dann rasch an. Im Muskelsaft bildet sich eine geringe Menge *Inosinmonophosphat*, die jedoch im Hinblick auf die ATP-Regenerierung kaum ins Gewicht fällt. B. GÖRLICH. 4597 □

Über die mit der Kontraktion des lamelligen verzweigten „catch"-Muskels verknüpften Proteine. J. C. Rüegg. (Proc. Roy. Soc. [London], Ser. B. **154.** 209—23. 9/5. 1961. Cambridge, Univ., Dep. of Biochem.) (Engl.)

Vf. untersucht im Zusammenhang mit dem „catch"-Mechanismus nach v. UEXKÜLL [1912] die fibrillären Proteine der glatten u. quergestreiften Adduktorenmuskelteile der Muscheln *Pecten maximus* u. *Mytilus edulis*. Die Unters. der bei dem kontraktilen Verh. von Muskeln eine Rolle spielenden Proteine *Actomyosin* (I), *Myosin* (II) u. *Tropomyosin A* (III) [das Tropomyosin der Wirbellosen, Paramyosin] erfolgt in Anlehnung an die Meth. von PORTZEHL, SCHRAMM u. WEBER (Z. Naturforsch. **5 b.** [1950.] 223), entwickelt für die Abtrennung von I u. L-II aus Skelettmuskeln. I wird in ein I-ähnliches Prod. u. III aufgetrennt, die mittels Ultrazentrifuge, freier Elektrophorese, *Adenosintriphosphatase*-Aktivität (IV), ATP-Empfindlichkeit u. Kontraktibilität charakterisiert werden. Reines Pecten-I ist nach der üblichen Verdünnungs-Meth. nur aus dem gestreiften Muskelanteil abzutrennen, während das Prod. aus dem glatten Anteil aus ungefähr $^2/_3$ I (enthält gesamte IV) u. $^2/_3$ III besteht. Die Bedeutung für das verschiedene kontraktile Verh. der ton. u. schnellen Adduktormuskeln wird diskutiert. Die Ergebnisse lassen den Schluß zu, daß III wahrscheinlich nicht am Kontraktionsvorgang beteiligt ist. P. TEICHGRÄBER. 4597

Über das Tropomyosin-Paramyosin-System in bezug auf den viscosen Tonus des lamelligen verzweigten „catch"-Muskels. J. C. Rüegg. (Proc. Roy. Soc. [London], Ser. B. **154.** 224—49. 9/5. 1961.) (Engl.) — Vgl. vorst. Referat.

Vf. untersucht die Beziehung des *Tropomyosins* zum Muskeltonus u. diskutiert ausführlich die Ergebnisse, bes. in Hinblick auf das Feinstrukturproblem u. die Regulierung der Rigidität der Muskelfibern. P. TEICHGRÄBER. 4597 □

Physiologische und biochemische Eigenschaften von entwässertem Muskel und Herz des Frosches (Rana esculenta). M. Dydyńska. (Bull. Acad. polon. Sci., Sér. Sci. biol. **9.** 57—60. 1961. Poln. Akad. der Wiss., M. Nencki-Inst. für Exp. Biol., Abt. für Biochemie.) (Engl.)

Werden Froschmuskeln über Silicagel getrocknet, so bleibt der Geh. an *Orthophosphat*, *Phosphokreatin* u. *Adenosintriphosphat* (*ATP*) unverändert. Desaminierung von *Adeninnucleotiden* wurde nicht beobachtet. Wird den Muskeln 20% H_2O entzogen, kontrahieren sie sich bei elektr. Stimulation. Haben sie bis 70% H_2O verloren, kontrahieren sie sich nur, wenn sie mindestens 1 Min. in RINGER-Lsg. gelegen haben. Vollständige Trocknung zerstört die Kontraktilität. Halbgetrocknete Muskeln haben nach Immersion in RINGER-Lsg. gegenüber frischen Muskeln einen geringeren Geh. an P-Verbindungen. Werden halbgetrocknete Muskeln in H_2O ausgelaugt, so kontrahieren sie sich in RINGER-Lsg. nur, wenn zugleich ATP geboten wird. Die Verss. am Froschherzen gaben analoge Ergebnisse. U. MOTHES. 4597 □

Beziehung zwischen Coronardurchströmung und Sauerstoffzufuhr. Abraham Guz, George S. Kurland und A. Stone Freedberg. (Amer. J. Physiol. **199.** 179—82. Juli 1960. Boston, Mass., Harvard Med. School, Dep. of Med.; Beth Israel Hosp., Yamins Res. Labor., Med. Res. Dep.; Med. Serv.) (Engl.)

Verminderung des O_2-Geh. der Durchströmungs-Fl. des isolierten Kaninchenherzens von höheren Werten (18 Vol.-%) auf niedrigere Werte (bis herab auf 2 Vol.-%) führt zu einer Steigerung der Coronardurchströmung u. umgekehrt. Herz-Geschw., Myocardspannung u. O_2-Verbrauch bleiben oberhalb 2 Vol.-% O_2 konstant. U. TAUSENDFREUND. 4597 □

Mit Aminosäuren verknüpfte säurelösliche Cytidinnucleotide in Kaninchenleberextrakten. Gunnar Ågren. (Acta chem. scand. **14.** 2241—42. 1960. Uppsala, Univ., Dep. of Med. Chem.) (Engl.)

Der ^{32}P-markierte Trichloressigsäureextrakt von Kaninchenlebern wurde durch Chromatographie an Dowex-1 (Formiatform) unter Gradientenelution mit Ameisensäure (0—0,23 m) fraktioniert, wobei von dem Adenosinmonophosphat ein Doppelgipfel (X_1) auftritt. X_1 enthält ^{32}P, absorbiert im UV u. reagiert positiv mit Ninhydrin. Die pH-Charakteristik der UV-Absorption von X_1 deutet darauf hin, daß es sich bei dem UVabsorbierenden Material um *Cytidinmonophosphat* handelt, das Aminosäuren gebunden enthält. Nach Totalhydrolyse (20 Std. bei 120°) wurden im Elektropherogramm mindestens 7 ninhydrinpositive Flecken (wahrscheinlich Asparaginsäure, Glutaminsäure, 6 neutrale u. 1 bas. Aminosäure) erhalten. E. SCHWERDTFEGER. 4597 □

Die Funktion des sympathischen Nervensystems bei der CCl_4-Lebertoxizität. Deane N. Calvert und Theodore M. Brody. (Amer. J. Physiol. **198.** 669—76. März 1960. Ann Arbor, Mich., Univ. of Michigan, Med. School, Dep. of Pharmacol.) (Engl.)

Es wird eine Hypothese diskutiert, nach der die charakterist. Veränderungen bei CCl_4-Vergiftung auf der Reizung sympath. Bereiche des Zentralnerven-Syst. beruhen, die durch eine lang anhaltende neuronale Entladung das periphere Sympathicus-Syst. erregen. Reizung der Sympathicusversorgung der Blutgefäße der Leber schränkt die Leberdurchblutung ein, wodurch Anoxie u. die charakterist. Nekrose rings um die Zentralvene der Leberlobuli erzeugt werden. Ferner wird eine Abgabe nichtveresterter Fettsäuren aus den peripheren Fettdepots u. damit Lipidablagerung in der Leber ausgelöst. Für diese Hypothese sprechen die durch Vorbehandlung mit Reserpin, Adrenalektomie, Rückenmarkdurchtrennung u. Behandlung mit adrenerg. blockierenden Mitteln (Dibenzyline, Priscoline) erzielten Ergebnisse, die alle mehr oder weniger die charakterist. Veränderungen der oxydativen Phosphorylierung in den Lebermitochondrien, der Aktivierung einer Mg-abhängigen Adenosintriphosphatase u. der Lipidablagerung verhindern. K. MAIER. 4597 □

Der schnelle Anstieg der Triglyceride in der Rattenleber nach CCl_4-Vergiftung. Michael C. Schotz und Richard O. Recknagel. (Biochim. biophysica Acta [Amsterdam] **41.** 151—52. 17/6. 1960. Cleveland, Ohio, Western Res. Univ., Dep. of Physiol.; Cleveland Clinic Found.) (Engl.)

Mit 0,5 ml CCl_4 pro 100 g Körpergewicht gefütterte Ratten zeigen in den nächsten 4 Std. einen deutlichen Anstieg ihres Leberfettes. Dabei ist das Anwachsen der Triglyceride bes. stark. H. RENZ. 4597 □

Über den Einfluß einfacher halbsynthetischer Futtermischungen auf Schädigungsgrad und Fettgehalt der Leber CCl_4-vergifteter Ratten. H. Engelhart, H. Thaler und R. Wenger. (Z. ges. exp. Med. **131.** 323—33. 1959. Wien, Univ., I. Med. Klinik.) (Dt.)

Albinoratten, die mit halbsynthet. Futter verschiedener Zus. ernährt wurden, zeigten nach akuter CCl_4-Vergiftung ausgedehntere Leberparenchymnekrosen als Kontrolltiere, die eine gemischte Kost aus Küchenabfällen erhielten. Danach genügt halbsynthet. Futter nur zur Aufrechterhaltung der biolog. Funktionen, vermindert aber die Widerstandskraft gegenüber STRESS-Situationen. Durch reichliche *Casein*-Gaben wird die Resistenz der Leber gegen CCl_4-Vergiftung nicht verbessert, während eine reichliche *Zucker*-Zufuhr die Ausdehnung der Nekrosen herabzusetzen scheint. Bei einer Diät mit hohem Pflanzenfett-Geh. scheint die CCl_4-Vergiftung schwerer zu verlaufen. Eine halbsynthet. Diät mit 0,5 g *Casein,* 0,5 g *Rohrzucker* u. 2,0 g *Olivenöl* täglich (41,9 cal) gab die besten Resultate. Nach akuter Vergiftung besteht keine Übereinstimmung zwischen der Schwere der Parenchymschädigung u. der Höhe des chem. bestimmten Fett-Geh. der Leber. Das Leberfett nimmt nach chron. Vergiftung beträchtlich zu. J. HAHN. 4597

Der Begriff „Halbwertszeit" bei der Bestimmung der Funktionskapazität der Leber. C. L. J. Vink. (Clin. chim. Acta [Amsterdam] **4.** 583—89. Juli 1959. (Leiden, Netherlands, Univ., Hosp., Pediatrics Dep.) (Engl.)

Als reaktionskinet. Standard für die Funktionskapazität der Leber wird die Halbwertszeit $t_{1/2}$ eingeführt. Als Belastungssubstanzen werden Galaktose u. Bromsulphthalein benutzt, die nach i.v. Zufuhr im Blut bestimmt werden. Trägt man den Logarithmus der Konz. gegen die Zeit auf, so erhält man eine Gerade. Aus letzterer läßt sich $t_{1/2}$ ableiten u. ist gut reproduzierbar. H.-J. STRUCK. 4597 □

Nierentubulussekretion von Harnsäure beim Mischlingshund. Willoughby Lathem, Bernard B. Davis und Gerald P. Rodnan. (Amer. J. Physiol. **199.** 9—12. Juli 1960. Pittsburgh, Pa., Univ. of Pittsburgh, School of Med., Dep. of Med.) (Engl.)

Bei durch *Mannit* bewirkter osmot. Diurese kommt es bei Hunden zu einer Steigerung der *Urat*-Ausscheidung u. meist zu einer die von Kreatinin übersteigenden Uratclearance. Die hohe Ausscheidung ist durch Kombination von Tubulussekretion u. verminderter Uratrückresorption bedingt. *Probenecid* vermindert auf der Höhe der Diurese die Uratclearance (Hemmung der Tubulussekretion). Harnsäure wird nicht durch nichtionale Diffusion ausgeschieden. U. TAUSENDFREUND. 4597 □

Nierenausscheidung von p-Aminosalicylsäure: ein Zweiwegtransportsystem beim Hund. K. C. Huang, K. B. Moore und P. C. Campbell jun. (Amer. J. Physiol. **199.** 5—8. Juli 1960. Louisville, Ky., Univ. of Louisville, School of Med.) (Engl.)

In den Nierentubuli (des Hundes) existiert ein Zweirichtungstransport für *freie p-Aminosalicylsäure* (I). Die Rückresorption von I wird durch den *pH* des Harns beeinflußt, *Natriumbicarbonat* vermindert, *Milchsäure* steigert die Rückresorption. Die Sekretion freier I benötigt keinen hohen pH-Wert u. kann durch *Acetat* (II) gesteigert, durch *Probenecid* blockiert werden. Die positiven T-Werte (Geschw. der Harnausscheidung minus Filtrations-Geschw. von I) sind nach II größer als nach Bicarbonat, während der pH des Harns unter Bicarbonat höher ist. U. TAUSENDFREUND. 4597□

Hirnglykogen- und Hirnkupferspiegel bei normalen Schafen und an Scrapie erkrankten Schafen. C. le Q. Darcel, R. J. Avery, und R. B. Carson. (Nature [London] **189.** 410. 4/2. 1961. Lethbridge, Alberta, Canada Dep. of Agricult., Animal Dis. Res. Inst. [Western], Health of Animals Div., Animal Pathol. Labor.; Ottawa, Ontario, Canada, Canada Agricult. Central Exper. Farm, Analyt. Chem. Res. Serv.) (Engl.)

Es wurde geprüft, ob Beziehungen zwischen der Scrapie-Erkrankung von Schafen u. der CASTEIGNE-LHERMITTE-Glykogenspeicherkrankheit bzw. der WILSONschen Krankheit bestehen. Da bei an Scrapie erkrankten Schafen kein gegenüber der Norm erhöhter Hirn-*Glykogen*-Geh. festgestellt wurde u. Prüfung des Hirn-*Cu*-Geh. Werte an der unteren Grenze der Norm zeigte, scheint keine Beziehung zu den genannten Erkrankungen zu existieren. U. TAUSENDFREUND. 4598□.

Der Einfluß von Röntgenstrahlen und Glucose auf die Lipoid-Synthese im Gehirn. E. Grossi, P. Paoletti und R. Paoletti. (Arch. int. Physiol. Biochim. **67.** 651—60 Okt. 1959. Milan, Univ., Inst. of Pharmacol.) (Engl.)

♂ Ratten wurden mit 3500 r röntgenbestrahlt (Dosisleistung 23,4 r/min, FHA 40 cm, Filter 3 mm Cu). Nach 24, 48, 72 oder 96 Std. getöteten Tieren wurden Gehirn u. Leber entnommen u. in KREBS-RINGER-Lsg. gebracht. Gewebeschnitte wurden für 2 Std. in Puffer-Lsg. inkubiert, die mit *Na*-$^{14}C_{(1)}$-*Acetat* (2 mc/mMol; I) oder mit $^{14}C_{(2)}$-*Mevalonsäure* (1 mc/mMol; II) markiert war. Nach bekannten Meth. wurde dann die Inkorporation von I u. II in die Fettsäuren u. das Cholesterin der beiden Gewebearten als Maßstab für die biosynthet. Aktivität bestimmt. Die Messungen ergaben eine durch die Bestrahlung erhöhte Inkorporation von I in der Leber, eine verringerte im Gehirn. Bei II tritt die Erhöhung in der Leber in geringerem Maß auf, im Gehirn bleibt die Bestrahlung unwirksam. Fügt man der Inkubations-Lsg. Glucose zu, dann erhält man eine erhöhte Wrkg. in der Leber u. eine Steigerung der Inkorporierung von II in den Gehirnlipoiden. Die Befunde werden diskutiert. Die Wrkg. der Bestrahlung auf die Biosynth. im Gehirn findet ihre Erklärung in der Rk. bestimmter Enzyme, diejenige auf die Vorgänge in der Leber zeigt lediglich eindeutig, daß in diesem Gewebe die Lipoid-Biosynth. nach verschiedenen Mechanismen verläuft. W. REUSSE. 4598□

Die Wirkungen der γ-Aminobuttersäure auf die chemisch und elektrisch ausgelöste Aktivität der isolierten Großhirnrinde des Hundes. Richard H. Rech und Edward F. Domino. (J. Pharmacol. exp. Therapeut. **130.** 59—67. Sept. 1960. Ann Arbor, Mich., Univ. of Michigan, Dep. of Pharmacol.) (Engl.)

Die lokale Applikation von *γ-Aminobuttersäure* (I) bzw. ihres β-Hydroxyanalogen auf die Großhirnrinde führt zu einer Umkehrung der vorher negativen Ausschläge nach Strychnin, d-Tubocurarin, Pentamethylentetrazol u. Picrotoxin. An dieser Wrkg. sind nach Vff. noch andere Faktoren neben der veränderten Volumleitung beteiligt. Auch die „dendrit." Ausschläge nach einmaliger elektr. Reizung werden durch I umgekehrt, bei Konz. von 0,1% I an der Oberfläche, bei Konz. von 0,5% I auch in der Tiefe. R. TIMMLER. 4598□

Ein möglicher biochemischer Mechanismus des Gedächtnisses. H. S. Anker. (Nature [London] **188.** 938. 10/12. 1960. Chicago, Ill., Univ., Dep. of Biochem.) (Engl.)

Der von SLIZARD (Proc. nat. Acad. Sci. USA **46.** [1960.] 277) eingeführte Begriff eines „para-constitutiven" Syst. (Enzym, Emzemregenerator, Enzymrepressor) wird vom Vf. übernommen u. als die möglicherweise bestehende „Gedächtniseinheit" des Gehirns angesehen. Der Übergang des einen stabilen Zustandes des Syst. in den anderen stabilen Zustand könnte dann den bin. Gedächtniskomponenten entsprechen. Da eine Nervenzelle wahrscheinlich auch 10^6 Gene enthält, könnte dem eine sehr große Zahl solcher bin. Einheiten pro Gehirnzelle entsprechen. Es erscheint vorstellbar, daß durch sorgfältigste Analysen der Gehirnbestandteile experimentelle Informationen über die Existenz solcher Syst. gewonnen werden können, wenn Gehirne untersucht werden, die einer verschieden großen Zahl von Gedächtnisimpulsen ausgesetzt waren.
R. TIMMLER. 4598□

Über die Phosphatide und Glykolipide eines Netzhaut-Lipoidextraktes aus Schweineaugen. 1. Mitt. L. Hörhammer, H. Wagner und P. Wolff. (Hoppe-Seyler's Z. physiol. Chem. **319.** 7—16. 1960. München, Univ., Inst. für Pharmazeut. Arzneimittellehre.) (Dt.)

Die aus den Schweineaugennetzhäuten durch Aceton–Ae.–A.-Extraktion gewonnene *Lipoidfraktion* (I) wurde durch P-, N- Cholin- u. Galaktose-Best. quant. analysiert. I enthielt 48% Fettsäuren (26,8% gesätt. u. 20,9% ungesätt.), wobei Dien-, Trien-, Tetraen-, Pentaen- u. Hexaensäuren gefunden wurden. Bei der Zus. von 78% Phosphatid bzw. Glykolipid neben 22% Cholesterin u. Neutralfett im I ergaben sich folgende Analysenwerte: *Gangliosid* $<$1,0%, *Diphosphoinositid* $<$1,0%, *Monophosphoinositid* 2,0%, *Cerebroside* 6,5%, *Serinkephalin* 6,5%, *Colaminkephalin* 18%, *Cholinphosphatide* 39%. Die Daten zeigen eine Analogie zum Lipoidextrakt aus Rinderhirn.
B. v. KERÉKJÁRTÓ. 4598□

Die Sehpigmente vor und nach der Extraktion aus Sehzellen. H. J. A. Dartnall. (Proc. Roy. Soc. London, Ser. B **154.** 250—66. 9/5. 1961. London, Inst. of Ophthalmology, Visual Res. Div., M.R.C. Ophthalmological Res. Unit.) (Engl.)

Vf. modifiziert die „opal-glass"-Meth. (SHIBATA, J. Biochem. [Tokyo] **45.** [1958.] 599), um die tatsächliche Lichtabsorption (LA) von Zellsuspensionen getrennt von ihren Lichtstreuungsvermögen zu bestimmen. Die Genauigkeit erreicht die von Messungen in Lösungen. Untersucht wurden die *Sehpigmente* (I) von *Rana temporaria, Conger conger* u. *Cyprinus carpio*. Die LA der Pigmente in den Zellen unterscheidet sich nicht wesentlich von der LA eines Digitoninextraktes. Die durch Entfärben von I in situ gebildeten Photoprodd. unterscheiden sich bedeutend von denjenigen, die bei normaler Temp. in Lsg. gebildet werden. P. TEICHGRÄBER. 4598□

Endokrine Aspekte der rezidivierenden Retinablutungen. A. D. Herschberg. (Ann. d'Endocrinol. **21.** 96—103. Jan./März 1960. Paris.) (Franz.)

Bei der Mehrzahl der Patienten mit rezidivierenden Retinablutungen besteht eine Störung des Gleichgewichts zwischen *Östrogenen* (I) u. *Androgenen* (Überschuß von I bei Mann u. Frau). Die Blutungen kommen durch Mikrorupturen der Gefäße oder durch massive Diapedese zustande. Es wird die Möglichkeit einer lokalen Freisetzung von *Histamin* oder *Acetylcholin* durch I diskutiert. Die Behandlung mit *Testosteron* liefert ausgezeichnete Erfolge. K. ZINGRAF. 4598□

E_6. Pharmakologie. Therapie. Toxikologie. Hygiene

Lokalisation von radioaktiven Zonen in Ratten, die einem starken Fluß thermischer Neutronen ausgesetzt waren, durch Autoradiographie bei —195°. Bedeutung von Phosphor-32 bei aufeinanderfolgender innerer Bestrahlung. Jean Chanteur und Pierre Pellerin. (Nature [London] **187.** 472—75. 6/8. 1960. Chatillon-sous-Bagneux, Seine, Service Central de Protection contre les Rayonnements, Inst. National d'Hygiene.) (Engl.)

Ratten wurden mit therm. Neutronen ($6 \cdot 10^{12}$ n/cm²/s) 5 Min. bestrahlt u. anschließend in fl. N_2 bei —195° eingefroren. Die Autoradiographie wurde nach der Meth. von PELLERIN (C. R. hebd. Séances Acad. Sci. **244.** [1957.] 1555) 1, 2, 12 u. 24 Std. bzw. 5, 10, 20 u. 30 Tage nach Bestrahlung durchgeführt. Die durch die Neutronenbestrahlung hervorgerufenen Aktivitäten können nur bei ^{24}Na, ^{35}S, ^{32}P, ^{47}Ca, ^{64}Cu, ^{45}Ca u. ^{42}K durch Autoradiographie aufgefunden werden. Die akt. Elemente sind zunächst über den ganzen Körper verteilt, wenn auch schon unmittelbar nach Bestrahlung eine Lokalisation z. B. in den Knochen erfolgt, die mit zunehmendem Abstand zwischen Bestrahlung u. Autoradiographie immer ausgeprägter wird. Unmittelbar nach Einw. von therm. Neutronen erfolgt eine kurzzeitige γ-Bestrahlung durch ^{24}Na u. ^{42}K u. eine viel länger anhaltende β-Bestrahlung durch ^{32}P u. z. T. auch durch ^{45}Ca, worauf die Lokalisation im Skelett zurückzuführen ist. Der einige Tage nach Bestrahlung auftretende Hintergrund in Autoradiographien ist auf ^{32}P in Zellelementen u. Nucleinsäuren zurückzuführen. Die abgeleiteten Vorstellungen konnten durch Modell-Verss. bestätigt werden. Auf die große Gefährlichkeit von ^{32}P nach Einw. von therm. Neutronen wird hingewiesen. G. FAUST. 4601□

Forschungsarbeiten über Gammastrahlung zur Sterilisation und Bekämpfung von Anopheles quadrimaculatus. A. N. Davis, J. B. Gahan, Donald E. Weidhaas und Carroll N. Smith. (J. econ. Entomol. **52.** 868—70. Okt. 1959.) (Engl.)

In Labor.-Verss. bewirkte bei *Anopheles quadrimaculatus Say*. Bestrahlung mit 8865—12900 r im Puppen- oder Vollkerfestadium vollkommene Sterilität. Bestrahlte ♀ nach Paarung mit unbestrahlten ♂ legten keine Eier, dagegen legten unbestrahlte ♀ nach Paarung mit bestrahlten ♂ eine normale Anzahl nicht schlüpfender Eier. Bei bestrahlten ♂ + normalen ♂ + normalen ♀ im Verhältnis 4:1:1 wurde kein Rückgang lebensfähiger Eier beobachtet, jedoch in den Verhältnissen 6:1:1 u. 10:1:1 ein Rückgang von ca. 80%. Die zur Erzielung einer 50- u. 100%ig. Sterblichkeit nötige Strahlungsmenge in 48 Std. betrug für Eier 2600 u. >11000 r, für Larven 32000 u. 120000 r, für Puppen 22000 u. 40000 r. FRITZ MÜLLER/Ludwigshafen. 4601 □

Scintigraphie zur Lokalisation radioaktiver Isotope. J. Nagy. (Acta med. Acad. Sci. hung. **16.** 137—46. 1960. Budapest, Med. Univ., Inst. für Med. Physik.) (Dt.)

Vf. beschreibt eine App. zur scintigraph. Erfassung der Verteilung von γ-Strahlern im lebenden Organismus. Ein mit automat. Vorschub ausgestatteter Scintillationszähler tastet zeilenweise den Körper ab, die jeweilige Größe der Radioaktivität wird mechan. auf einem Kartenblatt oder photograph. auf einem Film fixiert. H.-G. FLOSS. 4601 □

Messungen des ^{137}Caesium-Gehaltes in Menschen in den Jahren 1958/59. G. Maycock, Sheila W. Terry, J. Vennart und M. E. Wise. (Nature [London] **188.** 355—57. 29/10. 1960. Belmont, Sutton, Surrey, Radiolog. Protection Service.) (Engl.)

Es wird über Messungen an ca. 200 Personen aus der Leuchtstoffindustrie u. einem radiolog. Labor. auf ihren Gesamtkörper-Geh. an ^{137}Cs, *Ra* u. ^{40}K mittels 4 NaJ(Tl)-Scintillationszählern, Photomultiplier u. Impulshöhenanalysator berichtet. Die Messungen erfolgten durch Vgl. mit Phantomen, die mit Lsgg. der entsprechenden Isotopen gefüllt waren. Die ^{137}Cs-Werte lagen zwischen 3,59 u. 6,46 mit einem Mittelwert von 5,5 mμc/60 kg Körpergewicht. Die aus den Ergebnissen zu errechnende interne Bestrahlungsdosis wird mit 0,8—1,4 mrem/Jahr angegeben. W. REUSSE. 4601 □

Spaltprodukte und die Milchkuh. 1. Mitt. **Das Schicksal von oral zugeführtem ^{144}Cer.** R. J. Garner, H. G. Jones und L. Ekman. (J. agric. Sci. **55.** 107—08. Aug. 1960. Compton, Berks, A.R.C. Field Stat.) (Engl.) — 2. vgl. C. **1961.** 4794; **3.** vgl. C. **1961.** 17253.

Bei 2 Kühen mit 2täglichen Gaben von 120 μc ^{144}Ce während 10 Tagen wurden in den letzten 3 Tagen 93—119% der täglichen Zufuhr in den Faeces ausgeschieden. In Harn u. Milch wurden 0,23 u. 0,17 bzw. 0,01 u. 0,016% des gesamten zugeführten ^{144}Ce wiedergefunden. Bei einem dieser Tiere wurde das in den einzelnen Darmabschnitten befindliche ^{144}Ce bestimmt. J. SCHWAIBOLD. 4601 □

Entfernung von innerlich abgelagertem Americium durch Chelatbildner. F. D. Sowby und D. M. Taylor. (Nature [London] **187.** 612. 13/8. 1960. London, Roy. Cancer Hosp., Inst. of Cancer Res., Dep. of Phys.) (Engl.)

Ratten wurden 0,2 μc ^{241}Am als Citratkomplex i.v. injiziert u. die Ausscheidungsbeschleunigung durch *Diäthylentriaminpentaessigsäure* (**I**) u. *Äthylendiamintetraessigsäure* (**II**) untersucht. **I** ist etwa doppelt so wirksam wie **II**. In Abständen von 1 Std. bis zu 7 Tagen nach der ^{241}Am-Injektion wurde **I** intraperitoneal appliziert. 21 Tage nach der ^{241}Am-Applikation wurden die Tiere getötet u. die Aktivität von Leber, Femur, Körper u. Exkrementen bestimmt. Bei unbehandelten Tieren sind nach 21 Tagen ca. 40% des injizierten ^{241}Am im Skelett, 25% im Gewebe u. 35% in den Exkrementen enthalten. Bei **I**-Behandlung 1 u. 6 Std. bzw. 7 Tage nach ^{241}Am-Applikation sind im Skelett 7, 10 bzw. 20% des injizierten ^{241}Am enthalten, während die Aktivität im Gewebe unter 1% liegt. **I** dürfte zur Entfernung von ^{241}Am aus dem Körper gut geeignet sein, bes. wenn **I** bald nach der ^{241}Am-Inkorporation angewandt wird. G. FAUST. 4601 □

Unterstützende Wirkung von injizierten chelatbildenden Stoffen. A. Lindenbaum und J. Schubert. (Nature [London] **187.** 575—76. 13/8. 1960. Lemont, Ill., Argonne Nat. Labor., Div. of Biol. and Med. Res.) (Engl.)

Vff. untersuchten die Ultrafiltrierbarkeit von Gewebe-Ndd. verschiedener radioakt. Isotopen nach Behandlung mit chelatbildenden Stoffen. Es wurde gefunden, daß *Diäthylentriaminpentaessigsäure* (**I**) *Pu*-Ndd. in Knochenmark, Leber u. Plasma ultrafiltrierbar macht. **I** ist *Äthylendiamintetraessigsäure* bei ^{239}Pu- u. ^{234}Th-Vergiftungen erheblich überlegen. Die Ultrafiltrierbarkeit von ^{85}Sr-Ndd. wird nicht erhöht.
H. GOEBEL. 4601 □

Schutzstoffe gegen ionisierende Strahlung. 1. Mitt. **Thiazolidin-Derivate.** Randolph Riemschneider. (Z. Naturforsch. **16b.** 75—76. Jan. 1961. Berlin-Dahlem, Freie Univ.) (Dt.)

Intraperitoneal verabfolgte *Thiazolidin-4-carbonsäure* (15 mg/100 g) in 3%ig. Lsg. bei Ratten 17 Min. vor einer Ganzkörperbestrahlung mit 1000 r einer harten Röntgenstrahlung zeigt einen deutlichen Schutzeffekt. Von 12 Tieren leben nach 30 Tagen noch 12, nach 120 Tagen 11 Tiere. Von den 12 Kontrolltieren starben bis zum 30. Tag 6 u. bis zum 120. Tag 7 Ratten. Bei peroraler Applikation in Mengen bis zu 50 mg/100 g Tier war kein Schutzeffekt nachweisbar. Von 28 weiteren Thiazolidin- u. Thiazolin-Derivv. hatte nur das intraperitoneal applizierte *Aminothiazolin* einen Schutzeffekt.
R. SAUERBREY. 4601 □

Experimentelle Untersuchungen von Stoffwechsel, Lokalisierung und Toxikologie von Barium durch ^{131}Ba. R. Castagnou, Cl. Paoletti und S. Larcebau. (Bull. Soc. Pharmacie Bordeaux **97.** 154—67. 1958. Labor. de Toxicol. et Inst. Gustave-Roussy de Villejuif.) (Franz.)

Zur quant. Best. von *Ba* im Rattenkörper erhalten die Vers.-Tiere i.v. oder peroral ^{131}Ba. In einem Zeitraum von 2 Std. bis 15 Tage nach der Vergiftung wird der Ba-Geh. im Gesamttier u. den einzelnen Organen radiometr. bestimmt. R. LENSCHAU. 4606□

Bestimmung eines Koeffizienten der toxischen Affinität für Barium in verschiedenen Organen. Experimentelle Untersuchungen an der Ratte. R. Castagnou, S. Larcebau und Cl. Paoletti. (Bull. Soc. Pharmacie Bordeaux **97.** 168—88. 1958. Labor. de Toxicol. et Inst. Gustave-Roussy de Villejuif.) (Franz.) — Vgl. auch vorst. Referat.

Mit a = Konz. an *Ba* in mg/g, q = verabfolgte Dosis Barium in mg, P = Tiergewicht in g definieren Vff. den Affinitäts-Koeff. für Ba als a/(q/P). Werte für den Koeff. in verschiedenen Organen für die Zeit von 2 Std. bis 15 Tage nach der Vergiftung werden angegeben. R. LENSCHAU. 4606□

Retention von verschiedenen Quecksilberverbindungen nach subakuter Verabreichung. A. Swensson, K.-D. Lundgren und O. Lindström. (A. M. A. Arch. ind. Health **20.** 467—72. Dez. 1959. Stockholm, Karolinska Sjuthuset, Dep. of Occupational Med. u. King Gustaf V Res. Inst.) (Engl.)

$HgCl_2$, $Hg(NO_3)_2$, Phenylmercuriacetat, Methylmercurihydroxyd u. *Methylmercuricyanoguanidin* wurden in einer Menge von 2 mg Hg/Liter im Trinkwasser bis zu 3 Wochen gegeben, wobei stets Hg markiert war (^{203}Hg). Die organ. Hg-Verbb. gaben stets höhere Hg-Konzz. im Blut als die anorganischen. Die anorgan. Hg-Verbb. häuften sich im Blutplasma, die organ. in den Erythrocyten an. Die organ. Hg-Verbb. gaben höhere Hg-Konzz. in Hirn, Leber u. Niere. Sehr niedrig war der Hirn-Hg-Geh. bei den anorgan. Salzen. Die Verteilung von Hg-Verbb. zwischen Hirn u. Blut scheint für jede Substanz konst. zu sein u. zeigt ein Verteilungsgleichgewicht. G. KIMMERLE. 4606

Die antiketogene Wirkung von Polyalkoholen in Rattenleberschnitten. R. K. Haydon. (Biochim. biophysica Acta [Amsterdam] **46.** 598—99. 29/1. 1961. Dunedin, New Zealand, Univ. of Otago, Dep. of Biochem.) (Engl.)

In Leberschnitten von Hungerratten besitzen *Sorbit, Xylit* u. *Ribit*, nicht aber Mannit u. Dulcit, eine antiketogene Wirkung. K. ZINGRAF. 4607□

Der Einfluß des Reserpins und Tryptophans auf das enterochromaffine Gewebe beim Meerschweinchen. W. Prellwitz. (Z. ges. exp. Med. **131.** 301—11. 1959. Bonn, Friedrich-Wilhelm-Univ., Pathol. Inst.) (Dt.)

Der Einfl. von *Reserpin* (**I**) u. *Tryptophan* (**II**) auf die enterochromaffinen Zellen im Magen–Darm-Trakt wird beim Meerschweinchen untersucht. Diese umfassen die argyrophilen (A), argentaffinen (B) u. diazopositiven (C) Zellen. Nach **I** erfolgt ein Abfall aller 3 Zelltypen. Die A verringern sich um ca. 64%, die B sind 16 Std. nach der Injektion nicht mehr nachweisbar, die C schwinden schon nach 4 Stunden. Nach 240 Std. werden die Ausgangswerte wieder erreicht. Erhalten die Tiere **I** u. **II**, so verringert sich der Abfall der A-Zellen erheblich. Die B-Zellen zeigen eine verzögerte Abnahme u. sind immer noch nachweisbar; die C-Zellen erreichen nach 4 Std. den Nullpunkt. Nach **II**-Gabe kommt es zu einer Vermehrung aller 3 Zelltypen. — 28 Literaturangaben. G. KIMMERLE. 4607

Über den Einfluß von 2.4-Dinitrophenol und Monojodessigsäure auf den Funktionszustand des Rückenmarks. O. G. Politko. (Доповіді Академії Наук Української РСР [Ber. Akad. Wiss. UkrainSSR] **1961.** 526—30. Gomel, Pädag. Inst.) (Ukrain.; Auszug: Engl.)

In Verss. mit Fröschen, bei denen durch einen Induktionsstrom das die Innervierung des Musculus gastrocnemius bewirkende Zentrum u. das die Innervierung des Triceps bewirkende antagonist. Zentrum mit u. ohne Anwendung von *2.4-Dinitrophenol* (**I**) oder *Monojodessigsäure* (**II**) erregt. Es zeigte sich, daß **I** in hoher Konz. (1:10000) die Erregbarkeit beider Zentren vermindert, bei geringer Konz. (1:100000) die Erregbarkeit des der **I**-Einw. unterworfenen Zentrums vermindert, die Erregbarkeit des antagonist. Zentrums erhöht. **II** wirkt sowohl bei hoher (1:10000) wie bei geringer Konz. (1:100000) auf beide Zentren vermindernd ein. O. LEBTAG. 4607□

Pharmakologische und toxikologische Untersuchungen über N.N-Diäthyl-m-toluoylamid. 1. Mitt. Anthony M. Ambrose (unter techn. Mitarbeit von Donald K. Huffman und Richard T. Salamone). (Toxicol. app. Pharmacol. **1.** 97—115. Jan. 1959.) (Engl.)

Das insektenabweisende Mittel *N.N-Diäthyl-m-toluoylamid* (*DET*) hat einen bitteren Geschmack, ruft auf der Zunge u. den Lippen eine betäubende Empfindung von kurzer Dauer hervor, auf der Nasenschleimhaut ein hartnäckiges prickelndes Gefühl. DET ist unlösl. in W, in allen Verhältnissen mischbar mit A., Isopropanol, Propylenglykol u. Baumwollöl. Die DL_{50} für Ratten beträgt 2 ml/kg, Kaninchen vertrugen 50 ml/kg, 75 mg/kg wirkten tödlich. Dermale Applikation auf enthaarte Kaninchenhaut rief bei 2—4 ml/kg in 24 Std. ein mildes Erythem hervor, jedoch keine Anzeichen einer systemat. Vergiftung auch bei wiederholten Einreibungen, die lediglich Rhagaden u. Abschuppungen verursachten. Einatmung von 1 ml pro Std. als Aerosol ließ keine tox. Erscheinungen bei Ratten erkennen, ebenso wenig die Verfütterung als 1%ig. Beimengung während einer Vers.-Zeit von 200 Tagen. Bei dieser Kost trat eine Verminderung des Gesamtgewichtes der Versuchstiere ein, die nicht mit der Nahrungsaufnahme zusammenhing, gleichzeitig trat ein Anwachsen des Organgewichtes der Hoden bei männlichen Tieren, von Leber u. Milz bei weiblichen u. der Niere bei beiden Geschlechtern ein. In vitro verursachten DET-Verdünnungen von 1:500 bei Rattenuterus u. von 1:10000 bei Kaninchendarm eine Herabsetzung der rhythm. Kontraktionen. Kaninchen starben bei Dosen über 70 mg/kg innerhalb einer Minute.

W. KUNZKE. 4607 □

Wirksamkeit von Aerosolzubereitungen mit Gehalt an Methoxychlor und anderen Abwehrmitteln gegen Stechfliegen beim Vieh und Analysen der Milch behandelter Tiere. Tien-Hsi Cheng, Donald E. H. Frear und Henry F. Enos jun. (J. econ. Entomol. **52**. 866—68. Okt. 1959. University Park, Pa., Pennsylvania State Univ.) (Engl.)

Milchkühe wurden täglich mittels einer selbsttätigen Vorr. mit 1, 2 oder 4% *Methoxychlor* (I)-enthaltenden Gemischen, *Toluylsäurediäthylamid*, *Thanite*, *MGK R-326*, *Pyrethrum* u. anderen Zusätzen besprüht. Alle Gemische ergaben während 14 Wochen vollkommenen Schutz *gegen Siphona irritans L.*, jedoch nur in beschränktem Ausmaße gegen *Stomoxys calcitrans L.* In der Milch konnte I nicht nachgewiesen werden.

FRITZ MÜLLER/Ludwigshafen. 4607 □

Rückstandsuntersuchungen an in 0,025%iges Lindan getauchten Schafen und Ziegen. J. B. Jackson, M. C. Ivey, R. H. Roberts und R. D. Radeleff. (J. econ. Entomol. **52**. 1031—32. Okt. 1959. Kerrville, Tex.) (Engl.)

2 Wochen nach dem Tauchen in 0,025%ig. *Lindan* (I) wurden im Fett der Schafe 4,22 ppm I, in dem der Ziegen 2,67 gefunden. Diese Rückstände nahmen fortlaufend ab u. waren nach 12 Wochen verschwunden. FRITZ MÜLLER/Ludwigshafen. 4607 □

Pharmakologische Untersuchungen über das aktive Prinzip von Atractylis gummifera. 9. Mitt. **Die Wirkung auf das isolierte Zwerchfell der Ratte.** A. Bruni, L. Rausa und S. Patania. (Arch. ital. Sci. farmacol. [3] **8**. 46—51. Jan. 1958. Palermo, Univ., Ist. Farmacol.) (Ital.) — 8. vgl. Arch. ital. Sci. farmacol. [3] **7**. [1957.] 21; 5. vgl. C. **1959**. 9311.

Die Unters. der in vitro-Wrkg. von *K-Atractylat* aus *Atractylis gummifera* (I) auf das isolierte Zwerchfell von Ratten brachte folgende Ergebnisse: der O_2-Verbrauch wird beträchtlich herabgesetzt, auch in Ggw. von *Glucose* (I) oder I u. *Insulin* (II); die Synth. von Glykogen wird verhindert, wenn I allein zugesetzt wird, nicht aber, wenn zu I noch II zugeführt wird. Das Hauptwrkg.-Prinzip von I besteht vermutlich in einer Hemmung des Atmungs-Syst. u. damit der Glykogensynthese.

B. STIEB. 4608 □

Behandlung von Leishmania donovani-Infektionen mit oberflächenaktiven Stoffen. J. D. Fulton. (Nature [London] **187**. 1129—30. 24/9. 1960. London, Mill Hill., Nat. Inst. for Med. Res.) (Engl.)

Mit 4—16mal 125 mg *Triton W.R. 1339* oder *Macrocyclon*, im Abstand von einigen Tagen intraperitoneal verabreicht, gelang bei Hamstern zwar eine beträchtliche Hemmung, jedoch keine vollständige Ausrottung einer *Leishmania donovani*-Infektion.

U. TAUSENDFREUND. 4610 □

Potentielle chemotherapeutische Verbindungen. 3. Mitt. **Derivate von 2-Aminodiphenylamin und N-N-Bis-[4-aminophenyl]-alkylaminen.** Milton C. Kloetzel, Stanley J. Davis und Upendra Pandit. (J. med. pharmac. Chem. **1**. 197—211. Juni 1959. Los Angeles, Calif., Univ. of South. California, Dep. of Chem.) (Engl.)

Vff. untersuchen die tuberkulostat. Aktivität weniger stark tox. wirksamer Derivv. von *2-Aminodiphenylamin* (I) u. *N.N-Bis-[4-aminophenyl]-alkylaminen* (II). In Anlehnung an die biolog. Detoxifikation wird I mit *D-Glucose*, *D-Galakturonsäure*, *L-Ascorbin-*

säure u. *D-Glucuronolacton* (III) in wasserfreiem Methanol kondensiert; doch liefert nur III mit I ein chem. definiertes Additions-Prod. ($C_{18}H_{18}N_2O_5$, Schmelzbereich: 120 bis 150°, 82% Ausbeute), das in einer Verdünnung von 1:40000 (I: 1:100000 in Ggw. von 10% menschlichem Serum) tuberkulostat. wirksam ist. Ferner werden verschiedene Carboxamide u. Sulfonamide von I, ein cycl. I-Deriv.: *2-Äthyl-1-phenylbenzimidazol* (aus *2-Propionamidodiphenylamin* durch Erhitzen mit HCl), ein Rk.-Prod. aus I u. *6'-Chlor-2'.4-diketo-2.2-dimethylpyrano-(3'.4':5.6)-1.3-dioxin* sowie heterocycl. Derivv. von I (aus *o-Phenylendiamin* u. *2-Acetoamidoanilin*) hergestellt, die in Verdünnungen von 1:20000 bis 1:10000 (in Ggw. von Serum) gegen *Mycobacterium tuberculosis var. hominis* (H37Rv-Stamm) tuberkulostat. Aktivität aufweisen u. eine geringere Toxizität als I besitzen. Vorst. Verbb. sind gegen die an Meerschweinchen hervorgerufene experimentelle Tuberkulose unwirksam. — Aus *N.N-Bis-[4-nitrophenyl]-aminen* werden durch Alkylierung eine Anzahl von *N.N-Bis-[4-nitrophenyl]-alkylaminen* gewonnen, die mit RANEY-Ni zu den entsprechenden II hydriert werden. Sie werden als freie Basen bzw. *N.N-Bis-[4-acetamidophenyl]-alkylamine* isoliert. *N.N-Bis-[4-acetamidophenyl]-methylamin* läßt sich durch Oxydation mit 30%ig. H_2O_2 in Acetanhydrid/Essigsäure in *N.N-Bis-[acetamidophenyl]-methylamin-N-oxyd* (IV) überführen, das in einer Verdünnung von 1:80000 (in Ggw. von 10% Serum 1:10000) wirksam ist. Die Darst. von *N.N-Bis-[4-amidophenyl]-methylamin-N-oxyd* (V) durch Hydrolyse von IV mit 10%ig. HCl wird infolge Red. unter Bldg. von *N.N-Bis-[4-aminophenyl]-methylaminhydrochlorid* vereitelt. Auch aus *N.N-Bis-[4-bromphenyl]-methylamin-N-oxyd* entsteht durch Erhitzen auf 140° mit 28%ig. NH_3 im Autoklaven kein V, sondern durch Red. nur *N.N-Bis-[4-bromphenyl]-methylamin.*

Versuche: Substituierte *2-Aminodiphenylamine* (I): *2-Propionamidodiphenylamin* (VI), F. 145—146°; aus *2-Aminodiphenylamin* (I) u. *Propionsäureanhydrid*; 94% (Ausbeute); Kristalle aus A., — *o-Phenylaminophenylharnstoff*, F. 158—159°, aus I u. KCNO in Essigsäure; 56%; Kristalle aus A., — *N-Phenyl-N'-[o-phenylaminophenyl]-harnstoff*, F. 190—191°, aus I u. *Phenylisocyanat* in PAe. u. Bzl.; 76%; Kristalle aus Aceton–A., — *2-Benzolsulfonamidodiphenylamin*, F. 126,5—127,5°; aus I u. *Benzolsulfonylchlorid* in Pyridin u. Dioxan; 42%; Nadeln aus A., — *2-[p-Toluolsulfonamido]-diphenylamin*, — *2-[p-Acetamidobenzolsulfonamido]-diphenylamin*, F. 170—171° (mit 1 Mol Kristallmethanol: F. 98—114°), aus I u. *p-Acetamidobenzolsulfonylchlorid* in Pyridin u. Ae.; 66%; Prismen. — *2-[p-Aminobenzolsulfonamido]-diphenylamin*, F. 161 bis 162,5°; aus vorst. Verb. durch Hydrolyse mit methanol. HCl, Kristalle aus A. — *2-Äthyl-1-phenylbenzimidazolhydrochlorid*, F. 204—206°; aus VI durch Erhitzen mit 4n HCl am Rückfluß u. Behandlung des erhaltenen braunen Öles mit HCl-Gas in Ae.; 68%; Kristalle aus Aceton. — *6'-[2-Aminophenylamino]-2'.4-diketo-2.2-dimethylpyrano-[3'.4':5.6]-1.3-dioxin*, F. >300° (Zers.), gelbe Kristalle aus Nitrobenzol. — *2'.4-Diketo-2.2-dimethyl-6'-[2-phenylaminophenylamino]-pyrano-[3'.4':5.6]-1.3-dioxin*, F. 240—245° (Zers.); 60%; gelbgrüne Kristalle aus Dioxan. — *6'-[2-Acetamidophenylamino]-2'.4-diketo-2.2-dimethylpyrano-[3'.4':5.6]-1.3-dioxin*, F. 190—190,5° (Zers.), Platten aus Isoamylalkohol. — *N.N-Bis-[4-nitrophenyl]-amin* (VII), $C_{18}H_{12}N_4O_6$, aus p-Bromnitrobenzol, p-Nitroanilin, K_2CO_3, Cu-II-Jodid in Nitrobenzol am Rückfluß; 40%; *Tris-[4-nitrophenyl]-amin*, F. >300°, gelbe Prismen. — *N.N-Bis-[4-nitrophenyl]-methylamin.* — *-äthylamin*, F. 140,5°; 77%; *-n-propylamin*, F. 132—133°; 84%; — *-n-butylamin*, F. 92,5—93,5°; 73%; *-n-hexylamin*, F. 97—98,5°; 50%; *-n-octylamin*, F. 79—80°; aus VII, n-Octyljodid, KOH in wss. Aceton am Rückfluß; 59%; *-n-dodecylamin*, F. 78—78,5°; 49%; *-n-tetradecylamin*, F. 79,5—80,5°; 59%; *-n-hexadecylamin*, F. 80—80,5°; 54%; *-n-octadecyl-*, F. 86,5—87,5°; 20%. — *N.N-Bis-[4-aminophenyl]-n-tetradecylamin*, F. 71,5—72,5°; 92%; *-n-hexadecylamin* (VIII), F. 73—73,5°; 77%; *-n-octadecylamin*, F. 82,5—83°; 86%. — *N.N-Bis-[4-acetamidophenyl]-methylamin*, F. 251,5—252°; 80%; *-äthylamin*, F. 222,5—224°; 60%; *-n-propylamin*, F. 220—220,5°; 38%; *-n-butylamin*, F. 205—205,5°; 54%; *-n-dodecylamin*, F. 152—152,5°; 10%; *-n-hexadecylamin*, F. 144,5—145°; 64%; *-n-octadecylamin*, F. 138,5—139°; 57%; *N.N-Bis-[4-succinimidophenyl]-n-hexadecylamin*, $C_{36}H_{49}N_3O_4$, F. 120—122°, aus VIII u. Bernsteinsäureanhydrid in Bzl.; 54%; Platten aus Alkohol. *N.N-Bis-[4-acetamidophenyl]-methylamin-N-oxyd*, $C_{17}H_{19}N_3O_3$, F. 147,5—148°; 20%; Nadeln aus wss. A.; *N.N-Bis-[4-aminophenyl]-methylamindihydrochlorid*, $C_{13}H_{17}N_3Cl_2$, Nadeln; *N.N-Bis-[4-bromphenyl]-methylamin*, F. 120—121°, aus dem entsprechenden -N-oxyd u. 28%ig. NH_3 bei 140 bis 145° im Bombenrohr; 74%; Nadeln aus Alkohol. P. FAHRNLAENDER. 4610□

Versuch einer Behandlung der Lungentuberkulose mit Aerosolen von Kanamycin in Kombination mit Diffusionsfaktoren. G. Dumon. (Rev. Tuberculose Pneumol. 25. 41—52. Jan. 1961. Marseille.) (Franz.)

Kanamycin (I) wurde in Kombination mit *Hyaluronidase* in Aerosolform bei Lungentuberkulose mit Erfolg angewandt (56 Patienten, davon bei 40 Besserung, 16 Versager). Eine kreuzweise Resistenz gegen I u. *Neomycin* wurde in vivo nicht beobachtet. K. ZINGRAF. 4611□

Frühzeitige Anoxiereaktionen beim Hund nach Behandlung mit einem Adrenolyticum: Veränderungen der Blutkoagulation. D. Quivy und M. V. Strumza. (C. R. Séances Soc. Biol. Filiales **153.** 1535—38. 1959, herausgeg. 12/2. 1960. Paris, Fac. de Méd., Labor. de Biol. aéronaut.) (Franz.)

Hunde, die durch vorhergehende Gabe von *Phentolamin* (I) gegen die Wrkg. einer evtl. *Adrenalin* (II)-Ausschüttung geschützt sind, zeigen 3 Min. nach Inhalation einer nur 3,4% O_2 enthaltenden Luftmischung beschleunigte Atmung u. Blutdruckanstieg, allerdings in geringerem Maße als ohne I. Die Blutkoagulation wird durch I verzögert, durch II nicht eindeutig verändert. Kurz dauernde Anoxie nach I-Gabe ruft stets eine bedeutende Verkürzung der Koagulationszeit hervor. K. BOHLE. 4620□

Die Lokalisation der zentralbedingten Hypotensionswirkung von Chlorpromazin. K. K. Tangri und K. P. Bhargava. (Arch. int. Pharmacodynam. Thérap. **127.** 274—84. 1/9. 1960. Lucknow, India, Univ., K. G. Med. Coll., Dep. of Pharmacol.) (Engl.)

Während nach Injektion von 0,5 mg *Chlorpromazin* (I)/kg in den Seitenventrikel von Hunden keine Veränderung der Blutdruckkurve nach i.v. verabfolgtem *Noradrenalin* (II) gegenüber Kontrollen nachzuweisen war, führte die elektr. Reizung des zentralen Vagusstumpfes ebenso wie die kurzfristige Abklemmung der A. carotis zu einer wesentlichen Abschwächung der Blutdruckreaktion. Auch die Injektion von 10 μg I/kg in die A. vertebralis von bilateral vagotomierten u. am Carotissinus denervierten Hunden bewirkte neben einem deutlichen Abfall des Blutdruckes eine Abschwächung der Depressor-Rk. nach Reizung des zentralen Vagusstumpfes, während die Rk. auf II unbeeinflußt blieb. Elektr. Reizung der Formatio reticularis der Medulla oblongata führte bei Katzen zu einem erheblichen Blutdruckanstieg. Nach i.v. Injektion von 50 μg I/kg wurde neben einer deutlichen Blutdrucksenkung eine Abschwächung der medullär ausgelösten Blutdruck-Rk. registriert, die i.v.-Injektion von II beeinflußte den Blutdruck immer gleichbleibend. An decerebrierten Katzen (Durchtrennung zwischen rostalen u. caudalen Colliculi) bewirkte I in Dosen von 50—500 μg/kg keine Hemmung der medullär ausgelösten Blutdruckreaktion. Die durch Kompression des Rückenmarks ausgelöste Vasomotoren-Rk. konnte durch I in Dosen, die noch keine adrenerg. Blockierung hervorrufen, nicht beeinflußt werden. Nach Vff. scheint auf Grund der genannten Befunde der Wrkg.-Ort der zentralen hypotensiven I-Wrkg. der Hypothalamus zu sein. R. TIMMLER. 4620□

Über die Pharmakodynamie des Trasentins und Atropins als Tranquilizer. Ed. Frommel und C. Fleury. (Helv. physiol. pharmacol. Acta **18.** Nr. 3. C 66—70. 1960.) (Franz.)

Das *Trasentin* (I) besitzt dieselben Wrkg. wie das *Atropin* (II). Beide sind keine bedeutenden Dormitiva. Sie haben eine wenig bedeutungsvolle Wrkg. auf die Wärmezentren und sind leicht antitherm. wirksam. Sie sind leicht analget. u. anaesthet., beruhigen in schwacher Dosierung die motor. Exzitation, die durch Coramin verursacht wird, u. haben keine anticonvulsiven Eigenschaften. Die anticholinerg. Wirksamkeit von II ist größer als die von I auf isolierte Organe. Hingegen ist die Antihistamin-Wrkg. von I größer als die von II. Sowohl I wie II können in der Gruppe der gebräuchlichen Tranquilizer (Meprobamat, Atarax, Carisoprodol) keinen Platz beanspruchen. — 18 Literaturangaben. W. F. EBEL. 4620□

Elektrophysiologische Klassifizierung der Stimulantien des Zentralnervensystems. 2. Mitt. **Wirkung halluzinogener, psychotonischer und analeptischer Stimulantien auf den Weck- und Entspannungsmechanismus.** Marcel Monnier und P. Krupp. (Arch. int. Pharmacodynam. Thérap. **127.** 337—60. 1/9. 1960. Basel, Univ., Inst. de Physiol.) (Franz.) — 1. vgl. Arch. int. Pharmacodynam. Thérap. **124.** [1960.] 281.

Alle untersuchten Stimulantien wirken hauptsächlich auf die mesodiencephalen Syst. (a), welche die Wach-Schlaf-Funktionen regulieren, entweder durch Reizung des reticulären Wecksyst. (b) oder Depression des mediothalam. Entspannungs-Syst. (c); oft sind beide Mechanismen kombiniert. Die mesodiencephalen Stimulierungen können durch Reizung der Paleocortex des Hippocampus (d) verstärkt oder durch Depression dieses Syst. vermindert werden. Wie die Brenzcatechinamine stimulieren die halluzinogenen *Adrenochrome, LSD* (*Dylesid Sandoz*), *Bufotenin, Cocain*, ebenso wie bestimmte psychoton. Substanzen (*Metamphetamin*) b u. d, während sie gleichzeitig c mäßigen. Andere Stimulanten (*Mescalin, Levallorphan*) wirken hauptsächlich auf a u. wenig auf d.

Die reinen psychoton. Stimulantien, wie das *Coffein* u. das *Ritalin*, stimulieren nur durch Depression von c; sie mäßigen außerdem d u. bekommen daher gewisse krampflösende Eigenschaften. Die krampferzeugenden Analeptica (*Tetrazol*, *Picrotoxin*, *Strychnin*) verdanken ihre Stimulations- u. Krampf-Wrkg. hauptsächlich der Reizung von d ohne ausgeprägten Reiz auf b. H. AMAN. 4622 □

Über den Stoffwechsel des 2-Methoxy-4-allylphenoxyessigsäure-N.N-diäthylamids (G 29505). R. Pulver und F. Litvan. (Arzneimittel-Forsch. **10.** 111—13. Febr. 1960. Basel, I. R. Geigy A.G.) (Dt.)

Vff. geben Kaninchen *2-Methoxy-4-allylphenoxyessigsäure-N.N-diäthylamid* (I, *G 29505*, 7,50 g/kg innerhalb von 5 Tagen [2mal 250 mg/kg pro Tag] per os) u. bestimmen die mit dem Harn ausgeschiedenen Stoffwechsel-Prodd. durch Extraktion mit A. (pH 7,5), u. (nach Eindampfen u. Aufnahme des Rückstandes mit W.) Ae. bei pH 8 u. 2. Der Extrakt aus der alkal.-äther. Lsg. enthält nur unverändertes I, das durch Verdampfen u. Verseifen des öligen Rückstandes (Kp.$_{0,001}$ 135—145°) mit 2 n NaOH als *2-Methoxy-4-allylphenoxyessigsäure* (F. 99—101°, Kristalle aus Ae.-A.) identifiziert wird. Ein geringer Anteil von I (ca. 2%) wird also unverändert ausgeschieden. Der angesäuerte Ae.-Extrakt läßt sich durch fraktioniertes Ausschütteln mit 0,25 n Bicarbonat-Lsg. in 12 Fraktionen aufteilen, von denen die 3 mittleren nach dem Ansäuern ölige Abscheidungen u. nach Lösen in A. u. Versetzen mit W. Kristalle der Zus. $C_{16}H_{21}NO_5$ (II, F. 175 bis 178°) liefern. Bei Verseifung mit verd. NaOH läßt sich aus II unter Spaltung der Säureamidgruppen u. Freisetzung einer flüchtigen Base eine *Dicarbonsäure* ($C_{12}H_{12}O_6$, F. 242—244°; Kristalle aus A.-W.) erhalten. Durch Synth. u. IR-Spektrum wird II als *3-Methoxy-4-[N.N-diäthylcarbamylmethoxy]-zimtsäure*, die nur eine geringere Toxizität u. keine pharmakolog. Wrkg. besitzt, identifiziert. Der sehr rasch verlaufende, intermediäre Abbau von I ist als Entgiftungs-Rk. anzusehen u. erklärt die kurzzeitige Wrkg.-Dauer u. das Fehlen von Nebenwirkungen.

Versuche: *2-Methoxy-4-formylphenoxyessigsäure-N.N-diäthylamid*, Kp.$_{0,003}$ 147 bis 149°, aus *Vanillin* (*Na-Salz*) u. *Chloressigsäure-N.N-diäthylamid* am Rückfluß, gelbes Öl, 83% (Ausbeute). *3-Methoxy-4-[N.N-diäthylcarbamylmethoxy]-zimtsäure* (II), $C_{16}H_{21}$·NO_5, F. 176—178°, aus vorst. Verb. durch modifizierte PERKIN-Synth. mittels *Malonsäure* in Pyridin, Prismen aus verd. A.; 49%. P. FAHRNLAENDER. 4627 □

Eine Untersuchung der zentralen depressiven Wirkung von Pentobarbital, Phenobarbital und Diäthyläther in Beziehung zum Anstieg von 5-Hydroxytryptamin im Gehirn. Edmund G. Anderson und Desmond D. Bonnycastle. (J. Pharmacol. exp. Therapeut. **130.** 138—43. Okt. 1960. Jersey City, N.J., Seton Hall College of Med. and Dentistry, Dep. of Pharmacol.) (Engl.)

Bei Ratten zeigt sich für *Pentobarbital* u. *Phenobarbital* eine enge Beziehung zwischen der Erhöhung des *5-Hydroxytryptamin* (I)-Geh. im Gehirn und der Tiefe der zentralen depressiven Wirkung. Während bei Pentobarbital die hypnot. Wrkg. u. der Anstieg der I-Konz. im Gehirn parallel gehen, tritt bei Ae. der zentrale Effekt wesentlich früher ein, als die I-Erhöhung auftritt. Es wird angenommen, daß die zentrale depressive Wrkg. dieser Verbb. nicht durch einen zentralen I-Mechanismus zustande kommt. Die Möglichkeit, daß durch eine Herabsetzung der Aktivität des Zentralnerven-Syst. eine Erhöhung der I-Konz. im Gehirn bedingt wird, wird diskutiert. — 14 Literaturangaben. G. KIMMERLE. 4627

Keine Beziehung zwischen der Hemmung der Monaminoxydase und der Potenzierung der Hexobarbital-Hypnose. Marie-Jeanne Laroche und Bernard B. Brodie. (J. Pharmacol. exp. Therapeut. **130.** 134—37. Okt. 1960. Bethesda, Md., U.S. Dep. of Health, Educat. and Welfare, Public Health Service, Nat. Inst. of Health, Nat. Heart Inst., Labor. of Chem. Pharmacol.) (Engl.)

Die Monaminoxydasehemmer *β-Phenylisopropylhydrazin* (*JB 516*; LAKESIDE LABOR.), *N¹-[β-(Benzylcarbamyl)-äthyl]-N²-isonicotinoylhydrazin* (*Nialamid*, PFIZER & Co.), *β-Diäthylaminoäthyldiphenylpropylacetat* (*SKF 525-A*) u. *Iproniazid* verlängern bei Mäusen die Hexobarbital-Narkose. Es wird gezeigt, daß die beiden Effekte unabhängig voneinander vor sich gehen. Die Wrkg. auf die Hexobarbital-Narkose ist nur kurz u. kommt durch die Hemmung des Stoffwechselenzyms in den Lebermikrosomen zustande. Dagegen ist die Hemmung der Monaminoxydase länger anhaltend. G. KIMMERLE. 4627

Möglichkeit der Desulfurierung von Thiobarbituraten im Verlauf der Extraktion mit Äther aus biologischem Material. H.-H. Frey. (Naturwissenschaften **47.** 471—72. 2. Okt.-H. 1960. Hannover, Tierärztl. Hochschule, Pharmakol. Inst.) (Dt.)

Bei Extraktion von Leerharn zugesetztem *Thiopental* (I), *Thiobutabarbital* (II) oder *Methitural* (III) (ca. 20 γ/ml) mit Ae. DAB war im Extrakt papierchromatograph. neben

Spuren unveränderten Thiobarbiturats (V) prakt. nur das Desulfurierungs-Prod., *Pentobarbital* bei I, *Butabarbital* (IV) bei II, nachweisbar. Nach III-Zusatz fanden sich im Chromatogramm nur geringe Mengen des *Sulfoxyds* von *5-Methylthioäthyl-5-[1-methylbutyl]-barbitursäure*. Chlf.-Extrakte enthielten stets nur zugesetztes V. IV u. *Hexobarbital* erlitten durch Ae.-Extraktion keine nachweisbare Veränderung. Die Befunde sind für Unterss. des V-Stoffwechsels wichtig. Frühere Ae.-Extraktionen hatten zufriedenstellende Ausbeuten an unverändertem V ergeben. K. MAIER. 4627 □

Einfluß der analgetischen Stoffe auf die Reflexreaktionen der Coronargefäße. N. W. Kawerina. (Бюллетень Экспериментальной Биологии и Медицины [Bull. exp. Biol. Med.] **50** (25). Nr. 11. 57—61. Nov. 1960. Moskau, Inst. für Pharmakol. u. Chemother. der Akad. der med. Wiss. der UdSSR, Labor. für spezielle Pharmakol.) (Russ.; Auszug: Engl.) — Vgl. C. **1960**. 5242.

Verss. an urethan- u. chloralosenarkotisierten Katzen ergaben, daß *Morphin* (I), *Thecodin* (II), *Promedol* u. *Phenadon* in relativ geringer, annähernd therapeut. Dosierung (1—2, 0,3—0,5, 0,3—0,5 bzw. 0,5—1 mg/kg) die reflektor. Verengung der Coronargefäße auf Reizung der Receptoren des Carotissinus u. der afferenten Nerven abzuschwächen vermögen. In hoher Dosierung hingegen (z. B. 3—4 mg I/kg oder 3—3,5 mg II/kg) kommt es zu einer Steigerung der reflektor. Rk., was bei der klin. Anwendung der Analgetica zu beachten ist. E. RENTZ. 4627 □

Untersuchungen über den selektiven Antagonismus von N-Allylnormorphin gegenüber Meperidin, Methadon und Morphin. Thomas A. Lynch und Donald B. Meyers. (J. Amer. pharmac. Assoc., sci. Edit. **47**. 323—25. Mai 1958. Indianapolis, Ind., Butler Univ., Coll. of Pharmacy.) (Engl.)

N-Allylmorphin (I; 10 mg/kg) setzt bei Mäusen am stärksten die Toxizität von *Meperidin* (II), am wenigsten die von *Morphin* (III) herab. Bei Ratten wird die DL_{50} für II u. *Methadon* (IV) nicht unterschiedlich beeinflußt. Die Atmung von Kaninchen, die durch vorherige Gabe von Narcotica (N) geschädigt ist, wird bei allen Präpp. durch wiederholte Gabe von I gleichmäßig beeinflußt. Bei gleichzeitiger Gabe von N u. I wird II am stärksten antagonisiert. Bei Fröschen werden die Krämpfe u. die akute Toxizität nach N durch I nicht herabgesetzt. Die Toxizität von II u. IV wird sogar erhöht. E. CARSTENS. 4627 □

Wirkung von Veratrin auf die mechanischen und elektrischen Phänomene eines isolierten und durchströmten Herzens. Guy Wallon, Edouard Coraboeuf und Yves-Michel Gargouil. (C. R. Séances Soc. Biol. Filiales **153**. 2077—79. 1959, herausgeg. 22/4. 1960. Poitiers, Fac. des Sci., Labor. de Physiol. animale.) (Franz.)

Auf das isolierte Kaninchenherz wirkte *Veratrin* (I) in einer Konz. von 10^{-6}. Unter I-Einw. nimmt das Aktionspotential 0,2—2 Sek. lang eine sigmoide Form an. Eine länger dauernde Einw. von I führt zu keiner länger anhaltenden Kontraktion, obwohl sie noch eine Verlängerung des Aktionspotentials hervorruft. Eine lange Durchströmung führt zu einer Ermüdung des Herzens u. einer Abnahme der Kontraktionsamplitude, ohne ihre Dauer merklich zu verändern. Interessant ist die Feststellung, daß die Herzkontraktion beendet sein kann vor einer totalen Repolarisation. Vff. glauben nicht, daß Veränderungen der Geschw. der Leitung oder anderer Faktoren in diesem Sinne die relative Verlängerung der elektr. u. mechan. Aktivität beeinflussen können. Es ist schwierig, irgendeine Theorie, betreffend die Beziehung zwischen elektr. u. mechan. Aktivität des Myocards, aufzustellen. H. AMAN. 4628 □

Ausscheidung von ^{14}C-Succinyl-bis-cholin und seiner Spaltprodukte Succinylmonocholin und Cholin im Urin der Ratte. Diether Neubert, Jochen Schaefer und Hans-Dieter Belitz. (Naunyn-Schmiedebergs Arch. exp. Pathol. Pharmakol. **239**. 492—96. 1960. Berlin, Freie Univ., Pharmakol. Inst.; Techn. Univ., Inst. für Lebensmittelchem. u. Lebensmittel-Technol.) (Dt.)

Mit einer für die Messung der Diurese üblichen Methodik u. anschließender elektrophoret. Trennung weisen Vff. nach, daß nicht mehr als 15% der applizierten Gesamtaktivität in 30 Min. (davon weniger als 5% in den ersten 15 Min.) nach der Injektion ausgeschieden werden. *Succinyl-bis-cholin* u. *-monocholin* werden in etwa gleichen Mengen über 30 Min. ausgeschieden, es kann demnach, entgegen früherer Annahmen, die Hydrolyse-Geschw. des Succinyl-bis-cholins nicht sehr hoch sein. Die Vers.-Ergebnisse lassen keine Schlüsse über die Hydrolyse des Succinylmonocholins zu. K. LOHS. 4628 □

Eine Untersuchung der Meprobamat-Curare-Wechselwirkung. James W. Ingalls jun. und Leo Greenberg. (J. Amer. pharmac. Assoc., sci. Edit. **48**. 513—15. Sept. 1959. Brocklyn, N.Y.; Long Island Univ., Brooklyn Coll. of Pharmacy, Res. Inst.) (Engl.)

Bei Mäusen, Ratten u. Meerschweinchen wird die synergist. Wrkg. von *Meprobamat* (*Miltown*, I) u. *Curare* (II)-Präpp. (*d-Tubocurarinchlorid, Dimethyltubocurarinjodid, Intocostrin*) im Hinblick auf den Skelettmuskel erkannt. Die Toxizität von II wird bei Tieren, denen vorher nichttox. Dosen von I verabreicht worden sind, erhöht. Eine Kombinationsmöglichkeit für diese beiden Stoffe ergab sich nicht, da es stets zu Todesfällen dadurch kam. Man kann jedoch durch eine Kombination von sehr niedrigen I- u. II-Dosen eine nichtparalyt. Verminderung des Skelettmuskeltonus erreichen. — 24 Literaturangaben. G. KIMMERLE. 4628

Vergleich einiger atropinähnlicher Substanzen am Menschen unter besonderer Berücksichtigung ihrer Endorganspezifität. A. Herxheimer. (Brit. J. Pharmacol. Chemotherapy **13.** 184—92. Juni 1958. London, St. Thomas's Hosp. Med. School, Dep. of Therap.) (Engl.)

Aus Verss. an Menschen mit *Atropin* (I), *Methanthelinium* (II), *Propantheline* (III), *Oxyphenonium* (IV), *Hyoscinmethylbromid* (V) u. *Hyoscinhydrobromid* (VI) errechnete Vf. die relative Wirksamkeit der Verbb. auf die Herzfrequenz (Beschleunigung): I 1,0, II 0,2, III 0,7, IV 1,4, V 5,6; auf die Hemmung der Speichelsekretion: I 1,0, II 0,22, III 0,76, IV 1,7, V 6,2, VI 3,7; auf die Verlangsamung der Urinausscheidung: I 1,0, II 0,26, III 0,59, IV 0,96, V u. VI 2,4; auf die Pupillendilatation: I 1,0, II 0,06, III 0,08, IV 0,29, V 3,2, VI 5,1 u. auf die Lähmung der Akkomodationsmuskulatur: I 1,0, II 0,11, III 0,22, IV 0,53, V 1,7 u. VI 6,5. Kleine Dosen, die bereits Speichel- u. Schweißsekretion beeinflußten, waren ohne Wrkg. auf Herzfrequenz u. Urinausscheidung. Herzfrequenz, Speichel- u. Schweißsekretion wurden früher beeinflußt u. normalisierten sich wieder schneller als die Wrkg. auf Akkomodation u. Pupillendilatation. Durch Dosiserhöhungen traten maximaler Effekt auf Herzfrequenz u. Speichelsekretion etwas früher auf, der maximale Effekt auf Iris u. Ciliarmuskulatur verspätete sich jedoch. Vf. vermutet, daß das Kammerwasser hierbei als Reservoir wirkt. R. TIMMLER. 4628□

Der Übergang von Antagonismus zu Synergismus am Beispiel des Acetylcholins und des Phenylglykolsäurediäthylaminoäthylesters. René Hazard. (C. R. Séances Soc. Biol. Filiales **150.** 1894—97. 1956, herausgeg. 26/4. 1957. Fac. de Méd., Labor. de Pharmacol.) (Franz.)

500—1000 γ *Phenylglykolsäurediäthylaminoäthylester* (I)/70 cm^3 Bad-Fl. vermindern etwas den normalen Tonus des isolierten Rattendarms. 100—500 γ verringern u. 1000 γ unterdrücken fast völlig die Kontraktions-Wrkg. von *Acetylcholin* (II). Nach Waschen mit TYRODE-Lsg. ist die Kontraktions-Wrkg. von II stärker als vor I-Einw. u. nimmt bei wiederholtem Waschen langsam ab. 5—10 bis 7—10 γ I verstärken häufig ebenfalls die normale II-Wirkung. Die Verminderung der Konz. eines Gegengifts kann demnach unter Umständen eine Überaktivität einer Substanz, deren Wrkg.-Hemmung angestrebt war, zur Folge haben. K. MAIER. 4628□

Eine neue Klasse von Antispasmodicis mit beträchtlicher Aktivität. N. P. Buu-Hoï, Richard Rips und R. Cavier. (J. med. pharmac. Chem. **1.** 23—30. Febr. 1959. Paris, Univ. of Paris, Radium Inst. and Fac. of Pharmacy.) (Engl.)

β-Diäthylaminoäthyläther von 2.5-substituierten *1-Hydroxyphenylpyrrolen* wurden synthetisiert u. auf muskulotrope u. neurotrope antispasmod. Wrkg. geprüft. *1-[β-Diäthylaminoäthoxyphenyl]-2-methyl-5-phenylpyrrolhydrochlorid* besaß am Rattenduodenum-Präp. eine 25—40fach größere muskulotrope spasmolyt. Aktivität ($BaCl_2$-Spasmus) als Papaverinhydrochlorid u. $^1/_{10}$—$^1/_{100}$ der neurotropen spasmolyt. Aktivität (Acetylcholinspasmus) von Atropinsulfat bei sehr niedriger Toxizität.

Versuche: 2.5-Dimethylpyrrole: *1-Hydroxyphenyl-*, aus Hexandion-(2.5) u. Aminophenol unter Rückfluß bis zur Beendigung der Wasser-Entw.; 91—98% (Ausbeute). — *1-[2-(β-Diäthylamino)-äthoxyphenyl]-*, $C_{18}H_{26}N_2O$, $Kp._{16}$ 189—190°, aus 1-[o-Hydroxyphenyl]-Deriv. u. frisch dest. β-Diäthylaminoäthylchlorid in äthanol. NaOH (exotherm); viscoses Öl, n_D^{22} 1,5430; 85%. *Hydrochlorid*, F. 188°, Nadeln (A.–Bzl.). *Methojodid*, F. 210—211°, Prismen (A.–Ae.). — *1-[3-(β-Diäthylamino)-äthoxyphenyl]-*, $C_{18}H_{26}N_2O$, $Kp._{16}$ 199—200°, Öl, n_D^{26} 1,5652; 90%. *Hydrochlorid*, F. 173—174°, Nadeln (A.–Ae.). — *1-[4-(β-Diäthylamino)-äthoxyphenyl]-*, $C_{18}H_{26}N_2O$, $Kp._{16}$ 211°, Öl, n_D^{21} 1,5501; 85%. *Hydrochlorid*, F. 170—171°, Prismen. — *1-[o-Hydroxyphenyl]-2-methyl-5-phenylpyrrol*, $C_{17}H_{15}NO$, F. 115°, $Kp._{15}$ 202°, aus Phenacylaceton u. o-Aminophenol durch Erhitzen; Platten (CH_3OH); 80%. — *1-[2-(β-Diäthylamino)-äthoxyphenyl]-2-methyl-5-phenylpyrrol*, $C_{23}H_{28}N_2O$, $Kp._{13}$ 232°, aus vorst. Verb. u. β-Diäthylaminoäthylchlorid in äthanol. NaOH; strohfarbene, viscose Fl., n_D^{20} 1,6025; 90%. *Hydrochlorid*, F. 138°, Nadeln (CCl_4). *Pikrat*, F. 162°, orangegelbe Prismen (A.) K. MAIER. 4628□

Beziehungen zwischen Konstitution und Wirkung bei spasmolytisch wirkenden basischen Estern und ihren quartären Derivaten unter besonderer Berücksichtigung

des Benzilsäuredimethyloctylammoniumäthylesterchlorids. Albrecht Engelhardt und Helmut Wick. (Arzneimittel-Forsch. **10.** 763—67. Sept. 1960. Ingelheim/Rh., C. H. Boehringer Sohn, Pharmakol. Labor.) (Dt.) — Vgl. C. **1959.** 17294.

Es wird in Analogie zu vorherigen Unterss. an ausgewählten homologen Reihen gezeigt, daß auch bei einfach bas. substituierten Estern fast gesetzmäßige Wandlungen pharmakolog. Eigg. mit Verlängerung der Kettenlänge des quaternisierenden Radikals auftreten u. daß die Säurekomponenten in analoger Weise wie bei den Tropeinen (vgl. l. c.) das Maß der spasmolyt. Aktivität beeinflussen. Bei den 6—10gliedrigen Kohlenstoffketten steigt die spasmolyt. Aktivität erheblich an, während die mydriat. Wrkg. prakt. keine Rolle mehr spielt; die wirksamsten Säurekomponenten sind auch hier die aromat. substituierten Essigsäuren. Die nähere Unters. der Eigg. des *Benzilsäure-β-[dimethyloctylammonio]-äthylesterchlorids* zeigt, daß diese Substanz gleich stark spasmolyt. wirkt wie Atropin, ohne jedoch dessen Wrkg. auf Herz, Pupille u. Speicheldrüsen zu teilen; es tritt bei ihr noch eine hohe papaverinähnliche muskulotrope spasmolyt. Wrkg. in Erscheinung. U. TAUSENDFREUND. 4628 □

Anwendung der Autoradiographie zum kinetischen Studium des Fixierungsortes von Medikamenten. Carl G. Schmiterlöw und Yves Cohen. (Ann. pharmac. franç. **15.** 227—34. April 1957. Stockholm, Kungl. Veterinärhögskolan, Dep. de Pharm.; Saclay, Serv. des Radio-éléments Artif. Centre d'Etudes Nucléaires de Saclay.) (Franz.)

Durch *Autoradiographie* wird der Verbleib von *N-[$^{14}C_{(\alpha)}$-Benzyl]-β-chlorpropionamid* nach i.v. Injektion bei Mäusen ermittelt u. die Ergebnisse diskutiert.

G. ZIEBARTH. 4628 □

Blutdrucksteigerung durch zwei neuartige zentralerregende Substanzen nach Curarisierung. Alfred Enders. (Arch. int. Pharmacodynam. Thérap. **127.** 285—95. 1/9. 1960. Berlin, Fa. Gödecke & Co.) (Dt.)

Die Injektion von 15 mg *Pentamethylenbutyrolacton*/kg bzw. des Na-Salzes der entsprechenden Hydroxysäure bewirkt an narkotisierten Tieren eine lang dauernde geringfügige Blutdrucksenkung. Wird dagegen das Tier vorher, gleichzeitig oder kurz danach curarisiert u. somit die Krampf-Wrkg. aufgehoben, so erfolgt eine lang dauernde Blutdruckerhöhung, die bei decerebrierten Tieren abgeschwächt ist, bei decapitierten Katzen aber fehlt. Anstelle von Curare konnte auch *Suxamethonium* oder *My 301* verwendet werden. R. TIMMLER. 4630 □

Einige hypotensive Aminosteroidglykoside. R. A. Lucas, D. F. Dickel, R. L. Dziemian, M. J. Ceglowski, B. L. Hensle und H. B. MacPhillamy. (J. Amer. chem. Soc. **82.** 5688—93. 5/11. 1960. Summit, N.J., Ciba Pharmaceut. Prod. Inc., Res. Dep.) (Engl.)

Aus den Wurzeln von *Conopharyngia pachysiphon* konnte ein hypotensives Aminosteroidglykosid, *20α-Amino-Δ^5-pregnen-3β-yl-β-D-glucosidhydrochlorid* (I) isoliert werden, dessen Säurehydrolyse *20α-Amino-Δ^5-pregnen-3β-ol* u. dessen Dehydrierungs-Prod. *$\Delta^{3.5}$-Pregnadien-20α-amin* ergab. Der hohen i.v. Aktivität von I entsprach nur eine geringe perorale Wirkung. Es wurde eine Reihe verwandter Verbb. dargestellt, die jedoch keine orale u. auch nur geringe i.v. Wrkg. zeigten.

Versuche: *20α-Amino-Δ^5-pregnen-3β-yl-β-D-glucosidhydrochlorid*, $C_{27}H_{46}ClNO_6$, F. 259—260° (A.), aus 4,5 kg Wurzeln von C. pachysiphon durch wiederholte Extraktion mit CH_3OH u. Chromatographie an Kieselsäure, Eluierung mit $CHCl_3$-CH_3OH (1:1) u. Ausfällung mit A., $[\alpha]_D^{25}$ —66,6° (Pyridin–W., 9:1); 17,6 g rohes Prod.; *20α-Amino-Δ^5-pregnen-3β-yl-β-D-glucosid* (II), $C_{27}H_{45}NO_6$, F. 285—288°, aus I in wss. A. durch Zugabe überschüssigen NH_3, Abfiltrieren u. Waschen mit Alkohol. — *20α-Acetamido-Δ^5-pregnen-3β-yl-β-D-glucosidtetraacetat*, $C_{37}H_{55}NO_{11}$, F. 200—203° (A.-W.), aus 60 mg **II** in Acetanhydrid u. Pyridin unter Erwärmen (5—10 Min.), 1 Std. langes Stehen bei normaler Temp., Eindampfen zur Trockne, Zugabe von wenig A. u. NH_3, Eindampfen; 55 mg. — *20α-Acetamido-Δ^5-pregnen-3β-yl-β-D-glucosid*, $C_{29}H_{47}NO_7$, F. 289—292° (A.), aus 300 mg vorst. Verb. u. KOH—CH_3OH durch 6std. Kochen am Rückfluß, Verdünnen mit W., Einengen u. Filtrieren; 205 mg (Rohprod.). — *20α-Amino-$\Delta^{3.5}$-pregnadien*, $C_{21}H_{33}N$, F. 111—115° (PAe.); aus 4 g I in Essigsäure, A. u. 6n HCl, 11 Std. langes Kochen am Rückfluß, Einengen, Verdünnen mit W., mit KOH alkal. machen, Extraktion mit CH_2Cl_2, Eindampfen des Extrakts, Chromatographie in Bzl. an Al_2O_3 (WOELM), $[\alpha]_D^{25}$ —102,6°; 1,14 g. — *20α-Amino-Δ^5-pregnen-3β-ol* (III), $C_{21}H_{35}NO$, F. 172—174° (Äthylacetat), a) aus dem CH_2Cl_2-CH_3OH-Eluat (9:1) vorst. Verb.; 100 mg; b) aus 7 g *20α-Amino-Δ^5-pregnen-3β-olacetat* in 2%ig. KOH in CH_3OH durch 2std. Kochen am Rückfluß, Eingießen in W., Extraktion mit Ae., Eindampfen des Extrakts; 5,7 g (Rohprod.); $[\alpha]_D^{25}$ —69,2°. — *20α-Trifluoracetamido-Δ^5-pregnen-3β-ol* (IV), $C_{23}H_{34}F_3NO_2$, F. 199—201° (CH_3OH); aus 3,56 g vorst. Verb. in trockenem Pyridin unter allmählicher

Zugabe von *Trifluoressigsäureanhydrid*, 2 Std. langes Stehen bei Zimmer-Temp., Eingießen in W., Extraktion mit Ae., Eindampfen des Extrakts, Aufnehmen in A., Zugabe von $KHCO_3$, 24 Std. langes Stehen bei Zimmer-Temp., Nd. mit $CHCl_3$ extrahieren, Eindampfen; 3,46 g. — *20α-Trifluoracetamido-Δ⁵-pregnen-3β-yl-β-D-glucosidtetraacetat* (**V**), $C_{37}H_{52}F_3NO_{11}$, F. 200—205° (Äthylacetat–Hexan); aus 2,96 g **IV** in trockenem $CHCl_3$, *Acetobromglucose* (**VI**), Ag_2O u. „Drierit", 24 Std. langes Rühren bei Zimmer-Temp., Abfiltrieren, Eindampfen des Filtrats, Chromatographie in Bzl. an Al_2O_3 (WOELM), Eluierung mit 20%ig. Aceton in Bzl.; 3,45 g. — *20α-Amino-Δ⁵-pregnen-3β-yl-β-D-glucosid* (**VII**), $C_{27}H_{45}NO_6$, F. 285—287° (CH_3OH); aus 3 g **V** durch 5std. Kochen am Rückfluß in A.-NaOH, Abkühlen; 1,07 g; *Hydrochlorid* (**VIII**), $C_{27}H_{45}NO_6 \cdot HCl$, F. 257—259°; aus **VII** mit HCl. — *20β-Amino-Δ⁵-pregnen-3β-ol* (**IX**), $C_{21}H_{35}NO$, F. 170—172° (Äthylacetat); aus 21,5 g *3β-Hydroxy-Δ⁵-pregnen-20-on-oxim* in trockenem Propanol, Zugabe von Na, Kochen am Rückfluß, Einengen im Vakuum bei 100°, Zugabe von W., Extraktion mit Äthylacetat, Einengen des Extrakts, Zugabe von HCl-gesätt. Ae., Abfiltrieren. *Hydrochlorid*, F. 308—311°; 15,0 g; Lösen in W.-A., Zugabe von NaOH, Extraktion des Nd. mit Äthylacetat, Eindampfen; $[\alpha]_D^{25}$ —60,4°; 12,5 g. — *20β-Trifluoracetamido-Δ⁵-pregnen-3β-ol* (**X**), $C_{23}H_{34}F_3NO_2$, F. 181—182° (CH_3OH); durch Acetylierung von 5,8 g **IX** analog **IV** mit Trifluoracetanhydrid; 3,5 g. — *20β-Trifluoracetamido-Δ⁵-pregnen-3β-yl-β-D-glucosidtetraacetat*, $C_{37}H_{52}F_3NO_{11}$, F. 205—206°; aus 2,8 g **X** u. **VI** analog Darst. von **V**; 2,1 g. — *20β-Amino-Δ⁵-pregnen-3β-yl-β-D-glucosidhydrochlorid*, $C_{27}H_{46}ClNO_6$, F. 264—267°; aus 1,5 g vorst. Verb. analog Darst. von **VII** u. Umwandlung in das Hydrochlorid. — *20β-Trifluoracetamido-Δ⁵-pregnen-3β-yl-β-L-rhamnosidtriacetat*, F. 109 bis 115°; aus 2 g **X** u. *Acetobromrhamnose* analog Darst. von **V**; 1,4 g. — *20β-Amino-Δ⁵-pregnen-3β-yl-β-L-rhamnosidhydrochlorid*, $C_{27}H_{46}ClNO_5$, F. 275—285°; aus 1 g vorst. Verb. analog Darst. von **VII** u. Umwandlung in das Hydrochlorid; 230 mg. —*20β-Trifluoracetamido-Δ⁵-pregnen-3β-yl-α-L-arabinosidtriacetat*, $C_{34}H_{48}F_3NO_9$, F. 110—118°, aus 2 g **X** u. Rk. mit *Acetobromarabinose*; 980 mg. — *20β-Amino-Δ⁵-pregnen-3β-yl-α-L-arabinosidhydrochlorid*, $C_{26}H_{44}ClNO_6$, F. 232—234°; aus 930 mg vorst. Verb. durch Hydrolyse → 400 mg Base, Umwandlung in das Hydrochlorid analog Darst. von **VIII**. — *20α-Amino-5α-pregnan-3β-ol*, $C_{21}H_{37}NO$, F. 174—175° (A.-W.); aus 500 mg **III** in Essigsäure durch katalyt. Hydrierung an Pt-Oxyd, Eindampfen zur Trockne, Aufnehmen in wss. CH_3OH, Ausfällen mit 10%ig. NaOH; 350 mg. — *20β-Amino-5α-pregnan-3β-ol*, $C_{21}H_{37}NO$, F. 174—176°; aus 5,0 g **IX** analog vorst. Verb.; 3,88 g. — *20α-Trifluoracetamido-5α-pregnan-3β-ol* (**XI**), $C_{23}H_{36}F_3NO_2$, F. 214—215°; aus 350 mg zweitvorst. Verb. analog **IV**; 350 mg. — *20β-Trifluoracetamido-5α-pregnan-3β-ol* (**XII**), $C_{23}H_{36}F_3NO_2$, F. 219—221°; aus 3,88 g zweitvorst. Verb. analog **IV**; 4,0 g. — *20α-Trifluoracetamido-5α-pregnan-3β-yl-β-D-glucosidtetraacetat*, $C_{37}H_{54}F_3NO_{11}$, F. 218—220°; aus 350 mg **XI** u. **VI**, Reinigung durch Chromatographie; 150 mg. — *20β-Trifluoracetamido-5α-pregnan-3β-yl-β-D-glucosidtetraacetat*, $C_{37}H_{54}F_3NO_{11}$, F. 218—220°; analog vorst. Verb. aus 1,7 g zweitvorst. Verb. u. **VI**; 480 mg. — *20α-Amino-5α-pregnan-3β-yl-β-D-glucosidhydrochlorid*, $C_{27}H_{48}ClNO_6$, F. 250—252°; durch Hydrolyse von 720 mg zweitvorst. Verb. → Base, F. 255—266°, Umwandlung in das Hydrochlorid; 250 mg. — *20β-Amino-5α-pregnan-3β-yl-β-D-glucosidhydrochlorid*, $C_{27}H_{48}ClNO_6$, F. 240—241°; aus 1,95 g zweitvorst. Verb. durch Hydrolyse u. Umwandlung in das Hydrochlorid; 850 mg. — *20-Keto-5α-pregnan-3β-yl-α-D-glucosidtetraacetat*, $C_{35}H_{52}O_{11}$, F. 205—207° (A.); aus 1,53 g *3β-Hydroxy-5α-pregnan-20-on* (**XIII**) in Bzl., **VI** u. Hg-Acetat durch 5std. Kochen am Rückfluß, Eindampfen zur Trockne; 400 mg; *Oxim* (**XIV**), $C_{35}H_{53}NO_{11}$, F. 212—214° (CH_3OH); aus 3,58 g **XIII** u. NH_2OH-HCl in Pyridin auf dem Dampfbad (5 Std.), Eingießen in W., Abfiltrieren; 2,19 g. — *20α-Amino-5α-pregnan-3β-yl-α-D-glucosidhydrochlorid* (**XV**), $C_{27}H_{48}ClNO_6$, F. 259—260° (A.); aus 2,19 g **XIV** durch katalyt. Red. an Pt-Oxyd in Essigsäure, Einengen der Lsg., Hydrolyse in A.-W.-NaOH (2 Std. langes Kochen), Eingießen in W., Filtrieren, Lösen in A.-HCl, Einengen im Vakuum bei 40°; 430 mg. — *20α-Amino-5α-pregnan-3β-yl-lactosidhydrochlorid*, $C_{33}H_{58}ClNO_{11}$, F. 253—258°; aus 4 g **XIII** u. *Acetobromlactose* analog **V**-Darst., Umwandlung in das *Oxim* analog **XIV**-Darst., Hydrierung u. Hydrolyse mit Ba-Methylat in CH_3OH, Umwandlung in das Hydrochlorid; 400 mg. — *20-Keto-5α-pregnan-3β-yl-β-[D-glucuronidmethylestertriacetat]*, $C_{34}H_{50}O_{11}$, F. 201—202° (A.); durch 24std. Rühren von 4 g **XIII** u. *Methylacetobromglucuronat*, Ag_2O u. wasserfreiem $CaSO_4$ in trockenem $CHCl_3$; 3,45 g; *Oxim*, $C_{34}H_{51}NO_{11}$, F. 184 bis 187°; aus 3 g Keton analog **XIV**-Darst.; 2,35 g. — *20α-Amino-5α-pregnan-3β-yl-β-[D-glucuronidmethylestertriacetat]*, $C_{34}H_{53}NO_{10}$, F. 178—179°; aus vorst. Oxim durch katalyt. Red. in Essigsäure; 15,0 g. — *20α-Amino-5α-pregnan-3β-yl-β-D-glucuronid, Na-Salz*, $C_{27}H_{44}NNaO_7$, Zers. >300° (A.-W. + wenig NaOH), aus 1,45 g vorst. Verb. durch Hydrolyse in CH_3OH-NaOH; 750 mg. — *20α-Amino-Δ⁵-pregnen-3β-yl-β-D-tetramethylglucosidacetat*, F. 139—142° (A.); aus *Bromtetramethylglucose* u. 10,0 g *3β-Hydroxy-*

Δ⁵-pregnen-20-on analog V-Darst.; 5,0 g; *Oxim*, $C_{33}H_{57}NO_8$, F. 185—188°; aus 4,5 g Ketoglucosid in Pyridin; 3,4 g; Hydrierung von 3 g des Oxims → 710 mg „Acetatsalz", F. 183—188° (Äthylacetat). — *3β-Hydroxy-5α-pregnan-20-on-3-hemisuccinat*, $C_{25}H_{38}O_5$, F. 203—205° (A.); aus 1,67 g **XIII** u. Succinanhydrid, 24 Std. langes Stehen bei Zimmer-Temp., Eingießen in 20%ig. H_2SO_4, Abfiltrieren; 1,5 g; *Oxim*, $C_{25}H_{39}NO_5$, F. 220—221° (A.); aus 1,4 g des Ketons, NH_2OH–HCl u. Na-Acetat in A., 4 Std. langes Kochen am Rückfluß, Verdünnung mit W., Filtrieren; 1,03 g. — *20α-Amino-5α-pregnan-3β-ol-3-hemisuccinathydrochlorid*, $C_{25}H_{42}ClNO_4$, Zers. bei 310—313° (A.); aus 1 g vorst. Oxims durch katalyt. Hydrierung analog **XV**-Darst., Eindampfen zur Trockne → „Acetatsalz", F. 268—269°, Lösen in heißem A. + wenig HCl, Einengen; 825 mg. — *20β-Dimethyl-amino-5α-pregnan-3β-yl-β-D-glucosidhydrochlorid*, $C_{29}H_{52}ClNO_6$, F. 260—261°; aus 940 mg *20β-Dimethylamino-5α-pregnan-3β-ol* in trockenem $CHCl_3$ u. **VI**, Zusatz von A. → Prod. vom F. 178—187°; 800 mg; Hydrolyse des Prod. mit A.–NaOH → Amin, F. 281—283°, 450 mg, Umwandlung in das Hydrochlorid. — *20β-Benzylidenamino-Δ⁵-pregnen-3β-ol*, $C_{28}H_{39}NO$, F. 192—194° (A.); aus 5 g **IX** in 2%ig. alkohol. NaOH durch Zugabe von *Benzaldehyd*, Abfiltrieren; 4,5 g. — *20β-Benzylidenamino-Δ⁵-pregnen-3β-ol-3.4.5-trimethoxybenzoat*, $C_{38}H_{49}NO_5$, F. 179—181°; aus 2 g vorst. Verb. u. *3.4.5-Tri-methoxybenzoylchlorid* in Pyridin, 60 Std. langes Stehen bei normaler Temp., Zusatz von Eis u. Eingießen in W., Extraktion mit Chlf., Waschen mit verd. HCl u. W., Eindampfen zur Trockne; 2,1 g. — *20β-Amino-Δ⁵-pregnen-3β-ol-[3.4.5-trimethoxybenzoat]-hydrochlorid*, $C_{31}H_{46}ClNO_5$, Zers. bei 296—297°; aus 1 g vorst. Verb. in CH_3OH durch katalyt. Hydrierung an Pd-Kohle, Abfiltrieren, Eindampfen zur Trockne, Aufnehmen in A., Zugabe von einem Tropfen konz. HCl u. Ae., Abfiltrieren; 245 mg. — *17β-Tri-fluoracetamido-Δ⁵-abdrosten-3β-ol*, $C_{21}H_{30}F_3NO_2$, F. 219—222° (CH_3OH–W. u. Äthyl-acetat–Hexan); aus 3,5 g *17β-Amino-Δ⁵-androsten-3β-ol* in Pyridin u. Trifluoressigsäure-anhydrid → 3.17-diacyliertes Prod., F. 176—178°, Hydrolyse analog **IV**-Darst.; 1,6 g. — *17β-Trifluoracetamido-Δ⁵-androsten-3β-yl-β-D-glucosidtetraacetat*, $C_{35}H_{48}F_3NO_{11}$, F. 206 bis 207° (Hexan); aus 870 mg vorst. Verb., **VI**, Ag_2O u. Drierit in Chlf.; 520 mg. — *17β-Amino-Δ⁵-androsten-3β-yl-β-D-glucosidhydrochlorid*, $C_{25}H_{42}ClNO_6$, Zers. bei 300° (A.–W.); aus 400 mg vorst. Verb. durch Hydrolyse mit 5%ig. alkohol. NaOH, Umwandlung in das Hydrochlorid; 250 mg. — *17β-Amino-Δ⁵-androsten-3β-yl-β-D-glucosid*, $C_{25}H_{41}NO_6$, F. 276—278°; aus 200 mg des Hydrochlorids in A.–W. gelöst, Zugabe von 20%ig. NaOH, Abfiltrieren; 120 mg. — *17β-Amino-5α-androstan-3β-yl-β-D-glucosid-hydrochlorid*, $C_{25}H_{44}ClNO_4$, Zers. > 300° (A.–W.); aus 488 mg vorst. Hydrochlorid durch Hydrierung an Pt-Oxyd, Filtrieren, Eindampfen zur Trockne, Aufnehmen in A.–W., Zusatz von wenig HCl, Abfiltrieren; 350 mg. — *17β-Amino-5α-androstan-3β-yl-L-ara-binosidhydrochlorid*, $C_{14}H_{47}ClNO_5$, Zers. bei 235°; aus 7,7 g *3β-Hydroxy-5α-androstan-17-on* u. *Acetobromarabinose* analog **V** → 3,5 g *17-Keto-5α-androstan-3β-yl-L-arabinosid-triacetat*, $C_{30}H_{44}O_9$, F. 186°, Umwandlung in das 17-Oxim, Hydrierung in Essigsäure → 2,5 g *17β-Amino-5α-androstan-3β-yl-L-arabinosidtriacetat*, $C_{30}H_{47}NO_8$, F. 105—110°, Hydrolyse mit Ba-Methylat in CH_3OH u. Umwandlung in das Hydrochlorid; 1,0 g.

J. BOELTER. 4630 □

Erfahrungen bei der Behandlung von Epidermophytie und Rubrophytie mit Actinomycin K. B. D. Dshamalijewa. (Известия Академии Наук Казахской ССР, Серия Медицины и Физиологии [Nachr. Akad. Wiss. KasachSSR, Ser. Med. Physiol.] **1960**. Nr. 2. 55—58.) (Russ.; Auszug: Kasach.)

Behandlung mit *Actinomycin K* (0,5% in Lanolinsalbe) führte bei Epidermophytie KAUFMANN-WOLF, E. inquinale u. Rubrophytie zur Heilung. Recidive traten nicht auf.

I. v. KLOCH-KORNITZ. 4661 □

Anwendung von Actinomycin K bei der Behandlung von Mykosen der Kopfhaut. G. A. Mulagulowa und U. I. Dshanssugurowa. (Известия Академии Наук Казахской ССР, Серия Медицины и Физиологии [Nachr. Akad. Wiss. KasachSSR, Ser. Med. Physiol.] **1960**. Nr. 2. 46—50. Forschungsinst. für Haut- u. Geschlechtskrankheiten der Akad. der Wiss. der KasachSSR.) (Russ.; Auszug: Kasach.)

Bei Dermatomykosen der Kopfhaut, hervorgerufen durch Mikrosporon lanosum, führt die Behandlung mit *Actinomycin K* (0,3—1%ig. Salbe) nach 30—73 Tagen zur Heilung. Mikrosporon ferrugineum spricht auf diese Therapie nicht an.

I. v. KLOCH-KORNITZ. 4661 □

Erhöhte Brenztraubensäurewerte im Blut als humoraler Faktor der Alkoholvergiftung. Raoul Lecoq. (Int. Z. Vitaminforsch. **30**. 113—28. 1959. St. Germain-en-Laye, Centre hosp., Centre de Désintox. alcool.) (Franz.)

Bei experimenteller *Alkohol*-Vergiftung beim Kaninchen, ausgelöst durch A. + *Disulfiram*, waren die erhöhten *Acetaldehyd* (**I**)-Werte im Blut von noch stärker erhöhten

Brenztraubensäure (II)-Werten begleitet. Anstieg von II ist beim chron. Alkoholiker, bes. bei schweren Fällen (Cirrhose, Encephalopathien nach Gayet-Wernicke) häufiger anzutreffen als Anstieg von I; gleichzeitig nimmt das Adenin, ein wesentlicher Bestandteil von Diphosphopyridinnucleotid u. Flavin-Adenin-Dinucleotid (Coenzyme des üblichen A.-Abbaus), ab. Beim Fehlen dieser beiden Enzyme kann die Entgiftung bei chron. A.-Vergiftung (wie bei experimenteller II-Vergiftung) durch andere enzymat. Prozesse unter Beteiligung von Thiamin, Pantothensäure, Pyridoxin, Cholin u. Thioctsäure (spezif. Wrkg. gegen II) erfolgen. Die II-Vergiftung zeigt viele Ähnlichkeiten mit der A.-Vergiftung. K. Zingraf. 4675□

Ricinussamen-Vergiftung von Schulkindern. Tibor Kaszás und Gábor Papp. (Arch. Toxikol. **18.** 145—50. 1960. Debrecen, Med. Univ., Kinderklin.) (Dt.)

Bericht über 6 leichte u. 4 mittelschwere Vergiftungen durch den Genuß von Ricinussamen. Im Vordergrund standen gastrointestinale Symptome, daneben bestanden Kopfschmerzen u. Schwindel. In 7 von 10 Fällen waren auch vorübergehende Veränderungen im EKG nachweisbar. R. Timmler. 4675□

F. Pharmazeutische Chemie. Desinfektion

Der Chemie-Ingenieur in der pharmazeutischen Industrie. Federico Barceló Sierra. (Afinidad **18** (**40**). 167—83. Mai/Juni 1961.) (Span.)

Überblick. G. Trewendt. 4750□

Vom Nordic Pharmacopoeia Council gebilligte Namen (NFN-Namen). Anonym. (Acta pharmacol. toxicol. [København] **16.** 364—66. 1960.) (Engl.)

J. Lehmberg. 4750□

Über die Bestimmung der Dichte. Vorschlag für die Ph. Helv. VI. L. Mittelmann. (Schweiz. Apotheker-Ztg. **99.** 129—36. 25/2. 1961. Bern, Univ., Pharmazeut. Inst., Galen. Abt.) (Dt.)

Theoret. Betrachtungen zum Thema. Eine Umrechnungstabelle spezif. Gew./Dichte wird angegeben. Ph. Fresenius. 4750□

Untersuchung einer Waage mit nur einer Schale. F. Berlev. (Dansk Tidsskr. Farmaci **33.** 189—98. Nov. 1959. Danmarks farm. Højskole, fys. labor.) (Dän.)

An einem Arm eines Waagebalkens hängt die Schale für die zu wägende Probe u. ein kleiner Balken für Ausgleichgewichte, am anderen Balkenarm ein Gegengewicht. Theorie u. Handhabung der Waage werden erörtert. R. K. Müller. 4758□

Studium des Einflusses einiger Stoffe auf die Gleitfähigkeit der Granulate. Miloš Melichar und Josef Malý. (Acta Fac. pharmac. Brunensis Bratislavensis **2.** 165—211. 1959. Brünn, Pharmazeut. Fak., Kath. für galen. Pharmazie.) (Dt.)

Eine neue Meth. zur Prüfung der Gleitfähigkeit von Granulaten wird empfohlen. Die Formulierung des Gleitfähigkeitsfaktors gestattet das objektive Vergleichen verschiedener Gleitmittel. An 22 verschiedenen Gleitmitteln in 1-, 3-, 5- u. 10%ig. Konz. wurde die Wirksamkeit auf die Gleitfähigkeit von Milchzuckergranulat geprüft u. eine ungefähre Reihenfolge der Gleitfähigkeiten ermittelt. S. Erbe. 4766□

Prüfung einer halbsynthetischen Suppositorien-Grundmasse. Béla Láng und Tamás Tóth. (Gyógyszerészet [Pharmazie] **4.** 285—95. Aug. 1960. Budapest, Chinoin Arzneimittelfabr.) (Ung.)

Die Suppositoriengrundstoffe (SG) Imhausen E, H, S, W, ES, W/n werden besprochen; ihre Epp., die Schmelz- u. Deformierungsfähigkeit, mechan. Eigg. u. Stabilität unter verschiedenen Umständen werden auf Grund eigener Prüfungen krit. behandelt u. tabellar. dargestellt. Die SG sind mit Kakaobutter gleichwertig oder für pharmazeut.-industrielle Verw. noch besser. G. Ligeti. 4766

Eine Untersuchung der Wirkung einiger Emulgatoren auf die Arzneistoffabgabe aus Suppositoriengrundmassen. Clyde W. Whitworth und Joseph P. La Rocca. (J. Amer. pharmac. Assoc., sci. Edit. **48.** 353—55. Juni 1959. Athens, Ga., Univ. of Georgia, School. of Pharmacy, Res. Labor.) (Engl.)

Die Farbstoffabgabe von FD & C Red No. 2 in vitro bzw. die Wrkg. von Pentobarbital-Na in vivo an weiblichen Kaninchen wurde bei 19 bzw. 7 Suppositoriengrundmassen geprüft. Die Suppositoriengrundmassen wurden rezeptiert aus teil- u. vollhydriertem Baumwollsamenöl mit u. ohne Zusatz von Tween 20, 40, 61, 81 u. 85, Span 40, 60 u. 80 u. Arlacel 20, 60, 80 u. 85, u. die Ergebnisse wurden tabellar. aufgeführt. S. Erbe. 4766□

Isolierung eines Glykosides der Flavonolgruppe aus den Blättern von Bupleurum aureus und seine chemische Untersuchung. L. N. Djakonowa. (Аптечное Дело [Apothekenwesen] **9.** Nr. 6. 12—15. Nov./Dez. 1960. Tomsk, Technolog. Inst.) (Russ.)

Aus den getrockneten u. mit Chlf. extrahierten Blättern von *Bupleurum aureus* wurde durch Ausziehen mit heißem W. das Glucosid *Rutin* (I) der empir. Formel $C_{27}H_{30}O_{16} \cdot 3\,H_2O$, F. 192—193°, isoliert. Durch Hydrolyse von I entstehen Quercitrin, Glucose u. Rhamnose. B. aureus kann als Rohprod. für die Gewinnung von I verwendet werden. S. BARYSCHNIKOW. 4782

Beitrag zur Kenntnis der ätherischen Öle polnischer Pflanzen aus der Familie Umbelliferae. 2. Mitt. **Chemische Zusammensetzung des ätherischen Öls der Früchte von Sium latifolium L.** Andrzej Parczewski. (Dissertat. pharmac. [Warszawa] 12. 223—27. 1960. Warszawa, Akad. Med. Zakł. Farmakogn.) (Pol.) — 1. vgl. C. **1961.** 4446.

Das aus reifen Früchten von *Sium latifolium L.* erhaltene äther. Öl wurde im Vakuum destilliert. Erhalten wurde 85 (%) *d-Limonen*, 8,18 *Perylaldehyd*, $Kp._{745}$ 237°, $D._4^{20}$ 0,9556, n_D^{20} 1,5080, $[\alpha]_D^{20}$ + 136° 35'; *Phenylhydrazon*, F. 106,5°; *Semicarbazon*, F. 198,5°; *Oxim*, F. 101°, u. 2 weitere, nicht näher identifizierte Öle (1,13 u. 6%). F. URBAN. 4782

Der Gehalt an Alkaloiden und Ölen in Dictamnus albus L. im Verlauf der jährlichen Vegetation. Henryk Gertig und Halina Grabarczyk. (Dissertat. pharmac. [Warszawa] **12.** 229—36. 1960. Poznań, Akad. Med., Ogrod Farmakogn.; Zakł. Farmakogn.) (Pol.)

Der Alkaloid (Öl)-Geh. der Wurzeln von Dictamnus albus L. schwankt während der Vegetationsperiode zwischen 0,19 u. 0,39 (%) (0,11—0,88), der des Krautes zwischen 0,11 u. 0,24 (0,05—0,39). Die Bldg. der Alkaloide verläuft ähnlich wie in den Familien Solanaceae, Papaveraceae u. Chenopodiaceae: Das Maximum des Geh. in Wurzeln fällt auf das Ende der Vegetationsperiode, im Kraut auf das Ende der Blütezeit. Das Maximum des Öl-Geh. in den Wurzeln tritt beim Austreiben auf, im Kraut während der Entw. der Blätter u. Blüten. Unreife Früchte enthalten 0,21 (%) Alkaloide u. 0,30 Öl. In den Blüten sind nur 0,027 Alkaloide u. 0,15 Öl vorhanden. Aus reifen Früchten lassen sich die Alkaloide mit Chlf. nicht extrahieren. — 39 Literaturangaben. F. URBAN. 4782

Chromatographische Untersuchung von Berberin aus polnischen Rohstoffen. E. Pawełczyk, J. Pawlaczyk, A. Smoczkiewiczowa und F. Adamanis. (Chem. analit. [Warszawa] **4.** 265—68. 1959. Poznań, Akad. Med., Zakł. Chem. farmac., Zakł. Chem. nieorgan. i analit.) (Pol.)

Aus Wurzeln von *Berberis vulgaris L.* wurde durch 2std. Maceration mit NH_3-gesätt. A., Abtrennung der Harze u. weitere Reinigung über die schwerlösl. Aceton-Additions-Verbb. *Berberin* (I), F. 234° (Zers.); I-*Sulfat*, F. 262°, erhalten. I ist nach papierchromatograph. Unterss. (mit n-Butanol–Eisessig 1:1) nicht einheitlich (ebenso nicht das Prod. von MERCK). Gefunden wurden drei Substanzen: R_F 0,96 (orangegelbe Fluorescenz im UV-Licht), R_F 0,32—0,36 (grüngelbe Fluorescenz) u. R_F 0 (grüngelbe Fluorescenz). Das UV-Spektr. von I weist Maxima bei 265 u. 345 mμ auf. F. URBAN. 4782□

Untersuchung der Extraktion des Wurzelstockes von Scopolia durch Auspressen des angefeuchteten Materials. 1. Mitt. F. I. Nowikow. (Аптечное Дело [Apothekenwesen] **9.** Nr. 6. 9—11. Nov./Dez. 1960. Moskau, 1. Med. Ssetschenow-Inst., Lehrstuhl für Arzneimitteltechnol. u. galen. Präpp.) (Russ.; Auszug: Engl.)

Durch Auspressen des in 40%ig. A. aufgequollenen Wurzelstocks von *Scopolia caucasica Kolesn.* kann ein galen. Präp. hergestellt werden. Die für eine maximale Konz. der *Alkaloide* (I) im hergestellten Saft notwendige Quelldauer wurde festgestellt. Beim 8std. Quellen beträgt die Ausbeute an in den Preßsaft übergegangenem I u. an Extraktivstoffen (II) 39 (%) bzw. 36; eine wiederholte Behandlung des Rohprod. mit Lsgm. ist demzufolge notwendig. Aus Rohprodd. mit 0,742 (%) I u. 34,5 II konnte Saft mit maximalen Konzz. von 0,568 (%) I u. 24,25 II hergestellt werden. S. BARYSCHNIKOW. 4782

Zur Entfettung des Perkolates von Brechnuß mit Paraffin. O. I. Belowa und N. A. Arnautowa. (Аптечное Дело [Apothekenwesen] **9.** Nr. 6. 46—48. Nov./Dez. 1960. Zentr. Forsch.-Inst. für Apothekenwesen; Moskau, Chem.-Pharm. Fabrik No. 1 beim Städt. Volkswirtschaftsrat.) (Russ.; Auszug: Engl.)

Die Entfettung des Perkolates von Brechnuß mit Hilfe von festem Paraffin (½std. Schütteln bei 60°) ermöglicht es, trockene Extrakte, die den Anforderungen der Pharmakopöe der UdSSR entsprechen, zu bereiten. Die Entfettung des Perkolats erfolgt 2mal schneller als bei der üblichen mit Benzin. Das Verf. beseitigt die Feuergefahr, die mit jeder Handhabung von Bzn. verbunden ist. S. BARYSCHNIKOW. 4782

Die Herstellung von Augentropfen nach dem ÖAB. 9. Franz Linner. (Österr. Apotheker-Ztg. **15.** 176—77. 1/4. 1961.) (Dt.)

Kurze Darst. der Bereitung von Augentropfen (Collyria) nach dem neuen ÖAB. 9 u. Erörterung der Fragen Konservierung, Einstellung der Isotonie u. des pH-Wertes bei der Ausführung ärztlicher Rezepte, die z. B. nur auf 0,2%ig. $ZnSO_4$-Augentropfen lauten.

Die Schwierigkeit guter Pufferung in der Apothekenpraxis bei der Vielseitigkeit der ärztlichen Verordnungen wird gezeigt. F. O. W. MEYER. 4790□

Über die Konsistenz von Salben und über Konsistenzbestimmungsmethoden. Übersicht. H. Holmen Christensen und K. Bech. (Dansk Tidsskr. Farmaci 33. 205—16. Dez. 1959. København, A/S Alfred Benzon, kontroll labor.) (Dän.)

Die Begriffs-Best. der Konsistenz geht vom Unterschied zwischen NEWTONschen u. plast. Stoffen aus. Die Bedeutung der Konsistenz für Salben u. Salbengrundlagen wird erörtert. Für relative Messungen, bes. zur Betriebsüberwachung, kann man das Penetrometer u. das Parallelplatten-Viscosimeter anwenden, für abs. Messungen App. mit Capillarrohr, Rotationsviscosimeter (koaxial u. kon.) u. Mobilometer. Prinzip u. Anwendung dieser Geräte u. die Auswertung der Meßergebnisse werden besprochen. R. K. MÜLLER. 4792□

Überblick über die neueste Entwicklung der pharmazeutischen Forschung und Industrie. O. Erik Virtanen. (Suomen Kemistilehti 32. A 61—68. 1959.)

Übersicht über neue Arzneimittel. — 13 Literaturangaben. S. BECKMANN. 4800□

Neue Arzneimittel. Anonym. (Produits pharmac. 12. 195. März 1957.) (Franz.)

Dolipol (SOMÉDIA, Frankreich): Tabletten mit 0,5 g N-[4-Methylbenzolsulfonyl]-N-butylharnstoff (Tolbutamid). — Antidiabeticum. K. GERECKE. 4800□

Neue Arzneimittel. Anonym. (Produits pharmac. 12. 659. Okt. 1957.) (Franz.)

Plegicil (CLINO-COMOR, Frankreich): Lsg. mit 3% u. Tabletten mit 10 mg Acepromazin. Neuroplegicum. K. GERECKE. 4800□

Neue Arzneimittel. Anonym. (Produits pharmac. 13. 27—29. Jan. 1958.) (Franz.)

Anirrit (BOUCHARD, Frankreich): Tabletten mit 90 (mg) 5-Methyl-5-[1'.2'-dibrom-2'-phenyl]-äthylhydantoin, 10 Phenobarbital. Tranquillizer. — *Hebucol* (LOGEAIS, Frankreich): Ampullen mit 0,5 g u. Tabletten mit 0,25 g α-[1-Hydroxycyclohexyl]-buttersäure bzw. Na-Salz. Choleretieum. — *Monodral* (ACHRIPHAR, Frankreich): Tabletten mit 5 mg α-Cyclopentyl-α-[thienyl-(2')]-α-hydroxyessigsäure-β-diäthylaminoäthylesterbrommethylat. Anticholinergicum, Spasmolyticum. K. GERECKE. 4800□

Neue Arzneimittel. Anonym. (J. Amer. pharmac. Assoc., pract. Pharmacy Edit. 19. 560—65. Sept. 1958.) (Engl.)

Ilidar (HOFFMANN-LA ROCHE, USA): Tabletten mit 6-Allyl-6.7-dihydro-5 H-dibenz-[c, e]-azepinphosphat (Azapetinphosphat). Angioticum. — *Harmonyl* (ABBOTT, USA): 11-Desmethoxyreserpin (Deserpidin). Antihypertonicum. — *Delestrogen* (SQUIBB, USA): Ampullen mit Oestradiol-17-valerat. Oestrogen. — *Imferon* (LAKESIDE, USA): Ampullen mit koll. Lsg. von $Fe(OH)_3$-Komplex mit teilweise hydrolysiertem Dextran. Antianaemicum. — *Actidil* (BURROUGHS WELLCOME, USA): Tabletten mit 2,5 (mg) u. Sirup mit 1,25 Triprolidinhydrochlorid. Antihistaminicum. — *Delvex* (LILLY, USA): Tabletten mit 50 (mg), 100 u. 200 Dithiazaninjodid. Anthelminthicum. — *Meloxine* (UPJOHN, USA): Tabletten mit 10 mg 8-Methoxypsoralen. Gegen Vitiligo. — *Urobiotic* (PFIZER, USA): Kapseln mit 125 (mg) Oxytetracyclinhydrochlorid mit Glucosamin, 250 Sulfamethizol, 50 Phenylazodiaminopyridinhydrochlorid. Antibioticum. — *Ambar No. 2* (ROBINS, USA): Tabletten mit 15 (mg) Methamphetamin, 64,5 Phenobarbital. — *Azo-Sulfa B/A* (TUTAG, USA): Tabletten mit 50 (mg) Phenylazodiaminpyridinhydrochlorid, 0,0065 Hyoscinhydrobromid, 0,0194 Atropinsulfat, 0,10 Hyoscyaminsulfat, 125 Sulfacetamid. Analgeticum, Spasmolyticum. — *Belbarmine* (HASKELL, USA): Tabletten mit 5 (mg) d-Desoxyephedrin, 32 Phenobarbital, 0,0072 Hyoscinhydrobromid, 0,024 Atropinsulfat, 0,128 Hyoscyaminhydrobromid. Appetitzügler. — *Bonamine* (PFIZER, USA): Elixier mit 12,5 mg Meclizinhydrochlorid je 5 ml. Antemeticum. — *Caldecort* (MALTHIE, USA): Salbe mit Hydrocortison, Ca-Undecylenat, Neomycin. Dermaticum. — *Cort-quin* (DOME CHEMICALS, USA): Salbe mit 0,5 oder 1% Hydrocortison, 1% Dijodhydroxychinolin. Dermaticum. — *Es-a-Cort* (DOME CHEMICALS, USA): Salbe mit 3,3 E. Axerophthol, 1867 I.E. Oestron, 5 oder 10 mg Hydrocortison. Dermaticum. — *Formatrix* (AYERST, USA): Tabletten mit 1,25 (mg) Premarin, 10 Methyltestosteron, 400 Ascorbinsäure. Gegen Osteoporose. — *Gui-acua* (TUTAG, USA): Ampullen mit 50 (mg) Guajacol, 25 Kakodylsäure, 5 Intracaine je ml. Expectorans. — *Guiamide* (TUTAG, USA): Suspension mit 0,5 (g) Sulfaguanidin, 2 Kaolin, 0,04 Pektin je 5 ml. Antidiarrhoicum. — *Neosporin* (BURROUGHS WELLCOME, USA): Lotio mit 10000 E. Polymyxin-B-sulfat, 5 mg Neomycinsulfat je ml. Antibioticum. — *Tronothane* (ABBOTT, USA): Aerosol mit 1% Pramoxinhydrochlorid. K. GERECKE. 4800□

Neue Arzneimittel. Anonym. (J. Amer. pharmac. Assoc., pract. Pharmacy Edit. 19. 687—92. Nov. 1958.) (Engl.)

Frenquel (MERREL, USA): α-[Piperidyl-(4)]-benzhydrolhydrochlorid (Azacyclonolhydrochlorid). Gegen Halluzinationen. — *Hydeltra-T.B.A.* (MERCK, SHARP & DOHME, USA): Ampullen mit 20 u. 100 mg Prednisolonbutylacetat. Glucocorticoid. — *Neothalidine* (MERCK SHARP & DOHME, USA): Granulat mit Phthalylsulfathiazol u. Neomycinsulfat. Chemotherapeuticum, Antibioticum. — *Parafon* (MCNEIL, USA): Tabletten mit 125 (mg) Chlorozoxazon, 300 Acetaminophen. Analgeticum. — *Duadacin* (LLOYD, USA): Kapseln mit 5 (mg) Phenylephrinhydrochlorid, 1 Chlorpheniraminmaleat, 12,5 Pyrilaminmaleat, 30 Coffein, 50 Ascorbinsäure, 130 Phenacetin, 200 Salicylamid. Gegen Erkältungskrankheiten. — *Geroniazol* (COLUMBUS, USA): Lsg. von 200 (mg) Pentylentetrazol, 100 Nicotinsäure. Geriatricum. — *Histene* (MANEY, USA): Tabletten mit 25 (mg) Phenylpropanolaminhydrochlorid, 10 Pyrilaminmaleat, 8 Thenylpyraminhydrochlorid, 5 Pheniraminmaleat. Antiallergicum. — *Meti-Derm* (SCHERING CORP., USA): Aerosol mit Prednisolon u. Neomycinsulfat. Antiallergicum, Antibioticum. — *Resulin-F* (ALMAY, USA): Salbe mit 1,5% Resorcinolmonoacetat, 2% Sulfur, 0,5% Hydrocortison. Dermaticum. — *Neo-Resulin-F* (ALMAY, USA): Salbe mit 1,5% Resorcinmonoacetat, 2% Sulfur, 0,5% Hydrocortison, 0,5% Neomycinsulfat. Dermaticum.

K. GERECKE. 4800□

Tranquillizer. Ein Überblick über die Phenothiazinderivate. S. Oldham. (Chem. Products chem. News **24.** 57—61. Febr. 1961.) (Engl.) J. LEHMBERG. 4806□

Über Glucochloralosen. Alois Borovanský. (Acta Fac. pharmac. Brunensis Bratislavensis **2.** 131—40. 1959. Brünn, Pharmazeut. Fak., Kath. für pharmazeut. Chem.) (Dt.)

Zur Herst. von *Glucochloralose* (I) erhitzt man Glucose in überschüssigem Chloralhydrat (II) u. gibt als Kondens.-Mittel H_2SO_4 zu. Nach Zugabe von Chlf. wird durch azeotrope Dest. das aus II freigewordene W. u. das Kondens.-W. abdestilliert. Nach Abdampfen des Lsgm. u. des überschüssigen Chlorals wird neutralisiert u. durch fraktionierte Kristallisation α-I u. durch Kristallisation aus A. β-I gewonnen. Die Best. der Verunreinigung von α-I mit β-I geschieht IR-spektrophotometrisch. — 29 Literaturangaben. S. ERBE. 4806□

Die Entwicklung der flüssigen Desinfektionsmittel, eine Entwicklung der Netzmittel-Chemie. Richard Neu. (Seifen–Öle–Fette–Wachse **81.** 479—80. 17/8. 503—04. 31/8. 530—31. 14/9. 584. 28/9. 603—04. 12/10. 629. 26/10. 672. 9/11. 696. 23/11. 1955.)

Vf. gibt einen umfassenden Überblick über die neueste Entw. der fl. Desinfektionsmittel. Bes. Besprechung gilt den Phenolen, den kationenakt. Desinfektionsmitteln, den Isothioharnstoffen, den oberflächenwirksamen Stoffen gegen Hautpilzerkrankungen u. der Hautverträglichkeit fl. Desinfektionsmittel unter Berücksichtigung von Literaturangaben u. eigenen Arbeiten. E. BOYE. 4832

Über komplexometrische Titrationen. Übersicht über Berechnung von Titrationsfehlern mit Hilfe konditioneller Konstanten. V. Sten Andersen. (Dansk Tidsskr. Farmaci **33.** 125—36. Juli 1959. København, Danm. farm. Højskole, kem. labor. A.) (Dän.)

Grundlagen der Komplexontitration; Gleichgewichtsverhältnisse; konditionelle Stabilitäts-Konst.; Metallion-Konz. im Äquivalenzpunkt; Berechnung von Titrierfehlern; prakt. Beispiel. R. K. MÜLLER. 4880□

Potentiometrische Titration von Kalium und einigen N-haltigen Arzneimitteln mit Natriumtetraphenylbor. Thor Espersen. (Dansk Tidsskr. Farmaci **33.** 113—24. Juli 1959. Gentofte, Københavns Amts Sygehus.) (Dän.) — Vgl. C. **1959.** 2895. 8979.

Für die Unters. K-haltiger Infusions-Fll. wird die Verw. von *Na-Tetraphenylbor* (I) empfohlen. Eine Probe mit höchstens 1 mÄquivalent K wird mit 5 ml Puffer-Lsg. (pH 4) versetzt u. mit W. auf 40 ml verd.; die potentiometr. Titration mit 0,1n I-Lsg. erfolgt mit Glas-Ag-Elektrode unter raschem Rühren. Nach dem gleichen Verf. werden auch N-haltige Arzneimittel titriert. Eine Tabelle gibt die Ergebnisse der Analyse von 17 Stoffen: Pethidin-Hydrochlorid, Hydroconbitartrat, Thebacon·HCl, Oxicon·HCl, Cocain·HCl, Atropinsulfat, Hyoscyamin·HBr, Homatropin·HBr, Histamin·HCl, Tetracain·HCl, Cincain·HCl, Lidocain·HCl, Cholincitrat, Metacholin·HBr, Tolazolin·HCl, Naphazolin·HCl, Aminoacridin·HCl; die höchsten Abweichungen betragen +2,2% u. —2,4%. R. K. MÜLLER. 4880□

Eine radiometrische Methode zur Bestimmung der Absorption von Quecksilberpräzipitat aus Salben. Donald L. Sorby und Elmer M. Plein. (J. Amer. pharmac. Assoc., sci. Edit. **48.** 308—10. Juni 1959. Seattle, D.C., Univ. of Washington, Coll. of Pharmacy.) (Engl.)

Aus $^{203}HgCl_2$ hergestelltes *^{203}Hg-Präzipitat* (I) wurde in *White Ointment* USP XV (W.O.), *Hydrophilic Petrolatum* USP XV (H.P.) bzw. eine Grundlage aus 3 (%) Stearylalkohol, 8 Bienenwachs, 15 Wollwachs u. 74 weißem Vaselin (G.) eingearbeitet. 24 Std. nach Applikation der Salben auf die intakte u. verletzte Rattenhaut wurden die Nieren der Tiere entfernt u. der ^{203}Hg-Geh. aus der β- bzw. aus der γ-Aktivität bestimmt. Die Werte der beiden Aktivitätsmessungen stimmen gut überein. Bei der intakten Haut steigt die Absorption von I in der Reihenfolge der Salben W.O., H.P. u. G. an. Das Verhältnis der Absorption von I durch die intakte u. verletzte Haut ist bei W.O. ca. 1:5.

S. ERBE. 4880□

Anwendung der komplexen Palladiumverbindungen bei der Analyse von organischen pharmazeutischen Präparaten. K. W. Zerkassewitsch. (Аптечное Дело [Apothekenwesen] **9.** Nr. 6. 32—34. Nov./Dez. 1960. Saporoshje, Pharmazeut. Inst., Lehrstuhl für analyt. Chemie.) (Russ.)

Eine neue komplexometr. Pd^{2+}- u. Pd^{4+}-Best.-Meth. in komplexen Pd-Chloriden mit Anwendung des „H-Indicators" u. von Trilon B wurde ausgearbeitet. Die Meth. ermöglicht es, 1—10 mg Pd mit einer Genauigkeit von $\pm$ 1,5% zu bestimmen. Pd^{4+} muß vor der Best. durch Erhitzen auf dem Wasserbad auf 60° (10—15 Min.) zu Pd^{2+} red. werden.

S. BARYSCHNIKOW. 4880

Quantitative Arsenbestimmung in Aminoarson. W. M. Schewerdjajewa und Ss. P. Bysstrow. (Аптечное Дело [Apothekenwesen] **9.** Nr. 6. 29—32. Nov./Dez. 1960. Moskau, 1. Med. Ssetschenow-Inst., Pharm. Fak.) (Russ.; Auszug: Engl.)

Die Mineralisation von *Aminoarson* mit konz. H_2SO_4 u. HNO_3 ermöglicht es, die bromatometr. Titration des Präp. mit einer Fehlergrenze von $\pm$ 0,45% durchzuführen. Die Meth. wird als einziges Analyse-Verf. für As-haltige Präpp. zur Aufnahme in die 9. Auflage der Pharmakopöe der UdSSR vorgeschlagen. S. BARYSCHNIKOW. 4880

Die Bestimmung von Acetphenetidin in Tablettengemischen: Eine potentiometrische Methode. Joseph G. Baldinus und Irvin Rothberg. (J. Amer. pharmac. Assoc., sci. Edit. **48.** 318—19. Juni 1959. Philadelphia, Pa., Smith Kline & French Labor.) (Engl.)

Die *Acetphenetidin* (I) enthaltenden Tabletten werden fein verrieben. Eine 160 bis 180 mg I entsprechende Probe wird 90 Min. lang mit 50 ml 10%ig. wss. HCl unter Rückfluß gekocht, mit 50 ml 10%ig. HCl in ein 250 ml-Becherglas übergeführt u. nach Zugabe von 5 g KBr potentiometr. mit 0,05n $NaNO_2$-Lsg. titriert. *Coffein, Aspirin, Salicylsäure, Codein, Amphetamin, Amobarbital, Stärke, Talkum, Mg-Stearat* u. $CaSO_4$ störten die Best. nicht. S. ERBE. 4880□

Eine verbesserte Methode zur Bestimmung von Lanthionin. M. X. Sullivan und Chester F. Mijal. (J. Amer. pharmac. Assoc., sci. Edit. **48.** 324—26. Juni 1959. Washington, D.C., Georgetown Univ.) (Engl.)

Zur Best. von *Lanthionin* (I), einem aus Wolle, menschlichem Haar, Hühnerfedern, amorphem Insulin usw. nach Säurehydrolyse isolierten symmetr. Thioäther der Struktur $(HOOC-CHNH_2-CH_2)_2S$, werden 5 ml einer 0,1n salzsauren Lsg. von 0,05—0,5 mg I mit 1 ml 5%ig. NaCN-Lsg. versetzt. Nach leichtem Umschwenken fügt man 1 ml einer mit 5%ig. NaCN entfärbten wss. gesätt. Br_2-Lsg. zu, erhitzt das verschlossene Rk.-Gefäß 5 Min. im Wasserbad von 70° u. fügt nach dem Abkühlen 1 ml frisch bereiteter 0,5%ig. wss. Lsg. von 1.2-Naphthochinon-4-sulfonsaurem Na zu. Man schüttelt 40 Sek., fügt 5 ml einer Lsg. von 10% Na_2SO_3 in 0,5n NaOH zu, verschließt das Rk.-Gefäß gut u. erhitzt 15 Min. im Wasserbad bei 70°. Nach dem Abkühlen u. Zufügen von 1 ml frisch bereiteter Lsg. von 2% $Na_2S_2O_4$ in 0,5n NaOH wird die Extinktion der Lsg. bei 540 mμ gemessen. Die Farb-Rk. folgt dem LAMBERT-BEERschen Gesetz. Die Farbtiefe nimmt innerhalb von 2—5 Min. merklich ab. Andere Thioäther, wie Thiodiglykolsäure, Methionin u. Cystathionin ergeben keine Färbung nach der beschriebenen Methode. Eine Meth. zur Best. von I in Wolle wird angegeben. — 20 Literaturangaben. S. ERBE. 4880□

Quantitative Bestimmung des Benzazins in Lösungen und Tabletten. O. A. Bartaschewitsch. (Аптечное Дело [Apothekenwesen] **9.** Nr. 6. 26—29. Nov./Dez. 1960. Leningrad, Chem.-Pharm. Betrieb No. 1, Vers.-Labor.) (Russ.; Auszug: Engl.)

10 ml 0,1%ig. *Benzazin* (Benzilsäure-β-dimethylaminoäthylesterhydrochlorid) werden im Scheidetrichter 2—3 Min. mit 4 ml 0,1n NaOH u. Ae. geschüttelt. In der wss. Schicht wird der Cl^+-Geh. nach VOLHARD (0,01n NH_4CNS) titriert.

S. BARYSCHNIKOW. 4880

Papierchromatographie des Anthrachinon-Rohmaterials. Ljubomir Krauss. (Аптечное Дело [Apothekenwesen] **9.** Nr. 6. 64—70. Nov./Dez. 1960. Prag, Kontrollinst. für Arzneimittel.) (Russ.)

Übersicht. — 91 Literaturangaben. S. BARYSCHNIKOW. 4880

Bewertung von Rhizoma rhei mit chemischen Methoden. Maria Henneberg-Łańczak. (Chem. analit. [Warszawa] **4.** 275—85. 1959. Poznań, Państw. Inst. Nauk. Leczn. Surowców rośl. Zakł. Analizy i Techn. Leku rośl.) (Pol.)

Von den 4 untersuchten Best.-Meth. für Anthrachinon-Derivv. in *Rhizoma rhei* ist die colorimetr. Meth. von Auterhoff [1953] mit Verw. des Filters S_{50} die genaueste u. schnellste. Sie erfaßt im Gegensatz zu der Meth. von Gstirner u. Holtzem [1949] auch freie u. gebundene Anthranole. Ihre Ergebnisse decken sich mit pharmakolog. Testen. Die colorimetr. Meth. von Schmid mit dem Filter S_{43} ist ungenau. Die gravimetr. Meth. von Czumburidze [1956] ist langwierig u. erfaßt auch Ballaststoffe. F. Urban. 4880□

Photocolorimetrische Bestimmung des Rutins in Forsythia intermedia und Forsythia suspensa. W. A. Bandjukowa. (Аптечное Дело [Apothekenwesen] **9.** Nr. 6. 24—26. Nov./Dez. 1960. Pjatigorsk, Pharmazeut. Inst., Lehrstuhl für organ. u. biolog. Chemie.) (Russ.)

Eine photocolorimetr. Best. des *Rutins* (**I**), die auf der Rk. der Azokupplung von **I** mit diazotiertem Novocain beruht, wird vorgeschlagen. Die Fehlergrenze der Meth. beträgt ± 15%. Die Meth. eignet sich für die **I**-Best. in Tabletten u. in pflanzlichen Rohstoffen. S. Baryschnikow. 4880

Bestimmung von Scopolamin neben einem Überschuß von Morphin und Äthylmorphin. O. Markovič und L. Rexová. (Chem. Zvesti **11.** 192—97. 1957. Bratislava, Odd. farmac. chém. a biochém. Chem. úst. Slov. ak. vied.) (Slowak.)

Vff. erzielten eine vollständige chromatograph. Trennung des *Morphins* (**I**), *Scopolamins* (**II**) u. *Äthylmorphins* (**III**) im Konz.-Verhältnis **I**:**II**:**III** = 80:1:120, wie dies im Präp. *Modiscop* der Fall ist. Als geeignetes Elutionsmittel wurde der obere Teil des Syst. n-Butanol:W. (1:1) gefunden, aber das übliche einmalige Entwickeln (E.) entsprach doch den Erwartungen nicht. Nur durch wiederholtes dreimaliges E. wurde eine völlige Trennung erzielt u. in **III** stellten Vff. sogar eine bisher nicht identifizierte Substanz fest, deren Fleck im Chromatogramm zwischen dem Fleck des **I** u. des **II** zu erkennen war. Die Konz. des Standards wurde gegenüber der fallenden Konz. der Probe erhöht u. durch visuelle Schätzung der Größe u. der Intensität des **II**-Flecks konnte man in dem angeführten Gemisch **II** mit einer Genauigkeit von ± 15% bestimmen. Eine genauere Best. des **II** wurde durch Nachmessen der Negative mit dem Densitometer, durch Planimetrieren der erhaltenen Kurven u. Vgl. der Flächen möglich. Die Sichtbarmachung der Chromatogramme erfolgte durch Bespritzen mit Dragendorffs-Reagens (durch Munier modifiziert). C. Kozák. 4880□

Bestimmung der Derivate der Lysergsäure im Mutterkorn. Henryk Speichert. (Chem. analit. [Warszawa] **4.** 291—98. 1959. Poznań, Państw. Inst. Nauk. Leczn. Surowców rośl.) (Pol.)

Es werden die Mikro-Meth. zur Best. der wasserlösl. u. unlösl. Alkaloide des Mutterkorns nach Bekesy [1939], Debska u. Speichert [1954], Fischer u. Hecht [1951], Rumpel [1955] u. Silber u. Schulze [1953] u. die Meth. des engl., ungar., russ., poln. u. tschech. Arzneibuches verglichen. Einwandfreie Ergebnisse werden nur erhalten, wenn die Proben gut zerkleinert, entfettet u. mit Ae. extrahiert werden. Als Vgl.-Substanz wird Ergometrinmaleinat vorgeschlagen. F. Urban. 4880□

Zu den quantitativen Reaktionen des Benzylpenicillins. N. N. Nowikowa. (Аптечное Дело [Apothekenwesen] **9.** Nr. 6. 19—23. Nov./Dez. 1960. Perm, Pharmazeut. Inst., Lehrstuhl für Technol. der Arzneimittel u. galen. Präpp.) (Russ.; Auszug: Engl.)

Die Rk. von Vitali ermöglicht die Best. von 0,2 mg (350—370 I.E.) *Benzylpenicillin* (**I**) in **I**-Präpp. u. von ca. 2000 I.E. in **I**-haltigen Arzneimittelgemischen. Bei hydrolysierten **I**-Lsgg. ist die Rk. negativ. Die Rk. ermöglicht es, **I**-Tabletten von Phenoxymethylpenicillin-, Synthomycin-, Terramycin- u. Tetracyclintabletten zu unterscheiden. S. Baryschnikow. 4880

Soc. des Usines Chimiques Rhône-Poulenc, Paris (Erfinder: Raymond Jacques Horclois, Malakoff/Seine, und Robert Michel Jacob, Ablon-sur-Seine), Frankreich, **Herstellung von Dithiocarbamaten** der allg. Formel I (R_1, R_2 = H, niedermol. Alkylreste, zusammen eine Einfachbindung, O, CH_2, CH_2CH_2 oder $N(CH_3)$; die Phenylkerne können substituiert sein; A = 2wertiger gesätt. KW-Stoffrest, der ggf. durch den Rest —A'—T' substituiert sein kann, wobei A' = Einfachbindung oder CH_2 u. T' wie T = Dialkylaminoreste oder heterocycl. Reste; die N-Atome u. ggf. ein Teil oder die gesamten Ketten A u. A' können als Heterocyclen vorliegen) durch aufeinanderfolgende Rk. von CS_2 u. eines Aminoalkylhalogenids mit einem Alkali-Deriv. eines entsprechenden Diarylamins. — Dithiocarbonsäure-β-diäthylaminoäthylester: *Phenoxazin-10-*, Öl, durch Zugabe von 18,3 (g) Phenoxazin zu der Lsg. von Phenyl-Li aus 18,8 C_6H_5Br u. 1,7 Li in abs. Ae., 1std. Rühren, langsame Zu-

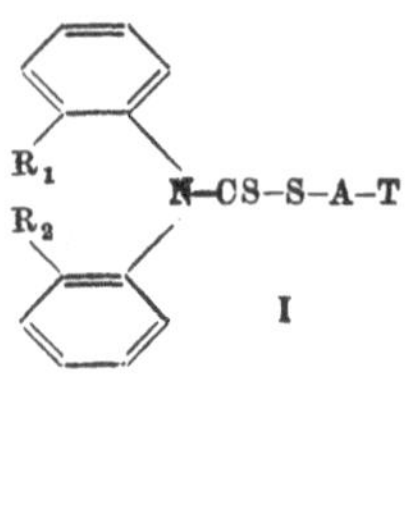

I

gabe von 8 CS_2, 1std. Rühren, Addition von 15 Diäthylaminochloräthan in Xylol, 3std. Kochen, Ausschütteln mit W., Verrühren der organ. Schicht mit 10%ig. HCl, Alkalisieren der sauren Lsg. u. Ausäthern; 34 g (Ausbeute). *Hydrochlorid*, F. 224° (A.). *Jodmethylat*, F. 267° (80%ig. A.). — *Carbazol-9-*, Öl, aus 16,7 Carbazol; 32 g. *Hydrochlorid*, F. 174° (A.). *Jodmethylat*, F. 188° (A.). — *Iminodibenzyl-5-*, *Hydrochlorid*, F. 240° (Isopropanol), aus 3,9 Iminodibenzyl; 5,3 g. — *Diphenylamino-*, F. 60° (Isopropanol), aus 16,9 Diphenylamin; 24 g. *Jodmethylat*, F. 220° (90%ig. A.). — *Acridan-10-*, F. 74°, aus 18,1 Acridan; 35 g. *Hydrochlorid*, F. 192° (Isopropanol). *Jodmethylat*, F. 260° (90%ig. A.). — *2.2'-Dimethyldiphenylamino-*, aus 5 2.2'-Dimethyldiphenylamin; 10,5 g. *Hydrochlorid*, F. 230°. *Jodmethylat*, F. 200°, unter Zers. (Isopropanol). — *Spasmolytica*, *Lokalanästhetica*. (**D. P. [DDR] 16 339** Kl. 12o vom 12/1. 1957, ausg. 30/1. 1959 [Ausschließungspatent]. F. Prior. 22/3. u. 31/10. 1956.) H.-J. NITZSCHKE. 4807

Wilhelm Treibs und Joachim Hiebsch, Leipzig, **Herstellung von Azulenen**, dad. gek., daß Hydroazulene in Dampfform über Al- oder Cr-Oxydkatalysatoren oder Mischkontakte aus Cr-Oxyd mit Oxyden der Übergangsmetalle, bes. Cu, Ni, Co, bei 200 bis 600° geleitet werden; die Rk. erfolgt bes. unter vermindertem N_2- bzw. Inertgasdruck. Bei 300—600° können alkohol. Hydroazulene gleichzeitig dehydratisiert u. dehydriert werden. — 85 g Guajol (Guajakholzöl) werden vorgewärmt u. mit einer Verweilzeit von 10—12 Sek. bei 350—400° über einen granulierten Al_2O_3-Kontakt von 300 cm³ geleitet: 70 g tiefblaue Fl. werden nach Kondens. erhalten. Das abgespaltene W. wird abgetrennt u. das Dehydrierungs-Prod. schnell bei 10—20 mm dest.; der Rückstand wird in PAe. mit 50%ig. H_2SO_4 über das Säureaddukt gereinigt. Ausbeute 10%, bei mehrmaligem Durchsatz der nicht dehydrierten Dest.-Anteile bis 30%. — 56 g Guajen werden bei 325° mit einer Verweilzeit von 8 Sek. bei 40 mm unter gleichzeitigem Durchleiten von N_2 über einen Mischkontakt aus a) 95—75% Al_2O_3 u. 5—25% Cr-Oxyd bzw. b) mol. Mengen Cr- u. Cu-Oxyd geleitet. Bei wiederholtem Durchsatz des niedriger sd. Ausgangs-Prod. werden nach a) 60, nach b) 40% *Guajazulen* erhalten. — Weitere Beispiele. — *Pharmakolog.*, bes. *entzündungswidrige* (*antiphlogist.*) Verwendung. (**D. P. [DDR] 16 712** Kl. 12o vom 8/9. 1956, ausg. 28/3. 1959 [Wirtschaftspatent].) H.-J. NITZSCHKE. 4807

Sandoz Akt.-Ges., Basel (Erfinder: Ernst Jucker, Binningen, Anton Ebnöther und Erwin Rissi, Basel), Schweiz, **Herstellung von 3.5-Dioxopyrazolidinderivaten** der allg. Formel I, in der R_1, R_2 u. R_3 für einen Alkylrest, R_4 u. R_5 für H oder einen Alkyl-, Aryl-, Alkaryl- oder Aralkylrest stehen, dad. gek., daß man Piperidyl-(4)-hydrazine der allg. Formel II mit reaktionsfähigen Derivv. der Malonsäure der allg. Formel III, worin R_1—R_5 die obige Bedeutung besitzen u. X für Cl, Br, O-Alkyl, NH_2 oder N_3 steht, umsetzt. — Aus ω-[N-Methylpiperidyl-(4)]-ω'-[N.N-dimethylcarbamyl]-hydrazin (F. 133,5—136,5°) u. Diäthylmalonyldichlorid sowie Triäthylamin → *1-[N-Methylpiperidyl-(4')]-2-[N.N-dimethylcarbamyl]-4.4-diäthyl-3.5-dioxopyrazolidinhydrochlorid*, F. 255,5—257,5° (Zers.); *1-[N-Methylpiperidyl-(4')]-2-[N.N-dimethylcarbamyl]-4.4-diphenyl-3.5-dioxopyrazolidin*, F. 180—183°, *-Hydrochlorid*, F. 267—273°; *1-[N-Methylpiperidyl-(4')]-2-[N.N-dimethylcarbamyl]-4.4-dimethyl-3.5-dioxopyrazolidin*, F. 134—136°, *-Hydrochlorid*, F. 267—270° (Zers.); *1-[N-Methylpiperidyl-(4')]-2-[N.N-dimethylcarbamyl]-4-n-butyl-3.5-dioxopyrazolidinhydrochlorid*, F. 225—232°; das entsprechende *-4-benzyl-3.5-dioxopyrazolidin*, F. 246—250° (Zers.). — *Arzneimittel*. (**D. A. S. 1 090 220** Kl. 12p vom 11/11. 1957, ausg. 6/10. 1960. Schwz. Prior. 23/5. 1957.) W. HEYER. 4807

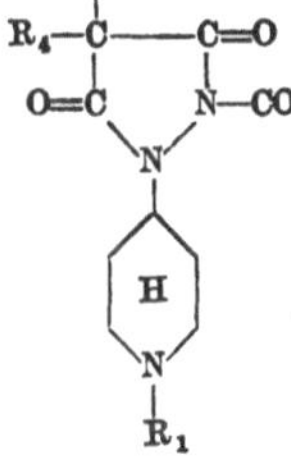

I

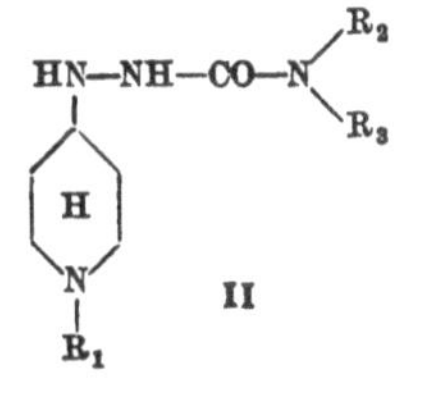

II

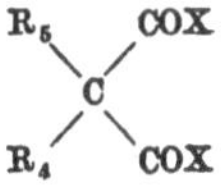

III

Soc. des Usines Chimiques Rhône-Poulenc, Paris (Erfinder: Robert Michel Jacob, Ablon/Seine, und Jean Clement Louis Fouche, Paris), Frankreich, **Herstellung von Indolderivaten**, die in 2-Stellung durch einen ggf. N-substituierten Piperidyl- oder 1.2.5.6-Tetrahydropyridyl-(2)- oder -(4)-Rest substituiert sind, durch Red. entsprechender 2-[Pyridyl-(2)]- oder -(4)]-indolhalogenalkylate in Ggw. von ADAMS-Pt-Katalysator in alkohol. oder wss.-alkohol. Medium bei Normalbedingungen (zu den Piperidyl-Verbb.) oder mit Alkaliborhydrid (zu den Tetrahydropyridyl-Verbb.). — Indole: *2-[1'-Methylpiperidyl-(2')]-3-äthyl-*, *Hydrochlorid*, F. 213—215°, durch Hydrierung von 33 (g) 2-[Pyridyl-(2')]-3-äthylindol (II)-Methobromid (F. 215°) in A.-W. (3:2) in Ggw. von 2,2 ADAMS-Katalysator, Eindampfen des Filtrats, Aufnehmen in verd. NaOH bei 80°, Ausäthern, Ausziehen der Lsg. mit 2n Essigsäure, Alkalisieren u. Ausäthern; 21 g (Ausbeute). — *2-[1'-Benzylpiperidyl-(2')]-3-äthyl-*, Öl, ebenso aus 1,9 II-Brombenzylat (F. 179°); 1,3 g. *Hydrochlorid*, F. 245—250°. *Pikrat*, F. 225—230°. — *2-[1'-Methylpiperidyl-(2')]-3-methyl-*, Öl, aus 3,03 2-[Pyridyl-(2')]-3-methylindol(I)-Brommethylat (F. 248—250°); 2 g. *Hydrochlorid*, F. 142—144°. — *2-[1'-Methylpiperidyl-(4')]-3-äthyl-*, F. 138° (Heptan), aus 2-[Pyridyl-(4')]-3-äthylindolbrommethylat (F. 315—320°); 5,4 g. — *2-[1'-Äthylpiperidyl-(2')]-3-methyl-*, aus 3 I-Bromäthylat (F. 200 bis 203°); 2,3 g. *Hydrochlorid*, F. ca. 235—240°. — *2-[1'-Äthylpiperidyl-(2')]-3-äthyl-*, aus 6 II-Bromäthylat (F. 196°); 3 g. *Hydrochlorid*, F. ca. 207—212°. — *2-[1'-Methylpiperidyl-(2')]-3-propyl-*, aus 4,6 g 2-[Pyridyl-(2')]-3-propylindolbrommethylat (F. 154—155°); 3,3 g. *Hydrochlorid*, F. ca. 170—171°. — *2-[1'-Methylpiperidyl-(2')]-3-isopropyl-*, aus 5,8 2-[Pyridyl-(2')]-3-isopropylindolbrommethylat (F. 230°); 4,2 g. *Hydrochlorid*, F. ca. 253 bis 258°. — *2-[1'-Methylpiperidyl-(2')]-3-äthyl-5-hydroxy-*, F. 115—117°, aus 12,2 2-[Pyridyl-(2')]-3-äthyl-5-hydroxyindolbrommethylat (F. 260°); 10 g. *Hydrochlorid*, F. 155°. — *1-Methyl-2-[1'-methylpiperidyl-(2')]-3-äthyl-*, aus 5,86 1-Methyl-2-[pyridyl-(2')]-3-äthylindolbrommethylat; 3,5 g. *Pikrat*, F. 205—207°. — *2-[1'-Methylpiperidyl-(2')]-3-äthyl-5-methoxy-*, aus 13,9 2-[Pyridyl-(2')]-3-äthyl-5-methoxyindolbrommethylat (F. 201°); 9,1 g. *Hydrochlorid*, F. 223—225°. — *2-[1'-Methylpiperidyl-(2')]-*, aus 5 2-[Pyridyl-(2')]-indolbrommethylat (F. 275°); 3,5 g. *Pikrat*, F. 244—246°. — *2-[1'-Methylpiperidyl-(2')]-3-äthyl-5-chlor-*, aus 7,5 2-[Pyridyl-(2')]-3-äthyl-5-chlorindolbrommethylat (F. 214°); 5,9 g. *Hydrochlorid*, F. 248—250°. — *2-[1'-Methylpiperidyl-(2')]-3-äthyl-6-methoxy-*, F. 80°, aus 22,2 2-[Pyridyl-(2')]-3-äthyl-6-methoxyindolbrommethylat (F. 232—233°); 17 g. *Hydrochlorid*, F. 195—196°. — *2-[2'-Methylpiperidyl-(2')]-3-äthyl-6-chlor-*, aus 7,5 2-[Pyridyl-(2')]-3-äthyl-6-chlorindolbrommethylat (F. 221—222°); 5,9 g. *Hydrochlorid*, F. ca. 180°, dann erneut 242—243°. — *2-[1'.4'-Dimethylpiperidyl-(2')]-3-äthyl-*, aus 15 2-[4'-Methylpyridyl-(2')]-3-äthylindolbrommethylat (III; F. 170°); 11,6 g. *Hydrochlorid*, F. 228°. — Eingießen von 4 KBH_4, 100 cm³ CH_3OH u. 50 W. in die Lsg. von 15 II-Brommethylat in CH_3OH–W. (4:1), 1std. Rühren, Ansäuern mit 25%ig. H_2SO_4, Zugabe von W. u. NaOH u. Ausäthern liefert 11,3 *2-[1'-Methyl-1'.2'.5'.6'-tetrahydropyridyl-(2')]-3-äthyl-*, F. 81°. *Hydrochlorid*, F. 235—236° (CH_3OH–Ae.). — Analog *2-[1'.4'-Dimethyl-1'.2'.5'.6'-tetrahydropyridyl-(2')]-3-äthyl-*, aus 10 g III; 7,3 g. *Hydrochlorid*, F. 239—241° (CH_3OH–Ae.). — *Anticonvulsiva* u. *Spinaldepressoren*. — Vgl. F. P. 1 176 931; C. **1961**. 10290. (**D. P. [DDR] 16 675** Kl. 12p vom 15/12. 1956, ausg. 26/3. 1959 [Ausschließungspatent]. F. Prior. 16/12. 1955, 18/2., 3/7. u. 5/7. 1956.) H.-J. NITZSCHKE. 4807

Elmar Profft, Heinz Raddatz und Erich Lieberum, Magdeburg, **Herstellung von Thiophenverbindungen** durch Rk. von 2-Mercaptothiophen mit Alkylhalogeniden u. KOH zu den entsprechenden Thioäthern, Bldg. der Acetyl-Verbb. mit Säureanhydriden oder -chloriden in Ggw. von Kondens.-Mitteln u. MANNICH-Rk. mit HCHO u. sek. Aminen. — *Thienyl-(2)-n-butylsulfid*, $Kp._{10}$ 104—105°, durch Zugabe von 11,5 (g) frischem Thiophen-2-thiol zu 6 KOH in 60 ml CH_3OH unter Kühlung, Addition von 16,5 n-Butylbromid unter Kühlung, ½std. Kochen, Versetzen mit W. u. Ausäthern; 81,7% (Ausbeute). Daraus durch 2std. Kochen mit 10,5 Acetanhydrid u. 0,4 Orthophosphorsäure *2-Butylmercaptoacetothienon*, $Kp._{0,6}$ 137—140°; 60%. Dieses wird mit 6,25 Piperidinhydrochlorid u. 4,05 Paraformaldehyd in 18,3 ml A. 3½ Std. gekocht, worauf alkalisiert wird: *2-[n-Butylmercapto]-piperidinopropiothienonhydrochlorid*, F. 131,5 bis 132,5° (A., dann A.–Aceton); 35,7%. — Analog *Thienyl-(2)-n-hexylsulfid*, $Kp._9$ 130°, aus n-Hexylchlorid; 81,3%. *2-[n-Hexylmercapto]-acetothienon*, $Kp._{0,8}$ 166—168°; 58%. *2-[n-Hexylmercapto]-piperidinopropiothienonhydrochlorid*, F. 136—137° (Chlf.–Ae.); 30%. — *Anästhetica*. (**D. P. [DDR] 16 483** Kl. 12q vom 8/5. 1957, ausg. 3/3. 1959 [Wirtschaftspatent].) H.-J. NITZSCHKE. 4807

N. V. Nederlandsche Combinatie voor Chemische Industrie, Amsterdam (Erfinder: David Karel de Jongh, Heemstede, Antonie Marie Akkerman, Hendrik Kofman und George de Vries, Amsterdam), Holland, **Herstellung von in 2-Stellung substituierten Pyrazinen** der allg. Formel I, in der R_1, R_2 u. R_3 für H, einen niedrigen Alkyl- oder einen Phenylrest, R_4 für H, einen niedrigen Alkyl-, Alkenyl-, Alkinylrest, einen Cycloalkyl-, Aralkyl-, Aryl- oder heteroaromat. Rest, R_n für einen oder mehrere Substituenten, nämlich H, Halogen, einen niedrigen Alkyl- oder Alkoxyrest, u. R_5 für einen Cyan-, Carbonamid-, Carbodialkylamid- oder Carboheteroamidrest stehen, dad. gek., daß man R_1, R_2, R_3-2-Halogenpyrazine, in denen die R die obige Bedeutung haben, in an sich bekannter Weise entweder mit der Alkali-Verb. eines Phenylacetonitrils der allg. Formel II oder mit der Alkali-Verb. eines Phenylacetamids der allg. Formel III, wobei Me ein Alkalimetall ist u. $-N\left\langle{A \atop A'}\right)$ ein durch 2 Alkylgruppen, die ggf. miteinander unter Bldg. eines gesätt. heterocycl. Ringes verbunden sein können, substituiertes N-Atom darstellt, umsetzt, oder die Alkali-Verb. eines α-Phenyl-α-[pyrazinyl-(2)]-acetonitrils der allg. Formel **IV** oder die Alkali-Verb. eines α-Phenyl-α-[pyrazinyl-(2)]-acetamids der allg. Formel **V** reagieren läßt u. ggf. die erhaltenen Nitrile verseift. Es wurden hergestellt z. B. *α.α-Diphenyl-α-[pyrazinyl-(2)]-acetonitril*, F. 100—102°; *α.α-Diphenyl-α-[3-äthylpyrazinyl-(2)]-acetonitril*, F. 118—121°; *α-Phenyl-*

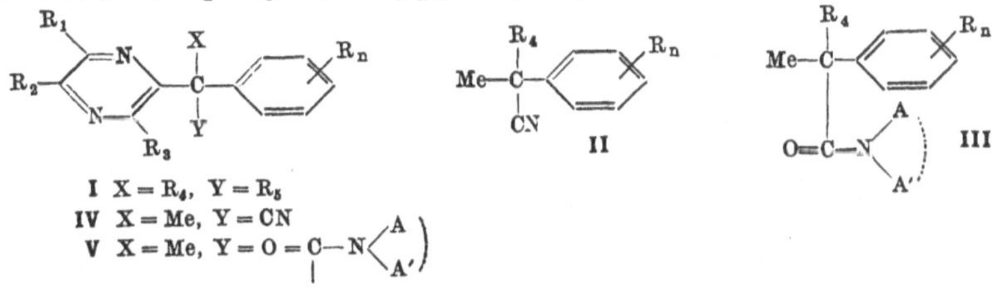

α-[pyrazinyl-(2)]-acetonitril, F. 132—133°; *α-Cyclohexyl-α-phenyl-α-[pyrazinyl-(2)]-acetonitril*, F. 103 u. 144°; *α-Phenyl-α-propenyl-(2)-α-[pyrazinyl-(2)]-acetonitril*, F. 47,5 bis 49,5°; *α-Methyl-α-phenyl-α-[pyrazinyl-(2)]-acetamid*, F. 131—133°; *α-Phenyl-[pyrazinyl-(2)]-acetpyrrolidid*, F. 118—120°. Mittel zur *zentralen Beruhigung, Sedativa.* (**D. A. S. 1 101 425** Kl. 12p vom 3/7. 1959, ausg. 9/3. 1961. Holl. Prior. 5/7. 1958.)

L. STADELMANN. 4807

Smith, Kline & French Laboratories, Philadelphia (Erfinder: Paul Norman Craig, Roslyn, Montgomery County), Pa., V.St.A., **Herstellung von 10-substituierten Phenthiazinyltrifluormethylsulfonen,** dad. gek., daß man trifluormethylsulfonierte 2-Amino-2'-halogendiphenylsulfide in Ggw. von K_2CO_3 oder Na_2CO_3 unter Bldg. eines Phenothiazinyltrifluormethylsulfons erhitzt u. dieses mit einem tert.-Aminoalkylester umsetzt. — 8 (g) CrO_3, 8 H_2SO_4 u. 15,4 3-Nitro-4-chlorphenyltrifluormethylsulfid werden in 25 W. 15 Std. lang bei 120—130° gerührt unter Bldg. von *3-Nitro-4-chlorphenyltrifluormethylsulfon.* Dieses wird in A. mit 4 NaOH in 30 W. u. 18,9 2-Bromthiophenol in 250 cm³ A. 3 Std. lang gekocht unter Bldg. von *2'-Brom-2-nitro-4-[trifluormethylsulfonyl]-diphenylsulfid*, das man mit $SnCl_2$ in HCl zu *2'-Brom-2-amino-4-[trifluormethylsulfonyl]-diphenylsulfid* red.; 20,6 hiervon werden mit 8,3 K_2CO_3 u. 0,4 Cu-Bronze in 200 cm³ Dimethylformamid 18 Std. lang gekocht. Nach Filtrieren u. Sublimieren im Vakuum bei 0,05 mm u. 175—195° erhält man *2-[Trifluormethylsulfonyl]-phenthiazin*, wovon man 33,1 mit 2,4 $LiNH_2$ in 100 cm³ Toluol 2 Std. lang kocht u. langsam mit 13,3 3-Chlor-1-dimethylaminopropan in 10 cm³ Toluol versetzt. Nach 4std. Kochen erhält man *10-[3'-Dimethylaminopropyl]-2-[trifluormethylsulfonyl]-phenthiazin*, $Kp._{0,4}$ 235—240°. *Hydrochlorid*, F. 174—175°. — Weitere 2-[Trifluormethylsulfonyl]-phenothiazine: *10-[Dimethylaminoisopropyl]-*, $Kp._{0,35}$ 230—236°. —*10-[3'-(4''-Methylpiperazino)-propyl]-*, $Kp._{0,05}$ 230—240°. — *10-[3'-(N-Formylpiperazino)-propyl]-*, Öl. — *10-[3'-Piperazinopropyl]-*, $Kp._{0,04}$ 220—230°. — *10-[3'-(N-Acetoxyäthylpiperazino)-propyl]-*, $Kp._{0,025}$ 235—240°. — *10-[3'-(N-{β-Hydroxyäthyl}-piperazino)-propyl]-*, $Kp._{0,01}$ 230—235°. — *10-[3'-(N-Benzoyloxyäthylpiperazino)-propyl]-*. — *10-[3'-(N-Phenylacetylpiperazino)-propyl]-*. — *10-[3'-(N-Hydroxybutoxybutylpiperazino)-propyl]-*, $Kp._{0,005}$ 250—260°. — *10-[3'-Pyrrolidinopropyl]-*, $Kp._{0,3}$ 235 bis 240°. — *10-[3'-(N-Crotylpiperazino)-propyl]-*, $Kp._{0,005}$ 240°. — *10-[3'-(N-Cinnamylpiperazino)-propyl]-*, $Kp._{0,005}$ 245°. — *10-[2'-Diäthylaminoäthyl]-*, $Kp._{0,2}$ 195—200°. — *10-[3'-(N-Carbobenzoxypiperazino)-2'-methylpropyl]-*. — *10-[2'-Methyl-3'-piperazinopropyl]-*, $Kp._{0,03}$ 225—230°. — *10-[3'-(4''-Methylpiperazino)-2'-methylpropyl]-*, $Kp._{0,025}$ 225 bis 230°. — *10-[3'-Aminopropyl]-*, $Kp._{0,2}$ 200—205°. — *10-[3'-Butylaminopropyl]-*, $Kp._{0,15}$ 235—240°. — *10-[3'-Piperidinopropyl]-*, $Kp._{0,10}$ 210—215°. — *10-[3'-(2''.3''.4''.5''.6''-Pentamethylpiperazino)-propyl]-*, $Kp._{0,01}$ 240—255°. — *10-[3'-(4''-Methyl-2''.5''-diäthylpiperazino)-propyl]-*, $Kp._{0,01}$ 240—255°. — *10-[3'-(4''-Butylpiperazino)-propyl]-*, $Kp._{0,025}$ 230—240°. — *10-[3'-(N-{β-Dimethylaminoäthyl}-piperazino)-propyl]-*, $Kp._{0,5}$ 200—205°.— *10-[3'-(N-{ω-Hydroxybutyl}-piperazino)-propyl]-*, $Kp._{0,03}$ 230—240°. — *10-[3'-(N-{ω-Butyryloxybutyl}-piperazino)-propyl]-*, $Kp._{0,01}$ 230—240°. — *10-[3'-(N-{Hydroxyäthoxyäthyl}-piperazino)-propyl]-*, $Kp._{0,01}$ 250—260°. — *10-[3'-(N-Phenäthylpiperazino)-propyl]-* $Kp._{0,003}$ 260°. — *10-[3'-(N-Acetylpiperazino)-propyl]-*, $Kp._{0,005}$ 250°. — *10-[3'-(N-Benzoylpiperazino)-propyl]-*. — *10-[3'-(N-Diäthylcarbamylpiperazino)-propyl]-*, $Kp._{0,005}$ 260 bis 265°. — Als Ausgangsstoffe werden genannt: 2-Chlor-1-dimethylaminopropan, 1-[3'-Chlorpropyl]-4-methylpiperazin, 1-Formyl-4-[3'-chlorpropyl]-piperazin, 3-Brom-1-pyrrolidinopropanhydrobromid, 2-Chlor-1-diäthylaminoäthan, N-Carbobenzoxy-N'-[α-chlor-β-methylpropyl]-piperazin, 10-[2'-Cyanäthyl]-2-[trifluormethylsulfonyl]-phenthiazin,

3-Brom-1-piperidinopropan, 3-Chlor-1-[2'.3'.4'.5'.6'-pentamethylpiperazino]-propan, 3-Chlor-1-[4'-methyl-2'.5'-diäthylpiperazino]-propan, Butyl-bis-[β-chloräthyl]-amin, 2-Brom-1-dimethylaminoäthan, N-[Hydroxyäthoxyäthyl]-piperazin, 3-Chlor-1-[N-phenäthylpiperazino]-propan u. N-Diäthylcarbamyl-N'-[γ-chlorpropyl]-piperazin. — *Therapeutica.* (**D. P. [DDR] 20 902** Kl. 12p vom 12/6. 1958, ausg. 21/2. 1961 [Ausschließungspatent]. A. Prior. 16/4. 1958.) S. BÖTTCHER. 4807

Smith, Kline & French Laboratories, Philadelphia (Erfinder: James William Wilson, Wayne, Delaware County), Pa., V.St.A., **Herstellung von 10-substituierten Phenothiazinen,** dad. gek., daß man trifluormethoxy- oder trifluormethylmercaptosubstituierte 2-Amino-2'-halogendiphenylsulfide in Ggw. säurebindender Mittel erhitzt unter Bldg. entsprechender 10-unsubstituierter Phenothiazine, die man mit einem Dialkylaminoalkylester umsetzt. — 3-Bromphenylmethylsulfid wird zu *3-Bromphenyltrichlormethylsulfid,* $Kp._{1,1}$ 102—104°, chloriert, dieses fluoriert zu *3-Bromphenyltrifluormethylsulfid,* Kp. 192—194°; mit Acetanilid erhält man *3-[Trifluormethylmercapto]-diphenylamin,* $Kp._{0,3}$ 115—119°. Durch $1^1/_2$ std. Erhitzen im N_2-Strom in Ggw. von S u. J_2 entsteht *2-[Trifluormethylmercapto]-phenothiazin* (I), F. 165—166°. I erhält man auch aus 3-Nitro-4-chlorphenyltrifluormethylsulfid u. 2-Bromthiophenol über 2'-Brom-2-nitro- u. 2'-Brom-2-amino-4-[trifluormethylmercapto]-diphenylsulfid, das man auch, ohne zunächst I herzustellen, mit 3-Chlor-1-dimethylaminopropan zu *2'-Brom-2-[3''-dimethylaminopropylamino]-4-[trifluormethylmercapto]-diphenylsulfid* kondensieren kann, worauf man dieses durch Erhitzen in Ggw. von K_2CO_3 u. Cu in die *10-[3'-Dimethylaminopropyl]-Verb.* von I, $Kp._{0,1}$ 150—152°, überführen kann. — Weitere 2-[Trifluormethylmercapto]-phenothiazine: *10-[3'-(4''-Methylpiperazino)-propyl]-*, $Kp._{0,05}$ 220—235°. — *10-[3'-(2''.3''.4''.5''.6''-Pentamethylpiperazino)-propyl]-*, $Kp._{0,004}$ 255—265°, aus 3-Chlor-1-[2'.3'.4'.5'.6'-pentamethylpiperazino]-propan. — *10-[3'-Butyl-* u. *-Methylaminopropyl]-*, $Kp._{0,1}$ 150—170°. — *10-[3'-(N-Carbobenzoxypiperazino)-propyl]-* u. *10-[3'-Piperazinopropyl]-*, $Kp._{0,005}$ 220—230°. — *10-[3'-(N-Benzoyl-,* u. *-(N-Acetoxyäthylpiperazino)-propyl]-*. — *10-[3'-(N-{ω-Hydroxybutyl}-* u. *-(N-{ω-Butyryloxybutyl}-piperazino)-propyl]-*, $Kp._{0,1}$ 230—240°. — *10-[3'-(N-Phenylacetylpiperazino)-propyl]-*, *Hydrochlorid.* — *10-[3'-Pyrrolidinopropyl]-*, $Kp._{0,05}$ 200—210°, aus 3-Brom-1-pyrrolidinopropan. — *10-[3'-(N-{β-Diäthylaminoäthyl}-piperazino)-propyl]-*, $Kp._{0,2}$ 230—240°. — *10-[3'-Dimethylamino-2'-methylpropyl]-*, $Kp._{0,4}$ 225—230°, aus 1-Chlor-3-dimethylamino-2-methylpropan. *10-[3'-(N-Nicotinoylpiperazino)-propyl]-*, *Hydrochlorid,* $Subl._{0,003}$ 175°. — *10-[3'-(N-Acetyl-*, $Kp._{0,05}$ 230—240°, *-(N-Benzoyl-*, *-(N-Butyryl-*, *-(N-{Cyclopentylpropionyl}-*, *-(N-{Hydroxyäthoxyäthyl}-*, $Kp._{0,003}$ 250—260°, *-(N-{β-Cyclohexyläthyl}-*, $Kp._{0,001}$ 260°, u. *-(N-{Hydroxybutoxybutyl}-piperazino)-propyl]-*, $Kp._{0,001}$ 270°. — *2-[Trifluormethoxy]-phenothiazin* (II), sublimiert bei 125°/0,01 mm, aus 4-Aminophenyltrifluormethyläther durch Nitrierung zur *3-Nitroverb.*, SANDMEYER-Rk. zu *3-Nitro-4-chlorphenyltrifluormethyläther,* Kondens. mit 2-Bromthiophenol u. NaOH zu *2'-Brom-2-nitro-4-trifluormethoxydiphenylsulfid,* Red. zur *2-Aminoverb.* u. Cyclisierung mit K_2CO_3 u. Cu-Bronze in Dimethylformamid. — 2-[Trifluormethoxy]-phenothiazine: *10-[3'-Dimethylaminopropyl]-*, $Kp._{0,1}$ 145—155°. — *10-[3'-(4''-Methylpiperazino)-propyl]-*, $Kp._{0,05}$ 230—240°, aus 1-[3'-Chlorpropyl]-4-methylpiperazin. — *10-[2'-Morpholinoäthyl]-*, $Kp._{0,05}$ 235—240°, aus 2-Chlor-1-morpholinoäthan. — *10-[3'-(4''-Methyl-2''.5''-diäthylpiperazino)-propyl]-*, $Kp._{0,002}$ 245—250°, aus 3-Chlor-1-[4'-methyl-2'.5'-diäthylpiperazino]-propan. — *10-[3'-Aminopropyl]-*, $Kp._{0,1}$ 140—150°, aus II u. Acrylnitril in Ggw. von Benzyltrimethylammoniumhydroxyd über *10-[2'-Cyanäthyl]-* durch dessen Red. mit $LiAlH_4$. — *10-[3'-(N-Diäthylcarbamylpiperazino)-propyl]-*, $Kp._{0,005}$ 260—270°, aus N-Diäthylcarbamyl-N'-[γ-chlorpropyl]-piperazin. — *10-[6'-Dimethylaminohexyl]-*, $Kp._{0,1}$ 180—190°, aus 6-Brom-1-dimethylaminohexan. — *10-[3'-Piperidinopropyl]-*, $Kp._{0,05}$ 200—210°, aus 3-Brom-1-piperidinopropan. — *10-[3'-Thiomorpholinopropyl]-*, $Kp._{0,05}$ 195—205°, aus 3-Chlor-1-thiomorpholinopropan. — *10-[3'-(N-Carbäthoxypiperazino)-2'-methylpropyl]-*, $Kp._{0,05}$ 240—250°, aus N-Carbäthoxy-N'-[α-chlor-β-methylpropyl]-piperazin. — *10-[2'-Methyl-3'-piperazinopropyl]-*, $Kp._{0,04}$ 230—240°, aus vorst. Verbindung. — *10-[2'-Methyl-3'-(N-acetoxyäthylpiperazino)-propyl]-*, $Kp._{0,05}$ 240—255°, aus vorst. Verb. u. Äthylenoxyd, danach Acetylierung. — *10-[3'-(4''-Methylpiperazino)-2'-methylpropyl]-*, $Kp._{0,05}$ 235 bis 245°. — *10-[3'-(N-Benzylpiperazino)-propyl]-*. — *10-[3'-(N-{ω-Phenylbutyl}-piperazino)-propyl]-*, $Kp._{0,03}$ 230—250°. — *Heilmittel.* (**D. P. [DDR] 20 802** Kl. 12p vom 17/6. 1958, ausg. 13/2. 1961 [Ausschließungspatent]. A. Prior. 18/6. 1957.) S. BÖTTCHER. 4807

Asta-Werke Akt.-Ges., Chemische Fabrik, Brackwede, Westfalen (Erfinder: Herbert Arnold, Friedrich Bourseaux, Bielefeld, und Norbert Brock, Wadersloh), **Herstellung von cyclischen Phosphorsäureamiden** der allg. Formel I (X = Halogen, bes. Cl; Y = O, NH oder NZ; Z = H oder Alkylrest mit

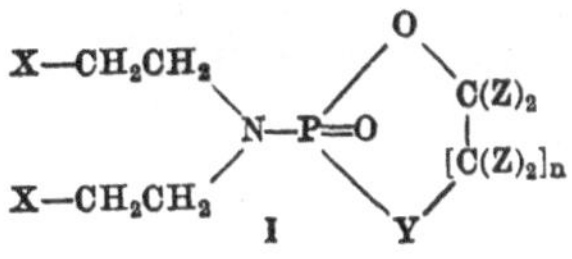

I

1—6 C-Atomen, der auch substituiert sein kann; n = 0—5) durch Rk. von Verbb. $(X—CH_2CH_2)_2N—P(:O)X_1X_1$ (X_1 = Halogen, bes. Cl, oder OR, wobei R = Alkyl-, Aralkyl- oder Arylrest) mit Verbb. $HO—C(Z)_2—[C(Z)_2]_n—a$ (a = Hydroxy- oder Aminogruppe oder = NHZ) in einem inerten Lsgm. (Dioxan, Bzl.) in Ggw. eines säurebindenden Mittels (Triäthylamin) oder durch Rk. von Verbb. $(X—CH_2CH_2)_2N—P(:O)\cdot(OR)—NZ—C(Z)_2—[C(Z)_2]_n—OH$ mit sich selbst. — N.N-Bis-[β-chloräthyl]-Verbb.: -*N'.O-äthylenphosphorsäureesterdiamid*, F. 99,4° (A. oder Essigester), aus 25,9 (g) N.N-Bis-[β-chloräthyl]-phosphorsäureamiddichlorid in abs. Dioxan durch Zutropfen von 6,1 Äthanolamin (II) u. 20,2 Triäthylamin in abs. Dioxan oder von 18,3 II in abs. Dioxan u. Eindampfen des Filtrats. — Ähnlich -*O.O'-äthylenphosphorsäureesteramid*, F. 57—58°, aus Äthylenglykol. — -*N'.O-isopropylenphosphorsäureesterdiamid*, F. 81° (Ae.), aus Isopropanolamin. — -*N'.O-äthylen-N'-methylphosphorsäureesterdiamid*, Öl, aus β-Hydroxyäthylmethylamin. — -*O.O'-isopropylenphosphorsäureesteramid*, rötliches Öl, aus 1.2-Propylenglykol. — -*O.O'-[β-hydroxypropylen]-phosphorsäureesteramid*, zähes Öl, aus Glycerin. — -*O.O'-sorbitphosphorsäureestermonoamid* (-*O.O'-[tetrahydroxybutyläthylen]-phosphorsäureestermonoamid*), zähes Öl, aus D-Sorbit. — -*O.O'-[β-bis-(hydroxymethyl)-propylen]-phosphorsäureesteramid*, Öl, aus Pentaerythrit. — -*O.N'-[dl-serinmethylester]-phosphorsäureesterdiamid* (-*O.N'-[carboxymethyläthylen]-phosphorsäureesterdiamid*), zähes Öl, aus dl-Serinmethylesterhydrochlorid. — -*N'.O-propylenphosphorsäureesterdiamid*, F. 48—49°, aus 1.3-Propanolamin. — -*N'.O-butylenphosphorsäureesterdiamid*, F. 76—77°, aus 1.4-Butanolamin. — -*N'.O-äthylen-N'-[β-hydroxyäthyl]-phosphorsäureesterdiamid*, dickfl. Öl, aus Diäthanolamin. — -*O.O'-propylenphosphorsäureesteramid*, F. 49—50° (Essigester), aus 1.3-Propylenglykol. — -*O.O'-butylenphosphorsäureesteramid*, F. 72—73° (Essigester), aus Tetramethylenglykol. — -*N'.O-[3-methylpropylen]-phosphorsäureesterdiamid*, F. 115 bis 116° (CH_3OH), aus 4-Aminobutanol-(2). — -*N'.O-[1.2-dimethylpropylen]-phosphorsäureesterdiamid*, F. 138—140° (CH_3OH), aus 3-Amino-2-methylbutanol-(1). — -*N'.O-[1-äthyläthylen]-phosphorsäureesterdiamid*, Öl, aus 2-Aminobutanol-(1). — *Heilmittel*, bes. gegen *bösartige Geschwülste*. — Vgl. D. A. S. 1 057 119; C. **1960**. 3312. (**D.P. [DDR] 15790** Kl. 12q vom 11/1. 1957, ausg. 25/11. 1958 [Ausschließungspatent].) H.-J. NITZSCHKE. 4807

Abbott Laboratories, North Chicago, übert. von: Harold E. Zaugg, Lake Forest, und Raymond J. Michaels jun., Mundelein, Ill., V.St.A., **2-Benzhydryliden-Δ^3-tropen (I)**. 1 Mol Cocain wird mit 2 Mol Phenyl-MgBr in Ae. umgesetzt, aus dem entstandenen Diphenyl-[3-hydroxy-2-tropyl]-carbinol, $C_{21}H_{25}NO_2$, F. 185—186°; $[\alpha]_D^{27}$ —23,5°; pKa 7,49, mit konz. HCl in Eisessig unter Rückfluß W. abgespalten u. das entstandene I, $C_{21}H_{21}N$, $Kp._{2,5}$ 201—203°; $[\alpha]_D^{30}$ +548°; n_D^{25} 1,6338, dann mit Methyljodid in Methyläthylketon 2-Benzhydryliden-Δ^3-tropen-methojodid, $C_{22}H_{24}JN$, übergeführt, aus A. F. 281—282° (Zers.); $[\alpha]_D^{28}$ +450°. — *Antispasmodica*. (**A. P. 2 923 711** vom 20/3. 1958, ausg. 2/2. 1960.) G. KRAUSS. 4807

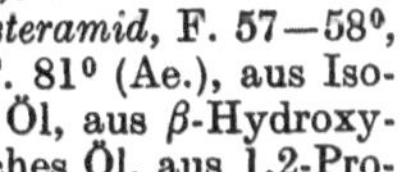

I

Upjohn Co. (Erfinder: Philip Franklin Beal, John Alexander Hogg und Robert Warren Jackson), Kalamazoo, Mich., V.St.A., **$\Delta^{1.4}$-2-Methyl-6α-fluor-11β.17α-dihydroxypregnadien-3.20-dion** erhält man durch Rk. von Δ^4-2α-Methyl-6α-fluor-11β.17α-dihydroxy-21-jodpregnen-3.20-dion mit Zn in Ggw. von Eisessig → *Δ^4-2α-Methyl-6α-fluor-11β.17α-dihydroxypregnen-3.20-dion* (I), F. 265—267°; $[\alpha]_D$ 45°, u. anschließende biolog. Dehydrierung mit einer Kultur von *Septomyxa affinis* unter üblichen submersen u. aeroben Bedingungen. — Man kann I auch in üblicher Weise durch CrO_3-Dehydrierung in *Δ^4-2α-Methyl-6α-fluor-17α-hydroxypregnen-3.11.20-trion* überführen. — Analog verhalten sich die entsprechenden 6β-Fluorepimeren. — *Heilmittel*, sowie Zwischenprodd. zu deren Herstellung. (**D. A. S. 1 089 380** Kl. 12o vom 28/11. 1958, ausg. 22/9. 1960. A. Prior. 29/11. 1957 u. 9/6. 1958.) U. SIEVERS. 4809

American Cyanamid Co., New York, N.Y., V.St.A., **$\Delta^{1.4}$-16α.21-Diacetoxy-17α-hydroxy-2-methylpregnadien-3.11.20-trion,** F. 182—183°; $[\alpha]_D^{24}$ 85,5°, erhält man durch SeO_2-Dehydrierung von Δ^4-16α.21-Diacetoxy-11β.17α-dihydroxy-2α-methylpregnen-3.20-dion in tert.-Butanol → *$\Delta^{1.4}$-16α.21-Diacetoxy-11β.17α-dihydroxy-2-methylpregnadien-3.20-dion*, F. 241,5—242,5°; $[\alpha]_D^{25}$ 7°, u. anschließende CrO_3-Oxydation der 11β-ständigen Hydroxygruppe. — *Heilmittel*. (**E. P. 835 514** vom 15/4. 1958, ausg. 18/5. 1960. A. Prior. 29/4. 1957.) U. SIEVERS. 4809

American Cyanamid Co., New York, N.Y., V.St.A., **$\Delta^{1.4}$-9α-Halogen-11β-hydroxypregnadiene.** Man dehydratisiert z. B. $\Delta^{1.4}$-16α.21-Diacetoxy-11β.17α-dihydroxypregnadien-3.20-dion mit $SOCl_2$ in Pyridin → *$\Delta^{1.4.9(11)}$-16α.21-Diacetoxy-17α-hydroxypregnatrien-3.20-dion*, F. 200—201°; $[\alpha]_D^{25}$ 6°, lagert an dieses durch Rk.

mit N-Bromacetamid HOBr an → *$\Delta^{1.4}$-16α.21-Diacetoxy-9α-brom-11β.17α-dihydroxypregnadien-3.20-dion,* F. 147° (Zers.), dehydrohalogeniert mit K-Acetat in A. → *$\Delta^{1.4}$-16α.-21-Diacetoxy-17α-hydroxy-9β.11β-oxidopregnadien-3.20-dion,* F. 239,5—241°; $[\alpha]_D^{25}$ 0°, u. spaltet das Epoxyd schließlich mit HCl → *$\Delta^{1.4}$-16α.21-Diacetoxy-9α-chlor-11β.17α-dihydroxypregnadien-3.20-dion,* F. 234—235° (Zers.); $[\alpha]_D^{25}$ 82°; *freier Alkohol,* F. 224° (Zers.); $[\alpha]_D$ 101°. — Analog: *$\Delta^{1.4}$-16α.21-Diacetoxy-9α-fluor-11β.17α-dihydroxypregnadien-3.20-dion,* F. 160—210°. — *Heilmittel.* (**E. P. 851 501** vom 2/1. 1958, ausg. 19/10. 1960. **Belg. P. 563 720** vom 4/1. 1958, ausg. 17/6. 1960. Beide A. Prior. 16/1. 1957.) U. Sievers. 4809

Syntex Soc. An., Mexico, **Herstellung von Pregnenverbindungen** der allg. Formel I, worin R_1, R_2 u. R_3 = H oder OH (auch funktionell abgewandelt); R_4 = H oder CH_3; X_1 = H, Cl oder F; X_2 = Cl oder F; Y = 2 H-Atome, O oder H + OH (auch funktionell abgewandelt). — In 2 g 3-Äthylendioxy-5.6-oxidopregnan-17α.21-diol-11.20-dion-21-acetat (**II**) in Eisessig wird 2 Std. trocknes HCl bei < 15° eingeleitet: *6α-Chlor-Δ^4-pregnen-17α.21-diol-3.11.20-trion-21-acetat,* F. 190—192° (Zers.); $[\alpha]_D^{20}$ +165° (Chlf.). — 100 mg davon werden in Methanol auf 0° abgekühlt u. in N_2-Atmosphäre mit 12,5 mg CH_3ONa versetzt. Das Gemisch bleibt 15 Min. lang bei 0° stehen, worauf mit Essigsäure neutralisiert wird: *6α-Chlor-Δ^4-pregnen-17α.21-diol-3.11.20-trion.* Davon werden 2 g in 15 ml Pyridin gelöst u. 4,9 g Propionsäureanhydrid zugesetzt: *6α-Chlor-Δ^4-pregnen-17α.21-diol-3.11.20-trion-21-propionat.* — In analoger Weise stellt man andere 21-Ester her, z. B. das *Capronat, Trimethylacetat, Cyclopentylpropionat, β-Phenylpropionat* u. *Succinat.* — In 2 g **II** in Eisessig werden langsam 3 g wasserfreie HF bei < 15° eingeleitet. Nach 1/4 Std. wird das Gemisch in Eiswasser gegossen: *6α-Fluorcortison-21-acetat* (**V**). — Bei Verw. eines Gemisches von Dioxan u. Pyridinhydrofluorid an Stelle von Eisessig u. HF wird aus **II** *6β-Fluorpregnan-5α.17α.21-triol-11.20-dion-21-acetat* erhalten u. daraus in der vorbeschriebenen Weise **V** durch Behandlung mit HCl. — Ausgehend vom 3-Äthylendioxy-5.6-oxidopregnan-11β.17α.21-triol-20-on-21-acetat gelangt man zu *6β-Fluorpregnan-5α.11β.17α.21-tetrol-20-on-21-acetat,* welches durch Behandlung mit HCl in *6α-Fluorhydrocortison-21-acetat* (**III**) übergeht. — 2 g **II** werden in Chlf. gelöst, u. bei 0° werden allmählich 3 g wasserfreie HF in Chlf. eingerührt. Es wird noch 1/4 Std. lang bei 0° nachgerührt u. mit gesätt. $NaHCO_3$-Lsg. schwach alkal. gemacht. Beim Aufarbeiten gewinnt man krist. **V**. — Bei Verw. von 3.20-Bis-[äthylendioxy]-5.6-oxidopregnan-11β.17α.21-triol-21-acetat (**IV**) an Stelle von **II** wird **III** erhalten. — 100 mg **V** werden in Methanol gelöst u. auf 0° abgekühlt. In N_2-Atmosphäre werden 12 mg $NaOCH_3$ zugegeben, danach wird 15 Min. lang bei 0° stehengelassen u. mit Essigsäure neutralisiert: *6α-Fluorcortison.* — 5 (g) 9α-Fluorcortison, Bzl., 35 ml Äthylenglykol u. 250 mg p-Toluolsulfonsäure werden 12 Std. erhitzt. Danach werden 50 ml 2n Na_2CO_3-Lsg. u. 200 ml W. zugefügt. Die abgetrennte Benzolschicht wird aufgearbeitet: *9α-Fluor-3.20-bis-[äthylendioxy]-Δ^5-pregnen-17α.21-diol-11-on.* (*9α-Fluorcortison-3.20-bis-äthylenketal*). Durch Red. mit $LiAlH_4$ in Tetrahydrofuran entsteht daraus *9α-Fluorhydrocortison-3.20-bis-äthylenketal,* welches in Pyridin mit Essigsäureanhydrid das *21-Acetat* liefert. Daraus wird durch Oxydation mit Perbenzoesäure in Chlf. *9α-Fluor-3.20-bis-[äthylendioxy]-5α.6α-oxidopregnan-11β.17α.21-triol-21-acetat* erhalten, u. dieses wird durch HCl-Gas in Eisessig in *6α-Chlor-9α-fluorhydrocortison-21-acetat* übergeführt. Durch Verseifung entsteht daraus die freie *21-Hydroxyverbindung.* — 2 g **IV** werden in Eisessig gelöst, u. während 2 Std. wird ein langsamer Strom von trocknem HCl < 15° durchgeleitet: *6α-Chlor-Δ^4-pregnen-11β.17α.21-triol-3.20-dion-21-acetat.* Dieses wird in Methanol gelöst u. $NaOCH_3$ zugegeben: *6α-Chlor-Δ^4-pregnen-11β.17α.21-triol-3.20-dion.* — In weiteren Beispielen sind beschrieben: *6α-Chlor-9α-brom-* u. *6α.9α-Dichlorcortison-* u. *-hydrocortison-21-acetat,* sowie die entsprechenden *17α.21-Diacetate*; *6α-Chlor-Δ^4-pregnen-17α.21-diol-3.20-dion-21-acetat,* F. 185—186°, $[\alpha]_D^{20}$ +22,5° (Chlf.); *6β-Chlorpregnan-5α.17α.21-triol-3.11.20-trion-21-acetat,* F. 221—222°, $[\alpha]_D^{20}$ +29° (Chlf.); *3-Äthylendioxy-Δ^5-pregnen-17α-ol-20-on*; *3-Äthylendioxy-5α.6α-oxidopregnan-17α-ol-20-on*; *6α-Chlor-17α-hydroxyprogesteroncapronat*; *6α-Chlor-17α-acetoxyprogesteron,* F. 178—181° (Zers.); *6α-Chlordesoxycorticosteron-21-acetat,* F. 163—165° (Zers.); *6α-Chlorprogesteron,* F. 130—131° (Zers.); *3-Propylendioxy-Δ^5-pregnen-17α-ol-20-oncapronat*; *3-Propylendioxy-5α.6α-oxidopregnan-17α-ol-20-oncapronat*; *6β-Chlorpregnan-5α.11β.17α.21-tetrol-3.20-dion,* F. 173°; *6β-Chlorpregnan-5α.11β.17α.21-tetrol-3.20-dion-21-acetat,* F. 190—191°; *6α-Chlorhydrocortison-21-acetat*; *6α-Chlor-9α-fluor-Δ^4-pregnen-11β.16α.17α.21-tetrol-3.20-dion*; *-16.21-diacetat* u. *-16.21-ditrimethylacetat*; *9α-Fluor-Δ^4-pregnen-16α.17α.21-triol-3.11.20-trion*; *9α-Fluor-3.20-bis-[äthylendioxy]-Δ^5-pregnen-16α.17α.21-triol-11-on*; *9α-Fluor-3.20-bis-[äthylendioxy]-*

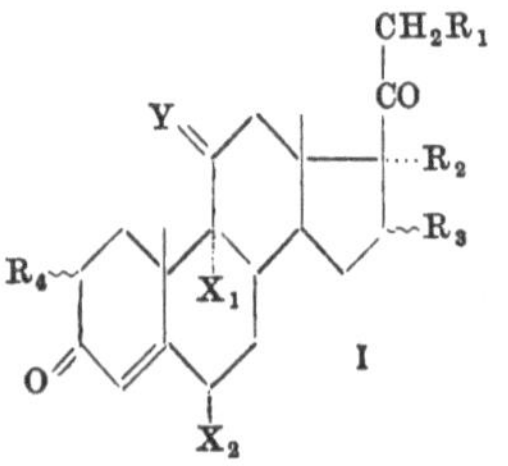

I

Δ^5-pregnen-11β.16α.17α.21-tetrol u. dessen *16.21-Diacetat*; *9α-Fluor-Δ^4-pregnen-16α.17α.21-triol-3.11.20-trion-16.21-diacetat*; *9α-Fluor-3-äthylendioxy-Δ^5-pregnen-16α.17α.21-triol-11.-20-dion-16.21-diacetat*; *9α-Fluor-3-äthylendioxy-5α.6α-oxidopregnan-16α.17α.21-triol-11.20-dion-16.21-diacetat*; *6α-Fluor-Δ^4-pregnen-17α.21-diol-3.11.20-trion*; *6β-Chlor-3.20-bis-[äthylendioxy]-pregnan-5α.17α.21-triol-11-on*, F. 155° (Zers.); *6β-Chlor-20-äthylendioxy-5α.11α.17α.21-tetrol-3-on-21-acetat*; *6α-Chlor-11-epihydrocortison-21-acetat*. — Vgl. A. P. 2 895 969; C. **1960.** 14118. (**F. P. 1 199 200** vom 7/3. 1958, ausg. 11/12. 1959. Mexican. Prior. 9/3., 26/3., 11/6., 18/6., 9/8., 16/8., 30/8., 23/9., 4/11., 6/11., 27/11. u. 21/12. 1957.) M. F. MÜLLER. 4809

Ciba Ltd. (Erfinder: Albert Wettstein und Georg Anner), **19-Nor-Androstanverbindungen** mit androgener, gestagener u. anaboler Wrkg. sind Δ^4-3-Oxo-*19-nor-1-methyl-17β-hydroxyandrosten*, *Δ^4-3-Oxo-19-nor-1-methyl-17β-propionyloxyandrosten*, *Δ^4-3-Oxo-19-nor-1-methyl-17β-valeroxyandrosten*, *Δ^4-3-Oxo-19-nor-1-methyl-17β-[β-cyclopentylpropionyloxy]-androsten*, *Δ^4-3-Oxo-19-nor-1-methyl-17β-önanthyloxyandrosten*, *Δ^4-3-Oxo-19-nor-1.17-α-dimethyl-17β-hydroxyandrosten* u. *Δ^4-3-Oxo-19-nor-1-methyl-17β-hydroxy-17α-äthylandrosten*. An der 17β-Oxy-Stellung können die *Acetate*, *Valeriante*, *Benzoate*, *Önanthate*, *Undecylenate* u. *Cyclopentenylpropionate* gebildet werden. Die Herst. entspricht folgendem Beispiel: Der *3-Methyläther* von *1.17α-Dimethylöstradiol* (F. 166 bis 168°) wird mit Li red. zu *$\Delta^{2.5(10)}$-3-Methoxy-17β-hydroxy-1.17α-dimethyl-19-nor-androstadien*, das mit 3n HCl-Lsg. hydrolysiert wird zu *Δ^4-3-Oxo-17β-hydroxy-1.17α-dimethyl-19-norandrosten*, F. 195—197°. (**Aust. P. 221 886** vom 23/5. 1957, ausg. 25/6. 1959. Schwz. Prior. 1/6. 1956.) H. MÖLLERING. 4809

Schering Akt.-Ges., Berlin, **17α-Hydroxyprogesteronester.** Zu E. P. 761 114; C. **1958.** 6044, sind nachzutragen: 17α-Hydroxyprogesteron: *17-Valerianat*, F. 137 bis 139° (Isopropyläther), Nadeln; $[\alpha]_D^{20}$ +59° (c = 1, Chlf.). — *17-Propionat*, F. 160 bis 162° (Isopropyläther); $[\alpha]_D^{20}$ +61° (c = 1, Chlf.). — *17-Butyrat*, F. 123,5—124,5°; $[\alpha]_D^{20}$ +54° (c = 1, Chlf.). — *17α-Hydroxypregnenolon-17-capronat*, F. 145—146,5° (CH_3OH), Nadeln; $[\alpha]_D^{20}$ −66° (c = 1, Chlf.). (**Oe. P. 205 678** vom 18/10. 1954, ausg. 10/10. 1959. D. Prior. 12/12. 1953.) EBERHARD RIEDEL. 4809

Abbott Laboratories, North Chicago, übert. von: Merlin H. Peterson, Libertyville, Ill., V.St.A., **Ausbeuteerhöhung bei der Penicillinfermentation** durch Zusatz von Na-Tetrathionat in Mengen von wenigstens 0,1 Gew.-% zum üblichen Nährmedium. — Beispiele, Tabellen. (**A. P. 2 871 164** vom 22/10. 1956, ausg. 27/1. 1959.) H. SCHINDLER. 4811

Olin Mathieson Chemical Corp., New York, N.Y., übert. von: James D. Dutcher, New Brunswick, Richard Donovick, Westfield, Leon J. Heuser, Princeton, Joseph F. Pagano, Bound Brook, und David Perlman, Princeton, N.J., V.St.A., **Herstellung der Antibiotica Methymycin und Neomethymycin** mittels Streptomyces venezuelae WC 3627 oder WC 3629 auf üblichem fermentativem Wege. Durch Ansäuern der Fermentations-Fl. mit H_2SO_4, Filtration u. Einstellen des pH des Filtrats auf 9,5, Extraktion mit Amylacetat u. Ansäuern mit H_2SO_4 entsteht das Methymycinsulfat. Hieraus die freie Base *Methymycin* (I), F. 195—197°, $[\alpha]_D^{25}$ +62 ± 2° (c = 0,67 in Methanol), $[\alpha]_D^{23}$ +74° (c = 1,16 in Chlf.). — Wird die filtrierte Fermentations-Fl. jedoch auf pH 7,8 eingestellt u. dann mit peroxydfreiem Ae. extrahiert, erhält man nach Zusatz von HCl das *Hydrochlorid des Neomethymycins*. *Freie Base* (II), krist. mit 1 Mol Methylenchlorid, F. 154—156°, wasserfrei F. 156—158°, $[\alpha]_D^{25}$ +93° (c = 1,0 in Chlf.). UV- u. IR-Spektren beider Antibiotica. — Kurven, Tabellen, Fermentations- u. Isolierungsbeispiele. — Antibakterielle Spektren. (**A. PP. 2 916 483** vom 27/3. 1956 u. **2 916 484** vom 5/2. 1958, beide ausg. 8/12. 1959.)

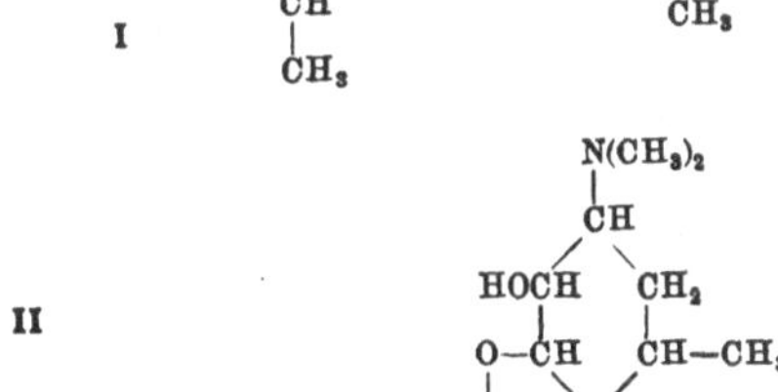

I

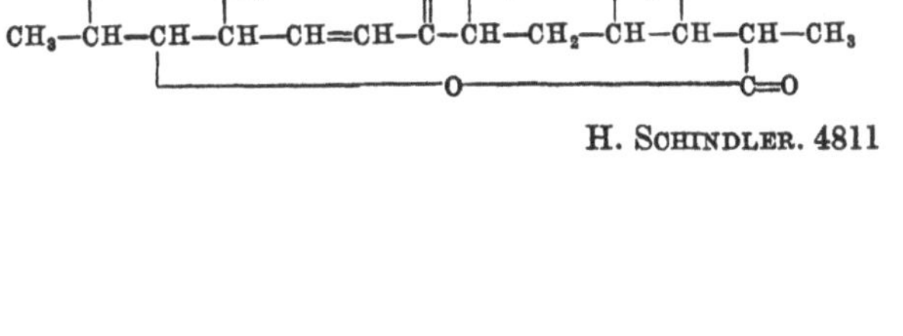

II

H. SCHINDLER. 4811

Raptakos, Brett & Co. Private Ltd., Bombay, Indien (Erfinder: Patrick Vincent Carmel Pinto und Gollakota Butchi Ramasarma), **Herstellung und Gewinnung des Antibioticums Karnatakin** mittels Streptomyces karnatakensis, dessen morpholog. u. physiolog. Eigg. beschrieben werden. Die nach üblicher Fermentation erhaltene Fl. wird entweder mit Chlf. oder Ae. extrahiert oder nach Sauerstellung zur Zellauflösung an Aktivkohle adsorbiert. Die Elution erfolgt mit saurem oder alkal. A. oder Aceton. Das Antibioticum, dessen IR- u. UV-Spektren angegeben sind (Kurven), ist akt. gegen bestimmte näher bezeichnete grampositive u. gramnegative Mikroorganismen. (**E. P. 852 472** vom 28/2. 1957, ausg. 26/10. 1960.) H. SCHINDLER. 4811

Ciba Akt.-Ges., Basel (Erfinder: Ernst Gäumann, Zürich, Hans Bickel, Binningen, und Ernst Vischer, Basel), Schweiz, **Antibioticum Pilosomycin** erhält man unter den üblichen fermentativen Bedingungen unter Verw. von Streptomyces galilaeus n. sp. NRRL 2722, dessen Morphologie u. Physiologie eingehend beschrieben sind. Aus papierchromatograph. Unterss. geht hervor, daß das Antibioticum aus mindestens 2 Komponenten besteht, der auch mengenmäßigen Hauptkomponente A, gelbes wasserlösl. Pulver, u. der weniger akt. Komponente B. Beispiele für Züchtung, Gewinnung u. Reindarst. sowie Herst. von Salzen. Pilosomycin ist ident. mit A 9578, beschrieben in D. A. S. 1 058 216; C. **1960. 4936.** (**D. A. S. 1 089 122** Kl. 30h vom 8/7. 1959, ausg. 15/9. 1960. Schwz. Prior. 17/7. 1958.) H. SCHINDLER. 4811

Ciba Pharmaceutical Products, Inc., übert. von: **Jack Cooper**, Summit, und **John Joseph Windheuser**, Milton, N.J., V.St.A., bzw. **Ciba Akt.-Ges.**, Basel, Schweiz. *Herstellung von Arzneitabletten.* (**A. P. 2 887 438** vom 27/3. 1956, ausg. 19/5. 1959 **E. PP. 835 932** vom 27/3. 1957, ausg. 25/5. 1960 u. **837 328** vom 27/3. 1957, ausg. 9/6. 1960. Beide A. Prior. 27/3. 1956. — C. **1960.** 17205 [Belg. P. 556 141].)

Sandoz Akt.-Ges., Basel, Schweiz, *Gewinnung von Glucosiden.* (**Holl. P. 95 612** vom 27/4. 1955, ausg. 15/10. 1960. Schwz. Prior. 28/4., 13/10., 12/11. 1954 u. 18/1. 1955. — C. **1958.** 4869 [Oe. P. 191 085].)

Humphreys Medicine Co., Inc., New York, N.Y. (Erfinder: **Matthew Edward Dullaghan**, Wilmington, Del., und **Harold Robert Hochstadt**, New York, N.Y.), V.St.A., *Gewinnung von Hamamelis virginiana-Konzentraten.* (**D. A. S. 1 058 671** Kl. 23a vom 25/10. 1956, ausg. 4/6. 1959. A. Prior. 28/10. 1955. — C. **1960.** 12771 [Belg. P. 549 273].)

Sandoz Akt.-Ges., Basel, Schweiz, *Präparat gegen allergische Krankheiten.* (**Schwed. P. 156 657** vom 13/8. 1953, ausg. 23/10. 1956. Schwz. Prior. 2/6. 1953. — C. **1956.** 3377 [E. P. 732 815].)

T. J. Smith & Nephew Ltd., Hull, England, *Klebband für medizinische Zwecke.* (**Ind. P. 57 345** vom 15/5. 1956, ausg. 28/1. 1958. E. Prior. 26/5. 1955. — C. **1959.** 216 [F. P. 1 153 332].)

Edward Charles Edmund Hemsted, London, England, *Therapeutische Tampons.* (**Ind. P. 49 940** vom 20/7. 1953, ausg. 19/1. 1955. E. Prior. 22/7. 1952. — C. **1956.** 13779 [F. P. 1 096 979].)

Soc. des Laboratoires Labaz, Brüssel, Belgien, *Herstellung von Carbaminsäureestern der Propin-(2)-yl-carbinole.* (**Ind. P. 58 912** vom 17/11. 1956, ausg. 4/12. 1958. — C. **1960.** 2276 [D. A. S. 1 044 796].)

General Mills, Inc., Minneapolis (Erfinder: **Robert W. H. Chang**, St. Paul, und **Norval G. Barker**, Robbinsdale, Minn., V.St.A., *L-Arginin-L-glutamat.* (**D. A. S. 1 081 897** Kl. 12q vom 20/5. 1958, ausg. 19/5. 1960. A. Prior. 20/5. 1957. — C. **1960.** 7035 [A. P. 2 851 482].)

Soc. des Usines Chimiques Rhône-Poulenc (Erfinder: **Robert Michel Jacob** und **Raymond Jacques Horclois**), *Basische Phenoläther.* (**Aust. P. 221 108** vom 3/1. 1958, ausg. 30/4. 1959. F. Prior. 4/1. 1957. — C. **1960.** 13121 [Oe. P. 202 135].)

Ciba Ltd., Basel, Schweiz, *Herstellung neuer Chinonderivate.* (**E. P. 838 993** vom 26/11. 1956, ausg. 22/6. 1960. Schwz. Prior. 25/11. 1955 u. 19/9. 1956. — C. **1959.** 17346 [F. P. 1 163 465].)

Ortho Pharmaceutical Corp., Raritan, N.J., V.St.A., *Komplexverbindungen des Monoferrodicalciumcitrats.* (**Schwed. P. 156 416** vom 13/4. 1954, ausg. 9/10. 1956. A. Prior. 13/4. 1953. — C. **1959.** 11004 [F. P. 1 159 177].)

Parke, Davis & Co. (Erfinder: **Charles Alexis Miller**), Detroit, Mich., V.St.A., *N-Methyl-α-phenyl-α-methyl-succinimid.* (**Schwz. P. 350 292** vom 20/12. 1956, ausg. 14/1. 1961. A. Prior. 20/12. 1955. — C. **1959.** 7887 [D. A. S. 1 044 085].)

Chemopharma, Národní Podnik, Usti nad Labem, Tschechoslowakei, *Herstellung von therapeutisch wirksamen Derivaten (N-Alkylverbindungen) der p-Toluolsulfonylaminoessigsäure.* (**E. P. 851 554** vom 2/4. 1958, ausg. 19/10. 1960. Tschech. Prior. 30/4. 1957. — C. **1961.** 937 [Oe. P. 203 482].)

F. Hoffmann-La Roche & Co. Akt.-Ges., Basel, Schweiz (Erfinder: **Moses Wolf Goldberg**, Upper Montclair, und **Sidney Teitel**, Nutley, N.J., V.St.A.), *Herstellung von Benzylaminderivaten.* (**D. A. S. 1 069 640** Kl. 12q vom 1/2. 1958, ausg. 26/11. 1959. A. Prior. 19/2. 1957. — C. **1960.** 12431 [Oe. P. 202138].)

Ciba Soc. An., Schweiz, *Herstellung von Estern der p-Aminosalicylsäuren mit Polyglykolen.* (**F. P. 1 167 048** vom 31/8. 1956, ausg. 19/11. 1958. **Oe. P. 196 398** vom 29/8. 1956, ausg. 10/3. 1958. Beide Schwz. Prior. 2/9. 1955. — C. **1960.** 6250 [Aust. P. 212 682].)

F. Hoffmann-La Roche & Co. Akt.-Ges., Basel, Schweiz, *m-Hydroxyanilinverbindungen.* (**Schwed. P. 157 350** vom 3/3. 1954, ausg. 2/1. 1957. A. Prior. 16/3. 1953. — C. **1956.** 5362 [D. B. P. 934 170].)

Wellcome Foundation Ltd. (Erfinder: **Denys Arthur Brandon Phillips, Geoffrey George Coker** und **John Evlyn Warner Billinghurst**), *Diquaternäre Verbindungen.* (**Aust. P. 221 123** vom 10/8. 1956, ausg. 7/5. 1959. E. Prior. 18/8. 1955 u. 19/7. 1956. — C. **1960.** 10323 [Jap. A. S. 3872/1958].)

Wellcome Foundation Ltd. (Erfinder: **John Evlyn Warner Billinghurst** und **Harry Charles Murfitt**), *Herstellung von quaternären Aminocarbinolen.* (**Aust. P. 209 077** vom 22/2. 1956, ausg. 25/7. 1957. — C. **1960.** 1941 [E. P. 786 612].)

May & Baker Ltd. (Erfinder: **Kenneth Galmster** und **Basil Jason Heywood**), *Herstellung von Bis-quaternären Ammoniumsalzen.* (**Aust. P. 204 923** vom 2/9. 1954, ausg. 24/1. 1957. E. Prior. 3/9. 1953. — C. **1961.** 7670 [Ind. P. 52 676].)

Asta Werke Akt.-Ges., Chemische Fabrik, Brackwede, *Cyclische Phosphorsäureesteramide.* (**E. P. 812 651** vom 30/1. 1957, ausg. 29/4. 1959. D. Prior. 10/2. 1956. — C. **1960.** 3312 [D. A. S. 1 057 119].)

Ciba Akt.-Ges., Basel, Schweiz, *Herstellung von Hydroxyphenanthrencarbonsäuren.* (**It. P. 513 444** vom 25/3. 1947. Schwz. Prior. 10/1. 1944. — C. **1948.** E. 824 [Schwz. P. 249 115].)

Norwich Pharmacal Co., Norwich, N.Y., V.St.A., *5-Nitro-2-furfuraldehyd-Derivate.* (**Belg. P. 531 010** vom 9/8. 1954, ausg. 8/11. 1957. A. Prior. 11/8. 1953. — C. **1961.** 2029 [Holl. P. 93 106].)

F. Hoffmann-La Roche & Co. Akt.-Ges. (Erfinder: **August Hans Lutz** und **Otto Schnider**), Basel, Schweiz, *Herstellung von 3-Aryl-3-alkylpyrrolidonen-(2).* (**D. A. S. 1 087 129** Kl. 12p vom 15/5. 1957 ausg. 18/8. 1960. **Oe. P. 198 756** vom 16/5. 1957, ausg. 25/7. 1958. Beide Schwz. Prior. 25/7. 1956 u. 18/4. 1957. — C. **1960.** 7608 [E. P. 811 698].)

Badische Anilin- & Soda-Fabrik Akt.-Ges., Ludwigshafen/Rh., *N-[α-Hydroxy-β-trihalogenäthyl]-pyrrolidon.* (**E. P. 839 593** vom 12/2. 1958, ausg. 29/6. 1960. D. Prior. 13/2. 1957. — C. **1960.** 16521 [D. A. S. 1 078 576].)

Badische Anilin- & Soda-Fabrik Akt.-Ges., übert. von: **Harald Schröder** und **August Amann**, Ludwigshafen/Rh., *N-[α-Hydroxy-β-trihalogenäthyl]-pyrrolidon.* (**A. P. 2 924 606** vom 11/2. 1958, ausg. 9/2. 1960. D. Prior. 13/2. 1957. — C. **1960.** 16521 [D. A. S. 1078 576].)

Imperial Chemical Industries Ltd., London, übert. von: **Roy Hull**, Manchester, England, *Indolderivate.* (**A. P. 2 872 372** vom 21/5. 1957, ausg. 3/2. 1959. E. Prior. 8/6. 1956. — C. **1960.** 15491 [Oe. P. 201 057].)

Farbenfabriken Bayer Akt.-Ges., Leverkusen (Erfinder: **Werner Meiser** und **Gerhard Domagk**, Wuppertal-Elberfeld). *Oxazoline.* (**Schwz. P. 350 293** vom 17/4. 1956, ausg. 14/1. 1961. D. Prior. 4/6. 1955. — C. **1958.** 6917 [D. A. S. 1 021 847].)

Norwich Pharmacal Co. (Erfinder: **Kenyon Joseph Hayes**), Norwich, N.Y. V.St.A., *Herstellung von N-[5'-Nitro-2'-furfuryliden]-3-amino-2-thiooxazolidonen.* (**Schwz. P. 349 984** vom 3/9. 1956, ausg. 31/12. 1960. A. Prior. 8/9. 1955. — C. **1959.** 7890 [A. P. 2 830 046].)

May & Baker Ltd., Dagenham, England, *Formazane und Tetrazolverbindungen.* (**Ind. P. 49 863** vom 6/7. 1953, ausg. 2/5. 1955. — C. **1956.** 3378 [E. PP. 738 632 u. 738 585].)

Ciba Akt.-Ges., Basel (Erfinder: **Karl Hoffmann** und **Ernst Urech**, Binningen), Schweiz, *Basisch substituierte Heterocyclen.* (**Schwz. P. 349 600** vom 3/3. 1954, ausg. 15/12. 1960. — C. **1959.** 13887 [F. P. 1 161 339].)

Ciba Akt.-Ges., Basel (Erfinder: **Karl Hoffmann** und **Ernst Urech**, Binningen), Schweiz, *Basisch substituierte Heterocyclen.* (**Schwz. P. 349 986** vom 3/3. 1954, ausg. 31/12. 1960. — C. **1959.** 13887 [F. P. 1 161 339].)

Jean Maurice René Alfred Delourme-Houdé, Paris, Frankreich, *Herstellung von Monoäthern des 5.8-Dihydroxy-2-methylfurano-[4'.5':6.7]-chromons.* (**Ind. P. 49 807** vom 26/6. 1953, ausg. 22/8. 1955. E. Prior. 12/1. 1953. — C. **1955.** 7981 [D. B. P. 924 693].)

F. Hoffmann-La Roche & Co. Akt.-Ges. (Erfinder: **Karl Doebel** und **Hans Spiegelberg**), Basel, Schweiz, *Herstellung neuer Thiaxanthene.* (**Schwz. P. 349 617** vom 29/6. 1956, ausg. 15/12. 1960. — C. **1959.** 10339 [D. A. S. 1 044 103].)

Ciba Soc. An., Schweiz, *Herstellung von Piperidiniumverbindungen.* (**F. P. 1 172 116** vom 28/1. 1957, ausg. 5/2. 1959. Schwz. Prior. 30/1. u. 16/11. 1956. — C. **1960.** 14115 [Oe. P. 200 146].)

Aries Associates, Inc., New York, N.Y., V.St.A., *Herstellung von Pyridincarbonsäureamiden.* (**E. P. 822 579** vom 31/12. 1956, ausg. 28/10. 1959. A. Prior. 30/12. 1955. — C. **1960.** 15142 [Oe. P. 201 061].)

F. Hoffmann-La Roche & Co. Akt.-Ges., Basel, Schweiz, *Herstellung therapeutisch wirksamer Isonicotinsäurederivate.* (**Holl. P. 94 958** vom 3/3. 1953, ausg. 15/7. 1960. A. Prior. 14/3. 1952. — C. **1955.** 3439 [F. P. 1 074 818].)

F. Hoffmann-La Roche & Co. Akt.-Ges. (Erfinder: **Arnold Brossi** und **Otto Schnider**), Basel, Schweiz, *2-Oxobenzochinolizine.* (**D. A. S. 1 068 261** Kl. 12p vom 14/3. 1958, ausg. 5/11. 1959. Schwz. Prior. 2/4. 1957. — C. **1960.** 12433 [Oe. P. 202 145].)

Cassella Farbwerke Mainkur Akt.-Ges., Frankfurt/M., *Herstellung therapeutisch wertvoller Acridanderivate.* (**E. P. 793 088** vom 7/6. 1956, ausg. 9/4. 1958. D. Prior. 10/6. 1955. — C. **1960.** 6250 [D. A. S. 1 057 116].)

Ciba Akt.-Ges. (Erfinder: **Hans Erlenmeyer**), Basel, Schweiz, *4.6-Dimercapto-5-aminopyrimidine.* (**Schwz. P. 343 405** vom 17/2. 1956, ausg. 15/2. 1960. **E. P. 815 977** vom 14/2. 1957, ausg. 8/7. 1959. **D. A. S. 1 087 133** Kl. 12p vom 8/2. 1957, ausg. 18/8. 1960. Beide Schwz. Prior. 17/2. 1956. — C. **1960.** 12434 [F. P. 1 172 612].)

Cilag Soc. An., Schweiz, *Herstellung von 2-[p-Aminobenzolsulfonamido]-pyrimidin.* (**F. P. 1 167 660** vom 16/7. 1955, ausg. 27/11. 1958. Schwz. Prior. 16/7. 1954. — C. **1960.** 5977 [E. P. 751 194].)

Chemiewerk Homburg, Zweigniederlassung der Deutschen Gold- und Silber-Scheideanstalt vormals Roessler, Frankfurt/M. (Erfinder: **Erwin Kohlstaedt**, Bad Homburg v. d. Höhe, und **Karl-Heinz Klingler**, Langen), *Basisch substituierte Alkylxanthinderivate.* (**D. A. S. 1 095 285** Kl. 12p vom 25/9. 1956, ausg. 22/12. 1960. — C. **1960.** 14116 [Oe. P. 201 071].)

Chemiewerk Homburg, Akt.-Ges., Frankfurt/M., *Herstellung von wasserlöslichen Pulvern, Tabletten und Suppositorien, sowie beständigen, konzentrierten wässerigen Lösungen von oxyalkylierten Theophyllin- bzw. Theobrominverbindungen.* (**Belg. P. 557 528** vom 15/5. 1957, ausg. 11/3. 1960. D. Prior. 16/5. u. 17/5. 1956. Zusatz zu Belg. P. 529 220; C. 1958. 7324. — C. **1960.** 8959 [Oe. PP. 205 669 u. 205 670].)

F. Hoffmann-La Roche & Co. Akt.-Ges., Basel, Schweiz (Erfinder: **Robert Duschinsky**, Essex Fells, N.J., und **Charles Heidelberger**, Madison, Wis., V.St.A.), *5-Fluoruracil.* (**D. A. S. 1 072 996** Kl. 12p vom 13/4. 1957, ausg. 14/1. 1960. **E. P. 806 584** vom 8/5. 1957, ausg. 31/12. 1958. **Belg. P. 557 023** vom 26/4. 1957, ausg. 11/3. 1960. Alle A. Prior. 8/5. u. 26/9. 1956. — C. **1960.** 10323 [Oe. P. 198 280].)

May & Baker Ltd., Dagenham, England, *Phenthiazinderivate.* (**Ind. P. 57 389** vom 21/5. 1956, ausg. 28/2. 1958. E. Prior. 19/4. 1956. — C. **1959.** 7894 [E. P. 789 276].)

Ciba Ltd., Basel, Schweiz, *Herstellung von Alkylaminoalkylphenothiazinen.* (**Holl. P. 95 678** vom 18/7. 1956, ausg. 15/10. 1960. Schwz. Prior. 19/7. 1955. — C. **1959.** 4569 [Oe. P. 195 932].)

Ciba Akt.-Ges., Basel (Erfinder: **Jean Druey**, Riehen, und **Georg Leo Huber**, Allschwil), Schweiz, *Herstellung von N-Acyl- oder N.O-Acylaminozuckern.* (**Schwz. P. 341 806** vom 20/1. 1956, ausg. 15/12. 1959. **Belg. P. 554 321** vom 19/1. 1957, ausg. 29/1. 1960. Schwz. Prior. 20/1. u. 14/11. 1956.) — C. **1960.** 8610 [F. P. 1 166 818].

F. Hoffmann-La Roche & Co. Akt.-Ges. (Erfinder: **Joseph Hellerbach, Andre Grussner** und **Otto Schnider**), *Herstellung von substituierten Morphinen.* (**Aust. P. 219 891** vom 12/3. 1957, ausg. 26/2. 1909. **Holl. P. 94 908** vom 5/3. 1957, ausg. 15/7. 1960. Beide Schwz. Prior. 22/3. 1956. — C. **1960.** 16856 [Schwz. P. 341 167].)

N. V. Philips' Gloeilampenfabrieken, Eindhoven, Holland, *Herstellung von α.β-ungesättigten Säurehalogeniden der Vitamin-A-Reihe.* (**Aust. P. 167 314** vom 4/12. 1953, ausg. 12/4. 1956. Holl. Prior. 22/1. 1953. — C. **1958.** 803 [F. P. 1 098 614].)

Farbenfabriken Bayer Akt.-Ges., Leverkusen (Erfinder: **Fritz Ziegler**, Wuppertal), *Herstellung von in Wasser schlecht löslichen Salzen von Thiamin.* (**Holl. P. 95 655** vom 23/3. 1956, ausg. 15/10. 1960. D. Prior. 25/3. 1955. — C. **1960.** 578 [Oe. P. 194 542].)

American Cyanamid Co., New York, N.Y., V.St.A., *Herstellung von Pteridinderivaten.* (**It. P. 513 437** vom 25/9. 1946. A. Prior. 12/3. 1946. — C. **1948.** E. 97 [F. P. 938 411].)

Armour & Co., Chicago, Ill. V.St.A., *Desoxycholsäure.* (**Schwed. P. 156 329** vom 19/6. 1952, ausg. 2/10. 1956. A. Prior. 19/6. 1951. — C. **1955.** 8680 [A. P. 2 651 643].)

Ciba Ltd., Basel, Schweiz, *Δ^4-3-Oxo-16β-acetoxy-17α-ol-20-ketopregnene.* (**Ind. P. 49 802** vom 25/6. 1953, ausg. 29/7. 1955. — C. **1958.** 7844 [D. A. S. 1 003 729].)

American Cyanamid Co., New York, N.Y., V.St.A., *$\Delta^{4,9(11)}$-Pregnadien-16α.17α.21-triol-3.20-dion-16α.21-diacetat.* (**Ind. P. 58 512** vom 27/9. 1956, ausg. 19/3. 1959. — C. **1959.** 7231 [A. P. 2 831 002].)

G. D. Searle & Co. (Erfinder: **Frank B. Colton**), *17-Alkenyl- und 17-Alkinylnortestosterone.* (**Aust. P. 220 835** vom 17/8. 1956, ausg. 16/4. 1959. Neuseeländ. Prior. 19/8. 1955. — C. **1959.** 224 [D. A. S. 1 025 413].)

Schering Akt.-Ges., Berlin, *Cortisonester.* (**Schwed. P. 156 332** vom 20/9. 1954, ausg. 2/10. 1956. D. Prior. 21/11. 1953. — C. **1957.** 210 [D. B. P. 941 283].)

Armour & Co., Chicago, Ill., V.St.A., *ACTH-Präparat.* (**E. P. 845 705** vom 23/11. 1956, ausg. 24/8. 1960. A. Prior. 28/11. 1955. — C. **1959.** 16734 [D. A. S. 1 055 756].)

Dr. Karl Thomae G. m. b. H., Biberach/Riß, *Organpräparat aus Ovarien oder Placenta.* (**E. P. 851 777** vom 21/10. 1958, ausg. 19/10. 1960. D. Prior. 21/10. 1957. — C. **1959.** 16734 [D. A. S. 1 061 035].)

Chinoin Gyógyszer és Vegyészeti Termékek Gyára R. T., Budapest, Ungarn, *Herstellung von 1-[p-Nitrophenyl]-2-acylamido-1.3-dihydroxypropanen.* (**Ind. P. 57 406** vom 22/5. 1956, ausg. 8/4. 1958. — C. **1959.** 17317 [Oe. P. 194 843].)

Parke, Davis & Co., Detroit, Mich., V.St.A., *Herstellung von antibiotisch wirksamen Aminodiolen.* (**It. P. 513 604** vom 22/5. 1950. — C. **1955.** 1334 [E. P. 704 946].)

Commercial Solvents Corp., Terre Haute, Ind., V.St.A., *Herstellung von Penicillinsalzen.* (**It. P. 513 451** vom 28/8. 1946. A. Prior. 4/9. 1945. — C. **1950.** II. 2224 [A. P. 2 479 874].)

Commercial Solvents Corp., City of Terre Haute, Ind., V.St.A., *Herstellung von Penicillinsalzen.* (**It. P. 513 434** vom 29/8. 1946. A. Prior. 4/9. 1945. — C. **1953.** 1532 [Schwed. P. 132 799].)

Commercial Solvents Corp., Terre Haute, Ind., V.St.A., *Herstellung von kristallisierten Penicillinsalzen.* (**It. P. 513 435** vom 31/8. 1946. A. Prior. 24/9. 1945. — C. **1954.** 6784 [Schwed. P. 138 392].)

Merck & Co., Inc., Rahway, N.J., V.St.A., *Herstellung stabiler wäßriger Lösungen von Streptomycin.* (**Holl. P. 95 583** vom 4/8. 1954, ausg. 15/10. 1960. A. Prior. 7/8. 1953. — C. **1956.** 8167 [A. P. 2 719 812].)

Merck & Co., Inc., Rahway, N.J., V.St.A., *Herstellung von Streptomycinkomplexsalzen.* (**It. P. 513 454** vom 24/2. 1948. A. Prior. 24/8. 1945. — C. **1952.** 4345 [D. B. P. 830 994].)

American Cyanamid Co., New York, N.Y., V.St.A., *Erzeugung von Tetracyclin.* (**E. P. 845 715** vom 22/2. 1957, ausg. 24/8. 1960. A. Prior. 24/2. u. 11/10. 1956. — C. **1958.** 13310 [D. A. S. 1 016 409].)

Bristol Laboratories, Inc., East Syracuse, N.Y., V.St.A., *Herstellung eines antibiotischen Tetracyclinpräparates.* (**Holl. P. 94 336** vom 28/6. 1957, ausg. 16/5. 1960. A. Prior. 24/10. 1956. — C. **1960.** 14794 [Belg. P. 557 758].)

University of Tennessee Research Corp., Knoxville, Tenn., V.St.A., *Herstellung von Tennecetin.* (**E. P. 852 883** vom 25/8. 1958, ausg. 2/11. 1960. A. Prior. 13/9. 1957. — C. **1960.** 15838 [D. A. S. 1 072 776].)

General Aniline & Film Corp., V.St.A. (Erfinder: **William Austin Hosmer** und **Albert Carl Starke jun.**), *Herstellung einer antiseptischen wäßrigen Jodlösung.* (**F. P. 1 200 725** vom 1/7. 1957, ausg. 23/12. 1959. A. Prior. 2/7. 1956. — C. **1961.** 11184 [E. P. 824 215].)

O. Müller, Berlin-Charlottenburg, *Keimtötendes Mittel.* (**Schwed. P. 156 335** vom 11/11. 1952, ausg. 2/10. 1956. — C. **1952.** 6411 [D. B. P. 831 000].)

G. Analyse. Laboratorium

Anti-aktinischer Belag für Glas. Joseph J. Kolb. (Chemist-Analyst **49.** 88. Sept. 1960. Philadelphia, Pa., Inst. for Cancer Res.) (Engl.)

Labor.-Geräte aus Glas werden in Dow-Latex 512K eingetaucht bzw. damit besprüht, an Luft getrocknet u. anschließend $2^1/_2$ Std. auf 360° geheizt. Der dabei entstehende braune Belag widersteht bei Zimmer-Temp. sowohl mechan. als auch chem. Beanspruchungen. Er kann durch längeres Behandeln mit heißen Waschmittel-Lsgg. beseitigt werden. G. Pankow. 5010□

Interpolation von Platinwiderstandsthermometern, 20—273,15° K. Robert J. Corrucini. (Rev. sci. Instruments **31.** 637—40. Juni 1960. Boulder, Colo., Nat. Bur. of Stand.) (Engl.)

Vf. beschreibt eine numer. Meth. zur Interpolation der Beziehung Widerstand–Temp. eines Pt-Widerstandsthermometers. Notwendig ist eine Kalibrierung bei 3 Punkten, z. B. 20°, 90° u. 273°K. Die Interpolation wird dann durchgeführt unter Bezugnahme auf vollständige Widerstands–Temp.-Beziehungen von 2 anderen, leicht verschiedenen Thermometern. C. GOTTFRIED. 5016

Technik zum Reinigen von Vakuumpumpen. Morton Beroza und Nathan Green. (Chemist-Analyst **49.** 88. Sept. 1960. Beltsville, Md., Entomology Res. Div., Dep. of Agricult.) (Engl.)

Es wird eine Meth. zur Reinigung von Drehschieber-Vakuumpumpen beschrieben, die es nicht erfordert, die Pumpe auseinander zu nehmen; verwendet wird Automobilöl-Reinigungsmittel, z. B. Casite der Firma HASTINGS MFG. Co., Hastings, Michigan. G. PANKOW. 5026□

Elektrische, durch Anheizen von gewöhnlichen Öfen mit blankem Metalldraht erregte Felder im geschlossenen Bereich. Salvatore Gandolfo. (Atti Soc. Peloritana Sci. fisiche mat. natur. **2.** 329—36. 2 Tafeln. 1955/56. Messina, Univ., Ist. Geofis. e Geodet.) (Ital.)

Vf. berichtet über einige im geschlossenen Bereich gemachten Beobachtungen beim Anheizen von gewöhnlichen Öfen mit Ni–Cr-Draht, die durch Wechselstrom zur Weißglut gebracht wurden. Die Messungen wurden mit einer (wie zur Registrierung des atmosphär. elektr. Potentials verwendeten) App. ausgeführt. Das Registrier-Syst. zeigt ein positives, anfangs rasch u. allmählich langsamer bis zu einem bestimmten Wert ansteigendes Potential (P), das nach Abschalten der Öfen nicht auf Null, aber erst nach einiger Zeit zuerst schnell u. dann immer langsamer abfällt; dasselbe P zeigt bei gleicher Zus. u. gleichem Durchmesser des Drahts einen zusätzlichen Effekt im Vgl. zur Anzahl der angeheizten Öfen. G. PLATZER. 5028□

Neue Supragyro-Zentrifugen für Laboratorium und Forschung. E. Wiedemann. (Chem. Rdsch. [Solothurn] **12.** 478—79. 15/9. 1959. Basel.) (Dt.)

Ein neuer Zentrifugen-Typ, Supragyro B 150/BK, wird beschrieben, bei dem der Rotor als freier Kreisel läuft, wodurch die verschiedenen Stör-Einfl., z. B. infolge ungleicher Beladung, kompensiert werden. G. PANKOW. 5038□

Verbesserte Kondensations-Kühlfalle. K. M. Bell. (Chemist-Analyst **49.** 88. Sept. 1960. Vancouver, Canada, Univ. of British Columbia, Dep. of Chem.) (Engl.)

Um die bei der herkömmlichen Kühlfallenanordnung störende Kondens. des Prod. am Innenrohr der Falle zu verhindern, wird in einer speziell geformten Falle das Innenrohr mit einer elektr. Heizung versehen. G. PANKOW. 5048□

Hochtemperatur-Mikroskoptisch. B. E. Sundquist. (Rev. sci. Instruments **31.** 425—27. April 1960. Chicago, Ill., Illinois Inst. of Technol., Dep. of Metallurg. Engng.) (Engl.)

Vf. beschreibt einen Mikroskoptisch, mit dem aus kleinen Teilchen bestehende Proben im Temp.-Bereich von Zimmer-Temp. bis ca. 1200° mkr. untersucht werden können. Der Tisch enthält 4 unabhängige Öfen, so daß unter normalen Erhitzungs- u. Abkühlungsbedingungen die Temp. der Proben mit einer Genauigkeit von $>0{,}25$—$0{,}5°$ gemessen u. die Temp. innerhalb 1° kontrolliert werden kann. Mit der Vorr. wurde die Unterkühlung bei der Erstarrung kleiner Leg.-Tropfen u. der F. u. Ep. von *Tl* in Abhängigkeit von der Erhitzungs- u. Abkühlungs-Geschw. bestimmt. C. GOTTFRIED. 5056

Zur Schleifhärte von Galenit und Chalkopyrit in Öl. Klaus Steinike. (Neues Jb. Mineralog., Mh. **1959.** 236—37. Febr. 1960. Berlin.) (Dt.)

Es wurde beobachtet, daß mit Öl geschliffene Polieranschliffe für die einzelnen Minerale andere Schleifhärten zeigen, als mit W. hergestellte. Damit wird bei den mit Öl geschliffenen Präpp. die Schleifhärte-Best. als diagnost. Hilfsmittel nutzlos. J.-E. HILLER. 5058□

Herstellung von Diffusions-Paaren durch Kathodenzerstäubung. Rolf Weil, Steven J. Rothman und Lowell T. Lloyd. (Rev. sci. Instruments **30.** 541—43. Juli 1959. Lemont, Ill., Argonne Nat. Labor.) (Engl.)

Zur Herst. von Diffusions-Paaren aus zwei Metallen wird die Oberfläche des Grundmetalls durch Kathodenzerstäubung gereinigt; darauf wird das 2. Metall ebenfalls durch Kathodenzerstäubung niedergeschlagen. Die verwendete App. u. die Verf.-Weise sind eingehend beschrieben. H. SCHIRRWITZ. 5060□

Analysen für die Industrie. William I. Stephen. (Ind. Chemist **36.** 408—10. Aug. 1960.) (Engl.)

Vf. beschreibt in einem Überblick die Grundlagen u. qual. Anwendungen der 1954 von WEISZ (vgl. C. **1956. 6478**) entwickelten Ringofen-Meth. für mikrochem. Trennungen. — 8 Literaturangaben. GERHARD SCHULZE. 5062□

Methode der chemischen Untersuchung von Pulvern durch Tüpfelreaktionen. A. A. Vassilieus und Amal. Laganopoulos. (Praktika Akad. Athenon **32.** 442—47. 1 Tafel. 1957, herausgeg. 1958.) (Griech.)

Statt der Analyse von Pulvergemischen in Lsg. wird ihre Verdünnung mit einem inerten Stoff, z. B. SiO_2, auf eine Konz. von 1—0,05%, je nach Empfindlichkeit der Nachw.-Rk. empfohlen. Man schießt ca. 0,1—0,2 g des verd. Gemisches auf eine mit Reagens-Lsg. getränkte Filterpapierfläche (25×25 cm) oder poröse Platte aus 25 bis 30 cm Entfernung in einem Winkel von 45°. Zum Beispiel wird bei Gemischen von Cocain, Novocain u. Pantocain als Reagens eine 0,5%ig. $AuCl_3$-Lsg. verwendet, womit jede Komponente eine andere Farbrk. gibt (gelb, rötlichbraun bzw. violett). Man kann so Stoffe unterscheiden, die keine verschiedene Löslichkeit zeigen, benötigt nur einige mg oder weniger u. kann auch sonst schwer erkennbare Spuren nachweisen. In einer Tabelle werden für 42 anorgan. u. organ. Einzelstoffe u. Gemische charakterist. Farbrkk. u. ihre Empfindlichkeiten angegeben. R. K. MÜLLER. 5062□

Papierchromatographie. Pedro Miró Plans. (Quím. e Ind. [Bilbao] **4.** 11—19. Jan./Febr. 1957. Dt. Woll-Forsch.-Inst.) (Span.)

Übersicht. Einführung in die Papierchromatographie, ihre Entw., Theorie, Technik, Anwendung auf bestimmte Substanzgruppen, zu quant. Trennungen u. Bestimmungen. Hinweis auf Verschiedenheiten in Bezeichnungsweisen für den Trennvorgang (desarollo) infolge Bewegung der Lsgm. u. der Sichtbarmachung (revelado) der getrennten Substanzen in der deutschen u. engl. Literatur. — 34 Literaturhinweise. W. METZENER. 5062□

Mikrochemisch-organische Reaktionen auf Glasfaserpapier. V. Prey und A. Kabil. (Österr. Chemiker-Ztg. **59.** 260—62. Okt. 1958. Wien, TH, Inst. für organ. Chem.) (Dt.)

Vff. lassen auf Glasfaserpapier zum späteren papierchromatograph. Nachw. Substanzmengen von 50—500 γ reagieren, bes. zur Darst. von charakterist. Derivv. von Verbb. mit bestimmten funktionellen Gruppen. Ein Mikroautoklav zur Durchführung der Rkk. im Vakuum sowie eine App. zum Überführen der Rk.-Prodd. auf Chromatographiepapier ist beschrieben. Das Verf. erweitert die Chromatographie auf Verbb., die nicht als solche, sondern erst als Rk.-Prodd. trennbar sind, wobei die Rkk. auch in saurer oder alkal. Lsg. u. in der Wärme ausgeführt werden dürfen. W. SCHWEERS. 5062□

Bestimmung der Teilchengröße nach der Lichtstreuung. Nomogramme zur Bestimmung der Abmessungen von stabförmigen Teilchen. I. Ja. Slonim. (Оптика и Спектроскопия [Optik u. Spektroskopie] **9.** Nr. 2. 244—47. Aug. 1960.) (Russ.)

In Ergänzung zu den früher (vgl. C. **1961.** 12364) angeführten Nomogrammen für die Berechnung der Größe sphär. Teilchen in Suspensionen nach der Lichtstreuung werden nach kurzer Betrachtung der mathemat. Grundlagen Nomogramme zur Berechnung der Größe stäbchenförmiger Teilchen (z. B. Viren, Micellen oberflächenakt. Stoffe), deren Länge etwa in der Größenordnung von λ liegt, gegeben. Sie beruhen auf der Ausrechnung des Durchmessers „äquivalenter" sphär. Teilchen nach dem Trübungsgrad (im Durchlicht) oder der Streulichtintensität u. einer Abschätzung des Streckungsgrads nach der Abhängigkeit der Trübung von λ bzw. der Streulichtintensität vom Streuwinkel. R. GERBATSCH. 5063□

Über die Empfindlichkeitsschwelle von Strahlungsempfängern. Je. Ss. Ratner. (Оптика и Спектроскопия [Optik u. Spektroskopie] **9.** 101—07. Juli 1960.) (Russ.)

Üblicherweise wird die Empfindlichkeitsschwelle (ES.) als diejenige Strahlungsleistung P_0 definiert, die im Empfänger (E.) ein Ausgangssignal hervorruft, das mit einer gegebenen Wahrscheinlichkeit über den von der Untergrundstrahlungsleistung P_U hervorgerufenen Signalen liegt. Das führt bei Gültigkeit einer als Grenzfall der POISSON-Verteilung auftretenden Fehlernormalverteilung zu einer Formel, die für einen rauschfreien, beliebig empfindlichen E. bei Extrapolation zu $P_U = 0$ ebenfalls $P_0 = 0$ ergibt, d. h. eine unendlich niedrige ES., was der Quantennatur des Lichts widerspricht. Zu qual. richtigen Ergebnissen führt bereits die Berücksichtigung der bei großem P_U vernachlässigbaren Fluktuationen des interessierenden Signals. Eine exakt gültige Formel zur Best. der ES. bei Messung einzelner Quanten auf der Grundlage der POISSON-Verteilung sowie eine rechner. einfachere Näherungsformel werden angegeben. Letztere berücksichtigt mit einigen Änderungen auch die Empfindlichkeit des E. u. das Verstärkerrauschen. R. GERBATSCH. 5063□

Thermoluminescenz von Gesteinen und Mineralen. 1. Mitt. Eine Apparatur zur quantitativen Messung. Donald R. Lewis, Thomas N. Whitaker und Carl W. Chapman. (Amer. Mineralogist **44.** 1121—40. Nov./Dez. 1959. Houston, Tex., Shell Dev. Co., Explorat. and Prod. Res. Div.) (Engl.)

Es wird eine App. beschrieben, die die Thermoluminescenz mit großer Empfindlichkeit u. einem hohen Grad von Reproduzierbarkeit zu messen gestattet. Der Meßbereich erstreckt sich von 25—600°, die Aufheiz-Geschw. beträgt 10—100°/Minute. Es werden nicht mehr als 50 mg Probensubstanz benötigt. J.-E. HILLER. 5063□

Über die Methodik von Tieftemperaturmessungen optischer Konstanten von Metallen. W. G. Padalka und I. N. Schkljareswki. (Оптика и Спектроскопия [Optik u. Spektroskopie] **9.** 119—21. Juli 1960.) (Russ.)

Die Konstruktion eines Vakuumkryostaten zur Messung der opt. Konst. von Metallen im IR-Gebiet mit Polarisations-Meth. durch Mehrfachreflektion an parallelen Oberflächen wird beschrieben. Zur Kühlung dient fl. N_2, das Hochvakuum wird nach Evakuierung mit Vorpumpen durch Kohleabsorptionspumpen erzeugt u. 12—13 Std. auf ca. $5 \cdot 10^{-6}$mm Hg gehalten. Mittels bes. Vakuumdurchführungen können die Probeplättchen justiert werden. Zum Lichtdurchtritt sind Sylvin- bzw. NaCl-Fenster eingebaut. R. GERBATSCH. 5063□

Die optischen Eigenschaften von Interferenzfiltern bei Messung mit endlich breiten Spektralbereichen. G. Koppelmann und K. Krebs. (Z. Physik **157.** 592—600. 1960. Berlin, TU, II. Phys. Inst.) (Dt.)

Es wird ein Auswert-Verf. angegeben, mit dem sich die Halbwertsbreiten u. die Lage des durchgelassenen Gebiets sehr genau durch Mittelung über sämtliche Meßpunkte (durchgelassene Intensität als Funktion der Frequenz ν) errechnen lassen. Mit diesem Verf. wird eine Meth. entwickelt, die die Eliminierung der Fehler erlaubt, die sich bei der Best. der opt. Eigg. von Filtern aus der endlichen Breite des für die Messungen verwendeten Spektralbereichs ergeben. Beispiele werden angegeben. H. LINDBERG. 5063□

Spektraluntersuchungen im Gebiet um 1 mm Wellenlänge. 5. Mitt. **Ein Vergleichsmaß für optisch-spektroskopische Systeme.** Wilfried Eckhardt. (Z. Physik **159.** 405—10. 1960. Frankfurt/M., Univ., Physikal. Inst.) (Dt.)

Der maximale Informationsinhalt, den ein registriertes Spektrum enthalten kann, wird als Verknüpfung der Güteparameter A (spektrale Auflösung), M (erreichbare Meßgenauigkeit = mittleres Signal/Rausch-Verhältnis) u. C (maximale Signaländerungs-Geschw.) abgeleitet. Die maximale Informationsleistung als Geräte-Konst. soll nun invariant sein gegenüber den Betriebsparametern, bes. der Durchfahrungs-Geschw. des Spektrums. Diese Invarianzforderung wird rechner. behandelt. W. REUSSE. 5063□

Ein neues quantitatives spektralanalytisches Auswertungsverfahren: Die Zwischenstandardmethode. L. Paksy. (Acta chim. Acad. Sci. hung. **28.** 17—27. 1961. Miskolc, TU für Schwermetallind.) (Dt.)

Es wird eine sogenannte Zwischenstandard-Meth. zur spektrograph. Auswertung beschrieben, wobei je eine Aufnahme vom Dampfraum der Bezugs- u. der Analysierelektrode gemacht werden. Die Auswertung erfolgt auf Grund der Messung der Schwärzung der Leg.-Linie an beiden Aufnahmen dem ΔS^*—log c_1 bzw. log c_1/c_v Zusammenhang gemäß. Vers.-Umstände u. Ergebnisse werden diskutiert. W. HAMPEL. 5063□

Über die Eigenschaften der Fokalflächen von Spiegelspektrographen. Ss. A. Chrschanowski. (Оптика и Спектроскопия [Optik u. Spektroskopie] **9.** 399—406. Sept. 1960.) (Russ.)

Vf. entwickelte Formeln zur Berechnung der Fokalfläche (Fo) von Spektrographen mit Spiegeloptik. Bestimmenden Einfl. auf die Form der Fo hat die Lage des dispergierenden Elements (Gitter oder Prisma) relativ zum Kameraspiegel. Es lassen sich auf Grund der erhaltenen Beziehungen Aussagen über die günstigste Lage des dispergierenden Elements zur Erzielung einer in gewisser Ausdehnung genügend flachen Fo sowie über die erforderliche Justiergenauigkeit gewinnen. R. GERBATSCH. 5063□

Registriergerät für den Extinktionskoeffizienten. D. D. Tunnicliff und Roland C. Hawes. (J. opt. Soc. America **50.** 1039—42. Nov. 1960. Emeryville, Shell Dev. Co.; Monrovia, Calif., Appl. Phys. Res. Corp.) (Engl.)

Es wird ein Zusatzgerät zum selbstregistrierenden CARY-Spektrophotometer beschrieben (Abb.), das auf halblogarithm. Papier (3- oder 5-Dekaden) den Extinktions-Koeff. aufträgt, während das Photometer die Extinktion einer verd. Lsg. der Probe aufnimmt. Das Prod. aus Proben-Konz. u. Schichtdicke wird für jede Verdünnung in einem VEEDER-Zähler, der mit einem Analogrechner gekoppelt ist, in den Extinktion-Koeff. umgewandelt. Für jede Verdünnung erhält man einen oder mehrere Teile der Kurve für den Extinktions-Koeff. als Funktion der Wellenlänge. Alle Kurvenabschnitte zusammengesetzt ergeben ein kontinuierliches Spektrum für den gewünschten Wellenlängenbereich. Das Zusatzgerät erleichtert wesentlich die Deutung unbekannter Spektren oder den Vgl. einer Reihe verwandter Spektren. Es kann auch zur Aufnahme von Bezugsspektren reiner Verbb. benutzt werden. Für *Naphthalin* als Beispiel wird die Kurve des Extinktions-Koeff. zwischen 2100 u. 3250 Å wiedergegeben. Unter optimalen Bedingungen läßt sich der Extinktions-Koeff. mit einer Genauigkeit von ca. 2% registrieren.

D. HOENE. 5063□

Ein Spektrovisor. M. M. Gurewitsch und K. I. Koljadin. (Оптика и Спектроскопия [Optik u. Spektroskopie] **9.** Nr. 2. 253—56. Aug. 1960.) (Russ.)

Es wird die Konstruktion eines „Spektrovisors" d. h. eines zeitlich auflösenden Spektrophotometers mit Kathodenstrahlanzeige, beschrieben. Eine mit 50 U/s um die Lichtquelle (Glühlampe) rotierende Trommel mit schraubenförmigem Schlitz vor der Eintrittsöffnung eines Gitterspektrographen (Dispersion 5 mμ/mm) wirkt wie ein beweglicher Spalt, der hinter dem Austrittsspalt ein Lichtbündel mit kontinuierlich wechselndem λ erzeugt. Dieses wird durch ein schwingendes Spiegelprisma in 2 Strahlen (Meß- u. Vgl.-Strahl) aufgeteilt, die beide auf die Kathode eines Multipliers fallen, dessen Signale nach Verstärkung auf die vertikalen Ablenkplatten einer Kathodenstrahlröhre gegeben werden. Zur horizontalen Ablenkung wird eine Sägezahnspannung solcher Frequenz erzeugt, daß auf dem Bildschirm nebeneinander die Linie 0%ig. Transmission (während des Durchgangs der ungeschlitzten Trommelseite), ein Vgl.-Spektrum (Orientierungsspektrum eines Glasfilters oder die Linie 100%ig. Transmission) u. das Probenspektrum erscheinen. Durch Filmen des Oscillogramms können kinet. Vorgänge opt. verfolgt werden.

R. GERBATSCH. 5063□

Ein hochempfindliches Modulationsphotometer. A. Ju. Borissow. (Оптика и Спектроскопия [Optik u. Spektroskopie] **9.** 115—16. Juli 1960.) (Russ.)

Zur Steigerung der Empfindlichkeit (E) von Photoelektronenvervielfachern (SEV) wurde eine Signalmodulierung mit anschließender Resonanzverstärkung vorgenommen. Dazu wurde auf eine der SEV-Dioden an Stelle der optimalen Kaskadenspannung eine zwischen deren doppeltem Wert u. Null wechselnde niederfrequente Spannung gegeben. Die E des SEV sinkt jedesmal nach Über- oder Unterschreiten der optimalen Spannung ab, dadurch wird das SEV-Signal mit doppelter Frequenz moduliert. Blindströme u. die mit einfacher Frequenz durch parasitäre Kapazitäten zur Anode induzierten Spannungen werden bei der Verstärkung ausgesiebt, wobei wegen des letztgenannten Effektes Oberschwingungen des Generators sorgfältig unterdrückt werden müssen. Die so erreichbare E des SEV ist prakt. nur durch den Schroteffekt der Photokathode begrenzt u. kann 50 Elektronen/s erreichen.

R. GERBATSCH. 5063□

Spaltvariationsverfahren zur Beseitigung der Störungen von flammenspektrophotometrischen Bestimmungen. S. Dobos. (Acta chim. Acad. Sci. hung. **28.** 117—24. 1961. Budapest, L. Eötvös Univ., Inst. für Allg. u. Anorg. Chem.) (Dt.)

Es wird eine Meth. beschrieben, die die störende Emission eines Begleitelements an der gleichen Stelle beseitigt, indem die Abhängigkeit der Intensität der Linie u. des Kontinuums von der Austrittsspalte bestimmt wird. Die auf Spaltbreite 0 erfolgende Extrapolation der entsprechenden Kurvenstrecke liefert Werte, die von den störenden Elementen unabhängig u. nur für das gesuchte Element charakterist. sind.

W. HAMPEL. 5063□

Visuelle Titrationen in nichtwässerigen Lösungsmitteln mit Kristallviolett als innerem Indicator. Ram Chand Paul, Jaswant Singh und Sarjit Singh Sandhu. (J. Indian chem. Soc. **36.** 305—10. Mai 1959. Hoshiarpur, Panjab Univ., Chem. Dep.) (Engl.) — Vgl. C. **1960.** 1954.

Vff. berichten über Säure–Basen-Titrationen in $POCl_3$, $SOCl_2$, $AsCl_3$, CCl_4 u. Chlorbenzol als Lsgm. u. mit Kristallviolett als innerem Indicator. Festgestellt wurde die reversible Natur des Kristallvioletts mit *$SnCl_4$* u. *$TiCl_4$* als Säuren u. *Chinolin, α-Picolin* u. *Dimethylanilin* als Basen in $POCl_3$ u. $SOCl_2$. $AsCl_3$ wirkt als polares Lsgm., so daß nur die bas. Lsgg. mit Erfolg als Titrations-Fll. verwendet werden können. In CCl_4 u. Chlorbenzol reagieren die Reagentien als Säuren u. Basen mit dem Indicator nur qualitativ.

C. GOTTFRIED. 5066

Endpunktbestimmung durch Interpolation bei potentiometrischen Mikroanalysen. F. L. Hahn. (Mikrochim. Acta [Wien] **1958.** 395—401. México, Mexiko.) (Dt.)

Vf. erörtert die Genauigkeit von Endpunkts-Best. durch Interpolation bei potentiometr. Mikroanalysen am Beispiel der Potentialgänge für HCl u. HJ gegen $AgNO_3$ bzw. NaOH als Reagens. Da Differenzen andere Eigg. als Differentiale haben, fällt bei den potentiometr. Analysen der Nullwert der zweiten Differenzen nicht mit dem Äquivalenzpunkt zusammen. Das von KOLTHOFF (vgl. KOLTHOFF u. SANDELL, Textbook of Qual. Inorg. Analysis, 2. Aufl. New York: Macmillan 1943) empfohlene Verf., den Nullwert der zweiten Differenzen als Endpunkt anzusehen, führt daher zu falschen Ergebnissen. Es werden einfache u. dabei äußerst genaue Interpolations-Verff. gegeben.

P. FRENZEL. 5066□

Wechselstrompolarographie mit der zweiten Harmonischen bei einem reversiblen Elektrodenvorgang. D. E. Smith und W. H. Reinmuth. (Analytic. Chem. **33.** 482—85. April 1961. New York, N.Y., Columbia Univ., Dep. of Chem.) (Engl.)

Die von TACHI u. SENGA (Bull. chem. Soc. Japan **28.** [1955.] 632) abgeleiteten Ausdrücke für die Größe der zweiten harmon. Stromkomponente im Falle der Wechselstrompolarographie reversibler Redox-Syst. wurde für das Paar Fe(II)/Fe(III)-Oxalat in einer 0,3 m K-Oxalat, 0,1 m Oxalsäure u. 0,05 m KCl enthaltenden Grund-Lsg. überprüft. Zur Messung der schwachen zweiten Harmonischen (ca. 5%) neben der bedeutend intensiveren Grundfrequenz wurde ein frequenzempfindlicher Verstärker benutzt. Die Verss. ergaben Übereinstimmung mit den l. c. genannten theoret. Ansätzen. Bedeutsam ist der sehr geringe Grundstrom, der Bestimmungen reduzierbarer Verbb. bis zu Konzz. von 10^{-7} m gestattet. E. MOISAR. 5066□

Die Rolle des Polarographen bei der Aktivierungsanalyse. Z. Ferenczy. (Acta chim. Acad. Sci. hung. **26.** 229—34. 1961. Veszprem, Inst. de Rech. Chim. des Ind. Lourdes.) (Franz.)

Zur Best. radioakt. Spuren von aktivierter Materie werden Unterss. mit dem Polarographen angestellt. Diese Meth. eignet sich bes. zur Best. von Schwermetallen, die stabile Amalgame bilden, bes. wenn die zu untersuchenden Spuren lange akt. sind. W. HAMPEL. 5066□

Thorin: Ein interessantes chromogenes Agens und Chelatochromindicator. M. B. Johnston, A. J. Barnard jun. und W. C. Broad. (Rev. Univ. ind. Santander **2.** 137—46. 1960. — Sep. Santander, Univ. Industrial.) (Engl.)

Übersicht über die Eigg. des „freien“ Farbstoffs u. einiger Thorin–Metall-Komplexe sowie über die Verw. von Thorin zur photometr. Best. von Th u. anderen Elementen, zum qual. Nachw. von Metallen, als Chelatochromindicator u. als Fällungsreagens für Th. — 102 Literaturhinweise. P. GOLINSKE. 5068□

Chloranilsäure und ihre Metallsalze als analytische Reagentien. W. C. Broad, K. Ueno und A. J. Barnard jun. (Japan. Analyst [Bunseki Kagaku] **9.** 257—64. 1960. Sept. Phillipsburg, N.J., J. T. Baker Chem. Co.; Fukuoka, Kyushu Univ., Fac. of Engng., Dep. of Organ. Synth.) (Engl.)

Übersicht. — 50 Literaturangaben. P. GOLINSKE. 5072□

Bestimmung von Kohlenmonoxydspuren in Kohlendioxyd. G. Ciuhandu, G. Krall und V. Giuran. (Acta chim. Acad. Sci. hung. **28.** 171—77. 1961. Timişoara, Chem. Werke „TIMIS“, Labor.) (Dt.)

In Berührung mit einer alkal. Lsg. der Ag-Verb. der p-Sulfamidobenzoesäure verteilt sich das in einem Luft/CO_2-Gemisch enthaltene CO unter der Gas- bzw. Fl.-Phase des Syst. gemäß seinem Partialdruck u. unabhängig vom Druck der begleitenden Gase, wobei ein charakterist. gelb bis dunkelbraunes Ag-Sol entsteht, das photometr. bestimmt werden kann. Eine zu große Menge CO_2 u. auch H_2S müssen vorher an KOH gebunden werden. W. HAMPEL. 5088□

Ausfrieren, eine Sicherheitstechnik zum Anreichern verdünnter Lösungen. Joseph Shapiro. (Science [Washington] **133.** 2063—64. 30/6. 1961. Baltimore, Md., Johns Hopkins Univ., Dep. of Sanit. Engng. and Water Resources.) (Engl.)

Vf. beschreibt die Anwendung dieser bisher wenig benutzten Meth., die sich bes. zum Anreichern von Lsgg. unbeständiger Substanzen eignet.
WOLFGANG KRÜGER. 5094□

a) Elemente und anorganische Verbindungen

Bestimmung von Jodid, Bromid und Chlorid in Gegenwart von Thiocyanat. Vicente Gentil. (Química [Rio de Janeiro] **1960.** Nr. 37. 18—21. März/April. Univ. do Brasil, Escola Nac. de Quím.) (Port.)

Nach einer krit. Übersicht der bisherigen Verff. wird ein neues vorgeschlagen, bei dem im Gegensatz zu den früheren, aber in Verfolgung früherer Beobachtungen (J. chem. Educat. **35.** [1958.] 545) das SCN^- (**I**) vollständig in flüchtige Prodd. übergeführt wird, unter denen H_2S als empfindlicher, eindeutiger Nachw. für **I** dient. Verf.: Nach Entfernung von S^{2-}, CN^-, $Fe(CN)_6{}^{3-}$, $Fe(CN)_6{}^{4-}$ u. $S_2O_3{}^{2-}$ wird mit $AgNO_3$-Lsg. gefällt u. der ausgewaschene Nd. mit ca. der doppelten Menge *Na-Formiat* (**II**)-Lsg. auf etwas $>400^0$ bis zur völligen Zers. des **II** erwärmt. Durch den dabei entwickelten nascierenden H wird AgSCN gänzlich in metall. Ag, NaCN, Na_2S, CO_2 u. W. gespalten, während die Ag-Halogenide neben metall. Ag die entsprechenden Na-Halogenide, CO_2 u. W. liefern. Nach dem Abkühlen wird die Schmelze mit W. aufgenommen u. vom Ag abfiltriert. Die Lsg. wird mit 6n Essigsäure angesäuert u. bis zur Vertreibung der flüchtigen Zers.-

Prodd. (H_2S, HCN u. CO_2) erwärmt, wonach die Halogenide nach irgendeinem der üblichen Verff. getrennt u. bestimmt werden können. Auf diese Weise konnten in einer Mischung von Cl^-, Br^-, J^- u. I je 1 mg eines derselben in Ggw. von je 100 mg eines anderen derselben nachgewiesen werden. — 31 Literaturhinweise.

W. METZENER. G 245□

Verdrängungstechnik für verunreinigungsfreie Fällung von Kohlendioxyd als Bariumcarbonat. Jerome Goodman und Joseph Steigman. (Chemist-Analyst **49.** 86. Sept. 1960. Brooklyn, N.Y., Polytechn. Inst. of Brooklyn, Dep. of Chem.) (Engl.)

Um zu vermeiden, daß $Ba(OH)_2$-Lsg. schon vor dem Durchleiten des zu bestimmenden CO_2 solches aus der umgebenden Atmosphäre aufnimmt, wird die $Ba(OH)_2$-Lsg. in eine abgeschlossene Glas-App. durch eine Glasfritte eingeleitet, wobei die App. zunächst mit CCl_4 gefüllt ist, das von der $Ba(OH)_2$-Lsg. verdrängt wird ohne Luftzufuhr.

G. PANKOW. G 260□

Bestimmung von Spurenverunreinigungen in Siliciumtetrachlorid. L. Vecsernyés. (Acta chim. Acad. Sci. hung. **28.** 111—14. 1961. Budapest, Forsch.-Inst. für Fernmeldetechn.) (Dt.)

Zur qual. u. quant. Unters. des $SiCl_4$ werden drei Meth. (1. Absorptionsspektralanalyse, 2. die mit Mikroverdampfung unter Schutzgas kombinierte Emissionsspektralanalyse, 3. Emissionsspektralanalyse der mit W. koagulierten Probe) beschrieben u. die damit erzielten Ergebnisse diskutiert. W. HAMPEL. G 261□

Spektrophotometrische Bestimmung von Phosphat-Ionen mit Lanthanchloranilat. Kiyoko Hayashi, Taeko Danzuka und Keihei Ueno. (Talanta [London] **4.** 244—49. Juni 1960. Kumamoto, Japan, Dojindo & Co. Ltd., Res. Labor.) (Engl.) — Vgl. C. **1961.** 9539.

Vff. beschreiben eine spektrophotometr. Meth. zur Best. von *Phosphationen.* Als Reagens wird *Lanthanchloranilat* verwendet, das gegenüber dem sonst verwendeten Ammoniummolybdat Vorzüge hat. Mit diesem Verf. ist es möglich, zwischen 3 u. 300 ppm PO_4^{3-} bei einem Fehler von $\pm 2\%$ zu bestimmen, wenn geeignete Bedingungen eingehalten werden. Chlorid- u. Nitrationen stören bei Geh. <400 ppm nicht. Störungen durch SO_4^{2-} werden durch Zugabe einer großen Menge von SO_4^{2-} sowohl zur Probe als auch zur Vgl.-Lsg. kompensiert. ANITA SCHMIDT. G 264□

Bestimmung der Valenzstufe des Arsens durch mikrobiologische Untersuchung. Henry W. Loy, S. Stephen Schiaffino und William B. Savchuck. (Analytic. Chem. **33.** 283—85. Febr. 1961. Washington, D.C., U.S. Dep. of Health, Educat. and Welfare, Food and Drug Admin.) (Engl.)

16 Mikroorganismen wurden auf Wachstumshemmung durch *As*-Verbb. untersucht. Dabei erwies sich *Lactobacillus leichmannii* als für mikrobiolog. Analysen geeignet. Die wachstumshemmenden Eigg. von *Na-Arsenit* (**I**), *Na-Arsenat* (**II**), *Arsenosobenzol* (**III**, Benzolarsinoxyd), *Arsphenamin* (**IV**), *Neoarsphenamin* (**V**), *4-Nitrobenzolarsonsäure* (**VI**), *4-Hydroxy-3-nitrobenzolarsonsäure* (**VII**) u. *Arsanilsäure* (**VIII**) wurden untersucht. Es zeigte sich, daß die Wachstumshemmung in der Reihe **I** > **III, IV** u. **V** > **II, VI** u. **VII** > **VIII** abnahm. Vff. beabsichtigen, auf Grund dieser Unterschiede (bis zu 1:100) ein mikrobiolog. Unterscheidungs-Verf. für As(III)- u. As(V)-Verbb. auszuarbeiten.

E. DEHMLOW. G 265□

Analyse von metallischem Lithium allein und im Gemisch mit Lithium(I)-Verbindungen. Melvin Berkenblit und Arnold Reisman. (Analytic. Chem. **32.** 721—22. Mai 1960. New York, N.Y., Columbia Univ., Internat. Business Machines Corp., Watson Labor.) (Engl.)

Das Verf., das eine Analyse von in Mineralöl dispergiertem Li bezweckt, beruht auf einer kontrollierten Rk. des metall. Li mit Wasser. Der gebildete H_2 wird getrocknet, zu W. verbrannt u. nach Absorption an P_2O_5 gravimetr. bestimmt. H. KNAUER. G 273□

Über die Reagentien für die Trennung und Bestimmung von Kalium, Rubidium und Cäsium. Tadashi Hara. (Bull. Inst. chem. Res., Kyoto Univ. **37.** 112—19. Juli 1959. Ishibashi Labor.) (Engl.)

Unterss. über die Löslichkeit schwerlösl. Salze des *K*, *Rb* u. *Cs* zeigen, daß im allg. die Löslichkeitsdifferenz zweier analoger Salze abhängig ist vom Molgew., von der Anzahl der Alkaliatome je Formeleinheit des Salzes u. von der Anzahl der Kristallwassermoleküle. Für die Beziehung zwischen den Löslichkeiten sind Formeln angegeben, die sich auf experimentelle Werte stützen. $Na_2AgBi(NO_2)_6$ eignet sich am besten für die Trennung des K von Rb, $NaBiJ_4$ oder $KBiJ_4$ für die Trennung des Rb von Cs.

K. ROSS. G 277□

Über die Zusammensetzung des durch $KBiJ_4$-Reagens gebildeten Cäsiumsalzes. Tadashi Hara. (Bull. Inst. chem. Res., Kyoto Univ. **37.** 120—25. Juli 1959.) (Engl.) — Vgl. vorst. Referat.

Die bisher zweifelhafte Zus. des durch $KBiJ_4$ gefällten Cs-Salzes wurde analyt. zu $Cs_3Bi_2J_9$ bzw. $3\,CsJ \cdot 2\,BiJ_3$ bestimmt. Die Fällung mit $NaBiJ_4$ führt zu dem gleichen Salz. Da in dieser Verb. der Geh. an Cs kleiner ist als in allen für die Best. von Cs bekannten Verbb., wird erwartet, daß mit diesem Reagens eine gute quant. Best. von Cs möglich ist. K. Ross. G 277□

Über die Bestimmung von Cäsium mit $KBiJ_4$- beziehungsweise $NaBiJ_4$-Reagens. Tadashi Hara. (Bull. Inst. chem. Res., Kyoto Univ. **37.** 126—31. Juli 1959.) (Engl.) — Vgl. vorst. Referate.

Während man bisher annahm, daß die Best. von Cs mit $HBiJ_4$ nicht möglich sei, weil keine exakten Ergebnisse erzielbar waren, zeigt Vf., daß mit konz. CH_3COOH anstatt W. als Lsgm. gute Ergebnisse nach der gravimetr. u. volumetr. Meth. möglich sind. Die optimalen Bedingungen sind angegeben. Die Verff. eignen sich bes. für die Best. von kleinen Mengen Cs. Tl u. Rb stören. K. Ross. G 277□

Die Bestimmung von Cäsium in Gegenwart anderer Alkalielemente. Tadashi Hara. (Bull. Inst. chem. Res., Kyoto Univ. **37.** 132—38. Juli 1959.) (Engl.) — Vgl. vorst. Referate.

Die Best. von Cs nach der $KBiJ_4$-Meth. ist direkt möglich, sofern der Geh. an Rb nicht mehr als die Hälfte des Cs-Geh. beträgt. Bei größeren Mengen an Rb muß das zuerst gefällte Cs-Salz nochmals umgefällt werden. Kleine Mengen LiCl, NaCl u. KCl stören die Best. nicht. Bei größeren Mengen an diesen Salzen erfolgt vorherige Abtrennung des größten Teils von NaCl u. KCl durch eine Lsg. aus 1 Teil konz. HCl u. 2 Teilen Alkohol. K. Ross. G 277□

Eine neue colorimetrische Methode für die Bestimmung von kleinen Mengen an Cäsium. Tadashi Hara. (Bull. Inst. chem. Res., Kyoto Univ. **37.** 139—44. Juli 1959.) (Engl.) — Vgl. vorst. Referate.

Mit $HBiJ_4$ als Reagens wurde ein Verf. ausgearbeitet, nach dem $10—45 \cdot 10^{-6}$ g Cs in Ggw. von K u. Rb bestimmbar sind. Gemessen wird die Absorption von Bi-Dithizonat bei 500 mμ in einem Filterphotometer. Zwischen 2,3 u. $45 \cdot 10^{-6}$ g Cs ist das Beersche Gesetz erfüllt. In Ggw. von weniger als 4 mg K u. Rb kann die Best. ohne vorherige Trennung erfolgen, wobei aber die Störung durch Rb zu berücksichtigen ist. K. Ross. G 277□

Über die Reinigung von Cäsiumchlorid. Masayoshi Ishibashi, Toshio Yamamoto und Tadashi Hara. (Bull. Inst. chem. Red., Kyoto Univ. **37.** 145 bis 152. Juli 1959.) (Engl.) — Vgl. vorst. Referate.

Zur Reinigung von CsCl eignet sich die JCl-Meth. oder die $KBiJ_4$-Meth. in Kombination mit der JCl-Methode. Die Verff. sind in weitem Maße anwendbar. Die Rk. mit $KBiJ_4$ ist spezif. auf Cs, denn selbst aus gesätt. Lsgg. wird mit $KBiJ_4$ keine Rb-Verb. gefällt, wohl aber wird Rb bei der Cs-Fällung mitgerissen. Reinigung erfolgt durch Umfällen. $Cs_3Bi_2J_9$ wird dann in HNO_3 zersetzt, Bi mit H_2S gefällt u. Cs nach der JCl-Meth. gereinigt. K. Ross. G 277□.

Beitrag zur Trennung von Neodym und Praseodym. O. Hilal und G. L. Youssef. (Egypt. J. Chem. **2.** 183—89. 1959. Dokki, Cairo, Ain Shams Univ. and Nat. Res Center, Fac. of Sci.) (Engl.)

Nd u. Pr können nicht durch fraktionierte Fällung mit $NaNO_2$ getrennt werden. Die Trennung auf Grund fraktionierter Kristallisation mit $Mg(NO_3)_2$ verläuft nicht vollständig. Zur Reinigung von Nd wurden 36,5 g Nd_2O_3 mit 2,3% Pr_6O_{11} auf 210 g lufttrockenem Dowex-50, H-Form, 40—50maschig in einer 64,5 cm langen Kolonne von 2,77 cm Ø aus Cl^--Lsg. absorbiert. Die Cl^--freigewaschene Kolonne wurde in Serie mit einer 78,7 cm langen mit Dowex-50, Cu-Form gefüllten Kolonne geschaltet u. bei Zimmer-Temp. mit 1%ig. NH_4EDTA-Lsg. von pH $8{,}0 \pm 0{,}1$ bei einer Durchlauf-Geschw. von 0,25 cm/min eluiert. Es wurden 79% spektrograph. reines Nd erhalten. Zur Reinigung von Pr wurden 17,1 g Oxyd mit 49,4% Pr_6O_{11}, 35,9% Nd_2O_3 u. 14,7% La_2O_3 auf 100 g Harz in einer 30,5 cm langen Kolonne von 2,77 cm Ø aus Cl^--Lsg. absorbiert u. wie Nd eluiert. Es wurden 64% spektrograph. reines Pr erhalten. Für beide Trennungen wurde ein automat. Fraktionssammler verwendet. H. Pluskal. G 306□

Bestimmung von Zirkonium in quarzhaltigen, eisenreichen Gesteinen und Erden. Maria Lucco Borlera. (Ricerca sci. **29.** 1465—71. Juli 1959. Torino, Politecn., Ist. di Chim. gen. e appl. e di Metallurgia.) (Ital.) — Vgl. C. **1961.** 14772.

Die verwendete App. besteht aus einem unschmelzbaren 45 cm langen Glasrohr (a) von 2,4 cm Ø, das an einem Ende mit 2 mit konz. H_2SO_4 beschickten Waschflaschen

u. anschließend mit einer Cl_2-Bombe u. am anderen Ende mit einem dest. W. enthaltenden Absorptionsgefäß verbunden ist. Man mischt 10 g eines Gemisches einer Zr-haltigen Probe mit Graphit (1:1), bringt diese in ein Schiffchen u. dann in a, erhitze 2—3 Std. im elektr. Ofen unter Durchleiten von Cl_2 bei 350°, wobei 98—99% des gegenwärtigen Fe abdest., steigert die Temp. auf 650°, ermöglicht so die quant. Trennung von Zr als $ZrCl_4$ u. titriert Zr amperometr. bei —0,84 V durch Fällung mit Cupferron nach der Meth. von OLSON u. ELVING (C. **1956.** 8448). Si stört die Best. nicht; Fe^{3+} wird durch Red. mit Ascorbinsäure beseitigt. Geh. von einigen ppm Zr können so noch ermittelt werden. — 4 Literaturhinweise. G. PLATZER. G 322

Bestimmung von Blei-, Cadmium- und Zinkionen in Gegenwart eines großen Indiumüberschusses durch Verwendung des Wechselstrompolarographen. Takeo Takahashi und Hideko Shirai. (Talanta [London] **5.** 193—98. Sept./Okt. 1960. Tokyo, Univ., Inst. of Ind. Sci.) (Engl.)

Durch Wechselstrompolarographie lassen sich in Grund-Lsgg., die 1m H_3PO_4 oder 0,1m HNO_3 enthalten, *Pb, Cd* u. *Zn* quant. in Ggw. eines großen In-Überschusses nachweisen. Die zwischen der Pb- u. der Cd-Stufe gelegene In-Stufe verschwindet in Ggw. der genannten Leitelektrolyte infolge Bldg. von Phosphat- oder Aquokomplexen. Anwesenheit von Cl^- u. bes. von J^- sowie von Tl^+ stört das Verfahren.

E. MOISAR. G 328□

Bestimmung des Gesamtblei- und Bleioxydgehaltes in Bleichromat. Gy. Dády, O. Gimesi und L. Erdey. (Acta chim. Acad. Sci. hung. **28.** 237—42. 1961. Budapest, TU, Inst. für Allg. Chem.) (Dt.)

Es werden zwei Verff. zur Best. des Pb in $PbCrO_4$ angegeben. Nach dem ersten Verf. wird $PbCrO_4$ nach dem Lösen in NaOH mit Br_2 zu Pb(IV) oxydiert u. mit *Äthylendiamintetraessigsäure* (**I**) titriert, nach dem zweiten wird $PbCrO_4$ in **I** gelöst u. der Überschuß an **I** mit $Pb(NO_3)_2$-Lsg. zurücktitriert. Die Genauigkeit beträgt bei beiden Verff. ±0,2%. W. HAMPEL. G 328□

Die Trennung und photometrische Bestimmung von Chrom und Vanadin. Sidney A. Katz, Wallace M. McNabb und J. Fred Hazel. (Analytica chim. Acta [Amsterdam] **25.** 193—99. Aug. 1961. Philadelphia, Pa., Univ. of Pennsylvania, Dep. of Chem.) (Engl.)

Vff. untersuchen die Extraktion von Cr(VI) aus salzsauren Lsgg. mit Methylisobutylketon (**I**). Bei Verw. von 25 ml **I** auf 10 ml Probe-Lsg. u. einer HCl-Konz. von 3n ist die Extraktion quantitativ. Unter diesen Bedingungen werden <1,5% V(V) extrahiert. Das Absorptionsspektrum von Cr(VI) in der **I**-Phase weist bei 444 mμ ein Maximum auf; der Extinktions-Koeff. bei dieser Wellenlänge beträgt 3,42±0,07 ml/cm·mg. Red. man das V(V) in der wss.-salzsauren, mit **I** gesätt. Phase mit $Na_2S_2O_5$, so findet man im Absorptionsspektrum der wss. Phase ein Absorptionsmaximum bei 760 mμ. Der entsprechende Extinktions-Koeff. hat den Wert 0,322 ml/cm·mg. Die Extinktion des Cr in der **I**-Phase nimmt nach 30 Min. ab, die des V in der wss. Phase ist mindestens 20 Std. lang stabil. Zur Analyse eines Stahls (mit ca. 2,5% Cr u. 1% V) löst man 1 g der Probe in 20 ml 3m H_2SO_4 u. 4 ml 6m H_3PO_4 unter Erwärmen, fügt 2 ml konz. HNO_3 zu, erhitzt zum Sieden bis zum Verschwinden der braunen Gase, verd. auf ca. 50 ml u. oxydiert nach Zusatz von 1 ml 0,1m $AgNO_3$- u. 5 ml 20%ig. $K_2S_2O_8$-Lsg. unter Erhitzen bis zum Auftreten der MnO_4^--Farbe. Man entfärbt die Lsg. mit 5 ml 6m HCl, dampft auf ca. 30 ml ein, neutralisiert mit ca. 30 ml 6n NaOH-Lsg., filtriert, wäscht den Nd. 2mal mit je 10 ml W. u. verd. die vereinigten Filtrate auf 100 ml. 5 ml dieser Lsg. werden mit 5 ml 6n HCl versetzt u. 30 Sek. lang mit 25 ml **I** geschüttelt. Die Extinktion der organ. Phase bestimmt man bei 444 mμ, die der wss. Phase nach Zusatz von 0,5 g $Na_2S_2O_5$, 10 Min. langem Sieden, Kühlen u. Auffüllen auf 10 ml bei 760 mμ.

GERHARD SCHULZE. G 335□

Über die Anwendung von Tiron in komplexophotometrischen Bestimmungen. P. Szarvas und B. Csiszár. (Acta chim. Acad. Sci. hung. **26.** 281—87. 1961. Debrecen, L. Kossuth Univ., Inst. für Anorg. u. Analyt. Chem.) (Dt.)

Zur Best. von Ti(IV)- sowie Mo(VI)-Ionen in Ggw. störend wirkender Elemente wird eine komplexophotometr. Meth. beschrieben, die auf der gleichzeitigen Anwendung von Tiron [Di-Na-1.2-Dihydroxybenzoldisulfonat-(3.5) u. EDTA [Äthylendiamintetraessigsäure] beruht. W. HAMPEL. G 336□

Analytische Probleme des geimpften Gußeisens. Pál Répás. (Kohászati Lapok **93.** Nr. 6. Öntöde **11.** 138—42. Juni 1960. Budapest, Eisenforschungsinst.) (Ung.)

Die Probenahme muß bei geimpftem Gußeisen bes. sorgfältig ausgeführt werden, weil der kugelförmige Graphit aus den Spänen ausbröckelt, S u. Mg stark segregieren usw.

Des weiteren gibt Vf. Analysen-Meth. zur Best. der restlichen Zusatzelemente im Gußeisen u. zur Unters. der zum Impfen gebräuchlichen Stoffe. J. PLANK. G 354□

Einige Bemerkungen über die Isolierung und chemische Analyse der oxydischen Einschlüsse von Stählen. József Mika. (Kohászati Lapok **93.** 250—55. Juni; 310 bis **314.** Juli 1960. Miskolc, TU.) (Ung.)

Es werden die zur Isolierung oxyd. Einschlüsse aus schwach legierten Stählen empfohlenen Meth. krit. besprochen u. verglichen. Mit der FeJ_2-Meth. erhaltene Ergebnisse sind stets zu niedrig, daher ist diese Meth. zur Abtrennung der Oxyde nicht geeignet. Die Na-Citrat-Meth. ist geeignet, wenn gewisse Bedingungen eingehalten werden. Zu diesem Zweck wird ein aus einfachen Labor.-Geräten zusammenstellbarer App. beschrieben, in dem die Reagens-Lsg. während der Elektrolyse durch Zufluß stets erneuert wird u. das zylinderförmige Diaphragma bzw. die um das Diaphragma angebrachte C-Elektrode die gleichmäßige Auflösung der Probe sichern. Die vorisolierten Oxyde werden in einer speziellen App. im Ar-Strom bei 360 ± 2^0 chloriert, die gebildeten Chloride in NH_4-Citrat gelöst u. vom unlösl. Rückstand durch Mikrofiltration getrennt. Die Filter werden bei 650^0 verascht, gewogen u. so die Mengen der gesamten oxyd. Einschlüsse ermittelt. Die Analyse der Oxyde geschieht nach geeignetem Aufschluß durch photometr. Verfahren. J. PLANK. G 354□

Beitrag zur quantitativen spektrographischen Kohlenstoffbestimmung in Stählen. Adolf Pokorný. (Hutnické Listy **13.** 892—99. Okt. 1958. Brno, Závody J. Švermy, n.p.) (Tschech.)

Für die spektrograph. *C*-Best. in Stählen im Bereich zwischen 0,05 u. 1,94% C wird der Spektrograph QU 24 u. Funkengenerator FF 20 mit nur geringer Anpassung des Probenhalters (DE GRAMONT) u. Federklemmen benutzt. — Arbeitsbedingungen: Blende 1:15; Entfernung vom Schlitz 60 mm; Elektrodenabstand 1 mm; Gegenelektrode Cu; Funke 12000 V; C = 9000 cm; L = 0,012 mH; Vorwiderstand 15 Ω; Schlitzweite 20 μ; Stufenfilter 10; 100 u. 50%; Expositionszeit 60—90 s; Analysenlinien C III — 2296,86 (Å), Fe 2308,77; Fe 2304,73; Fe 2298,17; Fe 2294,41 u. Fe 2292,52. — Durchschnittsfehler $\pm 3,1\%$. — 45 Literaturhinweise. J. TŮMOVÁ. G 354□

Eine allgemeine chemisch-spektrographische Methode zur Borbestimmung in Eisen- und Nickellegierungen. R. F. Anderson. (Appl. Spectroscopy **14.** 123—25. 1960. Bayonne, N.J., Internat. Nickel Comp., Res. Labor.) (Engl.)

Es wird eine Meth. zur B-Best. in verschiedenen Legg. mit einem Geh. von ca. 0,001 bis 0,01% B unter Verw. synthet. Standardproben beschrieben. 0,5 g der Probe werden durch Erhitzen mit $HClO_4 + HNO_3 + H_2O$ (6:3:1) gelöst u. in eine Elektrolysezelle mit Hg-Kathode übergeführt. Nach elektrolyt. Abscheidung der Leg.-Metalle werden 0,25 g Cu als Lsg. zugefügt. Die erhaltene Lsg. wird eingedampft u. der Rückstand 10 Min. bei 400^0 zum Oxyd verglüht. Das B enthaltende CuO kommt dann aus dem Krater einer Graphitelektrode im Gleichstrombogen 10 A zur Anregung, aufgenommen wird mit einem Gitterspektrographen 60 Sek. bis zur vollständigen Verdampfung. Bei Auswertung nach den Linien B 2496,8—2497,7/Cu 2400,1 Å wurde ein Variations-Koeff. von 5—10% erreicht. B-Verluste treten nicht auf. Die Meth. ist nur für Legg. anwendbar, deren Grundmetalle sich vollständig an der Hg-Kathode abscheiden lassen.
R. GERBATSCH G 356□

Analytische Anwendungen der Chelone. 22. Mitt. **Direkte volumetrische Makro- und Mikrobestimmung des Nickels gegen AEGT mit Murexid als Endpunktindicator.** F. Bermejo Martínez und M. Paz Castro. (An. Real. Soc. españ. Física Quím., Ser. B **55.** 803—06. Dez. 1959. Santiago de Compostela, Fac. Cie., Labor. Quím. analít.) (Span.) — 21. vgl. Inform. Microquímica [Buenos Aires] **3.** [1959.] 29; 20. vgl. C. **1961.** 15862.

Zu der auf 100 ml verd. Probe-Lsg. gibt man 1 ml Puffer-Lsg. (67,5 g NH_4Cl + 570 ml konz. NH_4OH, zum Liter verd., pH 10) u. dann eine Spatelspitze Indicator [Mischung Murexid (I) + NaCl (1:100)], welcher in alkal. Lsg. Ni(II) mit gelber Farbe komplex bindet. Darauf titriert man gegen 1:10 verd. 0,1 m AEGT [**II**, Äthylenglykol-bis-(β-aminoäthyläther)-N.N'-tetraessigsäure]-Lsg., der die gerade ausreichende Menge NaOH zur Bldg. des Di-Na-Salzes zugesetzt u. die gegen 0,1 m Zn^{2+}-Lsg. eingestellt worden war, bis zum Umschlag von Gelb nach Violett, der Farbe des nach Umwandlung des Ni-**I**- in den Ni-**II**-Komplex (Verhältnis 1:1) freigesetzten **I**: rotviolett bis pH 9, stärker violett bei pH 9—11, blauviolett infolge Verlustes eines Protons aus den 2 Iminogruppen des Komplexes bei pH $>$ 11, so daß pH 9,5—11 die optimale Alkalität für die Titration auch kleinster Ni-Mengen ist. Bei höheren Ni-Konzz. dauert die Verdrängung des **I** aus dem Komplex durch **II** länger, wird aber durch Erwärmen beschleunigt.

Da es sich um ein Gleichgewicht handelt, sind größere I-Mengen zu vermeiden, weil erst überschüssiges II den Komplex spaltet, so daß Mehrwerte gefunden würden. Für die Mikro-Best. von 0,3—26 mg Ni liegt der Fehler bei ±0,07%, für die Makro-Best. von 39—131 mg Ni bei 0,03% mit Neigung zu Mehrwerten. W. METZENER. G 356□

Maßanalytische Bestimmung von Nickel in hochlegierten Werkstoffen. 1. Mitt. I. Bozsai und L. Grób. (Acta chim. Acad. Sci. hung. **28.** 151—63. 1961. Budapest, Csepel Eisen- u. Metallwerke, Materialprüfabt., Chem. Labor.) (Dt.)

Es werden die bei der maßanalyt. Best. von Ni in hochlegierten Werkstoffen auftretenden Fehler aufgezeigt u. untersucht. Bei der Best. von höheren (50—80%) Ni-Geh. in hochlegierten Ni-Legg. ergibt sich unter Anwendung der gewichtsanalyt. Diacetyldioxim-Meth. immer ein Fehler von ±0,3% Ni. — Das Lösen des Nd. u. die Titrierung des Ni(II)-Ions mit EDTA-Lsg. macht die Best. kompliziert. Die störenden Ionen muß man bei direkter Titration mit entsprechenden Komplexbildnern maskieren. In Ggw. von Fe(III)-Ionen eignet sich hierzu Pyrophosphat bzw. Triäthanolamin. Zweckmäßig verwendet man beide nebeneinander. Die Stabilität u. die Absorptionskurve des Ni-Murexid-Komplexes wird durch die zum Maskieren angewendeten Komplexbildner beeinträchtigt. Um die Wahrnehmbarkeit des Umschlags zu erhöhen, verwendet man eine Indicatormischung, bestehend aus Methylenblau u. Murexid. Die Titration wird durch Mn(II)-Ionen gestört, da diese sich mit den Ni-Ionen mittitrieren lassen. In Ggw. von Cr(III)-Ionen vermindert sich die Genauigkeit der Titrierung. Der Farbumschlag wird auch von Anionen beeinflußt. W. HAMPEL. G 356□

Bestimmung von Kupfer und Nickel mit α.β-Dioximinoacetoacet-o-chloranilid. J. S. Dave und A. M. Talati. (J. Indian chem. Soc. **37.** 40—42. Jan. 1960. Baroda, Univ., Fac. of Technol. and Engng., Textile Chem., Dep. and Fac. of Sci., Chem. Dep.) (Engl.)

In Fortsetzung der vorhergehenden Arbeiten (C. **1961.** 15589) wurde die gravimetr. Best. von Cu u. Ni mit α.β-Dioximinoacetoacet-o-chloranilid (I) untersucht. Cu bildet einen braunen Komplex der Summenformel $CuC_{20}H_{18}O_6N_6Cl_2$, Ni einen gelben Komplex entsprechender Formel. Die analyt. Fällung erfolgt mit 1%ig. alkohol. Lsg. von I wie früher beschrieben. Cu bei pH 2,1—8,9 u. Ni von 4,4—9,4. Folgende Ionen stören die Cu-Best. nicht bzw. unwesentlich: K^+, Br^-, SO_4^{2-}, Ba^{2+}, Cl^-, Mg^{2+}, von Ni: Na^+, K^+, Ca^{2+}, Ba^{2+}, Sr^{2+}, Mg^{2+}, Zn^{2+}, Cd^{2+}, Hg^{2+}, Cl^-, SO_4^{2-}, NO_3^-, J^-, *Acetat*. H.-G. MOSLÉ. G 358□

Eine schnelle spektrochemische Lösungsmethode zur Untersuchung von Hochofen- und Martin-Schlacken. E. Gegus. (Acta chim. Acad. Sci. hung. **28.** 65—74. 1961. Budapest, Eisenforsch.-Inst.) (Dt.)

Zur Best. der Hauptkomponenten von Schlacken wird das Zerstäubungs-Verf. mit durchbohrten Elektroden verwendet. Die Probe wird mit der 30fachen Menge NaOH aufgeschlossen u. mit HCl angesäuert. Es wird die Anwendung von Co u. Cu als innerer Standard untersucht, in einer Menge, die im 4fachen Verhältnis zur Probe steht. Es werden die Daten der angewendeten Linienpaare, die Aufnahme- u. Anregungsverhältnisse in Tabellen dargestellt sowie die Auswertungskurven auf folgende Komponenten: SiO_2 (5—45%), FeO (1—30%), Cr_2O_3 (1—5%), MgO (3—35%), MnO (1—11%), Al_2O_3 (2—25%) u. CaO (10—56%). Die Genauigkeit ist im Durchschnitt besser als ±5%, die Rolle der Störungsfaktoren wird behandelt. W. HAMPEL. 5290□

Vollständige Schnellanalyse der Kupolofenschlacke. Bolesław Bieber und Zdenek Večeřa. (Przegląd Odlewnictwa **8.** 66—73. März 1958. Brno.) (Pol.)

Gekürzte Fassung der C. **1961.** 14040 referierten Arbeit. E. ROTTER. 5290□

b) Organische Verbindungen

Spektroskopische Bestimmung der Isotopenzusammensetzung des Kohlenstoffs. A. N. Saidel und G. W. Osstrowskaja. (Оптика и Спектроскопия [Optik u. Spektroskopie] **9.** Nr. 2. 137—41. Aug. 1960.) (Russ.)

Vff. beschreiben eine Meth. zur spektroskop. Best. der Isotopen-Zus. des C in CH_4 (oder nach entsprechender Eichung auch in anderen gasförmigen C-Verbb.). Das CH_4 wurde nach Zusatz von 50% O_2 in einer wassergekühlten elektrodenlosen Durchflußgasentladungsröhre von 2 mm Innendurchmesser bei einem Gasdruck von 2,2 mm Hg angeregt. Die bei 4123,6 Å liegende Bandenkante des ^{12}CO u. die 8,2 Å langwelliger liegende ^{13}CO-Kante wurden mit einem Gittermonochromator bei einer spektralen Breite des Ein- u. Austrittsspaltes von 0,8 Å photoelektr. registriert, wobei die Empfindlichkeit des Multiplierverstärkers bei Übergang auf die ^{13}CO-Bande zur Verbesserung der Meßgenauigkeit umgeschaltet werden konnte. Störungen durch eine benachbarte N_2-Bande u. Möglichkeiten zu deren rechner. Ausschaltung werden ausführlich beschrieben. Die relative Standardabweichung des Verf. beträgt 5—7% bei einem ^{13}C-Geh. von 1—5% u. 2—3% bei einem ^{13}C-Geh. von 10—60%. Eine Analyse erfordert nur 0,10—0,20 cm^3 CH_4 u. 10—15 Min. Arbeitszeit. R. GERBATSCH. 5350□

Eine neue Methode zur quantitativen Bestimmung des Schwefels in organischen Substanzen. P. N. Fedossejew und R. M. Lagoschnaja. (Известия Высших Учебных Заведений, Химия и Химическая Технология [Hochschulnachr., Chem., chem. Technol.] **3.** 320—23. 1960. Nikolajew, Schiffbauinst.) (Russ.)

Es wird die Beseitigung der Nebel-Bldg. durch SO_3, das sich bei Verbrennung von S-haltigen organ. Substanzen bildet, sowie das Filtern desselben durch verschiedene pulverförmige Materialien beschrieben. Vf. verwendet hierbei nicht wie gewöhnlich inerte Stoffe, sondern solche, die mit den Schwefeloxyden reagieren. Vf. untersucht Chloride, Bromide, Jodide der Alkali- u. einiger Erdalkalimetalle. Bei der Rk. mit den Schwefeloxyden bilden sich hierbei äquivalente Mengen Halogenwasserstoffe, die maßanalyt. bestimmt werden. Die besten Resultate erhielt Vf. mit $BaCl_2$. Die Chloride u. Bromide des Na u. K, sowie das KJ gaben keine quant. Resultate. Die App. u. der Analysengang werden beschrieben. E. STEINBERG. 5352□

Bestimmung der C_3- und C_4-Alkohole in Benzol. D. E. Nicholson. (Analytic. Chem. **32.** 1372. Sept. 1960. Baytown, Tex., Humble Oil & Refining Co.) (Engl.)

Tabelle zur quant. IR-Best. von *n-Propylalkohol, sek.-Butylalkohol, Isopropylalkohol, tert.-Butylalkohol* u. *Bzl.* mit PERKIN-ELMER Modell 21, NaCl-Prisma.
K. ROSS. G 550□

Bestimmung von Äthylbenzolen. D. E. Nicholson. (Analytic. Chem. **32.** 1372. Sept. 1960. Baytown, Tex., Humble Oil & Refining Co.) (Engl.)

Tabelle zur quant. IR-Best. von *Äthylbenzol, 1.3-Diäthylbenzol, 1.2-Diäthylbenzol* u. *1.4-Diäthylbenzol* mit PERKIN-ELMER Modell 112, NaCl-Prisma. K. ROSS. G 1010□

Bestimmung von Diazophenolen durch Reduktion mit Salzen des zweiwertigen Vanadins. A. A. Nemodruk und W. F. Oreschko. (Известия Высших Учебных Заведений, Химия и Химическая Технология [Hochschulnachr., Chem., chem. Technol.] **3.** 316—19. 1960. Technol. Inst. der Nahrungsmittel-Ind.) (Russ.)

Die Red. verschiedener Diazophenole mit VSO_4 zeigte, daß diese Meth. zu ihrer Best. genügt. Arbeitsweise: Zu 0,2—0,4 g trockenem Diazophenol (Lsg. oder Paste) fügt man 20—25 ml konz. HCl u. 3—4 Tropfen 0,5%ig. Safranin-Lsg. als Indicator zu. Nach Entfernen der Luft durch Durchleiten von CO_2 oder N_2 fügt man 50 ml 0,1%ig. VSO_4-Lsg. zu. Nach 5 Min. wird der VSO_4-Überschuß gegen 0,1%ig. $FeNH_4(SO_4)_2$-Lsg. unter stetem Durchleiten eines inerten Gases zurücktitriert. Zugleich werden 50 ml VSO_4-Lsg. unter gleichen Bedingungen gegen $FeNH_4(SO_4)_2$ titriert. Aus der Differenz ergibt sich die Menge des Diazophenols. E. STEINBERG. G 1300□

Bestimmung von Diels-Alder-aktiven Dienen mit Tetracyanäthylen. Mara Ozolins und George H. Schenk. (Analytic. Chem. **33.** 1035—38. Juli 1961. Detroit, Mich., Wayne State Univ., Chem. Dep.) (Engl.)

Tetracyanäthylen (I) kann zur Best. von aliphat., alicycl. u. aromat. *1.3-Dienen* dienen. Man gibt eine bekannte Dienmenge zu einem gewogenen I-Überschuß in CH_2Cl_2 u. läßt im Normalfall 10 Min. bei Zimmer-Temp. stehen. In einigen Fällen sind längere Rk.-Zeiten (*1.2-Benzanthracen* 60 Min., *Naphthacen* 15 Min., *trans-Pentadien-(1.3)* 20 Min.) u. Siede-Temp. (*1.2.5.6-Dibenzanthracen* 96 Std., *Pyren* 72 Std., *Indol* 48 Std., *Pentacen* 30 Min., *Sorbinsäure* 24 Std.) notwendig. Anschließend wird der I-Überschuß gegen 0,05m Cyclopentadien-Lsg. in abs. A. zurücktitriert. Man setzt vorher einige Tropfen Phenanthren-Warnindicator-Lsg. (20%ig. Lsg. in Bzl.) zu u. titriert bis zum Verschwinden der rotvioletten Farbe des Phenanthren–I-Komplexes nahe dem Äquivalenzpunkt (AeP). Dann gibt man wenig 1%ig. Pentamethylbenzol (II)-Lsg. in CH_2Cl_2 hinzu u. titriert sehr langsam bis zum Verschwinden der roten Farbe des neugebildeten I–II-Komplexes. Der Endpunkt kann auch photometr. bei 525 mμ bestimmt werden. Zur Best. eines reaktiven Diens (z. B. Anthracen) in Ggw. eines reaktionsträgen Diens oder eines aromat. KW-Stoffes (z. B. Inden) wird die DIELS-ALDER-Rk. der reaktiveren Komponente bei -20^0 du chgeführt. E. DEHMLOW. G 2800□

Über die Bestimmung des Selengehaltes der Nicotinsäure mit der Neutronenaktivierungsmethode. W. Otvinowski und Ju. W. Jakowlew. (Acta chim. Acad. Sci. hung. **26.** 243—51. 1961. Warschau, Inst. für Allg. Chem., Abt. techn. Phys.; Moskau, Akad. der Wiss., Inst. für Geochem. u. Analyt. Chem.) (Russ.)

Es wird eine Meth. zur Best. des Se in Nicotinsäure durch Neutronenaktivierung beschrieben. Zur Messung diente ^{75}Se. Die Best.-Meth. ist sowohl für die γ-Spektrometrie als auch für die Radiometrie entwickelt worden. W. HAMPEL. G 3231 □

Trennung von Zuckern, Aminosäuren und organischen Säuren durch Ionenaustauschharze. Chr. Dilow und D. Georgijew. (Доклады Болгарской Академии Наук [C. R. Acad. bulg. Sci.] **12.** 227—30. Mai/Juni 1959.) (Franz.; Auszug: Russ.)

Zur Trennung der organ. Stoffe wurden das stark saure Kationit Wofatit KPS 200 u. das stark bas. Anionit Wofatit L 150 verwendet, die durch 5 std. Einweichen in 2n HCl zunächst von allen Unreinheiten befreit wurden. Zur Trennung wurden Lsg.-Gemische in verschiedenem Verhältnis hergestellt, wobei Lsg. a Glucose u. Fructose, Lsg. b die Aminosäuren Glutaminsäure, Glycin, Asparaginsäure, Tryptophan, Valin, Serin, Phenylalanin, Methionin u. Leucin, Lsg. c Oxal-, Malein-, Citronen-, Wein- u. Bernsteinsäure enthielt. 3 Gemische aus diesen Lsgg. wurden zunächst durch das Kationit durchgelassen, das die Aminosäuren zurückhielt. Danach hielt das Anionit die organ. Säuren zurück, während die Zucker beide Harze passierten. Die Fehler betrugen höchstens 3% bei Zucker u. Aminosäuren, 2,4% bei den organ. Säuren. Wesentlich ist eine ausreichende Menge HCl für das Eluieren der Aminosäuren aus dem Kationit. A. v. WILPERT. G 3400 □

Genaue Bestimmung der Standard-Skala von Zuckerfarbe. Michael Lorant. (Chem. Rdsch. [Solothurn] **12.** 480—81. 15/9. 1959. London.) (Engl.)

Basierend auf verhältnismäßig einfachen spektralphotometr. Kurven der Durchlässigkeit in Abhängigkeit von der Wellenlänge für Zucker-Lsgg. hat das U. S. NATIONAL BUREAU OF STANDARDS Normdiagramme zur Best. der Zuckerfarbe entworfen. Aus der Durchlässigkeit für zwei Wellenlängen (420 u. 560 mμ) wird ohne weitere Rechnung mit Hilfe der Diagramme die Farbe ermittelt. G. PANKOW. G 3400 □

Eine polarographische Untersuchung des D-Glucuronlactons. Roger J. Thibert und Albert J. Boyle. (Talanta [London] **7.** 175—80. Febr. 1961. Detroit, Mich., Wayne State Univ., Dep. of Chem.) (Engl.)

D-Glucuronlacton (**I**; α_D^{27} $+20,3^0$) gibt in ungepufferter, KCl- oder LiCl-haltiger Grund-Lsg. eine bei ca. $-1,6$ V (gegen Boden-Hg) gelegene polarograph. Stufe, deren starkes Maximum durch Gelatine gedämpft werden kann. Es wird vermutet, daß es sich um eine katalyt. Stufe infolge teilweiser Aufhebung der H-Überspannung durch **I** handelt, da Ggw. selbst sehr geringer Mengen von Puffern (pH 2—9,4) die Stufe zum Verschwinden bringt. Durch Maßnahmen, die die Hydrolyse von **I** beschleunigen, wird gleichfalls eine Verringerung der Stufenhöhe bewirkt. Während D-Glucose die **I**-Stufe nicht beeinflußt, wird die Stufe durch Brenztraubensäure unterdrückt. E. MOISAR. G 3400 □

Verwendung von Halogenaluminiumalkoholaten zur Titration in wasserfreier Lösung. I. Simonyi und G. Tokár. (Acta chim. Acad. Sci. hung. **26.** 495—502. 1961. Budapest, Vereinigte Arznei- u. Nährmittelfabrik.) (Dt.)

Der salzsaure Komplex des Chloraluminiumisopropylates (**I**) ergibt mit Alkaloiden ein Salz, wobei sich **I** wie eine einbasige Säure verhält. Vff. geben ein Verf. zur Best. von *Kodein, Chinidin, Chinin, Papaverin, Strychnin, Atropin, Chelidonin, Amidopyrin, Anilin, Pyridin-Derivv., Na-Benzoat, Na-Phenylacetat, Na-Salicyat, Hydrocodeinbitartrat* in wasserfreier Lsg. bekannt. Nach diesem Verf. wird zur Titration (neben Dimethylgelb oder Äthylorange als Indicator) eine Lsg. des **I** oder eine Lsg. eines seiner salzsauren Komplexe als Säure angewandt. W. HAMPEL. G 3500 □

Identifizierung von Porphyrinen nach der Röntgenstrahl-Pulveraufnahmetechnik. Ernst Klesper, Alsoph H. Corwin und Peter K. Iber. (Analytic. Chem. **33.** 1091 bis 1095. Juli 1961. Baltimore, Md., Johns Hopkins Univ., Chem. Labors.) (Engl.)

Pulverdiagramme von 19 *Porphyrinen* werden tabellar. erfaßt. Mit Hilfe der Aufnahme gelingt die Unterscheidung von sehr ähnlichen oder sogar isomeren Verbb., bei denen F.-Best. u. sichtbares Spektrum nicht zur Identifizierung ausreichen. Folgende Verbb. wurden untersucht: *Ätioporphyrin II* u. *III, Oktamethylporphyrin, Ni-, Cu-* u. *Co-Ätioporphyrin II, Ni-Oktamethylporphyrin, Mesoporphyrin IX, Ätiochlorin II, Ni-Mesoporphyrin IX, Ni-Ätiochlorin II, Tetramethyltetracarbäthoxyporphyrin I, II, III* u. *IV, Phylloerythrinmethylester, Pyrophäophorbid-a-methylester, Pyrophäophorbid-a, Chlorin-e_6-trimethylester.* E. DEHMLOW. G 3550 □

Papierchromatographie der Sterine C_{27}—C_{29}. Giovanni de Zotti und Pompeo Capella. (Chim. e Ind. [Milano] **40.** 651. Aug. 1958. Milano, Staz. sperim. Olii e Grassi.) (Ital.) — C. **1961.** 14408. G. PLATZER. G 3700 □

c) Bestandteile von Pflanzen und Tieren

Die Veränderung der Gefäßdurchlässigkeit bei der Einwirkung von Adenosintriphosphorsäure. Zur Methodik der Bestimmung der Capillardurchlässigkeit mit Hilfe eines Vitalfarbstoffes. R. U. Lipschitz. (Патологическая Физиология и Экспериментльная Терапия [Pathol. Physiol. exp. Therap.] **4.** Nr. 1. 66—70. Jan./Febr. 1960. Charkow, Med. Inst. Lehrstuhl für pathol. Physiol.) (Russ.)

Bei Kaninchen wurden in ein enthaartes Hautstück 0,02—2 mg *Adenosintriphosphorsäure* (I), in 0,2 ml physiolog. NaCl-Lsg. eingeführt. Unmittelbar danach erhielten die Tiere 5 ml/kg 1%ig. Lsg. von Trypanblau (II). An der Stelle der I-Injektion trat eine deutliche Steigerung der Gefäßpermeabilität ein, die durch den Austritt von II gek. war. Zu deren Feststellung erwies sich am zweckmäßigsten die i.v. Zufuhr einer 1%ig. Lsg. von II in Mengen $\geq$ 4—5 ml/kg Körpergewicht. 1 ml/kg ermöglicht keine Feststellung der erhöhten Gefäßpermeabilität. F. du Mans. 5662□

Verbesserte nur aus Glas bestehende Vielfachdestillationsapparatur für die Bestimmung von Fluor in Pflanzenproben. R. F. Brewer und G. F. Liebig jun. (Analytic. Chem. **32.** **1373.** Sept. 1960. Riverside, Calif., Univ. of California, Dep. of Soils and Plant Nutrit., Citrus Exp. Stat.) (Engl.)

Eine nur aus Glas bestehende App. für die Wasserdampf-Dest. von F^- wird beschrieben. Die einzelnen App. können in Abständen von ca. 10 in. zu Gruppen zusammengefaßt werden. Durch Verlängerung des Abstandes zwischen Dest.-Kolben u. Kühler wird eine Verunreinigung des Destillats durch überspritzende Säure vermieden. Das Wasserdampfeinleitungsrohr besitzt am Rand kleine Löcher, durch die der Dampf austritt. Dadurch wird die Lsg. in Bewegung gehalten, ohne zu stoßen. Unter Routinebedingungen werden 5—2000 γ F^- in 350 ml Destillat in ca. 50 Min. dest., wobei Doppel-Best. innerhalb 5% übereinstimmen. K. Ross. 5664□

Über die colorimetrische Bestimmung von Jod-Mikromengen in biologischen Materialien. R. Gallego und S. Oliver. (An. Real Soc. españ. Física Quím., Ser. B **55.** 153—62. Febr. 1959. Madrid, Inst. Edafol. y Fisiol. vegetal.) (Span.)

Die Faktoren, welche die colorimetr. J-Best. beeinflussen, werden untersucht. Demgemäß wird ein Verf. zur Best. von γ-Mengen J in biolog. Material vorgeschlagen: 1—2 g Probe werden mit 2n $K_2Cr_2O_7$ (I)-Lsg. mit 10 ml I-Überschuß bei 112—115° behandelt zur völligen Zerstörung der organ. Substanz u. zur Oxydation der J-Verbb., wonach der I-Überschuß mit 0,5n $Fe(NH_4)_2(SO_4)_2$-Lsg. in überschüssiger H_2SO_4 red. wird. Man dest. 100 ml der Fl. ab, welche das freigesetzte J_2 enthält, u. fängt dies in 10 ml n-NaOH auf. Zum sd. Destillat gibt man 0,5 ml gesätt. $KMnO_4$ (II)-Lsg. u. kocht weitere 5 Min. zwecks Überführung in JO_3^-. Man neutralisiert u. säuert die Lsg. wieder soweit an, daß ihr Säure-Geh. 1 ml n-H_2SO_4 entspricht. Bei Entfärbung des II ist mehr zuzugeben. 2 Min. später entfärbt man durch Zutropfen von 1,5n $NaNO_2$-Lsg., kocht weiter 5 Min. u. setzt dann 0,3 ml 5m Harnstoff-Lsg. zur Zers. des NO_2^--Überschusses zu. Nach weiteren 5 Min. langem Kochen kühlt man auf Raum-Temp. ab, fügt 0,1 g KJ u. 5 ml Stärke-Lsg. zu, verd. auf 50 ml u. mißt unmittelbar nach dem Durchmischen die Extinktion colorimetr. hinter Gelbfilter (Ilford Nr. 606) in Abhängigkeit von der Zeit, um die Werte auf die Zeit 0 zu reduzieren (bes. bei pflanzlichen Proben wichtig). Nach Abzug eines möglichst niedrigen Blindwertes wertet man mit ebenso behandelten Eichproben von 0—70 γ J aus. Genauigkeit des Verf. $\pm$3% für 10—70 γ J, die Empfindlichkeit kann durch kleinere Endverdünnung bis zur Erkennung von 1 γ J gesteigert werden. Beispiele für die J-Best. in pflanzlichen Ölen Bodenproben u. Algen werden angegeben. W. Metzener. 5664□

Die Bestimmung geringer Mengen Magnesium in pflanzlichen Substanzen mit Titangelb. H. Munk. (Landwirtsch. Forsch. **11.** 249—56. 1958. Bladenhorst, Landw. Vers.-Stat.) (Dt.)

Eine krit. Nachprüfung der Mg-Best. mit Titangelb in Pflanzen führt zu einer im einzelnen beschriebenen Arbeitsvorschrift. Man versetzt die trocken oder naß (mit H_2SO_4, $HClO_4$ u. HNO_3) veraschte Probe mit Na-Acetat-Lsg., fällt Fe, Al u. SO_4^{2-} nach Zusatz von $FeCl_3$-Lsg. in der Siedehitze, filtriert, versetzt das Filtrat mit Lsgg. von $CaSO_4$, $MnSO_4$, $NH_2OH \cdot HCl$, Polyvinylalkohol, Titangelb u. NaOH u. bestimmt die Extinktion bei 540—550 mμ im Photometer Elko II. Das Verf. gestattet die genaue Best. von 20—200 μg Mg mit einem Fehler von $\pm$3%. W. Wesly. 5664

Polarographische Methode zur Bestimmung des Calciums in Lösungen und pflanzlichen Geweben. A. Je. Petrow-Spiridonow. (Известия Тимирязевской Сельскохозяйственной Академии [Nachr. landwirtsch. Timirjasew-Akad.] **1960.** Nr. 1. 236—38.) (Russ.; Auszug: Engl.)

Da direkte polarograph. Best. des Ca infolge ununterdrückbarer Maxima Fehler bis zu ±15—20% ergibt, wird vorgeschlagen, das Ca indirekt aus der Differenz der Wellen der Pikrolonsäure (I) ohne Ca u. mit Ca zu bestimmen (Ca bildet mit I einen unlösl. Nd.). — Zu 0,5 ml I-Lsg. (1 g I in 500—600 ml dest. W.) gibt man 2 ml der Ca-haltigen Lsg., läßt über Nacht absitzen, filtriert u. gibt 3 ml Acetatpuffer-Lsg. (11,1 ml Eisessig + 2,03 g Na-Acetat/Liter, pH 3,6) hinzu; Blindprobe ohne Ca. Die Kurven werden bei 0—0,8 V gegen eine Kalomelelektrode aufgenommen. Maximalfehler ±5%. Ähnlich werden Nähr-Lsgg. mit nicht über 25 mg Ca/Liter analysiert. Zur Analyse von Gewebe benetzt man 10—50 mg mit 4—5 Tropfen 0,2n HCl, verascht 3—4 Std. in kleinem Tiegel bei 500—600°, führt die Asche mit 2—3 Tropfen HCl u. W. in kleine (10 ml) Meßkolben, neutralisiert mit KOH oder NaOH (0,1n) gegen Methylrot, füllt zur Marke auf u. verfährt wie oben. Die Eichkurve für 2—25 mg Ca/Liter verläuft geradlinig. A. v. WILPERT. 5664□

Flammenphotometrische Bestimmung von Mangan, Eisen und Kupfer in Pflanzenmaterial. A. D. Berneking und W. G. Schrenk. (J. agric. Food Chem. **5.** 742—45. Okt. 1957. Manhattan, Kans., Kansas Agric. Exp. Stat.) (Engl.)

Mn, Fe u. Cu in Pflanzen werden flammenphotometr. bestimmt, Fe bei 372 mμ, Mn bei 403,3 mμ u. Cu bei 324,8 mμ. Die Veraschung der Proben erfolgt über der BUNSEN-Flamme, dann 16 Std. bei 500°, die Asche wird in HCl gelöst. Fe u. Cu werden nach Zusatz von 0,5 ml einer 4000 ppm Al^{3+} enthaltenden Lsg. mit *Oxin* (I) bei pH 5,1 gefällt, Mn im Filtrat auch mit I bei pH 7,1. Die Ndd. werden verascht, die Rückstände zur Flammenphotometrie in HCl aufgenommen. PH. FRESENIUS. 5664□

d) Medizinische und toxikologische Analyse

Moderne analytische Chemie im Dienst der Pharmazie und Medizin. G. E. Foster. (J. Pharmacy Pharmacol., Suppl. **10.** 9T—23T. Dez. 1958.) (Engl.)

Überblick über die Entw. der speziell in Pharmazie u. Medizin angewandten analyt. Meth. (mikrochem. u. mikrobiolog. Analyse, Chromatographie). — 59 Literaturangaben. F. v. GIZYCKI. 5725□

Eine Mikromethode zur Bestimmung von pH, Kohlendioxyddruck, Basenüberschuß und Standard-Bicarbonat im Capillarblut. O. Siggaard Andersen, K. Engel, K. Jørgensen und P. Astrup. (Scand. J. clin. Lab. Invest. **12.** 172—76. 1960. Kopenhagen, Dänemark, Rigshosp.) (Engl.)

Mit Hilfe einer Spezialcapillarglaselektrode u. einer Mikro-Vorr. zur gleichzeitigen Gleichgewichtseinstellung von zwei 30—50 μl-Capillarblutproben (Fingerkuppe, Ohrläppchen) werden das aktuelle pH des anaerob entnommenen Blutes, sowie dessen pH unter zwei verschiedenen CO_2-Drucken gemessen u. daraus unter Zuhilfenahme eines Spezialnomogramms das p-CO_2, der Basenüberschuß u. der Standardbicarbonatwert ermittelt. Die an Capillarblut ermittelten Werte stimmen weitgehend mit den an arteriellem Blut gefundenen überein. — Vgl. nachst. Referat. C.-O. LAUBSCHAT. 5727□

Ein neues Säure-Basen-Nomogramm als verbessertes Verfahren zur Errechnung der zu berücksichtigenden Säure- und Basen-Werte des Blutes. O. Siggaard Andersen und K. Engel. (Scand. J. clin. Lab. Invest. **12.** 177—86. 1960.) (Engl.)

Beschreibung, Anwendung u. Deutung eines Nomogramms zu den in vorst. Ref. genannten Zwecken. C.-O. LAUBSCHAT. 5727□

Einfache und schnelle Methoden der Bestimmung von Zucker und Aceton im Blut. N. R. Pjassetzki. (Проблемы Эндокринологии и Гормонотерапии [Probleme Endokrinol. Hormontherap.] **6.** Nr. 3. 80—82. Mai/Juni 1960. Klinik des Allunions Inst. für exp. Endokrinologie.) (Russ.; Auszug: Engl.)

Man vermischt 1 (Gewichtsteil) gepulvertes $CuSO_4$ mit 10 Na_2CO_3, hält die Mischung im dunklen Stopfenglas, entnimmt ca. 0,2 g je Vers. auf ein Präparierglas, benetzt das Pulver mit 2—3 Tropfen Harn, erwärmt zum Sieden u. beobachtet nach 1 Min. die Färbung. Eine Farbskala ermöglicht die angenäherte Best. der Zuckermenge: himmelblau — kein Zucker; grün → gelb → ziegelrot zeigt Spuren bis 4 u. mehr % Zucker an. Das Reagens für die Aceton-Best. besteht aus 1 (Gewichtsteil) Nitroprussidnatrium u. je 5 Na_2CO_3 u. $(NH_4)_2SO_4$. Man benetzt das Pulver mit 2—3 Tropfen Harn oder Speichel: Gelbfärbung zeigt Ggw. von Aceton an, das durch Violettfärbung in 3 Abstufungen nach 2 Min. nachgewiesen wird. A. v. WILPERT. 5727□

Die Anwendung von Microcid (Glucoseoxydase) bei der spezifischen quantitativen Bestimmung von Glucose im Blut. I. Ss. Lukomskaja und W. K. Gorodetzki. (Вопросы Медицинской Химии [Fragen med. Chem.] **6.** 641—42. Nov./Dez. 1960. Moskau, Inst. für biol. u. med. Chem. der Akad. der med. Wiss. der UdSSR, Labor. für klin. Chem.) (Russ.; Auszug: Engl.)

Vff. beschreiben die prakt. Durchführung der quant. *Glucose* (I)-Best. im Blut mit Hilfe des aus Penicillium vitale Pidopl. et Bilai gewonnenen sowjet. *Microcids* (II). Die I-Färbung in Ggw. von II erreicht nach 13–15 Min. ihr Maximum u. nimmt nach einigen Min. ab, so daß die Best. 15–17 Min. nach der II-Zugabe zu erfolgen hat. Die Ggw. von 0,2 mg Mannose, Galaktose, Fructose, Ribose, Maltose oder Glucose-1-phosphat stört die I-Best. mit II nicht. O. LEBTAG. 5727□

Die Bestimmung des Heparins im Vollblut. Ernst Hiepler. (Arzneimittel-Forsch. **9.** 763–65. Dez. 1959. Grenzach, Hoffmann-La Roche Ges., Wiss. Abt.) (Dt.)

Citratblut wird mit physiolog. Lsg. verd., mit einer Heparin-Lsg. versetzt, hämolysiert, erwärmt, $CaCl_2$-Lsg. zugegeben u. eine Thromboplastin-Lsg. zugefügt u. mit dem Platinhaken der Eintritt der Gerinnung bestimmt. Anfertigung einer Eichkurve, an Hand deren es möglich ist aus der Differenz von 1 Sek. auf einen Heparin-Konz.-Unterschied von 1 γ/ml zu schließen. HEIRICH HERMANN. 5727□

Verbesserungen zur Methode der Eiweißbestimmung mittels Cu(II) und Phenolreagens nach Folin-Ciocalteu. H. P. Rieder. (Clin. chim. Acta [Amsterdam] **4.** 733–40. Sept. 1959. Basel, Univ., Psychiatr. Klinik, Neurol. Polyklinik, Forschungslabor.) (Dt.)

Es wurde der Einfl. verschiedener Bedingungen auf die Exaktheit der Liquoreiweiß-Best. nach der FOLIN-Cu-Meth. untersucht. Verschiedene Fehlerquellen u. deren Vermeidung werden besprochen. Eine abgekürzte Modifikation wird angegeben.

G. KIMMERLE. 5730

Schering Akt.-Ges. (Erfinder: Walter Neudert und Horst Röpke), Berlin, **Automatische Durchführung maßanalytischer Bestimmungen durch Zugabe der Titrationslösungen** mit vorher bestimmter Geschwindigkeit u. automat. Ablesung in bestimmten Zeitintervallen nach D. A. S. 1 020 815, dad. gek., daß man zwei Titrier-Vorr. verwendet, beide Titriergefäße mit der gleichen zu untersuchenden Lsg. u. beide Dosiergeräte (I) mit der gleichen Titrier-Fl. beschickt, die beiden Elektrodenpaare gegeneinander schaltet, so daß nur der Differenzstrom am Schreiber aufgezeigt wird, u. das zweite I zeitlich so einstellt, daß es um eine konst. Menge gegenüber dem ersten I zurückbleibt. (**D. A. S. 1 095 006** Kl. 421 vom 24/11. 1954, ausg. 15/12. 1960. **Zusatz zu D.A.S. 1 020 815; C. 1960. 7627.**) W. v. HUHN. 5067

Albert Perlick, Höllriegelskreuth, und Rudolf Perlick, Frankfurt/M., **Nachweis von Spuren leicht kondensierbarer gasförmiger Verunreinigungen in schwer kondensierbaren Gasen,** bes. von *Wasserdampf* in *Luft*, dad. gek., daß das verunreinigte Gas über Graphit geleitet wird, damit eine mit der Konz. der Verunreinigung im Gleichgewicht befindliche Adsorptionsschicht (I) entsteht, worauf die Dicke der entstandenen I gemessen wird. (**D. B. P. 928 797** Kl. 42i vom 13/12. 1953, ausg. 10/6. 1955. Anmeldung bekanntgemacht 18/11. 1954.) W. v. HUHN. 5089

H. Angewandte Chemie

I. Allgemeine chemische Technologie

Industrielle Anwendungen der Komplexchemie. A. Michils. (Ind. chim. belge **25.** 113–25. Febr. 1960. Labor. Central des Rech. de l'Union Chimique Belge.) (Franz.)

WERNERsche Koordinations-Verbb.: Cr-, Zr-, Al- u. Fe-Komplexsalze für die mineral. Gerbung; Cu–NH_3-Komplexsalze zum Auswaschen von CO aus Hydriergas; Herapatith u. ähnliche Verbb. in Polarisationsfolien; Hg-, Ni- u. Co-Komplexsalze als Temp.-Anzeiger; bei der REPPE-Synth.; $K_3[Fe(CN)_6]$ *als Spurenzusatz* zwecks Änderung der Kristallisationsform von NaCl, um eine verminderte Dichte zu erzielen. Chelat-Verbb.: zur Wasserenthärtung, Entfernung von Mn, Cu u. Fe aus Kautschuk, als Bactericide u. Fungicide auf der Basis von 8-Hydroxychinolin, in der analyt. Chemie, in der Reaktortechnik u. als Farbstoffe, z. B. Phthalocyanine. Einschluß-Verbb.: die für die Erdölchemie wichtigen Harnstoffeinschluß-Verbb., die selektiv adsorbierenden „Molekularsiebe" aus Zeolithen u. der „Schlangenkäfig" aus einem dreidimensionalen bas. Harz u. einer darin verknäuelten linearpolymeren Säure als Austauschharz zur Wasserentsalzung. M. HAGEDORN. 5800□

Glas, Email und verwandte Materialien und ihre Eignung für chemisch-technische Konstruktionen. Sigmund Urnes. (Tekn. Ukebl. **107.** 983–88. 1/12. 1960.) (Norw.)

Die Korrosions-Rkk. an nichtmetall. chem. Gefäßmaterialien sind meist Säure–Base-Reaktionen. Strukturen u. Eigg. werden besprochen; u. a. wird auf die Strukturalternative von Natronglas hingewiesen (nichtbrückenbildende Na- u. O-Atome in Gruppen oder willkürlich verteilt), sowie auf den Einfl. der Oberflächenbeschaffenheit (säurepoliertes Glas ist viel bruchfester). Der Einfl. von Zusätzen von CoO, TiO_2, ZrO_2, P_2O_5, CaO, Al_2O_3 u. ZnO zu Email sowie der teilweise Ersatz von SiO_2 durch ZrO_2 u. die Verbesserung der Säureresistenz durch P_2O_5 bei säurefesten Steinen werden diskutiert. Endlich wird die Keim-Bldg. u. Kristallisation bei Pyroceram 9608 (I) (β-Spodumen, $Li_2O \cdot Al_2O_3 \cdot 4\,SiO_2$ + β-Eukryptit, $Li_2O \cdot Al_2O_3 \cdot 2\,SiO_2$) u. Pyroceram 9606 (Korierit, $2\,MgO \cdot 2\,Al_2O_3 \cdot 5\,SiO_2$) sowie die Anwendung von I (bes. für Raketennasen) besprochen. TH. MARSSON. 5804□

Simultane Wärme- und Stoffübertragung bei freier Konvektion. W. R. Wilcox. (Chem. Engng. Sci. **13.** 113—19. Febr. 1961. Berkeley, Calif., Univ. of California, Lawrence Radiation Labor. and Dep. of Chem. Engng.) (Engl.)

Es wird das Problem des simultanen Wärme- u. Stoffüberganges von einer senkrechten Platte bei laminarer freier Konvektion theoret. untersucht. Mittels einer Integral-Meth. wurde versucht, Lsgg. zu finden, für den Fall einer Wind-Geschw. gleich Null u. für eine Stofftransport-Geschw. an der Wand, die isoliert ist oder konst. Temp. besitzt. Die Lsg. für den Fall der Wind-Geschw. gleich Null wird verglichen mit den bestehenden Lsgg. u. Daten für simultanen Wärme- u. Stoffübergang u. für alleinigen Wärme- u. Stofftransport. W. HEGENBERG. 5816□

Wärmeübertragung in Reaktorsystemen. Wärmeübertragung von einem Zylinder auf N_2O_4-Gas. J. L. Richardson, F. P. Boynton, K. Y. Eng und D. M. Mason. (Chem. Engng. Sci. **13.** 130—42. Febr. 1961. Stanford, Calif., Stanford Univ., Div. of Chem. Engng.) (Engl.)

Unters. von Wärmeübergängen bei Gleichgewichts-Rkk. mit dem Syst. N_2O_4–NO_2. Es wurde die Geschw. des Wärmeüberganges bei erzwungener Konvektion von einem Zylinder in N_2O_4–NO_2–Gas bei 1 atm experimentell bestimmt. W. HEGENBERG. 5816□

Entwicklungen und neuere Veröffentlichungen auf dem Gebiete der Zerkleinerungstechnik. Dieter Behrens. (Staub **20.** 101—08. 1/4. 1960. Karlsruhe, TH, Inst. für mechan. Verfahrenstechn.) (Dt.)

Zusammenfassender Überblick über die in den letzten Jahren erzielten Fortschritte u. Entw.-Tendenzen auf dem Gebiet der Zerkleinerungstechnik unter Berücksichtigung aller bekannten Zerkleinerungs- u. Mahl-Verfahren. — 83 Literaturstellen, 1955—1960. H.-J. HARTMANN. 5820□

Zerstäubung bei hohen Energien. O. C. Yonts, C. E. Normand und Don E. Harrison jun. (J. appl. Physics **31.** 447—50. März 1960. Oak Ridge, Tenn., Oak Ridge Nat. Labor.) (Engl.)

Vff. bestimmen die Zerstäubungsverhältnisse für Cu im Energiebereich von 5 bis 40 keV beim Beschuß durch Ar^+, He^+ u. D^+. Die Ar-Werte erstrecken sich von 6,48 bei 5 keV bis 9,25 bei 27,5 keV, die D-Werte von 0,048 bei 10 keV bis 0,023 bei 44 keV u. die He-Werte von 0,23 bei 15 keV bis 0,75 bei 40 keV. Vorläufige Daten werden für 30 keV-Zerstäubung von Cu durch H^+ (0,011), D^+ (0,03), He^+ (0,13), N^+ (5,28), Ne^+ (3,61), Ar^+ (9,02), Cu^+ (9,60), Kr^+ (15,15) u. U^+ (20,9) miterfaßt. Eine endgültige Druckabhängigkeit des Zerstäubungsverhältnisses für Ar^+ auf Cu wird im Bereich von 0,04 bis 0,08 μ erhalten. GERHARD SCHMIDT. 5820□

Eine neue Verwendung für Gaflon (PTFE) Flotations-Schwimmkörper für agressive Flüssigkeiten. Anonym. (Chim. analytique [4] **41.** 488. Dez. 1959. Enghien /Seine-et-Oise, Bureau d'Études Gaflon des Appareils Gachot.) (Franz.)

Die aus Polytetrafluoräthylen (PTFE) bestehenden Hohlkugeln (∅ 20—100 mm, Gewicht 2—175 g, Druckfestigkeit maximal 2 kg/cm²) lassen sich zur Suspendierung von Körpern auch in aggresiven Fll. verwenden. Eine andere Ausführungsform dieser Schwimmkörper gestattet die Verw. als Träger von Bauteilen für Meß- u. Regelorgane in derartigen Flüssigkeiten. J. KUSCHEL. 5824□

Kinetik des Ionenaustausches: Abtrennung von Oxalsäure aus Glykollösungen. Chi Tien und George Thodos. (Chem. Engng. Sci. **13.** 120—29. Febr. 1961. Evanstone, Ill., Northwestern Univ., Technol. Inst.) (Engl.)

Beschreibung der Kinetik bei der Abtrennung von Oxalsäure aus Glykol-Lsgg. an Permutit SKB. Der Mechanismus wird bestimmt durch Widerstände von Fl.- u. Harzphase. Best. der Gleichgewichtsbeziehungen des Syst., des Diffusions-Koeff. der Harzphase u. Berechnung der Durchbruchskurven. Die Berechnungen ergaben gute Übereinstimmung mit dem Experiment. W. HEGENBERG. 5826□

Ionenaustauscherharze aus Sulfitlaugen. A. F. Stanischewskaja. (Бумажная Промышленность [Papier-Ind.] **36.** Nr. 6. 7—8. Juni 1961. Balachna, Kombinat.) (Russ.)

Vf. berichtet u. diskutiert über die Möglichkeit der Aufarbeitung von Sulfitlaugen der Zellstoff-Herst. zu Ionenaustauscherharzen unter Berücksichtigung volkswirtschaftlicher Aspekte. W.-D. HEUSSNER. 5826□

Die Synthese eines für Nickel selektiven Katexes. Jan Rahm und Jiří Štamberg. (Chem. Průmysl 11 (36). 212—14. April 1961. Pardubice, Výzkumný ústav syntetických pryskyřic a laků.) (Tschech.; Auszug: Engl.)

Durch Propionylisierung (mit C_3H_7Cl), Nitrosierung (mit Amylnitrit) u. Oximierung (mit NH_2OH) eines Perlcopolymeren von Styrol u. Divinylbenzol wurde ein für Ni selektives Katex hergestellt. Beste Resultate wurden bei Propionylisierung (38,4%), Nitrosierung (65,1%) u. Oximierung (61,5%) erreicht. Das hergestellte Prod. eignet sich nur für Anwendungen im Laboratorium. J. SCHNEIDER. 5826□

Absetzen, Filtrieren und Auswaschen von Filterkuchen nach Auslaugen von Konzentraten durch Chloridlösungen. Ss. I. Tarabajew und N. A. Miljutina. (Известия Академии Наук Казахской ССР, Серия Металлургии, Обогащения и Огнеупоров [Nachr. Akad. Wiss. KasachSSR, Ser. Metallurgie, Erzaufbereit. feuerfeste Mater.] **1958.** Nr. 2. 26—31.) (Russ.)

Es wurden die Erfahrungen beim Absetzen, Filtrieren u. Auswaschen von Filterkuchen sulfid. *polymetall.* Materialien, die mit HCl ausgelaugt wurden, angegeben. Das Filtrieren des Schlammes u. das Auswaschen mit W. oder NaCl-Lsg. (300 g NaCl/Liter) wurde beschrieben. J. SCHNEIDER. 5830□

Die Leistungsfähigkeit faseriger Aerosol-Filter: Ablagerung von Teilchen mit endlichem Durchmesser durch Diffusion. Ralph E. Pasceri und S. K. Friedlander. (Canad. J. chem. Engng. **38.** 212—13. Dez. 1960. Baltimore, Md., Univ., Dep. of Chem. Engng.) (Engl.)

Für kleine Filtrier-Geschw. wird ein halb theoret. Ausdruck entwickelt für einen Bereich, in dem prakt. nur Diffusion u. direktes Abfangen der Filterleistung η bestimmen. η hängt dabei von der Pe-Zahl, der Re-Zahl u. einem Parameter ab, der das direkte Abfangen berücksichtigt. Die Gleichung läßt sich gut auf Literaturwerte anwenden. Bei Variation des Teilchendurchmessers ist die Übereinstimmung mit experimentellen Daten von η entsprechend der Zunahme des Sedimentationseffekts nach kleineren Durchmessern u. höheren Geschw. hin besser. J. MARTINS. 5830□

Höhere Sicherheit chemisch beanspruchter Bauteile durch konstruktive Korrosionsbewertung am Beispiel von Druckapparaten. E. Rubo. (Konstrukt. Maschinen-, Apparate- u. Gerätebau **12.** 490—98. Dez. 1960. Butzbach, Pintsch Bamag AG.) (Dt.)

Die Korrosionsschutzvorschriften für Bau u. Betrieb von Druckbehältern werden krit. besprochen. An ihrer Stelle wird eine „konstruktive Korrosionsbewertung" vorgeschlagen u. an Beispielen erläutert. Diese Bewertung lehnt sich an die bisherige Behandlung des Sprödbruches an u. erfordert eine Kennzeichnung von Schätzwerten, wozu Schätzkurven auf der Grundlage von Wahrscheinlichkeitsbetrachtungen dienen. W. WESLY. 5834□

Reinigung der Gasgemische von Kohlendioxyd und Schwefelkohlenstoff in Einspritz-Absorptionsapparaten. N. I. Gelperin und W. S. Grischko. (Газовая Промышленность [Gas-Ind.] **6.** Nr. 6. 46—52. Juli 1961.) (Russ.)

In halbtechn. Verss. wurde die Entfernung von CO_2 u. H_2S aus einem Gasgemisch unter Anwendung von W. u. Monoäthylamin-Lsg. als Adsorbens in einem Einspritzabsorber untersucht, der aus einer Säule bestand, in welche von oben u. von unten das Adsorbens u. das zu reinigende Gasgemisch eingeleitet wurden. Der Gasverbrauch variierte zwischen 35 u. 400 Nm^3/Std., der Verbrauch an W. zwischen 0,8 u. 5,5 m^3/Std.; die CO_2-Konz. betrug 5—32,5%, der Druck 8,5—18,5 ata. Die Vers.-Werte stimmen mit den aus den ausführlich behandelten Gleichungen errechneten Werten gut überein. O. LEBTAG. 5850□

Oxydation von Calciumsulfit bei der Entfernung von SO_2 aus Gasen. B. A. Tschertkow. (Журнал Прикладной Химии [J. angew. Chem.] **33.** 1708—14. Aug. 1960.) (Russ.)

Durch Zusatz von 0,002—0,004% p-Aminophenol zu zirkulierenden SO_2-Absorptions-Lsgg. (zur Absorption von SO_2 aus Abgasen) kann die Oxydation von $CaSO_3$ durch O_2 zu $CaSO_4$ auf ein Drittel bis ein Fünftel der ursprünglichen Menge herabgesetzt werden. H. JÄGER. 5850□

Ein wirtschaftlicher Vergleich zwischen wasser- und luftgekühlten Kondensatoren. D. Pnueli und R. Landsberg. (Mod. Refrigerat. **64.** 43—45. Jan. 1961. Haifa, Israel, Inst. of Technol.) (Engl.)

Ein Vgl. der Wrkg. von luft- u. wassergekühlten Kondensatoren führt zur Aufstellung mehrerer Gleichungen. Luftgekühlte Kondensatoren sind für einen weiten Klima- u. Belastungsbereich wirtschaftlicher. W. WESLY. 5858□

Wärme und Stoffübertragung in Gegenwart eines Inertgases. H. F. Johnstone und W. B. Retallick. (Chem. Engng. Sci. 13. 155—66. Febr. 1961. Urbana, Ill., Univ.) (Engl.)

Beschreibung einer neuen graph. Meth. für die Lsg. von Enthalpieübergangsproblemen, bei der eine modifizierte Enthalpie das Übergangspotential bildet. Die Zustandskurve wird durch schrittweise Annäherungen bestimmt u. diente zur Berechnung von Enthalpieübergangs-Koeff. aus experimentellen Ergebnissen des Enthalpieübergangs in einer Füllkörperkolonne für das Syst. *Tetrachloräthylen–Luft.* Die Ergebnisse der Unters. von 3 Typen von Gegenstrom-Verff. werden mitgeteilt. W. HEGENBERG. 5864□

Geometrische Beschreibung chemischer Apparate. Pál Benedek. (Magyar Kémikusok Lapja [Z. Ver. ung. Chemiker] **15.** 500—04. Nov. 1960. Veszprém, Vegyipari Egyetem.) (Ung.)

Beschreibung des Dest.-Vorganges im leeren Rohr u. in der *Drehbandkolonne,* Berechnung der *Boden*-Zahl u. des *Boden*-Wirkungsgrades einer Rektifizierungskolonne u. der Höhe der theoret. Böden in einer Hypersorberkolonne. G. HALMI. 5864□

Leistung gelochter Platten. R. A. McAllister, P. H. McGinnis jun. und C. A. Plank. (Chem. Engng. Sci. **9.** 25—35. Aug. 1958. Raleigh, N.C., North State College.)

Das Verhältnis aus der Plattendicke T u. dem Lochdurchmesser D_h wurde mittels verschiedener gelochter Platten unterschiedlicher Dicke bestimmt u. dieser Quotient in Beziehung gesetzt 1. zu dem Druckabfall der trockenen Platte innerhalb eines weiten Bereichs der Kolonnengröße, 2. zu der Lochfläche u. 3. zu der REYNOLDSschen Zahl in den Löchern. Neue techn. Daten werden für eine Kolonne mit perforierten Platten (Ø 38 cm; Bodenabstand 46 cm) gegeben, welche die Wrkg. von T/D_h auf den Druckabfall der benetzten Platte beim Syst. Luft–W. aufzeigen. Für einen bestimmten Bereich wurde ermittelt, daß die belüftete Fl.-Masse senkrecht zur Strömungsrichtung in Schwingungen kommt. Der Schwingungspunkt, bei welchem die Schwingung beginnt, wurde zu der Fl.-Höhe über dem arbeitenden Boden in Zusammenhang gebracht, wobei der Schwingungspunkt immer vor dem Fluten auftritt. Eine Übereinstimmung der mitgeteilten Daten zu der Beziehung von HUGHMARK u. O'CONNELL (C. **1961.** 17696; Möglichkeit der Gasstrom-Best., wobei die Fl. noch auf dem Boden zurückgehalten wird) wurde festgestellt. — 24 Literaturangaben. H. STRAUCH. 5864□

Adiabatische, chargenweise Konvektionstrocknung mit wiederholter Luftzirkulation. D. A. van Meel. (Chem. Engng. Sci. **9.** 36—44. Aug. 1958. The Hague, Netherlands, Central Techn. Inst.)

Beim adiabat. chargenweisen Trocknen ist der Feuchtigkeits-Geh. der Trockengüter abhängig 1. von der Trocknungszeit u. 2. von dem Ort innerhalb des Trockners. Es werden ausführliche Berechnungsunterlagen unter Verw. dimensionsloser Parameter u. einiger Vereinfachungen aufgezeigt, die es ermöglichen, die Verteilung des Feuchtigkeits-Geh. u. die trocknende Wrkg. der Luft vorher zu bestimmen. H. STRAUCH. 5874□

Trocknen von Weizen im Wirbelbett. Über die kontinuierliche und durch die Feuchtigkeitsdiffusion bestimmte Trocknung von Feststoffteilchen in einem gut durchmischten isothermen Bett. H. A. Becker und H. R. Sallans. (Chem. Engng. Sci. **13.** 97—112. Febr. 1961. Saskatoon, Saskatchewan, Prairie Regional Labor., Nat. Res. Council of Canada.) (Engl.)

Die kontinuierliche Trocknung von Weizen im Wirbelbett wird beschrieben u. eine mathemat. Lsg. hierfür entwickelt. Daraus läßt sich eine Voraussage über Trocknungs-Geschw., Energiebedarf, sowie Sicherheits- u. Wirtschaftlichkeitsgrenzen in Weizen-Wirbelschichttrocknern treffen. W. HEGENBERG. 5874□

Vorschläge für Symbole für Meß- und Regelgeräte. R. Jeantet. (Mesures Contrôle ind. **25.** 1045—48. Nov. 1960.) (Franz.)

Als Gegenvorschlag zum JSA-Syst., das mit Buchstaben aus der engl. Bezeichnung arbeitet, verwendet der vorliegende Vorschlag Kreise, die einfach oder doppelt umrandet u. mit sektor- oder segmentartigem Kennzeichen versehen sind. In 3 Tabellen sind eine Reihe von Vorschlägen als Beispiele niedergelegt. Solche Symbole verlangen — bes. für Vervielfältingungen — allerdings ziemlich genau ausgeführte Zeichnungen. M. GRENACHER. 5888□

Elektrische Messung in der Chemie. 4. Mitt. **Tonabnehmende Geräte. Geräte zum Festhalten mechanischer Größen.** Ivan Kosmák. (Chemie [Praha] **10.** 426—29. Mai 1958.) (Tschech.) — 2. vgl. C. **1959.** 12124.

Kurze Zusammenfassung (Aufzählung mit Prinzipangabe) von bei chem. Messungen weniger gebräuchlichen Geräten: Mikrophone (Kohlen-, elektrodynam., Kondensator-

u. piezoelektr. Mikrophon), App. zur Festhaltung von mechan. Größen: Druck (BOURDONsches Rohr), Zug (piezoelektr. Best.), App. für Ermittlung schnell sich ändernder Drucke u. kleiner mechan. Bewegungen. J. TŮMOVÁ. 5888□

Regelung des Leistungsreaktors (E.d.F.I-Reaktor von Chinon). R. Mercier. (Mesures Contrôle ind. **25.** 1035—40. Nov. 1960.) (Franz.)

Die die Kinetik des Reaktors bestimmenden Gleichungen, die sich daraus ergebende Übergangsfunktion des Reaktors u. ein prinzipielles Regelschema werden besprochen. Für die Leistungsregelung, die ein Gebiet von 2 W bis 300 MW überstreicht, sind 3 Regelkanäle in Anwendung. Aus Sicherheitsgründen wird — wie allg. üblich — bei der Messung der Neutronenflußdichte das 2- von 3-Syst. verwendet. Außerdem ist ein verstärkerloser Neutronenflußmeßkanal vorhanden, der bei einer Leistung von 350 MW die Trimm-Abschaltstäbe zum Abfallen bringt. Die Geschw. der Regelstäbe werden im normalen Betrieb je nach der Leistungsstufe von einem logarithm. oder einem linearen Elektronenrechner gesteuert, wobei bei letzterem noch Meßwerte des Reaktors aufgeschaltet werden. Die Einteilung der Reaktorstäbe in die verschiedenen Gruppen, die verschiedenen Möglichkeiten hinsichtlich der Verstell-Geschw. werden besprochen. M. GRENACHER. 5894□

Der thermische Crackprozeß von Aceton. 1. Mitt. **Einfluß der Prozeß-Veränderlichen auf die Produktverteilung.** G. Froment, H. Pijcke und G. Goethals. (Chem. Engng. Sci. **13.** 173—79. Febr. 1961. Gent, Belgium, Rijksuniv., Labor. voor Organ. Techn. Chem.) (Engl.)

Untersucht wurden der therm. Crackprozeß von Aceton in Keten durch Fließexperimente u. der Einfl. der Dosierung auf die Produktverteilung bei einer Temp. von 710—750°, sowie für Rk.-Zeiten unter 1 Sekunde. W. HEGENBERG. 5896□

Der thermische Crackprozeß von Aceton. 2. Mitt. **Ableitungen von Gleichungen für die Geschwindigkeit aus nichtisothermen Fließversuchen.** G. Froment, H. Pijcke und G. Goethals. (Chem. Engng. Sci. **13.** 180—89. Febr. 1961.) (Engl.) — 1. vgl. vorst. Referat.

Ableitung der kinet. Gleichungen für die Formung u. Zerlegung der effektiven Ketenproduktion auf Grund vorhergehender Verss. u. mit Hilfe des Begriffes des äquivalenten Rk.-Vol. u. einer Meth. zur Abschätzung der Aktivierungsenergie. W. HEGENBERG. 5896□

Bildung und Abschreckung von Stickstoffmonoxyd bei kontinuierlicher Gasverbrennung. D. L. Mordell, A. L. Thompson und G. Yano. (Canad. J. chem. Engng. **38.** 206—11. Dez. 1960. Montreal, Que., McGill Univ., Gas Dynamics Labor.; Niagara Falls, Ont., Cyanamid of Canada Ltd.) (Engl.)

Bei der Verbrennung von Propan mit auf 1000° K vorerhitzter Luft entstehen Temp. von ca. 3000° K. Durch Abschrecken des Verbrennungsgemisches lassen sich Ausbeuten an NO bis zu 3,7 Vol.-% erzielen. Die Gase werden dabei im wassergekühlten „Schnellkühler" oberhalb des Verbrennungsofens auf ca. 1350° K u. anschließend nach Wärmeaustausch im Lufterhitzer im „Gaskühler" auf 300° K abgekühlt. Die NO-Ausbeute steigt mit zunehmender Temp. stark an, ebenso mit zunehmendem O_2-Gehalt. Sie erreicht bei ca. 35% O_2 ein Maximum (O_2 aus Luft u. CO_2- u. H_2O-Dissoziation). Der mit dem „Schnellkühler" maximal erreichbare Temp.-Abfall von 150000°/Sek. ist viel zu gering, um bei Temp. $>$3000° K nennenswerte Ausbeuten zu liefern. In einer bes. konstruierten wassergekühlten Vers.-Sonde wurden Abschreck-Geschw. von ca. $2 \cdot 10^6$/s (bis 1500° K) u. von $0{,}62 \cdot 10^6$/s (bis 500° K) erreicht. Der Ersatz der Abschreckung im „Schnellkühler" durch solche unter Zumischen von Kaltluft brachte nur niedrige Ausbeuten. J. MARTINS. 5902□

Mischung und Austausch in Gas-Feststoff-Fließbetten. J. J. van Deemter. (Chem. Engng. Sci. **13.** 143—54. Febr. 1961. Houston, Tex., Shell Oil Co., Houston Res. Labor.) (Engl.)

Mittels einer dichten Phase von Feststoffaggregaten u. einer dispergierten Phase mit großer Gas-Geschw. wurden Verss. über stationäre Gasmischungen durchgeführt. Es wurde versucht, die Gasrückvermischung u. die Streuung in der Gasverweilzeit mathemat. zu erfassen. W. HEGENBERG. 5904□

Geschwindigkeitsprofile in der Partikelschüttung und in der Wirbelschicht. E. J. Cairns und J. M. Prausnitz. (Ind. Engng. Chem., int. Edit. **51.** 1441—44. Dez. 1959. Berkeley, Calif., Univ., Dep. of Chem. Engng.) (Engl.)

Die Geschw.-Profile von W., das eine Partikelschüttung durchströmt, zeigen im Kern des Rk.-Rohres einen Maximalwert u. einen geringen Abfall zum Rand hin. Wahrscheinlich steigt die Geschw. aber bei Erreichen der Wand wieder an. Messungen in aufgelockerten Partikelschüttungen u. Wirbelschichten mit Bleikugeln zeigen, daß die

Geschw. bei 4 in. Rohr- u. 1,3 mm Partikeldurchmesser bis 10—15% vor der Rohrwand prakt. konst. bleibt. Die Profile bei Verw. von 3-mm-Bleikugeln sind denen mit 1,3 mm-Bleikugeln in 2 inch-Rohren ähnlich: Bei kleinem Zwischenkorn-Vol. ε steigt die Geschw. gegen den Rand hin leicht an, mit größer werdenden ε zeigt sich eine Tendenz zur Kanal-Bldg. um die Rohrmitte. Profile mit lockeren Glaskugelschüttungen u. -wirbelschichten zeigen charakterist. Maxima im Abstand von ca. 3 Partikeldurchmessern von der Wand. J. MARTINS. 5904□

Pneumatische Förderung und kontinuierliche Fluidisierung von Feststoffen. Tripuraneni Gopichand, K. J. R. Sarma und M. Narasinga Rao. (Ind. Engng. Chem., int. Edit. **51.** 1449—52. Dez. 1959. Waltair, India, Andhra Univ., Dep. of Chem. Technol.; Karaghpur, India, Inst. of Technol.) (Engl.)

Aus Verss. mit SiO_2–Al-Oxydgel-Crackkatalysator, Sand, Silicagel u. gequetschtem Weizen im Vertikalrohr werden zwei empir. Beziehungen zur Berechnung des Druckabfalls u. der Fließbettdichte abgeleitet. J. MARTINS. 5904□

Gelsenkirchener Bergwerks Akt.-Ges., Essen, **Herstellung von wässerigen Dispersionen.** Bei dem Verf. nach It. P. 493 800 kann man die tonhaltigen Materialien ganz oder teilweise ersetzen durch andere benetzbare gepulverte Stoffe, wie Hochofengasstaub, Pyritasche, Rückstände aus der Gaswäsche, oder durch Stoffe, die durch Netzmittel benetzbar gemacht werden können, wie Graphit, Ruß, Kohlepulver. Der Steinkohlenteer oder das Steinkohlenteerpech kann ganz oder teilweise ersetzt werden durch andere, aromat. KW-Stoffe enthaltende Peche, wie Waschölpech oder Holzkohlenteerpech. (**It. PP. 508731** vom 5/12. 1952. D. Prior. 30/5. 1952 u. **508732** vom 6/12. 1952. D. Prior. 8/9. 1952. **Zus..tze zu It. P. 493800; C. 1959. 16874.**) K. KOEBKE. 5825

Zellstofffabrik Waldhof, Mannheim-Waldhof, **Fixierung von in Flüssigkeiten dispergierten Stoffen auf Substraten** durch zu Kondens.-Rkk. befähigten Dispergatoren, z. B. *Lignin-Verbb.*, bes. Ligninsulfonsäure oder deren Salze oder solche enthaltende Stoffe, wie Sulfitablauge, oder Vorkondensate von Lignin-Verbb., deren dispergierende Wrkg. man zu einem gewünschten Zeitpunkt durch Kondens. mit einem geeigneten Kondens.-Mittel u./oder -Partner, ggf. unter Änderung des pH-Wertes u./oder der Temp., z. B. auf $>100^0$, aufhebt. Auf 1—6 Teile, bes. 1—3 Teile Dispergator wird 1 Teil Kondens.-Partner verwendet. — Anwendung zum *Verkleben* fester Schichten, zur *Bodenverfestigung*, zum witterungsbeständigen Aufbringen von *Pflanzenschutzmitteln* auf Pflanzen, zur Fixierung von *Farbstoffdispersionen* u. zum Fetten u. Füllen von *Leder*. (**Oe. P. 209 316** vom 19/11. 1957, ausg. 25/5. 1960. D. Prior. 20/3. 1957.) P. KÜHN. 5825

Purolator Products, Inc., V.St.A. (Erfinder: Julius Paul Kovacs), **Trennung von Wasser aus Emulsionen** mit KW-Stoffen oder mit anderen mit W. nicht mischbaren Fll. in einem zylindr. Filter- u. Scheidegefäß, welches in mehrere horizontale u. vertikale Schichten unterteilt ist, die wahlweise mit Filtermaterial angefüllt sind. Die Kammern werden in bestimmter Reihenfolge durchflossen, wobei evtl. Feststoffe entfernt u. ein getrennter Strom von W. u. z. B. KW-Stoffen abgeleitet wird. Als Filtermaterial dient z. B. ein Gemisch aus 20(%) Asbest- u. 80 Cellulosefasern. — 4 Abbildungen. (**F. P. 1 132 950** vom 15/6. 1955, ausg. 19/3. 1957. A. Prior. 12/11. 1954.) M. F. MÜLLER. 5829

Denver Equipment Co. (Erfinder: Leland Hamilton Dogue und Arthur Chester Daman), Denver, Colo., V.St.A., **Filtrieren von Flüssigkeiten,** mittels in einem Filtertrog (I) auf einer Achse (II) drehbaren vertikalen Filterscheiben. Um ein vorzeitiges Absetzen der Feststoffe im I zu verhindern, sind im Boden des I perforierte Scheiben vorgesehen, die während der Filtration parallel zur II hin- u. herbewegt werden. — Abbildungen. (**E. P. 848 629** vom 13/4. 1959, ausg. 21/9. 1960.) H. BLACHETZKI. 5831

General Motors Ltd., London, England (Erfinder: Kenneth Ernest Buckmann), **Herstellen eines Filterkörpers für Gase und Flüssigkeiten** aus einer Materialbahn, die aus mit Kunstharz gebundenen Fasern besteht, in dem diese mit beidseitigen Vorsprüngen versehen, derart gefaltet wird, daß die Vorsprünge einander berühren, zu einem ringförmigen Körper zusammengelegt u. an den Enden verklebt wird. (**E. P. 840 757** vom 10/10. 1957, ausg. 13/7. 1960. **F. P. 1 204 175** vom 10/10. 1958, ausg. 25/1. 1960. E. Prior. 10/10. 1957 u. 25/9. 1958.) H. BLACHETZKI. 5831

Emmanuel Goriot, Le Vesinet, Frankreich, **Druckfilter,** bes. für die keram. u. die Zuckerindustrie. In einem zylindr. Druckgefäß wird die Suspension mittels Preßschnecke von einem Gefäßende zum anderen über eine zylindr. Filterfläche geführt u.

hierbei entwässert. — Vorr., Zeichnungen. (**E. P. 837 780** vom 23/7. 1957, ausg. 15/6. 1960. **Schwz. P. 341 477** vom 19/7. 1957, ausg. 30/11. 1959. Beide F. Prior. 24/7. 1956 u. 11/4. 1957.) H. BLACHETZKI. 5831

W. R. Grace & Co., New York, N.Y., übert. von: Preston L. Veltman, Severna Park, Md., V.St.A., **Gastrocknung.** Die wasserentziehende Mischung besteht aus einem feinverteilten festen Trockenmittel (Silicagel) mit einer inerten, nichtwss., mit W. nicht mischbaren, temperaturbeständigen Fl. (Mineralöl). (**A. P. 2 810 455** vom 17/10. 1955, ausg. 22/10. 1957.) A. HEINSEN. 5855

Esso Research and Engineering Co., übert. von: Rhea N. Watts, St.Francisville, La., V.St.A., **Entfernung von Niederschläge bildenden Verunreinigungen (Seifen) aus Alkohole enthaltenden Lösungsmitteln** erfolgt durch deren Behandeln mit adsorbierend wirkenden Mitteln mit einem Porendurchmesser von 60 bis 110, bes. 85—110 Å, die der Formel $D = 4\ V/S \cdot 10^4$ entspricht (D = Porendurchmesser in Å; V = Poren-Vol. in cm^3/g; S = spezif. Oberfläche in m^2/g) u. die nach A. P. 2 469 314; C. **1949.** E. 648 hergestellt werden. — Gereinigt werden die durch Oxo-Rk. aus Olefinen, CO u. H_2 in Ggw. von Co u. anschließendes Hydrieren mit H_2 in Ggw. von 10% Mo-Sulfid auf Aktivkohle bei 3000 lbs./sq.in. u. 375—520° F erhaltenen Alkohole, in denen die Säuren mit wss. Alkalien neutralisiert u. aus denen die niedrigersd. Alkohole abdest. wurden. Der Dest.-Rückstand besteht z. B. aus 5—25(%) C_8-Alkoholen, 10—40 C_{16}-Alkoholen, 0—40 Estern, 0—20 C_{16}-Äthern u. 0—10 Seifen. Als Adsorptionsmittel dient z. B. eine Mischung aus 87 SiO_2 u. 13 Al_2O_3 mit 85 Å Porendurchmesser, wodurch bes. die Seifen als Ndd. bildende Verunreinigungen entfernt werden. (**A. P. 2 824 898** vom 24/2. 1956, ausg. 25/2. 1958.) G. KRAUSS. 5855

Union Carbide Corp., New York (Erfinder: Edward Lewis Morehouse und Arthur Noak Pines, Snyder, und Eugene Anthony Zientek, Kenmore), N.Y., V.St.A., **Gefrierschutzmittel** für Kühl-Syst. von Ottomotoren, gek. durch einen Geh. an einem Alkohol u. einer Organosilicium-Verb. (I) als Korrosionsinhibitor, in der eine Aminogruppe über einen zweiwertigen KW-Stoff-Rest (II), der mindestens 3 C-Atome enthält, an ein Si-Atom gebunden ist, wobei die Aminogruppe am dritten von Si-Atom entfernten C-Atom haftet. Die I soll mindestens eine Gruppe der Formel $Z_2NRSi\equiv$ enthalten, wobei R ein zweiwertiger, mindestens 3 C-Atome enthaltender II ist, die Z_2N-Gruppe mindestens am 3. vom Si-Atom entfernten C-Atom haftet, Z = H, einwertiger II, ein einwertiger mit einer OH-, NH_2-, Ester-, KW-Stoff-Oxy-, Amido- oder CN-Gruppe substituierter II ist oder eine zweiwertige Gruppe, die sich von einer Epoxy-Verb. durch Öffnen des Epoxydringes ableitet, welche das N-Atom mit dem Si-Atom über eine C—C—O-Bindung verknüpft, u. worin die freien Valenzen des Si-Atoms mit mindestens einer Alkoxy-, Aryloxy- oder Siloxygruppe, mit 0—2 einwertigen II, zweiwertigen Gruppen, die sich von Epoxy-Verb. durch Öffnen des Epoxydringes ableiten, oder der $NH_2C_nH_{2n}$-Gruppe abgesätt. sind, wobei n mindestens 3 bedeutet. I kann ein Silan der Formel $Z_2N{-}R{-}Si(R^5_b)X_{3-b-f}$ sein, worin R^5 ein einwertiger II oder eine $NH_2C_nH_{2n}$-Gruppe, X eine Alkoxy- oder Aryloxygruppe ist, n = mindestens 3, b u. f je 0—2 u. Z bes. H bedeuten. I kann aber auch ein Siloxan sein, das eine Gruppe der Formel $Z_2N{-}R{-}SiO_{3-b/2}$ (R^5_b) mit vorst. Bedeutungen enthält, z. B. mindestens eine γ-Aminopropylsiloxy- oder δ-Aminobutylsiloxygruppe. Im übrigen enthält das Gefrierschutzmittel neben W. u. z. B. Äthylenglykol noch Na- oder K-Silicat oder Na-, K-, Mg- oder Ca-Borat. — Das Siloxan kann auch noch mindestens eine $R^2_cSiO_{3-c}$-Gruppe enthalten, worin R^2 ein einwertiger II u. c = 1—3 ist. Erhalten wird es z. B. durch Rk. von 12,5—50 (Gewichtsteilen) des Siloxans mit 50—87,5 Alkalisilicat. Zahlreiche Mengenbeispiele entsprechend den Variationsmöglichkeiten u. Ergebnisse von Motor-Verss., 200-Std.-Korrosions-Verss. u. Gewichtsverluste an Al-Proben u. Autokühlerschläuchen. — Tabellen. (**D. A. SS. 1 104 762** u. **1 104 763** Kl. 46c vom 2/12. 1959, ausg. 13/4. 1961. Beide A. Prior. 2/12. 1958.) H. SCHINDLER. 5859

A.P.V. Co. Ltd. (Erfinder: George Anthony Dummett und Harry Christopher Cooper), **Destillieren von Flüssigkeiten.** Man zerstäubt die zu behandelnde Fl. in einem unter Vakuum stehenden, zylindr. Gefäß mittels um eine zentrale Achse angeordneter Scheiben, führt durch die zerstäubte Fl. ein dampfförmiges Destilliermittel, sammelt die an die Wände des Behälters zentrifugierte Fl. auf nach innen geneigten Zwischenböden, leitet die Fl. auf den nächsttieferen Zwischenboden u. wiederholt die Zerstäubung der Fl. mehrmals; das Destilliermittel, bes. Wasserdampf, strömt durch das Gefäß von unten nach oben, wobei es durch mit senkrechten Rändern versehene Durchlässe der Zwischenböden geleitet u. ein Vakuum von z. B. 10—23 mm Hg aufrechterhalten wird. Das Verf. eignet sich bes. zum *Eindicken von Milchprodukten.* (**Aust. P. 219 423** vom 12/12. 1956, ausg. 22/1. 1959.) K. DEMMLER. 5865

Joh. A. Benckiser G. m. b. H., Chemische Fabrik, Ludwigshafen/Rh., **Vermeidung von Niederschlägen und Verfärbungen und Maskierung von Metallen in wässerigen Medien,** bes. in *Wasch-* u. Färbeflotten. Diesen werden als Komplexbildner mit Säurefunktion mindestens ein Salz oder eine Säure im Überschuß gegenüber dem Komplexbildner ohne Säurefunktion zugesetzt. Zweckmäßig verwendet man mindestens eine anorgan. Säure oder deren Salz u. mindestens eine organ. Säure oder deren Salz. Als anorgan. Komplexbildner mit Säurefunktion sind genannt: Fluoride, Cyanide, Rhodanide, Sulfaminsäure, Phosphate, bes. kondensierte Phosphate, wie Pyrophosphate, Polyphosphate, Metaphosphate, Imidophosphate, wie sie z. B. durch Kondens. von Harnstoff mit Phosphorsäure entstehen, u. deren Gemische, weiterhin auch Salze der Thioschwefelsäure u. Thiophosphorsäure. Als organ. Komplexbildner mit Säurefunktion kommen in Betracht: Nitrilotriessigsäure, Äthylendiamintetraessigsäure, Diaminocyclohexantetraessigsäure, Glykolätherdiamintetraessigsäure, Äthylätherdiamintetraessigsäure, Uramildiessigsäure u. andere Polyaminopolycarbonsäuren, ferner Hydroxycarbonsäuren, wie Oxal-, Citronen-, Wein-, Glucon-, Äpfelsäure u. a., bzw. deren Salze oder Gemische. Komplexbildner ohne Säurefunktion sind z. B. Polyamine, Polyalkohole, Aminoalkohole u. Mercaptane. Ganz bes. eignen sich zur Metallkomplex-Bldg. das Dithiobrenzcatechin sowie Tris-[β-mercaptoäthyl]-phosphin. Als Amine eignen sich aliphat., cycloaliphat., aromat. prim., sek., tert. Amine, bes. Triäthanolamin. Außerdem können oxydierende Mittel (Na-Perjodat) oder reduzierende Mittel (Hydroxylammoniumchlorid) zugesetzt werden. (**Oe. P. 208 786** vom 5/8. 1957, ausg. 25/4. 1960. **F. P. 1 187 803** vom 8/8. 1957, ausg. 16/9. 1959. Beide D. Prior. 9/8. 1956.) W. WITTHOLZ. 5889

Joh. A. Benckiser G. m. b. H., Chemische Fabrik, Ludwigshafen/Rh., **Vermeidung von Niederschlägen und Verfärbungen und Maskierung von Metallen** in wss. Medien. Unter Ausschluß von säurefunktionsfreien Komplexbildnern werden mindestens eine organ., farblose, in W. lösl. Komplexe bildende Säure u. wenigstens eine anorgan., farblose, in W. lösl. Komplexe bildende Säure bzw. deren Salze verwendet. Das Verhältnis organ. Komplexbildner: anorgan. Komplexbildner soll zwischen 2 : 1 u. 20 : 1 liegen. Als organ. Komplexbildner kommen Nitrilotriessigsäure, Polyaminocarbonsäuren, Polyaminopolycarbonsäuren, Hydroxycarbonsäuren bzw. deren Salze oder Gemische in Betracht, als anorgan. Komplexbildner kondensierte Phosphorsäuren bzw. deren Salze oder Gemische. (**Oe. P. 210 360** vom 18/12. 1957, ausg. 25/7. 1960. D. Prior. 19/12. 1956.) W. WITTHOLZ. 5889

Girling Ltd., England, **Stoßdämpferflüssigkeit,** bestehend aus einem Mineralöl mit einem Zusatz von 0,5—2,5 Gew.-% gemahlenem Kautschuk. (**F. P. 1 128 361** vom 1/8. 1955, ausg. 4/1. 1957. E. Prior. 11/8. 1954.) M. F. MÜLLER. 5893

Bendix Corp., New York, N.Y. (Erfinder: Edward H. Erck, Ramsey, Flavio C. Rodriquez, Bloomfield, und Verl H. Doolin, Maywood, N.J.), V.St.A., **Durchsichtige Dämpfungsflüssigkeit** für Anzeigeinstrumente, bestehend aus einer Mischung von Diisobutylketon u. Methylisobutylketon. (**D. A. S. 1 100 852** Kl. 23c vom 29/12. 1958, ausg. 2/3. 1961. A. Prior. 2/1. 1958.) E. DREWS. 5893

Dunlop Rubber Co. Ltd., London, übert. von: Horace Arthur Bray und Eric William Peppitt, Coventry, England, **Reibungskörper.** Mullit, ggf. im Gemisch mit anderen Stoffen, die die Reibungs-Eig. modifizieren, wie Graphit, MoS_2 oder Fe_3O_4, werden mit $Mn_2P_2O_7$ versetzt u. durch Schmelzen u. Gießen, Erhitzen unter Druck oder durch Preßformen u. Sintern verarbeitet. Die Körper werden als Brems- u. Kupplungskörper verwendet. (**A. P. 2 898 216** vom 30/4. 1957, ausg. 4/8. 1959. **Aust. P. 214 461** vom 1/5. 1957, ausg. 8/5. 1958. Beide E. Prior. 23/5. 1956.) F. REINHART. 5893

Commissariat à l'Énergie Atomique, Paris (Erfinder: Jacky Weill, Saint-Cloud), Frankreich, **Neutronenflußmessung** in Ggw. anderer ionisierender Strahlen, z. B. γ-Strahlen, mit mindestens 2 getrennten, von dem zu untersuchenden Fluß durchströmten Hauptvoll., von denen nur eines auf den Neutronenfluß anspricht, wozu mindestens ein Teil der begrenzenden Wände mit B überzogen ist, während das andere Vol. zur Kompensation nur auf die anderen Strahlungen anspricht. Zur Beseitigung restlicher Kompensationsfehler dient ein in seiner Größe einstellbares weiteres Hilfskompensationsvolumen. (**D. A. S. 1 039 143** Kl. 21g vom 31/7. 1957, ausg. 18/9. 1958. **Schwz. P. 345 083** vom 24/7. 1957, ausg. 29/4. 1960. **Belg. P. 559 516** vom 24/7. 1957, ausg. 8/4. 1960. **E. P. 821 188** vom 22/7. 1957, ausg. 30/9. 1959. Alle F. Prior. 2/8. 1956. **F. P. 1 157 113** vom 2/8. 1956, ausg. 27/5. 1958.) H. KESSEL. 5895

Standard Oil Development Co., V.St.A., **Herstellung von Katalysatoren.** Al wird mit einem in W. unlösl. Alkohol in ein entsprechendes Al-Alkoholat übergeführt, das in wasserfreiem Medium mit einem peptisierend wirkenden Mittel, bes. Essigsäure, im Verhältnis zu Al wie 1 : 3 unter Bldg. eines klaren Tonerdehydrosols mit > 3% Al-Geh.

umgesetzt wird, worauf nach Abtrennung der alkohol. Phase mit einer polyvalente Kationen enthaltenden, jedoch von polyvalenten Anionen freien Zn-Lsg., bes. einer $Ca(NO_3)_2$-haltigen Zn-Acetat-Lsg., vermischt wird. Das erhaltene homogene $ZnO-Al_2O_3$-Sol wird mit einer Ammonmolybdat-Lsg., die eine der Zn-Menge äquivalente NH_4^+-Konz. hat, versetzt. Das gebildete Mo/Zn/Al-Oxyd-Gel wird bei 120° getrocknet. (**F. P.** 65 030 vom 11/2. 1953, ausg. 25/1. 1956. **Zusatz zu F. P. 1 056 296; C. 1957. 14 209.**)
EBERHARD RIEDEL. 5905

Imperial Chemical Industries Ltd., England, **Katalysatorpreßkörper** werden mit einem Zusatz von wenigstens 0,5 Gew.-% Graphit als Schmiermittel hergestellt. Als Katalysatormasse dienen z. B. Wolframsäure (H_2WO_4) oder ein Gemisch von Fe_2O_3, Cr_2O_3 u. Al_2O_3 im Verhältnis 90 : 8 : 2. Andere Gemische enthalten ZnO u. CuO u. 1 Gew.-% Graphit. (**F. P. 1 136 208** vom 26/11. 1955, ausg. 10/5. 1957. E. Prior. 26/11. 1954 u. 4/11. 1955.)
M. F. MÜLLER. 5905

Universal Oil Products Co., Des Plaines, übert. von: Maurice J. Murray, Palatine, und Carl B. Linn, Riverside, Ill., V.St.A., **Fester, bei Raumtemperatur und normalem Druck beständiger Katalysator aus einem Borhalogenid, einem Metallhalogenid und einem Träger,** der bes. in Ggw. von HF zur *Umwandlung* von *KW-Stoffen* oder anderen organ. Verbb., zum *Alkylieren* von *Isoparaffinen* mit *Olefinen,* bes. von Isobutan, -pentan, -hexan mit Äthylen, Propylen, Butylen, Amylen, zum *Isomerisieren* von *Paraffinen,* für *Kondens., Umlagerungen, Spaltungen* u. *Cracken* von *Schwerölen* verwendet wird. Ein poröser Träger, wie Holz-, Nuß-, Knochenkohle, Koks, Ruß, Graphit, Lignit- oder Bagassekohle, AlF_3, CaF_2, MgF_2, SrF_2, BaF_2 oder HF-beständige Glasfaser, wird mit einem Metallsalz, wie Fe-, Ni-, Co-, Pt-, Pd-, Cr-, Mo-, W-, V-, Ta-, Ti-, Zr-, Mn-Nitrat, -Bromid, -Chlorid, -Acetat, -Formiat, -Oxalat, -Jodid, -Lactat, -Valerat, getränkt, dann durch Zusatz von Alkalien die Oxydhydrate ausgefällt, diese mit H_2 zu den Metallen red., die dann mit HF in die Fluoride übergeführt werden; anschließend wird noch B-Halogenid, bes. BF_3, zugesetzt. — Aktivierte Holzkohle (I, Teilchengröße 10—20 Maschen) wird mit wss. $FeCl_3$ getränkt u. durch Einleiten einer Mischung aus NH_3 u. Luft Fe(III)-Oxydhydrat ausgefällt; die Masse wird 3 Std. bei 150° getrocknet, dann mit H_2 bei 500° red. u. mit HF bei 100° im Druckgefäß umgesetzt; anschließend wird BF_3 zugegeben. Der Katalysator dient bes. zum Alkylieren von Isobutan mit Propylen in Ggw. von HF. Ein ähnlicher Katalysator besteht aus NiF_2, BF_3 u. I; CrJ_2, BJ_3 u. I; $MnCl_2$, BCl_3 auf Al_2O_3. (**A. P. 2 830 958** vom 27/4. 1955, ausg. 15/4. 1958.)
G. KRAUSS. 5905

Universal Oil Products Co., Des Plaines, übert. von: Ralph B. Thompson, Hinsdale, Ill., V.St.A., **Stabilisierung organischer Verbindungen,** wie *ungesätt. Gasolin, Diesel-, Einspritz-, Mineral-, Schmier-, Heizöl, trocknende Öle, Fette, Wachse, plast. Massen, Harze, Kautschuk, Speisefette* u. *-öle, Futtermittel, Styrol, Butadien, Isopren, Acetylene, ungesätt. Alkohole, Säuren, Ketone, Aldehyde,* Alkali-, Erdalkaliseifen, Al-Naphthenat, Talg, Dialkylazelate, -suberate, -pimelate, -adipate, -glutarate, Triamyltricarballylat, Pentaerythrittetracaproat, Dipropylenglykoldipelargonat, 1.5-Pentandioldi-(2-äthylhexanoat), Polyisopropylenoxyd, Polyisopropylenoxyddiäther, -diester, Silicone, Silicate, Tetraisooctylsilicat, Fluor- u. Perfluor-KW-Stoffe, Lein-, Menhaden-, Fischleber-, Ricinus-, Oliven-, Raps-, Cocosnuß-, Palmkern-, Mais-, Sesam-, Erdnußöl, Butter, Schmalz, Carotin, Vitamine, gegen *Oxydation, Ranzigwerden* u. *Verfärbung* beim Lagern oder bei der Verw. erfolgt durch Zusatz von 0,0001 bis höchstens 5%, bes. 0,1—3%, eines *Mono-* oder *Polyaminocarbazols* (Bezifferung s. Formel I), die als Substituenten Alkyl, Cycloalkyl, Aryl, Alkaryl oder Aralkyl enthalten können u. dessen Alkyl durch O, N u./oder S unterbrochen sein kann, wie 1-, 2-, 3-, 4-, 5-, 6-, 7- oder 8-Aminocarbazol, 1.2-, 1.3-, 1.4-, 1.5-, 1.6-, 1.7-, 1.8-, 2.3-, 2.4-, 2.5-, 2.6-, 2.7-, 3.4-, 3.5-, 3.6-Diamino-, 1.3.6.8- u. 2.3.6.7-Tetraaminocarbazol, 1- oder 3-Äthyl-, -Propyl-, -Butyl-, -Amyl-, -Hexyl-, -Heptyl-, -Octyl-, -Nonyl-, -Decyl-, -Undecyl-, -Dodecyl-, 3.6-Diäthyl-, -Dipropyl-, -Dibutyl-, -Diamyl-, -Dihexyl-, -Diheptyl-, -Dioctyl-, -Dinonyl-, -Didecyl-, -Diundecyl-, -Didodecyl-, 1.3.6.8-Tetraäthyl-, -Tetrapropyl-, -Tetrabutyl-, -Tetraamyl-, -Tetrahexyl-, -Tetraheptyl-, -Tetraoctyl-, 2.3.6.7-Tetraäthyl-, -Tetrapropyl-, -Tetrabutyl-, -Tetraamyl-, -Tetrahexyl-, -Tetraheptyl-, -Tetraoctylaminocarbazol; N-Äthyl-3-äthyl-, N-Äthyl-3-propyl-, N-Äthyl-3-butyl-, N-Äthyl-3-amyl, N-Äthyl-3-hexyl-, N-Äthyl-3-heptyl-, N-Äthyl-3-octylaminocarbazol, die entsprechenden N-Propyl-, N-Butyl-, N-Amyl-, N-Hexyl-Derivv.; N-Äthyl-3.6-dipropyl-, N-Propyl-3.6-dipropyl-, N-Butyl-3.6-dipropyl-, N-Amyl-3.6-dipropyl-, N-Hexyl-3.6-dipropyl-, N-Äthyl-2.3.6.7-tetraäthyl-, N-Äthyl-2.3.6.7-tetrapropyl-, N-Äthyl-2.3.6.7-tetrabutyl-, N-Äthyl-2.3.6.7-tetraamyl-, N-Äthyl-2.3.6.7-tetrahexyl- u. die entsprechenden N-Propyl-

I

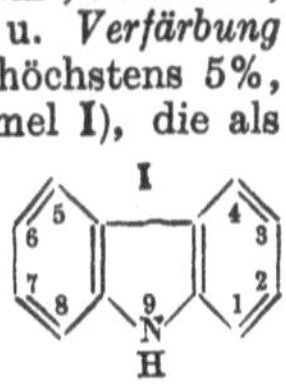

Derivv.; N-Propyl-1.3.6.8-tetrapropyl-, N-Propyl-1.3.6.8-tetrabutylaminocarbazol; 6-Propyl-, 6-Butyl-, 6-Amyl-, 6-Hexylamino-1.2.3.4-tetrahydrocarbazol. (**A. P. 2 864 676** vom 29/9. 1955, ausg. 16/12. 1958.) G. KRAUSS. 5907

Charles Alfred Longley, London, England, *Zementartiger Kitt.* (**Ind. P. 49 856** vom 6/7. 1953, ausg. 20/7. 1954. — C. **1955.** 10105 [E. P. 721 318].)

Böhme Fettchemie G. m. b. H., Düsseldorf, *Dispergiermittel.* (**Schwed. P. 157 290** vom 22/10. 1954, ausg. 18/12. 1956. D. Prior. 9/11. 1953. — C. **1958.** 820 [F. P. 1 111 923].)

VEB Farbenfabrik Wolfen, Wolfen (Erfinder: **Günther Naumann**, Leipzig), *Herstellung von Ionenaustauschern in Perlform.* (**Oe. P. 202 077** vom 2/9. 1957, ausg. 10/2. 1959. D. Prior. 8/6. 1957. — C. **1961.** 963 [D. A. S. 1 083 544].)

Permutit Co. Ltd., London, England, *Ionenaustauschende Mischpolymerisate in Form von Filmen, Röhren und dergleichen.* (**Aust. P. 162 997** vom 5/2. 1954, ausg. 9/6. 1955. E. Prior. 11/2. 1953. — C. **1957.** 13450 [E. P. 744 834].)

Jiří Cerny und **Oto Wichterle**, Prag, Tschechoslowakei, *Anionenaustauschharze auf Basis von Thiuroniumsalzen.* (**E. P. 843 006** vom 27/12. 1956, ausg. 4/8. 1960. — C. **1958.** 9027 [D. A. S. 1 016 931].

Rohm & Haas Co., Philadelphia, Pa., V.St.A., *Kationenaustauschermembran.* (**Schwed. P. 156 526** vom 11/2. 1955, ausg. 16/10. 1956. A. Prior. 12/2. 1954. — C. **1958.** 13075 [E. P. 781 993].)

Ivar Wallquist, Karlstadt, Schweden, *Filtrieren von Flüssigkeiten.* (**A. P. 2 751 087** vom 14/4. 1954, ausg. 19/6. 1956. Schwed. Prior. 18/4. 1953. — C. **1957.** 8899 [D. B. P. 958 108].)

Ivar Wallquist, Karlstadt, Schweden, *Filtrieren von Flüssigkeiten.* (**E. P. 848 461** vom 25/2. 1957, ausg. 14/9. 1960. — C. **1957.** 5674 [D. B. P. 939 989].)

Seitz-Werke Theo & Georg Seitz (Erfinder: **Günther Liegel-Seitz**), Bad Kreuznach, *Filtermittel.* (**D. A. S. 1 067 779** Kl. 12d vom 14/9. 1957, ausg. 29/10. 1959. — C. **1960.** 15520 [F. P. 1 202 495].)

Komline-Sanderson Engineering Corp. (Erfinder: **Thomas Raymond Komline**), Peapack, N.J., V.St.A., *Filtrieren von mit Feststoffen verunreinigten Flüssigkeiten, besonders Industrie- und anderen Abwässern.* (**Schwz. P. 346 528** vom 20/12. 1954, ausg. 15/7. 1960. **F. P. 1 117 520** vom 14/12. 1954, ausg. 23/5. 1956. **Belg. P. 534 194** vom 17/12. 1954, ausg. 18/7. 1958. — C. **1956.** 5380 [A. P. 2 699 260].)

Salfret Ltd., London (Erfinder: **Ronald John Stevens**, Kingston Hill), England, *Verfahren zum Klären und Reinhalten eines Kantenfilters für flüssige und gasförmige Medien.* (**D. A. S. 1 075 557** Kl. 12d vom 24/8. 1955, ausg. 18/2. 1960. E. Prior. 14/9. 1954. — C. **1958.** 6932 [E. P. 774 811].)

Salfret Ltd., London (Erfinder: **Ronald John Stevens**, Kingston Hill), England, *Verfahren zum Klären und Reinhalten eines Kantenfilters für flüssige und gasförmige Medien.* (**Schwz. P. 349 956** vom 30/8. 1955, ausg. 31/12. 1960. E. Prior. 14/9. 1954. — C. **1958.** 6932 [E. P. 774 811].)

Salfret Ltd., London (Erfinder: **Ronald John Stevens**, Kingston Hill), England, *Verfahren zum Klären und Reinhalten eines Kantenfilters für flüssige und gasförmige Medien.* (**Belg. P. 540 914** vom 30/8. 1955, ausg. 14/8. 1959. E. Prior. 14/9. 1954. — C. **1958.** 6932 [E. P. 774 811].)

Monsanto Chemicals Ltd., London, England, *Granulieren feinverteilter Stoffe.* (**Ind. P. 49 914** vom 15/7. 1953, ausg. 23/8. 1954. E. Prior. 17/7. 1952. — C. **1956.** 11037 [E. P. 736 969].)

Union Carbide Corp., New York (Erfinder: **John Edward McCormick**, Cincinnati, Ohio, und **Emery Harry Westerland**, Kenmore), N.Y., V.St.A., *Herstellung synthetischer zeolithischer Molekularsiebe.* (**Schwz. P. 349 957** vom 9/6. 1956, ausg. 31/12. 1960. A. Prior. 20/6. 1955. — C. **1959.** 10363 [D. A. S. 1 038 015].)

Rheinpreussen Akt.-Ges. für Bergbau und Chemie, Homberg/Ndrh., *Trennung von Kohlendioxyd und gasförmigen, besonders ungesättigten Kohlenwasserstoffen.* (**Aust. P. 167 809** vom 12/8. 1952, ausg. 21/6. 1956. D. Prior. 16/8. 1951. — C. **1956.** 1693 [F. P. 1 071 691].)

Stamicarbon N. V., Heerlen, Holland, *Abscheiden von Nebeln aus Gasen.* (**Ind. P. 49 910** vom 14/7. 1953, ausg. 10/6. 1955. — C. **1960.** 11062 [It. P. 502 675].)

N. V. de Bataafsche Petroleum Mij. (Erfinder: **Willem Nagelkerke** und **Serrit Meijer**), Den Haag, Holland, *Kühlung und gleichzeitige Reinigung heißer Gase.* (**D. A. S. 1 076 092** Kl. 12i vom 8/8. 1957, ausg. 25/2. 1960. **E. P. 826 209** vom 8/8. 1957, ausg. 31/12. 1959. Beide Holl. Prior. 10/8. 1956. — C. **1960.** 11523 [F. P. 1 181 460].)

Union Carbide & Carbon Corp., New York, N.Y., V.St.A., *Zerlegen von Luft bei niederer Temperatur.* (**Schwed. P. 156 232** vom 22/12. 1953, ausg. 25/9. 1956. A. Prior. 24/3. 1953. — C. **1958.** 1395 [D. A. S. 1 012 939].)

Ionics, Inc., Cambridge, Mass., V.St.A., *Elektrodialyse von Lösungen.* (**It. P. 513 290** vom 20/7. 1953. A. Prior. 30/8. 1952. — C. **1958.** 5775 [Schwz. P. 319 565].)

Ionics, Inc., Cambridge, Mass., V.St.A., *Elektrodialyse von Lösungen.* (**Aust. P. 161 042** vom 15/7. 1953 ausg. 24/2. 1955. A. Prior. 30/8. 1952. — C. **1958.** 5775 [Schwz. P. 319 565].)

International Physical Establishment, Vaduz, Liechtenstein, *Erzeugen von Ultraschallwellen und -schwingungen in Flüssigkeiten.* (**Ind. P. 49 882** vom 10/7. 1953, ausg. 3/2. 1955. — C. **1959.** 13905 [F. P. 1 099 427].)

N. V. de Bataafsche Petroleum Mij., Den Haag, Holland, *Magnetische hydraulische Flüssigkeiten.* (**Aust. P. 162 371** vom 21/8. 1952, ausg. 21/4. 1955. A. Prior. 23/8. 1951. — C. **1956.** 1402 [F. P. 1 071 708].)

Westinghouse Electric Corp., V.St.A. (Erfinder: **Benjamin Lustman**, **Ezekiel F. Losco**, **Harold J. Snyder** und **Richard Eggleston**), *Kernreaktorregelglied.* (**F. P. 1 214 215** vom 7/10. 1958, ausg. 7/4. 1960. A. Prior. 8/10. 1957. — C. **1960.** 1630 [D. A. S. 1 062 839].)

II. Betriebsschutz. Feuerschutz

Lärmbekämpfung in der chemischen Industrie. Robert L. Jacks. (Chem. Engng. **68.** Nr. 4. 127—34. 20/2. 1961. M. W. Kellogg Co.) (Engl.)

Der Lärm hat in letzter Zeit in der Industrie derart zugenommen, daß unbedingt Maßnahmen ergriffen werden müssen, um ihn zu bekämpfen. An Hand von Tabellen für verschiedene in Gebrauch befindliche App. werden die einzelnen Lautstärken nachgewiesen. Da bes. das Gehör unter dem Lärm leidet, werden die verschiedenen Maßnahmen geschildert, um Abhilfe zu schaffen. F. ROSENDAHL. 5930 □

Auf bestimmte Lösungsmittel geeichtes Explosionswarngerät. W. A. Dickes. (Chem. Engng. **68.** Nr. 2. 157. 23/1. 1961. Neenah, Wis., Kimberley-Clark Corp.) (Engl.)

Zwecks Eichung von Explosionswarngeräten auf bestimmte brennbare oder explosive Lsgm. werden 2 Ströme von trockner (A) u. mit Lsgm. (B) gesätt. Luft nach Kontrolle der Durchströmmengen (I_A bzw. I_B) u. der Drücke mittels Rota- bzw. Manometern sowie Mischung in einem längeren Rohr dem Anzeigegerät zugeführt. Die Sättigung des einen Luftstroms mit B erfolgt in einem mit B beschickten Gaswäscher bei variabler, jeweils konst. Temp., wobei sich der Geh. an B (= V_B) aus dessen Dampfdruckkurve ermitteln läßt. Der Vol.-%-Geh. des Mischgasstroms ergibt sich als Quotient aus ($V_B \cdot I_B$) u. ($I_A + I_B$). R. SCHÖNFELDER. 5936 □

Nichtentflammbare flüssige Mischungen und Sicherheitslösungsmittel. E. H. Coleman. (Ind. Chemist **36.** 211—14. Mai 1960.) (Engl.)

Besprechung der Grundlagen für die Herst. von Sicherheits-Lsgm. durch geeignete Mischung von entflammbaren u. nichtentflammbaren Stoffen. Für jedes entsprechende Stoffpaar kann ein Grenzsicherheitsverhältnis angegeben werden, oberhalb dessen eine Zündung der Dämpfe nicht mehr möglich ist. Die Verhältnisse werden an Hand von Diagrammen für die Stoffpaare CCl_4/n-C_6H_{14}, CH_3Br/CH_3OH, $CCl_4/C_2H_2Cl_2$ u. CH_2Cl_2/CH_3COCH_3 besprochen. GERHARD GÜNTHER. 5936 □

Untersuchungen auf Sicherheit von Sprengstoffen in Gegenwart von Methan in Kohle und Gestein. W. B. Cybulski. (Rev. Ind. minérale **42.** 831—56. Okt. 1960. Kopalnia Doswiadczalna „Barbara".) (Franz.)

Bei Unterss. der Schlagwettersicherheit von 7 Sicherheits- (I) u. 4 Gesteinssprengstoffen auf NH_4NO_3- bzw. Nitroglycerinbasis in Ggw. von CH_4 (15—75 m^3, abgegrenzt durch Papier) in Kohle- bzw. Berggängen unter bes. schlagwetterbegünstigenden Bedingungen (z. B. stets rückseitige Zündung) ergibt sich eine niedrigere CH_4-Entzündungshäufigkeit (EH) als bei Axialschüssen im Stahlmörsertest (MT). Die EH steigt jedoch mit zunehmender Härte u. Festigkeit der Umgebung bis zu gleichem Verh. wie im MT. Angrenzende kleine Nischen (Vol. ca. 1 m^3) erhöhen die EH, Simultanschüsse dagegen nicht. Bei der Explosion entstehender Stein- oder (bes.) Kohlestaub wirkt stark entflammungshemmend, letzterer offenbar wegen seiner Red.-Eigg.; daher ist eine dünne Schutzschicht dieser Materialien zwischen Patrone u. Wand ein guter zusätzlicher Schlagwetterschutz. Die Sicherheit der verwendeten I kann selbst bei groben Fehlern der Sprengarbeit als sehr groß bezeichnet werden. R. SCHÖNFELDER. 5936 □

Zur Frage der Anwendung der photocolorimetrischen Adsorptionsmethode zur Analyse von Quarz im Gemisch mit Silicaten. G. I. Beltikow und A. K. Keller. (Гигиена и Санитария [Hyg. u. Sanitätswes.] **24.** Nr. 6. 75—78. Juni 1959. Perm, Landwirtsch. Prjanischnikow-Inst.) (Russ.)

Die von BERKOWITSCH vorgeschlagene photocolorimetr. Adsorptions-Meth. zur Analyse von Quarz im Grubenstaub wurde einer eingehenden Prüfung unterzogen. Es wurde festgestellt, daß sowohl die Genauigkeit als auch der Zeitaufwand der Analyse keinesfalls befriedigend sind. Es muß dabei mit Gewichtsmengen von 25 mg gearbeitet werden, wodurch sich Zufallsresultate ergeben können. Die verwendeten Farbstoffe können bei den sehr empfindlichen Eigg. der Adsorption keine einwandfreie quant. Analyse von Quarz gewährleisten. Die Annahme, daß die Silicate gleiche Adsorptions-Eigg. besitzen u. daß das Fuchsin durch Quarz, Methylenblau allein durch die Silicate adsorbiert wird, hat sich nicht bestätigt. H. TREUMANN. 5948

Établissements Lemer & Co., Frankreich, **Schutz gegen die Strahlung radioaktiver Körper** besteht aus einem metall. Gestell, das mit *Pb*-Körnern u. zwischen den Pb-Körnern angeordneten Pb-Staub angefüllt ist. (**F. P. 1 175 282** vom 16/5. 1957, ausg. 23/3. 1959.) F. VIER. 5933

Soc. des Produits Tensio-Actifs et Dérivés „Tensia" Soc. An., Belgien, **Schaumerzeugendes Mittel,** bes. für *Feuerlöschzwecke*, besteht einesteils aus einem Alkalisalz, bes. Na-Salz, einer Alkyl-Aryl-Sulfonsäure (I), zum anderen aus dem Alkali-, bes. Na-Salz, einer Alkylschwefelsäure (II) oder einem Alkylolamid (III) oder einem Gemisch aus II u. III. Der aliphat. Rest von I ist geradkettig oder verzweigt, wobei der geradkettige Teil 8—18 C-Atome enthält. II wird aus höheren Alkoholen, bes. mit 8—10 oder 12—14 C-Atomen, erhalten. III ist ein Kondens.-Prod. aus Äthylenoxyd u. einem höheren (sulfatierten oder nichtsulfatierten) Fettsäureamid mit 8—16 C-Atomen.

— Lsgg. in W. folgender Zus. werden verwendet: 1. 4—15 (%) I, 12—1 II; 2. 1—20 I, 1—10 III; 3. 4—15 I, 4—15 II (mit 8—10 C-Atomen), 4—15 II (mit 12—14 C-Atomen); 4. wie 3. u. außerdem 1—10 III. — Tabelle. (**F. P. 1 126 121** vom 13/6. 1955, ausg. 15/11. 1956. Belg. Prior. 29/6. 1954.) J. WEIS. 5945

III. Elektrotechnik

Union Carbide Corp., New York, N.Y., V.St.A. (Erfinder: Jean Marie Ferdinand Gilles, Brüssel, und Jean Leon van Cakenberghe, Beersel, Belgien), **Herstellen einkristalliner Überzüge aus dotierten Halbleitergrundstoffen** durch gleichzeitiges Aufdampfen des Grundstoffs u. der Dotierungsfremdstoffe im Vakuum auf eine vorgewärmte Trägerplatte, wobei der gebildete Überzug oberhalb der Temp. der Kristallkeim-Bldg. geglüht wird, dad. gek., daß ein mit *Cu* oder *Ag* aktivierter Überzug aus *CdS* bei 450° geglüht u. die Glühtemp. stetig in 4 Std. auf 550° erhöht wird. Das Verf. kann auch zur Herst. von mit *Al, Ga, In, B, P, As, Sb* dotierten Einkristallen aus *Ge* angewandt werden, wobei die Glühtemp. in 4 Std. von 500 auf 600° erhöht wird. (**D. A. S. 1 098 316** Kl. 48b vom 26/6. 1957, ausg. 26/1. 1961.) F. VIER. 5953

North American Philips Co., Inc., New York, N.Y., V.St.A., übert. von: Johannes Jacobus Asuerus Ploos van Amstel, Eindhoven, Holland, **Legieren einer Elektrode an einen Halbleiterkörper aus Germanium.** Die Elektrode, z. B. aus In, wird mit einem Flußmittel, z. B. einer gesätt. Lsg. von Pyridiniumchlorid in W., bedeckt u. im Kontakt mit dem Halbleiterkörper aus Ge auf unter 450°, z. B. 300, 2—5 Min. lang erhitzt, so daß eine feste Haftung erzielt wird, ohne daß eine nennenswerte Diffusion stattfindet. Dann wird auf eine Temp. unterhalb der ersten erhitzt zur Erzielung der gewünschten Diffusion. Das Flußmittel verdampft dabei restlos, so daß irgendwelche Rückstände keinen schädlichen Einfl. auf den Ge-Körper ausüben können. (**A. P. 2 887 416** vom 20/7. 1956, ausg. 19/5. 1959. Holl. Prior. 21/7. 1955.) F. VIER. 5953

Columbia Broadcasting System, Inc., Danvers, übert. von: Allen I. Swartz, Malden, Mass., V.St.A., **Reinigen von Halbleitern.** Für die Herst. von Transistoren ist die normalerweise erzielte Reinheit bei der Gewinnung von Si u. Ge nicht ausreichend. Anschließend an die bekannte Herst. der Elemente werden diese deshalb nach Zusatz von ca. 5% Al in inerter Atmosphäre geschmolzen u. wieder abgekühlt. Dabei entsteht als 1. Fraktion eine Lsg. des Al in Si. In der 2. Fraktion sammeln sich die Verunreinigungen an der Oberfläche der zusammengeschmolzenen Si-Kristalle. Die Masse zerspringt beim Zerkleinern etwa in die einzelnen Kristalle, so daß die auf ihrer Oberfläche sitzenden Verunreinigungen mit z. B. 5—25%ig. KOH oder NaOH-Lsg. abgelöst werden können. Anschließend wird gewaschen u. getrocknet. (**A. P. 2 885 364** vom 31/5. 1955, ausg. 5/5. 1959.) G. FRIKELL. 5953

Montecatini Soc. Gen. per l'Industria Mineraria e Chimica, Mailand, Italien, **Widerstandskörper,** bestehend aus einem Kern aus nichtporösem, gesintertem Polytetrafluoräthylen mit einer äußeren Schicht aus porösem, gesintertem Polytetrafluoräthylen. Letztere erhält man, indem man pulverisiertes Polytetrafluoräthylen mit einem wasserlösl. Salz, z. B. NaCl, vermischt, verpreßt u. sintert. Anschließend laugt man mit W. die NaCl-Teilchen heraus. (**Ind. P. 58 592** vom 8/10. 1956, ausg. 24/12. 1958.) H. NEBELSIEK. 5955

Deutsche Gold- und Silber-Scheideanstalt vormals Roessler, Frankfurt/M. (Erfinder: Paul Walter, Dörnigheim/Kr. Hanau), **Verwendung einer Palladiumlegierung als Werkstoff für Widerstände,** bes. für Potentiometerdrähte. Die Leg. enthält neben *Pd* noch *U, Re* oder *Cr*, einzeln oder zu mehreren, in Mengen von 1—50 (%), z. B. 3—30 Re. Bis zu 30 des Pd können durch *Au* oder *Ag* ersetzt sein. (**D. A. S. 1 092 213** Kl. 40b vom 20/4. 1957, ausg. 3/11. 1960.) W. HAUSWALD. 5955

Comp. Française Thomson-Houston, Frankreich (Erfinder: Myron Lee Corin), **Isoliermaterial** aus Papier oder Glimmer wird zur Verbesserung seiner mechan. Widerstandsfähigkeit mit einem Alkylorthotitanat imprägniert, das dann hydrolysiert u. getrocknet wird. (**F. P. 1 193 660** vom 9/8. 1957, ausg. 4/11. 1959. A. Prior. 9/8. 1956.) H. KESSEL. 5957

Westinghouse Electric Corp., East Pittsburgh (Erfinder: Lawrence William Frost, Pennsylvania), Pa., V.St.A., **Herstellung fluorhaltiger Organosiliciumverbindungen,** die sich wegen ihrer dielektr. Eigg. als *elektr. Isoliermaterial* verwenden lassen. Man erhält sie durch Erhitzen von 0,05—20 Mol der Verb. a) mit 1 Mol der Verb. b). a) ist eine Vinylsilan-Verb. der allg. Formel $(R^1_xR^2_nSiY_{[4-(x+n)]})_m$ (R^1 = Vinylgruppe; R^2 = einwertige KW-Stoff-Gruppe aus gesätt. aliphat. oder cycloaliphat. KW-Stoffen, Phenylrest oder dessen mit Halogen, halogenhaltigen oder -freien gesätt. aliphat. KW-Stoffresten substituierte Derivv.; x = ganze Zahl von 1—3; n = ganze Zahl von 0—3; x + n = 1—4; m = wenigstens 1; Y = anion. verseifbare Reste, wie OH-, Hydrocarbonoxy-, F-, Cl-, Hemioxyrest); b) ist eine perhalogenierte Äthylen-Verb., die Cl u. F enthalten kann, wobei jedoch mindestens so viel F-Atome wie Cl-Atome vorhanden sind. — Zu 45 g Vinyltrimethylsilan drückt man bis 1000 lbs./sq.in. N_2, entspannt, gibt Tetrafluoräthylengas bis 250 lbs./sq.in. (95 g) zu, erwärmt 16 Std. auf 148°, wobei der Druck auf 500 lbs./sq.in. steigt u. dann auf 400 lbs./sq.in. fällt: 55 g farblose Fl., Hauptanteil *2.2.3.3-Tetrafluorcyclobutyltrimethylsilan*, Kp. 130,7°, F. —12 bis —17°; n_D^{25} 1,3731; $D._4^{25}$ 1,074; sehr stabile Verb. (z. B. gegen 50% ig. NaOH). Ferner *Dichlordifluorcyclobutyltrichlorsilan*, Kp. 192,4°, F. —37 bis —39°, n_D^{25} 1,4594; $D._4^{25}$ 1,597, von dem 29 g, mit 250 ml W. im Eisbad verseift, einen Sirup aus *polymerem Siloxan* ergeben, der mit festen Füllstoffen zur Herst. von *Preßmassen* oder zur Herst. von *Schichtkörpern* u. *Firnis* dient. — *Dichlordifluorcyclobutyltriäthoxysilan*, Kp. 238,8°, F. $<$—78°, n_D^{25} 1,4181; $D._4^{25}$ 1,157, daraus mit CH_3MgBr *Dichlordifluorcyclobutyldimethyläthoxysilan*, Kp. 208,4°, F. $<$—78°; n_D^{25} 1,4341; $D._4^{25}$ 1,190, daraus durch Verseifen mit H_2SO_4 *1.3-Bis-(dichlordifluorcyclobutyl)-tetramethyldisiloxan*, $Kp._{0,2}$ 132°, F. $<$—78°, n_D^{25} 1,4539; $D._4^{25}$ 1,325, das eine als *Dielektrikum* verwendbare Fl. ist. — *Chlortrifluorcyclobutyltriäthoxysilan*, Kp. 218,3°, F. $<$—78°, n_D^{25} 1,3974; $D._4^{25}$ 1,165. 33 g davon u. 24 g Dimethyldiäthoxysilan werden mit HCl verseift, wobei ein für *Lacke* geeignetes Polymeres entsteht, mit dessen Bzl.-Lsg. man Glasgewebe imprägniert u. 41 Std. bei 225° hält. (**Jap. A. S. 2488/1959** vom 29/12. 1955, ausg. 15/4. 1959. A. Prior. 30/12. 1954.) M. PANKOW. 5957

British Insulated Callender's Cables Ltd., London, England, **Imprägniermittel für elektrische Kabel und Kondensatoren,** bestehend aus einem Gemisch von 0,5—20 (%), bes. 5—10, Polyäthylen, 2—50, bes. 5—15, mikrokristallinem Petroleumwachs u. bis zu 30 Kolophonium, das in einem mineral. Isolieröl mit 70—250 cSt. bei 60° zweckmäßig bei nicht $>$250° unter Rühren u. unter inertem Gas gelöst wird, wobei der Geh. der Lsg. an Polyäthylen u. Wachs mindestens 10 betragen soll. Dieser Lsg. kann noch ein aromat. Petroleumextrakt, der dem Imprägniermittel gasabsorbierende Eigg. verleihen soll, bis zu 0,2 Oxydationsinhibitoren (Phenyl-β-naphthylamin), bis zu 0,02 Metalldesaktivatoren (N.N'-Disalicylidenäthylendiamin) u./oder bis zu 50 Polyisobutylen zugesetzt werden. (**Aust. P. 167 893** vom 2/2. 1954, ausg. 12/7. 1956.) W. GRÄGER. 5957

Comp. Française Thomson-Houston, Frankreich (Erfinder: Elmore Joseph Fitz), **Herstellung eines entkohlten Stahles mit 1—4% Si für elektrotechnische Zwecke** unter gleichzeitiger Durchführung einer Weichglühung u. Entkohlung des Walzgutes (Bänder, Bleche), dad. gek., daß das Walzgut bei 925—955° 1 Min. in einer Atmosphäre geglüht wird, die aus einem inerten Gas, z. B. N_2, Edelgas oder deren Gemisch, u. so viel Wasserdampf besteht, daß der Taupunkt bei ca. 25° liegt. Das Walzgut wird vor dieser entkohlenden Wärmebehandlung zweckmäßig in den hierfür üblichen Bädern gebeizt u. gereinigt. Ein Stahlband mit ca. 3% Si u. einem durch die Behandlung auf 0,002% u. niedriger gesenkten C-Geh. unterliegt nur einer sehr geringen magnet. Alterung u. die Wattverlustziffer ist sehr gering. (**F. P. 1 207 987** vom 14/11. 1958, ausg. 19/2. 1960. A. Prior. 15/11. 1957.) H. HOCHSTEIN. 5959

Lignes Télégraphiques et Téléphoniques, Frankreich (Erfinder: Gérard Gomez), **Pressen von magnetischem Material** aus pulverigen Stoffen, wie Legg., Metalloxyden oder Metallsalzen, mit Zusätzen von Schmier- oder Bindemitteln, z. B. Hexylenglykol oder Diisobutylketon oder Lsgg. davon. (**F. P. 1 120 693** vom 28/1. 1955, ausg. 10/7. 1956.) M. F. MÜLLER. 5959

Tsoi Ning, Kowloon, Hongkong, **Galvanisches Primär-Element** mit Zn-Becher, Elektrolyt u. Depolarisatormasse mit Kohlestift u. Messingkappe. Um ein Entweichen des Elektrolyten sicher zu verhindern, wird der Rand der Kappe so weit vergrößert, bis er den oberen, mit einer Nut versehenen Rand des Zn-Bechers berührt u. dort unter Zwischenfügung eines PVC-Bandes festgeklemmt werden kann. Die Unterseite des Kappenrandes wird mit Hilfe einer PVC-Folie gegen Korrosion geschützt. Da bei dieser Abdichtung die übliche 5—8 mm dicke Asphaltvergußmasse fortfällt, kann das Vol. der akt. Masse u. damit die Kapazität des Elementes erhöht werden. — Zeichnungen. (**E. P. 851 253** vom 26/11. 1958, ausg. 12/10. 1960.) F. LAASS. 5971

Nederlandse Organisatie voor Toegepast-Natuurwetenschappelijk Onderzoek ten Behoeve van Nijverheid, Handel en Verkeer, Den Haag, Holland, **Brennstoffelement.** Als Elektrolyt dient eine Mischung von Li-, K-, Na-

Rb- oder Cs-Carbonat, die in einen Träger aus gesintertem MgO eingebracht ist. Auf die eine Seite des ca. 3 mm dicken scheibenförmigen Trägers wird als Brenngaselektrode eine 0,5 mm dicke Schicht Fe-Pulver, welches durch Red. von Fe_2O_3 mit H_2 bei ca. 800° erhalten wird, u. auf die andere Seite eine ca. 0,1 mm dicke Schicht Ag-Pulver als O_2-Elektrode aufgebracht. Auf beide Elektroden werden je ein Metallnetz aus Ni–Cr aufgelegt, die mit Hilfe von perforierten Metallblechen fest auf die Elektroden gepreßt werden. Die Arbeits-Temp. des Elementes liegt zwischen 450 u. 750°. — Zeichnungen. (**E. P. 850 706** vom 10/9. 1958, ausg. 5/10. 1960. Holl. Prior. 12/9. 1957.) F. LAASS. 5971

Svenska Ackumulator A/B Jungner, Stockholm. Schweden (Erfinder: Sven Gunnar Soredal), **Separator für Akkumulatoren,** bes. für alkal. Ag–Zn-Akkumulatoren. Die im Elektrolyten stark quellenden Separatoren aus regenerierter Cellulose (**I**) werden ganz oder teilweise ersetzt durch solche aus Papier, welches dadurch erhalten wird, daß die Pülpe vor dem Aufbringen auf die Papiermaschine so lange gemahlen wird, bis sie bis zu einem gewissen Grad schleimig geworden ist. Derart hergestelltes Papier ist als Kondensatorpapier (**II**) bis zu einer Dicke von 0,008 mm im Handel erhältlich u. quillt im Elektrolyt nicht auf. Z. B. wird die Zn-Elektrode mehrmals mit dünnem **II** u. die Ag-Elektrode mit **I** umwickelt. (**E. P. 850 027** vom 27/12. 1957, ausg. 28/9. 1960.) F. LAASS. 5971

Yardney International Corp., New York, N.Y., V.St.A., **Elektrode für galvanische Primär- oder Sekundärelemente,** die aus in einer Ebene angeordneten Teilstücken zusammengesetzt ist, u. wobei die Teilstücke durch einen nichtleitenden Träger, z. B. aus einer oder mehreren Cellulosehydrat- oder Polyvinylchloridfolien, im Abstand voneinander gehalten werden. Jedes Teilstück weist einen als Ableiter dienenden Draht auf, jeder Draht mündet in eine gemeinsame Elektrodenleitung. Die Drähte haben einen solchen Querschnitt, daß sie den vollen Ladestrom des betreffenden Teilstückes führen können, aber durchbrennen, wenn der Strom in ihnen übermäßig ansteigt (Schmelzsicherung). Vorteil: Ein Kurzschluß oder Inaktivwerden eines Elektrodenteilstückes beeinflußt die Wirkungsweise der übrigen Teilstücke nicht. — Zeichnungen. (**E. P. 849 266** vom 14/12. 1956, ausg. 21/9. 1960. **Belg. P. 553 377** vom 13/12. 1956, ausg. 15/1. 1960. Beide A. Prior. 14/12. 1955.) F. LAASS. 5971

Electric Storage Battery Co. (Erfinder: Joseph Charles Duddy), **Herstellung von porösen Glasfaserröhren für elektrische Batterien.** Man imprägniert einen Teil eines porösen Glasfaserbogens mit einem Harzbindemittel, trocknet den Bogen, rollt ihn um den nichtimprägnierten Teil zu einer mehrschichtigen Röhre, so daß nur die äußeren Schichten miteinander verbunden werden u. die innere bzw. inneren Schichten zwecks Ausdehnung bzw. Kontraktion beweglich bleiben, u. erhitzt auf 350—450° F. Die Imprägnierungs-Lsg. enthält z. B. Polystyrol u. Methyläthylketon im Verhältnis 1:9 oder eine wss. Dispersion von Polystyrol u. Dibutylphthalat. (**Aust. P. 220 905** vom 15/1. 1957, ausg. 16/4. 1959.) K. DEMMLER. 5971

Wegerator Soc. An., Schweiz, übert. von: Alweg Forschungs-Anstalt, **Thermoelektrisches Element.** Auf der Außenseite eines Hohlzylinders aus Quarzmaterial, der von innen erhitzt wird, sind plattenförmige Thermoelemente flach anliegend angeordnet. Auf eine Zwischenschicht aus Ag folgt eine metall. Grundschicht, z. B. Cu. Darauf liegt eine Halbleiterschicht, z. B. Cu_2O, die gekühlt wird u. den positiven Pol bildet. Negativer Pol ist die Zwischenschicht aus Ag. — 2 Zeichnungen. (**F. P. 1 137 601** vom 6/10. 1955, ausg. 31/5. 1957. Oe. Prior. 15/10. u. 18/10. 1954.) J. WEIS. 5971

Egyesült Izzólámpa és Villamossági R.T., Budapest, Ungarn, **Herstellung gasgefüllter elektrischer Glühbirnen.** Zur Vermeidung einer Bogenentladung unterwirft man das Füllgas, das mindestens ein Edelgas enthält, einer an sich bekannten Reinigungsbehandlung zur Entfernung radioakt. Verunreinigungen. Die Radioaktivität soll höchstens 10^{-9} c/Liter betragen. (**Holl. P. 96 073** vom 6/11. 1957, ausg. 15/11. 1960. Ung. Prior. 6/8. 1957.) F. BÖHM. 5973

CEDEL (Centre d'Études et de Développements de l'Électronique), Seine, Frankreich (Erfinder: Jacques Marie Noël Hanlet), **Elektrolumineszierendes Material,** bestehend aus einem Gemisch von Oxyden, von denen mindestens ein Oxyd ein aktivierbares Oxyd (z. B. ZnO, CdO, BaO, CaO) u. ein Oxyd ein Aktivator für dieses (z. B. Oxyde des Cu, Pb, Mn, Ag, Tl, Se, Ge) ist. (**F. P. 1 139 169** vom 30/12. 1955, ausg. 26/6. 1957.) T. OPPERMANN. 5975

CEDEL (Centre d'Études et de Développements de l'Électronique), Seine, Frankreich (Erfinder: Jacques Marie Noël Hanlet), **Elektrolumineszierendes Material.** Man bedeckt eine Platte, z. B. aus Mg oder Al, im Vakuum mit mehreren Metallen (z. B. Zn u. Cu), von denen mindestens eines ein aktivierendes u. eines ein aktivierbares Oxyd bildet, u. überträgt diese Metalle durch kathod. Projektion in Ggw. von O_2 auf eine Rh-Platte. (**F. P. 1 141 523** vom 30/12. 1955, ausg. 3/9. 1957.) T. OPPERMANN. 5975

N. V. Philips' Gloeilampenfabrieken, Eindhoven, Holland (Erfinder: Hermann Georg Grimmeiss, Aachen, Hein Koelmans, Eindhoven, Holland, und Ingo Bruno Maak, Aachen), **Leuchtröhre.** Der Leuchtstoff besteht aus Ga-Nitrid, das mit mindestens einem Element aus der Gruppe Li, Na, Cu, Ag, Au, Be, Mg, Ca, Sr, Ba, Zn, Cd, Hg, Al, In, Tl, Sn u. Pb aktiviert ist. Als Koaktivator dient mindestens eines der Elemente aus der Gruppe O, S, Se Te u. F. (**D. A. S. 1 077 330** Kl. 21f vom 28/1. 1959, ausg. 10/3. 1960.) H. KESSEL. 5975

N. V. Philips' Gloeilampenfabrieken (Erfinder: Willem Lambertus Wanmaker, Cornelis Bakker und Johannes Wilhelmus Maria Arents), Eindhoven, Holland, **Gasentladungsleuchtröhre.** Die Leuchtschicht enthält Ba-Tetraphosphat als Haftmittel. (**D. A. S. 1 085 966** Kl. 21f vom 5/8. 1959, ausg. 28/7. 1960. **Oe. P. 211 919** vom 6/8. 1959, ausg. 10/11. 1960. Beide Holl. Prior. 9/8. 1958.) H. KESSEL. 5975

N. V. Philips' Gloeilampenfabrieken (Erfinder: Willem Lambertus Wanmaker und Cornelis Bakker), Eindhoven, Holland, **Gas- oder Dampfentladungsleuchtröhre.** Die Leuchtschicht enthält ein mit Cu(I) u. ggf. mit Mn(II) aktiviertes Phosphat von der Zus. $xSrO \cdot yMeO \cdot zP_2O_5 \cdot pCu_2O \cdot qMnO$, worin $2{,}5 < x + y + p + q/z < 3{,}0$; $0{,}002 < p/z < 0{,}4$; $0{,}003 < y/z < 0{,}9$; $0 < q/z < 0{,}20$; Me mindestens ein Element aus der Gruppe Al, Mg, Zn, Cd u. B. (**D. A. S. 1 095 941** Kl. 21f vom 4/11. 1959, ausg. 29/12. 1960. **F. P. 1 240 816** vom 6/11. 1959, ausg. 1/8. 1960. Beide Holl. Prior. 8/11. 1958.) H. KESSEL. 5975

Patent-Treuhand-Gesellschaft für elektrische Glühlampen m. b. H., München (Erfinder: Arved Lompe und Herbert Dziergwa, Berlin), **Quecksilberdampf-Niederdruckentladungsröhre** enthält Amalgame von Tl, Cd, In oder Ga, bes. in Verbindung mit einem Metall von niedrigem F. oder mit SiO_2. Dadurch ergibt sich ein niedrigerer Dampfdruck u. damit eine höhere Hg-Resonanzstrahlungsausbeute als bei Röhren mit freiem Hg bei gleicher Temperatur. (**D. A. S. 1 086 804** Kl. 21f vom 29/4. 1958, ausg. 11/8. 1960.) H. KESSEL. 5975

Patent-Treuhand-Gesellschaft für elektrische Glühlampen m. b. H., München (Erfinder: Johannes Gemsa, Berlin), **Hochdruckentladungslampe.** Die Elektroden bestehen aus großen, in Richtung der Elektrodenachse gestreckten, miteinander verzahnten W-Kristallen, deren Gefüge mit feinverteiltem Th-Oxyd gleichmäßig durchsetzt ist. (**D. A. S. 1 088 155** Kl. 21f vom 8/7. 1959, ausg. 1/9. 1960.) H. KESSEL. 5975

Corning Glass Works (Erfinder: Roy V. Harrington), Corning, N.Y., V.St.A., **Ceroxyd enthaltendes Glas für Kathodenstrahlröhren.** Das Glas enthält einen Zusatz an 0,05—4, bes. 0,05—1,5 (Gew.-%) TiO_2. Die Zus. eines derartigen Glases ist: 63 SiO_2, 7,5 Na_2O, 10,3 K_2O, 6,8 BaO, 3,4 CaO, 2,4 MgO, 4,5 Al_2O_3, 1,3 Fluoride, berechnet als F, 0,2 CeO_2 u. 0,8 TiO_2. — Diagramm. (**D. A. S. 1 091 716** Kl. 32b vom 2/4. 1959, ausg. 27/10. 1960. A. Prior. 8/4. 1958.) HANS HOFFMANN. 5975

Libbey-Owens-Ford Glass Co., übert. von: Romey A. Gaiser, Toledo, Ohio, V.St.A., **Glas mit elektrisch leitendem Überzug,** der transparent, gegen H_2S beständig u. luminescent ist. Zu seiner Herst. wird das Glas bis dicht an seinen Erweichungspunkt erwärmt, mit einer Sn-Verb. zwecks Bldg. eines Filmes von SnO behandelt u. bei gleicher Temp. mit einem Halogenid von Si, Ti oder Cr besprüht. Der gebildete Film eines Oxydes dieser Elemente ist beständig gegen die Einw. von Sulfiden, so daß anschließend ein Film aus einem Sulfid von Zn oder Cd aufgebracht werden kann. Anwendung des Verf. erfolgt z. B. bei der *Herst. von Bildschirmen.* (**A. P. 2 919 212** vom 13/7. 1955, ausg. 29/12. 1959.) G. FRIKELL. 5975

Mullard Ltd., London, England (Erfinder: John Edmund Willcox), **Herstellung von Glühkathoden.** Zur Herst. eines Überzuges aus Erdalkalicarbonaten oder eines anderen emittierenden Stoffes wird aus einer Suspension dieses Stoffes in der Lsg. eines Bindemittels, z. B. Nitrocellulose in Butylacetat, ein Film hergestellt. Dieser Film wird unter Druck auf die aufgerauhte Oberfläche der Kathode, z. B. aus Ni, aufgebracht. Die Oberfläche der Kathode kann durch galvan. Abscheiden von Ni-Schwamm u. Erhitzen auf 800° in reduzierender Atmosphäre oder durch Aufbringen eines Ni-Pulver enthaltenden Nitrocellulosefilmes u. Erhitzen auf 1000° in reduzierender Atmosphäre aufgerauht werden. (**E. P. 826 802** vom 20/8. 1957, ausg. 20/1. 1960.) F. VIER. 5975

N. V. Philips' Gloeilampenfabrieken, Eindhoven, Holland (Erfinder: Charles Franklin Hendee, Irvington-on-Hudson, und Samuel Fine, New York, N.Y., V.St.A.), **Strahlungsmeßgerät** mit einem Zählrohr, das Hauptimpulse u. Sekundärimpulse u. mit diesen Sekundärstrahlungsimpulse liefert. Diese lösen in einem 2. Nachw.-Gerät elektr. Impulse aus. Das Zählrohr des 1. Nachw.-Gerätes hat eine Gasfüllung, in der die Sekundärstrahlung in Form von Fluorescenzphotonen oder Röntgenstrahlen erzeugt wird. Zur Trennung der elektr. Haupt- u. Sekundärimpulse werden die Ausgangsimpulse beider Nachw.-Geräte verglichen, z. B. in einem Koinzidenz- oder einem Antikoinzidenzkreis. (**D. A. S. 1 043 525** Kl. 21g vom 13/4. 1955, ausg. 13/11. 1958. **F. P. 1 131 942** vom 15/4. 1955, ausg. 1/3. 1957. **E. P. 795 036** vom 14/4. 1955, ausg. 14/5. 1958. Alle A. Prior. 16/4. 1954. **A. P. 2 881 328** vom 16/4. 1954, ausg. 7/4. 1959.) H. KESSEL. 5975

N. V. Philips' Gloeilampenfabrieken, Eindhoven (Erfinder: Johannes Hermsen und Pieter Johannes Kraayeveld, Amsterdam), Holland, **Zählrohr zur Strahlungsmessung.** Der Entladungsraum ist durch äquidistante flächenhafte Elektroden u. eine senkrecht dazu stehende isolierende Wandung abgeschlossen. Entweder sind die Elektroden platten- oder ringförmig u. die Isolierwand zylindr., oder die Elektroden sind konzentr. Zylinder u. die Isolierwände ringförmige ebene Platten. Das Füllgas (bes. ein Edelgas) enthält mindestens 0,001% Halogen. (**D. A. S. 1 033 803** Kl. 21g vom 24/1. 1956, ausg. 10/7. 1958. **Oe. P. 195 538** vom 25/1. 1956, ausg. 10/2. 1958. **Schwz. P. 343 541** vom 26/1. 1956, ausg. 15/2. 1960. **F. P. 1 146 048** vom 27/1. 1956, ausg. 5/11. 1957. **Belg. P. 544 739** vom 26/1. 1956, ausg. 25/9. 1959. **E. P. 812 969** vom 25/1. 1956, ausg. 6/5. 1959. **A. P. 2 899 582** vom 27/12. 1955, ausg. 11/8. 1959. Alle Holl. Prior. 28/1. 1955.) H. KESSEL. 5975

Standard Telephones & Cables Pty. Ltd. (Erfinder: John Sydney Blakemore), **Halbleiter** aus einer Leg. von 3 Komponenten, die mindestens 50 (Atom-%) Sb enthält u. sonst aus 2 der 3 Elemente In, Ga u. Al besteht, z. B. 50 Sb, 25 Al u. 25 In. Geeignet für *Photozellen* u. IR-Filter. (**Aust. P. 204 960** vom 7/4. 1955, ausg. 24/1. 1957. E. Prior. 4/4. 1954.) W. GRÄGER. 5977

N. V. Philips' Gloeilampenfabrieken (Erfinder: Julian Robert Anthony Beale), **Legierungstransistor.** Auf einem Ge-Einkristall wird ein *In-Körnchen* (I) mit einem Geh. von 1% Ga u. ca. 375 μ Ø angeordnet u. im Ofen ca. 20 Min. bei 700° in einer Atmosphäre von H_2 mit einem Geh. an Sb erhitzt. Bei der Leg. wird der n-Transistortyp, bei Wiederholung der Erhitzung der p-Typ u. ggf. ein *p–n–p-Transistor* gebildet. I kann zusätzlich noch 0,2% Sb enthalten. — 3 Abbildungen. (**Aust. P. 221 771** vom 7/8. 1957, ausg. 18/6. 1959. E. Prior. 10/8. 1956.) H. MÖLLERING. 5977

N. V. Philips' Gloeilampenfabrieken, Eindhoven, Holland (Erfinder: Anthony Antal Nemet, Richmond, England), **Strahlungsdetektor** für Röntgen- u. γ-Strahlung. Ein Leuchtstoff ist auf der Oberfläche eines Formstücks auf einem lichtempfindlichen halbleitenden Material angebracht, das zwischen 2 Elektroden angeordnet ist. Das Formstück trägt prakt. eine Kunststoffschicht aus Polyvinyltoluol oder Polystyrol. (**Schwz. P. 346 300** vom 18/3. 1957, ausg. 30/6. 1960. **F. P. 1 169 754** vom 18/3. 1957, ausg. 6/1. 1959. **Belg. P. 555 905** vom 18/3. 1957, ausg. 26/2. 1960. **A. P. 2 899 560** vom 19/3. 1957, ausg. 11/8. 1959. Alle E. Prior. 19/3. 1956 u. 19/2. 1957. **E. P. 831 526** vom 19/3. 1956, ausg. 30/3. 1960.) H. KESSEL. 5977

Auergesellschaft Akt.-Ges. (Erfinder: Werner Born und Klaus Reichelt), Berlin, **Elektroluminescenzzelle.** Eine als Elektrode dienende einflächig leitfähige Glasplatte enthält <12 (%) Alkali u. <9 Erdalkali. (**D. A. S. 1 073 623** Kl. 21f vom 15/11. 1958, ausg. 21/1. 1960.) H. KESSEL. 5977

Robert Walter Reich, Freiburg, **Strahlungswarngerät in Kleinstausführung** mit durch Leuchtstoffmassen erregten Photohalbleitern. Diese befinden sich im Sammelpunkt der von der Leuchtstoffmasse ausgehenden Luminescenzstrahlung. Ein Transistor wird in einer mit einer Frequenz im bevorzugten Hörbereich arbeitenden Sperrschwingerschaltung angeordnet. Der Sperrschwinger wird beim Erreichen eines einstellbaren Strahlungswertes entsperrt, wobei der Eisenkern der Schwingspule direkt als Magnet den Anker des Summers zur Erzeugung des Warnsignals betätigt. (**D. A. S. 1 035 802** Kl. 21g vom 25/1. 1956, ausg. 7/8. 1958.) H. KESSEL. 5977

Standard Telephones & Cables Ltd., London, England (Erfinder: Douglas Stacey Girling, Clifford John Gilbert und Donald Charles Symonds), **Ätzen von Aluminiumfolien.** Al-Folien, die auf beiden Seiten mit einem Dielektrikum überzogen sind, u. für *Kondensatoren* verwendet werden, werden an einer nicht überzogenen Kante elektrolyt. durch kathod. Behandlung in der Lsg. eines Alkalisalzes einer organ. Oxysäure, wie Citronen- oder Weinsäure geätzt. Die Lsgg. enthalten ferner Pufferstoffe, wie Ammoniumcitrat oder -tartrat, u. ein nicht ionisierendes Benetzungsmittel. — Abbildung. (**E. P. 835 091** vom 1/10. 1957, ausg. 18/5. 1960.)

F. MARKHOFF. 5982

N. V. Philips' Gloeilampenfabrieken, Eindhoven, Holland, *Zum Einschmelzen in Glas geeigneter elektrischer Leiter*. (**Holl. P. 95 554** vom 15/9. 1953, ausg. 15/10. 1960. — C. **1957**. 6247 [Oe. P. 184 643].)

Edgerton, Germeshausen & Grier, Inc., Boston, Mass., V.St.A., *Stromleitereinschmelzung für Keramikkörper*. (**E. P. 836 919** vom 9/5. 1957, ausg. 9/6. 1960. A. Prior. 24/7. 1956. — C. **1960**. 3338 [A. P. 2 842 699].)

Libbey-Owens-Ford Glass Co., Toledo, Ohio, V.St.A., *Herstellung von Glasplatten mit elektrisch leitenden Schichten*. (**Aust. P. 167 853** vom 2/12. 1953, ausg. 28/6. 1956. A. Prior. 6/12. 1952. — C. **1960**. 17568 [It. P. 505 891].)

International Business Machines Corp., New York, N.Y., V.St.A., *Herstellung eines Halbleiters*. (**Holl. P. 95 545** vom 18/4. 1953, ausg. 15/10. 1960. A. Prior. 19/4. 1952. — C. **1958**. 10753 [Oe. P. 185 893].)

Merck & Co., Inc., Rahway, N.J., V.St.A., *Herstellung von Metallseleniden*. (**Belg. P. 563 912** vom 13/1. 1958, ausg. 17/6. 1960. A. Prior. 31/1. 1957. — C. **1960**. 14476 [Oe. P. 205 460].)

International Standard Electric Corp., V.St.A. (Erfinder: **Thomas Robertson Scott, George King** und **Jack McCreath Wilson**), übert. von: **Standard Telephones & Cables Ltd.**, England, *Herstellung von sehr reinem Silicium*. (**F. P. 67 266** vom 29/9. 1954, ausg. 19/2. 1958. E. Prior. 2/10. 1953. Zusatz zu F. P. 1 108 543; C. 1958. 7340. — C. **1959**. 586 [E. P. 778 383].)

N. V. Philips' Gloeilampenfabrieken, Holland, *Behandlung der Oberfläche von Halbleitern* (**F. P. 1 130 945** vom 13/9. 1955, ausg. 13/2. 1957. Holl. Prior. 15/9. 1954. — C. **1960**. 1633 [Schwz. P. 334 815].)

Philips Electrical Industries Ltd., London, England, *Behandlung der Oberfläche von Halbleitern aus Seleniden oder Telluriden*. (**E. P. 800 557** vom 2/12. 1955, ausg. 27/8. 1958. Holl. Prior. 6/12. 1954. — C. **1960**. 17236 [F. P. 1 143 213].)

Carborundum Co., Niagara Falls, N.Y., V.St.A., *Heiz-Widerstandskörper aus rekristallisiertem Siliciumcarbid*. (**E. P. 837 427** vom 5/6. 1956, ausg. 15/6. 1960. A. Prior. 10/6. 1955. — C. **1960**. 7283 [D. A. S. 1 061 685].)

General Electric Co., Schenectady, N.Y., V.St.A., *Herstellung eines Polyesterharzes*. (**Holl. P. 95 640** vom 21/11. 1955, ausg. 15/10. 1960. A. Prior. 10/12. 1954. — C. **1960**. 4957 [Aust. P. 207 007].)

British Dielectric Research Ltd., London, England, *Keramisches dielektrisches Material*. (**Aust. P. 162 306** vom 2/2. 1954, ausg. 21/4. 1955. E. Prior. 17/2. 1953. — C. **1956**. 13522 [A. P. 2 705 204].)

Steatite Research Corp., Keasbey, N.J., V.St.A., *Ferromagnetisches Material*. (**Schwed. P. 156 553** vom 15/12. 1950, ausg. 16/10. 1956. — C. **1955**. 1349 [D. B. P. 907 995].)

T. S. Skillman & Co. Pty. Ltd., Sidney, Australien, *Herstellung von geformten, magnetischen Pulverkernen*. (**Aust. P. 162 930** vom 7/11. 1952, ausg. 2/6. 1955. — C. **1956**. 11268 [E. P. 736 844].)

N. V. Philips' Gloeilampenfabrieken, Eindhoven, Holland, *Herstellung von permanenten Magneten*. (**Aust. P. 167 332** vom 6/7. 1953, ausg. 12/4. 1956. Holl. Prior. 7/7. 1952. — C. **1961**. 3773 [Holl. P. 93 756].)

R. A. A. Jeannin, Paris, Frankreich, *Alkalischer Stromsammler*. (**Schwed. P. 156 946** vom 10/12. 1951, ausg. 20/11. 1956. F. Prior. 9/12. 1950, 12/2. u. 28/2. 1951. — C. **1954**. 7025 [F. P. 1 033 238].)

Svenska Ackumulator Aktiebolaget Jungner, Schweden, *Verschlossene Akkumulatorzelle*. (**F. P. 1 130 343** vom 26/8. 1955, ausg. 4/2. 1957. Schwed. Prior. 1/4. 1955. — C. **1957**. 12572 [Oe. P. 189 667].)

United States Rubber Co., V.St.A. (Erfinder: **Robert Reoch McAuslan**), *Separator für Akkumulatoren*. (**F. P. 1 132 085** vom 2/6. 1955, ausg. 5/3. 1957. A. Prior. 31/8. 1954. — C. **1959**. 13284 [A. P. 2 773 114].)

United States Rubber Co., V.St.A. (Erfinder: **Edward Lasell Sillcox** und **Harry Sherrill Witt**), *Separatoren für Akkumulatoren*. (**F. P. 1 128 554** vom 12/4. 1955, ausg. 8/1. 1957. A. Prior. 28/5. 1954. — C. **1959**. 14526 [D. A. S. 1 054 131].)

Aktiebolaget Tudor, Schweden, *Separatoren aus mikroporösem Kautschuk*. (**F. P. 1 137 185** vom 7/12. 1955, ausg. 24/5. 1957. Schwed. Prior. 26/1. 1955. — C. **1958**. 8729 [D. A. S. 1 023 098].)

Ions Exchange & Chemical Corp., V.St.A. (Erfinder: **Carl Horowitz** und **Meyer Mendelsohn**), *Elektroden-Separator für galvanische Zellen*. (**F. P. 1 146 578** vom 7/11. 1955, ausg. 13/11. 1957. A. Prior. 16/11. 1954. — C. **1960**. 4631 [D. A. S. 1 068 777].)

Yardney International Corp., V.St.A. (Erfinder: **Michel Nathan Yardney**), *Bestimmung des Ladezustandes einer galvanischen Batterie*. (**F. P. 1 142 440** vom 19/12. 1955, ausg. 18/9. 1957. A. Prior. 20/12. 1954. — C. **1960**. 10711 [A. P. 2 899 635].)

Yardney International Corp., V.St.A. (Erfinder: **Otto H. Brill** und **Frank Solomon**), *System zur Flüssigkeitsübertragung besonders zum Einfüllen des Elektrolyten in eine galvanische Batterie*. (**F. P. 1 140 152** vom 12/1. 1956, ausg. 16/7. 1957. A. Prior. 1/3. 1955. — C. **1960**. 10013 [A. P. 2 810 776].)

General Electric Co., New York, N.Y., V.St.A., *Leuchtschirme*. (**Schwed. P. 156 454** vom 26/5. 1955, ausg. 9/10. 1956. A. Prior. 26/5. 1954. — C. **1959**. 252 [D. A. S. 1 012 175].)

General Electric Co. Ltd., London, England, *Leuchtstoff für Gasentladungsröhren*. (**Aust. P. 161 015** vom 4/6. 1952, ausg. 24/2. 1955. E. Prior. 8/6. 1951. — C. **1955**. 10108 [A. P. 2 660 565].)

N. V. Philips' Gloeilampenfabrieken, Eindhoven, Holland, *Glühlampe und Entladungsröhre*. (**Schwed. P. 156 649** vom 18/5. 1953, ausg. 23/10. 1956. Holl. Prior. 21/5. 1952. — C. **1960**. 13484 [It. P. 504 006].)

Philips Electrical Industries Ltd., London, England, *Vakuumdichtes Verbinden von silberplattierten Scheiben aus Ferrochrom mit Glas*. (**E. P. 820 248** vom 9/7. 1957, ausg. 16/9. 1959. Holl. Prior. 12/7. 1956. — C. **1959**. 11690 [D. A. S. 1 040 756].)

Radio Corp. of America, Del., übert. von: **Roland W. Smith** und **Albert Rose**, Princeton, N.J., V.St.A., *Elektrische Kontakte*. (**A. P. 2 916 810** vom 30/4. 1953, ausg. 15/12. 1959. — C. **1958**. 11633 [F. P. 1 101 893].)

IV. Wasser. Abwasser

Jahreszeitlich bedingte Schwankungen der Wasserzusammensetzung einer Talsperre in verschiedenen Tiefen. H. Bernhardt. (Vom Wasser **26.** 42—55. 1959, herausgeg. Mai 1960. Siegburg.) (Dt.)

Wasser einer mittleren Trinkwassertalsperre wird in verschiedenen Tiefen u. während unterschiedlicher Jahreszeiten hinsichtlich Temp., O_2-, CO_2-, Mn- u. Fe-Geh. untersucht. Bes. wird auf den Einfl. der Sprungschicht (Metalimnion) eingegangen. So können hier ständig ein CO_2-Maximum u. ein O_2-Minimum beobachtet werden. Häufig stellt man im Metalimnion Fe- u. Mn-Anreicherung fest. Durch Kenntnis der Lage des Metalimnions kann man die Rohwasserentnahme so vornehmen, daß die Aufbereitung wirtschaftlich beeinflußt werden kann. H. Czech. 6010□

Die Behandlung von Salzwasser mittels Elektrodialyse. B. A. Cooke und J. R. Wilson. (South African ind. Chemist **13.** 140—46. Juli 1959. Nat. Chem. Res. Lab.) (Engl.)

Vff. geben eine sehr ausführliche Darst. der Möglichkeiten zur Entsalzung von salzhaltigen Wässern durch Elektrodialyse, wobei bes. Wert auf die Weiter-Verw. der Konzentrate gelegt wird. Es wird eine App. mit zwischen Kathode u. Anode hintereinander angeordneten Membranen beschrieben, die für Kationen bzw. Anionen durchlässig sind, so daß Verdünnungs- u. Konzentrierungszellen miteinander abwechseln. Entsalztes W. sowie Konzentrat werden kontinuierlich abgeführt. Für Konzentrierungszwecke ist das Verf. weniger geeignet, da die Konzentratabläufe lediglich 0,25—1,5 n Salz-Lsgg. darstellen u. daher als Ausgangsstoff für die Gewinnung reiner Elektrolyte weniger geeignet sind. Hans Thiele. 6014□

Aktivierte Kieselsäure, ein Flockungshilfsmittel bei der Wasseraufbereitung. Alfred Denne. (Wasser, Luft Betr. **5.** 123—26. April 1961.) (Dt.)

Im koll.-dispersen Zustand („aktiviert") beschleunigt Kieselsäure die Entladung der Hydrosole, die sich im W. bei Zusatz von Al- oder Fe-Salzen prim. bilden. Die Absetz-Geschw. einer reinen $Al(OH)_3$-Flocke wird durch Zusatz von aktivierter Kieselsäure (I) von 1—2 m/h auf 5—7 m/h gesteigert. Zur Herst. der I wird handelsübliche Natriumsilicat-Lsg. (Dichte 1,36—1,39) verwendet; diese wird mit reinem W. auf 0,5—1% SiO_2 verd. u. dann teilweise mit Säure bzw. sauer reagierenden Salzen (z. B. $(NH_4)_2SO_4$, $Al_2(SO_4)_3$, $NaHSO_4$, $NaHCO_3$) bzw. Gasen mit Säurecharakter (z. B. Cl_2, CO_2) neutralisiert. Die fertige I soll einen m-Wert von ca. 20 aufweisen (m-Wert: 100 ml I verbrauchen m ml 0,1 n HCl oder H_2SO_4 bis zum Methylorangeumschlag von Gelb nach Orange). Die notwendige Alterungszeit beträgt 2—3 Std.; die Verw. der Lsg. ist bis zu 2—3 Tagen möglich. Für jedes W. müssen das günstigste Mengenverhältnis Al- bzw. Fe-Salz u. I zur Erzielung optimaler Bedingungen ermittelt werden. Im Durchschnitt werden 3—5 g I/m³ aufzubereitendes W. benötigt. Gute Filterleistungen in Abhängigkeit von der Menge an I werden bei Anwesenheit von 10—20% Schlamm erreicht im Gegensatz zu den Filterleistungen von Erstfällungen, die bei Steigerung der Menge von I von 2 auf 10 mg/Liter W. um 50% sinken. Dagegen steigen die Filterleistungen bei konst. $Al_2(SO_4)_3$-Konz. u. Konz. an I in Abhängigkeit von der Rühr- bzw. Standzeit um 150 bzw. 50% bei ca. 4fach verlängerter Rühr- bzw. Standzeit. Beträchtliche Unterschiede in den Filterleistungen werden in Abhängigkeit von der Rührzeit gefunden, wobei Proben mit u. ohne Zusatz von I untersucht wurden. Die Filterleistung steigt nach 1 Std. Rührzeit (Maximum) auf mehr als das Doppelte bei Zusatz von I. H. Schroeder. 6024□

Gute Verfahren beugen der Korrosion in Heißwasserheizungssystemen vor. R. H. Hayman. (Heating, Piping Air Condit. **33.** Nr. 3. 115—20. März 1961.) (Engl.)

Überblick über Ursachen u. Folgen der Korrosion sowie über die Bedeutung der chem. Reinigung des Umlaufwassers (Triphosphat, Hexametaphosphat, Soda). Bei dichtem Wasser-Syst. ist eine period. Umfüllung unzweckmäßig u. nur bei Reparaturen nötig. H. Dorsch. 6030□

Das Auftreten von Beggiatoa-Arten in bezug auf die Verschmutzung. James B. Lakkey. (Water Sewage Works **108.** 29—31. Jan. 1961. Gainesville, Fla., Univ.) (Engl.)

Die weite Verbreitung der Bakterien vom Typus Beggiatoa in Süß- u. Salzwasser läßt nicht den Schluß zu, das Auftreten derselben als ein Anzeichen der Verschmutzung des betreffenden Gewässers zu werten. Beggiatoa benötigen zum Wachstum H_2S, CO_2 u. NH_4-Salze. Die obere Grenze des O_2-Geh. des betreffenden Gewässers beträgt 0,16 ppm. Licht, Temp. u. Druck sind von geringerem Einfluß. In verschmutzten Gewässern sind die Bedingungen für das Auftreten von Beggiatoa zwar günstig, aber ebensogut werden diese Bedingungen auch von Quellwässern geboten. W. Pache. 6036□

Zur Frage der hygienischen Normung der schädlichen Stoffe aus der Fabrikation von Isoprenkautschuk (Isopren und Dimethyldioxan) in Gewässern. N. W. Klimkina. (Гигиена и Санитария [Hyg. u. Sanitätswes.] **24.** Nr. 6. 8—15. Juni 1959. Moskau, Erissman-Forsch.-Inst. für Sanitätswes. u. Hyg. des Gesundheitsminist. der RSFSR.) (Russ.; Auszug: Engl.) — Vgl. C. **1961.** 681.

Die Konz.-Grenze von *Isopren* bzgl. seiner Einw. auf die organolept. Eigg. des W. (Geruch) liegt bei 0,005 mg (pro Liter). Eine Konz. von 30 mg hat noch keinen Einfl. auf den allg. sanitären Zustand von Gewässern. Bei *4.4-Dimethyl-1.3-dioxan* machen sich bereits 2,5 mg durch den Geruch bemerkbar. Auf den Organismus von Warmblütern wirkt Isopren bereits bei einer Konz. von 0,25 mg/kg (5 mg/l Liter W.), u. Dimethyldioxan bei einer Konz. von 2,5 mg. Die zulässige Norm von 0,005 mg für beide chem. Verbb. beruht auf organolept. u. toxikolog. Erwägungen. H. Treumann. 6036□

Besonderheiten des Einflusses von Abwässern der Erzaufbereitungsanlagen auf den Zustand von Flachland- und Gebirgsflüssen. Ss. Ss. Blioch und Ss. D. Samysslowa. (Гигиена и Санитария [Hyg. u. Sanitätswes.] **24.** Nr. 6. 67—69. Juni 1959. Moskau, Erissman-Forsch.-Inst. für Sanitätswes. u. Hyg. des Gesundheitsminist. der RSFSR.) (Russ.)

Die Verteilung der Verunreinigungen durch Erzaufbereitungsanlagen in Flachland- u. in Gebirgsflüssen ist auf Grund der hydrolog. Besonderheiten dieser Flüsse verschieden. In beiden Fällen entspricht jedoch der Befund des W. in einer Entfernung von 12 km (gerechnet vom Eintritt der Abwässer in den Fluß) nicht den sanitären Anforderungen, so daß das W. nur unter Vorbehalt verwendet werden kann. Die Abwässer müssen daher vor dem Eintritt in die Flüsse von Schwebstoffen gereinigt werden. Als Flotationsreagens sollten Phenole, Kresole u. ihre Derivv. überhaupt nicht zugelassen werden, wenn das die Abwässer aufnehmende Flußwasser zu Trinkzwecken verwendet werden soll. H. Treumann. 6038□

Abwasserneutralisieranlagen in Betrieben der Oberflächenbehandlung von Metallen. H. Anders. (Wasser, Luft Betr. **5.** 128—29. April 1961.) (Dt.)

Vf. beschreibt ein Verf. zur Neutralisierung u. Entgiften der Abwässer von Beizereien u. Galvanisieranlagen. Die Behandlung der Abwässer erfolgt je nach den örtlichen Verhältnissen u. den anfallenden Mengen im Stand-Verf. oder Durchlauf-Verf. in großen Neutralisationskammern. Die chem. Zus. u. die Konz. der Bestandteile muß bekannt sein. CN^--haltige Abwässer werden im Stand-Verf. mit überschüssigem NaOCl (bezogen auf CN^-) zur Oxydation des CN^- zu CO_2 u. N_2 u. mit $FeSO_4$ zur Zerstörung des überschüssigen NaOCl versetzt. Durch Zugabe von Kalkmilch wird der pH-Wert im Bereich von 8,5—10 gehalten. Die Entgiftung im Durchlauf-Verf. erfolgt mit freiem Cl_2 bei pH 8—9. Chromsäurehaltige Abwässer werden zur Red. des Cr(VI) mit $FeSO_4$ behandelt. Alkal. Abwässer werden mit Säure bzw. sauren Abwässern neutralisiert. Mittels Preßluft wird eine Durchmischung der Lsgg. u. eine Ausfällung der Metallsalze in flockiger, gut absitzender Form erreicht. Nach einigen Std. Absitzzeit wird das gereinigte u. geklärte Abwasser in die Kanalisation abgelassen. Der anfallende Schlamm wird auf Halde gegeben. H. Schroeder. 6042□

Behandlung von Industrieabwässern mit aktiviertem Schlamm. Peter W. Sherwood. (Water and Water Engng. **65.** 66—69. Febr. 1961. White Plains, N.Y.) (Engl.)

Das Hauptproblem der Reinigung von Industrieabwässern ist die Entfernung des Phenols. Je nach seiner Herkunft benötigt der eingesetzte Schlamm eine gewisse Anpassungszeit bis zur vollen Aktivitätsentfaltung. Die Phenoloxydation ist lediglich eine Begleiterscheinung des Wachstums. Dieses wird gefördert bzw. gehemmt durch die bekannten Faktoren Temp., O_2, Nährsalze, pH, Giftstoffe (Cu). Phenol selbst wirkt hemmend in Mengen über 350 ppm. Sehr entscheidend ist ferner das jeweilige Wachstumsstadium des Schlammes. Die verschiedenen zur Anwendung kommenden Verff. unterscheiden sich lediglich in techn. Dingen, wie Belüftung, Schlamm-Konz., Schlammabscheidung. W. Pache. 6044□

Der biochemische Sauerstoffbedarf von Stärke und Stärkederivaten. H. Benninga. (De Tex **20.** 25—28. Jan. 1961. W. A. Scholten's Chem. Fabrieken N. V.) (Holl.)

Der BSB von Textilabwässern wird in hohem Maße durch den Geh. an den beim Schlichten u. Drucken verwandten stärkehaltigen Hilfsmitteln bestimmt. Vf. zeigt, daß der BSB_5 von Kartoffelstärke, der bei ca. 50% des theoret. Wertes liegt, durch Substituierung erheblich gesenkt werden kann. Durch leichte Verätherung läßt sich dieser Wert auf 15—20% herabdrücken, während stärkere Verätherung Prodd. zur Folge hat, die im BSB_5 etwa der *Carboxymethylcellulose* oder dem *Polyvinylalkohol* entsprechen (um 5% des theoret. Wertes). Hans Thiele. 6044□

Über die Anwendung der Flotation zur Reinigung radioaktiver Abwässer. Ss. A. Wosnessenski, G. A. Ssereda, L. I. Basskow, Je. W. Tkatschenko und W. F. Bagretzow. (Атомная Энергия [Atomenergie] **9.** 208—13. Sept. 1960.) (Russ.)

Aus $Fe_2(SO_4)_3$ wird mittels Alkali $Fe(OH)_3$ gefällt. An diesem werden verschiedene radioakt. Isotope, wie ^{90}Sr, ^{147}Pm, ^{95}Zr–^{95}Nb, ^{106}Ru–^{106}Rh, adsorbiert. Durch Flotation mittels verschiedener, meist auf Kerosinbasis aufgebauter Agentien, z. B. Benzolsulfonsäuren, kann eine Reinigung des W. von den radioakt. Isotopen erfolgen, die unter bestimmten Bedingungen nicht desorbieren. Der Einfl. der Alkali-Lsg., der Ausgangs-Konz. der Reagentien u. der Beimengungen [$Ca(NO_3)_2$, Na_2CO_3, $Na_2C_2O_4$, Na_3PO_4, NaCl, Na_2SiO_3 usw.] auf die Reinigung wird untersucht. M. WIEDEMANN. 6050□

Ausschaltung der Störung durch Aluminium bei der colorimetrischen Bestimmung von Fluorid in Wasser. M. C. Moreira de Almeida und Carlos Pulido. (Analytica chim. Acta [Amsterdam] **24.** 590. Juni 1961. Lisbon, Inst. Sup. Técn., Comm. for Studies of Nuclear Energy.) (Engl.)

Um die durch Komplex-Bldg. zwischen Al^{3+} u. F^- gestörte colorimetr. F^--Best. nach der Zr-Alizarin-Meth. in natürlichen Wässern von der Al-Störung zu befreien, entwickeln Vff. ein Verf. zur Abtrennung des Al durch Solventextraktion. So ist es möglich, durch Verw. von 8-Hydroxychinolin in Chlf. das Al^{3+} vom F^- abzutrennen, wenn beide in Spuren vorhanden sind. Die Extraktion ist nach GENTRY u. SHERRINGTON (vgl. Analyst **71.** [1949.] 432) in zwei pH-Bereichen vollständig: zwischen pH 4,5 u. 6,5 sowie zwischen 8 u. 11,5. Die Probe wird daher vor der Extraktion auf pH 10 gepuffert. Zur Best. versetzt man 25 ml W. mit 1,2038 g gepulvertem NH_4Cl u. 22,5 ml 1 m NH_4OH-Lsg. in einem Scheidetrichter, verd. mit dest. W. auf 50 ml, fügt 10 ml einer 1%ig. 8-Hydroxychinolin-Lsg. in Chlf. hinzu, schüttelt 6 Min. lang u. trennt nach der Phasenscheidung die organ. Schicht ab. Die wss. Phase wird im 100-ml-Kolben mit HCl (1:1) auf pH 5—7 gebracht u. F^- nach der Zr-Alizarin-Meth. colorimetr. bestimmt. Der F^--Geh. natürlicher Wasserproben stand mit früheren Ergebnissen in guter Übereinstimmung, ein störender Einfl. durch Al machte sich nicht bemerkbar.

GERHARD SCHULZE. 6060□

Bestimmung geringer Bariummengen in natürlichen, durch industrielle Abwässer verunreinigten Wässern. Je. K. Dshaparidse. (Гигиена и Санитария [Hyg. u. Sanitätswes.] **24.** Nr. 6. 79. Juni 1959. Forsch.-Inst. für Sanitätswes. des Gesundheitsminist. der GrusinSSR.) (Russ.)

Die jodometr. Meth. u. die Meth. der direkten Titration der Ba-Salze mit K_2CrO_4 unter Verw. von Rosolsäure als Indicator eignen sich nicht für die Best. des Ba-Geh. im Wasser. Schnelle u. genaue Resultate erzielt man durch die nephelometr. Meth., nach welcher das W. mit 4%ig. HCl u. 10%ig. H_2SO_4 versetzt u. nach 15—30 Min. auf den Trübungsgrad untersucht wird. Es läßt sich 1 mg/Liter Ba nachweisen. Ba-Konzz. von 50 mg/Liter u. mehr werden auch nach dem Gewichts-Verf. bestimmt, wobei die Ungenauigkeit nicht mehr als 5% beträgt. H. TREUMANN. 6060□

Zur vergleichenden Bewertung der Methoden zur Untersuchung von Wasser und Lebensmitteln auf Jodgehalt. M. G. Kolomitzewa. (Гигиена и Санитария [Hyg. u. Sanitätswes.] **25.** Nr. 12. 59—61. Dez. 1960. Med. Altai-Inst.) (Russ.)

Die Meth. von BELJAJEWA (B; vgl. C. **1958.** 1668) wird mit der Meth. von DRAGOMIROWA (D; modifizierte Meth. von FELLENBERG: J-Verbb. werden durch K_2CO_3 in alkal. Lsg. in Jodide, nach Extrahierung mit A. in Jodate übergeführt, wonach J durch KJ verdrängt u. in Ggw. von Stärke mit $Na_2S_2O_3$ titriert wird) zeigten, daß der Fehler bei der Best. nach B 2,7—5,8%, nach D 3,4—6,8% beträgt. Best. von J in Proben von verschiedenen Lebensmitteln nach den beiden Meth. ergaben Differenzen von 2,0—7,8%. Bei der J-Best. in W. ergeben die beiden Verff. Abweichungen von 2,4—7,0%.

W. WROBLEWSKI. 6060□

Quantitative Bestimmung von freien Aminosäuren und ihrer Gesamtzahl und von Aminen in den Abwässern. Stevan Jankovic. (Bull. mens., Centre belge Étude Doc. Eaux **1960.** 165—69. Mai.) (Franz.)

Zur Best. des Aminostickstoffs in Abwässern der Zuckerfabriken hat Vf. 2 colorimetr. Meth. nacheinander in den gleichen Wässern angewandt, 1. die von FRAME, RUSSEL u. WILHELMI (Actualités biochimiques **4.** [1946.] 38) u. 2. die von YAMAGISHI u. YOSHIDA (J. pharmac. Soc. Japan **73.** [1953.] 675). Nach 1. reagiert die FOLINsche Lsg. auf Aminosäuren ebenso wie auf prim., sek. u. gewisse tert. Amine, während 2. zur Best. von α Aminosäuren u. prim. Aminen dienen kann. Bei Benutzung beider Meth. nacheinander kann man sich eine genügend klare Vorstellung von dem Verteilungsmodus der verschiedenen N-Verbb. im Abwasser machen. G. HOFER. 6068□

Farbenfabriken Bayer Akt.-Ges. (Erfinder: Horst Weber), Leverkusen, **Entsalzen von Lösungen,** die Anionen enthalten, welche mit Ag-Ionen schwerlösl. Verbb. ergeben. Bes. zur Seewasserentsalzung wird das Ag-Austausch-Prod. eines durch Rk. eines Gemisches von SiO_2, Al_2O_3 u. Na_2O, das $SiO_2:Al_2O_3 = 2$ bis 12:1, $Na_2O:Al_2O_3 = 1$ bis 10:1 u. $H_2O:Al_2O_3 = 50$ bis 500:1 enthält, bei 50—200° verwendet. Beispiele betreffen Trinkbarmachen von Seewasser u. Entsalzen einer KBr-Lösung. (**D. A. S. 1 095 259** Kl. 12d vom 21/9. 1957, ausg. 22/12. 1960.) O. STEIL. 6015

Kuppuswamy Iyer, Rohrabund, Indien, **Kohle zur Trinkwasserreinigung.** Man carbonisiert C-haltige Abfälle der Landwirtschaft, z. B. Reisschalen, kocht sie mit wss. NaOH (1—5% ig.), wäscht mit W. aus, behandelt sie ca. 1 Std. mit ca. 1% ig. $Al_2(SO_4)_3$-Lsg., wäscht u. trocknet. Neben Geruch-, Geschmack- u. Trübstoffen entfernt die Kohle (I) bes. Fluoride aus dem W., das nach der I-Behandlung noch durch Sand gefiltert wird. (**Ind. P. 58 437** vom 18/9. 1956, ausg. 26/9. 1958.) C. LÜTTGEN. 6017

Gebrüder Sulzer Akt.-Ges., Winterthur, Schweiz, **Rückspülen eines Schnellfilters für Wasser.** Die Rückspül-Fl., bes. das Filtrat, wird aus einem geschlossenen Behälter (I) mittels Druckluft über den Düsenboden (II) dem Filtermittel zugeführt, wobei bes. der I unter dem II vorgesehen ist. — Abbildungen. (**Schwz. P. 348 151** vom 16/12. 1959, ausg. 30/9. 1960.) H. BLACHETZKI. 6017

State of Israel, Ministry of Development und Alexander Zarchin, Israel, **Gewinnung von Weichwasser** aus salzhaltigem Rohwasser. Dieses wird bis nahe an seinen Gefrierpunkt (—4°) abgekühlt u. in eine Vakuumkammer (3—4 Torr) geleitet, in welcher ein Teil des W. verdampft, ein weiterer Teil zu reinem Eis erstarrt u. als Rest eine salzreiche Mutterlauge erhalten wird. Das von der Mutterlauge abgetrennte Eis wird im Vakuum bei ca. 0—1° mit dem Wasserdampf vereinigt, welcher durch seine Kondens. ein Abschmelzen des Eises bewirkt, u. so weiches W. gewonnen. Die salzreichen Mutterlaugen dienen zum Vorkühlen von frischem Rohwasser. — 5 Abbildungen. (**F. P. 1 173 189** vom 28/11. 1956, ausg. 20/2. 1959.) W. WITTHOLZ. 6017

Imperial Chemical Industries Ltd., London, England, **Aufbereiten von Kesselspeisewasser,** das Ca-, Mg- u. Si-Verbb. enthält, dad. gek., daß man die Konz. der Mg-Verbb. durch entsprechende Zugabe von Enthärtern so einstellt, daß der Wert der Formel 100/CaO (MgO/3 — 2/3 SiO_2) >4, bes. 7—25, beträgt. Der Nd. fällt in Form frei schwimmender u. sich nicht festsetzender Teilchen an. Zweckmäßig setzt man dem W. noch ein Antischaummitel, bes. Polyoxyalkylenglykole, deren Mono- u. Diäther u. Polyacylamine, Na_2SO_3, Tannin u. Na-Aluminat zu. (**Ind. P. 57 325** vom 14/5. 1956, ausg. 13/8. 1958.) C. LÜTTGEN. 6031

G. & J. Weir Ltd., Glasgow, Schottland, *Verdampfen und Destillieren von See- und Brackwasser.* (**Aust. P. 167 024** vom 3/2. 1954, ausg. 1/3. 1956. — C. **1958.** 13877 [Holl. P. 81 456].)

Permutit Co Ltd., London, England, *Entfernen von Kieselsäure aus Wasser.* (**Aust. P. 162 140** vom 7/4. 1953, ausg. 7/4. 1955. E. Prior. 9/4. 1952. — C. **1950/54.** 2047 S [E. P. 711 188].)

Permutit Co. Ltd., London, England, *Geregeltes Vermischen von Flüssigkeiten.* (**Aust. P. 167 349** vom 7/12. 1953, ausg. 19/4. 1956. E. Prior. 9/12. 1952. — C. **1957.** 1514 [E. P. 735 894].)

Clayton Mfg. Co., El Monte, Calif., V.St.A., *Enthärten von Kesselspeisewasser auf elektrolytischem Wege.* (**Aust. P. 162 872** vom 6/8. 1953, ausg. 2/6. 1955. — C. **1959.** 11692 [Holl. P. 86 495].)

V. Anorganische Industrie

Erzeugung von Wasserstoffperoxyd durch partielle Oxydation von Kohlenwasserstoffen. Iván Pallai. (Magyar Kémikusok Lapja [Z. Ver. ung. Chemiker] **16.** 160—64. April 1961. Veszprém, MAFKI.) (Ung.)
Übersicht. — 52 Literaturhinweise. J. PLANK. H 241

Die Auslaugung von Quecksilberprodukten mit Alkalisulfid. J. W. Town, R. F. Link und W. A. Stickney. (U.S. Dep. Interior, Bur. Mines, Rep. Invest. **1961.** Nr. 5748. 1—39. Albany, Oreg., Bur. of Mines u. Corvallis, Oregon State Coll.) (Engl.)
Zinnober (I) ist leicht lösl. in Na_2S, teilweise lösl. in K_2S u. fast unlösl. in $(NH_4)_2S$. Zusätze von NaOH oder KOH zu Na_2S-Lsgg. erhöhen die Hg-Extraktion etwas. Durch Zusatz von NaOH oder KOH zu K_2S- oder $(NH_4)_2S$-Lsgg. wird das Extraktionsvermögen von Na_2S-Lsg. erreicht, Na_2S-Lsg. löst reines HgS völlig, >95% von I-Flotationskonzentraten u. >60% von armen I-Erzen. Aus Hg–As-Prodd. löst K_2S bei doppelter Auslaugung >90% des As u. 1—10% des Hg; Na_2S löst 80—90% des Rest-Hg u. 5—10% des Rest-As. W. WESLY. H 290□

Synthetische Edelsteine. E. A. D. White. (Quart. Rev. (chem. Soc., London) **15.** 1—29. 1961. Wembley, Gen. Electric Co. Ltd., Hirst Res. Centre, Central Res. Labor.) (Engl.)

Übersicht über Ausgangsstoffe, Meth. (bes. Kristallisationsprozesse) u. Geräte zur Darst. künstlicher Edelsteine, ihre Eigg. u. die künftigen Aussichten der Synthesen. — 53 Literaturangaben. P. Golinske. 6152 □

Edogawa Kagaku Kogyo Kabushiki Kaisha, Tokyo (Erfinder: Kizo Hiratsuka, Kanaguwa, Shiro Matsuhayashi, Masaji Matsuda, Tokyo, Kiyoshi Takagi, Yokohama, Zenichiro Kasahara, Tadao Ono, Tetsuya Abe, Tokyo, und Noriaki Ozawa, Kannagawa), Japan, **Herstellung von Wasserstoffperoxyd** im Kreislauf durch automat. Oxydation. Man verwendet als Hilfsstoff Anthrachinon-2-carbonsäurealkylester mit C_{2-9}-Alkylrest. — 50 cm³ einer Lsg. von 600 g einer Mischung aus Anthrachinon-2-carbonsäureisoamylester u. 2-Äthylanthrachinon in Gewichtsverhältnis 50:50 in 1 Liter n-Butylbenzoat behandelt man bei 30° in Ggw. von 2 g Raney-Ni-Katalysator mit 510 cm³ H_2, filtriert den Katalysator ab, oxydiert die Fl. bei 30° mit Luft, setzt 5mal 50 cm³ W. zu u. extrahiert: 0,735 g H_2O_2. (**Jap. A. S. 9481/1959** vom 9/2. 1957, ausg. 23/10. 1959.) M. Pankow. H 241

Food Machinery & Chemical Corp., San José, Calif., übert. von: Leonard R. Darbee, Grand Island, und Paul G. Conroy, Buffalo, N.Y., V.St.A., **Herstellung von Wasserstoffperoxyd nach dem Anthrachinonverfahren.** Als Arbeits-Lsg. wird eine Lsg. von 2-sek.-Butyl- u. 2-Isopropylanthrachinon in einem Gemisch aus 1. einem Lsgm. sowohl für die Chinon- als auch für die Hydrochinonform (Phosphat- u. Phosphonatester, aliphat. Alkohole mit 7—11 C-Atomen) u. 2. einem Lsgm., das im wesentlichen nur die Chinonform zu lösen vermag (Dimethylnaphthalin) verwendet, wobei der 1. Lsgm.-Bestandteil >76 Vol.-% des Gemisches beträgt. — Beispiel: 6,24 g 2-sek.-Butylanthrachinon werden in 10 cm³ eines Gemisches aus 94,8 (Vol.-%) Tri-n-butylphosphat u. 5,2 Dimethylnaphthalin gelöst; nach 50%ig. Hydrierung blieb die dabei gebildete Hydrochinonform in Lösung. — Diagramm. (**A. P. 2 935 381** vom 19/4. 1957, ausg. 3/5. 1960.) K. Demmler. H 241

Food Machinery & Chemical Corp., New York (Erfinder: Leonard Ray Darbee, Grand Island, und James Robert Kolczynski, Williamsville), N.Y., V.St.A., **Herstellung von Peroxymonosulfaten des Ammoniums oder eines Alkali- oder Erdalkalimetalls,** dad. gek., daß das entsprechende Peroxydisulfat mit wenigstens 50%ig. H_2O_2 in Ggw. einer starken, O_2-haltigen, anorgan. Säure bei 50 bis 120° umgesetzt wird, wobei die Säure (z. B. H_2SO_4, H_3PO_4, $HClO_4$) bes. in einer Konz. von 0,25—10 Gew.-% des Gemisches angewendet wird. Beispiele: 440 (g) $(NH_4)_2 \cdot S_2O_8$, 70 90%ig. H_2O_2 u. 6 konz. H_2SO_4 werden auf 100° erhitzt u. nach 5 Min. abgekühlt. Die Ausbeute an NH_4HSO_5 betrug 67% des umgesetzten $(NH_4)_2S_2O_8$; von dem in das Rk.-Gemisch eingebrachten akt. O wurden 88,6% zurückerhalten. Bei der Herst. von $KHSO_5$ wurde eine Ausbeute von 93% des umgesetzten $K_2S_2O_8$ erhalten u. kein Verlust an akt. O festgestellt. (**D. A. S. 1 103 309** Kl. 12i vom 13/10. 1959, ausg. 30/3. 1961. A. Prior. 15/10. 1958. **A. P. 2 955 020** vom 15/10. 1958, ausg. 4/10. 1960.) K. Demmler. H 253

Olin Mathieson Chemical Corp., übert. von: Ralph Klein, Hamden, Herbert G. Nadeau, North Haven, und Louis J. Schoen und Arthur D. Bliss, New Haven, Conn., V.St.A., **Diboran** wird dadurch erhalten, daß man $B(R)_3$ (R = Alkylgruppe mit 1—5 C), bes. $B(CH_3)_3$ oder $B(C_2H_5)_3$, im Gemisch mit H_2 u. in Ggw. von Metallen der V. u. VI. Gruppe der Period. Syst. als Katalysator, bes. Pt, Pd u. Rh, bei 125—350° u. einem Druck von 400—4000 lbs./sq.in.g. umsetzt. (**A. P. 2 946 664** vom 8/10. 1956, ausg. 26/7. 1960.) K. Wolk. H 258

International Standard Electric Corp., New York, N.Y., V.St.A. (Erfinder: Frederick John Raymond, London, England), **Herstellung von Silicium-Einkristallen** durch therm. Zers. von Silan auf einem Si-Kristallkeim, dad. gek., daß das reine Silan in verminderter Konz. in Kontakt einer geschmolzenen Zone an einem Ende des Keims gebracht, der nicht geschmolzene Keimteil vom Silan abgeschirmt wird. — Zeichnung. (**D. A. S. 1 097 964** Kl. 12i vom 5/5. 1959, ausg. 26/1. 1961. E. Prior. 14/5. 1958.) A. Gradl. H 261

LICENTIA Patent-Verwaltungs-G. m. b. H., Frankfurt/M. (Erfinder: Franz Arthur Pohl, Belecke), **Herstellung von Siliciumbromid beziehungsweise -jodid,** das frei von BBr_3 bzw. BJ_3 ist, dad. gek., daß das BBr_3- bzw. BJ_3-haltige $SiBr_4$ bzw. SiJ_4 mit einem oder mehreren, teilweise chlorierten u. unvollständig halogenierten KW-Stoffen ($CHCl_3$) versetzt u. fraktioniert dest. wird. (**D. A. S. 1 109 154** Kl. 12i vom 12/3. 1957, ausg. 22/6. 1961. **Zusatz zu D. A. S. 1 066 563; C. 1960. 4637.**) A. Gradl. H 261

Monsanto Chemical Co., St. Louis, Mo., übert. von: Robert A. Ruehrwein, Dayton, Ohio, V.St.A., **Reinigung von Phosphorsäure** von Verunreinigungen an Fe(III)-Verbb., dad. gek., daß im Ausgangs-Prod. Cl-Ionen bis zu einer mol. Konz. von mindestens 0,1 gelöst werden, worauf die Säure mit einem in W. unlöl., mit ihr nicht mischbaren fl. Phosphatester (Trialkylester der H_3PO_4) in Kontakt gebracht wird, wobei die Fe-Verunreinigungen in die Esterphase übergehen. (**A. P. 2 955 918** vom 24/8. 1956, ausg. 11/10. 1960.) A. GRADL. H 264

Monsanto Chemical Co., St. Louis, Mo., übert. von: James W. Edwards, Dayton, Ohio, V.St.A., **Herstellung von saurem Kaliumpyrophosphat** durch mol. Dehydratation von KH_2PO_4 bei erhöhten Temp., jedoch unterhalb des F., dad. gek., daß dem KH_2PO_4 vor der mol. Entwässerung krist. $K_2H_2P_2O_7$ zugesetzt wird. (**A. P. 2 943 915** vom 27/6. 1957, ausg. 5/7. 1960.) A. GRADL. H 264

Monsanto Chemical Co., St. Louis, Mo. (Erfinder: Bobbie Dean Stone, West-Miamisburg, und Robert Albert Ruehrwein, Dayton, Ohio), V.St.A., **Herstellung von Einkristallen von Borphosphid,** dad. gek., daß man rohes BP mit Halogenwasserstoffdampf (HCl) bei 600—1500° in Berührung bringt u. das resultierende Gasgemisch dann um weitere 50—1000° auf 800—1800° erhitzt. (**D. A. S. 1 107 652** Kl. 12i vom 28/6. 1960, ausg. 31/5. 1961. A. Prior. 29/6. 1959.) A. GRADL. H 264

Metropolitan-Vickers Electrical Co. Ltd., London, England (Erfinder: George Richard Antell und Tudor Wyndham Roberts), **Raffination von Arsen** von verdampfbaren Verunreinigungen, wie S. Das elementare As wird zu As_2O_3 aufoxydiert, wobei S als SO_2 verflüchtigt wird u. dann durch Red. mittels H_2 wieder in elementares As erhöhter Reinheit zurückverwandelt. Das in genannter Weise gereinigte As eignet sich als Leg.-Element für Halbleiterstoffe. — Abbildung. (**E. P. 833 928** vom 27/11. 1957, ausg. 4/5. 1960.) M. NECKERMANN. H 265

Dow Chemical Co. (Erfinder: Ralph Marice Hunter), Midland, Mich., V.St.A., **Chloralkalielektrolyse nach dem Amalgamverfahren.** Es wird in einer Kombination von elektr. hintereinandergeschalteter Elektrolyse- u. mit W. versorgter Amalgam-Zers.-Zelle elektrolysiert, wobei der Kathode der Zers.-Zelle Luft oder O_2 zugeführt wird, wodurch zusätzlich zu der durch Zers. des Amalgams erhaltenen elektr. Energie noch Energie gewonnen wird, die die der Zellenkombination von außen zuzuführende elektr. Energie verringert. (**D. A. S. 1 094 722** Kl. 121 vom 17/11. 1958, ausg. 15/12. 1960. **E. P. 850 345** vom 10/11. 1958, ausg. 5/10. 1960. Beide A. Prior. 27/11. 1957.) K. WOLK. H 272

Diamond Alkali Co., Cleveland, Ohio, V.St.A., **Chloralkalielektrolyse nach dem Diaphragmaverfahren** erfolgt in einer aus Anoden-, Mittel- und Kathodenraum bestehende Zelle, in der der Anoden- vom Mittelraum durch ein bes. aus Asbest bestehendes Diaphragma, der Mittelraum von Kathodenraum durch eine für Kationen selektiv durchlässige Membran, die bes. aus einem ggf. durch Asbest verstärkten Mischpolymerisat aus Divinylbenzol u. einer olefin. Carboxylgruppen enthaltenden Verb. (Acrylsäure u. Derivv.) besteht, getrennt ist, wobei dem unter einen höheren Druck als Mittel- u. Kathodenraum stehendem Anodenraum die Alkali-Lsg., dem Kathodenraum W. zugeführt u. aus Mittel- u. Kathodenraum die Alkalihydroxyd-Lsg. abgeleitet wird. — Vorrichtung. 2 Zeichnungen. (**E. P. 851 785** vom 27/2. 1959, ausg. 19/10. 1960. A. Prior. 3/3. 1958.) K. WOLK. H 272

American Potash & Chemical Corp., übert. von: David R. Stern, Fullerton, Calif., V.St.A., **Herstellung von Lithiumnitrat.** Man läßt wasserfreies Li_2CO_3 (**I**) u. NH_4NO_3 (**II**) bei 230—250° aufeinander einwirken, bes., indem man in eine auf 230—250° gehaltene $LiNO_3$-Schmelze **I** u. **II** einträgt. — Verf.-Schema. (**A. P. 2 959 463** vom 3/7. 1957, ausg. 8/11. 1960.) K. WOLK. H 273

Dow Chemical Co., übert. von: Forest R. Minger und Wallis R. Bennett, Midland, Mich., V.St.A., **Abtrennung von Eisenverunreinigungen aus Natriumhydroxydlösungen,** die 40—70% NaOH enthalten. Die Lsgg. werden mit feinteiligem Dextran **I** (**3**—15 lbs./shtn gelöstes NaOH) versetzt, das Gemisch 12—36 Std. gerührt u. der Zusatz, an den das Eisen gebunden wird, von der Lsg. getrennt. (**A. P. 2 958 585** vom 16/10. 1958, ausg. 1/11. 1960.) K. WOLK. H 274

Morton Salt Co., Chicago, übert. von: Horace W. Diamond, Flossmoor, Ill., V.St.A., **Nichtzusammenbackendes rohes Steinsalz,** das im Freien gelagert werden kann, wird dad. erhalten, daß das Salz mit einer Verb. der allg. Formel $FeM[Fe(CN)_6]$ ($M = K$, Na, Li oder NH_4) in solchen Mengen innig vermischt wird, daß auf 1 shtn Salz 0,02—0,2, bes. 0,05—0,5 lbs., der Verb. kommen. (**A. P. 2 965 444** vom 22/5. 1958, ausg. 20/12. 1960.) K. WOLK. H 274

Gabor Janos Lelkes, Krefeld, **Herstellung feinkörniger Metallhydroxyde,** bes. der *Erd-* u. *Erdalkalimetalle,* durch Hydrolyse reinster, oberflächlich amalgamierter

Metalle mit Wasserdampf, dad. gek., daß man ein trockenes Dampf-Luft-Gemisch (I) bei $< 100^0$ auf Metallkörper (II) einwirken läßt, die auf eine Temp. $>$ Taupunkt des I, höchstens jedoch 60^0 gekühlt sind. Die II können als Hohlkörper ausgebildet sein. Die Prodd. haben geringe Korngröße. — Vorr., Zeichnung. (**D. A. S. 1 071 676** Kl. 12g vom 1/6. 1957, ausg. 24/12. 1959.) H. KOBS. H 293

Minister of Supply (Erfinder: Josef Smolinski), London, England, **Herstellung von Titan, Titanlegierungen und Titandi- oder -trichlorid.** In geschmolzenes Pb oder Zn, das sich im Kathodenteil einer mit Diaphragma versehenen Elektrolysezelle befindet, wird $TiCl_4$-Dampf eingeleitet; das sich bildende $TiCl_3$ bzw. $TiCl_2$ löst sich in der sich über dem Metallbad befindlichen Schmelze aus Alkali- u./oder Erdalkalichloriden (Beispiel: 55% KCl, 45% LiCl), die den Elektrolyten der Zelle bildet, aus dem Ti bzw. Ti-Legg. an der Kathode abgeschieden werden. — Zeichnung der Zelle. (**E. P. 836 888** vom 1/8. 1956, ausg. 9/6. 1960.) K. WOLK. H 321

Lonza-Werke Elektrochemische Fabriken G. m. b. H., Weil (Erfinder: Rudolf Wendlandt, Langelsheim, und Arno Hepke, Piesteritz), **Wiedergewinnung von Platinmetallen aus Katalysatoren** bei allen Rkk. außer der NH_3-Oxydation, dad. gek., daß Ag in großen Flächen oder in feiner Verteilung in den Wiedergewinnungsschichten (z. B. als Silbernetz oder mit Ag überzogene RASCHIG-Ringe) verwendet wird. (**D. B. P. 972 472** Kl. 12g vom 19/12. 1944, ausg. 30/7. 1959. Anmeldung bekanntgemacht 8/1. 1953.) H. KOBS. H 362

Columbia-Southern Chemical Corp., Pittsburgh, Pa. (Erfinder: **Joseph Richard Cox** und **Malcolm Korach**, Corpus Christi, Tex.), V.St.A., *Entfärben von Wasserstoffperoxydlösungen.* (**Schwz. P. 350 960** vom 24/9. 1956, ausg. 15/2. 1961. A. Prior. 14/10. 1955. — C. **1959.** 918 [E. P. 795 433].)

E. Merck Akt.-Ges. (Erfinder: **Wilhelm Müller**), Darmstadt, *Herstellung von Perchlorsäure.* (**Schwz. P. 350 639** vom 9/2. 1957, ausg. 31/1. 1961. D. Prior. 5/7. 1956. — C. **1959.** 255 [D. A. S. 1 031 288].)

Olin Mathieson Chemical Corp., Baltimore, Md. (Erfinder: **James Richard Jones**, Tonawanda, N.Y.) V.St.A., *Stabilisieren von Schwefeltrioxyd.* (**D. A. S. 1 071 061** Kl. 12i vom 10/7. 1956, ausg. 17/12. 1959. A. Prior. 12/7. 1955 u. 10/4. 1956. — C. **1958.** 11048 [A. P. 2 805 126].)

Olin Mathieson Chemical Corp., Baltimore, Md., V.St.A., *Stabilisieren von Schwefeltrioxyd.* (**E. P. 820 458** vom 27/11. 1956, ausg. 23/9. 1959. A. Prior. 1/12. 1955. — C. **1959.** 16447 [D. A. S. 1 048 559].)

Standard Telephones & Cables Pty. Ltd. (Erfinder: **Henley Frank Sterling** und **Eric Langley Bush**), *Herstellung von reinem Silicium.* (**Aust. P. 221 156** vom 9/10. 1957, ausg. 7/5. 1959. E. Prior. 16/10. 1956. — C. **1960.** 16896 [E. P. 826 575].)

Deutsche Gold- und Silber-Scheideanstalt vormals Roessler, Frankfurt/M., *Gewinnung von Alkali- und Erdalkalicyaniden.* (**E. P. 836 823** vom 27/9. 1956, ausg. 9/6. 1960. D. Prior. 7/10. 1955. — C. **1961.** 1690 [F. P. 1 158 673].)

Chemische Fabrik Budenheim Akt.-Ges., Mainz, *Herstellung von Alkaliphosphaten mit niedrigem Schüttgewicht.* (**It. P. 513 716** vom 15/12. 1953. D. Prior. 15/12. 1952. — C. **1957.** 8906 [E. P. 744 576].)

Beryllium Corp., Reading, Pa., V.St.A. (Erfinder: **Simon J. Morana** und **Gordon F. Simons**), *Herstellung von Berylliumfluorid.* (**E. P. 848 345** vom 27/5. 1957, ausg. 14/9. 1960. — C. **1960.** 14484 [D. A. S. 1 076 638].)

Kurt Peters, Wien, Österreich, *Trennen und Reindarstellen von Oxalate bildenden Elementen, insbesondere der Seltenen Erden.* (**Ind. P. 60 245** vom 18/4. 1957, ausg. 19/3. 1959. — C. **1959.** 9701 [D. A. S. 1 044 775].)

Sherritt Gordon Mines Ltd., Toronto, Canada, *Abtrennen von Kobalt- und Nickelverbindungen aus ammoniakalischen Lösungen.* (**Ind. P. 49 341** vom 8/4. 1953, ausg. 2/7. 1954. — C. **1958.** 3136 [E. P. 761 129].)

Sherritt Gordon Mines Ltd., Toronto, Canada, *Abtrennen von Kobalt- und Nickelverbindungen aus ammoniakalischen Lösungen.* (**Aust. P. 161 557** vom 30/3. 1953, ausg. 17/3. 1955. — C. **1958.** 3136 [E. P. 761 129].)

VI. Silicatchemie. Baustoffe

Ceroxyd zum Polieren von Glas. L. K. Duncan. (Glass Ind. **41.** 387—91. 412—14. Juli 1960. Chattanooga, Tenn., Vitro Chemical Co.) (Engl.)

CeO_2 wird bevorzugt zum Polieren von Tafelglas, Fernsehröhren u. hochgenauen opt. Syst. verwendet. Der Herst.-Gang vom Rohmaterial bis zum fertigen Poliermittel ist eingehend beschrieben. Durch Wahl der Fällungsbedingungen der Zwischenprodd. Ce-Carbonat, Ce-Hydroxyd, Ce-Oxalat u. des Calcinierungsprozesses läßt sich ein CeO_2 mit speziellen Polier-Eigg. gewinnen. Darlegung der derzeitigen Anschauung über den Polier-Vorgang. Ein Vgl. der Polier-Eigg. von CeO_2 mit denen anderer oxyd. Poliermittel wird nicht angestellt. H.-O. MULFINGER. 6188□

Mechanische Festigkeit polykristalliner Materialien aus platinhaltigem Glas. Megumi Tashiro, Sumio Sakka und Masamichi Wada. (J. ceram. Assoc., Japan [Yogyo Kyokai Shi] **68.** Nr. 778. 223—31. Okt. 1960. Osaka, Kyoto Univ., Inst. für Chem. Res. Ceramic Labor.) (Jap.; Auszug: Engl.)

Vff. untersuchen den Einfl. von Pt-Geh. von 0,001; 0,01 u. 0,1% auf die Entglasung von Gläsern mit Li_2O, MgO, Al_2O_3 u. SiO_2. Die Biegefestigkeit wurde als Kriterium gewählt, sie erhöhte sich zunächst proportional mit dem Pt-Geh., 0,01% bildet ein Optimum. Glas mit Li_2O konnte auch in ein polykristallines Material hoher Festigkei verwandelt werden, wenn kein Pt vorhanden war. Optimale Zus. des verwendeten Glase war bei konst. Geh. an Li_2O mit 12% etwa MgO 0—30%, Al_2O_3 0—30% u. SiO_2 60 bi 100%. L. KÜHNERT. 6200☐

Dichteänderung von Gläsern des Systems Na_2O-B_2O_3-SiO_2 durch Erhitzen 7. Mitt. **Dichteänderung von Gläsern durch Erhitzen.** Tôru Kishii. (J. ceram. Assoc. Japan [Yogyo Kyokai Shi] **68.** Nr. 778. 231—37. Okt. 1960. Tokyo, Shibaura Electri Co. Electric Bulb Div.) (Jap.; Auszug: Engl.) — 6. vgl. C. **1961.** 6639.

Die Dichten von Vers.-Gläsern des Syst. $Na_2O \cdot B_2O_3 \cdot SiO_2$ mit u. ohne Al_2O_3-Zusat wurden durch Sink-Meth. ermittelt, nachdem die im Pt-Tiegel erschmolzenen Gläse pulverisiert u. auf Temp. von 350—633° erhitzt worden waren. Für die Dichteänderun wird eine Gleichung aufgestellt, die sie in Abhängigkeit von Temp. u. Relaxationszei darstellt. Opalescenz u. oberflächliche Entglasung werden im Zusammenhang dami behandelt. L. KÜHNERT. 6200☐

Das Glühen von kontinuierlich gezogenem Glas. W. P. Kononko. (Доповiд Академiї Наук Української РСР [Ber. Akad. Wiss. UkrainSSR] **1960.** 353—57. Akad der Wiss. der UkrainSSR, Inst. für die Verwertung von Gasen.) (Ukrain.; Auszug Engl.)

Durch Glüh-Verss. mit 4 Glassorten wird gezeigt, daß bei der Berechnung der Rest spannung beim Hochtemp.-Glühen nach der bekannten Formel die Werte für den Koeff der Temp.-Leitfähigkeit u. den Koeff. der linearen Ausdehnung nicht die Zimmer-Temp. sondern die obere Glüh-Temp. einzusetzen ist. O. LEBTAG. 6200☐

Untersuchung von Zinn- und bleifreien Emaillen. B. Ss. Lissin und O. W. Tscherepowa. (Доповiдi Академiї Наук Української РСР [Ber. Akad. Wiss. UkrainSSR] **1961.** 219—21. Inst. für Baumaterialien.) (Ukrain.; Auszug: Engl.)

Auf Grund von Verss. im Labor. u. im Betrieb wird für Sn- u. Pb-freie Emaillen bei einer Brenn-Temp. von 1000—1200° folgende Mol.-Zus. der Charge empfohlen: 3,100 bis 4,520 SiO_2, 0,275—0,350 Al_2O_3, bis 0,010 Fe_2O_3, bis 0,005 TiO, 0,450—0,620 CaO, 0,010 bis 0,20 MgO, 0,070—0,125 K_2O, 0,265—0,370 Na_2O, 0,490—0,830 B_2O_3, 0,300—0,500 ZrO_2. Die Zugabe von ZrO_2 muß teilweise vor, teilweise nach der Frittung erfolgen. O. LEBTAG. 6212☐

Einfluß von Reduktionsmitteln auf die Struktur von elektrisch geschmolzenem Dunit. Grundlegende Untersuchungen über die Beziehungen zwischen Struktur und Eigenschaften von elektrisch geschmolzenem Dunit. Syohei Niwa. (J. ceram. Assoc., Japan [Yogyo Kyokai Shi] **68.** Nr. 778. 237—46. Okt. 1960.) (Jap.; Auszug: Engl.)

Dunit, ein dem Serpentin verwandtes Mineral, wird als hochhitzebeständiges Material für den Ofenbau durch Hitze u. atmosphär. Einw. in der Lebensdauer ungünstig beeinflußt, was im wesentlichen auf seinen Fe-Geh. zurückgeführt wird. Es wird durch die Unterss. festgestellt, daß die Größe der Forsteritkristalle in der Elektroschmelze durch Zusatz von Red.-Mitteln wie Kohlepulver u. Roheisen erheblich verringert wird. L. KÜHNERT. 6218☐

Graduierung. J. Singleton-Green. (Cement, Lime Gravel **36.** 47—52. Febr. 1961.) (Engl.)

Vf. versucht mit Hilfe von Siebanalysen eine vergleichbare Definition zu entwickeln. Der Begriff der „feinen" Teilchen in England (BS 882) u. in USA (ASTM C 33—59) wird geklärt. Ein „Feinheitsmodul" wird beschrieben, der sich aus den Prozenten der Rückstände auf den BS-Sieben, dividiert durch 100, zusammensetzt. Als Grenze grob–fein gilt ein $^3/_{16}$ in. Sieb. Grobe Sand- bzw. Kiesmaterialien können in Zementmischungen Rauheit, „Blutungen" u. Absonderungen hervorrufen. Feine Teilchen benötigen eine sehr hohe Wassermenge zum Fließen. Falls der Zement–Wasser-Faktor eingehalten wird, kann die Graduierung um ca. 20% schwanken. H. SCHUMANN. 6222☐

Fluate als Zementwirkstoffe zur Herstellung von aggressivbeständigem capillardichtem Zementmörtel und Beton. F. W. Meier-Grolman. (Werkstoffe u. Korrosion **10.** 281—304. Mai 1959.) (Dt.)

Ausführliche Darlegung der auf Grund eigener Verss. u. der Literatur entwickelten Vorstellungen über das Abbinden von Zement (Z). Neben dem Chemismus des Vorgangs ist das sich bildende Gefüge von Bedeutung. Der Angriffspunkt für die Einw. von Salz- u. Säure-Lsgg. auf Z ist prim. das in den Hohlräumen des Z ungebunden vorhandene $Ca(OH)_2$, während das Z-Gel erst sek. u. wesentlich langsamer zersetzt wird. Die älteren Maßnahmen zur Bindung des freien Kalkhydrats im Z werden aufgeführt u. die Wirkungsweise erläutert. Diesen Verff. ist ein Zusatz von Fluaten = Silicofluoriden $MeSiF_6$ u.

$Me_2(SiF_6)_2$ überlegen. Angaben über den Wrkg.-Mechanismus der Fluatierung, Ergebnis der Mörtel- u. betontechn. Prüfung von Portland- u. Hüttenzement ohne u. mit Fluat-Zusatz nach DIN 1164. Fluatierung schützt Portland-Z weitgehend gegen Auslaugen durch weiches, CO_2-haltiges W., Hochofen-Z völlig gegen die Schädigung durch hochkonz. Salz-Lsgg., hierfür werden Beispiele aus der Praxis angeführt. H.-O. MULFINGER. 6224 □

Die Verwendung von Abfallasche von Heizkraftwerken als Zusatz zu Zement. W. W. Stolnikow und W. W. Kind. (Гидротехническое Строительство [Hydrotechn. Bau] **31.** Nr. 6. 18—22. Juni 1961.) (Russ.)

Der Einfl. zugemischter Asche aus Heizkraftwerken zu Portlandzement u. die mechan., chem. u. techn. Eigg. der erhaltenen Betonproben sind untersucht worden. Zusätze bis zu 25% Asche schaffen eine erhöhte Frostbeständigkeit von Beton u. verbesserte Anwendungsmöglichkeiten beim Dammbau unter Verw. von „hydrotechn.“ Beton. W.-D. HEUSSNER. 6224 □

Zusatzmittel für das Betonieren im Winter. Rolf Deters. (VDI-Z. **103.** 711. 1/6. 1961. Braunschweig.) (Dt.)

Die beim Betonieren im Winter verwendeten Zusatzmittel (ZM) wirken sich unterschiedlich auf das Erstarren u. Erhärten u. die Festigkeit des Betons aus. Das trifft auch zu, wenn man verschiedene Zemente mit dem gleichen ZM mischt. $CaCl_2$ ist zwar billiger als die sonstigen ZM, bedarf aber wegen seiner Unreinheit einer Unters. oder gar einer Aufbereitung. W. WESLY. 6224 □

Die technische Kontrolle von fertig gemischtem Beton. M. F. Macnaughton. (Cement, Lime Gravel **36.** 100—06. April 1961. St. Michel, P. Q., Canada, Mount Royal Paving & Supplies Ltd.) (Engl.)

Vf. beschreibt die möglichen Effekte, die beim Mischen von Beton auftreten können. Mischungen mit 20—30% feinem Sand von der Korngröße $< {}^3/_8$ in. u. 70—80% grobem Kies mit der Abmessung ${}^3/_4$—${}^3/_8$ in. zeigen bei einer Zementmenge von 480—1450 lbs./yd.^{3} maximale Festigkeiten. Die Mischungszeit ist abhängig von dem zugesetzten feinen Material, von der Wärme-Entw. u. von der in der Substanz enthaltenen Luft. Es werden Temp.-Anstiege von 6—8° F angeführt. Steigende Korngrößen verlangen höhere Zementanteile. Als Abbindeverzögerer setzt man geringe Mengen $CaCl_2$ u. Ca-Ligninsulfat zu. In Montreal werden bei einer Außen-Temp. von 90—100° F die Aggregate auf ca. 70° F u. das W. auf 65° F vorgewärmt. Die Temp. steigt bei einer Steigerung des Zement-Geh. von 6 auf 8 Canadien bags/yd.^{3} von 78° F auf 81,5° F an. Lufthaltige Materialien verringern im Gegensatz zu den Verzögerern die Festigkeit. Höhere Frost- u. Wasserbeständigkeit kompensieren teilweise diesen Mangel. H. SCHUMANN. 6224 □

Verfahren für vorgespannten Beton. H. Kaylor. (Cement, Lime Gravel **36.** 15—23. Jan. 1961.) (Engl.)

Zwei Meth. zur Herst. einer Vorspannung im Beton sind bekannt, wobei die Kraftrichtung u. Kraftgröße einmal durch einen Draht u. andererseits durch ein Drahtbündel festgelegt werden. Für die Vorspannung kommen die Kokillen-Meth. u. das „Long-line-Syst.“ in Frage. Unter dem Begriff „post-tensioning“ beschreibt Vf. das FREYSSINET-Syst., die Meth. nach MAGNEL-BLATON, LEE-MCCALL u. GIFFORD-UDALL, das P.S.C.-Eindraht-Syst. u. die Anordnung nach B.B.R.V. H. SCHUMANN. 6224 □

β-Halbhydratgips und Fußbodengips aus Abfallcalciumsulfat. Irena Veselá. (Chem. Průmysl **11 (36).** 190—91. April 1961. Horné Srnie, Výzk. ústav stavebníctva Bratislava.) (Tschech.)

Es wurden die Verwertungsmöglichkeiten von Abfallgips der H_3PO_4-Herst. untersucht. Der Abfall enthielt 93,57% $CaSO_4 \cdot 2\,H_2O$ u. 0,1% P_2O_5 (wasserlösl.). Nach dem Trocknen, zuerst beim 45° u. dann bei 130—140°, wurde β-Gips entsprechender Qualität hergestellt. Aus einem anderen Rohstoff mit 83,90% $CaSO_4 \cdot 2\,H_2O$ u. 0,0% P_2O_5 (wasserlösl.) wurde bei 1150—1200° in einem Drehofen ein Fußbodengips vom spezif. Gew. 2,93 bis 3,06 g/cm^3 hergestellt, dessen Vol.-Änderung nach 29 Tagen in Feuchtigkeit +0,68 mm/m betragen. J. SCHNEIDER. 6226 □

Regulierung der Erhärtung und Abbindung von Gipsmörteln nach der Methode des zweistufigen Anmachens. N. W. Toptschijewa. (Доповіді Академії Наук Української РСР [Ber. Akad. Wiss. UkrainSSR] **1961.** 363—67. Akad. für Architektur u. Bauwesen der UkrainSSR, Forschungsinst. für Baumaterialien u. Bauten.) (Russ.; Auszug: Engl.)

Vf. beschreibt ein zweistufiges Verf. für die Herst. von Gipsmörtel mit verlängerter Abbindezeit. In der 1. Stufe wird nur wenig W. angewandt, um eine teilweise Hydratation des Gipses in der festen Phase zu erreichen. Das entstehende Dihydrat wird in koll. Form ausgeschieden. Die Menge des Anmachwassers für die 2. Stufe richtet sich

nach der Konsistenz des Mörtels. Abbinden u. Erhärten erfolgen in der 2. Stufe u. werden durch Variation des Zeitraumes zwischen den beiden Stufen des Anmachers reguliert.
O. LEBTAG. 6226□

Forschungsprobleme der Sand- und Kiesindustrie. Delmar L. Bloem. (Cement, Lime Gravel **36.** 97—100. April 1961. National Ready Mixed Concrete Association, Washington, D.C.) (Engl.)

Erörtert werden die bei der Verw. von Sand u. Kies in der Zementindustrie auftretenden Probleme. Hierzu gehören neben ökonom. Erwägungen die Merkmale obiger Materialien wie Vol.-Änderung, Festigkeit u. Haltbarkeit. In Verbindung damit müssen Graduierung, Form, Korngröße, Struktur u. elast. Eigg. der Ausgangs- bzw. End-Prodd. betrachtet werden. H. SCHUMANN. 6228□

Industrieabfallmaterialien als Grundlage neuer Leichtbaustoffe in der ČSSR. B. Bureš, A. G. Pokorný und L. Srnský. (Stavivo **39.** 111—15. April 1961. Brno, Výzk. ústav stavebních hmot.) (Tschech.)

Es wurde die Verw. von Industrieabfallstoffen untersucht. Es handelt sich um Schlackenbimsstein, Flugasche, Bergbauabfälle u. Aschenschlacke. Diese können als Leichtfüllmittel oder Bestandteil von porösen Betonen verwendet werden. Von großer Bedeutung sind bes. Flugasche aus Elektrizitätswerken u. Hochofenschlacke. — 27 Literaturangaben. J. SCHNEIDER. 6228□

Gegenwärtiger Stand und Weiterentwicklung der Forschung und Herstellung leichter Betonfüllstoffe in der ČSSR. A. G. Pokorný und L. Srnský. (Stavivo **39.** 115—20. April 1961. Brno, Výzk. ústav stavebních hmot.) (Tschech.)

Literaturübersicht über die technolog. Verff. der Herst., von Schlackenbimsstein, von porösen Füllstoffen aus Industrie- u. Bergbauabfällen u. bes. über die Sinterung von Aschen u. Schlacken. — 31 Literaturangaben. J. SCHNEIDER. 6228□

Leichte, mit Verwendung von Schlackenbimsstein und expandiertem Schiefer hergestellte Betone. J. Hlaváček und K. Sychra. (Stavivo **39.** 120—24. April 1961. Praha, Výzk. ústav stavebního vývoje.) (Tschech.)

Es wurden die mechan. therm. u. Isolations-Eigg. von Betonen, die aus Schlackenbimsstein u. expandiertem Schiefer hergestellt worden sind, untersucht u. die Ergebnisse im Hinblick auf den Wohnungsbau diskutiert. J. SCHNEIDER. 6228□

Gegenwärtiger Stand und Weiterentwicklung der Herstellung poröser Betone und die sich damit befassenden Forschungsarbeiten. B. Bureš. (Stavivo **39.** 125—27. April 1961. Brno, Výzk. ústav stavebních hmot.) (Tschech.)

Vf. teilt die porösen Betone in Gasbetone, Schaumbetone u. Mikroporite ein. Prakt. Erfahrungen mit diesen Betonen werden erörtert. J. SCHNEIDER. 6228□

Einfluß der isomorphen Verdrängung auf den Charakter der Debyogramme der Lithium-Eisen-Glimmer. O. L. Litwin. (Доповіді Академії Наук Української РСР [Ber. Akad. Wiss. UkrainSSR] **1961.** 225—28. Inst. für geolog. Wiss. der Akad. der Wiss. der UkrainSSR.) (Ukrain.; Auszug: Engl.)

Durch Unters. der Debyogramme von *Biotit* (**I**), *Lepidolith* (**II**), *Protolithionit*, *Zinnwaldit* u. *Kryophyllit* wird festgestellt, daß die Li-Fe-Glimmer, die eine isomorphe **I**-**II**-Reihe bilden, Debyogramme aufweisen, die zwischen denen der dioktaedr. u. trioktaedr. Glimmer stehen. Der Flächenabstand (0 6 0) ist direkt proportional dem mittleren Radius des oktaedr. Kations u. nimmt von **I** nach **II** allmählich ab.
O. LEBTAG. 6234□

Zur Methodik der Bestimmung der Druckfestigkeit von feuerfesten Materialien. Ss. N. Myschkin. (Заводская Лаборатория [Betriebs-Lab.] **25.** 1510—11. 1959. Satka, Werk „Magnesit".) (Russ.)

Vf. weist auf einige Mängel der Standard-Meth. hin, nach der zur Best. der Druckfestigkeitsgrenze Würfel verwendet werden, die man vom Werkstück absägt oder abbricht. Es wurde nun festgestellt, daß die Festigkeit von der Art der Abtrennung u. von der Kantenlänge der Probewürfel abhängig ist: abgesägte Würfel zeigen eine größere Festigkeit als abgeschlagene. Ebenso steigt die Festigkeit mit der Vergrößerung der Kantenlänge. Paraffinierte Würfel haben eine kleinere Festigkeit, die aber unabhängig von der Kantenlänge ist. Die Festigkeitswerte sind weiter abhängig von der Geschw. u. Gleichmäßigkeit der Drucksteigerung bei der Untersuchung. S. ECKERT. 6248□

Bestimmung des Zementgehaltes im Beton durch Messung der Dichte der Suspension mittels Hydrometer. Eine Methode der Qualitätskontrolle bei frischem Beton. Gentaro Tsuneyama und Takashi Ozawa. (J. ceram. Assoc., Japan [Yogyo Kyokai Shi] **68.** Nr. 778. 247—54. Okt. 1960. Railway Techn. Res. Inst.) (Jap.; Auszug: Engl.)

Mit Hilfe von 3 Hydrometern stellen Vff. die Dichte von 3 Testaufschwemmungen fest u. schätzen den Sand-Geh. aus der Höhe des Bodensatzes. Mit Hilfe der dadurch erhaltenen Eichkurve lassen sich weitere Proben prüfen. Die ausführlichen Unterss. ergeben eine Fehlermöglichkeit von −1,1 bis +5,3% oder −5,0 bis +25 kg/m³.

L. KÜHNERT. 6252□

Bestimmung des Gipsgehaltes im Zement mit Kationiten. I. W. Bogdanowa. (Журнал Аналитической Химии [J. analyt. Chem.] **14.** 373—74. Mai/Juni 1959. Leningrad, Allunions-Forsch.-Inst. für die Zementind.) (Russ.)

Beim Bearbeiten von 0,5 g Zement mit 25 ml 5%ig. Borsäure-Lsg. gehen ca. 20 bis 30% der Ausgangssubstanz in Form von Sulfaten, Boraten u. Silicaten des Ca, Mg u. der Alkalimetalle in Lösung. Beim Durchleiten einer solchen Lsg. durch eine Kationitsäule (H^+-Form) bilden sich äquivalente Mengen von H_2SO_4, H_3BO_3 u. Kieselsäure. Durch Titrieren der Lsg. mit 0,1n Lauge in Ggw. von Methylorange ermittelt man den Gips-Geh. im Zement. Die Borsäure u. die Kieselsäure werden hierbei nicht mit titriert.

E. STEINBERG. 6252□

Libbey-Owens-Ford Glass Co., Toledo, Ohio, V.St.A., **Biegen von Glasplatten,** bes. zur Verwendung im Kraftfahrzeug. Man bringt die zu biegende Platte über der Form an u. erhitzt sie bis zum Erweichungspunkt. Dann dreht man das eine Ende der Platte, um ihr so die gewünschte Krümmung zu geben, hält sie in dieser Lage u. läßt abkühlen. — Vorr., Zeichnungen. (**Ind. P. 58 522** vom 28/9. 1956, ausg. 13/8. 1958.)

H. NEBELSIEK. 6181

Saale-Glas G.m.b.H. (Erfinder: Werner Vogel und Wolfgang Heindorf), Jena, **Optisches Boratglas.** Ein opt. Boratglas mit $n_d > 1{,}73$ bei ν_d zwischen 50 u. 56 sowie extremer Teildispersion besteht aus 30—38 (Gew.-%) B_2O_3, 38—55 La_2O_3, 15 bis 25 ThO_2 u. 2—10 CdF_2. Zur Erhöhung der Lichtbrechung kann der Schmelzsatz bis 5 BaF_2, bis 15 Sb_2O_3, bis 10 ZrO_2 u. bis 5 $CdWO_4$ sowie bis 2,5 MgO u. bis 5 BeO als Stabilisatoren enthalten. — Beispiel für eine Glas-Zus.: 35 B_2O_3, 40 La_2O_3, 20 ThO_2 u. 5 CdF_2; $n_d = 1{,}7514$, $\nu_d = 53{,}2$. (**D. A. S. 1 094 938** Kl. 32b vom 27/6. 1959, ausg. 15/12. 1960.) HANS HOFFMANN. 6201

Bradley Mining Co., San Francisco, Calif., übert. von: Burnham W. King jun., Columbus, und Walter A. Hedden, Worthington, Ohio, V.St.A., **Antimonoxydglas.** Ein billiges, fast ungiftiges Glas mit *hoher Durchlässigkeit für Infrarot* wird hergestellt aus 25—55 (Mol-%) Sb_2O_3, 13—30 Al_2O_3 u. 27—45 Na_2O u./oder K_2O. Der Geh. an B_2O_3 u. SiO_2 soll 5 Gew.-% nicht überschreiten. — Zum Beispiel werden 6,2 (g) Na_2CO_3, 35,6 KNO_3, 15,0 Al_2O_3 u. 65 Sb_2O_3 gemischt u. 30 Min. lang auf 2510° F erhitzt. Nach dem Formen durch Ausgießen der Schmelze wird das Glas gehärtet. (**A. P. 2 918 382** vom 18/5. 1955, ausg. 22/12. 1959.) G. FRIKELL. 6201

Jenaer Glaswerk Schott & Gen., Mainz, **Herstellung von alkaliresistenten Instrumentgläsern** durch Einbringen von ZrO_2 in Form von Zirkonsand. Die Gläser können dabei folgende Zus. haben: SiO_2 57,5 (%) bzw. 74,7, B_2O_3 1,8 bzw. 11,5, Al_2O_3 2,0 bzw. 1,5, ZrO_2 14,5 bzw. 4,7, Na_2O 14,2 bzw. 5,0, BaO 2,0 bzw. 2,0, CaF_2 8,0 bzw. 0,6—1,0. (**Ind. P. 57 514** vom 4/6. 1956, ausg. 9/10. 1958.) H. NEBELSIEK. 6201

Corning Glass Works (Erfinder: Robert Hennah Dalton und George Bigelow Hares), Corning, N.Y., V.St.A., **Alkali-Blei-Silicatglas mit hohem spezifischem elektrischen Widerstand.** Dieses enthält so viel Rb_2O, daß das Verhältnis von Rb_2O zur Gesamtalkalimetalloxydmenge: 1 : 20 bis 3 : 10 beträgt. Ein Glas mit einem spezif. elektr. Widerstand von über 1 MΩ bei 250° enthält mehr als 15 (Gew.-%) SiO_2. 6—60 PbO u. 5—25 Alkalioxyd; diese Oxyde sollen wenigstens 80 der Gesamt-Zus. ausmachen; der Rest besteht aus verträglichen Oxyden, wie Al_2O_3, MgO, CaO, BaO oder dergleichen. — Beispiel für eine Glas-Zus.: 39 SiO_2, 51,4 PbO, 0,2 Na_2O, 5,1 K_2O, 2,0 Rb_2O, 0,2 Cs_2O u. 1,5 BaO. (**D. A. S. 1 089 525** Kl. 32b vom 22/4. 1959, ausg. 22/9. 1960. A. Prior. 23/4. 1958.) HANS HOFFMANN. 6201

Dow Corning Corp. (Erfinder: John L. Speier), Midland, Mich., V.St.A., **Haftmittel für organische Harze und Farbstoffe auf Glas.** Als Haftmittel wird eine Verb. der Formel $(RO)_3SiR'Z_n$ benutzt, in der R ein Alkylrest mit 1—3 C-Atomen, R' ein aliphat. KW-Stoff-Rest mit 1 oder mehr als 2 C-Atomen u. einer Wertigkeit von n + 1, n eine ganze Zahl u. Z ein einwertiger, mit R' durch eine C—N-Bindung verbundener, aus H, C u. N bestehender Rest mit mindestens 2 Aminogruppen ist, wobei das Verhältnis von C : N im Substituenten $-R'Z_n$ weniger als 6 : 1 beträgt. — Zum Beispiel wird als Haftmittel für eine 3 (Gew.-%) Brilliant-Croceine 3 BA enthaltende wss. Lsg. zum Anfärben von Glasfasern als Haftmittel eine wss. Lsg. von 0,5 $(CH_3O)_3SiCH_2 \cdot CH_2CH_2NHCH_2CH_2NH_2$ benutzt. (**D. A. S. 1 090 399** Kl. 32b vom 22/12. 1958, ausg. 6/10. 1960. A. Prior. 23/12. 1957.) HANS HOFFMANN. 6201

Corning Glass Works (Erfinder: Stanley Donald Stookey), Corning, N.Y., V.St.A., **Herstellung von Gläsern, die durch thermische Behandlung in keramikartige Massen übergehen.** Es werden Glasversätze erschmolzen aus 53—75 (Gew.-%) SiO_2, 3—7 TiO_2, 56—81 SiO_2 + TiO_2, 2—15 Li_2O u. 12—36 Al_2O_3, wobei das Verhältnis Li_2O : Al_2O_3 zwischen 0,1 u. 0,6 liegt u. $SiO_2 + TiO_2 + Li_2O + Al_2O_3 \geq 95$ ist. Die Gläser werden nach dem Verformen je nach Wandstärke auf 650—1175° erhitzt, bis sich ein krit. Li-Al-Silicat in Form von β-Eukryptit u./oder β-Spodumen bildet. (**D. A. S. 1 090 397** Kl. 32b vom 26/2. 1959, ausg. 6/10. 1960. **E. P. 857 367** vom 23/2. 1959, ausg. 29/12. 1960. Beide A. Prior. 3/3. 1958.) HANS HOFFMANN. 6201

Corning Glass Works (Erfinder: Donald Nicol Brown und Charles Barker King), Corning, N.Y., V.St.A., **Herstellung eines halbkristallinen Keramikgegenstandes.** Ein kristallisationsfähiger Glaskörper wird zur Einleitung einer angemessenen Kristallisation u. Bldg. einer verdichteten Oberflächenschicht ausreichend lange oberhalb des Anlaßpunkts erhitzt. Die Oberflächenschicht wird bis zur Erreichung der gewünschten Ausmaße des Körpers mindestens teilweise entfernt, worauf dieser auf wesentlich höhere Temp. bis zur Wiederherstellung seiner Festigkeit erhitzt wird. Der Glaskörper besteht zweckmäßig aus 55—75 (Gew.-%) SiO_2, 3—7 TiO_2 (wobei $SiO_2 + TiO_2 = 58—82$ sein soll), 2—15 Li_2O u. 12—36 Al_2O_3 mit der Maßgabe, daß das Verhältnis Li_2O : Al_2O_3 0,1—0,6 beträgt u. der Gesamtgeh. $SiO_2 + TiO_2 + Li_2O + Al_2O_3 \geq 95$ ist. — Zum Beispiel wird ein Glaskörper mit der Zus. 71 SiO_2, 4,5 TiO_2, 2,5 Li_2O, 18 Al_2O_3, 3 MgO u. 1 ZnO nach Entfernen der Oberflächenschicht 4 Std. auf 1100° erhitzt. (**D. A. S. 1 096 566** Kl. 32b vom 13/10. 1959, ausg. 5/1. 1961. **E. P. 858 266** vom 7/10. 1959, ausg. 11/1. 1961. Beide A. Prior. 17/10. 1958.) HANS HOFFMANN. 6201

Soc. An. des Manufactures des Glaces et Produits Chimiques de St. Gobain, Chauny & Cirey, Paris, Frankreich, **Herstellung von Glasscheiben,** die eine mit Al überzogene, emaillierte Oberfläche besitzen. Man bringt auf eine Seite der Glasplatte eine Emailleschicht auf u. erhitzt die Platte auf ca. 670°, kühlt schnell auf ca. 520°, um das Glas zu tempern u. trägt dann bei ca. 235° Al-Pulver auf die Emailleschicht auf. Zum Schluß kühlt man auf Zimmertemperatur. (**Ind. P. 59 711** vom 21/2. 1957, ausg. 2/1. 1959.) H. NEBELSIEK. 6203

Orazio Centanin, Arqua' Petrarca, Padua, Italien, **Verfahren zum Bleichen von Gestein.** Zur Verw. in der Glas-, Keramik- oder Zementindustrie werden bes. Trachyt-, Feldspat- bzw. tonartige Gesteine in Pulverform bei normaler Temp. mit H_2SO_4-Monohydrat, evtl. unter Zusatz von geringen Mengen Chloriden, z. B. NaCl, 1—4 Tage behandelt u. dann mit W. gewaschen. — Zum Beispiel wird ein Liparittuff mit 0,26% FeO auf einen Geh. von $<0,1$% Fe_2O_3 gesenkt u. ergibt eine farblose Keramik, die auch beim Sintern farblos bleibt. (**D. A. S. 1 090 568** Kl. 80b vom 10/12. 1957, ausg. 6/10. 1960. It. Prior. 29/7. u. 16/8. 1957.) G. FRIKELL. 6209

Vereinigte Aluminium-Werke Akt.-Ges., Bonn (Erfinder: Werner Hüttig, Beuel), **Haftgrundlage für Emailschichten auf Aluminium oder Aluminiumlegierungen.** Als Haftgrundlage wird eine 0,5—6 μ, bes. 2 μ dicke Schicht aus $Al(OH)_3$, bes. aus Bayerit [β-$Al(OH)_3$] verwendet. Solche Schichten werden erhalten, wenn die entfetteten Al-Gegenstände der Einw. von sd. dest. W., dem 0,005—0,01 Gew.-% eines Alkalihydroxyds, bes. LiOH, zugegeben sind, ausgesetzt werden. (**D. A. S. 1 098 318** Kl. 48c vom 12/9. 1959, ausg. 26/1. 1961.) HANS HOFFMANN. 6213

Th. Goldschmidt Akt.-Ges. (Erfinder: Kurt Stürzer), Essen, **Herstellung ungebrannter Tonkörper hoher Biegefestigkeit.** Ton, bes. bei 105—110° vorgetrockneter Kaolinton einer Korngröße unter 0,6 mm, bes. unter 0,1 mm, wird mit Lsgg. von NH_4-Salzen u./oder organ. N-Verbb., wie hitzehärtbaren Siliconharzen, angeteigt, geformt u. bei 120—350°, bes. bei 200°, gehärtet. Eine Masse aus 74 (%) Ton, 13 Polysiloxan u. 13 Toluol hat nach der Härtung eine Biegefestigkeit von 182,4 kg/cm² u. eignet sich als chem.-techn. Auskleidmasse, Gebrauchskeramik u. korrosionsfester Überzug. (**D. A. S. 1 092 363** Kl. 80b vom 10/6. 1959, ausg. 3/11. 1960.) G. FRIKELL. 6217

Th. Goldschmidt Akt.-Ges. (Erfinder: Kurt Stürzer), Essen, **Tonkörper hoher Biegefestigkeit.** Zur Herst. von Körpern, die nach Härtung bei 170—400°, bes. 200°, spanabhebend bearbeitet u. auch anschließend bei 400—1100° hart gebrannt werden können, wird der Ton außer mit NH_4-Salzen u./oder amphoteren, N-haltigen organ. Verbb., wie Caprolactam, auch mit in W. lösl. N-haltigen organ. Derivv. der H_2CO_3, bes. $CO(NH_2)_2$ oder Biuret, NH_4-Carbamat, Alkylharnstoffen oder Guanidin, vorbehandelt. (**D. A. S. 1 100 537** Kl. 80b vom 28/8. 1959, ausg. 23/2. 1961. **Zusatz zu D. A. S. 1 092 363; s. vorst. Ref.**) G. FRIKELL. 6217

Kurt Mauritz, Bad-Honnef, **Entglasung von aus dem Schmelzfluß gegossenen Steinen.** Diabase, die Pyroxene als Haupt- u. Labradorit, Olivin, u. Magnetit als

Nebenmineralphasen enthalten, werden geschmolzen u. in Formen gegossen. Die Formkörper werden auf ca. 600° gekühlt u. ca. 3 Std. bei dieser Temp. gehalten, darauf auf 920° angeheizt u. 1 Std. gehalten, auf 720° abgekühlt u. 2 Min. gehalten, auf 850° angewärmt u. bei dieser Temp. gehalten, bis alle Mineralien auskrist. sind. Härte u. Festigkeit der Prodd. werden verbessert. (**A. P. 2 932 922** vom 22/7. 1957, ausg. 19/4. 1960. D. Prior. 3/8. 1956.) F. REINHART. 6219

Comp. des Meules Norton, Seine, Frankreich (Erfinder: Neil Norman Ault), **Hochfeuerfester Zement,** F. > 1800°, zur Herst. von *Schleifkörpern* u. mit feuerfesten Überzügen versehenen Rohren, wie *Raketendüsen,* der bei Raum-Temp. schnell abbindet, aus 90—99 (%) Zirkon, von denen > 80 durch 3—6 CaO (bezogen auf ZrO_2) stabilisiert worden sind (vgl. A. P. 2 535 526; C. **1952.** 4206), u. Rest Al-Phosphat mit pH 3. (**F. P. 1 132 228** vom 11/10. 1955, ausg. 6/3. 1957. A. Prior. 12/10. 1954.) O. KAYSER. 6219

Beru-Werk Albrecht Ruprecht, Ludwigsburg (Erfinder: Walter Vogel, Benningen/Neckar), **Keramische Körper für Zündkerzen.** Die Herst. wird vereinfacht durch kaltes Mischen einer keram. Masse, wie Korund, mit fl. Polyester (3—20%, bes. 12%, vom Gesamtgewicht) u. evtl. Katalysatoren u./oder Verdünnungsmitteln, Einspritzen der Mischung in eine erwärmte Form. Nach dem Verfestigen wird der Formkörper im Brennofen gesintert, wobei bis zum Beginn der Verkohlung des Polyesters für eine inerte oder reduzierende Atmosphäre gesorgt wird. (**D. A. S. 1 093 280** Kl. 80b vom 15/4. 1959, ausg. 17/11. 1960.) G. FRIKELL. 6221

Deutsche Bundespost, vertreten durch den Präsidenten des Fernmeldetechnischen Zentralamts (Erfinder: Heinrich Schmidt-Brücken), Darmstadt, **Aufbringen festhaftender Metallschichten auf Keramikflächen** zur Herst. vakuumdichter Keramik-Metall-Verbindungen. Auf Oxydkeramiken, wie MgO, Al_2O_3 u./oder BeO, wird ein Schwermetalloxyd, bes. ein Oxyd, das mit der Oxydkeramik ein Mischoxyd bildet, aufgesintert, z. B. ein Oxyd von Cu, Co, Fe, Ni oder Cr, das Spinelle bildet, wie $Al_2O_3 \cdot CuO$, $BeO \cdot Fe_2O_3$ oder $BeO \cdot Cr_2O_3$. Die aufgebrachte Schicht wird mit einem Metall, wie Al, Be, Mg, unter Erhitzen in Kontakt gebracht, das nach Art des GOLDSCHMIDT-Thermit-Verf. das Schwermetalloxyd reduziert. (**D. A. S. 1 095 732** Kl. 80b vom 6/2. 1959, ausg. 22/2. 1960.) G. FRIKELL. 6221

VEB Werk für Bauelemente der Nachrichtentechnik „Carl von Ossietzky", Teltow (Erfinder: Herbert Henniger, Berlin, und Günther Engelhardt, Teltow), **Ferritelemente** auf Basis Ni—Zn—Fe mit kleinen Mengen Co. Der Co-Anteil wird gelöst als Nitrat, Oxalat, Carbonat oder als Ni-Zn-Ferritschlicker durch Tauchen, Spritzen, Drucken auf die Oberfläche des Ferritkörpers aufgebracht. Dadurch wird hohe Permeabilität u. Güte bei niedrigen u. hohen Frequenzen erzielt. (**D. A. S. 1 091 025** Kl. 80b vom 29/8. 1959, ausg. 13/10. 1960.) G. FRIKELL. 6221

Klöcker-Hütte Bremen Akt.-Ges., Bremen, **Weiße Überzugsmischung für Zementflächen.** Die auf der Grundlage von Weißzement hergestellte u. Füllstoffe enthaltende Mischung ist dad. gek., daß feinverteiltes TiO_2 in einer Menge von mindestens 3%, bezogen auf die Füllstoffe, vorhanden ist. (**E. P. 849 175** vom 4/11. 1958, ausg. 21/9. 1960. D. Prior. 6/11. 1957.) P. KRUG. 6223

Chief Engineer, Hirakud Dam Project, Ministry of Irrigation and Power, Hirakud (Erfinder: Rattan Chand Hoon, New-Delhi, Sri Mysore Ramachandra Vinayaka, Hirakud, und Sri Hassan Naranappa Krishniah Nadig, Pamposh), Indien, **Zusatz zu Beton und Mörtel.** Man verseift 100 (Teile) Harz mit 100 5%ig. NaOH, trennt die Seife von der Unterlauge, löst sie in 5 handelsüblichem Glycerin u. füllt die Lsg. mit W. auf ca. 100—106 auf, bis die Dichte 1,04 beträgt. Durch Zusatz der Lsg. zum Zement bilden sich im Beton mkr. kleine Luftbläschen, die die innere Reibung zwischen den einzelnen Festteilchen verringern. (**Ind. P. 58 266** vom 27/8. 1956, ausg. 27/2. 1958.) C. LÜTTGEN. 6227

Shell Internationale Research Mij. N.V., Den Haag, Holland (Erfinder: Rudolf Konopka, Hamburg), **Bindemittel für Belagmassen für Bauzwecke.** Als Bindemittel, bes. für farbige Belagmassen, wird der Rückstand der Dest. einer Naphthensäuren enthaltenden Erdölfraktion über Kalk verwendet mit einem geringen Geh. (1—10 Gew.-%) an einer Fettsäure mit 10 oder mehr C-Atomen oder einem Gemisch solcher Fettsäuren, wie es im Tallöl vorliegt. (**D. A. S. 1 098 433** Kl. 80b vom 21/11. 1958, ausg. 26/1. 1961.) HANS HOFFMANN. 6227

Badische Anilin- & Soda-Fabrik Akt.-Ges. (Erfinder: Harald Violet und Albert Heinzel), Ludwigshafen/Rh., **Herstellung von Leichtbauelementen.** Zur Herst. von *Baukörpern,* deren Struktur mit der aus Naturbims erzeugter Bauelemente weitgehend übereinstimmt, wird eine Mischung aus Steinkohlenflugasche u.

Bindemitteln, wie Ca(OH), im plast. Zustand gekörnt u. evtl. mit Wasserdampf oder CO_2 gehärtet, worauf das körnige Gut, evtl. unter nochmaliger Zugabe von Bindemitteln, unter solchen Bedingungen verformt wird, daß die körnige Struktur im wesentlichen erhalten bleibt. Als Bindemittel wird zweckmäßig das durch Zers. von CaC_2 erhaltene $Ca(OH)_2$ verwendet. (**D. B. P. 974 810** Kl. 80b vom 19/5. 1951, ausg. 4/5. 1961. Anmeldung bekanntgemacht 11/6. 1952.) HANS HOFFMANN. 6229

Monsanto Chemicals Ltd., London, England, **Wasserfestmachen von Baumaterial.** Man bürstet z. B. Asbest-Zementplatten mit einer wss. $(NH_4)_2SO_4$-Lsg., läßt kurze Zeit an der Luft trocknen u. bürstet die Platten dann mit einer Methylphenylsilicon-Lsg. (4 Teile Silicon auf 96 Teile Toluol). An Stelle von $(NH_4)_2SO_4$ kann man das Material auch mit einer Lsg. aus $(NH_4)_2CO_3$ oder NH_4-Oxalat oder Triäthanolammoniumsulfat oder Morpholiniumstearat in Toluol zuerst behandeln. Auf diese Weise wurde ein bes. Schutz gegen den in den Baumaterialien stets auftretenden freien Kalk geschaffen. (**Ind. P. 58 741** vom 26/10. 1956, ausg. 10/3. 1958.) H. NEBELSIEK. 6229

Metallgesellschaft Akt.-Ges., Frankfurt/M., **Verwertung von Rückständen aus der Müllverbrennung.** Die anfallende dunkle, unangenehm riechende Masse wird ohne vorherige Krümelung einem Saugzug–Verblase- oder Drucksinter-Verf. unterworfen. Dabei braucht kein Brennstoff zugesetzt zu werden, vielmehr werden so viel brennstofffreie oder brennstoffarme Stoffe, wie Trümmerfeinschutt, Kessel- oder Flugasche, beigefügt, daß der Brennstoff-Geh. wärmemäßig einem Koks-Geh. von 6—8% entspricht. Da die Temp. bei der Sinterung zur Zers. etwa vorhandener S-Verbb. ausreicht, ist das Sinter-Prod. als Zuschlagstoff für Beton oder als Baustein geeignet. (**D. A. S. 1 096 277** Kl. 80b vom 4/9. 1957, ausg. 29/12. 1960.) G. FRIKELL. 6229

Owens-Illinois Glass Co., V.St.A., **Wärmeisolatoren** erhält man durch Umsetzung einer stabilen wss. Suspension von reaktionsfähigem SiO_2 u. CaO im Verhältnis 0,65—1 : 1 mit lamellaren koll. Kristallen, wie Xonotlit ($5CaO \cdot 5SiO_2 \cdot 5H_2O$) u. Lepisil ($4CaO \cdot 5SiO_2 \cdot 5H_2O$), als Stabilisatoren im Autoklaven bei 80° u. 9,1 kg/cm². Ein Prod. mit D. 112 kg/m³ erhält man aus einer Suspension von 725,6 (kg) Xonotlit, 1057 CaO u. 1134 SiO_2 in 23314 Wasser. (**F. P. 1 112 398** vom 13/9. 1954, ausg. 13/3. 1956.) O. KAYSER. 6229

Friedrich Ehmann, Stuttgart, **Kittpaste.** Zum Aufkleben von Splitt, bes. Steinsplitt, Stein-, Glas- u./oder Keramikstücken oder dgl. auf Bauwerksflächen, bes. als Wandbelag, verwendet man eine Kittpaste, die aus 260 (Gewichtsteilen) W., 340 bis 380 Kreide, 340—380 eines weißen Pigments, 60—80 Standöl, 9—11 Glycerin, ca. 1 Formaldehyd-Lsg. u. ca. 560 Polyvinylacetatdispersion besteht. (**D. A. S. 1 107 858** Kl. 22i vom 30/6. 1960, ausg. 31/5. 1961.) E. FUCHS. 6229

Esso Research and Engineering Co., V.St.A., **Erdölharzmischungen.** KW-Stofffraktionen mit z. B. 10—35% Diolefin, 30—65% Olefin u. 0—60% Aromaten, Paraffinen u. Naphthenen werden mit FRIEDEL-CRAFTS-Katalysatoren zu Harzen mit einem Erweichungspunkt $<90°$ polymerisiert. Die Polymeren werden mit 10 bis 50 Gew.-% Butylkautschuk als Plastiziermittel gemischt. Die Mischungen eignen sich als *Fußbodenbelag.* (**F. P. 1 154 260** vom 22/6. 1956, ausg. 4/4. 1959.) M. PANKOW. 6229

L-O-F Glass-Fibers Co., übert. von: Dominick Labino, Toledo, Ohio, V.St.A., **Glasfaserplatten,** die auf Grund zahlreicher Capillaren, wenn sie z. T. in W. eingetaucht werden, das Verdampfen großer Mengen W. bewirken. Sie werden hergestellt aus Glasfasern u. einem Bindemittel, wie SiO_2- oder Al_2O_3- Gel. Dabei sind 5—15% der Fasern 0,25—0,5 μ dick u. $^1/_{16}$ in. lang u. mindestens 75% 2—5 μ dick u. 0,5—1 in. lang. Die Herst. erfolgt durch Verfilzen mittels W., Trocknen, Aufbringen des Bindemittels u. nochmaliges Trocknen. (**A. P. 2 919 211** vom 30/12. 1954, ausg. 29/12. 1959.) G. FRIKELL. 6235

Kamala Kanta Majundar, Dhanbad, Bihar, Indien, **Herstellung von gereinigtem Glimmerpulver** durch gründliches Trockenvermahlen von Abfallglimmer, Absieben der schlecht vermahlenen Verunreinigungen u. Abschütteln der groben Bestandteile. Dann vermischt man die gereinigten Glimmerteilchen mit so viel W., daß ein dicker Schlamm entsteht u. vermahlt diesen in einer Kugelmühle oder dgl., die mit Porzellan, Fliesen oder Kautschuk ausgekleidet ist, zu dem gewünschten Feinglimmer. (**Ind. P. 57 840** vom 11/7. 1956, ausg. 30/9. 1958.) H. NEBELSIEK. 6235

Corning Glass Works, Corning, N.Y., V.St.A., *Verdrängung von Hydroxylgruppen aus porösem Glas.* (**Holl. P. 95 486** vom 8/10. 1957, ausg. 15/9. 1960. A. Prior. 19/11. 1956. — C. 1960. 614 [D. A. S. 1 053 747].)

Deutsche Gold- und Silber-Scheideanstalt vormals Roessler, Frankfurt/M., *Mattieren von Glas.* (**E. P. 836 842** vom 3/7. 1957, ausg. 9/6. 1960. D. Prior. 7/7. 1956. — C. 1958. 6074 [D. A. S. 1 016 907].)

Glaxo Laboratories Ltd., Greenford (Erfinder: **Joseph Green**, Eastcote, Pinner), Middlesex, England, *Behandlung von mit Siliconen überzogenen Glasflächen.* (**D. A. S. 1 060 750** Kl. 75c vom 1/2. 1955, ausg. 2/7. 1959. E. Prior. 18/3. 1954 u. 5/1. 1955. — C. **1961.** 626 [Aust. P. 209 352].)

Fredrik Wilhelm Anton Kurz, Lidingö, Schweden, *Erhöhung der chemischen Widerstandsfähigkeit von Glasgegenständen.* (**E. P. 835 820** vom 11/10. 1957, ausg. 25/5. 1960. — C. **1959.** 13917 [D. A. S. 1 040 198].)

N. V. Philips' Gloeilampenfabrieken, Eindhoven, Holland, *Herstellung von Silberspiegeln durch Aufdampfen.* (**Aust. P. 167 860** vom 12/11. 1953, ausg. 5/7. 1956. Holl. Prior. 15/11. 1952. — C. **1956.** 7637 [F. P. 1 087 152].)

Libbey-Owens-Ford Glass Co., Toledo, Ohio (Erfinder: **William Harry Colbert**, **Willard Leroy Morgan**, Pittsburgh, Pa., und **Arthur Robert Weinrich**, Dallas, Tex.), V.St.A., *Herstellung durchsichtiger und elektrisch leitender Überzüge durch Vakuumbedampfen.* (**D. A. S. 1 093 163** Kl. 48b vom 29/10. 1953, ausg. 17/11. 1960. A. Prior. 29/10. 1952. — C. **1956.** 14156 [A. P. 2 676 117].)

Algemeene Kunstvezel Mij. N. V., Den Haag, Holland, *Formkörper aus mineralischen, mit Mineralfasern verstärkten Bindemitteln.* (**Aust. P. 167 372** vom 18/5. 1953, ausg. 19/4. 1956. — C. **1957.** 8326 [Schwz. P. 312 091].)

Siemens-Schuckertwerke Akt.-Ges., Deutschland, *Verfahren zum Überziehen von Gegenständen.* (**F. P. 67 452** vom 5/4. 1952, ausg. 13/3. 1958. D. Prior. 28/7. 1951. Zusatz zu F. P. 1 042 012; C. 1956. 7414. — C. **1956.** 2286 [D. B. P. 906 677].)

Aktiebolaget Kanthal, Hallstahammar, Schweden, *Hitzebeständiges Material aus Molybdändisilicid.* (**E. P. 837 454** vom 2/5. 1957, ausg. 15/6. 1960. Schwed. Prior. 11/5. 1956. — C. **1959.** 14226 [D. A. S. 1 051 716].)

F. L. Smidth & Co. A/S, Kopenhagen, Dänemark, *Brennen sulfathaltiger Stoffe, wie Kalk oder Zement.* (**Ind. P. 49 326** vom 7/4. 1953, ausg. 14/7. 1954. — C. **1958.** 8165 [E. P. 764 537].)

Algemeene Kunstvezel Mij. N. V., Den Haag, Holland, *Isolierplatten.* (**Schwed. P. 156 517** vom 14/11. 1951, ausg. 9/10. 1956. It. Prior. 15/11. 1950. — C. **1957.** 6870 [Oe. P. 188 044].)

Pectosol Corp. Ltd., London, England, *Bodenhärtungsmittel.* (**Schwed. P. 156 319** vom 17/10. 1953, ausg. 25/9. 1956. — C. **1960.** 963 [Norw. P. 87 342].)

VII. Agrikulturchemie. Schädlingsbekämpfung

Verfahren zur Verwertung der Nebenprodukte der Röstung von Pyriten. Raluca Ripan, Gheorghe Marcu und Nicolae Pascu. (Comun. Acad. Republ. Populare romîne **7.** 531—40. Mai 1957. Cluj, Inst. de chim.) (Rum.)

Der in den Filtern u. im Rauchkanal der Pyritröstanlagen abgeschiedene Staub wird mit warmem W. von lösl. Anteilen befreit, dann bei 80° mit NH_4OH-Lsg. in geringem Überschuß unter Rühren 2—3 Std. auf dem Wasserbad erhitzt. Nach Filtrieren wird der Rückstand mit 5%ig. NH_4OH von SO_4^{2-} frei gewaschen. Durch Eindampfen der Lsg. wird ein für Düngezwecke geeignetes Gemisch von $(NH_4)_2SO_4$ u. $ZnSO_4$ gewonnen. Der Nd. wird 15—20 Min. mit 45%ig. NaOH gekocht u. auf dem Wasserbad 2 Std. in Ggw. von CuO u. $CuSO_4$ als Katalysator mit einem Luftstrom behandelt, um AsO_3^{3-} zu AsO_4^{3-} zu oxydieren; nach Filtrieren u. Waschen mit W. wird das Filtrat unter Rühren 3—4 Std. bei 80—90° mit $Ca(OH)_2$-Suspension behandelt u. das gefällte $CaHAsO_4$ abgetrennt; es eignet sich als Insekticid. R. K. MÜLLER. 6290 □

Die Verluste an organischer Substanz im Stalldünger. G. J. Kolenbrander. (Z. Pflanzenernähr., Düng., Bodenkunde **69 (114).** 125—34. 1955. Groningen, Landw. Vers.-Anst., Inst. für Bodenforsch. T.N.O.) (Dt.)

Systemat. Stallmistlagerungs-Verss. ergaben, daß enge Korrelationen bestehen zwischen dem Verlust an Trockenmasse u. dem C-Verlust, zwischen der Rottedauer u. dem Verlust an Trockenmasse; zwischen dem Trockenmasseverlust u. der Einstreumenge u. zwischen dem Trockenmasseverlust u. der Art der Stallmistpflege. Diese einzelnen Beziehungen lassen sich durch lineare bzw. exponentielle Funktionen gut erfassen. WILFRIED WERNER. 6294 □

Bodenverbesserer. 2. Mitt. **Die Auswirkung von HPAN und VAMA auf den Ertrag von Erdbeeren.** C. Bould. (Annu. Rep. agric. horticult. Res. Stat., Long Ashton, Bristol **1957.** 71—76.) (Engl.) — 1. vgl. C. **1955.** 10605.

Bei Verss. mit *HPAN* u. *VAMA* zu Erdbeeren auf einem rotbraunen schweren Sandboden wurden folgende Ergebnisse erhalten: Durch beide Mittel wurden Bodenstruktur u. Krümelstabilität verbessert, jedoch konnte kein Einfl. auf den Ertrag erzielt werden. M. WINIKER. 6302 □

Wechselwirkung zwischen anorganischen und organischen Kolloiden des Bodens. H. Beutelspacher. (Z. Pflanzenernähr., Düng., Bodenkunde **69 (114).** 108—15. 1955. Braunschweig-Volkenrode, Forschungsanst. für Landwirtsch., Inst. für Biochem. des Bodens.) (Dt.)

Vf. überprüft elektronenmikroskop. die verschiedenen Theorien über die Bldg. von Ton-Humus-Komplexen im Boden. Er konnte keine direkte Adsorption der Huminsäureteilchen an Standardtonen nachweisen. Huminsäuren wurden nur dann adsorbiert, wenn die Tonminerale mit Fe aktiviert oder Kristallkeime von Fe-Verbb. sich direkt auf den Mineralen ausbildeten. Die Unterss. ergaben weiterhin, daß die Huminsäuren als Sphäro-Koll. nicht wesentlich an der Verkittung der Primärteilchen zu Krümeln beteiligt sind, sondern daß diese Aufgabe den Linear-Koll. des Bodens (Schleimstoffe von Bakterien, Regenwurmkot usw.) zukommt. — In Verss. mit Krilium- u. Tonsuspensionen zeigte sich, daß die Minerale durch die Kriliumfäden direkt verbunden werden. Es wird daher angenommen, daß die Ketten-Moll. des Kriliums sich zu fadenförmigen Gebilden zusammenlagern u. durch ihre Verzweigungen die Tonteilchen umschlingen u. miteinander verbinden. Die Adsorptionskapazität u. das Adsorptionsmaximum der Linear-Koll. steigt mit ihrer Kettenlänge an. Krilium wurde am stärksten durch Montmorillonit sorbiert, mäßig durch Kaolinit u. gering durch Feinsand.

WILFRIED WERNER. 6302□

Physikalische Eigenschaften der Böden von Myzeqeja und Korça. Shyqri Spaho. (Bul. Univ. Shtetëror Tiranës, Ser. Shkencat Natyrore [Bull. Inst. Sci. Tirana, Sér. Sci. natur.] **11.** Nr. 2. 76—119. 1957.) (Alb.)

Beschreibung der physikal. Eigg. der Böden in der Ebene von Myzeqeja (Anbau von Baumwolle u. Getreide) u. des Hochlandes von Korça (Zuckerrüben) in Albanien.

W. WESLY. 6302

Eine Erkundung der Böden und Bodennutzung eines Teils der Südküste von Neusüdwales. P. H. Walker. (Commonwealth sci. ind. Res. Organizat., Australia, Divis. Soils, Soils Land Use Ser. **38.** 3—24. 1960.) (Engl.)

Ein ca. 3300 Quadratmeilen großes Gebiet an der Südküste von Neusüdwales wird kartograph. erfaßt. Klima, Geologie, Physiographie u. Vegetation werden beschrieben. Die Böden werden klassifiziert u. auf die wichtigsten physikal. u. chem. Eigg. untersucht. Das Gebiet umfaßt 15 Bodengruppen mit 24 Bodenfamilien u. 19 Bodenassoziationen. Ca. 42% der gesamten Fläche sind für eine Inkulturnahme nicht geeignet.

WILFRIED WERNER. 6304□

Über leichtlösliche Ca-, K- und P-Ionen in finnischen Tonprofilen. Paavo Purokoski. (Suomen maataloustieteellisen Seuran Julkaisuja [Acta agral. fenn.] **94.** 87—100. 1959.) (Dt.)

Bei finn. Tonprofilen bis 120 cm unterhalb des unteren Randes der Pflugsohle wurde der Geh. an leichtlösl. CaO, K_2O u. P_2O_5 im 0,5n NH_4-Acetat–0,5n Essigsäure-Extrakt u. der pH-Wert bestimmt. Der Geh. an austauschbarem Ca^{2+} u. K^+ steigt mit zunehmendem Ton-Geh. der Profile. Auch die Verminderung der Acidität mit abnehmender Korngröße dürfte sich im gleichen Sinne auswirken. Bes. deutlich ist die Wrkg. der Acidität bei Gyttjatonen, bei denen keine Beziehungen zwischen dem Geh. an austauschbaren Kationen u. Korngröße zu erkennen sind. Die kationenbindende Wrkg. der organ. Substanz tritt in der Ackerkrume, bes. bei Gyttjatonen, deutlich hervor. Auf die Absorption des Phosphats scheint die Korngröße ohne Einfl. zu sein; eine deutliche Wrkg. zeigt dagegen ein zunehmender Geh. an organ. Substanz u. starke Acidität. Die Acidität der verschiedenen Tonarten ist für sie charakterist.; sie nimmt bei gewöhnlichen Tonen in den tieferen Schichten der Profile ab, bei Gyttjatonen dagegen zu.

S. BECKMANN. 6304□

Über die Bodenfruchtbarkeit einiger Obstgärten in Finnland und Mitteleuropa. Jouko Vuorinen. (Suomen maataloustieteellisen Seuran Julkaisuja [Acta agral. fenn.] **94.** 131—49. 1959. Helsinki, Maantutkimuslaitos.) (Finn.)

Bei Bodenprofilen aus finn. u. zum Vgl. aus dän., deutschen u. poln. Obstgärten wurde der pH-Wert u. der Geh. an K^+, Ca^{2+} u. PO_4^{3-} bestimmt. In den finn. Böden findet sich regelmäßig ein ausgewaschener Horizont mit bes. niedrigem pH-Wert u. entsprechenden Abweichungen des Ca^{2+}-Gehalts. In den tieferen Horizonten, bes. in gröberen Böden, ist Ca^{2+} u., noch deutlicher, K^+ angereichert. PO_4^{3-} ist in der Regel nur in der Oberflächenschicht enthalten; der Geh. nimmt von oben nach unten ab. In den poln. Profilen ist der pH-Wert sehr hoch, aber nicht immer in Verbindung mit einem hohen Geh. an Ca^{2+}. In $^2/_3$ der poln. Böden hatte Auswaschung u. Anreicherung des K^+ in tieferen Horizonten stattgefunden, wenn auch der K^+-Geh. allg. niedrig war. Die poln. Schwarzerdeprofile enthalten wenig K^+, aber viel Ca^{2+} u. PO_4^{3-}. PO_4^{3-} ist in poln. Böden wenig, aber bis zu ziemlich tiefen Schichten vorhanden. S. BECKMANN. 6304□

Über die agrikulturchemischen Karten der Böden der Volksrepublik Rumänien. David Davidescu. (Agrochimica [Pisa] **1.** 72—80. Dez. 1956. Bukarest, Fac. d'Agric. et Horticult.) (Franz.)

An Hand von 6 Kartenskizzen wird die Fruchtbarkeit der Böden der Volksrepublik Rumänien (bezogen auf Gesamt-N, Gesamt-P, in HCl lösl. K, pH, organ. Substanz u. Sättigungsgrad) behandelt. M. WINIKER. 6304□

Über die Moore Nordwestdeutschlands und ihre Nutzung. Erkki Kivinen. (Suomen maataloustieteellisen Seuran Julkaisuja [Acta agral. fenn.] **94.** 73—86. **1959.** Helsinki, Yliopiston maanviljelys-kem. laitos.) (Finn.)

Beschreibung der Moore Nordwestdeutschlands. Angaben über ihre Nutzung, die bodenkundlichen Verhältnisse u. den Geh. der verschiedenen Torfschichten an Asche, N, CaO, K_2O, P_2O_5 u. MgO u. deren pH-Wert. S. BECKMANN. 6304 □

Beitrag zur agronomischen Untersuchung des Orléanais. L. Depardon und P. Buron. (Ann. Inst. nat. Rech. agronom., Sér. A **9.** 429—42. Juli/Aug. **1958.** Blois, Stat. d'Agronomie.) (Franz.)

Bei den Böden des Orléanais (in der Nähe von Orléans beginnende weite Ebene nördlich der Loire) lassen sich 2 Typen unterscheiden: a) Böden, die sich von Sand- u. Mergelablagerungen des Orléanais u. b) Böden, die sich von Sand- u. Tonablagerungen der Sologne ableiten. Erstere sind im allg. alkal. u. hinreichend fruchtbar, während letztere stets saure Rk. u. geringe Fruchtbarkeit aufweisen. M. WINIKER. 6304 □

Tonmineralien und organische Substanz mediterraner Schwarzerden. 1. Mitt. **Sizilien.** Alberto Malquori und Sergio Cecconi. (Agrochimica [Pisa] **1.** 35—43. Dez. **1956.** Firenze, Univ., Ist. di Chimica Forestale.) (Ital.)

Die hauptsächlichsten Tonmineralien der Schwarzerden Siziliens sind *Montmorillonoide* u. (weniger häufig) *Illite*, die immer zusammen mit kleinen Mengen von *Kaoliniten* vorkommen. Auf diesen Mineralien befindet sich, fixiert durch Ca, gut humifizierte organ. Substanz, durch welche die Farbe dieser Böden bedingt ist. M. WINIKER. 6304 □

Tonmineralien und organische Substanz mediterraner Schwarzerden. 2. Mitt. **Apulien.** S. Cecconi und L. Radaelli. (Agrochimica [Pisa] **2.** 236—42. Juni **1958.**) (Ital.) — 1. vgl. vorst. Referat.

In den Schwarzerden Apuliens herrschen Mineralien der *Illit*-Gruppe vor, die stets mit *Montmorillonoiden* vermischt sind. Mineralien der *Kaolin*-Gruppe sind sehr spärlich vertreten. Die Farbe dieser Böden ist auf die Ggw. gut humifizierter, mit Ca gesätt. organ. Koll. zurückzuführen. M. WINIKER. 6304 □

Untersuchungen über die mediterranen Schwarzerden. 3. Mitt. **Tonmineralien und organische Substanz der Schwarzerden Sardiniens und allgemeine Eigenschaften der italienischen Schwarzerden (Apulien, Sardinien, Sizilien).** S. Cecconi und L. Radaelli. (Agrochimica [Pisa] **3.** 211—22. Juni **1959.**) (Ital.) — 2. vgl. vorst. Referat.

Auch bei den Tonmineralien der Schwarzerden Sardiniens herrschen *Montmorillonoide* u. *Illite* vor, während Mineralien der *Kaolin*-Gruppe seltener vorkommen. Die organ. Koll. gehören gleichfalls demselben Typ an wie die der Schwarzerden Apuliens u. Siziliens, d. h. sie bestehen vorwiegend aus *Ca-Humaten.* M. WINIKER. 6304 □

Molybdän in den Böden Sardiniens. Umberto Pallotta und Antonio Vodret. (Agrochimica [Pisa] **2.** 258—78. Juni **1958.** Sassari, Univ., Ist. di Chimica Agraria e di Industrie Agrarie.) (Ital.)

Vff. untersuchten eine Reihe sardin. Böden unterschiedlicher Genese auf ihren Geh. an Gesamt-*Mo* u. an assimilierbarem Mo. Die höchsten Geh. an Gesamt-Mo (im Mittel 2,73—3,13 ppm) fanden sich bei basalt., trachyt. u. trachyandesit. Böden. Die höchsten Geh. an assimilierbarem Mo (im Mittel 0,194 ppm) wurden bei Böden, die sich von Flußablagerungen ableiten, gefunden. M. WINIKER. 6304 □

Beitrag zur Kenntnis des Gehalts an Spurenelementen einiger kürzlich meliorierter Böden. L. Cavallaro, C. Bighi und G. Trabanelli. (Agrochimica [Pisa] **2.** 207—17. Juni **1958.** Ferrara, Univ., Ist. Chimico.) (Ital.)

Es wurden die *Cu*- u. *Mn*-Geh. einiger kürzlich kultivierter Böden der Provinz Ferrara ermittelt. M. WINIKER. 6304 □

Vergleichende Untersuchung von Lehmböden der Kanarischen Inseln und Spanisch-Guineas. A. Hoyos und C. Pino. (Agrochimica [Pisa] **2.** 218—35. Juni **1958.** Granada, Inst. de Edafologia y Fisiol. Vegetal.) (Span.)

Untersucht wurden 4 Böden, die aus basalt. Gestein, u. 3 Böden, die aus granit. Felsen entstanden waren. Die mineralog. Zus. der Tone war bei allen untersuchten Proben ähnlich: Sie enthielten ein kaolinartiges Mineral neben Fe-Mineralien (Goethit) u. Fe-Gelen. Letztere waren bei aus granit. Felsen entstandenen Böden stärker hydratisiert. M. WINIKER. 6304 □

Physikalisch-chemische Eigenschaften einiger Böden des mittleren Ebrotals. Pedro Mela. (Agrochimica [Pisa] **1.** 81—90. Dez. **1956.**) (Span.)

Die unter den Bedingungen äußerster Dürre entstandenen Böden des mittleren Ebrotals sind charakterisiert durch hohen Geh. an $CaCO_3$, MgO u. K_2O sowie Mangel an organ. Substanz u. P_2O_5. Einige dieser Böden (die Verhältnisse SiO_2/R_2O_3, C/N, Ca/Mg, Ca/K, Mg/K, Me^{2+}/Me^{+} sowie das Kationenabsorptionsvermögen) werden vom

Standpunkt der Bodenkunde u. vom Standpunkt der landwirtschaftlichen Nutzung diskutiert. M. WINIKER. 6304□

Chemisches Studium vom Humus verschiedener Bodentypen in Spanien. J. M. Albareda. (Z. Pflanzenernähr., Düng., Bodenkunde **69** (**114**). 86—93. 1955. Madrid, Inst. Edafologia y Fisiol. Vegetal.) (Dt.)

Die Unters. von mehreren hundert Bodenproben aus Mittelspanien ergaben einen mittleren Geh. an organ. Substanz von 1,47% (0,1—5%) u. einen durchschnittlichen N-Geh. von 0,1% (0,064—0,14%). Das mittlere C:N-Verhältnis betrug 10,0 (7,5—14). — Humusextrakte der B_h-Horizonte von Podsolböden wiesen eine höhere „Säurezahl", eine höhere „Humifizierungszahl" sowie einen höheren „relativen Farbwert" auf als entsprechende Extrakte der A_1-Horizonte. — Vergleichende Unterss. des Humus von Quercus- u. Pinusböden ergaben höhere Geh. an organ. Substanz u. ein weiteres C:N-Verhältnis unter Pinus. Der Geh. der organ. Substanz an Gesamt-N, hydrolysierbarem N u. α-Amino-N ist in den Quercusböden am größten. Der Geh. des Bodens an mit NaOH u. Na-Pyrophosphat extrahierbaren Huminsäuren sowie deren N-Geh. war unter Quercus höher als unter Pinus. — Es besteht somit ein Zusammenhang zwischen der Vegetation u. der Menge u. Zus. der organ. Bodensubstanz. WILFRIED WERNER. 6304□

Untersuchungen an der Fulvosäurefraktion einiger schweizerischer Böden. P. Dubach, G. Zweifel, R. Bach und H. Deuel. (Z. Pflanzenernähr., Düng., Bodenkunde **69** (**114**). 97—108. 1955. Zürich, ETH, Agrikulturchem. Inst.) (Dt.)

Nach der Meth. von FORSYTH (Biochem. J. **41**. [1947.] 176) wurden in 8 z. T. sehr unterschiedlichen Böden der Schweiz 95—1000 mg *Polysaccharide* (I) pro 100 g organ. Substanz ermittelt. Die I-Fraktion bestand in allen Fällen aus den gleichen Komponenten: Galaktose, Glucose, Mannose, Arabinose, Xylose, Ribose, Uronsäuren u. 2 oder 3 noch nicht identifizierte Komponenten. Von einigen Tonmineralien wurden die Boden-I gut sorbiert, flockten diese aber nicht aus. Vermutlich werden die I bei der alkal. Extraktion teilweise abgebaut. — Da die isolierten Mengen an uronsäurehaltigen I in keiner Weise mit den durch saure Decarboxylierung ermittelten „Bodenuronsäuren" übereinstimmen, nehmen Vff. an, daß im Boden neben Uronsäuren noch andere decarboxylierbare Stoffe vorhanden sind. WILFRIED WERNER. 6304□

Die Bedeutung des Begriffes „Humusform" für die Bodenkunde und Humusforschung. W. L. Kubiëna. (Z. Pflanzenernähr., Düng., Bodenkunde **69** (**114**). 3—7. 1955. Madrid, Inst. Edafologia, Sekt. Bodenmorphol. u. Bodensystematik.) (Dt.)

Vf. gibt einen Überblick über die Entw. der Humusforschung unter besonderer Berücksichtigung des Begriffes der „Humusform". Der Anwendung des Begriffes der „Humusform" wird große Bedeutung für die Bodenkunde u. die Charakterisierung der Kulturböden beigemessen. Bzgl. der Diagnose der Humusformen wird die mikromorpholog. Meth. (neuerdings in Kombination mit dem Dünnschliff-Verf.) für am brauchbarsten gehalten. WILFRIED WERNER. 6304□

Kupferbindung und -fixierung durch Huminsäuren. E. Schlichting. (Z. Pflanzenernähr., Düng., Bodenkunde **69** (**114**). 134—36. 1955. Kiel, Univ., Inst. für Pflanzenernähr. u. Bodenkunde.) (Dt.) — Vgl. C. **1958**. 1407.

Vf. untersucht die Cu-Bindung an die aus den verschiedenen Horizonten von 3 Podsolprofilen mit 1% NaF extrahierten u. bei pH 2,5 mit H_2SO_4 gefällten u. gereinigten Huminsäurefraktionen. Die Bindung des zugesetzten Cu wurde durch Cu-Aktivitätsmessungen mit metall. Cu-Elektroden ermittelt. Die Verfügbarkeit des gebundenen Cu für die Pflanze wurde mit Aspergillus niger getestet. Der nichtverfügbare Anteil des gebundenen Cu wird als „fixiertes" Cu bezeichnet. — Es zeigte sich, daß in den untersuchten Huminsäuren Cu stark konz., aber nicht „fixiert" ist. Zugesetztes Cu wurde in relativ großen Mengen gebunden (ca. 250 mVal/100 g organ. Substanz), aber kaum „fixiert". Die Cu-Bindung ist nicht bes. spezifisch. — Die in der Literatur verbreitete Annahme, daß Cu vornehmlich durch bestimmte Humusstoffe fixiert wird, kann demnach nicht bestätigt werden. Die schlechte Cu-Versorgung der Pflanzen auf organ. Böden u. Heidemoorpodsolen scheint vielmehr auf dem abs. niedrigen Cu-Geh. dieser Böden zu beruhen. WILFRIED WERNER. 6304□

Direkte und indirekte Auswirkungen der humifizierten organischen Substanz auf die Ernährung der höheren Pflanzen. (Literaturübersicht.) R. Blanchet. (Ann. Inst. nat. Rech. agronom., Sér. A **9**. 499—532. Juli/Aug. 1958. Versailles, Stat. centrale d'Agronomie.) (Franz.)

72 Literaturangaben. M. WINIKER. 6304□

Die Verteilung der verschiedenen Phosphorformen auf die Bodenfraktionen verschiedener Profile. A. Hoyos und R. Garcia. (Agrochimica [Pisa] **3**. 191—210. Juni 1959. Granada, Estación Exp. del Zaidin.) (Span.)

Vff. untersuchten die verschiedenen P-Formen (Gesamt-P, lösl. P, anorgan. u. organ. P) bei 7 Bodenarten der Vega von Granada u. konnten hierbei gewisse Wechselbeziehungen zwischen der Tiefe, dem Carbonat-Geh. u. dem Geh. an organ. Substanz der Böden feststellen. — 18 Literaturangaben. M. WINIKER. 6304□

Das Eindringungsvermögen des Phosphors in das Bodenprofil. Ernesto Alinari und Carlo Alberto Cecconi. (Agrochimica [Pisa] **1.** 56—71. Dez. 1956. Firenze, Univ., Ist. di Chim. Agraria.) (Ital.)

Es wurde der Nachw. erbracht, daß das Eindringungsvermögen von P_2O_5 in Böden in bestimmten Fällen in einer Tiefe von 6 cm 51—65% des aufgebrachten P_2O_5 beträgt. Diese Tiefen-Wrkg. kann sich bisweilen auch auf > 10 cm erstrecken, also jene Bodenschicht erreichen, in der ein großer Teil der Oberflächenwurzeln gedeiht, u. somit fördernd auf die Phosphataufnahme der Kulturen wirken. M. WINIKER. 6304□

Das Ansprechen von Pflanzen im Gewächshaus auf wasserunlösliche Phosphate mit unterschiedlicher Oberfläche. M. A. Norland, W. A. Jackson und G. A. Wieczorek. (J. agric. Food Chem. **5.** 848—51. Nov. 1957. Beltsville, Md., U. S. Dep. of Agric., Agric. Res. Serv., Soil and Water Conservat. Res. Branch.) (Engl.)

In Gewächshaus-Verss. wurde auf einem auf pH 6,5 aufgekalkten, leicht sauren, P-armen Schlufflehmboden mit Mais u. Luzerne als Vers.-Pflanzen die Wrkg. von wasserlösl., markierten Phosphaten in Abhängigkeit vom Feinheitsgrad geprüft. Bei Verw. von Dicalciumphosphaten wurden trotz großer Unterschiede in der Oberfläche (0,7 bis 5,5 m^2/g) keine signifikanten Unterschiede in Ertrag u. P-Aufnahme festgestellt. Es lag lediglich eine Tendenz zu höherem P-Entzug bei großer Oberfläche vor. Erheblich niedrigere Erträge u. P-Aufnahmen wurden bei Anwendung von Tricalciumphosphat erzielt, obgleich das angewandte Prod. eine Oberfläche von 22,8 m^2/g aufwies. WILFRIED WERNER. 6304□

Zur Phosphorsäurewirkung von Rohphosphaten in Feldversuchen. Ed. Hofmann und A. Amberger. (Z. Pflanzenernähr., Düng., Bodenkunde **76** **(121)**. 102—10. Febr. 1957. Weihenstephan, Inst. für Agrikulturchem. der TH München.) (Dt.) — Vgl. C. **1957.** 4228.

Vff. berichten über Feld-Verss. mit *weicherdigen Rohphosphaten* (**a**), deren Ergebnisse zeigen, daß **a** auch auf sauren (u. möglicherweise neutralen) Ackerböden neben anderen Phosphatdüngern Verw. finden können, wenn die Böden eine gute biolog. Aktivität (gemessen am Enzym-Geh.) aufweisen. In ihrer Löslichkeit unterscheiden sich die **a** erheblich von den anderen handelsüblichen Phosphatdüngern. Dies bedingt zwar den Nachteil einer schwächeren Anfangs-Wrkg., aber auch gleichzeitig den Vorteil einer besseren Nach-Wrkg. u. geringeren Festlegungsgefahr. M. WINIKER. 6304□

Der gegenwärtige Stand der Düngungsversuche zu Reis in Indien. C. T. Abichandani. (Proc. Indian Acad. Sci., Sect. B **49.** 319—30. Mai 1959. Cuttack, Central Rice Res. Inst.) (Engl.)

Zusammenfassender Überblick. — 13 Literaturangaben. M. WINIKER. 6304□

Der Zustand der Reisböden und die Mittel zur Verbesserung der Fruchtbarkeit durch Anwendung von Dung und (Kunst)Dünger. A. D. Desai. (Proc. Indian Acad. Sci., Sect. B **49.** 331—37. Mai 1959. Raichno.) (Engl.)

Vortrag. Bericht über Erfahrungen, die bei Reiskulturen auf den Rot- u. Schwarzerden von Hyderabad gewonnen wurden. Beide Bodenarten sind charakterisiert durch Mangel an N u. Phosphorsäure. M. WINIKER. 6304□

Die Verbesserung des Fruchtbarkeitszustandes von Böden unter besonderer Berücksichtigung der Spurenelemente. Ch. Krishnamoorthy. (Proc. Indian Acad. Sci., Sect. B **49.** 338—48. Mai 1959. Bellary, Soil Conservat. Res., Demonstration and Training Centre.) (Engl.)

Vortrag. Behandelt wird der Bedarf von Reiskulturen an Spurenelementen unter den Gegebenheiten der Schwarzerden von Tungabhadra, wobei das Problem der *Mn*-Toxizität bes. berücksichtigt wird. M. WINIKER. 6304□

Vergleichende Untersuchungen über die Düngewirkung von Stickstoff und Magnesium als Stickstoffmagnesia und in anderer Form. E. Pfeil unf V. Loeschcke. (Z. Pflanzenernähr., Düng., Bodenkunde **76** **(121)**. 110—19. Febr. 1957. Hann.-Münden, Biol. Bundesanst. für Land- u. Forstwirtschaft, Inst. für Biochem.) (Dt.)

Um die Dünge-Wrkg. von *Stickstoffmagnesia* (**I**) mit der von *Ammoniumsulfat* (**II**) mit u. ohne Beigabe von Mg zu vergleichen, führten Vff. über mehrere Jahre Gefäß-Verss. zu Hafer, Senf, Weidelgras u. verschiedenen Kartoffelsorten durch. Es zeigte sich durchweg eine günstige Wrkg. von *Magnesiumsulfat* (**III**)-Gaben zu **II**. **I** war bes. bei hohen N-Gaben der Düngung mit **II** mehrfach auch dann überlegen, wenn ein Mg-

Ausgleich durch III stattgefunden hatte. Neben Ertrag u. Trockenmasse wurden bei Kartoffeln auch einige Inhaltsstoffe bestimmt, u. zwar Gesamt-N, Eiweiß einschließlich Peptide, Tryptophan, reduzierende Zucker sowie Stärke. Es konnten hierbei gewisse Beziehungen zur Form der N-Gabe u. zur Mg-Gabe beobachtet werden.

M. WINIKER. 6304□

Wirkung von in den Boden eingepflügtem Stroh auf die Stickstoffernährung der Kulturen. G. Barbier und P. Boischot. (Z. Pflanzenernähr., Düng., Bodenkunde **69 (114)**. 8–15. 1955. Versailles, Stat. Centr. d'Agronomie.) (Franz.)

5jährige Strohdüngungs-Verss. (ca. 50 dz/ha) ergaben, daß bei ausreichender N-Ernährung bei Zufuhr von Stroh im Mittel um 13% höhere Erträge als ohne Stroh erhalten wurden. Starke Ertragsdepressionen durch Stroh traten lediglich bei Winterweizen auf. Bei Strohdüngung waren zur Erreichung der Optimalerträge aber 50–80 kg N/ha mehr erforderlich als ohne Stroh. Der Mehraufwand an N resultiert einmal aus dem höheren Ertragsniveau, zum anderen aus der N-Festlegung bei der biolog. Stroh-Zers. u. Humusbildung. Labor-Verss. ergaben, daß die Höhe des durch eine bestimmte Strohmenge fixierten N von der Höhe der N-Gabe abhängt. Durch 50 dz Stroh wurden z. B. bei niedriger N-Gabe 25 kg N festgelegt (82% der Gabe), bei hoher N-Gabe aber 68 kg N (18% der Gabe). WILFRIED WERNER. 6304□

Organische und anorganische Stickstoffernährung. Jac. Kortleven. (Z. Pflanzenernähr., Düng., Bodenkunde **69 (114)**. 234–42. 1955. Groningen, Landw. Versuchsanst., Inst. für Bodenforschung T.N.O.) (Dt.)

In Düngungs-Verss. zu Kartoffeln wurde die Wrkg. von Mineralstickstoff u. Stallmist-N verglichen. Der Wrkg.-Koeff. des Stallmist-N (bezogen auf anorgan. N) nahm im Laufe der Vegetation zu. Er betrug 25(%) bei der Laubmasse, 40 beim Knollenertrag, 65 beim Stärke-Geh. u. 25 beim Stärkeertrag. Der geringe Wrkg.-Koeff. zu Beginn der Vegetation repräsentiert den N, der schon in mineralisierter Form im Stallmist vorlag. Durch fortschreitende Mineralisierung steigt der Wrkg.-Koeff. des Stallmist-N fortwährend an. — Nach Elimination der Wrkg. des aufgenommenen N kann die Stallmistsonder-Wrkg. ermittelt werden. WILFRIED WERNER. 6304□

Die Nährstoffrückgabe in Nadelstreu und Regen auf einigen exotischen Koniferenstandorten in Neuseeland. G. M. Will. (New Zealand J. agric. Res. **2**. 719–34. Aug. 1959. Rotorna, Forest Res. Inst.) (Engl.)

Es wurden mehrjährige Unterss. über die Nährstoffrückgabe durch Streu u. Regen in Beständen von Pinus radiata, Pinus nigra, Douglasien u. Lärchen durchgeführt. Der Nährstoff-Geh. der Nadeln entsprach weitgehend den in der Literatur vorliegenden Zahlen. Die ermittelten jährlichen Streumengen u. damit auch die Nährstoffrückgabe ist unter neuseeländ. Verhältnissen höher. Eine erhebliche Menge an P u. K wurde durch den Regen aus den Nadeln ausgewaschen u. erreichte auf diesem Wege den Boden. Bei Douglasie wurde etwa die gleiche Menge P über den Regen zurückgebracht, wie über die Streu, im Falle von K sogar mindestens die doppelte Menge. Bei Pinus radiata waren 60 bzw. 20% der Gesamt-K- bzw. -P-Rückgabe im Regen. Der P- u. K-Geh. im Regen unter Koniferen wies ein Minimum im Winter auf u. stieg bis zum folgenden Herbst auf ein Maximum an. Die jährlich dem Boden wieder zugeführten Nährstoffmengen schwankten zwischen ca. 22 u. 30 (lbs./acre) Ca, 28 u. 33 K u. 4–8 P, davon waren im Regenwasser enthalten 2,4–6,7 Ca, 11,1–28,7 K u. 0,43–6,12 P.

WILFRIED WERNER. 6304□

Beitrag zur Frage der Aufhebung von Salzschäden. E. v. Zezschwitz. (Landwirtsch. Forsch. **11**. 53–59. 1958. Bad Zwischenahn, Torfforschungs-GmbH.) (Dt.)

Die Unters. der Wrkg. des Torfes auf versalzte Böden hat ergeben, daß durch Anwendung von Düngetorf Salzschäden gemindert oder vermieden werden können. Leitfähigkeitsmessungen sind in allen Fällen nicht zur Messung des osmot. Druckes der Boden-Lsg. geeignet. Es wird vorgeschlagen, den Verdampfungsrückstand als Kriterium zu verwenden. W. KÖLLING. 6304□

Über die Wirkung von Mineralboden als Bodenverbesserungsmittel bei Torfmooren auf Grund von langjährigen Feldversuchen der Versuchsstation Leteensuo. Yrjö Pessi. (Suomen maataoustieteellisen Seuran Julkaisuja [Acta agral. fenn.] **94**. 241–68. 1959.) (Finn.)

Die Bodenverbesserung von finn. Sphagnum-Mooren mit Mineralböden bewirkte eine Steigerung des Heu- u. Getreidcertrages u. eine Verbesserung der Qualität der Ernte-Prodd.; bei Wiesen wurde der Anteil an Klee erhöht. Die Wrkg. von Ton war nur wenig besser als die von Sand. Durch Gaben von 100–200 m^3/ha Mineralboden wurden höhere Ertragssteigerungen erzielt als durch größere Gaben. Die günstige Wrkg. der Mineralbodenzufuhr war langjährig u. kam noch nach 30 Jahren deutlich zur Geltung. S. BECKMANN. 6304□

Untersuchungen über Vorkommen und Bedeutung von antimikrobiellen und antiphytotischen Substanzen in natürlichen Böden. Arrien Gerhard Winter. (Z. Pflanzenernähr., Düng., Bodenkunde **69** (**114**). 224—33. 1955. Köln-Merheim, Fa. Madaus u. Co., Bot. Abt.) (Dt.)

Die bisherigen Unterss. über Vork. u. Bedeutung von antimikrobiellen u. antiphytot. Substanzen in natürlichen Böden werden zusammenfassend diskutiert. Auf Grund der Ergebnisse dieser Unterss. kann angenommen werden, daß an der Bedeutung solcher Stoffe zumindest bei Monokulturen nicht mehr gezweifelt werden kann. Hemmstoffe konnten sowohl aus frischen Pflanzen als auch aus Blattstreu u. Getreidestoppeln isoliert werden. WILFRIED WERNER. 6304□

Die Bedeutung der Kleintiere für die Humusbildung. H. Franz. (Z. Pflanzenernähr., Düng., Bodenkunde **69** (**114**). 176—81. 1955. Wien, Hochschule für Bodenkultur, Inst. für Geologie u. Bodenkunde.) (Dt.)

Vf. gibt einen Überblick über die Bedeutung der Kleintiere für die Humusbildung. Nach der Aufnahme organ. Abfallstoffe als Nahrung durch die Kleintiere (Regenwürmer, Isopoden, Diplopoden, Oribatiden usw.) vollziehen sich im wesentlichen 4 Teilprozesse: 1. Mechan. Zerkleinerung der Gewebereste, 2. chem. Aufschließung der Abfallstoffe, z. T. auch durch die Darmflora, 3. neuerliche Synth. von Abbau-Prodd. zu hochmol. organ. Verbb., 4. Vermischung organ. u. anorgan. Stoffe, teils schon im Darmkanal. Es findet also nicht nur eine Anhäufung der schwer verdaulichen Bestandteile der Nahrung statt, sondern auch eine Umwandlung der acetylbromidlösl. in acetylbromidunlösl. Substanzen (Humus-Bldg.) sowie darüber hinaus eine Humusstabilisierung (Ton-Humus-Komplexe) statt. WILFRIED WERNER. 6306□

Untersuchungen über Unkräuter. 5. Mitt. **Unkrautbekämpfung in Obstgärten.** G. A. Pearce und S. E. Hardisty. (J. Agric. Western Australia [3] **8.** 613—17. Sept./Okt. 1959.) (Engl.)

Behandelt werden die Einsatzmöglichkeiten für *Dalapon, CMU, Amitrol* u. *PCP* in austral. Obstgärten. M. WINIKER. 6312□

Die Bekämpfung von Winden bei Schwarzen Johannisbeeren. L. C. Luckwill und A. I. Campbell. (Annu. Rep. agric. horticult. Res. Stat., Long Ashton, Bristol **1957.** 68—71.) (Engl.)

In Kulturen von Schwarzen Johannisbeeren konnten die Windenarten Convolvulus arvensis L. u. Calystegia sepium L. mit *2.4.5-Trichlorphenoxybuttersäure* (in Form des *Na-Salzes*) erfolgreich bekämpft werden. M. WINIKER. 6312□

Die Einschränkung der Ursachen der Gloeosporium-Krankheit in Obstgärten. R. O. Sharples. (Annu. Rep. agric. horticult. Res. Stat., Long Ashton, Bristol **1957.** 105—14.) (Engl.)

Bei Verss. zur Bekämpfung von Gloeosporium perennans konnten mit *PMC* (*Phenylquecksilberchlorid*) gewisse Erfolge erzielt werden. M. WINIKER. 6312□

Bekämpfung des durch Cerotelium fici (Cast.) verursachten Feigenrostes. N. S. Venkatakrishniah. (Mysore agric. J. **33.** 25—26. Jan./März 1958. Bangalore, Dep. of Agric.) (Engl.)

Durch 4maliges Spritzen von Feigen mit 0,3- bzw. 0,15%ig. *Ultrasulphur*-Lsg. (Geigy Insecticides Ltd., Bombay) in Konz. von 1 lb./30 gallons W. wurde der Befall mit Cerotelium fici sehr wirksam bekämpft, ohne die Früchte zu schädigen. Die Anwendung von *Bordeauxbrühe* bzw. von *Schwefelstaub* war nicht so wirksam u. beeinträchtigte die Feigenqualität. F. RANG. 6312□

Versuche mit Sprays gegen Apfelschorf in Long Ashton, 1957. R. J. W. Byrde, G. M. Clarke und C. W. Harper. (Annu. Rep. agric. horticult. Res. Stat., Long Ashton, Bristol **1957.** 93—97.) (Engl.)

Bei Verss. zur Bekämpfung von Apfelschorf mittels *Captan*-Sprays wurden gewisse Erfolge erzielt. M. WINIKER. 6312□

Orientierende Versuche mit potentiellen Obstgartenfungiciden. R. J. W. Byrde und Nora M. Waugh. (Annu. Rep. agric. horticult. Res. Stat., Long Ashton, Bristol **1957.** 89—93.) (Engl.)

Vff. berichten über Labor.-Verss. zur Bekämpfung von Venturia inaequalis (Cooke) Wint. u. Sclerotinia laxa Aderh. et Ruhl. mit *Griseofulvin, Nystatin, Acti-triin* (ein von einer nichtidentifizierten Streptomycesspecies produziertes Antibioticum), *o-Hydroxydiphenyl* (**I**), *G 4* [*Bis-(3-chlor-6-hydroxyphenyl)-methan*], *NF 14* [*Bis-(3-chlor-6-hydroxyphenyl)-2.2.2-trichloräthyliden*], *Cr. 305* [*Bis-(3-chlor-6-hydroxyphenyl)-sulfid*], *Dekamethylen-bis-4-aminochinaldiniumchlorid*, *Hexadekamethylen-bis-isochinoliniumchlorid*, *B 622* [*2.4-Dichlor-6-(o-chloranilino)-symm.-triazin*, **II**] sowie *n-Dodecylguanidinacetat* (**III**).

Den erzielten Ergebnissen zufolge erscheinen Freiland-Verss. mit **I**, **II** u. **III** lohnend. Bei **I** scheint jedoch die Gefahr phytotox. Neben-Wrkg. zu bestehen. M. WINIKER. 6312□

Zur Bekämpfung der Kümmelgallmilbe Aceria carvi (Nal.). E. Königsmann. (Pharmazie **14.** 99—104. Febr. 1959. Leipzig, Karl-Marx-Univ., Inst. für Phytopathologie.) (Dt.)

In Labor.-Verss. konnten bei der Bekämpfung der Kümmelgallmilbe Aceria carvi (Nal.) gute Erfolge mit *Cebetox* (**I**) u. *Schwefelkalkbrühe* erzielt werden. Auch *Wofatox* (**II**) zeitigte eine gewisse Wirkung. Bei Feld-Verss. bewährte sich **I**, während **II** völlig versagte. M. WINIKER. 6312□

Bei der Anwendung von Sprays auftretende Probleme. 43. Mitt. **Eine Bemerkung zur Herstellung von Bordeauxbrühe.** E. Somers. (Annu. Rep. agric. horticult. Res. Stat., Long Ashton, Bristol **1957.** 82—84.) (Engl.) — 42. vgl. MARTIN u. PICKARD, C. **1960.** 12819.

Auf Grund der Ergebnisse eigener Verss. vertritt Vf. die Auffassung, daß es bei der Herst. von *Bordeauxbrühe* zweckmäßiger ist, die $Ca(OH)_2$-Lsg. zur $CuSO_4$-Lsg. zu geben als umgekehrt. M. WINIKER. 6312□

Die Toxizität verschiedener Akaricide für Milben des Tetranychuskomplexes in Ostafrika. K. S. McKinlay. (East African agric. J. Kenya, Tanganyika, Uganda, Zanzibar **25.** 28—30. Juli 1959. Arusha, Tanganyika, Colonial Pesticides Res. Unit.) (Engl.)

Bericht über Verss. zur Bekämpfung von Milben des Tetranychuskomplexes mit *Metasystox* (**I**), *Rogor*, *Aramite*, *Endrin*, *Dieldrin*, *Chlorbenzilate* u. *Malathion*. Als am wirksamsten erwies sich **I**. M. WINIKER. 6312□

Der derzeitige Stand und die Bekämpfung von Reiskrankheiten in Indien. S. Y. Padmanabhan. (Proc. Indian Acad. Sci., Sect. B **49.** 349—62. Mai 1959. Cuttack, Central Rice Res. Inst.) (Engl.)

Vortrag. — 30 Literaturangaben. M. WINIKER. 6312□

Neueste und wirksame Methoden zur Bekämpfung von Schadinsekten an Reis. P. Israel. (Proc. Indian Acad. Sci., Sect. B **49.** 363—68. Mai 1959. Cuttack, Central Rice Res. Inst.) (Engl.)

Vortrag, in dem ein Überblick über den derzeitigen Stand der chem. Bekämpfung von Schadinsekten bei Reiskulturen in Indien gegeben wird. Bewährt haben sich bes. *DDT* u. *BHC*. M. WINIKER. 6312□

Co-Ral für die Bekämpfung von Dasselfliegen. J. Skaptason. (Agric. Chemicals **14.** Nr. 7. 33. Juli 1959. New York, N.Y., Chemagro Corp.) (Engl.)

Allg. Ausführungen. M. WINIKER. 6312□

Zur Methodik der nassen Veraschung in der agrikulturchemischen Analyse. K. Scharrer und H. Munk. (Agrochimica [Pisa] **1.** 44—55. Dez. 1956. Gießen, Justus-Liebig-Hochschule (Univ.), Agrikulturchem. Inst.) (Dt.)

Vff. zeigen, daß für die Zwecke der agrikulturchem. Analyse die nasse Veraschung vorteilhafter ist als die trockene. — 16 Literaturangaben. M. WINIKER. 6320□

Die Ernährung von Kakao. 2. Mitt. **Die Gehalte der Blätter an Stickstoff und Phosphor.** G. K. Maliphant. (Rep. Cacao Res. **1959.** 76—79. Sept.) (Engl.) — 1. vgl. JONES, MALIPHANT u. HAVORD, Rep. Cacao Res. **1955/56.** 30.

Unter den Bedingungen Trinidads konnte eine hoch gesicherte Relation zwischen dem Ertrag von Kakaobäumen u. dem Quotienten (N/P_2O_5) der Nährstoff-Geh. der Blätter festgestellt werden. M. WINIKER. 6320□

Ein Gerät zum Naßsieben von Böden. A. Feodoroff. (Ann. Inst. nat. Rech. agronom., Sér. A **9.** 537—46. Juli/Aug. 1958. Versailles, Labor. des Sols.) (Franz.)

Beschreibung des Geräts u. seiner Leistungsfähigkeit. M. WINIKER. 6324□

Die Bestimmung der Krümelstruktur des Bodens mittels der Methode der Naßsiebung nach verschiedenartiger Vorbehandlung der Proben. Mikko Sillanpää. (Suomen maataloustieteellisen Seuran Julkaisuja [Acta agral. fenn.] **94.** 279—98. 1959. Helsinki, Agric. Res. Centre, Dep. of Soil Sci.) (Engl.)

Der Einfl. des Anfeuchtens der lufttrockenen Bodenprobe auf verschiedene Weise (Eintauchen, Capillarität, Besprühen u. im Vakuum) vor der Ausführung der Krümelanalyse durch Naßsiebung wurde verglichen. Ferner wurde die Wrkg. des Eintauchens u. Schüttelns vor dem Sieben u. der Einfl. der Dauer des Siebens geprüft. Eintauchen bewirkte die stärkste Zerstörung der Krümel, capillares Anfeuchten ergab eine höhere Aggregation, Besprühen eine noch höhere, Anfeuchten im Vakuum bei schweren Tonböden die höchste, bei anderen eine geringere. Schütteln verursachte eine stärkere Zerstörung der Krümel als jede andere Behandlung. Eine verlängerte Siebdauer ergab unabhängig von der Art des Anfeuchtens kleinere Krümel. S. BECKMANN. 6324□

Die thermische Untersuchung von Bodentonen. Robert C. Mackenzie. (Agrochimica [Pisa] **1.** 1—22. Dez. 1956. Craigiebuckler, Aberdeen, Macaulay Inst. for Soil Res.) (Engl.)

Vf. legt die Leistungsfähigkeit therm. Meth., bes. der DTA, bei der Unters. der Tonfraktionen von Böden dar. — 54 Literaturangaben. M. WINIKER. 6324☐

Fehlermöglichkeiten bei der Bestimmung des pflanzenaufnehmbaren Bors im Boden. W. Oelschläger. (Landwirtsch. Forsch. **11.** 45—52. 1958. Hohenheim, Landw. Hochschule, Inst. für Tierernährungslehre.) (Dt.)

Vff. zeigen an Hand ihrer Verss., daß bei Anwendung von 30 ml dest. H_2O 0,18 μg B u. bei 30 ml NaOH bis zu 118 μg B aus Jenaer Glas herausgelöst werden. Durch die colorimetr. Best. von Bor nach der *1.1'-Dianthrimid*-Meth. werden diese Fehler, sowie die Abweichungen, die aus Verunreinigungen der Chemikalien resultieren, ausgeschaltet. W. KÖLLING. 6324☐

Die direkte mikroskopische Untersuchung des Bodens. Hans Glathe. (Z. Pflanzenernähr., Düng., Bodenkunde **69** (**114**). 172—76. 1955. Braunschweig-Völkenrode, FAL, Inst. für Humuswirtschaft.) (Dt.)

Eine vollständige systemat. Erfassung der Bodenmikroflora mittels der KOCHschen Platten-Meth. ist sehr material- u. zeitaufwendig. Diese Meth. erlaubt es nicht, die räumliche Entw. der Mikroben zu studieren. Vf. hält es daher für erforderlich, die KOCHsche Platten-Meth. durch eine direkte mkr. Beobachtung zu ergänzen, wozu bes. die von CHOLODNY vorgeschlagene Aufwuchsplatten-Meth. geeignet ist. Mittels 27 Mikroaufnahmen wird die Brauchbarkeit dieses Verf. für die verschiedensten Fragen der angewandten Bodenbiologie aufgezeigt. WILFRIED WERNER. 6324☐

Bestimmung von Chlormethylphenoxyessigsäure (MCPA) und Dinitrokresol (DNC) beziehungsweise Butyldinitrophenol (DNBP) in Mischungen beider Substanzen durch chromatographische Trennung. Willemina C. E. Bouwman. (Chem. Weekbl. **55.** 540—41. 3/10. 1959. Wageningen, Plantenziektenkundige Dienst.) (Holl.)

Unkrautbekämpfungsmittelmischungen von *4-Chlor-2-methylphenoxyessigsäure* (**I**) u. *2-Methyl-4.6-dinitro-* (**II**) bzw. *2-sek.-Butyl-4.6-dinitrophenol* (**III**) oder deren *Salze* werden aus wss. HCl-Lsg. mit Ae. extrahiert, dann wird der Extrakt mit W. gewaschen, getrocknet, sein Abdampfrückstand in Chlf. gelöst u. auf PO_4^{3-}-gepuffertem Cellulosepulver [20 g Schleicher & Schüll-123 u. 16 ml Puffer-Lsg. (60 ml Na_2HPO_4 u. 40 ml NaH_2PO_4, beide in 0,25m Lsg.; pH 6,8)] mit puffergesätt. Chlf./Ae. (1 : 1) chromatographiert. Die gelben Fraktionen von **II** bzw. **III** werden mit wss. NaOH ausgeschüttelt, bis auf ca. 1—1,5 mg/200 ml 0,2n NaOH verd. u. bei 370 (**II**) bzw. 375 mμ (**III**) photometriert. Aus den **I**-haltigen Fraktionen wird das Lsgm. abdest., die vereinigten Rückstände werden in A. bei 287, 282, 278 u. 270 mμ photometriert u. die **I**-Konz. wird nach der Meth. von GRABE (C. **1951.** I. 1782) berechnet. Die Genauigkeit der Meth. beträgt ca. 3%. G. KIRSTEN. 6328☐

Trennung und Identifizierung chlorierter organischer Schädlingsbekämpfungsmittel durch Papierchromatographie. 10. Mitt. **Die Sensibilität des Farbreagenzes für den Nachweis der Schädlingsbekämpfungsmittel auf dem Chromatogramm.** Lloyd C. Mitchell. (J. Assoc. off. agric. Chemists **40.** 294—302. 15/2. 1957. Washington, D.C., Food and Drug Adm., Dep. of Health, Educat. and Welfare.) (Engl.) — 9. vgl. J. Assoc. off. agric. Chemists **39.** [1956.] 985.

Verss. zur Ermittlung der Sensibilität eines Reagenzes, bestehend aus 1,7 g $AgNO_3$ (in etwas W. gelöst), 10 ml 2-Phenoxyäthanol, 50 ml A. u. so viel W., daß ein Gesamt-Vol. von 200 ml erhalten wird, zum Nachw. von chlorierten organ. Schädlingsbekämpfungsmitteln auf Papierchromatogrammen ergaben, daß im allg. 5 γ bzw. 5 μl derselben erfaßt werden können. PH. FRESENIUS. 6328

Trennung und Identifizierung chlorierter organischer Schädlingsbekämpfungsmittel durch Papierchromatographie. 11. Mitt. **Untersuchung von 114 Schädlingsbekämpfungsmitteln; im Jahre 1957 hergestellte technische Produkte und Vergleichssubstanzen.** Lloyd C. Mitchell. (J. Assoc. off. agric. Chemists **41.** 781—806. Nov. 1958.) (Engl.) — 10. vgl. vorst. Referat.

Es werden die R_F-Werte von 114 Schädlingsbekämpfungsmitteln techn. u. analyt. Reinheit mitgeteilt. Die Papierchromatographie erfolgte mit wss. u. nichtwss. Systemen. PH. FRESENIUS. 6328☐

Zwei Abwandlungen des colorimetrischen Verfahrens zur Bestimmung von Serumcholinesterase. Anwendung auf Trithion und Phosdrin. Nathan R. Rosenthal. (J. Assoc. off. agric. Chemists **43.** 737—39. Aug. 1960. Washington, D.C., Dep. of Health, Educat., and Welfare, Food and Drug Adm.) (Engl.)

Um die Empfindlichkeit des von Cook (C. **1950/54.** 6465 S; C. **1958.** 11644 u. C. **1961.** 8250) vorgeschlagenen Verf. zu steigern, wird vorgeschlagen, daß das zur Bldg. des Eisen(III)-hydroxamatkomplexes nötige $FeCl_3$ nach der Filtration zugesetzt u. die Absorption des Komplexes nicht bei 540, sondern bei 500 mμ bestimmt wird. Die abgewandelte Arbeitsweise wird für Best. der Anticholinesterasewirksamkeit von *Trithion* u. *Phosdrin* angewandt. W. Wesly. 6328□

Laboratoire Roger Bellon, Frankreich (Erfinder: Marcel Pesson), **Herstellung von Derivaten des 3-Amino-1.2.4-triazols,** dad. gek., daß man 3-Amino-1.2.4-triazol oder eins seiner Salze, z. B. das Hydrochlorid, bei 80—120° u. 20 bis 150 kg/cm² mit einem Keton oder Aldehyd an einem Ni-, Co-, Pt- oder Pd-Katalysator hydriert. — Aus 3-Aminotriazol u. Benzaldehyd in Ae. bei 100—110° u. 80 kg/m² (Raney-Ni) erhält man *3-Benzylamino-1.2.4-triazol,* F. 164—165°. *Nitroso-Deriv.,* F. 176°. — 3-Benzylamino-1.2.4-triazole: *4'-Methoxy-,* F. 196—198° (*Hydrochlorid,* F. 160°), aus Anisaldehyd. — *2'-Methoxy-,* F. 174°. *Hydrochlorid,* F. 130°. — *2'-Äthoxy-,* F. 158°. *Hydrochlorid,* F. 155°. — *3'.4'-Dimethoxy-,* F. 216—217°. *Hydrochlorid,* F. 160°. — Weitere 1.2.4-Triazole: *2-Furyl-3-methylamino-,* F. 132—133°. — *5-Methyl-3-benzylamino-,* F. 187°, aus 5-Methyl-3-aminotriazol. — *3-Methylamino-,* F. 186—188° (*Nitroso-Deriv.,* F. 154°), aus HCHO. — *3-Cyclohexylamino-,* F. 187—188°, aus Cyclohexanon. — *2'-Methoxy-5'-brom-3-benzylamino-,* F. 195—196° (*Hydrochlorid,* F. 210°) aus 2-Methoxy-5-brombenzaldehyd. — *3-[β-Phenyläthylamino]-,* F. 125° (*Hydrochlorid,* F. 163°; *Nitroso-Deriv.,* F. 135°), aus Phenylacetaldehyd. — *3-Phenylisopropylamino-,* F. 108—110°, aus Benzylmethylketon. — *Herbicide.* (**F. P. 1 208 401** vom 10/6. 1958, ausg. 23/2. 1960.) S. Böttcher. 6313

Sankyo Kabushiki Kaisha (Erfinder: Issei Iwai, Yakutaro Okashima, Yasuo Yura und Kiichiro Tanaka), Tokyo, Japan, **Bakterizid für die Landwirtschaft** aus Verbb. der Formel $R-C{\equiv}C-Hg-C{\equiv}C-R$. Herst. nach $2\,RC{\equiv}CH + K_2HgJ_4 + 2KOH \rightarrow (RC{\equiv}C)_2Hg$ ($R = -CO\cdot C_6H_5$, C_6H_5, C_4H_9). *Dihexinyl-Hg* ($R = C_4H_9$), Kristallplättchen, F. 95°, lösl. in A. u. Bzl., unlösl. in H_2O. — *Di-[benzoyläthinyl]-Hg* ($R = -COC_6H_5$), nadelförmige Kristalle, F. 218°. — Man verwendet sie zusammen mit festen oder fl. Verdünnungsmitteln; z. B. mischt man 10% der Hg-Verb., 10% Emulgator (Alkylaryläther), in Xylol oder Alkohol. (**Jap. A. S. 9 498/1959** vom 28/6. 1957, ausg. 23/10. 1959.) M. Pankow. 6313

Alfred Ballen Kupferberg, Somerville, und Heron Orlando Singher, Warrenville, N.J., V.St.A., **Fungicides Therapeuticum,** enthaltend ein ungiftiges u. reizloses quatern. Ammoniumsalz, z. B. Cetyl-β-hydroxyäthylmorpholiniumchlorid, N-Cetylpiperidinmethojodid, Cetyltrimethylammoniumbromid, u. eine organ. Verb. mit dem Rest $> NSCCl_3$, in der das N-Atom an einen Säurerest gebunden ist, z. B. 3-Trichlormethylmercapto-5-(1-äthylamyl)-hydantoin oder N-Trichlormethylmercaotetrahydrophthalimid. (**Ind. P. 58 252** vom 25/8. 1956, ausg. 8/9. 1958. Can. Prior. 4/7. 1956.) C. Lüttgen. 6313

American Cyanamid Co., New York, N.Y., übert. von: George N. Gagliardi, Springdale, Conn., V.St.A., **n-Dodecylguanidinacetat** (I) erhält man in krist. Form aus seinem Rk.-Gemisch, in dem es bei >50° völlig lösl. ist, indem man die Lsg. auf einen Geh. von 12—18% an gelöstem I einstellt, der Lsg. dann so viel Essigsäure zusetzt, daß ihr pH-Wert 6—7 beträgt, u. nun die Lsg. auf ca. 50° u. dann möglichst rasch auf 70—25° abkühlt. In gleicher Weise kann man Decyl-, Hexadecyl- oder Octylguanidinacetat oder auch Dodecylguanidinbutyrat in krist. Form erhalten. — *Fungicide.* — Photos der Kristalle. (**A. P. 2 966 512** vom 29/1. 1958, ausg. 27/12. 1960.) A. Brösamle. 6313

Juan Nebrera Escobar, Madrid, Spanien, **Desodorisierung von S-(1.2-Dicarbäthoxyäthyl)-O.O-dimethyldithiophosphat (I).** Zu rohem, übelriechendem I, das als *Schädlingsbekämpfungsmittel* von techn. Bedeutung ist, wird eine wss. Hypochlorit-Lsg. (5%ig.), bes. NaOCl-Lsg., im Verhältnis 50 : 100 Vol.-Teile zugesetzt u. das Gemisch bis zur vollständigen Entfernung der flüchtigen, übelriechenden Anteile mit einem CO_2-Strom, der mit einer Mischung aus gleichen Teilen Nitrobenzol u. Cyclohexanon gesätt. ist, in lebhafter Bewegung gehalten. Anschließend wird das Gemisch auf Raum-Temp. abgekühlt u. der desodorisierte Ester abgetrennt. (**D. A. S. 1 107 661** Kl. 12o vom 10/7. 1958, ausg. 31/5. 1961. Span. Prior. 6/6. 1958.) H. Bräucker. 6313

C. H. Boehringer Sohn, Ingelheim/Rh. (Erfinder: Richard Sehring und Karl Zeile), **α-Hydroxy-β.β.β-trichloräthylphosphonsäureester** der Formel $(CH_3O)\cdot(RO)P(:O)CH(OH)CCl_3$ erhält man durch Rk. eines asymm. Phosphorigsäuredialkylesters der Formel $(CH_3O(RO)P-OH$ mit Chloral, ggf. in Ggw. eines inerten Lsgm. (Bzl.) bei 30—110°. In den Formeln bedeutet R einen geradkettigen oder verzweigten

Alkylrest mit 2—4 C-Atomen. — Zu 75 g Chloral gibt man in ½ Std. bei 50° 62 g Phosphorigsäuremethyläthylester, wobei die Temp. auf 90—100° steigt. Man hält das Rk.-Gemisch 1 Std. bei dieser Temp., dest. die Verunreinigungen bei 100° im Vakuum ab u. erhält in 96%ig. Ausbeute *α-Hydroxy-β.β.β-trichloräthylphosphonsäure-O-methyl-O-äthylester*. Farbloses, nicht destillierbares Öl. — *Insekticide*. (**D. A. S. 1110641** Kl. 12o vom 9/12. 1958, ausg. 13/7. 1961.) A. JAHN. 6313

Allied Chemical Corp., übert. von: William J. Cunningham, Rockaway, und Cyril Woolf, Morristown, N.J., V.St.A., **2-Chlorpentafluorpropen**, $CF_3CCl{=}CF_2$, Kp. 6,8°, erhält man durch Fluorieren von $CF_3CCl{=}CCl_2$, Kp. 88°, mit wasserfreiem HF im Verhältnis 1 : 1 bis 3 : 1 bei 300—450°, bes. 350—425°, u. einer Verweilzeit von 2—50, bes. 10—25, Sek. in Ggw. von wasserfreiem AlF_3 als Katalysator mit einer Teilchengröße von höchstens 500, bes. ca. 200, Å, das aus $AlCl_3$ u. HF nach A. P. 2 676 996; C. **1955.** 6846 hergestellt wurde. Als Neben-Prod. entsteht *$CF_3CCl{=}CClF$*, Kp. 48—49°. — *Räuchermittel*. (**A. P. 2 917 558** vom 13/12. 1957, ausg. 15/12. 1959.) G. KRAUSS. 6313

N. V. Koninklijke Nederlandsche Zoutindustrie, Hengelo, Holland, *Verminderung des Zusammenbackens von Kaliumsulfat*. (**Schwed. P. 156 713** vom 11/2. 1955, ausg. 30/10. 1956. Holl. Prior. 13/8. 1954. — C. **1957.** 1785 [D. B. P. 945 392].)

Gewerkschaft Victor, Castrop-Rauxel, *Verbesserung der Trocknungseigenschaften von nitrathaltigen Salzmischungen*. (**Schwed. P. 156 721** vom 5/8. 1954, ausg. 30/10. 1956. D. Prior. 8/8. 1953. — C. **1955.** 8246 [D. B. P. 927 385].)

Ruhrchemie Akt.-Ges., Oberhausen, *Chlorierte Dithiocarbamate*. (**Belg. P. 562 707** vom 26/11. 1957, ausg. 3/6. 1960. D. Prior. 30/11. 1956. — C. **1960.** 14837 [Oe. P. 201 069].)

J. R. Geigy Akt.-Ges., übert. von: **Alfred Margot** und **Hans Gysin**, Basel, Schweiz, *Herstellung von Acylhydrazonen*. (**A. P. 2 762 740** vom 24/5. 1955, ausg. 11/9. 1956. Schwz. Prior. 26/5. 1954. — C. **1957.** 13466 [Oe. P. 188 702].)

F. Hoffmann-La Roche & Co. Akt.-Ges., Basel, Schweiz, *2-Methyl-4-cyclohexyl-6-dimethylaminomethylphenol*. (**Schwed. P. 157 272** vom 29/4. 1955, ausg. 18/12. 1956. Schwz. Prior. 5/5. 1954. — C. **1958.** 5198 [Oe. P. 191 403].)

Boots Pure Drug Co. Ltd., Nottingham, England, *Fungicide Mittel*. (**Ind. P. 59 528** vom 31/1. 1957, ausg. 27/8. 1959. — C. **1960.** 11086 [Oe. P. 205 283].)

E. I. du Pont de Nemours & Co., Wilmington, Del., V.St.A., *Fungicide*. (**Belg. P. 556 266** vom 29/3. 1957, ausg. 26/2. 1960. Marokkan. Prior. 29/6. 1956. — C. **1960.** 2326 [D. A. S. 1 060 656].)

Cilag Akt.-Ges., Schaffhausen (Erfinder: **Henri Martin**, Zürich, und **Ernst Habicht**, Schaffhausen), Schweiz, *Akaricid wirksame Acetoacetanilide*. (**D. A. S. 1 067 800** Kl. 12o vom 3/3. 1956, ausg. 29/10. 1959. **A. P. 2 848 364** vom 28/3. 1956, ausg. 19/8. 1958. **E. P. 817 356** vom 15/3. 1956, ausg. 29/7. 1959. Alle Schwz. Prior. 30/3. 1955. **Schwz. P. 333 173** vom 30/3. 1955, ausg. 29/11. 1958. — C. **1959.** 3279 [Oe. P. 192 402].)

Cooper, McDougall & Robertson Ltd., Hertford, England, *Reinigen von Pyrethrum-Extrakten*. (**Ind. P. 60 141** vom 8/4. 1957, ausg. 6/3. 1959. E. Prior. 15/5. 1956. — C. **1960.** 17587 [Aust. P. 218 976].)

Farbenfabriken Bayer Akt.-Ges., Leverkusen (Erfinder: **Gerhard Schrader**, Opladen), *Dithiophosphorsäureester*. (**Schwz. P. 349 595** vom 28/9. 1956, ausg. 15/12. 1960. D. Prior. 13/10. 1955. — C. **1958.** 2555 [D. A. S. 1 006 417].)

Farbenfabriken Bayer Akt.-Ges., Leverkusen (Erfinder: **H. H. Schlor**, **E. Scheck** und **G. Schrader**), *Herstellung von Thionophosphonsäureestern*. (**Belg. P. 568 698** vom 18/6. 1958, ausg. 18/11. 1960. D. Prior. 24/6. 1957. — C. **1960.** 1305 [D. A. S. 1 057 112].)

Farbenfabriken Bayer Akt.-Ges., Leverkusen (Erfinder: **Gerhard Schrader**, Wuppertal), *Thiol- und Thiolthionophosphorsäureester*. (**Schwz. P. 349 977** vom 6/8. 1956, ausg. 31/12. 1960. D. Prior. 3/9. 1955. — C. **1957.** 11993 [D. A. S. 1 005 058].)

N. V. Philips' Gloeilampenfabrieken, Eindhoven, Holland, *Mittel gegen Spinnmilben*. (**Ind. P. 59 337** vom 10/1. 1957, ausg. 22/4. 1959. — C. **1960.** 12138 [Oe. P. 200 389].)

Montecatini Soc. Gen. per l'Industria Mineraria e Chimica, Mailand, Italien, *Schädlingsbekämpfungsmittel*. (**Ind. P. 59 526** vom 31/1. 1957, ausg. 25/11. 1959. — C. **1960.** 3012 [D. A. S. 1 060 659].)

Soc. des Usines Chimiques Rhône-Poulenc, Paris, Frankreich, *Schädlingsbekämpfungsmittel*. (**Schwed. P. 157 353** vom 28/3. 1955, ausg. 2/1. 1957. E. Prior. 1/4., 3/5. 1954 u. 16/3. 1955. — C. **1957.** 13796 [D. A. S. 1 004 422].)

Sandoz Akt.-Ges., Basel, Schweiz, *Herstellung von insekticiden Verbindungen*. (**Holl. P. 96 284** vom 20/1. 1956, ausg. 15/12. 1960. Schwz. Prior. 21/1. 1955. — C. **1960.** 625 [Oe. P. 195 444].)

Ja. W. Peiwe, Biochemie der Böden. Moskau: Sselchosgis. 1961. (422 S.) 99 Kop. [Russ.]

VIII. Metallurgie. Korrosion

Bedeutung der Untersuchungen von Metall-Gleichgewichtssystemen für die Metallkunde. Ladislav Jeníček. (Hutnické Listy **13.** 1058—61. Dez. 1958.) (Tschech.)

Histor. Überblick der Unterss. von Metallgleichgewichts-Syst. u. des Anteiles des Professors der TH Prag V. JAREŠ an diesen Unterss., bes. am Syst. *Al–Cu–Zn*. Bedeutung der Unterss. u. Erörterung der heutigen Forschungsprobleme. J. TŮMOVÁ. 6350 □

Über einige Mineralvorkommen in den Staaten Minas Gerais und Bahia, Brasilien. Hellmut Grabert. (Glückauf **96.** 1350—54. 8/10. 1960. Krefeld.) (Dt.) — Vgl. C. **1960.** 9355.

In der Gegend von Belo Horizonte liegen 2 Mrd t Eisenerze mit 60—70 (%) Fe u. 23 Mrd t mit 45—65 Fe in Form von *Hämatit* u. *Italirit*, die im Tagebau abgebaut werden. Der Hämatit enthält z. T. *Cr*, *Ni*, *Ti* oder *Mn*. *Au* kommt an hydrothermal gebildetes Sulfid gebunden vor. Im Staate Bahia kommen außer dem *Jacobina*-Au Mn-Erze, Cr-Erze, Monazitsande u. *U*-*Erze* vor. — 20 Literaturangaben. F. VIER. 6354□

Chemie und Bergbau. E. T. Pinkney. (South African ind. Chemist **14.** 191—99. Okt. 1960.) (Engl.)

Überblick über die im Bergbau u. Hüttenwesen angewandten chem. Arbeits-Methoden, Hydrometallurgie von *Au*, Flotation, Elektrolyse, *U*, Flüssig-Flüssig-Extraktion, hochreine Metalle, Ferro- u. Leichtlegierungen. G. KIRSTEN. 6360□

Untersuchung des Pelletisierens von Bleikonzentraten. Al. Lupu und L. Grigoriu. (Rev. roum. Métallurgie **5.** Nr. 1. 119—31. 1960.) (Engl.) — C. **1961.** 12250. F. VIER. 6360□

Die konduktometrische Bestimmung und Überwachung der Säurekonzentration bei der Aufbereitung schlammiger Produkte. G. G. Eichholz und A. H. Bettens. (Canad. Mining metallurg. Bull. **53.** 901—07. Nov. 1960. Ottawa, Dep. of Mines and Techn. Surveys, Mines Branch, Phys. and Radiotracer Sect., Minerals Sci. Div.) (Engl.)

Beschreibung eines einfachen Gerätes zur Ausführung von konduktometr. Messungen mit Temp.-Kompensation u. seiner Anwendung zur Best. der Säure-Konz. von Aufschlämmungen, die bei der Extraktion von Mineralien anfallen (Beispiele). — 14 Literaturangaben. W. WESLY. 6360□

Untersuchung über die Flotationsfähigkeit von künstlichen Oxyden. 2. Mitt. Akira Ohba und Junzo Shimoizaka. (J. Mining metallurg. Inst. Japan **76.** 19—22. Jan. 1960.) (Jap.; Auszug: Engl.) — 1. vgl. C. **1961.** 7008.

Unterss. über Pulver von künstlichem *Hämatit* zeigen, daß es ziemlich gut flotierbar (ohne Sammler) ist. Seine Rückgewinnung steigt mit dem Zusatz an Xanthogenat (I). Nach langem Eintauchen in W. ist seine Aufnahme durch I stark vermindert. Durch Trocknen gewinnt es seine Eigg. zurück. Die Flotationsfähigkeit von (im Vakuum bei 150°) entgastem Pulver ist etwas geringer. W. WESLY. 6362□

Die Bewertung von Koks für den Kupolofenschmelzbetrieb. Wolf Friedel. (Freiberger Forschungsh., Reihe B Heft **45.** 86—116. Aug. 1960. Leipzig.) (Dt.)

Die Literatur auf dem Gebiete des Kupolofenschmelzens wurde unter Berücksichtigung der Koksqualität, Satzkoksmenge, Koksstückgröße, Windmenge u. erreichbaren Eisen-Temp. ausgewertet. Eigene Verss. ergeben, wie man mit anderen Koksqualitäten zu guten Schmelzergebnissen kommen kann. — 26 Literaturangaben. H. HOCHSTEIN. 6370□

Der rationelle Aufbau von Hochofen-Zustellungen. L. Halm. (Rev. Métallurgie **58.** 109—29. Febr. 1961. Union Française des Produits Refractaires.) (Franz.)

Die Wahl der feuerfesten Materialien als Auskleidungsstoffe für das Gestell, die Rast u. den Schacht von Hochöfen wird erörtert u. hierbei wird unter Berücksichtigung der feuerfesten Stoffe eine Unters. des rationellsten Aufbaus angestellt. Es werden Angaben über den mit Hilfe von radioakt. Isotopen festgestellten Hochofen-Schachtverschleiß gemacht. — 45 Literaturangaben. H. HOCHSTEIN. 6370□

Vakuum-Metallurgie. W. H. Dennis. (Mining Mag. **102.** 278—87. Mai 1960.) (Engl.)

Grundzüge, Ausführung, Zubehör u. Anwendung der Vakuum-Metallurgie. W. WESLY. 6380□

Der Einfluß der Änderung physikalischer und chemischer Bedingungen auf die Eigenschaften von Bentonit-Suspensionen. A. J. Anderson und G. J. Sutton. (Mod. Castings **38.** Nr. 5. 88—97. Nov. 1960. Sidney, Australien, Univ. of New South Wales.) (Engl.)

Die Salze schwacher Säuren erhöhen die Viscosität von Ton-Suspensionen. Dies ist wahrscheinlich auf einen Ionenaustausch zurückzuführen. Mittels therm. Differentialanalyse wird der Einfl. verschiedener Zusätze auf den pH-Wert untersucht u. festgestellt, daß *Phosphat*-Ionen in Zwischenschichten u. Gitterplätzen absorbiert werden, aber nicht *Tannate* u. ähnliche Zusätze. — 18 Schrifttumsangaben. K. HILLINGER. 6382□

Plastikmodelle, neue Werkzeuge und Werkstoffe. Frank Kobee. (Mod. Castings **37.** Nr. 5. 139—43. Mai 1960. Toledo, Ohio, Ohio Metal Fibers, Inc.) (Engl.)

Die Vorteile von *Epoxyharz*-Modellen mit *Glas-Schichtstoffen* sowie deren Herst. mittels zweier neuartiger Spritzpistolen werden beschrieben. K. HILLINGER. 6382□

Formmaterialien für den Präzisionsguß. W. G. Lawrence. (Mod. Castings **38.** Nr. 2. 109—18. Aug. 1960. Alfred, N.Y., Alfred Univ.) (Engl.)

Die verschiedenen Arten von anorgan. Bindemitteln im Hinblick auf ihre Struktur u. Eigg. bei hohen Temp. werden erörtert. K. HILLINGER. 6382□

Maßabweichungen von Wachsmodellen für das Feingießverfahren. C. Nieuwenhuis. (Giesserei **48.** 7—8. 12/1. 1961. Eindhoven, Holland.) (Dt.)

Die einige Jahre in einer Feingießerei durchgeführten Unterss. erstreckten sich neben der Best. der Toleranzen einiger Wachsmodellserien auch auf die Wachs-Eigg., welche die Toleranzen beeinflussen können. Hierbei wurde festgestellt, daß der Einfl. des Wachses auf die Toleranzen groß ist u. die Maßhaltigkeit mit zunehmender Wanddicke abnimmt. Bei Einhalten best. Temp. u. Einspritzdrucke sowie guter Isolation ist die Schrumpfung um 50—60% geringer. K. HILLINGER. 6382□

Nickelcarbonyl-Modell-Zubehör. J. O. Trimble. (Mod. Castings **38.** Nr. 2. 65—68. Aug. 1960. Conshohocken, Pa., Budd Co., Carbonyl Metal Prod. Sect.) (Engl.)

Die Herst. von Modellen aus Ni über das Nickelcarbonyl wird beschrieben. Die nach dem *Nickelcarbonyl*-Verf. hergestellten Modelle ergeben eine sehr gute Gußstückoberfläche u. gewähren die Einhaltung engster Toleranzen. Nach Ansicht des Vf. sind der Anwendung des Verf. in der Gießerei keine Grenzen gesetzt. K. HILLINGER. 6382□

Fehlererscheinungen an Formmaskengußstücken aus kohlenstoffarmem Stahl. 2. Mitt. Joachim Thieme. (Giessereitechnik **6.** 169—74. Juni 1960.) (Dt.)

In Fortsetzung der C. **1961.** 4502 referierten Arbeit wird über Verss. berichtet, die Fehler zu beseitigen. K. HILLINGER. 6382□

Elektrische Analogie zu dem Wärmefluß vom Gußstück zur Gießform. J. H. Gittus. (Iron and Steel **33.** 91—95. März 1960. Birmingham, Mond Nickel Co. Ltd.) (Engl.)

Zur klaren Beschreibung des Verlaufs der Abkühlung von Gußstücken wird der Begriff des übergehenden Wärmeflusses (transient heat flow) erklärt u. mit dem Fluß des elektr. Stroms in einer entsprechenden, analogen elektr. Leitung verglichen. H. HOCHSTEIN. 6382□

Entwicklungsstand des Schwermetall-Kokillengießens. Ernst Brunhuber. (Giesserei **48.** 1—7. 12/1. 1961. München.) (Dt.) K. HILLINGER. 6382□

Über den Einfluß der Metallzerstäubung beim Schleuderguß auf die Gußqualität. N. N. Reutow. (Сталь [Stahl] **21.** 372—74. April 1961.) (Russ.)

Der zonale Aufbau von Schleudergußrohren wird durch das Verspritzen des Metalls in der Kokille nach seinem Abreißen von der kristallisierenden Kruste als Folge einer ungenügenden Umdrehungs-Geschw. der Schleudergußkokille oder der Überschreitung der Geschw. der Kokillenfüllung bedingt. Die durch eine ungenügende Umdrehungs-Geschw. der Kokille hervorgerufene Metallzerstäubung ohne Verspritzen über den Kokillenrand führt zu keinem zonalen Aufbau der Schleudergußrohre. Die durch Vibration der Kokille bedingte Zerstäubung kann bei normaler Makrostruktur der Schleudergußrohre zum Auftreten von bes. feinen Kristallen führen; die Güte des Materials wird hierdurch nicht beeinträchtigt. In Schleudergußstücken, die unter Übertritt des Metalls aus der Kokille hergestellt wurden, zeichnen sich die 1., 2. u. 3. Kristallzone durch Sauberkeit, Dichte u. hohe mechan. Eigg. aus. Das Metall der 4. Zone besitzt dagegen niedrige Festigkeits-Eigg. infolge Verunreinigung durch S, P u. Oxyde sowie infolge der interkristallinen Porosität. H. HOCHSTEIN. 6382□

Herstellung eines großen Kessels für die chemische Industrie. A. Whitfield. (Brit. Foundryman **53.** 403—05. Sept. 1960. Workington, Distington Engng. Co. Ltd.) (Engl.)

Beschreibung der Herst. eines Kessels durch Gießen in aufrechter Lage. F. VIER. 6382□

Untersuchung der Abkühlung von flüssigem Gußeisen in Gießpfannen. Maurice Decrop und Jean-Paul Aymard. (Fonderie **1960.** 359—70. Sept. Centre techn. des Industries de la Fonderie.) (Franz.)

Die Gesetzmäßigkeiten beim Abkühlen fl. Gußeisens in Gießpfannen von verschiedenem Fassungsvermögen wird an Hand theoret. Überlegungen u. prakt. Messungen untersucht u. festgestellt, daß die theoret. ermittelten Werte mit den gemessenen Werten gut übereinstimmen. Um eine zu starke Abkühlung des Gußeisens zu vermeiden u. um zu gewährleisten, daß beim Vergießen des Eisens die richtige Temp. herrscht, wird empfohlen, die Gießpfannen vorzuwärmen u. mit Vermiculit auszukleiden. K. HILLINGER. 6402□

Werkstoffprobleme bei dünnwandigen Abgüssen aus Grauguß. Joseph Gerold. (Freiberger Forschungsh., Reihe B Heft **45.** 53—79. Aug. 1960. Komárov bei Horovic.) (Dt.)

Die grundsätzliche Richtigkeit der Gußeisenschaubilder für dünnste Wanddicken (< 10 bzw. < 5 mm) von CZIKEL u. LIESENBERG wird bestätigt. Durch ein Schaubild mit Linien gleicher Härte wird belegt, daß innerhalb des Perlitfeldes nicht gleichwertiges Gefüge entsteht. Durch Impfung mit Ferrosilicium u. dgl. kommt es zu einer Verschiebung der Gefügebegrenzungslinien nach kleineren Wandstärken hin. Entartungserscheinungen, die bei kleinsten Wanddicken auftreten, werden besprochen. Hierbei wird das Auftreten von weißem Gußeisen in scharfer Abgrenzung vom grauen Werkstoff gezeigt. Die Anreicherung des Gußeisens mit Gasen wird erörtert, wobei angenommen wird, daß im fl. Zustand zwei unterschiedliche Schmelzen (Mischungslücke) koexistieren, so daß nach der Erstarrung weißes neben grauem Gußeisen in scharfer Abgrenzung nebeneinander auftreten. — 97 Literaturangaben. H. HOCHSTEIN. 6402□

Vergleich der nach einer statischen und einer dynamischen Methode ermittelten Werte für den Elastizitätsmodul von Grauguß. J. Dilewijns. (Fonderie belge **30.** 293—97. Nov. 1960. Gent, Univ.) (Franz.)

Die mittels der dynam. Meth. ermittelten Werte für den Elastizitätsmodul liegen stets höher als die nach der stat. Meth. ermittelten. Vermutlich sind die Unterschiede auf den Einfl. des Graphits zurückzuführen. K. HILLINGER. 6402□

Einige Untersuchungen über die Korngröße im Gußgefüge eines Gußeisens mit 30% Chrom. J. Rickard. (B.C.I.R.A. Journal **8.** 200—16. März 1960. B.C.I.R.A. Res. Dep.) (Engl.)

Eine feine Korngröße im Gußgefüge eines 30% Cr enthaltenden Gußeisens kann durch eine Gieß-Temp. von 1400° u. weniger oder durch Verw. von N-haltigem *Ferrochrom* oder $Na_4[Fe(CN)_6]$ so, daß ein Rest-Geh. von 0,2% N oder mehr im Gußeisen verbleibt, erhalten werden. Die gleiche Wrkg. übt ein *Ti*-Zusatz aus, sofern der Ti-Restbetrag im Gußeisen mindestens 0,18% beträgt. Der Einfl. von N- u. Ti-Zusätzen auf die Korngröße ist stärker als der der Gießtemperatur. Mit abnehmender Korngröße nimmt die Zugfestigkeit zu. Wenn die Abnahme der Korngröße durch eine tiefe Gieß-Temp. oder Ti-Zusätze bewirkt wird, kann die Zugfestigkeitserhöhung infolge einer Nichtbeeinflussung der Grundmasse klein sein. Bei N-Zusätzen ist die Zugfestigkeitszunahme stärker. Eine perlit. Grundmasse wird bei mit N behandeltem Gußeisen mit einer entsprechenden Härtezunahme festgestellt. Die Schmelz-Temp. hat einen nur geringen Einfl. auf die Korngröße der Gußstruktur. Eine geringe Feinung der Gußgefügekorngröße kann auch durch ein Vibrieren der gefüllten Form während der Erstarrung erzielt werden. H. HOCHSTEIN. 6404□

Feststellung von duktilem Eisen. G. F. Thomas. (Mod. Castings **37.** Nr. 4. 182—84. April 1960. Moline, Ill., Deere & Co.) (Engl.)

Zur Feststellung, ob im vergossenen *Gußeisen* kugelförmig ausgebildeter Graphit vorhanden ist, wird von dem letzten in der Gießpfanne enthaltenen Eisen ein Probestück gegossen u. metallograph. untersucht. Bei über 10% lamellarem Graphit genügt das Gußeisen nicht den Anforderungen. K. HILLINGER. 6404□

Der kontinuierliche Guß bei der „Terni". Erreichte Ergebnisse und Ausblick. M. Signora und R. Cardano. (Fonderia ital. **9.** 265—73. Juni 1960. Soc. Terni.) (Ital.)

Übersicht über die Stahlproduktion (z. Z. 5000 t/Monat) durch kontinuierlichen Guß in elektr. Öfen (je 35—60 t), in den letzten Jahren gesammelten prakt. Erfahrungen u. beste wirtschaftliche Ausnutzung. G. PLATZER. 6408□

Das Gießen von Stahl unter Vakuum. L. Colombier. (Rev. Métallurgie **58.** 151—63. Febr. 1961. Comp. des Ateliers et Forges de la Loire.) (Franz.)

Von den Behandlungs-Verff. schmelz-fl. Stahls in der Pfanne werden erörtert: Das Vakuumheber-Verf. sowie die Entgasung durch Umführung des Stahls im Vakuum. Es werden ferner die bekannten Verff. des Gießens von Stahl im Vakuum behandelt, u. hierbei wird der Einfl. dieser Behandlung auf die Eigg. des Stahls erörtert. Durch Herabsetzung der H-, O- u. N-Gehh. werden die Eigg. der Stähle verbessert. Die Versprödungsübergangs-Temp. eines Blechs von Mn-Mo-Schweißstahl, die gewöhnlich bei 4—8° liegt, wird durch die Vakuumbehandlung auf Temp. von —16 bis —20° gesenkt. — 25 Literaturangaben. H. HOCHSTEIN. 6408□

Beitrag zur Untersuchung der Stickstoffentwicklung im basischen Lichtbogenofen. F. Ferry und R. Lescuyer. (Rev. Métallurgie **58.** 137—49. Febr. 1961. Aciéries de la SFAC.) (Franz.)

Zwecks Verringerung des N-Geh. im fertigen bas. Lichtbogenofenstahl wird die bei diesem Schmelz-Verf. auftretende N-Entw. untersucht. Es werden die Bewegungen des N während des Ablaufs der verschiedenen Herst.-Phasen eines C-reichen Stahls u. die hierfür verantwortlichen Faktoren bestimmt. Bes. wird der Einfl. des in der Schlacke vorhandenen C ermittelt. Als Maßnahmen zur Verringerung des N-Geh. im Fertigstahl

werden empfohlen: Die Verw. von N-armem Fe- u. Stahl-Schrott, Zusatz von Kalkstein schon zum Beginn der Ofenbeschickung, Aufhalten des Frischens beim Erreichen des für den Stahl gewünschten C-Geh. zwecks Begrenzung der Graphitaufkohlung, Vermeidung einer zu weitgehenden Desoxydation im Ofen, Desoxydation in der Pfanne unter Einhaltung eines geringst möglichen Si-Geh. des Stahls sowie Überwachung der Homogenität des Abstichs hinsichtlich des C- u. N-Gehalts. — 11 Literaturangaben.
H. HOCHSTEIN. 6408□

Die Austenit-Korngröße von Stahlguß. M. Pierre Détrez. (Fonderie **1960**. 383—91. Sept. Centre techn. des Industries de la Fonderie.) (Franz.)

Der Einfl. der Austenitkorngröße auf die Eigg. von Stahl u. die verschiedenen Verff. zur Best. der Austenitkorngröße werden erörtert. Eigene Unterss. über die Ermittlung der Korngröße von Stahlguß, z. B. mit ca. 0,25 (%) *C*, 1,6 *Cr*, 0,4 *Mo* u. 3,9 *Ni*, unter Anwendung der Vakuumheißätzung sowie eines Ätzverf. mit Pikrinsäure–Natriumalkylsulfonat-Lsg. („Teepol") werden durchgeführt u. die Meßergebnisse mitgeteilt. — 16 Literaturangaben. H. HOCHSTEIN. 6410□

Ausscheidungshärtende nichtrostende Stähle. J. Pitaud. (Rev. du Nickel **26**. 31—40. März/April. 71—76. Mai/Juni 1960.) (Franz.)

Erörtert wird die Aushärtung der austenit. nichtrostenden Stähle durch Ausscheidung von Carbiden, bes. in Ggw. von P, sowie durch Ausscheidung von intermetall. Phasen, z. B. von Ni_3Ti oder Ni_3Al. Es werden Angaben über die hierbei ohne wesentliche Beeinträchtigung der Korrosionsbeständigkeit erreichbaren Festigkeitswerte gemacht. Bei den nichtrostenden martensit. Stählen wird zwischen denen mit direkter u. indirekter Martensitumwandlung unterschieden. Von beiden Gruppen werden die typ. Zuss., geeigneten Wärmebehandlungen u. erreichbaren Festigkeits-Eigg. mitgeteilt. Ferner werden die typ. Zuss. von austenit.-ferrit. Stählen angegeben u. ihre Beständigkeit gegen Säuren sowie gegen reines W. in Ggw. von O_2 behandelt. Bes. werden hierbei der klass. austenit. Cr–Ni-Stahl mit 18% Cr u. 8% Ni erörtert. Von der Verarbeitung dieser verschiedenen Stahlsorten werden die Warmverformung, das Beizen, die spanabhebende Bearbeitung sowie das Schweißen behandelt u. Angaben über die geeigneten Verw.-Zwecke gemacht. — 28 Literaturangaben. H. HOCHSTEIN. 6410□

Die Eignung von hochfesten Druckgefäß-Stählen. J. H. Gross und R. D. Stout. (Welding J. **35**. 115s—119s. März 1956. Bethlehem, Pa., Lehigh Univ., Metallurgy Dep.) (Engl.) — Vgl. C. **1956**. 6796; **1957**. 14116; **1958**. 4615.

Auf Grund von mechan. Prüfungen erweisen sich 6 Stähle mit verschiedenen Leg.-Elementen (*48s5HT*, *A 302*, *70 B*, *70 A*, *90 A*, *90 B*) als geeignete Werkstoffe für Druckgefäße u. sind dem unlegierten Stahl *A 201* vergleichbar. W. WESLY. 6410□

Kornverfeinerung von Kupfer. G. C. Gould, G. W. Form und J. F. Wallace. (Mod. Castings **37**. Nr. 5. 144—53. Mai 1960. Cleveland, Case Inst. of Technol.) (Engl.)

Verschiedene Verff. zur Entw. einer techn. durchführbaren Meth. zur Kornverfeinerung von Cu-Gußteilen wurden untersucht. Durch Zusatz von *Li* u./oder *Bi* konnte ein mittlerer Korn-∅ von 0,250 mm erzielt werden. Die Kornverfeinerung wird auf eine „constitutional supercooling" (CS) zurückgeführt, hervorgerufen durch die Bldg. der Legg. von Cu mit Li u. Bi, die einen weiten Erstarrungsbereich zwischen Solidus- u. Liquiduslinie haben. Durch Zusatz von *Fe* kann das Korn auf einen Durchmesser von durchschnittlich 0,10 mm verfeinert werden. Diese Wrkg. wird einer peritekt. Rk. zugeschrieben. Wird Fe in kleineren Mengen, als sie für die peritekt. Rk. ausreichen, zugesetzt, so tritt keine Kornverfeinerung auf. Zahlreiche andere Zusätze sind unwirksam. Intermetall. Verbb. wirken als Impfmittel. *Pb*, *Ca* u. *Mg* rufen eine CS hervor, *Se* u. *Te* verringern das Kornwachstum durch Adsorption auf der Oberfläche von wachsenden Cu-Kristallen. Metallpulverzusätze von *Co*, *Fe* oder *W* sind nur bei niedriger Überhitzung als kornverfeinernde Impfmittel wirksam. Li- u. Bi-Zusätze ergaben eine Verbesserung der Zugfestigkeit u. eine Heraufsetzung der Temp. der Kornvergröberung, aber auch eine Herabsetzung der elektr. Leitfähigkeit. — 23 Literaturangaben. F. VIER. 6432□

Elektrisches Schmelzen von Bronzelegierungen und Güteüberwachung. R. V. Barone, T. F. Godfrey und R. A. Rosenberg. (Mod. Castings **39**. Nr. 3. 103—10. März 1961. South Braintree, Mass., Walworth Co.) (Engl.)

Untersucht wurden die Zn-Verluste beim Schmelzen von Bronze mit 5 (%) Sn, 5 Pb u. 5 Zn im Niederfrequenzinduktionsofen. Sie betrugen 0,8 u. müssen durch entsprechende Zugabe beim Einsatz ausgeglichen werden. Erhöhung des Zn-Geh. von 4,8 auf 5,5 bewirkt ein Ansteigen der Fließfestigkeit von 16250 auf 16750 lbs./sq.in., ohne die Zugfestigkeit merklich zu beeinflussen. Das Röntgenfluorescenz-Verf. hat sich als ausgezeichnete u. exakte Meth. zur Überwachung beim Schmelzen erwiesen. — 14 Literaturangaben. F. VIER. 6432□

Sandgußprobestab für 85-5-5-5Rotguß. H. Reiter. (Brit. Foundryman **53.** 128—37. März, Diskussion 502—03. Nov. 1960. J. Stone & Co. [Charlton] Ltd.) (Engl.)

Eine Anzahl Probestäbe zur Kontrolle der Fließ-Eigg. u. des Gas-Geh. von Rotguß wurden überprüft. Ein Probestab mit einem Zulauf an jedem Ende u. einer Erweiterung zur Ausbildung einer Gußkalotte hatte gleichmäßig hohe Festigkeiten bei gleichmäßiger Empfindlichkeit gegen Gas-Gehalt. Der Probestab lieferte in 14 Gießereien gleichmäßig einwandfreie Ergebnisse. Danach stieg mit der Gieß-Temp. die Porigkeit des Rotgusses an. Bei 1080° wurden bereits die Festigkeits-Eigg. beeinflußt. Die Wrkg. der Temp. auf die Zerreißfestigkeit war bei Gußteilen mit gleichachsigen Kornstrukturen viel größer als bei solchen mit stengeliger Struktur. Probestäbe mit mehr als 3% Porosität hatten Zugfestigkeiten von 13,5 t/in.² u. weniger. F. VIER. 6432□

Die Wirkung der Zusammensetzung von sandgegossenem β-Mischkristall-Messing auf den interkristallinen Bruch unter konstanter Zugbelastung. A. R. Bailey. (J. Inst. Metals **89.** 110—11. Nov. 1960. London, Imp. Coll. of Sci. and Technol.) (Engl.)

Mischkristall-β-Messing mit einer Spur der α-Phase blieb nach 100 Tagen in 5% NaCl bei 44 t/m² Belastung ohne Bruch. Dagegen trat bei einer Leg. mit wenig γ-Phase nach 1 Min. bei 40 t/in.² in NaCl-Lsg. Bruch auf. Zusatz von *Al* erhöht die Bruchanfälligkeit, da er zur Bldg. der γ-Phase führt. Durch gleichzeitigen Zusatz von *Fe* oder *Mn* kann die Bldg. der γ-Phase unterdrückt u. die härtende Wrkg. des Al-Zusatzes ausgenutzt werden. Am günstigsten wirkt sich ein Zusatz von Fe bei 5% Al aus. Zusatz von 2% *Ni* verhindert das Auftreten von interkristallinen Brüchen, bes. in Ggw. von Fe; *Co* ebenfalls, jedoch fördert es die Entzinkung. F. VIER. 6432□

Entwicklung von V–Nb-Legierungen mit ausgezeichnetem Korrosionswiderstand. S. T. Wlodek. (Materials Design Engng. **52.** Nr. 5. 14—15. Nov. 1960. Union Carbide Metals Co.) (Engl.)

Gegenüber 5—15% ig. sd. *HCl* u. 10—30% ig. sd. H_2SO_4 ist die V-Leg. mit 50 Gew.-% Nb am beständigsten, gegenüber sd. 65% ig. HNO_3 die Leg. mit 40% Nb + 10% *Ti*. Die Oxydationsbeständigkeit bei 1290° F von 40Nb10Ti, von *49V 40Nb 10Ti 1Si* u. *45V 40Nb 10Ti 5Al* an Luft wird untersucht. Am beständigsten ist letztere, die auch bis 1830° F keine V_2O_5-Bldg. zeigt. Die Festigkeits- u. Dehnungswerte für die Legg. bei Raum-Temp., 1290 u. 1830° F werden mitgeteilt. H.-G. MOSLÉ. 6440□

Wirkung der Gießtemperatur auf die Eigenschaften von Aluminiumlegierungen beim Gießen von Probestäben. J. W. Meier und A. Couture. (Mod. Castings **38.** Nr. 5. 98—109. Nov. 1960. Ottawa, Canada, Mines Branch, Dep. of Mines and Techn. Surv.) (Engl.)

Die Wrkg. von verschiedenen Gieß-Temp. auf die mechan. Eigg., die Porosität u. Dichte von 6 handelsüblichen Al-Legg. wurde an gegossenen Probestäben untersucht, u. zwar bes. die Wrkg. einer Überhitzung der Schmelze u. verlängerter Haltezeiten bei 3 verschiedenen Temperaturen. Das Gießen der Probestäbe wurde unter genau festgelegten Bedingungen vorgenommen. F. VIER. 6446□

Erstarrung und Gefügeausbildung des Aluminium–Silicium-Eutektikums. S. Ghosh, J. Wilcock und V. Kondic. (Giesserei, techn.-wiss. Beih. **1960.** Nr. 28. 1575—80. April 1960. Birmingham.) (Dt.)

Zur Klärung der Zusammenhänge zwischen der Gefügeausbildung u. den bei der Erstarrung herrschenden Abkühlungsbedingungen sowie der Zus. der Leg. wurden an der eutekt. Al–Si-Leg. therm. u. mkr. Unterss. durchgeführt. Danach übt eine Erniedrigung der eutekt. Temp. den größten Einfl. auf das sich einstellende Gefüge aus; Größe u. Form der Si-Phase sind dabei nicht davon abhängig, ob diese Erniedrigung durch erhöhte Abkühlungs-Geschw. oder durch geringe Änderungen der Zus., z. B. durch Zugabe von *Na* oder *P*, herbeigeführt wird. Weitere Unterss. zur Frage des Wachstums des Al–Si-Eutektikums während der Erstarrung u. der Entstehung der Si-Phase in den eutekt. Bereichen ergaben, daß prim. ein Al-reicher Mischkristall gebildet wird u. ein Teil der Si-Phase durch Diffusion innerhalb des bereits erstarrten Al-Mischkristalls gebildet wird. F. VIER. 6446□

Einige Beobachtungen über die Zersetzung der metastabilen β-Phase in Ti–Cr-Legierungen. K. A. Gross und I. R. Lamborn. (J. less-common Metals [Amsterdam] **2.** 36—41. Febr. 1960. Maribyrnong, Australien, Defence Standards Labor.) (Engl.)

Eine Überprüfung der Zers. der metastabilen β-Phase von Ti–Cr-Legg. bei 420 u. 500° haben keinen Nachw. für die Bldg. einer übersättigten α-Phase ergeben. Es wird angenommen, daß die Verb. $TiCr_2$ nicht direkt aus der angereicherten β-Phase ausgeschieden wird, sondern daß die eutektoide Zers. in einer Ausscheidung der α-Phase u. in dem Übergang zur γ′-Phase besteht. $TiCr_2$ wird anschließend aus der γ′-Phase bei länger andauerndem Erhitzen gebildet. H. HOCHSTEIN. 6448□

Ultrahochfeste Legierungen. 1. Mitt. Bearbeitungsversuche mit Schnellstählen und Wolframcarbid-Werkzeugen. John Maranchik jun., J. V. Gould und P. R. Arzt. (Aircraft Product. **21.** 402—09. Nov. 1959. Metcut Res. Assoc., Inc.) (Engl.)

Zusammenstellung der Bedingungen zur Bearbeitung von ultrahochfesten Schnellstählen mit WC-Werkzeugen. W. WESLY. 6476□

Ultrahochfeste Legierungen. 2. Mitt. Analyse der Bearbeitungsprüfungen an repräsentativen amerikanischen Werkstoffen. John Maranchik jun., J. V. Gould und P. R. Arzt. (Aircraft Product. **21.** 429—33. Dez. 1959.) (Engl.) — 1. vgl. vorst. Referat.

Unterss. über die Dauerhaftigkeit von Werkzeugen aus ultrafesten Legg. verschiedener Härte beim Nutenfräsen, Bohren u. Gewindeschneiden. — Diagramme. W. WESLY. 6480□

Klassifizierung der Verformungsfälle bei der Einwirkung von Zugkräften auf Metallstäbe. Jerzy Wantuchowski. (Arch. Hutnictwa **5.** 61—104. 1960. Kraków, PAN, Inst. Podstaw. Probl. Techn., Zakł. Metali.) (Pol.)

Die Verformung von Metallstäben unter dem Einfl. der Zugkraft setzt sich aus einer inneren, spontanen Änderung des Gefüges (innere Gleitung) u. der Änderung durch äußere Kräfte zusammen. Die stat. Zugprobe erfolgt bei konst. Belastungszunahme, die Kriechprobe bei konst. Belastung u. die Relaxationsprobe bei konst. Dehnung bei abnehmender Belastung. F. URBAN. 6480□

Verformungstheorie aus der Sicht der Metallphysik. Hein-Peter Stüwe. (Stahl u. Eisen **80.** 1963—69. 22/12. 1960. Aachen, TH, Inst. für allg. Metallkunde u. Metallphys.) (Dt.)

Ausgehend von zwei Modellen für das Bandwalzen wird die Bedeutung der Werkstoffkennwerte für die Theorie der Verformung dargestellt, bes. die des Koeff. der äußeren Reibung μ u. der Formänderungsfestigkeit k_f. Mit einer weiteren Verfeinerung der Modellvorstellungen über die Verformungsvorgänge ist die Erprobung unabhängiger Meß-Verff. für die Werkstoff-Eigg. verbunden. Diese Entw. führt zu einer allg. Theorie der Verformung von Metallen, deren Anwendung auf techn. Einzelprobleme nur noch mathemat. schwierig ist, sich jedoch mit der elektron. Rechenmaschine bewältigen läßt. H. HOCHSTEIN. 6480□

Wirkung der Kriechprobe auf die Wasserstoffbrüchigkeit von Titanlegierungen mit 2% Aluminium und 2% Mangan. A. I. Smith, M. F. Day, M. F. Grimwade und L. M. T. Hopkin. (J. Inst. Metals **89.** 105—10. Nov. 1960. Teddington, Nat. Phys. Labor.; Wembley, General Electric Co. Ltd.) (Engl.)

Prüflinge aus einer Ti-Leg. mit 2% Al u. 2% Mn wurden mit H_2 bis zu Geh. von 300 ppm versetzt u. ihre Brüchigkeitscharakteristiken in Kurzzeit-Zugproben u. Kerbschlagproben geprüft vor u. nach Kriechproben bei 300 u. 350°. Kriechverformungen bis zu 2% in 500 Std. vergrößern nicht die Wasserstoffsprödigkeit, wie sie in den folgenden Schlagproben auftritt, einige Änderungen der Schlagfestigkeit sind auf die isotherme Wärmebehandlung zurückzuführen. Kurzzeit-Zug- u. Kriech-Eigg. werden durch die Ggw. von H nicht beeinflußt. Änderungen in der Dehnung bei der Belastung bei den Kriechproben hängen von der Mikrostruktur ab. Größere Dehnungen treten bei kleinen gleichachsigen Körnern u. kleine Dehnungen bei groben, nadelförmigen Körnern auf. F. VIER. 6480□

Verformungswiderstand von hochreinem Aluminium bei hohen Temperaturen und Reckgeschwindigkeiten. H. Ormerod und W. J. McG. Tegart. (J. Inst. Metals **89.** 94—96. Nov. 1960. Sheffield, Univ.) (Engl.)

Hochreines Al wurde bei 195—550° torsionsverformt bei Abgleitungs-Geschw. von 0,86—7,1/s. Aus den Ergebnissen wurden die wahren Spannungs–Dehnungs-Kurven berechnet. F. VIER. 6480□

Die Ermüdungskurven von Kupfer. J. Porter und J. C. Levy. (J. Inst. Metals **89.** 86—89. Nov. 1960. Farnborough, Hants.; London, Royal Aircraft Establ.) (Engl.)

Die Ermüdungskurven von Cu wurden mit einer rotierenden Maschine mit einem an einem Ende eingespannten, im übrigen freitragenden Tragbalken an Proben, die vorher 1 Std. bei 500° im Vakuum geglüht waren, bestimmt. Bei einer Belastungsamplitude von etwa 21500 lbs./in.² wurde das Auftreten einer unerwarteten Diskontinuität festgestellt. Metallograph. Unterss. ergaben, daß zugleich mit dieser Diskontinuität eine Änderung des Ermüdungsbruchs auftrat. Unterhalb dieser Belastung entstand der Bruch innerhalb eines Gleitbandes u. setzte sich in Abhängigkeit von den Gleitbandbildern fort. Über einer Belastung von 21500 lbs./in.² begann der Bruch bei einem L- oder Z-förmigen Keim u. setzte sich wahllos zwischen u. durch die Körner fort. F. VIER. 6480□

Einige Eigenschaften von Chrom und Chrom–Wolfram-Legierungen. 1. Mitt. **Druck–Kriech-Versuche.** C. S. Landau, H. T. Greenaway und A. R. Edwards. (J. Inst. Metals **89.** 97—101. Nov. 1960. Melbourne, Australian Defence Sci. Serv.) (Engl.)

An reinem Cr in geknetetem Zustand wurden Druck–Kriech-Kurven bei 750—950° u. an Cr–W-Legg. bei 900—1000° (meist in gegossenem Zustand) aufgenommen. Bei reinem Cr zeigt der log des Kriech-Geschwindigkeitsminimums eine annähernd lineare Beziehung zur angewandten Belastung bei gegebener Temp. u. das tert. Kriechen ist mit Rekristallisation verbunden. Bei höheren Belastungen u. Temp. folgen auf das tert. Kriechen weitere Stufen von verlangsamtem u. beschleunigtem Kriechen. Der Lösungshärteeffekt von kleinen W-Zusätzen bewirkt eine merkliche Abnahme der Kriechgeschwindigkeit. Die weitere härtende Wrkg. von größeren Zusätzen von W wird vermindert oder aufgehoben durch die dabei auftretende Verringerung der Korngröße. F. VIER. 6480□

Einige Eigenschaften von Chrom und Chrom–Wolfram-Legierungen. 2. Mitt. **Verarbeitung und Dehnbarkeit.** S. T. M. Johnstone, F. Henderson und H. L. Wain. (J. Inst. Metals **89.** 101—04. Nov. 1960.) (Engl.) — 1. vgl. vorst. Referat.

Lichtbogengegossene Blöcke (1,5 in. ∅) von Cr–W-Legg. mit bis 10% W wurden durch Strangpressen u. Walzen zu Bändern verarbeitet. Die Verarbeitung war ohne Schutzummantelung möglich. Für „kaltbearbeitetes" Material erniedrigte zuerst der Zusatz von W die duktil/brüchig-Übergangs-Temp. u. erhöhte sie dann beim langsamen Biegen, so daß Legg. mit bis 5% W bei Raum-Temp. unter diesen Bedingungen duktil waren. Andererseits wird die schon hohe Übergangs-Temp. von rekristallisiertem Cr weiter durch den Zusatz von W erhöht. Daraus wird geschlossen, daß die W-Atome fortschreitend die N-Atome in der COTTRELL-Atmosphäre rund um die Versetzungen ersetzen. F. VIER. 6480□

Das Zählen eutektischer Zellen als Anzeichen der Metallqualität. J. V. Dawson und W. Oldfield. (B.C.I.R.A. Journal **8.** 221—31. März 1960. B.C.I.R.A. Res. Dep.) (Engl.)

Die Natur der eutekt. Zellen im Gußeisen wird beschrieben, u. es werden Verff. zur Entw. der Zellenmuster auf einer geätzten Oberfläche angegeben. Die Zellenzahl, welche wächst, wird mit dem Grad der Keim-Wrkg. des Gußeisens in Beziehung gebracht u. durch die Abkühlungs-Geschw. verändert. Keimwirkungsgrade in verschiedenen Schmelzen können nur durch einen Vgl. der Zellenzahl in ähnlichen, unter ident. Bedingungen hergestellten Gußstücken verglichen werden. Der Grad der Keim-Wrkg. u. somit die Zahl der eutekt. Zellen, beeinflußt das Verh. der erstarrenden Schmelze u. damit auch deren Eigenschaften. Ein einfaches Projektionsmikroskop wird beschrieben, welches einen Vgl. der Zellenzahlen ermöglicht. Drei Vgl.-Verff. für eutekt. Zellenzählen in Gußstücken vom gleichen Typ werden untersucht u. ihre Vor- u. Nachteile erörtert. Flächen- u. Linienzählen ist für Unterss. am geeignetsten, jedoch für eine Routinekontrolle unter Gießereiverhältnissen ist die Vgl.-Meth. die schnellste sowie auch unter der Voraussetzung, daß das Zellenmuster gut ausgeprägt ist, eine sehr zufriedenstellende Methode. H. HOCHSTEIN. 6482□

Die bei den B.C.I.R.A.-Laboratorien für die Herstellung von Mikroproben verwendeten Methoden. R. W. Turner. (B.C.I.R.A. Journal **8.** 238—46. März 1960.) (Engl.)

Die Arbeitsweisen für die Herst. von gußeisernen Mikroproben durch Schneiden, Schleifen, Abreiben, Polieren u. Ätzen werden beschrieben. Sie sind einfach u. wirtschaftlich u. ermöglichen eine gute Probenqualität in ca. 5 Minuten.
H. HOCHSTEIN. 6482□

Technischer Beitrag über die Verteilung von Chrom zwischen Carbid und Grundmasse in Eisen–Kohlenstoff–Chrom-Legierungen. J. Ballinger, I. C. H. Hughes und T. Mulvey. (B.C.I.R.A. Journal **8.** 232—37. März 1960. London, John Cass Coll., B.C.I.R.A. Res. Dep.; Aldermaston, Assoc. Electr. Industries Ltd.) (Engl.)

Der Cr-Geh. der Carbide u. der Grundmasse wurde in 4 Legg. mit ca. 3% *C* u. 2,5—9,5% *Cr*, Rest *Fe* mit der Mikrosonde bestimmt. Hierbei zeigte sich, daß Cr zwischen dem Carbid u. der Grundmasse derart verteilt ist, daß die Carbide den 3—4fachen Cr-Geh. von dem der Grundmasse enthalten. H. HOCHSTEIN. 6482□

Zerstörungsfreie Metallographie von Leichtmetallen (Aluminium, Magnesium, Beryllium und ihre Legierungen). Pierre A. Jacquet. (Rev. de l'Aluminium **37.** 713—21. 835—42. 977—87. Juni 1960.) (Franz.)

Beschreibung des „*Ellopol*"-Verf., bei dem ein kleiner begrenzter Teil der Oberfläche elektrolyt. geätzt u. dann mkr. u. elektronenmkr. untersucht wird. Überblick über die Anwendung des Verf. an Hand von Beispielen. — 31 Literaturangaben.
F. VIER. 6482□

Mikrostrukturen und Bemerkungen über die unlegierten Normstähle B. S. 3100: 1957, Güteklasse C. J. Turton und B. H. C. Waters. (Brit. Foundryman **53.** 480—82. Nov. 1960.) (Engl.)

Durch mkr. Schliffbilderaufnahmen von Proben nach B.S. 3100:1957, Güteklasse C, werden die Mikrostrukturen dieses Stahls im Gußzustand u. nach einer Normalisierung gezeigt u. mit Angaben über die dem jeweiligen Gefügezustand zukommenden Festig-keits-Eigg. versehen. H. HOCHSTEIN. 6482□

Die Metallographie von Reaktor-Stoffen. W. Evans. (Canad. Mining. metallurg. Bull. **53.** 893—900. Nov. 1960. Chalk River, Ontario, Atomic Energy of Canada Ltd.) (Engl.)

Während bei UO_2 u. *Be* die üblichen Verff. der Vorbereitung der Probe für die mkr. Betrachtung (schneiden, schleifen, polieren, ätzen) angewandt werden können, versagen diese bei *U*, *Zr* u. Zr-reichen Legierungen. Hierfür werden elektrochem. Meth. empfohlen. Die geeignetsten Ätz-Lsgg. bzw. Elektrolyten werden angegeben. Bei U u. UO_2 sind wegen der α-Strahlen, bei Be wegen seiner Giftigkeit bes. Vorsichtsmaßnahmen zu treffen. — 28 Abbildungen. F. HOCHSTETTER. 6482□

Metallverarbeitung mit Sprengstoffen. John Pearson. (J. Metals **12.** Nr. 9. 673—81. Sept. 1960. China Lake, Calif., US Naval Ordnance Test. Stat.) (Engl.)

Die Formgebung mittels Sprengstoffen ist eine dynam. neue Meth. der Metallverarbeitung. Viele Vorgänge, wie Gestaltung, auf Maß Pressen, Schneiden, Verdichten u. Schweißen, sind durch die bei einer Detonation oder eines Abbrennens eines Sprengstoffs frei werdende Energie durchführbar. Verschiedene Energiequellen werden erörtert u. dabei Angaben über die bei der Detonation frei werdenden Kräfte u. Drücke, über die Stoßwellen sowie das physikal. Verh. der Kraftwellen gemacht. Anwendungsbeispiele der neuen dynam. Verarbeitungs-Meth. werden näher besprochen. — 32 Literaturangaben. H. HOCHSTEIN. 6490□

Beitrag zur Kenntnis der Erscheinungen, die während des Glühens von Ringen aus kaltgewalztem Tiefziehbandstahl auftreten. G. Odone und V. Berruti. (Rev. Métallurgie **58.** 165—76. Febr. 1961. Genua, Soc. Cornigliano.) (Franz.)

Bei der Erhitzung von kaltgewalztem Tiefziehbandstahl auf eine Temp. unter dem Ac_1-Punkt werden folgende aufeinanderfolgende Umwandlungen festgestellt: Erholung, Polygonisation u. Rekristallisation. Diese Erscheinungen werden erläutert, u. es wird empfohlen, eine Wärmebehandlung mit einem längeren Halten in der Erholungsphase durchzuführen. Es werden Anwendungsbeispiele dieser Wärmebehandlung auf Bleche aus Stahl mit niedrigem C-Geh. sowie auf Weißbandringe erörtert. — Diskussion. H. HOCHSTEIN. 6492□

Weitere Beiträge zum Thema der Nitrierfähigkeit des titanlegierten Eisens. Tibor Konkoly. (Freiberger Forschungsh., Reihe B Heft **38.** 92—97. 1960. Budapest.) (Dt.)

In Ergänzung früherer Unterss. (vgl. C. **1961.** 7382) über die Nitrierfähigkeit von Ti-legiertem Fe werden Messungen zur Best. des Einfl. der Behandlungszeit angestellt, wobei eine Armco-Fe-Legierungsreihe mit Ti/C-Verhältnissen von 0, 4,0, 5,1, 9,2, 18,4, 31 u. 50 bei einer Temp. von 550° u. Dissoziationsgradwerten von $\alpha = 40—65\%$ einer 1- u. 7std. Behandlung ausgesetzt wurde. Legg. mit Ti/C = 4—5,1 weisen Randschichten geringerer Härte u. großer Tiefe auf, während solche mit Ti/C $>$5,1 bei abnehmender Schichtdicke mit wachsendem Ti/C-Verhältnis stark zunehmende Härten zeigen. Diese kennzeichnenden Eigg. werden durch die Änderung der Behandlungszeit nicht beeinflußt. Bei jeder Leg. wurde festgestellt, daß eine Verlängerung der Behandlungszeit über 3 Std. hinaus keine Änderung der Schichtdicke zur Folge hat, während die Schichtdicke in dem Behandlungszeitbereich von 1—7 Std. annähernd linear zunimmt. Eine Nitrierung der Leg. mit Ti/C = 4 von 3std. Dauer bei 550° ergab 0,46 mm dicke Schichten mit einer Härte von $HV_{0,05} = 350$ mg/mm², während die gleiche Behandlung an einer Leg. mit Ti/C = 31 eine Härte $HV_{0,05} = 1010$ kg/mm² u. eine Schichtdicke von 0,017 mm zeigte. H. HOCHSTEIN. 6492□

Die günstigsten Punkt- und Widerstands-Schweißbedingungen für Inconel „W". Ernest F. Nippes, Warren F. Savage und Khosrow L. Moazed. (Welding J. **35.** 127s—136s. März 1956. Troy, N.Y., Rensselaer Polytechn. Inst., Dep. of Metallurg. Engng.) (Engl.)

Die Arbeitsbedingungen für Punkt- u. Widerstandsschweißungen an 0,010—0,062" starken Blechen aus *Inconel „W"* mit 0,03 (%) *C*, 0,52—0,56 *Mn*, 6,48—6,58 *Fe*, 0,007 *S*, 0,18—0,29 *Si*, 0,08—0,09 *Cu*, 74,52—74,57 *Ni*, 14,79—14,96 *Cr*, 0,60—0,71 *Al*, 2,40 bis 2,55 *Ti* sind die gleichen wie die früher (C. **1953/54.** 5705 S) für *Inconel X* beschriebenen Vorschriften. W. WESLY. 6506□

Die Anwendung der Elektronenmikroskopie. Ist eine stumpfgeschweißte Verbindung entkohlt? Koloman Jan Malik und Ivan Hrivnak. (Metal Treatment Drop Forging **27.** 277—82. Juli 1960. Bratislava, Welding Inst.) (Engl.)

An schwach legierten Stählen *CSN 11373* u. *11500* mit 0,12—0,30% C ausgeführte Stumpfschweißen führen wahrscheinlich nicht zur Entkohlung. Da keine andere Möglichkeit der Entkohlung während des Schweißens besteht, ist die sog. „ferrit." Schicht eine rein morpholog. Erscheinung, was elektronenmkr. Unterss. bestätigen.
W. WESLY. 6506 □

Die Haftfestigkeit von Oberflächenschichten auf Metallen. H.-J. Engell. (Werkstoffe u. Korrosion **11.** 147—51. März 1960. Düsseldorf, MPI für Eisenforschung.) (Dt.)

Die Adhäsion von Oberflächenschichten auf Metallen beruht auf der Wrkg. von Grenzflächenkräften. Die Maximalwerte der Haftung können aus den Oberflächenenergien der beteiligten Stoffe berechnet werden. Im prakt. Fall müssen neben der Passung der Oberflächen u. der Gitter auch die Spannungen berücksichtigt werden, die in Schicht u. Grundmetall bei der Herst. des Verbundes oder der Oberflächenschicht auftreten, sowie die therm. Spannungen, die auf den verschiedenen Ausdehnungs-Koeff. von Schicht u. Unterlage beruhen. Über Messungen der Haftung von Zunderschichten auf *Fe-Legg.* wird berichtet. F. VIER. 6508 □

Untersuchungen an einer Sulfatgewinnungsanlage in einem Drahtwerk. Werner Funke. (Neue Hütte **5.** 646—52. Nov. 1969. Unterwellenborn.) (Dt.)

Beschrieben wird eine Sulfatgewinnungsanlage im Zusammenhang mit der Beizerei. Es wird die Löslichkeit von $FeSO_4$ in schwefelsauren Lsgg. im Labor bestimmt u. die hierbei erhaltenen Löslichkeitswerte mit den an der Anlage prakt. erreichbaren verglichen. Auch wird ein Vgl. der alten u. einer verbesserten Arbeitsweise der Sulfatanlage angestellt. Die Unterss. lassen erkennen, daß die verbesserte Technologie der Anlage zu einer Leistungssteigerung um 16% führt. Hierbei erweist sich die Anschaffung weiterer Kristaller zur Aufbereitung der anfallenden Beizablauge sowie zur Arbeit mit regenerierter Säure für erforderlich. Es wird die Möglichkeit besprochen, die Beizablauge mit Kühlwasser im Rührkristallervorzukühlen u. die Temp. mit einer Vakuumanlage noch weiter zu senken.
H. HOCHSTEIN. 6512 □

Stand der Aufbereitung von schwefelsauren Beizereiabwässern. Kurt Mathesius. (Neue Hütte **5.** 641—46. Nov. 1960. Hohenlimburg.) (Dt.)

Die physikal. u. chem. Verff. der Aufbereitung von schwefelsauren Beizereiabwässern sowie ihre Neutralisation werden besprochen. Hierbei werden die *$FeSO_4$-Hepta-* u. die *Monohydrat*-Gewinnung sowie die mechan. Entzunderung behandelt. Es ergibt sich hieraus, daß die Aufbereitung zwar mit einer Wiedergewinnung gewisser Anteile von Säure unter gleichzeitiger Gewinnung von Fe-Salzen verbunden ist, jedoch einen ziemlichen Aufwand an Vorr. erfordert. Die Aufbereitungs-Verff. gestatten eine Verminderung saurer oder verschlammter Abwässer. Verss., den für die Bindezeit von Portlandzement bisher benötigten 2—3%ig. Gipsanteil durch $FeSO_4$ zu ersetzen, haben keine nachteilige Eigg. des so abgewandelten Zements ergeben.
H. HOCHSTEIN. 6512 □

Messung der Streuung galvanischer Bäder. J. Elze. (Galvanotechnik **52.** 112—14. 15/3. 1961. Berlin.) (Dt.)

Erfahrungen mit einer Vorr. zum Messen der Streuung galvan. Bäder (vgl. ELZE, C. **1952. 4839**). Als Kathode ist eine Anordnung von Drähten vorgesehen, deren Gewicht bzw. deren Dicke vor u. nach der Elektrolyse bestimmt wird. F. VIER. 6514 □

Das Einebnungsvermögen galvanischer Bäder. Untersuchung mit Hilfe radioaktiver Isotopen. S. E. Baecon und B. J. Riley. (Galvanotechniek [Rotterdam] **4.** 86—89. Aug. 1960. General Motors Res. Labor.) (Holl.)

Manche organ. Zusätze zu galvan. Bädern bewirken, daß sich bei elektrolyt. Abscheidungen mehr Metall in den Vertiefungen als an den Spitzen rauher Oberflächen ablagert. Diese „Einebnung" führt zu glänzenden Oberflächen. Mit Natriumallylsulfonat mit ^{35}S ausgeführte Unterss. über die Abscheidung von Ni aus einem WATTS-Ni-Bad auf Messingkathoden zeigen, daß mehr Metall in den Vertiefungen als an den Spitzen abgeschieden wird. Umgekehrt verhält es sich mit der Radioaktivität. Demnach kann die Einebnungs-Wrkg. eines Bades erst in Erscheinung treten, nachdem der Zusatzstoff an den Spitzen der Kathodenoberfläche niedergeschlagen worden ist.
W. WESLY. 6516 □

Die Überwachung elektrolytischer Bäder mit der Bertorelleschen Zelle. Günther Dehmel. (Galvano [Paris] **30.** 159—65. März 1961.) Franz.) — Vgl. C. **1961.** 7739.
W. WESLY. 6518 □

Duplexvernickeln, Verfahren und Anwendung. A. Dias Santilhano. (Rev. du Nickel **27.** 27—38. März/April 1961. Holland, Harshaw van der Hoorn N.V.) (Franz.) —Vgl. C. **1961.** 1005.

Überblick. — 24 Literaturangaben. F. VIER. 6520□

Diskussionen über die Korrosionsfestigkeit von Nickel–Chrom-Überzügen. M. J. Reidt. (Galvanotechniek [Rotterdam] **4.** 84—85. Aug. 1960.) (Holl.)

Aus den Diskussionen der letzten 2 Jahre über die Korrosionsfestigkeit von Ni–Cr-Überzügen gegen atmosphär. Einfl. ergibt sich, daß rißfreies Cr auf Ni mit Stahl als Grundwerkstoff bei ausreichender Dicke einen besseren Schutz als *Duplex*-Ni gewährt. Eine 0,75 μ starke, rißfreie Cr-Schicht auf 30 μ Ni stellt eine beträchtliche Verbesserung gegenüber der herkömmlichen 0,25 μ starken Cr-Schicht dar. W. WESLY. 6520□

Über verzinnte Dosen für Nahrungsmittel und chemotechnische Industrien. Pentti Ranta. (Teknillisen Kemian Aikakauslehti **1960.** 595—98. 31/10.) (Finn.)

Übersicht über die zur Herst. von Weißblechdosen verwendeten Rohstoffe, darunter bes. Stahlblech mit $\leqq$0,12 (%) *C*, 0,20—0,60 *Mn*, $\leqq$0,01 *Si*, $\leqq$0,05 *S*, $\leqq$0,015—0,05 *P*, $\leqq$0,06—0,20 *Cu*, seine chem. Eigg. u. die Innen- u. Außenkorrosion der Weißblechdosen. Die Einteilung verschiedener Nahrungsmittel nach ihren korrosiven Eigg. wird erörtert. W. WESLY. 6522□

Anodische Passivierung von Titan. J. B. Cotton. (Werkstoffe u. Korrosion **11.** 152—55. März 1960. Birmingham.) (Dt.)

Verss., bei denen das Potential von Proben aus Ti, die in Säure gebracht waren, mit Hilfe eines Potentiostaten stufenweise erhöht wurde, zeigten, daß Ti durch Anlegen eines geeigneten, positiven Potentials geschützt u. sicher in H_2SO_4 bis 60 (Gew.-%) bei 90°, in H_3PO_4 bis 60 bei 60°, in *HCl* bis 37—70°, in *Ameisensäure* (entlüftet) von 50° bis Kp., in *Oxalsäure* von 25—90° u. in *Sulfaminsäure* von 20—90° verwendet werden kann. Der prakt. Einsatz von Ti wird erörtert. F. VIER. 6530□

Die graphitische Korrosion fördernden Umgebungseinflüsse. R. I. Higgins. (B.C.I.R.A. Journal **8.** 217—20. März 1960. B.C.I.R.A. Foundry Atmospheres Sect.) (Engl.)

Der Mechanismus der graphit.Korrosion wird erläutert, die auftritt, wo dieKorrosions-Prodd. der Fe-Grundmasse aus dem Gußstück in einer löslichen Form entweichen können u. eine poröse, wie Graphit aussehende Schicht zurückbleibt. Wenn das Endkorrosions-Prod. Rost ist, dann muß es aus der Berührung mit der Gußeisenoberfläche herausgenommen werden. Die chem. u. elektrochem. Faktoren, welche die graphit. Korrosion begünstigen, werden erörtert. Ferner wird festgestellt, daß eine hohe Korrosions-Geschw. keine Vorbedingung für graphit. Korrosion ist, obwohl die beiden Effekte in besonderen Fällen untereinander in Beziehung stehen können. H. HOCHSTEIN. 6538□

Fortschreiten der Lochfraßkorrosion in Metallen. C. Edeleanu. (J. Inst. Metals **89.** 90—94. Nov. 1960. Hinxton Hall, Cambridge, Tube Investments Res. Labor.) (Engl.)

Zur Erklärung der Lochfraßkorrosion ist das Wissen Voraussetzung, warum die anod. Rk. von einer Stelle eher als an einer anderen auftritt. Es wird gezeigt, daß das auf der quasiautokatalyt. Natur der Rk. beruht. Deswegen ist zu erwarten, daß unter bestimmten Lochfraßbedingungen eine gleichmäßige Korrosions-Geschw. innerhalb eines Loches auftritt. Dieser Nachw. konnte experimentell bei der Beobachtung der Lochfraßkorrosion von Al in einer NaCl-Lsg. erbracht werden. F. VIER. 6538□

Untersuchung des Mechanismus der Schwefelwasserstoffkorrosion von Stahl in Wasser von Erdschichten. M. Ss. Arutjunow. (Известия Академии Наук Азербайджанской ССР, Серия Физико-Технических и Химических Наук [Nachr. Akad. Wiss. AserbaidshanSSR, Ser. physik.-techn. chem. Wiss.] **1958.** Nr. **4.** 109—16. (Russ.; Auszug: Aserbaidshan.)

Vf. untersuchte die Elektrodenprozesse, die sich bei den rostfreien Stählen *1 Ch 18N 9T*, *SCh13*, *SchCh1S* (bei oder ohne Luftzutritt) in verschiedenen Schichten abspielen. Die Unterss. wurden in hartem u. alkal. W. in Ggw. von H_2S, CO_2, N_2 u. CH_4 durchgeführt. Als am widerstandsfähigsten erwies sich *1Ch 18N 9T*. In allen Fällen war das alkal. W. aggressiver. H_2S wirkt aggressiver auf die Stähle als CO_2, N_2 u. CH_4. C. KOZÁK. 6538□

Die Aggresivität von Böden. Ed. Leclerc. (Bull. mens., Centre belge Étude Doc. Eaux **1960.** 250—52. Aug./Sept. Lüttich, Univ., CEBEDEAU.) (Franz.)

Kurzer Überblick über die Agressivität der Böden unter besonderer Berücksichtigung der Best. des Redoxpotentials, der elektr. Leitfähigkeit u. des pH-Wertes im Zusammenhang mit der Korrosion von verlegten Metallrohren. W. WESLY. 6538□

Der Kathodenschutz und der Kalk. H. Goldstein. (Bull. mens., Centre belge Étude Doc. Eaux **1960.** 252—57. Aug./Sept. Lüttich, Serv. aux U.T.U.) (Franz.)

Zur Beurteilung der Agressivität eines Bodens sind neben Redoxpotential, Leitfähigkeit u. pH auch die Ca-Verbb. wichtig, weil diese den Kathodenschutz beeinflussen können. W. WESLY. 6538□

Der Kathodenschutz der Stahlrohre des Wasser- und Gasverteilungsnetzes. G. Noiroux. (Bull. mens., Centre belge Étude Doc. Eaux **1960.** 257—60. Aug./Sept. Lüttich, Serv. aux U.T.M.) (Franz.)

Übersicht über die Verff. des Kathodenschutzes von Stahlrohren für W. u. Gas (Mg-Anoden, Zn-Anoden, Elektroschutz). W. WESLY. 6538□

Korrosionsfragen bei der Kernenergiegewinnung. Alex. B. McIntosh. (Chem. and Ind. **1957.** 687—92. 1/6. Culcheth, Lancs., U.K. Atomic Energy Authority, Labor.) (Engl.)

Übersicht über das Korrosions-Verh. der metall. Werkstoffe (Stahl-Legg., Mg-Legg., Zr-Legg., Al u. Al-Legg., U u. U-Legg.), bes. in W., bei hoher Temp. u. ihre Auswahl in chem. Fabriken u. Kernkraftwerken. W. WESLY. 6538□

Potential- und Stromverteilung bei kathodischem Korrosionsschutz. C. Wagner. (Werkstoffe u. Korrosion **11.** 674—80. Nov. 1960. Göttingen, MPI für Physik. Chem.) (Dt).

Gleichungen zur Berechnung der Potential- u. Stromverteilung in Lokalelementen werden gebracht u. die Potential- u. Stromverteilung bei kathod. Schutz mit Opferanoden u. mit Fremdstrom an Beispielen erläutert. F. VIER. 6538□

Anwendung von Aufladungskurven zur Untersuchung der Passivität und der Neigung von nichtrostendem Stahl zur Lokalkorrosion. W. P. Maximtschuk und I. L. Rosenfeld. (Заводская Лаборатория [Betriebs-Lab.] **26.** 288—90. 1960. Inst. für physikal. Chem. der Akad. der Wiss. der UdSSR.) (Russ.)

Zur schnellen u. genauen Best. der Neigung nichtrostender Stähle (*1Ch18N9T*, *Ch18N12M2T* u. *Ch18N12M3T*) zur Lokalkorrosion wurden Lsgg. aus 0,1n NaCl + 0,5% H_2O_2 oder 0,1n NaCl + n Na_2SO_4 + 0,5% H_2O_2 verwendet. Der Zusatz von H_2O_2 erfolgt als starker Depolarisator zwecks Korrosionsbeschleunigung. Hierbei wurde festgestellt, daß in der ersten Lsg. *1Ch18N9T* einer bedeutenden örtlichen Korrosion unterliegt, während in der zweiten, Na_2SO_4-haltigen Lsg. die Proben weder eine Gewichtsveränderung erlitten, noch ihr Aussehen veränderten. Ausgearbeitet wurde auf Grund dieser Ergebnisse eine Meth. zur Best. der Beständigkeit des passiven Zustandes u. der Neigung der nichtrostenden Stähle zur Lokalkorrosion auf Grund von Aufladungskurven, die durch automat. Aufschreiben des Elektrodenpotentials ermittelt wurden. Beschrieben wird die Vorr., mit der die anod. Aufladungskurven der nichtrostenden Stähle erhalten werden können. Zur Ermittlung der Aufladungskurve bei *1Ch18N9T* wird eine Lsg. aus 0,1n NaCl + 0,04n $NaNO_3$ oder aus 0,1n NaCl + 0,04 n$NrNO_3$ verwendet. H. HOCHSTEIN. 6540□

Avesta Jernverks Aktiebolag, Avesta, Schweden, **Selektive Reduktion von Chromerz.** Das Fe enthaltende Cr-Erz mit niedrigem Cr–Fe-Verhältnis wird eingeschmolzen u. in die Schmelze ein Si- u. Cr-haltiges Red.-Mittel mit einem Cr-Geh. von 10—60% eingeführt, wobei vorzugsweise das *Fe* zu Metall red., während das *Cr* in der Schlacke angereichert wird. (**E. P. 832 441** vom 24/12. 1957, ausg. 13/4. 1960. Schwed. Prior. 16/1. 1957.) M. NECKERMANN. 6361

Dravo Corp., Pittsburgh, Pa., V.St.A., übert. von: Werner Schwartz, Frankfurt/M., **Schmelzen von zinkhaltigen Bleierzen.** Geröstete u. ungeröstete sulfid. Konzentrate werden in einem solchen Verhältnis miteinander gemischt, daß der gebundene O den für den Röst-Rk.-Prozeß der Pb-Verbb. erforderlichen O-Geh. übertrifft, das Gemisch mit festen Red.-Mitteln, z. B. Kohle oder Fe u. Soda gemischt u. geschmolzen. Hierbei wird das *Pb* als fl. Metall u. das *Zn* als *ZnO* aus dem Flugstaub des Schmelzofens gewonnen. (**A. P. 2 926 081** vom 15/5. 1956, ausg. 23/2. 1960.) M. NECKERMANN. 6361

Comp. des Métaux d'Overpelt-Lommel et de Corphalie Soc. An., übert. von: Albert André Joseph Quintin, Overpelt, Belgien, **Behandlung von oxydischen Zinkerzen.** Das feinkörnige Erz wird mit einem festen Red.-Mittel gemischt die Mischung in einen Drehofen chargiert u. dort elektrotherm. bei ca. 1050° behandelt, wobei die Beschickung den elektr. Widerstand bildet. Durch die Drehung des Ofens werden die reagierenden Oberflächen immer wieder erneuert u. der elektr. Strom, kaum daß er zwischen den Teilchen zu fließen beginnt, wieder unterbrochen. Die sich bildenden *Zn-Dämpfe* werden aus dem Ofen abgeleitet u. der Rückstand in Form einer trockenen festen Mischung ausgetragen. — Abbildung. (**A. P. 2 928 729** vom 4/11. 1958, ausg. 15/3. 1960.) M. NECKERMANN. 6361

Bethlehem Steel Co., übert. von: Conrad B. Bare und Russel J. Horst, Lebanon, Pa., V.St.A., **Verwendung von Schwefeldioxyd bei der Ammoniaklaugung**

von Mayari-Erz zur Gewinnung von *Co* u. *Ni*. Die sulfidhaltigen red. *Fe*-Erze werden mittels ammoniakal. Ammoncarbonat-Lsg. in Ggw. eines oxydierenden Gases u. eines Sulfitions gelaugt. — Abbildung. (**A. P. 2 928 732** vom 20/8. 1957, ausg. 15/3. 1960.) M. NECKERMANN. 6361

Blocked Iron Corp., Albany, N.Y., V.St.A., **Herstellung von Stückerzen aus pulverförmigem Material.** Das feinkörnige Erz wird mit *Oxyden* oder *Hydroxyden* der *Erdalkalimetalle* gemischt, verformt u. in Ggw. von bis zu 10% Feuchtigkeit mit CO_2 behandelt. — Beispiel: Stückigmachen von *Fe*-Erzen u. Gichtstaub. (**E. P. 843 062** vom 24/6. 1958, ausg. 4/8. 1960.) M. NECKERMANN. 6377

A. R. B. E. D. Aciéries Réunies de Burbach-Eich-Dudelange, Soc. An., Luxemburg, **Verwendung von Ferrosulfat als Salz oder Lösung als Bindemittel zur Agglomeration von Hochofengasfilterstaub oder Stäuben ähnlicher Zusammensetzung.** Die Stäube werden mit konz. Salz-Lsgg. besprüht oder mit festem Salz unter Zusatz entsprechender Fl.-Mengen gemischt, wobei die Mischung schnell erhärtet. Die Agglomeration kann durch Pelletisieren oder bei Herst. größerer Stücke mit Hilfe von Pressen oder Formen geschehen. Die Agglomerate können direkt in den Hochofen, Drehrohrofen oder auf das Sinterband gegeben werden. (**F. P. 1 212 638** vom 29/12. 1958, ausg. 24/3. 1960.) M. NECKERMANN. 6379

Eugène Marie Burstlein und Soc. des Aciéries de Longwy Frankreich, **Agglomeration von pulverförmigem metallhaltigem Material,** z. B. *Fe-Erz*, Hochofengicht- u. Konverterstaub oder Rückgut von Sinterprozessen. Die genannten Materialien werden derart aufgemahlen, daß sie eine kontinuierliche Korngrößenverteilung, z. B. zwischen 0,5—5 mm, aufweisen. Ein in gleicher Weise auf 1—3 mm vermahlenes festes Red.-Mittel wird mit dem zu agglomerierenden Material gemischt u. die ca. 2—12% Red.-Mittel enthaltende Mischung auf einem Rost gesintert. — Abbildung. (**F. P. 1 228 176** vom 3/3. 1959, ausg. 26/8. 1960.) M. NECKERMANN. 6379

Comp. de Pont-à-Mousson, Frankreich, **Agglomeration von Feinerzen und dergleichen.** Das pulverförmige Fe-haltige Material wird mit metall. Stoffen, z. B. Stahl- oder Gußeisenspänen versetzt u. in Ggw. von Feuchtigkeit der Oxydation überlassen. Durch die hierbei frei werdende Wärme trocknet das Agglomerat. Zur Beschleunigung der Oxydation werden Stoffe, wie *Chloride* oder *Hypochlorite* zugesetzt. Als Bindemittel können *Tone, Kalk, Bentonit* usw. zugesetzt werden. — Beispiele: Agglomeration von *Fe-Erzen* u. *Hochofengichtstaub.* (**F. P. 1 226 510** vom 7/2. 1959, ausg. 13/7. 1960.) M. NECKERMANN. 6377

Arnold F. Buttner und Calvin E. Camp, South Gate, Calif., V.St.A., **Zementierungsplatten zum Niederschlagen von Metallen** aus sauren, aus Erzen gewonnenen Lsgg. werden hergestellt durch Schmelzen von Al mit einer Mischung aus mindestens zwei anderen Elementen, die in der elektrochem. Reihe unterhalb von Al liegen, u. einem Al-Flußmittel. Das so entstandene Prod. wird auf ca. 1020° F abgekühlt, weiteres Flußmittel zugesetzt, auf 1280° F erwärmt, nochmals Flußmittel zugesetzt, die Temp. 5—10 Min. gehalten u. in eine Form gegossen. Typ. Zus. einer Platte ist 3,06 (%) *Cu*, 0,82 *Fe*, 2,89 *Si*, 0,45 *Mn*, 0,30 *Zn*, 0,02 *Ni*, 0,07 *Cr*, 0,06 *Ti*, 0,01 *Pb*, 0,01 *Sn*, Rest *Al*. Sie dient bes. zur Herst. von *Cu*. Ein noch feinkörnigeres Prod. wird erreicht durch Erhöhung des Geh. an Si, Ni u. Ti u. Zusatz geringer Mengen *Sb*, z. B. 4,06 Cu, 0,80 Fe, 6,21 Si, 0,43 Mn, 0,83 Zn, 10,32 Ni, 10,05 Ti, 0,08 Pb, 0,06 Sn, 2,00 Sb, Rest Al. — Zeichnungen. (**A. P. 2 801 917** vom 15/7. 1955, ausg. 6/8. 1957.) G. APEL. 6381

Olav C. Aamot, Spokane, Wash., V.St.A., **Metallurgisches Verfahren.** Durchführung metallurg. Prozesse in Drehtrommelöfen, die mit so hoher Geschw. gedreht werden, daß die Zentrifugalkraft die Schwerkraft überwiegt u. das zu behandelnde Material an die zylindr. Ofeninnenwand gepreßt wird. Der aus dem festgepreßten Material bestehende Hohlzylinder wird von innen beheizt. Das Verf. eignet sich z. B. zur Red. von Oxyden, Sulfiden u. Carbiden der zu gewinnenden Metalle, sowie zur Raffination von Rohmetallen u. zum Metallschmelzen. — Abbildung. (**A. P. 2 931 708** vom 2/7. 1954, ausg. 5/4. 1960.) M. NECKERMANN. 6381

Deutsche Gold- und Silber-Scheideanstalt vormals Roessler, Frankfurt/M., **Schmelzen von Metallen im Lichtbogen** unter Verw. einer nichtschmelzenden Elektrode aus dem gleichen Metall, das eingeschmolzen werden soll. Damit die Elektrode unter der Einw. des Lichtbogens nicht schmilzt, wird diese zunächst in Stoffen erhitzt, die mit dem Elektrodenmetall höherschm. Verbb. bilden. Zum Beispiel werden die Elektroden in einer O_2 oder N_2 enthaltenden Atmosphäre oder mit Si-, B- oder C-haltigen Dämpfen erhitzt, wobei sich *Oxyde, Nitride, Silicide, Boride* oder *Carbide* der Elektrodenmetalle bilden, die als Skelett die Elektrode durchsetzen oder auf dieser einen Überzug bilden. — Beispiele: Schmelzen von *Ti* oder *Zr*. (**E. P. 831 431** vom 14/1. 1957, ausg. 30/3. 1960. D. Prior. 14/1. 1956.) M. NECKERMANN. 6381

Commonwealth Engineering Co. of Ohio, Dayton, Ohio, V.St.A., **Behandlung von geschmolzenen Metallen** zwecks Herst. von Legierungen. Die Leg.-Komponente wird in Form einer gasförmigen Verb. in die Metallschmelze eingeblasen, wobei sie sich zersetzt u. die Metallkomponente von der Metallschmelze aufgenommen wird. — Beispiel: Herst. von *Cr*- oder *Cr–Ni-Stahl* unter Verw. von $Cr(CO)_6$ u. *Ni-Carbonyl* als gasförmige Verbindungen. — Abbildungen. (**Belg. P. 565 246** vom 28/2. 1958, ausg. 15/7. 1960.) M. NECKERMANN. 6381

A.R.B. E.D. Aciéries Réunies de Burbach-Eich-Dudelange Soc. An., Luxemburg, Luxemburg, **Einbringen von Pulver oder Granalien in ein Metallbad** mittels einer Düse. Der Druck des Trägergases für das darin suspendierte Pulver wird zunächst so hoch gehalten, daß die auf dem Metallbad schwimmende Schlacke zum Schäumen kommt u. dann auf einen Druck red., für den die Düse berechnet ist. Die Kenngrößen der Düse genügen der Formel $D/d = 1 + K(L/C)$, worin D = Durchmesser des Eintrittsendes des konvergenten Teiles, L = Länge des konvergenten Teiles, d = Durchmesser u. C = Länge des gerade verlaufenden Abschnittes der Düse bedeuten. — Abbildung. (**E. P. 844 987** vom 14/10. 1958, ausg. 17/8. 1960. Luxemburg. Prior. 25/4. 1958. Belg. Prior. 14/5. u. 2/8. 1958.) M. NECKERMANN. 6381

Siemens & Halske G.m.b.H., Wien, Österreich, **Behandlung von Metallschmelzen durch Vibration** oder Beschallung zwecks Entgasung. Hierbei werden die Schwingungen mittels der für den hydraul. Antrieb der Öfen verwendeten Fl. übertragen u. zu diesem Zweck der Schwingungserreger in dem Zylinder bzw. den Zylindern der Hub- oder Kippordnung angebracht. — Beispiel: Entgasung von *NE-Metallen* zur Erzeugung von blasenfreiem Guß. — Abbildung. (**E. P. 772 214** vom 23/6. 1955, ausg. 10/4. 1957. Oe. Prior. 29/6. 1954.) M. NECKERMANN. 6381

Siemens & Halske G. m. b. H., Wien, Österreich, **Entgasung von geschmolzenem Metall durch Vibration oder Schallwellen.** Die Beschallung der Schmelze findet in einem Behälter, z. B. in einer Gußform während des Gießens statt u. wird so lange fortgesetzt, bis das geschmolzene Metall erstarrt ist. (**E. P. 823 419** vom 27/9. 1956, ausg. 11/11. 1959. Oe. Prior. 27/9. 1955. **Zusatz zu E. P. 772214; s. vorst. Ref.**) M. NECKERMANN. 6383

Dow Chemical Co., Midland, übert. von: Ronald H. Cooper, Clare, Mich., V.St.A., **Sandmischung für C-freie Formschalen** enthält 3—15 (Gew.-% der Sandmischung) eines leicht schmelzbaren *Silicatglas*-Pulvers u. ein thermoplast., warmhärtbares Kunstharz. Dieses besteht aus einer wss. Lsg. eines *Phenol–Formaldehyd*-Harzes mit einem Mol-Verhältnis Formaldehyd zu Phenol $>$ 1, einem Feststoff-Geh. von wenigstens 50%, einem pH-Wert 5—9 u. einer Viscosität von 100—1000 cP bei 77° F. Der Kunstharz-Lsg. wird ein Katalysator, bestehend aus 10—25 (Gew.-% des Kunstharzes) *MgO*-Pulver zugesetzt, das eine Härtung des Kunstharzes in weniger als 6 Std. bewirkt. (**A. P. 2 933 789** vom 26/9. 1956, ausg. 26/4. 1960.) W. SCHWARZMAIER. 6383

F. W. Berk & Co. Ltd., London, England (Erfinder: Sidney George Henderson), **Wasserglasgebundener Formsand** erhält Zusätze von 0,06—4 (Gew.-% des Sandes) *Sepiolith* oder *Polygorskit* (*Attapalgus*) in feiner Verteilung zur Verbesserung der Ausschlagbarkeit der Form nach dem Abgießen. (**F. P. 1 225 495** vom 27/5. 1959, ausg. 1/7. 1960. E. Prior. 29/5. 1958. **E. P. 845 332** vom 29/5. 1958, ausg. 17/8. 1960.) W. SCHWARZMAIER. 6383

L'Avébène Soc. An., Frankreich, **Form- oder Kernsandbindemittel für Gießereizwecke** auf Basis trocknender Öle mit konjugierten Doppelbindungen enthält bis zu 10% des Bindergewichtes $NaClO_2$ oder eine ähnliche instabile Halogen-Verb., ggf. $NiSO_4$ oder $CoSO_4$. Der Ölbinder kann außerdem auch *Metallsiccative* enthalten. (**F. P. 1 076 559** vom 29/4. 1953, ausg. 27/10. 1954.) W. SCHWARZMAIER. 6383

L'Avébène Soc. An., Frankreich, **Formsandbindemittel.** Die Erstarrungszeit von Kernsand mit einem Binder aus trocknendem Öl mit Zusätzen von *Na*-Chlorit oder einem ähnlichen, unbeständigen Halogenid läßt sich um 25—35% vermindern, wenn der Formsand auf eine Temp. zwischen 30 u. 40° gebracht wird. Ferner wirkt auch erwärmtes u. oder O_2 oder O_3 enthaltendes Gas erstarrungsfördernd. (**F. P. 66 275** vom 6/5. 1954, ausg. 28/6. 1956. **Zusatz zu F. P. 1076559; s. vorst. Ref.**) W. SCHWARZMAIER. 6383

Bakelite Ltd., London, England (Erfinder: Edward Geoffrey Almond und Dennis Frederick Bailey), **Schalenformen zum Gießen von Metallen.** Sie werden aus zwei Schichten hergestellt. Zunächst wird auf das heiße Modell eine dünne, feinkörnige Formschicht mit einem thermoplast. *Novolak*-Binder aufgebracht, die neben Sand Metalloxyde oder Desoxydationsmittel enthalten kann. Der Rücken dieser Formschicht wird sodann durch eine zweite, vorzugsweise etwas grobkörnigere, mit einem warmhärtbaren *Phenolharz* gebundene Auflage verstärkt. Beim Härten in der Wärme verbinden sich beide Schichten. Mit diesen Formen werden infolge hoher Gasdurchlässigkeit Gußstücke mit sehr guten Oberflächen erzielt. (**E. P. 845 246** vom 1/4. 1958, ausg. 17/8. 1960.) W. SCHWARZMAIER. 6383

Theodore G. Baker, Oakland, Calif., V.St.A., **Herstellen von Schalenformen.** Zwischen zwei Platten mit den Konturen der Schalenform wird eine Modellplatte mit je einer Modellhälfte auf einer Seite in zueinander passender Anordnung so eingelegt, daß ein der Schalenstärke entsprechender Hohlraum um das Modell herum verbleibt. In diesen Hohlraum wird sodann ein mit Kunstharz, Wasserglas oder dgl. abbindender Formsand eingeblasen u. zwischen den 375—575° F heißen Platten ausgehärtet. Die Modellplatte wird dann entfernt, die Schalenränder mit Klebstoff versehen u. mit Hilfe der beiden Konturplatten zusammengedrückt, die beiden Konturplatten schließlich von der fertigen Schalenform abgezogen. (**A. P. 2 923 988** vom 3/9. 1957, ausg. 9/2. 1960.) W. SCHWARZMAIER. 6383

British Petroleum Co. Ltd., London, England, **Trennmittel,** insbes. zum Herstellen von Schalenformen. Mit einer rückstandsfrei verbrennenden Mineralölfraktion, die z. B. zwischen 250 u. 350° bei 20 Torr sd., wird eine stabile Wasser-in-Öl-Emulsion hergestellt u. in dieses wasserlösl., schwerflüchtige anorgan. Verbb. eingearbeitet. (**Belg. P. 558 799** vom 28/6. 1957, ausg. 8/4. 1960. D. Prior. 28/6. 1956.) W. SCHWARZMAIER. 6383

Cesare Airaghi, Genua, Italien, **Metallgußverfahren.** Um die fertigen Stücke gut von der Form ablösen zu können u. um glatte Oberflächen zu erzielen, bestreicht oder besprüht man die innere Oberfläche der Form mit einer Lsg. von *Pech* (**I**), *Teer, Bitumen* oder ähnlichen Stoffen in einem fl. KW-Stoff, bes. Naphtha, die auch temperaturbeständige Zusätze enthalten kann. — Man verwendet z. B. für Eisenguß: 65 (%) **I**, 20 Graphit (**II**), 5 Pflanzenruß (**III**), 10 SiO_2 (amorph), für Stahlguß: 65 **I**, 17 SiO_2, 18 Zr, für Bronze: 65 **I**, 17 **II**, 18 **III**, für Al-Guß: 50 **I**, 50 Talk. (**It. P. 513 249** vom 6/2. 1954.) K. KOEBKE. 6383

Bakelite Ltd., London, England (Erfinder: Dennis Frederick Bailey), **Schalenformen für Stahlguß** enthalten entweder in der Formmasse oder lediglich in der formgebenden Schicht Desoxydationsmittel, wie *Al, Mn, B, Ti,* in feiner Verteilung. Die in diesen Schalenformen gegossenen Stahlteile zeichnen sich durch glatte Oberflächen aus. (**E. P. 845 245** vom 24/3. 1958, ausg. 17/8. 1960.) W. SCHWARZMAIER. 6383

Corning Glass Works, New York, N.Y., V.St.A., **Präzisionsschalenformen für Metallguß.** Auf einem Wachsmodell wird eine feinkörnige, feuerfeste keram. Schicht aufgetragen u. diese Schicht durch grobkörnigeres Gut verstärkt. Die Formschale samt eingeschlossenem Wachsmodell wird sodann in einen wenigstens 750° heißen Ofen eingebracht, wodurch die Oberfläche des Wachsmodells schmilzt u. entfernt wird, bevor die therm. Expansion des Modellkörpers auf die Formschale wirksam wird. Das nachfolgende Ausschmelzen des Modellkörpers kann die Abmessungen der zu sinternden Schalenform nicht mehr verändern. (**E. P. 839 910** vom 9/1. 1958, ausg. 29/6. 1960. A. Prior. 16/1. 1957.) W. SCHWARZMAIER. 6383

Deutsche Gold- und Silber-Scheideanstalt vormals Roessler, Frankfurt/M., und F. S. Bayley, Clanahan & Co. Ltd., Manchester, England, **Leicht ausschlagbare, keramische Masse für Präzisionsgießformen** besteht aus einem wss. Al_2O_3-Brei, ggf. mit einem Binder, mit wenigstens einem Oxyd eines Metalls der II. bis IV. Gruppe des Period. Syst. mit einem F. über 1500°. Die dazu hergestellten Formen werden bei 800—1400° gebrannt. (**E. P. 833 500** vom 21/6. 1956, ausg. 27/4. 1960. D. Prior. 22/6. 1955.) W. SCHWARZMAIER. 6383

Dow Chemical Co., Midland, Mich., V.St.A., **Kokillenschmiermittel für das Stranggießen leicht oxydierbarer Metalle, wie Mg, Al,** besteht aus H_3BO_3 mit einem Zusatz von 0,5—10 Gew.-% eines *animal.* oder *pflanzlichen Öls.* (**E. P. 833 272** vom 18/10. 1957, ausg. 21/4. 1960. A. Prior. 22/10. 1956.) W. SCHWARZMAIER. 6383

Cooper Alloy Corp., Hillside, übert. von: Herman C. Kretz, Livingstone, N.J., V.St.A., **Gas- und narbenfreie, in kunstharzgebundenen Schalenformen gegossene Stahlteile mit wenigstens 8 % Ni.** Vor dem Niederschmelzen wird *Ferrosilicium* zugesetzt, im Induktionsofen der *Si*-Geh. vor dem Abstich auf 0,4—0,65, der *Mn*-Geh. auf höchstens 0,3 eingestellt u. sodann vergossen. (**A. P. 2 913 337** vom 25/7. 1955, ausg. 17/11. 1959.) W. SCHWARZMAIER. 6409

Bridgeport Brass Co., Bridgeport, übert. von: Carl L. Bulow, Trumbull, Conn., V.St.A., **Kupfer-Legierungen** bestehen aus 0,025 (%) *P*, 0,001—1 *Hg*, Rest ca. 99 *Cu* oder aus ca. 1,9 *Si* u. 0,001—1 *Hg*, Rest ca. 98 *Cu* oder aus ca. 5 *Al* u. 0,001 bis 1 *Hg*, Rest ca. 94 *Cu*. Die Legg. sind widerstandsfähig gegen korrodierende Fll. u. bes. gegen Algen. (**A. P. 2 923 620** vom 5/1. 1956, ausg. 2/2. 1960.) C. GÖTZE. 6433

Duisburger Kupferhütte, Deutschland, **Trennung von Kobalt und Nickel** in Ni- u. Co-Salze enthaltenden Lösungen. Die Lsg. wird bei einem pH-Wert von unter 7, vorzugsweise 4—5,5, mit *Fe*-Pulver u. Verbb. der IV. Gruppe des Period. Syst. der Elemente, bes. S-Verbb., vorzugsweise S-Verbb. des *Sn*, versetzt, wobei das Ni ausgefällt wird. (**F. P. 1 224 144** vom 23/1. 1959, ausg. 22/6. 1960. D. Prior. 6/4. u. 6/6. 1958.) M. NECKERMANN. 6435

Jean Lucien Andrieux und Étienne Bonnier, Frankreich, **Gleichzeitige Herstellung von Mangan und Ferrosilicium** durch Erhitzen eines granulierten Gemisches aus *Silicomangan* (z. B. 20%) u. *Ferromangan* (z. B. 80%) auf 1300—1400° bei einem Druck von 0,1—1 μ Hg. Das in dem Gemisch enthaltene *Mn* wird dabei abdest. u. kondensiert, der Rückstand besteht aus *Ferrosilicium*. (**F. P. 1 151 070** vom 30/5. 1956, ausg. 23/1. 1958.) K. BAYER. 6437

Chicago Development Corp., Riverdale, übert. von: Reginald S. Dean, Hyattsville, und Frank X. McCawley, Cheverly, Md., V.St.A., **Herstellung von reinem Chrom** in Form von Kristallen durch Elektroraffination von z. B. *Ferrochrom* in einem schmelzfl. Elektrolyten aus $CrCl_3$ u. *NaCl* bei einer Bad-Temp. von mehr als 750°. Das so hergestellte Cr enthält weniger als 0,01% *O* u. im wesentlichen keine anderen Verunreinigungen. (**A. P. 2 863 765** vom 27/3. 1957, ausg. 9/12. 1958.) K. BAYER. 6441

British Aluminum Co. Ltd., London, England (Erfinder: Charles Eric Ransley), **Herstellung oder Raffination von Aluminium.** Als Stromführungselement in der elektrolyt. Zelle wird *TiC* oder *ZrC* verwendet, das direkt mit dem fl. Al in Berührung steht. — Abbildungen. (**E. P. 784 696** vom 3/8. 1951, ausg. 16/10. 1957.) K. BAYER. 6447

Aluminium Co. of America, Pittsburgh, Pa., übert. von: Herbert C. Rutemiller, Cleveland, Ohio, V.St.A., **Aluminium-Legierungen** bestehen aus 7—9 (%) *Mg*, 1—2,25 *Zn*, 0,1—0,2 *Cu*, als Verunreinigungen höchstens 0,3 *Fe* u. 0,2 *Si*, Rest Al. Die Legg., die außerdem noch 0,1—0,3 *Mn*, 0,001—0,02 *B*, 0,03—0,2 *Ti*, 0,001—0,01 *Be* enthalten können, werden auf 825—940° F erhitzt u. von 180—212° F in W. abgeschreckt, sie besitzen eine Zugfestigkeit von mindestens 42000 lbs./sq.in. u. eine Streckgrenze von 25000 lbs./sq.inch. (**A. P. 2 922 731** vom 27/5. 1958, ausg. 26/1. 1960.) C. GÖTZE. 6447

Barium Steel Corp., New York, N.Y., V.St.A. (Erfinder: Stanislaw Teodor Jazwinski und Joseph Antony Sista), **Herstellung von Titan, Zirkonium, Cer, Hafnium oder Thorium.** Das Ausgangsmaterial wird mit O_2 in eine Rk.-Kammer gegeben u. soviel C hinzugefügt, daß O_2 in *CO* übergeführt wird. Der CO-Geh. wird erhöht, bis wenigstens 7 Mole CO auf 1 g-Atom der metall. Komponente treffen sowie zusätzliches Gas eingeführt, so daß über 2 at Druck im Rk.-Behälter herrschen. Unter diesen Bedingungen bilden sich Metallcarbonyle der Formel $M(CO)_7$, die abdest. u. dann zwecks Abscheidung des zu gewinnenden Metalls auf Zers.-Temp. erhitzt werden. — Abbildung. (**E. P. 828 238** vom 17/12. 1956, ausg. 17/2. 1960.) M. NECKERMANN. 7449

Dow Chemical Co., übert. von: Douglas S. Chisholm und Don F. Hall, Midland, Mich., V.St.A., **Herstellung von gepreßten Körpern aus Schwamm von Metallen der Gruppe IV, Untergruppe A des Periodischen Systems der Elemente,** wie *Hf*, *Ti*, *Th* u. *Zr*, aus deren Halogeniden durch Red. mittels Alkali- oder Erdalkalimetall. Das Red.-Metall fällt auf eine sich drehende Oberfläche innerhalb eines mit inerten Gasen erfüllten Raums, der mindestens die Schmelz-Temp. der hierbei entstehenden Halogenide des Red.-Metalls aufweist. Der Metallhalogeniddampf reagiert mit dem Red.-Metall auf der rotierenden Oberfläche unter Bldg. von Metallschwamm u. dem Halogenid des Red.-Metalls. Die Drehung der Oberfläche u. Entfernung der darauf sich bildenden Rk.-Prodd. wechseln ab, wobei die Rk.-Prodd. radial nach außen an den Rand der Oberfläche gestoßen u. anschließend zu Würfel gepreßt werden. — Abbildung. (**A. P. 2 932 565** vom 17/4. 1957, ausg. 12/4. 1960.) M. NECKERMANN. 6449

Commonwealth Scientific & Industrial Research Organization, Australien, **Herstellung von praktisch reinem Thorium, Zirkonium und Uran.** Die Metalle werden in Carbide umgewandelt u. zwecks Überführung in flüchtige *Jodide* mit J behandelt. Die Jodide werden in der Hitze zu reinem Metall u. Jod zersetzt, welch letzteres zur Jodierung von weiteren Carbiden in den Prozeß zurückgeführt wird. (**F. P. 1 209 404** vom 4/8. 1958, ausg. 1/3. 1960. Aust. Prior. 8/8. 1957.) M. NECKERMANN. 6449

Deutsche Edelstahlwerke Akt.-Ges., Krefeld, übert. von: Fritz Frehn, Dortmund, **Herstellung von pulverförmigem oder granuliertem Metall** aus Fe, Fe-

Legg., *Al* u. *Ni*-Legierungen. Vor der Zerstäubung der genannten Metallschmelzen wird *B* in Form von elementarem B oder einer B-Leg. oder B-Verb. in einer Menge von 0,1–0,5% zugesetzt. (**A. P. 2 909 808** vom 29/11. 1954, ausg. 27/10. 1959.)
M. Neckermann. 6475

Commonwealth Engineering Corp., übert. von: Malvern J. Hiler, Dayton, Ohio, V.St.A., **Herstellung von Metallpulver von Mikron- und Submikrongröße** aus gasförmigen zu Metall sich zersetzenden Metall-Verbb., wie *Carbonyle, Hydride, Halogenide, Nitride* u. *metallorgan. Verbindungen.* Die Metall-Verbb. werden durch einen Ofen geleitet, der eine Mehrzahl von Zonen unterschiedlicher Temp. aufweist, in denen die gasförmigen Metall-Verbb. mit heißen inerten Gasen zur Zers. u. mit kalten inerten Gasen zwecks Unterbrechung der Zers. in Berührung gebracht werden. (**A. P. 2 935 394** vom 16/4. 1956, ausg. 3/5. 1960.) M. Neckermann. 6475

Stora Kopparbergs Bergslags Aktiebolag, Schweden, **Hartmetall** wird z. B. aus 44 (%) *WC*, 16 *W*, 36,4 Al_2O_3 u. 1,8 *MgO* durch Sintern hergestellt. Als Hilfsmetalle werden Elemente der IV., V. u. VI. Gruppe des Period. Syst. im eutekt. Gemisch mit den Carbiden verwendet. (**F. P. 71 549** vom 16/5. 1957, ausg. 5/1. 1960. Schwed. Prior. 20/2. 1957. **Zusatz zu F. P. 1 167 166; C. 1960. 7675.**) O. Kayser. 6477

Borg-Warner Corp., Chicago, Ill., übert. von: Russell R. Fike, Euclid, und Albert J. Pilous, Cleveland, Ohio, V.St.A., **Herstellung einer Verbindung zwischen Teilen aus Kohlenstoff und aus Aluminium.** Beide Teile werden schmelzfl. mit *Sn* überzogen u. dann unter Erhitzung über den F. von Sn zusammengepreßt. Vor dem Verzinnen können beide Teile elektrolyt. mit *Ni* überzogen werden. Die Bindung ist auch gegen Wärmeschock beständig. (**A. P. 2 920 385** vom 8/2. 1956, ausg. 12/1. 1960.)
F. Vier. 6507

British Oxygen Co. Ltd., London (Erfinder: Arthur Bernard Fieldhouse, Wolverhampton), England, **Lichtbogen-Schweißelektrode mit Zündmasse.** Der Flußmittelmantel enthält prakt. keine H freigebenden Bestandteile. Die ein Schutzgas entwickelnde Zündmasse enthält *Fe*-Pulver. Die Zündspitze besteht aus einer Mischung von 50–90 (%) *Fe*-Pulver, 5–20 amorphem $CaCO_3$, 5–20 *Kryolith,* bis 5 weißem TiO_2 u. bis 5 *Na-Alginat.* (**D. A. S. 1 105 080** Kl. 21h vom 4/11. 1958, ausg. 20/4. 1961. E. Prior. 7/11. 1957.) H. Kessel. 6507

American Leonic Mfg. Co., Philadelphia, übert. von: Henry Fenster, Wyndmor, Pa., V.St.A., **Elektrolytische Metallüberzüge auf Aluminiumdraht.** Nach einer Reinigung in einem alkal. Bad, z. B. einer ca. 6%ig. *NaOH*-Lsg., einer Säurebehandlung, ca. 30%ig. HNO_3, u. gründlichem Spülen wird aus einer *Alkalizinkat*-Lsg. ein dünner *Zn*-Nd. auf dem Al erzeugt. Auf die Zn-Schicht wird elektrolyt. eine dünne *Cu*-Schicht aus einem cyanid. Elektrolyten niedergeschlagen u. auf die Cu-Schicht eine weitere Metallschicht, z. B. aus *Sn*, *Ag* oder *Cu*. Zum Schluß wird der Draht durch Ziehen auf einen kleineren Durchmesser gebracht. (**A. P. 2 891 309** vom 17/12. 1956, ausg. 23/6. 1959.) F. Markhoff. 6517

George Chandler Cox, Charleston, W.Va., V.St.A., **Elektrolytisches Abscheiden von Metallen mit amphoteren Eigenschaften, wie Blei, Zink und Zinn.** Die zu überziehende Fe-Oberfläche wird z. B mit einer Schicht von $Ca(OH)_2$ überzogen u. dann mit einer $Pb(NO_3)_2$-Lsg. befeuchtet, wobei sich $Pb(OH)_2$ u. $Ca(NO_3)_2$ bildet. Wird nun die so behandelte Metalloberfläche als Kathode in eine *NaCl*-, Na_2SO_4- oder ähnliche Lsg. gebracht, entsteht zunächst Na_2PO_2. Unter der Strom-Einw. wird diese Pb-Verb. unter Abscheidung einer auf dem Fe festhaftenden *Pb*-Schicht zersetzt. In analoger Weise erhält man auch Überzüge von *Zn* u. *Sn*. (**A. P. 2 919 233** vom 17/10. 1957, ausg. 29/12. 1959.) F. Markhoff. 6517

British Dielectric Research Ltd. (Erfinder: Tzu En Shen und John Phulip Huggett), London, England, **Herstellung dünner Metallschichten von vorher bestimmter Gestalt auf der Oberfläche eines nichtmetallischen Trägers,** dad. gek., daß das Metall auf der Trägeroberfläche durch therm. Verdampfung niedergeschlagen wird, daß auf die Stellen der metallisierten Oberfläche des Trägers, von denen das Metall entfernt werden soll, ein Lsgm. aufgebracht wird u. daß das abgelagerte Metall einem Wischarbeitsgang zur Beseitigung des Metalls von den durch das Lsgm. angegriffenen Stellen unterzogen wird. Zum Beispiel kann auf die Trägeroberfläche zunächst eine Schicht aus Cellulosenitrat aufgebracht u. dann eine Metallschicht aufgedampft werden. An den von der Metallschicht zu befreienden Stellen wird dann ein Lsgm. für Cellulosenitrat aufgebracht, z. B. Äthylacetat. Das Verf. wird z. B. angewendet zur Herst. metallisierter *Papiere* oder *Filme* für elektrostat. *Kondensatoren.* (**D. A. S. 1 062 081** Kl. 48b vom 24/6. 1953, ausg. 23/7. 1959. E. Prior. 27/6. 1952.)
F. Vier. 6517

Allied Research Products, Inc., übert. von: Arthur R. Taverna, Baltimore, Md., V.St.A., **Glanzmittel für galvanische cyankalische Kadmiumbäder** besteht aus einer Mischung von 0,152—0,557 (g/Liter) *Dibutylnaphthalinnatriumsulfonat* (I) u. 0,049—0,279 *Hydroxyäthylcellulose* (II). Das Verhältnis I:II kann variieren von 1:2 bis zu 3,75:1. (**A. P. 2 912 370** vom 7/10. 1957, ausg. 10/11. 1959.) F. MARKHOFF. 6517

DEHYDAG Deutsche Hydrierwerke G. m. b. H., Deutschland, **Verbessern der galvanischen Glanzkupferbäder.** Den mit den üblichen Glanzzusätzen versetzten sauren galvan. Verkupferungsbädern werden außerdem noch *acycl.* oder *cycl. Thioamide* oder *Isothioamide* zugefügt. Diese bewirken eine Glanzkupferabscheidung über einen weiten Stromdichtebereich auch bei erhöhter Temp., z. B. bei 55° bis 8 A/dm². Ein solcher Zusatz besteht z. B. aus *Caprothiolactam.* (**F. P. 1 227 239** vom 28/11. 1958, ausg. 19/8. 1960. D. Prior. 30/11. 1957.) F. MARKHOFF. 6517

Centre National de la Recherche Scientifique, Frankreich, **Galvanische Erzeugung eines glänzenden Überzugs von mindestens einem der Metalle Eisen, Nickel, Kobalt oder einer Legierung dieser Metalle mit Chrom.** Den üblichen Elektrolyten zur Abscheidung dieser Metalle wird mindestens eine Verb. jeder der nachst. genannten Verb.-Gruppen zugesetzt: Gruppe A: Salze von ein- oder mehrkernigen *aromat. Sulfosäuren* (Alkalisalze oder Salze des abzuscheidenden Metalls), *aromat. sulfonierte Amide oder Imide*; Gruppe B: *ungesätt. Mono- oder Dialkohole* mit Doppel- oder Dreifachbindung, *Ester dieser Alkohole mit* $B(OH)_3$ u. anderen anorgan. oder organ. Säuren, *gesätt. Mono- oder Dialkohole, Ester von Di- oder Tricarbonsäuren* mit Doppelbindung, *heterocycl. Basen* u. ihre *halogenierten Derivv. von quatern. Alcoyl-Verbindungen.* Gruppe C: *Alcoylarylsulfonate, sek.-Alcoylsulfate, Fettalkoholsulfate, Polyäthylenfettalkohole.* Beispiel: 300 (g/Liter) $NiSO_4$, 30 *NaCl*, 40 $B(OH)_3$, 5 *Na-2.7-naphthalindisulfonat*, 10 *Na-1.3.6-naphthalintrisulfonat*, 0,1 *p-Toluolsulfamid*, 0,1 *Hexadiyndiol*, 0,2 *Propynol*, 0,05 *Hexandiol*, 0,05 *Methylpyridinjodid*, 0,2 *Na-Alcoylsulfat.* (**F. P. 1 229 625** vom 5/3. 1957, ausg. 8/9. 1960.) F. MARKHOFF. 6517

American Zinc Institute, New York, N.Y., übert. von: William H. Safranek und Hugh R. Miller, Columbus, Ohio, V.St.A., **Elektrolytisches Glanzverzinken.** Als Elektrolyt dient eine Lsg. mit ca. 150—400 (g/Liter) $ZnSO_4$ u. ca. 0,5—7 *ammoniakal. Glycyrrhizin*, pH-Wert 2—4. Die Abscheidung wird mit period. Stromumkehr durchgeführt. Der zu überziehende Gegenstand wird 4—60 Sek. mit 50 bis 500 A/sq.ft. kathod. u. 1—45 Sek. mit 30—800 A/sq.ft. geschaltet. Temp. des Bades 90—180° F. (**A. P. 2 905 603** vom 4/9. 1957, ausg. 22/9. 1959.) F. MARKHOFF. 6523

Mariano Borella, Como, Italien, **Versilbern von Gegenständen.** Man bringt eine Vielzahl von Gegenständen in ein pneumat. Gefäß, in welchem sie gleichzeitig mehrmals mit der Versilberungs-Lsg. gefüllt u. wieder entleert werden. Vor dem Versilbern werden die Gegenstände auf die gleiche Weise mit einer Wasch-Lsg. behandelt. Nach It. P. 464 508 kann das Vorwaschen entfallen, wenn man der Versilberungs-Lsg. ein Netzmittel, bes. „*Erbasic 3 BB*“ zugibt. (**It. PP. 464 508** vom 9/8. 1950 u. **512 587** Zusatz-Pat.] vom 19/1. 1954.) K. KOEBKE. 6527

Comp. Générale d'Électro-Céramique, Frankreich, **Stab zum Herstellen von Metallkeramik-Überzügen durch Aufspritzen** besteht aus einem Rohr aus Metall, z. B. aus *Ni*, das mit einer keram. Mischung, z. B. aus ZrO_2, Al_2O_3, *Cr* u. *Mo* gefüllt ist. (**F. P. 1 203 277** vom 12/9. 1958, ausg. 18/1. 1960.) F. VIER. 6529

Bradley Mining Co., San Francisco, Calif., übert. von: Glenn R. Schaer, Columbus, Ohio, V.St.A., **Elektrolytisches Erzeugen von Antimonüberzügen auf Stahl.** Vor der elektrolyt. Sb-Abscheidung wird die Stahloberfläche durch anod. Behandlung in einer Säure-Lsg., wie H_2SO_4, H_3PO_4, *HCl*, mit einer Stromdichte von mindestens 75 A/sq.ft. passiviert, ohne hierbei die physikal. Beschaffenheit der Oberfläche zu zerstören. (**A. P. 2 918 414** vom 17/8. 1956, ausg. 22/12. 1959.) F. MARKHOFF. 6531

Titan Co. A/S, Fredrikstad, Norwegen, *Gewinnung von metallischem Eisen und Titandioxydkonzentrat.* (Ind. P. 57 050 vom 13/4. 1956, ausg. 6/11. 1957. Zusatz zu Ind. P. 51 206; C. 1961. 1364 — C. 1959. 11059 [E. P. 791 366].)

Denver Chemical & Metal Refining Co. Ltd. (Erfinder: **Abraham Elliot Malley**), *Metallgewinnung aus Metallabfällen.* (Aust. P. 221 647 vom 16/8. 1956, ausg. 18/6. 1959. E. Prior. 26/8. 1955. — C. 1960. 3367 [F. P. 1 161 108].)

Huntington Heberlein & Co. Ltd., London, England, *Kühlen von gesintertem und anderem festen Material.* (Ind. P. 57 860 vom 12/7. 1956, ausg. 22/8. 1958. E. Prior. 28/11. 1955. — C. 1959. 5623 [D. A. S. 1 027 404].)

Monsanto Chemical Co., St. Louis, Mo., V.St.A., *Formsand.* (Schwed. P. 157 124 vom 15/5. 1953, ausg. 4/12. 1956. A. Prior. 15/5. 1952. — C. 1956. 13550 [F. P. 1 079 343].)

Harborough Construction Co. Ltd., Market Harborough, England, *Herstellung von Gießereikernen.* (Schwed. P. 156 903 vom 2/4. 1952, ausg. 13/11. 1956. E. Prior. 11/4. 1951. — C. 1955. 3957 [E. P. 710 099].)

Gebr. Böhler & Co. Akt.-Ges., Wien, Österreich, *Gießen von Metallen.* (**Schwed. P. 157 125** vom 20/1. 1954, ausg. 4/12. 1956. Oe. Prior. 23/1. 1953. — C. **1957.** 5696 [Oe. P. 185 039].)

N. V. Philips' Gloeilampenfabrieken, Eindhoven, Holland, *Herstellung von anisotropen Dauermagneten.* (**It. P. 514 338** vom 17/3. 1954. Holl. Prior. 20/3. 1953. — C. **1957.** 7170 [Oe. P. 185.036].)

Norsk-Hydro-Elektrisk Kvaelstofaktieselskab, Oslo, Norwegen, *Herstellen von Eisenschwamm.* (**E. P. 846 284** vom 7/1. 1957, ausg. 31/8. 1960. Schwed. Prior. 7/1. u. 22/9. 1956. — C. **1960.** 5310 [F.P. 1 168 376].)

Soc. d'Électro-Chimie, d'Électro-Métallurgie et des Aciéries Électriques d'Ugine, Paris, Frankreich, *Entsilicierung und Entschwefelung von Roheisen.* (**Schwed. P. 157 191** vom 5/5. 1954, ausg. 11/12. 1956. F. Prior. 6/5. 1953. — C. **1959.** 1599 [E. P. 64 964].)

H. Morrogh, Birmingham, England, *Graugußeisen.* (**Schwed. P. 156 724** vom 15/7. 1950, ausg. 30/10. 1956. E. Prior. 15/7. 1949. — C. **1954.** 182 [Schwz. P. 288 491].)

Soc. des Aciéries de Pompey, Pompey, Frankreich, *Herstellung von Gegenständen großer Festigkeit und Korrosionsbeständigkeit.* (**Holl. P. 96 206** vom 8/3. 1954, ausg. 15/12. 1960. F. Prior. 7/3. 1953. — C. **1959.** 2607 [Aust. P. 167 780].)

Wargöns A/B, Vargön, Schweden, *Kohlenstoffhaltiges Ferromangan.* (**Schwed. P. 157 278** vom 28/2. 1951, ausg. 18/12. 1956. — C. **1955.** 3726 [F. P. 1 051 049].)

Electric Furnace Products Co. Ltd., Toronto, Canada, *Eisenlegierung.* (**Schwed. P. 156 725** vom 12/6. 1946, ausg. 30/10. 1956. A. Prior. 9/5. 1946. — C. **1951.** I. 115 [Schwz. P. 267 446].)

Electro Manganese Corp., Knoxville, Tenn., V.St.A., *Anode für die elektrolytische Gewinnung von Mangan.* (**It. P. 513 308** vom 10/12. 1953. A. Prior. 21/1. 1953. — C. **1957.** 1530 [A. P. 2 723 230].)

Aluminium Laboratories Ltd., Montreal, Canada, *Elektrolysezelle zur Gewinnung von Magnesium.* (**It. P. 513 105** vom 20/2. 1953. A. Prior. 1/3. 1952. — C. **1960.** 9373 [Schwz. P. 317 960].)

Dow Chemical Co., Midland, Mich., V.St.A., *Magnesiumlegierung.* (**Ind. P. 57 942** vom 20/7. 1956, ausg. 15/11. 1958. — C. **1959.** 7955 [E. P. 792 167].)

Imperial Chemical Industries Ltd. (Erfinder: **John Ferguson, James John Gray** und **William Norman Howell**), *Herstellung von Titan.* (**Aust. P. 204 935** vom 20/10. 1954, ausg. 24/1. 1957. E. Prior. 23/10. 1953. — C. **1957.** 262 [E. P. 750 355].)

New Jersey Zinc Co., New York, N.Y., V.St.A., *Elektrolytische Erzeugung von Titan.* (**Holl. P. 96 256** vom 29/6. 1955, ausg. 15/12. 1960. A. Prior. 6/7. 1954. — C. **1959.** 10718 [E. P. 777 892].)

United Kingdom Atomic Energy Authority (Erfinder: **Walter Ryan**), *Thorium-Gewinnung.* (**Aust. P. 222 066** vom 4/2. 1958, ausg. 9/7. 1959. E. Prior. 8/2. 1957. — C. **1960.** 4016 [D. A. S. 1 061 759].)

H. Vogt, Erlau b. Passau, *Poröse Sinterkörper.* (**Schwed. P. 157 097** vom 23/9. 1953, ausg. 4/12. 1956. D. Prior. 7/10. 1952. — C. **1959.** 15187 [Schwz. P. 318 248].)

N. V. Philips' Gloeilampenfabrieken, Eindhoven, Holland, *Lichtbogenschweißen.* (**It. P. 514 134** vom 4/3. 1954. Holl. Prior. 7/3. 1953. — C. **1957.** 8934 [F. P. 1 094 722].)

Vereinigte Leichtmetall-Werke G. m. b. H., Bonn, *Chemisches Glänzen von Aluminium und Aluminiumlegierungen.* (**It. P. 513 485** vom 12/2. 1954. — C. **1957.** 3390 [F. P. 1 093 316].)

Tainton Co., Baltimore, Md., V.St.A., *Metallüberzüge auf Nägeln, Schrauben u. dgl.* (**Schwed. P. 157 048** vom 27/12. 1951, ausg. 27/11. 1956. — C. **1954.** 10339 [A. P. 2 640 002].)

Max Meth, *Niederschlagen von Kupfer auf mit Silber überzogenen Oberflächen.* (**Aust. P. 204 989** vom 14/9. 1955, ausg. 24/1. 1957. A. Prior. 9/12. 1954. — C. **1959.** 17455 [E. P. 780 143].)

Rockwell Spring & Axle Co., Coraopolis, Pa., V.St.A., *Glanzzusatz für galvanische Vernickelungsbäder* (**It. P. 514 044** vom 11/3. 1954. A. Prior. 20/7. 1953. — C. **1959.** 9048 [Belg. P. 528 458].)

American Chemical Paint Co., Ambler, Pa., V.St.A., *Erzeugen gleichmäßig gefärbter und korrosionsbeständiger Überzüge auf Aluminium oder Al-Legierungen.* (**Ind. P. 59 876** vom 12/3. 1957, ausg. 21/7. 1958. Can. Prior. 11/7. 1956. — C. **1960.** 4017 [E. P. 803 405].)

Standard Telephones & Cables Ltd., London, England, *Überziehen von Metallrohren mit plastischem Material.* (**Ind. P. 57 923** vom 17/7. 1956, ausg. 26/6. 1958. E. Prior. 8/11. 1955. — C. **1960.** 2002 [Aust. P. 211 111].)

Soc. Continentale Parker, Clichy, Frankreich, *Schnellphosphatieren von Metalloberflächen.* (**Schwed. P. 157 328** vom 28/8. 1953, ausg. 18/12. 1956. A. Prior. 28/8. 1952. — C. **1956.** 8754 [F. P. 1 085695.])

IX. Organische Industrie

Gewinnung von Chlorkohlenstoffen durch Chlorierung von Pentanen in der Katalysatorwirbelschicht. Ju. G. Mamedalijew, M. M. Gusseinow und Ss. M. Mamedow. (Доклады Академии Наук СССР [Ber. Akad. Wiss. UdSSR] **130.** 379—81. 11/1. 1960. AsserbaidshanSSR, Inst. für Erdölchemie.) (Russ.) — Vgl. C. **1959.** 13629.

Vff. untersuchen bei 350—450° die Chlorierung von *n-Pentan* in Ggw. von Bimsstein als Katalysator, beim Mol-Verhältnis $Cl_2:C_5H_{12} = 11:1$ u. der Geschw. 49 Liter/h für Cl_2 u. 14 g/h für n-Pentan. Als Hauptprodd. der Chlorierung entstehen in Abhängigkeit von der Temp. 10—14% CCl_4, 12—23% *Tetrachloräthylen*, 15—24% *Hexachlorbutadien* mit Spuren *Hexachloräthan*, 23—40% *Hexachlorcyclopentadien* u. im krist. Rückstand *Oktachlorcyclopentan.* Renate Richter. H 500□

Die Synthese von Methanol am Zink-Chrom-Katalysator bei erniedrigten Konzentrationen von CO im Kontaktgas. I. A. Makarow. (Химия и Технология Топлив и Масел [Chem. Technol. Brennstoffe Öle] **5.** Nr. 6. 17—24. Juni 1960.) (Russ.) — Vgl. C. **1961.** 1008.

Vf. berichtet über Erfahrungen mit Industrieanlagen zur Methanol (I)-Synthese. 5jährige Arbeiten bestätigten, daß ein Zn–Cr-Oxydkatalysator über mehr als 2 Jahre unter Beibehaltung einer befriedigenden Aktivität arbeiten kann, wenn der CO-Geh. im Kreislaufgas unter 6% bleibt. Bei 16—18% CO im Kreislaufgas bleibt die Aktivität nur 4—6 Monate erhalten. Vergrößerung des Verhältnisses H_2:CO vermindert Neben- u. sek. Reaktionen. Kleinerer CO-Geh. verbessert die Eigg. des I. Eine Vergrößerung der Produktivität der Anlagen kann durch Steigerung der Vol.-Geschw. erreicht werden. Labor.-Verss. zeigten, daß der Katalysator bei normalem Druck mit H_2 regeneriert werden kann. HANS NESTLER. H 560□

Drei Wege zum Äthylenglykol. P. W. Sherwood. 1. Mitt. (Ind. Chemist **35.** Nr. 409. 126—31. März 1959.) (Engl.) — 2. vgl. C. **1961.** 8112.

Nach einem Überblick über die Markt- u. die Herst.-Bedingungen von Äthylenglykol werden techn. Meth. zur Herst. von Äthylenoxyd durch Direktoxydation vom Äthylen mit Luft oder O_2 verglichen. S. SATTLER-DORNBACHER. H 570□

Darstellung von Milchsäureestern. R. M. Gelstein. (Журнал Прикладной Химии [J. angew. Chem.] **32.** 1173—74. Mai 1959.) (Russ.)

Ca. 35%ig. techn. Milchsäure (I) kann durch azeotrope Dest. unter Zugabe von Bzl. auf 60—65° konz. u. anschließend unter Verw. eines Wasserabscheiders auch mit nicht wasserfreien Alkoholen verestert werden.

Versuche: 1,1 kg techn. I (berechnet auf 100%ig. I) u. 1,2 kg Bzl. werden in einem 5-Liter-Kolben mit Wasserabscheider auf dem Glycerinbad unter Rühren auf 60—65% konz., mit 1 µg A. (oder 1,3 kg techn. Isopropylalkohol), 300 g Bzl. u. 20 g H_2SO_4 (D. 1,84) versetzt u. bis zur Beendigung der Wasserabscheidung erhitzt; nach dem Abkühlen wird das Rk.-Gemisch mit $Ba(OH)_2$ neutralisiert (kongosauer), filtriert u. im Vakuum destilliert. Bei der Darst. höherer I-Ester wird zur Konzentrierung von techn. I nicht Bzl., sondern der entsprechende Alkohol (z. B. Butyl- oder Amylalkohol) verwendet, der auch ein azeotropes Gemisch mit W. bildet. E. BREITHER. H 850□

Kontrolle der Isomerenverteilung bei der Hexachlorcyclohexan-Produktion. William E. Bissinger, Frederick C. Dehn, Andrew J. Kaman und Frederick E. Kung. (Ind. Engng. Chem. **51.** 523—26. April 1959. Barberton, Ohio, Columbia-Southern Chem. Corp.) (Engl.)

Der Anteil des γ-Isomeren (I) bei der Hexachlorierung von Bzl. kann durch sorgfältige Kontrolle der Rk.-Temp., der Chlor-Konz. u. durch Anwendung selektiver Lsgm. bis auf ca. 30% gesteigert werden. Bei Einsatz von Lsgm. mit einer DK >4 oder hoher Polarität (CH_3Cl, $C_2H_4Cl_2$, Acetanhydrid, Sulfonylchlorid, Acetylchlorid Dimethylsulfat) steigt die Ausbeute an I mit abnehmender Rk.-Temperatur. Auch die Einhaltung einer niedrigen Chlor-Konz. spielt eine große Rolle für die Erhöhung von I im Gemisch. GERNOT SCHULZ. H 1810□

Günther Hans, Maximiliansau/Pfalz, **Herstellung von Organoberylliumkomplexverbindungen** der Formeln MeF–BeRR′ u. MeF–(BeRR′)$_2$, worin R einen gesätt. aliphat. oder aromat. Rest u. R′ = R ist oder H bedeutet u. Me für ein Alkalimetall steht, dad. gek., daß man Be-KW-Stoffe (I) mit Alkalifluoriden (II), ggf. in Ggw. inerter Lsgm., umsetzt. Zweckmäßig beträgt das Verhältnis von I zu II 1:1 u. 2:1. Als Ausgangsstoffe kann man auch Anlagerungs-Verbb. von I mit Äthern, Aminen u. entsprechenden Komponenten verwenden. — Zu auf 80° erwärmtes $(C_2H_5)_2Be$ gibt man KF in kleinen Portionen, wobei sich 2 Schichten bilden; die untere besteht aus KF·[Be·$(C_2H_5)_2]_2$ (III) die etwas $(C_2H_5)_2Be$ gelöst enthält. Die obere Schicht ist reines $(C_2H_5)_2Be$, das verschwindet, wenn das Mol-Verhältnis $Be(C_2H_5)_2$:KF = 2:1 ist. Man erhält dann III F. 83±1°. Bei der Rk. der Stoffe im Mol-Verhältnis 1:1 erhält man KF·$Be(C_2H_5)_2$, F. 46—48°. — *Alkylierungsmittel* u. *Polymerisationskatalysatoren.* (**D. A. S. 1 102 736** Kl. 12o vom 7/11. 1959, ausg. 23/3. 1961.) J. MÜHLEISEN. 6551

Wasag Chemie Akt.-Ges., Deutschland, **Fluorierung halogenierter Kohlenwasserstoffe** durch Rk. mit Na_2SiF_6 oder $BaSiF_6$ bei 250—300° u. Auswaschen mit NaOH. — $CFCl_3$, CF_2Cl_2, CF_3Cl u. CF_4, aus CCl_4 u. Na_2SiF_6 bei 280° u. 57—59 at. — $C_2F_3Cl_3$, $C_2F_4Cl_2$, C_2FCl_5 u. $C_2F_2Cl_4$, aus Hexachloräthan. — Vgl. D. A. S. 1 061 308; C. **1960.** 297. (**F. P. 1 190 698** vom 10/12. 1957, ausg. 14/10. 1959.) S. BÖTTCHER. 6565

Wolfgang Langenbeck und Jürgen Welker, Deutschland, **Erhöhung der mechanischen Haltbarkeit von Katalysatoren** zur Oxydation von Alkoholen, indem man als Trägersubstanzen $Al(OH)_3$ bzw. Al_2O_3 u./oder Cr_2O_3 oder auch $Cr(OH)_3$ u./oder SiO_2 verwendet. Man fällt zweckmäßig aus wss. Lsgg. der Kontaktsubstanzen, welche Mischungen von Formiaten u. Oxalaten von reinem Ni, Ni mit Zn, Ni mit Mg u. Ni mit

Zn, Mg u. anderen Metallen darstellen. — Man gibt bei normaler Temp. 300 g Mischkristalle aus Ni- u. Zn-Oxalat mit einem Ni-Geh. von 3,7% in eine Lsg. von 300 g $Al(NO_3)_3 \cdot 10\ H_2O$ in 1000 ml W. u. fügt konz. NH_4OH bis pH 5,25 zu, saugt ab, wäscht u. trocknet bei 200°. Nach Vermischen mit 1% Graphit wird der Katalysator geformt, mit CO_2, dann mit einem Gemisch aus N_2 u. 0,5—1,5% O_2 behandelt u. nach Zerreiben u. Neuformen 1 Std. bei 180° im H_2-Strom gehalten. (**UdSSR. P. 117 009** vom 7/4. 1958. **Zusatz zu UdSSR. P. 116517; C. 1961. 8114.**) B. PANKOW. 6583

Chemetron Corp., Chicago, Ill., übert. von: Harold W. Fleming, Louisville, und Ronald E. Reitmeier, Anchorage, Ky., V.St.A., **Selektive Hydrierung von Acetylene, Olefine und Wasserstoff enthaltenden Gasen,** wobei gleichzeitig auch S enthaltende Verbb., wie COS, in solche Stoffe übergeführt werden, die sich leicht entfernen lassen, erfolgt mit 2,5—15% eines fein verteilten Katalysators aus Co-Mo im Verhältnis 1:3 bis 3:1, bes. 1:1, der auf einen Träger aus 20—85% hydraul. Zement u. 10—50% eines Tones (Kaolin) aufgebracht ist, u. der noch 0—40% Al_2O_3 u. zusätzlich Magnesit oder Talkum enthalten kann. Der Katalysator entspricht der vermutlichen Zus. Co_2MoO_4 oder Mo_2CoO_4. — Eine Lsg. aus gleichen (Teilen) NH_4-Paramolybdat u. $CoSO_4$ wird mit wss. NaOH bis pH 6,5—6,9 neutralisiert, der Nd. abgetrennt, gewaschen u. getrocknet; 5 davon werden mit 45 Al_2O_3, 20 Ton u. 30 Portlandzement in Ggw. von wenig W. zu einer plast. Masse verknetet, die nach dem Antrocknen verformt u. dann bei 850° F mit H_2 red. wird; über diesen Katalysator leitet man eine Mischung aus 0,2 (%) Buten, 0,5 Butadien, 0,4 Acetylen, 1,2 Propylen, 33 Äthylen, 1,4 CO, 29,4 H_2 u. 33,9 Methan bei 450—502° F u. 14,7 lbs./sq.in., wodurch ein acetylenfreies Gas gewonnen wird; es werden $<1\%$ Olefine hydriert. (**A. P. 2 897 160** vom 10/2. 1958, ausg. 28/7. 1959. **E. P. 829 475** vom 8/5. 1958, ausg. 2/3. 1960.) G. KRAUSS. H 500

Farbenfabriken Bayer Akt.-Ges., Leverkusen (Erfinder: Helmut Hanisch und Karl-Heinz Köhncke, Krefeld-Bockum), **Gewinnung vorwiegend geradkettiger gesättigter Kohlenwasserstoffe** durch Addukt-Bldg. von Paraffinfraktionen mit Harnstoff u. Spaltung der Addukte. Man wäscht die Addukte mit organ. Lsgm. in an sich bekannter Weise bis zu dem gewünschten Reinheitsgrad, spaltet u. dest. die so isolierten Paraffingemische. Die Destillate werden hydrierend nachbehandelt. (**D. A. S. 1 105 544** Kl. 23b vom 23/3. 1959, ausg. 27/4. 1961.) P. UNGER. H 510

Farbwerke Hoechst Akt.-Ges., vormals Meister Lucius & Brüning, Frankfurt/M. (Erfinder: Oskar Glemser, Göttingen, Gerd Peuschel, Benthe üb. Hannover, und Rolf Flügel, Göttingen), **Herstellung von CCl_4,** dad. gek., daß man $COCl_2$ oder CO u. Cl_2 bei 200—600° mit Katalysatoren aus Aktivkohle u. Metallen der V.—VIII. Gruppe behandelt. (**F. P. 1 203 735** vom 31/3. 1958, ausg. 20/1. 1960. **Belg. P. 566 381** vom 2/4. 1958, ausg. 29/7. 1960. Beide D. Prior. 2/4. 1957. **D. A. S. 1 092 895** Kl. 12o vom 2/4. 1957, ausg. 17/11. 1960.) S. BÖTTCHER. H 510

Imperial Chemical Industries Ltd., England, **Herstellung von Kohlenwasserstoffen,** bes. Äthylen u. Propylen, dad. gek., daß man reines n-Pentan, auf 650—750° vorgewärmt, mit Wasserdampf von 850—1050° $>700°$ pyrolysiert. (**F. P. 1 196 927** vom 12/11. 1957, ausg. 26/11. 1959. E. Prior. 16/11. 1956 u. 21/10. 1957.) S. BÖTTCHER. H 520

Polymer Corp. Ltd., Canada (Erfinder: Park M. Reilly, Edmund P. Lewis, Douglas S. Alexander und Charles Ambridge), **Dehydrierung von Olefinen,** bes. von n-Buten zu Butadien-(1.3), durch Erhitzen mit Wasserdampf auf 510 bis 735°, bes. 590—650°, in Ggw. eines Katalysators aus Ca- u. Ni-Phosphat, mit Cr_2O_3 aktiviert. — Vgl. E. P. 803 459; C. **1960.** 4668. (**F. P. 1 187 682** vom 26/4. 1957, ausg. 15/9. 1959. A. Prior. 10/5. 1956.) S. BÖTTCHER. H 520

Imperial Chemical Industries Ltd., England, **Dimerisation von Olefinen,** z. B. von Buten-(2) zu *2-Äthylhexen-(1)* neben *2-Methylhexen-(1)* u. *2-Äthylpenten-(1),* dad. gek., daß man im Autoklaven bei 180—250° in N_2-Atmosphäre in Ggw. von Tripropyl-Al u. $TiCl_3$, $CuCl_2$, $CoBr_2$, $FeCl_3$ oder $CrCl_2$ in Dekalin oder Cyclohexan arbeitet. Die Rb-Prodd. lassen sich zu Alkoholen oder Aldehyden carbonylieren. (**F. P. 1 189 570** vom 7/1. 1958, ausg. 5/10. 1959. E. Prior. 9/1. 1957.) S. BÖTTCHER. H 520

I. W. Garmonow und K. K. Tschewytschalowa, **Herstellen von 2-Methylbuten-(1) und 2-Äthylbuten-(1).** Man läßt Propylen mit $Al(C_2H_5)_3$ **(I)** bei 120—180° u. 40—50 at reagieren u. setzt das Rk.-Prod. mit Äthylen in Ggw. von Ni bei normaler Temp. u. 15 at um; Ausbeute: 40—45% *2-Methylbuten-(1),* bezogen auf Propylen. — Im zweiten Falle setzt man α-Butylen bei 160—200° u. 50—60 at mit **I** um u. läßt

dann Äthylen in Ggw. von Ni unter Normalbedingungen auf das Rk.-Prod. einwirken: 40% *2-Äthylbuten-(1)*, bezogen auf α-Butylen. (**UdSSR. P. 117 460** vom 7/7. 1958.)
B. PANKOW. H 520

Wulff Process Co., V.St.A., **Pyrolyse von Kohlenwasserstoffen** unter Bldg. von Gasgemischen, die hauptsächlich C_2H_2 u. C_2H_4 enthalten, bei 800° nach Durchlaufen verschiedener Vorwärmer, Abtrennen der teerartigen Bestandteile durch Behandeln mit aromat. Lsgm. unter Druck u. selektive Absorption von Diacetylen u. C_2H_2. — 4 Schemata der Anlage. (**F. P. 1 195 375** vom 24/12. 1957, ausg. 17/11. 1959.)
S. BÖTTCHER. H 530

Knapsack-Griesheim Akt.-Ges., Deutschland, **Extraktion von Monovinylacetylen (I)** aus feuchten Gasgemischen, die C_2H_2 enthalten, bei 1—1,5 at mit einem Lsgm.-Gemisch aus Aceton, Acetaldehyd, Divinylacetylen, Chloropren u. W. in 2 Kolonnen, wobei in der 1. Kolonne die Bestandteile mit höherem Kp., in der 2. Kolonne I gelöst wird. — Schema der Anlage. (**F. P. 1 207 624** vom 30/6. 1958, ausg. 17/2. 1960.)
S. BÖTTCHER. H 530

National Petro-Chemicals Corp., New York, N.Y., V.St.A., **Reinigen von durch Hydratisierung von Äthylen in Gegenwart von H_2SO_4 hergestelltem Äthanol,** welches ölartige Verunreinigungen enthält, die sich therm. zu übelriechenden Stoffen einschließlich solcher Stoffe zersetzen, die niedriger als die Öle, aber höher als der höherkonz. wss. A. sieden, durch Abdestillieren einer ätherreichen niedrigen Fraktion aus dem Rohalkohol, anschließende extraktive Dest. des als Boden-Prod. der 1. Dest. anfallenden wss. A. mit W. u. daran anschließendes Rektifizieren des bei der extraktiven Dest. als Boden-Prod. anfallenden wss. A. in einer Rektifizierkolonne unter solchen Bedingungen, daß der wss. A. zu einem Prod. wesentlich höherer Konz. konz. wird, unter Abführen eines Stromes der sich ansammelnden Öle von einen in der Nähe der Beschickungsstelle gelegenen Stelle der Rektifizierkolonne, dad. gek., daß man einer weiteren Stelle der Rektifizierkolonne, an welcher der A. bereits eine wesentlich höhere Konz. als das Beschickungsgut aufweist, einen 2. Strom abzieht, der übelriechende Zers.-Prodd. enthält, die niedriger als die mit A. der Rektifizierkolonne zugeführten Öle, jedoch höher als der Prod.-Alkohol sd., u. den Prod.-Alkohol an einer Stelle der Rektifizierkolonne abzieht, die über der Abzugsstelle des 2. Stromes liegt. — Skizzen. — Vgl. F. P. 1 167 053; C. **1960.** 8345. (**D. A. S. 1 082 894** Kl. 12o vom 17/10. 1956, ausg. 9/6. 1960. **E. P. 802 767** vom 28/9. 1956, ausg. 8/10. 1958. Beide A. Prior. 17/10. 1955.)
G. KÖNIG. H 560

Olin Mathieson Chemical Corp., V.St.A., **Herstellung von Borsäureestern** aus borsauren Salzen durch Rk. mit einem gesätt. niedermol. aliphat. Alkohol in Ggw. von CO_2. — Aus Methanol u. $Na_2B_4O_7 \cdot 3\,H_2O$ entsteht $B(OCH_3)_3$. — Man verwendet vornehmlich die Alkali- u. Erdalkalisalze der Borsäure. Zur Veresterung geeignete Alkohole sind z. B. A., Propyl-, Isopropyl-, n-Butyl-, sek.-Butylalkohol, ferner Aminoalkohole, wie Mono- u. Diäthanolamin, Mo-, Di- u. Triisopropanolamin. — 3 schemat. Zeichnungen. (**F. P. 1 198 702** vom 3/2. 1958, ausg. 9/12. 1959.) M. F. MÜLLER. H 590

Albert Jean Ducamp und Charles Paul Gache, Frankreich, **Herstellung von Methylboraten,** dad. gek., daß man in einem zylindr. Rk.-Gefäß B_2O_3 u. Methanol so miteinander umsetzt, daß die gebildeten Ester zu Boden sinken u. dabei mit dem entstehenden W. eine Schicht aus $CuSO_4$, $ZnSO_4$, Dextrin oder Carboxymethylcellulose passieren, in der W. adsorbiert wird. — Zeichnung. (**F. P. 1 203 953** vom 31/7. 1958, ausg. 22/1. 1960.)
S. BÖTTCHER. H 590

Esso Research and Engineering Co., Elizabeth, N.J., V.St.A., **Sauerstoffhaltige, organische Verbindungen** erhält man durch Rk. von niedermol., gasförmigen oder fl. Olefinen mit CO u. H_2 in Ggw. von Co- oder Fe-Oleat, -Stearat, -Naphthenat u. höhermol., fl. Olefinen als Lsgm., in denen die Ausgangsolefine gelöst sind u. die 3 C-Atome weniger enthalten, als das Lsgm., bei ca. 90—235° u. ca. 200 atü. Die entstandenen *Aldehyde* werden dann zu den *Alkoholen* hydriert oder zu den entsprechenden *Carbonsäuren* oxydiert. Vgl. E. P. 718 186; C. **1955.** 8729. Weitere Ausgangsstoffe sind: ungesätt. Säuren, Ester, Alkohole u. Ketone. — Vorr., Zeichnung. (**D. B. P. 972 593** Kl. 12o vom 6/10. 1951, ausg. 20/8. 1959. Anmeldung bekanntgemacht 18/12. 1952. A. Prior. 7/10. 1950.)
G. KRAUSS. H 650

Celanese Corp. of America, New York, N.Y., übert. von: Alexander F. MacLean und Bruno G. Frenz, Corpus Christi, Tex., V.St.A., **Ungesättigte Aldehyde** erhält man durch Rk. von 1 Mol HCHO mit 1 Mol eines Aldehyds von wenigstens 3 C-Atomen in Ggw. von 2—5 Mol eines Aminsalzes u. ca. 50—60% W. (bezogen auf die Rk.-Mischung) bei 90—120° unter Druck u. einer Verweilzeit von 15—25 Min.; das entstandene MANNICH-Basensalz wird in einem 2. Rk.-Raum auf 105 bis 110° bei normalem Druck erhitzt u. der entstandene ungesätt. Aldehyd abdest.;

die wss. Lsg. wird in das 1. Rk.-Gefäß zurückgeführt. — Aus 36,3%ig. wss. HCHO u. Propionaldehyd in Ggw. von wss. Dimethylaminhydrochlorid → Methacrolein, Ausbeute 99% (bezogen auf HCHO). Ferner können mit HCHO umgesetzt werden: Valer- u. Butyraldehyd in Ggw. von Hydrochloriden, Sulfaten, Phosphaten oder Acetaten von Piperidin, Morpholin u. Diisopropylamin. — Vorr., Zeichnung. (**A. P. 2 848 499** vom 9/5. 1956, ausg. 19/8. 1958.) G. KRAUSS. H 660

Knapsack-Griesheim Akt.-Ges., Knapsack bei Köln (Erfinder: Wolfgang Opitz, Knapsack bei Köln, und Werner Urbanski, Köln), **Aldehyde** erhält man durch Dehydrieren niedermol., prim. aliphat. Alkohole bei 250—380° in Ggw. eines Cu-Katalysators, der durch therm. Zers. von Cu-Tetramminsalzen (erhältlich durch Rk. von Cu-Acetat, -Formiat, -Carbonat, -Nitrat oder Cu-Hydroxyd mit NH_3) in Ggw. von Na- oder NH_4-Chromat u. Na_2CO_3 oder Zn-Salzen erhalten wurde, der aus 97—99,5 Teilen CuO u. 3—0,5 Teilen Cr_2O_3 besteht, bei 600—800° gebrannt u. dann bei 200—300° red. wurde. — Zum Beispiel wird Bimsstein, Korngröße 2—4 mm, mit wss. $CuNO_3$ u. wss. NH_3, $D.^{20}$ 0,91—0,93, in Ggw. von Na_2CrO_4 u. Na_2CO_3 bei 70—80° imprägniert, die Masse bei 100° getrocknet, bei 400° zers., bei 600—800° 2 Std. gebrannt u. bei 200—300° mit H_2, der ggf. mit N_2 im Verhältnis 1:1 verd. sein kann, reduziert. Die Imprägnierung soll mindestens 2 mal durchgeführt werden. Wird über diesen Katalysator, der 40,09% CuO u. 0,53% Cr_2O_3 enthält, A.-Dampf bei 300—380° geleitet, so erhält man 95,3—99,3% *Acetaldehyd.* n-Butanol → *n-Butyraldehyd.* (**D. A. S. 1 103 317** Kl. 12o vom 8/2. 1955, ausg. 30/3. 1961. **Zusatz zu D. A. S. 1 097 969; C. 1961. 9202.**) G. KRAUSS. H 670

Werner Richard Boehme, Somerville, und Martin Tobkes, Bound Brook, N.J., V.St.A., **Bernsteindialdehyd-bis-sulfitverbindungen** erhält man durch Erhitzen von 2.5-Dialkoxy- oder 2.5-Diacyloxytetrahydrofuran mit Alkalibisulfit auf 80—100°. — Aus 8 Teilen 2.5-Diäthoxytetrahydrofuran in 170 Teilen einer gesätt. $NaHSO_3$-Lsg. nach 11 Std. auf dem Dampfbad → *Succinaldehyd-bis-$NaHSO_3$-dihydrat*, $C_4H_{12}O_{10}Na_2S_2$, aus 60%ig. A. Nadeln, hat keinen F.; Zers. bei ca. 300°. — $KHSO_3$ → *$KHSO_3$-Dihydratderivat.* Weitere Ausgangsstoffe sind: Dimethoxy-, Dibutoxy-, Dipropoxy-, Diacetoxy-, Dipropionoxy-, Dichloracetoxyderivate. Durch Rk. mit Acetondicarbonsäure u. Methylamin entsteht *Tropanon*, $Kp._{20}$ 109—112°; F. 43—45°. — Zwischenprodd. zur Herst. von Tropanonen, Chinoxalinen u. Gerbmitteln, bes. zur Vernetzung von Proteinen. (**E. P. 844 830** vom 13/11. 1958, ausg. 17/8. 1960. A. Prior. 13/11. 1957.) G. KRAUSS. H 680

Henri Martin Guinot, Frankreich, **Wiedergewinnung von Carbonylverbindungen** aus Gasen, die diese in Dampfform enthalten, z. B. Luft mit Aceton, dad. gek., daß man das Gemisch mit wss. $NaHSO_3$-Lsg. wäscht, die außerdem ein Alkalisulfit oder -phosphat (Na_2SO_3, K_2HPO_4) u. einen Oxydationsinhibitor (Hydrochinon, p-Phenylendiamin, Mercaptane, Carbamate, Alkylphenole, Alkalisalze der Äthylendiaminotetraessigsäure) enthält. (**F. P. 1 206 327** vom 18/7. 1958, ausg. 9/2. 1960.) S. BÖTTCHER. H 710

Allied Chemical Corp., New York, N.Y., übert. von: Joseph Gordon und Cyril Woolf, Morristown, N.J., V.St.A., **Symmetrisches Tetrafluoraceton,** CHF_2–$COCHF_2$, Kp. 59°; $D.^{80F}_{60F}$ 1,495 (bildet mit W. ein *Hydrat*), erhält man durch Red. von symm. Tetrafluordichloraceton, $CClF_2COCClF_2$, Kp. 44° (erhältlich aus Hexachloraceton mit wasserfreiem HF in Ggw. von $SbCl_5$ nach A. P. 2 741 634; C. **1957.** 6896) mit überschüssigem H_2 bei 125—350, bes. 150—250° in Ggw. von 0,5—10, bes. 1—5% Pd auf Kohle oder CaF_2 (erhältlich durch Tränken von Aktivkohle, wie „Columbia 6G" oder „SW", Darco", mit $PdCl_2$ u. Erhitzen im H_2-Strom auf 150—300°). Ausbeute 41—48%. (**A. P. 2 917 546** vom 14/5. 1958, ausg. 15/12. 1959.) G. KRAUSS. H 710

Bergwerksgesellschaft Hibernia Akt.-Ges., Deutschland, **Herstellung von Diacetonalkohol,** dad. gek., daß man Aceton in wss. Lsg. in Ggw. von 0,002 bis 0,008 Gew.-% Alkalihydroxyd kondensiert, wobei die Wassermenge gerade ausreicht, um den Katalysator in Lsg. zu halten. — Schema der Anlage; Diagramme. (**F. P. 1 208 986** vom 1/12. 1958, ausg. 26/2. 1960.) S. BÖTTCHER. H 740

Farbenfabriken Bayer Akt.-Ges., Deutschland (Erfinder: Carl Boresch und Mathieu Quaedvlieg), **Herstellung von Cr-Komplexen,** dad. gek., daß man $[CrCl_2(H_2O)_4]Cl \cdot 2\,H_2O$ in Isopropanol mit Na-Stearat 90 Min. kocht, 45%ig. NaOH langsam zusetzt u. nach weiterem ½ std. Kochen Fettsäuren mit ca. 10 C-Atomen hinzufügt. (**F. P. 1 191 842** vom 22/2. 1958, ausg. 22/10. 1959. D. Prior. 27/2. 1957.) S. BÖTTCHER. H 810

Minnesota Mining & Mfg. Co., St. Paul, Minn., übert. von: David B. Brandon, Orange, N.J., V.St.A., **Herstellung fluorhaltiger Perhalogencarbonsäurehalo-**

genide erfolgt durch Rk. von Fluorchlorolefinen mit mindestens 6 C-Atomen, die bes. durch Crackung von Polychlortrifluoräthylen erhalten wurden, mit einer Lsg. von $KMnO_4$, z. B. in Aceton oder Pyridin, bei einer Temp. $< 0^0$. Durch Wasserzusatz zum Rk.-Gemisch erhält man die entsprechenden Carbonsäuren. Oberflächenakt. Produkte. (**A. P. 2 950 300** vom 27/8. 1954, ausg. 23/8. 1960.) O. MÜLLER-MEININGEN. H 810

B. F. Goodrich Co., V.St.A. (Erfinder: John Frank Jones), **Herstellung von Derivaten α,β-ungesättigter Carbonsäuren,** dad. gek., daß man das Alkali- oder Erdalkalisalz einer solchen Säure mit $COCl_2$ oder Oxalylchlorid umsetzt, wobei je nach der stöchiometr. Menge ein Anhydrid oder ein Anhydrid, gemischt mit einem Acylhalogenid dieser Säure entsteht. — *Acrylsäureanhydrid* (I), Kp.$_7$ 53—55°, aus Na-Acrylat u. $COCl_2$ in Hexan. — *Methacrylsäureanhydrid*, Kp.$_3$ 70—75°, aus Na-Methacrylat. — *Acrylylchlorid*, Kp. 75—76°, neben I, u. *Methacrylylchlorid*, Kp. 98—99°. (**F. P. 1 192 375** vom 12/12. 1957, ausg. 26/10. 1959. A. Prior. 20/12. 1956.) S. BÖTTCHER. H 810

Badische Anilin- & Soda-Fabrik Akt.-Ges., Deutschland, **Herstellung von Estern tertiärer Alkohole mit ungesättigten Säuren,** z. B. Acryl-, Kp. 118—119°, u. *Methacrylsäure-tert.-butylester*, Kp.$_{60}$ 61—63°, n_D^{20} 1,4265, D.^{20} 0,8746, dad. gek., daß man Acryl- bzw. Methacrylsäure in Cyclohexan unter Zusatz von konz. H_2SO_4 mit Isobuten umsetzt. (**F. P. 1 192 655** vom 4/3. 1958, ausg. 28/10. 1959. D. Prior. 9/3. 1957.) S. BÖTTCHER. H 810

Badische Anilin- & Soda-Fabrik Akt.-Ges. (Erfinder: Franz Reicheneder und Fritz Stolp), Ludwigshafen/Rh., **Ungesättigte Carbonsäurenitrile** erhält man durch Halogenwasserstoffabspaltung aus halogenierten, gesätt. Carbonsäurenitrilen im Dampfzustand in Ggw. von Wasserdampf im Gewichtsverhältnis 1:1 bis 1:10 u. großoberflächigen Trägerstoffen als Katalysatoren (Aktivkohle, Kieselsäuregel, Al_2O_3, Th-Oxyd, Fullererde, Kieselgur) bei 100—450, bes. 150—350° u. normalem, vermindertem oder schwach erhöhtem Druck. Der Katalysator kann in Form eines Fest-, Fließ- oder Wirbelbettes angewendet werden. Der Zusatz des Wasserdampfes bewirkt eine Wiederbelebung des Katalysators u. bessere Ausbeuten. — Aus δ-Chlorvaleriansäurenitril in Ggw. von Wasserdampf in einem senkrechten, glasierten Porzellanrohr, das mit Aktivkohle u. darüber mit Füllringen aus Glas gefüllt ist, bei 250—260°/250 mm Hg → *Allylacetonitril*, Kp.$_{40}$ 60—61°; Ausbeute 95%. — β-Chlorisobuttersäurenitril → *Methacrylsäurenitril*, Kp.$_{760}$ 90—92°; Ausbeute 97%. Weitere Ausgangsstoffe sind: α- u. β-Chlorpropionsäurenitril, α-Chlorisobuttersäurenitril u. halogenierte Cyclohexancarbonsäurenitrile. (**D. A. S. 1 104 947** Kl. 12o vom 27/2. 1958, ausg. 20/4. 1961.) G. KRAUSS. H 810

Soc. An. des Manufactures des Glaces et Produits Chimiques de Saint-Gobain, Chauny & Cirey, Frankreich (Erfinder: Xavier de Bernardi), **Herstellung von Maleinsäureanhydrid.** Beschrieben ist eine Vorr., in der über verschiedene Rektifikationsböden die Dämpfe nach oben u. die Fl. nach unten strömt, wobei auf sämtlichen Böden die Siede-Temp. gehalten wird. — 5 Zeichnungen. (**F. P. 1 201 617** vom 5/7. 1958, ausg. 4/1. 1960.) S. BÖTTCHER. H 820

Rohm & Haas Co., Philadelphia, übert. von: Charles H. McKeever, Meadowbrook, und Harry R. Raterink, Drexel Hill, Pa., V.St.A., **Beständige monomere α-Cyanacrylsäurealkylester** erhält man durch Rk. von 2 Molen Cyanessigsäurealkylester mit 1 Mol CH_2O, bes. in Ggw. von 0,01—0,1% eines alkal. Katalysators (Alkalihydroxyde, Piperidin, Pyrrolidin, Morpholin, Äthyl-, Butyl-, Dimethyl-, Äthanol-, Dimethyläthanol-, Triäthanolamin, Pyridin oder carbonsaure Salze von Aminen) bei 150—210° u. 4—5 mm Hg; als Zwischenprodd. entstehen 1.3-Dicyan-1.3-bis-(alkoxycarbonyl)-propane. CH_2O kann als Gas, als alkohol. oder wss. Lsg. oder in Form von CH_2O-abgebenden Stoffen verwendet werden. Benützt man wss. CH_2O, so wird die Mischung zuerst auf 50—100° erwärmt u. dann das W. entweder durch Trockenmittel (Ca-, Mg- oder Na-Sulfat, P_2O_5) oder durch azeotrope Dest. mit Bzl. oder Toluol entfernt. Als Stabilisierungsmittel u. Polymerisationsverzögerer dienen P_2O_5, Essig- oder Propionsäureanhydrid, Essig-, Acryl-, Methacryl-, Itaconsäure, BF_3-Ätherate, Ketone, $SnCl_4$, $FeCl_3$ oder andere LEWIS-Säuren; Hydrochinon, dessen Methyläther, Pyrogallol, Di-β-naphthol. — Aus 99,1 Teilen Cyanessigsäuremethylester u. 13,5 Teilen Paraformaldehyd zuerst bei 90°, dann Zusatz von 0,3 Teilen 10%ig. methanol. KOH unter Selbsterwärmen auf 120°, dann Abkühlen auf 90—95°, Zusatz von konz. HCl u. Dest. → 1.3-Dicyan-1.3-bis-(methoxycarbonyl)-propan, $CH_2[CH(CN)COOCH_3]_2$, F. 47—48°; daraus bei 175—210° → *α-Cyanacrylsäuremethylester*, Kp.$_{1,8}$ 47—49°, das in Ggw. eines freie Radikale liefernden oder eines anion. Polymerisationskatalysators ein *hartes Harz* liefert. — Cyanessigsäurebutylester → *α-Cyanacrylsäurebutylester*. — Cyanessigsäureäthylester → 1.3-Dicyan-1.3-bis-(äthoxycarbonyl)-propan → *α-Cyanacrylsäureäthylester*. — Alkyl kann noch sein: *Propyl, Iso-*

butyl u. *tert.-Butyl.* — Zwischenprodukte. (**A. P. 2 926 188** vom 6/5. 1957, ausg. 23/2. 1960.) G. KRAUSS. H 820

Comp. Française des Matières Colorantes (Erfinder: Jésus Anatol), Frankreich, **Herstellung von Phosphokreatin und Phosphokreatinin.** Man verrührt S-Methylisothioharnstoffsulfat in W. mit Dibenzylphosphit in CCl_4 u. wss. Soda-Lsg. bei 5—10° u. extrahiert mit Chlf.: *N-[Dibenzyloxyphosphoryl]-S-methylisothioharnstoff,* $C_{16}H_{19}N_2O_3PS$, F. 86° (A./W.); 90% (Ausbeute). Daraus entsteht durch 2std. Kochen mit rotem HgO in A. in Ggw. von Na_2CO_3 u. 2std. Kochen des gebildeten Mercaptids in A. mit Sarkosinäthylesterhydrochlorid *N-[Dibenzyloxyphosphoryl]-kreatinäthylester* (**I**), $C_{20}H_{26}N_3O_5P$, F. 93° (CH_3OH), 35—40%, der durch 2std. Hydrolyse in 50%ig. A. mit NaOH u. anschließende Hydrierung an Pd-Kohle in das *Phosphokreatindi-Na-Salz* (**II**), $C_4H_8N_3Na_2O_5P \cdot 4\ H_2O$, perlmutterglänzende Schuppen, 55%, übergeführt wird. — **I** wird 1 Std. lang in alkohol. NaOH verrührt u. mit Essigsäure/W. (1/10) umgesetzt: *N-[Dibenzyloxyphosphoryl]-kreatinin,* $C_{18}H_{20}N_3O_4P$, F. 93° (50%ig. A.); 86%. Anschließende Hydrolyse u. Hydrogenolyse wie vorst. bei **I** liefert *Phosphokreatinindi-Na-Salz,* $C_4H_6N_3Na_2O_4P \cdot H_2O$, 83%, das durch Umsetzung in wss. 0,5n Soda-Lsg. u. Versetzen mit HCl in Ggw. von Phenolphthalein bis zum Umschlagspunkt in **II**, F. 105°, übergeführt werden kann. (**F. PP. 1 210 435** vom 26/9. 1958, ausg. 8/3. 1960 u. **1 211 099** vom 3/10. 1958, ausg. 14/3. 1960.) EBERHARD RIEDEL. H 880

Schering Akt.-Ges., Deutschland, **Herstellung aliphatischer Isothiocyanate,** z. B. *Methyl-,* F. 36—37°, u. *Äthylisothiocyanat,* Kp. 130—131,5°, dad. gek., daß man Methyl- bzw. Äthylamin in Ggw. von NaOH mit CS_2 umsetzt u. *Na-N-Methyl-* bzw. *-N-Äthyldithiocarbamat* in wss. Lsg. mit $COCl_2$ behandelt. (**F. P. 1 191 768** vom 20/2. 1958, ausg. 21/10. 1959. D. Prior. 18/3. 1957.) S. BÖTTCHER. H 890

Farbenfabriken Bayer Akt.-Ges. (Erfinder: Erwin Müller), Leverkusen, **Herstellung von ungesättigten Acylaminomethylaminen,** dad. gek., daß man Acryl- oder Methacrylsäureamid mit CH_2O u. einem sek. Amin umsetzt. — Aus 85 (g) Methacrylsäureamid, suspendiert in 1 Liter CCl_4, dem 1 g Hydrochinon zugesetzt sind, u. 85 Paraformaldehyd sowie 75 Diäthylamin erhält man nach 3std. Erhitzen auf 60—70° eine klare Lsg., aus der man nach dem Eindampfen im Vakuum u. Dest. des Rückstandes im Hochvakuum 110 des Amins der Formel $CH_2 = C(CH_3) \cdot CO \cdot NH \cdot CH_2 \cdot N(C_2H_5)_2$ isoliert, Kp.$_{0,3}$ 82°.

I

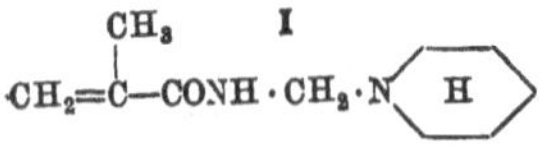

II

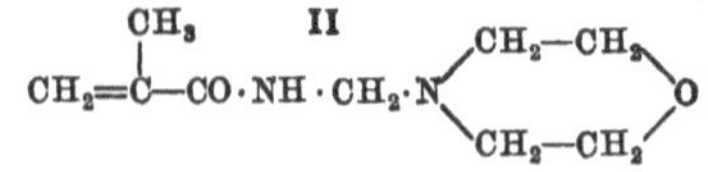

Verwendet man die äquivalente Menge Acrylsäureamid, so erhält man das entsprechende *monoacylierte Diamin* vom Kp.$_{0,3}$ 76°. Analog die Verbb. der Formel **I**, F. 108—110°; Kp.$_{0,5}$ 135°, u. **II**, Kp.$_{0,5}$ 134—138°; F. 82—84°. Das **II** entsprechende Acylaminomonomethylamin, Kp.$_{0,6}$ 136—138°. — Zwischen-Prodd. für die Herst. von Farbstoffen, Arzneimitteln u. Kunststoffen. (**D. A. S. 1 102 157** Kl. 12p vom 4/12. 1954, ausg. 16/3. 1961.) W. HEYER. H 910

Kyowa Hakko Kogyo Kabushiki Kaisha, Tokyo, Japan, **Reinigen und Konzentrieren von Glutaminsäure** durch Durchleiten der Lsg., die vorteilhaft auf einen pH-Wert von 3,2 eingestellt ist, durch eine Kolonne, die mit einem stark sauren Kationenaustauscher beschickt ist, mit einer Eintritts-Geschw. (space velocity) von 0,5 bis 2 u. bes. bei 60—70°. — Vgl. F. P. 1 172 298; C. **1960.** 15221. (**Ind. P. 59 308** vom 7/1. 1957, ausg. 9/8. 1958.) C. LÜTTGEN. H 950

Hans Geipel, Berlin-Adlershof, **Herstellung von N-[3.5-Dinitrobenzoyl]-DL-serin,** dad. gek., daß man die wss. Lsg. von DL-Serin mit 3.5-Dinitrobenzoylchlorid in Chlf. in Ggw. von $NaHCO_3$ umsetzt. (**D. P. [DDR] 17 790** Kl. 12q vom 9/10. 1957, ausg. 6/11. 1959 [Wirtschaftspatent].) S. BÖTTCHER. H 950

Wolfgang Langenbeck und Gunter Losse, Halle, **Herstellung optischaktiver Peptide,** dad. gek., daß rac. Peptidester über ihre Salze mit d-Weinsäure oder Dibenzoyl-d-weinsäure gespalten werden. — Beispiele: *l-* u. *d-Alanylglycin* u. (—)- u. (+)-*Glycylaminobuttersäure* aus dl-Alanylglycinester bzw. dl-Glycylaminobuttersäurebenzylester. (**D. P. [DDR] 17 053** Kl. 12p vom 16/4. 1957, ausg. 5/6. 1959 [Wirtschaftspatent].) S. BÖTTCHER. H 950

Callery Chemical Co., Pittsburgh, übert. von: William H. Schechter und Thomas B. Williams, Zelienople, Pa., V.St.A., **Reinigen von rohem Trimethoxyboroxin,** welches OH-Verunreinigungen enthält, erfolgt durch Erhitzen mit Trimethylborat am Rückfluß. Man filtriert vom Nd. u. unterwirft das Filtrat nach Zugabe von Hexan der fraktionierten Dest., wobei Trimethylborat–Hexan u. Methanol–Hexan als

Azeotrope übergehen, während Trimethoxyboroxin als Rückstand anfällt. Man kann auch 2.3-Dimethylbutan allein oder in Mischung mit Hexan anwenden. (**A. P. 2 926 186** vom 20/10. 1955, ausg. 23/2. 1960.) G. KÖNIG. H 980

I. A. Schichijew, M. F. Schostakowskij, N. W. Komarow und I. Asslanow, **Herstellen von tertiären 3-Ge-substituierten Acetylenalkoholen** durch Einw. von Mono-, Di- oder Trimethylbromgerman auf das Dimagnesiumbromid von Dimethyläthinylcarbinol (**I**) $n(CH_3)_2C(OMgBr)\cdot C{\equiv}C\cdot MgBr + (CH_3)_mGeBr_n \rightarrow$ *$(CH_3)_mGe[C{\equiv}C(CH_3)_2\cdot OH]_n$* (m = 3, 2 oder 1; demgemäß n = 1, 2 oder 3). — Man versetzt 0,5 g-Mol Äthylmagnesiumbromid mit 21 (g) I in Ggw. von 0,5 Cu_2Cl_2 u. 1 HgCl u. gibt beim Abkühlen auf -10^0 vorsichtig 50 äther. Lsg. von Trimethylbromgerman zu. Man hält 8 Std. lang auf dem Wasserbad, behandelt mit 5%ig. HCl, neutralisiert, wäscht u. trocknet. Nach Abdest. des Äthers fraktioniert man im Vakuum u. erhält 22,6 Kristalle von *3-Methylbutin-(1)-ol-(3)-yltrimethylgerman*, F. 30⁰, Kp.$_7$ 72—73⁰; in organ. Lsgm. gut löslich. — Analog aus Dimethyldibromgerman *Bis-[3-methylbutin-(1)-ol-(3)-yl]-dimethylgerman*, F. 97⁰. — Aus Methyltribromgerman *Tris-[3-methylbutin-(1)-ol-(3)-yl]-methylgerman*, F. 208⁰; lösl. in A., wenig lösl. in W. u. Äther. — Alle Prodd. lassen sich mit Acetanhydrid acetylieren. (**UdSSR. P. 117 493** vom 21/6. 1958.) B. PANKOW. H 980

Esso Standard (Soc. An. Française), Frankreich (Erfinder: Claude Bernardy), **Desalkylierung von Alkylbenzolen,** dad. gek., daß man diese bei Rückfluß-Temp. unterhalb der Verflüssigungs-Temp. unter vermindertem Druck mit einem granulierten Katalysator auf Al-Silicatbasis behandelt. — 3 Zeichnungen. (**F. P. 1 203 745** vom 1/4. 1958, ausg. 20/1. 1960.) S. BÖTTCHER. H 1010

Wasag-Chemie Akt.-Ges., Essen (Erfinder: Johannes Dahmlos, Haltern), **Fluorierung von Benzotrichlorid** u. seinen Alkyl- u. Cl-Substitutions-Prodd. durch Halogenaustausch, dad. gek., daß diese Verbb. oder eines ihrer teilweise fluorierten Derivv. im dampfförmigen oder fl. Zustand bei Temp. über 200⁰ mit Na-, Ba- oder K-Fluosilicat umgesetzt werden. Die Rk. kann bei Normaldruck oder im Autoklav erfolgen. Im 1. Fall wirkt eine geringe Menge Fe-Pulver katalysierend. — Vorrichtung. (**D. A. S. 1 103 909** Kl. 12o vom 20/10. 1959, ausg. 6/4. 1961.) J. MÜHLEISEN. H 1010

Diamond Alkali Co., Cleveland (Erfinder: John H. Wotiz, Mentor), Ohio, V.St.A., **Stabilisierung von in der Seitenkette chlorierten flüssigen Xylolen** erfolgt durch Zusatz von α.ω-Diacetylen-KW-Stoffen der Formel $H{-}C{\equiv}C{-}(CH_2)_x{-}C{\equiv}C{-}H$, worin x 5—20 ist, zweckmäßig in Mengen von 0,04—3 Gew.-%. In den Beispielen wird die Wrkg. von 1.8-Nonadiin auf mit Fe- u. Fe-Oxydpulver versetztes α-Chlor-p-xylol gezeigt. (**D. A. S. 1 103 908** Kl. 12o vom 20/5. 1959, ausg. 6/4. 1961. A. Prior. 21/5. 1958.) J. MÜHLEISEN. H 1010

Farbenfabriken Bayer Akt.-Ges., Leverkusen (Erfinder: Ernst Olfay, Aachen, und Rudolf Stroh, Leverkusen), **Herstellung von 2.4-Dinitro-1.3.5-triisopropylbenzol (I),** F. 138—139⁰, dad. gek., daß man 1.3.5-Triisopropylbenzol (**II**) in gesätt. aliphat. KW-Stoffen als Lsgm. in an sich bekannter Weise nitriert. — Durch Rk. einer Lsg. von 1 (Gewichtsteil) **II** in 3 Bzn. (Kp. 122—124⁰) mit einer Nitriersäure (33% HNO_3 u. 67% H_2SO_4) in 20%ig. Überschuß bei 20—30⁰ erhält man **I** in 97%ig. Ausbeute. — Zwischenprodukt. (**D. A. S. 1 105 860** Kl. 12o vom 5/12. 1959, ausg. 4/5. 1961.) I. MÜHLEISEN. H 1010

Farbwerke Hoechst Akt.-Ges., vormals Meister Lucius & Brüning (Erfinder: Otto Scherer, Rudolf Hübner und Gerhard Otten), Frankfurt/M., **1.3-Benzoldisulfonsäure** erhält man durch Rk. von Bzl. mit SO_3 in einem ansulfonierten Rk.-Gemisch $>100^0$ dadurch, daß man die Ausgangsstoffe in einer in sich geschlossenen Vorr. aus aufrechtstehenden Röhren umsetzt u. die Rk.-Mischung durch das eingedrückte, fl. oder dampfförmige Bzl. u. ggf. dampfförmiges SO_3 ohne weitere mechan. Hilfsmittel im Umlauf hält. Durch Einstellen eines Temp.-Unterschieds an den seitlichen Teilen der Vorr. wird der Umlauf der Rk.-Mischung beeinflußt. Es wird eine Mischung aus 90% Disulfonsäure, 4% Diphenylsulfonsulfosäure u. 4% H_2SO_4 erhalten; Ausbeute 90%. — Vorr., Zeichnung. (**D. A. S. 1 104 500** Kl. 12o vom 9/5. 1959, ausg. 13/4. 1961. **Zusatz zu D. A. S. 1 063 151; C. 1960. 9384.**) G. KRAUSS. H 1090

P. G. Ssergejew und A. M. Ssladkow, **Herstellen von fettaromatischen Ketonen** aus Alkylbenzolen u. ihren Derivv. durch Oxydation in fl. Phase mit Luft-O_2 bei 110—120⁰ in Ggw. von 0,17—0,5% Ni-, Co- oder Cu-Benzoat während ca. 10—36 Stunden. — Aus 42 g Phenylessigsäuremethylester erhält man in 36 Std. bei 110⁰ in Ggw. von 0,1 g Co-Benzoat bei anschließender Fraktionierung 80% *Phenylglyoxylsäuremethylester. 2.4-Dinitrophenylhydrazon,* F. 173⁰. — Analog aus p-Bromäthylbenzol *p-Bromacetophenon* u. aus o-Nitroäthylbenzol *o-Nitroacetophenon.* (**UdSSR. P. 117 367** vom 19/10. 1953.) B. PANKOW. H 1160

Imperial Chemical Industries Ltd., England, **Oxydation halogenalkylierter Aromaten,** z. B. Benzylchlorid, p-Xylylendichlorid u. -dibromid unter Bldg. von *Benzoe-* bzw. *Terephthalsäure* bei höherer Temp. u. erhöhtem Druck in Ggw. von $CoBr_2$ oder Co-Acetat in Propion- oder Benzoesäure mit O_2 oder Luft. (**F. P. 1 196 017** vom 15/11. 1957, ausg. 20/11. 1959. E. Prior. 29/11. 1956 u. 28/10. 1957.) S. Böttcher. H 1200

Imperial Chemical Industries Ltd., London, England (Erfinder: Colin Bertie Cottervill und Gordon Howard Whitfield), **Benzoesäure** oder deren substituierte Derivv. erhält man durch Oxydation von Monoalkylbenzol, dessen Alkyl nicht tert. ist, bei 100—300° u. erhöhtem Druck in fl. Phase mit O_3 oder O_2 in Ggw. eines Metalloxydationskatalysators u. von Br_2, wobei $1 \cdot 10^{-7}$ bis $7{,}8 \cdot 10^{-5}$ Grammatom Br pro Grammol Ausgangsmaterial, das außer der Alkylgruppe noch NO_2-, SO_2- oder $SO_2 \cdot NH_2$-Gruppen enthalten kann, verwendet werden. — Beispiel: Toluol → *Benzoesäure.* (**E. P. 840 822** vom 23/4. 1957, ausg. 13/7. 1960.) L. Stadelmann. H 1210

E. I. du Pont de Nemours & Co., Wilmington, Del., übert. von: Harold W. Burns, Wenonah, N.J., V.St.A., **m-Sulfoisophthalsäure** erhält man durch Sulfonieren von fester Isophthalsäure (0,5 Mol) mit fl. SO_3 (0,75 Mol) in Abwesenheit eines Verdünnungsmittels bei normalem Druck u. >160, bes. 200—260°; Ausbeute quant.; die Rk.-Mischung bleibt fl.; kein Rückfluß von SO_3. (**A. P. 2 895 986** vom 21/10. 1957, ausg. 21/7. 1959.) G. Krauss. H 1220

Farbwerke Hoechst Akt.-Ges., vormals Meister Lucius & Brüning, Frankfurt/M. (Erfinder: Otto Scherer, Frankfurt/M., Bernhard Popp, Neuenhain, Friedhelm Kluge, Frankfurt/M., und Heinrich Lenzmann, Bad Soden), **Gewinnung gut filtrierbarer Terephthalsäure** aus einer homogenen, heißen, unter Druck stehenden wss. Terephthalsäure-Lsg., dad. gek., daß man diese homogene wss. Lsg. derart mit einer vorgelegten wss. Suspension von Terephthalsäure in einer ggf. mit Titan ausgekleideten Kristallisier-Vorr. vermischt, daß die Temp. der entstehenden Suspension unter 200°, bes. zwischen 130 u. 180°, liegt. Hierbei krist. die Terephthalsäure fast vollständig aus. (**D. A. S. 1 107 213** Kl. 12o vom 20/6. 1959, ausg. 25/5. 1961.) L. Stadelmann. H 1220

Rohm & Haas Co., V.St.A. (Erfinder: Edward Broderick), **Herstellung sekundärer aliphatisch-aromatischer Amine,** dad. gek., daß man Bzl. alkyliert, das Rk.-Prod. chlormethyliert u. das Alkylbenzylchlorid mit einem Alkylamin umsetzt. — *Nonylbenzyl-tert.-octylamin,* $Kp._3$ 175—200°, durch 7std. Rühren u. Kochen von Nonylbenzylchlorid u. tert.-Octylamin in Isopropanol. — *Nonylbenzyl-tert.-dodecylamin,* $Kp._5$ 201—230°, aus tert.-Dodecylamin. — *Dodecylbenzyl-tert.-octylamin,* $Kp._5$ 200—210°, *-tert.-dodecylamin,* aus Dodecylbenzylchlorid (dieses durch Chlormethylierung von Dodecylbenzol). — *Pentadecylbenzyl-tert.-octylamin,* Kp. 216—218°, u. *Methyldodecyl benzyl-tert.-octadecylamin,* $Kp._{0,7}$ 120—154°, aus Pentadecylbenzylchlorid bzw. Monochlormethyldodecyltoluol. — *Extraktionsmittel* für *Mineralsäuren* u. zur *Trennung* von Metallen, bes. von *U* aus Sulfatlaugen. (**F. P. 1 197 757** vom 7/1. 1958, ausg. 2/12. 1959. A. Prior. 7/1. 1957.) S. Böttcher. H 1310

Werner Wunderlich, Berlin-Adlershof, **Herstellung von Trimethylphenylammoniumchlorid,** F. 220—222°, dad. gek., daß man Dimethylanilin bei 0—30° mit einer Lsg. von Methylchlorid in Methanol umsetzt. (**D. P. [DDR] 16 292** Kl. 12q vom 2/4. 1957, ausg. 29/1. 1959 [Wirtschaftspatent].) S. Böttcher. H 1310

Joh. A. Benckiser G. m. b. H., Chemische Fabrik, Deutschland (Erfinder: Arno Debo), **Derivate der Imidodiphosphorsäure.** Zu D. A. S. 1 041 044; C. **1959.** 12387 ist zu ergänzen: *Anilin-N-diäthylthiophosphat-N-diäthylphosphat,* $(C_2H_5O)_2P(S)N\cdot(C_6H_5)P(O)(OC_2H_5)_2$, n_D^{20} 1,5025, aus Anilindiäthylthiophosphat u. Diäthylchlorphosphat. (**F. P. 1 197 430** vom 24/6. 1958, ausg. 1/12. 1959. D. Prior. 5/7., 13/12. u. 27/12. 1957.) S. Böttcher. H 1380

United States Borax & Chemical Corp., Los Angeles, Calif., V.St.A. (Erfinder: George W. Willcockson und Howard Steinberg), **Herstellung von organischen B-Verbindungen,** dad. gek., daß man eine Aryl- oder Alkyl-Na-Verb. mit BCl_3, BBr_3 oder einem Alkyl- oder Arylborat umsetzt. — Man stellt in N_2-Atmosphäre eine Dispersion von Na in Toluol her, fügt Chlorbenzol zu u. gibt das Gemisch langsam zu Triisopropylborat in Toluol. Nach Zusatz von Isopropanol u. HCl extrahiert man mit Ae., hydrolysiert u. erhält *Benzolboronsäure* (**I**). — **I**-*Diisopropylester,* $Kp._{19-20}$ 109 bis 110°. *Bis-***I**-*Äthylester,* $Kp._{20}$ 113—115°, aus Äthylenglykol. — *Phenylbordichlorid,* $Kp._{22-24}$ 73—78°, aus Phenyl-Na u. BCl_3. — *n-Butyl-,* F. 84—87°, *Äthyl-, Pentyl-, Dodecylboronsäure,* aus n-Butyl- bzw. Alkyl-Na. — *Isopropyldiphenylborinat,* $Kp._1$ 100 bis 115°, das sich zu Diphenylboronsäure hydrieren u. als Anhydrid oder 2-Aminoäthylester isolieren läßt. — *Diphenylborchlorid.* — *Tri-[n-butyl]-B,* $Kp._{14}$ 99,8—101,0°, aus n-Butyl-

Na u. BCl_3. — *β-Na-Tetraphenyl.* (**F. P. 1 192 459** vom 24/12. 1957, ausg. 27/10. 1959. **Belg. P. 563 585** vom 28/12. 1957, ausg. 17/6. 1960. Beide A. Prior. 12/4. 1957.)
S. BÖTTCHER. H 1380

Ja. L. Goldfarb, Ss. S. Taiz und L. I. Belenkij, **Herstellung makrocyclischer Ketone** durch intra- u. intermol. Kondens. von ω-Thienylalkancarbonsäurechloriden in Ggw. von feinverteiltem $AlCl_3$ in einem indifferenten Lsgm. (Chlf. oder CS_2) u. anschließende reduktive Entschwefelung der gebildeten 2.5-[Oxopolymethylen]-thiophene (I) mit RANEY-Ni in Ggw. von Aceton. Die ω-Thienylalkancarbonsäuren werden erhalten durch Umsetzung der Monochloride von aliphat. Dicarbonsäureestern mit Thiophen in Ggw. von $SnCl_4$ (Ausbeute 65—75%) u. Red. der erhaltenen Ketosäureester nach WOLFF-KISHNER (Ausbeute 90—95%). — 1750 ml CS_2, 15 g $AlCl_3$ u. 130 ml Ae. werden zum Sieden erhitzt u. während 60 Std. gleichzeitig 16,5 g 10-Thienylcaprinsäurechlorid in 700 ml CS_2 u. 75 g $AlCl_3$ in 130 ml Ae. zugesetzt. Danach wird 2 Std. lang weiter am Sieden gehalten, auf 10° gekühlt u. mit 1 Liter verd.

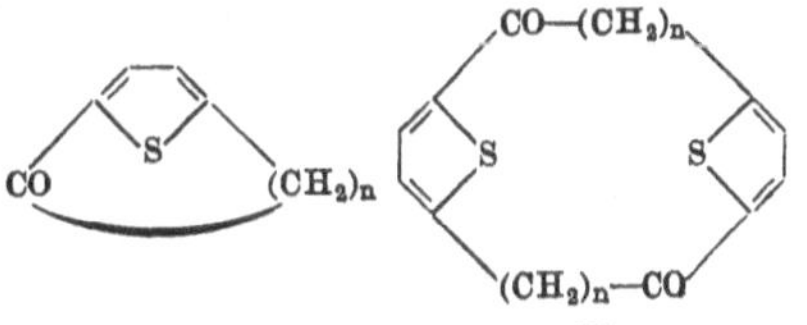

I II

HCl versetzt. Die CS_2-Schicht wird gewaschen, getrocknet u. eingedampft: 11 g Rückstand. Extraktion mit Ae. gibt 3 g **I** (*n* = *9*), F. 31,5—34°, $Kp._1$ 149—150°; *Oxim*, F. 128 bis 130°. Im Ae.-unlösl. Rückstand 3,4 g **II** (*n* = *9*), F. 100—101°. — Analog aus 9-Thienylpelargonsäurechlorid: **I** (*n* = *8*), $Kp._2$ 146—150°; **II** (*n* = *8*), F. 82—83,5°. — Aus 12-Thienyldodecansäurechlorid: **I** (*n* = *11*), $Kp._1$ 160°; F. 37,5—39°; **II** (*n* = *11*), F. 84 bis 86°. — 1 g **I** (*n* = *9*) wird mit 7 g RANEY-Ni, 35 ml Aceton u. 75 ml A. 12 Std. lang auf 40° erwärmt, Ni abfiltriert, Lsgm. abdest.: 0,75 g lange Nadeln mit intensivem Moschusgeruch, F. 52,2—53,8° (A.). *Semicarbazon*, F. 202,5—203,5 (korr.). — 0,5 g **II** (*n* = *9*) in 20 ml Bzl., 40 ml A. u. 40 ml Aceton mit 3 g RANEY-Ni 13 Std. auf 30—40° erwärmt, Ni entfernt, Lsgm. abdest.: 0,3 g *Cyclooctakosandion-(1.15)*, F. 71,5—72,5°. — Die Ketone lassen sich nach WOLFF-KISHNER zu den entsprechenden KW-Stoffen reduzieren. (**UdSSR. P. 120 841** vom 3/10. 1958.) L. GROSSNER. H 1970

Nippon Kayaku Co. Ltd., Tokyo, Japan, **Herstellung von Salzen der 4.4′-Diaminostilben-2.2′-disulfonsäure** durch Oxydation von 4-Dinitrotoluol-2-sulfonsäure mit NaOCl. Anschließend red. man mit Fe-Pulver, nachdem man das Filtrat vorher mit verd. HCl neutralisiert hat. Durch Aussalzen erhält man das Sulfonat u. mit HCl die freie Säure. (**Ind. P. 59 569** vom 6/2. 1957, ausg. 24/2. 1959.) H. NEBELSIEK. H 2290

Francesco Vismara S. p. A., Italien, **Herstellung von β-[symm.-Diphenyläthan-(4)]-acrylsäure,** $C_6H_5CH_2CH_2C_6H_4CH = CHCOOH$, F. 198—200°, dad. gek., daß man symm.-Diphenyläthan mit HCHO u. HCl in Eisessig behandelt unter Bldg. von *4-Chlormethyldiphenyläthan*, $Kp._{0,5}$ 170°, dieses in Chlf. mit Hexamethylentetramin u. Essigsäure behandelt, wobei *Diphenyläthan-4-aldehyd* entsteht, $Kp._1$ 135—140° (*2.4-Dinitrophenylhydrazon*, F. 202°), den man in Ggw. von Alkaliacetat mit Essigsäureanhydrid, von Pyridin, Dimethylanilin oder Chinolin mit Malonsäure oder in Bzl. mit Zn-Pulver u. Äthylbromacetat umsetzt. (**F. P. 1 195 530** vom 2/5. 1958, ausg. 18/11. 1959.)
S. BÖTTCHER. H 2410

Edgar E. Hardy, New Martinville, W.Va., V.St.A., **Organische Polyisocyanate** erhält man durch Rk. eines aromat., aliphat. oder cycloaliphat. prim. Polyamins mit SO_2 u. Rk. des gebildeten SO_2-Salzes des Polyamins mit $COCl_2$. Beispiel: p.p′-Diaminodiphenylmethan → *p.p′-Diisocyanatodiphenylmethan.* (**A. P. 2 839 559** vom 30/10. 1956, ausg. 17/6. 1958.) F. KREIS. H 2490

Knoll Akt.-Ges., Chemische Fabriken (Erfinder: Oskar Bub), Ludwigshafen/Rh., **Herstellung von cyclischen Acetalen,** dad. gek., daß man Verbb. der allg. Formel X—C(R) = O, worin X = ein die Iminogruppe enthaltender Indol-, Carbazol- oder Phenthiazinrest u. R = H oder KW-Stoffrest, mit einem Glykol acetalisiert u. das cycl. Acetal in Ggw. von bas. Kondens.-Mitteln mit einem tert.-Aminoalkylhalogenid umsetzt. — *3-Acetylphenthiazinäthylenketal*, F. 120—121°, aus 3-Acetylphenthiazin u. Glykol in Ggw. von p-Toluolsulfonsäure; daraus mit 3-Dimethylamino-1-chlorpropan in Ggw. von $NaNH_2$ *3-Acetyl-10-[3′-dimethylaminopropyl]-phenthiazinäthylenketal*, $Kp._{0,05}$ 210—212°. *Saures Oxalat*, F. 190—191° (Zers.). — *3-Acetyl-10-[3′-diäthylaminopropyl]-phenthiazin* (I)-*Äthylenketal*, $Kp._{0,05}$ 214—217° (*saures Oxalat*, F. 156—157°), das man zu **I**, $Kp._{0,05}$ 210—213° (*Oxalat*, F. 145—146°), verseifen kann, aus 3-Diäthylamino-1-chlorpropan. — *3-Acetyl-10-[3′-methyl-3′-homoveratrylaminopropyl]-phenthiazin*, F. 98—99°, u. sein *Äthylenketal* (*saures Oxalat*, F. 119—120°), aus 3-Methyl-3-homoveratrylamino-1-chlorpropan. — *3-[n-Valeroyl]-10-[3′-dimethylaminopropyl]-phenthiazin* (*saures Oxalat*,

F. 168—169°), *Äthylenketal* (*saures Oxalat*, F. 178°), aus 3-[n-Valeroyl]-phenthiazin, F. 195—196°. — *3-Acetylphenthiazintrimethylenketal*, F. 185—186°, *3-Acetyl-10-[3'-dimethylaminopropyl]-phenthiazintrimethylenketal* (*saures Oxalat*, F. 210°) u. *3-Acetyl-10-[3'-dimethylaminopropyl]-phenthiazin* (*saures Oxalat*, F. 188—189°), aus Trimethylenglykol. — *2-Acetyl-9-[2'-diäthylaminoäthyl]-carbazol* (*saures Oxalat*, F. 155—156°), *Äthylenketal*, Kp. 240—250° (*saures Oxalat*, F. 140—141°), aus 2-Acetylcarbazol über 2-Acetylcarbazoläthylenketal, F. 166—167°. — *2-Acetyl-9-[3'-diäthylaminopropyl]-carbazol* (*saures Oxalat*, F. 202—203°), *Äthylenketal*, $Kp._{0,05}$ 210—215° (*saures Oxalat*, F. 167°). — *1-Diäthylaminopropyl-2-acetyl-3-phenylindol* (*saures Oxalat*, F. 160—161°), *Äthylenketal*, $Kp._{0,2}$ 210—215° (*saures Oxalat*, F. 180—181°), aus 2-Acetyl-3-phenylindol über dessen Äthylenketal (F. 142—143°). (**D. P. [DDR] 17 455** Kl. 12p vom 12/5. 1957, ausg. 29/9. 1959 [Ausschließungspatent]. D. Prior. [Bundesrepublik Deutschland] 2/6. 1956.)
S. BÖTTCHER. H 3000

Laboratoires Français de Chimiothérapie, Frankreich (Erfinder: André Allais), **4.5.6-Trimethoxytryptamin**, $C_{13}H_{18}N_2O_3$, F. 146—147° (Toluol), beigefarbene Kristalle, aus 3.4.5-Trimethoxyanilin durch Diazotierung u. Kondens. mit Piperidon-(2)-carbonsäure-(3)-K-Salz zum *2.3-Dioxopiperidin-3-[3.4.5-trimethoxyphenylhydrazon]*, $C_{14}H_{19}N_3O_4$, F. 265° (Zers.; wss. Essigsäure), hellgelbe Kristalle, 57% (Ausbeute), Cyclisierung durch 15 Min. langes Erhitzen in Essigsäure auf 120—125° zum *5.6.7-Trimethoxy-1.2.3.4-tetrahydro-1-oxo-β-carbolin*, $C_{14}H_{16}N_2O_4$, F. 210—211° (Zers.; Essigsäure), graue Kristalle, 70%, Hydrolyse in sd. alkohol. KOH u. Decarboxylierung in sd. konz. HCl; 60%. (**F. P. 1 186 258** vom 29/7. 1957, ausg. 19/8. 1959.)
EBERHARD RIEDEL. H 3081

Takeda Yakuhin Kogyo Kabushiki Kaisha, Osaka (Erfinder: Suco Tatsuoka, Yoshio Neno, Kuniyoshi Tanaka und Kunijo Osugi), Japan, **Verbindungen der Pyrrolidinreihe** der Formel I erhält man, wenn man 3.3-Dihalogenpiperidon-(2)-Derivv. II mit sauren oder alkal. Lsgm. behandelt, so den Ring öffnet u. ein α.α-Dihalogen-δ-aminovaleriansäure-Deriv. erhält, dieses dann zwischen der α-Stellung u. dem δ-Aminorest cyclisiert u. die erhaltene Verb. reduziert. — 5,92 g 3.3'-Dichlor-4-carbäthoxy-5-isopropylpiperidon-(2) kocht man 11 Std. mit 14 $Ba(OH)_2 \cdot 8\,H_2O$ u. 130 cm³ W., filtriert, behandelt das Filtrat mit Amberlit IRC-50 u. fällt Ba-Salzreste mit verd. H_2SO_4, filtriert, behandelt das Filtrat mit Amberlit IR-4 B, stellt auf pH 3, filtriert das Harz schnell ab u. hydriert mit 400 mg Pt-Oxyd als Katalysator: *2-Carboxy-3-carboxymethyl-4-isopropylpyrrolidin*, $C_{10}H_{17}O_4N$, F. 210—213° (Zers.; Methanol). — Ähnlich *2-Carboxy-3-carboxymethyl-4-[2'-dimethylamino-1'-methyläthyl]-pyrrolidin* u. *2-Carboxy-3-carboxymethyl-4-[2'-dimethylaminopropyl]-pyrrolidin*. (**Jap. A. S. 9485/1959** vom 29/12. 1955, ausg. 23/10. 1959.)

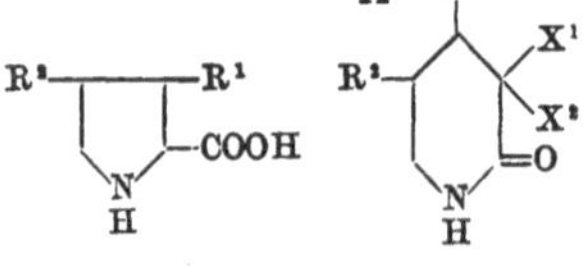

M. PANKOW. H 3081

Imperial Chemical Industries Ltd., London, England. *Herstellen von farblosen Estern aliphatischer oder aromatischer Carbonsäuren.* (**Belg. P. 557 502** vom 14/5. 1957, ausg. 11/3. 1960. E. Prior. 15/5. 1956 u. 29/4. 1957. — C. **1961.** 297 [E. P. 819 313].)

B. F. Goodrich Co., New York, N.Y., V.St.A., *Herstellen von Carbonsäureestern.* (**E. P. 852 110** vom 8/10. 1956, ausg. 26/10. 1960. A. Prior. 13/10. 1955. — C. **1959.** 17459 [F. P. 1 163 414].)

Chemische Werke Hüls G. m. b. H., Marl, *Veresterungsverfahren.* (**It. P. 512 632** vom 11/5. 1953. D. Prior. 24/12. 1952. — C. **1956.** 14495 [D. B. P. 939 807].)

Esso Research and Engineering Co., Elizabeth (Erfinder: **Harvey E. W. Burnside**, Locust, **Howard G. Codet**, Westfield, **Charles E. Jahnig**, Rumson, und **Joan Mayer**, Summit), N.J., V.St.A., *Kontinuierliches Alkylieren von Isoparaffinen mit Olefinen.* (**D. A. S. 1 098 499** Kl. 12o vom 22/5. 1957, ausg. 2/2. 1961. A. Prior. 23/5. 1956. — C. **1960.** 9030 [E. P. 804 966].)

Rheinpreussen Akt.-Ges. für Bergbau und Chemie, Homberg/Ndrh., *Katalytische Hydrierung von Kohlenoxyd mit Wasserdampf.* (**Oe. P. 185 357** vom 21/7. 1952, ausg. 25/4. 1956. D. Prior. 8/8. 1951. Zusatz zu Oe. P. 175 878; C. 1954. 7561. — C. **1960.** 14863 [Schwz. P. 314 324].)

Ethyl Corp., New York, N.Y., V.St.A., *Dehydrochlorieren von Di- oder Trichloräthan zur Herstellung von Vinylchlorid oder Vinylidenchlorid.* (**E. P. 783 841** vom 5/4. 1956, ausg. 2/10. 1957. A. Prior. 5/4. 1955. — C. **1961.** 3480 [A. P. 2 765 350].)

Celanese Corp. of America, New York, N.Y., übert. von: **Arnold J. Rosenthal**, Madison, und **Harold K. Hughes**, Summit, N. J., V.St.A., *Entwässern von Methylenchlorid oder dessen Mischungen mit niedermolekularen, aliphatischen Alkoholen.* (**A. P. 2 856 331** vom 14/7. 1954, ausg. 14/10. 1958. — C. **1960.** 5971 [E. P. 803 552].)

Robert Neville Haszeldine, Cambridge, England, und **Hyman Iserson**, Philadelphia, Pa., V.St.A., *Herstellung von Tetrahalogenmethanen.* (**E. P. 848 561** vom 12/10. 1955, ausg. 21/9. 1960. — C. **1959.** 16785 [F. P. 1 161 185].)

National Smelting Co. Ltd., London, übert. von: **Leon Jerzy Belf**, Bristol, England, *Herstellung von Fluoroform.* (**A. P. 2 946 827** vom 18/12. 1957, ausg. 26/7. 1960. E. Prior. 14/1. 1957. — C. **1961.** 2439 [E. P. 816 622].)

Inventa Akt.-Ges. für Forschung und Patentverwertung, Luzern, Schweiz, *Mehrwertige Alkohole, insbesondere 1.3-Propylenglykol.* (**E. P. 840 821** vom 9/4. 1957, ausg. 13/7. 1960. Schwz. Prior. 28/4. 1956. — C. **1960.** 4022 [A. P. 2 852 570].)

Vereinigte Glanzstoff-Fabriken Akt.-Ges., Wuppertal-Elberfeld (Erfinder: **Heinz Indest**, Erlenbach/M.), *Aliphatische ein- oder zweiwertige Alkohole.* (**Schwz. P. 348 957** vom 27/6. 1956, ausg. 15/11. 1960. D. Prior. 8/7. 1955. — C. **1959.** 4301 [F. P. 1 154 221].)

Inventa Akt.-Ges. für Forschung und Patentverwertung, Luzern, Schweiz, *Mehrwertige Alkohole.* (**E. P. 838 510** vom 17/6. 1957, ausg. 22/6. 1960. Schwz. Prior. 19/6. 1956. — C. **1961.** 299 [D. A. S. 1 077 202].)

Inventa Akt.-Ges. für Forschung und Patentverwertung, Luzern (Erfinder: **Fritz Conradin**, Tamins, **Giuseppe Bertossa**, Donnat, und **Johann Giesen**, Haldenstein), Schweiz, *Mehrwertige aliphatische Alkohole.* (**D. A. S. 1 096 891** Kl. 12o vom 14/3. 1957, ausg. 12/1. 1961. Schwz. Prior. 12/4. 1956. — C. **1960.** 14182 [F. P. 1 169 484].)

N. V. de Bataafsche Petroleum Mij., Den Haag, Holland, *Umsetzungen in der Gasphase.* (**E. P. 761 831** vom 27/10. 1954, ausg. 21/11. 1956. Holl. Prior. 29/10. 1953. — C. **1958.** 4322 [F. P. 1 110 971].)

Rohm & Haas Co., Philadelphia, Pa., V.St.A., *Herstellung von Alkylhalogenpentenylsulfiden.* (**E. P. 770 510** vom 28/6. 1955, ausg. 20/3. 1957. A. Prior. 13/7. 1954. — C. **1959.** 9399 [D. A. S. 1 039 508].)

Nitroglycerin A/B, Gyttorp, Schweden, *Herstellung von Dialkylsulfoxyden.* (**Schwed. P. 155 690** vom 7/7. 1952, ausg. 21/8. 1956. Zusatz zu Schwed. P. 151 609; C. 1960. 10766. — C. **1955.** 8730 [D. B. P. 925 889].)

E. I. du Pont de Nemours & Co., Wilmington, Del. (Erfinder: **Richard Oliver Elder**), *Wasserfreier Formaldehyd aus HCHO-Lösungen.* (**E. P. 814 119** vom 30/4. 1957, ausg. 27/5. 1959. — C. **1959.** 16162 [D. A. S. 1 052 971].)

F. Hoffmann-La Roche & Co. Akt.-Ges., Basel, Schweiz, *Herstellung eines Triendialdehyds.* (**E. P. 768 172** vom 8/12. 1954, ausg. 13/2. 1957. Schwz. Prior. 8/12. 1953. — C. **1958.** 9061 [F. P. 1 115 244].)

F. Hoffmann-La Roche & Cie. Soc. An., Basel, Schweiz, *2.7-Dimethylocta-2.6-dien-4-in-1.8-dial.* (**Belg. P. 554 258** vom 17/1. 1957, ausg. 29/1. 1960. Schwz. Prior. 20/1. 1956. — C. **1959.** 7959 [D. A. S. 1 036 840].)

VEB Leuna-Werke „Walter Ulbricht", Leuna, *Herstellung von wasser- und ketonfreien Oximen von Cycloalkanonen.* (**Holl. P. 95 426** vom 22/2. 1956, ausg. 15/9. 1960. — C. **1960.** 647 [D. A. S. 1 034 629].)

Soc. des Laboratoires Labaz (Erfinder: **Georges Joseph Lambert Dechamps** und **Fernand Aime Ghislain Binon**), *Herstellung eines Carnitinderivates.* (**Aust. P. 204 916** vom 6/5. 1954, ausg. 24/1. 1957. Belg. Prior. 8/5. 1953. — C. **1957.** 11433 [F. P. 1 108 125].)

N. V. Centrale Suiker Mij., Amsterdam (Erfinder: **Jacob Van Juisingha**, Amsterdam, und **Christiaan Frederik Wijnman**, Gorinchem), Holland, *Hydrolyse von Pyrrolidoncarbonsäure in alkalischen Flüssigkeiten.* (**Schwz. P. 350 662** vom 16/8. 1956, ausg. 31/1. 1961. Holl. Prior. 20/8. 1955. — C. **1959.** 4967 [D. A. S. 1 032 263].)

Hamol Akt.-Ges., Zürich, Schweiz, *Herstellung von N-Hydroxymethylmethionin.* (**Ind. P. 49 903** vom 13/7. 1953, ausg. 12/1. 1955. — C. **1955.** 6390 [Oe. P. 180 927].)

Parke, Davis & Co., Detroit, Mich., V.St.A., *Salz des O-Glycyl-(l)-serins.* (**Schwed. P. 156 531** vom 2/5. 1953, ausg. 16/10. 1956. — C. **1959.** 11730 [Oe. P. 189 620].)

Parke, Davis & Co., Detroit, Mich., V.St.A., *Additionssalz des O-Glycyl-(l)-serins.* (**Schwed. P. 156 533** vom 2/5. 1953, ausg. 16/10. 1956. — C. **1959.** 11731 [Oe. P. 189 623].)

Parke, Davis & Co., Detroit, Mich., V.St.A., *Salz des O-Glycyl-(l)-serins.* (**Schwed. P. 156 532** vom 2/5. 1953, ausg. 16/10. 1956. — C. **1959.** 11730 [Oe. P. 189 621].)

Inventa Akt.-Ges. für Forschung und Patentverwertung, Luzern (Erfinder: **Claus Berther**, **Gisela Buck-Hausen** und **Johann Giesen**, Haldenstein), Schweiz, *Herstellung von ε-Caprolactam.* (**D. A. S. 1 100 025** Kl. 12p vom 26/4. 1957, ausg. 23/2. 1961. Schwz. Prior. 28/5. 1956. — C. **1959.** 12696 [Holl. P. 89 809].)

Stamicarbon N.V., Heerlen, Holland, *Herstellung von ω-Aminocapronitrilen aus Mischungen von ω-Aminocapronitrilen, ω-Caprolactam und Wasser.* (**E. P. 834 145** vom 20/12. 1957, ausg. 4/5. 1960. Holl. Prior. 21/12. 1956. — C. **1960.** 300 [D. A. S. 1 053 516].)

Röhm & Haas G. m. b. H., Darmstadt, *Herstellung von Nitrilotriacetonitril.* (**E. P. 851 783** vom 24/2. 1959, ausg. 19/10. 1960. D. Prior. 19/3. 1958. — C. **1960.** 6661 [D. A. S. 1 063 175].)

Inventa Akt.-Ges. für Forschung und Patentverwertung, Luzern, Schweiz, *Reinigung von Monoaminomonocarbonsäuren.* (**Holl. P. 95 459** vom 27/10. 1956, ausg. 15/9. 1960. Schwz. Prior. 12/11. 1955. — C. **1959.** 17471 [F. P. 1 163 417].)

Chempatents, Inc. (Erfinder: **Alfred Saffer** und **Robert S. Barker**), *Dimethylterephthalat.* (**Aust. P. 209 591** vom 17/11. 1955, ausg. 22/8. 1957. A. Prior. 8/12. 1954. — C. **1959.** 1607 [F. P. 1 135 624].)

Imperial Chemical Industries Ltd., London, England, *Herstellen von aromatischen Dicarbonsäuren.* (**Belg. P. 564 173** vom 22/1. 1958, ausg. 17/6. 1960. E. Prior. 23/1. 1957. — C. **1961.** 661 [E. P. 823 437].)

Imperial Chemical Industries Ltd., England, *Abtrennung von Phthalsäure aus den Phthalsäuregemischen von der Oxydation aromatischer Kohlenwasserstoffe.* (**F. P. 1 194 406** vom 20/8. 1957, ausg. 9/11. 1959. E. Prior. 20/8., 5/12. 1956 u. 21/6. 1957. — C. **1961.** 5254 [E. P. 837 007].)

Imperial Chemical Industries Ltd., London, England, *Herstellen von Terephthalsäure.* (**Belg. P. 562 970** vom 5/12. 1957, ausg. 3/6. 1960. E. Prior. 7/12. 1956 u. 29/11. 1957. — C. **1961.** 302 [D. A. S. 1 082 900].)

Bergwerksverband G. m. b. H., Essen (Erfinder: **Anton Benning**, Essen, **Werner Emte**, Gelsenkirchen, **Heinrich Frühbuss**, Essen, und **Otto Grosskinsky**, Dortmund), *Herstellung von Terephthalsäure.* (**Holl. P. 96 146** vom 28/1. 1955, ausg. 15/12. 1960. D. Prior. 25/2. 1954. — C. **1958.** 8191 [F. P. 1 122 080].)

Distillers Co. Ltd., Edinburgh, England (Erfinder: **David James Hadley** und **Harry Davies Hollingworth**), *Herstellen von Di-(2-hydroxyäthyl)-terephthalat.* (**D. A. S. 1 102 132** Kl. 12o vom 5/6. 1957, ausg. 16/3. 1961. E. Prior. 8/6. 1956. — C. **1959.** 10727 [E. P. 799 059].)

Vereinigte Glanzstoff-Fabriken, Wuppertal, *Therephthalsäuredimethylester.* (**Norw. P. 89 918** vom 10/7. 1956, ausg. 2/9. 1957. D. Prior. 5/8. 1955. Zusatz zu Norw. P. 89 757; C. 1961. 10369. — C. **1957.** 14138 [D. B. P. 961 082].)

Henkel & Cie. G. m. b. H., Düsseldorf, *Aromatische Carbonsäuren.* (**Schwed. P. 156 417** vom 20/12. 1954, ausg. 9/10. 1956. D. Prior. 13/1. u. 23/8. 1954. — C. **1959.** 9403 [F. P. 1 120 544].)

Perfogit S. p. A., Mailand, Italien, *Herstellung von Estern schwerlöslicher Carbonsäuren.* (**Aust. P. 167 882** vom 12/10. 1953, ausg. 5/7. 1956. It. Prior. 25/10. 1952. — C. **1958.** 560 [F. P. 1 089 286].)

Imhausen & Co. G. m. b. H., Witten/Ruhr, *Benzolpolycarbonsäuren und deren Derivate.* (**Aust. P. 162 901** vom 23/5. 1952, ausg. 2/6. 1955. — C. **1956.** 4568 [E. P. 727 989].)

S. C. Johnson & Son, Inc., V.St.A. (Erfinder: **Sylvan Owen Greenlee**), *Herstellung von Kondensationsprodukten.* (**F. P. 1 162 621** vom 13/9. 1956, ausg. 16/9. 1958. A. Prior. 14/9. 1955. — C. **1960.** 8687 [Aust. P. 213 004].)

American Cyanamid Co., New York, N.Y., übert. von: **Wen Mou Chow**, Princeton, und **Alfred O. Parker**, Bound Brook, N.J., V.St.A., *Heißherstellungssystem für die Gewinnung von Diphenylamin aus Anilin.* (**A. P. 2 938 055** vom 18/9. 1956, ausg. 24/5. 1960. — C. **1960.** 6663 [E. P. 807 399].)

American Cyanamid Co., New York, N.Y., übert. von: **George L. Wiesner**, Bound Brook, N.J., V.St.A., *Sicherheitsvorrichtung zur Herstellung von Diphenylamin.* (**A. P. 2 943 111** vom 18/9. 1956, ausg. 28/6. 1960. — C. **1960.** 6663 [E. P. 807 399].)

Snia Viscosa Soc. Nazionale Industria Applicazioni Viscosa S. p. A. Mailand, übert. von: **Werner Muench**, CesanoMaderno, **Luigi Notarbartolo**, **Giuliana Silvestri**, Mailand, und **Vincenzo Ruoti**, Cesano Maderno, Italien, *Herstellung von Alkalimetallverbindungen von mehrkernigen aromatischen Kohlenwasserstoffen.* (**A. P. 2 948 762** vom 18/3. 1957, ausg. 9/8. 1960. It. Prior. 23/3. 1956. — C. **1960.** 13489 [F. P. 1 169 904].)

Standard Oil Development Co., Elizabeth, N.J., V.St.A., *Herstellung hochwertiger Schmieröle.* (**Aust. P. 161 548** vom 23/12. 1952, ausg. 17/3. 1955. A. Prior. 27/2. 1952. — C. **1956.** 2625 [F. P. 1 073 683].)

Ciba Ltd., Basel, Schweiz, *Herstellung von Anthrachinon.* (**Ind. P. 60 176** vom 11/4. 1957, ausg. 16/8. 1958. — C. **1960.** 14519 [F. P. 1 175 452].)

Ciba Ltd. (Erfinder: **Leopold Ruzicka, Hans Heusser** und **Rudolf Aniiker**), *Methylhydrophenanthrene.* (**Aust. P. 221 709** vom 4/10. 1956, ausg. 18/6. 1959. Schwz. Prior. 13/10. 1955 u. 13/7. 1956. — C. **1959.** 16167 [F. P. 1 165 070].)

Ruhrchemie-Akt.-Ges., Oberhausen-Holten, *Herstellung von Tricyclodecan* ($5.5.1.0^{2.6}$)*-triol* (*3.4.8 u./oder 9*). (**It. P. 513 403** vom 16/12. 1953. D. Prior. 17/1. 1953. — C. **1958.** 4627 [F. P. 1 091 377].)

American Cyanamid Co., New York, N.Y. (Erfinder: **Isaiah Von**, Plainfield, N.J.), V.St.A., *Küpenfarbstoffe.* (**Schwz. P. 350 744** vom 2/10. 1956, ausg. 31/1. 1961. A. Prior. 3/10. 1955. — C. **1958.** 1145 [A. P. 2 781 362].)

Olin Mathieson Chemical Corp., New York, N.Y., V.St.A., *Herstellung eines 3.6-Dihydroxy-3.6-dihydrophthalaten.* (**Ind. P. 58 776** vom 30/10. 1956, ausg. 26/6. 1958. — C. **1960.** 996 [F. P. 1 163 980].)

Monsanto Chemical Co., St. Louis, Mo., V.St.A., *Herstellung von Melamin.* (**Aust. P. 167 870** vom 11/6. 1953, ausg. 5/7. 1956. A. Prior. 13/6. 1952. — C. **1956.** 6811 [A. P. 2 727 037].)

Josef Meissner, Köln-Bayenthal, *Hexamethylentetramin.* (**Schwed. P. 156 420** vom 16/2. 1952, ausg. 9/10. 1956. D. Prior. 19/2. 1951. — C. **1954.** 9629 [Oe. P. 178 898].)

Ciba Ltd., Basel, übert. von: **Walter Hofmann**, Basel, und **Paul Zuppinger**, Arlesheim, Schweiz, *Herstellung eines Polyglycidyläthers eines Polyhydroxy-1.3.5-triazins.* (**A. P. 2 931 781** vom 25/6. 1957, ausg. 5/4. 1960. Schwz. Prior. 26/6. 1956. — C. **1960.** 10410 [Schwz. P. 345 347].)

X. Färberei. Organische Farbstoffe

Chemische Werke Albert, Wiesbaden-Biebrich, **Färben von Textilien** unter Verw. von farbstoffaffinen Egalisierhilfsmitteln in Gemeinschaft mit polymeren Phosphaten mit mehr als 2-P-Atomen im Molekül. Als Egalisiermittel werden verwendet: Alkylpolyglykoläther, Acylpolyglykoläther, Alkylphenylpolyglykoläther, Alkylnaphthyl-, Acylamid- u. Acylaminopolyglykoläther, sowie deren Sulfonierungs-Prodd. u. die entsprechenden Polyäthyleniminderivate. Kapillarakt. farbstoffaffine Egalisiermittel sind oxäthylierte Fettsäurealkylolaminester, acylierte Diäthylendiamine, quaternierte Acylamidpolyglykoläther. (**Oe. P. 198 723** vom 18/5. 1956, ausg. 28/7. 1958. D. Prior. 10/8. 1955.) M. F. Müller. 7007

Ciba Soc. An., Schweiz, **Wässerige Pigmentfärbelösung für Fasermaterialien aller Art**, wie Baumwolle, Leinen, Kunstseide, Acetatseide, Wolle, Nylonfaser, Polyester- oder Polyacrylonitrilfasern. Als Pigmente werden organ. u. anorgan. Pigmente verwendet, z. B. Pigmente von Azo- u. Küpenfarbstoffen, Ruß, TiO_2, Eisenoxyde. Sie werden unter Verw. von kationenakt. polymeren Dispergiermitteln u. eines synthet. kationenakt. Bindemittels (Polymerisations-Prodd. von Acrylsäure-Derivv., Methylolamináthern, z. B. Allyläther des Methylolamins, der modifiziert ist mit Sojafettsäuren, Methylolharnstoffe oder wasserlösl. Äther der Methylolharnstoffe) dispergiert. Als polymere Dispergiermittel sind z. B. genannt: Gemische von Polymerstoffen mit Acetaten oder Sulfaten von höhermol. aliphat. Aminen, z. B. Octadecylamin, Dodecyldiäthylcyclohexylamin, sowie der Salze von Diäthylaminoäthylestern von höheren Fettsäuren, z. B. Acetat des Oleylamidoäthyldiäthylamins. Als Polymerstoffe sind auch Mischpolymere genannt, z. B. aus 66 (Teilen) n-Butylacrylat, 12 Styrol u. 22 Vinylisobutyläther, oder aus 70 asymm. Dichloräthylen u. 30 Butylacrylat, oder aus 50 asymm. Dichloräthylen, 45 Butylacrylat u. 5 Acrylamid, oder aus 52 Vinylchlorid, 35 Butylacrylat, 7 Methylacrylat u. 6 Acrylamid. — Ein Baumwollpopeline wird in einem Färbebad gefärbt, welches im Liter 10 g einer 15%ig. Farbstoffpaste enthält, die aus einem Cu-haltigen Phthalocyanin besteht, dispergiert mit [β-(Octadecenoylamido)-äthyl]-diäthylmethylammoniummethosulfat (I), ferner 5 g einer 70%ig. Emulsion des Allylesters eines mit Sojafettsäuren modifizierten Methylolamins mit 10% **I** als Emulgierungsmittel, u. 4 g NH_4NO_3. Es wird eine blaue Färbung erhalten, waschecht. (**F. P. 1 165 135** vom 26/11. 1956, ausg. 20/10. 1958. Schwz. Prior. 30/11. 1955.) M. F. Müller. 7021

Farbwerke Hoechst Akt.-Ges., vormals Meister Lucius & Brüning, Deutschland, **Herstellung von wasserunlöslichen Azofarbstoffen auf tierischen Fasern** u. auf Gemischen davon mit anderen Fasern unter Verw. eines Färbebades, welches eine Azokomponente u. eine Diazoamino- oder Tetrazoamino-Verb., die keine löslich machenden Gruppen besitzen, als Azofarbstoff bildende Anteile enthält. Als Azokomponenten sind z. B. genannt: Arylamide der 2.3-Hydroxynaphthoesäure, der 2-Hydroxycarbazol-3-carbonsäure u. der 5'-Hydroxy-1.2.1'.2'-benzocarbazol-4'-carbonsäure, sowie Acylacetamino-Verbb. der Bzl.- u. Diphenylreihe. Die Diazo- oder Tetrazo-Verbb. werden erhalten durch Rk. von diazotierten oder tetraazotierten aromat. Aminen mit sek. aliphat. alicycl. oder heterocycl. Aminen, die keine Carbonsäure- oder Sulfonsäuregruppen enthalten. Als Amine sind z. B. genannt: Diäthylamin, Methyläthanol- u. Diäthanolamin (**I**), Dicyclohexylamin, Pyrrolidin. Eine gute Affinität zu tier. Fasern zeigen z. B die Diazoamino-Verbb. aus diazotiertem 1-Amino-2-methyl-4-chlorbenzol u. **I** oder aus diazotiertem 1-Amino-4-benzoylamino-2.5-diäthoxybenzol u. **I** oder aus tetrazotiertem 4.4'-Diaminodiphenyl u. **I**. — Man löst 62 g 1-[2'-Hydroxynaphthoyl-(3')-amino]-2-methyl-4-chlorbenzol in 124 ml A., 24 ml NaOH-Lsg. (38° Bé) u. 124 ml W. u. trägt diese Lsg. ein in ein Bad aus 20 Liter W., 60 g des Kondens.-Prod. aus einer höhermol. Fettsäure u. Proteinabbau-Prodd. u. 80 ml NaOH (38° Bé); Temp. 50—55°. In das erhaltene Gemisch wird eine Lsg. von 27,5 g einer Diazoamino-Verb. **II** in 210 ml eines Gemisches aus gleichen Teilen A. u. W. bei 70° eingetragen. Die Verb. **II** ist das Rk.-Prod. von diazotiertem 1-Amino-2-methyl-4-chlorbenzol u. **I**. In das Bad wird 1 kg gesponnene Naturseide 45—60 Min. lang bei 50—55° eingetaucht u. mit einer Lsg. von 800 g NaCl u. 20 ml NaOH (38° Bé) in 20 Liter W. nachbehandelt. Danach wird der Farbstoff in 20 Liter W. von 70—75° mit 200 ml 50%ig. Essigsäure 15—20 Min. lang u. mit 10 g eines Kondens.-Prod. aus Aminoalkylsulfonsäure u. einer höhermol. Fettsäure entwickelt. Anschließend Behandlung mit einer Lsg. von 20 g des Rk.-Prod. aus 10 Mol. Äthylenoxyd u. 1 Mol eines Alkylphenols u. von 20 ml NaOH (38° Bé) in 20 Liter W. bei 80—85° 15 Min. lang. Nach beendeter Färbung hat die Naturseide eine bläulich rote Farbe angenommen. — 1-[5''-Hydroxybenzo-(1'.2':1''.2'')-carbazol-4''-carbonylamino]-4-methoxybenzol wird in wss.-alkohol. NaOH gelöst u. in ein Bad eingetragen, welches in 20 Liter W. 60 g eines Kondens.-Prod. aus höhermol. Fettsäuren u. Proteinabbau-Prodd. sowie 120 ml NaOH (38° Bé) enthält. In dieses Gemisch werden 25 g der Tetrazoamino-Verb. aus 4.4'-Diaminodiphenyl u. **I** (Mol-Verhältnis 1:2), in 210 ml eines Gemisches aus gleichen Mengen A. u. W. gelöst, eingetragen. Damit wird Naturseide schwarz gefärbt. (**F. P. 1 167 705** vom 12/7. 1956, ausg. 28/11. 1958. D. Prior. 12/7. 1955.) M. F. Müller. 7021

J. R. Geigy Akt.-Ges., Basel, Schweiz, **Kontinuierliches Färben von Wolle**, z. B. in Form von Kammzügen, Stückware oder in Mischgeweben mit Polyamidfasern, mit neutral bis schwachsauer ziehenden Wollfarbstoffen. Das Färbegut wird mit den Farbstoff-Lsgg. bei Temp. getränkt, bei welchen der Farbstoff noch kaum aufzieht, z. B. bei 20—80°. Die überschüssige Flotte wird abgepreßt u. in einem heißen Bad entwickelt, das verd. Säure enthält. Als Farbstoffe sind genannt: Neutral bis schwach sauer ziehende Azo- oder Azomethinfarbstoffe oder saure Anthrachinonfarbstoffe. Vorteilhaft werden noch übliche Verdickungsmittel verwendet, z. B. Pflanzengummi, Polyvinylalkohole, Vinylpyrrolidon u. Alginate. — In einer Tabelle sind zahlreiche Farbstoffe u. die erzielten Farbtönungen aufgeführt. (**Oe. P. 201 023** vom 14/10. 1957, ausg. 10/12. 1958. Schwz. Prior. 15/10. 1956.) M. F. Müller. 7021

Ciba Soc. An., Schweiz (Erfinder: Fritz Raff, Robert Terrence Mc Guire und Richard Joseph Palestri), **Nachbehandlung der Färbungen von Celluloseestergeweben**, bes. aus Celluloseacetat, mit einer Paste aus Na-Formaldehydsulfoxylat, einer organ. Base, Thioharnstoff u. einer nicht verkleisternden Stärke, z. B. wachsartiger Maisstärke. Als organ. Basen sind genannt: Cyclohexylamin, Mono-, Di- u. Triäthylamin, Mono-, Di- u. Triäthanolamin, Tetraäthanolammoniumhydroxyd. Als Lsgm. sind genannt: Äthylen- u. Diäthylenglykol, Äthylenglykolmono- oder -diäthyläther, Thiodiäthylenglykol (**II**). — Die Paste enthält 35—60 (Teile) eines Dickungsmittels aus gomme cristal, 3—10 **II**, 5—15 Triäthanolamin, 5—15 Na-Formaldehydsulfoxylat, 10—20 Stärke u. 5—10 Thioharnstoff. — Ein Acetatseidengewebe wird mit einem Farbstoff **I** gefärbt u. mit einer Paste be-

I

druckt, die 95% des vorgenannten Gemisches u. 5 Tribromindigo enthält. Das bedruckte Gewebe wird getrocknet u. 5 Min. lang mit gesätt. Wasserdampf behandelt. Danach wird es bei 40° mit einer wss. Lsg., welche je 2% H_2O_2 (30%ig.) u. Essigsäure (56%ig.) enthält, oxydiert, mit W. von 40° gewaschen, bei 40° geseift, gewaschen u. getrocknet. Man erhält einen hellblauen Druck auf violettem Untergrund. (**F. P. 1 154 238** vom 20/6. 1956, ausg. 3/4. 1958. A. Prior. 22/6. 1955.) M. F. MÜLLER. 7023

Farbwerke Hoechst Akt.-Ges., vormals Meister Lucius & Brüning, Deutschland, **Herstellung von Oberflächeneffekten auf thermoplastischen Textilstoffen** aus thermoplast. Fasern, z. B. aus Polyäthylen, Polyacrylonitril, Polyvinylchlorid, Polyvinylalkohol, Superpolyamiden, sowie Polyestern aus Äthylenglykol u. Terephthalsäure, Polyaminotriazol, Celluloseacetat, Cellulosetriacetat. Die Oberflächenmusterung wird mit Matrizen in der Wärme unter hohem Druck ausgeführt. Die Matrizen werden hergestellt aus Baumwolle, Leinen, Jute, regenerierter Cellulose, Metall- u. Glasfasermaterial, Papier. (**F.P.1154635** vom 9/7. 1956, ausg. 14/4. 1958. D. Prior. 8/7. 1955.) M. F. MÜLLER. 7023

Farbwerke Hoechst Akt.-Ges., vormals Meister Lucius & Brüning, Deutschland, **Bedrucken von Polyestergeweben** mit bes. Farbeffekt unter Verw. einer Druckpaste, welche Dickungsmittel, Guanidin, bes. Guanidincarbonat, u. ein effektsteigerndes Mittel, z. B. Thiodiglykol oder o-Phenylphenol, enthält. Dickungsmittel sind z. B. British Gum, Traganth, Polyvinylalkohol, Stärke- u. Cellulose-Derivv., Caroubamehl. Als Polyester sind z. B. genannt solche aus Terephthalsäure u. Äthylenglykol, Propylenglykol, Butylenglykol u. Dimethylpropylenglykol. (**F. P. 1 155 207** vom 25/7. 1956, ausg. 24/4. 1958. D. Prior. 25/7. 1955.) M. F. MÜLLER. 7023

General Aniline & Film Corp., New York, N.Y., übert. von: Hans Heer, Westfield, N.J., V.St.A., **Bromierung von Dibenzopyrenchinonen** erfolgt dadurch, daß man diese in einer Schmelze aus Alkalichloriden u. $AlCl_3$, bes. im Verhältnis 1:4 bis 6 bei 80—200° löst u. dann mit einem festen Bromid (Alkali- u. Erdalkalibromide, NH_4Br oder dessen Alkyl-Derivv.) in Ggw. eines Oxydationsmittels behandelt (Luft, Permanganate, Chlorate, Bromate, Nitrate, Chromate, Persulfate, Perborate, Arsenate, Pb-Peroxyd, V_2O_5, Dinitrobenzole, -naphthaline, -anthracene u. die entsprechenden Sulfonsäuren). Die Ausgangsstoffe können als Substituenten Cl, Br, OH, Alkoxy u. NH_2 enthalten. — Aus 1.5-Dibenzoylnaphthalin in einer Schmelze aus 530 (Teilen) $AlCl_3$ u. 94 NaCl bei 150 bis 160° unter Durchleiten von Luft → Dibenzopyrenchinon, dann Zusatz von 23,2 KBr bei 140—145° u. weiteres Einleiten von Luft → *Bromdibenzopyrenchinon*. — *Dibromdibenzopyrenchinon*. — *Tetrabromdibenzopyrenchinon*. Ferner können bromiert werden: 3.4; 8.9- bzw. 4.5; 8.9-Dibenzopyren-5.10- bzw. -3.10-chinon u. die vorst. genannten Derivate. — *Zwischen-Prodd.*, bes. zur Herst. von *Farbstoffen*. (**A. P. 2 838 525** vom 10/5. 1956, ausg. 10/6. 1958.) G. KRAUSS. 7049

Farbenfabriken Bayer Akt.-Ges. (Erfinder: Edgar Enders), Leverkusen, **Herstellung von metallhaltigen Monoazofarbstoffen.** Monoazofarbstoffe der allg. Formel X—R—N=N—R_1—NH—R_2—OH (R = Rest der Benzolreihe mit X in o-Stellung zu —N=N-, X = OH oder COOH, R_1 = Rest der Naphthalinreihe mit —HN—R_2—OH in 2 Stellung u. —N=N- in 1-Stellung, R_2 = Rest der Benzolreihe mit —NH- u. OH- in o-Stellung zueinander, R, R_1 u. R_2 können weitere Substituenten enthalten) werden mit metall., bes. Cr- u. Co-abgebenden Mitteln in Substanz oder auf einem Substrat behandelt. — 11,2 (Gewichtsteile) *1-Amino-2-hydroxy-4-nitrobenzol* → 23 *2-(2'-Hydroxy-5'-sulfonamidophenyl)-aminonaphthalin*. Der chromierte Farbstoff färbt Wolle aus neutralem Bad grünstichig khakifarben u. sehr echt. Die verwendete Azokomponente wird folgendermaßen erhalten: 50 (Gewichtsteile) 2-Hydroxynaphthalin-3-carbonsäure u. 62 1-Amino-2-hydroxybenzol-5-sulfonsäureamid werden in 400 Natriumbisulfit-Lsg. (40%ig.) unter Rückfluß 10—15 Std. lang erhitzt mit HCl angesäuert u. filtriert. Ausbeute 80—90%. Die Verb. krist. aus Eisessig oder verd. A. in farblosen Nadeln, F. 160 bis 162°. — Weitere Tabellenbeispiele. (**D. A. S. 1 101 659** Kl. 22a vom 7/8. 1958, ausg. 9/3. 1961. **F. P. 1 233 805** vom 5/8. 1959, ausg. 12/10. 1960. **E. P. 852 262** vom 28/7. 1959, ausg. 26/10. 1960. Beide D. Prior. 7/8. 1958.) F. RATH. 7053

J. R. Geigy Akt.-Ges., Basel (Erfinder: Werner Bossard, Riehen, und Rudolf Dürig, Basel), Schweiz, **Herstellung von metallisierbaren Trisazofarbstoffen.**

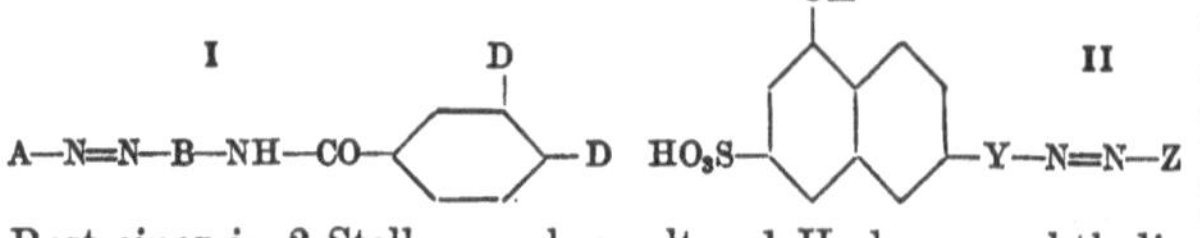

Aminomonoazofarbstoffe der allg. Formel I, worin A den Rest einer o-Hydroxy- oder o-Carboxydiazonium-Verb. der Benzol- oder Naphthalinreihe, B den Rest einer in 2-Stellung gekuppelten 1-Hydroxynaphthalin-3-sulfonsäure oder eines in 4-Stellung gekuppelten 1-Phenyl-5-pyrazolons, welche den Benzoylamidrest in 6-Stellung des Naphthalinringes bzw. in 4'-Stellung der 1-Phenylgruppe enthalten, ein D eine prim. NH_2-Gruppe u. das andere D eine niedrigmol. Alkylgruppe bedeutet, werden diazotiert u. mit einem Monoazofarbstoff der allg. Formel II gekuppelt, worin Y einen gekuppelten enolisierbaren Rest bedeutet, der über ein N-Atom mit dem Naphthalinrest verbunden ist u. der Acylacetylamid- oder der 5-Pyrazolonreihe angehört, u. worin die —N=N-Gruppe am α-C-Atom der Acylacetylgruppe bzw. in 4-Stellung des 5-Pyrazolonrestes steht u. Z den Rest einer o-Hydroxy- oder o-Carboxydiazonium-Verb. der Benzol- oder Naphthalinreihe bedeutet. — 13,7 (Teile) *2-Aminobenzol-1-carbonsäure* → 37,2 *6-(3'-Methyl-4'-aminobenzoyl)-amino-1-hydroxynaphthalin-3-sulfonsäure* → 32,0 *6-(3'-Methylpyrazol-5'-on-1'-yl)-1-hydroxynaphthalin-3-sulfonsäure* ← 18,9 *2-Amino-1-hydroxybenzol-4-sulfonsäure.* Der Farbstoff ist ein dunkles rotbraunes Pulver u. färbt Fasern aus natürlicher u. regenerierter Cellulose unter Behandlung mit Cu-Salzen rein bläulichrot mit guter Licht-, Wasch-, W.-, Alkali- u. Säureechtheit. Geeignete Farbstoffe können auch in Substanz in die Cu-Komplex-Verbb. übergeführt werden. — Weitere 3 Beispiele u. 4 Tabellen mit Beispielen. (**D. A. S. 1 101 662** Kl. 22a vom 5/12. 1958, ausg. 9/3. 1961. **F. P. 1 216 563** vom 5/12. 1958, ausg. 26/4. 1960. **A. P. 2 897 191** vom 10/11. 1958, ausg. 28/7. 1959. Alle Schwz. Prior. 6/12. 1957.) F. RATH. 7055

E. I. du Pont de Nemours & Co., Wilmington, übert. von: William Dettwyler, Hockessin, Del., V.St.A., **Pyranthron** erhält man durch Ringschluß von 2.2'-Dimethyl-1.1'-dianthrachinonyl bei 110—160° in Ggw. von wenigstens 1 Teil (T) NaOH, KOH oder K_2CO_3, als wenigstens 30%ig. wss. Lsg., u. wenigstens 0,1 einer reduzierend wirkenden organ. Hydroxy-Verb., z. B. 4 T 33%ig. NaOH u. 0,5 T Diäthylenglykolmonomethyläther, 4 T 50%ig. NaOH u. 0,5 T Diäthylenglykol oder 5 T 80%ig. NaOH u. 0,2 T β-Äthoxyäthanol; Ausbeute quant.; *färbt Baumwolle hellorange.* (**A. P. 2 855 408** vom 17/1. 1957, ausg. 7/10. 1958.) G. KRAUSS. 7059

Soc. An. Italiana Colori Affini, Mailand, Italien, *Wasser-in-Öl-Emulsion zum Färben und Bedrucken von Textilien.* (**Ind. P. 49 630** vom 25/5. 1953, ausg. 7/10. 1955. — **C. 1956.** 6813 [E. P. 733 099].)

Imperial Chemical Industries Ltd., London, England, *Verbesserung der Anfärbbarkeit von Polyamidfasern.* (**It. P. 512 640** vom 7/10. 1953. E. Prior. 15/10. 1952. — **C. 1957.** 272 [D. B. P. 943 589].)

Imperial Chemical Industries Ltd., London, England, *Färben von Textilien.* (**Ind. P. 56 209** vom 3/1. 1956, ausg. 18/2. 1958. E. Prior. 12/1. 1955. — **C. 1958.** 9619 [E. P. 777 377].)

Imperial Chemical Industries Ltd., London, England, *Färben von Cellulosetextilmaterial mit Küpenfarbstoffen.* (**Ind. P. 56 151** vom 26/12. 1955, ausg. 18/8. 1958. E. Prior. 5/1. 1955. — **C. 1959.** 4975 [E. P. 787 343].)

Ciba Akt.-Ges., Basel, Schweiz, *Färben von cellulosehaltigen Stoffen.* (**Norw. P. 89 035** vom 20/10. 1955, ausg. 8/4. 1957. Schwz. Prior. 22/10. 1954. — **C. 1961.** 1021 [Belg. P. 542 226].)

Badische Anilin- & Soda-Fabrik Akt.-Ges., Deutschland, *Erzeugung von Küpenfarbstoffen.* (**F. P. 1 163 656** vom 28/12. 1956, ausg. 30/9. 1958. D. Prior. 31/12. 1955. — **C. 1958.** 2281 [D. A. S. 1 010 496].)

Badische Anilin- & Soda-Fabrik Akt.-Ges., Deutschland, *Azofarbstoffe.* (**F. P. 1 163 077** vom 27/9. 1956, ausg. 22/9. 1958. D. Prior. 4/10. 1955. — **C. 1960.** 16601 [D. A. S. 1 045 014].)

Farbenfabriken Bayer Akt.-Ges., Deutschland (Erfinder: **Hermann Goebel** und **Gerd Müller**), *Monoazofarbstoffe.* (**F. P. 1 164 476** vom 16/1. 1957, ausg. 9/10. 1958. D. Prior. 20/1. 1956. — **C. 1960.** 1682 [D. A. S. 1 020 748].)

General Aniline & Film Corp., New York, N.Y., V.St.A., *Herstellung von Azofarbstoffen.* (**It. P. 513 068** vom 18/2. 1954. A. Prior. 20/2. 1953. — **C. 1959.** 5305 [F. P. 1 093 433].)

Farbenfabriken Bayer Akt.-Ges., Deutschland (Erfinder: **Walter Benade** und **Hermann Goebel**), *Trisazofarbstoffe.* (**F. P. 1 169 294** vom 9/3. 1957, ausg. 24/12. 1958. D. Prior. 10/3. 1956. — **C. 1960.** 15915 [Holl. P. 92 191].)

Farbwerke Hoechst Akt.-Ges., vormals Meister Lucius & Brüning, Frankfurt/M., *Herstellung von wasserunlöslichen Farbstoffen.* (**It. P. 512 765** vom 12/12. 1953. D. Prior. 12/12. 1952. — **C. 1960.** 16944 [D. B. P. 930 998].)

Durand & Huguenin Akt.-Ges., Basel, Schweiz, *Wasserlösliche Salze von Schwefelsäureestern von Leukofarbstoffen der Anthrachinonreihe.* (**Ind. P. 49 620** vom 25/5. 1953, ausg. 19/9. 1955. — **C. 1957.** 10623 [Schwz. P. 306 649].)

General Aniline & Film Corp., New York, N.Y., V.St.A., *Phthalocyaninküpenfarbstoffe.* (**Ind. P. 56 050** vom 13/12. 1955, ausg. 13/3. 1958. — **C. 1959.** 2973 [E. P. 779 324].)

XIa. Farben. Anstriche. Lacke. Naturharze

Die Vorbehandlung einiger Metalle für den Anstrich. J. Glossop. (J. Oil Colour Chemists' Assoc. **44.** 269—78. April 1961. Bristol, Stapleton.) (Engl.)

Übersicht über die Vorbehandlung von Metallen, bes. Fe u. Stahl, Al u. Zn vor Aufbringung eines Anstriches: Entfetten, mechan. (Abstrahlen) oder chem. (saure oder alkal. Lsg.) Behandlung zur Beseitigung von Korrosions-Prodd., chem. Behandlung zur Erhöhung der Korrosionsfestigkeit (Phosphatieren, Metallzerstäubung oder Elektroplattierung für Fe-Oberflächen, anod. Oxydation u. Chromatumwandlung für Al). W. WESLY. 7090□

Elektrostatische Schutzanstriche. Die Ransburg-Verfahren. Richard Tilney. (Sheet metal Ind. **33.** 444—46. 454. Juli 1956. Henry W. Peabody Industrial Ltd.) (Engl.)

Das RANSBURG-Verf. No. 2 verwendet ein starkes, elektrostat. Feld zur Zerstäubung des Schutzanstrich-Werkstoffes u. zur Niederschlagung auf dem zu schützenden Gegenstand, wobei keine Preßluft verwendet wird. Die zur Ausführung des Verf. nötigen Vorr. werden beschrieben. W. WESLY. 7090□

Versuche über die Bestimmung der die farbentechnologischen Eigenschaften von Bleichromat beeinflussenden Faktoren. József Scholtz. (Veszprémi Vegyipari Egyetem Közleményei [Mitt. Univ. Chem. Ind. Veszprém] **4.** 15—22. 1961. Veszprém, Univ. Chem., Ind., Lehrst. für chem. Technol.) (Ung.)

Es wurde der Einfl. von Temp., pH u. der anwesenden Anionen u. Kationen beim Fällen des Pigments auf dessen Qualität untersucht. Das aus bas. Pb-Acetat bereitete $PbCrO_4$ ist rein gelb, weich körnig, gut streichbar, aber wenig lichtbeständig. Aus $Pb(NO_3)_2$ erhält man (kalt oder warm gefällt) ein lichtgelbes, lichtbeständiges, aber schwer sich absetzendes Prod., weil infolge des Nitrations gut entwickelte Nadeln lose Konglomerate bilden. Aus HCl-Lsg. erhält man die besten Prodd., deren Färbevermögen am größten u. deren Lichtbeständigkeit den aus Nitrat bereiteten gleich ist. Die Güte der Prodd. wird in jedem Fall durch einen Pb-Überschuß u. höhere Temp. verbessert. J. PLANK. 7092

Untersuchung der Herstellungsprozesse des Pariser Blaues. György Szigeti. (Veszprémi Vegyipari Egyetem Közleményei [Mitt. Univ. Chem. Ind., Veszprém.] **4.** 23—26. 1961. Veszprém, Lehrst. für chem. Technol.) (Ung.)

Zur Herst. des Pigments kann statt $K_4[Fe(CN)_6]$ das billigere Na-Salz verwendet werden, wenn NH_4- oder K-Salze zugegen sind. Die Zus. des Weißteiges ist von den Vers.-Bedingungen abhängig u. entspricht der Formel $R_xFe_y[Fe(CN)_6]$, wo R = Na, K oder NH_4, $x + 2y = 4$ u. y eine Funktion der Herst. ist. Beim Vermischen von kaltem Fe(II)-Salz u. $Na_4[Fe(CN)_6]$ im Mol-Verhältnis 1,2:1 ist x = 1,6, in saurem Medium nähert sich x dem Wert 2. Im letzteren Fall ist die Formel $R_2Fe[Fe(CN)_6]$. Sind bei der Fällung K- oder NH_4-Ionen zugegen, wird aus dem Weißteig Na verdrängt. $FeCl_2$ ist vorteilhafter als $FeSO_4$. Bei der Oxydation des K enthaltenden Weißteiges nimmt dieser aus der Mutterlauge Na auf, man kann dies aber verhindern, wenn der Nd. nach der Reife ausgewaschen wird. J. PLANK. 7092

Die Lackfarben-Industrie im Jahre 1957, ein Fortschrittsbericht. William Brushwell. (Amer. Paint J. **42.** Nr. 23. 93. 96. 98. 100. 102. 104. 106. 108. 17/2. Nr. 25. 94. 96. 98—99. 102. 3/3. 1958.)

Ergänzung zu den C. **1961.** 669 referierten Arbeiten. G. TREWENDT. 7106□

Die Wirkung der Ultraviolett-Strahlen und ihre Absorption durch Ultraviolett-Absorber bei Kunstharzen und Farbstoffen. M. Giesen. (Fette, Seifen, Anstrichmittel **61.** 1245—51. Dez. 1959. Marienberg b. Bensheim, Deutsche Advance Produktion G. m. b. H.) (Dt.)

Als UV-Absorber für Kunstharze u. Farbstoffe eignen sich bes. Benzophenon-, Salicylsäure- u. Zimtsäure-Derivv., wie durch Absorptionsmessungen u. Lichtechtheitsprüfungen nachgewiesen wird. B. SCHEIFELE. 7106□

PVC-Metallblech-Kombinationen. S. Pezarro. (Plastica [Delft] **13.** 925—29. Okt. 1960.) (Holl.) — Vgl. C. **1961.** 2801.

Tabellar. Übersicht über die in Europa hergestellten PVC-Metallblech-Kombinationen u. die Entw. in USA. W. WESLY. 7106□

Grundlagen und Voraussetzungen für die Lackierung von Kunststoffen. 2. Mitt. **Polystyrol.** Kurt Weigel. (Ind.-Lackier-Betr. **28.** 361—65. Nov. 1960.) (Dt.) — 1. vgl. C. **1961.** 5265.

Allg. Ausführungen. M. WINIKER. 7106□

Die Entwicklung geeigneter Steigflüssigkeiten für Harze in der Papierchromatographie. K. Weigel. (Farbe u. Lack **67.** 294—98. 494. Mai 1961. St. Margarethen, Schweiz.) (Dt.)

Eine große Anzahl von Lsgm. wird zur Identifizierung von 4 Lackharztypen auf papierchromatograph. Wege herangezogen. Die für das aufsteigende Verf. geeigneten Lsgm. (-Gemische) werden ausgesucht. W. WESLY. 7154□

Sylvania Electric Products, Inc., Salem, Mass., V.St.A., **Herstellung von Mehrfarbenleuchtschirmen.** Ein Leuchtstoff, der in einer der 3 Grundfarben fluoresciert, wird in dünner Schicht lose auf einer gutleitenden Platte (I), z. B. aus Al oder Graphit verteilt. Darüber befindet sich im Abstand von $^1/_4''$ eine Lochplatte (II), die ebenfalls gut leitend ist u. deren Löcher der gewünschten Anordnung der Leuchtstoffteilchen auf dem Leuchtschirm entsprechen. In geringem Abstand über II befindet sich der Träger (III) der Leuchtschicht (meist eine Glasplatte), auf dem sich eine Haftschicht aus Siliconharz oder Alkalisilicat befindet. Zwischen I u. II wird eine Potentialdifferenz von 7—10 kV hergestellt, wodurch die Leuchtstoffteilchen in Oscillationen zwischen I u. II versetzt werden. Ein Teil davon geht hierbei durch die Löcher von II, gelangt auf III u. wird von der dort befindlichen Haftschicht festgehalten. Wenn der hier (punktförmig) aufgetragene Leuchtstoff (IV) die gewünschte Stärke erreicht hat, wird I mit einem IV belegt, der in einer zweiten Grundfarbe fluoresciert, II in seiner Lage etwas verschoben oder durch eine andere II mit anderer Lochanordnung ersetzt, so daß die an 2. Stelle aufgetragenen IV-Teilchen die ersten nicht überdecken, u. die IV-Ablagerung unter Einw. des elektr. Feldes wiederholt. In der gleichen Weise werden IV-Teilchen punktförmig aufgetragen, die in der 3. Grundfarbe fluorescieren. Die IV-Schicht wird dann in der üblichen Weise auf III eingebrannt. Zwischen I u. II kann außerdem noch (isoliert) ein feines Sieb eingeschaltet werden. (**E. P. 803 019** vom 10/3. 1955, ausg. 15/10. 1958. A. Prior. 24/3. 1954.) A. KALIX. 7093

Rohm & Haas Co., Philadelphia, übert. von: Newman M. Bortnick, Oreland, Pa., V.St.A., **2.5-Dimethylcyclopentanon,** Kp. 147—149°, n_D^{25} 1,4279, *2.4-Dinitrophenylhydrazon,* F. 167,5—168°, erhält man in Ausbeuten bis zu 95% aus 2.5-Dimethyladipinsäuredialkylestern, deren Alkylgruppen 1—4 C-Atome enthalten, bes. dem Dimethylester, durch Erhitzen auf 350—600°, bes. 400—475°, in Ggw. eines Metalloxydkatalysators, dessen Metallkomponente ein Atomgew. von 7—137 besitzt (CdO, Na_2O, ZnO, auf Al_2O_3 aufgetragen; ferner Oxyde von K, Li, Ca, Ba, Sr, Mn, Cu, Fe, Ni, Co) bei Raum-Geschw. von 0,1—10 ml Ausgangsmaterial/ml Rk.-Zone/Stunde. — Riechstoff u. *Lack-Lsgm.*, bes. geeignet zur Entfernung von Nagellack u. Nitrocelluloselackpolituren. Es verbessert auch den Glanz von Harnstoff–Formaldehyd- oder Melamin–Formaldehyd–Alkyd-Schmelzüberzügen. (**A. P. 2 863 923** vom 20/10. 1955, ausg. 9/12. 1958.) R. LINK. 7101

N. V. de Bataafsche Petroleum Mij., Den Haag, Holland (Erfinder: Edward Charles Shokal, Walnut Creek, und Paul Aloysius Devlin, Orinda, Calif., V.St.A.), **Herstellung synthetischer Massen für Oberflächenüberzüge** auf Basis von synthet., ungesätt. Fettsäureestern, dad. gek., daß eine ungesätt. Fettsäure (I) mit bes. 12—22 C im Mol u. einer JZ. von mindestens 85 in bekannter Weise mit den freien OH-Gruppen eines Mischpolymerisats (II) aus Allylalkohol u. 15—85 Gew.-% einer gebundenen vinylaromat. Verb., welches bei ca. 100—250° in Ggw. von 0,1—25 Gew.-% eines bei 90° oder darüber sich zers. Peroxyds hergestellt worden ist, bis zu einer SZ. <30 verestert wird. Die Veresterung soll in einer Inertatmosphäre bei 170—250° durchgeführt werden. Zur Veresterung wird ein II verwendet, das 30—80%, bes. 35—80%, der vinylaromat. Verb. gebunden enthält u. bei 100—200° in Ggw. von 6—20, bes. 7—10%, berechnet auf das Gewicht von II, eines sich bei $>100°$ zersetzenden Peroxyds unter portionsweiser Zugabe der vinylaromat. Verb., deren Konz. 10—40%, bezogen auf den Alkohol, beträgt, erhalten wurde Die Mengenbeispiele betreffen einerseits die Herst. von II aus Allylalkohol u. Styrol, p-Methyl- oder p-Chlorstyrol u. andererseits die Herst. der End-Prodd. durch Rk. von I mit II, z. B. dehydratisiertem Ricinusöl oder Sojafettsäuren. Beim Vermischen mit Co-Naphthenat werden an der Luft trocknende prakt. farblose Filme erhalten. (**D. A. S. 1 080 305** Kl. 39c vom 2/9. 1957, ausg. 21/4. 1960. **E. P. 844 406** vom 2/9. 1957, ausg. 10/8. 1960. Beide A. Prior. 4/9. 1956 u. 22/7. 1957.) H. SCHINDLER. 7107

Shibata Gomu Kogyo Kabushiki Kaisha, Akashi (Erfinder: Etsunen Takeuchi, Akashi, Naohiko Fukuoka, Himeji, und Takeshi Uchikawa, Akashi), Japan, **Oberflächenaktivierung von Polyäthylen** oder dessen Filmen u. Formkörpern durch Behandlung mit einer Misch-Lsg. von Benetzungsmittel u. Oxydationsmittel. — Man taucht eine Polyäthylenplatte 10 Sek. in eine 60° warme Fl. aus 3% CrO_3 u. 97% $(CH_3CO)_2O$, wäscht ab, trocknet u. bestreicht sie mit einem Lack, der als Hauptbestandteil ein Cellulose-Deriv. enthält. — Festhaftende *Lackierung.* (**Jap. A. S. 7444/1959** vom 10/4. 1957, ausg. 25/8. 1959.) M. PANKOW. 7107

American Marietta Co., Pittsburgh, Pa., V.St.A., **Zum Überziehen von Metallen geeignete Vinylharzdispersionen mit hohem Festkörpergehalt.** Die Dispersionen enthalten 1. ein thermoplast. Vinylharz mit Vinylchlorid als hauptsächlichem Monomerem (Molgew. >20000), 2. einen Weichmacher u. 3. ein flüchtiges fl. Dispergiermedium mit alkylsubstituierten mehrkernigen KW-Stoffen (D. ca. 1, Anilinpunkt 26—30° u. Kp. 150—450°); hierbei ist der Geh. an 2. 5—25 (%) des Gewichtes von 1. u. 2. zusammen u. der Geh. an 3. 35—55 des Gesamtgewichtes der Dispersion. Die Viscosität der Dispersion beträgt 30—300 Sek., gemessen im FORD-Becher Nr. 4 bei 80°F. Das Einbrennen der

Überzüge erfolgt oberhalb 400°F. (**E. P. 846 492** vom 26/7. 1957, ausg. 31/8. 1960. A. Prior. 31/8. 1956.) P. KRUG. 7107

Kurashiki Rayon Kabushiki Kaisha (Erfinder: Kozo Fujii und Sei Shiroishi), Kurashiki, Japan, **Behandlung von Polyvinylalkohol** in Lsg. oder Dispersion in Lsgm. mit Na- oder K-Borhydrid. — 5 g Polyvinylalkoholpulver werden, in 100 ml W. suspendiert, mit 0,1 g Na-Borhydrid 6 Std. stehen gelassen, dann wird mit 10 ml 5%ig. CH_3COOH angesäuert, filtriert u. neutral gewaschen. Ein Film aus dem Prod. verfärbt sich beim 3 Min. langen Erhitzen auf 210° nicht, im Gegensatz zu einem Film aus unbehandeltem Polyvinylalkohol. (**Jap. A. S. 7446/1959** vom 1/4. 1957, ausg. 25/8. 1959.) M. PANKOW. 7107

Yokohama Gomu Seizo Kabushiki Kaisha, Tokyo, Japan, **Herstellung von Polyvinylchloridfilmen,** an denen Wassertropfen nicht haften, durch Zusatz von 6—12% einer Mischung oberflächenakt. Stoffe aus Sorbitanmonopalmitat (I) u. Laurinsäuremonoglycerid (**II**) oder letzteren gleichwertigen Stoffen im Verhältnis 1:3 bis 3:4 zu dem Vinylchloridpolymeren oder -mischpolymeren. Man mischt 100 (Gewichtsteile) Vinylchloridharz, 50 Dioctylphthalat, je 2 Dibutyl-Sn-Laurat u. Cd-Ba-Laurat, 5 **II** u. 3 **I** u. formt zu einem Film. (**Jap. A. S. 6539/1959** vom 1/9. 1956, ausg. 28/7. 1959.) M. PANKOW. 7107

Säurefabrik Schweizerhall, Schweizerhalle, Schweiz, *Herstellung von Metalloxydpigmenten.* (**Aust. P. 161 012** vom 22/5. 1952, ausg. 24/2. 1955. Schwz. Prior. 4/6. 1951. — C. **1955.** 2084 [A. P. 2 635 946].)

General Electric Co., Schenectady, N.Y., V.St.A., *Leuchtstoff vom Apatittyp.* (**Schwed. P. 156 452** vom 6/7. 1954, ausg. 9/10. 1956. A. Prior. 6/7. 1953. — C. **1958.** 12832 [D. A. S. 1 023 842].)

Marta Josefina Ringström, Alingsås, Schweden, *Herstellung von selbsthärtenden Lacken.* (**Aust. P. 167 899** vom 29/1. 1954, ausg. 12/7. 1956. Schwed. Prior. 4/3. 1953. — C. **1956.** 10606 [F. P. 1 091 498].)

General Mills, Inc., V.St.A., *Herstellung von Estern von Phenolformaldehydharzen.* (**F. P. 1 151 461** vom 18/5. 1955, ausg. 30/1. 1958. — C. **1959.** 2626 [D. A. S. 1 035 823].)

Ciba Akt.-Ges., Basel (Erfinder: **Gustav Ott,** Arlesheim), Schweiz, *Härtbare Lacke.* (**Schwz. P. 350 402** vom 22/12. 1952, ausg. 14/1. 1961. — C. **1957.** 7503 [F. P. 1 094 632].)

Lewis Berger & Sons Ltd., London, England, *Herstellung von in Wasser dispergierbaren polyäthylenglykolmodifizierten Alkydharzen.* (**Ind. P. 57 835** vom 11/7. 1956, ausg. 13/7. 1959. E. Prior. 15/7. 1955. — C. **1959.** 10736 [Oe. P. 198 519].)

E. I. du Pont de Nemours & Co., Wilmington, Del., V.St.A., *Herstellung von Anstrichmitteln.* (**E. P. 752 238** vom 18/2. 1954, ausg. 4/7. 1956. A. Prior. 24/2. 1953. — C. **1959.** 14266 [A. P. 2 752 317].)

Gunac Ltd. (Erfinder: **John Frazer Taylor** und **John Williams**), *Bitumenhaltige Überzugsmittel.* (**Aust. P. 204 970** vom 8/6. 1955, ausg. 24/1. 1957. E. Prior. 16/6. 1954. — C. **1960.** 15917 [E. P. 809 272].)

Jean Spillmann-Zuppinger, Zürich, und **Arthur Jud,** Oberengstringen, Schweiz (Erfinder: **Arthur Jud**), *In einem Arbeitsgang auftragbares Überzugsmittel zur Herstellung eines zweifarbig gemusterten, papiertapetenähnlichen Flächenüberzuges.* (**D. A. S. 1 100 212** Kl. 22g vom 6/2. 1953, ausg. 23/2. 1961. Schwz. Prior. 12/9. 1952. — C. **1956.** 11298 [F. P. 1 070 770].)

Chemische Fabrik Pfersee G. m. b. H., Augsburg, *Härtbare siliciumhaltige Kondensationsprodukte.* (**Belg. P. 558 068** vom 4/6. 1957, ausg. 25.3. 1960. D. Prior. 6/6. 1956. — C. **1959.** 11415 [D. A. S. 1 045 105].)

Koppers Co., Inc., Pittsburgh, Pa., V.St.A. (Erfinder: **Irving Solomon Goldstein**), *Bei Raumtemperatur beständige Überzugsmittel für poröse Massen.* (**E. P. 846 680** vom 5/5. 1959, ausg. 31/8. 1960. — C. **1960.** 13856 [A. P. 2 909 450].)

XIb. Plaste (Kunstharze. Plastische Massen)

Verminderung der Maßunbeständigkeit von warm formgepreßten Gegenständen. R. H. Betton und F. A. Welham. (Brit. Plastics **34.** 244—46. Mai 1961. BX Plastics Ltd., Techn.-Serv. Dep.) (Engl.)

Um die Maßunbeständigkeit von warm gepreßten Kunststoffgegenständen auf ein Mindestmaß zu beschränken, wählt man einen Werkstoff mit hinreichend hoher Erweichungs-Temp., damit die Gegenstände der Betriebs-Temp. standhalten können. Die Formpressung soll bei der höchsten, ohne Bruch oder Zusammenfallen des Gegenstandes noch anwendbaren Temp. erfolgen. W. WESLY. 7170□

Formgebung mit Plastisolen. Howard G. Nadell. (SPE Journal **17.** Nr. 1. 89—90. Jan. 1961. Irvin L. Podell, Inc.) (Engl.)

Besprechung der beim Schlammform-Verf. mit PVC-Emulsionen ohne oder mit Rotation der Form zu beachtenden Faktoren. Eine Vorschrift für Doppelgieß- u. eine für Einfachgieß-Verf., die auch für Rotationsgieß-Verf. anwendbar ist, wird angegeben. R. JUNGE. 7170□

Der neue Weichmacher ANAS. Sch. A. Mamedow, A. Ss. Rsajew und I. L. Nisker. (Химическая Промышленность [Chem. Ind.] **1959.** 580—82. Okt./Nov. Akad. der Wiss. der AserbaidshanSSR.) (Russ.)

Beim Durchleiten von Dichloräthandampf durch die geschmolzenen (K-, Na-) Salze der aus Erdöl gewonnenen Naphthensäuren bei 170—180° reagieren diese leicht unter Bldg.

von Glykolestern, die als Weichmacher „ANAS" (I) für Kolloxylin geeignet sind, aber unangenehm riechen. Durch Vakuum-Dest. der Naphthensäuren wird der Geruch beseitigt. Das erhaltene I ist eine blaßgelbe ölige Fl., die in ihren Eigg. den üblichen Weichmachern gleichwertig ist. Das bei der Bldg. von I entstehende NaCl wird mit W. herausgewaschen Bei Vakuum-Dest. (2 mm Hg) wird I als Fraktion 180—210° in 70—80%ig. Ausbeute erhalten. Die Verw. von I in Nitrolacken statt Ricinusöl oder in PVC-Lacken statt Trikresylphosphat führt zu Prodd., die bei —50° keinen Festigkeitsverlust erleiden.

R. K. MÜLLER. 7170☐

Einfluß hoher Strahlendosen auf die Gas- und Wasserdampfdurchlässigkeit einiger Verpackungsfolien. Th. Grünewald. (Chemie-Ing.-Techn. **32.** 297—98. April 1960. Karlsruhe, Bundesforschungsanst. für Lebensmittelfrischhaltung.) (Dt.)

Der Einfl. hoher Strahlendosen bis zu 20 Mr weicher Röntgenstrahlen auf einheitliche Folien aus Polyäthylen, Polycarbonat u. Polyvinylidenchlorid sowie auf einige Kombinationsfolien aus Cellophan, Polyglykolterephthalat, Polyäthylen u. Al wird untersucht. Durch die Bestrahlung ändert sich die Luft- u. O_2-Durchlässigkeit nicht, die Wasserdampfdurchlässigkeit dagegen in einigen Fällen um den Faktor 1,2—2,5, vor allem bei 5 Mr. Die Ergebnisse werden durch das Vorhandensein von Schweißnähten in den Folien nicht berührt. Für Farbänderungen werden Maßzahlen angegeben. M. HAGEDORN. 7170☐

Pfropfpolymerisate. Auf Polybuten aufgepfropftes Polystyrol. G. Natta, E. Beati, F. Severini und M. Pegoraro. (Chim. e Ind. [Milano] **42.** 348—52. April 1960. Milano, Politecn., Ist. di Chim. ind.) (Ital.)

Mit Ae. extrahiertes, ca. 50%ig. isotakt. *Polybuten* (I) mit einer Grenzviscosität [η] von 3,43·100 cm³/g wird bei 90° mit Luft u. wenig tert.-Butylhydroperoxyd trocken peroxydiert. 12 Teile peroxydiertes I mit 0,2—0,4% akt. O u. einer [η] zwischen 0,9 u. 1,4·100 cm/g werden in 88 Teilen Styrol unter N_2 gelöst u. bei 80—90° in geschlossenen Glasampullen zur Rk. gebracht. Es resultiert ein *Gemisch* (**M**) aus *Polystyrol* (**II**) u. mit **II** gepfropftem **I**, welches mit Methyläthylketon bei 30° vom **II** befreit werden kann. **M** wird in seinen Eigg. mit reinem **I**, **II**, einem mechan. Gemisch aus **I** u. **II** u. mit gepfropftem **I** verglichen. **M** ist durch eine hohe Reißfestigkeit von 380 kg/cm² u. durch verhältnismäßig hohe Schlagelastizitäts- u. Härtewerte gekennzeichnet. Neben Vernetzungen wird die Ggw. geringer krist. Bereiche im **M** dafür verantwortlich gemacht.

G. PIEKARSKI. 7172☐

Epoxydharz — ein moderner Konstruktionswerkstoff in Sand und Kokille. Heinrich Kasten. (Freiberger Forschungsh., Reihe B Heft **45.** 143—65. Aug. 1960 Halle.) (Dt.)

Herst., Eigg. u. Verw. von Epoxydharzwerkstoffen werden beschrieben. Auf die Eignung der Epoxydharze als Austauschwerkstoffe für hochlegierte metall. Werkstoffe im Kokillengieß-Verf. u. zur Herst. komplizierter Gußstücke im Sandguß-Verf. wird bes. hingewiesen. H. JÖRDER. 7176☐

Oberflächenbehandlungen von „E"-Glas zur Verbesserung der Harz-Glas-Eigenschaften. K. J. Brookfield und D. Pickthall. (Plastics **26.** 135—37. Febr. 1961. The Fibreglass Ltd.) (Engl.)

Vergleichende Unterss. der Wrkg. folgender Vorbehandlungen von Glasseidensträngen (als „E"-Glas bezeichnetes Borsilicatglas) auf die Festigkeits-Eigg. damit hergestellter, glasfaserverstärkter Epoxylaminate: Überziehen mit einer aus Dextrin u. emulgiertem Öl bestehenden Textilschlichte mit u. ohne anschließender teilweiser oder ganzer Entfernung der Schlichte (Caramelisierung oder Hitzereinigung), Kombination von Hitzereinigung u. Oberflächenlackierung mit verschiedenen Vernetzungsmitteln (Silane A, B u. C u. Methacrylsäurechromchlorid) u. Kombination der Lackierung mit 2 als „Carriers D u. E" bezeichneten (chem. nicht identifizierten) Schlichten u. diesen Vernetzungsmitteln. Die so hergestellten Laminate wurden 21 Tage gewässert u. der Abfall der Biegefestigkeit in diesem Zeitraum bestimmt: Die in Kurven (Biegefestigkeit gegen Zeit) zusammengestellten Ergebnisse zeigen die wesentliche Verbesserung der Eigg. der Laminate durch Vorbehandlung der Glasfasern mit diesen „Carriers" u. Silanen gegenüber den anderen Meth., wobei die Kombinationen aus Carrier E u. Silane D die höchsten Biegefestigkeitswerte ergeben. H. SONTAG. 7204☐

Messung der Temperaturleitzahl thermoplastischer Kunststoffe im Bereich von 20 bis 200°C. Hans Frielingsdorf. (Chemie-Ing.-Techn. **32.** 291—97. April 1960. München, Inst. für Lebensmitteltechnologie u. Verpackung e. V.) (Dt.)

Die Temp.-Leitzahl (cm²/s) als Quotient aus der Wärmeleitfähigkeit u. der Wärmekapazität kann für das Heißsiegeln von Folien von Bedeutung sein. Sie wird aus der zeitlichen Temp.-Änderung in der Mitte des Prüfkörpers beim Erwärmen u. seiner Längenänderung ermittelt. Der Prüfkörper ist ein Zylinder, welcher straff in einen einseitig offenen Cu-Zylindermantel eingeführt wird. Mit Thermoelementen wird in Abhängigkeit von der Zeit die Temp.-Differenz zwischen Zylindermitte u. Cu-Außenschicht gemessen, die beim Erhitzen bis zum Schmelzen in Bädern ansteigender Temp. auftritt. Die Meßergebnisse liegen als Temp.-Ausgleichskurven vor; jeder Bad-Temp. entspricht eine Kurve. Die durch die therm. Stabilität der Kunststoffe gegebene obere Anwendungsgrenze des Meß-Verf. u. seine Fehler werden besprochen. Der Gesamtmeßfehler liegt je nach Kunststoff zwischen 4 u. 12%. M. HAGEDORN. 7210□

Viscositätsmessungen an Lösungen in Abhängigkeit vom Druck und vom Molekulargewicht des gelösten Stoffs. W. Werner. (Plaste u. Kautschuk **7.** 391—92. Aug. 1960. Leipzig, Karl-Marx-Univ., Physikal. Inst., Abt. Techn. Physik.) (Dt.)

An Fraktionen von *Polystyrol BW* (5 u. 10 Gew.-% in Brombenzol bzw. 10 Gew.-% in Toluol) wurde bei Drücken bis 3500 kg/cm² durch Viscositätsmessungen (Beschreibung der Meßgeräte u. -Verf.) die Abhängigkeit der Viscosität vom Druck (als Parameter das Molgew.) bzw. vom Molgew. (als Parameter der Druck) ermittelt. Bei diesen Bedingungen der Konz. u. des Drucks gelten weder die Gleichung von STAUDINGER noch die von KUHN. R. SCHÄFF. 7210□

Zur Bestimmung von Hydroxylgruppen in Epoxydharzen. A. Bring und Fr. Kadleček. (Plaste u. Kautschuk **1958.** 43—48. Febr.) (Dt.) — Vgl. C. **1959.** 16173.

Vff. bestimmten die Hydroxylgruppen in Epoxydharzen durch Acylierung. Sie gingen von Epikote 1001 wegen seines geringen Molgew. u. relativ einfachen Molekülbaues aus Sie haben hierfür mehrere Acylierungs-Meth. ausprobiert u. für jede Berechnungsformeln aufgestellt. Die erhaltenen Werte stimmten ziemlich gut miteinander überein. Die Gegenüberstellung der Ergebnisse der einzelnen Meth. ergab folgende Reihenfolge in der Anwendbarkeit der Verfahren: 1. Acylierung (Ac) mit Stearylchlorid in Chlf.; 2. Ac mit Pyridiniumperchlorat u. Acetanhydrid (**II**) in Pyridin (**III**); 3. Ac mit Pyridiniumchlorid u. **II** in **III**; 4. Exhaustive Ac mit Essigsäure–**II**-Gemisch (**I**) ohne Katalysatorzusatz; 5. Ac mit **I** in Ggw. kleiner Menge H_2SO_4; 6. Ac mit **I** in Ggw. von Na-Acetat. K. WEKUA. 7210□

Bestimmung der methylierten Methylolgruppen in Melamin–Formaldehydharz-Lösungen. Kōtarō Tanimoto, Teruya Nemoto und Tsutomu Akita. (Chem. High Polymers [Tokyo] **13.** 288—94. 1956. Gumma, Rikukyu Kunstharz Co.) (Jap.)

Die Best. wird nach einem modifizierten jodometr. Verf. nach der Hydrolyse mit verd. H_2SO_4 durchgeführt. Leer-Verss. werden mit dem Hexamethyläther von Hexamethylolmelamin vorgenommen. Freies CH_3OH muß vor der Hydrolyse entfernt werden. Die Genauigkeit beträgt 1—3%. L. SCHULER. 7210

E. I. du Pont de Nemours & Co., V.St.A. (Erfinder: John Lynde Anderson), **Herstellung von Kondensationsprodukten,** wie Polyestern, Polyamiden, auch Polyäthern, Polyurethanen, Polyharnstoffen, Polythioestern u. Polysulfiden. Bei der Kondens. verwendet man eine Komponente, die einen Cyclobutenrest enthält, so daß Polymere entstehen, die 1 oder 2 C-Atome des Cyclobutenrestes in ihrer Kette enthalten, z. B. solche mit den Einheiten **I** oder **II**, wobei die C-Atome des Ringes durch Alkyl- oder Arylreste substituiert sein können. Die Poly-Kondens.-Prodd. sind bei 100—325°, vermutlich unter Öffnung des Cyclobutenringes, gut vernetzbar.

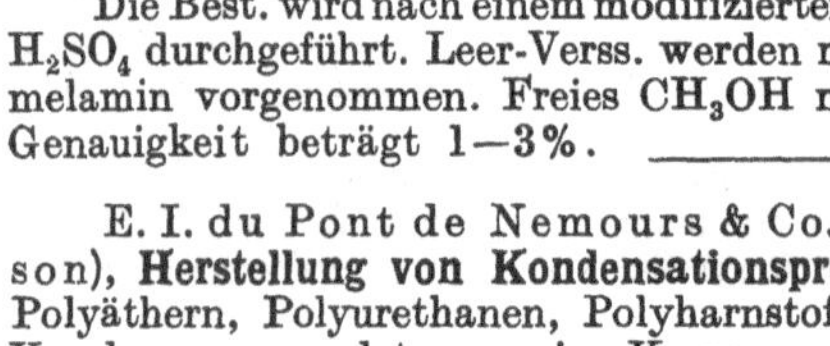

— 340 (Teile) Cyclobuten-(1)-dicarbonsäure-(1.2)-dimethylester, 236 Hexamethylenglykol, 5 Benzol-m-disulfonsäure u. 5000 Bzl. werden 36 Std. unter CH_3OH-Entfernung gekocht, das Bzl. wird entfernt u. ein in Bzl. lösl. viscoses Öl erhalten, das beim Erwärmen, z. B. auf 172°, in Bzl. unlösl. u. fest wird. — Nimmt man statt Hexamethylenglykol Hexamethylendiamin, so erhält man ein *löls. Polyamid,* das zu *Fäden* ausgezogen werden kann, die bei 170° unlösl. werden. — Verw. der Poly-Kondens.-Prodd. als *Klebmittel* zur Verbindung von Schichtstoffen u. zur Herst. von *Fasern.* (**F. P. 1 157 846** vom 16/8. 1956, ausg. 4/6. 1958. A. Prior. 16/8. 1955.) M. PANKOW. 7171

E. I. du Pont de Nemours & Co., Wilmington, Del., V.St.A. (Erfinder: Wesley R. Peterson), **Wiedergewinnung von synthetischen linearen Polymeren** (Polyamiden, Polyestern, Polyäthern), ggf. in Ggw. von Katalysatoren. Man depolymerisiert die Polymeren durch Erhitzen mit einer Abbau-Fl. (W., A.) zu einer Verbindungseinheit, die man nach Entfernung der Abbau-Fl. bei Polymerisations-Temp. wieder polymerisiert. So kann man Abfälle der Polymerisatverarbeitung wieder verwerten. — 339 (g) Polyhexamethylenadipamidgarnabfall werden nach Reinigung mit 110 W. unter N_2 in 2 Std. auf 290° u. 300 lbs./sq.in erhitzt, 20 Min. bei gleichem Druck gehalten, das W. wird allmählich ganz entfernt, der Druck mit N_2 auf 50 lbs/sq.in. gebracht u. weiter erhitzt, wobei sich wieder faserbildendes Polymeres bildet. — 100 (Teile) Polyäthylenglykol u. 10 abs. CH_3OH werden unter N_2 u. unter überschüssigem trockenem HCl u. unter Eigendruck 24 Std. bei 150° gehalten, filtriert, dann nicht verbrauchte HCl, CH_3OH u. CH_3Cl abdest., 0,1 Gew.-% $AlCl_3$ zugesetzt, 18 Std. bei 150° gehalten u. der Polyäther erhalten. (**Jap. A. S. 6141/1959** vom 30/11. 1950, ausg. 14/7. 1959. A. Prior. 23/7. 1941.) M. PANKOW. 7171

Imperial Chemical Industries Ltd., London (Erfinder: John Carswell McGowan und Leslie Seed, Northwich), England, **Herstellung von Polymerisaten aus olefinisch ungesättigten Verbindungen** in Ggw. organ. Peroxyverbb. u. einer N-haltigen Base als Aktivator, dad. gek., daß als letztere ein Tetrazen oder ein N-substituiertes heterocycl. sek. Amin verwendet wird. Das Molgew.-Verhältnis von Katalysator zu Aktivator soll 1:10 bis 10:1, bes. 1:1 bis 4:1, betragen. Beispiele mit Vinylacetat u. Styrol, die in Ggw. von Lauroyl- oder Benzoylperoxyd oder tert.-Butylperoxyddicarbonat u. Tetraäthyltetrazen-(2), N-Methyl-1.2.5.6-tetrahydropyridin, 1.4-Bis-cyclopentyl-tetrazen-(2), 1,4-Bis-(dihydroxycyclopentyl)-tetrazen-(2), N-Äthylpiperidin, symm. Dimethyldiphenyltetrazen oder Dicyclopentyltetrazen polymerisiert werden. Rk.-Temp. —20 bis +60°. Bei der Polymerisation von Äthylen wird bei 0—100° u. 200—2000 at gearbeitet, wobei als Aktivator auch Dimethylanilin eingesetzt werden kann. Als Kettenüberträger kann H_2, CCl_4 oder Chlf. u. als inertes Medium Bzl. u./oder W. verwendet werden. Verkürzung der Rk.-Zeit. — Vgl. Aust. P. 217 988; C. **1960.** 13859. (**D. A. S. 1 058 261** Kl. 39c vom 22/5. 1957, ausg. 27/5. 1959. E. Prior. 22/5. 1956 u. 10/5. 1957. **E. PP. 824 312** vom 22/5. 1956, ausg. 25/11. 1959 u. **830 893** vom 22/5. 1956, ausg. 23/3. 1960.) H. SCHINDLER. 7173

Solvay & Cie., Brüssel, Belgien, **Verfahren zur Polymerisation von Olefinen** mit Hilfe eines Katalysators aus dem Rk.-Prod. von Verbb. der 4a—6a-Gruppe des Period. Syst. mit Metallen, Hydriden oder Organometall-Verbb. der Metalle der 4b—6b-Gruppe des Period. Syst. unter Zusatz einer FRIEDEL-CRAFTS-Verb., dad. gek., daß man das zu polymerisierende Olefin ohne Rücksicht auf den im Rk.-Raum herrschenden Druck, zumindest zu Beginn der Rk. in im wesentlichen konst. Beträgen dem Rk.-Raum zuführt u. die dabei gleichmäßig entwickelte Rk.-Wärme in an sich bekannter Weise abführt. Die Monomerenzufuhr wird beendet, wenn trotz der gleichmäßig dosierten Zuführung die Rk.-Temp. im Autoklav steigt. Auf diese Weise vermeidet man den schroffen Temp.-Anstieg zu Beginn der Polymerisation, erzielt eine gleichmäßige Wärmeabfuhr, größtmögliche Raumausbeute u. stets reproduzierbare Polymerisate von einheitlichem Molgewicht. (**Belg. P. 557 505** vom 14/5. 1957, ausg. 11/3. 1960.) M. MAIERHAUSER. 7173

Chemstrand Corp., Decatur, Ala. (Erfinder: Charles Houston Campbell, Crestwood, Mo.), V.St.A., **Abbrechen der Polymerisation** einer Rk.-Mischung, die wenigstens 1 monoolefin. Monomeres mit $>C=C<$-Gruppe u. einen Redoxkatalysator enthält, der aus einer Persulfat-Verb. u. SO_2 oder Hydroxysäure von S u. ihren Salzen besteht, dad. gek., daß man der Rk.-Mischung Äthylendiamintetraessigsäure, Diäthylentriaminpentaessigsäure, Nitrilotriessigsäure, deren wasserlösl. Alkali-, Erdalkali- oder Ammoniumsalze oder deren Mischungen zusetzt. Bes. genannt sind: Tetra-Na- u. Di-K-äthylendiamintetraacetat, von denen 0,01—5,0%, bezogen auf das gesamte Monomerengewicht, zugesetzt werden. Mengenbeispiele mit Acrylnitril (u. Vinylacetat), Methyl-(meth)acrylat, Vinylidenchlorid. Der Zusatz erfolgt, wenn die gewünschten Eigg. des Polymerisats erreicht sind. Wird jedoch einem Gemisch eines Monomeren mit $K_2S_2O_8$ u. $NaHSO_3$ cines obiger Abbruchmittel zugesetzt, findet selbst nach Erwärmen auf 50° u. 6 std. Stehenlassen keine Polymerisation statt. — Tabelle. (**D. A. S. 1 092 199** Kl. 39c vom 25/2. 1959, ausg. 3/11. 1960. **E. P. 847 577** vom 5/2. 1959, ausg. 7/9. 1960. Beide A. Prior. 3/3. 1958.) H. SCHINDLER. 7173

Badische Anilin- & Soda-Fabrik Akt.-Ges., Ludwigshafen/Rh. (Erfinder: Günther Hamprecht, Limburgerhof/Pfalz, und Manfred Tittel, Mannheim), **Herstellung von Dialkylaluminiumfluoriden,** dad. gek., daß man Dialkyl-Al-chloride, -bromide oder -jodide mit Erdalkalifluoriden, zweckmäßig bei 180—200°, umsetzt. — 120,5 Teile $(C_2H_5)_2AlCl$ werden mit 78 gepulvertem CaF_2 bei 180° versetzt, wobei die Temp. bis 200° steigt u. darauf 2 Std. gehalten wird. Durch Dest. bei 3 mm Hg geht bei 110—130° $(C_2H_5)_2$ AlF über, das beim Abkühlen hochviscos ist. Kp. 110—111,5°/5 Torr. *Katalysatoren* für die *Polymerisation von ungesätt. niedrigsd. Kohlenwasserstoffen.* (**D. A. S. 1 102 151** Kl. 12o vom 28/4. 1960, ausg. 16/3. 1961.) J. MÜHLEISEN. 7173

Phillips Petroleum Co., V.St.A., (Erfinder: Jimmie Sturgis Payne jun.), **Polymerisieren von polymerisierbaren Kohlenwasserstoffen** mit Katalysatoren aus Halogen oder Halogenwasserstoff, einem Hydrid oder einer organ. Verb. eines Metalles der Gruppe 2—8 u. einem organ. Deriv. eines Metalles der Gruppe 4a, z. B. den Salzen einbas. organ. Säuren, komplexen Salzen zweibas. organ. Säuren mit 1 Alkalimetall oder NH_4 u. einem Metall der Gruppe 4a; bes. Mischungen aus $Al(C_2H_5)_3$, Ti-Butoxyd u. Br oder wasserfreiem HCl; $Al(C_2H_5)_3$, Ti-Acetylacetonat u. Cl_2; $Ga(C_2H_5)_3$, Zr-Butoxyd u. Cl_2; $Be(C_2H_5)_2$, TiK-Oxalat u. wasserfreiem HBr. — Man polymerisiert Äthylen in Ggw. von 3 cm^3 $Al(C_2H_5)_3$, 1 cm^3 Ti-Butoxyd u. 1,35 cm^3 Br unter N_2 mit 500 cm^3 Cyclohexan, wobei man das Ti-Butoxyd erst ½ Std. nach Mischen der beiden anderen Komponenten im Cyclohexan zugibt, bei 27° u. 21 kg/cm%, erhitzt nach 2½ Std., wenn der Druck auf 6 kg/cm^2 gefallen ist, langsam auf 93° u. 20,3 kg/cm^2, drückt Äthylen bis 35 kg/cm^2 auf, hält 6 Std. bei 93°, erhitzt bis 138°, hält hier 8 Std. u. fällt das Polymere mit CH_3OH. F. des Polymeren 117 ± 3°. (**F. P. 1 162 777** vom 12/11. 1956, ausg. 17/9. 1958. A. Prior. 14/11. 1955.) M. PANKOW. 7173

Koppers Co., Inc., V.St.A. (Erfinder: George William Hooker und George Oscar Napack), **Polymerisieren von Äthylen** mit einem Katalysator aus RR'AlX (R = H, Alkyl-, Arylrest; R' = H, Alkyl-, Arylrest; X = H, Alkyloxy-, Aryloxy-, Alkyl-, sek. Amino-, sek. Amid-, Mercapto-, Phenylmercaptogruppe, COOH, Sulfonsäuregruppe, Halogen) u. Verbb. der Metalle der Gruppe IV B, V B u. VI B des Period. Syst., einschließlich Th u. U, in Ggw. eines indifferenten sd. Lsgm. bei Temp. unter der Zers.-Temp. des speziellen Katalysators u. bei Drucken $<$100 at. — Man polymerisiert z. B. mit sd. Pentan u. einer Mischung von $(C_2H_5)_2AlCl$ u. $TiCl_4$ im Molverhältnis 1:1. (**F. P. 1 153 391** vom 4/6. 1956, ausg. 5/3. 1958. A. Prior. 6/6. 1955.) M. PANKOW. 7173

Union Carbide Corp., New York, N.Y., übert. von: Frederick E. Bailey jun., Charleston, und Frank J. Welch, South Charleston, W.Va., V.St.A., **Niederdruck-Polyäthylen.** Dem Polyäthylen wird vor dem Einbringen in das aus $TiCl_4$ (I), einem Trialkylaluminium (II) u. einem fl. KW-Stoff (III) bestehende Katalysatorgemisch 0,01—10% trockener HCl zugemischt. Bei einem Mischungsverhältnis von II zu I wie 1:0,5 bis 1:2 wird die Polymerisation zwischen 25 u. 100° durchgeführt. II kann sein Triisobutyl-, Triäthyl- oder Tributylaluminium u. III Heptan, Hexan oder andere KW-Stoffe, die keine ungesätt. S- oder O-haltigen Komponenten u. solche mit akt. H, wie Alkohole, Amine oder W., aufweisen. — Prodd. mit höherem Schmelzindex, geringerem Rest an Ungesättigtem u. von gleichmäßigerem Molgewicht als ohne HCl-Zusatz erhaltene Produkte. (**A. P. 2 912 425** vom 25/10. 1957, ausg. 10/11. 1959.) F. LAASS. 7173

E. I. du Pont de Nemours & Co., übert. von: Rudolf Bauke de Jong und Ivan Maxwell Robinson, Wilmington, Del., V.St.A., **Mischpolymerisate aus Äthylen und Schwefeldioxyd** erhält man bei 40—250° u. $>$200 at unter Verw. wss. Bisulfit-Lsgg. (I) bei pH 5—8 in Ggw. von radikalbildenden Katalysatoren wie Azo- oder Peroxyd-Verbb., z. B. α.α'-Azo-bis-(cyclohexancarbonitril) oder Lauroylperoxyd. I kann z. B. aus $NaHSO_3$, $NaHSO_3$ u. Na_2SO_3 oder aus K_2SO_3 u. CO_2 erhalten werden. Mengenbeispiele. — Feste *Filme*. (**A. P. 2 943 077** vom 1/11. 1956, ausg. 28/6. 1960.) H. SCHINDLER. 7173

Connecticut Hard Rubber Co., New Haven, Conn., V.St.A. (Erfinder: Ahmed Panagrossi, Ray Louis Hauser und Francis Charles Fusco), **Erhöhung der Haftfähigkeit von Fluorpolyäthylenen für die Verbindung letzterer mit anderen Materialien.** Die Polyfluoräthylenoberfläche wird mit einem natürlichen oder synthet. Polymeren oder einem harzartigem Material behandelt. Auf einem solchen vorpräparierten Material haften auch druckempfindliche Klebstoffe für die Herst. von Selbstklebebändern. Für diese Vorpräparation sind Epoxyharze, Polyamide, Siliconepoxyharze (Dow Corning DC 1360), Polyesterharze, Phenolharze, Siliconharze, synthet. Kautschuk usw. geeignet. — Man streicht auf einen Polytetrafluoräthylenfilm eine Lsg. von 50 Teilen Polyamidharz (Versamid 125 von GENERAL MILLS) in 50 Teilen Methyläthylketon so auf, daß eine dünne Schicht entsteht. Der Film wird dann bei 410° in einem Ofen 10 Min. erwärmt. (**E. P. 834 170** vom 18/4. 1958, ausg. 4/5. 1950. **Zusatz zu E. P. 737 286; C. 1958. 7329.**) E. FUCHS. 7173

N. V. de Bataafsche Petroleum Mij., Den Haag (Erfinder: Adrianus Johannes Willem Meder, Rotterdam, Holland, und Nellius Gerrie Kramer, London, England), **Hartpolyvinylchloridmischungen.** Zwecks Erhöhung der Schlagfestigkeit ohne Beeinträchtigung der Steifheit u. Härte mischt man 100 (Teile) Polyvinylchlorid mit 3—25, bes. 5—13, eines Mischpolymerisats aus Butadien u. Styrol (I), das $<$35 Gew.-% gebundenes I enthält. Ein Teil dieses Mischpolymerisats kann auch durch ein Mischpolymerisat aus Butadien u. Acrylnitril ersetzt werden. (**Holl. P. 96 037** vom 29/4. 1957, ausg. 15/11. 1960.) F. BÖHM. 7173

Farbwerke Hoechst Akt.-Ges., vormals Meister Lucius & Brüning (Erfinder: Hans-Helmut Frey), Frankfurt/M., **Verbesserung von Polyvinylchlorid** (I) durch Zusatz 1. von Halogenierungs- oder Sulfohalogenierungs- oder Halogensulfonhalogenierungs-Prodd. von Hochmolekularen, wie Polyäthylen, Polypropylen oder ihren Mischpolymeren, mit einem Cl-Geh. von ca. 20—60% in Mengen von 10—50% des I (Verbesserung der Schlagzähigkeit u. der Kerbschlagzähigkeit); 2. von Chlorierungs-Prodd. von Äthylen–Propylen-Mischpolymerisaten, die in aliphat. KW-Stoffen mit Kp. 80—220° unlösl. sind (Verw. dieser Mischungen für *elektr. Kabel*); 3. kann man die unter 1. genannten Halogen- usw. Derivv. auch nachchloriertem I zusetzen oder Mischungen der unter 1. u. 2. genannten Weichmacher, auch zusammen mit 2-Chlorbutadienpolymeren anwenden. Man mischt Polyvinylchlorid mit 10% chloriertem Niederdruckpolyäthylen oder mit 10% sulfochloriertem Niederdruckpolyäthylen u. 2% Stabilisierungsmitteln. (**F. P. 1170768** vom 3/1. 1957, ausg. 19/1. 1959. **Belg. P. 553925** vom 3/1. 1957, ausg. 29/1. 1960. Beide D. Prior. 3/1., 11/2. u. 13/10. 1956. **D. A. S. 1045089** Kl. 39b vom 3/1. 1956, ausg. 27/11. 1958.) M. PANKOW. 7173

Eastman Kodak Co., Rochester, N.Y. (Erfinder: Harry Wesley Coover jun., Kingsport, Tenn.), V.St.A., **Herstellung von Mischpolymerisaten des Vinylchlorids oder Vinylidenchlorids** durch Polymerisation der Monomeren in Ggw. eines vorgebildeten Polymerisats in Lsg. oder Dispersion, dad. gek., daß man 95—5 Gewichtsteile eines monomeren Materials, das zu 30—100 Gew.-% aus Vinylchlorid u./oder Vinylidenchlorid u. zu 70—0 Gew.-% aus einem anderen Monomeren mit einer olefin. Doppelbindung besteht, in Ggw. von 5—95 Gewichtsteilen eines vorgebildeten u. isolierten Polymerisats polymerisiert, dessen monomeres Ausgangsmaterial zu 1 bis 100 Gew.-% aus einem Säureamid der Acryl-, Methacryl-, Malein-, Fumar-, Itacon-, Citraconsäure oder einem Esteramid der genannten Dicarbonsäuren u. zu 99—0 Gew.-% aus einer anderen Verb. mit einer olefin. Doppelbindung besteht. — Zum Beispiel können mit 15—25 Gew.-% vorgebildetem Polymerisat, wie einem homogenen oder Mischpolymeren aus Acrylamid u. mit 85—75 eines monomeren Materials, das 40—60% Vinyl- oder Vinylidenchlorid u. 60—40% Acrylsäurenitril enthält, aufgepfropfte Polymerisate hergestellt werden, die in Aceton leicht lösl. sind u. die, naß versponnen, nichtentzündbare Fasern mit hohem F., guter Zugfestigkeit u. Dehnungsfähigkeit u. guter Färbbarkeit ergeben. — Vgl. auch A. P. 2 899 405; C. **1961.** 14115. (**D. A. S. 1 098 203** Kl. 39c vom 25/11. 1955, ausg. 26/1. 1961. A. Prior. 26/11. 1954.) K. SARRE. 7173

British Celanese Ltd., London (Erfinder: Dennis Grady, Ockbrook, Derbyshire, und Arthur Hodge, Braunston, Warwickshire), England, **Herstellung einer wässerigen Emulsion eines Polymerisats oder Mischpolymerisats** durch freiradikal. Polymerisation eines oder mehrerer ungesätt., in einem wss. Medium dispergierter Monomerer, bes. Vinylacetat, mit Hilfe eines Schutz-Koll., dad. gek., daß als Koll. ein Mischpolymerisat verwendet wird, das 99,5—90 (Gew.-%) eines in W. lösl. Salzes der Methacrylsäure u. 0,5—10 Vinylacetat enthält. Die Polymerisation kann in Ggw. eines in W. unlösl. Weichmachers, bes. Dibutylphthalat, durchgeführt werden. (**D. A. S. 1098201** Kl. 39c vom 1/7. 1957, ausg. 26/1. 1961. E. Prior. 4/7. u. 23/10. 1956.) K. SARRE. 7173

Rohm & Haas Co. (Erfinder: Sidney Melamed), Philadelphia, Pa., V.St.A., **Herstellung von (Misch-) Polymeren,** dad. gek., daß man einen *ungesätt. Ureidoalkylvinyläther* der allg. Formel $CH_2{=}CH{-}O{-}A{-}NR_1$ $CONR_2R_3$, worin A eine Cyclohexylen- oder eine Alkylengruppe mit 2—18 C-Atomen, von denen eine Kette von mindestens 2 zwischen den benachbarten N- u. O-Atomen gebunden ist, R_1 H oder einen 1wertigen KW-Stoffrest mit 1—18 C-Atomen, R_2 einen aliphat. oder cycloaliphat. KW-Stoffrest mit 1—24 C-Atomen u. R_3 H oder einen aliphat. oder cycloaliphat. KW-Stoffrest mit 1—24 C-Atomen bedeutet, mit sich selbst oder mit einem anderen Vertreter der gleichen Körperklasse oder mit einem oder mehreren anderen polymerisationsfähigen ungesätt. Verbb. in Ggw. eines geeigneten Katalysators u. ggf. eines inerten Lsgm. bei 50—100° polymerisiert. — Zum Beispiel wird N-Vinyloxyäthyl-N'-äthylharnstoff unter N_2 mit Dimethylazoisobutyrat bei 65° polymerisiert. Als weitere Ausgangsstoffe sind Gemische von N-Äthyl-N'-vinyloxyäthylharnstoff u. N-Octadecyl-N'-vinyloxyäthylharnstoff u. Äthylacrylat, Methylmethacrylat u. N-Äthyl-N'-vinyloxyäthylenharnstoff, sowie Butylacrylat, tert.-Octylpolyäthylenoxyäthylphenol u. N-Äthyl-N'-vinyloxyäthylharnstoff genannt. Schließlich erhält man bei 75° aus N-Dodecyl-N'-(1.1-dimethyl-2-vinyloxyäthyl)-harnstoff ohne Lsgm. ein viscoses Harz, mit Toluol ein trockenes Polymeres. Die Molgew. der Endprodd. können 50000—200000 betragen. Sie eignen sich als Zusätze zu Spinn-Lsgg., als Papier- u. Textilhilfsmittel u. Überzüge. (**D. A. S. 1 097 686** Kl. 39c vom 6/9. 1955, ausg. 19/1. 1961. **Schwz. P. 350 467** vom 6/9. 1955, ausg. 14/1. 1961. Beide A. Prior. 7/9. 1954.) H. SCHINDLER. 7173

Pennsylvania Salt Mfg. Co., V.St.A. (Erfinder: John Tilman Barr), **Herstellung und Polymerisation von Fluorbutadienen.** Man dehalogeniert das Butan-Deriv. CFXY·CXY·CY'Y''·CHX'Y'' (X = Cl, F, substituierte Alkylgruppe mit 1–12 C-Atomen; X' = H, Cl, F; Y = Br, Cl; Y' = X') zu dem entsprechenden Buten u. dieses weiter zu dem entsprechenden Butadien CFX=CY–CY'=CHX' (Y' = Cl oder F), das für sich oder mit anderen polymerisierbaren Verbb. polymerisiert werden kann. Man erhält viscose Fll., kautschukartige u. harte Stoffe, die gegen O_2, Öle, Licht, Wärme, Chemikalien fest sind u. sich daher für eine entsprechende Verw. (Schläuche, Dichtungen, Überzüge, Drahtumhüllung) eignen. — Durch Chlorieren von 1-Brom-2-chlor-1.1.2-trifluorbuten-(3) in CCl_4 erhält man 90% *1-Brom-2.3.4-trichlor-1.1.2-trifluorbutan* (I), Kp. 180–183°, n_D^{25} 1,4540, u. 8% einer Mischung aus *1-Brom-2.3.4.4-tetrachlor-1.1.2-trifluorbutan* u. *1-Brom-2.3.3.4-tetrachlor-1.1.2-trifluorbuten* (III), mit $Kp._{12}$ 96–99°; n_D^{27} 1,4718. Aus I mit alkohol. KOH bei 0–10° *1-Brom-2.3-dichlor-1.1.2-trifluorbuten-(3)*, Kp. 132–134°, n_D^{28} 1,4330, das man in eine sd. Suspension von Zn-Pulver in A., der geringe Mengen tert.-Butylbrenzcatechin enthält, eintropft u. noch 20 Min. kocht. Nach Zusatz von W. u. etwas HCl erhält man *3-Chlor-1.1.2-trifluorbutadien-(1.3)*, Kp. 54°; n_D^{28} 1,3835. Letzeres kann man für sich zu einem vulkanisierbaren Elastomeren oder zusammen mit Styrol oder Trifluoräthylvinyläther polymerisieren. — II, $Kp._{17}$ 103–107°; n_D^{26} 1,4700. — *4-Chlor-1.1.2-trifluorbutadien-(1.3)*, Kp. 70 bis 73°. — III, $Kp._{25}$ 109°; n_D^{24} 1,4755. — *3.4-Dichlor-1.1.2-trifluorbutadien-(1.3)*, Kp. 85 bis 90°; n_D^{24} 1,4416. (**F. P. 1 165 520** vom 16/11. 1956, ausg. 27/10. 1958. A. Prior. 17/11. 1955.) M. PANKOW. 7173

Rohm & Haas Co., Philadelphia (Erfinder: Edward Henry Specht, Huntington Vally, Andrew Neuman, North Hills, und Harry Trainor Neher, Bristol), Pa., V.St.A., **Acrylsäureamid (I).** Man bringt zuerst die Rk. von Acetylen mit Ni-Carbonyl u. einem niedermol. Alkanol in Ggw. von HCl bei 20–75° in üblicher Weise in Gang, überlagert dieser Rk. durch Einleiten von NH_3 u. CO bei 20–95° die Haupt-Rk. zwischen Acetylen, Ni-Carbonyl, HCl, CO u. NH_3 u. leitet CO in einer solchen Menge ein, die 20–80% der gesamten, aus dem Ni-Carbonyl gebildeten u. dem eingeleiteten CO bestehenden CO-Menge entspricht. Das Verhältnis von HCl:Ni-Carbonyl beträgt 2:1 u. das von Acetylen zu dem insgesamt verfügbaren CO 0,9–1,1:1. Nach der Rk. wird die Mischung mit Acetylen u. NH_3 so lange behandelt, bis das gesamte Ni-Carbonyl umgesetzt worden ist; Ausbeute 60%. — *Zwischenprod.* zur Herst. von *Polymeren* u. bes. wasserlösl. *Mischpolymeren* mit *Acryl-* u. *Methacrylsäure* oder deren Estern. — Vgl. F. PP. 68 855; C. **1959.** 15840, 1 073 475; C. **1950/54.** 4289 S u. A. P. 2 773 063; C. **1960.** 10759. (**D. A. S. 1 106 315** Kl. 12o vom 30/12. 1954, ausg. 10/5. 1961. A. Prior. 29/1. 1954.) G. KRAUSS. 7173

American Cyanamid Co., V.St.A. (Erfinder: Percival William Cummings jun. und Allan Olaf Mogensen), **Gewinnung einer Polymerpaste aus Abfalllösungen des Polymeren.** Die Lsg. des Polymeren wird in einen 65–95° heißen Nichtlöser für das Polymere gegossen u. die erhaltene Dispersion einer Scher-Wrkg., z. B. durch Passieren einer Kreiselpumpe, ausgesetzt. — 3 Liter einer 10 Gew.-%ig. Lsg. eines Acrylnitril–Methacrylat (95:5)-Mischpolymerisats in 52%ig. NaSCN-Lsg. werden in ca. 70 Liter W. von 85–90° gegossen u. gerührt. Krümelige, in W. leicht dispergierbare Paste des Polymeren, die man 16 Std. lang stehenläßt u. filtriert. — Vgl. A. P. 2 862 895; C. **1960.** 9425. (**F. P. 1 154 203** vom 15/6. 1956, ausg. 3/4. 1958. A. Prior. 11/10. 1955.) M. PANKOW. 7173

Monsanto Chemical Co., Mo. (Erfinder: Massimo Baer, Mass.), V.St.A., **Herstellung von durchsichtigen Mischungen aus Styrol–Acrylnitril-Mischpolymerisaten und Butadien–Styrol-Mischpolymerisaten.** Man polymerisiert eine Mischung aus 60–90 (Gew.-%) Styrol (**III**) u. entsprechend 40–10 Acrylnitril (**IV**) in einem Latex aus den Butadien (**V**)–**III** (40–75):(60–25)-Mischpolymerisat mit einem Quellungsindex $<$ ca. 25 so, daß das Gewicht des **III**–**IV**-Mischpolymeren 55–95 der Polymerisatmischung ausmacht u. wenigstens ein Teil des **III**–**IV**-Polymeren an das **V**–**III**-Mischpolymere durch Pfropfpolymerisation gebunden ist. — Man polymerisiert eine Mischung aus 200 (Gewichtsteilen) W., je 50 **V** u. **III**, 5 Na-Stearat u. je 0,3 $K_2S_2O_8$ u. Dodecylmercaptan (**VI**) 48 Std. lang bei 50°, verd. auf 10% Kautschukanteile u. gibt zu 1000 der Emulsion bei Rückfluß-Temp. in 90 Min. zugleich 116 einer Lsg. von 0,6 Gew.-% **VI** in einer Mischung aus 68 Gew.-% **III** u. 32 Gew.-% **IV** u. eine Lsg. von 0,2 Gew.-% (der Monomeren) $K_2S_2O_8$ in 35 W. (Emulsion I). Ferner erhitzt man 0,7 Na-Stearat in 250 W. auf Rückfluß-Temp. u. läßt in 1 Std. zugleich eine Lsg. von 0,2 $K_2S_2O_8$ in 25 W. u. eine solche von 0,6 **VI** in 68 **III** u. 32 **IV** zulaufen (Emulsion II). Man mischt dann 181 **I** u. 77 **II** zu einer Mischung, die man auf der Walze zu feinem Pulver zer-

kleinern kann, das verpreßt oder im Spritzguß zu transparenten Gegenständen mit guter Oberfläche, z. B. für *Verpackungsmaterial*, verarbeitet werden kann. — Man bestimmt den Quellungsindex, indem man 0,3 g **V-III**-Polymerisat in 75 cm^3 Bzl. 24 Std. lang bei Raum-Temp. im Dunkeln stehen läßt, über einem Sieb mit 0,15 mm Maschenweite filtriert u. mit 10 cm^3 Bzl. nachwäscht. Quellungsindex ist dann g gequollenes Polymeres/0,3 g in Bzl. lösl. Polymeres. (**Jap. A. S. 3341/1959** vom 24/7. 1957, ausg. 4/5. 1959. **F. P. 1 180 764** vom 24/7. 1957, ausg. 9/6. 1959. Beide A. Prior. 25/7. 1956.)
M. PANKOW. 7173

Union Carbide Corp., New York, N.Y. (Erfinder: William Franklin Gorham, Berkeley Heights, N.J.), V.St.A., **Herstellung von Xylylenpolymeren** der nebenstehenden Formel (n = 10—10000; R = H, Halogen, Alkyl-, substituierter Alkyl-, Carbomethoxy-, Acetyl- oder Phenylrest). Man bringt p-Xylol (**II**) bei 900 bis 925° mit Wasserdampf zwecks Bldg. von Di-p-xylylen (**I**) zusammen, das man mit wenigstens einer der R-Gruppen substituieren kann, u. zerlegt das unsubstituierte oder substituierte **I** bei 500—600° in der Gasphase, verwandelt es in die Diradikalform. kühlt < 200° u. läßt polymerisieren. Die Polymeren werden zu *Filmen*, *Fasern* u. *Überzügen* u. auf *elektr. Isolierungen* verarbeitet. Die halogenierten Polymeren brennen nicht. Die Rk. verläuft nach **II** $\xrightarrow[\text{W.}]{900^0}$ $(CH_2C_6H_4CH_2)_2$ (**I**) $\xrightarrow{550^0}$ 2 $-CH_2C_6H_4CH_2-$ $\xrightarrow{200^0}$ $(-CH_2C_6H_4-CH_2-)_n$. — 750 (g) **II** u. 3750 W. läßt man im Verhältnis 10:50 jeweils 75 Min. bei 900° reagieren. Die erhaltene Mischung aus **II** u. niederen Polymeren erhitzt man zum Sieden, filtriert u. erhält 10,5 in **II** unlösl. *Poly*-**II**. Aus der Filtrat-Lsg. dest. man bei 136—140° 400 **II** ab, kühlt die zurückbleibende Lsg., filtriert u. erhält 6 **I**, Kp. 280—282°, u. aus dem Filtrat durch Fraktionierung 28 *Di-p-tolyläthan*, F. 73—83° (A.). Schließlich bleiben 21 *Tri-*, *Tetra-* u. *Pentameres* zurück. 1 **I** leitet man durch ein teilweise 550° heißes Glasrohr von 12 m Länge u. 14 mm Ø bei 1—2 mm in 10 Min.; das in Chlf. unlösl. *Poly-p-xylylen* entfernt man mechan. aus dem kalten Teil des Rohres. — 5 **I** 0,1 Fe-Pulver u. 400 cm^3 CCl_4 werden tropfenweise mit 10 Br in 50 cm^3 CCl_4 in 30 Min. versetzt. Man rührt noch 12 Std. bei 10—20° u. erhält eine *Dibrom-Verb.*, F. 240—242°, die wie vorst. durch ein 550—560° heißes Rohr bei 1 mm geleitet wird, wobei sich ein *Polymerisatfilm* absetzt. (**Jap. A. S. 5285/1959** vom 15/11. 1957, ausg. 25/6. 1959. A. Prior. 15/11. 1956.)
M. PANKOW. 7173

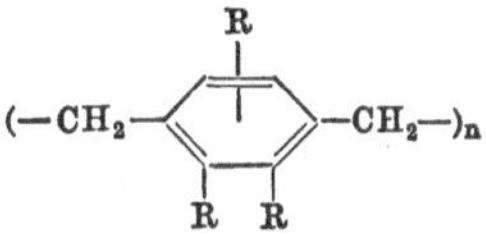

E. I. du Pont de Nemours & Co., Wilmington (Erfinder: Gelu Stoeff Stamatoff), Del., V.St.A., **Polymerisate von cyclischen Dienen** erhält man durch Polymerisation von 2.2.1-Bicyclodienen, z. B. Bicyclopentadien, Bicyclo-(2.2.1)-2.5-heptadien, 5-Methylenbicyclo-(2.2.1)-2-hepten oder Dimethyldicyclopentadien, ggf. in Mischung mit Äthylen, in Ggw. eines Koordinationskatalysators, bes. Titanhalogenid u. Metallalkyl, ggf. in Ggw. eines inerten KW-Stofflösungsmittels. Die Polymerisate können in bekanter Weise vernetzt werden. — Verw. zum *Verformen*, *Strangpressen*, Herst. von *Fasern u. Filmen*. (**D. A. S. 1 102 411** Kl. 39c vom 4/11. 1957, ausg. 16/3. 1961. A. Prior. 5/11. 1956.)
L. STADELMANN. 7173

Farbenfabriken Bayer Akt.-Ges. (Erfinder: Josef Haydn und Hermann Holzrichter), Leverkusen, **Herstellung von Alterungsschutzmitteln**, dad. gek., daß man p-Alkylphenole zunächst in bekannter Weise mit Olefinen oder sek. oder tert. Alkoholen alkyliert u. das Rk.-Gemisch anschließend direkt in bekannter Weise mit CH_2O kondensiert. — Nach einem Beispiel wird p-Kresol in Ggw. von akt. Bleicherde bei 140° mit Cyclohexanol umgesetzt, worauf das gebildete Cyclohexen mit Paraformaldehyd versetzt u. auf 90° erhitzt wird. Das Endprod. erhält man durch Filtrieren u. Dest. des Lsgm. als Rückstand, Alterungsschutz u. Lichtechtheit entsprechen denen des 2.2'-Dihydroxy-3.3'-dicyclohexyl-5.5'-dimethyldiphenylmethans. (**D. A. S. 1 089 168** Kl. 39c vom 3/6. 1957, ausg. 15/9. 1960.)
H. SCHINDLER. 7177

Bergwerksverband zur Verwertung von Schutzrechten der Kohlentechnik G. m. b. H., Dortmund, **Verbesserungen bei der Herstellung von Polyesterharzen.** Man verestert 3- oder mehrbas. Benzolcarbonsäuren (**I**) oder ihre Anhydride, bes. Pyromellitsäure, mit mehrwertigen Alkoholen (**II**), wie Äthylenglykol, Hexandiole oder Glycerin, indem man zunächst die **I** mit einem einwertigen Alkohol (**III**), wie Methanol, Butanol, Octanol, entweder vollständig oder teilweise verestert, so daß mindestens 2 Carboxylgruppen verestert sind, u. tauscht hierauf den Alkoholrest des Esters gegen den eines **II** durch Umesterung aus, wobei man laufend den **III** u. das gebildete W. entfernt. Eine solche Versterungsweise schafft stets — im Gegensatz zur direkten Veresterung mit **II** — nichtgelatinierende Harze. In der Hitze leicht erhärtende Harze enthalten 5—30 Gew.-% zweibas. ungesätt. Säuren, z. B. Maleinsäure (**IV**).

Man läßt den Ester aus I u. III mit einem Gemisch von II u. IV reagieren, oder besser, man nimmt die Umesterung mit einem Überschuß von II vor u. läßt den so gebildeten, freie Hydroxylgruppen enthaltenden Ester mit IV reagieren. — Vgl. D. A. S. 1 074 263; C. **1960.** 15591. (**E. P. 811 526** vom 8/8. 1956, ausg. 8/4. 1959. D. Prior. 18/8. u. 9/12. 1955.) K. SARRE. 7177

Reichhold Chemicals, Inc., Detroit, Mich., übert. von: Harold L. Moroson, Elizabeth, N.J., V.St.A., **Flüssige Epoxyharze** erhält man durch Rk. von 1 (Mol) Diphenylolpropan mit 2—3 Epichlorhydrin (I) in alkal. Lsg. bei 40—70°, Zusatz von 10 bis 25 Gew.-% I, berechnet auf das Harzzwischenprod. (II) u. azeotrope Abdestillierung des Harzes, wobei I nahezu quantitativ wieder gewonnen wird. Durch Variierung der zu dem II zugegebenen Menge I läßt sich die Viscosität des Endprod. einstellen. Die Prodd. können mit Aminen gehärtet werden. (**A. P. 2 921 049** vom 16/9. 1955, ausg. 12/1. 1960.) J. MÜHLEISEN. 7177

Devoe & Reynolds Co., Inc., New York, N.Y. (Erfinder: Wayne Frank McWhorter, John Edward Kuhn, Louisville, Ky., und Harold Casper Klassen, New Albany, Ind.), V.St.A., **Härtungsmittel für Polyglycidylverbindungen** (I) sind 0,5—10(%) eines BF_3-Komplexes (aus BF_3 u. einem Amin, Amid, Äther oder Phenol) u. 1—3 eines Phosphorigsäuretriarylesters (Triphenylphosphit), bezogen auf I. Die I sind bes. Epoxyharze auf Grundlage mehrwertiger Phenole, die durch reaktionsfähige Verbb., wie fl. Glycidylphenyläther oder Polyäthylenglykole, verd. werden können. Das Aushärten erfolgt bei erhöhter Temp. (150°) zu Guß- u. Formkörpern, bes. wegen der hohen Wärmefestigkeit auch für militär. Anwendungen (Raketen u. Geschosse) (**D. A. S. 1 106 493** Kl. 39b vom 30/5. 1959, ausg. 10/5. 1961. A. Prior. 23/6. 1958.) G. TEWES. 7177

Inventa Akt.-Ges. für Forschung und Patentverwertung, Luzern, Schweiz, **Herstellung von Polyamiden** mit Molgew. >25000 durch Erhitzen eines Polyamids mit einem geringeren Molgew., z. B. Polycaprolactam, in Ggw. eines Katalysators, z. B. H_2SO_4, unter O_2-Ausschluß auf Temp. zwischen 100° u. dem F. des verwendeten Ausgangsproduktes. (**Ind. P. 58 586** vom 8/10. 1956, ausg. 4/9. 1958.) H. NEBELSIEK. 7181

National Distillers & Chemical Corp. (Erfinder: Jonas Kamlet), New York, N.Y., V.St.A., **Herstellung hochschmelzender linearer Polyamide** durch Polykondens. von Aminocarbonsäuren, die einen Cyclohexanring enthalten, u. deren Derivv., dad. gek., daß man mindestens eine stereoisomere Verb. der allg. Formel I, in der

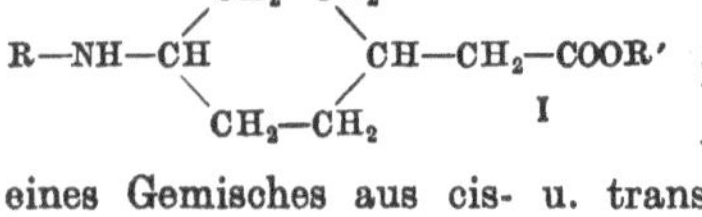

I

R ein H-Atom, eine Acyl-, Aroyl- oder eine HCO-Gruppe u. R′ ein H-Atom, einen aliphat. oder cycloaliphat. KW-Stoffrest oder die Ammoniumgruppe bedeutet, in an sich bekannter Weise zwischen 150 u. 400° polykondensiert. — 100 (Gewichtsteile) eines Gemisches aus cis- u. trans-4-Aminocyclohexylessigsäure werden im Gemisch mit 20 W. in einem Autoklav unter N_2 10 Std. auf ca. 275° erhitzt. Beim Abkühlen wird der Druck im Autoklav entspannt, u. das entstandene hochschm. Polymerisat kann abfiltriert werden. Die Polymerisate sind lösl. in Dimethylformamid, Formamid, Phenolen, Kresolen, Xylenolen. Sie können aus Lsgg. in diesen u. anderen Lsgm. zu *Fäden, Fasern, Folien, Rohren, Borsten* oder *Filmen* versponnen oder gegossen werden. (**D. A. S. 1 100 951** Kl. 39c vom 29/1. 1955, ausg. 2/3. 1961.) W. SCHLITT. 7181

Farbenfabriken Bayer Akt.-Ges., Leverkusen (Erfinder: Günther Loew, Köln), **Urethangruppen enthaltende Schaumstoffe** erhält man durch Rk. von OH-Gruppen aufweisenden Polyäthern (I; Polypropylenglykoläther), Polyisocyanaten (2.4-Toluylendiisocyanat) u. W. in Ggw. von bes. 0,01—5 (%) Triäthylendiamin u. bes. 0,1—10, bezogen, auf I, eines ggf. endständig verätherten u. ggf. sternförmig verzweigten Organopolysiloxanpolyalkylenglykolesters, z. B. der Formel $(C_2H_5—Si—(—O—[Si\cdot(CH_3)_2O—]_6—(C_nH_{2n}O)_z—C_4H_9)_3$ [z = 30 u. (C_nH_{2n}) ca. 17 Äthylenglykol- u. 13 Propylenglykoleinheiten]. — Herst. von *Polstermaterial, Schwämmen* u. *Isolierungen.* (**D. A. S. 1 101 752** Kl. 39b vom 28/8. 1959, ausg. 9/3. 1961. A. Prior. 4/9. 1958.) G. TEWES. 7181

Mobay Chemical Co., Pittsburgh, Pa. (Erfinder: James Henry Saunders, New Martinsville, und Paul George Gemeinhardt, Sistersville, W.Va.) V.St.A., **Urethangruppen enthaltende Schaumstoffe.** Zur D. A. S. 1 101 752; vgl. vorst. Ref., ist nachzutragen, daß man die Rk. der Polyäther, Polyisocyanate u. W. in Ggw. der ggf. sternförmig verzweigten Organopolysiloxanpolyalkylenglykolester, jedoch auch zweistufig unter Bldg. eines Voradduktes, durchführt. An Stelle des Triäthylendiamins werden als Katalysator Tetramethyl-1.3-butylendiamin u. Triäthylamin verwendet. (**D. A. S. 1104690** Kl. 39b vom 28/8. 1959, ausg. 13/4. 1961. **F. P. 1240725** vom 3/9. 1959, ausg. 30/12. 1960. Beide A. Prior. 4/9. 1958.) G. TEWES. 7181

Farbwerke Hoechst Akt.-Ges., vormals Meister Lucius & Brüning (Erfinder: Paul Schlack), Frankfurt/M., **Herstellung von Polykondensationsprodukten aus Ureidocarbonsäureestern** mit endständiger, freier Aminogruppe, die sich von hydroxylgruppen haltigen Estern höherer Fettsäuren bzw. Hydroxyfettsäuren ableiten u. im Mol. im Durchschnitt wenigstens zwei alkohol., an H-tragende KW-Stoffatome gebundene Hydroxylgruppen aufweisen, dad. gek., daß man die mehrwertigen Ureidocarbonsäureester mit Aldehyden oder reaktionsfähigen Aldehyd-Derivv., vorzugsweise in Ggw. von Säure u. ggf. in der Wärme, umsetzt. — In eine Mischung von 18,6 (Teilen) Ricinusöl u. 5,94 β-Methyl-β-butyrolactam leitet man bei Raum-Temp. die auf Lactam berechnete mol. Menge HCl ein u. läßt den Ansatz über Nacht stehen. Nach dieser Zeit ist der salzsaure Ester des Ricinusöls mit β-Methyl-β-aminobuttersäure entstanden. Das Prod., eine seifige Masse, enthält 3,14% N. — Zu einer 5%ig. wss. Lsg. des Estersalzes bringt man bei Raum-Temp. die auf N berechnete äquimol. Menge K-Cyanat in konz. wss. Lösung. Hierbei scheidet sich der Harnstoff als ölige Schicht ab. Man rührt zur Vervollständigung der Umsetzung noch 2 Std. bei 50° u. nimmt dann den Ureidoester (I) in Methylenchlorid auf. Beim Verdunsten des Lsgm. hinterbleibt er als zähes, prakt. farbloses Öl mit einem N-Geh. von 4,73%. — Man nimmt I in der dreifachen Menge Aceton u. gibt pro g-Atom N ein Äquivalent Formaldehyd in Form einer 40%ig. wss. Lsg. u. 2% 85%ig. Phosphorsäure, bezogen auf I, zu. Die sich trübende Fl. wird sofort auf Glasplatten ausgegossen. Nach Verdunsten des Lsgm. u. Stehenlassen über Nacht hinterbleibt ein wasserklarer, elast., noch nicht klebender Ölfilm, der sich ohne Beschädigung von der Unterlage ablösen läßt. (**D. A. S. 1 102 395** Kl. 39c vom 1/8. 1959, ausg. 16/3. 1961.) W. SCHLITT. 7181

United States Rubber Co., New York, N.Y. (Erfinder: Julian Royden Little, Packanack Lake, und William Whelan jun., Passaic, N.J.), V.St.A., **Herstellung von vernetzten Polyurethanen.** Polyester (I), Polyesteramide (II) oder Polyäther (III) werden mit 45—90 Mol-% an organ. Diisocyanat (IV) umgesetzt, der Masse weitere I, II oder III, dann eine gegenüber NCO-Gruppen bifunktionelle, wenigstens eine prim. Aminogruppe aufweisende niedermol. Verb. zugegeben u. das Prod. durch weiteres IV in der Wärme unter Formgebung vernetzt. — Zu 335 (g) eines I aus Adipinsäure u. Triäthylenglykol vom Molgew. 2010 werden bei 100° 63 p.p'-Diphenylmethandiisiocyanat (VI) zugefügt u. die Masse 2 Std. bei 115° umgesetzt, dann 143 weiterer I zugegeben. Nach 10 Min. fügt man 11,9 p.p'-Diaminodiphenylmethan zu. Das rohe Polymerisat (MOONEY-Viscosität 39) wird mit 10 weiterem VI 60 Min. bei 145° zu einem kautschukelast. Prod. ausgehärtet. Zum Inhibieren der härtbaren Masse kann Triphenylphosphit dienen. Füllstoffe (Ruß, SiO_2, Stärke u. Fasern) werden mitverwendet. — Herst. von Formkörpern, bes. *Reifen* u. *Treibriemen*. (**D. A. S. 1 098 711** Kl. 39b vom 11/2. 1959, ausg. 2/2. 1961. **F. P. 1 221 957** vom 10/2. 1959, ausg. 7/6. 1960. **E. P. 857131** vom 31/12. 1958, ausg. 29/12. 1960. Alle A. Prior. 24/2. 1958.) G. TEWES. 7181

Farbenfabriken Bayer Akt.-Ges., Leverkusen (Erfinder: Hans Holtschmidt, Köln, Erwin Müller, Otto Bayer und Günther Nischk, Leverkusen), **Herstellung schwefelhaltiger Polykondensationsprodukte.** Man kondensiert Thioätherglykole mit 1 oder mehr Hydroxyalkylgruppen mit sich selbst oder mit Thioätherglykolen ohne Hydroxyalkylgruppen, oder man kondensiert letztere Thioätherglykole mit einem Glykol, das ein- oder zweimal hydroxyalkyliert ist u. dessen Glykolkomponente vor der Hydroxyalkylierung wenigstens 3 C-Atome enthält. In 1220 g Bis-β-hydroxyäthylsulfid (I) u. 3,7 g Hexahydrodimethylanilin leitet man bei 120 bis 140° 880 g Äthylenoxyd. 2100 g des braunen Rk.-Prod. kondensiert man unter N_2 in Ggw. von 15 g p-Toluolsulfonsäure mit 1220 g I bei 150—170° 6 Std., davon 2½ unter Vakuum zur Wasserentfernung: Gelbbraunes, dickes, wasserunlösl. Öl. — Verw. in *plast. Massen*. — Vgl. D. A. S. 1 005 275; C. **1957.** 12025. (**F. P. 1 171 552** vom 25/1. 1957, ausg. 28/1. 1959. D. Prior. 26/1. u. 8/2. 1956. **Jap. A. S. 4496/1959** vom 25/1. 1957, ausg. 30/5. 1959. D. Prior. 26/1. 1956.) M. PANKOW. 7185

American Cyanamid Co., New York, N.Y., übert. von: John A. Price, Swarthmore, Pa., und Walter H. Schuller, Stamford, Conn., V.St.A., **Sulfoniumgruppenhaltige Mischpolymere** werden aus 0,1—40 Mol-% Monomeren der allg. Formel ($CH_2{=}CH{-}CH_2{-}SR'{-}CH_2{-}CH{=}CH_2)R_2SO_3$ (R' u. R_2 = Alkyl mit 1 bis 18 C-Atomen) u. 99,9—60 Mol-% vinylgruppenhaltigen Monomeren, wie Acrylnitril,

Methacrylnitril, Acrylsäure, Acrylamiden, Styrolen, Vinylnaphthalinen, Vinylketonen oder Vinyläthern, in wss. Medium in Ggw. von Katalysatoren bei 20—40° hergestellt. Verw. zur *Textilbehandlung, als Bindemittel, Klebstoff,* zur Herst. von *Schichtstoffen,* als *Verdickungsmittel.* (**A. P. 2 923 700** vom 10/10. 1956, ausg. 2/2. 1960.) A. DANDL. 7185

Dow Corning Corp., Midland, Mich. (Erfinder: Robert L. Merker, Pittsburgh, Pa.), V.St.A., **Herstellung von polymeren Acryloxymethylsiliciumverbindungen** in fl., harz- oder kautschukartiger Form. Man polymerisiert 1. Siloxane mit Einheiten der Formel $(CH_2{:}CR{\cdot}COOCH_2)R'_nSiO_{(3-n)/2}$ (I; R = H oder CH_3; R' = 1wertige KW-Stoffgruppe; n = 1 oder 2), 2. Siloxanmischpolymere mit 1—99 Mol-% Einheiten der Formel I u. restlichen Einheiten der Formel $R''_mSiO_{(4-m)/2}$ (R'' = Acetoxymethyl-, einwertige KW-Stoff- oder Halogen-KW-Stoffgruppe; m = 0, 1, 2, 3) oder 3. Organo-Si-Verbb. $CH_2{:}CR{\cdot}COO{\cdot}CH_2SiR'_3$, auch zusammen mit anderen mischpolymerisierbaren Vinylverbindungen. Die Polymeren geben Prodd. (*Überzüge, Imprägnierungen, Preßmassen, Fäden*) mit verbesserter Abriebfestigkeit. — Man erhitzt 50,5 (g) K-Methacrylat, 46,5 Bis-chlormethyltetramethyldisiloxan, 75 Methacrylsäure u. 75 Dimethylformamid 1 Std. unter Rückfluß; Fl. der Formel $[CH_2{:}C(CH_3){\cdot}COOCH_2Si(CH_3)_2]_2O$, $Kp._3$ 127°; $D._4^{25}$ 0,996; n_D^{25} 1,4472. 1 Mol der Verb. wird mit 3 Mol Hexamethyldisiloxan, 2 g konz. H_2SO_4 u. 5 g CF_3COOH 12 Std. stehengelassen: $CH_2{:}C(CH_3){\cdot}COOCH_2Si(CH_3)_2{\cdot}OSi(CH_3)_3$, $Kp._{10}$ 86,5°; $D._4^{25}$ 0,903; m_D^{25} 1,4202. Man erhitzt die Verb. mit 0,01% Benzoylperoxyd 2 Std. unter N_2 auf 70°: Plast. elast. Masse. Oder man erhitzt das Monomere mit Methylmethacrylat 16 Std. mit 0,1 Gew.-% α.α'-Azodiisobutyronitril unter N_2 bei 70°. Die Polymeren sind wasserabweisend. — *Acryloxymethylpentamethyldisiloxan,* $CH_2{:}CH{\cdot}COO{\cdot}CH_2Si(CH_3)_2OSi(CH_3)_3$, $Kp._{10}$ 88,5°; $D._4^{25}$ 0,906; n_D^{25} 1,4165; daraus mit Oktamethylcyclotetrasiloxan $CH_2{:}CH{\cdot}COOCH_2Si(CH_3)_2[OSi(CH_3)_2]_yOSi(CH_3)_3$ u. $CH_2{:}CH{\cdot}COOCH_2Si(CH_3)_2{\cdot}O{\cdot}Si(CH_3)_2CH_2OOCCH_3$, $Kp._{10}$ 137,8°, $D._4^{25}$ 1,01, n_D^{25} 1,4337, u. $[CH_2{:}CHCOOCH_2Si(CH_3)_2Si]_2O$, n_D^{25} 1,4480, die sich alle zu Harzen mit Benzoylperoxyd polymerisieren lassen. — Man kann diese Acryloxy–Si-Verbb. auch mit Acrylnitril, Vinylacetat, Butadien oder Polyestern aus Äthylenglykol u. Maleinsäure mischpolymerisieren. (Jap. A. S. 5441/1959 behandelt nur die Mischpolymerisation.) (**F. P. 1 179 739** vom 23/7. 1957, ausg. 27/5. 1959. **Jap. A. S. 5441/1959** vom 26/3. 1957, ausg. 26/6. 1959. Beide A. Prior. 6/8. 1956.) M. PANKOW. 7189

Farbwerke Hoechst Akt.-Ges., vormals Meister Lucius & Brüning, Deutschland, **Gewinnung von Polyolefinen** aus KW-Stoff-Suspensionen beim Niederdruck-Verf. durch Zusatz von C_{3-8}-Alkoholen u. alkal. Verbb. der Metalle der Gruppe 1 u. 2 des Period. Systems. — 300 cm³ einer Suspension von 100 mit $TiCl_4$ u. $(C_2H_5)_2AlCl$ hergestelltem Polyäthylen in einer Erdölfraktion vom Kp. 200—220° versetzt man mit 3 cm³ Butanol u. rührt 1 Std. bei 80° in Abwesenheit von Luft, rührt 10 Min. stark mit 100 cm³ W., entfernt die wss. Phase, wäscht noch 2mal, setzt dann 3 cm³ einer 10%ig. Lsg. von KOH in Butanol zu, rührt 30 Min., wäscht erneut mit W. u. trennt das Polymere ab, das farblose *Preßmassen* liefert u. Metall nicht korrodiert. (**F. P. 1 196 433** vom 24/5. 1958, ausg. 24/11. 1959. D. Prior. 24/5. 1957.) M. PANKOW. 7205

Owens-Corning Fiberglas Corp., übert. von: Frederick W. Walker, Johnstown, Ohio, V.St.A., **Preßkörper** aus Glasfasern (I), die mit einem in der Hitze härtbaren Kunstharz (II) gebunden sind, werden aus 20—30 oder mehr % der I mit II (z. B. Phenol–Formaldehyd-, Polyvinylacetat-, Polystyrolharz oder dgl.) versetzt u. auf die Unterlage, bes. Abdeckungen von Armaturenbrettern in Automobilen mittels einer heizbaren Preßform aufgebracht u. anschließend bei 150—700° F gehärtet. Es entstehen, bes. die Ecken umkleidende, federnde Auflagen mit glänzender, genügend harter Oberfläche, die Unfallschäden weitgehend verhindert. — Abbildungen. (**A. P. 2 938 737** vom 3/12. 1953, ausg. 31/5. 1960.) F. KOCH. 7205

Union Carbide Corp., New York, N.Y., übert. von: **John W. Lynn**, Charleston, W. Va., V.St.A, *Ester von N.N-Bis-(2-cyanäthyl)-carboxaminsäuren.* (**A. P. 2 837 558** vom 22/4. 1953, ausg. 3/6. 1958. — C. **1958.** 3755 [E. P. 773 406].)

American Cyanamid Co., New York, N.Y., V.St.A., *Herstellung neuer Benzophenone.* (**Aust. P. 167 871** vom 29/3. 1954, ausg. 5/7. 1956. A. Prior. 3/4. 1953. — C. **1958.** 570 [F. P. 1 098 344].)

Imperial Chemical Industries Ltd., London, England, *Äthylenpolymerisation.* (**Ind. P. 57 872** vom 13/7. 1956, ausg. 6/2. 1958. E. Prior. 4/8. 1955. — C. **1959.** 14892 [E. P. 796 728].)

Imperial Chemical Industries Ltd., London, England, *Polymerisation von Äthylen.* (**Ind. P. 57 445** vom 28/5. 1956, ausg. 9/6. 1958. E. Prior. 6/6. 1955. — C. **1960.** 14882 [Aust. P. 215 783].)

Farbenfabriken Bayer Akt.-Ges., Leverkusen, übert. von: **Herbert Bartl**, Köln, *Herstellung wässeriger Emulsionen.* (**A. P. 2 912 399** vom 9/8. 1954, ausg. 10/11. 1959. D. Prior. 11/8. 1953. — C. **1957.** 9229 [D. A. S. 1 001 002].)

Ciba Ltd., übert. von: **Arthur Maeder**, Basel, Schweiz, *Salze von verseiften Polyacrylsäureestern und deren Lösungen.* (**A. P. 2 897 172** vom 29/10. 1954, ausg. 28/7. 1959. Schwz. Prior. 5/11. 1953. — **C. 1958.** 6404 [F. P. 1 113 509].)

Karl Ziegler, Mülheim/Ruhr (Erfinder: **Karl Ziegler, Heinz Breil, Heinz Martin** und **Erhard Holzkamp**), *Katalysator für Äthylenpolymerisation.* (**E. P. 820 264** vom 11/8. 1955, ausg. 16/9. 1959. — **C. 1959.** 10075 [D. A. SS. 1 016 022 u. 1 016 023].)

Permutit Co. Ltd., London, England, *Anionenaustauscher-Harze.* (**Aust. P. 162 707** vom 2/8. 1948, ausg. 19/5. 1955. E. Prior. 14/8. 1947. — **C. 1953.** 8726 [E. P. 655 554].)

Monsanto Chemical Co., St. Louis, Mo., V.St.A., *Stabilisieren polymerisierter Vinylverbindungen.* (**Aust. P. 162 346** vom 26/3. 1952, ausg. 21/4. 1955. A. Prior. 28/3. 1951. — **C. 1954.** 3585 [A. P. 2 628 951].)

E. I. du Pont de Nemours & Co., Wilmington, Del. (Erfinder: **Leon E. Wolinski**, Buffalo, N.Y.), V.St.A., *Verbesserung der Adhäsionseigenschaften von Polyäthylen-Folien.* (**D. A. S. 1 076 940** Kl. 39b vom 28/11. 1953. ausg. 3/3. 1960. A. Prior. 20/11. 1952. — **C. 1956.** 7372 [A. PP. 2 715 076 u. 2 715 077].)

Imperial Chemical Industries Ltd., London, England, *Polymerisation von Äthylen.* (**Ind. P. 60 449** vom 10/5. 1957, ausg. 3/4. 1958. E. Prior. 15/7. 1955. — **C. 1960.** 11833 [F. P. 1 155 744].)

Ciba Ltd., Basel, Schweiz, *Herstellung von Methacrylsäuremethylenimid.* (**E. P. 799 657** vom 24/5. 1957, ausg. 13/8. 1958. Schwz. Prior. 25/5. 1956. — **C. 1960.** 3394 [A. P. 2 830 045].)

Montecatini Soc. Gen. per l'Industria Mineraria e Chimica und **Karl Ziegler** (Erfinder: **Ettore Bua** und **Luciano Luciani**), *Kristalline Olefinpolymerisate.* (**Aust. P. 221 923** vom 16/10. 1956, ausg. 2/7. 1959. It. Prior. 19/10. 1955. — **C. 1959.** 10740 [F. P. 1 161 557].)

Imperial Chemical Industries Ltd. (Erfinder: **Hugh Wilma Boulton Reed** und **William Edward Alexander Mitchell**), *Olefinpolymerisate.* (**Aust. P. 221 693** vom 2/7. 1957, ausg. 18/6. 1959. E. Prior. 10/7. 1956. — **C. 1960.** 12176 [E. P. 816 614].)

Montecatini Soc. Gen. per l'Industria Mineraria e Chimica, Mailand, Italien, und **Karl Ziegler**, Mülheim/Ruhr, *Polymerisieren von Olefinen.* (**E. P. 821 838** vom 13/12. 1955, ausg. 14/10. 1959. It. Prior. 16/12. 1954. Zusatz zu E. P. 810 023; C. 1960. 7360. — **C. 1959.** 10740 [F. P. 68594].)

Esso Research and Engineering Co., V.St.A., *Kohlenwasserstoffharze.* (**F. P. 1 155 393** vom 4/8. 1956, ausg. 25/4. 1958. — **C. 1960.** 1344 [E. P. 793 070].)

Badische Anilin- & Soda-Fabrik Akt.-Ges., Ludwigshafen/Rh., *Herstellung von Äthylenpolymerisaten.* (**E. P. 830 834** vom 3/4. 1957, ausg. 23/3. 1960. D. Prior. 6/4. 1956. — **C. 1961.** 1387 [D. A. S. 1 072 389].)

Farbenfabriken Bayer Akt.-Ges., Leverkusen (Erfinder: **Gustav Pieper** und **Hans Ferdinand Rickert**, Köln, und **Eberhard Stein**, Leverkusen), *Herstellung von festen Polyäthylenen.* (**Schwz. P. 349 418** vom 16/5. 1955, ausg. 30/11. 1960. D. Prior. 9/6. u. 29/9. 1954. — **C. 1961.** 1387 [D. A. S. 1 080 303].)

Consortium für Elektrochemische Industrie G. m. b. H., München, *Herstellung von fluorhaltigen Polymeren.* (**It. P. 513 834** vom 2/3. 1954. D. Prior. 13/3. 1953. — **C. 1957.** 3674 [F. P. 1 095 205].)

Phillips Petroleum Co., Bartlesville, Okla., V.St.A., *Katalysator für die Polymerisation von Olefinen.* (**It. P. 513 721** vom 26/1. 1954. A. Prior. 27/1. 1953. — **C. 1959.** 6970 [E. P. 790 196].)

Chemische Werke Albert, Wiesbaden-Biebrich, *Lagerbeständige Kunstharze.* (**Schwed. P. 156 848** vom 26/8. 1952, ausg. 6/11. 1956. D. Prior. 12/11. 1951. — **C. 1954.** 8914 [Oe. P. 178 200].)

Union Carbide Corp. (Erfinder: **Benjamin Phillips** und **Paul Spencer Starcher**), *Epoxydharze.* (**Aust. P. 221 163** vom 12/12. 1957, ausg. 7/5. 1959. A. Prior. 20/12. 1956. — **C. 1960.** 9046 [Oe. PP. 204 278, 204 279, 204 783 u. 204 784].)

Johannes Kleine, München, *Herstellung von Polyestern.* (**Holl. P. 96 205** vom 8/3. 1954, ausg. 15/12. 1960. — **C. 1957.** 11733 [F. P. 1 115 278].)

Distillers Co. Ltd., Edinburgh, England, *Herstellung öllöslicher Produkte.* (**Holl. P. 96 211** vom 26/3. 1954, ausg. 15/12. 1960. E. Prior. 26/3. 1953. — **C. 1957.** 13189 [F. P. 1 104 022].)

Farbenfabriken Bayer Akt.-Ges. (Erfinder: **Wilhelm Bunge**, Leverkusen, und **Karl Heinz Mielke**, Köln), *Herstellung unlöslicher Kunstharze.* (**Holl. P. 96 191** vom 10/10. 1953, ausg. 15/12. 1960. D. Prior. 11/10. u. 29/10. 1952. — **C. 1957.** 5128 [E. P. 744 027].)

N. V. de Bataafsche Petroleum Mij. (Erfinder: **Pieter Bruin** und **Arie Klootwijk**), *Polymethylhydroxyphenylchroman-Derivate.* (**Aust. P. 221 928** vom 15/5. 1957, ausg. 2/7. 1959. Holl. Prior. 17/5. 1956. — C. **1960.** 15921 [Holl. P. 92 153].)

Wingfoot Corp., Wilmington, Del., V.St.A., *Verschäumbarer Ansatz aus einem Alkydharz und einem Diisocyanat.* (**Ind. P. 49 522** vom 9/5. 1953, ausg. 1/12. 1954. — **C. 1956.** 9312 [E. P. 729 523].)

N. V. de Bataafsche Petroleum Mij., Den Haag, Holland, *Herstellung harter Äthoxylinharze.* (**Aust. P. 160 891** vom 5/8. 1952, ausg. 17/2. 1955. A. Prior. 7/8. 1951. — **C. 1959.** 970 [D. B. P. 961 029].)

Vereinigte Glanzstoff-Fabriken Akt.-Ges., Wuppertal, *Polykondensation von Diolestern von Dicarbonsäuren.* (**Schwed. P. 155 047** vom 23/12. 1953, ausg. 26/6. 1956. D. Prior. 24/12. 1952. Zusatz zu Schwed. P. 151 156; C. 1960. 6665. — **C. 1957.** 2867 [Oe. P. 186 416].)

Badische Anilin- & Soda-Fabrik Akt.-Ges., Ludwigshafen/Rh. (Erfinder: **Herbert Willersinn** und **Hans Scheuermann**, Ludwigshafen, und **Alfred Woerner**, Limburgerhof), *Mischpolymerisate aus ungesättigten Polyesterharzen.* (**E. P. 838 007** vom 25/4. 1958, ausg. 22/6. 1960. D. Prior. 27/4. 1957. — C. **1959.** 15853 [D. A. S. 1 049 572].)

Peterlite Products Ltd., London, England, *Herstellung eines verformbaren Materials (Polymerisationsprodukt).* (**Ind. P. 56 052** vom 13/12. 1955, ausg. 24/2. 1958. E. Prior. 6/6. 1955. — **C. 1961.** 1390 [Holl. P. 93 658].)

Soc. An. des Manufactures des Glaces et Produits Chimiques de Saint-Gobain, Chauny & Cirey, Paris, Frankreich, *Kunstharze aus Diglycidäthern.* (**Ind. P. 57 341** vom 15/5. 1956, ausg. 3/9. 1958. — C. **1958.** 11675 [F. P. 1 130 275].)

E.I. du Pont de Nemours & Co., Wilmington, Del., V.St.A., *Polyalkylenäther-Polyurethan-Polymere.* (**Ind. P. 58 727** vom 24/10. 1956, ausg. 7/8. 1958. — **C. 1959.** 13334 [A. P. 2 808 391].)

D. Napier & Son Ltd., London, England (Erfinder: **Donald Noel Hunter**), *Treibmittel für Polyesterurethane.* (**E. P. 837 339** vom 21/10. 1957, ausg. 9/6. 1960. — **C. 1961.** 320 [F. P. 1 204 235].)

Farbenfabriken Bayer Akt.-Ges., Leverkusen, *Herstellung von elastomeren Polyurethanen.* (**E. P. 843 704** vom 18/7. 1957, ausg. 10/8. 1960. D. Prior. 21/7. 1956. — **C. 1958.** 11674 [D. A. S. 1 022 376].)

Imperial Chemical Industries Ltd., London, übert. von: **William Abbotson, Reginald Hurd** und **Herbert Jackson Shearing**, Manchester, England, *Polyurethanschaumstoffe*. (**A. P. 2 950 263** vom 2/5. 1958, ausg. 23/8. 1960. E. Prior. 10/5. 1957. — **C. 1960.** 10428 [Oe. P. 205 243].)

Hudson Foam Plastics Corp., V.St.A. (Erfinder: **Oscar Shuffman**), *Schichtstoff aus Polyesterschaum*. (**F. P. 1 154 377** vom 5/7. 1956, ausg. 8/4. 1958. A. Prior. 25/7. 1955. — **C. 1961.** 2811 [E. P. 821 537].)

N. V. Philips' Gloeilampenfabrieken (Erfinder: **Thomas Coe**), Eindhoven, Holland, *Verkleben von Metallfolien und Leimfolie*. (**Schwz. P. 350 060** vom 19/12. 1955, ausg. 31/12. 1960. Holl. Prior. 21/12. 1954. — **C. 1959.** 11748 [Aust. P. 208 004].)

Geigy Co. Ltd., Manchester, England, *Herstellung komplexer Glykolester*. (**Ind. P. 57 079** vom 17/4. 1956, ausg. 27/5. 1958. E. Prior. 26/4. 1955. — **C. 1959.** 5315 [F. P. 1 153 887].)

Ciba Ltd. (Erfinder: **James Brown Douglas Mackenzie** und **Alfred Renner**), *Thermoplastisches Kunstharz*. (**Aust. P. 221 893** vom 31/7. 1957, ausg. 25/6. 1959. Schwz. Prior. 3/8. 1956 u. 20/6. 1957. — **C. 1960.** 4371 [D. A. S. 1 061 067].)

XII. Kautschuk

Hochpolymere. Geschichte eines Zeitabschnitts in Theorie und Praxis. Maldwyn Jones. (Trans. Proc. Instn. Rubber Ind., Trans. **36.** T130—T176. Aug. 1960.) (Engl.)

Geschichtlicher Rückblick über die Entw. auf dem Gebiet der Hochpolymeren (Polymerisation, Kristallisationseffekte, Verarbeitungs-Verh. u. therm. Vorgeschichte, Faktoren bei der Polymerisation, die den kautschukelast. Zustand beeinflussenden Faktoren, Polymergemische — Blending) u. Ausblick in die Zukunft. R. SCHÄFF. 7220

Der Einfluß von Ultraschall auf Latex. N. N. Snamenski, W. W. Tschernaja und W. I. Nowikow. (Каучук и Резина [Kautschuk u. Gummi] **18.** Nr. 7. 37—40. Juli 1959. Forschungsinst. für Gummi- u. Latexartikel.) (Russ.)

Der Einfl. von Ultraschall der Frequenz 22 u. 300 kHz bei Einw. bis zu 150 Min. auf *Polychloroprenlatex* wird untersucht. Dabei ergibt sich eine geringfügige Abnahme der absol. Viscosität, ein geringer Anstieg des Schwellenwertes der Koagulation, während der pH-Wert u. die Löslichkeit des rohen Gels in Dichloräthan (I) prakt. gleich bleiben. Die dispergierende Wrkg. des Ultraschalls macht sich in einer verringerten Sättigung mit Emulgatoren an der Teilchenoberfläche u. einer Vergrößerung der Teilchenzahl bemerkbar. Bei Einw. bis 60 Min. ergeben die Vulkanisate höhere Festigkeit u. Dehnung, bei über 60 Min. fallen diese Kennwerte; der Modul nimmt zu. Die Lsg. des α-Polymeren in I wird durch Ultraschall bis zu 6% destruiert, während das μ-Polymere nur mit 7,76% abgebaut wird, was die Beständigkeit der Raumstruktur dieser Polymerform demonstriert. O. KRAMM. 7222 □

Herstellung von Butadien–Styrol-Kautschuken in der Emulsion in Systemen mit Seife aus modifiziertem Kolophonium. W. P. Schatalow, Je. N. Popowa, T. W. Gergassewitsch, T. N. Senina, K. G. Krygina und A. M. Makaschowa. (Каучук и Резина [Kautschuk u. Gummi] **19.** Nr. 7. 6—9. Juli 1960. Woronesh, Kirow-Werk für synthet. Kautschuk.) (Russ.)

Die Herst. von *Butadien–Styrol-Kautschuk* (**I**) durch Polymerisation in Emulsion bei 5 u. 50° bei Verw. der *K-Seifen* von *hydriertem Kolophonium* (**II**) u. von *synthet. Fettsäuren* (**III**; C_{10}—C_{16}; Molgew. 216) im Vgl. zu *Nekal* (**IV**) als Emulgator wird untersucht. Bei der Polymerisation werden folgende aktivierende Syst. eingesetzt: a) Hydrochinon (**V**)–Na-Sulfit (**VI**)–NH_3-Hydroperoxyd des 1.1-Diphenyläthans (**VII**); b) **V**–**VI**–NH_3-Hydroperoxyd des Isopropylbenzols; c) Trilon B–Rongalit–Eisensulfat–**VII**; d) Kaliumpersulfat für die Warmpolymerisation. Die Koagulation erfolgt mittels NaCl u. H_2SO_4 u. NaCl u. Essigsäure. Es werden mit Diisopropylxanthogenatdisulfid geregelte u. nicht geregelte Typen hergestellt. Zweck der Unters. ist es, ein Emulgator-Syst. zu erhalten, das nicht die negativen Eigg. von **IV** aufweist (Ca-Salzspuren im Kautschuk mit ungünstiger Beeinflussung der Reifenlaufzeiten, hoher **IV**-Anteil in Abwässern). Der Herst.-Prozeß läßt sich mit **II** u. **III** sicher leiten. Die Latices u. Kautschuke mit **II** sind nach Ausbeute, Plastizität u. physikal.-mechan. Kennwerten dem mit **IV** gewonnenen I-Prod. gleichwertig u. zeigen die gewünschten Verbesserungen. O. KRAMM. 7224 □

Metallfluoride als Füllstoffe für Gummi aus Fluorcopolymeren. F. A. Galil-Ogly, I. A. Skuba und A. Ss. Nowikow. (Каучук и Резина [Kautschuk u. Gummi] **18.** Nr. 7. 31—36. Juli 1959. Forschungsinst. der Gummiind.) (Russ.)

Die *Fluoride* von *Ca, Mg, Sr, Al, Ba, Zn* u. *Li* werden im Vgl. zu *Weißruß U 333* (**I**) als Füllstoffe im F-haltigen Kautschuk bes. auf ihre Thermostabilität untersucht. Die Salze des Ca, Mg, Sr u. Al erweisen sich als akt. Füllstoffe, wenn auch die Festigkeitswerte von I (300 kg/cm²) nicht erreicht werden (CaF_2 bis 260 kg/cm²), jedoch erweisen sie sich nach Alterung bei 250° als bedeutend besser. Während Vulkanisate mit I bereits nach 3 Tagen spröde werden, behalten die mit CaF_2 noch nach 10 Tagen 70 kg/cm² Festigkeit bei 200% Dehnung. Als bes. akt. werden CaF_2 u. MgF_2 bezeichnet.

Die Aktivität der Füllstoffe ist abhängig von ihrer spezif. Oberfläche u. der Teilchenstruktur u. somit vom Herst.-Prozeß. Bes. akt. CaF_2 wird durch Ausfällung aus NaF- bzw. $(NH_4)F$-Lsgg. mit $CaCl_2$ bzw. CaO gewonnen (0,01—0,1 μ; 32—27 m^2/g), wobei auch der Trockenvorgang eine wesentliche Rolle spielt. Die Vulkanisat-Eigg. des CaF_2 sind von den Vulkanisationsbedingungen u. vom Syst. abhängig. Die besten Ergebnisse wurden mit der Peroxydvulkanisation erzielt. O. KRAMM. 7226□

Der Einfluß einiger organischer Verbindungen auf den Prozeß der Vulkanisation von Nairit. N. D. Sacharow und L. W. Makarowa. (Каучук и Резина [Kautschuk u. Gummi] **19.** Nr. 6. 23—26. Juni 1960. Jaroslawl, Technol. Inst.) (Russ.)

Diazoaminobenzol (I), *p-Anisidin, Diphenylthioharnstoff, Pyrogallol* (II), *Monoäthanolamin* (III), *Resorcin, Äthylendiamin* (IV), *Thioharnstoff-Formaldehyd-Harz* (V), *p-* u. *m-Phenylendiamin* werden in einer Dosierung von 1% (V; 3%) in einer *Nairit-* (VI; 100%) Mischung mit 7% MgO u. 5% ZnO auf ihre Vulkanisations-Wrkg. untersucht. Außer I erhöhen alle Verbb. den Gleichgewichtsmodul u. verschieben das Vulkanisationsplateau nach links. Die physikal. Kennzahlen werden durch **II, III** u. **IV** verbessert, wobei die Neigung zur Anvulkanisation durch **III** u. **IV** vermindert wird. **III** u. **IV** werden daraufhin zusammen mit *Triäthanolamin* in einer Mischung mit Lampenruß (bis 100%) überprüft. Alle drei erweisen sich als prakt. verwertbare Beschleuniger für VI, die kürzere Heizzeiten bei guter Scorchsicherheit u. Red. der MgO- u. ZnO-Menge gestatten.
O. KRAMM. 7228□

Zur Frage der Anwendung von Diäthylaminomethyl-2-thiobenzothiazol (BTMA) als Beschleuniger der Vulkanisation von Reifengummi. M. Ss. Feldstein, I. I. Eitingon, I. A. Lewitin, A. L. Schapiro und L. M. Ssokolowa. (Каучук и Резина [Kautschuk u. Gummi] **18.** Nr. 7. 40—47. Juli 1959. Moskau, Reifenwerk; Wiss. Forschungsinst. der Reifenind.) (Russ.)

Diäthylaminomethyl-2-thiobenzothiazol (I) wird als Beschleuniger im Vgl. zu *N.N-Diäthyl-2-benzothiazolsulfenamid* (II; Sulfenamid BT) auch in Kombination mit *Mercaptobenzothiazol* (Captax) u. *Benzothiazoldisulfid* (Altax) in Laufstreifenmischungen aus *ölgestrecktem Butadienstyrolkautschuk* (*SKS-30 AM*) u. im Verschnitt von *SKS-30 AM* u. *Naturkautschuk* (70:30) untersucht. Es werden die GOODRICH-Plastizität sowie die physikal.-mechan. Kennwerte der Vulkanisate aus 6 Mischungen ermittelt. Straßen- u. Prüfstand-Verss. bestätigen die Gleichwertigkeit von I gegenüber **II**. Der Vorteil von I liegt im günstigen F. von 86—87° u. seiner Stabilität, womit es ähnlich dem *N-Cyclohexyl-2-benzothiazolsulfenamid* (Santocure) ist. O. KRAMM. 7228□

Untersuchung der Natur der Ermüdung von Reifenkord. 2. Mitt. **Ermüdung von Viscosekord.** A. A. Rogowina. (Каучук и Резина [Kautschuk u. Gummi] **18.** Nr. 7. 25—31. Juli 1959. Moskau, Textilinst.) (Russ.) — 1. vgl. C. **1959.** 16178.

Nach *Capron* (I) wird nun *Viscosecord* (II; Typ 14 W) auf die Ermüdung untersucht, wobei die Ergebnisse mit denen von I verglichen werden. Die Dehnung beträgt 1—2,8%, die Belastung 0,3—2 kg bei 87—1000·10^3 Cyclen. Ermittelt werden die Kennwerte des **II**-Fadens u. der Elementarfaser sowie die Viscosität des gelösten **II**-Fadens (mkr. Aufnahmen der Reißstruktur). Auf Grund der geringeren Dehnung arbeitet **II** mit einer geringeren Festigkeitsreserve im Vgl. zu I. Bei der Ermüdung überlagern sich zwei Vorgänge: Orientierung, verbunden mit einer Verfestigung, u. Verminderung des Mol-gew., die hauptsächlich nach längerer Prüfzeit in Erscheinung tritt. Die Festigkeit des **II**-Fadens verändert sich kaum während des Ermüdungsprozesses. Als Maß für den Ermüdungszustand könnte die Zerreißdehnung nach der Ermüdung dienen, da sie während des Prozesses zunimmt. Als wesentlicher Faktor zur Verbesserung der Qualität von **II** wird vom Vf. eine strenge Überprüfung der Spannungen bei der Bldg. der Faser u. ihrer Verarbeitung zum Faden u. Gewebe angegeben. O. KRAMM. 7230□

Über den Mechanismus des Regenerationsprozesses von Gummi. W. F. Drosdowski. (Каучук и Резина [Kautschuk u. Gummi] **19.** Nr. 6. 40—44. Juni 1960. Forschungsind. der Reifenind.) (Russ.)

Übersicht über den Regenerationsprozeß von *Gummi* unter Berücksichtigung der Wrkg. von O_2, Weichmachern, der Kautschukbasis, der Mischungszusätze (Alterungsschutzmittel, Füllstoff, Weichmacher), der Temp., des Mediums (Luft, Dampf, Alkali), der mechan. Bearbeitung u. der Lagerung. — 45 Literaturangaben. O. KRAMM. 7232□

Die Synthese von trans-1.4-Polyisopren. A. M. Wladimirow, L. A. Gawrilowa und W. A. Krol. (Каучук и Резина [Kautschuk u. Gummi] **18.** Nr. 7. 6—7. Juli 1959. Allunions-Lebedew-Forschungsinst. für synthet. Kautschuk.) (Russ.)

Verss. zur Darst. von *trans-1.4-Polyisopren* (I) mit dem Katalysator-Syst. $TiCl_3$ + $Al(C_2H_5)_3$ werden beschrieben. Es wurde im Kolben unter Atmosphärendruck, in Ampullen u. Autoklaven bei 50—100° in n-Octan u. Bzl. gearbeitet. Die Konz. des Isoprens betrug 35—45 Gew.-%. Das Mol-Verhältnis Al/Ti lag bei 0,9—1,9, wobei der Geh. an $TiCl_3$ 2,8—4 Gew.-% betrug. Es wurde 10—40 Std. polymerisiert. Die maximale Ausbeute betrug 20% für eine Polymerisation bei 100°, wobei das I 97% trans-1.4-Bindungen enthielt. Die ermittelten Kennzahlen werden denen von natürlicher *Guttapercha* (II) gegenübergestellt. Nur bei der Zerreißfestigkeit zeigt I gegenüber II niedrigere Werte. Durch Röntgenstruktur-Unterss. wird das synthetisierte I als α-Form des II ermittelt, sowohl nach den Parametern der Elementarzelle als auch der Kristallisation.

O. Kramm. 7240□

Esso Research and Engineering Co., Elizabeth, N.J., V.St.A., **Stark ungesättigten, bromierten Butylkautschuk** erhält man durch Rk. von Butylkautschuk mit Br_2 oder anderen üblichen Bromierungsmitteln in Ggw. von tert. Aminen in der 0,1 bis 10fachen Menge des wirksamen Br_2 in inerten Lsgm. bei 0—200°. Als tert. Amine verwendet man bes. Pyridin oder Chinolin. Die Rk.-Prodd. enthalten 1—15% Br gebunden, haben hohes Molgew. u. werden z. B. zur Herst. von Isoliermaterial, Heizschläuchen u. Reifen verwendet. (**E. P. 838 045** vom 23/9. 1958, ausg. 22/6. 1960. A. Prior. 30/9. 1957.)

L. Stadelmann. 7225

E. I. du Pont de Nemours & Co., Wilmington, Del., übert. von: Josef Pikl, Glassboro, N.J., V.St.A., **2.2′-Äthylen-bis-(6-tert.-butyl-p-kresol)** der Formel I wird hergestellt, indem man 2-tert.-Butyl-p-kresol in alkal. CH_3OH-Lsg. mit CH_2O zu 2-tert.-Butyl-6-hydroxymethyl-p-kresol (II) umsetzt, aus diesem 2-tert.-Butyl-6-brommethyl-p-kresol herstellt u. letzteres nach Blockierung durch O-Acetylierung (Acetat III) zu I kondensiert. II, F. 85—88°; III, $Kp._{0,5}$ 115 bis 120°; I, F. 104—106°. — *Antioxydationsmittel* für Kautschuk u. synthet. Elastomere. (**A. P. 2 792 428** vom 17/4. 1953, ausg. 14/5. 1957.)

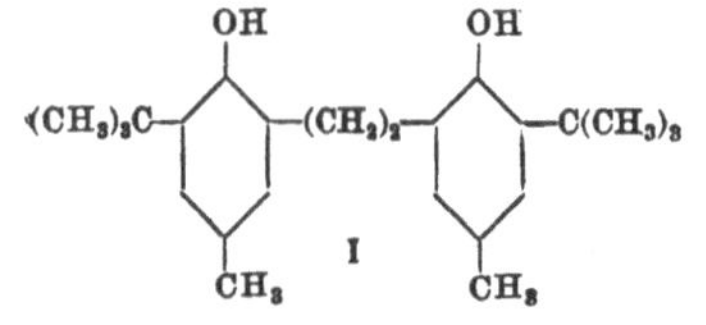

I

A. Dandl. 7227

Farbenfabriken Bayer Akt.-Ges., Leverkusen (Erfinder: Helmut Freytag, Köln-Stammheim, Friedrich Lober † und Hans Pohle, Leverkusen), **Vulkanisationsbeschleuniger für Kautschuk,** bestehend aus einem Benzothiazol-2-(1′-methylol)-cyclohexylsulfenamid der Formel I, in der R = H oder ein geradkettiger oder verzweigter Alkylrest mit 1—6 C-Atomen ist. — Beispiele: *Benzothiazyl-2-(1′-methylol)-cyclohexylsulfenamid,* F. 133—135°, beige; *Benzothiazyl-2-N′-n-butyl-(1′-methylol)-cyclohexylsulfenamid* F. 137—139°. (**D. A. S. 1 103 572** Kl. 39b vom 6/6. 1959, ausg. 30/3. 1961.)

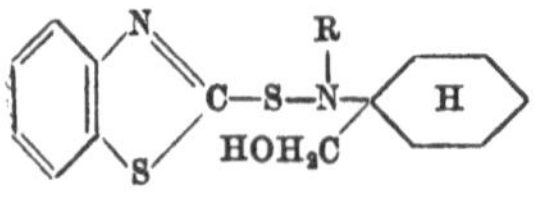

I

W. Overbeck. 7229

Farbenfabriken Bayer Akt.-Ges., Leverkusen (Erfinder: Erwin Müller, Leverkusen, Karl-Ludwig Schmidt, Opladen, und Heinz Schultheis, Köln), **Kautschukelastische Kunststoffe auf Polyätherurethanbasis** werden hergestellt durch Rk. eines Polyäther-Deriv. (I) mit überschüssigem organ. Diisocyanat (II) u. folgendes Aushärten durch Zugabe eines Vernetzers. Die I sind die Rk.-Prodd. aus einem Polyalkylenglykoläther (Molgew. >750) mit 1,5—2 (Mol) eines II, die mit einer solchen Menge eines diprim. Glykols (III) umgesetzt sind, daß ca. 1 III auf jede noch vorhandene NCO-Gruppe entfällt. — Nach Einrühren von 156 (g) 2.4-Toluylendiisocyanat bei 130° in 1000 Polypropylenglykoläther (OH-Z. 50) hält man 1 Std. lang bei 130—140°. Dann werden bei 90° 134 Triäthylenglykol zugefügt u. wird 1 Std. lang auf 130—150° nachgeheizt. 200 dieses viscosen ölartigen Polyätherurethans werden bei 130—140° mit 60 1,5-Naphthylendiisocyanat 20 Min. lang kondensiert u. die Masse nach Einrühren von 16,8 1.4-Butandiol verformt u. 24 Std. lang bei 100° ausgehärtet. — Verzögerungsmittel (HCl, SO_2, Borsäureester, saure Füllstoffe u. Säurechloride) oder Beschleuniger (tert. Amine, Fe-Acetylacetonat u. Sn-Dibutyldilaurat) können mitverwendet werden. — Herst. von Platten, Röhren, Zylindern, Ringbelägen, Teilen von Kugelmühlen, Fußmatten, Absätzen, Gummipuffern, Dichtungen u. Handgriffen. (**D. A. S. 1 104 689** Kl. 39b vom 10/4. 1959, ausg. 13/4. 1961.)

G. Tewes. 7231

General Aniline & Film Corp., V.St.A. (Erfinder: **George Green Stoner, Julian Louis Azorlosa** und **Charles Peter Albus**), *Wärmeempfindliche Kautschukmilch.* (**F. P. 1 159 778** vom 7/9. 1956, ausg. 2/7. 1958. A. Prior. 9/9. 1955. — C. **1959.** 11749 [A. P. 2 805 210].)

Montecatini Soc. Gen. per l'Industria Mineraria e Chimica, Mailand, Italien, *Elastomere aus α-Olefinpolymeren.* (**E. P. 818 287** vom 15/4. 1957, ausg. 12/8. 1959. It. Prior. 20/4. 1956. — C. **1960.** 3717 [F. P. 1 177 746].)

Columbia-Southern Chemical Corp., Pittsburgh, Pa., V.St.A., *Verbesserter Kieselsäurefüllstoff für Kautschuk*. (**E. P. 841 156** vom 5/10. 1956, ausg. 13/7. 1960. A. Prior. 14/10. 1955. — C. **1960.** 5666 [A. P. 2 884 402].)

Montecatini Soc. Gen. per l'Industria Mineraria e Chimica, Mailand, Italien, *Herstellung hochmolekularer Polymerisate aus Acetylenkohlenwasserstoffen*. (**Ind. P. 57 083** vom 17/4. 1956, ausg. 8/8. 1958. E. Prior. 12/3. 1956. — C. **1959.** 9072 [Oe. P. 195 108].)

DEHYDAG Deutsche Hydrierwerke G. m. b. H., Düsseldorf, *Kautschukweichmacher*. (**It. P. 514 731** vom 31/3. 1954. — C. **1958.** 2884 [E. P. 757 119].)

Imperial Chemical Industries Ltd., London, England, *Alterungsschutzmittel für Kautschuk*. (**Schwed. P. 156 910** vom 2/12. 1953, ausg. 13/11. 1956. E. Prior. 3/12. 1952. — C. **1957.** 3968 [E. P. 732 928].)

Goodyear Tire & Rubber Co., Akron, Ohio, V.St.A., *Vulkanisation von Kautschuk*. (**D. A. S. 1 096 027** Kl. 39b vom 5/7. 1956, ausg. 29/12. 1960. A. Prior. 3/10. 1955. — C. **1960.** 5998 [E. P. 805 742].)

Imperial Chemical Industries Ltd., London, England, *N-tert.-Octylbenzthiazyl-2-sulfenamid*. (**Ind. P. 57 908** vom 17/7. 1956, ausg. 21/3. 1958. E. Prior. 2/8. 1955. — C. **1959.** 12714 [E. P. 801 392].)

Minnesota Mining & Mfg. Co., St. Paul, Minn. (Erfinder: **Wallace F. Taylor**, Whittier, Calif.), V.St.A., *Selbsttätig erhärtende, ein flüssiges Polyalkylenpolysulfid enthaltende Überzugs- und Verschlußmasse*. (**D. A. S. 1 098 194** Kl. 39b vom 13/7. 1955, ausg. 26/1. 1961. A. Prior. 13/7. 1954. — C. **1959.** 10082 [E. P. 780 545].)

Hercules Powder Co., V.St.A. (Erfinder: **Ralph Allen Bankert** und **Walter Shade Rapp**), *Kautschukvulkanisation*. (**F. P. 1 158 039** vom 14/9. 1956, ausg. 6/6. 1958. A. Prior. 5/10. u. 12/10. 1955. — C. **1959.** 11750 [E. P. 787 221].)

Établissements Pennel & Flipo, Roubaix, Nord, Frankreich, *Herstellen einer wasserundurchlässigen und gasdurchlässigen Kautschukschicht auf einem durchlässigen Träger*. (**D. A. S. 1 100 270** Kl. 39b vom 19/7. 1954, ausg. 23/2. 1961. F. Prior. 8/9. 1953. — C. **1957.** 8375 [F. P. 1 089 237].)

Chloride Electrical Storage Co. Ltd., Clifton Junction, England, *Herstellung von mikroporösen Zellkörpern*. (**Ind. P. 49 892** vom 11/7. 1953, ausg. 17/7. 1954. E. Prior. 17/7. 1952. — C. **1958.** 2001 [Schwz. P. 316 763].)

Dunlop Rubber Co. Ltd., London, England, *Verbinden von Kautschuk mit Elastomeren*. (**Ind. P. 57 509** vom 4/6. 1956, ausg. 15/5. 1958. E. Prior. 22/6. 1955. — C. **1960.** 11137 [F. P. 1 151 768].)

Esso Research and Engineering Co., Elizabeth, N.J., V.St.A. (Erfinder: **John R. Briggs** und **Robert L. Zapp**, *Herstellung von Butylkautschukmischungen*. (**F. P. 1 160 002** vom 4/10. 1956, ausg. 7/7. 1958. **E. P. 806 198** vom 21/9. 1956, ausg. 23/12. 1958. Beide A. Prior. 12/10. 1955. — C. **1961.** 1395 [A. P. 2 906 725].)

XIII. Ätherische Öle. Parfümerie. Kosmetik

Die ätherischen Öle einiger Chemorassen der wildwachsenden Minze der Armenischen SSR. A. I. Chrimljan. (Известия Академии Наук Армянской ССР, Биологические Науки [Nachr. Akad. Wiss. ArmenSSR, biol. Wiss.] **12.** Nr. 2. 83—86. Febr. 1959. Botan. Inst. der Akad. der Wiss. der ArmenSSR.) (Russ.; Auszug: Armen.)

5 neue Minzöle wurden aus Pflanzen isoliert, die aus Varianten von *Mentha longifolia* (Z) Huds. stammten. Die starken Unterschiede der physikal.-chem. Konst. (spezif. Gew., opt. Drehung, SZ., %-Geh. an freien Alkoholen, %-Geh. an gebundenen Alkoholen) beweisen, daß die Chemorassen wirklich neu sind u. verschiedene Stämme der Minze darstellen. CH. HEESE. 7262□

Versuch zur Veredelung von Fichtennadelöl mit Phthalsäureanhydrid. Jan Kowalski und Michał Wazgird. (Przemysł Spożywczy **14.** 213—15. 1960. Poznań, WSR, Zakł. Technol. Olejków i żywic; Toruń, Uniw. Kopernika, Kat. Chem. organ.) (Pol.)

Fichtennadelöl (roh u. verseift mit KOH) wurde in Ggw. von Phthalsäureanhydrid 50 u. 100 Std. lang auf 150° erhitzt. Neben Racemisierung der Komponenten wird bei längerem Erhitzen auch die Isomerisierung von α-Pinen zu p-Cymol beobachtet.
F. URBAN. 7262□

Eine Untersuchung des Öls der Samen des Persimmonbaumes (Diospyros Virginiana L. Fam. Ebenaceae). Cecil P. Cloughly und Henry M. Burlage. (J. Amer. pharmac. Assoc., sci. Edit. **48.** 449—51. Aug. 1959. Austin, Texas, Univ., Coll. of Pharmacy.) (Engl.)

Die Samen des Persimmonbaumes enthielten 3,41% eines dunkelrotbraunen Öles, das mit PAe. restlos extrahierbar war u. in 10 Tagen 2,8% Gewichtszunahme (halbtrocknendes Öl) erfuhr. Es enthielt 16,26% gesätt. Fettsäuren, 39,36% *Linolsäure* u. 40,88% *Ölsäure* (beide als Glycerid berechnet). Papierchromatograph. (Papier imprägniert mit 0,5% $KAl(SO_4)_2 \cdot 12\ H_2O$; Laufmittel CCl_4-Methanol-NH_3 (81:18:1), Entwickler Rhodamin B) wurden *Arachidinsäure* u. *Myristinsäure* in Spuren sowie *Stearin-* u. *Palmitinsäure* nachgewiesen; letztere wurden auch durch fraktionierte Kristallisation in der Kälte erhalten. Die Kennzahlen für das Öl, das dem Sesamöl ähnelt, werden angegeben u. auf die Möglichkeit der Anwendung in Parfümerie u. Kosmetik wird hingewiesen.
W. SCHÖNBORN. 7276□

Heilpflanzen in der Kosmetik: Salbei. Günther Lindemann. (Riechstoffe u. Aromen **9.** 282. Sept. 1959.) (Dt.)

Chem. Zus. der Salbeidroge u. ihres äther. Öls, die beide wegen ihrer desinfizierenden, tonusanregenden u. abstringierenden Wrkg. in der Kosmetik Verw. finden. Angabe von Rahmenrezepten. H. SONTAG. 7284□

Neue biologische Kosmetika. Günter Borchert. (Perfum. essent. Oil Rec. **50.** 843—46. Okt. 1959. Berlin-Friedenau, Chem. Lab. Dr. Kurt Richter.) (Engl.)

Übersicht über Vitamine u. Hormone unter bes. Berücksichtigung der Biokatalysatoren u. Placentaextrakte im Hinblick auf ihre Verw. in der Kosmetik. E. BOYE. 7284□

Emulsionen. 1. Mitt. A. S. C. Lawrence. (Soap, Perfum. Cosmet. **33.** 1177—79. Nov. 1960. Sheffield Univ., Colloid Chem.) (Engl.)

Theoret. Unterss. der Energieverhältnisse von Öl-in-W.-Emulsionen u. der Kinetik der Koagulierungsvorgänge zeigen die chem.-physikal. Grundlagen der Stabilisierung von Emulsionen durch Zusatz von Emulgatoren (Seifen, hochdispersen Stoffen, Eiweiß). H. SONTAG. 7284□

Emulsionen. 2. Mitt. A. S. C. Lawrence. (Soap, Perfum. Cosmet. **33.** 1180—85. Nov. 1960.) (Engl.) — 1. vgl. vorst. Referat.

Zur Klärung der Verhältnisse in den die Öltröpfchen in Öl-in-W.-Emulsionen umhüllen den monomol. Schichten werden Modellmischungen aus Seifen (Natriumdodecylsulfat, Trimethylolammoniumcetylbromid), W. u. amphiphilen Substanzen (Capronsäure, homologe C_1—C_8-Reihe) hergestellt u. deren Zustandsdiagramme erörtert. Durch Anwendung der dabei gewonnenen Erkenntnisse auf die Emulsions-Herst. wird eine Erhöhung der Stabilisation von mit Hilfe von Seifen emulgierten Öl-in-W.-Emulsionen durch Zusatz amphiphiler Substanzen erreicht, bes. wenn letztere etwa gleich lange C-Ketten aufweisen wie die Seifen. H. SONTAG. 7284□

XIV. Zucker. Kohlenhydrate. Stärke

Vergleich einiger technologischer Schemata ausländischer Zuckerfabriken mit den Schemata polnischer Zuckerfabriken. Jan Kurzewski. (Przemysł Spożywczy **14.** 202—05. 1960. Opole Śl.) (Pol.)

Verglichen werden die Arbeits-Meth. der Zuckerfabriken Dintoloord (Holland), Abscon u. St. Emilie (Frankreich) mit 3 poln. Fabriken. F. URBAN. 7400□

ELMO-Gaspumpen in Zuckerfabriken. Walther Baume. (Z. Zuckerind. **10** (**85**). 588—90. 20/11. 1960. Erlangen.) (Dt.) W. WILLENBERG. 7400□

Bestimmung des Triploidanteils von polyploidem Rübensamen aus dem Wurzelzipfen. Gábor Ludván und Sarolta Kiss. (Cukoripar [Zuckerind. Budapest] **14.** 58—60. März 1961. Sopronhorpács, Forsch.-Inst. Pflanzenveredelung u. Pflanzenbau.) (Ung.)

Rübenknäuel werden auf gesiebtem, feuchtem Sand bei 20—30° gekeimt u. am 2. bis 10. Tag die 1,5—1,8 cm langen Keime in einem Gemisch von A. u. Essigsäure (3:1) fixiert. Zur Anfärbung werden die Keime 48 Std. lang in essigsaurer Carmin-Lsg. stehengelassen, dann 2—2½ Min. lang gekocht u. abgesaugt. Die von anhängenden Fasern gereinigten Wurzelzipfen werden auf einem Objektträger mit einem Deckglas sanft auf Einzellendicke gepreßt, mkr. die Chromosomen gezählt u. so der Triploidanteil bestimmt. Das Verf. erübrigt das Aussäen des Samens auf Versuchsparzellen, u. auch Klimahäuser sind überflüssig. J. PLANK. 7406

Einfluß der Ultraschallschwingungen auf die Zuckerrüben. Stefania Bachmanowa. (Gaz. Cukrownicza **62.** 285—88. Sept. 1960. Łódź, Politechn., Wydział Chem. spoż.) (Pol.)

Zuckerrübensamen wurde vor der Saat mit Ultraschall (500 kHz, 200 W) 2½, 5 u. 10 Min. lang behandelt. Die 5 Min. lang beschallten Samenkörner zeigten eine erhöhte Keimfähigkeit. Der Ertrag an Blättern u. Rüben aus diesem Samen überstieg den Ertrag des Kontrollsamens. Längere Beschallung des Samens führt zu Mindererträgen u. zur Änderung der morpholog. Eigg. der Blätter. F. URBAN. 7406□

Physikalisch-chemische Untersuchung der Reinigung von Rübensaft. 3. Mitt. **Bestimmung des elektrokinetischen Potentials der $Ca(OH)_2$-Teilchen in einer gesättigten Lösung von Calciumhydroxyd.** R. Kohn und J. Vašátko. (Listy Cukrovarnické **73.** 8—11. 15/1. 1957. Chem. Zvesti **10.** [1956.] 212—21.) (Tschech.) — 2. vgl. C. 1959. 13961.

Vff. bestimmten das elektrokinet. Potential auf $Ca(OH)_2$-Teilchen in gesätt. $Ca(OH)_2$-Lsg.; das durch die kataphoret. Meth. bestimmte Potential wurde mit dem nach der elektroosmot. Meth. bestimmten verglichen. Der Fehler betrug 2,5%. Zur Zubereitung der Kalkmilch wurden 2 verschiedene Kalksteinqualitäten (97 u. 90% $CaCO_3$) verwendet. E.-L. SCHMELING. 7412□

Physikalisch-chemische Untersuchung der Reinigung von Rübensaft. 6. Mitt. **Freiwerden von Calcium aus Calciumpektat durch Saturation mit Kohlendioxyd.** J. Vašátko, R. Kohn und Z. Kohnová. (Listy Cukrovarnické 73. 279–82. 15/12. Chem. Zvesti 11. 467–77. Aug. 1957.) (Tschech.) — 5. vgl. C. 1961. 1398.

Durch Verss. im reinen Syst. wurde festgestellt, daß sich das an die Carboxylgruppen der Pektinsäure (Polygalakturonsäure) gebundene Ca nur in Ggw. von Alkalihydroxyd durch CO_2 frei machen läßt. Auf Grund dieser Ergebnisse kann es bei der 1. Saturation des durch Kalk geklärten Rübensaftes bei einem bestimmten Überschuß der effektiven Alkalität zu einer Rk. des Alkalicarbonats mit Ca-Pektat kommen.

E.-L. SCHMELING. 7412□

Füllmassenimpfung. Atanas Mirčev. (Listy Cukrovarnické 73. 273–78. 15/12. 1957.) (Tschech.)

Vf. gibt Hinweise auf: 1. Verschiedene Meth. der Füllmassenimpfung, 2. Faktoren, die die Kristallisation beeinflussen, 3. die Impfung mit einheitlichem u. feinem Impfmaterial, 4. Ausrechnung der Impfmaterialmenge, 5. die krit. Übersättigung.

E.-L. SCHMELING. 7416□

Zustand von wasserlöslichem Bor in Böden von Taiwan. Toa-Tze Yang. (Rep. Taiwan Sugar Exp. Stat. 1960. 1–15. Aug. Taiwan, Sugar Exp. Stat.) (Chin.; Auszug: Engl.)

Es wird eine Aufnahme des wasserlösl. B in verschiedenen Böden von Taiwan wiedergegeben. Allg. findet sich B mehr an der Oberfläche als in tieferen Schichten u. stärker in bas. u. neutralem Boden als in saurem. Küstenböden sind im allg. reich an wasserlösl. B. Zuckerrüben zeigen Bormangelerscheinungen auf Böden mit weniger als 0,1 ppm an wasserlösl. B, unter Umständen schon unter 0,2 ppm. Reis u. Zuckerrohr haben entsprechend ihrem geringeren B-Geh. einen geringeren B-Bedarf als Zuckerrüben. Bas. Mineraldünger, wie Kalk u. Kalkstickstoff, u. Fehlen von organ. Dünger begünstigen Bormangelerscheinungen. W. WILLENBERG. 7440□

Einige Faktoren, welche die rheologischen Verhältnisse von Stärkegelen beeinflussen. R. Collison und G. A. H. Elton. (Stärke 13. 164–73. Mai 1961. Chorleywood, Hertfordshire, Brit. Baking Ind. Res. Assoc.) (Engl.)

Die Gelfestigkeit läßt sich durch 3 rheolog. Zustandsgrößen: Elastizitätsmodul, Viscosität u. Fließgrenze ausreichend kennzeichnen. Gele mit einem geringen Geh. an *Stärke* (I), oder solche, die bei vergleichsweise niedrigen Temp. hergestellt wurden, zeigen bei geringen Belastungen ein viscoses Fließverhalten. Sowohl der Fließwert als auch das Elastizitäts-Verh. schwanken oftmals in unübersichtlicher Weise mit der Temp. der Herst. des I-Gels. Diese beiden rheolog. Eigg. sind voneinander unabhängig u. geben daher verschiedene Einblicke in das Wesen der Gelstruktur. Vff. deuten die Unters.-Ergebnisse nach dem Zustand der I-Körner nach der Quellung u. nach dem Ausmaß, in dem die Körner im Gel miteinander verbunden sind. Die Elastizitäts-Eigg. sind recht verwickelt u. zeigen bei 17- u. 44%ig. Gelen eine unterschiedliche Abhängigkeit von der Temp. der Herst. des Gels. Quellungszustand u. Ausmaß des Zusammenhaltes der Körner untereinander wirken sich bei Erhöhung der Temp. der Gel-Herst. in entgegengesetzter Weise aus, u. die Gel-Festigkeit durchläuft bei 90° ein Minimum. Die Ggw. von oberflächenakt. Stoffen wirkt sich öfters auf die Eigg. der I-Gele deutlich aus. Die Festigkeit von 17%ig. Gelen wird erhöht, während die Festigkeit der frisch bereiteten 44%ig. Gele nicht beeinflußt wird. Man hat eine oberflächenakt. Schicht auf den I-Körnern anzunehmen; diese verringert die Bindungs-Festigkeit der Körner im Gel untereinander u. verhindert die Retrogradation der I im Inneren der Körner, indem sie als eine Schutzschicht den Wasserverlust der Körner unterbindet.

M. ULMANN. 7448□

Unterschiedliches Verhalten von Reisstärkekörnern beim Erhitzen in Wasser auf 62°. Ruby R. Little und Grace B. Hilder. (Cereal Chem. 37. 456–63. Juli 1960. Washington, D.C., US-Dep. of Agricult., Agricult. Res. Serv.) (Engl.)

Vff. untersuchten Reisstärkekörner von 24 Sorten, die in W. auf 62° 30 Min. lang erhitzt worden waren. Großkörnige Sorten zeigten geringere Veränderungen der Struktur der Stärkekörner, während die meisten mittleren u. kleinkörnigen Sorten starke Quellung u. korrodierte Stärkekörner aufwiesen. H. HAEVECKER. 7448□

Bestimmung des Ausmaßes der Reaktion zwischen Epichlorhydrin und Stärke. G. E. Hamerstrand, B. T. Hofreiter und C. E. Mehltretter. (Cereal Chem. 37. 519–24. Juli 1960. Peoria, Ill., Northern Regional Res. Labor.) (Engl.)

Betrag u. Ausmaß der Vernetzung von *Stärke* mit *Epichlorhydrin* (I) wurde untersucht durch Best. der Menge des unveränderten I im Rk.-Filtrat. Das an der Rk. nicht beteilgte I wird mit heißem Alkali in Glycerin verwandelt. Die Perjodatoxydation der Glycerin-Lsgg. ergab Formaldehyd, welches colorimetr. bestimmt wurde. Unter den vorliegenden Rk.-Bedingungen wurde ein maximales Ausmaß der Rk. von 90% beobachtet. Die Menge des in Rk. getretenen I ist nicht ausschließlich durch Vernetzung bedingt. H. HAEVECKER. 7448□

Über unvergärbare Zucker in der Maische beim Amylo-Prozeß von Gerste. 1. Mitt. Feststellung und Isolierung einiger Oligosaccharide. H. Ono und M. Dazai. (J. agric. chem. Soc. Japan [Nippon Nōgei-Kagaku Kaishi] **33.** 639—43. 15/8. 1959. Kōgyō Gijutsuin, Hakkō Kenkyūsho.) (Jap.)

Durch Papierchromatographie (*n-Butanol/Pyridin/W.* 6:4:3) der Maische von Gerste, die der Vergärung durch *Rhizopus javanicus Takeda* ausgesetzt worden war, wurden innerhalb des Gesamtzuckers u. a. 6,3% *Pentose* u. 8,2% der unbekannten Zucker a, b u. c (diese im Verhältnis 18:48:34) festgestellt. a, b u. c werden zwar durch Säuren u. Takadiastase abgebaut, nicht aber durch α- u. β-Amylase. Da a u. b durch Emulsion zersetzt werden, handelt es sich wohl um Zucker mit β-Bindung. Mit Carbon CC lassen sich a, b u. c voneinander trennen. a ist möglicherweise *Laminaribiose* (*3-O-β-D-Glucopyranosyl-D-glucose*). F. MOSSNER. 7460

Über unvergärbare Zucker in der Maische beim Amylo-Prozeß von Gerste. 2. Mitt. Isolierung von Laminaribiose. H. Ono und M. Dazai. (J. agric. chem. Soc. Japan [Nippon Nōgei-Kagaku Kaishi] **33.** 644—45. 15/8. 1959.) (Jap.) — 1. vgl. vorst. Referat.

Der im vorst. Ref. beschriebene Zucker a wurde in W. gelöst u. nach A.-Zusatz eingeengt. Nach 24 std. Stehen in der Kälte schieden sich Kristalle vom F. 210—213° (Methanol) ab, $[\alpha]_D^{16}$ +25,2°, die durch Behandlung mit Essigsäureanhydrid ins *Oktaacetat*, F. 160,5—161° (A.), $[\alpha]_D^{16}$ —28,8°, übergeführt wurden. Durch Deacetylieren der vorst. Verb. entsteht *α-Laminaribiose*, F. 205—208° (Methanol), $[\alpha]_D^{16}$ +24,8°. F. MOSSNER. 7460

Über unvergärbare Zucker in der Maische beim Amylo-Prozeß von Gerste. 3. Mitt. Isolierung und Struktur einer neuen Glucotriose. H. Ono und M. Dazai. (J. agric. chem. Soc. Japan [Nippon Nōgei-Kagaku Kaishi] **33.** 645—48. 15/8. 1959.) (Jap.) — 2. vgl. vorst. Referat.

Durch Acetylierung des bisher unbekannten Zuckers b, der seiner Struktur nach *O-β-D-Glucopyranosyl-(1.4)-O-β-D-glucopyranosyl-(1.3)-D-glucopyranose* ist, entsteht „*Cellamiose*“ (*β-Hendekaacetat*), $C_{40}H_{54}O_{27}$, F. 182,5—183° (A.). F. MOSSNER. 7460

XV. Gärungsindustrie

Ein Schaumverfahren zur Abtrennung der Hefen aus hefehaltigen Maischen. K. P. Andrejew, N. I. Wladimirowa, A. W. Resuchina, M. A. Singel und G. M. Finkel. (Гидролизная и Лесохимическая Промышленность [Hydrolysen- u. holzchem. Ind.] **13.** Nr. 3. 11—14. 1960. Forschungsinst. für Hydrolyse u. Spiritus; Suchona-Sulfitspritfabrik.) (Russ.)

Beschreibung einer Anlage zur Abtrennung der Hefen aus hefehaltigen Maischen. Vorteile des Verf.: volle Automatisierung, geringer Stromverbrauch, normale Hefeverluste. T. LUKANOFF. 7506□

Verbotene Drogen und ihr Ersatz. G. Hartmann. (Riechstoffe u. Aromen **10.** 380—82. Nov. 1960. Berlin-Lichterfelde.) (Dt.)

Vf. erörtert den bisherigen Einsatz folgender, durch die am 23/12. 1959 in Kraft getretene „Essenzenverordnung“ für die Herst. von Spirituosen verbotenen Drogen: *Quassiaholz*, *Quillaiarinde*, *Rainfarnkraut*, *Sassafrasholz* u. *Engelsüßwurzelstock* u. geht auf die jeweils geeigneten Ersatzdrogen ein. H. SONTAG. 7536□

Abrundende Riechstoffe. G. Hartmann. (Alkohol-Ind. **73.** 402—03. 1/8. 1960.) (Dt.)

Die Eigg. u. Wrkg. von 4 für bestimmte Spirituosen als Abrundungsmittel bedeutsame Drogen werden beschrieben: Steinklee (*Herba meliloti*), Waldmeister (*Herba asperula odorata L.*), Büffelgras (*Herba hierochloe borealis*) u. Tonkabohne (*Semen tonca*). Für alle ist der Riechstoff *Cumarin* (I) wert- u. anwendungsbestimmend. Dessen Vork., chem. Eigg., die Herst. von I-Extrakt u. die Anwendung werden aufgezeigt. In 40%ig. A.-W.-Gemisch lösen sich bei Normal-Temp. ca. 1,5 (Teile), bei 60%ig. Gemisch 6, bei 80%ig. Gemisch 12,3 u. bei 90%ig. 13,7 I. Bei 30° Lsg.-Temp. kann in den einzelnen Gemischen fast die 3fache Menge von I gelöst werden. I schädigt bes. stark Colibakterien u. kann weitgehend in das enzymat. Syst. des Bakterienstoffwechsels eingreifen. Bei Vers.-Personen trat nach ausschließlicher I-Zufuhr in größeren Mengen Erbrechen ein. In Kleinstdosierungen eignet sich I auch zur Herst. von Getränkegrundstoffen u. als Geruchs- u. Geschmackskorrigens. W. KREIPE. 7536□

Untersuchungen über das Endo-β-Glucanase-System von Gerstenmalz. Wayne W. Luchsinger, David G. Cochrane und Eric Kneen. (Cereal Chem. **37.** 525—34. Juli 1960. Milwaukee, Wis., Kurth Malting Co.) (Engl.)

2 *Endo-β-Glucanasen* wurden aus Gerstengrünmalz abgetrennt. Die beiden Enzyme verhielten sich unterschiedlich in ihrer Hitzeempfindlichkeit, Löslichkeit in $(NH_4)_2SO_4$ u. pH-Optimum. Beide Enzyme senken schnell die Viscosität von Gerste-Glucan-Lsgg. u. haben keinen Einfl. auf die Viscosität von Carboxymethylcellulose-Lsgg., wodurch sie sich von Malzcellulase unterscheiden. H. Haevecker. 7540 □

Die Selbstreinigung der Bierwürzen. A. Devreux. (Petit J. Brasseur **69.** 84—87. 3/2. 1961.) (Franz.)

In den Filterbottichen scheidet sich auf der Oberfläche der Treber eine zähe Schicht ab, „Oberteig" genannt, die zur Hauptsache aus koaguliertem Albumin (I) besteht. I gerinnt bei 60—65° u. okkludiert dabei verschiedene schädliche Substanzen, z. B. Fette. Auch die Anthocyane sind an diesen Ausscheidungen beteiligt. Durch Filtration wird der größte Teil dieser Koll. entfernt. Durch Kochen werden weitere Substanzen koaguliert, die sich niederschlagen u. dabei gleichfalls Fette, Anthocyane, Isohumolon ebenso wie Metalle u. geringe Mengen Dextrine mitreißen. Das Kochen ist auch im Hinblick auf die Regulierung des Hopfenaromas u. des Redoxpotentials wichtig. W. Kreipe. 7544 □

Die Wirkung von gelöstem Sauerstoff auf die reduzierenden Stoffe, die Farbe, die Kälte- und die Dauertrübung des Bieres in Abhängigkeit von den Einflüssen physikalischer, chemischer und verfahrenstechnischer Faktoren. K. Silbereisen und Ch. Weymar. (Mschr. Brauerei **13.** 43—49. April. 59—67. Mai 1960, Beil. zu: Brauerei. Berlin, VLB, Chem.-techn. Abtlg. u. Schloßbrauerei AG.) (Dt.) — Vgl. C. **1960.** 16285.

Im Bier wurde Kälte- bzw. Dauertrübung in Abhängigkeit von gelöstem O_2, Temp., Licht, Deglutan- u. Polyvinylpyrrolidonbehandlung, nach Ascorbinsäurezusatz, bei Belüftung u. Kühlung untersucht. Schon geringe Mengen von gelöstem O_2 verschlechtern die physikal.-chem. Eigg. des Bieres. Der schädliche Einfl. erhöhter Temp. auf die Kältetrübung ist von größerer Bedeutung als der von gelöstem O_2; ebenfalls ist die Wrkg. des Lichts auf Farbe, Kältefestigkeit u. Dauertrübung größer. Dem Hopfengerbstoff scheint bei der Trübungs-Bldg. mehr Bedeutung zuzukommen als dem Spelzengerbstoff. Ein Überschuß an Antioxydans (Ascorbinsäure) red. einen höheren Anteil an gelöstem O_2, nie aber die gesamte Menge. Großtechn. Verss., durch Heißbelüftung u. anschließende Tiefkühlung Gerbstoffeiweiße auszuscheiden u. abzutrennen, ergaben stabilere Biere. — 87 Literaturangaben. K.-U. Riedel. 7550 □

Anwendung der fermentativen Behandlung mit einem Aspergillus niger-Präparat bei der Weinbereitung. L. F. Moissejenko und I. I. Belokon. (Виноделие и Виноградарство СССР [Weinbereit. Weinbau UdSSR] **20.** Nr. 7. 9—12. 1960. Nordkaukasisch. Inst. für Projektierung in der Lebensmittelind.; Verwaltung für Wein- und Branntweinind. „Abrau-Dürsso".) (Russ.)

Die Anwendung eines Präp. von *Aspergillus niger* (I) bei der Weinbereitung bietet mehrere Vorteile. Die Klärung des frischgepreßten Weinmostes (Rießlingsorte) bzw. Herabsetzung seiner Viscosität erfolgte in 1—3 Stunden. Starker, bei 10—12° gelagerter Anapawein zeigte Opalescenz nach 2½ Monaten (Kontroll-Vers.: 12 Tage). Die Anwendung von I bei der Herst. gespriteter Weine erwies sich als bes. wirkungsvoll. Behandelte Moste hatten einen milderen Geschmack; die Weine hatten außerdem ein feines Aroma u. waren klarer. Behandelte Rotweine zeigten eine bessere u. beständigere Färbung. S. Baryschnikow. 7554

Über den Einfluß der schwefligen Säure und L-Ascorbinsäure bei der Weinbereitung. 1. Mitt. **Über die Bindung der schwefligen Säure an Acetaldehyd und Glucose.** W. Diemair, J. Koch und D. Hess. (Z. Lebensmittel-Unters. u. -Forsch. **113.** 277—89. 1960. Frankfurt/M., Univ., Inst. für Lebensmittelchem.; Geisenheim/Rh., Inst. für Obst- u. Gemüseverwertung.) (Dt.)

Durch Vergärung von Modell-Lsgg. bei 22° mit unterschiedlicher SO_2-Zugabe wurde nachgewiesen, daß, bes. bei Ggw. von Sulfat, von der Hefe zusätzlich 74—122 mg SO_2/Liter gebildet werden können. Es war nicht möglich nachzuweisen, daß die SO_2-Bldg. in einem direkten Zusammenhang mit der Gär-Geschw. steht, jedoch verlangsamt sich die SO_2-Zunahme nach dem Abklingen der Gärung. Der Geh. an Acetaldehyd (I) überstieg in allen Verss. die der SO_2 äquivalente Menge. Bei Vergärung von Weinen konnte ebenfalls eine Erhöhung der Gesamt-SO_2 um bis zu 64 mg SO_2/Liter beobachtet werden. — Die Gleichgewichts-Konst. für *α-Hydroxyäthansulfonsäure* (II) u. *Glucosulfonsäure* (III) wurden polarograph. in 10%ig. alkohol. Lsgg. bei den pH-Werten 3,0, 3,25 u. 3,5 bestimmt, u. es wird eine Formel für die Berechnung der Bindung zwischen SO_2 u. I im Wein angegeben. K (für II) bei pH 3,0:2,19·10^{-6}; pH 3,25:2,54·10^{-6}; pH 3,5:2,83·10^{-6}; K (für III) bei pH 3,0:0,381; pH 3,25:0,364; pH 3,5:0,397. An einigen Weinen wurde die

Bindung von SO_2 an I u. Glucose (IV) nebeneinander bestimmt. In normalem Wein ist die Bindung von SO_2 an IV sehr gering. F. RADLER. 7554□

Thermische Verhältnisse bei der Verarbeitung der aus der Narma-Sorte bereiteten Xeresweine. Sch. A. Abramow. (Виноделие и Виноградарство СССР [Weinbereit. Weinbau UdSSR] **20.** Nr. 8. 18—20. 1960. Forsch.-Inst. für Lebensmittelind. des Volkswirtschaftsrats von Dagestan.) (Russ.)

Die therm. Behandlung von Xeresweinen erniedrigt den Geh. an Aldehyden u. erhöht den Anteil an Acetalen u. flüchtigen Estern; die organolept. Eigg. des Prod. werden dadurch stark verbessert. Weine mit 12 Vol.-% A. u. 3% Zucker sollen 45 Tage u. solche mit 18 Vol.-% A. u. 6—7% Zucker 30 Tage bei 40° aufbewahrt werden.
S. BARYSCHNIKOW. 7554

XVI. Nahrungs-, Genuß- und Futtermittel

Forschung auf dem Gebiet der Lebensmittelwissenschaft und Lebensmitteltechnologie: Ein Bericht über den (derzeitigen) Stand. M. A. Joslyn. (Advances Food Res. **10.** 1—21. 1960. Berkeley, Calif., Univ. of California, Dep. of Food Sci. and Technol.) (Engl.)

52 Literaturangaben. M. WINIKER. 7630□

Die Rolle der Chemie und Technologie bei der Entwicklung neuartiger Nahrungsmittel. Emil M. Mrak. (New York State agric. Exp. Stat., Bull. Nr. **790.** 9—22. Juli 1960.) (Engl.) J. LEHMBERG. 7630□

Kühlhaltung und Gefrierung von Lebensmitteln. Alte Methoden der Lebensmittelkonservierung abgelöst durch modernste Verfahren. W. Schweisheimer. (Riechstoffe u. Aromen **10.** 176—79. Mai 1960. New York.) (Dt.)

Kurzer Überblick über zur Zeit in den USA angewandte Methoden.
M. WINIKER. 7636□

Moderne Hochfrequenz-Erwärmungsverfahren und die Grenzen ihrer Anwendung gegenüber Infrarot-Wärmeverfahren. Erich Tripmacher. (Lebensmittelindustrie **6.** 583—86. Dez. 1959. **7.** 27—31. Jan. 1960. Berlin-Treptow, VEB Werkzeugmaschinenfabrik „Hermann Schlimme".) (Dt.)

Vf. diskutiert die Anwendbarkeit der beiden genannten Verff. der Elektrowärmetechnik unter bes. Berücksichtigung der Belange der Lebensmittelindustrie.
M. WINIKER. 7636□

Der Einfluß einiger technologischer Faktoren auf die Minderung des Vitamingehaltes der Lebensmittel. P. L. Mureşanu und V. Giuran. (Ind. Alimentara-Produse veget. **11.** 136—40. Mai 1960.) (Rum.) J. LEHMBERG. 7642□

Windgesichtete Spezialmehle für die Feinbäckerei und Dauerbackwarenherstellung. A. Rotsch und E. Tessmer. (Zucker- u. Süßwaren-Wirtsch. **14.** 97—100. Febr. 1961. Detmold, Bundesforschungsanstalt für Getreideverarbeitung.) (Dt.)
J. LEHMBERG. 7670□

Die Erreger der Sauerteiggärung; einleitende Untersuchungen zur Ermittlung der günstigsten Kulturbedingungen. Gottfried Spicher. (Brot u. Gebäck **15.** 21—27. Febr. 1961. Detmold, Bundesforschungsanstalt für Getreideverarbeitung.) (Dt.)
J. LEHMBERG. 7674□

Problem der Kartoffelchip-Industrie-Verarbeitung und Technologie. H. D. Brown. (Advances Food Res. **10.** 181—232. 1960. Columbus, Ohio, Ohio State Univ.) (Engl.)

Zusammenfassender Überblick. — 151 Literaturangaben. M. WINIKER. 7678□

Aroma und Geschmack von japanischer Sojasauce. Tamotsu Yokotsuka. (Advances Food Res. **10.** 75—134. 1960. Noda-shi, Chiba-ken, Noda Inst. for Scientific Res. u. Res. Inst. of Noda Soy Sance Comp., Ltd.) (Engl.)

Fortschrittsbericht. — 236 Literaturangaben. M. WINIKER. 7684□

Das Erweichen von eingelegten Kirschen durch Polygalakturonase und die Inhibierung von Polygalakturonase in Modellsystemen durch Alkylarylsulfonate. Wilbert F. Steele und H. Y. Yang. (Food Technol. **14.** 121—26. März 1960. Corvallis, Ore., Oregon State College, Dep. of Food and Dairy Technol.) (Engl.)

Von der „cats claw"-Erkrankung befallene Kirschen erweichen beim Einlegen. Es wurde festgestellt, daß derartige Kirschen hohe Geh. an *Polygalakturonase* (I) aufweisen. Demzufolge wurde das Erweichen mit I in ursächlichen Zusammenhang gebracht. In Modell-Verss. mit von der Erkrankung befallenen Kirschen konnte durch *Nacconol NR*, ein *Alkylarylsulfonat*, das sich in Vor-Verss. als I-Inhibitor erwiesen hatte, die Erweichung beim Einlegen verhütet werden. D. PÖHLAND. 7688□

Die Biochemie tropischer und subtropischer Früchte nach der Ernte. Jacob B. Biale. (Advances Food Res. **10.** 293—354. 1960. Los Angeles, Calif., Univ. of California, Dep. of Horticult. Sci.) (Engl.)

Im Hinblick auf die Belange der Lebensmittelindustrie wird ein Überblick über die derzeitigen Kenntnisse vom Reifen abgeernteter trop. u. subtrop. Früchte gegeben. — 158 Literaturangaben. M. WINIKER. 7688□

Nährwert und Verwendung des Abfalls (Haut oder Schale) der Passionsfrucht (Passiflora edulis Sims.). J. S. Pruthi. (Food. Sci. [India] **9.** 397—99. Dez. 1960. Mysore, Central Food Technol. Res. Inst.) (Engl.)

Unterss. ergaben, daß die Schale der Passionsfrucht (Passiflora edulis Sims.), die ca. 50% der Gesamtfrucht ausmacht, 78—166 mg/100 g Ascorbinsäure, 12—15% (in der Trockenmasse) Eiweiß u. 9—12% (in der Trockenmasse) Pektin enthält. Der Nährwert war beträchtlich, bis zu 20% konnte Reis in der Nahrung von Albinoratten durch das Mehl der Fruchtschale ersetzt werden, ohne daß nachteilige Folgen in Erscheinung traten. E. WIEHR. 7688□

Faktoren, die den Verderb von vorverpacktem Spinat beeinflussen. R. F. Becker, R. N. Goodman und H. S. Goldberg. (Food Technol. **14.** 127—30. März 1960. Columbia, Mo., Missouri Agricult. Exp. Stat.) (Engl.)

Vorverpackter Spinat wird von Bakterien, bes. Erwinia caratovora (Jones) Holland, aber auch von Hefen u. Pilzen befallen. Dieselben erzeugen ein pektinolyt. Enzym, das zum Verderb des Spinats führt. Eine Lsg. (25 mcg/ml) von *Oxytetracyclin*, *Chlortetracyclin* oder *Streptomycinsulfat* red. die Bakterienpopulation u. verzögerte den Verderb. D. PÖHLAND. 7690□

Sauerkraut. Carl S. Pederson. (Advances Food Res. **10.** 233—91. 1960. Geneva, N.Y., Cornell Univ., New York State Agricult. Exp. Stat.) (Engl.)

Zusammenfassender Überblick über Herst. u. Eigg. von Sauerkraut. — 262 Literaturangaben. M. WINIKER. 7690□

Apfelpektin und Citruspektin. H. Gudjons. (Riechstoffe u. Aromen **10.** 163—64. 166. Mai 1960. Frankfurt/M.) (Dt.)

Das *Pektin* aus Äpfeln u. Citrusfrüchten weist chem. keinen Unterschied auf. Mögliche Unterschiede sind bedingt durch Spuren von Begleitstoffen, die in dem einen Rohstoff nicht, wohl aber in dem anderen enthalten sind, u. die durch den jeweiligen technolog. Prozeß unter Umständen nicht entfernt worden sind. M. WINIKER. 7702□

Die Technologie des Zuckers in der Süßwarenindustrie. Gerald J. Kane. (Zucker- u. Süßwaren-Wirtsch. **14.** 133—35. Febr. 1961.) (Engl.)

Vortrag. J. LEHMBERG. 7704□

Die rheologischen Eigenschaften von konzentriertem Orangensaft. A. Ephraim und J. J. Monselise. (Bull. Res. Council Israel, Sect. C **6 C.** 47—52. Nov. 1957. Ramat Gan, Labor. of Assis. Ltd.) (Engl.)

Konz. Orangensaft (65° BRIX) ist eine nicht-NEWTONsche thixotrop. Fl., die die ursprüngliche Viscosität zu einem gewissen Grad zurückgewinnt, wenn man sie nach dem Rühren stehen läßt. Unterschiede der Viscosität werden durch Faktoren, die die Struktur des Gels Pektin–Zucker–Säure–W. beeinflussen, verursacht. Die Hauptfaktoren sind Pektin-Geh., Fruchtbeschaffenheit u. Art der Saftgewinnung u. -verarbeitung. W. WESLY. 7706□

Über Ursachen der Sedimentation von Pulpeteilchen in Fruchtsaftgetränken. W. Büchi. (Schweiz. Z. Obst- u. Weinbau **70.** 90—92. 18/2. 1961. Sursee.) (Dt.)

Durch eingehende Unterss. stellt Vf. fest, daß die Trubstabilität bei Fruchtsaftgetränken weitgehend von der Anwesenheit niederveresterter Pektinstoffe, von der Härte des verwandten W. u. der Ggw. osmophiler Hefen abhängt. Gebrauch von enthärtetem W. (Ionenaustauscher), Ggw. von nur hochveresterten Pektinstoffen (z. B. in Orangensirup) oder enzymat. Abbau der niederveresterten (z. B. im Apfelsaft) gewähren genügende Trubstabilität. E. WIEHR. 7706□

Untersuchungen über den Kupfer- und Eisengehalt von Obstsaftkonzentraten schweizerischer Provenienz. W. Büchi. (Schweiz. Z. Obst- u. Weinbau **70.** 92—94. 18/2. 1961. Surville.) (Dt.)

Vf. untersuchte Obstkonzentrate, die in verschiedenen Betrieben hergestellt worden waren, auf den Geh. an *Fe* sowie *Cu* u. stellte fest, daß der Schwermetall-Geh. stark schwankt (Fe 1,8—17,4, Cu 1,3—28,3 mg/kg) je nachdem, aus welchem Material die benutzten Armaturen u. App. gefertigt waren. E. WIEHR. 7706□

Nicht enzymatisches Braunwerden von Lebensmitteln: Weitere Untersuchungen von einigen Fruchtsäften und Gemüsepulpen. B. S. Bhatia, L. V. L. Sastry und Girdhari Lal. (Food. Sci. [India] **9.** 400—02. Dez. 1960. Mysore, Central Food Technol. Res. Inst.) (Engl.)

Vff. untersuchten das Braunwerden von Amla (Phyllanthus emblica)-Extrakten sowie von Erbsen- u. Feldbohnenbrei, Citronen-, Tomaten- u. Orangensaft u. von Papaya- u. Mangopulpe u. beschreiben den Einfl. eines Zusatzes von SO_2, Na-Benzoat, Glycin, Lysin, Cystein u. Tyrosin sowie von Ascorbinsäure auf die sichtbare Bräunung, gemessen bei 420 mμ. E. WIEHR. 7706□

Über die Zusammensetzung des eßbaren Anteils beziehungsweise Saftes einiger Wildfrüchte. E. Benk. (Riechstoffe u. Aromen **8.** 386—87. Dez. 1958. **9.** 110—12. April 1959. Reutlingen.) (Dt.)

Analysendaten des eßbaren Anteils bzw. des Saftes von Vogelbeeren, Hagebutten u. Holunderbeeren. — 12 Literaturangaben. M. WINIKER. 7706□

Ginseng in Limonaden. E. Benk. (Riechstoffe u. Aromen **10.** 18. Jan. 1960. Reutlingen.) (Dt.)

Für die Verw. von Auszügen der Ginsengwurzel in coffeinhaltigen Limonaden ist von Bedeutung, daß deren Inhaltsstoffe die Coffein-Wrkg. zu steigern vermögen u. zudem bes. gut in W. lösl. sind. — 4 Literaturangaben. M. WINIKER. 7706□

Bromierte Öle in Limonaden. E. Benk und F. Moll. (Riechstoffe u. Aromen **7.** 170—72. Juni 1957. Reutlingen, Chem. Landesuntersuchungsamt.)

Vortrag. Bromierte Öle dienen als dichteerhöhende Stoffe u. werden äther. Ölen zur Verhinderung des Aufrahmens zugesetzt. — Wenngleich bromierte Öle zunächst nicht als gesundheitsschädlich anzusehen sind, ist deren Verw. doch als Verfälschung zu beanstanden. H. SPOHN. 7706

Flüchtige Fettsäuren in Suppenwürze. Karel Kožich und Vladimír Mareček. (Průmysl Potravin **9.** 535—38. Okt. 1958. Praha, Výzk. úst. pro oleje a tuky.) (Tschech.)

Bei der Hydrolyse von Suppenwürze hängt die Menge der gebildeten flüchtigen Fettsäuren von dem Geh. an Ballaststoffen im Eiweißkonzentrat ab; zu diesen gehören Cellulose u. Stärke, dagegen spielt Glucose eine geringere Rolle. Auch die Bedingungen der Hydrolyse beeinflussen die Bldg. der Fettsäuren. Diese erreicht in 4 Std. ihr Maximum u. nimmt dann wieder ab. Unter den flüchtigen Fettsäuren beträgt der Anteil der Ameisensäure 50—75%, dann folgen Essigsäure, Propionsäure u. Buttersäure. Die Bldg. flüchtiger Fettsäuren aus Hydroxyaminosäuren ist zu vernachlässigen. R. K. MÜLLER. 7714□

Ein Laboratoriumsverfahren für die Mikrofermentation und die Trocknung in kleinem Maßstab. L. A. Griffiths. (Rep. Cacao Res. **1959.** 74—75. Sept.) (Engl.)

Beschreibung eines Verf. zur Fermentation u. Trocknung von Kakaobohnen im Labor.-Maßstab. M. WINIKER. 7726□

Über die optimalen Bedingungen für die Mikrofermentation. Ein krtischer Überblick. L. A. Griffiths. (Rep. Cacao Res. **1959.** 70—73. Sept.) (Engl.)

An Hand neuerer Arbeiten diskutiert Vf. die optimalen Bedingungen für die Fermentation von Kakaobohnen im Labor.-Maßstab. — 8 Literaturangaben. M. WINIKER. 7726□

Rheologische Untersuchungen an Schokoladen. Albrecht Fincke. (Zucker- u. Süßwaren-Wirtsch. **9.** 629—33. 20/6.; 677—79. 5/7.; 725—29. 20/7. 1956. Köln-Marienburg, Wiss. Forsch.- u. Beratungsstelle des Fachverbandes der Süßwaren-Ind. Detmold.) (Dt.)

Vf. demonstriert an einigen Beispielen die Bedeutung rheolog. Unterss. für die Herst. von Schokolade. M. WINIKER. 7726

Zusätze und Rückstände in Nahrungsmitteln tierischen Usprungs. H. R. Bird. (Amer. J. clin. Nutrit. **9.** 260—68. Mai/Juni 1961. Madison, Wis., Univ. of Wisconsin, Dep. of Poultry Husbandry.) (Engl.)

Übersicht über Nahrungsmittelzusätze, welche Rückstände hinterlassen: Antibiotica, As-Präpp., Östrogene, Coccidiostatica, Reserpin, Antioxydantien u. Insekticide. — 60 Literaturangaben. K. ZINGRAF. 7746□

Die Biochemie der Fleischhydratation. Reiner Hamm. (Advances Food Res. **10.** 355—634. 1960. Kulmbach, Bundesforsch.-Anstalt für Fleischwirtschaft, Inst. für Chemie u. Physik.) (Engl.)

Fortschrittsbericht. — 455 Literaturangaben. M. WINIKER. 7750□

Empfehlungen für Kühlung und Tiefkühlung von Fleisch. H. Reuter. (Kälte **14.** 65—66. Febr. 1961. Ansbach.) (Dt.) J. LEHMBERG. 7750□

Möglichkeiten verschiedener technologischer Vorgänge bei der Produktion von nicht vorgekochtem Schinken für den Export. Jaromír Lát. (Průmysl Potravin **9.** 511—15. Okt. 1958. Praha, Výv. pracov. pražského prům. masného.) (Tschech.)

Bei der Gewinnung von Schinken, der roh zum Export kommen soll, ist schon die Fütterung der Schweine auf dieses Ziel auszurichten. Die Schinken sollen relativ viel freies W. enthalten. Vf. berichtet über Erfahrungen in der Praxis.
R. K. MÜLLER. 7750□

Proteinchemie und Lebensmittelforschung. Robert E. Feeney und Robert M. Hill. (Advances Food Res. **10.** 23—73. 1960. Lincoln, Nebr., Univ. of Nebraska, Coll. of Agricult., Dep. of Biochem. and Nutrit.) (Engl.)

Fortschrittsbericht. Behandelt werden: Allg., Probleme der Lebensmittelbearbeitung u. -lagerung, Eier u. Ei-Prodd., Milch, Fleisch, Fisch u. Weizen. — 141 Literaturangaben.
M. WINIKER. 7754□

Zur Frage des Reinheitsgrades von DAB-6-Paraffin. Georg Titschack. (Milchwissenschaft **14.** 488—89. Okt. 1959. Hamburg.) (Dt.)

Es konnte festgestellt werden, daß *Hartparaffin* (I), das den Reinheitsanforderungen des DAB 6 entspricht, keine cancerogenen polycycl. KW-Stoffe enthält u. daß letztere, wenn sie dem Roh-I beigegeben wurden, bei der Raffination mit Sicherheit abgetrennt wurden. I des Reinheitsgrads DAB 6 kann somit unbedenklich für die Paraffinierung von Papierpackungen, z. B. für *Milch*, Verw. finden. M. WINIKER. 7756□

Rohmilch — pasteurisierte Trinkmilch in milchhygienischer Sicht. Georg Beck. (Milchwissenschaft **14.** 113—15. März 1959. Nürnberg, Bayer. Staatl. Veterinär-Unters.-Anstalt.) (Dt.)

Allg. Ausführungen. M. WINIKER. 7756□

Die doppelte bakterielle Superzentrifugierung der Milch. Paul Simonart, Roger Poffé und Maurice Weckx. (Lait **39.** 129—47. März/April 1959. Univ. de Louvain, Stat. de Rech. Laitières.) (Franz.)

Durch bakterielle Superzentrifugierung (vgl. C. **1957.** 7196) können 95% der Bakterien aus der Milch eliminiert werden. Wird das Verf. zweimal angewandt, so werden 99,5% der Bakterien beseitigt. M. WINIKER. 7756□

Das Kochen im Haushalt und der Gehalt an Riboflavin der Kuhmilch. Jean Causeret. (Lait **39.** 159—65. März/April 1959. Paris, I.N.R.A., Labor. d'Etudes sur la Nutrit.) (Franz.)

Verss. ergaben, daß das im Haushalt übliche kurze Aufkochen der Milch keine signifikante Veränderung des *Riboflavin*-Geh. bewirkt. M. WINIKER. 7756□

Mikroskopische Strukturänderungen in eingefrorenem Rahm. Ernst Knoop und Adolf Wortmann. (Milchwissenschaft **14.** 106—08. März 1959. Kiel, Bundesforschungsanst. für Milchwirtschaft, Physikal. Inst.) (Dt.)

Elektronenmkr. Unterss. an eingefrorenem Rahm, der 1 Jahr bei -15^0 gelagert wurde, ergaben, daß die Fettkügelchen durch die langdauernde Tiefgefrierung zerstört werden. Das Fett der Kügelchen kann somit an den Berührungsstellen verschmelzen, so daß die Emulsionsstabilität des Rahms verloren geht. M. WINIKER. 7756□

Butterproduktion mit einer geringeren Zugabe von Säurewecker. Bohumil Hylmar. (Průmysl Potravin **9.** 520—24. Okt. 1958. Praha, Výroba čistých mlék. kultur.) (Tschech.)

Mit 25% der bisher üblichen Menge von Säurewecker wird Butter von gleicher Qualität u. Dauerhaftigkeit erhalten wie mit dem normalen Zusatz. Die Unterschiede bei der bakteriolog. Unters. sind gering. R. K. MÜLLER. 7758□

Die Chemie des Käsegeschmacks und -aromas. J. W. Harper. (J. Dairy Sci. **42.** 207—13. Jan. 1959. Columbus, Ohio, Ohio State Univ.) (Engl.)

Vortrag. — 9 Literaturangaben. M. WINIKER. 7760□

Begriffsbestimmung für Kochkäse und die Verwendung von Ortho- und Pyrophosphaten bei dessen Herstellung. Max Erich Schulz. (Kieler milchwirtsch. Forschungsber. **13.** 35—42. 1961. Kiel, Bundesforschungsanst. für Milchwirtschaft, Chem. Inst.) (Dt.) M. WINIKER. 7760□

Hefeeiweißherstellung ohne Abwässer. R. Bretschneider. (Kvasný Průmysl **7.** 31—32. Febr. 1961.) (Tschech.)

Auf Grund eines neuen Verf. zur Futterhefe-Herst. unter Eliminierung des Abwassers werden die zentrifugierten, vergorenen Maischen an Stelle des Verdünnungswassers benutzt. Nach Erreichung der gewünschten Konz. der Trockenstoffe dickt man die rückgeführte Maische in einem Mehrstufenverdampfer ein. Das eingedickte Abwasser kann durch Trockendest. (wie Melasseschlempe) in Brennereien verarbeitet werden.
W. WESLY. 7786□

Möglichkeiten der Anwendung der Fischer-Methode zur Wasserbestimmung in einzelnen Produkten der Lebensmittelindustrie. Lýdia Mináriková und Fridrich Koromzay. (Průmysl Potravin **9.** 538—41. Okt. 1958. Bratislava, Výsk. úst. potrav. priemyslu.) (Slowak.)

Die Anwendung der Meth. nach KARL FISCHER auf die Best. des Wasser-Geh. in Maisstärke u. Mehl wird erläutert. Die Meth. liefert höhere Werte als die übliche Meth. der Trocknung bei 130 bzw. 105°. R. K. MÜLLER. 7798□

Zur direkten quantitativen papierchromatographischen Analyse von biologischen Flüssigkeiten. 1. Mitt. **Die quantitative Bestimmung der freien Aminosäuren des Kartoffelsaftes.** J. Herrmann und J. Raths. (Pharmazie **11.** 582—91. Sept. 1956. Berlin, Humboldt-Univ., Inst. für Technol. u. Vorratspflege.) (Dt.)

Es wird eine Meth. zur direkten quant. papierchromatograph. Best. der *freien Aminosäuren* (I) in Kartoffelsaft beschrieben. Die Auftrennung der I erfolgt hierbei mittels einer Kombination von Rundfilter- u. Streifenchromatographie, die Auswertung mittels direkter Photometrie der Ninhydrinfärbungen am transparenten Streifen. Zwecks Erzielung einer linearen Abhängigkeit zwischen Substanzdichte u. Extinktion wird eine Korrektur der Extinktionswerte in Vorschlag gebracht. Weiter wird ein einfaches Gerät zur Registrierung der korrigierten Extinktionswerte beschrieben. M. WINIKER. 7802□

Die Genauigkeit der Bestimmung von Zucker in Honig nach dem Verfahren der selektiven Adsorption. Jonathan W. White jun. und Mary H. Subers. (J. Assoc. off. agric. Chemists **43.** 774—77. Nov. 1960. Philadelphia, Pa., Eastern Reg. Res. Labor.) (Engl.)

Die Nachprüfung des von WHITE (C. **1956.** 10619; C. **1958.** 14473 u. C. **1961.** 4550) vorgeschlagenen Verf. zur Best. von Zucker in Honig durch selektive Adsorption zeigt, daß ca. 2,5% der durch die Holzkohlensäure gehenden Stoffe nicht erfaßt werden. Der größte Teil befindet sich in der Disaccharid-Fraktion u. besteht wahrscheinlich aus Kojibiose u. Rehalose. Die polarometr. Best. der Monosaccharid-Fraktion führt zu Dextrose- u. Lävulose-Werten, die sich von den auf chem. Wege ermittelten Ergebnissen nicht sonderlich unterscheiden. W. WESLY. 7812□

Zur Zusammensetzung und Beurteilung von Orangensäften. E. Benk. (Riechstoffe u. Aromen **9.** 378—80. Nov. 1959. Reutlingen, Chem. Landesuntersuchungsamt.) (Dt.)

Allg. Ausführungen. — 19 Literaturangaben. M. WINIKER. 7818□

Über die Zusammensetzung und Beurteilung von Kräuterlimonaden. E. Benk. (Riechstoffe u. Aromen **8.** 346—47. Nov. 1958.) (Dt.)

Allg. Ausführungen. M. WINIKER. 7818□

Die Bestimmung der löslichen Feststoffe in Citrussäften. 1. Mitt. **Der Einfluß der Nicht-Saccharose-Bestandteile auf die Refraktometerwerte.** W. Clifford Scott, Donald A. Morgan und M. K. Veldhuis. (Food Technol. **14.** 423—28. Sept. 1960. Winter Haven, Fla., U.S. Fruit and Vegetable Prod. Labor.) (Engl.)

Vff. untersuchten den Einfl. verschiedener Inhaltsstoffe von Citrussäften auf den refraktometr. bestimmten Geh. derselben an Saccharose u. kamen hierbei zu folgenden Feststellungen: Citronensäure (I) u. reduzierende Zucker verursachen zu niedrige Werte. Hingegen werden durch Aminosäuren u. Pulpe zu hohe Werte vorgetäuscht. Das gleiche gilt, wenn auch in wesentlich geringerem Maße, für Salze der I, Flavonoide u. Pektin. Ascorbinsäure u. Schalenöl wirken sich auf die Refraktometerwerte prakt. nicht aus. A. GABERT. 7818□

Bemerkungen zum Nachweis bromierter Öle in Limonaden. E. Benk. (Riechstoffe u. Aromen **10.** 166—68. Mai 1960. Reutlingen.) (Dt.)

Auf Grund eigener Erfahrungen diskutiert Vf. die Schwierigkeiten, die beim Nachw. bromierter Öle in Limonaden auftreten können. — 11 Literaturangaben. M. WINIKER. 7818□

Die papierchromato-oscillopolarographische Bestimmung von Vanillin und Äthylvanillin in Lebensmitteln. H. Woggon und U. Köhler. (Ernährungsforschung **5.** 402—09. 1960. Potsdam-Rehbrücke, Inst. für Ernährung.) (Dt.) — Vgl. WOGGON u. RAUSCHER, C. **1960.** 6695.

Vanillin u. *Äthylvanillin* wurden mit Hilfe von Isobutanol/NH_3 als Laufmittel papierchromatograph. (Papier WHATMAN 3 MM) getrennt u. nach Elution u. nach Zugabe von Semicarbazid–HCl-Lsg. als Semicarbazone oscillopolarograph. getrennt. Geeignet für routinemäßige Serienbestimmungen. Fehler bei 2 μg/ml aufwärts unter $\pm$10%. M. ULMANN. 7826□

Die Untersuchung der Karamelsubstanz von Zuckerrohrmelasse in Gemischen mit Kaffee. Maria Helena Bertoni. (An. Dirección Nac. Quím. **10.** 36—44. 1957. Buenos Aires, Dir. Nac. Quím., Lab. Central Investig. y Contralor.) (Span.)

Karamelsubstanzen aus Zuckerrohr weisen je nach Herkunft unterschiedliche Hygroskopizität u. Färbevermögen auf. Der Anteil an wasserunlösl. Stoffen liegt zwischen 7,1 u. 51,3%; der Asche-Geh. (nach Erhitzen auf 500—550°) schwankt von 16,4 bis 23,4%, wobei die Asche 3,4—17,1% Cl u. 8,2—14,0% SO_3 enthalten kann (entsprechend 0,61—4,01 bzw. 1,46—3,29% der Trockensubstanz). Da der Geh. von geröstetem Kaffee an Asche, Cl u. SO_3 wesentlich niedriger liegt, werden zur Verhinderung von Karamelbeimischungen zum Kaffee für letzteren folgende Höchstwerte festgelegt: Asche 5%, Cl 0,06%, SO_3 0,25%. — 8 Literaturangaben. M. REIHER. 7828□

Chemische Kennwerte der Zersetzung von Flundern. Fred Hillig, L. R. Shelton jun., J. H. Loughrey, Beatrice F. Fitzgerald und Sammie Bethea. (J. Assoc. off. agric. Chemists **43.** 755—60. Nov. 1960. Washington, D. C., U.S. Dep. of Health, Educat., and Welfare, Food and Drug Admin.) (Engl.)

Aus den bis zu 17 Tagen ausgeführten Unterss. von Flundern ergibt sich, daß die Werte für die flüchtigen Säuren (Ameisen- u. Essigsäure), flüchtigen Basen, flüchtigen Amine u. Trimethylamin (Zahlentafeln) in starkem Maße mit dem organolept. Befund übereinstimmen. W. WESLY. 7852□

Über den Nachweis von Coli-Aerogenes-Bakterien in Molkereigebrauchswasser. Rolf Kellermann. (Milchwissenschaft **14.** 487—88. Okt. 1959. Hameln, Milchwirtschaftl. Lehr- u. Untersuchungsanst.) (Dt.)

Auf Grund der Ergebnisse eigener Verss. empfiehlt Vf., bei der Unters. von W. auf Molkereitauglichkeit den Coli-Titer mit *Gentianaviolett-Milchzucker-Galle-Pepton-W.* bei 37° zu ermitteln. M. WINIKER. 7856□

Kritische Untersuchungen über den Schnellnachweis von coliformen Keimen in der eingestellten Trinkvollmilch. Peter Pietz. (Milchwissenschaft **14.** 490—95. Okt. 1959. Dresden.) (Dt.)

Die *Nitrat-Red.*-Probe ist zwar für den Schnellnachw. von coliformen Keimen in Milch geeignet, für die Praxis jedoch abzulehnen, da sie eine stündliche Ablesung erfordert. Der Nachw. mittels *TTC*-Bouillon ist sicher u. schnell u. kann für die Praxis an Stelle von *Gentianaviolett-Galle-Pepton-W.* empfohlen werden. Das *Bacto-strip*-Verf. ist als Schnelltest in den Fällen angebracht, in denen kein bakteriolog. Labor. zur Verfügung steht. M. WINIKER. 7856□

pH-Messung bei der Milchannahme. Edmund Renner und Friedrich Kiermeier. (Dtsch. Molkerei-Ztg. **82.** 271—76. 23/2. 1961. Weihenstephan, Süddeutsche Versuchs- u. Forschungsanst. für Milchwirtschaft der T. H. München, Chem. u. Physikal. Inst.) (Dt.)

Vff. berichten über Erfahrungen mit der pH-Messung bei der Milchannahme u. geben Hinweise für ihren Einsatz. — 39 Literaturangaben. M. WINIKER. 7856□

Ein Beitrag zur Bestimmung der alkalischen Phosphatase in roher Magermilch bei Reihenuntersuchungen. Michel Worseck und J. Niepel. (Milchwissenschaft **14.** 481—84. Okt. 1959. Berlin, Humboldt-Univ., Veterinärmed. Fak., Inst. für Lebensmittelhygiene.) (Dt.)

5 ccm Magermilch werden mit Puffer u. Substrat in Form von *Lactognost*-Tabletten (HEYL & Co., Berlin-Steglitz) versetzt, 1 Std. lang bebrütet, mit 0,3 ccm Phenolreagens (*2.6-Dibromchinonchlorimid*) versetzt u. zentrifugiert. Sodann wird die Extinktion im PULFRICH-Photometer mit Filter S 61 bestimmt. Die Extinktion bekannter Phenolmengen in Milch-Phenol-Standards war dem Phenol-Geh. proportional, so daß eine vergleichende Best. der Phosphataseaktivität möglich ist. M. WINIKER. 7856□

Methode zur präparaten Gewinnung niedermolekularer ninhydrin-positiver Stickstoffbestandteile aus Milch durch Ionenaustausch. Richard Schober, Walter Christ und Hedwig Günthert. (Milchwissenschaft **14.** 108—12. März 1959. Wangen im Allgäu, Staatl. Milchw. Lehr- u. Forschungsanst.) (Dt.)

Beschreibung der Meth. u. Diskussion ihrer Leistungsfähigkeit.
M. WINIKER. 7856□

Zuckerhaltige, gelartige Lebensmittel auf Milchbasis (Definition, gesetzliche Bestimmungen und Analyse). Jean Pien. (Ann. Falsificat. Fraudes **53.** 438—54. Sept./Okt. 1960.) (Franz.)

Übersicht. — 11 Literaturangaben. E. LÜCK. 7856□

Der Nährwert von Fischmehl-Eiweiß: Ein Vergleich der chemischen Bestimmung mit dem Hühnerfütterungsversuch. Claude E. Thurston, L. E. Ousterhout und Patricia P. Mac Master. (J. Assoc. off. agric. Chemists **43.** 760—62. Nov. 1960. Seattle, Wash., u. College Park, Md., U. S. Fish and Wildlife Serv, Bur. of Commerc. Fisheries, Technol. Labor.) (Engl.)

Ein Vgl. der chem. Zus. von Herings- u. Thunfischmehl-Eiweiß mit der Pepsinverdaulichkeitsprüfung u. dem Hühnerfütterungs-Vers. (Wachstums-Geschw.) ergibt:

Heringsmehl bewirkt eine tägliche Gewichtszunahme je Huhn von 6% bei 96% Eiweißverdaulichkeit. Eine feste Beziehung zwischen dem Eiweiß- oder Asche-Geh. des Fischmehls u. ihrem durch Hühnerwachstum oder Pepsinverdaulichkeit ermittelten Nährwert besteht nicht. W. WESLY. 7868□

Methoden der mikrobiologischen Bestimmung des Gehaltes an Penicillin und Chlortetracyclin in Antibiotica-Konzentraten und Futtermischungen. Jindřich Hess. (Průmysl Potravin **9.** 541—44. Okt. 1958. Roztoky, Výzk. úst. antibiotik.) (Tschech.) Die Best. des Geh. an Procain-Penicillin u. an Chlortetracyclin in Futtergemischen mittels einer Kultur von Bacillus subtilis auf Fleischpeptonagar wird beschrieben u. der Vgl. mit Standard-Geh. erläutert. — 11 Literaturangaben. R. K. MÜLLER. 7868□

Baker Perkins Ltd., Peterborough, Northants, England (Erfinder: Peter William Gilbey Johnston), **Herstellung von Süßwaren** („Hard Candy"). Der Zucker wird zur Entfernung des Kristallwassers unter Vakuum gekocht. Unter Aufrechterhaltung des Vakuums werden Aromastoffe u. ggf. Farbstoffe, sowie gepufferte Milchsäure (I) in Mengen von 140 g, berechnet auf 9 kg Zucker, zugegeben. Zur Einstellung des pH der **I** werden 4 (Gewichtsteile) einer **I**, die 20% W. enthält, mit 1 von 80%ig. Na-Lactat gemischt. (**E. P. 863 181** vom 19/12. 1958, ausg. 15/3. 1961.) W. KRANZ. 7705

United States of America, Secretary of Agriculture, übert. von: Allan K. Smith, Clifford W. Hesseltine und Kazuo Shibasaki, Peoria, Ill., V.St.A., **Nahrungsmittel nach Art von „Miso"**, für Suppen u. Würzen. Sojabohnen werden enthülst, zu Grießen vermahlen u. 1—5 Std. in W. geweicht. Die Masse wird 40—60 Min. unter Druck gekocht, mit einer Kultur von *Saccharomyces rouxii* u. einer Kultur von *Aspergillus oryzae* auf Reis, sowie NaCl u. W. gemischt, sodann zunächst 1 Woche bei 28° u. weitere 3 Wochen bis Monate bei 35° ohne Belüftung fermentiert. Die Masse wird zu einer dicken Paste vermahlen u. 1—2 Wochen bei Raum-Temp. gelagert. (**A. P. 2 967 108** vom 24/7. 1959, ausg. 3/1. 1961.) W. KRANZ. 7715

Philip Morris, Inc., New York, N.Y. (Erfinder: John Dwight Hind und Frank Hughes Crayton, Richmond, Va.), V.St.A., **Herstellung von organoleptischen Stoffen aus Tabak,** dad. gek., daß man das Tabakausgangsmaterial in Ggw. eines Mineralsäurekatalysators oder eines sauren Salzes als Katalysator mit einem Alkanol oder einer Mischung von Alkanolen behandelt. (**D. A. S. 1 109 583** Kl. 79c vom 1/10. 1960, ausg. 22/6. 1961. A. Prior. 2/10. 1959.) K. KOEBKE. 7735

Dow Chemical Co., übert. von: Harold C. Kelly und James R. Wirt, Midland, Mich., V.St.A., **Überzug für Fleischerzeugnisse,** die eine geringe Neigung zum Ölausschwitzen aufweisen, bestehend aus einer als heiße Schmelze benutzbaren Mischung mit einer Viscosität bei 320° F von 500—1000 cP von 1. Äthylcellulose mit einem Äthoxyl-Geh. von 47,5—50 Gew.-% u. einer Viscosität von 6—200 cP, 2. einem raffinierten Mineralöl mit einer SAYBOLD-Viscosität bei 100° F von 80—400 u. 3. einem farb- u. geruchlosen nichttox. Weichmacher, wie Butylphthalylbutylglykolat, welcher ein Lsgm. für den Celluloseäther darstellt. Der Überzug setzt sich im wesentlichen zusammen aus 20—38 (Gew.-%) Äthylcellulose, aus 42—61 raffiniertem Mineralöl, aus 14—28 des nichttox. Weichmachers u. ist innerhalb der spezif. Grenzen ferner dadurch charakterisiert, daß ein Gewichtsverhältnis Äthylcellulose : Weichmacher = 1.25 : 1—2,7 zu 1, von Mineralöl : Äthylcellulose = 1,2 : 1—2,7 : 1 u. von Mineralöl : Weichmacher = 1,8 : 1—3,9 : 1 vorliegt. — 2 Zeichnungen u. 1 graph. Tabelle. (**A. P. 2 951 763** vom 9/6. 1958, ausg. 6/9. 1960.) H. MAASS. 7751

Philip Pedley Walley, Waverton bei Chester, England, **Dämpfen von getrocknetem Grasmehl und dergleichen.** Getrocknetes u. gemahlenes Gras, Maismehl oder ähnliche *Futtermittel* für Rindvieh oder Schweine werden in geschlossenen Behältern mit kontrollierten Wassermengen unter starkem Rühren innig vermischt. Man erhält staubfreie, leicht verdauliche Futtermittel. (**E. P. 841 919** vom 28/1. 1958, ausg. 20/7. 1960.) H. KARST. 7787

Abbott Laboratories, North Chicago (Erfinder: **Fred Joseph Helgren**), Waukegan, Ill., V.St.A., *Süßungsmittel für Diabetiker.* (**Schwz. P. 351 162** vom 29/8. 1956, ausg. 15/2. 1961. A. Prior. 29/8. 1955. — C. **1959.** 226 [A. P. 2 803 551].)

Eduard Gerlach G. m. b. H., Lübbecke, *Herstellung von Tabakfolien.* (**Holl. P. 96 080** vom 17/12. 1957, ausg. 15/11. 1960. D. Prior. 1/2. 1957. — C. **1959.** 1641 [D. A. S. 1 033 119].)

F. Hoffmann-La Roche & Co. Akt.-Ges., Basel, Schweiz, *Herstellung eines Zusatzes für Futtermittel.* (**Holl. P. 96 117** vom 16/9. 1958, ausg. 15/11. 1960. A. Prior. 17/9. 1957. — C. **1960.** 16627 [F. P. 1 211 662].)

XVII. Fette. Seifen. Wasch- u. Reinigungsmittel. Wachse. Bohnermassen usw.

Zur antioxydativen Wirkungsweise des Systems Benzochinon/Hydrochinon. K. Täufel, F. Kretzschmann und Cl. Franzke. (Fette, Seifen, Anstrichmittel **62.** 1061—67. Nov. 1960. Berlin, Humboldt-Univ., Inst. für Lebensmittelchem. u. -technol.) (Dt.)

Ausgehend von den Vorstellungen über den Chemismus der spontanen u. der katalysierten Autoxydation (A.) olefin. Fette u. Fettsäuren wird unter Auswertung polarograph. Unterss. über die Veränderungen von *p-Benzochinon* (**I**), *p-Benzochinhydron* (**II**) u. *p-Benzohydrochinon* (**III**) bei der A. von Äthyllinolat die Wrkg. von Antioxydantien, bes. des Partnerpaares **I/III**, diskutiert. **I** wirkt als Retarder, **III** als Inhibitor, **II** weist beide Eigg. auf, weshalb es auch am stärksten antioxydativ wirkt. Die antioxydative Wrkg. von **I, II, III** wird mit der Bldg. von Semichinon (**IV**)-Radikalen eingeleitet, diese reagieren mit den Radikalen der A.-Kette unter Kettenabbruch. Der sich abspielende reduktive Schritt **IV** → **III** ist mit Substituierung verbunden. Die Dehydrierung zum disubstituierten Chinon führt schließlich zur Beendigung der antioxydativen Wrkg. des Syst. **I/III**. — 35 Literaturangaben. H. P. FIEDLER. 7878□

Linolenathydrierung. 2. Mitt. **Hydrazinreduktion.** C. R. Scholfield, E. P. Jones, Janina Nowakowska, E. Selke und H. J. Dutton. (J. Amer. Oil Chemist's Soc. **38.** 208—11. April 1961. US Dep. of Agricult., Agricult. Res. Serv., Northern Utilization Res. and Develop. Div.) (Engl.) — 1. vgl. C. **1961.** 12682.

Linolensäure (JZ. 266) wurde mit Hydrazinhydrat in A. 3 Std. 40 Min. lang auf 50° erwärmt, gleichzeitig wurde Luft durch die Lsg. geleitet. Nach Abtrennung der Fettsäuren wurden diese in die Methylester übergeführt u. destilliert (JZ. 161,7; trans-Ester-Geh. $< 1\%$). Durch Gegenstromverteilung wurden die Ester in 26,6 (%) Triene, 43,1 Diene, 25,6 Monoene u. 4,7 Stearate aufgetrennt. Die Oxydation der abgetrennten Monoen- u. Dienfraktion mittels Permanganat-Perjodat u. Gaschromatographie der zweibas. Säuren ergab, daß sich die Doppelbindungen in der ursprünglichen 9-, 12- u. 15-Stellung befanden u. daß die von der COOH-Gruppe am weitesten entfernten Doppelbindungen etwas schneller red. wurden. Bei der Gaschromatographie der Monoenfraktion (JZ. 86,6) wurden 3 Komponenten, 9-, 12- u. 15-Monoen (35,6% 9-, 34,9% 12- u. 29,5% 15 Octadecenoat), bei der Trennung der Dienfraktion (JZ. 170,1) 9.12-, 9.15- u. 12.15-Diene (33,6% 9.12-, 36,6% 9.15- u. 29,8% 12.15-Octadecadienoat) erhalten. Nach der Alkaliisomerisierung der Dienfraktion wurde der konjugierte Anteil mit Maleinsäureanhyhrid behandelt, das nicht in Rk. gegangene 9.12-Dien durch Dest. abgetrennt. Im Gegensatz zu der katalyt. Hydrierung findet also bei der Hydrazin-Red. der Linolensäure keine Wanderung oder Umlagerung der Doppelbindungen statt. H. P. FIEDLER. 7880□

Untersuchungen zur selektiven Hydrierung von Fetten und Ölen. 5. Mitt. **Bei der Hydrierung von Methylclupanodonat gebildete feste Dokosensäuren.** Tomotaro Tsuchiya und Tetsutaro Hashimoto. (Rep. Government chem. ind. Res. Inst., Tokyo **55.** 477—80. 1960.) (Jap.; Auszug: Engl.) — 4. vgl. Rep. Government chem. ind. Res. Inst., Tokyo **54.** [1959] 197.

Bei der partiellen Hydrierung des *Methylclupanodonats* wurden feste Fettsäuren isoliert, deren Methylester anschließend mit $KMnO_4$ oxydiert wurden. Bei der Unters. der oxydativen Spalt-Prodd.-wurde festgestellt, daß die bei der partiellen Hydrierung angefallenen festen Fettsäuren $\Delta^{4,5}$, $\Delta^{8,9}$, $\Delta^{15,16}$ u. $\Delta^{19,20}$ Dokosensäuren enthielten. G. LOSSNER. 7880□

Untersuchungen zur selektiven Hydrierung von Fetten und Ölen. 6. Mitt. **Hydrierung von Gemischen freier Fettsäuren und Fettsäureester.** Tomotaro Tsuchiya und Tetsutaro Hashimoto. (Rep. Government chem. ind. Res. Inst., Tokyo **55.** 481—85. 1960.) (Jap.; Auszug: Engl. S. 53—54.) — 5. vgl. vorst. Referat.

Gemische verschiedener freier Fettsäuren u. Fettsäureester wurden mit Nickel-Kieselgur als Katalysator hydriert u. dabei festgestellt, daß für die Rk.-Neigung lediglich der Grad der Ungesättigtheit bestimmend ist, gleichgültig ob die Fettsäurekette in Form der freien Fettsäure oder eines Fettsäureesters vorliegt. G. LOSSNER. 7880□

Untersuchungen zur selektiven Hydrierung von Fetten und Ölen. 7. Mitt. **Hydrierung von Sojabohnenöl mit Eisenpentacarbonyl als Katalysator.** Tetsutaro Hashimoto und Hisako Shiina. (Rep. Government chem. ind. Res. Inst., Tokyo **55.** 486—89. 1960.) (Jap.; Auszug: Engl. S. 54—55.) — 6. vgl. vorst. Referat.

Sojabohnenöl wurde mit Eisenpentacarbonyl als Katalysator unter verschiedenen Bedingungen hydriert. Die besten Ergebnisse wurden nach einem der Hydrierung vorangehenden Erhitzen der Öle bei 180—200° für 1—2 Std. in einer N_2-Atmosphäre erreicht. G. LOSSNER. 7880□

Das Bleichen von Ölen. K. C. Vrindavan. (Chem. and Ind. **1957.** 1351. 12/10. Kuala Lumpur, Malaya, Lever Brothers Ltd.) (Engl.)

Vf. bemerkt zu einer Veröffentlichung von S. R. PALIT (Chem. u. Ind. **1957.** 1011), daß die dort angegebene Bleichung von Ölen mit $KMnO_4$ nur erfolgt, wenn das Öl vorher mit Mineralsäure angesäuert wurde. B. T. LASSER. 7886□

Mohn-, Lein- und Maisöle. Tomotaro Tsuchiya, Osamu Okubo und Akio Tanaka. (Rep. Government chem. ind. Res. Inst., Tokyo **55.** 507—10. 1960.) (Jap.; Auszug: Engl. S. 56.)

Die Kennzeichen von Mohnölen, Leinölen u. Maisölen (gewonnen aus vietnames. Mais) wurden bestimmt u. gleichzeitig ein Rohwachs, das aus einem durch Lagerung des Leinöles entstandenen Nd. extrahiert wurde, untersucht. Das Maisöl enthielt 11,4% gesätt. Fettsäuren, 52,3% Ölsäure u. 36,3% Linolsäure. G. LOSSNER. 7894□

Beitrag zur Untersuchung eines Pflanzenöls auf Basis mehrfach ungesättigter Fettsäuren: „Traubenkernöl", analytische Eigenschaften, Ernährungs- und diätetischer Wert. P. Morand und J. Silvestre. (Ann. Falsificat. Fraudes **53.** 193—203. April 1960. Toulouse, Pharm. du Centre Hospit. Rég. et Labor. de Biol. de la III. Rég. Marit.) (Franz.)

Hoher Geh. an Linolensäure (> 50%), neben Ölsäure (ca. 30%), Palmitin- u. Stearinsäure (10%) u. Ergiebigkeit an α-, γ-, δ-Tocopherolen (105—125 mg %) neben Phytosterinen, wie Ergosterin, Sitosterin (3,0—5,0 g/kg) sichern die Verw. des Traubenkernöles über seine Eignung als „Tafelöl" hinaus als diätet. Heilmittel, z. B. gegen atheromatöse Erkrankungen u. bes. gegen Hypercholesterinämien (Vitamin F-Geh.) u. Kreislaufstörungen (Vitamin E). Dazu müßte sein Herst.-Verf. jedoch so weit verbessert werden, daß seine Klassifizierung als sog. „feinstes Original-Preßöl" erfolgen kann. Physikal. Eigg.: Viscosität $\eta = 0{,}468$ bei 20°; $D._4^{40}$ 0,913—0,930; n_D^{20} im Mittel 1,476; F. —11° (variabel); lösl. in Lipid-Lsgm., partiell in 96%ig. A.; über +83° mischbar mit Eisessig; Heizwert 9540 cal/g; Entflammbarkeit im offenen Tiegel 220°; Flammpunkt 335°. Chem. Daten: JZ. (HÜBL) 115—140 (die höheren Werte deuten auf Alterung oder Verfälschung hin); Thiocyanatzahl im Mittel 76, SZ. (auf Ölsäure berechnet.) 0,18—10; Reichertzahl (flüchtige Anteile) 0,46—1,02; VZ. (Kottstorfer) 188—192; AZ 4—50 (höhere Werte zeigen Veränderungen durch Peroxyd-Bldg. an); Peroxydzahl in essigsaurem Medium $\leq$ 250. — 19 Literaturangaben. J. MALPRICHT. 7894□

Die Umesterung, eine neue Methode zur Herstellung von Speisefetten. Antoni Rutkowski. (Przemysł Spożywczy **14.** 253—60. 1960. Warszawa.) (Pol.)

Übersicht über theoret. Grundlagen u. technolog. Maßnahmen der Umesterung von Fetten. — 29 Literaturangaben. F. URBAN. 7900□

Die reinen Monoglyceride: Einige Eigenschaften und Anwendungen. Kendrick S. French. (Revue franç. Corps gras **8.** 65—67. Febr. 1961. Paris, Eastman Kodak Co., Distillation Prod. Ind.) (Franz.)

In einem Vortragsbericht wird komplikator. — ohne auf die Herst.-Verff. einzugehen — eine Reihe von Handels-Präpp. aus verschiedenen Fetten, z. B. aus Schweineschmalz verschiedener Qualität, bes. hinsichtlich des Geh. an Monoglyceriden (I), beschrieben. Auf Kennzahlen sowie auf die anwesenden Fettsäuren, die vor allem den F. beeinflussen, u. auf die prakt. Unlöslichkeit der I in Triglyceriden wird hingewiesen. 5% an I, bei 75° in Baumwollsaatöl gelöst, liefern beim Abkühlen eine Gallerte, so daß man auf diese Weise für die Truppenverpflegung im arkt. bzw. trop. Klima aus Öl einen Brotaufstrich herstellen kann, z. B. aus Erdnüssen (Arachis-Butter, in USA im Gebrauch). Die Herst. von Gelen aus I mit W. (20—25%), die in W. unlösl., in Öl aber lösl. sind, wird besprochen; solche Gele vermögen in W. unlösl. nichtion. organ. Verbb. zu lösen. Weiterhin wird auf die Eig. der I verwiesen, die lösl. Amylose durch Komplex-Bldg. vor der „Retrogradation" zu schützen (Verzögerung des Altbackenwerdens von Brot). Über den Zusatz von I zu aus dehydratisierten Kartoffeln hergestellten Präpp., die auf diese Weise ihre natürliche Quellbarkeit in W. bewahren, wird ebenfalls hingewiesen.
K. TÄUFEL. 7900□

Änderungen des Monoglycerid-Gehaltes und der Fettsäure-Zusammensetzung während der auf verschiedene Weise durchgeführten Fettspaltungen. J. Perédi. (Fette, Seifen, Anstrichmittel **62.** 1034—38. Nov. 1960. Budapest, Forsch.-Inst. der Pflanzenöl- u. chem. Haushaltungsartikel-Ind.) (Dt.)

Bei der Spaltung von Sonnenblumenöl nach dem Twitchell- oder Autoklaven-Verf. ist die Zus. der freien Fettsäuren während des ganzen Vorgangs stets die gleiche, d. h. Stearin-, Öl- u. Linolsäure werden im gleichen Maße in Freiheit gesetzt, was nur damit erklärt werden kann, daß während der Spaltung Mono- u. Diglyceride zurückbleiben oder eine Umesterung erfolgt. Die weiteren Verss. zeigten, daß bei der Spaltung in einem von den Spaltungsverhältnissen abhängigen Maße *Monoglyceride* (I) entstehen. Die I-Bldg. ist bei den Spaltungsgraden von 30—60% am höchsten, die I-Menge schwankt zwischen 4,5 u. 11,5%. Da die bei einer in homogener Phase durchgeführten Spaltung ermittelten I-Mengen den Werten entsprechen, die sich auf Grund der random-Umesterung theoret. berechnen lassen, wird gefolgert, daß bei der Fettspaltung sowohl Hydrolyse als auch Umesterung zwischen Glycerin u. neutralem Anteil parallel verlaufen, wobei die Umesterungs-Rk. zu einem von den Spaltungs-Bedingungen abhängigen Gleichgewicht führt. H. P. FIEDLER. 7908□

Beitrag zur Thermodynamik der Fettverseifung. E. Vépy. (Fette, Seifen, Anstrichmittel **62.** 1052—63. Nov. 1960. Budapest.) (Dt.)

Es wird ein kontinuierliches Verf. zur Herst. einer 40%ig. Schmier- u. einer 62%ig. Kernseife aus techn. Fettsäuren u. Lauge beschrieben. Bei der Verseifung bzw. Neutralisation wird in der App. eine wesentlich stärkere Temp.-Erhöhung (75°) festgestellt als sich thermodynam. berechnen läßt (29,2°), weshalb Vf. eine Überprüfung der Thermodynamik des von ihm vorgeschlagenen Verf. vorschlägt. H. P. FIEDLER. 7910□

Der Mechanismus des Waschens. A. S. C. Lawrence. (Nature [London] **183.** 1491—94. 30/5. 1959. Sheffield, Univ., Dep. of Chem.) (Engl.)

Auf Grund von Phasendiagrammen von Seife–W.- Amphiphile-Syst. u. von Beobachtungen über das Eindringen von Seifen-Lsg. in feste Fette wird ein neues Bild des Waschvorgangs entworfen, in dem Seife–Wasser–Schmutz sich ebenso verhalten sollen. Dabei tritt die freie Oberflächenenergie stark in den Hintergrund, während rings um die „Schmutzkristalle" (an den Seiten, nicht auf den großen Flächen) sich bildende kristallinflüssige Bereiche ausschlaggebend werden. Die Bldg. tern. Eutektika vollzieht sich zwischen W. u. den beiden, von der Seife u. vom „Schmutz" herrührenden polaren Gruppen. Die starke Temp.-Empfindlichkeit des Wascheffekts findet in diesem Bild ihre Erklärung durch die mit der Temp. schnell zunehmende Diffusionsgeschwindigkeit. K. L. WOLF. 7912□

Die Waschhilfsmittel. Theodor Klug. (Riechstoffe u. Aromen **11.** 86—88. März 1961.) (Dt.)

Um die Gebrauchs-Eigg., z. B. das Schmutztragevermögen, von Waschrohstoffen zu verbessern, werden den waschakt. Substanzen Waschhilfsmittel zugesetzt, wie z. B.: Soda, Bicarbonate, Silicate, Phosphate, Cellulose-Verbb., Bleich-, Netz-, Emulgier-, Verdickungs-, Streck-, Überfettungs- u. Fettlösemittel. B. T. LASSER. 7912□

Chemische Einflüsse im Waschprozeß — an Waschkontrollstreifen sichtbar gemacht. H. Bauch. (Wäscherei-Techn. u. -Chem. **14.** 170—80. März 1961.) (Dt.)

Vf. erklärt eingehend den Begriff des Durchschnittspolymerisationsgrads (DP) u. gibt an, wie dieser u. der sog. chem. Schädigungsfaktor ermittelt werden, der zum Nachw. u. der Best. der chem. Schädigung während des Waschvorgangs an Kontrollstreifen eine sehr bedeutsame Hilfe leistet. Die MARKERT-Rk. an Wäschekontrollstreifen stellt einen Weg dar, der zu unmittelbar sichtbaren Bildern der chem. geschädigten bzw. nicht geschädigten Fasern führt. Zwar erreichen die sich unter dem Mikroskop ergebenden Anhaltspunkte nicht die Genauigkeit u. quant. Aussage des chem. Schädigungsfaktors oder des DP, sind aber zu einer schnellen Orientierung sehr nützlich. Es wird dargelegt, wie die mit Hilfe der MARKERT-Rk. unter dem Mikroskop gemachten Beobachtungen in ein Syst. zu bringen sind u. eine Klassifizierung der Waschkontrollstreifen nach der Höhe der Schädigung in Intervallen gestatten. Im Rahmen dieser Ausführungen wird auch über den Aufbau der Baumwollfaser berichtet. L. JENTGEN. 7912□

Über die Wirkungen der Waschmittel auf die Haut. Olavi Kilpiö. (Teknillisen Kemian Alkakauslehti **17.** 121—25. 20/2. 1960.) (Finn.)

Allg. Ausführungen. S. BECKMANN. 7912□

Gasphasenchromatographie und Fettchemie. 2. Mitt. **Untersuchung einiger Verbindungen mit Estereigenschaften durch Gasphasenchromatographie.** Daniel Lefort, Charles Paquot und Andrée Pourchez. (Oléagineux **16.** 253—59. April 1961. Bellevue, (Seine-et-Oise), Centre Nat. de Rech. Scient., Labor. de Lipochimie.) (Franz.) — 1. vgl. Revue franç. Corps gras **7.** [1960.] 391.

Vgl. der gasphasenchromatograph. Eigg. einer Anzahl von Äthyl- u. Methylestern von aliphat. Mono- u. Dicarbonsäuren u. der Acetate von 1- u. 2-wertigen, prim. aliphat. Alkoholen. W. WESLY. 7936□

Zur Charakterisierung der Methylester der höheren gesättigten Fettsäuren mittels Infrarotspektroskopie und deren Trennung mittels Gaschromatographie. Umberto Pallotta. (Riv. ital. Sostanze grasse **38.** 191—97. März 1961. Bologna, Univ., Ist. di Chim. Agrar.) (Ital.)

Es werden die mit dem PERKIN-ELMER, Modell 21, erhaltenen IR-Spektren für nachfolgende Fettsäuren bzw. deren Gemische wiedergegeben: Methylester der Stearin-, Arachin-, Behen-, Lignocerin u. Cerotinsäure, Gemisch der Methylester $C_{18} + C_{20}$ (2:1,5), $C_{20} + C_{22}$ ((1,5:1), $C_{20} + C_{24}$ (1:1), $C_{18} + C_{20} + C_{22}$ (2:1,5:1), $C_{20} + C_{22} + C_{24}$ (1,5:1:1), $C_{18} + C_{20} + C_{22} + C_{24}$ (2:1,5:1:1), $C_{24} + C_{26}$ (1:0,5), $C_{22} + C_{24} + C_{26}$ (1:1:0,5) u. $C_{20} + C_{22} + C_{24} + C_{26}$ (1,5:1:1:0,5). Auch das IR-Spektrum von Vaseline wird angegeben. Die ermittelten Absorptionsmaxima werden zusätzlich in Tabellen zusammengestellt. Für das Methylestergemisch der gesätt. C_{12}- bis C_{24}-Fettsäuren wird ferner das Gaschromatogramm wiedergegeben. — 24 Literaturangaben.

H. P. FIEDLER. 7936□

Carmelo Vaccarino und Giuseppe Vaccarino, Giammoro, Italien, **Raffination fetter Öle.** Man löst die Öle in einem mit W. mischbaren Lsgm. (**I**), bes. Aceton, neutralisiert mit einer wss. Lsg. von Alkalihydroxyd u./oder Carbonat u. trennt die dabei sich bildenden 2 Phasen, aus den das **I** durch Dest. wiedergewonnen wird. Zur besseren Lsg. des sich bildenden Seifenstocks wird die Neutralisation zunächst in Ggw. von wenig W. durchgeführt u. darauf mit heißem W. verdünnt. — Vgl. D. A. S. 1 087 306; C. **1961.** 2134. (**E. P. 830 976** vom 29/5. 1956, ausg. 23/3. 1960. It. Prior. 7/6. 1955.)
C. LÜTTGEN. 7895

Unilever Ltd., Port Sunlight, England (Erfinder: David Dutton Penketh), **Reinigen von Gemischen aus Seife und Fettsäureaminomethansulfonaten** durch Kochen mit W., Zugabe von Salz u. Absitzenlassen in analoger Weise wie beim Aussalzprozeß von Kernseife. (**E. P. 850 355** vom 29/5. 1958, ausg. 5/10. 1960.)
C. LÜTTGEN. 7911

Thomas Hedley & Co. Ltd. (Erfinder: Peter Brocklehurst, Newcastle-upon-Tyne, und Peter John Pengilly, Stocksfield), Northhumberland, England, **Waschmittel und Bleichmittel,** gek. durch den Geh. einer Peroxybenzoesäure (**I**), die am Bzl.-Kern durch eine oder mehrere Nitro-, Chlor-, Cyan-, niedrigmol. Alkyl- u./oder Alkoxygruppen substituiert ist, wobei die Substitution derart ist, daß die substituierte **I** einen F. von $\geqq 50^0$ besitzt, z. B. 4-Nitro-, 2-Chlor-, 4-Methyl-, 4-Methoxy-, 3-Chlor-, 4-Isopropyl- u. 4-Chlor-**I**. Die **I** können im Waschmittel in Form von Tabletten vorliegen. (**D. A. S. 1 105 092** Kl. 23e vom 30/1. 1960, ausg. 20/4. 1961. E. Prior. 11/2. u. 2/10. 1959.)
C. LÜTTGEN. 7913

Rohm & Haas Co., übert. von: Peter L. de Benneville und Homer J. Sims, Philadelphia, Pa., V.St.A., **Oberflächenaktive Acetale und Formale** der allg. Formel $R_1A-CH(R_2)H-(OCH_2CH_2)_nOR_3$ (**I**) erhält man bei der Rk. von Verbb. der allg. Formel $R_1AC(R_2)HX$ mit Verbb. der Formel $R_3O(CH_2CH_2O)_nH$, wobei X = Cl oder Br, in Ggw. eines stark alkal. Neutralisationsmittels, bei 40—100°. Man kann auch Verbb. der Formel $R_1ACH{=}CH_2$ mit $R_3O(CH_2CH_2O)_nH$ in Ggw. saurer Katalysatoren umsetzen. — 15 (Teile) gepulvertes KOH werden mit 121 $CH_3O(CH_2CH_2O)_9H$ u. 58,6 Chlormethyllaurylläther versetzt, wobei die Temp. auf etwa 54° gehalten wird. Man erhitzt auf 75° u. filtriert in der Wärme. Das Filtrat bildet 2 Schichten, die untere stellt *Dodecyloxymethoxynonatrisäthylenoxymethan* dar. In gleicher Weise erhält man: $C_{12}H_{25}OCH_2O(CH_2CH_2O)_{15}CH_3$; $C_{12}H_{25}OCH_2O(CH_2CH_2O)_{20}CH_3$; $C_{18}H_{37}OCH_2O(CH_2CH_2O)_{50}C_4H_9$. — Es werden ferner hergestellt: *1-[Dodecyloxy]-1-[methoxynonatrisäthylenoxy]-äthan*; $C_3H_7OCH(CH_3)\cdot O(CH_2CH_2O)_2$; $C_9H_{19}OCH(CH_3)O(CH_2CH_2O)_5C_2H_5$; $C_{10}H_{21}SCH_2O(CH_2CH_2O)_{12}CH_3$; *1-[Dodecyloxy]-1-[methoxynonatrisäthylenoxy]-äthan*; $C_{18}H_{37}SCH(CH_3)O(CH_2CH_2O)_{44}C_3H_7$; $C_{16}H_{33}OCH(CH_3)O(CH_2CH_2O)_{36}C_2H_5$; $C_{14}H_{29}OCH(CH_3)O(CH_2CH_2O)_{30}CH_3$; *1-[Hexadecyloxy]-1-[methoxynonatrisäthylenoxy]-äthan*; $C_{10}H_{21}OCH(CH_3)O(CH_2CH_2O)_{24}CH_3$; $C_3H_7OCH\cdot(CH_3)O(CH_2CH_2O)_{18}C_2H_5$; $C_{11}H_{23}OCH(CH_3)O(CH_2CH_2O)_{16}C_2H_5$; *Dodecylmercaptomethoxynonatrisäthylenoxymethan*; $C_{13}H_{33}OCH(CH_3)O(CH_2CH_2O)_{12}CH_3$; $C_{14}H_{29}SCH_2O(CH_2\cdot CH_2O)_{44}CH_3$ u. $C_{13}H_{27}SCH_2O(CH_2CH_2O)_{33}C_2H_5$. (**A. P. 2 905 719** vom 24/9. 1957, ausg. 22/9. 1959.)
G. KÖNIG. 7913

Rohm & Haas Co., übert. von: Peter L. de Benneville und Homer J. Sims, Philadelphia, Pa., V.St.A., **Oberflächenaktive Acetale und Formale** der Formel $R_1ACH(R_2)H(OCH_2CH_2)_nAZ$ erhält man bei der Rk. einer Verb. der Formel $R_1AC(R_2)HX$ mit $ZA(CH_2CH_2O)_nH$ in Ggw. eines starken anorgan. Neutralisationsmittels bei 40—100°. In den Formeln bedeuten R_1 eine Alkylgruppe mit 8—18 C, R_2 = H oder eine Methylgruppe, A ist ein Chalkogen mit einem Atomgewicht von 16—32, n ist eine ganze Zahl von 6—50 u. Z eine Alkyl- oder Alkenylgruppe mit 8—18 C oder eine Alkylphenylgruppe, wobei die Alkylgruppe 8—24 C enthält. — Es werden hergestellt: *Dodecyloxytert.-octylphenoxynonatrisäthylenoxymethan*; *1-[Dodecyloxy]-1-[octadecenyloxydodekatrisäthylenoxy]-äthan*; *tert.-Dodecylthiododekatrisäthylenoxymethyldodecylsulfid*; *-1-Dodecyloxy-1-*

[*octoxyhexatrisäthylenoxy*]-*äthan*; ferner $C_8H_{17}OCH_2O(CH_2CH_2O)_{25}C_6H_3(C_9H_{19})_2$; $C_{18}H_{37}\cdot OCH_2O(CH_2CH_2O)_{50}C_6H_3(C_{12}H_{25})_2$; $C_8H_{17}O(CH_2CH_2O)_6CH_2OC_8H_{17}$; $C_{18}H_{37}OCH_2O(CH_2\cdot CH_2O)_{50}C_8H_{17}$; $C_{18}H_{37}OCH_2O(CH_2CH_2O)_{12}C_{18}H_{37}$; *tert.*-$C_{12}H_{25}SCH_2O(CH_2CH_2O)_{20}C_{14}H_{29}$; *tert.*-$C_{18}H_{37}OCH_2O(CH_2CH_2O)_{49}CH_2CH_2SC_{18}H_{37}$; $C_{18}H_{37}OCH(CH_3)(OCH_2CH_2)_{36}SC_{12}H_{25}$; $C_{12}H_{25}OCH(CH_3)O(CH_2CH_2O)_9C_6H_4C_9H_{19}$. (**A. P. 2 905 720** vom 24/9. 1957, ausg. 22/9. 1959.) G. KÖNIG. 7913

Handser Trust, Vaduz, Liechtenstein (Erfinder: Edouard Benhamou), **Wässeriges Fleckentfernungsmittel,** bestehend aus Na_2CO_3, Na_3PO_4, Metasilicaten u. Polyphosphaten, Petrolatum (I) u./oder Perubalsam, Seife, Fettalkoholen oder -amiden u. Glycerin oder Äthanolamin, z. B. 50 (g) Na_3PO_4, 10 Stearinsäureamid, 6 **I**, 40 Triäthanolamin u. 894 Wasser. (**E. P. 839 776** vom 25/4. 1957, ausg. 29/6. 1960.) C. LÜTTGEN. 7917

British Glues & Chemicals Ltd., Garden City, übert. von: **Israel Harris Chayen,** London, England, *Extraktion von Fett aus fettstoffhaltigem Rohmaterial.* (**A. P. 2 773 082** vom 13/2. 1953, ausg. 4/12. 1956. — C. **1960.** 335 [Oe. P. 190 614].)

Établissements Fournier-Ferrier (Erfinder: **P. Meckes**), Marseille, Frankreich, *Fraktionieren von Ölen und Fetten durch Kristallisation.* (**Belg. P. 549 169** vom 30/6. 1956, ausg. 20/11. 1959. F. Prior. 26/6. 1956. — C. **1960.** 13227 [F. P. 1 151 871].)

E. F. Drew & Co., Inc., übert. von: **George Barsky,** New York, N.Y., und **Vigen K. Babayan,** Livingston, N.J., V.St.A., *Herstellung eines nicht substituierten Mono-alkyl-Glucosid-Fettsäureester-Präparates für Lebensmittel.* (**A. P. 2 886 438** vom 8/6. 1954, ausg. 12/5. 1959. — C. **1960.** 6010 [D. A. S. 1 068 542].)

General Mills, Inc., Minneapolis, Minn., V.St.A., *Reinigen von Fettsäuren durch Destillation.* (**D. A. S. 1 088 649** Kl. 23d vom 13/11. 1957, ausg. 8/9. 1960. A. Prior. 19/11. 1956. — C. **1960.** 12540 [A. P. 2 876 174].)

Hans S. Mannheimer und **John Joseph McCabe,** *Reinigungsmittel.* (**Aust. P. 222 080** vom 22/3. 1956, ausg. 9/7. 1959. — C. **1958.** 2306 [A. P. 2 781 377].)

Henkel & Cie. G. m. b. H., Düsseldorf (Erfinder: **Walter Fries,** Erkrath, und **Herbert Sinner,** Düsseldorf), *Bleichendes Waschmittel.* (**Schwz. P. 347 930** vom 15/5. 1956, ausg. 15/9. 1960. D. Prior. 13/7., 3/12. u. 15/12. 1955. — C. **1960.** 17653 [Belg. P. 548 015].)

Chemische Fabrik Budenheim Akt.-Ges., Mainz, *Saures Reinigungsmittel.* (**Schwed. P. 157 208** vom 6/9. 1951, ausg. 11/12. 1956. D. Prior. 7/9. 1950. — C. **1955.** 4730 [E. P. 712 327].)

Scottish Oils Ltd., Glasgow (Erfinder: **Daniel Stewart,** Uphall, Broxburn, England), *Wasch- und Reinigungsmittel.* (**D. A. S. 1 097 607** Kl. 23e vom 4/4. 1957, ausg. 19/1. 1961. E. Prior. 6/4. 1956. — C. **1960.** 7719 [E. P. 805 741].)

Henkel & Cie. G. m. b. H., Düsseldorf, *Schaumbildung verhindernde Zusätze für nichtionogene oberflächenaktive Verbindungen enthaltende Mittel und Reinigungsbäder.* (**E. P. 830 875** vom 10/4. 1958, ausg. 23/3. 1960. D. Prior. 12/4. 1957. — C. **1960.** 15519 [Oe. P. 207 368].)

Farbwerke Hoechst Akt.-Ges., vormals Meister Lucius & Brüning (Erfinder: **Erich Berthold, Guido von Rosenberg, Walter Brotz** und **Heinz Eckhardt**), *Wertvolle Produkte aus Montanwachs.* (**Aust. P. 215 908** vom 23/4. 1957, ausg. 24/7. 1958. D. Prior. 26/4. 1956. — C. **1960.** 9085 [Oe. P. 199 776].)

Badische Anilin- & Soda-Fabrik Akt.-Ges. (Erfinder: **Emil Finck**), Ludwigshafen/Rh., *Herstellung von harten, hellfarbigen Esterwachsen.* (**D. B. P. 974 500** Kl. 12o vom 28/3. 1953, ausg. 19/1. 1961. Anmeldung bekanntgemacht 28/7. 1955. — C. **1960.** 4689 [Schwz. P. 331 201].)

XVIIIa. Holz. Cellulose. Zellstoff. Papier. Papierdruck. Celluloid. Linoleum

Über die Bindung der Cellulose an ihre Begleitstoffe im Pflanzengewebe. B. I. Stepanow, A. I. Skrigan, A. M. Schischko und R. G. Shbankow. (Доклады Академии Наук СССР [Ber. Akad. Wiss. UdSSR] **135.** 624—26. 21/11. 1960. Inst. für Physik u. Inst. für physikal.-organ. Chem. der Akad. der Wiss. der WeißrussSSR.) (Russ.)

Wird bei Alkaliaufschluß von Holz NaOD benutzt, so wird ein Teil der OH-Gruppen der *Cellulose* (**I**) durch OD-Gruppen ersetzt. Aus dem Aufbau der IR-Spektren von Deuteriumcellulose aus verschiedenen Ausgangsmaterialien schließen Vff., daß vorliegende OD-Gruppen durch 2 verschiedene Rk.-Mechanismen gebildet sind. Auch sprechen Tatsachen dafür, daß zwischen dem 6. C-Atom der **I** u. ihren Begleitern im Holzkomplex eine chem. Bindung existiert. Bei Flachs-**I** wird ebenfalls eine Bindung zwischen der **I** u. anderen pflanzlichen Komponenten angenommen. M. ULMANN. 7954 □

Sulfataufschluß von Eucalyptus bei wechselndem Schwefelgehalt. José Orihuela Aguila. (Ion [Madrid] **21.** 1—3. 48. Jan. 1961. Papelera de San Jorge, Játiva.) (Span.)

Für den Aufschluß des Holzes von *Eucalyptus globulus* in Spanien mit mehr als 50% Zellstoffausbeute wird vorgeschlagen: Verw. einer Kochlauge mit einem Geh. von 15% Natronlauge (als Na_2O berechnet) u. 3,2% Natriumsulfid (als Na_2O berechnet, entsprechend ca. 4% Na_2S) u. in einer Menge vom 4fachen des Holzes; als Arbeitsbedingungen Höchstdruck von 7 at, eine Anheizzeit von 2½ Std. u. eine Einw.-Zeit des Höchstdrucks während ¾ Std., bei 2maligem Abblasen der flüchtigen Verbindungen. M. HAGEDORN. 7960 □

Natriumsulfitabsäure als Aufschlußlösung bei der Sulfatzellstoffherstellung. Nils V. Mannbro. (Pulp Paper Mag. Canada **62.** Nr. 2. T 66—T 74. Febr. 1961.) (Engl.)

Der Vf. berichtet über ein neues Aufschluß-Verf., den „Silfat-Prozeß", bei dem die im Sulfat-Verf. anfallende Schmelze nicht wie üblich in W., sondern in Na-Sulfitabsäure gelöst wird. Diese Lsg. wird anschließend in bekannter Weise kaustifiziert u. als Weißlauge bei der nächsten Kochung eingesetzt. Ergebnisse einer Silfatkochung von Kiefer (pinus sylvestris) im Labor. zeigten, daß der bei dieser Arbeitsweise erhaltene Zellstoff gut aufgeschlossen u. besser bleichbar ist als vergleichbare Kraftzellstoffe.
F. LANG. 7960□

Nitrierung als analytisches Werkzeug beim Studium der Holzzellstoffe. 7. Mitt. Einige Gesichtspunkte zum Lignin–Kohlenhydrat-Komplex, die sich auf Sulfitkochungen gründen. Ø. Ellefsen. (Norsk Skogind. **14.** 105—12. März 1960. Oslo, Norwegian Pulp and Paper Res. Inst.) (Engl.) — 6. vgl. C. **1957.** 5734.

Um die Vorgänge in den allerersten Stadien der Sulfitkochung aufzuklären, wird ein mit Ammoniumsulfitkochlauge arbeitendes Druckaufschluß-Verf. angewendet, welches exakte Kochzeiten von 20 Min. bis 60 Std. einzustellen erlaubt. Aus den Ausbeuten, dem analyt. Befund u. aus den Ergebnissen der Nitrierung der Aufschlußproben ergibt sich, daß nach Herauslösen von ca. 43% des Gesamtlignins bei Tanne qual. u. quant. eine Änderung im Aufschlußbild eintritt. Daraus wird gefolgert, daß Lignin in zwei, verschieden leicht zugänglichen Formen vorliegt; anscheinend bilden ca. 42% des Gesamtlignins u. ca. 53% aller Hemicellulosen zusammen eine Art Schutzmantel, nach dessen Entfernung die reine Cellulose freigelegt wird.
M. HAGEDORN. 7962□

Die Ausbreitungsgeschwindigkeit von Eis in den Fraktionen von Sulfitabsäure. E. Penner und P. Robillard. (Pulp Paper Mag. Canada **62.** Nr. 2. T 55—T 57. Febr. 1961. Ottawa, Ontario, Canada, Nat. Res. Council.) (Engl.)

Das Begießen von frostgefährdetem Erdreich mit Sulfitabsäure zum Zweck der Vermeidung von Frostaufbrüchen setzt sich in der Praxis mehr u. mehr durch. Die Vff. untersuchten den Mechanismus dieser Wrkg. von Sulfitabsäuren. Sie stellten fest, daß keine Substanzen mit spezif. Wrkg. gegen Auffrieren vorhanden sind, jede Fraktion der Absäure ist entsprechend ihrem Gewichtsanteil wirksam. F. LANG. 7962□

Herstellung von halbchemischem Zellstoff aus ausgelaugten Eichenspänen. Anton Donat. (Гласник Хемиског Друштва Београд [Ber. chem. Ges. Belgrad] **21.** 309—20. 1956. Zellstoffabrik Prijedor.)

Beim Kochen von extrahierten Eichenspänen im neutralen Verf. mit Na_2SO_3 (8—48%) u. $NaHCO_3$ (3—12%) mit 2½—5std. Kochdauer bei 165—170° wird Halbstoff in 61—74,5% Ausbeute erhalten. Die Eigg. sind bei den höher konz. Lsgg. besser. Für Wellpappe geeignete Ware wird mit den Konzz. 20—32 bzw. 6% erhalten.
R. K. MÜLLER. 7964

Einfluß der Vorbehandlung des Holzes auf die Ausbeute und die Eigenschaften von Dioxanlignin. 2. Mitt. M.M. Tschotschijewa und N. I. Nikitin. (Журнал Прикладной Химии [J. angew. Chem.] **32.** 613—16. März 1959.) — 1. vgl. C. **1959.** 2651.

Wird Holz der Eiche vor der Extraktion mit Dioxan (+ Säure-Katalysator) mit 4%ig. Alkali behandelt oder der Einw. des Pilzes Polyporus sulphureus ausgesetzt, so erhält man keine höheren Ausbeuten (14,7—15,2%) an *Dioxanlignin* (**I**), jedoch enthalten diese Präpp. weniger Hemicellulosen (**II**) als ohne Vorbehandlung. Ein an **II** fast freies **I** (95,9%) erhielten Vff., falls das durch pilzliche Einw. geschädigte u. fein vermahlene Eichenholz ohne Säurekatalysator mit Dioxan extrahiert wurde. Auf 96—97% **I** kamen nur 3—4% **II.** Diese Präpp. lösten sich zur Hälfte in heißem Wasser.
M. ULMANN. 7966□

Zur Theorie der Ermittelung von optimalen Verhältnissen der Perkolationshydrolyse. I. I. Korolkow und Je. F. Lichonoss. (Гидролизная и Лесохимическая Промышленность [Hydrolysen- u. Holzchem. Ind.] **13.** Nr. 8. 3—6. 1960. Forschungsinst. für die Hydrolysen- u. Alkohol-Ind.) (Russ.) — Vgl. C. **1959.** 4998.

Es wird eingehend auf die Unterteilung des Perkolationsprozesses in einzelne Perioden u. auf Zusammenhänge der verschiedenen Kriterien der Hydrolyse eingegangen, aus denen sich optimale Bedingungen für die Perkolationshydrolyse ableiten lassen. Bes. wird auf die Abhängigkeit der Zuckerausbeute vom Hydromodul des Hydrolysataustrages hingewiesen. M. ULMANN. 7968□

Der Einfluß von Lösungsmittel und Katalysator auf die Viscosität von Celluloseestern. Carl J. Malm, Leo J. Tanghe und R. E. Glegg. (Ind. Engng. Chem., int. Edit. **51.** 1483—86. Dez. 1959. Rochester, N.Y., Eastman Kodak Co., Cellulose Technology, Div.) (Engl.)

Es wird der Einfl. verschiedener Mischungen organ. Lsgm., Acetanhydrid u. Säurekatalysatoren auf die Veresterung der Hydroxylgruppen u. die Spaltung der Celluloseketten untersucht, wobei zur Vermeidung von heterogenen Syst. ein teilweise verestertes Celluloseausgangsmaterial verwendet wird. Als Katalysatoren dienten Methansulfonsäure, Sulfoessigsäure u. Dimethylsulfat, die in ihrer Wrkg. mit Perchlorsäure verglichen wurden. Zur Best. des Grades der Kettenspaltung dienten die Viscositätsänderungen. R. SCHÖLLHORN. 7970□

Polarisationsoptische Untersuchungen der Prozesse der plastischen Deformation mit Hilfe von Lösungen und Gelen von Äthylcellulose. D. N. Ossokina, M. W. Gsowski, G. W. Winogradow und W. P. Pawlow. (Коллоидный Журнал [Kolloid-J.] **22.** 434—42. Juli/Aug. 1960. Moskau, Schmidt-Inst. für Physik der Erde.) (Russ.; Auszug: Engl.)

Lsgg. von *Äthylcellulose* (I) in Benzylalkohol (10—35%) ähneln in ihren mechan. Eigg. hochviscosen nicht-NEWTONschen Fll. u. zeigen eine fast lineare Abhängigkeit der Doppelbrechung von Schubspannung u. Deformations-Geschw., wie Vff. mit Hilfe eines näher beschriebenen Photoplastoviscosimeters finden. Bei Zugabe von *Dibutylphthalat* zur I-Lsg. hat man ein plast., strukturiertes Syst. u. die genannte Linearität liegt nicht mehr vor. Der Koeff. der opt. Aktivität ist mit $5 \cdot 10^4 - 7 \cdot 10^4$ Brewster unter den angegebenen Vers.-Bedingungen prakt. unabhängig von der I-Konz. u. liegt höher als bei anderen bisher bekannten opt. akt. Materialien. M. ULMANN. 7970□

Lösungswärme von konzentrierten und verdünnten Lösungen von Aluminiumsulfat zur Papierherstellung. N. O. Smith. (J. appl. Chem. **10.** 145—48. April 1960. Everett, Mass., USA, Monsanto Chemical Co.) (Engl.)

Bei der Auflösung von $Al_2(SO_4)_3$ (I)$\cdot$14 H_2O wurde bei konz. u. verd. Lsgg. eine positive Wärmetönung gefunden. Die Lösungswärme je g I ist annähernd konst., wenn mehr als 30 g W. zugegeben werden. Auch bei der Verdünnung wurde Wärme abgegeben. Die gefundene Wärme bei der Herst. von konz. u. verd. Lsgg. wurde verwendet, um relative teilspezif. Enthalpien von I u. W. bei allen beständigen Konzz. zwischen 25 u. 30° anzugeben. Einige Messungen wurden auch bei 65—70° durchgeführt. Die auftretende Wärme war hier bedeutend geringer. Bei der vollen Hydratation des I wurde ein Aluminiumsulfat der Zus. $Al_2(SO_4)_3 \cdot 16-17\ H_2O$ erhalten u. seine Lösungswärme bei konz. Lsgg. bestimmt, woraus sich die Hydratationswärme bestimmen ließ. Diese beträgt ca. 50% der Lösungswärme. F. ROSENDAHL. 7974□

Fortschritte in der Beurteilung von Druckpapieren. E. Rupp. (Zellstoff u. Papier **9.** 461—66. Dez. 1960. Leipzig, Inst. für graph. Techn.) (Dt.)

An einer Vielzahl von Druckpapieren wurden systemat. Unterss. mit den Meth. der drucktechn. Papierprüfung durchgeführt. Die an die einzelnen Papiere (Zeitungsdruckpapiere, Werkdruckpapiere, Illustrationsdruckpapiere, Offsetdruckpapiere, Tiefdruckpapiere) zu stellenden Forderungen sind in einer Übersicht zusammengefaßt. A. SEUFFERT. 7984□

Einfluß der Konzentration von Indicatoren im Papier auf deren Farbenübergänge. Radovan Konop. (Papír a Celulosa **16.** 33—35. Febr. 1961. Závod V a.é nad Vltavou, Pražske papírny.) (Tschech.)

Das Indicatorpapier (I) $120 \pm 0{,}1$ g/m² wurde aus Qualitäts-Linters, Mahlgrad 18° SR.: α-Cellulose 99,55%, Trocken-Geh. 93,2%, Cu-Zahl 0,28, Bzl.-A.-Extrakt 0,2%, Asche 0,18%, COOH 0,035%, Dicke 0,225 mm, Saughöhe 50 mm, Faserlänge $0{,}67 \pm 0{,}20$ mm hergestellt. Verwendet wurden reinste Indicatoren, CH_3OH, redest. CO_2freies W., Sulfonphthaleine wurden mit 0,1n NaOH in A. neutralisiert. Fünf verschiedene Konzz. der Indicatoren-Lsgg. wurden durch jeweiliges Verdünnen auf die Hälfte hergestellt. Klimatisiertes I 6×11 cm wurde 60 Sek. mit den Indicatoren-Lsgg. imprägniert; nach 30 Sek. wurde das Papier an einer Ecke aus der Lsg. genommen, überschüssige Lsg. abgeschüttelt, an der entgegengesetzten Ecke aufgehängt, staubfrei luftgetrocknet. Nach 24 Std. Klimatisierung wurden mindest 0,5 cm breite Papierränder weggeschnitten, die Papierschnitte 1×2 cm verschlossen, dunkel aufbewahrt. Auf weißes Glas wurden 0,09 ml Puffer-Lsg. gegeben, das I 1×2 cm aufgelegt u. nach 30 Sek. die Färbung beurteilt. Für jedes Papier wurden mit den Puffer-Lsgg. die Grenzen des Umschlagbereiches (pH-Werte) bestimmt. Optimale Bedingungen; auf 100 g (auf trocken berechnet) I entfallen Indicator mg in ml Fl. (Umschlagreich): Phenolphthalein 1504 mg in 61,6 ml (pH 8,5), Bromkresolgrün 159 in 209,2 (3,2—5,7); Thymolblau 601 in 193,9 (7,1—9,9); Chlorphenolrot 746 in 194,2 (4,4—6,8); Bromthymolblau 368 in 183,8 (5,6 bis 8,6); Bromxylenolblau 898 in 210,7 (5,0—8,5). H. DEMUS. 7986□

Wegschlagen von Firnissen und Druckfarben in Papier unter Druckspannung. R. R. Coupe und Baysung Hsu. (J. Oil Colour Chemists' Assoc. **43.** 720—36. Okt. 1960. Leatherhead, Surrey, PATRA House.) (Engl.)

Vff. untersuchten die während des Druckens vorliegenden Beziehungen zwischen Filmdicke u. Wegschlagen von Firnissen u. Druckfarben (Best. des Reflexionsabfalls) einerseits u. der Farbübertragung andererseits. Die Unterss. wurden an einem superkalendrierten Papier u. einem sehr porösen Dickdruckpapier mit je 2 Leinölfirnissen u. 2 Schwarzfarben (Ruß) durchgeführt. Bei dem superkalendrierten Papier nahmen der Grad des Wegschlagens u. der Farbübertragung mit steigender Filmdicke bis zu einem von den Druckbedingungen (Druckspannung u. -zeit) u. der Viscosität der Druckfarbe abhängigen Grenzwert bzw. einem Maximalwert zu. Ein solcher Grenzwert des Wegschlagens bzw. Maximalwert des Farbübergangs konnten bei dem stark porösen Papiertyp nicht beobaahtet werden. Erörterung u. theoret. Deutung der Ergebnisse.
H. SONTAG. 7988□

Benetzungsprobleme bei Druckfarben. S. Rühle und I. Beulich. (Plaste u. Kautschuk **7.** 527—29. Okt. 1960. Coswig, VEB Lack- u. Druckfarbenfabrik, Forschungsstelle für Druckfarben.) (Dt.)
Vff. untersuchten den Einfl. der Verw. grenzflächenakt. Stoffe auf die Wechselwrkg. zwischen Pigment u. Bindemittel in Druckfarben: die Vorbenetzung der Pigmente erwies sich in ihrer Wrkg. auf die drucktechn. Eigg. der mit solchen Pigmenten hergestellten Druckfarben als abhängig von der Konz. der zugesetzten grenzflächenakt. Stoffe, dem Zeitpunkt der Zugabe (vor, während oder nach der Verlackung) u. der Natur des Pigments. Hinsichtlich des Einsatzes grenzflächenakt. Stoffe im FLUSH-Prozeß wurde auf Grund experimenteller Unterss. erkannt, daß der Zusatz solcher Verbb. zu dem Bindemittel die Umnetzung allg. in stärkerem Maß begünstigt (23 von 44 Verbb.) als der Zusatz zu dem Wasserteig (6 von 44 Verbb.). Ferner wird am Beispiel von Tonerdehydrat der Umnetzungsvorgang physikal.-chem. untersucht. Die so gewonnenen Erkenntnisse werden auf Spezialgebiete der Druckfarben-Herst. (Zusatz grenzflächenakt. Stoffe zu Pigmentanreibungen sowie zu lösungsmittelhaltigen Harzfirnissen) übertragen. H. SONTAG. 7990□

Eine neue Methode zum Nachweis und die Bestimmung der Eindringtiefe des Bors in mit Borat behandeltem Holz. R. Cockcroft. (Holzforschung **14.** 117—19. Okt. 1960. Princes Risborough, England, Forest Products Res. Labor.) (Engl.)
Mit dem neuen Polyvinylalkohol–Jod-Test kann man einfach u. schnell Borat bis zu einer Mindestmenge von 2,40 kg/m^3 Holz, Borat berechnet als Borsäure, ohne vorherige Trocknung nachweisen. Wo die Bor-Verb. eingedrungen ist, entsteht eine dunkelblaue oder blaugrüne Färbung. Der Test hat gegenüber der Kurkuma-Meth. Vorteile. J. ARNDT. 8004□

Hawaiian Sugar Planters' Association, Hawaii, und Crown Zellerbach Corp., V.St.A. (Erfinder: James D. Wethern und Henry A. Captein), **Herstellung von Druckpapier** aus Zuckerrohrbagasse durch Behandlung mit einer wss. Lsg. eines Sulfits, z. B. Na_2SO_3, $MgSO_3$, $(NH_4)_2SO_3$, bei pH 7—10 u. 65° bis Kochtemperatur. — 225 kg von Mark befreite Bagasse wird mit einer Koch-Fl., welche 3% Na_2SO_3 u. 0,2 Tripolyphosphat enthält, innerhalb 10 Min. auf 93° indirekt erhitzt, danach 15 Min. bei 93° gehalten, u. dann abgetropft; pH-Wert der Fl. 7,6. Es wird mit warmem W. gewaschen u. gemahlen. (**F. P. 1 198 553** vom 24/1. 1958, ausg. 8/12. 1959. A. Prior. 1/2. 1957.) M. F. MÜLLER. 7975

S. D. Warren Co., Boston, Mass. (Erfinder: Tyrrell Hawley Werner, Westbrook, William Hynes Marra, Portland, und Warren Bertrand Gilman, Gorham, Maine), V.St.A., **Herstellung von Papier unter Zusatz von leimenden Mitteln und mineralischen Füllstoffen zum Papierstoff,** dad. gek., daß man als leimendes Mittel ein wasserabstoßendes dimeres Keten (KW-Stoffrest mit 6—20 C-Atomen) verwendet, mit dessen wss. Dispersion man die fein verteilten mineral. Füllstoffteilchen ($CaCO_3$) mindestens teilweise überzieht u. letztere dann mit der Zellstoffsuspension gut mischt. Der mit dem Keten überzogene Füllstoff kann vor dem Eintragen in den Stoff noch mit einer wss. Dispersion von Mannogalactan behandelt werden, das am Füllstoff haftet. — Beispiele. — Vgl. E. P. 778 791; C. **1959.** 660. (**Schwz. P. 349 155** vom 11/8. 1955, ausg. 15/11. 1960. A. Prior. 11/8. 1954.) G. VOGEL. 7979

Badische Anilin- & Soda-Fabrik Akt.-Ges. (Erfinder: Hans Günter Luchtenberg, Hans Wilhelm, Franz Poschmann und Karl Dachs), Ludwigshafen/Rh., **Hilfsmittel zur Papierveredelung.** Wss. Dispersionen, die in W. lösl. Mischpolymerisate aus ungesätt. Carbonsäureamiden, die in W. bis zur Erhöhung des K-Wertes erhitzt wurden, als Dispergiermittel enthalten, werden zur Papierveredelung im Holländer zugesetzt oder auf Papier aufgebracht. Dispersionsbestandteile: Paraffine, Bitumen, Wachse, Phenolharze, Harnstoff- u. Melaminharze, Kolophonium, Polymerisate aus Vinyl-, Acryl- u. Methacrylsäure-Derivv., Polyamide, Kondens.-Prodd. aus Dicarbonsäuren u. mehrwertigen Alkoholen. (**D. A. S. 1 090 079** Kl. 55f vom 10/7. 1958, ausg. 29/9. 1960.) P. MAYER. 7987

W. S. Hodgkinson & Co. Ltd., England, **Herstellung von mit Kunstharz imprägniertem Papier.** Der Papiermasse werden vor dem Formen der Papierbahn die harzbildenden Komponenten in unlösl. Form zugesetzt, z. B. in Form von Melamin u. Paraformaldehyd oder eines Vorkondens.-Prod. aus den beiden Komponenten. — 114 (kg) lufttrockner Papierstoff wird mit 168 Melamin, 40 Paraformaldehyd, 44 TiO_2, 7,5 oxydierter Stärke, 12 Al-Sulfat zu einer Paste gemischt, die unter Warmpressen zu einer Papierbahn verarbeitet wird. — Der Formaldehyd kann auch in Form von Hexamethylentetramin zugegeben werden. (**F. P. 1 200 319** vom 2/4. 1958, ausg. 21/12. 1959. E. Prior. 2/4. u. 13/9. 1957.) M. F. MÜLLER. 7987

M. W. Kellogg Co., V.St.A. (Erfinder: Lamar E. Long), **Herstellung von widerstandsfähigen Überzügen auf Stahldruckplatten.** Die Platten werden entfettet u. mit einem Sandstrahl von Verunreinigungen befreit. Danach wird die Druckschicht aufgebracht. Sie wird hergestellt durch Mischen von 2880 g einer Dispersion von Polychlortrifluoräthylen (I; enthaltend 40 Gew.-% I, dispergiert in einem Gemisch aus gleichen Mengen Xylol u. Diisobutylketon) mit 288 g gefrittetem CoO (enthaltend 73,5% CoO). Es wird 4 Std. gemahlen, worauf 432 g Xylol zugefügt werden. Das Gemisch wird mit einer Spritzpistole auf die Stahlplatten aufgespritzt u. an der Luft getrocknet. Auf die Druckschicht werden 6 weitere Schichten einer Dispersion von I aufgespritzt. Nach partiellem Trocknen an der Luft wird jedesmal die Schicht 45 Min. auf 260° erhitzt. Die 7. Schicht wird 5 Std. u. 45 Min. auf 260° erhitzt. Anschließend wird die Platte in W. abgekühlt. Die totale Dicke der Druckschicht beträgt 0,1 mm u. die der Polychlortrifluoräthylenschicht 0,254 mm. Sie ist widerstandsfähig gegen Wasserdampf von 115°, gegen Hitze von 149° (ca. 100 Std.). — Die polymeren Perfluorhalogenolefine haben ein Molgew. über 50000. Als gefrittete Metalloxyde kommen weiterhin in Betracht: Co_2O_3, Co_3O_4, MnO, Mn_3O_4, Mn_2O_7, MnO_2, NiO, Ni_2O_3, Ni_3O_4, NiO_2, NiO_4, Sb_2O_3, Sb_2O_4, Sb_2O_5. (**F. P. 1 198 944** vom 19/2. 1958, ausg. 10/12. 1959. A. Prior. 25/2. 1957.) M. F. MÜLLER. 7989

National Cash Register Co. (Erfinder: Lowell Schleicher und Charles S. Baugham), **Farbe für Magnetdruckverfahren,** bestehend aus einer Suspension mkr. kleiner Kapseln, deren Inhalt aus einer nichtpolaren öligen Fl., *schwarzem magnet. Eisenoxyd,* ggf. Pigmenten u. Weichmachern besteht u. die durch Druck zerstört u. farbakt. werden. — Ein Ansatz aus Trichlordiphenyl, Fe_2O_3, Olein, Zn-Stearat u. Dioctylphthalat wird in einer wss. Gelatine-Lsg. dispergiert, dann mit einer Gummi arabicum-Lsg. bei pH 4,7 mit einer wss. 37%ig. CH_2O-Lsg. vermischt, wodurch die disperse Phase mit einem Gelatinefilm umhüllt wird. (**Aust. P. 221 827** vom 13/12. 1957, ausg. 25/6. 1959. A. Prior. 30/1. 1957.) H. MÖLLERING. 7991

Crown Zellerbach Corp. (Erfinder: Glengarry D. King), **Dauerhafte und wetterfeste Deckschichten für Holz- und Papptafeln,** bestehend aus einem Gemisch von Cellulosefasern u. einem fl., in der Hitze härtenden, hochmol., alkal., wasserlösl. Phenolaldehydharz [beispielsweise Zus.: 25 (lbs. krist. Phenol, 15 Paraformaldehyd, 1 lb. 5 oz. NaOH, 31 lbs. 3 oz. W.], das auf einer Papiermaschine zu dünnen Platten verarbeitet u. auf das zu schützende Material, z. B. auf *Sperrholz,* in der Hitze u. unter Druck, z. B. bei 270—320° F u. 150—200 lbs./sq.in., aufgebracht wird. — Zeichnungen. (**Aust. P. 221 147** vom 13/6. 1957, ausg. 7/5. 1959.) K. DEMMLER. 7993

Pacific Lumber Co., San Francisco, übert. von: William G. Van Beckum, San Mateo, und Robert W. Miller, Scotia, Calif., V.St.A., **Gewinnung des Korkanteils von Borke,** bes. der Douglasfichte, erfolgt dadurch, daß die zerkleinerte Borke kurzzeitig — ca. 2 Min. — unter Druck gedämpft wird, dann der Druck plötzlich aufgehoben u. das gedämpfte Material, das nunmehr aus einzelnen schmalen Faserbündeln u. Korkteilen besteht, klassifiziert wird. (**A. P. 2 926 115** vom 30/8. 1956, ausg. 23/2. 1960.) K. WOLK. 7998

Inventa Akt.-Ges. für Forschung und Patentverwertung, Luzern, Schweiz, *Gewinnung von Phenolen aus Sulfitablaugen.* (**Ind. P. 49 692** vom 6/6. 1953, ausg. 18/1. 1955. — C. **1956.** 3181 [Schwz. P. 305 712].)

Carborundum Co., Niagara Falls, N.Y., V.St.A., *Träger für wasserfestes Schmirgelpapier.* (**Ind. P. 49 700** vom 8/6. 1953, ausg. 26/7. 1954. — C. **1950/54.** 2191 S [F. P. 1 079 330].)

Columbia Ribbon & Carbon Mfg. Co., Inc., Glen Cove, N.Y., V.St.A., *Flachdruckplatte.* (**Norw. P. 90 189** vom 14/8. 1954, ausg. 21/10. 1957. A. Prior. 16/9. 1953. — C. **1960.** 15263 [Oe. P. 199 204].)

XVIIIb. Textilfasern

Spinnen synthetischer Fasern aus der Schmelze. Marceli Łączkowski. (Przegląd włókienniczy **14.** 144—46. März 1960.) (Pol.)

Übersicht über die Theorie des Schmelzens, Fließens, der Orientierung u. der Kristallisation von faserbildenden Polymeren. F. URBAN. 8080□

Die Untersuchungen an doppeltorientierten Polymeren im polarisierten Infrarot-Licht. Stefania Siewierska. (Prace Inst. Włókiennictwa **10.** Nr. 2. 44—51. 1960.) (Pol.)

Es wird die Möglichkeit der Verw. des dichroit. Verhältnisses der charakterist. Schwingungen der Bindungen C=O, N—H u. O—H in Faserpolymeren zur Best. der räumlichen Lage dieser Bindungen auch in amorphen Bereichen diskutiert. F. URBAN. 8080□

Die spektrochemischen Infrarot-Untersuchungen an den charakteristischen Gruppen und Querbindungen in der Stylon-Faser. Danuta Kuźnicka-Rydzewska. (Prace Inst. Włókiennictwa **10.** Nr. 2. 34—43. 1960.) (Pol.)

Im IR-Spektrum von Polycaprolactamfolien werden im Gebiet der charakterist. N—H-Schwingungen 3 Banden beobachtet: Die Bande 2,9 μ gehört zu dem schwächsten intermol. H-Brückentyp, die Bande 2,98 μ entspricht der Schwingung der intermol. H-Brückenbindung zwischen den trans-gelegenen CO- u. NH-Gruppen. Die Bande 3,09 μ gehört zur intramol. H-Brückenbindung. Alle Polyamidtypen enthalten alle 3 H-Brückenarten. Bei stärker krist. Proben ist der intramol. Typ besser ausgeprägt, bei amorphen überwiegt die Bande 2,98 μ. F. URBAN. 8080□

Schnellbestimmung der Anschmutzbarkeit von Fasermaterial und einige Anwendungsbeispiele aus der Teppichfaser-Entwicklung. P. Weber und J. König. (Chemiefasern **11.** 102—06. Febr. 1961.) (Dt.)

Wichtig ist zu klären, welche Faktoren für die Anschmutzbarkeit von Fasern bzw. Teppichen verantwortlich sind. Es werden bereits vorliegende Veröffentlichungen zitiert, die sich mit den Gründen u. der Messung der Anschmutzbarkeit beschäftigen, aus denen die Faktoren, faserbedingte u. nichtfaserbedingte, die die Anschmutzung bestimmen, zusammengestellt werden. Eine von den Vff. ausgearbeitete Schnell-Meth., die beschrieben wird, benötigt zum klaren Erkennen des durch die Faser-Eigg. bedingten Anschmutz-Verh. Fasermengen von 5—10 g, u. eine Aussage ist nach wenigen Std. möglich. L. JENTGEN. 8096□

Über die röntgenographische Bestimmung der Orientierung der Kristallitenachsen der Polycaprolactamfasern (Nylon 6, Perlon L). G. W. Urbánczyk. (Przegląd włókienniczy **14.** 456—58. Sept. 1960.) (Pol.)

Es wird bewiesen, daß die Messung des mittleren Orientierungswinkels τ der Kristallitachsen in Polycaprolactamfasern nach der Schrägwinkel-Meth. durch die leichtere Meth. der rechtwinkligen Röntgenogrammaufnahme nach POLANYI ersetzt werden kann. τ wird mit Hilfe der Reflexe der paratropen Ebenen (2 0 0) u. (0 2 0) des rechtwinkligen Röntgenogramms errechnet. Die Übereinstimmung von τ nach beiden Meth. ist. bes. im Dehnungsbereich 375—450% gut. F. URBAN. 8116□

Zschimmer & Schwarz, Oberlahnstein (Erfinder: Erich Heinisch, Koblenz, und Maximilian Hussong, Oberlahnstein), **Reiß- und scheuerfeste, knitterfreie Textilausrüstung,** bes. von *Cellulose.* Man verwendet in üblicher Weise CH_2O-Kondensate von (modifiziertem) *Harnstoff, Melamin, Dicyandiamid* oder *Guanidin* im Gemisch mit aus Harnstoff u. Monoalkylolaminen kondensierten *Oxazolidonen.* — Geeignet ist eine wss. Lsg., die in 1000 cm 120 (g) Dimethyloläthylenharnstoff, 60 Oxazolidon u. 25 $MgCl_2$ enthält. Man imprägniert mit der Lsg. Textilgut bei 90% Flottenaufnahme, trocknet u. erwärmt 5 Min. auf 150°. (**D. A. S. 1 105 377** Kl. 8k vom 22/12. 1958, ausg. 27/4. 1961.) H. MÖLLERING. 8033

Deutsche Gold- und Silber-Scheideanstalt vormals Roessler, Deutschland, **Bleichen von natürlichen oder synthetischen Textilfaserstoffen und Geweben** mit wss. Lsgg. von Alkali- u. Erdalkalichloriten, welche außerdem Amide aus prim., sek. oder tert. Aminen u. niedermol. Carbonsäuren enthalten. Die Amide können auch halogensubstituiert sein. — Ein Mousselinegewebe wird mit einer Lsg. folgender Zus. gebleicht: 10 g/Liter $NaClO_2$ (100%ig.), 2,5 g/Liter Chloracetamid (**I**); pH 8,8; 2 Std. bei 98°. — An Stelle von **I** können auch N-Chloracetamid oder Diacetylamid benutzt werden. (**F. P. 1 201 046** vom 31/7. 1958, ausg. 28/12. 1959. D. Prior. 31/7. 1957.) M. F. MÜLLER. 8033

Farbenfabriken Bayer Akt.-Ges., Leverkusen, **Optisches Bleichmittel,** bes. für *Textilien,* wird in an sich bekannter Weise erhalten, indem man 1 (Mol) 4.4'-Diaminostilben-2.2'-disulfonsäure mit 2 Cyanurchlorid, 2 Diäthanolamin u. 2 Methylamin kondensiert. — Vgl. D. A. S. 1 047 162; C. **1959.** 11767. (**Belg. P. 568 313** vom 4/6. 1958, ausg. 21/10. 1960. **F. P. 1 196 606** vom 4/6. 1958, ausg. 25/11. 1959. **E. P. 855 480** vom 30/5. 1958, ausg. 30/11. 1960. Alle D. Prior. 6/6. 1957.) A. BRÖSAMLE. 8033

Imperial Chemical Industries Ltd., England, **Herstellung von polycyclischen organischen Verbindungen, besonders der Anthradipyridazonreihe,** der Formeln **II** u. **III** durch Rk. eines Hydrazins $NH_2 \cdot NHY$ mit einem Anthra-[1'.9'(N)]-pyridazon **I.** (X u. Y = H oder einwertiger organ. Rest; 1 Z = H, das andere = COOH-Gruppe oder Deriv. davon.) — 2 (Teile) 2-[n-Butyl]-anthra-[1'.9'(N)]-pyridazon-8-carbonsäure (**IV**) u. 1 2.6-Dimethylphenylhydrazin werden 30 Min. auf 220° erhitzt. Man läßt abkühlen u. verrührt mit 100 1%ig. wss.-sd. NaOH-Lsg., worauf filtriert wird. Der Nd. wird mit 100 sd. 1%ig. HCl verrührt: *2-[2''.6''-Dimethylphenyl]-8-[n-butyl]-anthra-[1':9'-(N); 10'(N).5']-dipyridazon* (**V**), schwachgelbes Pulver, F. 198 bis 200° (A.). **IV** wird erhalten aus 10 Anthrachinon-1.5-dicarbonsäure, 3 n-Butylhydrazin u. 1,3 NaOH durch Erhitzen (15 Min. auf 200°); danach werden 200 1%ig. sd. wss. NaOH-Lsg. zugegeben. Es wird filtriert u. nach dem Abkühlen werden dem Filtrat 20 NaCl zugesetzt, wobei das Na-Salz ausgeschieden wird.

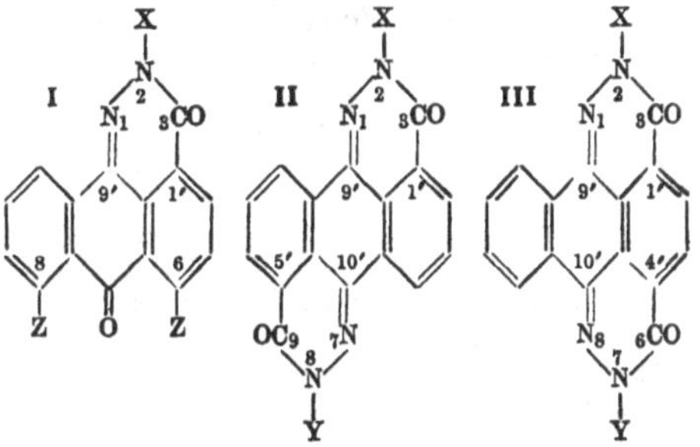

Dieses wird in 300 W. gelöst u. durch Zusatz von 15 10%ig. HCl wird **IV**, F. 250°, gefällt. — 4 2-[2''.6''-Dimethylphenyl]-anthra-[1'.9'(N)]-pyridazon-8-carbonsäuren (**VI**) u. 1 n-Butylhydrazin bilden ebenfalls **V. VI** durch erhalten aus Anthrachinon-1.5-dicarbonsäure u. 2.6-Dimethylphenylhydrazin; schwachgelbes Pulver, F. 310—312°. — *2.8-Diphenylanthra-[1'.9'(N); 10'(N).5']-dipyridazon,* grüngelbe Kristalle, F. 391—393°. — *2.8-Di-[p-tolyl]-anthra-[1'.9'(N); 10'(N).5']-dipyridazon,* F. >390°. — *2.8-Di-[2''-chlorphenyl]-anthra-[1'.9'(N); 10'(N).5']-dipyridazon,* F. 400°. — *2.8-Di-[2''.5''-dichlorphenyl]-anthra-[1'.9'(N); 10'(N).5']-dipyridazon,* F. 432°. — *2.8-Dibutylanthra-[1'.9'(N); 10'(N).5']-dipyridazon,* F. 185—186°. — *2.7-Diphenylanthra-[1'.9'(N); 10'(N).4']-dipyridazon,* grünlichgelbe Kristalle, F. 394,5—396°. — *Anthra-[1'.9'(N); 10'(N).5']-dipyridazon,* F. >400°. — *2.8-Di-[2''.6''-dimethylphenyl]-anthra-[1'.9'; 10(N).5']-dipyridazon* (**VII**), schwachgelbes Pulver, F. 369°. — *2.8-Di-[2''-hydroxyäthyl]-anthra-[1'.9'(N); 10'(N).5']-dipyridazon,* F. 307°. — *2-[2''.6''-Dimethylphenyl]-anthra-[1'.9'(N); 10'(N).5']-dipyridazon,* F. 348 bis 350°. — *2.8-Di-[2''.6''-diäthylphenyl]-anthra-[1'.9'(N); 10'(N).5']-dipyridazon,* F. 362°. — *2-[2''.6''-Diäthylphenyl]-anthra-[1'.9'(N); 10'(N).5']-dipyridazon,* F. 300°. — *2.8-Di-[o-bromophenyl]-anthra-[1'.9'(N); 10'(N).5]-dipyridazon,* cremefarbiges Pulver. — *2-[6''-Chlor-2''-methylphenyl]-anthra-[1'.9'(N); 10'(N).5']-dipyridazon,* F. 249°. — *2-[2''.6''-Dichlorphenyl]-anthra-[1'.9'(N); 10'(N).5']-dipyridazon,* F. 379°. — *2-[2''.6''-Dimethylphenyl]-7-[n-butyl]-anthra-[1'.9'(N); 10'(N).4']-dipyridazon,* F. 242—250°. — *2.7-Di-[n-butyl]-anthra-[1'.9'(N); 10'(N).4']-dipyridazon,* F. 183°. — *2.7-Di-[o-chlorphenyl]-anthra-[1'.9'(N); 10'(N).4']-dipyridazon,* F. 412—414°. — *2.7-Di-[2''.6''-dimethylphenyl]-anthra-[1'.9'(N); 10'(N).4']-dipyridazon,* F. 358°. — *Optische Bleichmittel.* — 0,2 (Teile) **VII** werden mit 0,02 dinaphthylmethandisulfonsaurem Na u. 20 W. angerührt. Von der Dispersion werden 0,4 in eine Lsg. von 0,8 Na-Oleylcetylsulfat in 80 W. eingetragen. Mit dieser Lsg. wird ein Gewebe aus Polyäthylenterephthalat 1 Std. bei 130° behandelt u. mit W. gewaschen: Es ist gut gebleicht. (**F. P. 1 199 252** vom 5/12. 1957, ausg. 11/12. 1959. E. Prior. 5/12. 1956 u. 22/11. 1957.) M. F. MÜLLER. 8033

J. R. Geigy Akt.-Ges., Basel, Schweiz, **Optisches Aufhellen von mehr oder weniger farblosen Trägern** durch Zusatz geringer Mengen *3.5-Diaminopyrazin-2.6-dicarbonsäureamide* nachst. Formel, worin R_1, R_2 u. R_3 = aliphat., araliphat. oder cycloaliphat. Reste u. X = prim. NH_2-Gruppe, Rest eines prim. oder sek. Amins oder Ureidogruppe. Man stellt diese Verbb. durch Kondens. eines 1.3-disubstituierten 4-Aminouracils mit 1.3-disubstituiertem 4-Amino-5-nitrosouracil in saurem Medium bei ≧60° u. direkte oder stufenweise Verseifung mit einer starken Base her. Man verwendet sie bei *Stärke, Fetten, Wachsen, Kosmetika* u. *Waschmitteln.* Für *Gewebe* aus natürlichen Materialien verwendet man bes. jene

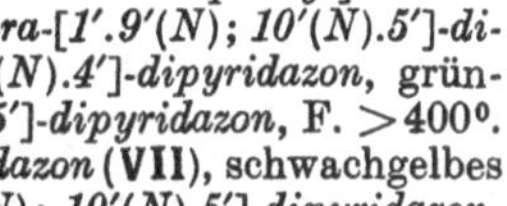

Verbb., bei denen R_1, R_2 u. R_3 = CH_3 u. die sich nur durch X unterscheiden. — Tabelle mit den FF. von 41 Vertretern. (**Oe. P. 206 398** vom 28/5. 1958, ausg. 25/11. 1959. Schwz. Prior. 29/5. 1957.) B. PANKOW. 8033

Monsanto Chemicals Ltd. (Erfinder: Abraam Gancberg, Rene Leclercq und Albert Verheyden), **Wasserfestmachen von porösem und gewebtem Material mit Siliconharzen,** dad. gek., daß man als Härter eine wasserlösl. Ti-Verb. verwendet. Man erhält diese durch Erhitzen bes. von Glyceryltitanat, n-Butyl- oder n-Amyltitanat mit einem Amin, bes. Triäthanolamin, Cyclohexylamin, Diäthylentriamin, Morpholin u. Triisopropanolamin. — Vgl. E. P. 804 989; C. **1960.** 8056. (**Aust. PP. 217 547** u. **217 548** vom 17/9. 1956, ausg. 30/10. 1958. Beide Belg. Prior. 19/9. 1955.) C. LÜTTGEN. 8037

Bradford Dyerr' Association Ltd., England, **Wasserabstoßendmachen von Fasermaterialien aller Art,** wie Textilien, Papier, Holz, Leder, durch Behandlung mit einer wss. Dispersion eines Silicons u. eines kondensierten Esters der Orthotitansäure u./oder der Orthozirkonsäure. Das Silicon oder Hydrogensilicon, z. B. ein Gemisch von Methylhydrogensilicon u. Silicon, enthält fast ausschließlich Alkyl- oder Alkylarylgruppen direkt an das Si-Atom gebunden. Der an das Metalldioxyd kondensierte Ester enthält als Alkoholrest einen aliphat. Rest mit 3—20 C-Atomen. Genannt sind z. B. Stearyl-, 2-Äthylhexyl-, Nonyl-, Methylcyclohexyl-, Triäthanolamintitanat, n-Butyl-, Stearyl-, 2-Äthylhexylzirkonat. Zur Vermeidung der hydrolyt. Spaltung der Ester werden Metallalkoxyde, Metallacyl-Verbb. von Fettsäuren, Glykoltitanate, Titanfettsäuren u. Zirkonate verwendet. Genannt sind z. B. Tetraoleylzirkonat, Zr- u. Ti-Caprat u. -Caprylat, Hexylenglykol-, Octylenglykoltitanat u. -Zirkonat, Ti-Stearat u. -Laurat, Triäthanolamin u. Nonylzirconat. Außerdem werden noch oberflächenakt. Mittel in Form von quatern. Ammonium-Verbb., von Kondens.-Prodd. von Fettalkoholen u. Alkylphenolen mit Polyoxyäthylenen, von Glyceriden mit Äthylenoxyd, sowie von Acetaten von Aminen, wie Alkylaminen, Laurylmonoäthanolamid, Sulfonate von Methyloleat, zugesetzt. — Dimethylpolysiloxan (Viscosität 350 cSt) wird unter Verw. von Cetyldimethylbenzylammoniumchlorid mit W. u. Testbenzin in eine wss. Emulsion verwandelt, zu der ein homogenes Gemisch von kondensiertem Butyltitanat (36,4% TiO_2) in W. u. Testbenzin gegeben wird. Die erhaltene Emulsion ist 2—3 Std. u. länger haltbar. Damit wird z. B. ein Celluloseacetatgewebe imprägniert. (**F. P. 1 194 502** vom 10/2. 1958, ausg. 10/11. 1959. E. Prior. 11/2. 1957 u. 7/2. 1958.) M. F. MÜLLER. 8037

Imperial Chemical Industries Ltd., England, **Wasserundurchlässigmachen von Textilien** durch Eintauchen in eine organ. Lsg. eines fl. Organopolysiloxans u. einer Organo-Zirkon-Verb., z. B. eines Alkylesters, mit nicht mehr als 18 C-Atomen oder eines Arylesters. Die fl. Organopolysiloxane enthalten 1,1—2,1 organ. Gruppen je Si-Atom. Genannt sind fl. Methylhydrogenpolysiloxane, z. B. Methylhydrogenpolysiloxan (I), die ggf. zusammen mit Alkyl- oder Arylpolysiloxanen benutzt werden, z. B. mit Dimethylpolysiloxan. Als Zr-Verbb. sind z. B. genannt: Tetrabutyl-, Tetra-2-äthylhexyl-Zirkonat, Diisopropoxytetramethyläthylendioxyzirkon, Tetraphenyl- u. Tetraoleylzirkonat. — 30 (Teile) I u. 7,5 Tetrabutylzirkonat werden in 962,5 Toluol gelöst u. mit der Lsg. wird mercerisiertes Gabardinebaumwollgewebe imprägniert. (**F. P. 1 199 319** vom 1/2. 1958, ausg. 14/12. 1959. E. Prior. 1/2. 1957.) M. F. MÜLLER. 8037

Farbenfabriken Bayer Akt.-Ges., Deutschland (Erfinder: Fritz Kassack, Hugo Malz und Friedrich Lober), **Mittel zum Feuersichermachen von Holz, Karton, Leder, Textilien,** enthaltend P-Verbb. mit Äthyleniminogruppen der allg. Formel I worin X = O oder S, Y = ggf. substituierter KW-Stoffrest oder ein KW-Stoffrest, der mittels einer O-Brücke an P gebunden ist, auch = NR_1R_2, worin R_1 u. R_2 gleiche oder verschiedene KW-Stoffreste sind. — Ein Baumwollgewebe wird mit einer Lsg. imprägniert, welche 13,5 (Gewichtsteile) der Verb. I [X = O; Y = $N \cdot (CH_3)_2$], 23 eines Gemisches aus gleichen Teilen N.N-Diäthylphosphorsäurediamid u. NH_4Cl sowie 63,5 W. enthält. (**F. P. 1 197 507** vom 1/7. 1958, ausg. 1/12. 1959. D. Prior. 5/7. 1957.) M. F. MÜLLER. 8037

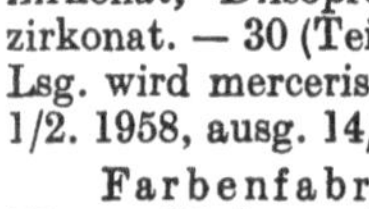

I

Carl Freudenberg K. G. auf Aktien, Deutschland, **Herstellung von feuerfesten Faserstoffvliesen** aus natürlichem oder synthet. Fasermaterial, z. B. Baumwolle, Ramie, Cellulose, Polyamid, Polyestern, Polyacrylonitril, Polyvinylchlorid, Polystyrol, Asbest. Das nicht gewebte Faservlies wird mit Dispersionen, Emulsionen oder Lsgg. imprägniert, die gleichzeitig das Bindemittel u. das feuerhemmende Mittel enthalten. Als Bindemittel werden z. B. Naturkautschuk, synthet. Kautschuk, synthet. thermoplast. Harze mit den erforderlichen Zusatzmitteln, wie Vulkanisationsbeschleuniger, Mittel zur Förderung der Kondens. u. Polykondens., Netzmittel, Stabilisatoren,

Dickungsmittel u. Weichmachungsmittel, verwendet. Ggf. werden ganz oder teilweise unbrennbare oder schwer brennbare Fasern mitverwendet, z. B. Glaswolle, Glimmer, Polyvinylchlorid, oder die zum Vlies verwendeten Fasermaterialien werden vorher durch Imprägnieren unbrennbar oder schwer verbrennbar gemacht. Als feuerhemmende Mittel werden die üblichen Mittel verwendet, z. B. Antimonsäureanhydrid, koll. SiO_2, Polyvinylchlorid, Chlorkautschuk, Chlorparaffine. (**F. P. 1 198 822** vom 12/2. 1958, ausg. 9/12. 1959. D. Prior. 22/2. 1957.) M. F. MÜLLER. 8037

Ciba Akt.-Ges., Basel, Schweiz, **Schützen von cellulosehaltigem Fasergut gegen Witterung und Sonneneinfluß** durch Naßfixierung von Lichtschutz ausübenden Pigmenten (Cr-Salze) mit wasserlösl., härtbaren Aminoplasten, bes. aus 1 (Mol) Melamin u. 2—3 HCHO, auf der Faser. Nach der Imprägnierung wird nicht sofort getrocknet, sondern das W. abgepreßt u. das Gewebe in feuchtem Zustand zur Kondens. des Harzes einige Zeit bei erhöhter Temp., bes. unter Verw. von Wasserdampf, behandelt. Als Rk.-Beschleuniger kann man Säuren oder bei erhöhter Temp. hydrolysierbare Ester mehrwertiger Alkohole oder Säuren verwenden. — 30 (g) Pigmentpaste aus gleichen Teilen $PbCrO_4$ u. W. (mit Sulfitablauge), 60 Na-Alginat 30:1000 (wss. Paste), 10 Glycerindiacetat u. 100 Melamin/HCHO-Kondens.-Prod. bilden, auf 1 Liter aufgefüllt, ein Imprägnierbad für Baumwollgewebe, das anschließend abgepreßt u. 4 Std. auf 95° erhitzt wird. Dann wird bei 70° getrocknet. — Hohe Verrottungsfestigkeit durch den auftretenden Schutz vor Mikroorganismen bei gleichzeitiger Lichtfestigkeit. (**Oe. P. 207 801** vom 12/12. 1958, ausg. 25/2. 1960. Schwz. Prior. 13/12. 1957.) B. PANKOW. 8045

American Viscose Corp., V.St.A. (Erfinder: Joseph W. Schappel), **Verbesserung der mechanischen Abriebfestigkeit von mit SiO_2 überzogenen Cellulosefaserprodukten** aus regenerierter Cellulose, Viscose u. dgl., durch Überziehen mit einer wss. Emulsion eines Polyalkylenoxyds, z. B. Polyäthylenoxyd, welches mit 0,1 bis 6% eines Fettsäureesters eines mehrwertigen Alkohols modifiziert ist. Viscoseseide wird mit einer Lsg. von SiO_2 u. $Al(OH)(HCOO)_2$ imprägniert u. mit einem äthoxylierten Ester, z. B. einem Stearinsäureester des Sorbits, der pro Mol Sorbit 20, 30 oder 40 Äthylenoxydgruppen enthält, nachbehandelt. (**F. P. 1 198 855** vom 13/2. 1958, ausg. 10/12. 1959. A. Prior. 20/2. 1957.) M. F. MÜLLER. 8075

British Celanese Ltd., London (Erfinder: Donald Finlayson und Boleslaw Krzesinski), England, **Textilgewebe,** gek. durch einen Geh. an *Cellulosetriacetatfasern* oder -fäden mit einem Erweichungspunkt von mindestens 220° u. zweckmäßig einem Acetylwert von 60,0—62,5%. Man erhält eine Erhöhung der Bügel-Temp. durch therm. Behandlung bei 170 bzw. 185—220°, u. zwar 10 Min. bei 185° oder 15 Sek. bei 220°. — Vgl. A. P. 2 862 785; C. **1960.** 10450. (**E. P. 758 442** vom 1/1. 1953, ausg. 3/10. 1956.) H. MÖLLERING. 8077

Britisch Celanese Ltd., London (Erfinder: Donald Finlayson und Boleslaw Krzesinski), England, **Gewebe aus Cellulosetriacetatgarnen.** In weiterer Ausbildung des im E. P. 758 442; s. vorst. Ref., beschriebenen Verf. werden Gewebe mit einem Geh. an Cellulosetriacetat angefeuchtet u. im angefeuchteten Zustand mit feuchtem Dampf oder heißem W. zur Erhöhung der Kristallität behandelt, u. zwar bei 120—160, vornehmlich 120—145°. Als Veredlungsmittel kann auch eine wss. Farbstoff-Lsg. von 120 bis 125° dienen. — Nach E. P. 807 192 wird ein aus Cellulosetriacetat bestehender Faden oder Gewebe hieraus mit Erweichungspunkt von $\geqq 202°$ u. einem Acetylwert von 60 bis 62,5% beansprucht. Erreicht werden diese Werte durch Trockenerhitzung des Gutes auf 180—240, vornehmlich 185—220°, über 15 Sekunden. Als Wärmeträger kann Heißluft, ein anderes heißes Gas oder ein zwischen 185 u. 205° schmelzendes Metall- oder Salzgemisch dienen. (**E. PP. 797 662** vom 29/6. 1955, ausg. 9/7. 1958 u. **807 192** vom 24/2. 1956, ausg. 7/1. 1959.) H. MÖLLERING. 8077

Textile Research Institute, übert. von: Howard J. White jun. und David M. Cates, Princeton, N.J., V.St.A., **Leicht färbbare Mischungen aus hydrophoben Polymeren und Cellulose** zur Herst. von: Filmen oder Fasern werden hergestellt durch Lösen von 5—95% Polymeren u. 95—5 eines Cellulose-Deriv. in einem geeigneten Lsgm., Entfernung des Lsgm. u. Regenerierung der Cellulose durch Hydrolyse, wobei jedoch die Polymeren nicht hydrolysiert werden sollen. Als solche dienen Polyacrylnitril u. Mischpolymere des Acrylnitrils mit Vinylchlorid, Polyvinylchlorid; Cellulose-Derivv. sind Celluloseacetat u. Celluloseacetatbutyrat. (**A. P. 2 868 744** vom 7/4. 1953, ausg. 13/1. 1959.) A. DANDL. 8077

Ciba Akt.-Ges., Basel, Schweiz, **Herstellen optisch aufgehellter Formkörper,** bes. *Fasern,* aus Polyamiden, denen man nach der Polymerisation u. vor der Verformung sulfonsäuregruppenhaltige Aufheller in der Säureform zusetzt. Diese können Dibenzazol-Derivv., Benzidinsulfon-Derivv., 1.2.3-Triazol-Derivv., Pyrazolin-Derivv., Oxdiazole oder bes. Stilben-Derivv. mit u. ohne Triazinringe sein. — Zahlreiche Beispiele für opt. Aufheller. (**Oe. P. 206 858** vom 23/1. 1959, ausg. 28/12. 1959. Schwz. Prior. 24/1. 1958.) B. Pankow. 8081

Industrial Rayon Corp., Cleveland, übert. von: Lawrence Louis Malm, Rocky River, Ohio, V.St.A., **Entfernen der Monomeren aus faserbildenden Polyamiden,** erhalten z. B. aus ε-Aminocaptolactam, ε-Amincapronsäure u. dgl., vor dem Schmelzspinnen. Die Schmelze wird mit heißem N_2 in einer Kammer überhitztem Dampf entgegengeführt. Die mit den Monomeren beladenen Dämpfe werden über einen Kondensor abgeführt u. die freie Schmelze zum Extruder geleitet. — Vorr., Beschreibung, Zeichnung. (**A. P. 2 904 109** vom 30/3. 1953, ausg. 15/9. 1959.) H. Schindler. 8081

Perfogit S. p. A. (Erfinder: Luigi Notarbartolo), **Herstellung von Polyestern, Polyamiden und Polyesteramiden,** die zu Fasern, Fäden, Filmen, Bändern usw. verarbeitet werden können. Man kondensiert die folgenden Verbb. u./oder ihre polykondensierbaren Derivv.: Sulfonaminosäuren, Sulfonhydroxysäuren, Sulfondicarbonsäuren mit Glykol, Sulfonglykolen, Diaminen, Sulfondiaminen oder Dicarbonsäuren mit Sulfonglykolen oder mit Sulfondiaminen. Die Polykondensate sollen in ihrer Mol.-Kette period. sich wiederholende —CO—X-Gruppen enthalten, wobei X O oder NH bedeutet, sowie O=S=O-Gruppen, welche von den —CO—X-Gruppen durch wenigstens 1 C-Atom getrennt sind. — β.β'-Dicarboxydiäthylsulfon wird in Methanol mit γ.γ'-Diaminodipropylsulfon unter Rückfluß erhitzt; das auskrist. Salz wird in Abwesenheit von Luft geschmolzen u. langsam bis 250° erhitzt; die letzten Reste von Feuchtigkeit werden im Vakuum entfernt. Die aus dem Kondens.-Prod. hergestellten *Fäden* können von Hand auf das Vielfache ihrer ursprünglichen Länge gestreckt werden. Weitere Ausgangsstoffe: 4.4'-Dicarboxydiphenylsulfon; 4.4'-Dicarboxydiphenylmethylsulfon; 4.4'-Dicarbomethoxydiphenylmethylsulfon; 4.4'-Dicarbomethoxydiphenylsulfon; β-Carboäthoxy-γ-carbopropoxylsulfon; δ.δ'-Dicarboxydibutylsulfon. — Vgl. **F. P. 1 154 573; C. 1960.** 14562. (**Aust. P. 215 543** vom 27/6. 1956, ausg. 3/7. 1958. It. Prior. 2/7. 1955.) K. Demmler. 8081

Inventa Akt.-Ges. für Forschung und Patentverwertung, Luzern, Schweiz, **Maschenfeste Gewirke und knotenfeste Netze** werden erhalten, wenn man auf dem Gut in situ einen Harzüberzug durch Rk. von *Polyvinylalkohol* (**I**) u. *3-Hydroxy-n-butyraldehyd* (**II**) erzeugt. — Ein Netz aus *Polyamidfäden* wird mit der Lsg. von 12 (%) **I**, 10 **II** u. 2 H_3PO_4 in 76 W. imprägniert u. im feuchten Zustand 8 Min. bei 150° vergütet. Die Gewichtszunahme beträgt 15%. — Auch Fäden können so vorbehandelt u. nach der Ausrüstung verarbeitet werden. (**E. P. 853 325** vom 7/5. 1958, ausg. 2/11. 1960. Schwz. Prior. 20/6. 1957.) H. Möllering. 8081

Minnesota Mining & Mfg. Co., V.St.A. (Erfinder: Robert R. Charbonneau und Joseph F. Abère), **Verbesserung der Haftung von Polymeren an linearen Polyestern,** z. B. dem Äthylenglykolterephthalatpolyester „Mylar". Man bringt das Polymere, z. B. eine Kautschuk-Lsg., auf die gestreckte Mylarfolie u. bestrahlt den erhaltenen Überzug mit starkem UV-Licht. — Fäden, Gewebe oder Folien aus dem Polyester können so mit anderen Stoffen oder letztere mit dem Polyester festhaftend überzogen werden, z. B. Cordfäden in Reifen. (**F. P. 1 165 506** vom 14/11. 1956, ausg. 27/10. 1958. A. Prior. 16/11. 1955.) M. Pankow. 8081

N. V. Onderzoekingsinstituut Research, Arnhem, Holland, **Kardierbare Polyesterfasern** erhält man durch Imprägnierung der Fasern mit einer wss. 0,5- bis 10%ig. Lsg. von Na_2CO_3, Na_3PO_4, Na_3BO_3, Na-Silicat oder Na_2S bei > 60°. Netzmittel, wie Lauryl- oder Stearyltrimethylammoniumchlorid, können der Lsg. zugesetzt sein. — Zum Beispiel werden *Polyäthylenterephthalatfasern* 20 Min. bei 135° gedämpft u. 10 Min. mit einer wss. Lsg. mit einem Geh. an 0,5% Na_2CO_3 u. 0,5% Na-Stearat bei 70° behandelt, worauf gespült u. getrocknet wird. (**E. P. 853 179** vom 20/12. 1957, ausg. 2/11. 1960. Holl. Prior. 15/1. 1957.) H. Möllering. 8081

Montecatini Soc. Gen. per l'Industria Mineraria e Chimica (Erfinder: Enzo di Giulio und Francesco Denti), Mailand, Italien, **Herstellung eines elastischen Garnes.** Man verspinnt eine Lsg. eines hochmol., linearen, sulfochlorierten Propylen–Äthylen-Mischpolymeren, die Vulkanisiermittel enthält, entfernt das Lsgm. u. erhitzt den Faden auf 125—170°. Die Lsg. des Polymeren in dem organ. Lsgm. soll eine solche Viscosität aufweisen, daß eine Kugel aus rostfreiem Stahl von 0,1295 g für 10 cm senkrechten Fall durch die Lsg. 600—1200 Sek. braucht. — Ein in CCl_4 sulfochloriertes Propylen–Äthylen-Mischpolymerisat (40 Gew.-% Äthylen, 1,9% S-Geh. u. 7,8% Cl-Geh., 7%ig. Lsg., Fallzeit der Kugel 700 Sek.) wird mit 40% PbO, 2,5% hydriertem Kolophonium „Staybelite" u. 0,25% N-Cyclohexylbenzothiazol-2-sulfamid versetzt u. in CH_3OH versponnen. Die Fäden werden getrocknet u. im Autoklaven 30 Min. bei 145° vulkanisiert: Elast., gegen O_2 u. Belichtung feste Fäden. — Spinnvorrichtung. (**F. P. 1 215 719** vom 3/11. 1958, ausg. 20/4. 1960. **Oe. P. 211 472** vom 5/11. 1958, ausg. 10/10. 1960. Beide It. Prior. 6/11. 1957.) M. Pankow. 8081

Monsanto Chemical Co. (Erfinder: Ross Melvin Hedrich und James Alan Herbig), **Maleinsäuremischpolymerisate außergewöhnlicher Festigkeit und Unlöslichkeit**, z. B. zur Herst. von *Fasern, Filmen, Elektroisolierungen.* Ein hochmol. Mischpolymerisat aus *Isobutylen* u. *Maleinsäureanhydrid* wird mit *Methylamin* (I) so erhitzt, daß die Anhydridgruppen in N-Methylimidgruppen umgewandelt werden. — Ein in Benzol-Lsg. erhaltenes Mischpolymerisat wird bei 20, 90° u. unter Vakuum bei 100° getrocknet. — 450 (g) Prod. werden in 250 Bzl. verteilt u. dann unter Rühren mit I (durch eine Glasfritte) versetzt. Nach 4 Std. sind 48° erreicht, worauf aus dem Benzolbrei 656 Prod. abgetrennt werden, die noch Bzl. enthalten; theoret. Ausbeute 641 g. (**Aust. P. 218 743** vom 21/8. 1956, ausg. 18/12. 1958. A. Prior. 23/8. 1955.) H. Möllering. 8081

Owens-Corning Fiberglas Corp., Toledo (Erfinder: William W. Welsch, Granville), Ohio, V.St.A., **Glas zur Faserherstellung nach dem Schleuderblasverfahren.** Dieses besteht aus 52—65 (Gew.-%) SiO_2, 2—5 Al_2O_3, 5—10 CaO, 2—6 MgO, 12—18 Na_2O + K_2O + Li_2O u. 6—11 B_2O_3 sowie evtl. zusätzlich aus 2—5 TiO_2, 2—6 ZrO_2 u. bis 8 Fe_2O_3. — Beispiel für eine Glas-Zus.: 60,04 SiO_2, 3,26 Al_2O_3, 8,24 CaO, 3,96 MgO, 14,31 Na_2O, 10,05 B_2O_3 u. 0,14 Fe_2O_3. (**D. A. S. 1 094 937** Kl. 32b vom 8/11. 1956, ausg. 15/12. 1960. A. Prior. 25/11. 1955.) Hans Hoffmann. 8083

United States Rubber Co., New York, N.Y., V.St.A., **Verbesserung der Haftung eines Harzes an Glas**, bes. an *Glasfasern.* Man setzt der Harzmasse, die aus einem Polyester einer Alken-(1)-dicarbonsäure-(1.2) mit einem Glykol mit einer SZ. 5—100, einer monomeren, olefin. ungesätt., wasserunlösl., polymerisierbaren Verb. u. einem Polymerisationskatalysator besteht, vor der Härtung ein Rk.-Prod. von Vinyltrichlorsilan (**I**) mit Diäthylenglykol (**II**) zu, das durch Rk. mit 0,5—4 (%) W. u. 0,05—10 NH_3 oder eines aliphat. Amins modifiziert worden ist. Die Modifizierung des als Haftverbesserungsmittel bekannten I-II-Rk.-Prod. zwecks Erhöhung seiner Wirksamkeit erfolgt durch allmähliches Einrühren von W. u. z. B. Mono-, Di- oder Triäthanolamin in das Rk.-Produkt. — Vgl. E. P. 810 510; C. **1960.** 7297. (**Holl. P. 95 699** vom 4/10. 1956, ausg. 15/10. 1960. A. Prior. 5/10. 1955.) F. Böhm. 8083

Ciba Ltd., Basel, Schweiz, *Veredeln von Textilien.* (**Ind. P. 49 542** vom 12/5. 1953, ausg. 20/10. 1954. — C. **1956.** 5720 [F. P. 1 080 106].)

Tootal Broadhurst Lee Co. Ltd., Manchester, England, *Waschfeste Kunstharztextilien.* (**Schwed. P. 155 221** vom 7/7. 1951, ausg. 17/7. 1956. E. Prior. 8/7. 1950, 18/5. u. 12/6. 1951. — C. **1955.** 2105 [E. P. 704 143].)

Ciba Ltd., Basel, Schweiz, *Herstellung von neuen Oxdiazolen.* (**Ind. P. 56 485** vom 6/2. 1956, ausg. 13/5. 1958. — C. **1959.** 4343 [F. P. 1 146 773].)

Joseph Bancroft & Sons Co. (Erfinder: **Henry Robert Hushebeck** und **Raymond Stanley Babiarz**), Wilmington, Del., V.St.A., *Erzeugung von Heißbuntprägedrucken auf Geweben.* (**D. A. S. 1 094 701** Kl. 8n vom 15/4. 1954, ausg. 15/12. 1960. A. Prior. 8/9. 1953. — C. **1958.** 1465 [F. P. 1 105 224].)

E. I. du Pont de Nemours & Co., Wilmington, übert. von: **Charles J. Albisetti**, McDaniel Heights, Del., V. St.A., *Alkoxyaluminiumchelate.* (**A. P. 2 839 421** vom 6/4. 1955, ausg. 17/6. 1958. **E. P. 811 125** vom 5/4. 1956, ausg. 2/4. 1959. A. Prior. 6/4. 1955. — C. **1960.** 13566 [F. P. 1 152 191].)

Dow Corning Corp., V.St.A. (Erfinder: **Jack R. Wehrly**), *Herstellung flüssiger Organopolysiloxane.* (**F. P. 1 153 592** vom 12/6. 1956, ausg. 12/3. 1958. A. Prior. 23/6. 1955. — C. **1959.** 7673 [E. P. 791 370].)

Böhme Fettchemie G. m. b. H., Düsseldorf, *Reinigen und Bleichen von Baumwolle.* (**It. P. 512 744** vom 7/10. 1953. D. Prior. 16/10. 1952. — C. **1956.** 7117 [F. P. 1 084 773].)

N. V. Amsterdamsche Mij. tot Exploitatie van Octrooien, Amsterdam, Holland, *Bleichen von Cocosnußfasern.* (**Ind. P. 49 676** vom 3/6. 1953, ausg. 7/8. 1954. — C. **1957.** 7822 [F. P. 1 082 824].)

Böhme Fettchemie G. m. b. H., Düsseldorf, *Fettungsmittel für Pelzwaren.* (**Schwed. P. 156 011** vom 2/3. 1955, ausg. 11/9. 1956. D. Prior. 6/4. 1954. — C. **1958.** 2315 [F. P. 1 120 873].)

Algemeene Kunstzijde Unie N. V., Arnhem, Holland, *Viscosespinnverfahren.* (**It. P. 512 913** vom 2/1. 1954. Holl. Prior. 10/2. 1953. — C. **1957.** 4568 [F. P. 1 091 241].)

E. I. du Pont de Nemours & Co., Wilmington, Del., V.St.A., *Verspinnen von Viscose.* (**It. P. 512 644** vom 10/11. 1953. — C. **1957.** 5445 [F. P. 1 089 684].)

Deutsche Gold- und Silber-Scheideanstalt vormals Roessler, Frankfurt/M., *Textilbleiche.* (**Ind. P. 49 671** vom 2/6. 1953, ausg. 17/3. 1954. — C. **1961.** 9645 [E. P. 738 903].)

Unilever Ltd., Port Sunlight, England, *Herstellung von Proteinlösungen für Spinnzwecke.* (**Ind. P. 49 624** vom 25/5. 1953, ausg. 18/8. 1955. E. Prior. 6/6. 1952. — C. **1960.** 13568 [E. P. 742 580].)

American Patents Corp., Panama City, Panama, *Behandlung von künstlichen Eiweißfasern.* (**Ind. P. 49 501** vom 5/5. 1953, ausg. 13/8. 1955. — C. **1956.** 9065 [E. P. 738 687].)

Vereinigte Glanzstoff-Fabriken Akt.-Ges., Wuppertal, *Herstellung von Polyamidfasern.* (**E. P. 809 478** vom 26/11. 1956, ausg. 25/2. 1959. D. Prior. 29/11. 1955. — C. **1959.** 346 [Oe. P. 195 020].)

Vereinigte Glanzstoff-Fabriken Akt.-Ges., Wuppertal (Erfinder: **Erhard Siggel**, Laudenbach/M.), *Herstellung von Fäden, Fasern, Borsten und Filmen aus linearen aromatischen Polyestern nach dem Schmelzspinnverfahren.* (**D. B. P. 974 334** Kl. 29b vom 22/4. 1952, ausg. 24/11. 1960. Anmeldung bekanntgemacht 23/2. 1956. — C. **1956.** 14539 [F. P. 1 075 983].)

Montecatini Soc. Gen. per l'Industria Mineraria e Chimica (Erfinder: **Domenico Maragliano** und **Enrico Cernia**), Mailand, Italien, *Herstellung von Fäden aus Vinyl- oder Vinylmischpolymeren mit wenigstens 85% Vinylchlorid.* (**D. A. S. 1 091 277** Kl. 29b vom 17/11. 1955, ausg. 20/10. 1960. It. Prior. 18/11. 1954. — C. **1959.** 9770 [F. P. 1 135 625].)

Hawley Products Co., St. Charles (Erfinder: **Don Milligan Hawley**, Geneva, und **John Covington Williams**, St. Charles), Ill., V.St.A., *Fasergebilde aus geschnittenen Glasfasersträngen bzw. -garnen.* (**D. A. S. 1 095 250** Kl. 8k vom 10/7. 1954, ausg. 22/12. 1960. — C. **1959.** 16200 [Oe. P. 198 440].)

Owens-Corning Fiberglas Corp., Toledo, Ohio, übert. von: **Alfred Marzocchi**, Pawtucket, und **Remus F. Caroselli**, Manville, R. I., V.St.A., *Behandlung von Glasfasern.* (**A. P. 2 938 812** vom 21/4. 1954, ausg. 31/5. 1960. — C. **1959.** 663 [F. P. 1 128 525].)

XIX. Brennstoffe. Erdöl. Mineralöle

Kobaltoxyde als Katalysatoren für die vollständige Verbrennung der Abgase von Automobilen. 2. Mitt. Herbert Schachner. (Cobalt [Brussels] **1960.** Nr. 9. 12—21. Dez. Genf, Battelle memorial Inst.) (Engl.) — 1. vgl. Cobalt [Brussels] **1959.** Nr. 2. 37.

Die durchgeführten Verss. zeigen, daß mit Hilfe von Co_3O_4 eine gute Umsetzung der unverbrannten Bestandteile der Abgase von Benzinverbrennungsmotoren für lange Zeit möglich ist, ehe sich der Katalysator verbraucht. Die Verss. wurden mir reinem Co_3O_4 u. auf $CaAl_2O_4$ aufgebrachten Co_3O_4, hergestellt aus $Co(NO_3)_2$, durchgeführt. Trotz der verhältnismäßig kleinen Oberfläche wurde eine Wirksamkeitsdauer von mindestens 1000 Std. festgestellt. F. VIER. 8128□

Anwendung radioaktiver Isotopen bei der Ausbeutung von Rohöl- und Gaslagerstätten. Barbara Jaworska. (Wiadomości Naftowe **6.** 151—57. Juli/Aug. 1960.) (Pol.)

Übersicht. F. URBAN. 8190□

Cracken einzelner Gruppen von Kohlenwasserstoffen des Romaschkino-Goudrons in Gegenwart natürlicher Aluminiumsilicatkatalysatoren. A. W. Agafonow, B. T. Abajewa und N. A. Okinschewitsch. (Химия и Технология Топлив и Масел [Chem. Techn. Brennstoffe Öle] **3.** Nr. 2. 46—53. Febr. 1958. Allunions Forschungsinst. der Erdölind.) (Russ.) — Vgl. C. **1958.** 896.

In einer Labor.-App. mit stationärer Katalysatorschicht wurden einzelne Gruppen von KW-Stoffen des Romaschkino-Goudrons in Mischung mit n-Heptan (3:1) bei 450° an natürlichen Al–Silicat-Katalysatoren mit dem Aktivitätsindex 18,5 u. der Raum-Geschw. 1 Liter/kg. Std. gespalten. Außer dem entasphaltierten Goudron kamen die folgenden Fraktionen zum Einsatz: paraffin-naphthen., leichte u. mittlere Aromaten, Zwischenfraktion, in Bzl.-A. lösl. Teere, für die die chem. Zus. u. physikal. Kennzahlen angegeben sind. Es werden detaillierte Bilanzen der Crackergebnisse mit Angabe der chem. Zus. der erhaltenen Benzine sowie bes. Bilanzen für die Fraktionen 200—350°, 350—450° u. über 450° gegeben. Die Verss. zeigten, daß auch bei Temp., die niedriger als die gewöhnlich eingehaltenen Crack-Temp. sind, der Spaltungsgrad der verschiedenen KW-Stoffgruppen des Goudrons bei 85,6—88,7% liegt. Die schweren paraffin.-naphthen. KW-Stoffe mit kompliziertem Bau u. viel Seitenketten zerfallen am stärksten. Es entstehen bis zu 50% Gas + Bzn., die Kerosin–Gasöl-Fraktion ist vornehmlich aromatisch. Die Spaltung betrifft vornehmlich die Seitenketten, die die Naphthen- u. Aromatenringe miteinander verbindenden aliphat. Ketten sowie die S- u. N-Brücken. Die Naphthene gehen in Aromaten über. A. HELMS/Ludwigshafen. 8196□

Hydrierung der Kerosinfraktionen der direkten Destillate einiger Erdöle Aserbaidshans. M. A. Mardanow, Ss. G. Naroditzkaja und Ss. A. Ssultanow. (Азербайджанское Нефтяное Хозяйство [Erdöl-Wirtsch. Aserbaidshan] **39.** Nr. 10. 38—40. Okt. 1960.) (Russ.)

Mit dem Ziel der Verbesserung der Eigg. des Leuchtkerosins wurden die Kerosinfraktionen aus der straight-run-Dest. einiger Aserbaidshan-Erdöle einer Hydrierung am Ni-Katalysator auf Kieselgur bei 180° u. 90—100 at unterworfen, wobei der Geh. an Aromaten zugunsten des ansteigenden Naphthen-Geh. u. des verbesserten Leuchtbenzins von 34—45% auf 1,5—4% abfiel. Vor der Hydrierung wurden die Fraktionen einer H-Reinigung am Al–Co–Mo-Katalysator bei 340—350° u. 50—60 at unterzogen. H. V. ADOLPHI. 8200□

Der Einfluß von Tetraalkyldiamiden und Dipiperididen von ungesättigten Phosphinsäuren auf die antioxydierenden Eigenschaften von Mineralöl. K. K. Papok, K. N. Anissimow, B. Ss. Sussewa und N. Je. Kolobowa. (Журнал Прикладной Химии [J. angew. Chem.] **32.** 358—63. Febr. 1959.)

Untersucht wurden die Tetraäthyldiamide von β-Äthoxyvinylphosphinsäure (I) β-Butoxyvinylphosphinsäure (II), β-Äthoxyäthoxyvinylphosphinsäure (III) u. β-Phenylvinylphosphinsäure (IV), die Tetrabutyldiamide von I, III, IV, β-n-Propoxy-, β-Isoamyloxy- u. β-Phenyloxyvinylphosphinsäure (V) u. die Dipiperididdiamide von I, II, III, IV u. V. Sie wurden in Höhe von 2% dem Öl MS-20 zugesetzt. Die Einführung von Phenyl- u. Phenoxy-Gruppen in Tetraäthyldiamide erhöht die antioxydierenden Eigg., während sie bei Tetrabutyl- u. Dipiperididdiamiden keinen Einfl. hat. Die stärkste Wrkg. zeigen Verbb. mit dem Piperididrest: Erhöhung der therm. Stabilität bis zu 103 Min., Zurückdrängung der Lack-Bldg. auf 0%. Mit zunehmender Länge der $[NR_2]_2$-Gruppe von C_2 auf C_4 in Tetraäthyldiamiden u. Tetrabutyldiamiden nehmen die antioxydierenden Eigg. ab. Insgesamt gesehen sind jedoch die antioxydierenden Eigg. der Tetraalkyldiamide u. -piperidide besser als die der Ester der ungesätt. Phosphinsäuren.

H. VOGEL. 8220□

Über die Natur der von den Antikorrosionszusätzen zu Motorölen gebildeten Schutzfilme. Ju. Ss. Sasslawski, Ss. E. Krein, G. I. Schor und R. N. Schnejerowa. (Химия и Технология Топлив и Масел [Chem. Technol. Brennstoffe Öle] **4.** Nr. 12. 29—35. Dez. 1959.) (Russ.)

Vff. haben folgende Antikorrosionssätze mit ^{32}P, ^{35}S u. ^{14}C synthetisiert u. sie auf ihre Wirksamkeit untersucht: Didecylsulfid, Didecyldisulfid, Decylmercaptan, Diphenyl-Diphenyldisulfid, Dioctadecylsulfid, Dinonylsulfid, Dinonyldisulfid, Tributyltrithiosulfid, phosphit, Triphenylphosphit u. Dioctadecyldisulfid. Sie bildeten im Motorenöl MT-16 bei 110, 140, 170 u. 185° Filme, deren Bldg. u. Zers. am Geh. an ^{14}C, ^{32}P u. ^{35}S gemessen wurde, während die Korrosion von ^{124}Pb registriert wurde. Der Schutzmechanismus der Antikorrosionsmittel besteht darin, daß sie auf der Metalloberfläche Filme bilden. Zur Herabsetzung der Korrosion von Getrieben u. Lagern sind von den polaren S-haltigen Verbb. solche zu empfehlen, in denen der S verhältnismäßig fest gebunden ist. Neben der chem. Korrosion von Pb wird auch eine elektrochem. beobachtet, die man durch Zugabe von organ. Salzen zum Öl vermindert, u. zwar um so wirksamer, je höher sich das Kation in der Spannungsreihe befindet. Es ist festgestellt worden, daß das Ca-Sulfonat ein sehr wirksamer Antikorrosionszusatz ist. K. WEKUA. 8220□

Stabilisierung der mit niedermolekularem Polyisobutylen verdickten Mineralöle. M. A. Mullin, A. P. Ssawosstin, W. I. Anossow und Je. Ss. Tschemodanowa. (Химия и Технология Топлив и Масел [Chem. Technol. Brennstoffe Öle] **4.** Nr. 1. 49—52. Jan. 1959. Jefremow, Fabrik für synthet. Kautschuk.) (Russ.)

Vff. berichten über einen neuen Zusatz, *p-tert.-Butylphenolsulfid*, der wirksamer als die bisher verwendeten Stabilisierungszusätze ist, u. er bewirkt bei 200° eine fast vollständige Verhinderung der mechan., therm. u. chem. Depolymerisation von niedermol. *Isobutylen* (bis 30000) in einer Menge von nur 1%. G. SCHREIBER. 8220

Über die Verwendung synthetischer Fettsäuren bei der Herstellung von Schmierfetten. Gerhard Keil, Ernst Boeck und Kurt Hesse. (Freiberger Forschungsh., Reihe A Heft **164.** Symposium Schmierstoffe und Schmierung 16/19. 6. 1959. 301—13. Dresden, TH, Inst. für Brenn-, Kraft- u. Schmierstoffe.) (Dt.)

Untersucht wird der Einfl. der Inhaltsstoffe von Paraffin-Anoxydaten (Fettsäuren, Oxysäuren, Ketosäuren, ungesätt. Fettsäuren u. ihre Ester, Lactone, Alkohole, Ketone, Aldehyde u. Paraffine) auf den Gebrauchswert der mit ihnen hergestellten Schmierfette. Angabe eines Zerlegungsschemas für ein FISCHER-Gatsch-Oxydat u. ein Anoxydat aus Mittelparaffin der FISCHER-TROPSCH-Synthese. Geprüft wird das Fließ-Verh., der Einfl. des Wasser-Geh., die Walkstabilität, die Alkalität, die Lack-Bldg. u. die Wasserbeständigkeit von Schmierfetten aus den beiden Anoxydaten nach Verseifung mit NaOH oder Na-Aluminat in Maschinenöl (4,5° E/50°) u. zum Vgl. von Montanat-Fetten. Ungünstige Inhaltsstoffe von Anoxydaten sind wasserlösl. Säuren, Alkohole u. unverseifbare Anteile. O. HENNING. 8222□

Strukturuntersuchungen an Schmierfetten. Otto Henning. (Freiberger Forschungsh., Reihe A Heft **164.** Symposium Schmierstoffe u. Schmierung 16/19. 6. 1959. 247—53. Jena, Univ., Inst. für Physikal. Chem.) (Dt.)

Beschreibung einer Meth. zur mkr. u. elektronenmkr. Sichtbarmachung von Seifengerüsten in Schmierfetten nach Austausch der Schmierölkomponenten gegen Bzl. oder Cyclohexan durch 10maliges Zentrifugieren bei 15000 g u. Gefriertrocknen. Als Schmierfett-Modell werden Gele aus 0,02 m *Na-Stearat* u. 0,004 m *Stearinsäure* in Bzl. untersucht. O. HENNING. 8222□

Extraktion und Zusammensetzung von Torfwachs. Ein Rückblick über die Chemie des Torfwachses. A. J. Howard und D. Hamer. (J. Amer. Oil Chemists' Soc. **37.** 478—81. Okt. 1960. Belfast, Northern Ireland, Dep. of Industrial and Forensis Science, Ministry of Commerce and Belfast Chemistry Dep., the College of Technol.) (Engl.)

Bldg. u. Eigg. von rohen, vorzugsweise irischen Torfwachsen sowie ihre Extraktion u. Extraktionsausbeute durch verschiedene Lsgm. (Bzl., Alkohol, Gemische beider, Spezialbenzine u. Methyläthylketon) werden beschrieben. Auf die Ähnlichkeit der stofflichen Zus. (Wachse, Harze, Asphalte) mit rohem Montanwachs wird hingewiesen. In einer sich anschließenden Literaturübersicht werden die aus Torfwachsen isolierten, bisher als einheitlich angesehenen Stoffe (Fettsäuren, Hydroxyfettsäuren, KW-Stoffe, Triterpene, Triterpenalkohole) aufgeführt. — 37 Literaturangaben.

W. PRESTING. 8226□

Oxydation von Asphalten. Kazimierz Szadkowski. (Wiadomości Naftowe 6. 159—61. Juli/Aug. 1960.) (Pol.)

Die Penetration von Asphalt verbessert sich durch Blasen mit Luft bei nicht zu hohen Temp., bei erhöhtem Druck bzw. bei Anwendung größerer Mengen Luft. Die techn. Schwierigkeit beim Blasen besteht in der Wärmeabführung. F. URBAN. 8228□

Verbrennung von Brennstoffen in der calorimetrischen Bombe, wie sie sich durch Änderung der Druckverhältnisse ergibt. 1. Mitt. W. S. Patterson und H. B. A. Parr-Burman. (J. appl. Chem. 7. 239—43. Mai 1957. Newcastle-Upon-Tyne, Univ. of Durham.) (Engl.)

Vff. befaßten sich mit den verschiedenen Wrkg., die durch Änderung der Druckverhältnisse in der calorimetr. Bombe eintreten. Es wurde der Einfl. der Temp.-Änderung u. der Einfl. der Tiegelwandung auf das Druck-Syst. festgestellt. Bei der Verbrennung von Hochtemp.-Koks u. Anthrazit wurden Kurven mit einer geringen Anfangs-Geschw. der Verbrennung erhalten, die auf eine Verzögerung des Vorganges hindeuten. Kohle u. Öle geben anfänglich eine starke Drucksteigerung, die dann allmählich wieder nachläßt. Es bestehen Beziehungen zwischen Verkokungs-Temp. u. Verbrennlichkeit des Kokses, dargestellt durch ein Verbrennungs–Zeit-Diagramm. Selbst bei hoher Anfangs-Temp. u. bei Verw. von Tiegeln waren die Kurven für den Hochtemp.-Koks in der Vor- u. Nachverbrennungsperiode gleich, was auf die schwere Verbrennlichkeit von Koks u. Anthrazit zurückgeführt wird. Dadurch ist ein gleichmäßiger O_2-Verbrauch gegeben. Bei bituminösen Kohlen erfolgt die Verbrennung schneller, wodurch mit Hilfe der O_2-Zugabe der Vorgang verfolgt werden kann. Eine hohe Anfangs-Temp. u. die Verw. von Tiegeln ist erforderlich. F. ROSENDAHL. 8242□

Der Feuchtigkeitsmesser EM-1. W. W. Beressnewitsch. (Торфяная Промышленность [Torf-Ind.] 37. Nr. 4. 35—36. 1960.) (Russ.)

Der Universalmesser EM-1 für Feuchtigkeit enthält ein Schälchen, in welches man 2—3 g Torf einfüllt. Man stellt den Gewichtshebelzeiger des Schälchens auf Null ein, erhitzt das Schälchen von unten mit einer Glühbirne (109 Watt, 220 V) 4—7 Min., während welcher Zeit der Gewichtszeiger eine konst. Lage annimmt, wobei die Teilstriche den Wasser-Geh. in % angeben. Die Prüfung des App. ergab, daß neben seiner angeblichen Genauigkeit (0,3—0,5%) auch Abweichungen bis 0,8—1% u. mehr vorkommen. Die Analysen sind mit etwas Übung leicht durchzuführen.

A. v. WILPERT. 8244□

Bestimmung des Lignit-(Xylit-) Gehaltes in Braunkohlen. Jerzy Jastrzębski. (Koks-Smoła-Gaz 5. 146—51. Juli/Aug. 1960. Wrocław, Politechn.) (Pol.)

Die Handauslese-Meth. nach JACOB u. WAGNER-BEEGER zur Best. des Lignit-Geh. der Braunkohle liefert Werte mit einer Streuung bis 25%. Die Streuung kann durch Vergrößern der Probe auf 50 g erniedrigt werden. Zur Best. von faserigem Lignit wird nach einer Meth. des Vf. die Probe mehrmals durch Walzendruck zerkleinert u. dazwischen gesiebt. Die unzerkleinerten faserigen Teile werden abgetrennt u. gewogen.

F. URBAN. 8244□

Absorptionsanalyse von Steinkohlen im ultravioletten Spektralbereich. N. W. Tschuwjurow. (Заводская Лаборатория [Betriebs-Lab.] 26. 164—67. 1960. Dnepropetrowsk, Artem-Berginst.) (Russ.)

Es wird ein Absorptionsgradmeter zur Messung der opt. Dichten (im UV bei $\lambda =$ 365 mμ) von luminescierenden Auszügen aus Steinkohlen in verschiedenen Lsgm. (CH_3OH, Isopropylalkohol, CCl_4 u. Hexan) beschrieben sowie die Möglichkeit der Verw. der opt. Dichte der Auszüge zur Beurteilung technolog. Eigg. von Kohlen gezeigt. Als Maß der Lichtabsorption dient die opt. Dichte, wobei $D = A \cdot C \cdot l$ ist, wo A der für die Moll. des gegebenen Stoffs charakterist. Koeff., l die Schichtstärke u. C die Konz. bedeuten. Bei konst. l ist D proportional C. Die Dichte wurde mittels eines photoelektr. Differentialabsorptionsgradmeters eigener Konstruktion gemessen, wobei als Lsgm. CH_3OH gewählt wurde. Die Resultate der Messungen werden mitgeteilt. Sie zeigen, daß die Absorptionsanalyse von Steinkohlen als Meth. zur Best. wichtiger technolog. Eigg. derselben, wie Oxydationgrad u. Backfähigkeit, zu verwenden ist.

E. v. PEZOLD. 8246

Spektrographische quantitative Bestimmung des Titans und Mangans in der Kohle. Fr. Valeška und A. Havlová. (Sborník Prací hornického Ústavu ČSAV 1. 182—90. 1959.) (Tschech.)

TiO_2 u. Mn_3O_4 wurden direkt in der Steinkohle, ohne vorherige Verbrennung zu Asche, durch Funkenspektren mit einem Spektrographen mittlerer Dispersion bestimmt. Die Analysenprobe wurde mit Graphit, $CaCO_3$ als Puffer u. Co_2O_3 als innerer Standard, homogenisiert. Die erhaltenen Ergebnisse sind mit denen der klass. Analyse vergleichbar. N. MEDIĆ. 8246 □

Schnelle komplexometrische Bestimmung von Phosphor in Kohle. A. C. Bhattacharyya, B. P. Bhaduri und N. G. Banerjee. (Analyst 86. 195—98. März 1961. Raniganj, Indien, Central Fuel Res. Inst., Coal Surv. Stat.) (Engl.)

Vff. beschreiben eine indirekte, auf komplexometr. Mg-Best. beruhende Meth. zur Best. von P in Kohle, die darauf beruht, daß P aus der Kohlenasche mit $HClO_4$ extrahiert u. — nach Maskierung störender Ionen, wie Fe^{3+}, Ti^{4+}, Al^{3+}, Ca^{2+}, Mg^{2+}, Na^+ u. K^+, mit einem Gemisch aus Äthylendiamintetraessigsäure (EDTA) oder Nitrilotriessigsäure (NTA), Citronensäure (I), Triäthanolamin (II) u. NH_4-Tartrat (III) — als $MgNH_4PO_4$ gefällt wird. Mg wird dann im Nd. durch Titration gegen EDTA bestimmt. Die Abweichungen untereinander waren allg. $< 0,0015\%$, die größte betrug 0,003%. Analysengang: 200 mg trockene fein gepulverte Kohlenasche (bei Proben mit $< 0,2\%$ P-Geh. < 500 mg) werden mit 10—15 ml 60—72%ig. $HClO_4$ — ggf. auch mehr — erst 5—20 Min. vorsichtig, dann bis zur Entw. von Nebeln erwärmt, abgekühlt u. auf 50 ml mit warmem W. verdünnt. Nach 5 Min. wird filtriert u. der Nd. 5—6 mal gewaschen, wobei das Vol. des gesamten Filtrats nicht > 200 ml sein soll. Das Filtrat wird mit ca. 0,2 g **III**, ca. 0,1 g gepulverter **I**, 10 ml 50 vol.%ig. Mischung aus **II** u. W., 10 ml 0,1 m EDTA- oder NTA-Lsg., 20 ml kalter Reagens-Lsg. (50 g $MgCl_2 \cdot 6H_2O$ u. 100 g NH_4Cl in 1 Liter W. gelöst, nach Zusatz von einigen Tropfen NH_3-Lsg. über Nacht gestanden, filtriert u. mit 4 ml HCl, Dichte 1,18, angesäuert), 1 Tropfen Methylrot u. tropfenweise mit konz. NH_3-Lsg. bis zum Farbumschlag versetzt. Nach Fällung des Nd. unter kräftigem Rühren werden 5 ml konz. NH_3-Lsg. zugesetzt u. weitere 5 Min. gerührt. Nach 2 Std. wird der Nd. abfiltriert u. so lange mit 1 m NH_3-Lsg. gewaschen, bis sich 10 ml der Wasch-Lsg. nach Zugabe eines Tropfens Indicator-Lsg. (Lsg. von 0,2 g Eriochromschwarz T (ET) in der Mischung von 25 ml abs. A. u. 75 ml **II**) u. eines Tropfens 0,01 m EDTA-Lsg. blau färben. Nach Abspülen des Nd. mit W. u. 2 maligem Waschen des Filters mit warmer 3 n HCl wird der Nd. ggf. unter Erwärmen gelöst, die Lsg. gegen 30%ig. NaOH-Lsg. mit Methylrot neutralisiert. Dann wird nach Zusatz von 10 ml Puffer-Lsg. (durch Lösen von 80 g NH_4NO_3 in W., Zusatz von 350 ml NH_3-Lsg. (Dichte 0,90) u. Verd. auf 1 Liter, pH = 10) u. einigen Tropfen ET-Lsg. sofort gegen 0,01 oder 0,005 m EDTA-Lsg. bis zum Farbumschlag von Weinrot nach reinem Blau titriert. Bei P-Gehh. > 10 mg P_2O_5 werden nach Lsg. des Nd. in HCl 25 ml 0,01 m EDTA-Lsg. zugesetzt, u. die Lsg. wird wie oben beschrieben, neutralisiert u. gepuffert. Dann wird der Überschuß von EDTA gegen eine Lsg. von 2,5 g $Mg(SO_4)_2 \cdot 7H_2O$ in 1 Liter W., die gegen 0,01 m EDTA-Lsg. mit ET als Indicator eingestellt worden ist, mit ET als Indicator bis zum Umschlag von Blau nach Weinrot titriert. J. KRAETSCH. 8246 □

Vergleich von Bestimmungsmethoden für flüchtige Bestandteile und Asche in Kohle. O. W. Rees, F. A. Coolican und E. D. Pierron. (State Illinois, Divis. State geol. Surv., Circ. **1957**. Nr. 240. 1—8.) (Engl.)

Zwecks Standardisierung der Kohle-Prüf-Meth. werden zwei amerikan., eine engl. u. eine französ. Best.-Meth., die sich hinsichtlich der End-Temp. u. der Erhitzungs-Geschw. unterscheiden, in ihren Ergebnissen verglichen. Es wird festgestellt, daß der Anteil an flüchtigen Stoffen sinkt, je langsamer die Temp. gesteigert wird. Die Aschewerte bei zwei versch. End-Temp. stimmen gut überein, jedoch ergeben sich bei Proben mit höherem Geh. an Calcit neben Pyrit durch zu schnelles Erhitzen zu hohe Aschewerte. R. KRATTNER. 8246 □

Die natürliche Desorption von Kohlen. Ihre Anwendung zur Verhütung plötzlicher Gasentwicklung und zur Erklärung des Mechanismus. J. Somnier. (Rev. Ind. minérale **42**. 776—84. Sept. 1960.) (Franz.)

Berichtet wird über Meßapp. u. über die Meth. der Messung sowie über die Unterss. u. Auswertung der Ergebnisse. E. BOYE. 8246 □

Identifizierung und Bestimmung niedrigsiedender Phenole in Tieftemperaturteer. Clarence Karr jun., Paul M. Brown, Patricia Estep und George L. Humphrey. (Analytic. Chem. **30**. 141—316. Aug. 1958. Morgantown, W.Va., Bureau of Mines, Sow Temperature Torr Labor u. Morgantown, West Virginia Univ., Dep. of Chem.) (Engl.)

Aus dem Destillat eines Tieftemp.-Teers wurden Phenol, o-, m-, p-Kresol, 2.3-, 2.4-, 2.5-, 3.4- u. 3.5-Xylenol, o-, m- u. p-Äthylphenol u. 2.3.5-Trimethylphenol isoliert. Die Charakterisierung dieser Phenole erfolgte durch IR-Spektren nach vorheriger fraktionierter Dest. u. durch Gaschromatographie an Di-n-octylphthalat unter Verw. von He als Trägergas. R. STRUFE. 8248

Quantitative Analyse von Kohlenoxysulfid in Naturgas durch Gas-Flüssigkeitschromatographie. J. A. Schols. (Analytic. Chem. **33**. 359—60. März 1961. Sarnia, Ontario, Dow Chem. of Canada, Ltd, Res. and Dev. Labor.) (Engl.)

Die gaschromatograph. Best. von *Kohlenoxysulfid* (I) in Naturgasen unter Verw. einer mit N.N-Di-n-butylacetamid ($Kp._9$ 113°) gefüllten Säule u. einer Wärmeleitfähigkeitszelle bei 28° innerhalb 6 Min. wird beschrieben. 25 —1000 p.p.m. I lassen sich bei einem Fehler von $\pm$15 p.p.m. nachweisen. HEINZ NESTLER. 8250□

Verbesserte Methode zur Bestimmung des potentiellen Gehaltes an hellen Erdölprodukten in Erdölen. G. G. Aschumow, I. I. Namasow und A. B. Nassirow. (Азербайджанское Нефтяное Хозяйство [Erdöl-Wirtsch. Aserbaidshan] **37.** Nr. 11. 39—41. Nov. 1958. Aserbaidshan. Forschungsinst. für Erdölind.)

Es wird eine Schnellmeth. zur Best. des Geh. an potentiellen hellen Erdöl-Prodd. entwickelt, welche die Analysendauer bedeutend verkürzt. Die hierbei verwendeten Füllmassen verbessern die Rektifikation u. gewährleisten hierdruch eine etwas bessere Ausbeute an hellen Prodd. als die bisher in Werten übliche Schnellmethode. Zum Unterschied von letzterer wird die Dest. bis 360—370° durchgeführt, wobei sie bis 220° bei normalem Druck, weiter aber unter Vakuum erfolgt. E. v. PEZOLD. 8252

Eine polarographische Methode für 10^{-3} ppm Kupfer und Blei in katalytisch zu veredelnden Rohölen. B. W. Samuel und J. V. Brunnock. (Analytic. Chem. **33.** 203—05. Febr. 1961. Sunbury-on-Thames, Middlesex, BP Co. Ltd., Res. Centre.) (Engl.)

Eine Best. extrem geringer Mengen (10^{-3} ppm) der Katalysatorgifte *Cu* u. *Pb* in Rohölen wird unter Verw. der Rechteckspannungspolarographie (MERVYN-HARWELL-Polarograph) beschrieben. Die Ölprobe wird mit einer 15%ig. Lsg. von Br_2 in CCl_4 erhitzt u. mit 4 n HCl extrahiert. Die wss. Phase wird zuerst mit Zusatz von HNO_3, dann $HClO_4$ eingedampft u. in einer HCl-haltigen Grund-Lsg. polarographiert. Die Reproduzierbarkeit der Meth. wird mit 2—3 $\times$ 10^{-3} ppm Metall angegeben. E. MOISAR. 8252□

Untersuchung der Schwefelverbindungen von Erdölen. 1. Mitt. Zoltán Szamosközi, Pál Szepesváry und Sándor Zaránd. (Magyar Kémikusok Lapja [Z. ver. ung. Chemiker] **14.** 414—16. Okt. 1959. Budapest, Magyar Államvasutak Anyagvizsgáló Fönöksége és Veszprém, Magyar Ásvanyolyj és Földgáz Kisérleti Intézet.) (Ung.)

Beschreibung der Meth. zur Best. des S-Geh. von Erdölen durch Verbrennung bei 1200—1250° u. anschließende jodometr. Best. der entstandenen SO_3. G. HALMI. 8252□

Bestimmung des Gehaltes an ungesättigen Kohlenwasserstoffen in Rohbenzol und in Benzolfraktionen. Ss. G. Faingold. (Заводская Лаборатория [Betriebs-Lab.] **23.** 1425—27. 1957. Jassinowka, Kokerei.) (Russ.)

Die Meth. ist dad. gek., daß ein bestimmtes Vol. von Rohbenzol mit 92—94%ig. H_2SO_4 geschüttelt wird. Dabei werden die ungesätt. KW-Stoffe in Form von teerartigen Polymeren abgetrennt. Wenig polymerisierte ungesätt. KW-Stoffe lösen sich im gereinigten Produkt. Sie hinterbleiben bei der sich anschließenden Rektifikation. Die ungesätt. KW-Stoffe mit einem hohen Kp. polymerisieren nur soweit, daß sie nicht in Lsg. gehen. Außerdem geht eine Abtrennung von Thiophen u. seiner Homologen vor sich. 50 cm^3 der Fraktion (Rohbenzol) werden mit 92—92,5%ig. H_2SO_4 15 Min. geschüttelt, anschließend wird Bzl. in eine Bürette destilliert. Der Verlust beträgt 0,8—0,9%. Eine Sulfurierung des Bzl. geht nicht vor sich; Toluol wird zu 1 (92%ig. H_2SO_4) — 1,6% (94%ig. H_2SO_4) sulfuriert, Xylol zu 1,5—3,4%. Diese Mengen liegen bei der Analyse von Rohbenzol innerhalb der Fehlergrenze. G. EWALD. 8254□

Bestimmung von Kupfer in Heizöl und anderen Petroleumprodukten. David M. Zall, Ruth E. McMichael und D. W. Fisher. (Analytic. Chem. **29.** 88—90. Jan. 1957. Annapolis, Md., Naval Engng. Exp. Stat.) (Engl.)

Vff. entwickeln eine genaue u. einfache spektrophotometr. Meth. zur Best. von Cu in Petroleum-Prodd. unter Verw. von Neocuproin (2.9-Dimethyl-1.10-phenanthrolin; I). Das Absorptionsmaximum des Cu-I-Komplexes liegt bei 454 mμ. Die Meth. ist schnell, direkt u. erfordert kein Veraschen der Probe; ebenfalls ist eine Einstellung des pH-Werts u. eine Extraktion nicht notwendig. Die Ergebnisse lassen sich gut mit denen anderer mühsamerer u. zeitraubender Verff. vergleichen. Man pipettiert eine geeignete Probemenge in einen 25-ml-Meßkolben (bei hohen Cu-Geh. verwendet man einen 100-ml-

Kolben u. verd. mit Chlf.), setzt 10 ml I-Lsg. (1 g I u. 1 g Hydrochinon in 1 Liter Isopropylalkohol gelöst), füllt mit Chlf. zur Marke auf u. ermittelt die Extinktion nach $^1/_2$std. Stehen bei 454 mμ gegen eine Blindlösung. Die Auswertung erfolgt über eine Eichkurve, die mit Cu-Naphthenat-Lsgg. aufgenommen wurde. Geringe Mengen Sulfid stören; organ. Inhibitoren, wie N-Phenyl-1-naphthylamin, N.N'-Tetramethyldiaminodiphenylmethan oder andere Amino-Verbb. (<0,1%) üben keinen Einfl. aus. Einige Mercaptane führen zu zu niedrigen Ergebnissen, desgleichen Mercaptobenzthiazol u. sein Na-Salz (<0,1%); doch läßt sich diese Störung durch Anwendung von I -Überschuß beseitigen. Ba- u. Na-Sulfonat in Konzz. >0,1% üben einen verzögernden Einfl. auf die Farb-Entw. aus. GERHARD SCHULZE. 8256□

Beitrag zur Analytik der Schmierfette und Metallbearbeitungsöle. Willi Presting, Siegfried Jänicke und Dorothea Rümpler. (Freiberger Forschungsh., Reihe A Heft **164.** Symposium Schmierstoffe u. Schmierung 262—74. 16. u. 19/6. 1959. Halle, Inst. für Verfahrenstechnik der organ. Chem. Leipzig, Außenstelle Halle.) (Dt.)

Zur Aufteilung von Schmierfetten u. Metallbearbeitungsölen nach Stoffgruppen wird je ein Analysengang unter Benutzung der Meth. des Ionenaustauschs, der Säulen- u. der Papierchromatographie beschrieben. Die Charakterisierung der KW-Stoffgruppen erfolgt mit dem modifizierten Mikroviscometer nach BOWMAN an 100—200 mg Stoffmenge u. durch Best. des Fließpunkts an 500—600 mg Stoffmenge. Die Brauchbarkeit der Meth. wird an 8 Modellfetten auf Li-, Na- u. Ca-Basis u. 5 techn. Schmierfetten auf Na-, Ca- u. Al-Basis, sowie an 2 Modell- u. 2 handelsüblichen Schneidölen gezeigt. Zum Austausch des Seifenkations u. zur Lsg. in Bzl. werden 4—5 g Schmierfett in 50—75 ml Bzl. mit 4 g saurem Kationenaustauscher (Wofatit KPS 200) 45 Min. lang rückflußgekocht. Bei Anwesenheit von C_{16}—C_{18}-Fettsäuren werden 3—5 g Schmierfett in 100 ml Toluol oder Heptan nach Zusatz von Oxalsäure 60—120 Min. lang rückflußgekocht. O. HENNING. 8258□

Heinrich Koppers G. m. b. H. (Erfinder: Friedrich Totzek), Essen, **Erzeugung brennbarer Gase durch Umsetzen feinverteilter, besonders fester Brennstoffe in der Schwebe** mit O_2 u. endotherm reagierenden Vergasungsmitteln, wie Wasserdampf u. CO_2, wobei der Brennstoff mit O_2 u. Vergasungsmitteln in einem den Brennstoff-O_2-Strom einhüllenden Ringstrahl in einen auf erhöhter Temp. gehaltenen Rk.-Raum eingeblasen werden. Die Rk.-Stoffe werden während des Ablaufes der Rk. des Brennstoffs mit dem O_2 in im wesentlichen geradliniger, paralleler Strömung durch den Rk.-Raum geleitet. Nach prakt. Beendigung dieser Rk., jedoch vor Beendigung mit dem endotherm reagierenden Vergasungsmittel wird der Strom der Rk.-Stoffe seitlich abgelenkt. Die Rk.-Medien können nach Verlassen der Strömungszone geradlinigerBewegung in eine kreisende Bewegung, z. B. durch tangentiales Einleiten in einen cyclonartigen Raum, versetzt werden. — Vgl. F. P. 1 058 696; C. **1954.** 10628. (**D. B. P. 974 501** Kl. 24e vom 14/7. 1951, ausg. 19/1. 1961. Anmeldung bekanntgemacht 30/10. 1952.) W. HAUSWALD. 8149

Badische Anilin- & Soda-Fabrik Akt.-Ges. (Erfinder: Günter Nottes und Hans Cordes), Ludwigshafen/Rh., **Raffination von technischen Kohlenwasserstoffgemischen,** wie Bzn., Dieselöl, Heizöl oder Schmieröl, mit O_2-haltigen Gasen oder O_2-abgebenden, in KW-Stoffen lösl. Agentien in Ggw. von Katalysatoren in Form metallorgan. Verbb. vom Typ $Me_a(R)_x(CO)_y$ oder deren Gemischen, in denen Me ein Metall der VI. bis VIII. Nebengruppe des Period. Syst., a eine Zahl von 1—4, R einen cycl. Liganden, x eine Zahl von 0—5 u. y eine Zahl von 0—9 bedeuten u. x u. y nicht gleichzeitig 0 sind. (**D. A. S. 1 105 087** Kl. 23b vom 3/7. 1958, ausg. 20/4. 1961.) P. UNGER. 8195

Friedrich Sager, London, England, **Chemische Raffination von Kohlenwasserstoffen** in fl. Phase mit einem fl. Behandlungsmittel, das mit dem KW-Stoff nicht mischbar ist, in fortlaufender Rk., die zu einem gewünschten Zeitpunkt durch Phasentrennung der Rk.-Mischung in einem Hydrocyclon unterbrochen wird. Man erhält einen raffinierten KW-Stoff u. ein verunreinigtes Raffinationsmittel. — Zeichnung. — Vgl. D. B. P. 958 415; C. **1957.** 7827. (**E. P. 831 530** vom 18/4. 1956, ausg. 30/3. 1960.) P. UNGER. 8195

British Petroleum Co. Ltd., London (Erfinder: Frederick William Bertram Porter, Roy Turner und Ernest Carlton Housam, Sunbury-on-Thames, Middlesex), England, **Verteilung von Fluor in Katalysatoren für die hydrokatalytische Entschwefelung von Erdölen** aus auf Al_2O_3 aufgebrachten Oxyden von Co u. Mo mit einem Geh. von 1—6 Gew.-% F, in denen durch eine im wesentlichen aus der Verbrennung der Katalysatorverunreinigungen bestehende Regeneration der Katalysatoren unter Rückführung der heißen Verbrennungsgase in den Katalysatorraum das F schlecht verteilt vorliegt, dad. gek., daß Wasserdampf u./oder Wasserdampf-haltige Gase bei 370—480° in einmaligem Durchgang über die Katalysatormasse geleitet werden, bis eine zur Wiederverwendung der Katalysatoren ausreichend gleichmäßige Wiederverteilung des F über die ganze Katalysatormasse eingetreten ist. — Zeichnung. — Vgl. Aust. PP. 205 936 u. 205 937; C. **1960.** 5046. (**D. A. S. 1 087 308** Kl. 23b vom 22/6. 1955, ausg. 18/8. 1960. E. Prior. 24/6. 1954.) P. Unger. 8195

British Petroleum Co. Ltd., London, England, **Katalytische Umwandlung von Kohlenwasserstoffen.** Die KW-Stoffe werden in Dampfform über einen Crack-Katalysator bei 150—500° geleitet. Der Katalysator wird hergestellt, indem ein amphoteres Oxyd katalyt. aktiviert wird, wobei durch Einw. von Hitze (650°) die imprägnierten Verbb. der VIII. Gruppe des Period. Syst. in Oxyde, wie NiO, CoO oder Fe-Oxyd, übergeführt werden. — Vgl. F. P. 1 187 652; C. **1960.** 12801. (**Belg. P. 554 687** vom 2/2. 1957, ausg. 29/1. 1960. E. Prior. 3/2. 1956.) E. Kahles. 8197

Heinrich Koppers G. m. b. H., Essen, **Verdichten von Gasen,** bes. Koksofengasen, die neben H_2S noch Stickstoffoxyde enthalten, mit Hilfe eines Mehrstufenkompressors auf Drucke von $>$15 at. Nachdem das Gas auf 10—15 at komprimiert worden ist, wird es vollständig von seinem S-Geh. unter Druck befreit u. kann erst dann weiter komprimiert werden. Das z. B. auf 30—50 at komprimierte Gas dient als H_2-Träger in der katalyt. *Druckreinigung* von *Rohbenzin* u. dergleichen. (**Ind. P. 58 976** vom 26/11. 1956, ausg. 5/6. 1958.) H. Nebelsiek. 8201

N. V. de Bataafsche Petroleum Mij., Den Haag, Holland, **Oxydation von Mercaptanen oder Mercaptiden zu Disulfiden** in einem Zweiphasen-Syst., bestehend aus einer öligen leichten KW-Stoffphase u. einer wss. Alkalihydroxydphase. Die Mercaptane oder Alkalimercaptide, die zu Disulfiden mittels O_2 in Abwesenheit eines Oxydationskatalysators oxydiert werden sollen, liegen in einem 2-Phasen-Syst. vor. Eine Phase besteht aus einem leichten KW-Stofföl, die andere aus einer wss. Lsg. eines Metallhydroxyds u. eines Alkalimetallphenolats (Alkalimetallsalz eines Phenols). Beide Phasen werden in innigen Kontakt miteinander gebracht. Die wss. Lsg. ist homogen u. enthält mindestens 2 Mol freies Alkalihydroxyd pro Liter u. nicht $>$54 Vol.-% W., bezogen auf die Gesamt-Vol. der Bestandteile dieser Lsg. vor dem Mischen. Sie kann ursprünglich in heterogenem Gleichgewicht verbleiben mit einer Alkalihydroxyd-Lsg., die wenig Phenolat enthält, während beide Lsgg. dieselben 3 Komponenten in wss. homogener Lsg. enthalten. Behandlungsgut: Leichtbenzin oder Leuchtöl; Alkalihydroxyd: KOH; Alkaliphenolat: Kresolat oder Xylenolat, ggf. auch ein Gemisch aus Erdölspaltdestillaten. Arbeitstemp.: 0—70° (10—45°); O_2: Luft. Mischung der Komponenten mit Propellermischer. — Zeichnungen. — Vgl. Aust. PP. 216 448 u. 216 449; C. **1960.** 14569. (**E. PP. 827 384** u. **827 385** vom 29/5. 1956, ausg. 3/2. 1960. Holl. Prior. 31/5. 1955. **Zusatz zu E. P. 775 015; C. 1959. 16857.**) P. Unger. 8201

Houdry Process Corp., Philadelphia, Pa., V.St.A., **Einführung eines großen Gasvolumens bei kontrollierter Geschwindigkeit in einen abgegrenzten Reaktionsraum** über ein Bett ruhender u. ruhendbleibender kleiner Teilchen. Das in eine Vielzahl von Strömen unterteilte Gas wird zunächst in einer von der Bettoberfläche wegführenden Richtung in den Rk.-Raum eingeführt u. erst nach der Umlenkung über eine Reflexionsfläche gegen die Bettoberfläche geleitet. Zur Vermeidung der Durchwirbelung des Bettes bzw. der Abhebung oder störenden Lageveränderung von Teilchen muß die Gas-Geschw. an der Bettoberfläche $< 136{,}5 \sqrt{D_c \cdot p_c / p_f}$ m/s sein (D_c = mittlerer Teilchendurchmesser [m], p_c = Teilchendichte [g/cm³], p_f = Gasdichte [kg/m³] bei Strömungs-Temp. u. Strömungsdruck). Anwendung bei katalyt. Red.-Verff., bes. bei *katalyt. Reformierung* von KW-Stoffen. — 6 Abbildungen. (**Oe. P. 211 798** vom 26/2. 1958, ausg. 10/11. 1960. A. Prior. 23/9. 1957.) P. Kühn. 8201

W. C. Holmes & Co. Ltd., Charles Cooper, Thornton Scott und Refiners Ltd., England, **Wiedergewinnung von H_2SO_4** aus Ölen, wie sie bei der *Reinigung von Bzl.* anfallen, durch Verrühren mit W. u. Phenolen u./oder Kresolen u./oder Xylenolen, Abtrennung der organ. Phase, aus der man durch Behandlung mit einem inerten Gas bei ca. 140° das Lsgm. abtreibt u. kondensiert, während die wss. saure Phase durch Erhitzen u. Durchblasen eines inerten Gases bei 100—150° eingeengt wird, bis H_2SO_4 sich zu zersetzen beginnt. Man setzt HNO_3 zu, erhitzt wieder, um W. abzutreiben, setzt wieder HNO_3 zu usw., bis der gewünschte Reinheitsgrad erreicht ist. — 2 Schemata der Anlage. (**F. P. 1 187 953** vom 12/11. 1957, ausg. 17/9. 1959. E. Prior. 13/11. 1956 u. 16/10. 1957.) S. Böttcher. 8203

Ethyl Corp., New York, N.Y. (Erfinder: Jerome Engel Brown, Detroit, Mich.), V.St.A., **Kraftstoff auf KW-Stoffbasis im Benzinsiedebereich mit einem Geh.**

an Dicyclopentadienyleisen, Alkylblei u. Halogenspülmittel, dad. gek., daß derselbe im Liter 0,560—1,675 g Blei in Form eines Alkylbleiantiklopfmittels, 0,4—0,6 theoret. Einheiten Brom u. 0,8—1,2 theoret. Einheiten Chlor, jeweils auf Blei berechnet, in Form von Halogenspülmitteln, u. im Liter 0,0066—0,0793 g Eisen in Form von Dicyclopentadienyleisen enthält. (**D. A. S. 1 101 853** Kl. 46a[6] vom 4/7. 1958, ausg. 9/3. 1961. A. Prior. 12/7. 1957.) E. Drews. 8205

Deutsche Gold- und Silber-Scheideanstalt vormals Roessler, Frankfurt/M. (Erfinder: Georg R. Schultze, Hannover, und Johann Fuhrmann, Hamburg), **Prüfung von Ölen** auf ihren Geh. an *oberflächenakt. Wirkstoffen*, bes. von HD-*Motorenölen*, auf ihre Detergent–Dispersant-Wrkg., dad. gek., daß das zu prüfende Öl mit einer aus einem reinen Raffinat u. feindispersen Metall- oder Metalloidoxyd, bes. Al-Oxyd oder SiO_2, bestehenden Testpaste vermischt wird u. die Konsistenzänderung des so erhaltenen Prüfgemisches gemessen wird. (**D. A. S. 1 102 446** Kl. 421 vom 3/11. 1958, ausg. 16/3. 1961.) W. v. Huhn. 8213

Metallgesellschaft Akt.-Ges., Frankfurt/M. (Erfinder: Erich Arnold, Helmut Reuter, Frankfurt/M., und Wolf Mehner, Königstein/Taunus), **Getrennte katalytische hydrierende Raffination von Kohlenwasserstofffraktionen** von verschiedenem Siedebereich, bei der H_2 oder H_2-haltiges Gas nacheinander durch die einzelnen Raffinationsstufen geführt u. in der einen in geradem Durchgang u. in der anderen im Kreislauf verwendet wird. Man verwendet H_2 aus einer angeschlossenen Reforming-Anlage. Im geraden Durchgang wird der H_2 durch eine Leichtbenzinraffination u. ggf. durch eine Kerosenraffination geführt, um darauf in einer Gasölraffination im Kreislauf verwendet zu werden. — Zeichnung. (**D. A. S. 1 105 545** Kl. 23b vom 21/6. 1958, ausg. 27/4. 1961.) P. Unger. 8213

Badische Anilin- & Soda-Fabrik Akt.-Ges. (Erfinder: Günther Nottes und Heinz Lemme), Ludwigshafen/Rh., **Klären von Gas- und Destillatheizölen** zwecks Entfernung von W. aus Erdölfraktionen, die Korrosionsinhibitoren enthalten, durch Behandlung mit wss. Lsgg., die Alkali- u./oder Erdalkalisalze starker anorgan. Säuren, ein- oder mehrwertige Alkohole, Oxäthylierungs- bzw. Oxpropylierungs-Derivv. von Kolophonium u. ggf. noch Campfer- oder Terpen-Derivv. mit oxäthylierten Gruppen enthalten. (**D. A. S. 1 097 602** Kl. 23b vom 1/10. 1958, ausg. 19/1. 1961.) P. Unger. 8217

Shell Internationale Research Mij. N. V., Den Haag, Holland (Erfinder: William Ainslie Hewett, Oakland, und Robert Caldwell Jones, Berkeley, Calif., V.St.A.), **Synthetisches Schmieröl auf Esterbasis,** bes. auf der Basis eines aliphat. Diesters mit einem Geh. an Polymeren, gek. durch einen geringen Geh. an einem KW-Stoffpolymeren mit einem durchschnittlichen Molgew. zwischen 50000 u. 1000000 der allg. Formel $(-CRH-CH_2-)_m$, in welcher m eine ganze Zahl u. R in jedem Monomeren gleiche oder verschiedene Alkylreste mit 8—20 C-Atomen bedeutet, wobei die durchschnittliche Zahl der C-Atome in den gesamten Alkylresten des Polymeren 10—14 beträgt. (**D. A. S. 1 102 326** Kl. 23c vom 14/9. 1959, ausg. 16/3. 1961. A. Prior. 15/9. 1958.) E. Drews. 8221

„Shell" Research Ltd., London (Erfinder: Raymond Spencer Airs, Hooton, Cheshire, und Herbert Charles Evans, Halton, Cheshire), England, **Schmieröl** auf mineral. oder synthet. Basis, gek. durch einen geringen Anteil an einer Mischung eines als Schmierölbestandteil an sich bekannten öllösl. halogenhaltigen organ. Hochdruckzusatzmittels (I) sowie aus einer als Schmierölbestandteil an sich bekannten öllösl. Organo-Zinn-Verb. (II), die mindestens eine C–Sn-Bindung im Mol. aufweist. — Beispiele für I: Chlorierte Erdölfraktionen, halogeniertes Paraffin (20—70% Halogen); für II: Dibutylzinndilaurat, Di-(benzylthio)-Sn-di-n-octyl). (**D. A. S. 1 105 547** Kl. 23c vom 18/11. 1959, ausg. 27/4. 1961. E. Prior. 20/11. 1958. **E. P. 833 873** vom 20/11. 1958, ausg. 4/5. 1960.) E. Drews. 8221

N. V. de Bataafsche Petroleum Mij., Holland, übert. von: Shell Refining & Marketing Co. Ltd., bzw. „Shell" Research Ltd., London, England (Erfinder: Glyn Ellis, James Hartley und John Campbell Moseley), **Schmieröle,** welche als Zusätze öllösl. bas. Salze von mehrwertigen Metallen mit öllösl. organ. Säuren, z. B. alkylierten Salicyl- oder Naphthensäuren, oder mit Mineralölsulfonsäuren, bes. die Erdalkalisalze davon, enthalten. Weitere Zusätze sind Lsgm., z. B. KW-Stoffe, wie Xylol, niedere aliphat. Alkohole, Aceton. — Ein Gemisch von stark bas. alkylierten Ca-Salicylaten (Alkylrest mit 14—18 C-Atomen) wird aus den Säuren u. $Ca(OH)_2$ unter Zuleiten von CO_2 hergestellt. — Verfahrensschema. (**F. P. 1 136 852** vom 27/9. 1955, ausg. 21/5. 1957. E. Prior. 27/9. 1954 u. 19/8. 1955. **E. P. 786 167** vom 27/9. 1954, ausg. 13/11. 1957.) M. F. Müller. 8221

Chemon Corp. (Erfinder: Albert Parsons Sachs), **Schmierölzusätze** sind *Mischpolymerisate* aus 5—50% *N-Vinyl-2-pyrrolidon* (I), Rest *Acrylsäureester*, z. B. *Lauryl-*, *Myristyl-*, *Cetyl-* u. *Stearylmethacrylat*, *Cetylstearylmethacrylat*, ggf. mit einem Zusatz von *n-Butylmethacrylat*. Die Polymerisation erfolgt in üblicher Weise, z. B. in Toluol als Lsgm., oder im Schmieröl selbst. — In 6 (g) Toluol werden nach Zusatz von 0,1 Benzoylperoxyd 6 I u. 14 Acrylsäureester eines C_{12}—C_{14}-Alkanolgemisches bei 110—120° polymerisiert. (**Aust. P. 222 016** vom 16/8. 1956, ausg. 9/7. 1959. Can. Prior. 31/8. 1955.) H. MÖLLERING. 8221

Farbenfabriken Bayer Akt.-Ges. (Erfinder: Peter Kurtz), Leverkusen, **Herstellung von hydroxylgruppenhaltigen selenorganischen Verbindungen,** dad. gek., daß man Olefine mit SeO_2 in wss. Lsg. umsetzt. — Durch eine Lsg. von 280 g SeO_2 in 1000 cm^3 W. wird bei 80° Propylen (I) 40 Std. geleitet, wobei 80 Liter I aufgenommen werden, worauf mit Ae. extrahiert u. Ae. abdest. wird. Der Rückstand dest. unter schwacher Zers. bei 110—128°/0,5 mm. Bei erneuter Dest. erhält man *Bis-(2-hydroxypropyl)-selenid*, $Kp._{0,1}$ 97—99°, n_D^{20} 1,5265. — Analog erhält man mit Isobutylen → *Bis-(2-methyl-2-hydroxypropyl)-selenid*, $Kp._{0,2}$ 87—90°, F. 35—36,5° (aus Leichtbenzin). — *Zusätze* zu *Schmierölen* u. Zwischenprodd. zur Herst. von Schädlingsbekämpfungsmitteln. (**D. A. S. 1 105 414** Kl. 12o vom 23/2. 1960, ausg. 27/4. 1961.) J. MÜHLEISEN. 8221

Vereinigte Leichtmetall-Werke G. m. b. H., Bonn (Erfinder: Friedrich Faller, Bonn, und Rudolf Gädicke, Beuel-Küdinghoven), **Reinigung von mit Abrieb verschmutzten Walzölen** durch Behandlung mit konz. wss. NH_3-Lsg. unter Einleiten von CO_2. Man läßt absitzen u. trennt die gebildeten Phasen. Menge der NH_3-Lsg.: 4,4% des zu reinigenden Walzöls. (**D. A. S. 1 101 671** Kl. 23b vom 16/1. 1960, ausg. 9/3. 1961.) P. UNGER. 8221

Esso Standard Soc. An. Française, Seine, Frankreich (Erfinder: R. Metenier und M. Prilleux), **Schmierfettkompositionen.** Man versetzt ein mineral. oder synthet. Öl (Viscosität bei 37,8° 15—433, bes. 18—217 cSt) mit einer Alkali- oder Erdalkalimetallseife einer halogenhaltigen Fettsäure mit bes. 10—24 C-Atomen (z. B. 9.10-Dichlorstearin-, 9.10-Dichlor-12-hydroxystearinsäure). (**F. P. 1 115 695** vom 3/12. 1954, ausg. 27/4. 1956.) T. OPPERMANN. 8223

Esso Standard Soc. An. Française (Erfinder: Robert Henri Metenier und Jean Baptiste Signouret), Frankreich, **Verbesserte Hochtemperatur-Schmierfette,** welche gegen Oxydation widerstandsfähig sind, erhalten als Zusätze 3—30% Seife als Verdickungsmittel u. eine geringe Menge eines Stabilisierungsmittels in Form des Kondens.-Prod. eines Alkylenoxyds oder einer Verb. mit Polyoxyalkylenkette mit einem Aminophenolharz, welches durch Kondens. eines Alkylphenols mit CH_2O in Ggw. von NH_3 erhältlich ist. (**F. P. 1 129 032** vom 23/5. 1955, ausg. 15/1. 1957. **E. P. 794 619** vom 12/3. 1956, ausg. 7/5. 1958. **A. P. 2 874 122** vom 9/4. 1956, ausg. 17/2. 1959. Beide F. Prior. 23/5. 1955.) M. F. MÜLLER. 8223

Alpha Molykote Corp., V.St.A., **Addition für Schmiermittel.** Sie enthalten im wesentlichen das Rk.-Prod., welches durch Umsetzung einer organ. Base (mit einem KW-Stoffrest mit ca. 8—20 C-Atomen) mit S u. Molybdänblau entsteht. — Zum Beispiel erhitzt man 100 cm^3 reine konz. H_2SO_4 bis zur Bldg. von weißen Nebeln, versetzt mit 6 g reinem MoO_3-Pulver, kocht 5—10 Min. u. gießt das Rk.-Prod. nach dem Abkühlen in 100 cm^3 dest. Wasser. Dann gibt man 0,3 g reines Mo-Pulver hinzu, kocht die Lsg. 3—5 Min. u. dekantiert nach 10—20 Min. die blaue Fl. ab. Zu 200 (cm^3) dieser Fl. gibt man 200 Isobutylalkohol u. 600 dest. W., verrührt die obere Molybdänblau–Isobutylalkohol-Schicht mehrmals mit W., trocknet mittels wasserfreiem Na_2SO_4 u. filtriert. Dann löst man 1,6 (g) S in 17,5 „Amine 220" (Rk.-Prod. von Fettsäuren mit 1-Hydroxyäthyl-2-heptadecenylglyoxalidin) u. erhitzt auf 130—150°. 9,6 der gebildeten braunen Masse löst man in der hergestellten Molybdänblau-Lsg. u. destilliert. Ein Gemisch von 2,7 Amine–S–Molybdänblau-Komposition u. 2,3 eines Gemisches von Alkoholen mit C-Ketten mit 14—18 C-Atomen löst man in 100 mineral. Schmieröl. — *Hochleistungsschmiermittel.* — Vgl. D. A. S. 1 060 079; C. **1960.** 5696. (**F. P. 1 177 451** vom 21/6. 1957, ausg. 24/4. 1959. D. Prior. 4/7. 1956.) T. OPPERMANN. 8223

Socony Mobil Oil Co., Inc., übert. von: John E. Schott, New York, N.Y., V.St.A., **Stabilisatoren für Schmierfette,** die mit Erdalkaliseifen gedickt sind, für die Lagerung u. Verw. im Bereich von —70 bis +250° F sind mineralöllösl. Kohlensäureester, $(RO)_2CO$, in denen R gleiche oder verschiedene KW-Stoffreste mit mindestens 13—20 C-Atomen bedeutet. Zugabe 0,01—5%. — Beispiel: Di-(butoxydiäthylenglykol)-carbonat. (**A. P. 2 871 191** vom 17/10. 1952, ausg. 27/1. 1959.) E. DREWS. 8223

Esso Research and Engineering Co., V.St.A. (Erfinder: David W. Young und Arnold J. Morway), **Schmierfett,** welches keine oder nur wenig Seife enthält, aus einem Schmieröl von der Konsistenz des Schmierfetts mit einem Zusatz von 0,5 bis 40 Gew.-% eines Polymethylenharzes (II) mit einem Molgew. von 10000—40000. — Zus. z. B. 89,5 (Gew.-%) Mineralöl (Viscosität bei 98,8° 9 cSt), 10 **II** (Molgew. 30000) u. 0,5 Phenyl-α-naphthylamin (III). — Als Schmieröl ist z. B. Di-2-äthylhexylsebacat (I) genannt. In diesem Falle werden 89,5 **I**, 7 **II**, 3 Li-Stearat u. 0,5 **III** angewandt. — Die Fette hinterlassen beim Verbrennen keine Asche, sind mit viscositätssteigernden u. Verdickungsmitteln verträglich u. gegen hohe Drucke widerstandsfähig. (**F. P. 1 125 326** vom 26/5. 1955, ausg. 29/10. 1956. A. Prior. 1/6. 1954.) M. F. MÜLLER. 8223

Texas Co., New York, übert. von: John P. Dilworth, Fishkill, N.Y., Charles H. Culnane jun., Wyandotte, Mich., und Roy F. Nelson, Port Arthur, Tex., V.St.A., **Herstellung stabiler wasserfreier Ca-Seifen-Schmierfette.** Man verseift ein Gemisch (I) gesätt. C_{12-24}-Mono- u. Dihydroxyfettsäuren u. deren Glyceride mit $Ca(OH)_2$ in Ggw. einer gegenüber dem eigentlichen Basisschmieröl kleinen Menge eines naphthenbas. Dest.-Schmieröls einer Viscosität von 40—600 S.U.S./100° F, erhitzt über den F. der Seife hinaus zur Entwässerung u. fügt das Schmieröl bis zur Abkühlung des Gemisches unterhalb des Seifen-F. zu.

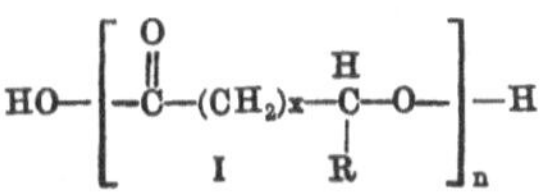

I enthält 3—10 Gew.-% Ester-Verbb. („estolides") vom Molgew. 800—1200, bestehend aus intermol. Estern u. Polyestern, die z. B. für C_{12-24}-Hydroxyfettsäuren die allg. Formel I haben, in der R = H oder ein aliphat. C_{1-21}-Rest, x = 1—22 u. n = 2—10 ist. (**A. P. 2 862 884** vom 23/3. 1954, ausg. 2/12. 1958.) E. DREWS. 8223

Texas Co., New York, übert. von: Terence B. Jordan und John P. Dilworth, Fishkill, und James R. Roach, Beacon, N.Y., V.St.A., **Schmierfett** mit hohem Tropfpunkt. Es enthält in einem nur mit Li-Seifen gedicktem Schmieröl einen Überschuß von 0,05—0,8 (Gew.-%) LiOH über die zur Seifen-Bldg. erforderliche stöchiometr. Menge hinaus u. 0,5—5 eines Tri-C_{1-15}-KW-Stoffesters des Phosphors, z. B. Trikresylphosphat, Tri-(2-äthylhexyl)-phosphat, Triamylphosphit. (**A. P. 2 872 417** vom 15/10. 1954, ausg. 3/2. 1959.) E. DREWS. 8223

Texaco, Inc., übert. von: Du Bois Eastman, Whittier, Calif., V.St.A., **Herstellung wasserfester Schmierfette.** Man stellt ein fl. Gemisch von Silicateilchen (I) in gelbildenden Mengen, die Suspensionen in verdampftem Öl bilden können, 0,5—5 Gew.-% (von I) eines fl. Silicons der allg. Formel **II** (R = Alkyl, Aryl, Alkaryl, Aralkyl, n = mindestens 1) in Mineralschmieröl her, erhitzt bis zur Bldg. von Dampf, welcher I suspendiert enthält, u. treibt diese Suspension mit hoher Geschw. durch eine Wirbelzone. Hierbei wird I zu fein verteiltem, siliconüberzogenem Silica umgewandelt. Nach Entfernen von Wasserdampf u. Abkühlen erhält man das Schmierfett. — Rk.-Schema. (**A. P. 2 920 042** vom 28/3. 1955, ausg. 5/1. 1960.) E. DREWS. 8223

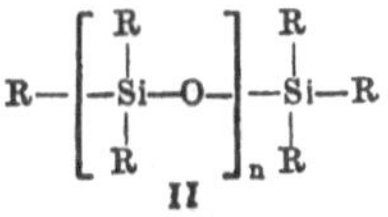

II

Standard Oil Co., Chicago, übert. von: Lawrence C. Brunstrum, Flossmoor, Ill., und Hubert J. Liehe, Hammond, Ind., V.St.A., **Schmiermittel,** die in unbearbeitetem (unworked) Zustand fl. u. nach der mechan. Bearbeitung Schmierfettkonsistenz aufweisen, bestehen aus einer Mineralölbasis mit einem Geh. von 1 bis 3,5 Gew.-% Li-Oxystearat, wobei diese Seifenpartikel eine Größe von 0,1—0,5 μ Länge u. eine multipartikle Seifenstruktur als Seifenagglomerat-in-Öl in unbearbeitetem Zustand aufweisen. Diese Seifenstruktur wird erhalten durch Abschrecken des Fetts von der Schmelz-Temp. der Seife auf 100—150° F, homogenisieren, erneutes Erhitzen auf 150—250° F u. Verdünnen bis zum gewünschten Seifengehalt. (**A. P. 2 846 394** vom 30/11. 1954, ausg. 5/8. 1958.) E. DREWS. 8223

N. V. de Bataafsche Petroleum Mij., Den Haag (Erfinder: Cornelis Stillebroer, Delft, Johan Leonard van der Minne und Pieter Hendrik Jan Hermanie, Amsterdam), Holland, **Schmiermittelemulsion** für *Verbrennungsmotoren* auf der Basis von W.-in-Öl unter Verw. eines Öls von Schmierölviscosität u. eines salzhaltigen W., bes. für *Dieselmotoren,* welche mit einem Treibstoff betrieben werden, der 0,01—0,1 Gew.-% S, berechnet als elementarer S, enthält. Die Emulsion enthält 1 bis 50 (Gewichtsteile) der wss. Phase u. 99—50 des Öls. Die wss. Lsg. enthält im Liter 0,05 Mol eines Li-Salzes oder eines Salzes eines 2wertigen Metalls, z. B. von Ca, Ba, Mg oder Zn, in Form des Nitrits, Nitrats, Formiats, Acetats oder Propionats. Als Emulgierungsmittel dient das Salz eines mehrwertigen Metalls mit einer aromat. Hydroxycarbonsäure, welche mit einer oder mehreren Alkylgruppen mit wenigstens 12 C-Atomen substituiert ist, oder einer öllösl. Naphthasulfonsäure. — Tabelle. (**F. P. 1 112 178** vom

15/9. 1954, ausg. 9/3. 1956. **Belg. P. 531 487** vom 28/8. 1954, ausg. 22/11. 1957. **E. P. 755 799** vom 2/9. 1954, ausg. 29/8. 1956. Alle Holl. Prior. 24/11. 1953, 18/5. u. 30/6. 1954. **D. B. PP. 972 052** Kl. 23c vom 25/9. 1954, ausg. 23/7. 1959. Anmeldung bekanntgemacht 19/4. 1956, **972 053** Kl. 23c vom 25/9. 1954, ausg. 7/4. 1960. Anmeldung bekanntgemacht 9/8. 1956. Beide Holl. Prior. 24/11. 1953 u. 18/5. 1954 u. **972 191** Kl. 23c vom 25/9. 1954, ausg. 18/6. 1959. Anmeldung bekanntgemacht 15/11. 1956. Holl. Prior. 24/11. 1953 u. 30/6. 1954. **Schwz. PP. 334 643, 334 645** vom 7/10. 1954, ausg. 31/1. 1959. Beide Holl. Prior. 24/11. 1953 u. 18/5. 1954 u. **334 646** vom 7/10. 1954, ausg. 31/1. 1959. Holl. Prior. 24/11. 1953 u. 30/6. 1954. **Holl. PP. 88 788** vom 18/5. 1954, **88 991** vom 30/6. 1954, beide ausg. 15/8. 1958, **88 997, 88 998** vom 24/11. 1953 u. **88 999** vom 18/5. 1954, alle ausg. 15/9. 1958.) M. F. MÜLLER. 8223

Standard Oil Development Co., Elizabeth, N.J., V.St.A., **Modifizieren von Bitumen** durch Zusatz von 0,1—20% eines Polyvinyläthers mit einem Molgew. von 2000—100000, bes. Polyvinylisobutyläther u. Mischpolymerisate aus Isopropyl-, 2-Äthylhexyl- u. evtl. Methoxyäthylvinyläther. Durch den Zusatz werden F., Penetration u. Duktilität erhöht. (**Ind. P. 49 014** vom 19/2. 1953, ausg. 24/3. 1955.) C. LÜTTGEN. 8225

Robert Meldau, Gütersloh (Erfinder: Robert Meldau, Gütersloh, Heinrich Bauch und Franz Peschanel, Wuppertal), **Stabilisierung von Bodenkörpern (I)**, bes. für den Straßenbau, dad. gek., daß die I mit zusammenhängenden geformten Schichten (II) aus Fe-Oxyden, -Hydroxyden, -Oxydhydraten, ggf. im Gemisch mit feinstem ZnO oder koll. SiO_2, überzogen u. die II durch Behandlung mit Säuren oder Alkalien in Ortsteinschichten umgewandelt werden. (**D. A. S. 1 064 888** Kl. 84c vom 13/4. 1957, ausg. 3/9. 1959.) H. KOBS. 8237

Clarence P. Munding, Santa Maria, Calif., V.St.A., **Straßenbaumassen**, die glatte u. widerstandsfähige Straßendecken liefern, enthalten 5 (Vol.-Teile) eines Schieferöls u. 1 eines hochviscosen, rohen, asphalthaltigen Öls. (**A. P. 2 877 127** vom 30/1. 1957, ausg. 10/3. 1959.) M. BÖTTCHER. 8237

Montecatini Soc. Gen. per l'Industria Mineraria e Chimica, Mailand, Italien, *Herstellung von Synthesegas.* (**Ind. P. 56 317** vom 16/1. 1956, ausg. 7/3. 1958. — C. **1959.** 996 [F. P. 1 139 320].)

VEB Leuna-Werke „Walter Ulbricht", Leuna b. Merseburg (Erfinder: **Hermann Bernzotte** und **Heinz Golitzer**), *Phenolpechgemische.* (**E. P. 823 381** vom 13/1. 1956, ausg. 11/11. 1959. — C. **1959.** 4669 [D. A. S. 1 029 507].)

Bergwerksgesellschaft Hibernia Akt.-Ges., Herne, *Cracken von Kohlenwasserstoffen mit Koks.* (**Norw. P. 90 107** vom 7/5. 1955, ausg. 7/10. 1957. D. Prior. 5/6. 1954. — C. **1957.** 3992 [D. B. P. 949 585].)

Badische Anilin- & Soda-Fabrik Akt.-Ges., Deutschland, *Entschwefeln von Rohölen.* (**F. P. 1 114 482** vom 20/10. 1954, ausg. 12/4. 1956. D. Prior. 23/10. 1953 u. 15/1. 1954. — C. **1956.** 11 597 [D. B. P. 939 278] u. C. **1956.** 13587 [D. B. P. 945 587].)

Herbert Peter August Groll, Schweden, *Fraktionieren von Ölen durch selektive Extraktion.* (**F. P. 1 112 781** vom 24/8. 1954, ausg. 19/3. 1956. Schwed. Prior. 24/8. 1953. — C. **1958.** 3783 [E. P. 768 034].)

Oxy-Catalyst, Inc., V.St.A. (Erfinder: **Eugene Jules Houdry**), *Crackkatalysatoren aus anorganischen Gelen.* (**F. P. 1 114 295** vom 4/3. 1954, ausg. 10/4. 1956. A. Prior. 4/3. 1953. — C. **1957.** 5086 [E. P. 749 334].)

M. W. Kellogg Co., V.St.A. (Erfinder: **Samuel R. Stiles, James Warburton** und **John M. Black**), *Alkylieren von Isoparaffinen mit Olefinen.* (**F. P. 1 113 169** vom 19/10. 1954, ausg. 26/3. 1956. A. Prior. 20/10. 1953. — C. **1958.** 7892 [D. A. S. 1 022 201].)

British Petroleum Co. Ltd., London, England, *Katalytische Reformierung von Erdölkohlenwasserstoffen.* (**Belg. P. 568 253** vom 2/6. 1958, ausg. 12/8. 1960. E. Prior. 7/12. 1956. F. Prior. 4/12. 1957. — C. **1959.** 13985 [D. A. S. 1 054 624].)

Universal Oil Products Co., Des Plaines, Ill., V.St.A., *Reformieren von Kohlenwasserstoffgemischen.* (**Ind. P. 49 658** vom 29/5. 1953, ausg. 17/2. 1956. — C. **1956.** 14226 [F. P. 1 080 892].)

Universal Oil Products Co., Des Plaines, Ill., V.St.A., *Reformieren von Benzinkohlenwasserstoffen.* (**Ind. P. 49 678** vom 3/6. 1953, ausg. 21/6. 1954. — C. **1956.** 14226 [F. P. 1 080 916].)

Standard Oil Co., Chicago, Ill., V.St.A., *Regenerieren von Hydroformierungskatalysatoren.* (**Ind. P. 49 636** vom 26/5. 1953, ausg. 23/12. 1954. — C. **1959.** 998 [Aust. P. 166 035].)

Esso Research and Engineering Co., V.St.A. (Erfinder: **Peter Joseph Vermont James Aglus, Peter Reginald Morris, Thomas Arnold Garbett** und **Joan Daphne Bryan**), *Herstellung stickstoffhaltiger Polymerer.* (**F. P. 1 153 387** vom 1/6. 1956, ausg. 5/3. 1958. E. Prior. 24/6. 1955. u. 24/2. 1956. — C. **1959.** 17585 [D. A. S. 1 060 141].)

„Shell" Research Ltd., London, England, *Schmierölgemische.* (**Belg. P. 565 660** vom 13/3. 1958, ausg. 15/7. 1960. E. Prior. 13/3. u. 10/12. 1957. — C. **1960.** 11167 [D. A. S. 1 075 775].)

N. V. de Bataafsche Petroleum Mij., Den Haag, Holland, *Schmieröl.* (**It. P. 512 663** vom 3/12. 1953. A. Prior. 5/12. 1952. — C. **1957.** 3428 [D. B. P. 944 629].)

N. V. de Bataafsche Petroleum Mij., Den Haag, Holland, *Schmieröle.* (**It. P. 512 834** vom 3/12. 1953. A. Prior. 5/12. 1952. — C. **1957.** 3428 [D. B. P. 944 629].)

N. V. de Bataafsche Petroleum Mij., Den Haag, Holland, *Herstellung von Schmierfettverdickern.* (**Belg. P. 554 481** vom 25/1. 1957, ausg. 29/1. 1960. A. Prior. 27/1. 1956. — C. **1959.** 8376 [D. A. S. 1 039 684].)

N. V. de Bataafsche Petroleum Mij., Den Haag, Holland, *Schmiermittel für Stahldrahtseile.* (**Belg. P. 566 591** vom 9/4. 1958, ausg. 29/7. 1960. Holl. Prior. 11/4. 1957. — C. **1960.** 5047 [D. A. S. 1 057 713].)

Edeleanu G. m. b. H., Deutschland (Erfinder: **Alfred Hoppe, Hans Langner, Heinrich Westerhoff, Herbert Wolke** und **Günther Hauenstein**), *Abtrennen von Paraffin aus paraffinhaltigen Kohlenwasserstoffen.* (**F. P. 1 087 003** vom 4/9. 1953, ausg. 18/2. 1955. D. Prior. 15/9. u. 20/12. 1952 u. 28/4. 1953. — C. **1956.** 315 [D. B. P. 928 726], C. **1956.** 3738 [D. B. P. 933 828] u. C. **1956.** 4605 [D. B. P. 934 660].)

XX. Schieß- und Sprengstoffe. Zündmittel

Vom Abbrennen zur Detonation fester Sprengstoffe. N. Griffiths und J. M. Groocock. (J. chem. Soc. [London] **1960.** 4154—62. Nov. Fort Halstead, Kent, Armament Res. and Dev. Establ.) (Engl.)

Vff. untersuchen den Übergang von der Verbrennung zur Detonation von RDX- (Cyclotrimethylentrinitramin), HMX (Cyclotetramethylentetranitramin), PETN (Nitropenta) u. Tetryl, die sich als kristallines Pulver in starkem Einschluß in Messingrohren mit 2,1″ äußerem u. 0,1″ innerem Durchmesser befinden. Die Verbrennungs- u. Detonations-Geschw. werden mittels Ionisationssonden u. photograph. durch ein Perspexfenster hindurch gemessen; außerdem wird die Gaspermeabilität der Sprengstoffschichten im Zusammenhang mit Korngröße u. Schüttdichte bestimmt. Die Verbrennung wird durch eine kräftige Flamme an einem Ende des Sprengstoffzylinders gezündet. Aus Überlegungen ergibt sich eine maximale Geschw. in der Größenordnung von 1 m/s, wenn die Verbrennung mittels eines Konduktionsmechanismus der Energieübertragung fortschreitet. Experimentell werden jedoch viel höhere Geschw. gefunden (bis 800 m/s), die für den Übergang zur Detonation nötig sind u. von einer Meth. zur Energieübertragung abhängen, die auf Konvektion beruht. Eine Verbrennung mit hoher Geschw. erzeugt eine Reihe von Stoßwellen, die in den unveränderten Sprengstoff hineinlaufen. Diese Wellen rufen hinter sich eine chem. Rk. hervor; außerdem wird ein eine krit. Stärke überschreitender Stoß zunehmend stärker wirksam, wenn er durch den Sprengstoff läuft. Durch einen der Wärmeexplosion ähnlichen Mechanismus tritt hinter dem Stoß eine plötzliche Beschleunigung der Rk.-Geschw. ein u. damit ist die Detonation erzeugt. H. FREIWALD. 8294□

Lagerfähige Raketentreibstoffe. Dennis Carton und R. W. Stutchbury. (Aeroplane and Astronautics **99.** 870—71. 30/12. 1960. Cranfield, Coll. of Aeronaut., Dep. of Aircraft Propulsion.) (Engl.)

Zur Erzielung dauernder Abschußbereitschaft u. kürzester Startvorbereitungszeiten werden für militär. Fernraketen (weniger für Satellitenträger) geeignete lagerfähige Treibstoffe benötigt, die durch größeren spezif. Impuls gleichzeitig auch wirtschaftlicher sind. Vff. geben Eigg. von 3 Treibstoffen [Kerosin, N_2H_4 (I) u. asymm.-Dimethyl-I] u. 4 Oxydatoren [H_2O_2, HNO_3, N_2O_4 u. ClF_3] an u. erörtern ihre Vor- u. Nachteile. R. SCHÖNFELDER. 8310□

Die Aluminiumseifen und ihre Anwendung in den modernen Brandmitteln. Maria del Sagrario Ramírez Gallardo und José Ignacio Pina Gracián. (ION [Madrid] **20.** 265—73. Mai 1960. C.E.T.M.E. [INI], Secc. de Química.) (Span.)

Überblick über die verschiedenen Brandmittel, sowohl Brandsätze als auch Flammenwerferfüllungen, u. die in diesen angewendeten Verdickungsmittel. Auch wird eine Übersicht über die Strukturforschung der Metallseifen, bes. der Al-Seifen, gegeben. Allg. wird die Existenz der Di-Seifen, z. B. der Napalm-Seife, als Monohydroxyd-Al-Salz der Öl-, Naphthen- u. Cocosölseife, aber auch der Mono-Seifen, der Dihydroxyd-Al-Fettsäuresalze, angenommen. Besprochen werden die Synth. der Tri-Seifen, Al-Trifettsäuresalze, deren leichte Hydrolysierbarkeit, Struktur u. damit zusammenhängende Polymerisierbarkeit (auch die der Di-Seifen), ebenso der Mechanismus der Seifen-Bldg., prim. infolge Adsorption der Fettsäuren an $Al(OH)_3$ u. erst danach Salz-Bldg. beim Trocknen, die techn. Ausführung der Napalmseifenfabrikation in modernen Anlagen, ferner die Abhängigkeit der Seifenqualität vom Verhältnis Di-Seife : Mono-Seife, das vom Verhältnis NaOH : Fettsäure abhängt, u. der Einfl. des pH auf die Ausfällung der Seife, die von einem kaum erforschten, nur empir. untersuchten Gleichgewicht geregelt wird u. den Geh. an nicht umgesetzten Rk.-Teilnehmern bedingt. Günstig zeigt sich der Zusatz von Na-Acetat als Puffer u. von Schutz-Koll., um die Fällung zu verlangsamen u. die Zeit-Rkk. zu begünstigen. Die Napalmgelatine entsteht durch Zugabe der Napalmseife zu Bzn. infolge Erhöhung der Viscosität, wobei durch genügend hohen Zusatz eine feste Masse gebildet wird. So unterscheidet man Gele, Sole u. Gelatinen, deren Eigg. u. Übergänge besprochen werden. W. METZENER. 8318□

Josef Meissner, Köln (Erfinder: Heribert Meissner, Burbach), **Füllen von Geschossen** mit luftempfindlichen Medien (Phosphor) unter Verdrängung eines anderen, dad. gek., daß das zu verdrängende Medium eine andere (höhere) elektr. Leitfähigkeit aufweist als das einzufüllende u. daß die unterschiedliche Leitfähigkeit zur Steuerung des Zuflusses ausgenützt wird. — Zeichnung. (**D. A. S. 1 109 068** Kl. 78c vom 3/12. 1959, ausg. 15/6. 1961.) A. GRADL. 8301

Comet-Apparatebau G. m. b. H., Bremerhaven, **Räumen von Minenfeldern,** dad. gek., daß eine lange Sprengschnur, die in kurzen Abständen mit Sprengladungen versehen ist u. die an einem Ende mit einem Hemmittel versehen ist, mittels einer Rakete nach Art einer Rettungsleine über das zu räumende Feld hinweggeschossen u. anschließend zur Detonation gebracht wird. (**D. A. S. 1 106 660** Kl. 78e vom 17/11. 1959, ausg. 10/5. 1961.) A. GRADL. 8309

Akira Yamamoto, Okihama, Japan, **Feststoff-Treibsatz,** dad. gek., daß der Brennstoff mindestens aus einem Polyformaldehyd oder einem Abkömmling davon u. der Oxydator aus einem Salz mit dem Anion NO_3^-, ClO_4^- oder MnO_4^- besteht. (**E. P. 850 336** vom 2/9. 1958, ausg. 5/10. 1960. Jap. Prior. 28/11. 1957.) A. GRADL. 8311

Olin Industries, Inc., East Alton, Ill., V.St.A., *Überziehen von granuliertem Treibstoffpulver für Sprengsätze.* (**It. P. 513 644** vom 26/2. 1954. A. Prior. 5/3. 1953. — C. **1959.** 4023 [Aust. P. 167 713].)

Établissements Rey Frères & Co., Seine, Frankreich, *Detonierende Zündschnur.* (**F. P. 1 130 126** vom 8/7. 1955, ausg. 31/1. 1957. — C. **1959.** 13048 [E. P. 797 472].)

XXI. Leder. Gerbstoffe

Die Anwendung von Kalk in der Weiche vor dem Schwöden. D. A. Kutzidi. (Кожевенно-Обувная Промышленность [Leder- u. Schuhwaren-Ind.] **3.** Nr. 3. **33.** März 1961.) (Russ.)

Durch Behandlung der Häute in der Weiche mit 0,8—1,2 g CaO/Liter im Verlauf von 30 Min. wurde das Abfließen des Schwödebreies nach dem Schwöden von den Häuten verhindert. Auch der Grund wird hierdurch besser entfernt. J. v. SCHROEDER. 8334□

Untersuchung über das Enthaaren mit Pankreasenzymen. Edwin G. Lindroth. (J. Amer. Leather Chemists Assoc. **56.** 31—41. Jan. **1961.** Cincinnati, Ohio, Univ. of Cincinnati, Tanners' Council Labor.) (Engl.)

Geweichte, frisch entfleischte, gesalzene Häute wurden einmal mit 0,5—1% Pankreasenzym (Flotte 1 : 3) während 24 Std. bei 72° F, pH 8,5 u. 10% NaCl auf die Flotte bezogen u. das andere Mal in der üblichen Weise mit einer $Ca(OH)_2/Na_2S$-Lsg. (Flotte 1 : 4) 72 Std. bei 22° enthaart, gepickelt, gegerbt u. gefettet. Die Auswertung der erhaltenen Ergebnisse zeigte, daß die enzymat. enthaarten Felle noch zahlreiche feine Haare besitzen u. die fertigen Leder einen gezogenen Narben aufweisen. Dafür zeigen die enzymat. enthaarten u. gegerbten Leder eine höhere Reißfestigkeit u. eine geringere Dehnung u. Quellung als die mit einer $Ca(OH)_2/Na_2S$-Lsg. enthaarten u. gegerbten Felle.
H. G. FRÖHLICH. 8334□

Beschleunigte Pickelung der Blöße für Juchten und Futterspalte. Ss. L. Tessker. (Кожевенно-Обувная Промышленность [Leder- u. Schuhwaren-Ind.] **2.** Nr. 10. 35—36. Okt. 1960.) (Russ.)

Vf. empfiehlt die Gerbung bereits nach 15 Min. langer Dauer des Pickels zu beginnen, da dann der Ausgleich der Säure-Konz. in den Schichten der Blöße noch nicht erfolgt ist u. die Chromgerbung durch die sauren Außenschichten schneller vor sich geht.
J. v. SCHROEDER. 8334□

Untersuchungen über das Beizen. 7. Mitt. **Einige mikroskopische Betrachtungen.** M. Dempsey und G. H. Green. (J. Soc. Leather Trades' Chemists **45.** 92—103. März 1961. Egham, England, Brit. Leather Manufacturers' Res. Assoc.) (Engl.) — 6. vgl. C. **1958.** 9956.

Bei mkr. Unterss. über die Struktur des Fasergefüges von Ziegenblößenstückchen nach dem Enthaaren, Kalken, Entkalken, Beizen, Pickeln, der Cr-Gerbung u. dem Fetten u. Trocknen mit Aceton bzw. an der Luft wird die Art der Auflockerung u. die Aufspaltung der Faserbündel nach den verschiedenen Arbeitsgängen an Hand von Mikrophotos gezeigt u. diskutiert. — 30 Mikrophotos, 9 Literaturangaben.
H. G. FRÖHLICH. 8336□

Mechanisierung in der Gerbereiindustrie. Wiktor Zolotarew. (Przeglad Skórzany **15.** 144—48. Juni 1960.) (Pol.)

Die Schwierigkeiten bei der Mechanisierung der Gerbereien werden dargelegt. Am einfachsten ist die Mechanisierung des Transports der Häute u. der Gerblösungen.
F. URBAN. 8336

Die Gewinnung von granulierten Weiden- und Fichtenextrakten. M. B. Jassin. (Кожевенно-Обувная Промышленность [Leder- u. Schuhwaren-Ind.] **2.** Nr. 10. 31—35. Okt. 1960.) (Russ.)

Der vorgewärmte Extrakt wird in dem vom Vf. verbesserten KÄSTNER-Verdampfer bis zu einem Wasser-Geh. von 14—17% eingedampft u. durch ein neuartiges Verbindungsstück in einen Separator geleitet, in welchem Dampf u. Extrakt getrennt werden. Der Extrakt wird durch ein kon. Ablaßstück abgelassen u. in Formen aufgefangen, aus denen nach Erkalten die festen Formstücke zwischen mit Zähnen versehenen Walzen gebrochen werden. J. v. SCHROEDER. 8336□

Herstellung von Ziegenleder unter Verwendung des Fixators ZNIKP-1. A. I. Metelkin, Ss. A. Kuraitiss und Ss. K. Golubewa. (Кожевенно-Обувная Промышленность [Leder- u. Schuhwaren-Ind.] **2.** Nr. 11. 14—16. Nov. 1960.) (Russ.)

Durch Verw. des Fixators ZNIKP-1 (I) beim Gerben von Ziegenfellen ergibt sich die Möglichkeit, Gerben u. Fetten in einer Operation vorzunehmen. Die Fettemulsion, bestehend aus 0,4—0,8% I, 0,6—1,0% Tran u. 0,25—0,45% Netzmittel OP-10, wird den Blößen nach dem Pickel zugegeben. Nach 30 Min. erfolgt Zugabe der Chrombrücke. Durch die längere Fettbehandlung wird das Fett im Innern des Leders gleichmäßig verteilt. Das Leder wird weicher, die Färbung intensiver. Die Reißfestigkeit, bes. der Narbenschicht, wird erhöht. J. v. SCHROEDER. 8340□

Untersuchung der Wasserdurchlässigkeit von Materialien des Schuhoberleders. M. Ss. Rudenko und A. A. Awilow. (Кожевенно-Обувная Промышленность [Leder- u. Schuhwaren-Ind.] **3.** Nr. 3. 23—26. März 1961.) (Russ.)

Der Wasser-Geh. von Schuhoberledermaterialien in Kombination mit Futtermaterialien ist bei stat. Verss. gleich oder niedriger als der Wasser-Geh. des Leders ohne Futter; bei dynam. Verss. ist der Wasser-Geh. in der Kombination gleich oder höher als bei Verss. ohne Futter. Die Wasserdurchlässigkeit der Kombination läßt sich annähernd nach der Formel $1/P = 1/P_1 + 1/P_2$ berechnen, wo P die Wasserdurchlässigkeit der Kombination, P_1 die des Leders u. P_2 die des Futters ist. J. v. SCHROEDER. 8340□

Einfluß des Spaltens auf die physikalischen Eigenschaften von Leder. Joseph N. Orietas. (J. Amer. Leather Chemists Assoc. **56.** 4—30. Jan. 1961. Milwaukee, Wis., A. Trostel & Sons.) (Engl.)

Es wird der Einfl. des Spaltens von Chromseiten vor dem Falzen auf die Festigkeits-Eigg. des Spaltes untersucht. Die statist. Auswertung der Verss. (Stichausreißfestigkeit u. Mullen-Berstdruckprüfung) zeigt für die ungespaltene Haut, daß die Festigkeit, bezogen auf die Querschnittsfläche, von der Dicke der Haut unabhängig ist, während die Festigkeit des Narbenspaltes in dem Maße abnimmt, wie der Fleischspalt an Dicke zunimmt. — Diskussion. H. G. FRÖHLICH. 8340□

Neuere Richtungen zur Erzeugung schweißbeständiger Brandsohlenleder. Kálmán Fekete und Béla Palágyi. (Bőr-és Cipőtechn. [Leder- u. Schuhtechn.] **11.** 49—53. Febr. 1961. Budapest, Forschungsinst. der Lederind.) (Ung.)

Beim Eintauchen der gegerbten, lufttrocknen Brandsohlen in eine Al-Acetat-Lsg. übt das Al ohne wesentlicher Änderung der physikal. Eigg. eine geringe Gerbwrkg. aus, wodurch die Schweißbeständigkeit der Sohlen verbessert wird. J. PLANK. 8340

Eine Schnellmethode zur Analyse von Lösungsmitteln. L. P. Ssasykina und S. N. Speranskaja. (Кожевенно-Обувная Промышленность [Leder- u. Schuhwaren-Ind.] **3.** Nr. 3. 34—35. März 1961.) (Russ.)

Durch Ermittlung des in W. lösl. Anteils von Spezialgemischen für die Schuhindustrie (Aceton, Butylacetat, Spiritus u. Bzn.) durch kurzes Schütteln in einem Zylinder mit W. oder $CaCl_2$-Lsg. kann festgestellt werden, welches Gemisch vorliegt, wenn man die festgelegte Tabelle zu Hilfe nimmt. J. v. SCHROEDER. 8366□

XXIV. Photographie

Perutz Photowerke G. m. b. H. (Erfinder: Herbert Gernert), München, **Photographisches Material mit rauh ausgebildeter Schutzschicht.** Zur Verhütung des Aufklebens der Emulsionsschicht an der Rückseite des eingerollten Films befindet sich auf der Rückseite des Films eine Schicht aus einem Schutz-Koll. u. einer in W. lösl., nicht hygroskop., anorgan. oder organ. Verb. in so hoher Konz., daß sie während des Trockenprozesses auskrist. u. eine rauhe, unebene Oberfläche bildet. — Zu 500 cm^3 einer 1%ig. Lsg. von Polyvinylalkoholacetat mit 12% Acetylgruppen werden 500 cm^3 16%ig. KCl-Lsg. u. 10 cm^3 3%ig. Ölsäuremethyltaurid-Lsg. hinzugefügt. Diese Lsg. wird auf den Rückguß oder die Rückseite eines photograph. Films aufgetragen u. getrocknet. Als Bindemittel kann auch eine alkohol. Polyacrylsäure-Lsg. verwendet werden. (**D. A. S. 1 105 718** Kl. 57b vom 28/6. 1958, ausg. 27/4. 1961.) E. FUCHS. 8603

General Aniline & Film Corp., New York, übert. von: Norman J. Doorenbos, Binghamton, N. Y., V.St.A., **Benzimidazolcyaninfarbstoffe** der allg. Zus. I (R = H, Halogen, -CN, -COOH, -OH, Alkylamino-, Alkylthio-, Alkyl- oder Alkyloxy-, R_1 = Alkyl-, Carboxyalkyl- oder Acyloxyalkyl-Rest, Y = nichtmetall. Atome, die zur

Bldg. eines in der Cyaninfarbstoffchemie üblichen 5—6gliedrigen heterocycl. Ring-Syst. erforderlich sind, X = Methinkette mit 2 C-Atomen, von denen eines mit Alkyl substituiert sein kann, n = ganze Zahl von 1—4) erhält man durch Kondens. eines 2-Cyanomethylbenzimidazols mit einem quatern. Cyclammoniumsalz, das in einer reaktionsfähigen Stellung ein Halogenatom, eine Thioäther-, β-Arylaminovinyl-, β-Arylacylaminovinyl-, ω-Arylamino-1.3-butadienyl-, ω-Arylamino-1.3.5-hexatrienyl- oder eine ω-Arylacylamino-1.3.5-hexatrienylgruppe enthält. — Die erhaltenen Farbstoffbasen u. ihre Salze *sensibilisieren Silberhalogenidemulsionen*, bes. für Papiere bestimmte Emulsionen, schon in geringeren Konzz., als sie sonst bei Cyaninfarbstoffen üblich sind. —

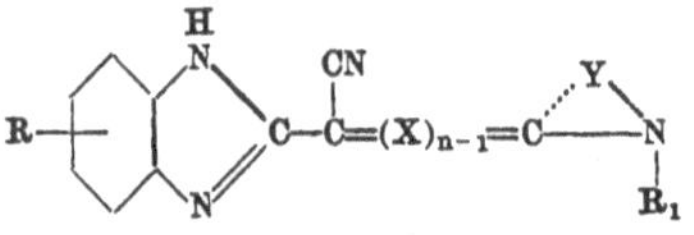

I

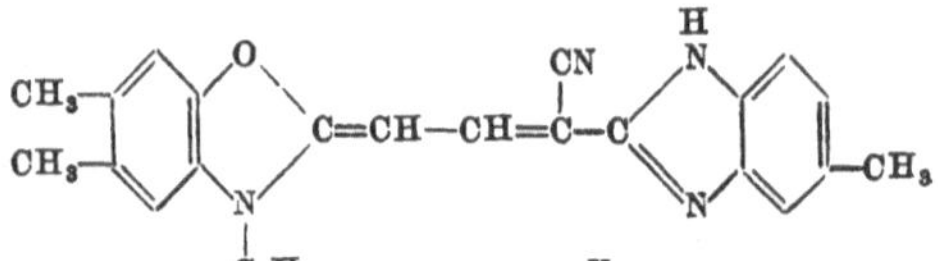

V

5,7 (g) 2-Cyanomethyl-5(6)-methylbenzimidazol (**II**; F. 181—182°), 15 2-(β-Acetanilidovinyl-5.6-dimethylbenzoxazoläthojodid (**III**) u. 10 cm³ Triäthylamin in 200 cm³ Methanol (**IV**) erhitzt man 10 Min. unter Rückfluß. Der ausgefallene Farbstoff der Zus. **V** hat nach mehrmaliger Behandlung mit sd. **IV** einen F. 296—300° (Zers.), ein Absorptionsmaximum (AM) in **IV** von 4400 Å; das Sensibilisierungsmaximum (SM) liegt bei ca. 510 mμ. Weitere Farbstoffe können erhalten werden durch Rk. von **II** u. 2-(β-Acetanilidovinyl)-benzoxazoläthojodid (**VI**), F. 180—184° (Zers.), AM 4350 Å, SM 500 mμ; **II** u. 2-(β-Acetanilidovinyl)-benzothiazoläthojodid (**VII**), F. 270—274° (Zers.), AM 4710 Å, SM 540 mμ; **II** u. 2-(β-Acetanilidovinyl)-5.6-methylendioxybenzothiazoläthojodid (**VIII**), F. 309 bis 312° (Zers.), AM 5050 Å, SM 565 mμ; Cyanomethylbenzimidazol (**IX**) u. **VI**, F. 267 bis 270° (Zers.), AM 4350 Å, SM 500 mμ; **IX** u. **III**, F. 323—324° (Zers.), AM 4700 Å, SM 505 mμ; **IX** u. **VII**, F. 332—333° (Zers.), AM 4690 Å, SM 540 mμ; **IX** u. **VIII**, F. 325—327° (Zers.), AM 5050 Å, SM 560 mμ; 2-Cyanomethyl-5-chlorbenzimidazol (**X**; F. 103—104°) u. **III**, F. 332 bis 333° (Zers.), AM 4440 Å, SM 510 mμ; **IX** u. 2-(β-Äthylmercapto-β-äthylvinyl)-4.5-benzobenzothiazolmethojodid, Farbstoff der Zus. **XI**, F. 257—259° (Zers.), AM 4780 Å, SM 440 mμ; **II** u. 2-(β-Äthylmercapto-β-äthylvinyl)-6-methylbenzothiazoläthojodid, F. 209—211° (Zers.), AM 4660 Å, SM 440 mμ; **II** u. 2-Äthylmercaptobenzothiazoläthojodid, SM 475 mμ; **II** u. 2-(4-Acetanilido)-1.3-butadienylbenzothiazol- oder 2.6-Acetanilido-(1.3.5-hexatrienyl)-benzoxazoläthojodid. (**A. P. 2 918 369** vom 15/6. 1956, ausg. 22/12. 1959.)

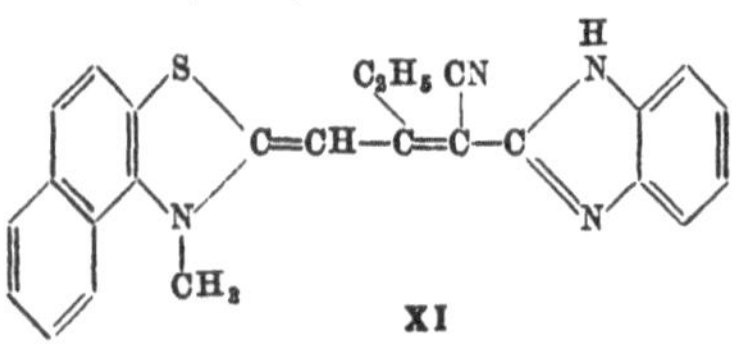

XI

O. Roick. 8605

REDAKTIONSSCHLUSS: 15. September 1961

Herausgeber: Prof. Dr. Heinrich Bertsch, Berlin, u. Prof. Dr. Dr. h. c. Wilhelm Klemm, Münster. Chefredakteure und verantwortlich für den Inhalt: Dr. Willi Barz (komm.), Berlin N 4, Schiffbauerdamm 19, Fernsprecher: 425571, u. Dr. Eugen Klever, Berlin W 30, Geisbergstraße 39, Fernsprecher: 24 95 41.

©

Verlag: Akademie-Verlag GmbH, Berlin W 8, Leipziger Str. 3—4 (Fernsprecher: 220441, Telex-Nr. 011773, Postscheckkonto Berlin 35021), und Verlag Chemie, GmbH, Weinheim/Bergstr. (Fernsprecher: Weinheim 3635 [Sammelnummer]; Fernschreiber: 0465516 chemieverl wnh; Postscheckkonten: Frankfurt/M. 145314 u. Berlin [West] 7430). Bestellnummer: 1007/132. Das Chemische Zentralblatt erscheint wöchentlich. Preis des Jahrganges einschl. Autoren-, Patent-, Sach- u. Formelregister: DM 960,—; einseitig bedruckte Ausgabe: DM 1050,—. Abgabe der Zeitschrift nur mit sämtlichen Registern. Abbestellungen nur bis spätestens 6 Wochen vor Ablauf des Kalenderjahres.

Alle Rechte, auch die der Übersetzung sowie der photomechanischen Wiedergabe, sind vorbehalten. — All rights reserved (including those of translations into foreign languages). No part of this issue may be reproduced in any form, by photoprint, microfilm or any other means, without written permission from the publishers.

Die Wiedergabe von Gebrauchsnamen, Handelsnamen, Warenbezeichnungen usw. in diesem Heft berechtigt auch ohne besondere Kennzeichnung nicht zu der Annahme, daß solche Namen im Sinne der Warenzeichen- und Markenschutz-Gesetzgebung als frei zu betrachten wären und daher von jedermann benutzt werden dürften.

Satz u. Druck: VEB Leipziger Druckhaus, Leipzig, III/18/203. XI. 61.
Veröffentlicht unter der Lizenznummer ZLN 5002 des Ministeriums für Kultur, Hauptverwaltung Verlagswesen.
Printed in Germany.

Die Aufgabe von Anzeigen kann sowohl beim Akademie-Verlag, Berlin, als auch beim Verlag Chemie GmbH, Weinheim/Bergstr., erfolgen

PROF. DR. WALTER NOLL · LEVERKUSEN

Chemie und Technologie der Silicone

Unter Mitarbeit von

Dr. Oskar Glenz, Leverkusen; Prof. Dr. Gerhard Hecht, Wuppertal-Elberfeld; Dr. Walter Krauss, Leverkusen; Dr. Julius Peter, Leverkusen; Prof. Dr.-Ing. Hubert Rothert, Berlin; Dr. Bruno Zorn, Leverkusen

1960 · XV, 460 Seiten mit 101 Abbildungen und 97 Tabellen sowie etwa 2000 Literaturzitaten · Ganzleinen DM 39,80

Aus Besprechungen:

„... Das vorliegende Buch von Prof. Dr. Walter NOLL über ‚Chemie und Technologie der Silicone' nimmt eine Sonderstellung ein, weil es das gesamte Silicongebiet von den Monomeren über die Polymere bis zu den technischen Produkten behandelt. Für die Anwendung der technischen Siliconprodukte in den verschiedenen Industriezweigen hat der Verfasser jeweils Experten zur Mitarbeit herangezogen ..." TEXTIL PRAXIS

„... Den Verfassern ist es in hervorragender Weise gelungen, das Gebiet der Chemie und der Technologie der Silicone zusammenzufassen. Die zahlreichen Tabellen und graphischen Darstellungen, die Vielzahl der Literatur- und Patentzitate, sowohl für den chemischen wie für den technischen Teil einerseits und die kritische Bearbeitung, die souveräne Beherrschung und die geschickte Darstellung des Stoffes andererseits, machen das Buch für den Hochschullehrer und Studierenden, für den Chemiker, Physiker und Mediziner, für den Techniker und den Anwendungsfachmann zu einem Standard-Werk, welches sich auch in nichtdeutschsprachigen Ländern seinen Platz sichern wird."

KUNSTSTOFFE

Prospekt auf Wunsch

VERLAG CHEMIE · GMBH · WEINHEIM / BERGSTR.

Methoden der Infrarot-Spektroskopie in der chemischen Analyse

Von Dr. I. Kössler, Prag

Bearbeitete und ergänzte Übersetzung aus dem Tschechischen. 1961. VI, 227 Seiten mit 96 Abbildungen und 29 Tabellen. Gr.-8°. Kunstleder DM 33,—

Das Werk behandelt einführend die Entstehung der Spektren, das Wesen der Infrarotstrahlung, Infrarotgeräte und die Präparation der Proben, es befaßt sich sodann mit der qualitativen und besonders eingehend mit der quantitativen Analyse. Im Zusammenhang mit den quantitativen Analysenmethoden werden sowohl Doppelstrahl- als auch Einstrahlgeräte berücksichtigt. Beispiele erläutern die Verfahren. Wichtig ist außerdem die Verbindung der Infrarot-Spektroskopie mit Trennungsmethoden. Den Abschluß des Buches bilden Dokumentationsbeispiele.

Akademische Verlagsgesellschaft
Geest & Portig K.-G., Leipzig

FSC
www.fsc.org
MIX
Papier | Fördert
gute Waldnutzung
FSC® C083411

Kolibri 360 GmbH
Ferdinand-Jühlke-Straße 7
99095 Erfurt, Deutschland
produktsicherheit@kolibri360.de